Meinulf Kolb

Personalmanagement

Meinulf Kolb

unter Mitwirkung von
Brigitte Burkart und Frank Zundel

Personalmanagement

Grundlagen und Praxis des Human Resources Managements

2. Auflage

GABLER

Bibliografische Information der Deutschen Nationalbibliothek
Die Deutsche Nationalbibliothek verzeichnet diese Publikation in der Deutschen Nationalbibliografie; detaillierte bibliografische Daten sind im Internet über <http://dnb.d-nb.de> abrufbar.

Prof. Dr. Meinulf Kolb lehrt an der Hochschule Pforzheim, Human Resources Competence Center (HRCC), im Bachelor-Studiengang Personalmanagement sowie im MBA-Studiengang Human Resources Management & Consulting.
Dipl.-Psych. Brigitte Burkart leitet ein Programm zur Förderung überfachlicher Kompetenzen an der Hochschule Pforzheim.
Dr. Frank Zundel ist Fachanwalt für Arbeitsrecht und Dozent an der Dualen Hochschule in Mosbach.

1. Auflage 2008
2. Auflage 2010

Lektorat: Susanne Kramer / Renate Schilling

Gabler Verlag ist ist eine Marke von Springer Fachmedien.
Springer Fachmedien ist Teil der Fachverlagsgruppe Springer Science+Business Media.
www.gabler.de

Umschlaggestaltung: KünkelLopka Medienentwicklung, Heidelberg
Druck und buchbinderische Verarbeitung: Ten Brink, Meppel
Gedruckt auf säurefreiem und chlorfrei gebleichtem Papier
Printed in the Netherlands

ISBN 978-3-8349-1853-6

Vorwort

- Warum werden Personalmarketing und Mitarbeiterbindung immer mehr zu unverzichtbaren Aufgaben?
- Welche Formulierungen sollte man für die einzelnen Arbeitsvertragsinhalte benutzen, was sollte man besser weglassen?
- Wie lässt sich die Aufgabenteilung zwischen Führungskräften und dem Personalbereich zweckmäßig gestalten?
- Wie kann man den Nutzen von Mitarbeiterförderungsmaßnahmen und Veränderungsprozessen sowie – insgesamt – den Wertschöpfungsbeitrag des Personalmanagements nachweisen?
- Was bedeutet „nachhaltiges Personalmanagement" konkret?
- Sind die Mitarbeiter*) in Unternehmen wirklich Mittelpunkt – oder sind sie Mittel. (Punkt)?

Um diese zentralen Fragen und um Antworten hierzu geht es in diesem Buch. Der Aufbau und die Schwerpunkte folgen der Systematik, die gleich im ersten Teil als „3-Säulen-Modell" besprochen wird. Die personalwirtschaftlichen Kernaufgaben der Beschaffung, des Einsatzes und der Bindung, der Freisetzung sowie der Entwicklung von Mitarbeitern sind wegen ihrer zentralen Bedeutung in der betrieblichen Praxis ausführlicher dargestellt als die anderen Themenfelder bzw. (Querschnitts)Aufgaben, z. B. der Personalpolitik und des Personalcontrollings. Einen besonderen Stellenwert und Umfang besitzt auch das Arbeitsrecht.

Diese Einführung in das betriebliche Personalmanagement wendet sich an Praktiker und Studierende gleichermaßen. Die Personalpraktiker bekommen einen systematischen Überblick über die klassischen personalwirtschaftlichen Fragestellungen und erfahren einiges über neue Themen im Personalbereich. Für Studenten an Hochschulen, Berufsakademien und an Verwaltungs- und Wirtschaftsakademien eignet sich dieses Buch besonders. Es vermittelt einen vollständigen Einblick in das betriebliche Human Resources Management mit seinen bewährten Themenbereichen und Methoden sowie den aktuellen Trends und Entwicklungen.

---

*) In diesem Buch verzichten wir der Einfachheit halber darauf, jeweils weibliche und männliche Bezeichnungen anzugeben. Das gilt für alle Personenbeschreibungen wie Mitarbeiter, Arbeitnehmer, Vorgesetzter, Student usw.. Gemeint sind immer beide Formen bzw. Geschlechter, d. h. Mitarbeiter/innen, Arbeitnehmer/innen, Vorgesetzte/r, Student/in...

Diese Veröffentlichung schafft eine fundierte Grundlage, und das Konzept hat sich in vielen einschlägigen Einführungsveranstaltungen an den verschiedensten Institutionen erfolgreich bewährt. Es eignet sich bestens zum eigenständigen Vor-, Durch- und Nacharbeiten. Die weiterführende Literatur zu jedem Teil erlaubt das selbständige Weiterarbeiten an den Stellen, für die sich der Leser besonders interessiert. Fragen und Thesen zum Weiterdenken betonen in jedem Kapitel abschließend die wirklich kritischen Punkte.

In allen neun Teilen ergänzen grafische Darstellungen und Übersichten den Text, der kompakt mit vielen Beispielen aus der Praxis und eigenen praktischen Erfahrungen verständlich geschrieben wurde.

Frühere Auflagen dieses Buchs (1995, 1998, 2002) stammten aus der Feder von Meinulf Kolb. Brigitte Burkart und Frank Zundel haben ab der ersten Neu-Auflage (2008) mit eigenständigen Kapiteln (7 und 4) mitgewirkt.

Für die professionelle und zuverlässige Anfertigung der zahlreichen Abbildungen bedanken wir uns bei Claudius Hog ganz herzlich. Zu Dank verpflichtet sind wir Studierenden und Kollegen, deren redaktionelle Durchsicht einzelner Kapitel, teils des ganzen Manuskripts viele inhaltliche Anregungen lieferte. Schließlich danken wir unseren Familien für die Geduld und Mithilfe bei der Realisierung dieses Werks.

Die gute Aufnahme der ersten Auflage durch viele Leser hat uns sehr gefreut! Gerne haben wir umfangreiche Aktualisierungen, inhaltliche Erweiterungen sowie die Umstellung auf ein neues Grundkonzept, das „Pforzheimer 3-Säulen-Modell des Personalmanagements" vorgenommen.

Pforzheim, im Juli 2010 Meinulf Kolb, Brigitte Burkart und Frank Zundel

---

Zusätzlicher Nutzen entsteht für den Leser durch OnlinePLUS des Gabler Verlags:

- Abbildungen,
- Prüfungsaufgaben und Lösungen sowie
- aktuelle Arbeitsrechtssprechung

sind im Internet unter www.gabler.de abrufbar.

Auf Kritik und Anregungen von (möglichst vielen) Lesern freuen wir uns; der einfachste Weg der Kontaktaufnahme erfolgt per Mail (meinulf.kolb@hs-pforzheim.de), aber auch Post an die Hochschule in Pforzheim beantworte/n ich/wir gern.

Meinulf Kolb
Hochschule Pforzheim, Fakultät für Wirtschaft und Recht
Human Resources Competence Center (HRCC)
Tiefenbronner Str. 65
75175 Pforzheim

Inhaltsübersicht

Inhalt von Teil 1

Abbildungen in Teil 1

1 Einführung und Überblick zum Personalmanagement

Das betriebliche Personalmanagement – häufig ist auch von Personalwesen, Personalwirtschaft und neuerdings vom Human Resource(s) Management oder vom Human Capital Management die Rede – befasst sich mit dem arbeitenden Menschen beziehungsweise mit der menschlichen Arbeit. Die vielen Umschreibungsversuche für das Personalmanagement fallen zwar recht unterschiedlich aus, kommen aber im Kern immer auf die lebendige Arbeit in Organisationen zurück; gemeinsamer Nenner ist stets **der Mensch und seine Arbeit**.

Dieser zentrale Inhalt des Personalmanagements hält ein sehr **breites Spektrum an Themenstellungen und an Sichtweisen** bereit. So gehören von der Suche nach einem neuen Mitarbeiter bis hin zur Entlassung eines langjährig beschäftigten Arbeitnehmers sehr viele einzelne Aktivitäten dazu. Die personalwirtschaftlichen Tätigkeiten decken ferner von der Personalverwaltung – wie dem Ausstellen einer Bescheinigung – bis hin zur Personalpolitik – zum Beispiel dem Grundsatz der Führung mit Zielen – ein weites Feld ab. Aus einem anderen Blickwinkel kann die Bedeutung, die den Arbeitern und Angestellten in einem Unternehmen zukommt, recht unterschiedlich ausfallen: „Der Mensch ist Mittelpunkt." oder „Der Mensch ist Mittel. (Punkt)". In diesem breiten Rahmen kann sich die Wertschätzung der Mitarbeiter bewegen. Schließlich interessiert den Juristen Anderes an der Beschäftigung von Arbeitnehmern als den Psychologen, und der Betriebswirt schaut auf andere Dinge als der Ingenieur usw. In den 50er Jahren waren es nicht die gleichen Themen, die unter Fachleuten diskutiert wurden wie heute, und das Personalmanagement in einem Großunternehmen unterscheidet sich meist deutlich von der Personalarbeit in einem mittelständischen Betrieb.

Leitfragen

- Welche Themen zählen zum betrieblichen Personalmanagement und wie lassen sie sich einander zuordnen?
- Wie hat sich das Personalwesen im Lauf der Zeit entwickelt und welche Aspekte sind aktuell im Personalmanagement besonders wichtig?
- Welche Rolle spielen theoretische „Ansätze" und reale „Blickwinkel" im Personalmanagement?

Die angerissene Vielfalt an Fragestellungen macht es erforderlich, eine Systematik zu entwickeln, die alle genannten Aspekte berücksichtigt. Im einschlägigen Schrifttum existieren viele Vorschläge zur Systematisierung der wesentlichen Themen des Personalmanagements (vgl. z. B. Berthel/Becker 2007; Gmür/Thommen 2007; Marchington/ Wilkinson 2005; Oechsler 2006; Scholz 2000; Stock-Homburg 2008; Torrington/ Hall/ Taylor 2005; Zaugg 2009 u. v. a.). In diesem Buch wird auf eine Konzeption zurückgegriffen, die die zentralen Themen des Personalmanagements und deren Zusammenhänge übersichtlich, plausibel und aktuell abbildet: das **„3-Säulen-Modell des Personalmanagements"** [•)].

1.1 Grundbegriffe und Systematik personalwirtschaftlicher Themen

Innerhalb des Personalmanagements stößt man in Theorie und Praxis aktuell immer wieder auf einige zentrale Themen und Begriffe, die eine besondere Rolle spielen. Das 3-Säulen-Modell (siehe die Abbildung auf der gegenüberliegende Seite) macht die Einbettung des Personalmanagements in das Unternehmen deutlich und weist auf alle wichtigen Themen bzw. Prozesse des Personalmanagements hin: Management- bzw. Strategieprozesse, Kernprozesse sowie Unterstützungs- bzw. Supportprozesse.

Die drei in der Abbildung grau unterlegten Säulen heben die **Kernprozesse des Personalmanagements** hervor, konkret

- Personalarbeit und Mitarbeiterbetreuung
- (Unterstützung bei) Mitarbeiterführung und Zusammenarbeit
- Personalentwicklung und Veränderungsmanagement

Die Mitarbeiterbetreuung befasst sich zum Beispiel mit der Personalbeschaffung, dem Personaleinsatz und der Mitarbeiterbindung sowie mit der Personalfreisetzung. Zusammen mit dem betrieblichen Bildungswesen und der Förderung von Mitarbeitern (Personal- bzw. Mitarbeiterentwicklung) sowie der Mitarbeiterführung (durch die Vorgesetzten) und der Zusammenarbeit (mit Kollegen) sind das die Kernprozesse des

---

[•)] Das „Pforzheimer 3-Säulen-Modell zum Personalmanagement" wurde im Jahr 2000 von den Dozenten im betriebswirtschaftlichen Vertiefungs-Studiengang „Personalmanagement" an der Hochschule Pforzheim gemeinsam entwickelt und 2010 inhaltlich aktualisiert sowie grafisch neu gestaltet. Es bildet das Grundverständnis zum Personalmanagement ab, von wir bei den Bachelor- und Masterstudiengängen am Human Resources Competence Center (HRCC) ausgehen.

Eine Broschüre zu diesem Konzept können Sie hier herunterladen:
www.hs-pforzheim.de/ De-de/Wirtschaft-und-Recht/Bachelor/Personalmanagement/ Publishing Images/hrmc-broschuere_web.pdf

Abbildung 1-01: ***3-Säulen-Modell des Personalmanagements***

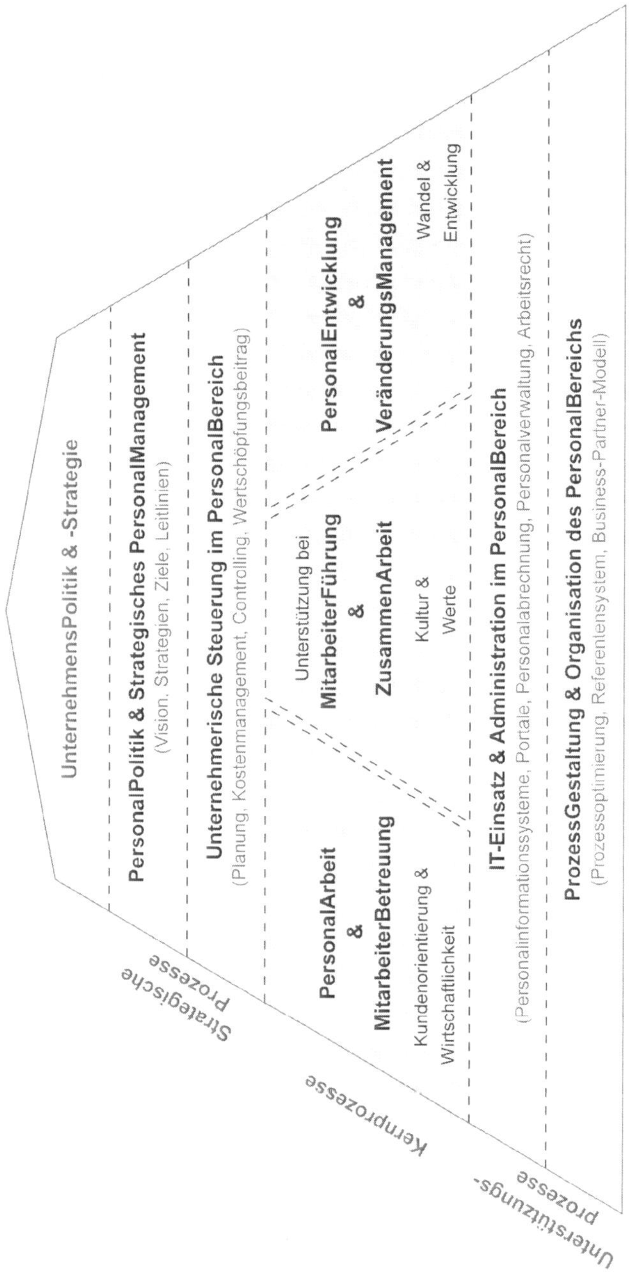

Personalmanagements; anstelle von Kernprozessen wird häufig auch von Kernaufgaben oder von Kernfunktionen gesprochen.

Demgegenüber stellen die Personalpolitik und die Personalstrategie sowie die Personalplanung und das Personalcontrolling **Strategische Prozesse** bzw. Aufgaben dar, die die Wahrnehmung der Kernprozesse zielorientiert ausrichten und steuern. Der IT-Einsatz und die Administration im Personalbereich, wie auch die Organisationsstrukturen im Personalbereich und die ständige Optimierung der Kernfunktionen sind **Unterstützungsprozesse**. Management- und Unterstützungsprozesse lassen sich auch als **Querschnittsaufgaben** bezeichnen, die die Kernaufgaben überlagern.

Bis hier könnte der Eindruck entstehen, dass Personalmanagement ausschließlich die Aufgabe von Personalabteilungen sei. Das stimmt so sicherlich nicht. Immer wieder flackert die Diskussion darüber auf, wer denn die hauptsächlich Zuständigen für Personalfragen im Unternehmen sind: die Personalabteilung oder die Führungskräfte des Unternehmens. Die Antworten dazu fallen höchst unterschiedlich aus. „Personalarbeit ist im Kern eine Führungsaufgabe." „Die Personalabteilung ist überflüssig." „Personalarbeit kann nur von den Personalabteilungen qualifiziert wahrgenommen werden." In diesem Spektrum bewegen sich die unterschiedlichen Auffassungen. So oder so: Die „Wahrheit" liegt vermutlich „in der Mitte", und am Ende kommt es auf das gute Zusammenwirken dieser beiden wichtigsten Träger von Personalaufgaben an.

Natürlich gibt es neben den Führungskräften, den Mitarbeitern und der Personalabteilung weitere **interne und externe Zuständige für Personalfragen**: die Geschäftsleitung wird die großen Linien der Personalpolitik bestimmen, der Betriebsrat hat Mitwirkungsrechte, Personalberater entwickeln im Auftrag des Unternehmens Konzepte und einige Personal(verwaltungs)aufgaben sind eventuell extern ausgelagert (outgesourct).

In diesem Buch wird das Personalmanagement allerdings überwiegend aus dem Blickwinkel der Personalabteilung betrachtet. In diesem Zusammenhang ist auf eine Besonderheit hinzuweisen: Hinsichtlich der Mitarbeiterführung durch die Vorgesetzten und der Zusammenarbeit der Kollegen untereinander (Teamarbeit) kann der Personalbereich die Beteiligten nur unterstützen; Mitarbeiterführung und Zusammenarbeit leisten im Alltag die Führungskräfte und die Mitarbeiter selbst.

Die Übersicht auf der folgenden Seite beschreibt die Grundbegriffe des 3-Säulen-Modells sowie die zugehörigen Themen detailliert. Damit ist deutlich, womit sich das Personalmanagement befasst. Die **zentralen Zusammenhänge** zwischen den einzelnen Elementen des 3-Säulen-Modells sollen im Weiteren kurz erläutert werden.

Übersicht: ***Grundbegriffe des Personalmanagements***

Externe Handlungsbedingungen, Personalpolitik und -strategie
Das ist der unternehmensexterne Handlungsrahmen mit Auswirkungen auf den Personalbereich, konkret der wirtschaftliche, gesellschaftliche, politisch-rechtliche und der technologische Wandel. Hierzu zählen auch die Unternehmensstrategien, deren Umsetzung das Personalmanagement unterstützen soll sowie die im Unternehmen angewandten Managementkonzeptionen.
Dazu gehören schließlich vor allem die Vision, die Grundsätze, die Strategien und Ziele im Personalbereich, an denen sich alle nachfolgenden Planungen und Maßnahmen orientieren.

Unternehmerische Steuerung des Personalbereichs
Das ist die umfassende Planung sowie Überprüfung von Kosten, Maßnahmen und Entwicklungen im Personalbereich zur Steuerung der gesamten Personalarbeit hin zum Erfolg. Schlussendlich geht es auch um den Erfolgsnachweis der Personalarbeit.

Personalarbeit, Mitarbeiterbetreuung und Arbeitsgestaltung
Das ist eine der drei Kernaufgaben des Personalmanagements, die die Personalbeschaffung, den Personaleinsatz, die Mitarbeiterbindung und die Personalfreisetzung umfasst. Es ist die unmittelbar auf die Mitarbeiter im Unternehmen bezogene Tätigkeit der Beschäftigten in der Personalabteilung, zum Beispiel der Personalreferenten.
Hierzu zählt auch die Ausgestaltung der Arbeitsbedingungen, die Voraussetzungen für den Einsatz der Mitarbeiter darstellen. Konkret geht es um die Ergonomie, die (flexiblen) Arbeitszeitsysteme, die Arbeitsorganisation, die Entgeltsysteme und die Sozialleistungen sowie um den Arbeitsort.

Mitarbeitermotivation, Mitarbeiterführung und Teamarbeit/Zusammenarbeit
Das ist die unmittelbare Führung der Mitarbeiter durch ihren jeweiligen Vorgesetzten mit einem bestimmten Führungsstil und unter Anwendung von Führungsinstrumenten, wie z. B. dem Mitarbeitergespräch. Hierzu zählt auch die abteilungsinterne oder -übergreifende alltägliche oder zeitlich befristete Kooperation von Mitarbeitern in einem Team oder in einem Projekt.
In diesem Zusammenhang sind auch die materiellen und immateriellen Maßnahmen zu sehen, mit denen die Personalabteilung und die Führungskräfte das „Wollen“ der Mitarbeiter beeinflussen. Auch die „Motivation von innen“, die Selbstmotivation der Mitarbeiter zählt hierzu.

Mitarbeiter- bzw. Personalentwicklung und Veränderungsmanagement
Das sind die Maßnahmen zur Qualifizierung und zur Förderung einzelner Mitarbeiter und von Teams. Die Personalentwicklung umfasst die Feststellung von Bildungsbedarf, die Vermittlung neuer Kenntnisse und Verhaltensweisen mittels geeigneter Methoden, die systematische Förderung von Mitarbeitern sowie das Bildungscontrolling.
Dazu gehören auch alle Aktivitäten, die der Weiterentwicklung des gesamten Unternehmens dienen. Strategien zum Umgang mit und zur Umsetzung von größeren Veränderungen sowie die dabei auftretenden Konflikte stehen dabei im Mittelpunkt.

IT-Einsatz und Administration im Personalbereich
Das ist die administrative Abwicklung von Maßnahmen, zum Beispiel das Führen von Personalakten u. a. m. sowie der IT-Einsatz im Personalmanagement, zum Beispiel in Form von Abrechnungssystemen, Bewerber- und Mitarbeiterportalen.

Personalprozesse und -strukturen
Das sind die ablaufbezogenen Festlegungen zur Wahrnehmung von personalwirtschaftlichen Aufgaben (Personalprozesse). Hierzu zählen auch die aufbauorganisatorischen Strukturen des Personalbereichs, der zum Beispiel nach dem sog. „Personalreferentensystem“ organisiert ist.

Aus etwas anderer Perspektive betrachtet lassen sich die **Kern- und** die **Querschnittsaufgaben** (Strategische Funktionen und bzw. Prozesse und Unterstützungsprozesse) auch so darstellen, wie es die folgende Abbildung zeigt. Zuständig für die Kernaufgaben der Mitarbeiterbetreuung – diese bildet die Vita eines Mitarbeiters im Unternehmen ab –, der Mitarbeiterführung und der Mitarbeiterentwicklung sind die Mitarbeiter im Personalbereich und die Führungskräfte in den Fachabteilungen. Die Querschnittsaufgaben haben einen übergeordneten Charakter, d. h. sie beinhalten in der Regel Festlegungen, die generell und für alle Mitarbeiter gültig sind und bei allen Kernaufgaben eine wichtige Rolle spielen: Personalpolitik, Personalplanung, Personalcontrolling, IT-Einsatz und Administration im Personalbereich sowie ständige Prozessoptimierungen; das sind Aufgabenbereiche der Personalabteilung.

Abbildung 1-02: ***Ergänzende Systematik zum Personalmanagement***

Der externe Handlungsrahmen – er wird im nächsten Teil dem 3-Säulen-Modell hinzugefügt –, also zum Beispiel die Änderungen im politisch-rechtlichen Bereich, die gesellschaftlichen Veränderungen, geänderte wirtschaftliche Rahmenbedingungen sowie technologische Neuerungen, beeinflusst alle Personalfragen. Auch die Unternehmenspolitik und -strategie hat erheblichen Einfluss auf das Personalmanagement.

Die personalstrategischen Entscheidungen geben ihrerseits allen anderen Elementen des 3-Säulen-Modells die Richtung(en) vor. Mitarbeiterbetreuung und Arbeitsgestaltung orientieren sich an der Personalpolitik und werden im Rahmen der strategischen Steuerung auf ihre Effizienz und Effektivität hin überprüft sowie gegebenenfalls neu ausgerichtet. Personalentwicklung und der systematische Umgang mit Veränderungen richten sich ebenso an den Unternehmens- und Personalstrategien aus und haben einem Erfolgsnachweis standzuhalten, d. h. sie müssen ihren „Wertschöpfungsbeitrag" nachweisen. Die Mitarbeiterführung, die Teamarbeit und die Mitarbeitermotivation schließlich sind in gleicher Weise an den Strategien sowie an der im Unternehmen vorherrschenden Kultur auszurichten, und auch sie werden am Ende auf ihren Beitrag zum Unternehmenserfolg hin bewertet. Bei den Fragen der Personalbetreuung und der Personalentwicklung sowie beim Veränderungsmanagement arbeiten die Führungskräfte und die Personalabteilungen eng zusammen.

Abbildung 1-03: ***Michigan-Modell des Personalmanagements***

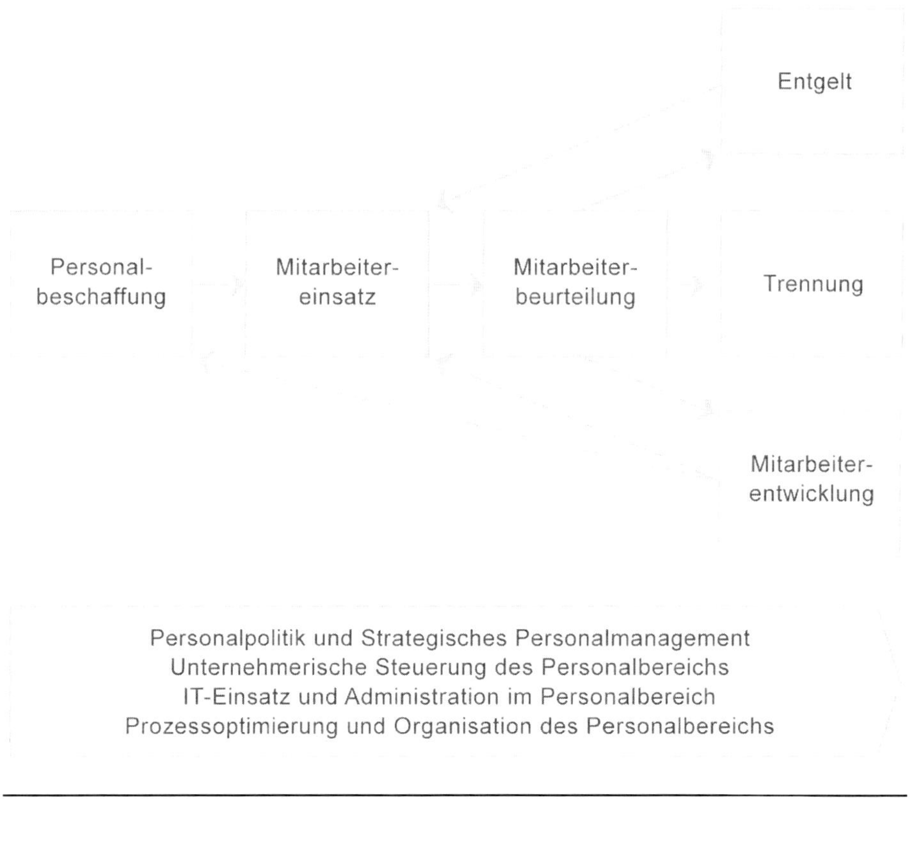

Ähnlich positionieren sich – ausdrücklich oder implizit und damit nicht auf den ersten Blick sofort erkennbar – auch bekannte Konzepte, die im Personalmanagement breite Beachtung erfahren haben, beispielsweise das sog. **Michigan-Modell** (vgl. z. B. Oechsler 2006), das die Kernaufgaben aus der Mitarbeiter- bzw. der Vorgesetztensicht anordnet, und das sich leicht um Querschnittsfunktionen (der Personalabteilung) ergänzen lässt (im Original sind diese Querschnittsfunktionen nicht vorgesehen). Einen besonderen Stellenwert erhält dabei die Mitarbeiterbeurteilung, die im Zentrum der Kernfunktionen steht; diese Besonderheit lässt sich (durchaus) als Eigenwilligkeit dieses Konzepts sehen.

Damit ist ein erster grober Rahmen abgesteckt und die Grundvorstellung für das Weitere geschaffen. Die Teile zwei bis acht dieses Buchs orientieren sich am 3-Säulen-Modell. Zwei Kapitel scheinen nicht ganz in diesen Rahmen zu passen: einerseits der 4. Teil, der die arbeitsrechtlichen Themen vertieft, die in der betrieblichen Praxis immer eine wichtige Rolle spielen, und andererseits der 5. Teil zur Arbeitsgestaltung. Teil 5 greift die umfangreichen und grundlegenden Regelungen zur Ergonomie, zur Arbeitsorganisation, zu den Arbeitszeitstrukturen und zu den Vergütungsfragen auf; diese Themen der Personalarbeit werden nicht von den einzelnen Personalbetreuern oder von einzelnen Vorgesetzten, sondern übergreifend für das gesamte Unternehmen gestaltet.

1.2 Entwicklungen im Personalmanagement

Beim Zurückblicken auf die **Geschichte des Personalmanagements** lassen sich zwei Zeiträume unterscheiden: Die jüngere Entwicklung des Personalmanagements seit dem zweiten Weltkrieg und die ältere Historie seit Beginn des 20. Jahrhunderts; dabei sind die älteren Entwicklungslinien des Personalmanagements in etwa identisch mit denen in der Managementlehre (und in der Organisationslehre). Auf die zukünftigen Entwicklungen im Management und im Personalmanagement wird im letzten Teil dieses Buchs – Teil 9 – noch genauer eingegangen.

Eigentlich reicht die Entwicklung des Personalmanagements in der Geschichte der Menschheit sehr weit zurück. Bereits beim Bau der Pyramiden im alten Ägypten stellten sich vielfältige Fragen, die man heute dem Personalbereich zuordnen würde. Meist setzen historische Betrachtungen des Personalmanagements jedoch um 1900 an, konkret mit den Arbeiten von Frederic W. Taylor, dem Begründer der „Wissenschaftlichen Betriebsführung" (Scientific Management) (**Taylorismus**). Der Ingenieur Taylor hatte aus heutiger Sicht akzeptable Ziele; er wollte die gleichzeitige „Prosperität", das Wohlergehen von Arbeitgeber, Arbeitnehmern und Verbrauchern. Seine Überlegungen fußten auf der Forderung nach **maximaler Arbeitsteilung**. Er war fest davon überzeugt, dass ein Arbeiter, der alle 10 bis 20 Sekunden den gleichen Handgriff ausführt, diese „Tätigkeit" irgendwann perfekt beherrscht; die strikte Trennung von Denken und Handeln bzw. von Planen und Ausführen ist in dieser Idee eingeschlossen. Taylors wissenschaftliche Betriebsführung umfasste auch Überlegungen zur Personalauswahl, zur Unterweisung der Mitarbeiter, zur leistungsbezogenen Entlohnung, zu den äußeren Einflüssen auf die Arbeit und zur Spezialisierung der Meister bzw. Führungskräfte. In etwa zeitgleich mit Taylor entwickelte Gilbreth die systematischen Arbeits- und Zeitstudien und Ford führte das Fließband in der Automobilindustrie ein. Trotz der annehmbaren Ziele schimmert in Taylors Lehre ein mechanistisches Menschenbild durch: der Mensch als immer gleich funktionierende Maschine. Hinzu kommt die Reduzierung der Mitarbeiter auf genau **ein Bedürfnis, nämlich Geld**. Dies hat Taylor heftige Kritik eingetragen, so dass er auch heute noch als „böser Bube" gilt.

Streng in der Tradition und Denkweise Taylors stand anfangs die nächste Phase (ab ca. 1930), die sog. **„Human Relations"-Bewegung**. Zunächst wollte man in der Western Electric Company in Hawthorne (Kalifornien) u. A. den Einfluss der Beleuchtung auf die Arbeitsleistung der Mitarbeiter erforschen („Mehr Licht führt – bis zu einem bestimmten Punkt – zu mehr Leistung."), erhielt aber Untersuchungsergebnisse, die nicht in dieses mechanistische Denken passten. Aufgrund der überraschenden Resultate suchte man unter Leitung von Sozialwissenschaftlern nach anderen Erklärungen für Leistungssteigerungen selbst bei Mondlichtstärke. Ein erstes Ergebnis entdeckten Mayo und seine Mitstreiter in dem Umstand, dass allein die Anwesenheit der Forschergruppe – und damit die Beachtung, die den Arbeitern zuteil wurde – schon Auswirkungen auf die Leistungen der Mitarbeiter hatte. Diese fühlten sich beachtet – und damit wichtig (sog. **„Hawthorne Effekt"**). In weiteren Untersuchungen wurden dann die **Bedeutung von Gruppen und von sozialen Normen** entdeckt. Nicht die äußeren Arbeitsbedingungen, die Arbeitsorganisation oder die materiellen Anreizsysteme haben den entscheidenden Einfluss auf die Leistung, sondern die sozialen Normen. „Du sollst nicht zu viel leisten, sonst bist Du ein Akkordbrecher ... Du sollst nicht zu wenig leisten, sonst bist Du ein Nassauer." – das waren die entscheidenden Normen. Die Human Relations-Bewegung scheint von einem schöneren Menschenbild auszugehen, sie ist aber in gleicher Weise einseitig bzw. „einäugig" wie Taylor, denn sie reduziert den Menschen ebenfalls auf eine Art von Bedürfnissen, die sozialen Bedürfnisse nach Zugehörigkeit zu einer Gruppe von Kollegen.

Die einseitigen Sichtweisen von Taylor und Mayo wurden erst überwunden, als ca. 1950 Maslow seine sog. **Bedürfnispyramide** präsentierte. Diese Vorstellung vom Menschen und seinen Bedürfnissen hat auch heute noch große Bedeutung (siehe hierzu Teil 6).

In der **jüngeren Geschichte** hat sich das Personalmanagement in der betrieblichen Praxis – ebenso auch in der wissenschaftlichen Forschung und Lehre – über mehrere Phasen zu seinem heutigen Stand entwickelt. Allerdings ist dieser Prozess in jedem Unternehmen anders verlaufen, so dass das folgende Schema der **Entwicklungsstufen** nur Anhaltspunkte für einen „normalen Entwicklungsprozess" geben kann. Zweifellos lassen sich heute noch Unternehmen finden, die in der ersten oder zweiten Phase stecken; die Mehrzahl der Unternehmen befindet sich in der Restrukturierungsphase oder in der Phase des „Unternehmerischen Personalmanagements" und einige fortschrittliche Betriebe sind bereits in der Phase des „Personalmanagements als Business

Übersicht: ***Entwicklungen im Personalmanagement und im Management***

Personalmanagement	Gemeinsam	Management
	• Taylorismus 1900	
	• Human Relations 1930	
• Verwaltung 1950	• Maslow 1950	
• Etablierung 1960		• Management-by-Konzepte 1960
• Humanisierung 1970		
• Ökonomisierung 1980		• 7-S-Modell 1985
• Restrukturierung 1990		• Lean Management 1990 • Qualitätsmanagement 1990 • Business Reengineering 1995
• Unternehmerisches Personalmanagement (Business Partner) 2000		• Balanced Scorecard 2000
• Nachhaltiges Personalmanagement ab 2010		• Nachhaltiges Management ab 2010

Partner" (ab ca. 2005) angekommen. Welche Themen in den einzelnen Phasen jeweils „in" waren, das zeigt die Übersicht auf der nächsten Seite.

Das Personalmanagement entwickelt sich ständig weiter. Ein wesentlicher Grund dafür ist in den **Veränderungen in der Umwelt** zu sehen. Wirtschaftlicher, technischer, sozialer und politischer Wandel, aber auch neue Managementkonzeptionen führen dazu, dass (alt)bekannte Fragestellungen zusätzliche Inhalte und/oder einen neuen Stellenwert bekommen und dass ganz neue Themen auftauchen. Untersuchungen zu den **Trends im Personalbereich** (siehe Teil 9) belegen, dass beispielsweise diese „Klassiker" künftig ein stärkeres Gewicht haben werden als bisher: integrierte Personalinformationssysteme, Arbeitszeitmanagement, Arbeitsorganisation, Motivation der Mitarbeiter und Personalentwicklung. Breit angelegte Flexibilisierung, Internationalisierung des Personalmanagements, Management des Wandels, personalwirtschaftliche Aspekte von Unternehmenszusammenschlüssen, Prozessoptimierung, Nutzung von Inter- und Intranet, Qualitätsmanagement im Personalbereich, der Nachweis des Wertschöpfungsbeitrags des Personalmanagements und das nachhaltige Personalmanagement sind relativ neue Themen, über die vor 15 Jahren noch nicht so intensiv diskutiert wurde; all das hat auch Konsequenzen bei den – immer aktuellen – Fragen

Übersicht: ***Jüngere Entwicklungen im Personalmanagement***

Phase	Zeit	Schwerpunktaufgaben
Verwaltung	1950	• Personalverwaltung • Sozialleistungen
Etablierung	1960	zusätzlich: • Personalbeschaffung • Betriebliches Bildungswesen • Arbeitsplatzgestaltung / Ergonomie
Humanisierung	1970	zusätzlich: • Arbeitsorganisation • Erweiterte Mitbestimmung / Partizipation • Kooperative Mitarbeiterführung • Personalentwicklung
Ökonomisierung	1980	zusätzlich: • IT im Personalbereich • Quantitatives Personalcontrolling • Flexibilisierung
Restrukturierung	1990	zusätzlich: • Personalbetreuung / Dezentrale Personalarbeit • Zusammenarbeit / Teamarbeit • Führen mit Zielen • Gesundheitsmanagement • Internationalisierung • Qualitatives Personalcontrolling • Organisationsentwicklung • Unternehmenskultur
Unternehmerisches Personalmanagement und Business Partner	2000	zusätzlich: • Variable Entgeltsysteme • Mitarbeiterbindung (mit Familienförderung und Work-Life-Balance, Managing Diversity und Aging Workforce) • Kompetenz-, Nachfolge- und Talent Management • Prozessoptimierung und E-HRM • Umgang mit (plötzlichen) Krisen • Beschäftigungsgesellschaften • Human Capital Management • Balanced Scorecard
Nachhaltiges Personalmanagement	ab 2010	zusätzlich: • Wertschöpfungsbeitrag des Personalmanagements • Langfristige Wirkungen personalwirtschaftlicher Aktivitäten • Ethische Aspekte und gesellschaftliche Verantwortung • ...

ähnlich: Wunderer/Dick 2007

der Professionalisierung im Personalmanagement und damit im Selbst- und im Rollenverständnis des Personalwesens.

Zunächst geht es darum, die aktuellen Ansätze des Personalmanagements aus theoretischer Warte genauer zu betrachten und zu diskutieren, mit welchen Perspektiven die betriebliche Praxis aufwartet.

1.3 Ansätze des Personalmanagements

War anfangs (ab 1960) noch „Personalwesen" die gängige **Bezeichnung des Fachgebiets**, sprach man ab 1970 gern von „Personalwirtschaft" und ab 1980 setzte sich „Personalmanagement" als Terminus durch. Bedingt durch Einflüsse aus dem englischsprachigen Ausland verbreitete sich ab ca. 1990 der Begriff „Human Resource(s) Management" (ob mit oder ohne „s" geschrieben, diese Frage ist offen). Neuerdings bezeichnen Fachvertreter das Personalmanagement auch als „Human Capital Management", wenngleich damit gleichzeitig auch ein anderes, ganz spezielles Thema gemeint ist, nämlich die Bezifferung des Werts einer ganzen Belegschaft bzw. des Wertschöpfungsbeitrags der Mitarbeiter eines Unternehmens in Euro und Cent. Aktuell findet man in Theorie und Praxis alle genannten Begriffe mit gleicher Bedeutung; verwirrend ist allerdings die Tatsache, dass teilweise aber auch unterschiedliche Bedeutungen in diese Fachbezeichnungen hineininterpretiert werden. So liest man z. B. immer wieder, „Personalwesen" sei hauptsächlich Personalverwaltung, „Human Resources Management" hingegen wäre ein modernes Verständnis von Personalmanagement. In diesem Buch ist überwiegend von „Personalmanagement" die Rede, weil das ein verständlicher und (immer noch) moderner Begriff ist.

Aus anderer Perspektive ist erwähnenswert, dass der erste Lehrstuhl für „Personalwesen und Arbeitswissenschaft" im deutschsprachigen Raum (erst) Anfang der 60er Jahre an der damaligen Wirtschaftshochschule in Mannheim von August Marx gegründet wurde. In etwa zeitgleich startete die heutige Hochschule Pforzheim mit dem Studiengang „Personalführung". Seit den 70er Jahren haben viele betriebswirtschaftliche Fakultäten an Universitäten und (Fach)Hochschulen personalwirtschaftliche Ausrichtungen.

Nun zu den **personalwirtschaftlichen Theorieansätzen**. Alle sog. „Ansätze" haben gemein, dass jedes Konzept das Personalmanagement eingeengt aus einem bestimmten Blickwinkel betrachtet; sie nehmen also recht unterschiedliche Perspektiven ein. Die sog. „verhaltenswissenschaftlichen Ansätze zum Personalmanagement" greifen intensiv auf psychologische und soziologische Erkenntnisse zurück. Die „personalökonomischen Ansätze" sehen demgegenüber das Personal als Investitionsgut und betonen die kostenseitigen Konsequenzen aller Entscheidungen über Personalfragen. Mitunter wird im Personalmanagement auch ein spezifischer Human Resources

Management-Ansatz diskutiert, der die Orientierung bei Personalfragen an der Unternehmensstrategie und (im Nachhinein) den Beitrag zur Verwirklichung der Unternehmensstrategien besonders betont. In der betriebspraktischen Realität kommt diesen theoretischen „Ansätzen" (explizit) meist keine besonders große Bedeutung zu, implizit hingegen schon, weil jeder Personaler in der Praxis von solchen grundlegenden Orientierungen ausgeht, häufig jedoch ohne sich dessen wirklich bewusst zu sein.

Wichtig für die Praxis ist allerdings die Frage, aus welcher **disziplinären Sicht** unser Fachgebiet angeschaut wird. So ist ein Jurist an Arbeitsverträgen, an den Mitwirkungsrechten des Betriebsrats und vielleicht auch an Arbeitsgerichtsprozessen interessiert. Ein Betriebswirt kümmert sich um Kostenfragen und um die sog. „Faktorkombination", d. h. das produktive Zusammenwirken von Menschen und Maschinen. Einen Psychologen interessieren Eignungsdiagnostik (Personalauswahl) und Motivation. Der Pädagoge wird Lernprozesse und deren Resultate im Blick haben. Ein IT-Fachmann findet in erster Linie Personalinformationssysteme, elektronische Personalakten und Bewerbungen per Internet spannend. Diese Aufzählung lässt sich mit Arbeitsmedizinern, Ingenieuren, Soziologen usw. fast beliebig fortsetzen. Die Konsequenz aus diesen äußerst verschiedenen Sichtweisen: Man muss sich (auch hier) der eigenen „Scheuklappen" bzw. der „Brille", mit der man an die Fragestellungen der Praxis herangeht, bewusst sein und versuchen, personalwirtschaftliche Themen möglichst aus verschiedenen Richtungen anzusehen.

Übrigens: Die Tatsache, dass das Personalmanagement in der wissenschaftlichen Ausbildung an den Hochschulen überwiegend im Bereich der Betriebswirtschaftslehre angesiedelt ist, lässt sich nur historisch erklären – die BWLer waren schneller als die anderen Disziplinen. Aus heutiger Sicht ist das auch gut so, denn die moderne Rolle der Personalabteilungen als „Business Partner" der oberen Führungskräfte und der Geschäftsleitung lässt sich nur auf dem Hintergrund einer qualifizierten Managementausbildung kompetent wahrnehmen.

Auf Taylorismus, Human Relations und den motivationsgeprägten Ansatz von Maslow wurde bereits hingewiesen. Die jüngere Geschichte des Personalmanagements geht zunächst mit der Betriebswirtschaftslehre einher. Ein ähnlicher Effekt wie zuvor bei den personalwirtschaftlichen Theorieansätzen und bei den disziplinären Blickrichtungen zeigt sich auch bei den **wissenschaftlichen Perspektiven innerhalb der Betriebswirtschaftslehre**.

- Ein Anhänger des sog. Produktionsfaktorenansatzes (Gutenberg) wird dem Personalmanagement keine besondere Bedeutung zuweisen; er betrachtet Mitarbeiter bzw. den „Faktor Arbeit" gleichbedeutend neben Betriebsmitteln und Werkstoffen als „Produktionsfaktor".

- Ein Vertreter der Entscheidungstheorie (Heinen) sieht alle personalwirtschaftlichen Fragestellungen als typische Entscheidungsprobleme, die – wie beispielsweise Entscheidungen im Marketing, der Logistik usw. – in mehrere Phasen aufgegliedert werden (Analyse der Ausgangssituation, Generierung von Handlungsalternativen, Bewertung der Alternativen, Treffen einer Entscheidung).

- Protagonisten der Systemtheorie (Ulrich) sehen Unternehmen als offene soziotechnische Systeme, in denen die Mitarbeiter die soziale Komponente darstellen. Wie natürliche Systeme, z. B. Teiche, bestehen Unternehmen aus verschiedenen Elementen, die miteinander in Beziehung stehen; die Geschäftsleitung ist für die Steuerung des Systems zuständig.

Diese Reihe ließe sich fortsetzen. Wichtig ist auch in diesem Kontext, dass die jeweilige Sichtweise bzw. der Ansatz erheblichen Einfluss auf die Herangehensweise an personalwirtschaftliche Fragen hat.

In diesem Buch wird mit dem 3-Säulen-Konzept kein bestimmter (theoretischer) Ansatz verfolgt; auch der Umstand, dass die drei Autoren Betriebswirt, Psychologin und Jurist sind, steht für eine gewisse Ausgewogenheit – zumindest bemühen wir uns sehr darum.

Zum Weiterdenken

- Personalarbeit ist Vorgesetztenaufgabe – die Personalabteilung ist (nur) für die Personalverwaltung und für arbeitsrechtliche Fragen zuständig. Was spricht für bzw. gegen diese Auffassung?
- Die Sichtweise des Personalmanagements prägt nachhaltig dessen zentrale Themen: Der Betriebswirt fokussiert andere Fragestellungen als der Psychologe etc. Ähnlich verhält es sich auch mit den personalwissenschaftlichen Theorien. Welche Konsequenzen ergeben sich aus diesem Umstand für die betriebliche Praxis?

Quellen zu Teil 1

Einführungen in das Personalmanagement und Gesamtdarstellungen

Ackermann, K.-F./Blumenstock, H. (Hrsg.): Personalmanagement in mittelständischen Unternehmen, Stuttgart 1993

Antoni, C./Eyer, E. (Hrsg.): Das flexible Unternehmen – digitale Fachbibliothek, Düsseldorf 2008

Backes-Gellner, U./Lazaer, E./Wolff, B.: Personalökonomik, Stuttgart 2001

Bartscher, Th./Huber, A.: Praktische Personalwirtschaft, 2. Aufl., Wiesbaden 2007

Berthel, J./Becker, F.: Personal-Management, 9. Aufl., Stuttgart 2010

Bisani, F.: Personalwesen und Personalführung, 4. Aufl., Wiesbaden 2000

Böck, R.: Personalmanagement, München/Wien 2002

Bontrup, H./Hansen, K. (Hrsg.): Personalmanagement, 2. Aufl., Troisdorf 2009

Breisig, Th.: Personal, Herne/Berlin 2005

Bröckermann, R.: Personalwirtschaft, 5. Aufl., Stuttgart 2009

Bühner, R.: Personalmanagement, 3. Aufl., Landsberg 2005

BDA (Bundesvereinigung der Deutschen Arbeitgeberverbände): Instrumente der Personalarbeit, 7. Aufl., Köln 1997

Danne, H./Heider-Knabe, E.: Personalwirtschaft, Berlin 2003

DGFP (Deutsche Gesellschaft für Personalführung): Integriertes Personalmanagement in der Praxis, Bielefeld 2009

Drumm, H.: Personalwirtschaftslehre, 6. Aufl., Berlin 2008

v. Eckardstein, D./Schnellinger, F.: Betriebliche Personalpolitik, 4. Aufl., München 1999

Eisele, D./Doyé, Th.: Praxisorientierte Personalwirtschaftslehre, 7. Aufl., Stuttgart 2010

Fischer, G.: Mensch und Arbeit im Betrieb, Zürich 1929

Flato, E./Reinbold-Scheible, S.: Zukunftsweisendes Personalmanagement, München 2008

Franke, D./Boden, M. (Hrsg.): Das PersonalJahrbuch 2004, Neuwied 2003

Friedrichs, H.: Moderne Personalführung, München 1973

Fröhlich, W.: Führung und Personalmanagement, 2. Aufl., München 2001

Gmür, M./Thommen, J.-P.: Human Resource Management, 2. Aufl., Zürich 2007

Goossens, F.: Das Handbuch der Personalführung, München 1955

Harlander, N. u. a.: Praktisches Lehrbuch Personalwirtschaft, 3. Aufl., München 2000

Haubrock, A./Öhlschlegel-Haubrock, S.: Personalmanagement, 2. Aufl., Stuttgart 2009

Haufe-Verlag: Personalmanagement, Freiburg 2001

Haufe-Verlag: Haufe Personal Office Professional, Freiburg 2010 (CD)

Heimbrock, K.: Human Resources Management, Frechen 2004
Hentze, J.: Personalwirtschaftslehre 1 und 2, 7. Aufl., Bern 2001 und 2005
Hilb, M. (Hrsg.): Management der Human-Ressourcen, 16. Aufl., Neuwied/Kriftel/Berlin 1998
Hilb, M.: Integriertes Personal-Management, 19. Aufl., München 2009
Hohlbaum, A./Olesch, G.: Human Resources, 3. Aufl., Rinteln 2008
Holtbrügge, D.: Personalmanagement, 3. Aufl., Berlin 2007

Jung, H.: Personalwirtschaft, 8. Aufl., München/Wien 2008

Kasper, H./Mayrhofer, W. (Hrsg.): Personalmanagement - Führung - Organisation, 4. Aufl., Wien 2009
Kienbaum, J. (Hrsg.): Visionäres Personalmanagement, 3. Aufl., Stuttgart 2001
Klimecki, R./Gmür, M.: Personalmanagement, 3. Aufl., Stuttgart 2001
Knauth, P./Wollert, A. (Hrsg.): Human Resource Management, Köln 2006
Knoblauch, J. u. a.: Unternehmens-Fitness, 3. Aufl., Offenbach 2003
Kolb, M./Bergmann, G.: Qualitätsmanagement im Personalbereich, Landsberg 1997
Krieg, H.-J./Ehrlich, H.: Personal, Stuttgart 1998

Lang, K.: Human Resources Management, Wien 2008
Liebel, H.J./Oechsler, W.: Handbuch Human Resource Management, Wiesbaden 2002
Lindner-Lohmann, D./Lohmann, F./Schirmer, U.: Personalmanagement, Heidelberg 2008
Lorenz, M./Rohrschneider, U.: Praxishandbuch für Personalreferenten, Frankfurt/New York 2007

Marr, R./Stitzel, M.: Personalwirtschaft, München 1979

Neher, H./Kolb. M.: Mitarbeiter als Erfolgsfaktor, 2. Aufl., Sternenfels 2004
Neuberger, O.: Personalwesen 1 und 2, Stuttgart 1997 und 1998
Nicolai, C.: Personalmanagement, 2. Aufl., Stuttgart 2009
Nieder, P./Michalk, S. (Hrsg.): Modernes Personalmanagement, Weinheim 2009

Oechsler, W.: Personal und Arbeit, 8. Aufl., München/Wien 2006
Olfert, K.: Personalwirtschaft, 13. Aufl., Ludwigshafen 2008

Remer, A.: Personalmanagement, Berlin/New York 1978
Ridder, H.-G.: Personalwirtschaftslehre, 3. Aufl., Stuttgart/Berlin/Köln 2009
Ringlstetter, M./Kaiser, S.: Humanressourcen-Management, München 2008
Rohleder, N.: Grundlagen der betrieblichen Personalwirtschaft, 3. Aufl., Marburg 2003
Rosenstiel, L. v./Regnet, E./Domsch, M. (Hrsg.): Führung von Mitarbeitern, 6. Aufl., Stuttgart 2009

Schanz, G.: Personalwirtschaftslehre, 3. Aufl., München 2000
Scherm, E./Süß, S.: Personalmanagement, 2. Aufl., München 2010
Schneider, H./Klaus, H. (Hrsg.): Mensch und Arbeit, 11. Aufl., Düsseldorf 2008
Scholz, C.: Personalmanagement, 5. Aufl., München 2000

Schuler, H. (Hrsg.): Lehrbuch der Personalpsychologie, Göttingen 2006
Stelzer-Rothe, T./Hohmeister, F.: Personalwirtschaft, Stuttgart/Berlin/Köln 2001
Stock-Homburg, R.: Personalmanagement, Wiesbaden 2008
Stopp, U.: Betriebliche Personalwirtschaft, 27. Aufl., Renningen-Malmsheim 2006

TEIA (Hrsg.): Personalmanagement, eBook, Berlin 2007
Treier, M.: Personalpsychologie im Unternehmen, München 2009

Ulrich, D.: Human Resource Champions, Boston 1997

Wächter, H.: Einführung in das Personalwesen, Herne/Berlin 1979
Wagner, D.: Organisation, Führung und Personalmanagement, 2. Aufl., Freiburg 1991
Wagner, D./Zander, E./Hauke, C. (Hrsg.): Handbuch der Personalleitung, München 1992
Wald, P./Ulrich, D./Beitner, R.: Neue Herausforderungen im Personalmanagement, Wiesbaden 2005
Weißenrieder, J./Kosel, M.: Nachhaltiges Personalmanagement, Wiesbaden 2005

Zaugg, R.: Nachhaltiges Personalmanagement, Wiesbaden 2009

Ausgewählte Englischsprachige Bücher

Dessler, G.: Human Resource Management, 11. Aufl., Upper Saddle River 2008

Marchington, M.: Human Resource Management at Work, 4. Aufl., London 2008

Torrington, D. u. a.: Fundamentals of Human Resource Management, Harlow 2009
Torrington, D./Hall, L./Taylor, S.: Human Resource Management, 7. Aufl., Harlow 2007

Beiträge in Sammelwerken

Domsch, M.: Personal, in: Vahlens Kompendium der Betriebswirtschaftslehre, 4. Aufl., München 2005

Kossbiel, H.: Personalwirtschaft, in: Bea, F.X./Dichtl, E./Schweitzer, M. (Hrsg.): Allgemeine Betriebswirtschaftslehre, 9. Aufl., Stuttgart/New York 2006

Nachschlagewerke

Becker, F.: Lexikon des Personalmanagements, 2. Aufl., München 2002
Büdenbender, U./Strutz, H.: Gabler Kompakt-Lexikon Personal, 2. Aufl., Wiesbaden 2005

Gaugler, E./Oechsler, W./Weber, W. (Hrsg.): Handwörterbuch des Personalwesens, 3. Aufl., Stuttgart 2004

Scholz, C. (Hrsg.): Vahlens Großes Personallexikon, München 2009

Weber, W. u. a.: Lexikon Personalwirtschaft, 2. Aufl., Stuttgart 2005

Managementliteratur
(mit umfangreichem und abgeschlossenem personalwirtschaftlichem Grundlagenteil)

Hopfenbeck, W.: Allgemeine Betriebswirtschafts- und Managementlehre, 14. Aufl., München 2002

Reimer, J.-M.: Verhaltenswissenschaftliche Managementlehre, Bern 2005

Staehle, W./Conrad, P./Sydow, J.: Management, 9. Aufl., München 2010
Steinmann, H./Schreyögg, G.: Management, 6. Aufl., Wiesbaden 2005

Ulrich, P./Fluri, E.: Management, 3. Aufl., Bern 1984

Thommen, J.-P./Achleithner, A.-K.: Allgemeine Betriebswirtschaftslehre 6. Aufl., Wiesbaden 2009

Vahs, D./Schäfer-Kunz, J.: Einführung in die Betriebswirtschaftslehre, 5. Aufl., Stuttgart 2007

Zeitschriften

Arbeit und Recht
Betriebsberater (mit Schwerpunkt im Arbeitsrecht)
HR PERFORMANCE
HR Services
HUMAN RESOURCES MANAGER
Lohn + Gehalt
Neue Zeitschrift für Arbeitsrecht
Organisationsentwicklung
Personal
Personalführung
PERSONALmagazin
Personal.Manager
personalmanager
Personal-Profi
Personalwirtschaft
Recht der Arbeit
Zeitschrift für Arbeits- und Organisationspsychologie
Zeitschrift für Arbeitsrecht
Zeitschrift für Personalpsychologie
Zeitschrift für Personalforschung

Wörterbücher

Blaeser, H.-O.: Fachwörterbuch Personalarbeit (deutsch-englisch, englisch-deutsch), 5. Aufl., Frechen 2007

o.V.: Dictionary of Human Resources and Personnel Management, 3. Aufl., London 2006

Internet-Adressen von Organisationen

www.dgfp.com	Deutsche Gesellschaft für Personalführung
www.bma.bund.de	Bundesministerium für Arbeit und Sozialordnung
www.bda-online.de	Bundesvereinigung der Deutschen Arbeitgeberverbände
www.dgb.de	Deutscher Gewerkschaftsbund
www.rkw.de	Rationalisierungskuratorium der Wirtschaft
www.eapm.org	Internationale Seite
www.hrworld.com	Internationale Seite
www.shrm.org	Internationale Seite

Internet-Adresse für die Beschaffung von Artikeln/Quellen

www.competence-site.de/personalmanagement	Competence Center Personalmanagement
www.dgfp.de/de/perdoc	Quellen-Datenbank der Deutschen Gesellschaft für Personalführung

Inhalt von Teil 2

Abbildungen in Teil 2

2 Externe Rahmenbedingungen und Strategisches Personalmanagement

Kapitel zwei behandelt das erste Element des 3-Säulen-Modells; hier werden der unternehmensexterne Handlungsrahmen und die Personalpolitik bzw. das strategische Personalmanagement thematisiert. Konkret geht es um

- die Wandlungsfelder außerhalb der Unternehmen, die gleichzeitig auch den Handlungsrahmen abstecken,
- den Zusammenhang von Unternehmens- und Personalpolitik sowie um
- die Fragen der Personalpolitik und Personalstrategie, deren Inhalt(e) und Zustandekommen.

Abbildung 2-01: ***Externer Handlungsrahmen und Personalstrategie im 3-Säulen-Modell***

Die Personalpolitik umfasst die Visionen, die Grundsätze, die Strategien und die Ziele im Personalbereich. Damit stellt sie die Weichen für alle nachgelagerten Entscheidungen im Personalsektor, indem sie die anzupeilende Richtung vorgibt oder bestimmte Maßnahmen für unerwünscht erklärt. Man kann die Personalpolitik mit den Festlegungen des Grundgesetzes der Bundesrepublik Deutschland vergleichen („Die Würde des Menschen ist unantastbar... Alle Menschen sind vor dem Gesetz gleich..."), das – ebenfalls in sehr allgemeiner Form – zentrale „Spielregeln" für unser Zusammenleben in der Gesellschaft festlegt. Hierbei kommen grundlegende Vorstellungen zum Ausdruck,

- die immer Werte beinhalten,
- für das ganze Unternehmen von Bedeutung sind und
- wesentlichen Einfluss auf die nachgeordneten operativen und kurzfristigen Planungen und Einzelmaßnahmen im Personalbereich haben.

In ähnlicher Weise beinhalten die Festlegungen der Regierung **grundlegende Entscheidungen über die strategischen (Aus)Richtungen**, die eingeschlagen werden sollen. Die „Förderung von Familien und von Kindern" stellt zum Beispiel eine aktuelle politisch-strategische Richtungsgebung dar, die nicht zuletzt auch eine Reaktion auf gesellschaftliche Entwicklungen ist. Ähnlich ist das beim strategischen Personalmanagement auch, das immer (auch) auf Entwicklungen innerhalb und außerhalb des Unternehmens reagiert bzw. zu erwartende Trends antizipiert. Die Personalpolitik und das strategische Personalmanagement besitzen somit – im Vergleich zu den übrigen personalwirtschaftlichen Aufgabenfeldern – einen herausgehobenen, richtungsweisenden Charakter.

Bevor auf die konkreten Erscheinungsformen der Personalpolitik eingegangen wird, soll zunächst ein detaillierter Blick auf die Gegebenheiten und Veränderungen im Umfeld von Unternehmen geworfen werden, die Chancen und Risiken beinhalten und gleichzeitig den Handlungsrahmen definieren.

Leitfragen

- Welche Entwicklungen im wirtschaftlichen, politisch-rechtlichen, gesellschaftlichen und technologischen Umfeld von Unternehmen sind für das Personalmanagement bedeutsam?
- Welche konkreten Chancen und Risiken bringen diese Veränderungen für das Personalmanagement mit sich?
- Welche Bedeutung hat die Unternehmenspolitik für die Personalpolitik?
- Welche personalpolitisch relevanten Managementkonzepte haben (heute) Einfluss auf das Personalmanagement?

2.1 Analyse des Unternehmensumfelds

Das Personalmanagement muss aktiv die richtigen Antworten auf verschiedenste Herausforderungen finden, die aus dem politisch-rechtlichen (*p*olitical), wirtschaftlichen (*e*conomic), gesellschaftlichen (*s*ocial) und technologischen (*t*echnological) Umfeld des Unternehmens kommen, sog. **PEST-Felder**; daneben spielen auch umweltbezogene ökologische Gesichtspunkte eine Rolle.

2.1.1 Wirtschaftliches Umfeld

Die aktuelle Entwicklung des wirtschaftlichen Umfelds ist dadurch charakterisiert, dass **Märkte weltweit immer stärker verflochten** sind. Neuerdings sorgt auch die weltweite Vernetzung dafür, dass viele Dienstleistungen problemlos grenzüberschreitend erbracht werden können. Die zunehmende Globalisierung der Wirtschaft führt zu einem **verschärften Wettbewerbsdruck** – nicht nur für die etablierten Industrienationen. Einer der Gründe dafür sind die unterschiedlichen Arbeitskosten und Arbeitszeiten in den verschiedenen Ländern.

Übersicht: ***Arbeitskosten und Arbeitszeiten international***

Arbeitskosten / Stunde (in €) (2007)		Jahresarbeitszeiten (in Stunden) (2007)	
• Norwegen	40,19	• USA	1.920
• Belgien	35,84	• Schweiz	1.852
• Schweden	34,53	• Polen	1.848
• Deutschland	32,70	• Ungarn	1.840
• Schweiz	32,70	• Japan	1.811
• Frankreich	32,26	• Bulgarien	1.808
• Niederlande	31,34	• Belgien	1.730
• Österreich	29,90	• Österreich	1.723
• USA	22,57	• Tschechische Republik	1.710
• Japan	18,39	• Niederlande	1.706
• Tschechische Republik	7,39	• Norwegen	1.695
• Ungarn	7,02	• Deutschland	1.651
• Polen	5,90	• Schweden	1.620
• Bulgarien	1,80	• Frankreich	1.568

aus: Institut der Deutschen Wirtschaft 2009

Mit den Ländern mit deutlich kostengünstigeren Produktionsbedingungen wie z. B. niedrigerem Lohnniveau, billigeren Rohstoffen oder günstigeren Energiepreisen kann die Bundesrepublik Deutschland im Bereich einfacher Produkte und Dienstleistungen nicht mithalten. Die traditionellen europäischen und amerikanischen Standorte sind vielmehr gezwungen, sich durch **innovative Produkte und Dienstleistungen sowie hohe Qualität** einen Wettbewerbsvorsprung zu verschaffen. Voraussetzung für Innovation und Qualität sind kompetente und motivierte Mitarbeiter, die lebenslang lernen – diesbezüglich ist das Personalmanagement eindeutig gefordert.

Standortverlagerungen aus westlichen Ländern sind dennoch an der Tagesordnung. In diesem Zusammenhang wickeln Personalmanager Personalfreisetzungen an den bisherigen Standorten ab und kümmern sich um den Aufbau von Strukturen an den neuen Standorten; (auch) dadurch wird das Personalmanagement immer internationaler.

Eine weitere wirtschaftliche Entwicklung, die das Personalmanagement vor neue Herausforderungen stellt, ist die ständig steigende Zahl an **Unternehmenskooperationen und Firmenzusammenschlüssen** (Mergers). Die Personalverantwortlichen sind in diesen Situationen gefragt, die Veränderungsprozesse zu begleiten und neue Kulturen in den (neu) entstehenden Unternehmen zu etablieren. Das gilt in ähnlicher Weise auch für das Zurückdrehen der Fusionsschraube, die sog. De-Mergers.

Die genannten wirtschaftlichen Entwicklungen und der damit häufig einhergehende zunehmende **Kostendruck** treffen nicht nur Großkonzerne, sondern auch kleine und mittlere Unternehmen. Bei vielen Automobilzulieferern hat dies beispielsweise zur Konsequenz, dass Sozialleistungen abgebaut, Arbeitszeiten ohne Lohnausgleich verlängert werden und die Unternehmen sich gegebenenfalls aus tariflichen Bindungen lösen, konkret, dass sie aus dem Arbeitgeberverband austreten.

2.1.2 Politisch-rechtliches Umfeld

Die Politik nimmt teils direkt, vor allem aber indirekt Einfluss auf das Personalmanagement. Unmittelbar ist die Beeinflussung dort, wo Politiker direkt in das wirtschaftliche Geschehen eingreifen. Ein aktuelles Beispiel: die **Ausbildungsoffensive der Bundesregierung**, mit der die kritische Ausbildungsplatzsituation nachhaltig verbessert werden soll. Politiker sind oft auch über ihr politisches Mandat in Aufsichtsgremien großer Unternehmen vertreten; diese Kontrollgremien entscheiden über die Besetzung von Führungspositionen. Auch hier ist der Einfluss der Politik auf das Personalmanagement offensichtlich.

Direkt prägt die Politik das Personalmanagement, indem sie die relevante **Gesetzgebung** maßgeblich bestimmt. Die Eingriffe in die Renten- oder Krankenversicherung, die Ausdehnung der Ladenöffnungszeiten und das Allgemeine Gleichbehandlungsgesetz sind aktuelle Beispiele für direkte politische Einflussnahme, die das Personalmanagement tangieren.

Die in Deutschland ansässigen Unternehmen müssen eine Vielzahl rechtlicher Regelungen beachten. Der **Grad der rechtlichen Reglementierung** ist wohl nirgends so hoch wie in der Bundesrepublik. Dies zeigt sich unter anderem deutlich an den Mitbestimmungsrechten des Betriebsrats, der zum Beispiel bei der Verarbeitung von Personaldaten weitgehende Mitwirkungsrechte nach dem Betriebsverfassungsgesetz besitzt.

Betrachtet man die rechtliche Situation systematisch, so gilt es zunächst die internationalen Einflüsse auf die deutsche Gesetzgebung zu berücksichtigen. Neben Bestimmungen von weltweit agierenden Organisationen wie der International Labour Organisation sind die vom Europäischen Parlament und dem Rat der Europäischen Union erlassenen Richtlinien von Bedeutung. Auf staatlicher Ebene wird vom Bund oder den einzelnen Ländern eine Vielzahl von Gesetzen und Regelungen verabschiedet, die die **Beziehungen zwischen Arbeitgebern und Arbeitnehmern** betreffen.

Charakteristikum des deutschen Arbeitsrechts ist es, dass Arbeitgeberverbände und Gewerkschaften im Rahmen von Tarifvereinbarungen weitere verbindliche Eckpfeiler setzen. Auf der Ebene des einzelnen Unternehmens und Betriebs existieren dann zusätzliche Möglichkeiten der rechtlichen Gestaltung. Hier bekommen unter anderem das Mitbestimmungsgesetz und das Betriebsverfassungsgesetz Bedeutung; Betriebsvereinbarungen sind eine häufig genutzte Form der Einigung zwischen den betrieblichen Parteien (Arbeitgeber und Betriebsrat).

Abbildung 2-02: ***Quellen für das Arbeitsrecht – Arbeitsrechtshierarchie***

In den neunziger Jahren hat die Zahl der **betrieblichen Bündnisse für Beschäftigung und Wettbewerbsfähigkeit** rapide zugenommen; dieser Trend hält an. Beschäftigungssicherung, Standorterhaltung und Wettbewerbsstärkung wurden auf diesem Weg zu expliziten Verhandlungsgegenständen kollektivvertraglicher Vereinbarungen. Von der Praxis bisheriger Kollektivverträge unterscheiden sich die betrieblichen Beschäftigungsbündnisse primär dadurch, dass sie nicht nur Entgelt und Arbeitszeit genauer bestimmen, sondern auch im Rahmen von Beschäftigungsgarantien das Niveau der Beschäftigung und somit die Zahl der gesicherten Arbeitsplätze festlegen. Betrieben in schwierigem wirtschaftlichem Umfeld bieten sie neue Alternativen zum traditionellen Reaktionsmuster, den Personalüberhang zuerst durch einen Abbau der Beschäftigten anzupassen. Das Personalmanagement steht hier vor einer herausfordernden Gestaltungsaufgabe.

Abbildung 2-03: ***Arbeitgeberzusagen im Rahmen von „Bündnissen für Arbeit"***

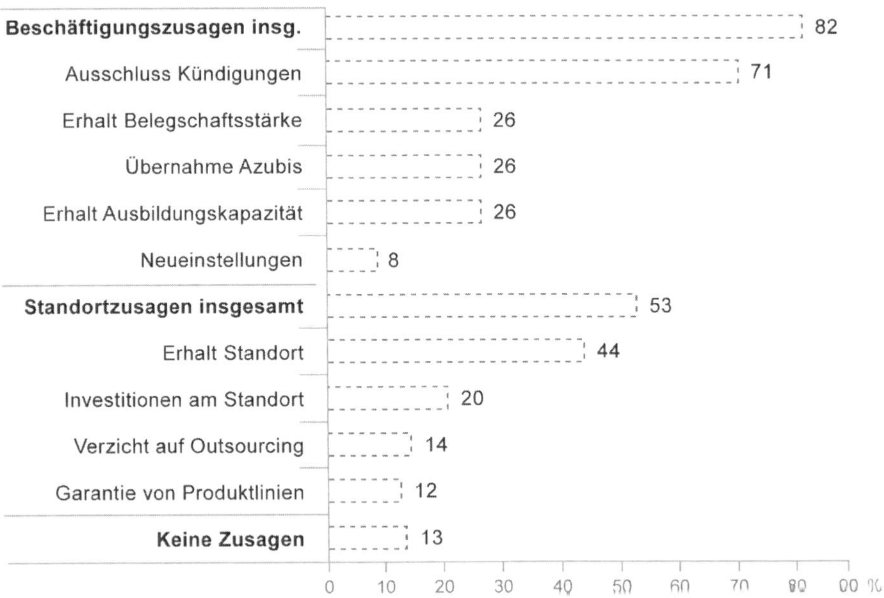

aus: Institut der Deutschen Wirtschaft

Ein weiteres Beispiel für politisch-rechtliche Vorgaben zeigt sich auch durch die verbindliche Verankerung des **Gender Mainstreaming** in der Gesetzgebung sowohl auf der Ebene der Europäischen Union als auch in den nationalen Leitlinien (Amsterdamer Vertrag vom 01.05.1999 und Bundeskabinettsbeschluss vom 23.06.1999). Unter Gender Mainstreaming wird ein zentrales Leitprinzip verstanden, das darauf zielt, im

Vorfeld von Entscheidungen auf allen Ebenen die konkreten Lebenssituationen von Männern und Frauen systematisch zu berücksichtigen, um die Chancengleichheit beider Geschlechter zu fördern. Während in der öffentlichen Verwaltung die Umsetzung von Gender Mainstreaming verpflichtend ist (z. B. Hochschulrahmengesetz § 3), ist für die Wirtschaftsunternehmen die Chancengleichheit an sich kein vorrangiges Motiv. Andererseits zählt es zu den Imagefaktoren einer modernen Personalpolitik, in den Rankings zur Gleichstellung und Familienfreundlichkeit weit oben zu rangieren. Für die Personalmanager bedeutet dies konkret,

- bei Personalentscheidungen Benachteiligungen bzw. Diskriminierungspotenziale frühzeitig zu erkennen und auszuschließen sowie
- die Verantwortung für Genderfragen bei allen Führungskräften im Unternehmen bewusst zu machen und deren Genderkompetenzen zu fördern.

2.1.3 Gesellschaftliches Umfeld

Die deutsche Bevölkerung schrumpft, die Wertvorstellungen verändern sich, die Kluft zwischen Alt und Jung sowie Reich und Arm wird größer, die Diversität der Belegschaften nimmt zu. Der unaufhörliche gesellschaftliche Wandel lässt sich am deutlichsten an den folgenden einschneidenden Entwicklungen festmachen.

Ein dauerhafter Rückgang der Bevölkerung und des für das Personalmanagement relevanten Erwerbspersonenpotenzials ist abzusehen. Auch eine weiter steigende Lebenserwartung oder eine verstärkte Zuwanderung werden dies nicht verhindern können. Gleichzeitig wird das Durchschnittsalter der Beschäftigten kontinuierlich ansteigen. Für die Personalverantwortlichen in den Unternehmen leiten sich aus dieser **demografischen Entwicklung** eine ganze Reihe von Konsequenzen ab.

Die notwendige Zuwanderung bedeutet für die Unternehmen und die ganze Gesellschaft, dass sie sich intensiv mit der **Integration von Mitarbeitern aus anderen Kulturkreisen** und dem **Umgang mit Diversität** (Unterschiedlichkeit) beschäftigen müssen.

Der Wettbewerb um Mitarbeiter, besonders um Fach- und Führungskräfte, wird weiter zunehmen. Während **ältere Mitarbeiter** in der Vergangenheit vorzeitig in Ruhestand geschickt wurden oder Personalabbaumaßnahmen zum Opfer fielen, wird sich dies demnächst ändern. Vieles spricht dafür, dass man auf deren Know-how nicht verzichten kann. Damit Arbeitnehmer auch jenseits von 60 Jahren leistungsfähig bleiben, werden Themen wie Gesundheitsmanagement, Work-Life-Balance und das lebenslange Lernen an Bedeutung zunehmen. Auf der anderen Seite ist es schon heute erforderlich, in die betriebliche Ausbildung der **jüngeren Generation** zu investieren, um sich den eigenen Nachwuchs frühzeitig zu sichern.

Abbildung 2-04: ***Szenarien zur Entwicklung des Erwerbspersonenpotenzials***
(Personen in Millionen – Inländerkonzept)

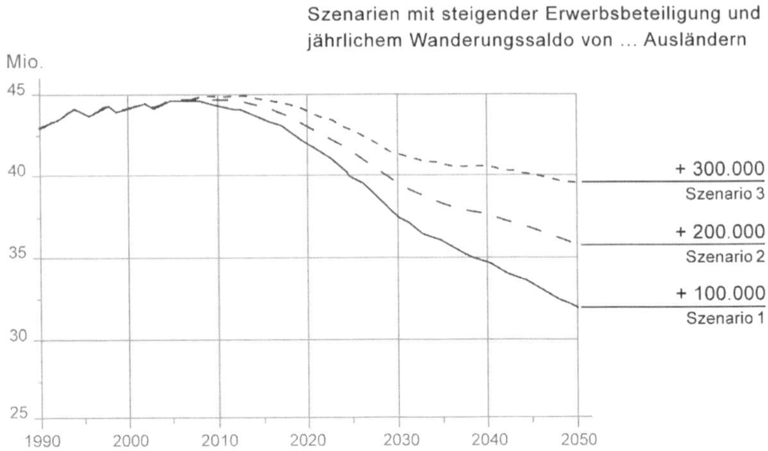

aus: Institut der Deutschen Wirtschaft

Das Zusammenwirken von Alt und Jung birgt für das Personalmanagement auch besondere Chancen, wenn die Stärken der jeweiligen Personengruppe richtig genutzt werden. Haben die Einen mehr Erfahrungswissen, Arbeitsmoral und Qualitätsbewusstsein zu bieten, so liegen die Stärken der Anderen in ihrer größeren Fähigkeit und Bereitschaft zum Lernen, in ihrer Unbekümmertheit oder der größeren körperlichen Belastbarkeit. Dieser Umstand spricht beispielsweise sehr für die gemischte Zusammensetzung von Arbeitsteams.

Im Zusammenhang mit unterschiedlichen Generationen spielt auch der **Wertewandel** eine zentrale Rolle. Fühlen sich die älteren Beschäftigten Werten wie Disziplin, Gehorsam, Pflichterfüllung und Pünktlichkeit verbunden, so sieht das bei der nächsten Generation anders aus. Selbstverwirklichung, Eigenständigkeit, Partizipation, Gleichbehandlung und Genuss sind einige der Werte, die bereits Ende der sechziger Jahre des letzten Jahrhunderts an Bedeutung gewonnen und viele aktuelle Führungskräfte geprägt haben. Seit der Wiedervereinigung sind – bezogen auf das Arbeitsumfeld – Werte wie Spaß, Leistung, Karriere und Arbeitsplatzsicherheit wichtiger geworden.

Abbildung 2-05: ***Vergleich der Eigenschaften/Leistungsparameter von Jüngeren und Älteren***

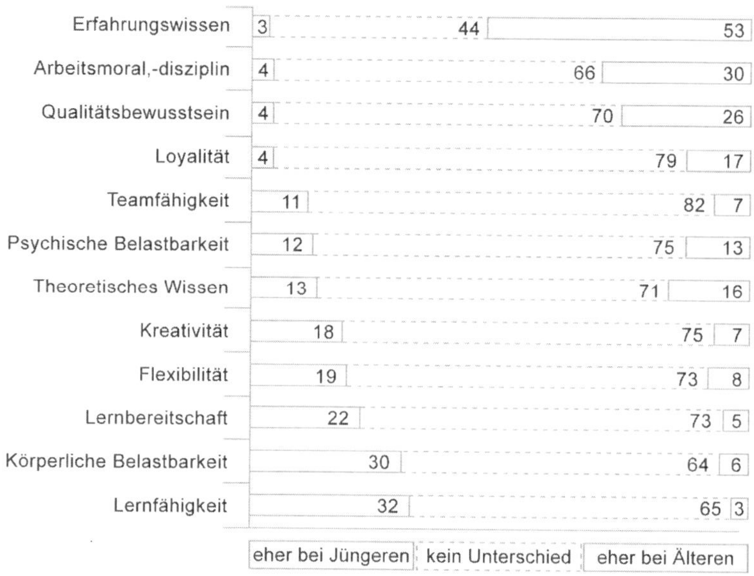

aus: Institut für Arbeitsmarkt- und Berufsforschung

Probleme in der betrieblichen Praxis können auftauchen, da die neuen, gesellschaftlich bevorzugten Werte oft nicht denen entsprechen, die in den Unternehmenskulturen verwurzelt sind. Die Unternehmen müssen sich der Herausforderung stellen, sich den aktuellen gesellschaftlichen Entwicklungen anzupassen. Insbesondere bei den Aktivitäten im Bereich des Hochschulmarketings müssen die Personalverantwortlichen ihr Unternehmen hinsichtlich der Haltung zu den veränderten Werten und Einstellungen der jüngeren Generation klar positionieren.

2.1.4 Technologisches Umfeld

Der Einsatz neuer Technologien in der Arbeitswelt hat Tradition. Neu ist jedoch die Geschwindigkeit, mit der technologische Veränderungen heute in Erscheinung treten und uns vermutlich auch in Zukunft begegnen werden. In den Produktions-, Verwaltungs- und Managementbereichen von Unternehmen sind aktuelle Techniken gleichermaßen vertreten. Industrieroboter, Lager- und Versandsysteme sowie Flurfördersysteme in den Produktionsbereichen sowie IT-, Internet- und Intranet-Anwendungen in Verwaltungsbereichen und Führungsebenen sind augenfällige Erscheinungsformen neuer Technologien. Der Einsatz neuer Techniken bringt vielfältige **personalwirtschaftlich relevante Auswirkungen** mit sich.

- Unmittelbare Auswirkungen neuer Technologien lassen sich auf diesen Gebieten feststellen: Anzahl der Beschäftigten (meist Personalabbau), Veränderung der Arbeitsinhalte/Tätigkeiten und damit Anpassungsbedarf bei der Qualifikation der Mitarbeiter, neue Formen der Kommunikation und Zusammenarbeit sowie körperliche und geistige Belastungen.
- Mittelbare Auswirkungen sowie Handlungsbedarf ergibt sich vor allem bei den folgenden personalwirtschaftlichen Feldern: Mitarbeiterführung, Personalentwicklung, Entgeltfindung und Arbeitszeitgestaltung. In Zusammenhang mit der Einführung neuer Technologien werden darüber hinaus relevant: Mitbestimmungsrechte des Betriebsrats, Einführung als partizipativer Prozess und dadurch Akzeptanz durch die Betroffenen.

Informationen gehen heute durch das **Internet** in wenigen Sekunden um die Welt, was die Kommunikation in und zwischen Unternehmen vereinfacht und beschleunigt. Vergegenwärtigt man sich, mit welchen Veränderungen die Beschäftigten konfrontiert waren, die in den letzten 25 Jahren einer Bürotätigkeit nachgingen, so wird deutlich, mit welchen Herausforderungen das Personalmanagement umzugehen hatte. Nicht jeder Mitarbeiter konnte das Innovationstempo mitgehen; viele Tätigkeiten, ja ganze Berufsbilder sind weggefallen. Der Umfang der Veränderungen wird auch in Zukunft nicht abnehmen. Hinzu kommt: **Innovationszyklen** werden **immer kürzer**. Gleichzeitig nimmt die Komplexität vieler Prozesse kontinuierlich zu. Das Personalmanagement muss sich immer mehr der Frage stellen, was es dazu beitragen kann, dass die Arbeitnehmer mit ihrer Qualifikation mit diesen rasanten Entwicklungen Schritt halten können.

Der technische Fortschritt wirkt sich auch stark auf die Mobilität der Menschen aus. Das Pendeln zum Arbeitsplatz über größere Entfernungen ist sehr verbreitet. Je leistungsfähiger und einfacher verfügbar die Leitungen zur Datenübertragung werden, desto mehr gewinnt auch die **Telearbeit von zuhause** an Bedeutung. Diese Flexibilisierung des Arbeitsortes kommt vielen allein Erziehenden zugute.

Das **Umweltbewusstsein** nimmt überall zu – dies hat auch Konsequenzen für das Personalmanagement. Die steigenden Kraftstoffpreise führen dazu, dass die Mitarbeiter kostenbewusster werden, wenn es um die Auswahl des Standorts ihres Arbeitgebers geht, und auch betriebliche Sozialleistungen wie Job-Tickets finden vor diesem Hintergrund immer mehr Anklang.

2.1.5 Rahmenbedingungen im Überblick

Die folgende Übersicht macht zusammenfassend an Beispielen deutlich, welche Auswirkungen die veränderten Rahmenbedingungen in den zentralen Kernprozessen bzw. Themenfeldern des Personalmanagements – Mitarbeiterbetreuung und Personalarbeit, Mitarbeiterführung und Zusammenarbeit sowie Personalentwicklung und Veränderungsmanagement – konkret haben.

Übersicht: ***Wandlungsfelder und deren Auswirkungen in den Kernbereichen des 3-Säulen-Modells***

Handlungs-rahmen	**Mitarbeiter-betreuung und Arbeits-gestaltung**	**Mitarbeiter-führung und Zusammenarbeit**	**Mitarbeiter-entwicklung und Veränderungs-management**
Wirtschaft • Internationali-sierung • Globali-sierung • Standortver-lagerungen • Unterneh-mens-zusammen-schlüsse • Wettbe-werbsdruck	• Kostendruck • Zunahme der Auslands-entsendungen • Aufbau von Struk-turen im Ausland • Unterschiedliche Steuer- und Sozial-versicherungs-systeme • Zusammenführen der betrieblichen Sozialleistungen	• Interkulturelles Management • Unterschiedliche Management-ansätze • Kulturgerechte Führungs-instrumente • Harmonisierung der Führungs-kulturen	• Unterschiedliche Kulturen • Fusionsmanage-ment • Internationale Personal-entwicklung • Effiziente Entwick-lungs-Maßnahmen • Interkulturelle Veränderungs-prozesse
Politik • Reformstau • Krisenherde • Personeller Protek-tionismus • Gewerk-schaften	• Verunsicherung • Auslands-entsendungen • Begründungs-probleme bei Personal-entscheidungen	• Rechtfertigungs-druck	• Behinderung des Wandels • Lähmungs-erscheinung

Handlungsrahmen	Mitarbeiterbetreuung und Arbeitsgestaltung	Mitarbeiterführung und Zusammenarbeit	Mitarbeiterentwicklung und Veränderungsmanagement
Recht • Mitbestimmung • Europäische Richtlinien • Regelungsdichte • Bündnisse für Arbeit • Gleichbehandlung	• Anpassungsdruck • Aktualisierung Betriebsvereinbarungen • Überarbeitung Arbeitsverträge	• Steigende Bedeutung innerbetrieblicher Kommunikation • Gleichbehandlung – keine Diskriminierung	• Sicherstellen der Chancengleichheit • Schulungen zu geänderten rechtl. Situationen, z. B. Gleichbehandlung
Gesellschaft • Demographie • Zuwanderung • Wertewandel • Bildungsniveau • Soziale Verantwortung	• War for Talents • Rekrutierung im Ausland • Beschäftigung bis ins Alter • Rekrutierung ausländischer Mitarbeiter	• Zusammenarbeit von Alt und Jung • Integration anderer Kulturen	• Bildungsdefizite kompensieren • Auslandsentsendungen • Entwicklung und Vermittlung der Unternehmenskultur
Technik • Automatisierung • Innovationstempo • Kommunikationsmedien • Weltweite Vernetzung • Verkehrsmittel	• Flexible Arbeitszeitregelungen • Zunahme von Telearbeit • Mitarbeiterportale • Entlassungen	• Neue Kommunikationsmöglichkeiten, z. B. Videokonferenzen... • Virtuelle Teamarbeit • Intranet als Informationsmedium (FAQs)	• Lebenslanges Lernen • Bedeutung von Schlüsselqualifikationen • Sprachkompetenz erforderlich
Umwelt • Erderwärmung • Energiepreise • Ballungsräume	• Telearbeit und Nachbarschaftsbüros • Job-Tickets	• Rechtfertigungsdruck für Entscheidungen • Soziale Verantwortung	• E-Learning statt Präsenzschulungen • Aufklärungsarbeit

Auf diesen Umstand in Zusammenhang mit den externen Veränderungen ist noch hinzuweisen. Die äußeren Rahmenbedingungen ändern sich mit zunehmender Geschwindigkeit (**Dynamik**), und gleichzeitig werden die Auswirkungen umfangreicher (**Komplexität**). Diese „Dynaxity" gilt es durch Früherkennung und Maßnahmen zur Flexibilisierung zu bewältigen – ein reines Reagieren auf die externen Veränderungen reicht auch deswegen nicht mehr aus, weil die erforderliche und die zur Verfügung stehende Zeit immer weiter auseinanderdriften („Schere"). Die folgende Abbildung macht das deutlich.

Abbildung 2-06: ***Zeitschere***

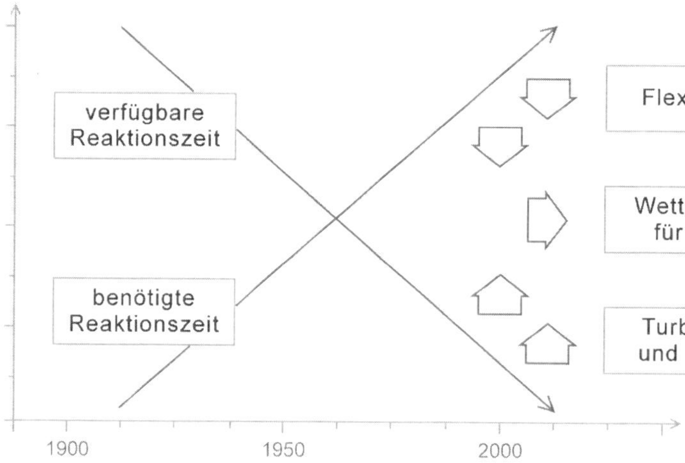

aus: Horváth & Partner 2000

2.2 Unternehmenspolitik und moderne Managementkonzepte

Die besprochenen Veränderungen im Unternehmensumfeld gilt es zu kennen und zu berücksichtigen, wenn personalpolitische Fragestellungen angegangen werden. Zu diesen generellen, für alle Unternehmen relevanten externen Rahmenbedingungen kommen spezifische betriebliche (interne) Einflussgrößen bzw. Merkmale hinzu, die ebenfalls Auswirkungen auf die Personalpolitik und das strategische Personalmanagement haben: Unternehmensgröße, Branche (mit Produkten und Dienstleistungen), Unternehmensorganisation, Technologieausstattung, Internationalisierungsgrad, Finanzkraft u. a. m. Besondere Bedeutung für die Personalpolitik besitzen auch die Unternehmenspolitik und die Managementkonzepte.

2.2.1 Personalpolitik und Unternehmenspolitik

Personalpolitik wurde zu Beginn dieses Kapitels schon einmal mit der Politik in der Bundesrepublik verglichen. Eine weitere Gemeinsamkeit zur Politik unseres Landes fällt auf: So wie die Wirtschaftspolitik, die Umweltpolitik, die Familienpolitik usw. Teilbereiche des gesamten politischen Rahmens sind, so ist auch die **Personalpolitik** (nur) **ein Teilbereich der Unternehmenspolitik**.

Eine häufig geäußerte Forderung lautet, dass die Personalpolitik ein integrierter Bestandteil der Unternehmenspolitik sein soll. Wie äußert sich die Integration konkret? Unternehmen, die eine schriftlich fixierte Unternehmenspolitik sowie Unternehmensstrategien besitzen, formulieren in diesem Rahmen häufig auch die wesentlichen Grundsätze und Strategien für den Personalbereich. Die **unternehmenspolitischen Grundsätze** sind beispielsweise entweder nach Funktionsbereichen oder nach betrieblichen Referenzgruppen gegliedert. Die Aufteilung nach Funktionsbereichen sieht eine Beschaffungs-, Produktions-, Absatz-, Finanz-... und Personalpolitik vor. Bei der Gliederung nach Referenzgruppen werden Grundsätze zum Umgang mit Kunden, Mitarbeitern, Aktionären, der Öffentlichkeit usw. formuliert. Deutlich erkennbar sind die angesprochenen Referenzgruppen im folgenden Beispiel der IBM Deutschland GmbH.

Übersicht: ***Unternehmensgrundsätze der IBM***

- „Der Markt ist die treibende Kraft bei allem, was wir tun.
- Wir sind eine Technologiefirma mit einer grundlegenden Verpflichtung zur Qualität.
- Wir messen unsere Leistungen an der Zufriedenheit unserer Kunden und am Wertzuwachs für unsere Aktionäre.
- Wir arbeiten unternehmerisch, unbürokratisch und produktiv.
- Wir verlieren unsere strategische Vision nie aus den Augen.
- Wir haben keine Zeit zu verlieren.
- IBMer sind engagierte und kompetente Mitarbeiter, die im Team erfolgreich sind.
- Die IBM engagiert sich für ihre Mitarbeiter und für ihr gesellschaftliches Umfeld."

aus: IBM

Mit Blick auf die **Unternehmensstrategie** sind verschiedene Einteilungen, z. B. die Strategien der Internationalisierung und der Kooperation, die Geschäfts- bzw. Wettbewerbsstrategien der Kostenführerschaft und der Produktdifferenzierung oder die Funktionsstrategien z. B. der Finanzierung oder des Personalmanagements bekannt.

Nicht nur hinsichtlich des Ergebnisses, sondern auch bezüglich des Zustandekommens stellt sich die Frage nach dem **Zusammenspiel von Personal- und Unternehmenspolitik bzw. Personal- und Unternehmensstrategie**. In der Regel werden die zentralen Unternehmensstrategien von der Geschäftsleitung – ggf. zusammen mit einer Unternehmensberatung – als Markt-, Wachstums- oder Internationalisierungsstrategien auf fünf Jahre (oder mehr) festgelegt; dabei sind der Personalbereich und andere Funktionsbereiche eher nicht beteiligt. Bei der nächsten Stufe der Konkretisierung und des Herunterbrechens auf die verschiedenen Bereiche in einem Unternehmen werden dann die jeweiligen Fachexperten aus dem Einkauf, der Produktion, der Logistik, dem Finanzbereich... und auch der Personalbereich beteiligt bzw. können mitreden und ihre jeweilige Sichtweise einbringen.

Die Standardantwort der Literatur zum Zusammenspiel von Personal- und Unternehmenspolitik bzw. Personal- und Unternehmensstrategie lautet: Die Grundsätze der Personalpolitik und die Personalstrategien sind aus den unternehmenspolitischen Grundsätzen und aus den Unternehmensstrategien abzuleiten. So logisch diese Forderung auf den ersten Blick scheint, so schwierig ist deren Umsetzung. Die unternehmensstrategische Festlegung, den Vertrieb ausbauen zu wollen, lässt nämlich unterschiedliche personalstrategische Antworten zu: Einstellungsstrategie, Entwicklungsstrategie, Bindungsstrategie u. v. m. Diese personalstrategischen Festlegungen werden von Geschäftsleitung, Personalbereich und ggf. Bereichsleitungen gemeinsam festgezurrt (**integrierte Personalstrategie**). Diese integrative, gemeinsame Entwicklung der Personalstrategie setzt allerdings erst nach Festlegung der grundlegenden Markt-, Wachstums-, Internationalisierungs- etc. -Strategie durch die Geschäftsleitung auf.

Unternehmens- und Personalstrategie stehen grundsätzlich ganz anders zueinander, wenn Unternehmens- und Personalstrategie überhaupt nicht miteinander verknüpft sind, zum Beispiel weil es keine ausdrücklich formulierte Unternehmensstrategie gibt. Auch diese Variante existiert in der betrieblichen Praxis: Der Personalbereich orientiert sich nicht an den vorliegenden Unternehmensstrategien und führt ein **personalstrategisches Eigenleben**.

Isolierte, abgeleitete und gemeinsam entwickelte Unternehmens- und Personalstrategie, das sind die grundsätzlichen Alternativen. In diesem Spektrum an Möglichkeiten ist die integrativ erstellte Variante aus der Sicht des Personalmanagements zu bevorzugen, unterstreicht sie doch die Bedeutung des Personalmanagements und sorgt für ein harmonisches Miteinander. Es geht darum, die **personalpolitischen Aussagen als abgestimmten Bestandteil der Unternehmenspolitik** zu sehen und damit dem Personalbereich beziehungsweise den Mitarbeitern einen wichtigen Stellenwert im Unternehmen zu verleihen.

Die **betriebliche Praxis** verfährt jedoch beim Umgang mit personalpolitischen Themen in zweierlei Hinsicht häufig völlig anders. Erstens: Vor allem in wirtschaftlich kritischen Zeiten, die als Prüfstein für den wahren Stellenwert der Mitarbeiter und des Personalmanagements gelten können, sind die Mitarbeiter häufig alles andere als das wertvollste Gut; sie sind vielmehr ein Produktionsfaktor wie andere auch. Hier werden oft Widersprüche zwischen den offiziellen Verlautbarungen und dem konkreten Handeln im betrieblichen Alltag sichtbar. Und zweitens: In der betrieblichen Praxis kommen personalpolitische und -strategische Festlegungen häufig weniger logisch-rational zustande als es gemeinhin (in der Theorie) angenommen wird **(explizite Personalstrategie)**. Personalpolitik ergibt sich oft in der Rückschau als Resultat vieler Handlungen und Einzelentscheidungen; über die Personalpolitik wurde nie ausdrücklich entschieden, sie bildet sich sozusagen als Verhaltensgrundmuster der Personalverantwortlichen nach und nach heraus **(implizite Personalstrategie)**. Das mag für kleinere und mittelgroße Betriebe durchaus in Ordnung sein. Beide Umstände führen bei Großunternehmen nicht gerade zu einer positiven Einschätzung des Personalmanagements; beide Praktiken sind durch wenig systematisches und konsequentes Agieren von Personalabteilungen geprägt und entstanden.

Für den Personalbereich und somit auch für Personalpolitik und -strategie gilt zweifellos diese grundlegende Feststellung: Die Personalabteilung eines Unternehmens hat nur dann eine (Daseins)Berechtigung, die über die reine Personalverwaltung hinausreicht, wenn sie die **Umsetzung der Unternehmenspolitik und -strategie fördert.** Personalmanagement ist ohnehin primär eine Aufgabe der Führungskräfte eines Unternehmens, bei der die Personalabteilung die verantwortlichen Führungskräfte (nur) unterstützt. Richtig verstandene Personalarbeit in den Personalabteilungen besitzt administrativ-operative und strategisch-konzeptionelle Schwerpunkte. Die konkrete Anwendung und Umsetzung von Personalaspekten im Alltag ist hingegen Aufgabe der Führungskräfte vor Ort. Wichtig ist am Ende vor allem das abgestimmte und systematische Zusammenwirken aller Akteure.

Im unternehmenspolitischen Zusammenhang spielen die Personalabteilungen seit einiger Zeit häufig bei der Umsetzung moderner Managementkonzeptionen eine tragende Rolle, sie sind jedoch beim Realisieren dieser Konzepte im eigenen Bereich mitunter eher zurückhaltend, was die eigene Glaubwürdigkeit nicht besonders fördert.

2.2.2 Moderne Managementkonzepte

Fachkreise in Praxis und Wissenschaft der Betriebswirtschafts- und der Managementlehre diskutieren seit jeher immer wieder über neue Konzepte. Einige davon haben in den zurückliegenden Jahren deutliche Spuren hinterlassen, andere verschwanden so schnell wie sie kamen. Leider lässt sich auf den ersten Blick nicht immer genau sagen, welche Bedeutung eine neue Konzeption für das eigene Unternehmen besitzt. Genaues Hinsehen und kritisches Prüfen lohnt sich also, will man nicht der nächsten Mode bzw. dem nächsten Wunderheiler in Sachen Management auf den Leim gehen. Meistens regen sich rasch Stimmen, die an einigen Stellen deutliche Fragezeichen setzen. Das ist gut so, denn die meisten Managementkonzepte überzeichnen und überbetonen einseitig bestimmte Aspekte des Geschehens in der Realität, die bis dahin keinen besonders hohen Stellenwert hatten. In zehn Jahren wird es den nachfolgend dargestellten Konzeptionen vielleicht ähnlich gegangen sein wie in den 60er und 70er Jahren etwa dem Harzburger Modell: Ein (kleiner) verwertbarer Kern ist geblieben. Die Empfehlung kann aber keinesfalls lauten: wait and see.

Während es zwischen 1970 und 1990 relativ „ruhig" war, tauchten vom Beginn der 90er Jahre bis zum Anfang des neuen Jahrtausends neue Managementkonzeptionen in solch atemberaubender **Anzahl und Geschwindigkeit** auf, dass es schwierig war, am Ball zu bleiben: Lean Management, KAIZEN, Total Quality Management, Business Process Reengineering, Change Management, Empowerment und viele andere mehr. Die Lektüre der einschlägigen Veröffentlichungen machte – anhand beeindruckender Beispiele aus Unternehmen – deutlich, dass man mit diesen Konzeptionen beachtliche Erfolge erzielen kann und ohne diese Neuorientierungen unter Umständen sogar zum Scheitern verurteilt ist. Konsequenterweise sprangen viele Betriebe aus Überzeugung, wegen besonderer Erwartungen, aufgrund schlechten Gewissens, wegen vermeintlicher Rettung aus der Krise oder nur weil es chic war, auf solche Management-Wellen auf. Es gibt wenige Unternehmen in der Bundesrepublik, die in der zurückliegenden Zeit nicht von der einen oder anderen Welle erfasst wurden, und die meisten taten sich mit einer auf ihre speziellen Bedürfnisse angepassten Umsetzung schwer. Blindes Kopieren kann nicht die erhofften Erfolge bringen.

Bei genauerem Hinsehen greifen alle neuen Konzeptionen (und Heilslehren) auf eine gemeinsame Basis von Grundsätzen zurück, picken jeweils einige Leitlinien heraus, betonen diese Aspekte besonders und garnieren sie teilweise auch mit mehr oder weniger nebensächlichen Methoden bzw. Kleinigkeiten. Die **zentralen Orientierungen** sind: Kunden, (Geschäfts)Prozesse, Mitarbeiter, Wandel (und Entwicklung) sowie Qualität.

Lean Management will höhere Produktivität, größere Flexibilität und bessere Qualität vor allem durch Gruppenarbeit, Kunden- und Wertschöpfungsorientierung, durch Prozessbetrachtung sowie durch flache Hierarchien erreichen. Lean Management betont insbesondere die Orientierung am Kunden, an den (Geschäfts)Prozessen, am Mitarbeiter und an der Qualität; es kann als komplexer und umfassender Ansatz gelten.

KAIZEN bzw. kontinuierlicher Verbesserungsprozess (KVP) greift ebenso wie Lean Management auf japanische Vorbilder zurück. Ständige Verbesserung unter Einbeziehung aller Mitarbeiter bedeutet im Kern prozessorientiertes anstelle von ergebnisorientiertem Denken. Die kleinen Schritte stehen deutlich im Mittelpunkt. KVP betont den ständigen Wandel, die Mitarbeiterorientierung und die Qualität und stellt auch einen umfassenden Managementansatz dar.

Das **Total Quality Management (TQM)** verlässt den herkömmlichen (Produkt)Qualitätsbegriff und setzt an seine Stelle ein umfassendes Denken in Qualitätsdimensionen. Qualitätsziele, Qualitätsplanung, Qualitätskontrolle und Qualitätslenkung bilden zusammen mit einem ausgeprägten Bewusstsein für Qualität die Basis. Externe und interne Kunden sind in gleicher Weise zufrieden zu stellen. Diese umfassende Konzeption hat vor allem durch einige so genannte Qualitätsnormen bzw. Qualitätsmodelle Bekanntheit erlangt, z. B. durch die Zertifizierung nach DIN ISO 9001:2000 und das Europäische Qualitätsmodell (EFQM).

Das **(Business) Reengineering** setzt einen gänzlich anderen Schwerpunkt als KAIZEN. Hierbei geht es um radikale Veränderungen, um Quantensprünge. Nicht die schrittweise Verbesserung bestehender Strukturen und Abläufe, sondern ein völliger Neubeginn ist das Ziel. Das Überdenken von Unternehmensprozessen und die gänzliche Neugestaltung des Unternehmens unter Nutzung moderner Informationstechnologien macht das Reengineering zum Gegenpol des KVP. Prozessorientierung bildet den Kern von Reengineering.

Veränderungsmanagement, Change Management bzw. Management des Wandels stellt eine weitere moderne Konzeption dar. Dabei liegt die Betonung weniger bei dem Gegenstand der Veränderung („Was"), sondern auf dem „Wie". „Der Weg ist das Ziel" – dieser Satz charakterisiert den Fokus dieses Ansatzes, der die von Veränderungen „Betroffenen zu Beteiligten machen" will, dem Umgang mit Widerständen besondere Beachtung schenkt und schließlich zur lernenden Organisation führen soll. Auch hier handelt es sich nicht um etwas gänzlich Neues, sondern das Change Management hat deutliche Vorläufer in der Organisationsentwicklung. Die Orientierungen am Wandel und an den Mitarbeitern prägen dieses Konzept.

Zu den Managementkonzeptionen, die nachhaltige Wirkungen hinterlassen haben, zählt zweifelsohne auch das neue Denken über die Themenbereiche Motivation und Anreizsysteme. Die klassischen Motivationstheorien von Maslow und Co. haben teilweise ausgedient. Das Mitarbeiter-Empowerment **(Motivationsmanagement)** akzentuiert die Motivation von innen und weist der Motivierung von außen einen deutlich geringeren Stellenwert zu; immaterielle Anreize treten in den Vordergrund. Selbststeuerung und Selbstverantwortung sind die zentralen Begriffe dieses Konzepts, das schwerpunktartig die Mitarbeiterorientierung ins Zentrum rückt.

Wissensmanagement betont die Bedeutung von Wissen als neuer Produktionsfaktor. Dabei meint Wissen die Vernetzung von Informationen und deren Nutzung in einem konkreten Zusammenhang. Identifikation, Erwerb, Entwicklung, (Ver)Teilung, Nutzung und Bewahrung von Wissen sind die wesentlichen Phasen des Wissensmanagements, das auf informationstechnologische, organisatorische und humane Ansatzpunkte zurückgreift. Bezogen auf die Mitarbeiter bedeutet dies zum Beispiel, bei Individuen, Teams und in der Gesamtorganisation externe und interne Wissensquellen ausfindig und allen zugänglich zu machen, die dieses Wissen benötigen. Damit geht auch eine neue Sicht und Bewertung des Erfahrungswissens älterer Mitarbeiter einher.

Die Weitergabe von Wissen an andere wird konsequenterweise in Beurteilungssysteme integriert und belohnt. „Wenn Ihr Unternehmen wüsste, was es alles weiß" – diese Aussage kann als Leitlinie für das Wissensmanagement gelten.

Abbildung 2-07: ***Moderne Managementkonzepte***

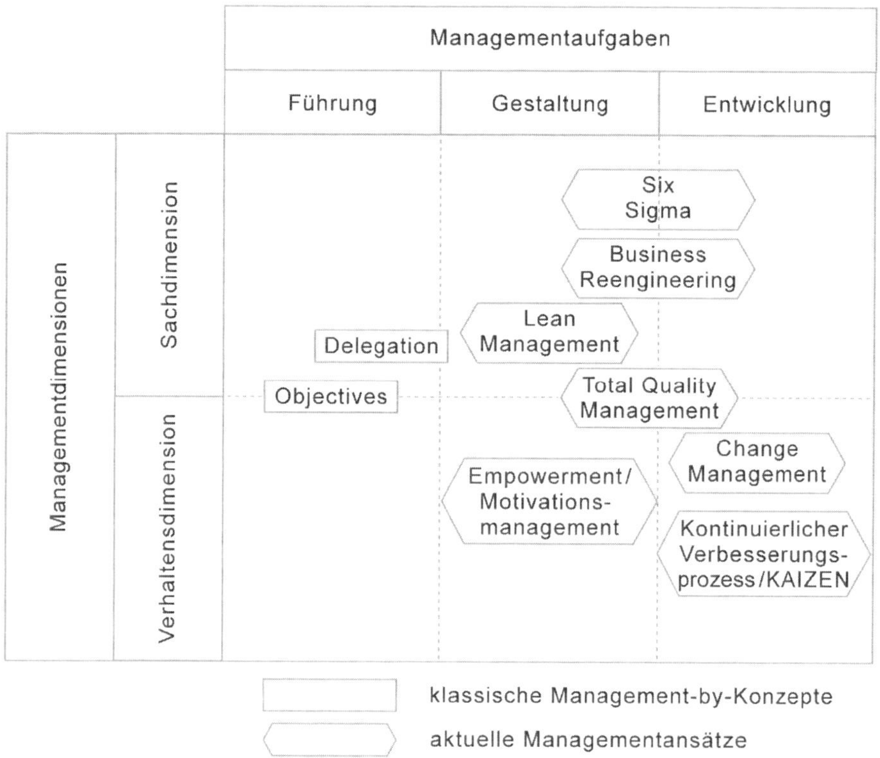

Zum weiten Feld des Qualitätsmanagements zählt auch **Six Sigma**; eine Methode, mit der möglichst fehlerfreie Geschäftsprozesse erreicht werden sollen. Der Begriff Sigma bezeichnet die Standardabweichung einer Gaußschen Normalverteilung und ist ein Maß für die Abweichungen oder Fehler, die in einem Prozess auftreten können. Bei einem Wert von drei Sigma treten – statistisch gesehen – bei einer Million Fehlermöglichkeiten nur 66 807 Fehler auf. Erhöht man den Wert auf sechs (six) Sigma bedeutet das, dass bei der gleichen Anzahl an Fehlermöglichkeiten weniger als vier Fehler – wiederum statistisch gesehen – auftauchen. In der Praxis spricht man dann von einer „Null-Fehler-Produktion". Ziel des Six Sigma-Konzepts ist es, eine Prozessgüte von sechs Sigma zu erreichen. Hierzu ist ein Umdenken innerhalb des gesamten

Unternehmens erforderlich, das vom Top-Management ausgehen muss und ein systematisches Training der Mitarbeiter aller Organisationsebenen voraussetzt. Diese Methode kommt in zunehmendem Maß auch in Deutschland zum Einsatz.

Der Vergleich dieser modernen Konzeptionen legt nahe, sie miteinander zu verbinden und daraus ein neues umfassendes Konzept entstehen zu lassen. Die folgende Abbildung macht deutlich, wo die einzelnen Managementkonzepte ihre Schwerpunkte setzen: bei der Einflussnahme auf der Verhaltensebene oder auf der strukturellen (Sach)Ebene einerseits oder andererseits bei der Führung, der organisatorischen Gestaltung oder bei der (Weiter)Entwicklung. Der Versuch, aus den besprochenen neuen Managementkonzeptionen und weiteren (fraktale Fabrik, virtuelle Organisation...) ein integratives Konzept zu entwickeln, das die wichtigsten Leitlinien und Instrumente umschließt, hat letztlich Business Excellence (Spitzenleistungen) zum Ziel.

Einem der neueren Managementkonzepte kann man inzwischen eine besondere Bedeutung zusprechen: der Balanced Scorecard.

2.2.3 Balanced Scorecard als aktuelles Managementkonzept

Die **Balanced Scorecard (BSC)** hat seit Ende der neunziger Jahre besonders nachhaltigen Einfluss auf die Unternehmensführung ausgeübt. Das „ausgewogene Berichtssystem“ der beiden Controller Kaplan und Norton entstand aus der Unzufriedenheit mit klassischen betriebswirtschaftlichen Steuerungskonzepten wie z. B. dem ROI-Konzept (return on investment). Diese waren rein quantitativ und allein an finanzwirtschaftlichen Größen orientiert sowie überwiegend vergangenheitsbezogen ausgerichtet. Somit eigneten sie sich weniger als zukunftsbezogene Steuerungskonzepte für die Unternehmensführung. Hier knüpft die Balanced Scorecard an. Sie berücksichtigt qualitative Sachverhalte sowie zukunftsbezogen-strategische Kenngrößen und versucht, über den Bereich des Finanzmanagements hinauszublicken. In ihrer klassischen Form berücksichtigt sie auf der Ebene des Gesamtunternehmens vier **Perspektiven**: Finanzen, Kunden, interne Prozesse sowie Mitarbeiter.

Zwischen diesen vier Perspektiven bzw. Feldern der Balanced Scorecard bestehen Abhängigkeiten: Die Finanzen werden einerseits durch die Kunden mit Umsätzen bzw. Erlösen zustande gebracht; andererseits bilden die internen Prozesse die Kostenseite des Unternehmens ab. Am Ende gelten die Mitarbeiter als sog. „Treiber“ (Verursacher) für die beiden davor liegenden Bereiche. Zufriedene Mitarbeiter erzeugen zufriedene Kunden sowie sicher beherrschte und ständig verbesserte Prozesse. Somit geht letztendlich alles vom Menschen aus – dies behauptete bereits Karl Marx in seiner Mehrwerttheorie.

Abbildung 2-08: ***Perspektiven der Balanced Scorecard***

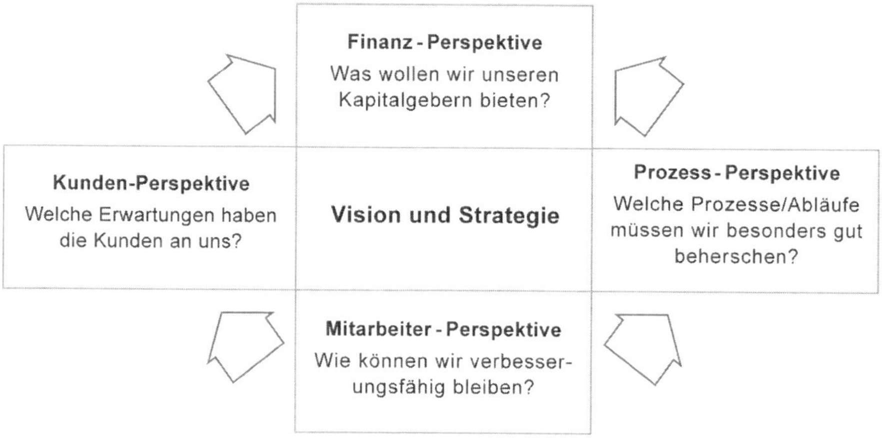

aus: Kaplan/Norton 1997

Die Bereiche Finanzen, Kunden, Prozesse und Mitarbeiter können allerdings nicht mit generell gültigen und immer passenden Kenngrößen hinterlegt werden, sondern sie sind in **Abhängigkeit von der Vision und den Strategien des Unternehmens** zu sehen. Die Vision als angestrebtes Zukunftsbild stellt den Ausgangspunkt dar, z. B.: „Wir werden auf dem europäischen Markt die Nr. 1." Daraus leiten sich – unter Berücksichtigung der externen Chancen und Risiken im Unternehmensumfeld sowie der internen Stärken und Schwächen – die Strategien des Unternehmens ab, z. B.: Kundenbegeisterung und neue strategische Partnerschaften mit unseren Zulieferern. Die Balanced Scorecard soll den Grad der Erreichung bzw. die Umsetzung dieser Strategien sichtbar machen. Andere Strategien erfordern andere Messgrößen. Deshalb kann es eine universelle Balanced Scorecard nicht geben, sondern jedes Unternehmen muss seine eigene BSC entwickeln. Dieser Strategiefindungs- und Umsetzungsprozess im Top-Management sowie die weiterführende Kommunikation im gesamten Unternehmen stellen den eigentlichen Charme der Balanced Scorecard dar: das gemeinsame Nachdenken über die wirklich wichtigen Dinge, das Kommunizieren dessen was man will und das Nachhalten mit Hilfe von Kenngrößen. Das „Führen mit Zielen" dient der weiteren Umsetzung bzw. Übertragung (roll out) in die nachfolgenden Unternehmensebenen, ggf. bis hin zu den einzelnen Teams oder Mitarbeitern.

Je Balanced Scorecard-Feld sind drei bis sechs quantitative und qualitative, vergangenheits- und zukunftsorientierte Kenngrößen zu bestimmen, wobei es auf die Beschränkung auf die wichtigen Kennziffern und auf die **Übersichtlichkeit** ankommt.

Ähnlich wie die Instrumente in einem Auto nicht nur die Geschwindigkeit anzeigen, den Fahrer aber auch nicht mit einer unüberschaubaren Fülle von Anzeigen verwirren sollen, soll die Balanced Scorecard funktionieren: Auch im Auto ist eine Information über die Tankfüllung, die Öltemperatur, die Drehzahl usw. wichtig, während viele weitere anzeigbare Daten für den Fahrer eher bedeutungslos sind. Diesem Prinzip folgt auch die Balanced Scorecard.

Schließlich müssen es nicht zwangsläufig die vier Standardfelder sein, es können auch mehr (Lieferanten, Öffentlichkeit...), weniger, andere Felder oder eine andere Anordnung der Felder sein. So wird in einem städtischen Krankenhaus der Finanzbereich nicht obenan stehen – das Budget bildet eine Restriktion, aber keine unmittelbare Zielgröße –, sondern die Kunden- bzw. Patientenzufriedenheit wird der wichtigste Bereich sein, der somit in das oberste Feld gehört.

Qualitative Sachverhalte, wie z. B. die Kunden- oder die Mitarbeiterzufriedenheit werden bewusst berücksichtigt. Sie sind wichtig, allerdings ist die Messung nicht ohne Probleme möglich, handelt es sich doch um subjektive Wertungen der befragten Kunden oder Mitarbeiter. Sie erlauben aber beim Vergleich mit anderen Unternehmen (Benchmarking) oder mit zurückliegenden Zeiträumen durchaus griffige Aussagen, und sie geben deutliche Hinweise auf Optimierungsfelder. Die Philosophie der Balanced Scorecard lautet an dieser Stelle: "You can't change what you can't measure." Lieber eine Mitarbeiterbefragung mit all ihren Problemen oder einen Indikator wie die Fluktuationsquote als Ersatz heranziehen, als ganz auf die Messung verzichten und sich nur auf die „Fingerspitze" verlassen!

Bis hier war von der **Top-Balanced Scorecard** die Rede, mit der das Unternehmen als Ganzes gesteuert werden kann. Diese oberste Balanced Scorecard wird häufig auf Geschäftsfelder (Sparten) oder auf Werke herunter gebrochen. Der Personalbereich wird in beiden Fällen deutlich machen müssen, wie er zum Beispiel mit der Einhaltung seines Budgets zum finanziellen Erfolg des Unternehmens beiträgt, hat aber in der Regel keine externen Umsätze vorzuweisen. Sein hauptsächliches Feld ist der **vierte Quadrant, die „Mitarbeiter"**. Dafür hat er die erforderlichen Kenngrößen zu liefern und für den positiven Strategiebeitrag der Mitarbeiter zu sorgen. So wird der Beitrag des Personalmanagements zum Unternehmenserfolg deutlich; der Personalbereich verliert den bisherigen Rechtfertigungsdruck und kommt „mit dem Rücken von der Wand weg" – so ist zumindest zu hoffen.

Diese Sichtweise – Beitrag des Personalmanagements zur Steigerung des Unternehmenswertes – schließt nicht aus, dass der Personalbereich selbst mit einer Balanced Scorecard strategisch geführt werden kann und sollte. Folgt man dieser Idee, dann wäre eine **eigenständige Balanced Scorecard für das Human Resources Management** zu konzipieren. (Dieser Gedanke wird am Ende dieses 2. Teils weiter verfolgt.)

Eine letzte Anmerkung zur Balanced Scorecard: Im dargestellten Sinn ist die Balanced Scorecard wesentlich mehr als nur ein ausgewogenes Berichtsystem – so die gängige, aber falsche Übersetzung. Sie ist mit ihrem Kern der Strategiefindung und -umsetzung vielmehr ein **„ausgewogenes Managementkonzept"**, das in Theorie und Praxis häufig auch unter dem Stichwort „Performance Management" anzutreffen ist und schlussendlich den Mitarbeiter als Erfolgsfaktor in den Mittelpunkt stellt.

Den Zusammenhang zwischen dem externen Handlungsrahmen, den im Unternehmen angewandten Managementkonzepten, der Unternehmensstrategie und der Personalpolitik bzw. der Personalstrategie zeigt die folgende Abbildung.

Abbildung 2-09: ***Einflussgrößen der Personalstrategie und -politik***

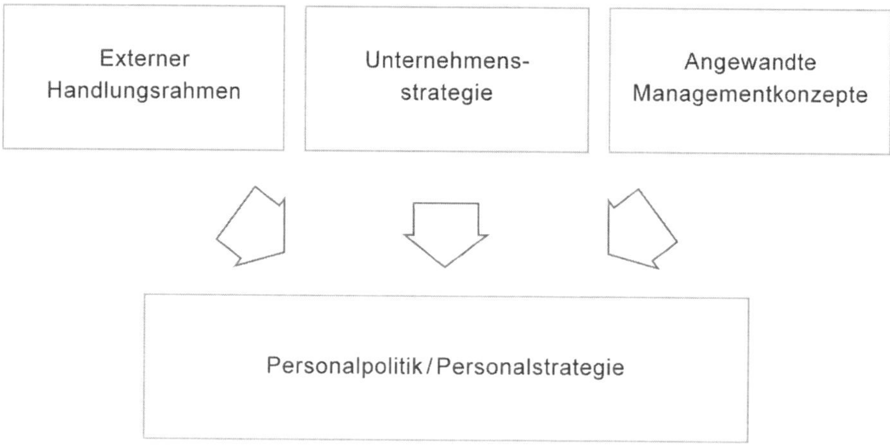

Diese Themen des strategischen Personalmanagements werden im Weiteren besprochen: Personalpolitik (Grundsatzfragen – normatives Personalmanagement), Unternehmenskultur (gelebte Personalpolitik), Personalstrategie (langfristige Wege) und die HR-Balanced Scorecard als personalstrategisches Steuerungsinstrument. Dabei wird auch auf die abstrakten, allgemein (zu jeder Zeit und in jedem Unternehmen) gültigen obersten Ziele (Sach- und Formalziele) des Personalmanagements eingegangen. Die Diskussion über die zentralen personalwirtschaftlichen Formalziele – das sind Wirtschaftlichkeit und Humanität – prägte die Diskussion in unserem Fachgebiet in den 70er Jahren intensiv; sie ist aktuell wieder en vogue, allerdings mit anderem, modernerem Wording – heute ist von Shareholdern (Anteilseigner, Aktionäre) und Stake-holdern (Interessensgruppen, Bezugsgruppen) die Rede. Das ist eines von vielen Beispielen dafür, dass zentrale und entscheidende Themen meistens irgendwann wieder auftauchen, wenngleich „in anscheinend neuem Gewand".

2.3 Personalpolitische Grundsätze und Ziele

In vielen, insbesondere in kleineren und mittleren Unternehmen sucht man vergebens nach einer schriftlich niedergelegten (formalisierten) Personalpolitik oder nach kommunizierten Personalstrategien. Entweder gibt es sie nicht, weil bisher niemand darüber nachgedacht hat, oder sie existieren als Leitlinien im Kopf des Geschäftsführers, der sich daran orientiert, sie aber (noch) nicht verbindlich formuliert und allen Mitarbeitern zugänglich gemacht hat. In der betrieblichen Praxis kann man aber zunehmend beobachten, dass auch Klein- und Mittelbetriebe Leitbilder, Grundsätze und Strategien für den Personalbereich als sinnvoll erachten und daran bzw. damit arbeiten.

Leitfragen

- Welche Arten von Leitbildern kennt die betriebliche Praxis? Um welche Inhalte geht es dabei jeweils?
- Welche Prinzipien hat der Leitbilderstellungsprozess zu berücksichtigen?
- Welche Bedeutung hat die (theoretische) Diskussion über die personalwirtschaftlichen Formalziele heute?
- In welchen Erscheinungsformen begegnet dem Betrachter heute die Personalpolitik in der betrieblichen Praxis?
- Wie lassen sich Personalstrategien aus der Vision eines Unternehmens ableiten?
- An welcher Stelle findet sich der Personalbereich in der Unternehmens-Balanced-Scorecard wieder?

Die personalpolitischen und -strategischen Aspekte weisen in ihren Grundstrukturen deutliche Gemeinsamkeiten mit der Unternehmenspolitik und -strategie auf. Das Ergebnis bzw. die Erscheinungsformen der Personalpolitik und des Strategischen Personalmanagements zeigt/zeigen sich in Vision und Mission, Strategien, strategischen Zielen und in Leitlinien.

Die nach innen gerichtete **Vision** und die nach außen orientierte **Mission** bringen ein griffiges und attraktives Bild von der Zukunft zum Ausdruck, so wie sie sich in zehn bis zwanzig Jahren darstellen soll – Verständlichkeit, emotionale Wirkung und Motivation sowie Integration aller Beteiligten (und Betroffenen) sind die wesentlichen Anforderungen bei der Entwicklung und Formulierung einer Vision.

Mit Hilfe der Analyse interner Stärken und Schwächen (**s**trengths – **w**eaknesses) sowie externer Chancen und Risiken (**o**pportunities – **t**hreats) – sog. SWOT-Analyse – wird die Vision konkretisiert und in **Strategien** umgesetzt. Die Strategien ihrerseits, die einen Zeithorizont von etwa fünf Jahren besitzen, werden in strategische Ziele überführt, die als einjährige Meilensteine die unmittelbare Zukunft genauer umreißen.

Ein weiterer gängiger personalpolitischer Bestandteil sind die **Leitbilder, Leitlinien bzw. Grundsätze der Personalpolitik**, die als „Leitplanken" (durchaus im bildhaften Sinn) gelten können. Personalpolitik und -strategie zeigen sich in den genannten Erscheinungsformen („policy"). Deren Zustandekommen („politics") ist eine gänzlich andere, aber nicht minder wichtige Thematik. Bedeutsam sind in diesem Kontext schließlich auch die verfügbaren **Budgets**, die die Umsetzung der Vision und die Realisierung der Strategien möglich machen. Hochglanzpapiere zur Personalpolitik und -strategie sind wenig wert bzw. nicht ernst gemeint, wenn deren Umsetzung nicht durch entsprechende finanzielle Mittel ermöglicht wird.

Abbildung 2-10: ***Erscheinungsformen der Personalstrategie und -politik***

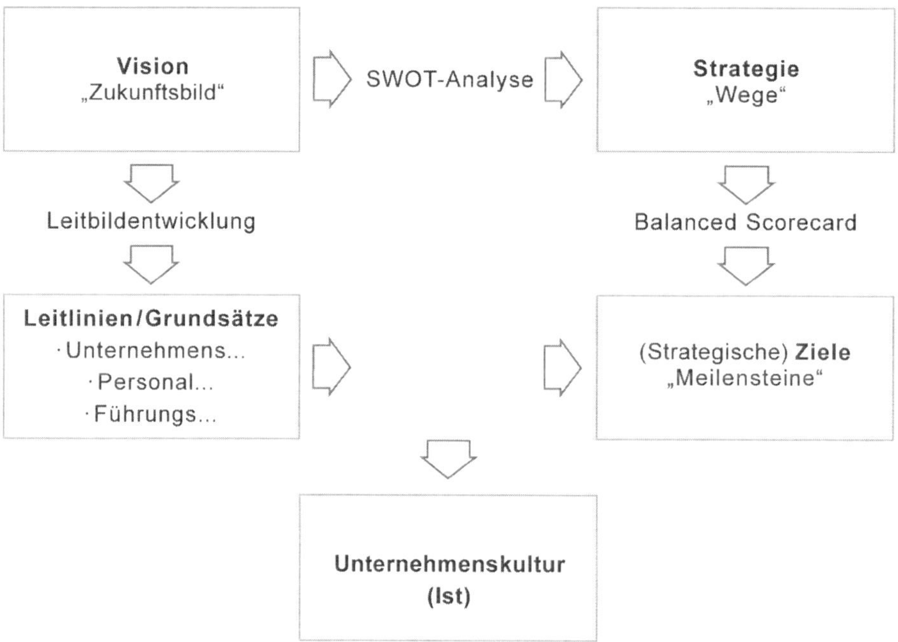

Übersicht: ***Unternehmensbeispiel zur Personalpolitik („American Express")***

- **Vision des Unternehmens**

  To become the most respected service brand in the world.

- **Human Resources Strategien**
  Talent
  E-HR
  Organizational Change
  Employee Engagement
- **Values / Werte des Unternehmens**
  Die Interessen unserer Kunden obenan stellen.
  Ein ständiges Bestreben nach Qualität bei allem, was wir tun.
  Unsere Mitarbeiter mit Respekt und Würde behandeln.
  Ein Verhalten, welches höchsten Anforderungen an Integrität genügt.
  Teamwork – von der kleinsten Gruppe bis zum Unternehmen als Ganzes.
  Soziales Engagement / gesellschaftspolitische Verantwortung übernehmen.

aus: Franke/Zicke/Zils 2006

2.3.1 Personalpolitische Grundsätze

Die personalpolitischen Grundsätze als Leitvorstellungen für das Personalmanagement beinhalten in der Regel allgemeine und spezielle Grundsätze für einzelne Bereiche des Personalmanagements. Allgemeine Grundsätze fordern zum Beispiel eine „mitarbeiterorientierte Personalpolitik" oder die „Umsetzung zeitgemäßer personalwirtschaftlicher Instrumente". Spezielle personalpolitische Grundsätze betreffen Ausschnitte aus dem Personalbereich; als Beispiel kann die Forderung nach einer „leistungsbezogenen Vergütung" oder nach der „Besetzung von Führungspositionen aus den eigenen Reihen" gelten. Adressaten personalpolitischer Leitlinien sind entweder die Personalabteilungen oder die Führungskräfte des Unternehmens. **Leitlinien für die Personalarbeit** und vor allem **Führungsgrundsätze** sind inzwischen in vielen Unternehmen Standard (siehe die folgenden Unternehmensbeispiele).

Personalpolitische Grundsätze legen Schwerpunkte fest. Dabei ist es für den Betrachter oft so, dass er das, was ausgesagt werden soll, nur schwer zu greifen bekommt, weil die Formulierungen sehr allgemein gehalten sind. Hier hilft es häufig weiter, nach den Alternativen beziehungsweise nach dem zu fragen, was nicht in den Grundsätzen steht. Erst dann erkennt man die betonten Schwerpunkte richtig.

Personalpolitische Grundsätze sollen für den Personalbereich und für die Mitarbeiter eines Unternehmens bestimmte **Aufgaben oder Funktionen** erfüllen. Ohne sie könnten die Teilbereiche des Unternehmens nur unzureichend in ihren Vorgehensweisen abgestimmt werden (Uneinheitlichkeit) und es bestünde die Gefahr der Orientierung an Alltagsentscheidungen mit geringer Kontinuität. Die formalisierte Personalpolitik wirkt koordinierend, gibt Richtungen vor und bringt den Willen der Geschäftsleitung zum Ausdruck (Deklarationszweck); ohne die schriftliche Fixierung wäre die Überprüfung ihrer Einhaltung nicht möglich. Für die Mitarbeiter schaffen veröffentlichte personalpolitische Grundsätze Transparenz, sichern Gleichbehandlung und können motivierend wirken (siehe Abbildung „Funktionen bzw. Aufgaben von Führungsgrundsätzen").

Übersicht: ***Unternehmensbeispiel zu den Leitlinien Personal und Soziales*** *(„BMW-Group")*

Die **Leitlinien der wert- und werteorientierten Personal- und Sozialpolitik** der BMW Group basieren auf acht Grundsätzen.

1. Gegenseitige Wertschätzung – konstruktive Konfliktkultur
2. Das Denken über nationale und kulturelle Grenzen hinaus ist für uns eine Selbstverständlichkeit
3. Leistungsverhalten und Leistungsergebnis der Mitarbeiter sind konsequenter Maßstab für die Gegenleistung des Unternehmens
4. Teamleistung ist mehr als die Summe der Einzelleistungen
5. Sichere und attraktive Arbeitsplätze für engagierte und verantwortungsbewusste Mitarbeiter
6. Die Achtung der Menschenrechte ist für uns selbstverständlich
7. Sozialstandards auch für Zulieferer und Geschäftspartner
8. Hervorragende Leistungen für Mitarbeiter und hohes Engagement in der Gesellschaft

Zusätzlich berücksichtigt die BMW Group die neun Prinzipien des Global Compact der Vereinten Nationen, die Vereinbarung der Internationalen Arbeitsorganisation (ILO), die Leitsätze für multinationale Unternehmen der Organisation für wirtschaftliche Zusammenarbeit (OECD) sowie die Business Charter for Sustainable Development der Internationalen Handelskammer (ICC).

aus: BMW Group

Übersicht: ***Unternehmensbeispiel für Führungsgrundsätze*** *(„Mittelbetrieb")*

Wir tragen Verantwortung
Wir informieren unsere Mitarbeiter
Wir vereinbaren Ziele
Wir fördern die Zusammenarbeit
Wir erarbeiten klare, überprüfbare Aufgabenstellungen
Wir anerkennen die Arbeit
Wir fördern unsere Mitarbeiter

Wir, die Führungskräfte, haben diese zentralen Aussagen in Bezug auf unser Führungsverhalten erarbeitet und als Führungsgrundsätze verabschiedet. Durch sie verpflichten wir uns unseren Mitarbeitern und einem kooperativen Führungsstil.
Doch Grundsätze sind nur so gut wie der Wille, der hinter ihnen steht. Nur durch Wahrnehmung unserer Vorbildfunktion, durch Engagement und Identifikation erfüllen wir sie mit Leben.

Die Führungsgrundsätze, eingebunden in die Unternehmensgrundsätze, sollen uns Hilfe sein, auftretende Fragen zu beantworten und etwaige Probleme zu lösen.
Im folgenden Text sprechen wir von Mitarbeitern, wobei dies Mitarbeiterinnen und Mitarbeiter gleichermaßen einschließt.

Die Führungskräfte

Wir tragen Verantwortung
die uns zugeordneten Arbeitsbereiche zweckmäßig zu organisieren und mit kompetenten Mitarbeitern zu besetzen. Dabei sind deren Fähigkeiten und Leistungsvermögen mit den ihnen gestellten Aufgaben in Einklang zu bringen.
Bei allen Entscheidungen sind wir dafür verantwortlich, dass die Belange von Arbeitsschutz und Arbeitssicherheit berücksichtigt werden.

Wir informieren unsere Mitarbeiter
umfassend, damit sie stets in der Lage sind, mitzudenken, mitzuarbeiten, sachliche Entscheidungen zu treffen und Verantwortung zu tragen. Dabei stellen wir sicher, dass der Informationsfluss auch in umgekehrter Richtung, horizontal und bereichsübergreifend funktioniert.

Wir vereinbaren Ziele
gemeinsam mit unseren Mitarbeitern.
Aus den übergeordneten Zielsetzungen leiten wir die Ziele für unseren eigenen Verantwortungsbereich ab und berücksichtigen dabei auch die Belange anderer Bereiche. In Zusammenarbeit mit unseren Mitarbeitern formulieren wir verständliche und eindeutige Teilziele, die eine Herausforderung an deren Wissen, Können und Kreativität darstellen.
Diese Ziele überprüfen wir hinsichtlich Quantität, Qualität und Status.
...

Neuerdings wird dem **Zustandekommen solcher Leitlinien** besondere Bedeutung beigemessen („politics"). Das lange Zeit übliche Verfahren der Vorgabe durch die Geschäftsleitung – nach Ausarbeitung durch die Personalabteilung oder Empfehlung durch einen externen Berater – gerät zunehmend in die Kritik, weil es nicht in erster Linie darauf ankommt, solche Grundsätze zu haben, sondern sie zu leben. Und das ist wesentlich besser sicherzustellen, wenn Führungskräfte und Mitarbeiter, um die es ja letztlich geht, an der Erarbeitung des personalpolitischen Leitbilds beteiligt sind. Das Ergebnis eines solchen partizipativen (Organisationsentwicklungs)Prozesses ermöglicht erst ein wirklich passendes, unternehmensindividuelles Leitbild, das von den Betroffenen auch akzeptiert werden kann und nicht als „Leidbild" wirkt (siehe Übersicht „Leitbilderstellungsprozess").

Abbildung 2-11: ***Funktionen bzw. Aufgaben von Führungsgrundsätzen***

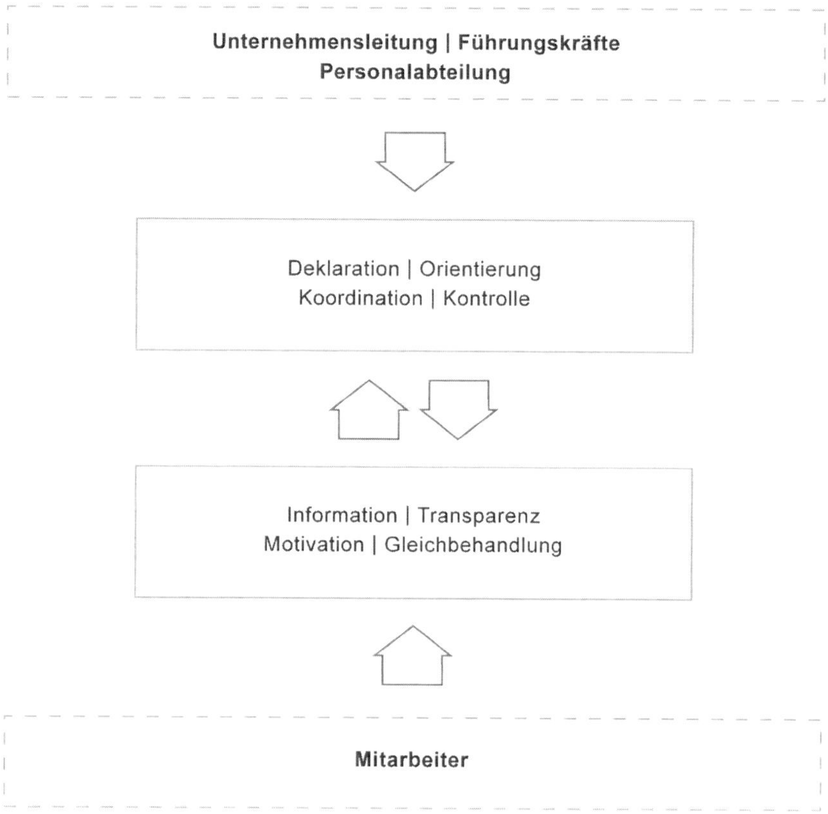

Übersicht: ***Leitbilderstellungsprozess***

- **Beteiligt(e)** sollen sein…
  - Machtpromotoren, z. B. Geschäftsleitung
  - Prozesspromotoren, z. B. Personalabteilung, externer Berater
  - Fachpromotoren, z. B. Personalabteilung, externer Berater
  - Akzeptanzpromotoren, z. B. Führungskräfte, Mitarbeiter, Betriebsrat
- **Grundprinzipien der Organisationsentwicklung** sollen angewandt werden…
  - Betroffene zu Beteiligten machen
  - Der Weg ist das bzw. ein Ziel

Während zurückliegender und aktueller Rezessionen war zu beobachten, dass viele Personalgrundsätze das Papier nicht wert waren, auf dem sie standen. Sie erwiesen sich als vollmundige Versprechungen, die hauptsächlich Public Relations-Zwecken dienten und bei der ersten Bewährungsprobe scheiterten. **Personalpolitische Grundsätze** dürfen **keine Schönwetterangelegenheit** darstellen, sondern sie müssen auch in schwierigeren Zeiten konsequent durchgehalten werden, um glaubwürdig zu sein.

Die Frage der Glaubwürdigkeit wird in jüngster Zeit (wieder) häufig thematisiert; dabei ist von der **sozialen Verantwortung von Unternehmen (corporate social responsibility – CSR)** die Rede. Wirtschaftsethische Themen werden seit jeher von den Philosophen angesprochen. In der Betriebswirtschaft hat sich August Marx als einer der Ersten bereits 1957 systematisch damit auseinander gesetzt. Im Rahmen der Wirtschaftsethik spielen – neben Anderem – Verhaltenskodizes für (Top-)Manager eine wichtige Rolle. 1973 setzte das Davoser Manifest als Verhaltenskodex für Manager ethische Eckpunkte. Neuerdings bringen beispielsweise die Selbstverpflichtungen des Caux Round Table Ähnliches zum Ausdruck.

Übersicht: ***Ethische Grundsätze für das Management (Davoser Manifest von 1973)***

Berufliche Aufgabe der Unternehmensführung ist es, Kunden, Mitarbeitern, Geldgebern und der Gesellschaft zu dienen und deren widerstreitende Interessen zum Ausgleich zu bringen.

...

Die Unternehmensführung muss den Mitarbeitern dienen, denn Führung wird von den Mitarbeitern in einer freien Gesellschaft nur dann akzeptiert, wenn gleichzeitig ihre Interessen wahrgenommen werden. Die Unternehmensführung muss darauf abzielen, die Arbeitsplätze zu sichern, das Realeinkommen zu steigern und zu einer Humanisierung der Arbeit beizutragen.

...

Die Unternehmensführung muss der Gesellschaft dienen. Die Unternehmensführung muss für die zukünftigen Generationen eine lebenswerte Umwelt sichern. Die Unternehmensführung muss das Wissen und die Mittel, die ihr anvertraut sind, zum Besten der Gesellschaft ausnutzen. Sie muss der wissenschaftlichen Unternehmensführung neue Erkenntnisse erschließen und den technischen Fortschritt fördern. Sie muss sicherstellen, dass das Unternehmen (durch seine Steuerkraft) dem Gemeinwesen ermöglicht, seine Aufgabe zu erfüllen. Das Management soll sein Wissen und seine Erfahrungen in den Dienst der Gesellschaft stellen.

Die Dienstleistung der Unternehmensführung gegenüber Kunden, Mitarbeitern, Geldgebern und der Gesellschaft ist nur möglich, wenn die Existenz des Unternehmens langfristig gesichert ist. Hierzu sind ausreichende Unternehmensgewinne erforderlich. Der Unternehmensgewinn ist daher notwendiges Mittel, nicht aber Endziel der Unternehmensführung.

aus: Staehle 1999

Ein weiteres aktuelles Stichwort in diesem Kontext ist **Compliance;** damit ist die Einhaltung von Gesetzen und Richtlinien, aber auch von freiwilligen Kodizes gemeint. Es geht um Maßnahmen, die das regelkonforme Verhalten (eines Unternehmens und) aller Mitarbeiter im Hinblick auf gesetzliche Gebote und Verbote begründen; ferner soll die Übereinstimmung des Geschäftsgebarens mit gesellschaftlichen Richtlinien und Wertvorstellungen, mit Moral und Ethik gewährleistet werden. Für die Sicherstellung von Compliance sind in Großkonzernen Bereiche bzw. Abteilungen zuständig, die darüber wachen, dass die nationalen und internationalen Gesetze und Richtlinien (z. B. gegen Bestechung oder zum Datenschutz) eingehalten werden.

Übersicht: ***Grundsätze für Geschäftsaktivitäten von Caux Round Table (Ausschnitt „Mitarbeiter")***

„Wir glauben an die Würde jedes Beschäftigten und nehmen seine Interessen ernst.

Deshalb sind wir für folgende Punkte verantwortlich:

- Schaffung von Arbeitsplätzen mit angemessenem Gehalt, die den Lebensstandard der Beschäftigten verbessern
- Schaffung von Arbeitsbedingungen, die die Würde und Gesundheit jedes Beschäftigten achten
- Ehrliche Kommunikation mit den Beschäftigten sowie freier Zugang zu Informationen, soweit dieser nicht durch gesetzliche oder wettbewerbsrechtliche Bestimmungen begrenzt werden muss
- Anhörung und soweit möglich Reaktion auf Vorschläge, Ideen, Anfragen und Beschwerden von Beschäftigten
- Einsatz von vertrauensvollen Verhandlungen bei Auftreten von Konfliktsituationen
- Vermeidung von Diskriminierung sowie die Garantie von Chancengleichheit in Fragen des Geschlechts, Alters, Rasse und Religion
- Förderung der Beschäftigung von unterschiedlich begabten Menschen in Arbeitsbereichen, wo sie nutzbringend eingesetzt werden können
- Schutz der Beschäftigten vor vermeidbaren Verletzungen und Krankheiten am Arbeitsplatz
- Anregung und Unterstützung der Beschäftigten bei der Erweiterung relevanter und übertragbarer Fertigkeiten und Kenntnisse
- Sensibilität bezüglich der Arbeitslosigkeitsproblematik – die häufig mit Geschäftsentscheidungen in Verbindung gebracht wird – in der Arbeit mit Regierungen, Arbeitnehmervertretungen und anderen Interessengruppen, die sich mit diesem Thema auseinandersetzen"

aus: Caux Round Table

Daneben hatten Unternehmen immer auch das Bedürfnis, deutlich zu machen, was sie für die verschiedensten Referenzgruppen und -bereiche Gutes tun – dies häufig durchaus im Sinne von Public Relations. In diesem Kontext entstand bereits in den 70er Jahren die so genannte Sozialbilanz – bezeichnender Weise in unmittelbarer zeitlicher Nähe zu Umweltkatastrophen durch Supertanker. Heute sind es die Berichte zur sozialen Verantwortung von Unternehmen, die eine ähnliche Bedeutung und Funktion besitzen.

Übersicht: ***Unternehmensbeispiel zur „Unternehmerischen Verantwortung" (Bosch) – Ausschnitt aus dem Nachhaltigkeitsprogramm"***

Ziel	Termin	Kommentar	Status
Regelmäßige Durchführung der weltweiten Mitarbeiterbefragung alle zwei Jahre	laufend	Identifizierte Handlungsbedarfe aus der Mitarbeiterbefragung 2007 werden abgeleitet und auf allen hierarchischen Ebenen gezielt aufgegriffen	in Arbeit
Ausbildung über unseren Bedarf hinaus und Angebot von Ausbildungskapazitäten für andere Firmen	laufend	-	in Arbeit
Weltweit einheitliche Erfassung des notwendigen Qualifizierungsbedarfs unserer Mitarbeiter anhand strategischer Vorgaben	laufend	Für jeden einzelnen Mitarbeiter sollen Maßnahmen zur Kompetenzentwicklung festgelegt werden	in Arbeit
Internationale Ausbildung und Entwicklung unserer Führungskräfte	laufend	Die Auswahl und Förderung erfolgt nach weltweit einheitlichen Kriterien und berücksichtigt lokale Anforderungen	in Arbeit
Erhöhung des Anteils nationaler Führungskräfte in den Wachstumsländern	langfristig	Langfristig streben wir in allen Bereichen der Bosch-Gruppe eine internationale Zusammensetzung des Führungskreises an. Dabei soll der größte Anteil unserer Führungskräfte aus dem jeweiligen Land stammen	in Arbeit
Intensivierung der Chancengleichheit und Erhöhung des Anteils von weiblichen Führungskräften	laufend	Wir arbeiten in allen Bereichen aktiv daran, qualifizierte Frauen zu gewinnen und zu fördern. Wir führen insbesondere junge Frauen an technische Tätigkeitsfelder heran. Dazu führen wir unterschiedliche, breit gefächerte Maßnahmen durch.	in Arbeit

aus: Bosch-Gruppe

Auf der anderen Seite der „Verantwortungs-Medaille" stehen immer wieder Berichte über Unternehmen, die – zumindest vordergründig – wenig sensibel mit Nachrichten und Ankündigungen an die Öffentlichkeit gehen. Daimler(Chrysler), die Deutsche Bank, Allianz und SAP waren in den letzten Jahren mit Ankündigungen einerseits über Rekordgewinne und andererseits über Stellenabbau in der Presse vertreten. Das mag unternehmensstrategisch durchaus sinnvoll und richtig sein, wenn z. B. der Vertrieb ausgebaut und die Verwaltung gestrafft werden soll (Unternehmensstrategie), bräuchte aber eine differenzierte Kommunikation nach innen und nach außen, die der Belegschaft und der Bevölkerung klar macht, dass es sich nur bei vordergründiger Betrachtung um „Heuern und Feuern" handelt, sondern das dies für das Überleben im Wettbewerb und den langfristigen Erfolg des Unternehmens unverzichtbar ist. Die Börse reagiert(e) in den letzten Jahren auf die Ankündigung von Personalabbaumaßnahmen (paradoxerweise) häufig mit beachtlichen Kurssteigerungen, weil dahinter Kostenreduzierungen bei ähnlichen oder besseren Erlösen vermutet werden, und das wirkt sich positiv auf den Börsenkurs und die Dividendenerwartungen der Aktionäre aus.

2.3.2 Personalpolitische (Ober)Ziele

Die betriebliche Praxis formuliert ihre Leitlinien in der dargestellten Form als Personal- beziehungsweise als Führungsgrundsätze. Die personalwirtschaftliche Theorie greift demgegenüber seit den 70er Jahren die grundsätzlichen Fragen aus anderer Perspektive auf, und auch diese (scheinbar theoretische) Diskussion über die zentralen Ziele des Personalmanagements – diese gelten, so der Anspruch, für und in allen Unternehmen gleichermaßen – führt zu interessanten Betrachtungen.

Personalwirtschaftliche (Ober)Ziele werden in (ein) **Sachziel und** (zwei) **Formalziele** unterschieden. Dabei ist mit „Ziel" ein Zustand gemeint, der von einer oder mehreren Personen angestrebt wird. Das oberste Sachziel des Personalwesens („Was") besteht in der Bereitstellung der erforderlichen Mitarbeiter, während mit den Formalzielen („Wie") zum Ausdruck kommt, wessen Interessen dabei im Vordergrund stehen. Das **ökonomische Formalziel** betont die Sicht der Kapitalgeber, die an Wirtschaftlichkeit, Rentabilität und Gewinn (shareholder value) interessiert sind. Im **humanen (sozialen) Formalziel** kommt die Interessenlage der Mitarbeiter zum Ausdruck; konkret geht es um die Berücksichtigung der Bedürfnisse und Wünsche der Mitarbeiter, also um die Sicherheit des Arbeitsplatzes, eine interessante Tätigkeit, den Verdienst u. a. m. (stakeholder).

Die beiden formalen Zielbündel, die stellvertretend für eine Vielzahl einzelner Ziele stehen, können verschiedenartige Beziehungen zueinander aufweisen. Ein Grundstock an wirtschaftlicher Zielerreichung ist ebenso überlebenswichtig wie ein Mindestmaß an sozialer Zielrealisierung. Ein Unternehmen, das nicht wirtschaftlich arbeitet, verliert in einer Marktwirtschaft seine Existenzberechtigung und ein Betrieb, der die menschlichen Bedürfnisse übergeht, wird nicht die erforderlichen Mitarbeiter finden. Beide können sich auf Dauer nicht behaupten.

Ökonomische und humane Formalziele können – hiervon ausgehend – zueinander in folgender Weise in **Beziehung** stehen:

- konfliktär, das heißt, dass die stärkere Verwirklichung des einen Ziels das andere behindert und dort Abstriche gemacht werden müssen,
- komplementär, das heißt, dass sich beide Ziele ergänzen und die bessere Verwirklichung des einen auch das andere fördert oder
- indifferent, das heißt, dass beide nichts miteinander zu tun haben.

Abbildung 2-12: ***Sach- und Formalziele des Personalmanagements***

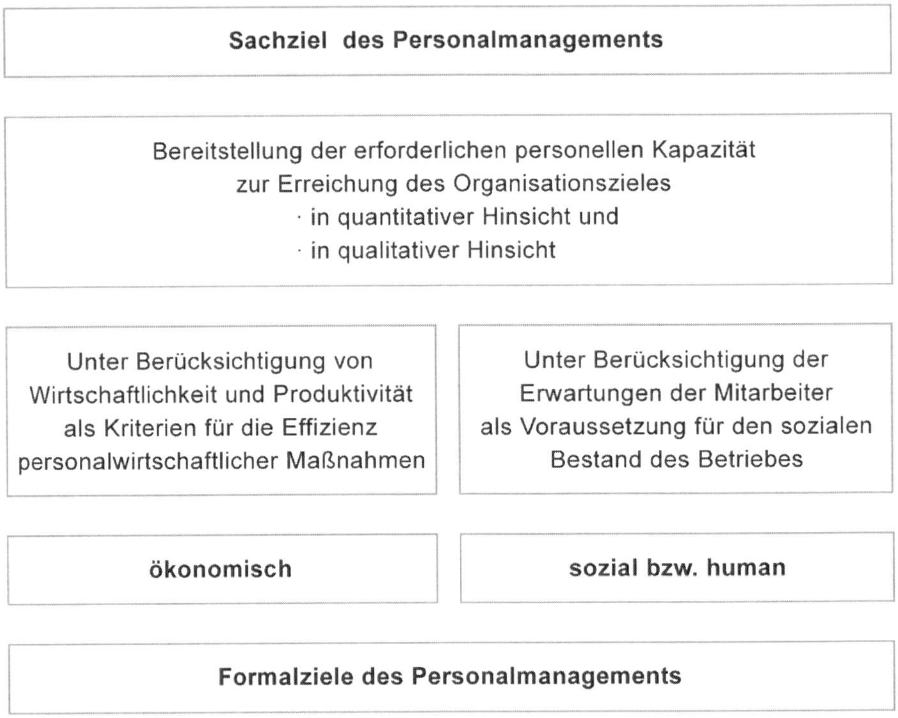

Diese Betrachtung setzt grundsätzlich voraus, dass **beide Zielbündel gleich gewichtet** sind. Wenn man zum Beispiel die wirtschaftlichen Ziele für wichtiger hält, dann stellt sich die Frage der problembehafteten konfliktären Zielbeziehungen erst gar nicht. Aus anderer Perspektive können soziale und wirtschaftliche Ziele aber auch in einer Ziel-Mittel-Beziehung zueinander stehen, das heißt, dass sich in bestimmten Situationen mit Hilfe der sozialen Ziele die wirtschaftlichen Ziele gut verwirklichen lassen oder dass der umgekehrte Zusammenhang gilt. Ein Beispiel hierfür ist die von den Mitarbeitern häufig gewünschte Gleitzeit (soziales Ziel), die in der Regel positive wirtschaftliche Effekte mit sich bringt (wirtschaftliches Ziel). Auch innerhalb der sozialen Ziele sind solche Mittel-Zweck-Beziehungen feststellbar. Dann entstehen komplexe **Ziel-Mittel-Hierarchien**, die auf den ersten Blick den Eindruck erwecken, als gäbe es zwangsläufige Über- und Unterordnungszusammenhänge; allerdings können personalwirtschaftliche Ziel-Mittel-Hierarchien nie ohne Wertungen schlüssig abgeleitet werden.

Die (theoretischen) personalwirtschaftlichen Sach- und Formalziele (auf höchster Ebene) und die praxisbezogenen personalwirtschaftlichen Leitlinien berühren grundsätzliche Fragen, über die jedes Unternehmen und jeder im Personalbereich Tätige nachgedacht haben sollte. Geschieht dies nicht, dann fehlt es an Orientierung und an dem Bewusstsein, was wichtig ist und was man erreichen will. Dann geben die alltäglichen Probleme die Tätigkeitsschwerpunkte vor.

Ziele im Personalwesen können sich aber auch auf ganz konkretere Sachverhalte beziehen. Ein Ziel kann nämlich allgemein als fest umrissener anzustrebender Zustand gesehen werden, der nach Inhalt, Ausmaß und zeitlichem Bezug präzisiert wird. Hierbei geht es – im Gegensatz zu den eben diskutierten Grundsatzzielen – um „kleinere" **Einzelziele**. Beispielsweise vereinbart ein Werksleiter mit dem Personalverantwortlichen, „dass die Fluktuationsquote bis zum Ende des nächsten Jahres auf 5 % gesenkt werden soll". Auch die „Reduzierung der Personalnebenkosten um 100.000 € innerhalb von zwei Jahren" kann ein solches konkretes Ziel sein, das schließlich dazu beiträgt, die längerfristigen Personalstrategien umzusetzen.

Den Zusammenhang zwischen Vision, Strategie, strategischen Zielen und Leitlinien verdeutlicht nochmals die nachstehende Abbildung. Sie zeigt die Funktion der Leitlinien als „Wegbegrenzung" (Leitplanken) und macht ferner deutlich, dass die Strategie (im Beispiel ist nur eine von mehreren Strategien abgebildet), die zur Verwirklichung der Vision führt, in mehrere Wegpunkte (Meilensteine) aufgeteilt ist.

Abbildung 2-13: ***Vision, Strategien, Ziele und Leitlinien im Personalmanagement***

2.4 Strategisches Personalmanagement

Außer von Grundsätzen, Oberzielen und Einzelzielen sprechen die Personalfachleute neuerdings häufig auch von Visionen und Strategien. Visionen als die realistische Vorstellung einer erstrebenswerten Zukunft („Zukunftsbild") gewinnen ebenso wie Strategien („Wege zu dem angestrebten Zustand") in Zusammenhang mit der strategischen Führung von Personalbereichen an Bedeutung.

2.4.1 Personalstrategien

Die **Vision**, ein griffiges Zukunftsbild mit Innenorientierung – im Gegensatz zur Außenorientierung der sog. Mission – kann beispielsweise für den Personalbereich lauten: „Für Unternehmensleitung, Führungskräfte und Mitarbeiter sind wir der unverwechselbare Partner Nr. 1 für den Erfolgsfaktor Mensch bei der XYZ AG. Wir liefern innovative Spitzenleistungen und besitzen höchste Problemlösungskompetenz zur Wertsteigerung des Unternehmens". Daraus können sich dann folgende Orientierungen (bzw. Personalstrategien) ergeben, die jeweils innerhalb der Personalabteilung, bei den Mitarbeitern und Führungskräften im gesamten Unternehmen und gegebenenfalls nach außen (Bewerber) wahrnehmbar sein sollten:

- Innovations- und Wertorientierung
- Flexibilität und Leistungsorientierung
- Kunden- und Dienstleistungsorientierung
- Orientierung an Lern- und Veränderungsprozessen

Bei der **Umsetzung von Vision und Mission in Personalstrategien** leistet die **SWOT-Analyse** (Analyse interner Stärken und Schwächen (strengths – weaknesses) sowie externer Chancen und Risiken (opportunities – threats)) wertvolle Hilfe. Externe Chancen und Risiken mit Bedeutung für das Personalmanagement lassen sich in den Feldern ausmachen, die den bereits besprochenen Handlungsrahmen darstellen:

- politisch-rechtliche Rahmenbedingungen (political and legal)
- wirtschaftliche Rahmenbedingungen (economic)
- gesellschaftliche Rahmenbedingungen (social)
- technologische und ökologische Rahmenbedingungen (technological and ecological)

Diese vier Felder der sog. **PEST-Analyse** sind jeweils detailliert darauf hin zu untersuchen, welche Chancen und Risiken künftig erwartete Entwicklungen mit sich bringen. Methodisch lässt sich die PEST-Analyse durch die Analyse von Trends, konkret durch die Auswertung von Veröffentlichungen – print oder online – und mit Hilfe von Expertenbefragungen (sog. „Trend Scouts"), durchführen.

Die Untersuchung der **internen Stärken und Schwächen** kann auf methodischer Seite durch Selbsteinschätzungen, Bewertungen durch die Kunden der Personalabteilung, durch Kennzahlenvergleiche – wie zum Beispiel mit den Kennzahlenwerken der Deutschen Gesellschaft für Personalführung (DGFP) –, durch externe Audits oder durch Benchmarking geleistet werden. Inhaltlich können alle Elemente des 3-Säulen-Modells als thematischer Bezugsrahmen dienen.

Bis hier wurde davon ausgegangen, dass Personalstrategien den äußeren (Chancen und Risiken) und inneren (Stärken und Schwächen) Rahmenbedingungen Rechnung tragen und die Unternehmensstrategie unterstützen sollen. Das bedeutet, dass Personalstrategien unternehmensindividuell zu entwickeln sind, wenn sie einen wesentlichen Beitrag zum Unternehmenserfolg leisten sollen. Dahinter steht die Idee, dass das Unternehmensumfeld, die Unternehmensstrategie und die Personalstrategie optimal aufeinander abgestimmt sein sollen (sog. **„best fit"**). Der interne bzw. horizontale Fit hat dafür zu sorgen, dass die verschiedenen Personalstrategien und die zu deren Verwirklichung eingesetzten Instrumente (in sich) zueinander passen. Demgegenüber hat der externe bzw. vertikale Fit sicher zu stellen, dass die Personalstrategien zur Unternehmensstrategie stimmig sind und das externe Umfeld angemessen berücksichtigen. Eine Konsequenz aus diesem Konzept der unternehmensindividuell zu entwickelnden Personalstrategien lautet: Es gibt in der Praxis (unzählig) viele mögliche Personalstrategien.

Diese personalstrategische Position findet sich auch im sog. **„Harvard-Ansatz des Human Resources Managements"**, der neuerdings mit dem Trend zum „nachhaltigen

Abbildung 2-14: ***Harvard-Modell zum Strategischen Personalmanagement***

ähnlich: Beer u. a. 1985

Personalmanagement" aufgrund der Berücksichtigung der langfristigen Konsequenzen personalwirtschaftlichen Handelns (wieder) besondere Beachtung erfährt. Dieses viel beachtete Konzept ist so zu lesen: Die Anspruchs- bzw. Interessengruppen versuchen ihre Interessen in Richtung auf die Personalstrategie durchzusetzen, und auch die situativen Faktoren beeinflussen die Wahl der Personalstrategien. Die Strategien ihrerseits haben kurzfristige Ergebnisse und langfristige Wirkungen zur Folge. Schließlich ist davon auszugehen, dass es Rückwirkungen der langfristigen Ergebnisse auf künftige Personalstrategien, auf die Interessengruppen und auf einige der situativen Faktoren gibt.

Eine ganz andere Idee und ein anderes personalstrategisches Vorgehen liegen der **„best practice"-Vorstellung** zugrunde. Diese geht davon aus, dass es eine einzige Personalstrategie gibt, die immer und überall „passt" und zu sehr guten Erfolgen bzw. Unternehmensergebnissen führt. Dass diese Vorgehensweise bei der Festlegung von Personalstrategien nicht den vielfältigen Situationen entspricht, in denen sich Unternehmen unterschiedlicher Größe und Branche sowie mit verschiedenartigen Organisationsstrukturen und Ertragslagen befinden, liegt auf der Hand.

Ein weiterer möglicher Weg wird von Gmür/Thommen (2007) beschritten, die vier **idealtypische Standard-Personalstrategien** diskutieren, auf die – je nach Situation des Unternehmens – zurückgegriffen werden kann. Die Strategie des „eingespielten Teams" greift dann, wenn ein loyaler, motivierter und kompetenter Mitarbeiterstamm die Position am Markt und bei einem festen Kundenkreis sichern und ausbauen soll; es geht um die langfristige Bindung und Entwicklung der Mitarbeiter, zum Beispiel in einer Bank. Die Strategie des „perfekten Systems" ist gefragt, wenn stabile und schlanke Prozesse einen flexiblen Mitarbeitereinsatz möglich machen; kurzfristige flexible Beschaffung von Mitarbeitern steht im Mittelpunkt, so beispielsweise in einem Supermarkt. Der Strategietyp des „intelligenten Organismus" betont ständige Verbesserungen sowie Lernen der Mitarbeiter, typischerweise in einem Softwarehaus, einem Pharma- oder Technologieunternehmen. Die Personalstrategie „kreative Evolution" setzt auf kurzfristige, projektbezogene Engagements hoch qualifizierter Mitarbeiter, so beispielsweise in einer Werbeagentur. Diese vier Strategietypen ziehen in allen Bereichen des 3-Säulen-Modells unterschiedliche Maßnahmen nach sich (siehe Abbildung „Standard-Personalstrategien").

Die Personalstrategien, die die langfristige Bindung und Entwicklung von Mitarbeitern als Ziel verfolgen, das eingespielte Team und der intelligente Organismus, sollen den Aufbau von Mitarbeiterqualifikationen und -potenzialen sowie von Mitarbeitermotivation und -loyalität sichern und steuern, die zur Erreichung der Unternehmensziele benötigt werden. **Mitarbeiter** werden dabei **als Wettbewerbsvorteil** gesehen (sog. „resource based view" bzw. „ressourcenorientierte Sicht der Mitarbeiter"). Wenn Unternehmen auf knappe Humanressourcen am Arbeitsmarkt treffen, wenn der Mitarbeiterstamm mit seinem Wissen und seiner Kompetenz nur schwer durch die Konkurrenz imitiert und wenn die menschliche Arbeit nicht durch Maschinen substituiert werden kann, dann stellen qualifizierte und loyale Mitarbeiter einen einzigartigen

Wert für das Unternehmen dar, ggf. sogar den wichtigsten Wettbewerbsvorteil bzw. Erfolgsfaktor. Langfristige Investitionen in die Mitarbeiter und professioneller Einsatz personalwirtschaftlicher Instrumente sind die wesentlichen Merkmale dieser Bindungs- und Entwicklungsstrategie.

Abbildung 2-15: ***Standard-Personalstrategien***

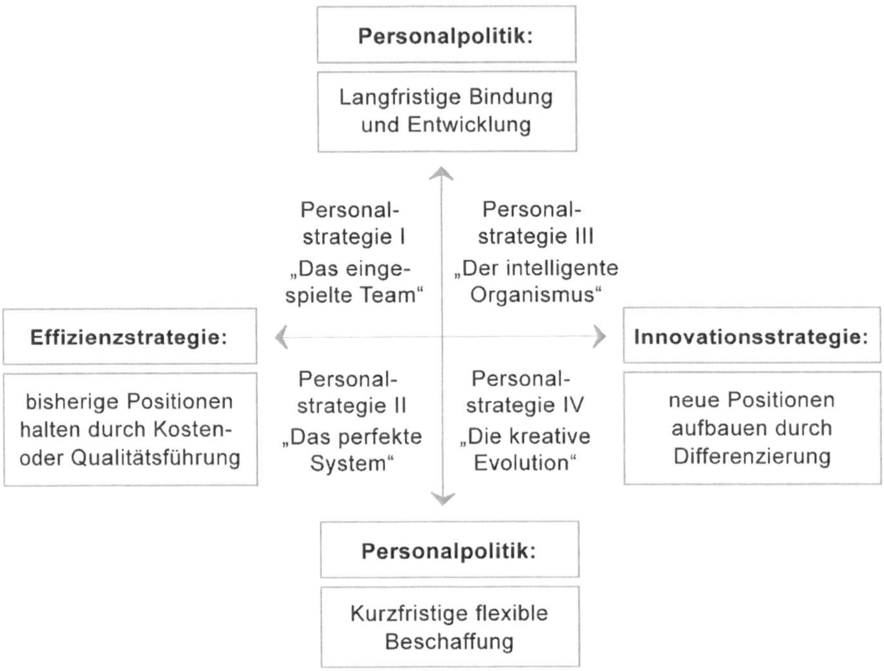

aus: Gmür/Thommen 2007

Bisher wurden **Personalstrategien im Sinne von unternehmensspezifischen Schwerpunktlegungen** verstanden: Talente fördern, elektronisches Personalmanagement ausbauen, organisatorischen Wandel fördern und unterstützen und Loyalität sowie Engagement der Mitarbeiter sichern – das waren die Schwerpunkte, die American Express festgelegt hatte (siehe oben). Personalwirtschaftliche Strategien sind – allgemein gesprochen – die grundsätzlichen Wege, auf denen die Ziele erreicht werden sollen. So lässt sich die Fluktuation beispielsweise dadurch senken, dass man den Mitarbeitern zinsgünstige Darlehen anbietet und dadurch eine Bindungswirkung (durch Verpflichtung) erzielt. Eine Alternative ist das Schaffen von Aufstiegsmöglichkeiten, das von einer ganz anderen Idee (Motivation) ausgeht. Ob man den einen oder den anderen Weg einschlägt, will gut überlegt sein.

Best practice-Strategien, Standard-Strategien oder best fit-Strategien – für letztere wird hier nachdrücklich plädiert – finden ihre konsequente Fortführung im Einsatz bestimmter personalwirtschaftlicher Instrumente. Bewusste Schwerpunktlegungen innerhalb des Personalbereichs können und müssen sich neben den (Ober)Zielen und den Strategien auch auf die Auswahl und den Einsatz personalwirtschaftlicher Instrumente beziehen. Als **personalwirtschaftliches System** oder Programm bezeichnet die Praxis die bevorzugt anzuwendenden Instrumente wie etwa das Mitarbeitergespräch und die Zielvereinbarung sowie deren systematische Zuordnung. Das jeweilige Personalsystem sollte natürlich zu den Personalstrategien passen.

Abbildung 2-16: ***Personalsystem***

An dieser Stelle ist (nochmals) deutlich darauf hinzuweisen, dass Theorie und Praxis sich alles andere als einig bezüglich folgender grundlegender Fragen sind: Was genau meinen Personalpolitik und Personalstrategie? Welche Elemente bzw. Bestandteile gehören zu einer vollständigen Personalpolitik/-strategie? Was trägt eine gute Personalpolitik bzw. -strategie zum Erfolg eines Unternehmens bei? Brauchen kleinere Unternehmen überhaupt eine längerfristige Personalpolitik bzw. eine Personalstrategie und ein Personalsystem? Liegt deren Stärke nicht gerade darin, rasch, flexibel und situationsangemessen handeln zu können, ganz im Sinne einer „kurzfristige Anpassungsstrategie"? Diese zentralen Fragen können beim derzeitigen Stand von Wissenschaft und Praxis allenfalls ansatzweise beantwortet werden.

Ein weiterer Hinweis ist wichtig: Personalstrategie und Personalpolitik verlangen immer auch, dass man bei einer ganzen Reihe von Grundwerten bzw. Spannungsfeldern Stellung beziehen muss, und das ist nicht so einfach, wie es im ersten Moment scheint – die folgende Abbildung verdeutlicht dies.

Abbildung 2-17: ***Werte im Spannungsfeld – Werte im (Personal)Management***

harte Faktoren	weiche Faktoren
businessorientiert	partnerorientiert
Misstrauen	Vertrauen
kurzfristig	langfristig
verändern	bewahren
fordern	fördern

zusätzliche Werte im Personalmanagement

Tagesgeschäft	strategische Aufgaben
reaktiv	präventiv/proaktiv
Randbelegschaft	Kernbelegschaft
Mitarbeiter „einkaufen“	Mitarbeiter „entwickeln“
jung	alt
Gleichbehandlung	Individualisierung
Sicherheit	Flexibilität
quantitativ	qualitativ

aus: Kobi 2008

2.4.2 Unternehmenskultur als „gelebte Personalpolitik"

Während es bis hier bei den Grundsätzen, den Zielen, den Strategien und Personalsystemen um bewusst überlegte, meist ausdrücklich diskutierte und oft auch schriftlich festgelegte **Sollvorstellungen** geht, kommen mit dem Stichwort Unternehmenskultur das **Ist**, die ungeschriebenen Gesetze und die oft unbewussten Normen, der „Stil des Hauses" bzw. die „Persönlichkeit des Unternehmens" ins Spiel.

Ein Beispiel soll dies verdeutlichen. In der XYZ-AG erzählt man sich folgenden Witz: „Was ist der Unterschied zwischen einer Führungskraft in unserem Unternehmen und einem Autoreifen? – Der Autoreifen braucht ein Mindestprofil!" Dieser Witz hat nicht nur Unterhaltungswert, sondern er sagt auch etwas über die Manager der Firma aus. Witze, Geschichten, Rituale, Gebäude, unausgesprochene Bekleidungsregeln und anderes mehr sind **Ausdruck der Kultur eines Unternehmens**. Diese Kultur ist nur zu einem Teil (er)fassbar; sie stellt gleichsam den (größeren) Teil des (organisationalen) Eisbergs dar, der unter der Wasseroberfläche zwar nicht sichtbar ist, aber eine „tragende Rolle" spielt. Ohne ihn hätte der sichtbare Teil keine Grundlage – er würde bzw. könnte nicht existieren!

Unternehmenskultur zeigt sich in den häufig unbewussten Grundprämissen, z. B. dem implizit unterstellten Menschenbild, in den bekundeten Werten der Personalpolitik und in sichtbaren äußerlichen Dingen (z. B. Gebäude), die allerdings in ihrer Bedeutung nur schwer zu entschlüsseln sind. **Jedes Unternehmen hat eine Kultur**, ob sie nun förderlich ist oder nicht. Die Unternehmenskultur stellt ein Ist dar; man kann auch eine Soll-Vorstellung damit verbinden, wenn es nämlich langfristig um deren Gestaltung bzw. Veränderung geht. Personalpolitik und Unternehmenskultur betreffen beide eher grundsätzliche Aspekte des Personalmanagements. Beide wirken verhaltensbestimmend, und sie sollten zueinander passen.

Die **Überprüfung der Unternehmenskultur** kann mit Hilfe von Checklisten durchgeführt werden. Dabei ist zu analysieren, ob das eigene Unternehmen z. B. Wandel eher als Bedrohung oder als Chance ansieht, ob Fehler als Problem oder als Möglichkeit zu lernen verstanden werden, ob die Mitarbeiter eher nach innen oder eher nach außen (auf die Kunden hin) orientiert sind. Daraus erstellt das Unternehmen ein Kultur-Profil (Ist), das es dann am erwünschten Profil spiegelt.

Die Kultur, die ein Unternehmen real hat, darf bei personalpolitischen Überlegungen nicht außer Acht gelassen werden. Sie kann zu den formalisierten Grundsätzen in Widerspruch stehen oder deren Umsetzung fördern. Neuerdings wird von „Kultur in Unternehmen" in einem sehr weiten Sinn gesprochen, wenn man über Führungskultur, Gesprächskultur oder Teamkultur redet. Kultur ist ein starkes und nicht zu unterschätzendes Steuerungsinstrument. Einer der Management-Klassiker aus den 80er Jahren (Peters/Waterman, 1983) hat die Bedeutung der Unternehmenskultur klar belegt. In dieser Studie wird die Bedeutung der weichen Unternehmenssteuerungsfaktoren – wie z. B. Führungsstil, Mitarbeiterförderung, Mitarbeiterkompetenzen, übergeordnete Werte – als ausschlaggebend für überragenden Unternehmenserfolg nachgewiesen und damit der Stellenwert der harten Steuerungsinstrumente – wie z. B. Marktstrategie, Planungssysteme, Controlling – deutlich relativiert. Die **weichen Faktoren** bilden in ihrer Gesamtheit die Kultur eines Unternehmens.

Abbildung 2-18: ***Eisberg-Modell der Unternehmenskultur***

Die folgende Abbildung fasst alle bisher besprochenen Themen dieses Teils zusammen. Um ein bei den Managementkonzepten bereits angesprochenes Instrument, das besondere Relevanz in der Personalpraxis besitzt, soll es abschließend in diesem Teil gehen, die Personal-Balanced Scorecard.

Abbildung 2-19: ***Gesamtzusammenhang der Personalstrategie und -politik***

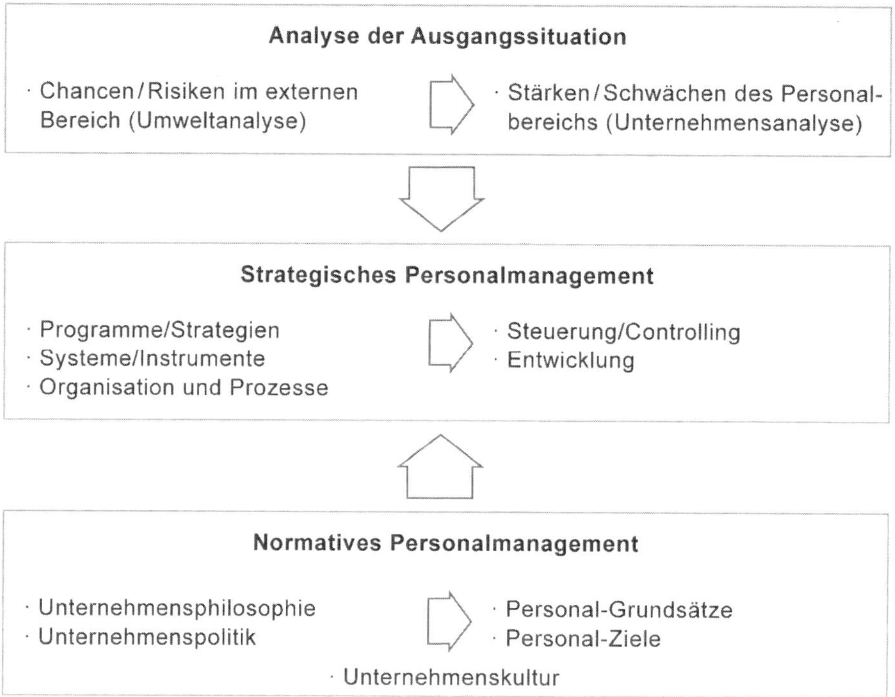

2.5 Personal-Balanced Scorecard (HR-BSC) als Steuerungsinstrument im Personalbereich

Der Beitrag des Personalmanagements zur Wertsteigerung des Unternehmens findet seinen Niederschlag in den Kenngrößen, die in die Top-Balanced Scorecard eingesteuert werden und dort den Beitrag der „Mitarbeiter" bzw. des Personalmanagements (4. Feld) zur Verwirklichung der Unternehmensstrategien abbilden. In Abhängigkeit von den Strategien können sich die dort eingestellten Kenngrößen im Zeitablauf ändern.

Ein Trend mit erheblicher Bedeutung für das Personalcontrolling, aber auch mit wichtigen personalpolitischen und -strategischen Implikationen ist der Einsatz **eigenständiger Balanced Scorecards in Personalabteilungen**. Die BSC betont – in Abhängigkeit von den strategischen Zielen – qualitative neben monetären Kenngrößen sowie strategisch relevante Kennzahlen neben operativ-vergangenheitsbezogenen Kenngrößen bei der Führung des Personalbereichs. Die Idee ist dabei, den Personalbereich wie ein eigenständiges Unternehmen zu führen und sich bei dieser Führung und Steuerung der Balanced Scorecard als Instrument zu bedienen. Im Vorfeld setzt dies – nach der reinen Lehre – die Existenz einer Vision für das Personalmanagement und von Strategien für den Personalbereich voraus, deren Verwirklichung dann mit den Kenngrößen der Balanced Scorecard abgebildet wird. Dabei stellt sich natürlich die Frage, wie die einzelnen BSC-Felder zu verstehen bzw. zu füllen und wie sie anzuordnen sind:

- Finanzen: Budgeteinhaltung, Kostenvergleich, Einnahmen von extern...
- Kunden: Zufriedenheit, Beschwerden...
- Prozesse: Standardisierung, Zeitbedarf, Fehler...
- Mitarbeiter des Personalbereichs: Qualifikation, Zufriedenheit

Abbildung 2-20: ***Personalbetreuungs-BSC***

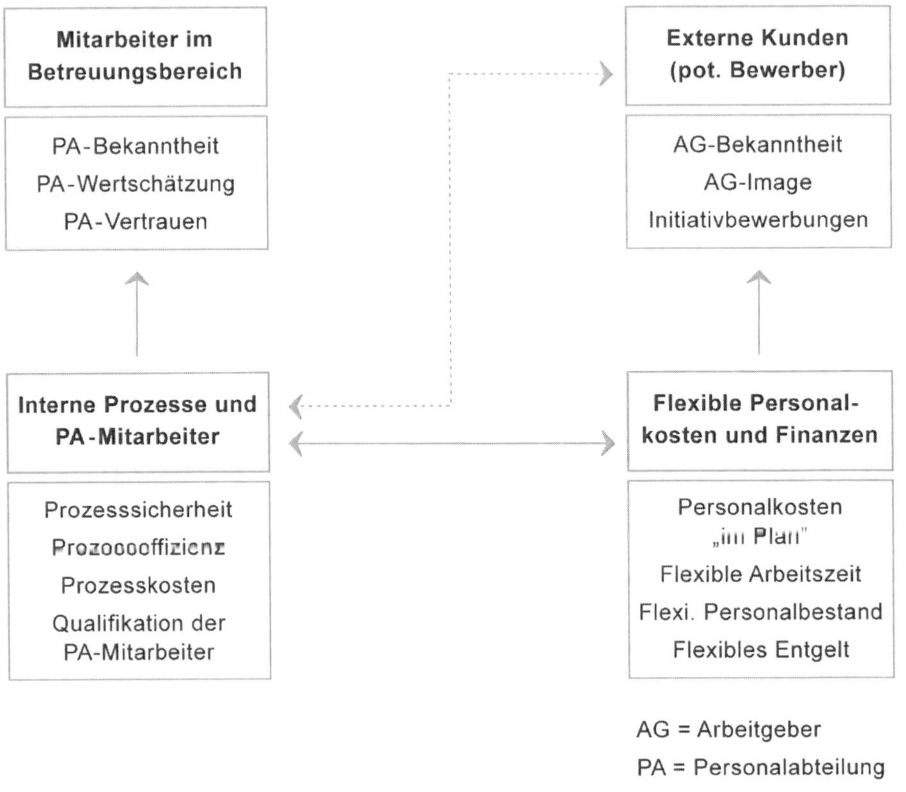

Diese Standardfelder können durchaus 1:1 übernommen werden. Es sind aber auch andere „Felder" vorstellbar, z. B. der Bereich der sog. mitarbeiterbezogenen Kenngrößen, der im weiteren Sinne die Leistungen und das Verhalten der Mitarbeiter im Unternehmen (Arbeitsproduktivität, Fehlzeiten, Zufriedenheit, Potenziale...) repräsentiert. Fraglich scheint bei den heutigen Strukturen, in denen das Personalmanagement eher selten am externen Markt als Anbieter von Personaldienstleistungen auftritt, ob der Sektor „Finanzen" obenan stehen sollte bzw. ob er nicht eher als Restriktion anzusehen ist. Damit ergäbe sich ein denkbarer Aufbau für die Personal-Balanced Scorecard, wie er der Abbildung zu entnehmen ist.

Die Anwendung der BSC im Personalbereich lässt sich durchaus noch weiterführen, so dass BSCs für einzelne funktionale Teilbereiche innerhalb des Personalbereichs, zum Beispiel für die Personalentwicklung erstellt werden. Dies macht in erster Linie in größeren Unternehmen Sinn.

Die Schrittfolge, die es bei der **Erstellung einer BSC** im und für den Personalbereich eines Unternehmens zu gehen gilt, reicht von der Vision bis zur regelmäßigen Anpassung – sobald sich die Strategien ändern, muss auch die BSC angepasst werden – und zum Erfolgsnachweis durch dieses personalstrategische Tool.

Übersicht: ***Schritte bei der Entwicklung einer Personal-BSC***

- Prüfung der Voraussetzungen
  (Vision, SWOT, Strategie, Commitment Personalleitung...)
- Design BSC
  (Perspektiven, Anordnung...)
- Strategische Ziele
  (Ziele, Messgrößen...)
- Strategische Maßnahmen
  (Aktivitäten, Projekte, Zielvereinbarung, Commitment Mitarbeiter Personalabteilung...)
- Ständiges Controlling
  (Visualisierung, Meilensteine, Zielerreichung)
- Anpassung
  (Strategie, Strategische Ziele, Messgrößen, Aktivitäten usw.)

Unabhängig davon, welche Form des BSC-Einsatzes bevorzugt wird, besteht immer die Möglichkeit, über das Instrument der Zielvereinbarung mit den Mitarbeitern des Personalbereichs – zur Konkretisierung der BSC – Jahresziele zu vereinbaren. Damit wird den Mitarbeitern der Personalabteilung ihr Beitrag zur strategischen und zur kurzfristigen Zielerreichung des eigenen Bereichs deutlich.

Einen abschließenden Überblick über den gesamten (Ableitungs)**Zusammenhang** bzw. die Reihenfolge, in der die **personalstrategischen Themen** stehen, visualisiert nochmals die folgende Abbildung: Ausgangspunkt ist die Unternehmensstrategie, daraus wird die Personalstrategie abgeleitet bzw. sie wird daran ausgerichtet; im Weiteren folgt das personalwirtschaftliche „Programm", die „Produkte des Personalbereichs" einschließlich der Prozesse, und abschließend geht es beim Personalcontrolling darum, die Kosten sowie Effizienz (kurzfristige Ergebnisse) und Effektivität (langfristiger Erfolg) zu überprüfen. Den Abschluss dieser Ableitungskette stellt der Nachweis der Wertschöpfung durch den Personalbereich – gegenüber der Geschäftsleitung und den Unternehmensbereichen – dar.

Abbildung 2-21: ***Zusammenhänge zwischen den Personalprozessen***

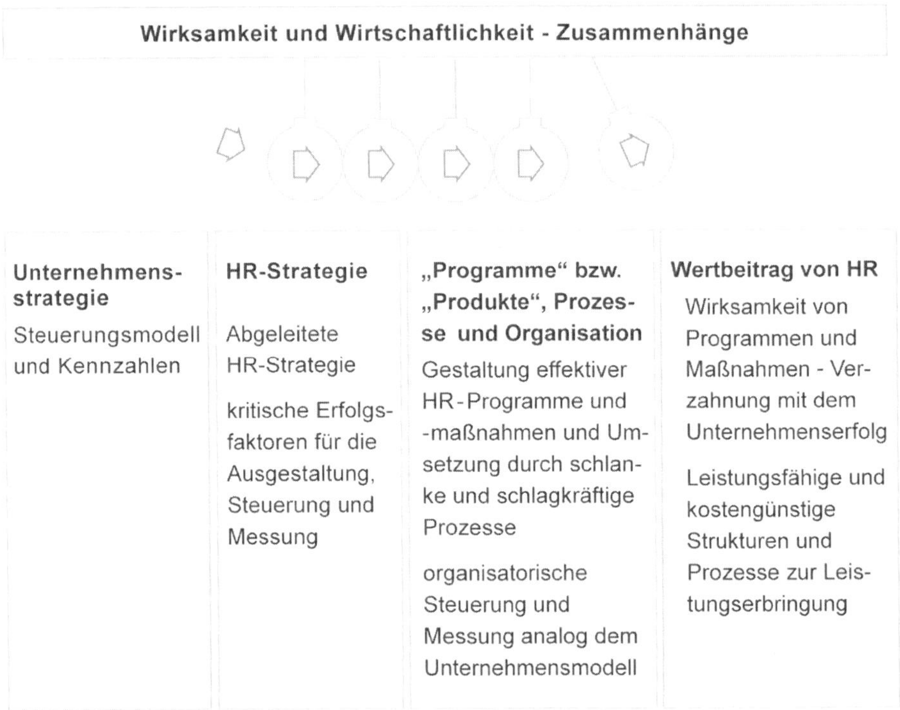

aus: Towers/Perrin 2006

Natürlich bleiben einige Themen über die Zeit konstant (dies kann die Abbildung leider nicht zeigen): Personalpolitische Grundsätze und Führungsleitlinien, Employer Branding bzw. Personalmarketing und Mitarbeiterbindung sowie die Grundsätze der Mitarbeiterentwicklung zeichnen sich gerade durch längerfristige Konstanz aus. Auch die Personaladministration und den IT-Einsatz im Personalbereich wird ein Unternehmen bei einem Strategiewechsel nicht jeweils (komplett) neu angehen – auch hier ist eine gewisse Kontinuität geboten. Demgegenüber sind das Recruiting und der Personalabbau sowie konkrete Entwicklungsprogramme eher „strategiegetrieben".

Zum Weiterdenken

- Das Personalmanagement reagiert (nur) auf die externen Einflüsse.
- Eine saubere PEST-Analyse erfordert einen erheblichen Aufwand!
- Nach dem „7-S-Modell" musste das „Lean Management" kommen!
- „Gute" Managementtrends lassen sich von reinen „Moden" nur schwer unterscheiden.
- Business Reengineering musste scheitern!
- Visionen und Grundsätze für den Personalbereich ähneln sich in den meisten Unternehmen sehr stark.
- Führungsgrundsätze stehen und fallen mit der Akzeptanz durch die Betroffenen.
- Personalstrategien müssen in sich und mit der Unternehmensstrategie abgestimmt sein – alles Andere ergibt keinen Sinn.
- Der Rückgriff auf Standardstrategien erspart viel Arbeit!

Quellen zu Teil 2

Ackermann, K.-F. (Hrsg.): Balanced Scorecard für Personalmanagement und Personalführung, Wiesbaden 2000

Bea, F. X./Göbel, E.: Organisation, 3. Aufl., Stuttgart 2006

Bea, F. X./Haas, J.: Strategisches Management, 5. Aufl., Stuttgart 2009

v. Beckerath, P. (Hrsg.): Verhaltensethik im Personalwesen, Stuttgart 1988

Beer, M. u. a.: Human Resource Management, New York 1985

Bertelsmann Stiftung u. a.: Mit Verantwortung handeln, Wiesbaden 2008

Bihl, G.: Werteorientierte Personalarbeit, München 2002

Bleicher, K.: Das Konzept integriertes Management, 7. Aufl., Frankfurt/New York 2004

Boersch, C./Elschen, R. (Hrsg.): Das Summa Summarum des Management, Wiesbaden 2006

Corsten, H./Reiß, M. (Hrsg.): Handbuch Unternehmungsführung, Wiesbaden 1995

DGFP (Deutsche Gesellschaft für Personalführung): Ziele und Grundsätze der betrieblichen Personalpolitik formulieren, München 1984

DGFP (Hrsg.): Herausforderung Personalmanagement, Frankfurt 2002

v. Eckardstein, D./Schnellinger, F.: Betriebliche Personalpolitik, 4. Aufl., München 1999

Fischer, U./Reihsner, R.: Betriebliche Personalpolitik, Köln 2002

Friedag, R./Schmidt, W.: Balanced Scorecard, Freiburg 1999

Füser, K.: Modernes Management, 4. Aufl., München 2007

Gazdar, K. u.a. (Hrsg.): Erfolgsfaktor Verantwortung, Berlin/Heidelberg/New York 2006

Gmür, M./Thommen, J.-P.: Human Resource Management, 2. Aufl., Zürich 2007

Grant, R./Nippa, M.: Strategisches Management, 5. Aufl., München 2006

Hammer, M./Champy, J.: Business Reengineering, 6. Aufl., Frankfurt/New York 1996

Hinterhuber, H.: Strategische Unternehmensführung, 3. Aufl., Berlin/New York 1984

Hofstede, G.: Lokales Denken, globales Handeln, 4. Aufl., München 2009

Horváth & Partner (Hrsg.): Früherkennung in der Unternehmenssteuerung, Stuttgart 2000

Hungenberg, H.: Strategisches Management in Unternehmen, 5. Aufl., Wiesbaden 2008

Imai, M.: KAIZEN, 7. Aufl., Frankfurt/Berlin 1996

Jetter, W.: Performance Management, 2. Aufl., Stuttgart 2004

Kaplan, R./Norton, D.: Balanced Scorecard, Stuttgart 1997

Kienbaum, J. (Hrsg.): Visionäres Personalmanagement, 3. Aufl., Stuttgart 2001

Kieser, A./Oechsler, W. (Hrsg.): Unternehmungspolitik, 2. Aufl., Wiesbaden 2004
Klimecki, R./Remer, A. (Hrsg.): Personal als Strategie, Neuwied/Kriftel/Berlin 1997
Klinkhammer, H.: Personalstrategie, Neuwied 2002
Kobi, M.: Balance im Management, Wiesbaden 2008
Kreikebaum, H.: Grundlagen der Unternehmensethik, Stuttgart 1996

Leopold, J./Harris, L./Watson, T. (Hrsg.): The Strategic Management of Human Resources, Harlow 2005
Lynch, R.: Strategic Management, 5. Aufl., Harlow 2009

Macharzina, K./Wolf, J.: Unternehmensführung, 8. Aufl., Wiesbaden 2008
Malik, F.: Management, Frankfurt/New York 2007
Marx, A.: Wirtschaftsethik, Mannheim 1957/2003
Matje, A.: Unternehmensleitbilder als Führungsinstrument, Wiesbaden 1996
Mehdorn, H./Töpfer, A. (Hrsg.): Besser – Schneller – Schlanker, 2. Aufl., Neuwied/Kriftel/Berlin 1996
Müller-Stewens, G./Lechner, C.: Strategisches Management, 3. Aufl., Stuttgart 2005

Neuberger, O./Kompa, A.: Wir, die Firma, München 1987
Noll, B.: Wirtschafts- und Unternehmensethik in der Marktwirtschaft, Stuttgart 2002

Oechsler, W.: Personal und Arbeit, 8. Aufl., München/Wien 2006

Peters, T./Waterman, R.: Auf der Suche nach Spitzenleistungen, Landsberg 1983
Porter, M. E.: Wettbewerbsvorteile, 6. Aufl., New York 2000
Pullig, K.: Innovative Unternehmenskulturen, Leonberg 2000

Reilly, P./Williams, T.: Strategic HR, Aldershot 2006
Ridder, H.-G. u.a.: Strategisches Personalmanagement, Landsberg 2001
Rüegg-Stürm, J.: Das neue St. Gallener Management-Modell, Bern 2002
Rühli, E.: Unternehmungsführung und Unternehmungspolitik, Bd. 1 und 2, Bern/Stuttgart 1973 und 1978

Schein, E.H.: Unternehmenskultur, Frankfurt/Main 1995
Simon, H.: Think, Frankfurt 2009
Staehle, W./Conrad, P./Sydow, J.: Management, 9. Aufl., München 2010
Steinmann, H./Schreyögg, G.: Management, 6. Aufl., Wiesbaden 2005

Ulrich, D. (Hrsg.): Strategisches Human Resource Management, München/Wien 1999
Ulrich, D.: Brockbank, W.: The HR value proposition, Boston 2005
Ulrich, H.: Unternehmungspolitik, 3. Aufl., Bern/Stuttgart 1990
Ulrich, P./Fluri, E.. Management, Bern/Stuttgart 1995

Warnecke, H.-J.: Die Fraktale Fabrik, Reinbek 1996
Weber, J./Schäffer, U.: Balanced Scorecard & Controlling, 2. Aufl., Wiesbaden 2000
Welge, M./Al-Laham, A.: Strategisches Management, 5. Aufl., Wiesbaden 2008

Wollert, A.: Führen-Verantworten-Werte schaffen, Frankfurt 2001
Wunderer, R./Dick, P.: Personalmanagement – Quo vadis?, 5. Aufl., Neuwied/Kriftel 2007

Weitere Quellenangaben zu den Verweisen im Text

Bosch-Gruppe: www.bosch-umwelt.com
BMW Group: www.bmwgroup.com

Caux Round Table: www.cauxroundtable.org

Franke, D./Zicke, B./Zils, F. (Hrsg.): Geprüfter Personalfachkaufmann/Geprüfte Personalfachkauffrau, 4. Aufl., München 2007

IBM Deutschland: www.ibm.com/de
Institut der deutschen Wirtschaft: Deutschland in Zahlen 2009, Köln 2009
Institut der deutschen Wirtschaft: www.iwkoeln.de
Institut für Arbeitsmarkt- und Berufsforschung: www.iab.de

Inhalt von Teil 3

Abbildungen in Teil 3

3 Mitarbeiterbetreuung und Personalarbeit

Die Betreuung von Mitarbeitern ist eine personalwirtschaftliche Kernaufgabe, die von den Personalabteilungen im Zusammenwirken mit den Führungskräften wahrgenommen wird. Dabei spielen die strategischen Funktionen der Strategie bzw. der Politik und die Steuerungsaufgaben der Planung und des Controllings – zusätzlich zu den anstehenden Maßnahmen bei der Betreuung und Beratung der Mitarbeiter – eine wichtige Rolle; ferner kommen zu den Betreuungsprozessen als unterstützende Aufgaben bzw. Funktionen die Personalverwaltung und der IT-Einsatz hinzu; das Arbeitsrecht (siehe Teil 4) hat hier einen zentralen Stellenwert. Die Gestaltung der Arbeitsbedingungen mit den Fragen der Ergonomie, Arbeitszeit, Arbeitsorganisation, Arbeitsort, Entgelt und Sozialleistungen wird im 5. Teil besprochen.

Abbildung 3-01: ***Mitarbeiterbetreuung im 3-Säulen-Modell***

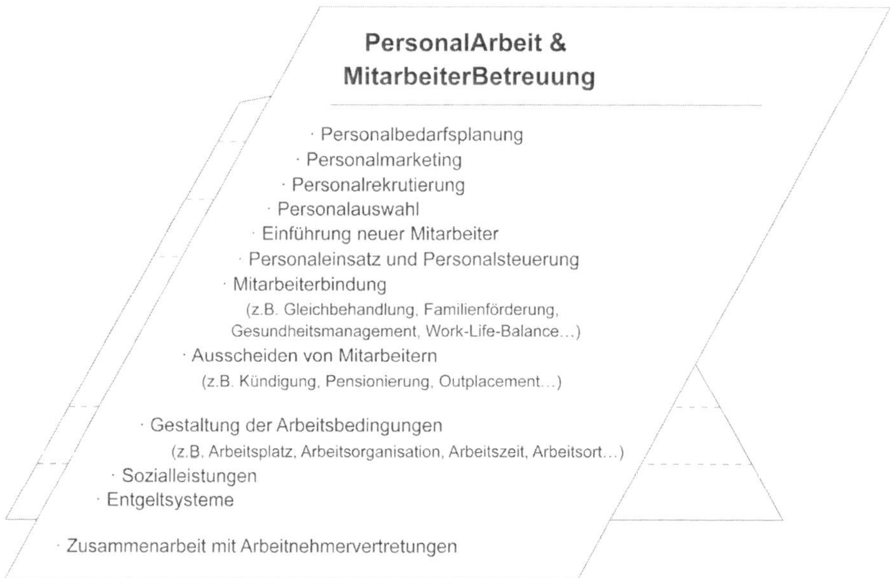

Im Einzelnen geht es bei der **Mitarbeiterbetreuung** um die Themenfelder, die die nachfolgende Übersicht nochmals strukturiert zeigt.

Übersicht: ***Teilbereiche der Mitarbeiterbetreuung***

Personalbeschaffung	• Personalmarketing/Employer Branding • Externe Personalrekrutierung/Werbung • Interne Personalgewinnung • Personalauswahl • Einführung neuer Mitarbeiter
Mitarbeiterbindung	• Arbeitsgestaltung *(siehe Teil 5)* • Mitarbeiterbindungsprogramme
Kurzfristige Personaldispositionen und Personalsteuerung	• Fehlzeiten und Fluktuation • Ersatzkräfte und Zeitarbeit
Personalfreisetzung	• Personalfreisetzung ohne Kündigung • Personalfreisetzung mit Kündigung • Personalmanagement in wirtschaftlich schwierigen Zeiten

Abbildung 3-02: ***Aktivitäten der Personalbeschaffung***

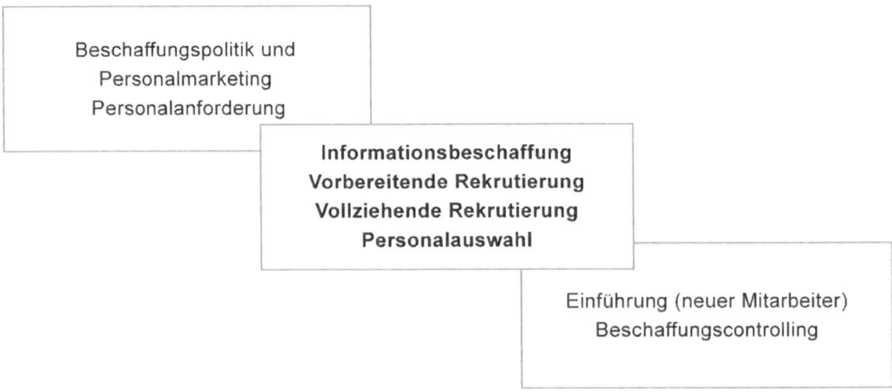

Im Weiteren steht die **Personalbeschaffung** im Mittelpunkt. Zu den Arbeitnehmern bzw. „abhängig Beschäftigten", die es im Rahmen der internen und externen Rekrutierung zu beschaffen gilt, zählen Arbeiter, Angestellte, außertarifliche und leitende Angestellte, Auszubildende und Praktikanten; Leiharbeiter, Beamte, Handelsvertreter und Selbständige (z. B. Handwerker, Berater) besitzen keinen Arbeitnehmerstatus i.e.S.. Die Personalbeschaffung umfasst eine Reihe von Teilaspekten, die ihrerseits wieder jeweils aus mehreren Aktivitäten zusammengesetzt sind (siehe obige Abbildung). Die **Personalbeschaffungspolitik** legt die grundsätzlichen Richtungen bei der Personalbeschaffung fest. Gängige beschaffungspolitische Vorgaben lauten beispielsweise: „Die Besetzung von Führungspositionen erfolgt möglichst aus den eigenen Reihen" oder „Die Personalauswahl findet auf der Basis eines präzisen Anforderungsprofils statt". Diese Leitlinien bestimmen Schwerpunkte bei der Personalbeschaffung und lassen im konkreten Fall die externe Besetzung von Führungspositionen von außen nur in Ausnahmesituationen zu. In ähnlicher Weise richtungsgebend wie die Personalbeschaffungspolitik ist auch das Personalmarketing zu sehen.

Das Personalmarketing – neuerdings ist in diesem Kontext auch von Employer Branding die Rede – und die Personalwerbung erhalten einen ständig steigenden Stellenwert. Qualifizierte Fachkräfte – insbesondere im technischen Bereich – und Führungskräfte sind immer schwerer zu rekrutieren. Vor dem Hintergrund der zu erwartenden (ungünstigen) Demografie befinden sich die Unternehmen heute in einem regelrechten Kampf um Nachwuchskräfte **(„war for talents")**.

3.1 Personalmarketing und Personalwerbung

Leitfragen

- Wie unterscheidet sich das Personalmarketing bzw. das Employer Branding von der Personalwerbung und warum wird Personalmarketing immer mehr zu einer unverzichtbaren Aufgabe?
- Welche Aktivitäten stehen bei der betrieblichen Arbeitsmarktforschung und bei der Ermittlung der Arbeitgeberattraktivität an?
- Welche Wege zur Gewinnung von Mitarbeitern stehen intern und extern zur Verfügung?
- Was gilt es bei innerbetrieblichen Stellenausschreibungen, bei Anzeigen in Printmedien bzw. Zeitungen und im Internet zu beachten?

3.1.1 Personalmarketing als konzeptionelle Grundlage

In der Vergangenheit konnte man bei der Personalbeschaffung, insbesondere bei der Anwerbung neuer Mitarbeiter in der betrieblichen Praxis viel Improvisation beobachten. Weitergehende konzeptionelle Überlegungen waren auch nicht erforderlich, weil der externe Arbeitsmarkt die benötigten Mitarbeiter hergab, und weil über die Entscheidung zwischen interner und externer Beschaffung von Mitarbeitern weniger systematisch nachgedacht wurde. Dies änderte sich ab dem Zeitpunkt, ab dem einzelne Arbeitnehmergruppen nicht mehr ohne Weiteres extern verfügbar waren und somit längerfristige Überlegungen und Maßnahmen erforderlich wurden. Dies war die Geburtsstunde des Personalmarketings.

Externes Personalmarketing gilt heute – angesichts des demografischen Wandels und des damit einhergehenden Fachkräftemangels – und noch bedeutend mehr in der Zukunft zusammen mit der **Mitarbeiterbindung** (internes Personalmarketing) als besonders wichtiger Bereich innerhalb des Personalmanagements.

Die **Idee des Marketings** kommt aus dem Absatzbereich, wo eine vergleichbare Situation zu beobachten war. In den 50er Jahren gab es viel Nachfrage zu decken; die Unternehmen konnten ihre Produkte „verteilen". Spätestens ab den 60er Jahren trat in vielen Bereichen eine Sättigung ein, und die Unternehmen mussten sich um Kunden bemühen. Dies führte zunächst zu Anstrengungen im Bereich der Werbung und später zum umfassenderen Verständnis von Marketing. Dabei bedeutet Marketing „Denken vom Markt her", „sich in die Lage des Käufers versetzen" bzw. „Bewusstsein für die Situation und Sichtweise des Marktpartners entwickeln", und es stellt eine Maxime, eine grundsätzliche Denkweise dar.

Die Konzeption des Produktmarketings wurde als „Personalmarketing" auf den Personalbereich übertragen. Das „Produkt", um das es dabei geht, sind Arbeitsplätze mit allem, was sie attraktiv und interessant macht. Es wurde deutlich, dass allein die Information über freie Arbeitsplätze nicht mehr ausreicht, dass die Arbeitsplätze „verkaufsgerecht" dargeboten werden müssen und dass für alle Aktivitäten eine genaue Marktübersicht notwendig ist, die die Angebotsseite (Konkurrenz am Arbeitsmarkt) und die Nachfrageseite (potentielle Bewerber, (Hoch)Schulabgänger) gleichermaßen berücksichtigt.

Personalmarketing bedeutet inzwischen eine **Denkweise** und das langfristig-systematische, auf eine gute Informationsbasis gestützte Handeln bei der Gewinnung neuer Mitarbeiter. Im Lauf der Zeit wurde deutlich, dass es nicht ausreicht, neue Mitarbeiter mit Werbemaßnahmen ins Unternehmen zu bekommen, sondern dass es genauso wichtig ist, sie im Unternehmen zu halten. Dadurch werden erneute Aktivitäten der externen Beschaffung vermieden – es macht auch keinen Sinn, Personalwerbung auf einen kurzfristigen Erfolg hin auszulegen. Unternehmen, die in Stellenanzeigen zu vollmundig eine „schöne Welt" versprechen, legen damit den Grundstein für Unzufriedenheit und schließlich für Fluktuation. Ganz abgesehen davon hat unrealistische Werbung auch eine ethische Seite, die die Verantwortung des Unternehmens gegenüber dem Mitarbeiter betont. Aus dieser Perspektive kommt es zuerst darauf an, die internen Gegebenheiten zu berücksichtigen und gegebenenfalls zu verbessern und erst dann mit attraktiven Arbeitsbedingungen, gutem Betriebsklima etc. zu werben.

Aus anderer, wesentlich breiterer Sicht könnte man Personalmarketing auch als Integrationskonzept im Personalmanagement betrachten; dann wäre alles Tun im Personalbereich unter Marketinggesichtspunkten zu sehen. Diesem weiten (ausufernden) Verständnis soll hier nicht gefolgt werden.

Zusammengefasst bedeuten die bisherigen Überlegungen zum Personalmarketing, dass dieser Ansatz ein langfristig angelegtes Konzept sein muss, welches das Denken vom Markt her betont, das die externe und (im Ansatz auch) die interne Situation berücksichtigt und alle Maßnahmen auf einer vernünftigen Informationsbasis aufbaut. Damit ist Personalmarketing als **Beschaffungskonzeption** gekennzeichnet.

Übersicht: ***Personal-Marketing***

	Intern	**Extern**
Information	**Personalforschung,** z. B. Personalplanung, Arbeitszufriedenheit, Betriebsklima	**Arbeitsmarktforschung,** z. B. Situation auf den Teilarbeitsmärkten, Konkurrenzverhalten, Unternehmensimage
Aktion	**Interne Änderungen,** z. B. innerbetriebliche Information, Entwicklungsmöglichkeiten, materielle und immaterielle Anreize	**Personalwerbung,** z. B. Stellenanzeigen, Praktika für Schüler, Kontakte zu Hochschulen

Gegenstand der **(externen) Arbeitsmarktforschung** sind beispielsweise allgemeine Beobachtungen zur Altersstruktur der Bevölkerung (Demografie), zur Erwerbsquote als Anteil der Arbeitenden an der Gesamtbevölkerung, zu den Entwicklungen beim Besuch von Schulen und Weiterbildungsinstitutionen; daneben geht es insbesondere auch um die Veränderungen an den relevanten Teilarbeitsmärkten. Für die Unternehmen ist nicht „der Arbeitsmarkt" in seiner Gesamtheit interessant und wichtig, sondern vielmehr die Situation und die Entwicklung auf den einzelnen Teilarbeitsmärkten.

Teilarbeitsmärkte lassen sich – den betrieblichen Erfordernissen entsprechend – aus verschiedenen Perspektiven bilden, und jedes Unternehmen muss die jeweils wichtigen Arbeitsmärkte identifizieren und erkunden. Bei der Erforschung spielen quantitative und qualitative Aspekte eine Rolle. Aus quantitativer Sicht geht es um die aktuelle zahlenmäßige Besetzung und die zukünftige Entwicklung des Teilarbeitsmarktes sowie um die Nachfrage durch andere Unternehmen. Aus qualitativer Perspektive spielen die Fähigkeiten der Menschen am Teilarbeitsmarkt und deren weitere Entwicklung ebenso eine Rolle wie deren Bild vom Unternehmen, das Image als Arbeitgeber bzw. Personalimage.

Die externe (betriebliche) Arbeitsmarktforschung greift in der Regel – mit Ausnahme des Personalimages – auf Erhebungen und Statistiken der **staatlichen Arbeitsmarktforschung** zurück. Das Institut für Arbeitsmarkt- und Berufsforschung der Bundesagentur für Arbeit, die Landesarbeitsagenturen und die örtlichen Arbeitsagenturen halten entsprechendes Material bereit, so dass in den seltensten Fällen eigene Untersuchungen erforderlich sind.

Übersicht: ***Teilarbeitsmärkte***

Kriterium	Fokus	Arten
Region / Raum	**Inland**	• überregional • regional
	Ausland	• außerhalb der EU • innerhalb der EU
Qualifikation	**Arbeiter**	• Ungelernte/Angelernte • Facharbeiter
	Angestellte	• Ingenieure • Kaufleute • Führungskräfte
Sonstige Merkmale	**Nachwuchskräfte**	• Auszubildende • Hochschulabsolventen
	Status	• aktiv Stellensuchende • passiv Stellensuchende

Anders ist das bei der Ermittlung des **Personalimages**, das Auskunft darüber gibt, welches Bild die Menschen am Arbeitsmarkt vom Unternehmen als Arbeitgeber haben (Arbeitgeberimage). Dieses Bild kann in den verschiedenen Arbeitsmarktsegmenten durchaus unterschiedlich sein, das heißt, dass ein Unternehmen bei Facharbeitern als attraktiver Arbeitgeber gelten kann und von Hochschulabsolventen eher gemieden wird. Es gibt neben diesen Unterschieden immer auch Gemeinsamkeiten, die das Unternehmen insgesamt kennzeichnen. Interne und externe Faktoren beeinflussen dieses Bild vom Unternehmen gleichermaßen. Am Unternehmen interessierte Menschen machen sich ein Bild vom Unternehmen als Arbeitgeber. Das Image eines Unternehmens muss nicht auf Umständen gründen, die zutreffen; hier spielen Gerüchte, oberflächliche Eindrücke und anderes mehr eine wesentliche Rolle. Das Image der Branche und das Image der Region prägen das Unternehmensimage nachhaltig, das auch von der Art und Wertschätzung der Produkte beeinflusst wird. Häufig geht es beim Personalimage um wenig begründete Einschätzungen. Die Frage an Studierende, ob sie bei der Post oder bei der Bahn arbeiten möchten, offenbart solche „Vorurteile" immer wieder deutlich.

Abbildung 3-03: ***Arbeitgeberattraktivität***

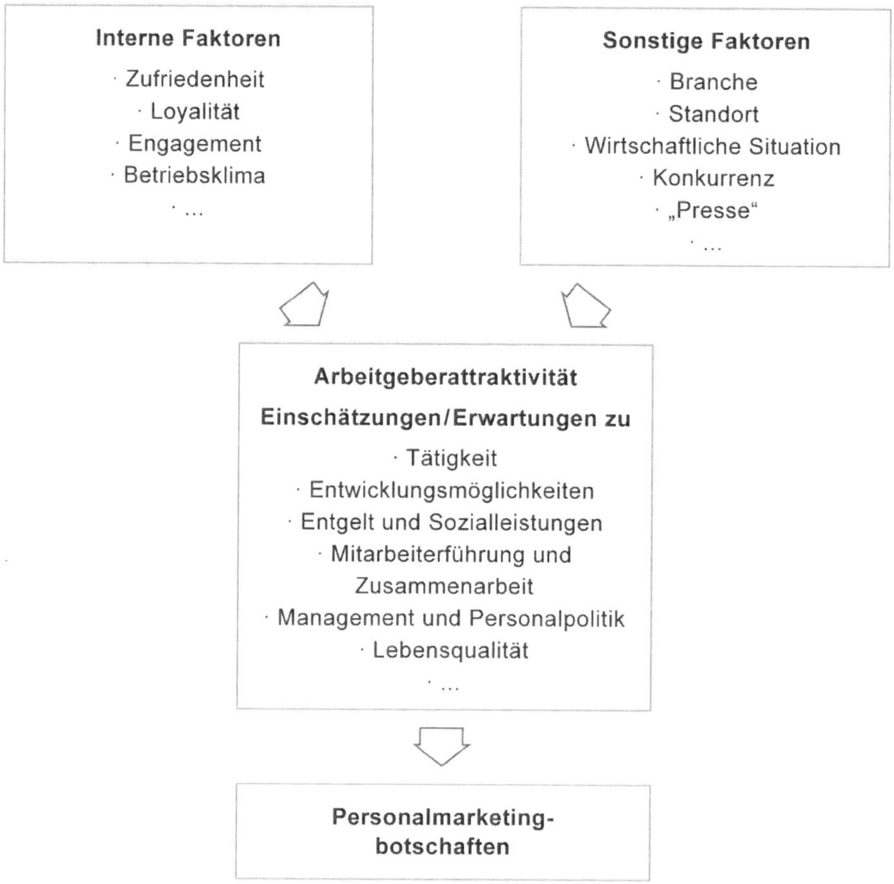

ähnlich: Bertelsmann-Stiftung/DGFP 2005

Einschätzungen zum Arbeitsklima, zu Weiterbildungsmöglichkeiten, Freiraum für eigene Ideen, interessante Tätigkeiten, selbständiges Arbeiten, Karrierechancen, Führungsstil, Einkommen, flexible Arbeitszeiten u.v.m. bilden im internen Bereich die ausschlaggebenden **Faktoren**. Eigens angesetzte Umfragen durch Meinungsforschungsinstitute, durch Hochschulen sowie durch das Unternehmen selbst und Gespräche mit Bewerbern sind gute Möglichkeiten, Genaueres über das eigene Personalimage, d. h. über Bekanntheit und Attraktivität als Arbeitgeber zu erfahren. Die Positionierung des eigenen Unternehmens und der Konkurrenz anhand der beiden Größen (Dimensionen) „Sicherheit“ und „Karriere“ oder „Bekanntheit“ und „Attraktivität" ermöglicht den unmittelbaren Vergleich in Form eines sog. **Portfolios** und macht die ggf. anzupeilende Veränderungsrichtung deutlich. Vor dem Hintergrund der geschilderten Informationsbasis kann man dann langfristig an der Veränderung des Images arbeiten; allerdings ist das ein sehr mühsamer Weg.

Abbildung 3-04: ***Arbeitgeberattraktivitätsportfolio***

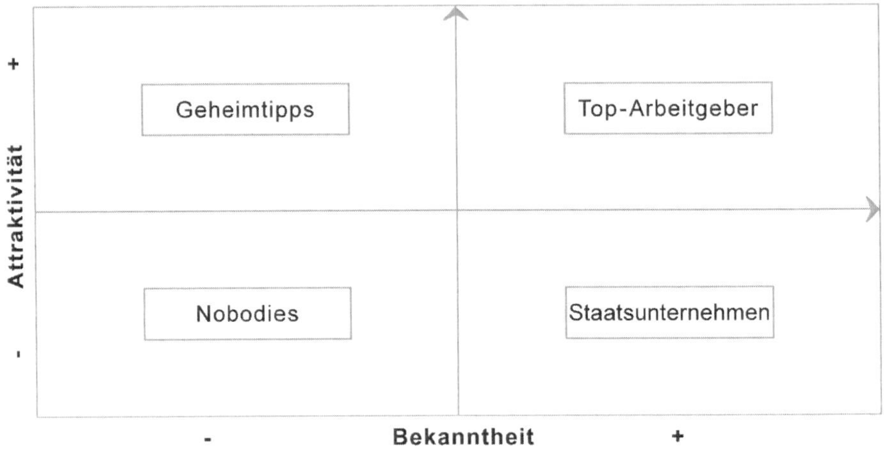

Zu den vorbereitenden Maßnahmen der externen Beschaffung zählen die Personalimageanzeigen sowie alle weiteren Aktivitäten des Personalmarketings, einschließlich des (Hoch)Schulmarketings. Bei der **Rekrutierung von Nachwuchskräften** sind frühzeitige Kontakte zu den entsprechenden Ausbildungsinstitutionen – neuerdings zu den sog. Career Centern bzw. Career Services an Hochschulen – und letztlich zu den Schülern und Studenten wichtig. Broschüren, Darstellungen und Informationen des Unternehmens im Rahmen von „Firmen stellen sich vor"-Programmen, Vorträge an den Schulen und Hochschulen, Firmenbesichtigungen, Praktika für Schüler und Studenten, die Vergabe von praxisbezogenen Diplom- bzw. Thesis-Arbeiten und Anderes mehr sind gute Möglichkeiten der Werbung um Nachwuchskräfte, die oft für beide Seiten (Schüler/Student und Unternehmen) die Möglichkeit einschließen, sich (unverbindlich) kennen zu lernen.

Unter dem Begriff **„war for talents"** (Kampf um hochqualifizierte Nachwuchskräfte bzw. sog. „high potentials") erhalten die Bemühungen um Studenten, Absolventen von Hochschulen und um Potenzialträger mit einigen Jahren Berufserfahrung („young professionals") in jüngster Zeit einen besonderen Stellenwert. Trotz wirtschaftlicher Schwierigkeiten in vielen Unternehmen und nicht zuletzt angesichts der künftigen demografischen Entwicklung und der zunehmend kürzeren Verweildauern von Nachwuchskräften in Unternehmen steigt der Bedarf an Hochqualifizierten. Viele Unternehmen antworten darauf mit systematischen und breit angelegten Strategien, die sowohl die Beschaffung (attraction) wie auch das Halten im Unternehmen (retention) betonen. Die entsprechenden Programme folgen in der Regel diesen Phasen: Kontaktanbahnung, Kontaktaufnahme, Kontaktverdichtung und Kontaktpflege (siehe hierzu nochmals die Abbildung „Personalmarketing und Mitarbeiterbindung" zu Beginn dieses Teils). Eigenständige Studentenbindungsprogramme sind inzwischen in vielen Unternehmen Standard. **Talent Relationship Management** (TRM) lautet das neue Stichwort. Ehemalige Praktikanten, Studierende, die ihre Abschlussarbeit (Thesis) in und mit einem Unternehmen angefertigt haben, aber auch ehemalige Bewerber mit besonderen Kompetenzen werden in einem Talentpool geführt, und es findet ein regelmäßiger Kontakt mit ihnen statt. TRM ist ein Instrument zur Identifizierung, Förderung und Bindung der besten Studierenden über Workshops, Messebesuche sowie Fördermaßnahmen wie z. B. Trainings. Viele Unternehmen halten den Kontakt zu Studierenden, indem sie zu Stammtischen einladen, Betriebsbesichtigungen veranstalten, Newsletter versenden, die Unternehmenszeitschrift zuschicken u. a. m...

Nicht immer ist der Zeitpunkt des Kennenlernens auch der, an dem ein aussichtsreicher Kandidat bereits integriert werden kann. Vielleicht ist aber später der Bedarf da, der Bewerber jedoch längst weg. **Talentpools** schaffen und pflegen Kontakte, um jederzeit die besten Potenziale finden und binden zu können.

Eine neuere Ausrichtung im Rahmen des externen Personalmarketings trägt die Bezeichnung **„Employer Branding"**, was sich mit Aufbau und Festigung einer „Arbeitgebermarke" übersetzen lässt. Dabei geht es darum, bei Fach- und Führungsnachwuchskräften gezielt Präferenzen für das eigene Unternehmen als Arbeitgeber zu entwickeln und eine profilstarke Arbeitgebermarke aufzubauen. Employer Branding hat – ähnlich wie das Personalmarketing – ein externes und ein internes Bezugsfeld, und es setzt eine differenzierte Standortbestimmung voraus. Eine klare und zugespitzte Positionierung des Unternehmens als Arbeitgeber soll dafür sorgen, dass das Unternehmen sich von anderen abhebt – so wie man das z. B. von Automobilmarken kennt, die z. B. für „Freude am Fahren, Sportlichkeit und Dynamik" (BMW) oder für „Fortschrittliche Technologie und zukunftsweisendes Design" (Audi) stehen. In ähnlicher Art und Weise soll eine Arbeitgebermarke bei den Mitarbeitern und bei Interessenten (Bewerbern) klare Assoziationen wachrufen und damit zu Unverwechselbarkeit führen. Wohl gemerkt: Es geht nicht darum, möglichst viele positive Aspekte des Unternehmens als Arbeitgeber zu betonen, sondern klare Schwerpunkte zu setzen. Wenn aktuell sehr viele Unternehmen an ihrer Arbeitgebermarke arbeiten, ist es besonders wichtig, sich von den wahren Konkurrenten im Kampf um die Leistungsträger und die Talente abzuheben. Mit „interessanten Aufgaben", „sicheren Arbeitsplätzen", „individueller Förderung", „guten Karrierechancen", „familienorientierter Personalpolitik" und einer „modernen Mitarbeiterführung" zu werben ist heutzutage kein

Alleinstellungsmerkmal mehr – diese oder ähnliche Beschreibungen findet man in jeder zweiten Stellenanzeige.

Eine Arbeitgebermarke sollte eindeutige Wertungen enthalten, langfristig ausgelegt und keinen aktuellen Einflüssen unterworfen sein, und sie muss von innen kommen. Es gilt, diese Fragen zu beantworten: Was macht uns als Arbeitgeber besonders (Einzigartigkeit)? Welche Bewerber passen zu uns und welche nicht? Die Herausbildung einer **Arbeitgebermarke** muss somit bei den Normen und Werten des Unternehmens (Identität) aufsetzen und über ein Kreativkonzept und eine Kommunikationsstrategie bei jeglicher Kommunikation im Unternehmen und nach außen in Erscheinung treten. Ansatzpunkte für das Kommunikationskonzept eines Unternehmens liefern das Unternehmen mit seinen Produkten, dem Erfolg, dem Ruf u. s. w., die Anreize des Unternehmens, die Aufgaben, die Mitarbeiter sowie die Normen und Werte. Bei der Kommunikation spielen Bilder eine besondere Rolle, die für die Arbeitgebermarke stehen. Employer Branding ist dann gelungen, wenn die gesamte Kommunikation und die Maßnahmen aus einem Guss sind. Sämtliche kommunikativen Maßnahmen müssen eine Einheit bilden: inhaltlich, sprachlich und optisch. Zudem sollten die zentralen Botschaften durch einen Slogan auf den Punkt gebracht werden, z. B. „Are-you-automotivated?" (Continental), „Be-Lufthansa" (Lufthansa), „Passion Wanted" (McKinsey)... Dann entsteht aus den bisherigen Personalmarketingmaßnahmen eine identitätsbasierte, attraktive, glaubwürdige und unverwechselbare Arbeitgebermarke.

Die Arbeitgebereigenschaften bzw. -merkmale, die Produktmarke, die Präferenzen der Zielgruppe(n) und die Stärken der Wettbewerber am Arbeitsmarkt sind bei der Entwicklung der Arbeitgeberpositionierung genauso zu berücksichtigen wie das beim Personalmarketing bereits betont wurde. Die Unterschiede zwischen Personalmarketing und Employer Branding sind marginal; genau genommen kann man das Employer Branding als (konsequente) und eher strategisch orientierte Weiterentwicklung des Personalmarketings sehen.

In Zusammenhang mit den Marketing- bzw. Brandingaktivitäten beteiligen Unternehmen sich gern auch an sog. Awards, also Auszeichnungen, die für ein besonders gutes Personalmanagement, eine herausragende Unternehmenskultur, ein hervorragendes Image als Arbeitgeber (extern) bzw. besonders hohe Mitarbeiterzufriedenheit (intern) verliehen werden, z. B. Top Arbeitgeber, Great Place to Work, Top Job, Fair Company, BestPersAward... Die Zahl derartiger Awards nimmt derzeit stark zu, so dass es nicht ganz einfach ist, den Überblick zu behalten. Kritisch ist auch der Umstand, dass die Beteiligung an solchen Auszeichnungen – und damit eine gute Platzierung – mitunter zu „kaufen" ist. Hinzu kommt, dass die einschlägigen Auszeichnungen bei den Zielgruppen teilweise weniger bekannt sind – in der Regel „wirken" die Awards aber positiv. Neuerdings finden sich auch Portale im Internet, in denen Arbeitnehmer (Mitarbeiter, aber auch Externe), ihren Arbeitgeber bewerten können (siehe zum Beispiel www.kununu.de).

Abbildung 3-05: ***Employer Branding***

ähnlich: DEBA 2008

Die Informationsbeschaffungsaktivitäten und die Gestaltungsmaßnahmen des Personalmarketings beziehen sich schwerpunktartig auf den externen Bereich. Der Zusammenhang mit dem internen Personalmarketing wurde bereits deutlich gemacht. Im Weiteren soll jedoch nicht von internem Personalmarketing gesprochen werden, sondern – der Klarheit wegen – ist von Mitarbeiterbindung die Rede; somit bleiben die Begriffe „Personalmarketing" und „Employer Branding" für den externen Bereich reserviert.

Die folgende Übersicht ordnet das Personalmarketing als Beschaffungskonzeption und die Mitarbeiterbindung als konzeptionelle Basis für die Gestaltung der Arbeitsbedingungen in einen größeren Rahmen ein. Im Weiteren geht es dann um die konkreten Beschaffungsaktivitäten.

Abbildung 3-06: ***Personalmarketing und Mitarbeiterbindung***
(Internes und externes Personalmarketing)

ähnlich: DGFP 2006

3.1.2 Interne und externe Personalgewinnung

Ziel der Personalgewinnung bzw. der Personalwerbung ist es, zum richtigen Zeitpunkt Bewerbungen von geeigneten internen und/oder externen Bewerbern zu erhalten. Vor den eigentlichen Aktivitäten der internen und externen Personalgewinnung liegt in der betrieblichen Praxis in der Regel die sog. **Personalanforderung**, mit der der Vorgesetzte der Abteilung, die einen neuen Mitarbeiter benötigt, den Bedarf bekannt gibt. Es ist zweckmäßig, die Befugnis bzw. Kompetenz hierfür bei Abteilungsleitern

Abbildung 3-07: ***Personalanforderung***

Stellenbezeichnung | Abteilung

Eintritt | Ersatz für | Neubedarf

Verg.-Gruppe | Befristet | Unbefristet | Vollzeit | Teilzeit %

Kurze **Tätigkeitsbeschreibung** (entfällt bei vorhandener Stellenbesch.)

Besonderheiten des Arbeitsplatzes (Arbeitszeit, häufige Überstunden, Nacht- oder Schichtarbeit, Rufbereitschaft usw.)

Besondere **Anforderungen:**

Schul-, Fachschul-, Hochschulbildung

Lehre oder Fachausbildung

Berufliche Erfahrungen (Art/Dauer)

Besondere Kenntnisse und Fertigkeiten

Besondere persönliche Eigenschaften

Anfordernde Abteilung/Datum/Tel./Unterschrift

Personalabteilung | Geschäftsleitung

Genehmigung

Innerbetriebliche Ausschreibung | Externe Bekanntmachung durch

Stelle besetzt ab

oder Meistern anzusiedeln. Die meisten Unternehmen regeln die Personalanforderung schriftlich mit einem eigens dafür vorgesehenen Formular („Bestellschein für neue Mitarbeiter") und verlassen sich nicht auf das problematische Verfahren der Anforderung neuer Mitarbeiter auf Zuruf. Die Personalabteilung hat im Weiteren eine federführende Rolle. Sie prüft, ob die zur Besetzung anstehende Stelle in der Bedarfsplanung enthalten und genehmigt ist, ob es sich um einen Ersatzbedarf oder um einen Neubedarf handelt und ob alle für die Personalgewinnung wichtigen Informationen vorliegen, zum Beispiel über die Aufgaben, die an der Stelle erforderlichen Kompetenzen, die Konditionen und den Besetzungszeitpunkt. Häufig wird in der betrieblichen Praxis eine Anforderung von Ersatz für einen ausscheidenden Mitarbeiter zum Anlass genommen, die Notwendigkeit der Stelle und damit der Stellenbesetzung zu prüfen.

Wenn diese Voraussetzungen geklärt sind, geht es um die Frage des geeigneten und richtigen Weges zur Beschaffung neuer Mitarbeiter. Als **interne und externe Beschaffungsmethoden** stehen viele Möglichkeiten zur Verfügung, die in unterschiedlicher Art und Weise dargestellt werden können. Gängig sind die Aufteilung in interne und externe Beschaffungswege sowie – breiter angelegt – die Unterscheidung von „vorbereitenden" und „vollziehenden" Maßnahmen. Im weiteren Sinne zählt zu den internen Beschaffungsmaßnahmen auch die zeitliche Erhöhung personeller Kapazität, z. B. durch Umwandlung einer Teilzeit- in eine Vollzeitstelle, sei es auf Dauer oder zeitlich befristet.

Bei der externen Personalwerbung kann man grundsätzlich zwischen der sog. allgemeinen und der speziellen Werbung unterscheiden. Die allgemeine Personal(image)werbung (extern, vorbereitend) will das Unternehmen als interessanten und attraktiven Arbeitgeber darstellen – ganz im Sinne des Personalmarketings; dabei geht es nicht um die Besetzung einer bestimmten Position, sondern eher darum, das Image des Unternehmens positiv zu beeinflussen. **Personalimageanzeigen** von Unternehmen betonen den Führungsstil, die Karrieremöglichkeiten, die Sicherheit der Arbeitsplätze, die materiellen Leistungen, die personalpolitischen Grundsätze, die Philosophie des Unternehmens und die Bedeutung der Mitarbeiter für den Erfolg des Unternehmens. Demgegenüber hat die spezielle **(gezielte) Personalwerbung** (extern, vollziehend) die Absicht, eine oder mehrere Stellen im Unternehmen qualifiziert zu besetzen.

Die vollziehenden externen Möglichkeiten der gezielten Personalgewinnung unterscheiden sich darin, ob die hauptsächliche Aktivität beim personalsuchenden Unternehmen liegt oder ob Dritte eingeschaltet bzw. von sich aus aktiv werden. Wichtig ist es für ein Unternehmen, die Ergiebigkeit und die Kosten der externen Beschaffungsmöglichkeiten zu kennen. Wenn zum Beispiel die Anwerbung durch Betriebsangehörige in deren Bekanntenkreis zu guten Resultaten führt, lohnt es sich, darüber nachzudenken, wie man diesen Weg noch effizienter nutzen kann.

Abbildung 3-08: ***Wege der Personalbeschaffung***

Wege der Personalbeschaffung

	intern		extern	
Arbeitszeitmanagement	**vorbereitend**	**vollziehend**	**vorbereitend**	**vollziehend**
· Mehrarbeit · Urlaubsverschiebung · Umwandlung von Teilzeit- in Vollzeitarbeitsplätze	· Berufliche Erstausbildung · Nachwuchskartei · individuelle Laufbahnplanung	· Vorschläge durch Vorgesetze · Eigeninitiative des Mitarbeiters (Interne Stellenausschreibung) · Versetzung im Rahmen der Personalentwicklung · Übernahme von Auszubildenden	· Personalimageanzeigen · Hochschulmarketing (Präsentationen, Messen, Praktikaplätze, Thesisbetreuung) · Schulmarketing	· Stellenanzeigen · Job-Börsen/ Homepage · gezielte Abwerbung · Arbeitsagentur · Personalberatung (Head Hunting) · Vermittlung über Betriebsangehörige · Leiharbeit · Aufgreifen von Initativbewerbungen · Vormerkdatei · Auswertung von Stellengesuchen
Arbeitszeitmanagement	**Personalentwicklung**	**Interne Personalbesch.**	**Personalmarketing**	**Personalwerbung**

in Teilen ähnlich: Klimecki/Gmür 2001

Mit der internen beziehungsweise externen Beschaffung sind jeweils **Vor- und Nachteile** verbunden, und zwar unabhängig von einer konkreten Situation, einer entsprechenden Beschaffungspolitik und einer Forderung des Betriebsrats nach interner Ausschreibung. Dabei sind die Vorteile des einen häufig die Nachteile des anderen Weges.

Übersicht: ***Vorteile der Personalgewinnung***

... innerbetrieblich	... außerbetrieblich
• Aufstiegschancen für den Mitarbeiter, daraus Motivationswirkung	• Gewinnung guter Fachleute (Neues Know-how)
• Durchschaubare Personalpolitik	• Keine Probleme mit ehemaligen Kollegen
• Mitarbeiter kennt den Betrieb	• Bewerber ist nicht betriebsblind
• Mitarbeiter ist bekannt	• Breitere Auswahl u. U.
• Geringere Beschaffungskosten	• Geringere Fortbildungskosten u. U.
• Schnellere Durchführung	• Kein Versetzungskarussell

3.1.3 Möglichkeiten der internen Personalgewinnung

Die interne Gewinnung personeller Kapazität kann (ohne Personalbewegungen) durch **Maßnahmen des Arbeitszeitmanagements** vonstattengehen oder auf Versetzungen beruhen. Arbeitszeitverlängernde Maßnahmen können auf begrenzte Zeit angelegt sein, so zum Beispiel Mehrarbeit (Überstunden) oder Verschiebung von Urlaub; sie können aber auch dauerhaft ausgerichtet sein, zum Beispiel bei der einvernehmlichen Umwandlung von Teilzeitbeschäftigungen in Vollzeittätigkeiten.

Interne Personalgewinnung durch **Versetzungen** basiert auf verschiedenen Auslösern. Ausgangspunkt kann eine Überbesetzung in einem anderen Bereich, die Überforderung eines Mitarbeiters an seiner derzeitigen Stelle, ein Vorschlag des Vorgesetzten oder eine Versetzung im Rahmen der systematischen Laufbahnplanung sein; berufliche Erstausbildung, Laufbahnplanung und Nachwuchsdatei sind die vorbereitenden Maßnahmen der internen Beschaffung – im Gegensatz zu den vollziehenden Maß-nahmen der internen Ausschreibung, der Versetzung im Rahmen der Personalentwicklung und der Übernahme von Auszubildenden. Im Weiteren soll zunächst auf die sog. innerbetriebliche Stellenausschreibung eingegangen werden.

3.1.4 Innerbetriebliche Stellenausschreibung

Neben den bereits diskutierten Vorzügen der innerbetrieblichen Personalbeschaffung besitzt die innerbetriebliche Stellenausschreibung einen rechtlichen Hintergrund, der im § 93 des Betriebsverfassungsgesetzes (BetrVG) geregelt ist.

---

§ 93 BetrVG – Innerbetriebliche Stellenausschreibung

„Der Betriebsrat kann verlangen, dass Arbeitsplätze, die besetzt werden sollen, allgemein oder für bestimmte Arten von Tätigkeiten vor ihrer Besetzung innerhalb des Betriebs ausgeschrieben werden."

Das Betriebsverfassungsgesetz sagt nicht, dass Stellen auf Verlangen des Betriebsrats mit internen Bewerbern besetzt werden müssen, sondern in § 93 geht es nur um die Ausschreibung – die Auswahl ist ein anderes Thema. § 93 besagt ebenfalls nicht, dass intern auszuschreibende Stellen nicht extern bekannt gemacht werden dürfen; beides kann gleichzeitig geschehen.

Die Praxis präzisiert die mehr oder weniger offene Vorschrift des § 93 in der Regel durch eine **freiwillige Betriebsvereinbarung** (§ 88), in der die auszuschreibenden Arbeitsplätze, der Inhalt, die Form und die Dauer der Ausschreibung, die Art der Bewerbung, die vertrauliche Behandlung der Bewerbung, der Versetzungstermin, die Probezeit nach der Versetzung und die Zuständigkeit für das gesamte Verfahren geregelt werden. Der Ausschreibungsinhalt wird meistens detailliert festgelegt. Unabhängig davon, ob die Ausschreibung am schwarzen Brett, in der Werkszeitschrift, als Beilage zur Personalabrechnung, als Rundschreiben oder im Intranet erfolgt, handelt es sich meistens um die Bezeichnung der Stelle, die Unterstellung (hierarchische Einordnung), die Aufgaben und Kompetenzen, die fachliche und persönliche Qualifikation, die Eingruppierung in eine bestimmte Lohn- bzw. Gehaltsgruppe sowie Bewerbungsfrist und Adressat der Bewerbung.

Die interne Stellenausschreibung ist ein wichtiges Instrument im Rahmen der Personalbeschaffung; sie muss offen und verantwortungsvoll gehandhabt werden, damit sich diesbezüglich eine positive Kultur entwickelt. **Schwierigkeiten** mit der internen Stellenausschreibung liegen in erster Linie im zwischenmenschlichen Bereich: die Verletzung der Vertraulichkeit, Enttäuschung bei abgelehnten Bewerbern, Scheitern am neuen Arbeitsplatz und unangemessene Reaktionen von Vorgesetzten, deren Mitarbeiter sich auf andere Stellen bewerben. Ansonsten kann auf die Vorzüge der internen Personalgewinnung (und auf deren Nachteile) verwiesen werden.

3.1.5 Möglichkeiten der externen Personalgewinnung

Die **Bewerberdatei** (Vormerkkartei) ist eine Sammlung von früher eingegangenen Bewerbungen, für die man damals zwar keine Verwendung hatte, die man aber für interessant hielt. Bei diesen Bewerbungen, die aufgrund einer Ausschreibung oder unaufgefordert eingegangen sind, will das Unternehmen den Kontakt zum Bewerber halten, um später gegebenenfalls auf ihn zurückzugreifen. Das Verfahren der Vormerkung wird im Übrigen häufig auch bei Aushilfskräften angewandt.

Neben der klassischen Stellenanzeige in Zeitungen und Zeitschriften, die seit jeher einen besonderen Stellenwert hat, spielen heute weitere Maßnahmen des Personalrecruitings eine besondere Rolle.

Als neues Medium der Personalwerbung haben sich seit einigen Jahren elektronische Medien, vor allem das **Internet** etabliert. Unternehmen bieten ihre offenen Stellen auf ihren eigenen Seiten (Homepage) in Form einer elektronischen Stellenanzeige an und fordern zu Bewerbungen auf. Dort besteht auch die Möglichkeit, weitergehende Informationen über das Unternehmen und über die Stelle, z. B. in Form einer Stellenbeschreibung, zu hinterlegen bzw. abzurufen. Bewerber können unmittelbar per E-Mail ihr Interesse konkretisieren und sich bewerben; ggf. erfasst der Bewerber seine Daten in einem online auszufüllenden Fragebogen, der samt Attachments (z. B. Zeugnisse) an das Unternehmen übermittelt wird. Für Unternehmen und Bewerber existieren inzwischen viele Jobbörsen, die Stellenangebote zusammenfassen und über eine Suchmaschine auffindbar sind.

Für die Gestaltung der **Personalhomepage** eines Unternehmens liegen Bewertungskriterien vor, anhand derer sich die Qualität der Homepage einschätzen lässt. Regelmäßige Rankings der größten Arbeitgeber führen direkt zu den good practices.

Übersicht: ***Kriterien zur Bewertung von Personalhomepages***

Aufbau und Inhalt	Formale Anforderungen
• Zugang und Auffinden der Homepage • Zielgruppenspezifische Gestaltung • Stelleninformationen • Unternehmensinformationen • Veranstaltungshinweise • Bewerbungsmöglichkeiten und Ansprechpartner	• Einfache Navigation und Übersichtlichkeit • Aktualität • Design • Mehrsprachigkeit

ähnlich: Jäger/Frickenschmidt 2006

Ähnlich wie zuvor bei den Karriereseiten der Unternehmen lassen sich für die **Jobbörsen** Charakteristika benennen, auf die bei der Auswahl von Jobbörsen geachtet werden sollte. Kommerzielle Jobbörsen sind meist überregionale, branchen- und berufsübergreifende Anbieter, die sowohl für Arbeitgeber als auch Bewerber vielfältige Suchtechniken, Datenabgleichfunktionen und Informationsangebote rund um den Arbeitsmarkt anbieten. Als Beispiele seien genannt: Monster, Jobpilot, Jobscout24, Jobware, Stepstone und Stellenanzeigen. Nicht-kommerzielle Jobbörsen der Bundesagentur für Arbeit sowie von Hochschulen und von Verbänden sind in der Regel kostenfrei für Bewerber und Unternehmen nutzbar. Beispiele sind die Ausbildungsbörsen der IHK und die Bundesagentur für Arbeit als mit Abstand größte Jobbörse im Internet.

Übersicht: ***Merkmale von Jobbörsen***

Marktstruktur	Dienstleistungsumfang für Unternehmen und Bewerber	Auswahlkriterien
• hoher Wettbewerb und unübersichtliche Struktur • Marktkonzentration auf wenige Anbieter und Trend zur Marktkonsolidierung • zahlreiche Nischenanbieter • Bundesagentur für Arbeit quantitativ größter Anbieter	• Kerndienstleistung: Schalten von Stellenanzeigen Lebenslauf-Einstellung • Recherchen • Personalberatung • Prozess-Tools • Unternehmensinformationen	• Anzahl Seitenbesucher • Bewerbungsaufkommen pro Stellenanzeige • Bekanntheitsgrad • Preise • eingestellte Lebensläufe • Zielgruppenorientierung • Mehrsprachigkeit

Der Trend geht zur sog. **Crossmedialität**, d. h. zur Verknüpfung von Print- und Online-Medien – dies bieten viele überregionale Zeitungen inzwischen an – und zur Kombination mit anderen Telekommunikationstechniken wie z. B. Handy, I-Pod und I-Phone. Ein genereller Vergleich von Print- und Online-Medien belegt die Chancen und Risiken.

Übersicht: ***Vor- und Nachteile des E-Recruitings***

Vorteile	Nachteile
• niedrige Kosten • zielgruppengerechte Ansprache • hohe Anzeigenverfügbarkeit • regionale Unabhängigkeit • unbegrenztes Platzangebot • automatisierbare Weiterverarbeitung der Bewerberdaten	• hoher Verwaltungsaufwand durch Bewerberflut (quantitativ) • hohe Zahl qualitativ mangelhafter Bewerbungen durch Abnahme der Bewerbungshemmschwelle • ineffiziente Prozesse, d. h. Medienbrüche • Imageeinbußen durch ineffiziente E-Recruiting-Strategie • unpersönlicher Prozess

Eine weitere Entwicklung betrifft den Einsatz von **Web 2.0**, d. h. social networks, blogs, Podcasts und Wikis bei der Personalrekrutierung. Blogs sind Online-Tagebücher, in denen Bewerber oder Mitarbeiter Texte und Bilder veröffentlichen, zum

Abbildung 3-09: ***Entwicklung zum Web 2.0***

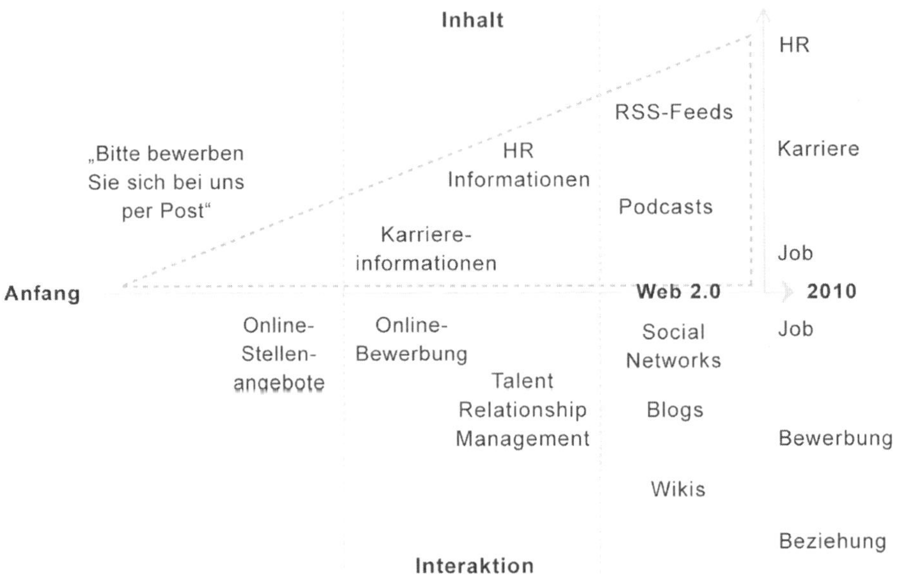

aus: DGFP 2008

Beispiel über ihre Erfahrungen mit bzw. bei ihrem Arbeitgeber; Beispiele für Blogs von Mitarbeitern sind z. B. der Festo-Azubi-Blog (www.ausbildungsblog.de) oder der Frosta-Mitarbeiter-Blog (www.blog-frosta.de). Wikis bzw. Nachschlagewerke stellen Enzyklopädien dar, die von den Nutzern selbst gepflegt, korrigiert und weiterentwickelt werden. Unternehmen nutzen diese, um über Banner Werbung für ihr Talentprogramme zu machen; Beispiele sind www.wikipedia. de oder dict.leo.org. Beziehungsnetzwerke (social networks) sind Webanwendungen, die es erlauben, persönliche Profile ähnlich eines Kurzlebenslaufs anzulegen und allen Anwendern oder nur den eigenen „Kontakten" verfügbar zu machen. Das prominenteste Beispiel für ein Business-Netzwerk ist xing.com. Mit Podcasts sind selbstproduzierte Audioaufnahmen im Stile einer Radiosendung gemeint, die auf dem Computer direkt gehört oder auf ein entsprechendes tragbares Gerät (z. B. iPod) überspielt werden können. Siemens und Fraport z. B. nutzen Podcasts im Rahmen ihres Personalmarketings. RSS-Feeds stellen eine Abonnement-Funktion dar, die auf neue Inhalte aus ausgewählten Blogs, Podcasts und andere Informationsquellen hinweist, z. B. über Mails an den Nutzer.

Bei der Beschaffung von Führungskräften und hochqualifizierten Spezialisten nehmen Unternehmen häufig die Dienste von Personalberatungen in Anspruch, die die genaue Analyse der Position, die Personalwerbung und im Weiteren den gesamten Bewerbungsvorgang gegen entsprechende Vergütung (25 – 35 % eines Jahresbruttoeinkommens) übernehmen, sog. **Direktsuche bzw. Headhunting**. Für Unternehmen ohne eigene Personalabteilung, bei der Suche nach besonderen Spezialisten oder wenn das suchende Unternehmen nicht bekannt werden will, empfiehlt sich dieser Weg. Personalberater arbeiten in der Regel in einer bestimmten Schrittfolge diese Phasen ab:

- Phase 1: Briefing mit dem Klienten: Informationen über das Unternehmen, Aufgaben und soziales Umfeld der Position
- Phase 2: Erstellung eines Proposals: Angebot über Aufgabenstellung, Honorarbedingungen und Arbeitsgrundsätze des Headhunters
- Phase 3: Searchphase: Beginn der systematischen Suche nach geeigneten Kandidaten
- Phase 4: Beurteilung und Auswahl grundsätzlich geeigneter Kandidaten
- Phase 5: Vorstellung der Kandidaten beim Klienten
- Phase 6: Begleitung der Vertragsverhandlungen und Kontakt zu beiden Parteien in den ersten Monaten

Die Hauptproblematik liegt in der Beauftragung eines seriösen Beraters, da die Beraterszene zunehmend unüberschaubar wird. Es geht somit darum, die Seriosität des Beraters zu prüfen bzw. „schwarze Schafe" zu erkennen. Dabei helfen diese Prüfpunkte: Referenzen des Beraters einholen, Zugehörigkeit zu einem Berufsverband beachten (EESN, AESC, BDU) sowie klare Definition der Honorarhöhe.

Auch die staatliche Arbeitsverwaltung ist bei der Suche nach neuen Mitarbeitern behilflich. Die (früheren) Arbeitsämter hatten in der Vergangenheit keinen besonders guten Ruf; Unternehmen wandten sich nur bei der Suche nach Hilfsarbeitern und wenig qualifizierten Bürokräften an das Arbeitsamt. Inzwischen wandelt sich diese Auffassung aufgrund positiver Erfahrungen immer öfter. Hier empfiehlt sich insbesondere ein guter persönlicher Kontakt des Unternehmens zur örtlichen **Arbeitsagentur**. Neuerdings können auch private Arbeitsvermittlungen in Anspruch genommen werden.

Für viele Unternehmen sind Bewerbungen, die unaufgefordert eingehen, eine wichtige Beschaffungsquelle. Solche **unaufgeforderten Bewerbungen** stellen gleichzeitig ein wichtiges und gutes Anzeichen für das Image des Unternehmens als Arbeitgeber dar. In Zeiten schlechter Konjunktur mit sehr vielen unaufgefordert eingehenden und häufig weniger qualifizierten Bewerbungen kann man daran allerdings nicht viel ablesen.

In ihrer Bedeutung für die Praxis ist die **Anwerbung durch Mitarbeiter** des Unternehmens nochmals zu erwähnen, die eine ergiebige Quelle darstellt. Auch dieser Weg ist ein wichtiger Indikator, hier allerdings für das Betriebsklima, denn die Mitarbeiter werden ihre eigene Firma als Arbeitgeber Bekannten nur dann empfehlen, wenn sie das auch guten Gewissens tun können und wenn es keine größeren Probleme gibt.

Die Praxis nutzt bei der Beschaffung neuer Mitarbeiter nicht selten auch die Möglichkeit der **Abwerbung**. Aus arbeitsrechtlicher Perspektive ist dies zwar eine Verleitung zum Vertragsbruch und bedeutet ein sittenwidriges Verhalten, das aber – zum Beispiel im Vertriebsbereich – einen wichtigen Stellenwert hat. Ist man sich über den Wechsel einig, so schaltet das abwerbende Unternehmen eine Anzeige, auf die sich der Wechselwillige pro forma bewirbt.

Eine weitere häufig genutzte Möglichkeit der externen Personalbeschaffung stellt die Leiharbeit dar. **Zeitarbeit** (Leiharbeit, Personalleasing, Arbeitnehmerüberlassung) schafft Flexibilität für die Unternehmen. Kostenvergleichsrechnungen zeigen, bis zu welcher Einsatzdauer der Leiharbeitnehmer günstiger ist als ein befristet eingestellter Arbeitnehmer. Nach dem Arbeitnehmerüberlassungsgesetz von 1995 (AÜG) bestehen zwischen den drei **Hauptbeteiligten** (Verleiher bzw. Leasinggeber, Entleiher bzw. Leasingnehmer, Leiharbeitnehmer bzw. Leasingarbeitnehmer) jeweils zwei wichtige Beziehungen:

- Arbeitsvertrag (einschließlich Direktionsrecht) und Zahlung der Vergütung (zwischen Verleiher und Leiharbeitnehmer)
- Arbeitnehmerüberlassungsvertrag und Leasinggebühr (zwischen Verleiher und Entleiher)
- Leistungserbringung und Weisungsbefugnis (zwischen Entleiher und Leasingarbeitnehmer)

Vierter im Bunde ist die Bundesagentur für Arbeit, die dem Leasinggeber die grundsätzliche Erlaubnis zur Arbeitnehmerüberlassung erteilen muss und an die der Leasinggeber Meldungen zu erstatten hat.

Die **rechtlichen Grundlagen** sind im Arbeitnehmerüberlassungsgesetz (AÜG) geregelt. Die Überlassungsdauer war zurückliegend auf maximal 24 Monate begrenzt. Seit dem 1. Januar 2004 gibt es hier einige Änderungen:

- „Equal Treatment" und „Equal Pay" – Zeitarbeiter müssen gleich behandelt und bezahlt werden wie vergleichbare fest angestellte Mitarbeiter des Kundenunternehmens. Die gleiche Bezahlung greift nicht, wenn für das Zeitarbeitsunternehmen ein eigener Tarifvertrag gilt.
- Befristungs- und Synchronisationsverbot – Diese beiden Regelungen sind entfallen; dadurch kann die Dauer des Arbeitsvertrages mittlerweile auf die Dauer des Einsatzes im Kundenunternehmen befristet sein.
- Überlassungshöchstdauer – Ebenfalls weggefallen ist die Höchstdauer des Einsatzes beim gleichen Kundenunternehmen, d. h. die Zeitarbeitskraft kann ohne zeitliche Beschränkung an ein und dasselbe Kundenunternehmen verliehen werden.

Betriebliche Gründe für den Einsatz von Zeitarbeit liegen in den flexiblen Einsatzmöglichkeiten sowie in arbeitsrechtlichen Aspekten. Bei kurzfristigem Personalbedarf, z. B. bei Auftragsspitzen, als Urlaubs- oder Krankheitsvertretung wird Zeitarbeit häufig genutzt. Bei Wegfall des Entleihgrundes kann die Zeitarbeitskraft an das Zeitarbeitsunternehmen „zurückgegeben" werden. Dadurch werden unnötige Personalkosten wegen Überbesetzung vermieden. Das Kundenunternehmen muss keine Überlassungsvergütung während Urlaub oder Krankheit der Zeitarbeitskraft zahlen; auch geringere Kosten bei Personalbeschaffung, -verwaltung und -freisetzung schlagen zu Buche. Allerdings gilt auch, dass Zeitarbeit im Vergleich zur befristeten Beschäftigung rund 10 % teurer ist. Für die Unternehmen ist der Einsatz von Leasingarbeitnehmern häufig eine gute Option, Personal „auszuprobieren" und bei Bewährung später in ein Anstellungsverhältnis mit dem eigenen Haus zu übernehmen, überwiegend gegen eine Ablösezahlung.

Betriebliche **Problemfelder** der Zeitarbeit liegen in der Verdrängungsgefahr für normale Arbeitsverhältnisse, d. h., dass fest angestellte Mitarbeiter durch den Einsatz von Zeitarbeitskräften ihren eigenen Arbeitsplatz in Gefahr sehen. Ferner werden zu einem gewissen Grad Mitbestimmungsrechte ausgehebelt; die Zeitarbeitskräfte dürfen sich nicht bei der Wahl des Betriebsrats im Kundenunternehmen beteiligen. Die Praxis verweist ferner auf Integrationsprobleme; hier ist häufig von sog. „Stamm- und Randbelegschaften" die Rede. Statistiken belegen, dass Zeitarbeit in anderen europäischen Ländern (Niederlande, England) eine wesentlich stärkere Verbreitung und einen deutlich höheren Stellenwert als in Deutschland besitzt.

3.1.6 Stellenanzeige

Nach wie vor besitzt die Stellenanzeige – Print oder Online – die größte Bedeutung in der Praxis. Stellenanzeigen sollen die zu besetzende Position attraktiv darstellen, auswählend (selektiv) wirken und zur Kontaktaufnahme bzw. zur Abgabe einer Bewerbung auffordern.

Bei einer Stellenanzeige in einer Tageszeitung oder in einer Fachzeitschrift – um diese soll es im Folgenden vorrangig gehen – sind zunächst der Inhalt und die äußere Gestaltung wichtig. Schaut man sich den Anzeigenteil der Samstagsausgabe einer Tageszeitung genauer an, so springt zunächst das optische Element, die **äußere Gestaltung** ins Auge. Es gibt Anzeigen, die auffallen und solche, die eher unauffällig wirken. Größe und ggf. Farbe, herausgehobene Schlagzeilen und Positionsbezeichnungen, Abbildungen und Graphiken, bekannte Firmenlogos, weißer Raum und Umrahmungen sind Merkmale, die besonders wichtig sind. Daneben spielen aber auch Schrifttypen, Schriftgröße und die Gliederung des Textes eine Rolle. Den Gestaltungsmöglichkeiten sind kaum Grenzen gesetzt.

Bei der **inhaltlichen Seite** geht es zuerst darum, was man mit der Anzeige erreichen will. Die Aufmerksamkeit des Zeitungslesers zu wecken und ihn zu einer Kontaktaufnahme zu veranlassen ist die eine Seite, Informationen in der Anzeige möglichst detailliert zu vermitteln und damit eine Basis für die Entscheidung des Bewerbers zu schaffen die andere. Man sollte sich darüber im Klaren sein, welche Absicht verfolgt werden soll. Eine Stellenanzeige, die solide und umfassend informieren will, bringt immer Aussagen zum Unternehmen, zur Stelle und den Anforderungen, zu den Konditionen und zur Art der Kontaktaufnahme. Zur inhaltlichen Seite gehört im weiteren Sinne auch die Art der Formulierung, einschließlich der richtigen Sprache. Eine Anzeige, mit der man Auszubildende für das Unternehmen sucht, muss anders abgefasst sein als eine Anzeige für eine Buchhalterstelle oder einen Mitarbeiter im Verkaufsaußendienst. Ein besonders zu beachtender Aspekt der Formulierung von Stellenanzeigen ist die vorgeschriebene **geschlechtsneutrale Ausschreibung** bzw. die weiter gehenden Regelungen des Allgemeinen Gleichbehandlungsgesetzes (AGG).

Hat man sich für eine bestimmte Größe der Anzeige entschieden, so geraten die umfassende Information und die äußere Gestaltung bei Printanzeigen meist in einen **Konflikt**. Viel Information bedeutet eine „volle" Anzeige, die zwangsläufig nicht besonders gut wirkt; eine äußerlich gut gestaltete, aufgelockerte Anzeige kann – bei gleicher Größe und damit bei gleichem Preis – zwangsläufig nicht sehr viel Information aufnehmen. Es gilt, sich bewusst für einen bestimmten Weg zu entscheiden. Bei der Gestaltung eigener Anzeigen hilft es meist, wenn man sich Anzeigen in Zeitungen ansieht und sie danach beurteilt, was einem gefällt und was weniger gut zu bewerten ist. Dabei – wie auch bei der Gestaltung einer eigenen Stellenanzeige – kann eine Checkliste zur Gestaltung und Beurteilung von Stellenanzeigen hilfreich sein.

Der **Gesamteindruck**, den eine Stellenanzeige vermittelt, ist wichtig. Dabei sollte jedoch nicht übersehen werden, dass auch das Umfeld, in dem die Anzeige später steht, die Wirkung beeinflusst – und das hat das Unternehmen nicht im Griff. Im Übrigen bieten Werbeagenturen bei der Anzeigengestaltung ihre Unterstützung an; meist kostet diese Dienstleistung wenig, da die Agenturen bei den Zeitungen günstigere Konditionen beim Schalten der Anzeige bekommen, und diese Differenz ist deren Honorar für die Gestaltung.

Übersicht: ***Checkliste zur Gestaltung und Beurteilung von Stellenanzeigen***

Grundabsicht	Aufmerksamkeit, Information ...
Zielgruppenorientierung	Alter, Einkommen, Bildung, Informiertheit ...
Platzierung	Werbeträger, Termin, Standort ...
Inhalt	Aussagen über... Welches Unternehmen? (Firma) Welche Stelle? (Position) Warum diese Ausschreibung? (Grund der Ausschreibung) Welche Anforderungen? Welche Anreize? (Vergütung) Welche Art der Bewerbung? (Kontaktaufnahme)
Formulierung des Inhalts	Sprache: (zielgruppenorientiert), realistische Aussagen, Sie-Aussagen ...
Äußere Gestaltung	Überschrift: Schlagzeile, Positionszeile ... Abbildungen: Firmensignet / Personen / graphische Elemente / Gebäude / Arbeitsplatz / Illustrationen / Produkte ... Textgliederung: Absätze / Spalten, Fett-Kursiv-Schrift / Schrifttypen / Schriftgröße / Versalien ... Layout: weißer Raum, Umrandung, Format / Größe / Farben ...
Gesamteindruck	

Zusätzlich zum Inhalt und der äußeren Gestaltung sind das Anzeigenmedium, der Termin, an dem die Anzeige erscheint und der Standort innerhalb der Zeitung bedeutsam. Regionale Zeitungen, überregionale Zeitungen und Fachzeitschriften sind die wesentlichen **Medien für Printanzeigen**. Bei der Entscheidung für einen dieser Wege sollte man sich vom voraussichtlichen Erfolg und von den Gewohnheiten der Zielgruppe leiten lassen. Weniger Einfluss hat man in der Regel auf die **Positionierung** der Anzeige innerhalb des Anzeigenteils – am Anfang, in der Mitte oder am Ende – und auf den Standort auf einer bestimmten Seite – oben, in der Mitte, unten, links, rechts. Hierzu gibt es zwar eindeutige Empfehlungen aus der Werbeforschung; diese lassen sich aber meistens nur bedingt umsetzen. Mit dem **Erscheinungstermin** sind der Wochentag und die Jahreszeit gemeint; bei der Jahreszeit spielen vor allem Ferien- und Urlaubstermine sowie die üblichen Kündigungstermine eine wesentliche Rolle.

Stellenanzeigen repräsentieren das Unternehmen nach außen, sie sind Bestandteil der **Corporate Identity** (CI). Sie sollten von daher auf bekannte Firmenlogos nicht verzichten, einen gewohnten, geschätzten und gewollten Eindruck beibehalten und mit einem gleichartigen Erscheinungsbild einen Wiedererkennungswert nutzen. Diese Vorteile der (offensiven) Selbstdarstellung nach außen gibt ein Unternehmen auf, wenn ein Personalberater die Anzeige unter seinem Namen schaltet oder wenn das Unternehmen – in seltenen Fällen – eine chiffrierte Anzeige aufgibt.

Bevor im Weiteren ein genauerer Blick auf die Aktivitäten bei der Personalauswahl ansteht, soll eine Rückschau und eine Vorschau über die gesamte Personalbeschaffung gegeben werden. Dabei geht es darum, alle Beschaffungsaktivitäten in ihrem Ablauf darzustellen. Der „**Prozess der Personalbeschaffung**" ordnet einerseits alle Maßnahmen der Personalwerbung bzw. der Personalauswahl einander zu; er zeigt andererseits auch, wer jeweils zuständig ist. Dies sei anhand der ersten Schritte angedeutet: Die Personalanforderung kommt in der Regel aus der Fachabteilung, die gemeinsam mit der Personalabteilung – ggf. unter Hinzuziehung eines externen Beraters – das Anforderungsprofil für die Stelle ermittelt. Hinsichtlich der internen Ausschreibung hat der Betriebsrat das Recht, diese zu fordern, die Personalabteilung wird sie im Unternehmen bekannt machen usw.

Abbildung 3-10: **Prozess der Personalbeschaffung**

*) Sonstige Beteiligte (z.B. Betriebsrat (BR), externer Berater)

3.2 Personalauswahl

Leitfragen

- Wie verfährt die Praxis bei der Vorauswahl anhand der Bewerbungsunterlagen?
- Welche Besonderheiten gibt es bei der Analyse von Arbeitszeugnissen?
- Welche Auswahlverfahren stehen (nach der Sichtung der Bewerbungsunterlagen) zur Bewerberauswahl zur Verfügung?
- Was ist bei Vorstellungsgesprächen zu beachten?
- Wie funktionieren Assessment Center als komplexes Auswahlverfahren?
- Wo liegen die Schwierigkeiten einer Erfolgskontrolle der Personalauswahl?

Die Personalauswahl will das Eignungspotenzial von externen und internen Bewerbern feststellen, und zwar mit dem **Ziel**, denjenigen Bewerber auszusuchen, der die Anforderungen der zu besetzenden Stelle bestmöglich erfüllt; die Auswahl soll ferner wirtschaftlichen Gesichtspunkten genügen. Es geht nicht darum, den am höchsten qualifizierten Bewerber einzustellen, denn der ist unter Umständen überqualifiziert und damit ein absehbarer Fluktuationskandidat. Auch die Einstellung von unterqualifizierten Bewerbern ist nicht Sinn der Sache. Dabei bezieht sich die Frage der Qualifikation im weiteren Sinne auf fachliche und persönliche Aspekte. Soziale Kompetenzen, wie zum Beispiel die Fähigkeit im Umgang mit Konflikten oder die Fähigkeit zu klarer Kommunikation, werden mehr und mehr in ihrer Bedeutung betont. (Im Weiteren geht es vorrangig um die Auswahl externer Bewerber; auf die zusätzlichen Aspekte bei der Auswahl interner Bewerber ist später zurückzukommen.)

Der **Ablauf der Personalauswahl** lässt sich aus dreifacher Perspektive charakterisieren. Zuerst geht es um die Frage, welche Auswahlmethoden in welcher Reihenfolge aneinandergefügt sind, also zum Beispiel Vorauswahl anhand der Bewerbungsunterlagen, weitere Auswahl anhand eines Vorstellungsgesprächs und endgültige Auswahl nach einem zweiten Gespräch mit dem Bewerber. Aus anderer Sicht geht es um die Frage, wie bei der Auswahl neuer Mitarbeiter die Personalabteilung und die Fachabteilung zusammenspielen und wann der Betriebsrat in das Verfahren eingeschaltet wird. Schließlich ist die gesamte Prozedur auch aus der Sicht des Bewerbers zu betrachten; seine Kontakte mit dem Unternehmen sind wichtig für seine Entscheidung für oder gegen die ausgeschriebene Stelle.

Voraussetzung für die Personalauswahl sind zunächst genaue Kenntnisse über die zu besetzende Stelle. Aufgaben, Kompetenzen und Anforderungen, soziales und kulturelles Umfeld sowie Konditionen stellen Mindestinformationen dar, die vorliegen müssen. In der Praxis ist zu beobachten, dass von den Personalabteilungen mitunter eher nachlässig mit dieser stellenspezifischen Informationsbasis verfahren, damit unrealistisch rekrutiert und schlussendlich die Basis für Frustrationen und Enttäuschungen sowie Frühfluktuation geschaffen wird. Neuerdings verlangt auch das Allgemeine Gleichbehandlungsgesetz (AGG) nach einem detaillierten Anforderungsprofil; ansonsten ist der Arbeitgeber kaum in der Lage nachzuweisen, dass er bei der Personalauswahl nicht diskriminierend vorgegangen ist.

Zu den besonderen Anforderungen einer Stelle *(***arbeitsplatzbezogene Anforderungen***)* kommen allgemeine Anforderungen hinzu, die sich aus der Philosophie (z. B. Leistungsorientierung) und der Organisation des Unternehmens (z. B. viel Projektarbeit), aus den verfolgten Strategien (z. B. Qualität) und aus der Unternehmenskultur (z. B. Umgangsformen) herleiten und für mehr oder weniger alle Stellen Bedeutung besitzen *(***unternehmensbezogene Anforderungen***)*; hinzu kommen Erwartungen an die Motivation und das Engagement der Mitarbeiter *(***motivationale Anforderungen***)*.

Anforderungen lassen sich grundsätzlich als Ergebnisse (Aufgabenebene), als gefordertes Verhalten (Verhaltensebene) oder als Eigenschaften (Eigenschaftsebene) ausdrücken. Dabei ist dem Ergebnis- und dem Verhaltensbereich der Vorzug zu geben, weil diese besser zugänglich sind als die Eigenschaften. Der wesentliche Lieferant von Informationen sind Arbeits- und Tätigkeitsanalysen, die sich vor allem in Stellenbeschreibungen dokumentieren. Zusätzlich greift die betriebliche Praxis immer häufiger auch auf „kritische Ereignisse" zurück. Typische (erfolgs)kritische Vorfälle verlangen ganz bestimmte Verhaltensweisen zu ihrer erfolgreichen Bewältigung, die (ebenfalls) als Anforderungen interpretierbar sind.

Ein besonders nützliches Hilfsmittel bei der Personalauswahl ist das **Anforderungs- bzw. Kompetenz-Sollprofil**, das Auskunft darüber gibt, welche Merkmale, Eigenschaften und Fähigkeiten der Bewerber konkret mitbringen sollte. Muss-Anforderungen bezeichnen unverzichtbare Aspekte, während es bei den Kann-Anforderungen um wünschenswerte Eigenschaften geht. Wichtig ist auch die Unterscheidung von heute erforderlichen und zukünftig notwendigen Kompetenzen. Ein Anforderungsprofil umfasst außer den fachlichen Anforderungen die sog. überfachlichen Anforderungskriterien und deren Ausprägungshöhe, konkret zum Beispiel die Anforderung, dass der Stelleninhaber „Englisch" können muss und dass die Englischkenntnisse „fließend" sein müssen. Fügt man mehrere solcher Kriterien samt gewünschter Ausprägung aneinander, so entsteht (optisch) ein Profil. Die Erstellung eines solchen Anforderungsprofils ist nicht ganz einfach, und die Arbeit ist mit dem Vorliegen einer Stellenbeschreibung meist noch nicht erledigt, weil die Stellenbeschreibung zwar etwas darüber aussagt, was der Stelleninhaber zu tun hat und wo er selbst entscheiden kann – welche Ausbildung, welche Erfahrung, welche Fähigkeiten er mitbringen muss, das ist die andere Seite der Thematik.

Die vom Bewerber erwarteten Fach-, Methoden-, Sozial- und Persönlichkeitskompetenzen sind für eine erfolgreiche Auswahlprozedur möglichst genau zu beschreiben. Dabei orientieren sich Wissenschaft und Praxis immer häufiger an einem Standardset von **Kompetenzarten**, das die erforderlichen Kompetenzen eines Bewerbers folgendermaßen aufgliedert (andere und weiter gehende Schemata von Kompetenzarten beschreibt der 7. Teil dieses Buchs differenziert):

- **Fachkompetenz**: Unter Fachkompetenz versteht man, fachliches Wissen zu besitzen, das man beispielsweise durch eine Ausbildung, Schule, Hochschule oder durch Berufserfahrung erlangt hat. Diese Fachkenntnisse gilt es dann richtig einsetzen zu können. Die fachlichen Kompetenzen variieren bei unterschiedlichen Tätigkeiten erheblich; beispielsweise braucht ein Bewerber für eine Aufgabe im IT-Bereich völlig andere Fachkenntnisse und Erfahrungen als der Interessent für eine Stelle als Frisör.
- **Methodenkompetenz**: Methodenkompetenz bedeutet, Techniken und Methoden zu beherrschen, die beim Einsatz der fachlichen Kompetenzen unterstützen. Konkret geht es dabei um Techniken zur Beschaffung von Informationen, um Kreativitätstechniken, um Entscheidungs(findungs)methoden, um Präsentation und Moderation und Vieles mehr.
- **Sozialkompetenz**: Unter Sozialkompetenz versteht man die Fähigkeiten, sich seinem Umfeld, d. h. gegenüber Kunden, Kollegen, Mitarbeitern oder Vorgesetzten richtig zu verhalten,. Dazu gehört zum Beispiel Kommunikations- und Kontaktverhalten, konstruktive Kritik zu üben oder darauf angemessen zu reagieren sowie auch Konfliktfähigkeit usw.
- **Persönlichkeitskompetenz**: Persönlichkeitskompetenz meint, sich selbst richtig einschätzen zu können und ein realistisches Bild von sich zu haben. Stimmt die Moral? Bringt man genug Energie mit? Ist man kreativ und innovationsfreudig und ist man bereit zur sozialen Verantwortung?
- Weitere Kompetenzen: Zu den genannten Kompetenzarten kommen häufig weitere ergänzend hinzu: **unternehmerische und strategische Kompetenz, Führungskompetenz** – diese kann auch bei der sozialen Kompetenz zugeordnet werden –, **Veränderungskompetenz**, **interkulturelle Kompetenz** u. a. m.

Den erforderlichen **Kompetenzumfang** drückt die Praxis häufig in Form von definierten Skalen (z. B. 1-5) oder eher plakativ mit Begriffen wie Kenner, Könner und Experte aus: Kenner verfügen über theoretisches Wissen, besitzen aber keine Praxiserfahrungen – Könner haben theoretische Grundlagen und können Praxiserfahrung vorweisen – Experten haben ihre Kompetenz in vielen Situationen erfolgreich unter Beweis gestellt.

Der Rückgriff auf ein **Kompetenz(management)konzept** bei der Personalauswahl (siehe auch die Ausführungen zum Kompetenzmanagement im 7. Teil) erfordert es, diese Schritte zu gehen: Entwicklung eines Kompetenzmodells mit Kompetenzarten und -umfang, Bestimmung der Kompetenzanforderungen des Arbeitsplatzes (Anforderungsprofil), Messung der Kompetenzen bei den Bewerbern (Ist-Kompetenzprofil) sowie gegebenenfalls Entwicklung der Kompetenzen in der Einführungsphase, falls der Bewerber über bestimmte Kompetenzen noch nicht verfügt. Unternehmen, die im

Rahmen der Arbeitsbewertung mit einem differenzierten System von Merkmalen arbeiten, verfügen über einen Grundstock, den sie nutzen können und sollten. Beispielsweise greift der ERA-Tarifvertrag (siehe hierzu ausführlich Teil 5) auf diese

Abbildung 3-11: ***Zusammenhänge beim Kompetenzmanagement***

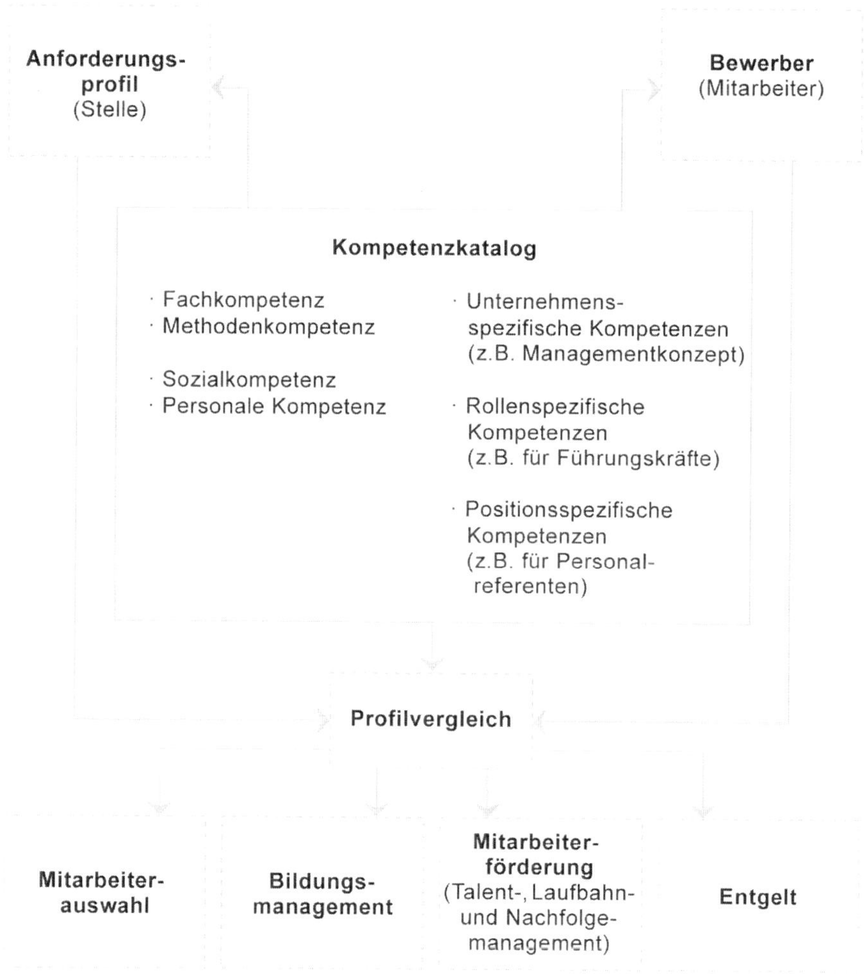

Abbildung 3-12: ***Anforderungs- bzw. Kompetenzprofil***

Stellenbezeichnung: Kaufm. Führungsnachwuchskraft

1. Fachliche Kompetenz	
Berufsausbildung	Studium der Wirtschaftswissenschaften ggf. kaufmännische Ausbildung
Berufspraxis	2 Jahre Berufserfahrung erwünscht

	Ausprägungsgrad		
	normal	hoch	sehr hoch
2. Methodische Kompetenz			
PC-Kenntnisse			
Englisch fließend			
...			
3. Persönliche Kompetenz			
Selbstständigkeit bzw. Verantwortung			
Motivation			
...			
4. Soziale Kompetenz			
Teamfähigkeit			
Umgang mit Konflikten			
...			
5. Unternehmerische Komp.			
Kostenbewusstsein			
Prozessdenken			
...			
6. Sonstige Kompetenzen			
...			

Merkmale zurück: Wissen und Können (incl. Ausbildung und Erfahrung), Denken und Problemlösen, Handlungsspielraum und Verantwortung, Kommunikation sowie – bei Führungspositionen – Mitarbeiterführung. Der Kompetenz- bzw. Skillkatalog lässt sich nicht nur bei der Personalauswahl nutzen, sondern auch zur Bildungsbedarfsanalayse, im Rahmen der Mitarbeiterentwicklung und bei der Festlegung der Vergütung.

Kompetenzprofile werden in der betrieblichen Praxis mittlerweile häufig IT-gestützt bereitgestellt und aktualisiert, z. B. im HR-Modul von SAP/R3. Diese Möglichkeit sowie die vielfältigen Verwendungsmöglichkeiten von Kompetenzprofilen dürfen nicht darüber hinwegtäuschen, dass jedes Unternehmen sein eigenes Kompetenzkonzept entwickeln sollte und dass die Einschätzung und Abbildung jeder Stelle mit viel Aufwand verbunden ist. Auf der anderen Seite gilt aber auch: Das Anforderungs- bzw. Kompetenzprofil einer Stelle ist die **Messlatte**, die an interne oder externe Bewerber angelegt wird. Wer nicht genau weiß, was für einen neuen Mitarbeiter er sucht, der darf sich nicht wundern, wenn am Ende keine erfolgreiche und nachhaltige Besetzung der vakanten Stelle gelingt. Die modernsten Auswahlverfahren helfen nicht viel, wenn man nicht genau weiß, was bzw. wen man sucht. Vor diesem Hintergrund ist die (immer noch) häufig anzutreffende Praxis nicht verständlich, die auf die Erstellung von Anforderungsprofilen verzichtet.

3.2.1 Analyse der Bewerbungsunterlagen

Mit der Sichtung und Beurteilung der eingereichten Bewerbungsunterlagen beginnt in der Regel die eigentliche Personalauswahl. Die Analyse der Bewerbungsunterlagen spielt praktisch bei allen Arten von Bewerbern (Auszubildende, Arbeiter, Angestellte, Führungsnachwuchs, Führungskräfte ...) eine wichtige Rolle. Am ehesten verzichten die Unternehmen bei ungelernten Arbeitern auf diesen Auswahlschritt. Zuständig für die erste Sichtung und Bewertung der Bewerbungsunterlagen ist üblicherweise zunächst die Personalabteilung, die die schriftlichen Unterlagen einer (ersten) **ABC-Analyse** unterzieht. Das bedeutet, dass die vorliegenden Bewerbungen in drei Gruppen eingeteilt werden, in die

- A-Kandidaten – die guten Bewerber, die man unbedingt näher betrachten und umgehend einladen sollte
- B-Kandidaten – die eventuell brauchbaren Bewerbungen, die man zunächst nicht weiter berücksichtigt, unter Umständen aber zu einem späteren Zeitpunkt näher betrachtet; diese Bewerber erhalten sofort einen Zwischenbescheid
- C-Kandidaten – die unbrauchbaren Bewerbungen; diesen Bewerbern kann abgesagt werden, es sei denn, sie kommen für eine andere Stelle oder wegen besonderer Fähigkeiten für die Vormerkung infrage

Gegenüber dem Bewerber ist es in jedem Fall wichtig, möglichst rasch nach Eingang der Bewerbung aktiv zu werden, das heißt, den Eingang seiner Bewerbung zu bestätigen und mitzuteilen, wie lange das Verfahren noch dauern wird oder sofort abzusagen. Nach dieser ersten Sichtung durch die Personalabteilung erhält die suchende Fachabteilung die Unterlagen der A-Kandidaten zur Prüfung. Gemeinsam wird dann entschieden, wer umgehend zum Vorstellungsgespräch eingeladen werden soll.

In Stellenanzeigen wird oft auf die **„vollständigen Bewerbungsunterlagen"** Bezug genommen; dazu zählen

- ein Anschreiben bzw. Begleitschreiben zur Bewerbung
- der Lebenslauf des Bewerbers (ggf. ein Lichtbild)
- Schul- und Arbeitszeugnisse

Gegebenenfalls kommen Bescheinigungen über Fort- und Weiterbildungsmaßnahmen (z. B. der AdA-Schein – Ausbildung der Ausbilder), Referenzen und Arbeitsproben hinzu, beziehungsweise das Unternehmen fordert umgehend die Ausfüllung eines Personalfragebogens. Neuerdings wird in Bewerbungsratgebern das Beilegen einer sog. „**Dritten Seite**" empfohlen. Deren Zweck ist es, die Persönlichkeit des Bewerbers zu unterstreichen. Inhaltlich sollte sie daher zentrale Aussagen in Anschreiben und Lebenslauf aufgreifen und hervorheben: persönliche Eigenschaften, Stärken oder Angaben zur Motivation, zum Arbeitsstil oder besondere Erfahrungen aus dem bisherigen Werdegang formulieren. Die Dritte Seite sollte kurz und knackig formuliert sein sowie Optimismus und Tatendrang vermitteln. Sie sollte unter Beweis stellen, dass der Bewerber seine Bewerbung und seine Eignung für die Stelle sorgfältig reflektiert hat.

Die eingegangenen Unterlagen werden im Rahmen der **Formanalyse** auf Vollständigkeit, auf übersichtliche sowie aussagekräftige Zusammenstellung und auf das äußere Erscheinungsbild geprüft. Fehlende Unterlagen werden bei interessanten Bewerbungen nachgefordert, sei es postalisch, per Mail oder der Bewerber wird gebeten, diese Unterlagen zum Vorstellungsgespräch mitzubringen.

Wichtiger als der formelle Eindruck, den die Bewerbung hinterlässt, ist die inhaltliche Seite. An beiden Stellen, bei Form und Inhalt, ergeben sich inzwischen Einschränkungen hinsichtlich der Auswertungsmöglichkeiten. **Ratgeber für Bewerbungen** („So bewerbe ich mich richtig...") und Bewerbungstrainings, in denen die Bewerbungsunterlagen unter Anleitung und individuell optimal zusammengestellt werden, begrenzen die Analysemöglichkeiten – weiß man doch am Ende nur bei Bewerbungen, die offensichtlich nicht dem heute Üblichen entsprechen, dass der Bewerber keine Hilfe hatte. In allen anderen Fällen sind die Möglichkeiten, Rückschlüsse aus den Unterlagen zu ziehen begrenzt, zumindest beim Anschreiben und gegebenenfalls beim Lebenslauf.

Das **Anschreiben** kann bezüglich seines Informationsgehalts und des Stils genauer betrachtet werden. Es sollte auf die in der Stellenausschreibung betonten Anforderungen eingehen, also zum Beispiel den frühestmöglichen Eintritt benennen, wenn danach in der Ausschreibung gefragt wurde. Ferner sollte es in seinem Stil dem Bild der

Stelle entsprechen, bei einem Werbefachmann zum Beispiel sollte Kreativität spürbar sein.

Dem bislang in einer Bewerbung üblichen **Lichtbild** kam allenfalls die Bedeutung zu, einen ersten oberflächlichen Eindruck zu vermitteln und einen Erinnerungswert zu erzeugen. Mit Ausnahme von Extremfällen – in punkto Aussehen und in Bezug auf die Art des Bildes – kann man nicht viel damit anfangen. Vor dem Hintergrund des AGG darf es von Unternehmen inzwischen nicht mehr gefordert werden.

Der **Lebenslauf** – tabellarisch, wie heute üblich, oder in Prosa, mit dem PC oder handschriftlich verfasst – gibt schon mehr her, insbesondere bei Bewerbern mit Berufserfahrung. Im Lebenslauf lohnt es sich besonders, die dort aufgeführten Zeiten genauer zu betrachten. Lücken im Lebenslauf, zum Beispiel Zeitabstände zwischen zwei Arbeitsverhältnissen, die Dauer von Schulbesuchen, Betriebszugehörigkeitszeiten und gegebenenfalls Ausscheidedaten geben wichtige Hinweise. Daneben sollte in der beruflichen Entwicklung bei qualifizierten Bewerbern Kontinuität in dem Sinne sichtbar sein, dass sich eine zielgerichtete Entwicklung der beruflichen Karriere ergibt. Auffällige Sprünge im Ausbildungs- bzw. Berufsweg, unter Umständen auch in der Branche, sollten Anlass zu genauerem Hinsehen sein, und sie geben Anhaltspunkte zu Fragen im Vorstellungsgespräch (Plausibilität der Stellenwechsel). Hinsichtlich der Verweildauer an einer Stelle und bezüglich der Einsatzfelder ändern sich die Einschätzungen zurzeit. Kürzere Betriebszugehörigkeiten und Beschäftigungen in unterschiedlichen Fachgebieten werden heute eher akzeptiert oder – wegen der damit verbundenen breiteren Erfahrung – sogar positiv gewertet. Am Rande sei ein Hinweis auf das **EU-Lebenslauf**-Formular gegeben, das in allen innerhalb der EU vorkommenden Sprachen existiert (Download im Internet unter http: europass.cedefop.europa.eu/europass) und diese inhaltlichen Rubriken vorsieht: Angaben zur Person, Arbeitserfahrung, Schul- und Berufsbildung, Fähigkeiten und Kompetenzen, zusätzliche Angaben sowie Anlagen. Ein Lichtbild ist bei dieser Form des Lebenslaufs nicht vorgesehen. Leider ist der EU-Lebenslauf noch nicht sehr verbreitet.

Schul- und Hochschulzeugnisse sind bei Berufsanfängern oft die einzige (externe) (be)wertende Stellungnahme, die der Bewerbung beigefügt ist. Dies verleitet verständlicherweise dazu, den Schulzeugnissen viel Gewicht beizumessen, obgleich jeder aus eigener Erfahrung den fraglichen Aussagegehalt von Schul- und Hochschulzeugnissen kennt. „War es ein guter Unterricht?" „Wurden die richtigen/wichtigen Themen besprochen?" „Wie kam man mit dem Lehrer klar?" „War die Notengebung eher streng oder war sie milde?" „Verlangte die Prüfung relevante Fähigkeiten oder nur eine gute Begabung im Auswendiglernen?" „War die Prüfung fair?" Diese und weitere kritische Fragen sollte und muss man stellen, wenn es um den Aussagegehalt von Schul- und Hochschulzeugnissen geht. Die Konsequenz aus dieser problematischen Seite kann nur lauten, dass man sich auf die Betrachtung der Fächer konzentriert, die für die Stelle wichtig sind und dass man den Noten – von durchgängig negativen Ausnahmen abgesehen – nicht zu viel Bedeutung beimisst. Schul- und Hochschulzeugnisse können in der Regel nur eine Richtung angeben. Anders ist das bei den Arbeitszeugnissen (auf die noch ausführlich einzugehen ist), obwohl sich auch dort Schwierigkeiten und Tücken auftun.

Referenzen, die Bewerber unaufgefordert vorlegen, stammen natürlich nur von solchen Referenzgebern, die positive Auskünfte über den Bewerber geben wollen. Häufig handelt es sich um Imponierreferenzen, mit denen ausgedrückt werden soll, welche bedeutenden Mitmenschen der Bewerber kennt. Bei der Besetzung von Positionen im Top-Management, wo andere Auswahlmethoden nicht zum Zuge kommen (können), kommt den Referenzen eine weitergehende Bedeutung zu. Von dieser Art Referenzen sollte man die sog. **Referenzbefragung** unterscheiden, ein Nachfragen bei einem früheren, meist beim letzten Vorgesetzten, um die Zeugnisaussagen weitergehend kommentiert zu bekommen. Bei Bewerbern aus dem nicht-deutschsprachigen Ausland ersetzen Vorgesetztenreferenzen in der Regel die bei uns bekannten Zeugnisse, die eine rein „teutonische" Angelegenheit darstellen; Franzosen, Belgier, Engländer... kennen unsere Form der Arbeitszeugnisse nicht.

Bei einigen Berufen ist es sinnvoll, **Arbeitsproben** zu verlangen, die am besten einen Eindruck von den Fähigkeiten und ggf. vom künstlerischen Stil des Bewerbers vermitteln. Bei Fotografen, Designern, Architekten und ähnlichen Tätigkeiten werden Arbeitsproben häufig verlangt, aber auch bei Arbeitern sind sie beliebt.

Zur systematischen Ergänzung der Angaben über den Bewerber senden die Unternehmen – in diesem Stadium der Bewerbung oder wenn über die Einstellung positiv entschieden wurde – einen **Personalfragebogen** zu bzw. bitten um das Ausfüllen eines solchen Fragebogens online, der später als Unterlage in die Personalakte kommt. Personalfragebögen erheben überwiegend Informationen, die in jeder Bewerbung ebenfalls enthalten sind; sie tun dies in geordneter Form, so dass ein rascher Überblick möglich ist und nichts vergessen wird. Die Personalfragebögen unterliegen der vollen Mitbestimmung durch den Betriebsrat nach § 94, 1 BetrVG. Bei Online-Bewerbungen kommt der Bewerberfragebogen schon zu Beginn des Verfahrens ins Spiel.

Als immer mehr genutzte Auswahlmöglichkeit im Rahmen der Vorauswahl sind schließlich **telefonische Kurzinterviews** zu nennen, die bei den Bewerbern kaum auf Vorbehalte stoßen und in vielen Fällen Informationen liefern, die sich im Vorstellungsgespräch u. U. rasch als Hinderungsgrund für eine Einstellung herauskristallisieren. Überzeugungskraft, Sprachkenntnisse u. a. m. lassen sich bei Telefoninterviews sehr gut überprüfen.

3.2.2 Arbeitszeugnis

Eine besondere Rolle spielen bei der Vorauswahl berufserfahrener Bewerber die Arbeitszeugnisse. Arbeitszeugnisse werden als Zwischenzeugnis oder als Schlusszeugnis, als einfaches oder als qualifiziertes Arbeitszeugnis erstellt. Arbeitnehmer besitzen einen Rechtsanspruch (nach § 109 Gewerbeordnung i. V. m. § 630 BGB bzw.

nach dem Berufsbildungsgesetz) auf ein schriftliches (kein elektronisches, z. B. in Form eines Mails erteiltes) Arbeitszeugnis; sie müssen das Zeugnis aber verlangen (Ausnahme: Auszubildende) und müssen deutlich machen, wenn sie ein qualifiziertes Zeugnis bekommen möchten. Wenn von der sog. **Zeugnisproblematik** gesprochen wird, sind damit meistens die qualifizierten (Schluss)Zeugnisse gemeint. Die in der Übersicht aufgeführten Angaben gehören zu einem qualifizierten Arbeitszeugnis.

Übersicht: ***Aufbau und Inhalt von Arbeitszeugnissen***

Überschrift	• Zeugnis
Basisinformationen	• Angaben zum Zeugnisempfänger • Angaben zum Unternehmen • Angaben zum Beschäftigungsverhältnis
Tätigkeit(en)	• Bezeichnung der Stelle und hierarchische Position • Aufgaben und Kompetenzen ggf. für mehrere Tätigkeiten bzw. Entwicklung im Unternehmen
Beurteilung von Leistung und Arbeitsverhalten	• Fähigkeiten • Arbeitsbereitschaft • Fachliche Arbeitsergebnisse • Herausragende Erfolge • Mitarbeiterführung • Verhalten zu Dritten • Ggf. Gesamtbeurteilung
Schlussformel	• Ausscheidedatum und -grund • Dank an den Mitarbeiter • Wünsche für die Zukunft
Formalien	• Ausstellungsdatum • Unterschrift(en)

Beim **einfachen Arbeitszeugnis** fehlen die Aussagen über Leistung und Arbeitsverhalten – früher war von „Führung" die Rede – sowie der Dank und die Zukunftswünsche, und die Tätigkeit wird nur benannt, nicht aber ausführlich beschrieben. Die Problematik des **qualifizierten Arbeitszeugnisses** liegt in den Bestandteilen, die die wertenden Stellungnahmen des Arbeitgebers umfassen. Der Arbeitgeber steht nämlich – so die Rechtsprechung – beim Ausstellen qualifizierter Arbeitszeugnisse im **Span-**

nungsfeld zwischen Wahrheit und verständigem Wohlwollen; Wohlwollen heißt, dass er das berufliche Fortkommen des Mitarbeiters nicht behindern darf. Verstößt er gegen die Verpflichtung zur Zeugniswahrheit, so wird er gegebenenfalls einem zukünftigen Arbeitgeber gegenüber schadensersatzpflichtig; verstößt er gegen den Grundsatz des Wohlwollens, so trifft ihn die gleiche Konsequenz gegenüber dem Mitarbeiter; beides ist allerdings nicht leicht nachzuweisen.

Zur Handhabung dieses offensichtlichen Konflikts haben sich **Gepflogenheiten** herausgebildet, die für den Laien nicht einfach zu durchschauen sind und genaugenommen nichts anderes als eine Taktik der Verschleierung darstellen. Klar ist, dass einmalige, untypische Vorfälle nicht ins Zeugnis gehören, es sei denn, sie sind besonders gravierend und folgenreich. Die Gepflogenheiten betreffen hauptsächlich folgende Aspekte in Arbeitszeugnissen.

Übersicht: ***Gepflogenheiten in Zeugnissen (Codes)***

- Wichtig ist, was nicht im Zeugnis steht, aber eigentlich drinstehen müsste, so zum Beispiel eine Aussage über das Verhalten gegenüber Kunden bei einem Mitarbeiter im Außendienst (vielsagendes Verschweigen)
- Wichtig sind bestimmte berufstypische Merkmale, die in jedem Fall erwähnt sein müssen, so zum Beispiel die Ehrlichkeit bei einem Kassierer, das Vertrauen bei einem Mitarbeiter in der Personalabrechnung, die Verschwiegenheit bei einer Chef-Sekretärin usw.
- Zeugnislänge einerseits und Art der Position sowie Dauer der Betriebszugehörigkeit andererseits müssen in einem ausgewogenen Verhältnis zueinander stehen, so ist beispielsweise ein sehr knappes Zeugnis – auf einer Seite etwa – für einen Vertriebsleiter, der sieben Jahre im Unternehmen war, ein deutlicher Hinweis darauf, dass etwas nicht stimmte
- Codeformulierungen bezüglich der zusammenfassenden Beurteilung (übliche Zufriedenheitsaussage) (siehe Tabelle „Zeugniscodes zur Zufriedenheitsbeurteilung“)
- Codeformulierungen bezüglich des Schlussabsatzes, zum Beispiel fehlender Dank und gute Wünsche für die Zukunft bei ansonsten bestem Zeugnis

Neben den genannten Gepflogenheiten gibt es eine Reihe weiterer „Tricks“. Bei der Erstellung und Beurteilung eines Zeugnisses sollte in jedem Fall der Gesamteindruck beachtet werden, den das Zeugnis vermittelt. Dieser Eindruck muss „stimmig“ sein, das heißt, dass Brüche ebenfalls Hinweise auf Probleme mit dem Mitarbeiter geben können.

In Zusammenhang mit den Codeformulierungen entsteht das Problem der **Bekanntheit der Gepflogenheiten**, das bei der Analyse von Arbeitszeugnissen zu Schwierigkeiten führen kann. Der Betrachter des Zeugnisses weiß oft nicht genau, ob der Zeugnisaussteller die Gepflogenheiten kannte oder nicht. Bei kleineren oder auch mittleren Betrieben sind die Verschlüsslungen häufig nicht bekannt, und Firmeninhaber oder

Geschäftsleitung schreiben Zeugnisse, die positiv sein sollen, in Wirklichkeit aber aus Sicht des Codes negative Wertungen beinhalten. Häufig werden auch einfach Zeugnisse (bei Bewerbern) abgeschrieben, die man für sehr gut, gut oder für zufriedenstellend hält. Lediglich bei Großunternehmen ist der Rückschluss zulässig, dass die Spielregeln bekannt sind, obwohl man auch da bei kleineren Firmenstellen auf die Situation der Klein- und Mittelbetriebe treffen kann.

Ein zweites Problem ist eher sprachlicher Art. Die Codeformulierung bei der zusammenfassenden Leistungsbeurteilung variiert über Zeitbezug und Grad der Zufriedenheit. Beim **Zufriedenheitsgrad** hat sich eine Abstufung von „vollste" über „volle" hin zu bloßer Zufriedenheit ohne weitere Zusätze herausgebildet. Neuerdings wird die Zahl derjenigen größer, die aus ihrem Sprachempfinden heraus die Möglichkeit einer „vollsten" Zufriedenheit ablehnen, weil – so die analoge Begründung – es ja auch kein „vollstes" Fass gäbe, sondern ein Fass „voll" sei oder nicht, und so sei das auch bei der Zufriedenheit. Egal was man selbst für richtig hält, man weiß im konkreten Fall nicht, wie der Zeugnisaussteller gedacht hat. Die ständige Rechtsprechung trägt diesbezüglich nicht gerade zur Klarheit bei. Landesarbeitsgerichte entscheiden immer wieder über Zeugniscodes zur Zufriedenheitsbeurteilung – leider alles andere als einheitlich.

Übersicht: ***Zeugniscodes zur Zufriedenheitsbeurteilung***

Formulierung	Bedeutung (im Schulnotensystem)
Er/Sie hat die ihm übertragenen Aufgaben...	
...stets zu unserer vollsten Zufriedenheit erledigt	sehr gute Leistungen (Note 1)
...zu unserer vollsten Zufriedenheit erledigt	überwiegend sehr gute Leistungen (Note 1-2)
...stets zu unserer vollen Zufriedenheit erledigt	gute Leistungen (Note 2)
...zu unserer vollen Zufriedenheit erledigt	überwiegend gute Leistungen (Note 2-3)
...stets zu unserer Zufriedenheit erledigt	befriedigende Leistungen (Note 3)
...zu unserer Zufriedenheit erledigt	ausreichende Leistungen (Note 4)
...im großen und ganzen zu unserer Zufriedenheit erledigt	mangelhafte Leistungen (Note 5)
...zu unserer Zufriedenheit zu erledigen versucht - oder - ...hat sich bemüht, die Aufgaben zu unserer Zufriedenheit zu erledigen	ungenügende Leistungen (Note 6)

Um diesen Problemen zu entgehen, sollte man als Aussteller eines Zeugnisses auf die Codeformulierungen in Zusammenhang mit der Zufriedenheit am besten ganz verzichten. Die Verbreitung der Gepflogenheiten im Schrifttum hat jedoch dazu geführt, dass die Arbeitnehmer sie zunehmend in ihrem Zeugnis haben wollen. Grundsätzlich ist zwar die Formulierung eines Zeugnisses Sache des Arbeitgebers, aber man sollte dem Wunsch des Arbeitnehmers nachkommen, wenn er unbedingt die Zufriedenheitsaussage in dieser problematischen Form in seinem Zeugnis haben will.

Qualifizierte Zeugnisse sind heute bei Angestellten und bei Facharbeitern die Regel. Wenn von diesen Personengruppen einfache Zeugnisse vorgelegt werden, sollte man in jedem Fall nachfragen, warum das so ist. Für die Analyse von Zeugnissen ist es schließlich wichtig, das Datum und den Grund des Ausscheidens zu beachten.

Die Analyse der Bewerbungsunterlagen soll – im Sinn der ABC-Analyse – eine Vorauswahl möglich machen und bei den interessanten Bewerbern Anhaltspunkte für Fragen im Vorstellungsgespräch liefern. Bei der Vorauswahl kommt es bei aller Individualität auch auf Vergleichbarkeit unter den Bewerbern an. Hierfür und zur systematischen Darstellung der Informationen kann eine vergleichende tabellarische Aufstellung zur **Bewerbungsanalyse** wertvolle Dienste leisten und die Entscheidung erleichtern. Bei Vorliegen eines detaillierten Anforderungsprofils sowie klaren Anweisungen, worauf bei der Analyse von Bewerbungsunterlagen konkret zu achten ist, kann diese Vorauswahl Dritten übertragen werden, z. B. externen Personaldienstleistern oder (Werk)Studenten.

Die Vorauswahl ist damit beendet. Im Weiteren geht es um Methoden und Verfahren der Personalauswahl, die ergänzende, detailliertere und weiterführende Informationen über den Bewerber möglich machen (siehe Abbildung „Methoden der Personalauswahl"). Damit ist in der Regel das persönliche Kennenlernen des Bewerbers verbunden. Die Methoden und Verfahren der Personalauswahl, die nach erfolgter Vorauswahl angewendet werden, sind vielfältig; einige davon haben sich besonders bewährt, andere sind eher kritisch zu sehen; darauf wird im Weiteren – neben den Basics – besonders einzugehen sein.

3.2.3 Vorstellungsgespräch

Die persönliche Vorstellung ist zweifellos das wichtigste Verfahren der Personalauswahl. Als flexibel und universell einsetzbares sowie kostengünstiges Instrument vertraut die Praxis dieser Auswahlmethode am meisten, obwohl Vorstellungsgespräche hinsichtlich der Güte ihrer Resultate am deutlichsten überschätzt werden. Die gründliche **Vorbereitung des Vorstellungsgesprächs** ist das A und O eines guten Interviews (siehe Übersicht „Vorbereitung des Vorstellungsgesprächs").

Hinsichtlich der **Art des** zu führenden **Gesprächs** unterscheidet man zwischen freien, halbstandardisierten und standardisierten Interviews. Beim freien Interview hat der

Abbildung 3-13: ***Methoden der Personalauswahl***

Analyse der Berwerbungsunterlagen

- Anschreiben
- Lebenslauf (mit Lichtbild)
- Schulzeugnisse
- Arbeitszeugnisse

seltener:

- Referenzen
- Arbeitsproben
- Personalfragebogen

↓

Auswahlverfahren

- Vorstellungsgespräch
- Testverfahren
- Gruppendiskussion
- Assessment Center
- Ärztliche Untersuchung

seltener:

- Biografischer Fragebogen
- Graphologie

↓

Probezeit

Übersicht: ***Vorbereitung des Vorstellungsgesprächs***

- Vorbereitung des äußeren Rahmens, d. h. Empfang, Raum, Kostenerstattung, ggf. Bewirtung
- Informationen über das Unternehmen, über die Stelle, ihre Anforderungen, ggf. mit Stellenbeschreibung, Anforderungsprofil, Konditionen (Mustervertrag, Sozialleistungen, Entwicklungsmöglichkeiten...)
- Analyse der Bewerbungsunterlagen, ggf. Fragen notieren
- Planung des Gesprächs, d. h. Gesprächsart, Gesprächsstruktur, ggf. Fragenkatalog/Checkliste, Abstimmung bei mehreren Interviewern

Interviewer keinerlei Vorgaben über Themen und anzusprechende Aspekte; er fragt, wie es ihm in den Sinn kommt, und das Gespräch entwickelt sich aus der jeweiligen Situation heraus. Beim (extrem) strukturierten Interview sind die Fragen in ihrem Wortlaut und ihrer Reihenfolge vorgegeben, so dass keine Möglichkeiten bestehen, auf Besonderheiten einzugehen. Die am häufigsten praktizierte Form des Interviews ist das **teilstrukturierte bzw. teilstandardisierte Interview**, bei dem ein thematischer Rahmen zwar abgesteckt ist, innerhalb dessen sich das Gespräch bei verschiedenen Bewerbern jedoch unterschiedlich entwickeln kann. Ein Fragenkatalog oder eine Themenliste sollen sicherstellen, dass unverzichtbare Aspekte auf alle Fälle angesprochen werden, so dass eine gewisse Vergleichbarkeit zwischen den Bewerbern entsteht.

Vorstellungsgespräche gelten generell als problematisch hinsichtlich ihrer Treffsicherheit; dabei weisen die teilstrukturierten und die strukturierten Interviews ganz gute Ergebnisse vor. Bei dieser kritischen Anmerkung sollte jedoch nicht übersehen werden, dass Vorstellungsgespräche eine hohe Akzeptanz bei den Bewerbern besitzen und neben der Auswahlfunktion andere Aufgaben erfüllen: Klären von Fragen, Information des Bewerbers über das Unternehmen, den Arbeitsplatz und die Konditionen, Abklären der Erwartungen des Bewerbers, persönliches Kennenlernen, Aushandeln von Vertragsbedingungen... Von daher verwundert es nicht, wenn Gespräche mit der Personalabteilung und/oder der Fachabteilung bei praktisch allen Bewerbergruppen zum unentbehrlichen Bestandteil der Auswahlprozedur zählen.

Vorstellungsgespräche folgen einem bestimmten Aufbau, das heißt sie durchlaufen mehrere **Phasen**. Dieses Ablaufschema mag in den Details variieren, im Grundsatz wird jedes Vorstellungsgespräch ähnlich verlaufen wie es die folgende Übersicht zeigt. Im Gespräch selbst empfiehlt es sich für den Interviewer, eine bestimmte **Fragetechnik** einzuhalten, die sich in der Praxis bewährt hat (siehe dazu die Übersicht auf der übernächsten Seite). Unabhängig von der Art des Interviews ist immer auch auf das nonverbale Verhalten eines Bewerbers zu achten: Mimik, Gestik...

Übersicht: ***Phasen des Vorstellungsgesprächs***

- Gesprächseröffnungsphase mit Fragen/Informationen zu
  - Begrüßung
  - Vorstellung der Gesprächspartner
  - Ablauf und Dauer des Gesprächs
  - ...
- Befragungsphase mit Fragen zu
  - Aus- und Weiterbildung
  - Berufserfahrung und berufliche Entwicklung
  - Letzte Tätigkeit
  - Ggf. klärende Fragen zum Lebenslauf und zu Zeugnissen
  - Gründe für die Bewerbung
  - Berufliche Erwartungen und Ziele

  - Erwartungen an die vertraglichen Konditionen
  - Private Situation, z. B. Wohnung, Schulbesuch der Kinder
  - ...
- Informationsphase mit Auskünften zu
  - Unternehmen
  - Arbeitsplatz
  - Vertragskonditionen und -absprachen
  - Entwicklungsmöglichkeiten
  - ...
- Gesprächsbeendigungsphase mit Informationen/Fragen zu
  - Situation des Bewerbungsverfahrens
  - Verbleib, ggf. zweites Gespräch verabreden, Abrechnung der Vorstellungskosten
  - Dank für das Gespräch und Verabschiedung

Zur Verbesserung der Qualität von teilstrukturierten Vorstellungsinterviews können die folgenden **Empfehlungen** gegeben werden:

- Genaue Kenntnis von und enge Orientierung an den Anforderungen
- Verwendung eines Gesprächsleitfadens
- Notieren wichtiger Antworten der Bewerber
- Trennung von Interviewdurchführung und Bewertung bzw. Entscheidung
- Verwendung einer Skala zur Bewertung
- Einsatz von mindestens zwei Interviewern
- Schulung der Interviewer
- Ergänzung durch andere Auswahlverfahren
- Ständige Überprüfung der Interview-Qualität
  (Controlling durch Kennzahlen, Optimierung durch Coaching ...)

Übersicht: ***Frageformulierung im Vorstellungsgespräch***

1. Kurze Fragen	*Negativ-Beispiel:* "Auf welche Schwierigkeiten sind Sie gestoßen, wie sind Sie diese Probleme angegangen, zu welchen Ergebnissen sind Sie dabei gekommen und wie würden Sie sich in dieser Situation heute verhalten?"
2. Offene Fragen	*Positiv-Beispiel:* "Auf welche Schwierigkeiten sind Sie gestoßen?"
3. Keine Suggestivfragen	*Negativ-Beispiel:* "Sicherlich haben Sie keine Schwierigkeiten gehabt!"
4. Keine Alternativfragen	*Negativ-Beispiel:* "Ergaben sich Schwierigkeiten aufgrund der Aufgabenstellung oder wegen des Zeitdrucks, unter dem Sie standen?"
5. Verwendung projektiver Fragen	*Positiv-Beispiel:* "Welche Erfahrungen haben Ihre Kollegen mit der Leitung von Teams gemacht?"
6. Fragen mit Bezug auf kürzlich gemachte Erfahrungen	*Positiv-Beispiel:* "Welche Erfahrungen haben Sie bei Ihrem letzten Einsatz als Projektleiter gemacht?"
7. Betonung genau überlegen	*Beispiel:* "Glauben Sie, dass Ihre bisherige Praxis als Projektleiter für die neue Aufgabe ausreicht?"
8. Fragenreihenfolge	Allgemeine vor spezifischen Fragen Zeitfolge: Vergangenheit – Gegenwart – Zukunft Anfangs eher offene, später eher geschlossene Fragen
9. Eindeutige Formulierungen	*Negativ-Beispiel:* "Bei der Leitung von Teams macht man oft ziemlich konkrete Erfahrungen mit einigen Kollegen. Wie ging das Ihnen eigentlich; haben Sie irgendwann auch solche Dinge kennengelernt?"
10. Nachhaken	*Positiv-Beispiel:* "Sie sagten, dass Sie gute Erfahrungen mit straffer Leitung des Teams gemacht haben. Wie haben Sie das Team geführt?"
11. Gutes Zuhören	"Daumenregel" für die Gesprächsanteile in der Befragungsphase: 70 % Bewerber, 30 % Interviewer

Zu Beginn der 90er Jahre entstand eine spezifische neue Form des Einstellungsinterviews, die in der Praxis zunehmende Verbreitung findet, das sog. „**multimodale Interview**“ (MMI) (siehe Schuler 2002). Es folgt einem klar strukturierten Aufbau und kombiniert unterschiedlichste Arten der Fragestellung und Interviewführung. Die sieben Phasen des multimodalen Interviews sehen so aus, wie es die Übersicht zeigt.

Übersicht: ***Aufbau des Multimodalen Interviews*** *(nach Schuler)*

- Gesprächsbeginn: Kurze informelle Unterhaltung; Bemühen um eine angenehme und offene Atmosphäre; gegenseitige Vorstellung; Überblick über den weiteren Ablauf – keine Beurteilung
- Selbstvorstellung des Bewerbers: Er spricht einige Minuten über seinen beruflichen (und persönlichen) Werdegang – Beurteilung nach drei Anforderungskriterien
- Freies Gespräch: Interviewer stellt offene Fragen, anknüpfend an die Selbstvorstellung des Bewerbers – summarische Beurteilung des Eindrucks
- Fragen zur Biographie des Bewerbers: „Erfahrungs-“Fragen – Beurteilung anhand von Verhaltensskalen
- Realistische Information über die Tätigkeit: Informationen zum Arbeitsplatz und zum Unternehmen
- Situative Fragen: Fragen zum Verhalten in kritischen Situationen („Ihr Vorgesetzter kritisiert Sie heftig, aber zu Unrecht – Wie verhalten Sie sich?“) – Beurteilung anhand von Verhaltensskalen
- Gesprächsabschluss: Fragen des Bewerbers beantworten; weiterer Verbleib

ähnlich: Schuler 2002

Aus rechtlicher Perspektive kommt beim Vorstellungsgespräch insbesondere dem sog. **Fragerecht** eine große Bedeutung zu. Es geht darum, welche Fragen in Vorstellungsgesprächen gestellt werden dürfen und welche nicht. Bei zulässigen Fragen muss der Bewerber wahrheitsgemäß antworten, während er bei unzulässigen Fragen ein „Recht auf Lüge“ hat. Die folgende Übersicht gibt eine Orientierung zur Zulässigkeit bzw. Unzulässigkeit von Fragen des Arbeitgebers im Vorstellungsgespräch.

Übersicht: ***Zulässigkeit von Fragen im Vorstellungsgespräch***

Frage	Pflicht zur wahrheitsgemäßen Beantwortung
• Alter	eher ja
• Bisherige Vergütungshöhe	nein
• Ethnische Herkunft	nein
• Freizeitinteressen	nein, nur wenn für konkreten Arbeitsplatz relevant
• Gewerkschaftszugehörigkeit	nein
• Heiratsabsichten	nein
• Krankheiten	nur bei konkreter Auswirkung auf den Arbeitsplatz
• Parteizugehörigkeit	nein
• Politische Ansichten	nein
• Rassenzugehörigkeit	nein
• Religionszugehörigkeit	in der Regel nein
• Schwangerschaft	nein
• Schwerbehinderung	eher nein
• Sexuelle Orientierung	nein
• Vermögensverhältnisse	in der Regel nein
• Vorstrafen	nur wenn für konkreten Arbeitsplatz relevant
• Wehrdienst / Ersatzdienst	in der Regel nein
• Weltanschauung	nein
• Wettbewerbsverbote	wenn einschlägig ja

Forschungsergebnisse besagen, dass Interviewer sich sehr schnell ein (abschließendes) Urteil über den Bewerber bilden. Dabei spielen auch die Erwartungen, die aufgrund der Bewerbungsunterlagen entstehen, eine wichtige Rolle. Die Reaktionen der Bewerber werden darüber hinaus stark durch das Verhalten des Interviewers beeinflusst. Daraus lässt sich der Schluss ziehen, dass es sehr wichtig ist, sein eigenes Verhalten als Interviewer immer wieder kritisch zu beobachten, sei es allein oder durch einen Dritten (Kollegen...) (Controlling). (Auch das Verhalten der Bewerber kann durch Trainings wesentlich verbessert werden.)

Während des Gesprächs kann man, unmittelbar nach Beendigung des Gesprächs sollte man auf alle Fälle **Notizen** zu den wichtigsten Eindrücken schriftlich niederlegen. Wenn mehrere Interviewer am Gespräch – parallel oder nacheinander – beteiligt waren, sollten sie ihre Beobachtungen möglichst rasch besprechen. Das gilt insbesondere dann, wenn mehrere Bewerber am gleichen Tag interviewt werden oder wenn sich eine Bewerbungsaktion über mehrere Wochen hinzieht. Schriftlich zu fixieren sind auch zugesagte Sonderkonditionen, deren Absprache dem Bewerber später bestätigt werden sollten.

Die Entscheidung über den favorisierten Bewerber sollte nach Möglichkeit einvernehmlich fallen. Wenn das nicht gelingt, kommt den Argumenten des späteren Vorgesetzten die höchste Priorität zu; der Mitarbeiter der Personalabteilung hat meistens nur ein Veto-Recht. Für den Vergleich zwischen den Bewerbern kann das bereits erwähnte Schema zur Bewerbungsanalyse auch hier hilfreich sein.

Das Vorstellungsgespräch – in mehr oder weniger ausführlicher Form – zählt zu den **unverzichtbaren Bestandteilen** jeder Personalauswahl. Seine Möglichkeiten sind vor allem dann hoch einzuschätzen, wenn es in teilstrukturierter Form geführt wird, man sich immer wieder kritisch selbst beobachtet und ständig an seinem Interviewerverhalten arbeitet.

3.2.4 Psychologische Testverfahren

Zu den immer wieder heftig diskutierten, in erster Linie bei Auszubildenden und Führungsnachwuchskräften häufiger, bei Arbeitern, Angestellten und Führungskräften mitunter angewandten Methoden, zählen die psychologischen Testverfahren. Neueren Untersuchungen zufolge setzen ca. 10 % der Unternehmen Tests bei der Personalauswahl ein, die Tendenz ist steigend.

Jeder hat schon einmal Erfahrungen mit Tests gemacht, die zum Beispiel in Zeitschriften zu finden sind und über die „Fähigkeit zu flirten" oder über die „Allgemeinbildung" des Lesers Auskunft geben wollen. Und jeder hat sich dabei auch schon gefragt, was die Testaufgaben denn mit Allgemeinbildung zu tun haben. Die hauptsächliche Schwierigkeit bei vielen Tests besteht darin, dass sie solche Merkmale von Bewerbern testen sollen, die der direkten Beobachtung nicht unmittelbar zugänglich sind. Intelligenz z. B. ist nicht sichtbar, auf sie muss geschlossen werden. Ein weiteres gravierendes Problem liegt in der unüberlegten Anwendung von Tests; man lässt Bewerber Tests machen und nimmt dabei an, dass die Ergebnisse schon „etwas bringen" werden (Schrotschussverfahren). Der Zusammenhang zwischen dem Test und den Anforderungen der Stelle bleibt ungeklärt. So geheimnisvoll und reizvoll Tests in der Personalauswahl auch sein mögen, sie sind mit Vorsicht anzugehen. Hier hilft auch das blinde Vertrauen auf Psychologen nicht wirklich weiter, die sich mit Tests in der Regel gut auskennen.

Tests sind – allgemein gesprochen – standardisierte und routinemäßig anwendbare Stichproben menschlichen Verhaltens. Diese Verhaltensstichprobe kann darin bestehen, dass man konkret etwas tut, zum Beispiel bei einem Sehtest Buchstaben auf eine bestimmte Entfernung erkennt. Das Verhalten kann aber auch eher indirekter Natur sein, wenn man angibt, wie man sich in einer bestimmten Situation verhalten würde. Hinter dem Begriff Test verbirgt sich ein breites Spektrum von thematischen Möglichkeiten. Für die betriebliche Praxis ist es zweckmäßig, zwischen drei verschiedenen Arten von Tests zu unterscheiden: Leistungstests, Intelligenztests und Persönlichkeitstests.

Übersicht: ***Testverfahren***

Testart und Anwendung	**Testtyp**	**Beispiel**
Persönlichkeitstests (ca. 30 %)	**Objektive Persönlichkeitstests** **Projektive Persönlichkeitstests**	16 PF, FPI, BIP TAT, Rorschach-Test
Intelligenztests (ca. 40 %)	**Intelligenz(struktur)tests**	IST 2000, HAWIE, MIT
Leistungstests (ca. 30 %)	**Aufmerksamkeits- und Belastungstests** **Fertigkeitstests**	Pauli-Test, d2 Drahtbiegetest

Persönlichkeitstests wollen die Persönlichkeit des Bewerbers ermitteln, die sich in Gelassenheit, Geselligkeit, Offenheit und vielen anderen Merkmalen (Dimensionen) äußert. Klinische Tests wie z. B. der MMPI (Minnesota Multiphasic Personality Inventory) werden eingesetzt, um psychische Erkrankungen wie Depressionen oder Schizophrenie zu diagnostizieren; sie sind für die Personalauswahl weitgehend ungeeignet. Projektive Tests wie z. B. der Rorschach-Test oder der TAT (Thematic Apperception Test) werden in der Psychotherapie eingesetzt; auch sie sind für die Personalauswahl weniger geeignet, da bei Auswertung und Interpretation keine Objektivität erreicht wird. Typologische Tests wie beispielsweise der MBTI, der die Testteilnehmer anhand der Antworten einem von 16 „Typen“ zuordnet, werden seltener in der Personalauswahl, häufiger hingegen in Personalentwicklung, Beratung und Trainings eingesetzt. Multidimensionale objektive Persönlichkeitstests wie z. B. 16 PF (16 Persönlichkeitsfaktoren Test) oder BIP (Bochumer Inventar zur berufsbezogenen Persönlichkeitsbeschreibung) basieren auf Verfahren zur Persönlichkeitsbeschreibung und dem „Big Five“ Modell der Persönlichkeit, das diese Dimensionen als Basis zur Bestimmung der Persönlichkeit verwendet: emotionale Stabilität, Extraversion, Offenheit für Erfahrungen, Verträglichkeit und Gewissenhaftigkeit.

Objektive Persönlichkeitstests sind nur insofern objektiv, als die Durchführung (mit Papier und Bleistift bzw. PC), Auswertung (u. U. per PC) und Interpretation objektiv verläuft, das heißt es gibt klare Anweisungen, wie ein bestimmtes Testergebnis zu interpretieren ist. Sie befassen sich mit Persönlichkeitsmerkmalen von Menschen und sind von daher natürlich höchst subjektiv. Die objektiven Persönlichkeitstests sind meistens Fragebogentests, bei denen die Bewerber (Probanden) zu Fragen oder Aussagen (Statements) Stellung nehmen müssen. Zum Beispiel kann und muss auf die Frage „Ich bin nicht sehr von Stimmungen abhängig" mit „stimmt – stimmt nicht – weiß nicht" geantwortet werden. Aus einer Mehrzahl solcher Fragen (Items) geht dann die Ausprägung eines bestimmten Merkmals der Persönlichkeit hervor. Mehrere Merkmale bilden miteinander die Persönlichkeit ab. Bekannte Beispiele sind der 16 PF, der 16 Persönlichkeits-Faktoren-Test, das Freiburger Persönlichkeitsinventar FPI sowie das BIP. Persönlichkeitstests werden in erster Linie bei der Auswahl von Führungsnachwuchskräften und Führungskräften eingesetzt.

Abbildung 3-14: ***Dimensionen des BIP-Persönlichkeitstests***

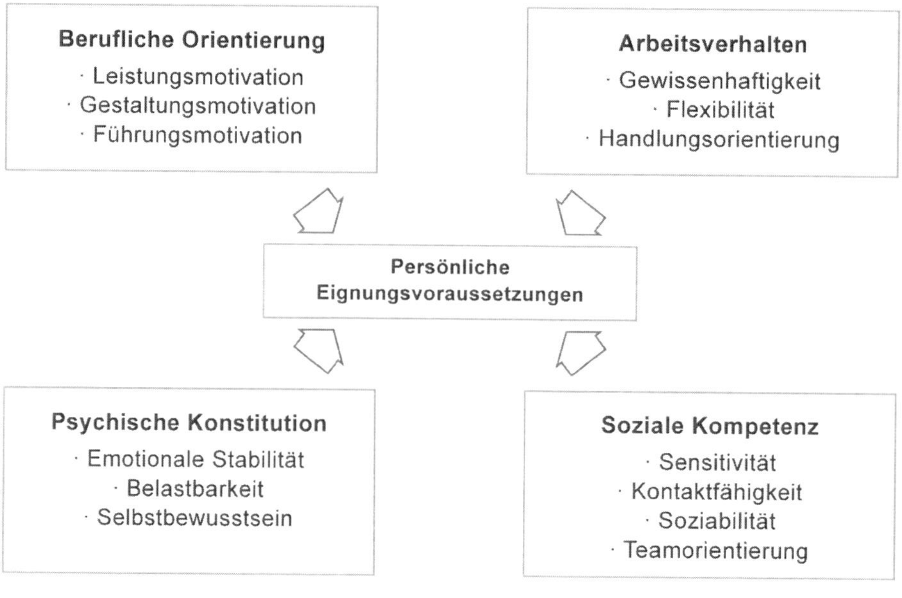

aus: Hossiep/Paschen 2003

Die **projektiven Persönlichkeitstests** haben das gleiche Ziel, gehen jedoch anders vor. Der Bewerber wird beispielsweise gebeten, zu einer Zeichnung zu sagen, was er sieht oder zu einem Bild eine Geschichte zu erzählen (z. B. beim TAT, dem Thematic

Apperception Test). Hierbei sind die Antworten nicht ganz eindeutig auswertbar und interpretierbar, weil jeder Proband eine (ggf. auch nur geringfügig) andere Geschichte erzählt und weil die Zuordnung zu einem Interpretationsschema Spielräume offen lässt. Derjenige, der den Test durchführt, hat also Einfluss auf das Ergebnis; deswegen spricht man von subjektiven Tests. Beim Baum-Test wird der Bewerber gebeten, einen Baum zu zeichnen, dessen Aussehen Aufschluss über die Persönlichkeit des Probanden geben soll. Einige projektive Persönlichkeitstests kommen aus dem klinisch-psychiatrischen Bereich – wie die (älteren) objektiven Tests teilweise auch!

Die hauptsächliche **Problematik der Persönlichkeitstests** liegt darin, dass sie mitunter (für alle Beteiligten) kaum durchschaubar sind, oft zu tief in das Innerste des Menschen eindringen wollen, häufig unter der Gürtellinie ansetzen und in ihren Ergebnissen eher zweifelhaft ausfallen. Käme die Weigerung, an einem Test teilzunehmen, nicht dem „Aus" für den Bewerber gleich, gäbe es vermutlich nur noch wenige (kritische) Persönlichkeitstests in der Personalauswahl. Hier findet ein deutlicher Druck auf die Bewerber statt. Im Übrigen lassen sich die bekannten wissenschaftlichen Testverfahren inzwischen nachlesen, so dass Bewerber zunehmend gut vorbereitet und damit mit besseren Aussichten auf gute Ergebnisse an Tests herangehen. Dies ist zweifellos eine akzeptable Reaktion auf die undurchsichtige Testsituation (siehe zum Beispiel die Bücher von Paczensky oder Hesse/Schrader).

Intelligenztests messen die Intelligenzstruktur des Bewerbers, das heißt seine verschiedenen Teilintelligenzen, die zusammen die Gesamtintelligenz ausmachen. Mathematische und sprachliche Fähigkeiten, Kombinations- und Merkfähigkeit, räumliche Vorstellung und andere Dimensionen bilden die Intelligenz eines Menschen. Intelligenztests spielen vor allem bei der Auswahl von Lehrstellenbewerbern (Auszubildenden) und Führungsnachwuchskräften eine wichtige Rolle. Dabei sollte man sich über die Intelligenzdimensionen im Klaren sein, auf die es ankommt, und diese gezielt abtesten. Das bekannteste Beispiel für einen wissenschaftlichen Intelligenztest im deutschsprachigen Raum ist der Intelligenzstrukturtest (IST 2000 von Amthauer). Beim IST bearbeitet der Proband Satzergänzungs-, Wortauswahl-, Zahlenreihen- und andere Aufgaben, die seine Intelligenzstruktur offenbaren. Die ursprüngliche Fassung wurde schon 1973 von Amthauer konzipiert (I-S-T 70). Der I-S-T 2000 R ist in mehrere Module aufgeteilt: Grundmodul, Kurzform, Erweiterungsmodul; die Module können entsprechend dem Zweck des Tests kombiniert werden.

Bei den Persönlichkeitstests und bei den Intelligenztests sind ganz **grundlegende Fragen** weitgehend ungeklärt: „Was ist Intelligenz bzw. Persönlichkeit?" „Messen die bekannten Tests wirklich die wichtigen Aspekte der Persönlichkeit oder der Intelligenz?" (wie sie das behaupten) „Wozu benötigt man Intelligenz?" Angesichts dieser Fragen sollte man sich bei den Intelligenztests wie auch bei den Persönlichkeitstests eher zurückhalten. Dem stehen allerdings neuere Forschungsergebnisse entgegen, die den Intelligenztests eine besondere Vorhersagequalität für späteren beruflichen Erfolg bei kaufmännischen und technischen Angestellten bescheinigen.

Am ehesten akzeptabel scheinen die **Leistungstests**, die offen und durchschaubar bestimmte Fertigkeiten und Kenntnisse überprüfen, vor allem Aufmerksamkeit, Konzentration und Belastbarkeit sowie motorische und sensorische Funktionen. Hier ist meist der Zusammenhang mit der Stelle einsichtig, und deswegen werden diese Tests von den Probanden eher akzeptiert. Konzentrationstests messen die Anzahl bearbeiteter Aufgaben und die dafür benötigte Zeit; Vigilanztests messen die Anzahl der Fehlreaktionen und der richtigen Reaktionen auf optische oder akustische Signale; Reaktionstests messen die Reaktionszeit und Fehleranzahl auf optische und akustische Signale; Speedtests messen die Qualität einer Leistung unter begrenzter Zeitvorgabe; Powertests hingegen messen die Fehlerquote bei der Aufgabenbearbeitung ohne Zeitvorgabe. Der Drahtbiegetest, der die manuelle Geschicklichkeit durch Nachbilden einer Figur mit Draht überprüft, und der Pauli-Test, der mit vielen schnell zu erledigenden Additionsaufgaben die Belastungsfähigkeit testet, sind – neben vielen anderen – überprüfte Verfahren, die gewissen Standards genügen.

Neben den genannten und beschriebenen wissenschaftlich fundierten Leistungstests gibt es viele selbst konstruierte Verfahren, die u. U. genauso gute Dienste leisten können. Die Schreibprobe für eine Sekretärin oder das Halten einer Probevorlesung für einen Dozenten sind akzeptable und verbreitete Alltags-Testverfahren, bei denen jedoch kein objektives Bezugssystem für Auswertung und Interpretation existiert wie bei den wissenschaftlichen Tests.

Eines der grundlegenden Probleme bei der Personalauswahl resultiert aus den Konsequenzen der Auswahlentscheidung für den Bewerber. Da er an einer Entscheidung zu seinen Gunsten interessiert ist, wird er das Testergebnis in seinem Sinne beeinflussen und das Auswahlverfahren dementsprechend positiv gestalten (manipulieren) wollen. Die Gegenstrategie der Unternehmen besteht darin, die Methoden der Auswahl mehr oder weniger undurchschaubar zu machen, so dass der Bewerber nicht merkt, worauf es genau ankommt. Dieses „Spiel" wird dann durchkreuzt, wenn Tests bekannt und u. U. sogar trainierbar werden. Ganz anders stellt sich die Situation dar, wenn Tests zur Beratung im Rahmen der Personalentwicklung oder der Berufsberatung eingesetzt werden, wenn es also um eine Hilfestellung zur Selbsterkenntnis geht. Hier hat der zu Testende selbst ein starkes Interesse, möglichst viel über sich zu erfahren. In diesem Zusammenhang kann der gleiche Test, der bei der Personalauswahl als unergiebig einzustufen ist, wertvolle Dienste leisten. Es ist also nicht das Auswahlverfahren an sich, sondern der damit verbundene **Zweck**, der den Test problematisch erscheinen lässt. Das gilt in gleicher Weise auch für alle anderen Methoden der Personalauswahl.

Insgesamt gesehen ist bei Tests etwas Zurückhaltung angebracht. Die Würde des Bewerbers darf durch den Test nicht beeinträchtigt werden, die Betroffenen müssen vorher ihre Einwilligung geben und nur solche Tests, die für die Tätigkeit offensichtlich von Bedeutung sind, sollten von geschulten Testleitern eingesetzt werden. Schließlich hat der Betriebsrat beim Einsatz von Auswahlrichtlinien, also auch bei Testverfahren, ein Mitbestimmungsrecht nach § 95, 1 BetrVG. Auf der anderen Seite ist festzustellen, dass Tests im Ausland bedeutend häufiger als in der Bundesrepublik eingesetzt werden, beispielsweise in Frankreich und Belgien.

3.2.5 Assessment Center

In den letzten Jahren hat sich als neueres Auswahlverfahren vor allem das **Assessment Center (AC)** einen guten Namen gemacht. ACs sind aufwändige Auswahlmethoden, die durch folgende Merkmale genauer beschrieben werden können.

Übersicht: ***Merkmale des Assessment Centers***

- Mehrere (meist 1-3) Tage
- Mehrere Bewerber gleichzeitig, i.d.R. zwischen 6 und 12 Teilnehmer
- Mehrere Methoden
- Mehrere Beobachter (meist 4-8), zusätzlich ein Moderator
- Beobachtung und Beurteilung konkreten Verhaltens, einschließlich Sozialverhalten
- Realitätsnahe und stellenspezifische Aufgabenstellungen
- Information und Aufklärung über das Verfahren
- Mitteilung der Ergebnisse an jeden Bewerber (Feedback)

Im AC werden mehrere Auswahlmethoden (multiple Verfahrenstechnik) angewandt. Die bereits besprochenen Testverfahren und das Vorstellungsgespräch sind Bestandteile des Methodenkastens. Daneben kommen im AC vor allem solche Methoden zum Zug, die konkretes Verhalten und insbesondere Sozialverhalten direkt beobachten und erkennen lassen. Man spricht deswegen von **situativen Übungen** – im Gegensatz zu den Testverfahren, die als Papier- und Bleistift-Tests kein unmittelbar am Arbeitsplatz zu zeigendes Verhalten abverlangen.

Gruppendiskussionen mit oder ohne Themenvorgabe, mit oder ohne Rollenvorgabe sind unverzichtbarer Bestandteil von ACs. Sie offenbaren vielfältige Aspekte des Sozialverhaltens, zum Beispiel Sensibilität, Ausdrucksfähigkeit, Initiative, Durchsetzungsvermögen, Integration, Fähigkeit zuzuhören usw. Gruppendiskussionen können, ebenso wie **Rollenspiele**, auch ohne den größeren Rahmen eines ACs bei der Personalauswahl eingesetzt werden; bei der Auswahl von Auszubildenden geschieht das häufig.

Ein weiteres AC-typisches Verfahren ist der sog. **Postkorb**, bei dem eine kurze Zeit – z. B. zwischen zwei Dienstreisen – genutzt wird, um angefallene geschäftliche und private Vorgänge zu sichten und darüber zu entscheiden, was umgehend selbst erledigt werden muss, was andere erledigen können und was bis zur Rückkehr von der bevorstehenden Reise liegen bleiben kann. Dabei lassen sich Fähigkeiten zur systematischen Analyse von Problemen, zur Strukturierung komplexer Sachverhalte, zur Entscheidung und zur Delegation, aber auch ganz einfache Fertigkeiten wie der Umgang mit einem Diktiergerät u. a. m. erkennen. Auch diese Methode bedarf nicht des ACs als größerem Rahmen und kann problemlos als Ergänzung zu einem Vorstellungsgespräch eingesetzt werden.

Einzel- oder Gruppen-**Präsentationen**, bei denen die Teilnehmer unter Stressbedingungen in kürzester Zeit ein Thema vorstellen oder ein gemeinsam erarbeitetes Ergebnis vortragen müssen, gehören ebenfalls zum Standard-Repertoire des AC. Stressfähigkeit, Ausdruck, Selbstorganisation, Präsentationstechnik – all das und mehr lässt sich bei den Präsentationen beobachten. Als weitere Übung in ACs sind **Fallstudien** zu Organisations-, Führungs- und Planungsproblemen zu nennen.

Jede Aufgabe bzw. jede Übung im AC zielt auf bestimmte Merkmale ab, die geprüft werden sollen. Demzufolge kann es zwar Standard-Übungen, nicht aber ein Standard-AC geben, denn jede Stelle hat andere Anforderungen. Mittels einer einfachen „Aufgaben-Übungsmatrix" lässt sich absichern, dass die Anforderungen der Stelle in ihrer Breite abgeprüft werden und dass sich nicht alle Übungen auf die gleichen Kompetenzen konzentrieren.

Im **Ablauf eines AC** beobachtet jeder Beobachter der Reihe nach jeden Bewerber, so dass er sich von jedem ein Bild machen kann. Dabei werden für jede Übung spezielle Beobachtungsbögen eingesetzt, die vorgeben, worauf zu achten ist. Bei der Beobachterkonferenz tragen die Beobachter ihre Notizen zusammen und diskutieren über jeden Kandidaten anhand von jedem Merkmal. Über jeden Kandidaten wird dann ein Gutachten erstellt, das am Ende des AC mit ihm durchgesprochen wird. Die Beobachter werden auf ihre Rolle in speziellen Trainings vorbereitet. Der Leiter des AC (Moderator) hat organisatorische Funktionen wahrzunehmen und sorgt für einen reibungslosen Ablauf des AC.

Übersicht: ***Ablauf eines Assessment Centers***

1. Tag

10.00 Uhr	Begrüßung, Informationen über das Unternehmen und den Ablauf des AC
11.00 Uhr	Vorstellung der Teilnehmer
11.30 Uhr	Postkorb
13.00 Uhr	Mittagspause
14.30 Uhr	Gruppendiskussion
16.00 Uhr	Leistungstest
17.00 Uhr	Präsentationen

2. Tag

09.00 Uhr	Rollenspiel
11.00 Uhr	Interviews
13.00 Uhr	Mittagspause
14.00 Uhr	Beobachterkonferenz
16.00 Uhr	Feedbackgespräche

ACs werden in der betrieblichen Praxis außer bei der Personalauswahl auch im Rahmen der Personalentwicklung eingesetzt, und zwar zur Ermittlung von Bildungsbedarf und vor allem zum Erkennen von Potenzial, d. h. bisher verborgen gebliebenen Kompetenzen bzw. weitergehenden Möglichkeiten des Mitarbeiters.

Die **Vorteile des AC** liegen in der Methodenvielfalt, im Realitätsbezug der Aufgabenstellungen, in der Mehrfachbeobachtung, in der direkten Vergleichsmöglichkeit zwischen den Bewerbern, in der eingeschränkten Trainierbarkeit von Sozialverhalten und ganz allgemein in der besseren Treffsicherheit der Auswahlentscheidung; neuerdings wurde jedoch bezüglich der Ergiebigkeit von ACs in Untersuchungen nachgewiesen, dass diese kritischer zu sehen ist als bisher angenommen bzw. nachgewiesen. Das liegt meist an fehlenden Grundlagen, zum Beispiel einem aktuellen Anforderungsprofil, mitunter aber auch an der fehlenden Systematik, mit der „Hobby-AC-Konstrukteure" an dieses anspruchsvolle Auswahlverfahren herangehen (siehe Schuler 2007). Den genannten Vorteilen steht als gravierender Nachteil (ferner) der erhebliche Aufwand an Zeit und an Kosten gegenüber, so dass Auswahl-ACs meist bei der Selektion von Führungskräften und Führungsnachwuchskräften eingesetzt werden.

Zwei Varianten der bis hier besprochenen Auswahlverfahren werden inzwischen diskutiert. **PC-Tests** erlauben nicht nur die rasche und kostengünstige Auswertung herkömmlicher Testverfahren. Sie machen darüber hinaus interaktive Simulationen möglich, die komplexes, ganzheitliches und strategisches Denken prüfen. Auch strukturierte Interviews lassen sich PC-gestützt durchführen. **Einzel-ACs** verzichten auf die AC-Übungen, die das Zusammenwirken mit anderen Bewerbern voraussetzen. Personalberater bedienen sich zunehmend dieses Verfahrens.

3.2.6 Weitere Auswahlverfahren

Zusätzlich oder alternativ zum Vorstellungsgespräch, den psychologischen Tests, dem Assessment Center und den dort eingesetzten Verfahren kennt die betriebliche Praxis weitere Methoden zur Auswahl neuer Mitarbeiter.

Biographische Fragebögen (Bio-Bögen) sind schriftliche Fragebögen, in denen der Bewerber zwischen 50 und 200 Fragen nach der Familie, dem Wohnort, den Freizeitinteressen, bestimmten Einstellungen, der Berufswahl, der bisherigen beruflichen Entwicklung, den Erwartungen an die zukünftige Berufstätigkeit u. a. m. zu beantworten hat. All diese Fragen könnten auch in einem Vorstellungsgespräch gestellt werden. Der „theoretische" Hintergrund ist einfach: Das Unternehmen, das den sog. Bio-Bogen verschickt, hat im Vorfeld systematisch die Unterschiede zwischen erfolgreichen und erfolglosen Stelleninhabern untersucht. Dabei interessierte weniger die Frage, warum ein bestimmtes Merkmal für den beruflichen Erfolg ausschlaggebend ist, sondern dass es dafür wichtig ist. Die Ursächlichkeit wird also nicht weiter hinterfragt, sondern man begnügt sich mit dem nachgewiesenen statistischen Zusammenhang und der Vermutung, dass schon etwas dran sein wird. Es geht also nicht um die Frage, warum der erfolgreiche Versicherungsaußendienstmitarbeiter zum Beispiel in einer mittelgroßen Stadt wohnen und einmal geschieden sein sollte, sondern man akzeptiert ohne weiteres Nachfragen, dass das dem Anschein nach bedeutsam ist. Der biographische Fragebogen greift auf vergangenheitsbezogene Informationen zurück und schließt daraus auf künftiges Verhalten. In Reinform werden Bio-Bögen heute kaum mehr eingesetzt; der biographische Ansatz ist im MMI enthalten.

Ein weiteres Auswahlverfahren hat – im Vergleich zum AC und zum Bio-Bogen – eine lange Tradition. Die **Graphologie** ist allerdings eine Methode, bei der sich die Einschätzungen deutlich unterscheiden. Viele Unternehmen haben gute Erfahrungen mit der Analyse und Auswertung der Handschrift von Bewerbern gemacht; andere halten die graphologische Methode, bei der ein externer Berater ein Gutachten über die Persönlichkeit des Bewerbers anfertigt, für „Kaffeesatzlesen".

Im Gegensatz zur Graphologie sind die weit verbreiteten **ärztlichen Einstellungsuntersuchungen** eher greifbar und handfest. Dabei kommt es nicht auf den allgemeinen Gesundheitszustand an, sondern auf eventuelle Beeinträchtigungen in Hinblick auf die auszuübende Tätigkeit. In bestimmten Berufen, zum Beispiel im Nahrungsmittelbereich sind ärztliche Untersuchungen zwingend vorgeschrieben. Einstellungsuntersuchungen werden häufig in Zusammenhang mit dem Arbeitsbeginn und seltener als Methode der Vorabauswahl durchgeführt.

Neuerdings verbreitet sich – vor allem auch durch die hohe Arbeitslosigkeit bedingt – eine weitere Methode, die in ihrem Kern sehr zu begrüßen ist. Unternehmen, vor allem kleinere, bieten Bewerbern gern die Möglichkeit zum **Probearbeiten**. Dabei kann der Jobinteressent die Tätigkeit und die Arbeitsbedingungen sowie die künftigen Kollegen kennenlernen. Umgekehrt können sich die bereits im Unternehmen Beschäftigten ein gutes Bild von ihrem neuen Kollegen machen. Ein eintägiges bis einwöchiges Probearbeiten liefert beiden Seiten eine gute Informationsgrundlage für die anstehende Entscheidung – wenn damit nicht die Absicht verbunden ist, eine billige Arbeitskraft für ein paar Tage zu bekommen. Die sozialversicherungsrechtliche Seite ist sehr kritisch zu sehen, z. B. bei einem Unfall.

Eine letzte Station der Personalauswahl ist die **Probezeit**, innerhalb derer sich das Unternehmen leicht vom Bewerber trennen kann (und umgekehrt). Innerhalb bzw.

zum Ende der Probezeit kann ein Arbeitsvertrag einfacher beendet werden als danach (siehe KSchG § 1,1). Deswegen sollte man diese Möglichkeit konsequent nutzen, wenn sich im Rahmen der Probezeit die ursprüngliche Auswahlentscheidung als falsch herausstellt. Sich von vornherein auf die Probezeit zu verlassen und die Auswahl nachlässig zu betreiben, das ist weder aus wirtschaftlichen Gesichtspunkten noch aus der Verantwortung gegenüber dem Bewerber vertretbar. Probezeit – das hat offensichtlich etwas mit „ausprobieren" zu tun. In den Vereinigten Staaten von Amerika ist das Ausprobieren ein ganz wichtiger Bestandteil jeder Personalauswahl; demgegenüber wird in der Bundesrepublik Deutschland die Probezeit als letzte Überprüfungsmöglichkeit von der Praxis nur selten zur Personalauswahl gerechnet und wenig konsequent genutzt.

Seit 2002 existiert mit der **DIN 33430** eine unverbindliche Vorgabe für die Personalauswahl. Die Reaktionen reichen von krasser Ablehnung bis hin zu begeisterter Zustimmung quer durch alle Interessengruppen. Diese DIN-Norm will die Auswahlverfahren (Produktzertifizierung), die auswählenden Personen (Personenzertifizierung) und die Prozesse, also den gesamten Ablauf der Eignungsbeurteilung (Prozess- und Organisationszertifizierung) zertifizieren und somit Qualitätsstandards für die Personalauswahl etablieren. Allerdings ist die Frage einer kompetenten und offiziellen Zertifizierungsstelle noch offen.

3.2.7 Gütekriterien und Erfolgskontrolle der Personalauswahl

Alle Auswahlverfahren wollen den oder die am besten geeigneten Bewerber mit einem wirtschaftlich vertretbaren Aufwand möglichst treffsicher identifizieren. Damit wird es für Unternehmen sowohl im Vorfeld der Bewerberselektion interessant zu wissen, welche Verfahren grundsätzlich geeignet sind, als auch im Nachhinein zu überprüfen, wie erfolgreich die Auswahl wirklich war. Grundsätzlich bestehen folgende Möglichkeiten einer richtigen oder falschen Auswahlentscheidung (siehe Abbildung „Auswahlentscheidungen und Möglichkeiten der Überprüfung").

Für die Erfolgskontrolle der Personalauswahl sind alle vier Alternativen wichtig, aber nur in zwei der vier Situationen besteht eine realistische Möglichkeit, den Erfolg nachzuprüfen. Wenn der Bewerber im Rahmen der Personalauswahl abgelehnt wurde, gibt es im Nachhinein kaum einen Weg, um zu checken, ob die Ablehnung richtig oder falsch war. Der Bewerber ist nicht mehr greifbar, und man kann sich keine Klarheit darüber verschaffen, auf wie viele geeignete Bewerber man verzichtet hat. Im anderen problematischen Fall, bei den zu Unrecht Ausgewählten, bekommt man meist aus der Fachabteilung die Information über die fehlerhafte Auswahl – es sei denn, man nimmt sie nicht zur Kenntnis oder man will die falsche Entscheidung als richtige Prognose rechtfertigen, das heißt man sucht nach anderen Gründen für die unzureichende Bewährung am Arbeitsplatz. Diese Situation schränkt die **Möglichkeiten der Erfolgskontrolle** stark ein.

Abbildung 3-15: ***Auswahlentscheidungen und Möglichkeiten der Überprüfung***

Tatsächliche spätere Bewährung		
„erfolgreich“	· zu Unrecht abgewiesen (ohne dass man es erfährt) · kaum nachzuprüfen	· zu Recht ausgewählt (erfolgreicher Mitarbeiter) · gut nachzuprüfen
nicht „erfolgreich“	· zu Recht abgewiesen (ohne dass man es erfährt) · kaum nachzuprüfen	· zu Unrecht ausgewählt (erneute Suche) · gut nachzuprüfen
	„nicht geeignet“	**„geeignet“**
	Vorhersage über die spätere Eignung	

In der psychologischen Eignungsdiagnostik – das ist der Zweig der angewandten Psychologie, der sich auch mit Personalauswahlentscheidungen befasst – zieht man als wichtigsten Indikator bzw. als bedeutsamstes **Gütekriterium erfolgreicher Personalauswahl** üblicherweise die sog. **Validität** als Maß heran. Die Validität (Treffsicherheit der Auswahlentscheidung) stößt aber bei Überprüfungen in der Praxis an die gleichen Grenzen, wie sie eben geschildert wurden, d. h. die abgelehnten Bewerber sind nicht mehr greifbar. Als statistischer Ausdruck für die Stärke des Zusammenhangs zwischen Eignungsvorhersage – zum Beispiel auf der Grundlage eines Tests – und späterer Bewährung dient der Korrelationskoeffizient „r“. Diese Größe kann Werte zwischen 0,0 und 1,0 annehmen, wobei 0,0 ein Zufallsergebnis bezeichnet und 1,0 eine 100 %ige Treffsicherheit. Die besprochenen Auswahlverfahren weisen Untersuchungen zufolge Korrelationen zwischen 0,0 und 0,7 auf. Dabei schnitt das Assessment Center zurückliegend am besten (r = 0,4 – 0,7) und das herkömmliche freie Vorstellungsinterview am schlechtesten (r = 0,0 – 0,3) ab. Vertraut man diesen Untersuchungen, so könnte das Vorstellungsgespräch in Form des freien Interviews durch Würfeln ersetzt werden. In den wissenschaftlichen Untersuchungen werden allerdings einige unrealistische Annahmen getroffen, so dass man vorsichtig mit den Zahlenwerten umgehen sollte. Die Vermutung liegt aber nahe, dass das Vorstellungsgespräch in seiner Wirksamkeit überschätzt wird. Neuerdings belegen Validitätsstudien deutlich geringere Werte für das AC, nämlich Werte zwischen 0,25 und 0,35, und dies bei gleichzeitig steigender Einsatzhäufigkeit. Das liege vor allem daran, dass Nicht-Fachleute ACs wenig professionell durchführen. Teilstrukturierte Interviews und Intelligenztests sind hingegen bezüglich ihrer Treffsicherheit besser zu bewerten – zumindest bei vielen Bewerbergruppen.

Da die Validität so schwer zu ermitteln ist, bedient sich die Psychologie verschiedener Hilfsgrößen. Die **Objektivität** ist ein Maßstab dafür, wie sehr das Auswahlergebnis vom jeweiligen Auswählenden abhängig ist. Beim Vorstellungsgespräch ist die Objektivität in den Phasen der Durchführung, der Auswertung und der Interpretation eher gering, während ein Intelligenztest mit PC-Auswertung ein Höchstmaß an Objektivität verwirklicht. In welchem der beiden Fälle die Auswahl besser ist, bleibt dahingestellt; aber es ist sinnvoll, ein Mindestmaß an Objektivität zu fordern.

Ähnlich wie mit der Objektivität verhält es sich mit der **Reliabilität**, der Zuverlässigkeit des Auswahlverfahrens. Zuverlässigkeit meint beispielsweise, dass bei einer Wiederholung – zum Beispiel eines Intelligenztests – in etwa das gleiche Ergebnis zustande kommen sollte. Das ist auch nur mit Vorbehalt eine sinnvolle Anforderung, denn hier wird unterstellt, dass es keine Übungseffekte gibt. Dass Objektivität und Reliabilität hoch sein können, trotzdem aber kein vernünftiges Ergebnis zuwege gebracht wird, das lässt sich leicht an einem (zugegeben etwas überzogenen) Beispiel verdeutlichen. Wollte man nämlich die Intelligenz eines Bewerbers mit dem Thermometer messen, so wäre das ein objektives und reliables Verfahren, das unabhängig vom Messenden bei mehrfacher Anwendung immer das gleiche Ergebnis bringt – aber eben nicht die Intelligenz misst, also nicht valide ist. Während in diesem Beispiel der fehlende Zusammenhang zwischen dem was gemessen werden soll und dem was in Wirklichkeit gemessen wird, ganz deutlich ist, ist das bei einem Intelligenztest oder bei einem Persönlichkeitstest weniger offensichtlich. Man sollte sich also nicht darauf verlassen, dass der Test schon das Richtige misst, sondern sich anhand der Angaben zu den wissenschaftlichen Gütekriterien davon überzeugen, dass das so ist.

Neben der Treffsicherheit kommt es vor allem auch darauf an, mit welchem Aufwand die Auswahl verbunden ist. Die **Ökonomie** des Auswahlverfahrens – einschließlich der Folgekosten einer falschen Auswahl – kann als weiteres besonders wichtiges Gütekriterium gelten. Schließlich kommt es auch auf die **Akzeptanz** der Auswahlverfahren durch die Bewerber an (sog. „soziale Validität“). Informationen über die Auswahlmethode, Transparenz des Verfahrens und Erfahrungen mit der Methodik begründen die Akzeptanz. Aus dieser Perspektive können moderne und akzeptierte Auswahlverfahren auch zum guten Image eines Unternehmens beitragen.

Die folgende Abbildung ordnet die Auswahlverfahren nach ihrer Treffsicherheit (Auswahlgüte) und nach dem zu treibenden Aufwand ein.

Abbildung 3-16: ***Güte von und Aufwand bei Auswahlverfahren***

ähnlich: Klimecki/Gmür 2001

Alles in allem befindet sich die Personalauswahl in einer äußerst schwierigen Situation: Das Dilemma besteht zunächst darin, dass zwischen dem Informationsbedürfnis des Unternehmens, der Interessenlage des Bewerbers und den Eigenschaften der Auswahlverfahren (Validität, Ökonomie, Akzeptanz) Konflikte bestehen. Die Praxis muss zudem das unbefriedigende methodische Problem mangelnder Überprüfungsmöglichkeiten bewältigen; ein Königsweg existiert nicht. Daher präsentiert sich die Auswahlszene relativ offen. Jedes Unternehmen begründet seine Vorgehensweise mit „guten Erfahrungen". Andere „Lösungen" setzen auf die Anerkennung von Gefühlen (Bauch) als zulässigem Auswahlkriterium, auf die Einbindung der künftigen Kollegen in das Auswahlverfahren, z. B. in Gestalt eines gemeinsamen Mittagessens u. a. m.

Einem systematischen und konsequenten Auswahlcontrolling kommt in dieser Situation der „Suche" eine besonders wichtige Bedeutung zu. Eine Übersicht im 8. Teil zeigt, anhand welcher Kenngrößen die Personalbeschaffung (hierin sind Personalmarketing, Personalwerbung, Personalauswahl sowie die jetzt zu besprechende Einführung neuer Mitarbeiter enthalten) „controllt" werden kann.

3.3 Einstellung und Einführung neuer Mitarbeiter

Leitfragen

- Welche Verwaltungsaktivitäten fallen bei der Einstellung eines neuen Mitarbeiters an?
- Mit welchen Instrumenten kann die Einführung neuer Mitarbeiter unterstützt werden?
- Wie lässt sich der Erfolg bei der Integration neuer Mitarbeiter überprüfen?

Wenn sich das Unternehmen für einen Bewerber entschieden und dieser dem Unternehmen seinerseits zugesagt hat, dann besteht der nächste Schritt darin, dass sich beide Seiten vertraglich vereinbaren und dass der Betriebsrat eingeschaltet wird. Dies liegt häufig lange vor dem ersten Arbeitstag und der Einführung des neuen Mitarbeiters.

Bei der **Anbahnung des Arbeitsvertrags**, also im Rahmen der Personalauswahl haben Arbeitgeber und Bewerber Verpflichtungen. Der Arbeitgeber muss die Bewerbungsunterlagen sorgfältig und vertraulich behandeln, er darf nur realistische Erwartungen erwecken, und er muss über die Tätigkeit und die Anforderungen des Arbeitsplatzes unterrichten. Wenn er die Vorstellung veranlasst hat, muss der Arbeitgeber ferner die Vorstellungskosten ersetzen, es sei denn, er hat dies ausdrücklich ausgeschlossen. Der Arbeitnehmer ist in dieser Phase vor allem verpflichtet, die Fragen des Arbeitgebers im Rahmen des Zulässigen vollständig und wahrheitsgemäß zu beantworten.

3.3.1 Mitwirkung des Betriebsrats

Das Betriebsverfassungsgesetz räumt dem Betriebsrat in Zusammenhang mit der Einstellung (und der damit verbundenen tariflichen Eingruppierung in eine Entgeltgruppe) neuer Mitarbeiter, aber auch bei der Versetzung (und der damit ggf. verbundenen tariflichen Umgruppierung) bestimmte Rechte ein. In Betrieben mit mehr als 20 Mitarbeitern ist der Betriebsrat vor jeder geplanten Einstellung zu **unterrichten**, die Bewerbungsunterlagen (aller Bewerber) sind vorzulegen, Auskünfte über die Auswirkungen der Einstellung zu geben und die Zustimmung des Betriebsrats zur Einstellung einzuholen (§ 99,1 BetrVG). Das gilt für alle Arten von Arbeitnehmern, selbst die Einstellung sog. Ein-Euro-Jobber (vgl. § 16 Abs. 3 Satz 2 SGB II) ist eine mitbestimmungspflichtige Einstellung.

Der Betriebsrat hat kein Recht auf Teilnahme am Auswahlverfahren und an der Auswahlentscheidung, sondern er kann in den im Gesetz vorgesehenen Fällen seine **Zustimmung zur Einstellung verweigern** (§ 99,2 BetrVG). In dringenden Fällen kann der Arbeitgeber die Zustimmung des Betriebsrats im Nachhinein einholen (§ 100

BetrVG). Hält sich der Arbeitgeber nicht an die im Gesetz vorgesehenen Regelungen, so kann der Betriebsrat ihn nach § 101 BetrVG mit Hilfe des Arbeitsgerichts dazu zwingen.

Verweigert der Betriebsrat die **Zustimmung**, kann der Arbeitgeber die Zustimmung durch das Arbeitsgericht ersetzen lassen. Das ist aber nur möglich, wenn der Betriebsrat ordnungsgemäß vom Arbeitgeber informiert wurde. Nach § 99 BetrVG erfordert die ordnungsgemäße Information – wie bereits erwähnt –, dass dem Betriebsrat die erforderlichen Bewerbungsunterlagen vorgelegt und Auskunft über die Person erteilt wird. Zudem muss der Betriebsrat über die Auswirkungen der Einstellung, den in Aussicht genommenen Arbeitsplatz und die vorgesehene Eingruppierung unterrichtet werden. Unterläuft dem Arbeitgeber hier ein Fehler, beginnt die einwöchige Widerspruchsfrist des § 99 Abs. 3 BetrVG nicht. In diesem Fall kommt es nicht darauf an, ob der Betriebsrat einer Einstellung zu Recht seine Zustimmung verweigert hat, weil das gesamte Zustimmungsverfahren nicht ordnungsgemäß eingeleitet wurde.

Wegen der hohen Anforderungen der Rechtsprechung ist jeder Arbeitgeber gut beraten, den Betriebsrat umfassend über sämtliche Einstellungen zu unterrichten. Auch hier scheitern die meisten Zustimmungsersetzungsverfahren nicht etwa daran, dass der Betriebsrat ein Zustimmungsverweigerungsrecht hat, sondern daran, dass der Betriebsrat nicht vollständig unterrichtet wurde. Allerdings können die fehlenden Informationen jederzeit – auch noch während eines laufenden Beschlussverfahrens – nachgereicht werden. Ab diesem Zeitpunkt läuft dann die Wochenfrist, so dass u. U. jetzt die Zustimmungsfiktion eintritt, wenn der Betriebsrat auf die nun vervollständigte Unterrichtung nicht binnen Wochenfrist reagiert.

Losgelöst von der formal-juristischen Regelung des BetrVG hat es sich in der betrieblichen Praxis als zweckmäßig erwiesen, mit dem Betriebsrat handhabbare Vereinbarungen über die Mitwirkung bei Einstellungen (und Eingruppierungen) zu treffen, zum Beispiel nur die Unterlagen der externen Bewerber vorzulegen, die in die engere Wahl kommen und zusätzlich die Namen aller internen Bewerber mitzuteilen. Auch hier kommt der generellen **Art der Zusammenarbeit** mit dem Betriebsrat erhebliche Bedeutung zu. Wirklich vertrauensvolle Zusammenarbeit kann Vieles vereinfachen – sie muss aber von beiden Seiten aufgebaut und gepflegt werden.

3.3.2 Einführung neuer Mitarbeiter

Die Einführung des neuen Mitarbeiters – alternative Begriffe hierfür sind Inplacement und Onboarding – umfasst hauptsächlich zwei Aspekte: die **fachliche Einarbeitung** in die neue Arbeitsaufgabe und die **soziale Eingliederung** in die Arbeitsgruppe sowie ins Unternehmen. Beide Seiten werden in der betrieblichen Praxis mitunter vernachlässigt. Der mit viel Aufwand und Energie geworbene und mit teuren Verfahren ausgewählte neue Mitarbeiter wird u. U. gleich am ersten Arbeitstag enttäuscht und verlässt das Unternehmen sehr schnell wieder. Die **Frühfluktuation** innerhalb der ersten Monate nach Eintritt ins Unternehmen ist ein guter Indikator für eine wenig realistische Rekrutierung, für unzuverlässige Auswahlverfahren und/oder für eine unzureichende Einführung. Die Kosten, die durch diese Versäumnisse entstehen, sind immens. Daher lohnt es sich, in die Einführung der neuen Mitarbeiter zu investieren.

Hauptbeteiligte bei der Einführung sind der Vorgesetzte, die Kollegen und die Personalabteilung. Der Personalreferent hat zunächst die **Einstellungsformalitäten** zu erledigen. Dazu zählt neben dem individualrechtlichen Aspekt des Arbeitsvertrags und den kollektivrechtlichen Regelungen des Betriebsverfassungsgesetzes insbesondere die administrative Abwicklung von Formalitäten.

Übersicht: ***Verwaltungsaktivitäten bei der Einstellung***

- Unterschriebener Arbeitsvertrag
- Zustimmung des Betriebsrats
- Lohnsteuerkarte
- Sozialversicherungsunterlagen
- Urlaubsbescheinigung
- Arbeitserlaubnis (bei ausländischen Arbeitnehmern aus Nicht-EU-Ländern)
- Bankverbindung
- Personalakte anlegen
- Mitteilung an interne Stellen, z. B. an Abrechnung, Organisation, Pforte,...
- Personalstammsatz im EDV-System anlegen
- Vorbereitung des Arbeitsplatzes/Arbeitsmaterial
- Information nach § 81 BetrVG über Unfallgefahren
- Einarbeitungsplan erstellen und abstimmen
- Vorgesetzten und Kollegen informieren
- ggf. Paten benennen
- Werksausweis, Zeiterfassungskarte, Arbeitsordnung, Betriebsvereinbarungen, Sicherheitsvorschriften, Verpflichtung auf das Bundesdatenschutzgesetz, Einführungsschrift für neue Mitarbeiter, Stellenbeschreibung, Telefonbuch,... aushändigen
- ...

Zwischen der Einstellungszusage und dem ersten Arbeitstag sollte der Kontakt zum neuen Mitarbeiter gehalten werden; es empfiehlt sich auch, ihm schon vor der Arbeitsaufnahme schriftlich oder elektronisch (CD) Informationen (Unternehmensbroschüre, Geschäftsbericht, Werkszeitung...) zur Hand zu geben. Am **ersten Arbeitstag** ist es wichtig, dem neuen Mitarbeiter deutlich das Gefühl zu vermitteln, dass er erwartet wurde. Der Empfang, die Begrüßung und die Abwicklung der administrativen Aufgaben werden üblicherweise in der Personalabteilung erledigt. Die (räumliche) Orientierung im Unternehmen und das Bekanntmachen mit allen Personen, mit denen der Neue zu tun hat, können der Personalreferent oder der Vorgesetzte übernehmen.

Am ersten Tag im Unternehmen sollte auch ein intensives **Einführungsgespräch** mit dem Vorgesetzten stattfinden, bei dem die beiderseitigen Erwartungen und Pläne für die erste Zeit im Unternehmen besprochen werden. In größeren Unternehmen laufen bereits am ersten Arbeitstag Einführungsseminare für alle neuen Mitarbeiter, die zu diesem Termin eingetreten sind.

Die Einführung neuer Mitarbeiter kann durch eine Reihe von Instrumenten unterstützt werden, die in ihrer Gesamtheit und zusammen mit allgemeinen Grundsätzen und Prinzipien das **Einführungskonzept** des Unternehmens ausmachen.

Übersicht: ***Konzept zur Einführung neuer Mitarbeiter***

Ziele und Prinzipien

Der neue Mitarbeiter soll werden...

- ein „leistungsfähiger, kreativer Teamplayer“

Der neue Mitarbeiter soll entwickeln...

- Leistungsfähigkeit
- Identifikation mit dem Unternehmen, seinen Werten und seiner Kultur
- Zufriedenheit mit der Arbeit bzw. Tätigkeit
- Integration in die Arbeitsgruppe bzw. Abteilung
- neue Ideen

Die Einführung soll vonstatten gehen...

- individuell und partizipativ
- mit verteilter, nicht mit massierter Information
- Initiative und Identifikation fördernd
- feedbackintensiv
- effektiv und wirtschaftlich

Instrumente

Dabei können als Instrumente eingesetzt werden ...

- Einarbeitungsplan
- Einführungs- und Orientierungsgespräche
- Einführungsbroschüre/Einführungsmappe
- Einführungsseminar
- Patensystem
- Probezeitbeurteilung
- Checklisten
- ...

Der **Einarbeitungsplan** sieht – in Abhängigkeit von der Stelle, um die es geht – sehr unterschiedlich aus. Bei einer Führungsnachwuchskraft kann es sich um ein mehrmonatiges Trainee-Programm handeln, das Einsätze an verschiedenen Stellen im Unternehmen vorsieht. Bei einem ungelernten Arbeiter in der Montage hingegen besteht er vielleicht nur aus einer Arbeitsunterweisung und einem Besprechen der ersten Arbeitsergebnisse. Ein ausführlicher Einarbeitungsplan umfasst einen Stoffplan („Was") sowie die zugehörigen Zeit- („Bis wann"), Methoden- („Wie") und Zuständigkeitspläne („Wer"). Dieser Einarbeitungsplan sollte vom Vorgesetzten vorbereitet sein, beim Einführungsgespräch besprochen, gegebenenfalls modifiziert und während der Einarbeitung ständig gemeinsam in den Orientierungsgesprächen überprüft werden.

Die **Orientierungs- und Feedbackgespräche** mit dem Vorgesetzten sollen allgemein die Zufriedenheit mit dem neuen Unternehmen verfolgen, Probleme bei der Einarbeitung aufdecken, Verbesserungsvorschläge entgegennehmen und dem Neuen deutlich machen, dass der Vorgesetzte sich um ihn kümmert. Darüber hinaus soll er wissen, wo er steht, das heißt er soll erfahren, wie der Vorgesetzte ihn sieht und bewertet. Der neue Mitarbeiter sucht schließlich in der Anfangsphase Halt und Orientierung.

Mittlere und größere Unternehmen halten die wichtigsten Informationen zum Unternehmen, zur Organisation und zum Personalbereich in **Einführungsbroschüren** fest. Als Lose-Blatt-Broschüre schafft eine solche schriftliche Unterlage die Möglichkeit, Sachverhalte nachzulesen und damit die Aufnahme von Informationen auch auf ein anderes Medium zu verlagern und besser zu verteilen. Aktualität, Ergänzbarkeit, ein zielgruppengerechter (modularer) Aufbau und eine ansprechende Aufmachung sind die wesentlichen Anforderungen an dieses Einführungsinstrument, das immer mehr auch als CD oder als DVD-Film aufgemacht bzw. im Intranet hinterlegt wird.

Einführungs- und Orientierungsveranstaltungen setzen voraus, dass eine größere Zahl neuer Mitarbeiter in einem überschaubaren Zeitraum in das Unternehmen eintritt. Betriebsbesichtigungen, gegenseitiges Kennenlernen, Vorstellung der wichtigsten Bereiche des Unternehmens, Vertraut machen mit der Unternehmenskultur und Aufgreifen von Problemen sind die gängigen Themen solcher Seminare, die von einem Tag bis zu einer Woche dauern.

Ein interessantes Instrument, das die Einführung unterstützen kann, ist das **Patensystem**. Der Neue bekommt einen Kollegen benannt, der ihn mit den Gegebenheiten im Unternehmen vertraut macht. Der Pate soll den Vorgesetzten entlasten, dessen Möglichkeiten bei der fachlichen Einarbeitung und bei der sozialen Eingliederung ergänzen, darf aber keinesfalls zum Ersatzvorgesetzten werden. Der Pate muss ein erfahrener Fachmann, pädagogisch geeignet, kontaktstark und ein geschätzter Kollege sein, der zum Unternehmen und zum Vorgesetzten loyal steht und diese Aufgabe freiwillig übernimmt. Die Problematik des Paten liegt insbesondere in der Abgrenzung seiner Aufgaben zum Vorgesetzten und ggf. in der „Chemie", die zwischen ihm und dem Neuen entsteht.

Zusätzlich zu den genannten Instrumenten helfen **Checklisten**, dass bei der Einführung nichts übersehen und vergessen wird. Die **Probezeitbeurteilung** stellt nochmals sicher, dass es sich um den richtigen Mitarbeiter handelt. „Kleine" Maßnahmen wie zum Beispiel ein Steckbrief des Neuen für alle Kollegen, ein Blumenstrauß als Willkommensgruß, die offizielle Begrüßung in der Werkszeitschrift oder ein gemeinsamer Kneipenbesuch mit dem gesamten Team ergänzen die geschilderten formellen Möglichkeiten und die vielfältigen Aktivitäten, die auf informeller Basis denkbar, aber weniger offiziell organisierbar sind.

Die betriebliche Praxis fügt diese Instrumente meist mehr oder weniger nach Belieben, eindruckshaft oder vor dem Hintergrund individueller Vorlieben verantwortlicher Führungskräfte oder Personalleute zu einem **Instrumentenmix** zusammen. Unter Umständen werden dabei Stärken und Schwächen der einzelnen Instrumente genauer betrachtet und so die „stärksten" Methoden zusammengebracht. Selten hingegen finden eine systematische und weitergehend begründete Auswahl sowie eine stringente Orientierung auf konkrete Ziele und Strategien statt.

Alle Instrumente zusammen, die koordinierte und abgestimmte Anstrengung aller Beteiligten und nicht zuletzt eine systematische Einführungskonzeption sichern das gewünschte Ziel, einen leistungsfähigen, kreativen, integrierten und sich mit dem Unternehmen identifizierenden Mitarbeiter zu bekommen. Dafür sind auch Schulungen der Vorgesetzten und der Paten wichtig. Immer häufiger wird die Einführung neuer Mitarbeiter in der betrieblichen Praxis als wichtiges Thema gesehen und neuerdings auch durch IT-Programme (Onboarding-Systeme) unterstützt.

Die Einführung neuer Mitarbeiter deckt sich in wesentlichen Teilen mit den ersten Einsätzen im Bereich bzw. in der Abteilung. Demzufolge kann man die Einführungsthematik als Schlusspunkt der Personalbeschaffung oder als Auftakt des Personaleinsatzes sehen – letztlich ist das eine akademische Frage.

3.4 Personaleinsatz und flexible Arbeitsverhältnisse

Die folgende Übersicht vermittelt einen Gesamtüberblick über die **klassischen Themen der Personaleinsatzplanung**, der die relevanten Aspekte aus prozessualer Sicht zeigt. Dass die im Anschluss zu besprechenden flexiblen Arbeitsverhältnisse und die flexiblen Arbeitszeitregelungen (Teil 5) einen wichtigen Beitrag zur kurzfristigen Realisierung der Planungen leisten, das ist offensichtlich.

Abbildung 3-17: ***Ablauf (Schritte) der Personaleinsatzplanung***

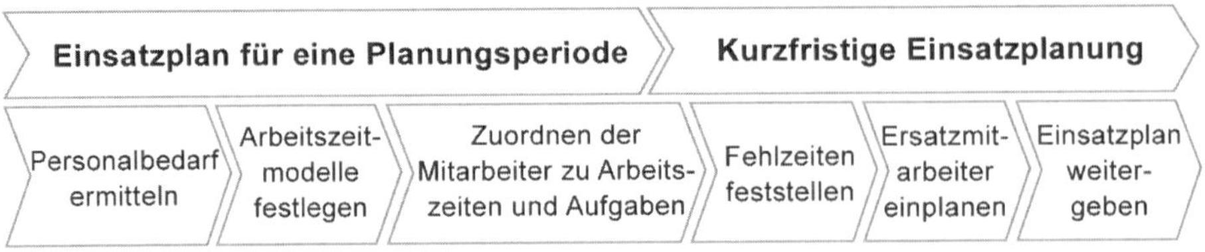

ähnlich: Fank/Scherf 2005

An der Schnittstelle zwischen der Personalbeschaffung und dem Personaleinsatz liegen Konzepte und Maßnahmen zur **Flexibilisierung der personellen Kapazitäten** im Unternehmen. Flexibilisierung ist zweifelsfrei einer zentralen der Trends innerhalb des Personalmanagements. Lange Zeit war das betriebliche Personalmanagement von der Idee starrer Einheitskonzepte geprägt, die weder für das Unternehmen, noch für die Mitarbeiter Spielräume zuließen. Jede Maßnahme hatte immer und für alle zu gelten – Ausnahmen waren nicht zugelassen. Diese Orientierung am „besten Weg" (best way) war seit Taylor das vorrangige Denkschema, und es brauchte einige Zeit, bis sich die ersten Abweichungen im Sinne von mehr Flexibilität durchsetzten.

Flexibilisierung wird einerseits als Zwischenschritt von der starren Einheitslösung hin zur (völlig) individuellen Handhabung personalwirtschaftlicher Aspekte verstanden. Andererseits kann Flexibilisierung auch die Betonung unternehmensbezogener Ziele bedeuten, während Individualisierung den Schwerpunkt auf die Interessen der Mitarbeiter legt. Unabhängig davon meint Flexibilisierung bzw. Flexibilität bezogen auf das betriebliche Personalmanagement inhaltlich folgendes: Anpassungsfähigkeit und Anpassungsbereitschaft hinsichtlich verschiedenartiger interner und externer Situationen heute und in Zukunft. Stabilität und Flexibilität bilden somit die beiden zentralen Orientierungspunkte bei praktisch allen Gestaltungsaspekten des Personalmanagements. Die entscheidende Frage stellt sich nach der situationsangemessen richtigen Balance zwischen stabilen (starren) und flexiblen Regelungen. **Flexibilisierung** kann als generelles personalwirtschaftliches Gestaltungsprinzip mit Einsatzmöglichkeiten **in** praktisch **allen Funktionsbereichen** angesehen werden kann.

Wo bzw. wie lässt sich Flexibilität im Personalmanagement konkret umsetzen? Flexibilisierung findet heute in den verschiedensten Bereichen und Formen Anwendung. Die flexiblen Arbeitszeitstrukturen sind inzwischen allseits bekannt. Flexible (materielle) Anreizsysteme – Vergütungssysteme und Sozialleistungen – erhalten über die variablen Vergütungen konkrete Gestalt. Dabei stehen für die Unternehmen in ökonomischer Betrachtung oft die Wirkungen in Form flexibler Personalkosten im Vordergrund, während es mitarbeiterseitig um Optionen geht, die den Präferenzen des Einzelnen entgegenkommen sollen. Die flexiblen Arbeitsorganisationsformen werden unter dem Stichwort „differentielle und dynamische Arbeitsinhaltsgestaltung" diskutiert. Neben diesen drei im wesentlichen auf die Arbeitsgestaltung konzentrierten Anwendungsfeldern der Flexibilisierung sind Flexibilisierungsbemühungen auch im Bereich des Personalbestands (Personalbeschaffung, -einsatz und -freisetzung), der Mitarbeiterqualifikation (Personalentwicklung), der Mitarbeiterführung (Führungsstil) und der Leistungen des Personalbereichs (Personalbetreuung und interne Personalberatung) bedeutsam.

Übersicht: Flexibilisierungsmöglichkeiten im Personalmanagement

Anwendungsfeld	Umsetzung – Beispiele
• Personalbestand	Stammaushilfskräfte, Leiharbeitnehmer, Vergabe von Teilaufträgen nach außen...
• Arbeitsorganisation	Berücksichtigung individueller Unterschiede der Mitarbeiter hinsichtlich ihrer Fähigkeiten, Bedürfnisse und Wertvorstellungen
• Arbeitszeitstrukturen	Flexibilität bezüglich Chronometrie und/oder Chronologie; Zusammenhang zwischen dynamischen, flexiblen und variablen Arbeitszeiten und Personal-Soll-Bestand
• Mitarbeiterqualifikation	Vermittlung arbeitsplatzunabhängiger Schlüsselqualifikationen
• Anreizsysteme (materiell)	Unternehmen: flexible Personalkosten Mitarbeiter: Optionen, die den Präferenzen des Einzelnen entgegenkommen sollen
• Mitarbeiterführung	Situationsangemessenes Führungsverhalten
• Leistungen des Personalbereichs	Personalmanagement als Dienstleistungsaufgabe, orientiert an der Nachfrage der betroffenen Mitarbeiter und Führungskräfte

Hier stehen zunächst die flexiblen Beschäftigungsverhältnisse im Mittelpunkt der Überlegungen. Stammaushilfskräfte oder Leiharbeitnehmer sichern den Unternehmen die erforderlichen **Flexibilitätsreserven beim Personalbestand und beim Personaleinsatz**; sie sind gleichzeitig geeignet, Arbeitnehmern gerecht zu werden, die einer dauerhaften Beschäftigung nicht nachgehen wollen. Als weiterer damit zusammenhängender Bereich, in dem eine Abkehr von den Einheitslösungen stattfindet, kann die Arbeitszeitgestaltung benannt werden, beispielsweise die Arbeit auf Abruf.

Flexible Beschäftigungsverhältnisse und flexible Arbeitszeiten sichern den Unternehmen Spielräume. Ausgehend von einer (gedachten) 100 %igen Auslastung der betrieblichen Kapazitäten kann beispielsweise in Zeiten schlechterer Konjunktur bis auf 75 % heruntergefahren und bei guter Konjunktur auf 125 % Auslastung hochgefahren werden – ohne dass ein Mitarbeiter aus der Stammbelegschaft freigesetzt wird. Dies schlägt sich selbstredend auch in den (flexiblen) Personalkosten nieder.

Abbildung 3-18: ***Flexible Personalkapazität***

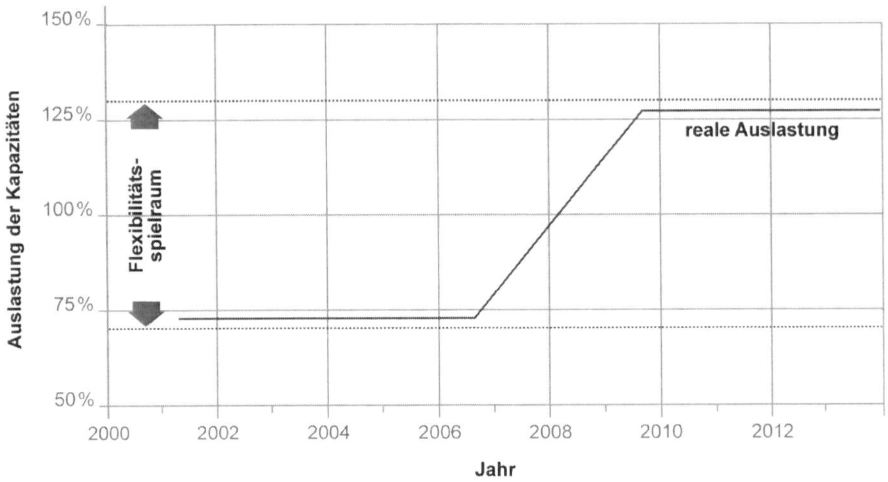

Flexible Beschäftigungsverhältnisse existieren in den unterschiedlichsten Formen. Neben der bereits genannten Zeitarbeit und der befristeten Beschäftigung zählen auch die Ich-AGs, die geringfügigen Beschäftigungen, die Mini- und Midi-Jobs, die Teilzeitarbeit, die Arbeit auf Abruf und die Ein-Euro-Jobs hierher; gegebenenfalls kann man auch Praktika hier zurechnen. Sie alle sichern den Unternehmen Flexibilität. Die andere Seite der Medaille wird in der Diskussion über die subjektiven Verarbeitungsformen und die sozialen Konsequenzen dieser sog. „atypischen, unsicheren bzw. prekären Beschäftigungsverhältnisse" (Friedrich-Ebert-Stiftung 2006) deutlich. Allerdings muss man nicht alle Arbeitsverhältnisse, die von der „Normarbeit" (unbefristet, Vollzeit, geregelte Arbeitszeit) abweichen, kritisch beurteilen: Die Ferienbeschäftigung eines Schülers oder eines Studenten beispielsweise bringt die Interessen der Arbeitnehmer und des Unternehmens optimal zusammen.

Die Deutsche Gesellschaft für Personalführung hat die inzwischen als zentral geltenden Flexibilisierungsmöglichkeiten bei numerischer (Zahl der Mitarbeiter) und arbeitszeitlicher Kapazität im folgenden Schema dargestellt. Dabei sind mit wiederholbaren Maßnahmen Aktivitäten gemeint, die sich jederzeit einsetzen bzw. (wieder) aktivieren lassen; abschließende Instrumente hingegen sind nach einmaliger Anwendung „verbraucht", zumindest gilt das nach dem Abschluss eines Aufhebungsvertrags oder beim Outplacement.

Abbildung 3-19: ***Aktuelle Flexibilisierungsschwerpunkte***

		wiederholbar	abschließend
Kapazitäts-flexibilisierung	Numerische Flexibilisierung	z.B. befristete Verträge	z.B. Aufhebungs-vertrag
	Arbeitszeit-flexibilisierung	z.B. Arbeitskonten	z.B. Kurzarbeit

ähnlich: DGFP 2006

3.5 Mitarbeiterbindung

Leitfragen

- Welche Mitarbeiter stehen im Mittelpunkt von Bindungsaktivitäten?
- Mit welchen Maßnahmen setzt die betriebliche Praxis diese neueren Bindungsprogramme um: Diversity – Familienförderung – Gleichstellung von Frauen – Beschäftigung älterer Arbeitnehmer – Gesundheitsmanagement – Work-Life-Balance – Beschäftigungsfähigkeit?
- Wo liegen Gemeinsamkeiten von Fehlzeiten und Fluktuation?

Bei der **Mitarbeiterbindung** geht es – genau genommen – um das Gegenteil zu den flexiblen Arbeitsverhältnissen. Leistungs- und Potenzialträger, die in einem unbefristeten Arbeitsverhältnis stehen, sollen längerfristig an das Unternehmen gebunden werden. Dies kann selbstredend durch arbeitsvertragliche Regelungen erreicht werden, beispielsweise durch eine Wettbewerbsklausel. Das meint Mitarbeiterbindung üblicherweise jedoch nicht; es geht vielmehr um den sog. „psychologischen Vertrag". Die Bindung an das Unternehmen spiegelt sich in der Art der Verbundenheit des Arbeitnehmers gegenüber dem Arbeitgeber wider. Alle im übernächsten Teil zu besprechenden Maßnahmen der Arbeitsgestaltung – Arbeitsort, Arbeitsorganisation, Arbeitszeit, Entgelt und Sozialleistungen (siehe Teil 5) – bilden zusammen mit der Personalpolitik, der Mitarbeiterführung und Zusammenarbeit zwischen den Kollegen sowie der Mitarbeiterentwicklung und dem Umgang mit Veränderungen die wesentlichen Ansatzpunkte für die **Mitarbeiterbindung** (Retention); wesentliche Einflussfaktoren stellen ferner die Wertschätzung und Fairness den Mitarbeitern gegenüber dar, vor allem auch in wirtschaftlich schwierigen Zeiten.

3.5.1 Grundlagen der Mitarbeiterbindung

Mitarbeiterbindung ist eine konsequente Fortsetzung des Personalmarketings, das engagierte und qualifizierte Mitarbeiter ins Unternehmen bringen will. Interessant ist der Umstand, dass Untersuchungen belegen, dass es nicht die gleichen Ursachen bzw. Faktoren sind, die Mitarbeiter dazu veranlassen ins Unternehmen einzutreten, dort zu bleiben bzw. den Arbeitgeber wieder zu verlassen.

Abbildung 3-20: ***Faktoren des Personalmarketings, der Mitarbeiterbindung und der Fluktuation***

	kommen	bleiben	gehen
· Reputation des Unternehmens	1.		
· Wettbewerbsfähiges Gehalt	2.	2.	5.
· Herausfordernde Arbeit	3.	1.	
· Aufstiegs- und Karrierechancen	4.	4.	1.
· Unternehmenskultur	5.	5.	6.
· Weiterbildungsmöglichkeiten	6.	6.	
· Hoher Grad an Eigenständigkeit		3.	
· Arbeitsumfeld			3.
· Verhältnis zum Vorgesetzten			4.
· Work-Life-Balance			2.

(Bedeutung in Rangplatz)

ähnlich: Towers Perrin 2003

Bei der Mitarbeiterbindung geht es darum, die richtigen Mitarbeiter zu binden – die **richtigen Mitarbeiter**, das sind diejenigen, die durch besondere Leistungen und hervorragendes Potenzial auffallen sowie diejenigen, die am Arbeitsmarkt besonders schwer zu beschaffen sind; nicht jeder Mitarbeiter muss somit ans Unternehmen gebunden werden.

Durch Mitarbeiterbefragungen lässt sich ermitteln, wie sich der Grad der Retention aktuell darstellt und ob sich die Mitarbeiter

- eher normativ (durch einen entsprechenden Arbeitsvertrag oder durch das Gefühl dem Unternehmen moralisch verpflichtet zu sein),
- eher kalkulativ (durch eine bewusste Abwägung der Anreize, die man erhält sowie der Beiträge, die zu leisten sind, anders gesagt durch ein Kosten-Nutzen-Kalkül) oder
- eher affektiv (durch emotionale Zuwendung, durch Begeisterung für den und durch Identifikation mit dem eigenen Arbeitgeber)

dem Unternehmen verbunden fühlen. Commitment, Loyalität und Arbeitszufriedenheit sind die Zielgrößen der erwünschten **affektiven Mitarbeiterbindung**; letztlich geht es darum, dauerhaft wertvolle Leistungsbeiträge von den Mitarbeitern zu erhalten. Aus diesen Überlegungen ergibt sich die folgende Typologie der Mitarbeiterbindung, die die Zufriedenheit und die Mitarbeiterbindung – beides sollte man nicht gleichsetzen – berücksichtigt.

Abbildung 3-21: ***Typologie der Mitarbeiterzufriedenheit und -bindung***

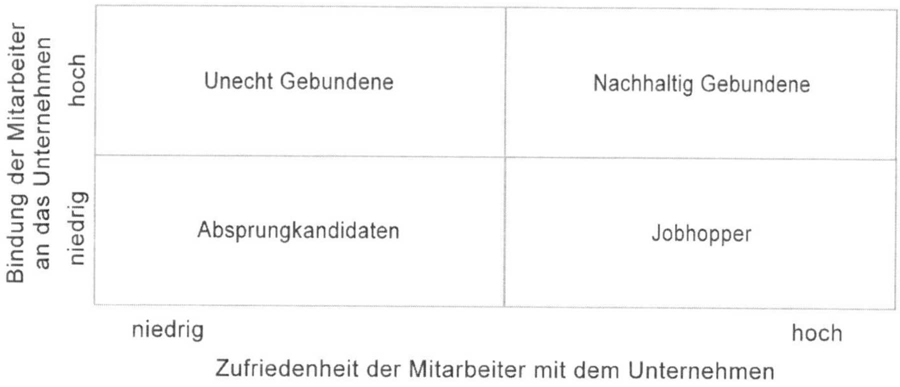

aus: Stock-Homburg 2008

Die Maßnahmen des strategischen und des operativen Bindungsmanagements sind vielfältig; hier steht der gesamte Instrumentenkasten des Personalmanagements zur Disposition, insbesondere die Arbeitsgestaltung (siehe Teil 5), neuere Bindungsprogramme und -konzepte (diese werden nachfolgend besprochen) sowie Mitarbeiterentwicklung, Mitarbeiterführung, Zusammenarbeit mit Kollegen sowie der Umgang mit Veränderungen. Besonderer Anstrengungen bedürfen auch auf diesem Feld die Aktivitäten eines systematischen Controllings, das über Mitarbeiterbefragungen und

Austrittsgespräche, aber auch mit Hilfe gängiger Kennzahlen z. B. zu Fehlzeiten und Fluktuation angegangen werden kann.

Wesentliche Beiträge zur Mitarbeiterbindung leisten auch neuere Konzepte, die im Mittelpunkt der folgenden Überlegungen stehen: Diversity Management, Familienförderung und Gleichstellung von Frauen, Umgang mit der „Aging Workforce", Gesundheitsmanagement und Work-Life-Balance sowie Employability. Bei diesen Konzepten ähneln sich die Inhalte häufig – betriebliche und überbetriebliche Beispiele, auf die im Weiteren verstärkt verwiesen wird, machen das mehr als deutlich.

3.5.2 Diversity Management

Im Personalwesen der 60er und 70er Jahre wurden alle Arbeitnehmer, die nicht dem „Normalbild" entsprachen – männlich, Inländer, zwischen 25 und 50 Jahre alt –, als „Randgruppen" bezeichnet und diffamiert: Ausländer, Behinderte, Jugendliche, Ältere und ggf. auch Frauen galten als eher „sperrig zu handhaben". Jenseits des Allgemeinen Gleichbehandlungsgesetzes meint Diversity heutzutage, dass Unterschiede zwischen den Mitarbeitern nicht nur akzeptiert werden, sondern geradezu Chancen für den Erfolg eines Unternehmens mit sich bringen. „Unsere Kunden sind unterschiedlich – unsere Mitarbeiter auch" – so lautet die aktuelle Denkweise.

Ziel des Diversitykonzepts sind das Akzeptieren und die Nutzung der Vielfalt der Mitarbeiter zum Vorteil des Unternehmens. Die Personalabteilung versteht ihre Rolle dabei als zentrales Element bei der Konzipierung, Implementierung, Durchsetzung und beim Controlling von Diversity. **Aktivitäten** der Personalabteilung können sein:

- Erkennen und Beeinflussen von Vorurteilen bei allen Personalverantwortlichen
- Förderung der „Diversity Reife" der (potentiellen) Mitarbeiter durch Workshops und Weiterbildungsangebote (z. B. Sprachkurse)
- Entwicklung und Integration von zum Unternehmen passenden neuen Konzepten zu/r Personalbeschaffung, -einsatz und -entwicklung
- Herausbildung neuer Führungskompetenzen
- Positive Beeinflussung von Netzwerkbildung durch Organisation von Workshops und Möglichkeiten zum Kennenlernen, wodurch eine bessere Nutzung von Synergieeffekten zwischen den Mitarbeitern erfolgen kann

Der Nutzen des Diversity-Konzepts zeigt sich häufig in einer größeren Attraktivität als weltoffener Arbeitgeber, in der Nutzung von größtmöglichen Synergieffekten, wenn die Zusammenarbeit verschiedener Talente und Ansichten gefördert und nutzbar gemacht werden kann und schließlich in einer Kostensenkung durch Effektivitätsgewinn. Die Risiken von Diversity liegen im hohen zeitlichen Aufwand für die Erstellung und Implementierung des Konzeptes sowie in der erforderlichen Zeit und den Kosten, die durch das Anbieten von Schulungen und Workshops für alle Mitarbeiter benötigt werden. Ein herausragendes Beispiel in der betrieblichen Praxis liefert die Ford-Werke AG in Köln. In Klein- und Mittelbetrieben ist Diversity kein wirklich relevantes Thema.

Übersicht: ***Diversity*** *(bei Ford)* – ***Vielfalt als Stärke***

„Diversity bedeutet Vielfalt, und Vielfalt braucht Individualität. In diesem Bewusstsein fördert Ford seine Mitarbeiterinnen und Mitarbeiter in ihren individuellen Fähigkeiten und schätzt ihre persönlichen Eigenschaften und Besonderheiten als wichtige Werte für das Unternehmen. Ziel von Diversity ist es, ein von gegenseitiger Wertschätzung geprägtes Umfeld bei Ford zu schaffen, in dem sich Persönlichkeiten entwickeln und Außergewöhnliches leisten."

Diese Konzepte stehen im Mittelpunkt der Diversity-Maßnahmen bei Ford:

- Ford GLOBE – Gay Lesbian Or Bisexual Employees
- Ford WEP und FiT – Women's Engineering Panel (WEP) und Frauen in technischen Berufen (FiT)
- IT WiL – Women in Leadership
- Türkölsches Zusammenarbeiten
- Driving Diversity – Keine Frage des Alters

aus: Ford

3.5.3 Familienförderung

Im Zentrum der Familienförderung stehen – neben den aktuell vielfältigen staatlichen Bemühungen – zahlreiche betriebliche Aktivitäten. Dabei ist wichtig zu beachten, dass betriebliche Familienförderung nicht nur die Unterstützung junger Familien mit kleinen Kindern einschließt, sondern dass es auch um allein erziehende Mütter und Väter und um die Pflege von (älteren) Familienangehörigen geht; in einem weiteren Sinn zählen schließlich auch Lebenspartner zur „Familie".

Für **Familien mit kleinen Kindern** kommen verschiedene Maßnahmen infrage. Eltern arbeiten konzentrierter und dadurch auch effektiver, wenn sie wissen, dass ihre Kinder gut versorgt sind:

- Flexible Arbeitszeit- und Arbeitsortregelungen: Telearbeit, Gleitzeit- und Teilzeitarbeit
- Förderung der Kinderbetreuung: einzelbetriebliche Kindertagesstätten, überbetrieblich organisierte Angebote mehrerer Unternehmen zur Kinderbetreuung sowie die Unterstützung von Elterninitiativen
- Elternzeit: Elternzeit kann drei Jahre lang von jedem Arbeitnehmer in Anspruch genommen werden (§ 15, 2 Bundeserziehungsgeldgesetz); sie bedarf aufgrund der gesetzlichen Bestimmungen keiner Zustimmung durch den Arbeitgeber; während dieser Zeit besteht ein Kündigungsschutz (§ 18,1 BErzGG)

- Wiedereinstieg: Kontakt halten und Weiterbildungsmaßnahmen

Bei diesen und anderen Maßnahmen zur Förderung von Familien mit Kindern gibt es professionelle Unterstützungsleistungen, zum Beispiel durch die „Gemeinnützige Hertie-Stiftung".

Übersicht: ***Audit „Familie und Beruf"***

„Das audit berufundfamilie® – entwickelt auf Initiative und im Auftrag der Gemeinnützigen Hertie-Stiftung – ist das Managementinstrument zur Förderung der familienbewussten Personalpolitik, bei dem nicht nur bereits umgesetzte Maßnahmen begutachtet, sondern auch das betriebsindividuelle Entwicklungspotenzial aufgezeigt und weiterführende Zielvorgaben festgelegt werden…

Jeder Arbeitgeber ist anders. Um die spezifisch passenden Ziele und Maßnahmen herauszufinden, behandelt das Audit Beruf und Familie acht Handlungsfelder. Diese decken die klassischen Bereiche der Personalpolitik ab:

Arbeitszeit
Arbeitsorganisation
Arbeitsort
Informations- und Kommunikationspolitik
Führungskompetenz
Personalentwicklung
Entgeltbestandteile/geldwerte Leistungen
Service für Familien

Die Internetplattform der berufundfamilie gGmbH informiert ausführlich über Maßnahmen und verweist auf best practice-Beispiele aus Unternehmen, die diese Maßnahmen besonders innovativ umsetzen. Hier wird rund um das Thema „Vereinbarkeit von Beruf und Familie" und über maßgeschneiderte Angebote informiert: www.beruf-und-familie.de"

aus: Gemeinnützige Hertie-Stiftung

Die deutsche Bevölkerung altert und schrumpft zusehends. Von den derzeitigen Hauptpflegepersonen zwischen 15 und 64 Jahren sind 40 % erwerbstätig. Meist bringt eine solche Doppelbelastung zwangsweise „Unpünktlichkeit und verminderte Belastbarkeit im Beruf" mit sich. Da das **Pflegen eines Angehörigen** – das kann auch der Partner sein – und der eigene Beruf nur schwer miteinander zu vereinbaren sind, scheint häufig eine Arbeitszeitreduzierung oder eine Kündigung unausweichlich. In letzter Konsequenz verlieren Unternehmen qualifiziertes Personal. Für die von der Pflege betroffenen Mitarbeiter können

- zu Beginn der Pflegephase ein Sonderurlaub möglich gemacht,
- eine Pflegezeit ähnlich wie die Elternzeit vorgesehen,

- die Sicherheit des Arbeitsplatzes gewährleistet sowie
- eine Beratungsstelle, die situationsspezifisch berät und weiterhilft, eingerichtet werden.

Viele betriebliche Maßnahmen bewegen sich auch an der Schnittstelle von Familien- und Frauenförderung (siehe hierzu auch die Aktivitäten von TOTAL E-QUALITY Deutschland e. V.).

3.5.4 Gleichbehandlung und Frauenförderung (Gender Mainstreaming)

Das Thema „Beschäftigung von Frauen“ erscheint in der Praxis meistens dann ganz oben auf der Prioritätenliste der Unternehmen, wenn der Arbeitsmarkt nicht genügend Männer als Arbeitskräfte hergibt bzw. wenn krasse Ungleichbehandlungen von Männern und Frauen publik werden. Neben den vielen staatlichen Bemühungen ist die betriebliche Praxis insbesondere in drei **Feldern** aktiv:

- Allgemeine Gleichbehandlung und Chancengleichheit
- Frauen in Führungspositionen
- Frauen in technischen Berufen

Bewusste, vorurteilsfreie und gezielte unternehmensspezifische Personalpolitik hat zum Ziel, alle Personalressourcen effizient zu nutzen. Allerdings lassen häufig Maßnahmen und Programme personalpolitische Entscheidungsmuster erkennen, die Männer bevorzugen; Frauen scheitern sehr oft an Vorurteilen ihnen gegenüber. Frauenförderung hat zum Ziel, die Nutzung des weiblichen Potenzials zu fördern und bewusste sowie unbewusste Diskriminierung von Frauen zu verringern. Betriebliche Frauenförderung wird als Gegenmaßnahme auf vergangene (für Frauen nachteilige) Strukturen und Entscheidungen verstanden – sie ist eine Maßnahme zur Verwirklichung von Gleichstellung und Chancengerechtigkeit.

Maßnahmen zur **Gleichbehandlung** müssen in die Personalpolitik aufgenommen werden, damit Chancengleichheit ein Bestandteil der Unternehmenskultur wird. Angst vor Veränderungen sowie eine subjektiv empfundene Benachteiligung von Männern durch den Begriff „Frauenförderung“ ziehen häufig eine geringe Akzeptanz, ggf. sogar eine offen ablehnende Haltung durch die männlichen Mitarbeiter nach sich. Zur Erhöhung der Akzeptanz in der Belegschaft ist es erforderlich, möglichst viele Mitarbeiter einzubinden und das angedachte Konzept offen zu kommunizieren und zu diskutieren.

Konkrete Aktivitäten beziehen sich auf fast alle personalwirtschaftlichen Funktionsbereiche: Personalpolitik, Personalrecruiting und -auswahl, Personalentwicklung und diskriminierungsfreie Personalbeurteilung, Vergütung und Personalfreisetzung; hinzu kommen beauftragte Frauenvertreterinnen, die Einrichtung von Netzwerken für Frauen sowie das ständige Controlling der angestrebten Ziele anhand „harter und weicher" Kenngrößen.

Die Förderung für **Frauen in Führungspositionen**, konkret als Spezialistinnen sowie als Vorgesetzte mit Personalverantwortung, wird mit dem nachweislich geringen Anteil von Frauen im Management und mit dem geringeren Anteil von Frauen in Entwicklungsmaßnahmen für Führungsnachwuchs begründet; Einkommensdifferenzen zwischen Frauen und Männern mit gleicher Qualifikation und Position kommen ebenso hinzu wie das Festhalten an alten Rollenbildern bzw. Klischees – wie z. B. die Frau als Hausfrau, die sich um die Kinder kümmern muss oder Bescheidenheit als wünschenswerte weibliche Eigenschaft. Zusätzlich zu den bereits erwähnten allgemeinen Gleichbehandlungsmaßnahmen kommen grundsätzlich Coaching – weibliche Führungskräfte werden durch ihre Vorgesetzten gefördert – und Mentoring – hierarchisch übergeordnete Mitarbeiter beraten weibliche Führungskräfte und fungieren als Vorbild – infrage. Weniger geeignet scheinen Quotenregelungen, d. h. die Vorgabe, eine bestimmte Anzahl von Führungspositionen mit Frauen zu besetzen.

Einen weiteren Schwerpunkt stellt die Begeisterung von Mädchen für technische Berufe und die Förderung von **Frauen in technischen Mangelberufsfeldern** dar. Typische Maßnahmen hierbei sind der sog. „Girls Day", Werbung in Schulen für ein Praktikum im Rahmen der Berufsorientierungswoche sowie die Unternehmenspräsenz an Hoch-schulen der technischen Zielgruppe (Vorträge, Hochschulmessen...).

Übersicht: ***Gleichstellung bei VW*** *(Volkswagen AG)*

„Das Problem besteht bereits seit langem. In Deutschland gibt es nach einer europäischen Vergleichsstudie die wenigsten **Frauen in Führungspositionen**. Mit insgesamt elf Prozent liegt Deutschland drei Prozentpunkte unter dem EU-Durchschnitt. Katastrophal sieht es mit gerade einmal fünf Prozent im Topmanagement aus. Aber auch in den mittleren und unteren Ebenen ist es mit 14 bzw. 19 Prozent nur unwesentlich besser. Und dann verdienen Frauen in vergleichbaren Positionen immer noch deutlich weniger als Männer. Bei den unter 30-jährigen liegen Frauen und Männer bei Verdienst und Position noch nahezu gleichauf. Danach wird die Kluft in den Erwerbsverläufen immer größer, bedingt auch durch eine mangelhafte Balance von Familie und Arbeitswelt, die sich in der Regel für Frauen negativ auswirkt. Immer noch müssen Frauen große Nachteile bei Einstellung und Aufstieg hinnehmen, weil ihnen einseitig die Sorge für Kinder und Familie zugerechnet wird und sie daher als weniger flexible Arbeitskräfte gelten. Und nach wie vor erfahren Frauen bei ihrem beruflichen Fortkommen, trotz Regelungen zu Gleichberechtigung, Gleichbehandlung und Chancengleichheit, spezifische Schwierigkeiten, die unter dem Begriff „Gläserne Decke" bekannt sind. Das spiegelt sich auch in einer Studie des Allensbach-Instituts wider, nach der 60 Prozent der Deutschen davon überzeugt sind, dass Frauen nicht die gleichen beruflichen Aufstiegschancen haben wie Männer.

Bereits Anfang der neunziger Jahre hat bei Volkswagen eine Neuorientierung der Personalpolitik stattgefunden. Die Förderung und Weiterentwicklung aller „weiblichen Potenziale" wurde ein zentraler Grundsatz. Dennoch ist der Frauenanteil in Fach- und Führungspositionen auch bei Volkswagen immer noch nicht zufriedenstellend. Mittelfristig streben wir eine Steigerung auf 30

Prozent an. Das macht Sinn, denn Unternehmen, die im Wettbewerb bestehen wollen, müssen bei der Auswahl von Mitarbeitern und Mitarbeiterinnen und besonders bei der Besetzung von Fach- und Führungspositionen auf das gesamte Spektrum der hierfür Begabten und Befähigten setzen...

Um dieses ehrgeizige Ziel zügig zu realisieren, hat Volkswagen viel getan: Eine Abteilung Frauenförderung im zentralen Personalwesen sowie Frauenbeauftragte vor Ort konzipieren und realisieren in Zusammenarbeit mit dem Betriebsrat zahlreiche Projekte. Die Angebotspalette reicht vom Mentoring für weibliche Nachwuchskräfte über Work-Life-Balance und Bildung von Netzwerken bis zum Wiedereinstiegsprogramm nach der Elternzeit. Aber auch Maßnahmen gegen sexuelle Belästigung, Mobbing und Diskriminierung am Arbeitsplatz gehören dazu. Elisabeth Vogelheim, Frauenbeauftragte des Werks Wolfsburg, zählt zu ihren wichtigsten Aufgaben, **Chancengleichheit in den Personalprozessen** zu verankern.

Schon im Jahr 2001 hat Volkswagen ein so genanntes innerbetriebliches Gleichstellungs-Audit entwickelt. In Pilotprojekten wurden für 14.191 Beschäftigte u. a. die Qualifikations-, Alters- und Entgeltstrukturen erfasst. Die so ermittelte Lebens- und Arbeitssituation ist die Ausgangsbasis für die Vereinbarung konkreter Personalentwicklungspläne der jeweils betroffenen Mitarbeiterinnen... Doch längst geht es nicht mehr nur um Frauen in den höheren Positionen. Entscheidend ist, dass die kreativen Potenziale aller Mitarbeiterinnen entwickelt und genutzt werden. „Wir möchten gerne ein **Qualifizierungsprogramm für Frauen in der Produktion** auflegen. Die Schwierigkeit besteht darin, heraus zu finden, wo welche Qualifikationen gebraucht werden... Chancengleichheit hat auch hier oberste Priorität.

Ein weiteres zentrales Thema für die Frauenbeauftragte ist **Work-Life-Balance**. Der Begriff meint, dass es auch für Führungskräfte ohne geregelte Arbeitszeiten eine Balance zwischen Beruf- und Privatleben geben muss – nur so können Menschen langfristig leistungsfähig sein. Eine Gruppe von Managementnachwuchskräften arbeitet an diesem Thema. Die auf Initiative des Vorstandsvorsitzenden verabschiedeten Führungsleitlinien haben bei diesem Vorhaben geholfen. Einer dieser Werte ist Höchstleistung und Volkswagen ist sich bewusst, dass sie nur mit einer solchen Balance zu erreichen ist.

Veränderungen in der Einstellung ihrer männlichen Kollegen sieht die Frauenbeauftragte nicht als Angelegenheit der Frauenförderung an. „Ich sehe meine Aufgabe nicht darin, Männer zu bekehren, sondern dafür zu werben, dass Volkswagen Work-Life-Balance als Teil seiner Unternehmenskultur versteht", betont Elisabeth Vogelheim.

Volkswagen AG

3.5.5 Aging Workforce

Unter „Aging Workforce" bzw. „alternder Belegschaft" versteht man die Auswirkungen der zunehmenden (Über)Alterung der Gesellschaft und der Mitarbeiter auf die Unternehmen. Insbesondere die steigende Lebenserwartung der Menschen führ(t)en zu dieser Überalterung. Der Geburtenrückgang und die gleichzeitige Verkürzung der Lebensarbeitszeit hatten eine Überdehnung unseres Sozialsystems und einen härter umkämpften Arbeitsmarkt zur Folge. Eine der staatlichen Maßnahmen, die hier ansetzen, ist die Rente mit 67. Das inzwischen angehobene Renteneintrittsalter von 65 auf 67 Jahre stellt nicht nur Arbeitnehmer, sondern auch Arbeitgeber vor neue

Aufgaben. Die Initiative 50+ stellt ein Anreizsystem der Bundesregierung dar, um langzeitarbeitslose Ältere und Personen über 45 Jahren besser in Unternehmen zu integrieren. So werden z. B. Fortbildungen vom Staat gezahlt und Zuschüsse bei der Einstellung von älteren Arbeitnehmern zur Verfügung gestellt.

Der Wissensverlust beim Ausscheiden älterer Mitarbeiter wird inzwischen deutlich realistischer gesehen als noch vor einigen Jahren, als Frühverrentungen geradezu Programm waren. Die wichtigsten Auswirkungen des Alterungsprozesses auf die Arbeitsfähigkeit eines Menschen lassen sich so skizzieren: Die geistige Leistungsfähigkeit der Mitarbeiter ändert sich bis zum 60. Lebensjahr kaum, während die körperliche Leistungsfähigkeit fast konstant abnimmt. Dieser Umstand sollte Unternehmen zur Überlegung veranlassen, wie „alternde" Mitarbeiter ihren wandelnden Fähigkeiten gemäß eingesetzt werden können. Für diese Frage existieren verschiedene Lösungsansätze.

Age Diversity Management bedeutet, Mitarbeiter in altersheterogenen Teams arbeiten zu lassen, um jeweils die Vorteile, die der einzelne Mitarbeiter einbringt, optimal zu nutzen. Hier kommen verschiedene Ansätze der Teamarbeit zum Einsatz wie das Tandemprinzip, das Patenmodell und das Coaching. Permanentes Training und Fortbildung der älteren Belegschaft ist notwendig und kann helfen, die Leistungsfähigkeit der Arbeitnehmer zu erhalten und auszubauen.

Übersicht: ***Demografischer Wandel – Transfer in die Unternehmen*** *(BMBF)*

Hilfreiche Werkzeuge für eine **demografieorientierte Personalpolitik** erhalten Unternehmen vom BMBF (Bundesministerium für Bildung und Forschung) unter www.demotrans.de:

„Der Werkzeugkasten enthält vier Werkzeug-Typen: 1. Eine Auswahl an häufig vorgebrachten Argumenten zur betrieblichen Sensibilisierung; 2. Eine Auswahl an Werkzeugen, mit denen Betriebe ihren Personalbestand, ihre Personalpolitik und -maßnahmen umfassend auf Demografietauglichkeit analysieren können; 3. Demografieorientierte Analyse und Planung von Personalfunktionen wie Personalgewinnung, Weiterbildung und Personalentwicklung, Personaleinsatz, Gesundheitsschutz und Gesundheitsförderung sowie Berufsaustritt und Übergang in die Rente; 4. Werkzeuge zur Gestaltung eines fairen Betriebsklimas und einer positiven Unternehmenskultur.

Konkrete Lösungsansätze/Good Practices beziehen sich auf: Arbeits- und Laufbahngestaltung, altersgemischte Teamarbeit, Kompetenzerhalt und -entwicklung, Sicherstellung der Innovationsfähigkeit sowie auf die Bewältigung von Altersstrukturproblemen."

aus: BMBF

3.5.6 Betriebliches Gesundheitsmanagement

Im Jahr 1986 wurde in Ottawa die erste internationale Beschlussfassung (Charta) zur Gesundheitsförderung verabschiedet, die auch Unternehmen zum aktiven Handeln im Bereich Gesundheit auffordert. Heute, 20 Jahre später, befindet sich unsere Gesellschaft in einem wirtschaftlichen und sozialen Umbruch. Den Arbeitnehmern wird im Beruf immer mehr abverlangt; die kontinuierliche Zunahme an Arbeitsunfähigkeitsfällen und die immer jüngeren Betroffenen geben zu denken. Idee des betrieblichen Gesundheitsmanagements ist es, die betriebliche **Gesundheitsförderung als moderne Unternehmensstrategie** einzusetzen, um z. B. gesundheitsrelevante Bedingungen und gesundheitsbewusstes Verhalten der Mitarbeiter im Unternehmen positiv zu beeinflussen. Die betriebliche Gesundheitsförderung (BGF) soll erreichen, dass die Werte Gesundheit und Krankheit in den Unternehmen einen festen Platz neben anderen betrieblichen Werten einnehmen.

„Gesunde Mitarbeiter in gesunden Organisationen" – so lautet die Vision des „Europäischen Netzwerks für Betriebliche Gesundheitsförderung" (European Network for Workplace Health Promotion – ENWHP – www.enwhp.org). Betriebliches Gesundheitsmanagement erfordert Festlegungen zu

- strategischer Führung bzw. Steuerung
- organisatorischer Verankerung und Prozesse
- Maßnahmen (und Marketing)
- Controlling (und Berichterstattung)

Die zentralen Ziele der BGF lauten: Mitarbeiter als entscheidenden Wettbewerbsfaktor sehen sowie Prävention verstärken und Belastungen verringern bzw. vermeiden. Zwei Ansatzpunkte zur **organisatorischen Verankerung** haben sich in den Unternehmen bewährt: Ein zentraler „Arbeitskreis Gesundheit" fungiert als strategisches Steuerelement der BGF; dieser setzt sich in der Regel aus Vertretern der Unternehmensleitung, der Personalabteilung, des Betriebsrats, dem Betriebsarzt und eventuell externen Beratern zusammen. Die Personalabteilung spielt eine wichtige Rolle bei der Durchführung der Maßnahmen und hat die Aufgabe, dem Aspekt Gesundheit Geltung im Unternehmen zu verschaffen und ihn zu einer Art Pflichtbestandteil des Unternehmens zu machen. Mehrere (dezentrale) „Gesundheitszirkel" auf Abteilungs- oder Werkstattebene greifen regelmäßig die besonderen Problemlagen in ihren jeweiligen Bereichen auf, entwickeln Verbesserungsideen und berichten an den übergeordneten Arbeitskreis Gesundheit. Ausgangspunkt für alle Maßnahmen bildet eine Ist-Analyse in Sachen Gesundheit im Unternehmen. Größe, Branche, individuelle Risikofaktoren und bestehende Strukturen müssen bei der Selbsteinschätzung berücksichtigt werden. Die Krankenkassen unterstützen die Unternehmen mit einem sog. Gesundheitsbericht.

Programme der betrieblichen Gesundheitsförderung besitzen präventiven oder heilenden Charakter und umfassen in der Praxis häufig diese Maßnahmen:

- Rückenschule: durch externe Trainer werden Mitarbeiter in Kursen rund um Alltagsbelastungen, die den Rücken betreffen, geschult.
- Umstellung der Kantine: gesünderes Essen und eine bessere Atmosphäre sollen geschaffen werden.
- Gesundheits-Check-up: ab dem 35. Lebensjahr hat ein Arbeitnehmer das Recht, einmal pro Jahr durch den Betriebsarzt untersucht zu werden.
- Kostenlose oder vergünstigte Mitgliedschaft in einem Sportstudio: Mitarbeiter können in einem Sportstudio zu vergünstigten Preisen trainieren.

Die genaue Betrachtung der **Kosten- und Nutzenseite** der betrieblichen Gesundheitsförderung führt zu interessanten Resultaten. Zu berücksichtigen sind in erster Linie Kosten, die durch arbeitsunfähige Mitarbeiter entstehen. In verschiedenen Studien wird von einer Rentabilität von zwischen 1 : 2,3 bis 1 : 5,9 berichtet, d. h., dass für einen eingesetzten Euro, z. B. 2,3 Euro eingespart werden können. Die Vorteile der betrieblichen Gesundheitsförderung liegen für die Unternehmen in der Senkung des Krankenstandes, der Erhöhung der Personalverfügbarkeit, der Verbesserung der Mitarbeitermotivation und der Verbesserung des Unternehmensimages. Für die Mitarbeiter sind als Vorteile bedeutsam: Verringerung von Belastungen, besserer Umgang mit Arbeitsanforderungen, Verbesserung des Gesundheitszustandes sowie ein ggf. verbessertes Betriebsklima. Betriebliche Gesundheitsförderung ist kein Selbstläufer – sie bedarf der kontinuierlichen Qualitätssicherung und Weiterentwicklung. Gesundheitsmanagement im Unternehmen sollte dieser Maxime folgen: Mitarbeiter sind das wichtigste Kapital, das einem Unternehmen zur Verfügung steht. Dieses Kapital muss gesund und leistungsfähig sowie motiviert und loyal sein. Dazu leistet die Gesundheitsförderung einen wesentlichen Beitrag.

Übersicht: ***Gesundheitsmanagement bei der BMW Group***

„Die BMW Group wurde für das ganzheitliche betriebliche Gesundheitsmanagement und die vielfältigen Maßnahmen zur Förderung der Gesundheit ihrer Mitarbeiter vom Bayerischen Staatsministerium für Umwelt, Gesundheit und Verbraucherschutz ausgezeichnet.

Das Zertifikat in Gold für Betriebliches Gesundheitsmanagement wird bei überdurchschnittlichem Abschneiden bei dem vom Staatsministerium entwickelten **Selbst-Auditierungssystem** verliehen. Das Audit beinhaltet Prüfkriterien zu neun Handlungsfeldern im Gesundheitsmanagement. Unternehmenspolitik, Umsetzung, Gesundheitsförderung, Mitarbeiterbeteiligung, Arbeitsschutz, Notfallmanagement, Personalmanagement, Suchtprävention und Gesundheitsbericht. Das Audit der BMW Group wurde gemeinschaftlich von Vertretern aus dem Personalwesen und Gesundheitsmanagement, der Betriebskrankenkasse der BMW AG sowie dem Betriebsrat durchgeführt.

Es sind unsere Mitarbeiter und Mitarbeiterinnen, die die BMW Group zum erfolgreichsten Premiumhersteller gemacht haben. Deshalb ist es für uns ein Anliegen, auch im Gesundheitsmanagement führend zu sein.

Die BMW Group bietet ihren Mitarbeitern eine Vielzahl an Möglichkeiten, ihre Gesundheit zu fördern bzw. wiederherzustellen. Die Maßnahmen setzen sowohl beim Arbeitsumfeld als auch beim Verhalten des Mitarbeiters an und richten sich entweder an die ganze Belegschaft oder einzelne Zielgruppen. Ein Beispiel dafür sind gezielte Krebsvorsorgeaktionen. Außerdem führt die BMW Group kostenlose **Gesundheitstage** durch. Diese bieten Mitarbeitern die Möglichkeit, wichtige Gesundheitswerte prüfen zu lassen und sich umfassend über diverse Gesundheitsthemen zu informieren. Allein im Münchner Werk haben über 6.400 Mitarbeiter teilgenommen, das entspricht einer Beteiligungsquote von etwa zwei Drittel.

Ein entscheidender Erfolgsfaktor des Gesundheitsmanagements der BMW Group ist die enge Zusammenarbeit mit der BKK BMW (Betriebskrankenkasse – BKK) sowie der Arbeitnehmervertretung. Gemeinsam wird das Ziel einer nachhaltigen und effektiven Gesundheitsförderung der Mitarbeiter verfolgt."

aus: BMW Group

3.5.7 Work-Life-Balance

Eines der neueren Programme, um die sich Unternehmen aktuell intensiv kümmern, ist die sog. Work-Life-Balance. Erhebliche gesundheitliche Probleme von Topmanagern sowie Burnout bei Mitarbeitern haben die Idee der Ausgeglichenheit von Arbeit und Privatleben, d. h. Familie, Hobbies, Selbstentfaltung und Gesundheit entstehen lassen. Übermüdung, Antriebslosigkeit, Demotivation und geringere Leistungsfähigkeit sind eher harmlose Folgen von Dysbalancen; Nervenzusammenbruch und Herzinfarkt sind Folgen, die weitreichende Konsequenzen für die Unternehmen haben, denn Arbeitnehmer die von solchen Krankheiten betroffen sind, fallen sehr lange aus. **Maßnahmen** der Unternehmen zur Sicherung der Ausgeglichenheit sind flexible Arbeitszeiten, Kinderbetreuungsmaßnahmen, Beratung zu Krisenthemen (Scheidung, Schulden, Mobilität, Erziehung usw.), Angebote zur Stressvermeidung (Rückenschule, Yogakurse usw.) sowie aufklärende Aktivitäten für die Mitarbeiter: Vermittlung von Kenntnissen über die Frühsymptome und Folgen von Burnout, Üben von Techniken zur zielgerichteten Planung des individuellen Berufs- und Lebensalltags sowie das Kennenlernen von Möglichkeiten zur Vereinbarkeit von Familie und Beruf.

Der Beitrag des Personalmanagements und der Führungskräfte liegt darüber hinaus in der ergonomischen Gestaltung der Arbeitsbedingungen, der Rücksichtnahme bei privaten Problemen des Mitarbeiters, in der Vermeidung längerer Unterbesetzung und in Coachingmaßnahmen. Work-Life-Balance wird in Zukunft ein wichtiges Element sein, wenn es darum geht, Mitarbeiter langfristig an das Unternehmen zu binden und deren Leistungsfähigkeit zu erhalten. Die Verantwortlichen im Management müssen für das Thema besonders sensibilisiert werden, denn häufig sind es Personen in Führungspositionen, die etwas für ihre Work-Life-Balance tun sollten, damit sie ihren Aufgaben auch längerfristig gerecht werden können. Erst wenn dieses Konzept in den oberen Führungsebenen Anerkennung findet, steht einer Ausgeglichenheit von Arbeits- und Privatbereich für alle Mitarbeiter nichts im Wege.

Übersicht: ***Betriebliche Work-Life-Balance-Schwerpunkte*** *(in verschiedenen Ländern)*

„Die ‚Work-Life-Balance-Aktivisten': In diese Gruppe fallen vor allem Großbritannien, Deutschland, die Schweiz, die Niederlande, Norditalien und tendenziell auch Irland. Hier herrscht eine relativ hohe Nachfrage nach Fachkräften, und es besteht ein im Vergleich dazu geringes Angebot an privater oder öffentlicher Infrastruktur der Kinderbetreuung. In diesen Ländern nimmt insbesondere das Angebot an betrieblicher Kinderbetreuung in den nächsten Jahren rasch zu. England, Holland, Deutschland und die Schweiz entwickeln darüber hinaus innovative Arbeitszeitmodelle für Frauen und Männer und fördern in Ansätzen auch eine veränderte Rolle von Vätern im Betrieb. Dies mindert den Handlungsdruck von Firmen im Bereich der Kinderbetreuung, da Familien sich dann leichter selbst helfen können.

Aufgrund der hohen Belastung und der damit verbundenen Kostenrisiken – aber auch aufgrund der in Zukunft zu erwartenden stärkeren Beschäftigung älterer Mitarbeiter – werden Fragen von Wellness-, Gesundheits-, Fitness- und Stressmanagement in den Firmen einen ständig wachsenden Stellenwert erlangen. Generell wird älteren Mitarbeitern neben jungen Familien mehr Aufmerksamkeit in den Betrieben gewidmet werden. Schon heute sind in England und der Schweiz bereits mehr Menschen über 60 Jahre beschäftigt als etwa in Deutschland oder Italien.

In Ländern mit einem hohen Anteil weiblicher Beschäftigter und einer gut ausgebauten öffentlichen Kinderbetreuungsstruktur, in denen zugleich strukturell eine starke Nachfrage nach Arbeitskräften besteht (Schweden, Finnland, Dänemark und Frankreich), müssen Firmen im Wettbewerb um Talente andere Akzente setzen: Statt Kinderkrippen steht zu erwarten, dass Stressmanagement und Wellness, Life-Style-Angebote und Concierge-Dienste sowie alles, was das Alltagsleben leichter macht, einen hohen Stellenwert einnehmen. Dies ist insbesondere in Frankreich zu finden, wo private persönliche Dienstleistungen leichter finanzierbar sind als in Skandinavien. So genannte Employee-Assistance-Programme helfen den Mitarbeitern telefonisch und per Internet bei Rechtsproblemen, Schulden, Drogen- und Alkoholmissbrauch, bei der Finanzierung von Häusern oder bei der Versorgung von Haustieren.

Im Betreuungsbereich können zusätzlich neue Dienstleistungen angeboten werden, wo die öffentliche Betreuung Lücken aufweist: nachmittags und abends, am Wochenende oder in den Ferien. Hier steht zu erwarten, dass z. B. die in den USA und Deutschland stark wachsende Zahl von Back-Up-Notbetreuungsangeboten auch in diesen Ländern eine Zukunft haben. In jedem Fall ist davon auszugehen, dass die Betriebe Anstrengungen verschiedener Art unternehmen müssen, um attraktive Mitarbeiter zu gewinnen. Die Veränderung der Präsenzkultur und die Reduzierung (über)langer Arbeitszeiten für Männer in der Privatwirtschaft bieten weitere Entwicklungspotenziale."

aus: Familienservice GmbH

3.5.8 Employability

Arbeitsmarktfähigkeit bzw. Employability ist ein weiteres aktuelles Programm, das einen Beitrag zur Mitarbeiterbindung leisten kann, unter Umständen aber auch das genaue Gegenteil bewirkt, dass nämlich Mitarbeiter das Unternehmen verlassen. Die übergeordnete Philosophie der Employability besagt, dass es dabei um einen neuen (gesellschaftlichen) „Sozialkontrakt" geht, der die Sicherung der Beschäftigungsfähigkeit statt der Arbeitsplatzsicherheit in den Mittelpunkt aller Überlegungen stellt.

Dieses Konzept besitzt eine **individuelle**, eine **betriebswirtschaftliche** und eine **volkswirtschaftliche Ebene**. Für den Einzelnen geht es darum, seine Arbeitsmarktfähigkeit immer up-to-date zu halten. Employability setzt somit beim „lebenslangen Lernen" an, und damit ist ein ständiges zielgerichtetes, vorausschauendes und eigenverantwortliches Anpassen der fachlichen, sozialen, personalen und methodischen Kompetenzen an sich wandelnde Rahmenbedingungen gemeint (siehe auch www.in-eigener-sache.de). Aus volkswirtschaftlicher Sicht geht es um die Konkurrenzfähigkeit der deutschen Wirtschaft im internationalen Wettbewerb. Betriebswirtschaftlich sind die Absicherung der Konkurrenzfähigkeit sowie die Erhöhung der Produktivität, die Verbesserung des Arbeitgeberimages und der Innovationsfähigkeit wichtige Ziele. Dem steht die Befürchtung eines „Nach-Außen-Qualifizierens" der Mitarbeiter entgegen. Die Ausrichtung der Kompetenzentwicklung am Arbeitsmarkt kann insofern auch kritisch kommentiert und geradezu kontraproduktiv und ineffektiv für die Unternehmen eingeschätzt werden, macht man doch unter Umständen die Mitarbeiter für den Wechsel zu einem anderen Unternehmen erst richtig fit.

Personalwirtschaftliche Ziele des Employability-Konzepts sind

- die Bereitstellung einer ausreichenden Anzahl von Wissens- und Kompetenzträgern bei sinkendem Arbeitnehmerangebot und steigendem Konkurrenzdruck,
- die Flexibilisierung des internen Arbeitsmarktes,
- die Steigerung der individuellen Flexibilität, Leistungsfähigkeit und Lernbereitschaft der Mitarbeiter durch Förderung von unternehmerischem Denken und Handeln – dies zielt deutlich auf die Mitarbeiterbindung ab – und
- die proaktive Wahrnehmung sozialer Verantwortung durch das Unternehmen, falls es künftig zu Personalabbaumaßnahmen kommen sollte.

Das Paradebeispiel für Employability in der Praxis ist die Deutsche Bank AG (DB) mit ihrem „Deutsche Bank Mosaik". Ziel der Deutschen Bank war es, das gute Unternehmensimage bei Kunden und die Arbeitgeberattraktivität bei Mitarbeitern und Bewerbern trotz Abbaumaßnahmen hoch zu halten – dies konnte voll erreicht werden. Die Akzeptanz durch die Mitarbeiter nimmt immer mehr zu, nicht zuletzt vor dem Hintergrund der aktuellen strukturellen Bankenkrise.

Übersicht: ***Deutsche Bank-Mosaik zur Employability***

Die drei Zieldimensionen des DB-Mosaiks für Beschäftigung sind

- Berufliche Orientierungs- und Platzierungsberatung, insbesondere für von Strukturmaßnahmen bzw. Arbeitsplatzverlust betroffene Mitarbeiter
- „Employability"-Bewusstsein schaffen durch Förderung überfachlicher Schlüsselkompetenzen und Stärkung der Eigenverantwortung

- Flexibilisierung des internen Arbeitsmarktes zur optimalen Nutzung aller Beschäftigungsoptionen im Konzern Deutsche Bank

aus: Deutsche Bank

Work-Life-Balance, Familienförderung und Gesundheitsmanagement gelten als Favoriten des Bindungsmanagements in Mittelbetrieben (bis zu 500 Mitarbeiter) und in kleineren Großbetrieben (501 bis 2.000 Mitarbeiter), während Gleichstellung, Aging Workforce und vor allem Diversity sowie Employability eher relevante Themen für Großbetriebe darstellen.

3.6 Internationaler Personaleinsatz

Zunehmende Globalisierung der Märkte und international agierende Unternehmen verlangen konsequenterweise nach einer Internationalisierung der Personalarbeit. Für dieses jüngere Aufgabenfeld des Personalmanagements liegen inzwischen ausgearbeitete Konzepte vor. Internationale Personalarbeit bewegt sich zurzeit im Wesentlichen auf zwei Ebenen: personalpolitische Überlegungen spielen neben den konkreten Fragestellungen, die mit Auslandsentsendungen verbunden sind, die zentrale Rolle.

Die konsequente Einbindung der Personalpolitik in die globale Unternehmensstrategie und die systematische Übertragung des Internationalisierungsgedankens auf alle Kernfunktionen des Personalmanagements (Rekrutierung und Auswahl nach Gesichtspunkten der Internationalität, Anreizsysteme zur Förderung des internationalen Personaleinsatzes, Personalentwicklungskonzeptionen mit internationalem Zuschnitt ...) muss noch systematisch geleistet werden. Internationale Personalarbeit betrifft zurzeit, aber auch zukünftig in erster Linie Führungskräfte und Nachwuchskräfte in Mittel- und in Großbetrieben.

International ausgerichtete Personalpolitik bedeutet, den Grad an Vereinheitlichung der grundsätzlichen Orientierungen im Personalbereich zu bestimmen. Ethnozentrisches Personalmanagement macht die Politik des Mutter- bzw. Stammhauses zum Maß der Dinge und überträgt sie auf die Tochterunternehmen im Ausland. Einheitliche Personal- und Führungsgrundsätze und die Besetzung der wesentlichen Führungspositionen im Ausland mit Stammhausmitarbeitern prägen dieses Konzept. Beim polyzentrisch orientierten Personalmanagement ist die Vereinheitlichung im entgegengesetzten Sinne extrem. Man verzichtet auf einheitliche Grundsätze und überlässt den nationalen Unternehmen ihre Eigenständigkeit, einschließlich lokaler Führungskräfte. Das geozentrisch orientierte Personalmanagement schlägt einen Mittelweg ein. Gemeinsamkeiten und Besonderheiten in den Kulturen der verschiedenen Länder werden gleichermaßen berücksichtigt; leider liegen zu diesem Weg bislang die wenigsten Erfahrungen vor.

Für die betriebliche Praxis multinational operierender Unternehmen stellt sich natürlich die Frage nach dem optimalen Mix bzw. danach, wo welches Prinzip Anwendung finden soll. Die Antwort kann lauten: Je strategischer die Fragestellung bzw. je höher die Position um die es geht, desto eher sollte der ethnozentrisch-vereinheitlichende Ansatz Berücksichtigung finden; je mehr es sich hingegen um operative Themenstellungen und um ausführende Tätigkeiten handelt, um so eher sollten Orientierungen an der polyzentrisch-nationalen Vielfalt greifen.

Der Themenbereich **Auslandsentsendungen** betrifft konkrete Problemstellungen, die mit längeren Auslandseinsätzen – im Gegensatz zur (kurzfristigen) Dienstreise bzw. zur (mittelfristigen) Versetzung – von Mitarbeitern verbunden sind. Vorbereitende Aktivitäten vor dem Auslandseinsatz, betreuende Maßnahmen während der Auslandsverwendung und Wiedereingliederung im Anschluss sind die wesentlichen Phasen, die eine Fülle einzelner Fragestellungen mit sich bringen: Rekrutierung, Informationsbereitstellung, Vorbereitung (ggf. auch der Familie), Vertragsgestaltung, steuer- und sozialversicherungsrechtliche Aspekte, u. a. m.

3.7 Fehlzeiten und Fluktuation

Im Rahmen des Personaleinsatzes bzw. der Mitarbeiterbetreuung tauchen zwei für die betriebliche Praxis besonders wichtige Probleme auf, über die bisher nicht gesprochen wurde: Fehlzeiten und Fluktuation. Beide Aspekte haben Einiges mit Motivation bzw. mit Demotivation zu tun.

3.7.1 Fehlzeiten

Fehlzeiten von Mitarbeitern sind nicht planbare Abwesenheiten vom Arbeitsplatz. Sie beziffern sich aktuell auf durchschnittlich ca. 4 %. Im Einzelnen handelt es sich um krankheitsbedingtes Fehlen, zum Beispiel Arbeitsunfähigkeit mit oder ohne ärztlichem Krankenschein (z. B. infolge von Krankheit, Unfall...) und unentschuldigtes Fehlen. Planbare Ausfallzeiten, z. B. Tarifurlaub, Sonderurlaub, Kur, Weiterbildung... zählen nicht zu den Fehlzeiten i.e.S.. Im krankheitsbedingten und im unentschuldigten Fehlen ist jedoch der sog. **Absentismus** eingeschlossen, das Fehlen aufgrund privater Umstände bzw. das motivationsbedingte Fehlen. Von Absentismus ist meist dann die Rede, wenn es um das Thema Fehlzeiten in der öffentlichen Diskussion geht. Dabei werden die Fehlzeiten überwiegend als Kosten- und Störfaktor gesehen und weniger als Signal bzw. als Hinweis auf Probleme.

Für die zielgerichtete Beeinflussung der Fehlzeiten ist eine aussagefähige Statistik ebenso wichtig wie die genauere Kenntnis der Fehlzeitenursachen. Die **Fehlzeitenstatistik** weist Dauer und Häufigkeit der individuellen Fehlzeiten nach betrieblichen Bereichen getrennt aus, meist auch nach weiteren Kriterien wie Familienstand, Nationalität, Geschlecht, Alter, Betriebszugehörigkeit, Arbeitszeit, Ausbildungsstand, u. a. m. Hier ist es erforderlich, das Fehlzeitenverhalten genau zu untersuchen und nicht vorschnell gängigen Vorurteilen aufzusitzen. Zur Beeinflussung des Fehlzeitenverhaltens der Mitarbeiter sollte man sich das **Zustandekommen von Fehlzeiten** genauer ansehen. Fehlzeiten haben eine Wollens- und eine Könnens-Komponente. Der Mitarbeiter will fehlen, weil die betrieblichen Umstände oder private Gegebenheiten ihn dazu veranlassen. Wenn er in dieser Situation ohne größere Probleme auch fehlen kann, wird er dem Arbeitsplatz fernbleiben bzw. „Krankfeiern".

Abbildung 3-22: ***Fehlzeiten***

Somit ist deutlich, dass Maßnahmen zur Eindämmung von beeinflussbaren Fehlzeiten an der Arbeitssituation, an den Konsequenzen des Fehlens und in eingeschränktem Umfang auch an den privaten Umständen ansetzen können. Klar ist auch, dass der Rückgang des Absentismus in der zurückliegenden wirtschaftlichen Stagnationsphase nicht mit besseren Arbeitsbedingungen, also mit dem Wollen zu tun hat, sondern mit der Angst vor den Konsequenzen, dem Können. In jedem Fall lohnt es sich, eine detaillierte Ursachenanalyse zu betreiben und den Fehlzeiten besondere Aufmerksamkeit zu widmen.

Konkret kann die Beeinflussung von Fehlzeiten mit den folgenden Maßnahmen angegangen werden: Maßnahmen der Arbeitsgestaltung, Maßnahmen im Bereich Führung und Zusammenarbeit, Visualisierung des Fehlzeitenstands, Rückkehrgespräche, Angebote zur Hilfe bei privaten Problemen, Prämien und als ultima ratio Trennung. Die Vorgesetzten sind bei der Beeinflussung der Fehlzeiten in erster Linie gefragt; ihnen kommt es zu, **Rückkehrgespräche** mit allen Mitarbeitern unmittelbar im Anschluss an die Fehlzeit zu führen. Als Motivationsgespräche, Fehlzeitengespräch, Konsequenzengespräch und als Sanktionsgespräch besitzen diese einen gestuften Aufbau. Die Vorgesetzten sollten in auffallenden und schwierigen Fällen von der Personalabteilung

Übersicht: ***Rückkehr-Gesprächskonzept***

Gesprächsart	Erläuterung
1. Stufe **Motivations-gespräch**	• bei der ersten Fehlzeit innerhalb von 12 Monaten • am ersten Tag der Arbeitsaufnahme • Teilnehmer: Mitarbeiter und Vorgesetzter
2. Stufe **Motivations-gespräch**	• bei der zweiten Fehlzeit innerhalb von 12 Monaten • am ersten Tag der Arbeitsaufnahme • Teilnehmer: Mitarbeiter und Vorgesetzter
3. Stufe **Fehlzeiten-gespräch**	• bei der dritten Fehlzeit innerhalb von 12 Monaten • am ersten Tag der Arbeitsaufnahme • Teilnehmer: Mitarbeiter und Vorgesetzter, evtl. Betriebsrat
4. Stufe **Konsequenzen-gespräch**	• bei der vierten Fehlzeit innerhalb von 12 Monaten • möglichst rasch nach der Arbeitsaufnahme (Terminvereinbarung sofort am Tag der Rückkehr) • Teilnehmer: Mitarbeiter, Vorgesetzter, Personalbetreuer, Betriebsrat • Maßnahmen: Attestvorlage ab dem 1. Arbeitstag, Termin beim medizinischen Dienst, Entbindung des Arztes von der Schweigepflicht
5. Stufe **Sanktions-gespräch**	• bei der fünften Fehlzeit innerhalb von 12 Monaten • möglichst rasch nach der Arbeitsaufnahme (Terminvereinbarung sofort am Tag der Rückkehr) • Teilnehmer: Mitarbeiter, Vorgesetzter, Personalbetreuer, Betriebsrat • Maßnahmen: Attestvorlage ab dem 1. Arbeitstag, Termin beim medizinischen Dienst, Entbindung des Arztes von der Schweigepflicht, Auflösungsvereinbarung, Vorbereitung einer krankheitsbedingten Kündigung als ultima-ratio-Maßnahme

und vom Betriebsrat unterstützt werden. In dieser Situation geht es dann darum, klare Konsequenzen aufzuzeigen (Abmahnung), die aus arbeitsrechtlicher Sicht für eine Kündigung wichtig sind und dem Mitarbeiter deutlich machen, dass der Arbeitgeber nicht bereit ist, das Verhalten des Mitarbeiters hinzunehmen.

Fehlzeiten können als Indikator für die sog. „innere Kündigung" dienen. Bei der inneren Kündigung hat der Mitarbeiter zwar nicht offiziell gekündigt, er ist meist auch im Unternehmen präsent, schraubt jedoch sein Engagement und seine Leistung auf das Nötigste zurück – und wird u. U. bei der nächsten Möglichkeit (Können) kündigen. Untersuchungen der Unternehmensberatung Gallup belegen, dass in der Bundesrepublik die innere Kündigung ein ernst zu nehmendes Problem darstellt.

Übersicht: ***Engagement der Arbeitnehmer in Deutschland***

„Seit dem Jahre 2001 misst die Unternehmensberatung Gallup mit dem Engagement-Index regelmäßig die Stärke der emotionalen Bindung von Arbeitnehmern in Deutschland. Basierend auf dem Ausmaß der Zustimmung zu den Aussagen im Fragebogen werden die für die Befragung zufällig ausgewählten Arbeitnehmer den Kategorien

- „keine emotionale Bindung",
- „geringe emotionale Bindung" und
- „hohe emotionale Bindung" zugeordnet.

Aktuell (2006) verspüren 87 % der Arbeitnehmer hierzulande keine echte Verpflichtung gegenüber ihrer Arbeit: 68 % aller Beschäftigten machen lediglich „Dienst nach Vorschrift", 19 % haben die innere Kündigung bereits vollzogen. Damit bleibt der Anteil der Beschäftigten, bei denen sich nur eine geringe oder keine emotionale Bindung im Job ausmachen lässt, auf hohem Niveau stabil (2005: 87 % – 2004: 87 % – 2003: 88 % – 2002: 85 % – 2001: 84 %). Ein bedeutsamer Unterschied zwischen den alten und neuen Bundesländern lässt sich nicht ausmachen. Der gesamtwirtschaftliche Schaden (u. a. aufgrund hoher Fehlzeiten und niedriger Produktivität), der sich durch das derzeitige Bindungsniveau ergibt, ist erheblich.

Die Unternehmen hierzulande sollten sich – vor dem Hintergrund dieses Ergebnisses – dringend um das Thema Mitarbeiterbindung kümmern, denn der Bindungsgrad hat Einfluss auf den wirtschaftlichen Erfolg eines Unternehmens. Inwiefern der Mitarbeiterbindungsgrad einen Wettbewerbsvorteil darstellt, wird bei Betrachtung der extremen Gruppen „Mitarbeiter mit hoher emotionaler Bindung" und „Mitarbeiter ohne emotionale Bindung" deutlich: Die Fehltage aufgrund von Krankheit oder Unwohlsein (basierend auf der Selbstauskunft der Befragten) betragen bei Mitarbeitern mit hoher emotionaler Bindung 4,6, bei Mitarbeitern ohne emotionale Bindung 7,0 Tage – ein Unterschied von 2,4 Tagen. Die Wahrscheinlichkeit, dass Mitarbeiter, die keine emotionale Bindung aufweisen, ihr Unternehmen binnen eines Jahres verlassen, ist sehr viel höher als bei Personen mit einer hohen emotionalen Bindung. Der Aussage „Ich beabsichtige, heute in einem Jahr noch bei meiner derzeitigen Firma zu sein." stimmen nur vier von zehn Mitarbeitern (43 %) ohne emotionale Bindung vollständig zu, gegenüber knapp neun von zehn mit einer hohen emotionalen Bindung (87 %).

Die „Treue" von Beschäftigten sollte mit Blick auf den Verlust von Unternehmenswert als Folge von Know-how-Abwanderung (meist zum Mitbewerber) und entstehende Fluktuationskosten für jedes Unternehmen von erheblicher Relevanz sein. Die Kosten der Wiederbesetzung einer Stelle durch eine Neuausschreibung, das Auswahlverfahren und die Einarbeitung des Nachfolgers beläuft sich je nach Qualifikationsstufe auf eine Summe zwischen 6.000 und 45.000 Euro.

Der Engagement-Index für Deutschland zeigt nicht nur auf, wie es in unserem Land um den Bindungsgrad der Mitarbeiter bestellt ist, sondern er liefert auch Anhaltspunkte für das Handeln von Führungskräften. Ein Großteil der Befragten erklärt, wie schon in den Jahren zuvor, dass es an Anerkennung und Lob für gute Arbeit mangle, die Förderung der individuellen Entwicklung zu kurz komme, regelmäßiges Feedback über persönliche Fortschritte ausbliebe, sie eine Tätigkeit ausübten, die ihnen nicht wirklich liege, sich niemand im Unternehmen für sie als Mensch interessiere und ihre Meinung und Ansicht kaum Gewicht habe."

aus: Gallup

Fehlzeiten (ggf. auch Fluktuation) verlangen häufig nach Ersatz. Der Einsatz von Springern, Aushilfskräften oder Leiharbeitnehmern zählt zu den häufigsten **kurzfristigen Personaldispositionen** als Antwort auf unvorhersehbare Vakanzen; Aushilfskräfte, Ferienarbeiter und Arbeitnehmerüberlassung sind auch die gebräuchlichen Maßnahmen, um Urlaub, längere Schulungen, Schwangerschaft u. a. abzufangen.

3.7.2 Mobbing

Mobbing ist eine negative kommunikative Handlungsweise gegen eine bestimmte Person. Es wird von einer oder mehreren Personen über einen längeren Zeitraum ausgeübt; das unterscheidet Mobbing von „einfachen" Konflikten.

Leymann (2000) entwickelte (s)einen LIPT-Fragebogen („Leymann Inventory for Psychological Terrorization"). Er führte viele Einzelinterviews durch, die auf dem LIPT-Fragebogen basieren. Ergebnis der Interviews war, dass es 45 verschiedene **Mobbing-Handlungen** gibt, die in fünf Gruppen eingeteilt sind. Diese Gruppen richten den Fokus auf die Auswirkungen beim Mobbing-Opfer:

- Angriffe auf die Möglichkeit, sich mitzuteilen
- Angriffe auf die sozialen Beziehungen
- Angriffe auf das soziale Ansehen
- Angriffe auf die Qualität der Berufs- und Lebenssituation
- Angriffe auf die Gesundheit

Bei der Analyse vieler einzelner Fälle des „Psychoterrors" wurde immer wieder festgestellt, dass die Mobbing-Handlungen meistens den gleichen Verlauf haben. Dieses Modell der vier Phasen trifft zwar in den meisten Fällen zu, es berücksichtigt aber nicht, dass sich die Mobbing-Opfer wehren können. Mobbing braucht immer (mindestens) zwei Beteiligte: den Mobber und das Mobbing-Opfer.

Phasen des Mobbings: Zu Beginn steht meist ein ungelöster Konflikt; die Bereitschaft zu offener Kommunikation bricht auf beiden Seiten im Anschluss oft ab (1. Phase). In der anschließenden Mobbing-Phase tritt der ursprüngliche Konflikt in den Hintergrund. Die Angriffe auf das Opfer werden massiver und persönlicher. Durch die Schikanen am Arbeitsplatz verschlechtert sich häufig die psychische und körperliche Verfassung des Opfers (2. Phase). Die dritte Phase ist durch eine Eskalation gekennzeichnet. Gespräche mit Personalverantwortlichen oder Vorgesetzten führen jetzt nur noch selten zu einem Ausweg. Ganz im Gegenteil werden die schlechte Verfassung des Opfers und seine inzwischen geringere Leistungsfähigkeit sogar als Vorwand für eine Versetzung oder Kündigung herangezogen. In der letzten Phase kommt es für etwa 5 bis 10 Prozent der Betroffenen zum Verlust des Arbeitsplatzes, entweder weil die Betroffenen es nicht mehr aushalten und selbst kündigen, oder weil sie gekündigt werden (da sie mittlerweile aus Krankheitsgründen z. B. „untragbar" geworden sind).

In Anlehnung an das Phasenmodell lassen sich folgende **Maßnahmen bzw. Interventionen** unterscheiden:

- Vorbeugung und frühes Eingreifen
- Versöhnen
- Juristische und psychosoziale Rehabilitation
- Hilfe durch die Gewerkschaften und/oder den Betriebsrat

Präventive Maßnahmen sind vor allem Betriebsvereinbarungen. In ihnen wird festgelegt, wer für das Einhalten des Regelwerks verantwortlich ist, welche Konsequenzen bei Nichteinhaltung folgen, wer bspw. der Konfliktbeauftragte im Betrieb ist und auf welchem Weg die Konflikte bewältigt werden. Wichtig ist es, in diesem Zusammenhang darauf hinzuweisen, dass der Umgang mit Konflikten von der Unternehmens- und Führungskultur abhängt, dass Intervention und Prävention Mobbing-Handlungen unterbinden können und dass ethische Grundsätze im Unternehmen die Grundlage für ein erfolgreiches Konfliktmanagement darstellen können.

3.7.3 Fluktuation

Eine den Fehlzeiten vergleichbare Struktur im Zustandekommen weist auch die sog. Fluktuation auf. Zugänge von Mitarbeitern, Personalwechsel innerhalb des Unternehmens (Umsetzung, Versetzung) sowie Abgänge, die das Ausscheiden aus dem Erwerbsleben bedeuten, sind keine Fluktuation. Fluktuation meint vielmehr nur den **zwischenbetrieblichen Personalwechsel**, bei dem die Initiative vom Mitarbeiter ausgeht; in diesem Zusammenhang ist die Innere Kündigung als Vorstufe der Fluktuation zu sehen.

Auch bei der Fluktuation spielen Wollen und Können die entscheidende Rolle. Die Faktoren, die erklärend hinter dem Können stehen, sind jedoch andere. An dieser Stelle sollte auch noch einmal auf die Frühfluktuation und die damit zusammenhängende unrealistische Rekrutierung bzw. die mangelhafte Einführung neuer Mitarbeiter verwiesen werden.

Abbildung 3-23: ***Fluktuation***

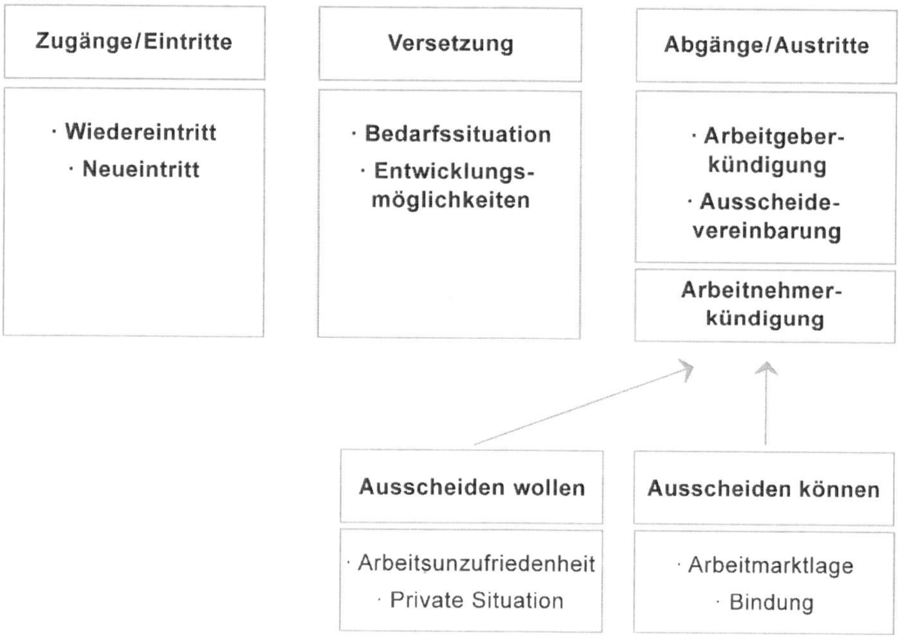

Bei der Fluktuation sind – wiederum in gleicher Weise wie bei den motivationsbedingten Fehlzeiten – eine aussagekräftige Statistik (**Fluktuationsstatistik**), die Erforschung der Ursachen und als Instrument hierfür das sog. Abgangsinterview wichtig; hinzu kommt die Ermittlung der **Fluktuationskosten**, die Sensibilität für die Notwendigkeit geeigneter Maßnahmen erzeugen soll und kann.

Das Abgangsinterview bzw. **Austrittsgespräch** oder der **Austrittsfragebogen** haben die Funktion eines Frühwarnsystems. Die Gespräche werden in der Regel in der Personalabteilung geführt, und es empfiehlt sich, eine gewisse Standardisierung und somit Vergleichbarkeit der Gespräche zu gewährleisten. Es ist wichtig, Abgangsinterviews sensibel zu führen, die Zwischentöne zu beachten und alle Informationen offen aufzunehmen – auch die unliebsamen, die u. U. die Personalabteilung betreffen. Das Problem der bewussten bzw. unbewussten Färbung der wahren Ursachen durch den ausscheidenden Mitarbeiter kann man durch systematische Betrachtung aller Umstände der Arbeitssituation, durch deren Bewertung und Gewichtung versuchen in den Griff zu bekommen. Dabei sind eine vertrauensvolle offene Gesprächsbasis ebenso wichtig wie das Beherrschen psychologischer Fragetechniken (Verbalisieren und Paraphrasieren) und vor allem aktives Zuhören.

Übersicht: ***Fluktuationskosten *)***

Anwerbungskosten	
• Kosten für die Vorbereitung der Werbung	2 %
• Kosten für die Stellenanzeige	8 %
• ggf. Honorarkosten für Personalberater	20 %
Auswahl- und Einstellungskosten	
• Interne Kosten für Auswahlverfahren	5 %
Übergangskosten für den neuen Mitarbeiter	
• Hotelkosten, Familienheimfahrten, Trennungspauschale...	5 %
• Umzugs- und Maklerkosten	5 %
Einarbeitungskosten für den neuen Mitarbeiter	
• Gehalt und Nebenkosten (bei 50 %iger Arbeitsleistung im ersten Jahr)...	50 %
Kosten der Minderleistung des alten Mitarbeiters vor, während und nach der Fluktuationsentscheidung (Absinken der Arbeitsleistung, ggf. Freistellung des Mitarbeiters)	30 %
Anteilige Kosten aller betroffenen Abteilungen ??? (Personalabteilung, Fachabteilung, Geschäftsleitung, Betriebsrat...)	
Summe	**ca. 125 %**

**) z. B. einer Führungskraft mit einem Jahresgehalt von 100.000 €*

Austrittsfragebögen greifen auf die zentralen Punkte zurück, die die Arbeitssituation eines Mitarbeiters bestimmen: Arbeitsplatzsicherheit, Arbeitsaufgabe, Arbeitszeit, Entgelt, Mitarbeiterführung, Mitarbeiterentwicklung, Betriebsklima etc. Wichtig ist eine einheitliche Interview-Situation, d. h. sie sollten immer am letzten Arbeitstag, durch „neutrale Interviewer" aus dem Personalbereich an einem neutralen Ort geführt werden. Dabei kann eine Priorisierung der Einflussfaktoren, zum Beispiel durch das Zuordnen von Kärtchen zu A-, B- und C-Faktoren vorgenommen werden (Was war für die Entscheidung auszutreten ausschlaggebend?). Oder es wird ein Bezug zur neuen Stelle hergestellt – so wie das im folgenden Austrittsfragebogen vorgesehen ist.

Abbildung 3-24: ***Austrittsfragebogen***

Vergleichen Sie bitte Ihre Erwartungen hinsichtlich Ihrer künftigen Stellung mit Ihren Erfahrungen in Ihrer bisherigen Tätigkeit: Welche Unterschiede sind deutlich?

Bewerten Sie bitte die unten angführten Aspekte
unter Verwendung folgender Symbole:

-x- meine Erfahrung in meiner bisherigen Stelle
-o- meine Erwartung hinsichtlich meiner künftigen Stelle

Vorschlag:
Bewerten SIe zunächst jeweils Ihre bisherige Stellung und setzen Sie dann Ihre künftige Stellung dazu in Beziehung. Versuchen Sie dabei bewußt, nicht jeden Aspekt zu reflektieren, sondern äußern Sie sich spontan.

meiner Einschätzung nach	sehr gering		durch- schnittlich			sehr hoch
	1 2	3	4	5	6	7

Anerkennung der eigenen Arbeit
Arbeitsplatzsicherheit
Sozialleistungen
Rolle des Einzelnen als Mensch
Kontakte zu den Mitarbeitern
eigene Entscheidungsbefugnisse
Anforderungen
Möglichkeiten zur Weiterbildung
Teamgeist/Kooperation
Motivation durch den Vorgesetzten
Aufstiegsmöglichkeiten
eigene Verantwortung
bertriebsinterne Information
Handlungs-/Ausführungsspielraum
Abwechslung in der Arbeit
Entlohnung
Qualität des Managements
Einschätzung des Firmenimages
Produktqualität
Mitsprache bei Managementfragen
Zufriedenheit mit dem Arbeitsplatz

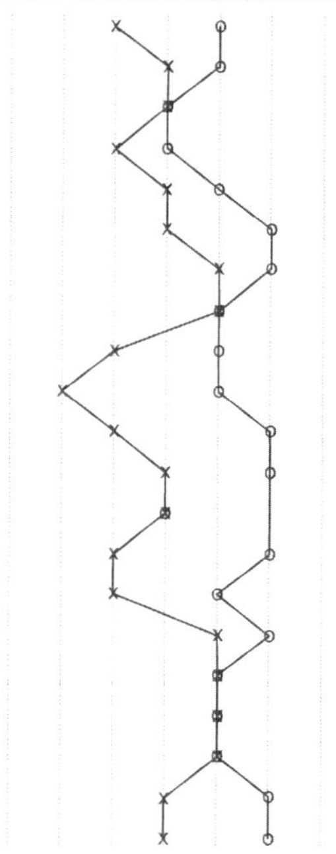

1 2 3 4 5 6 7

82 — Summe -x-
110 — Summe -o-

Wir danken Ihnen für Ihre Angaben und Ihre Bereitschaft, uns bei einer mitarbeiternahen Personalarbeit zu unterstützen.

aus: Mayerthaler 1987

Die Fluktuation hat nicht nur negative Seiten. In für ein Unternehmen wirtschaftlich schwierigen Zeiten sind Eigenkündigungen von Mitarbeitern willkommen, vorausgesetzt, es sind die „richtigen" Mitarbeiter und nicht diejenigen, die man eigentlich an sich binden wollte. Und: Kündigungen von Mitarbeitern mit keiner oder eher geringer emotionaler Bindung kann man ebenfalls positiv werten, vorausgesetzt man weiß, dass es sich um Mitarbeiter dieser Gruppe handelt.

3.8 Personalfreisetzung

Leitfragen

- Was bedeutet Personalfreisetzung und welche Wege stehen zur Freistellung personeller Kapazität zur Verfügung?
- Welche Maßnahmen der Personalfreisetzung gelten als „sozialverträglich"?
- Wo hat das Personalmanagement in wirtschaftlich schwierigen Zeiten besondere Akzente zu setzen?

Hinter dem Begriff „Personalfreisetzung" verbergen sich thematisch eine Reihe von Möglichkeiten, die **personellen Kapazitäten im Unternehmen** zu **reduzieren** – die Entlassung von Mitarbeitern ist nur eine davon. Im Personalmanagement hat sich inzwischen eine Betrachtungsweise durchgesetzt, die zwischen Personalfreisetzung (Personalanpassung), Personalabbau (Personaleinschränkung, Personalreduzierung) und Personalentlassung deutlich differenziert. Bei diesen Formen der offenen Trennung von Mitarbeitern liegt die Aktivität beim Unternehmen; genaugenommen kann auch die verdeckte Trennung, z. B. in Gestalt von Mobbing als Freisetzung angesehen werden, wenngleich die Aktivität hierbei an anderer Stelle liegt. Weitergehende Ideen, die vor allem durch die letzte Rezession (wieder) genährt wurden, greifen das Personalmanagement insgesamt auf und fragen nach den Besonderheiten in wirtschaftlich schwierigen Zeiten (Krise), insbesondere auch danach, wie man sich auf rezessive Erscheinungen vorbereitend einstellen kann. Welche Handlungsmöglichkeiten haben Personalabteilungen in Krisenzeiten? Wie wirken die einschlägigen Maßnahmen? Was machen Personalabteilungen gut, was nicht? Welche Rolle sollen bzw. können Personalabteilungen in Krisenzeiten spielen? – um diese Fragen geht es im Weiteren. Eine Anmerkung am Rande: Der chinesische Begriff für Krise besteht aus zwei Schriftzeichen – diese bedeuten „Gefahr" und „Chance".

Die Ursachen für Personalfreisetzungen liegen im betriebsinternen (wirtschaftliche, technische, organisatorische Veränderungen) und/oder im externen (strukturelle, konjunkturelle Veränderungen) Bereich. Hinsichtlich ihres Umfangs und der Dauer können Freisetzungsmaßnahmen mehr oder weniger vorhersehbar, zeitlich begrenzt oder von Dauer sein; somit lassen sich diese Krisenarten unterscheiden:

- extern verursachte (z. B. Ölkrise 1973) und „selbstgemachte" Krisen – 80 % der Krisen sind auf Managementfehler zurückzuführen!
- punktuelle und nationale sowie weltweite Krisen (z. B. Japankrise 1991)
- Branchenkrisen (z. B. Dotcomkrise 2000) und allgemeine Krisen
- schleichende und plötzliche Krisen (z. B. Finanzkrise 2008)

Es ist wichtig, die internen und/oder externen **Ursachen und** das **Ausmaß** genau zu kennen und zu analysieren, wenn man die richtigen Maßnahmen ergreifen will. Neben der arbeitsrechtlichen und der betriebswirtschaftlichen Perspektive hat die Personalfreisetzung immer auch personalwirtschaftliche (Motivation, Betriebsklima, Arbeitgeberimage), psychologische (Selbstwertgefühl, Sicherheit) sowie gesamtwirtschaftliche (Steueraufkommen, Belastung der Arbeitslosenversicherung und der öffentlichen Haushalte) und gesellschaftliche Aspekte (regionale Arbeitslosigkeit, Armut). Sie ist somit ein vielschichtiges Themenfeld, das die frühzeitige Einschaltung der Personalverantwortlichen erfordert.

Dabei zeigen Entwicklungen der jüngeren Zeit, dass vor allem der **internen und externen Kommunikation über die Personalfreisetzung** hohe Bedeutung zukommt, weil insbesondere die Motivation der verbleibenden Mitarbeiter sowie das Image des Unternehmens in der Öffentlichkeit erheblichen Schaden nehmen können. Kommunikationszeitpunkt, Kommunikationsmedien, sachliche und emotionale Kommunikationsinhalte sowie Kommunikation an die gesamte Belegschaft, an den Kreis der betroffenen Mitarbeiter, an einzelne tangierte Mitarbeiter sowie an Betriebsrat und Führungskräfte der betroffenen Mitarbeiter wollen gut aufeinander abgestimmt und in ein schlüssiges Kommunikationskonzept eingebunden sein.

Einen Überblick über die im Anschluss zu besprechenden Maßnahmen der Personalfreisetzung gibt die Abbildung auf der nächsten Seite.

3.8.1 Anpassung der Arbeitszeit

Im Vorfeld jedes Personalabbaus, der mit einem geringeren Personalbestand einher geht, wird man versuchen, mit den Maßnahmen der **zeitlichen Anpassung** auszukommen: Abbau von Überstunden und Mehrarbeit, „Verordnen" von Betriebsferien und Urlaubszeiten, Vereinbarung von Arbeit auf Abruf, befristete Arbeitszeitreduktion, flexible Arbeitszeitmodelle und Arbeitszeitkonten, Verlängerung der Elternzeit, Sabbaticals und Kurzarbeit sind die wesentlichen Maßnahmen, bei denen es darum geht, in Erwartung eines baldigen Aufschwungs „auf Zeit zu spielen." Das gilt im Übrigen auch für die **monetären Maßnahmen**, die an der Reduzierung der Personalkosten ansetzen: Überprüfung von variablen Leistungen, Kürzung von Sozialleistungen, variable Lohn- und Gehaltsstrukturen, Umwandlung von Gratifikation in

Zeit und Urlaub, temporärer Verzicht der Mitarbeiter auf Teile des Entgelts, z. B. tarifliche Öffnungsklauseln für Weihnachts- und Urlaubsgeld (z. B. im Chemiebereich).

Abbildung 3-25: ***Maßnahmen der Personalfreisetzung***

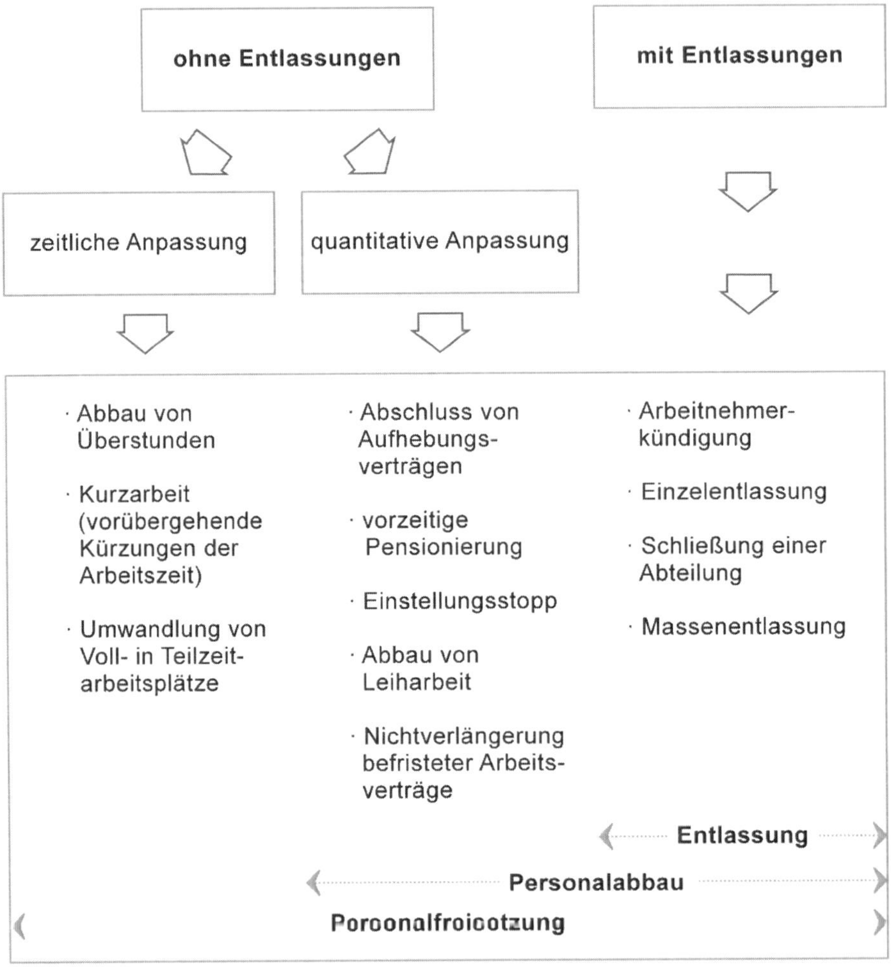

Am einfachsten gestaltet sich im Bereich der arbeitszeitbezogenen Maßnahmen der **Abbau von Überstunden** und von hohen Urlaubsbeständen. Aufwändiger, aber auch zeitlich befristet, ist die **Kurzarbeit**, die den Arbeitnehmern die Arbeitsplätze und dem Betrieb die eingearbeiteten Arbeitnehmer erhalten soll. Es geht dabei um eine vorübergehende Verkürzung der üblichen Arbeitszeit, und die Rückkehr zum ursprünglichen Arbeitszeitvolumen wird angestrebt. Im Vorfeld sind Arbeitszeitguthaben und Urlaub einzusetzen, sofern er noch nicht vom Arbeitnehmer verplant ist (SGB III, § 170, 4). Ziel der Kurzarbeit ist es, Entlassungen zu vermeiden. Kurzarbeit ist bei der zuständigen Arbeitsagentur schriftlich anzuzeigen (§ 173). Kurzarbeitergeld wurde bis 2009 bei konjunkturellen Ursachen längstens für 6 Monate, bei strukturellen Ursachen längstens für 12 Monate gezahlt (§ 177). Mit Inkrafttreten der Ersten Änderungsverordnung zur Verordnung über die Bezugsfrist für das Kurzarbeitergeld vom Mai 2009 wurde durch die Bezugsfrist für das konjunkturelle Kurzarbeitergeld in der Zeit vom 1. Januar 2009 bis zum 31. Dezember 2009 auf 24 Monate verlängert. Durch die Zweite Änderungsverordnung vom Dezember 2009 wurde die Bezugsfrist für das konjunkturelle Kurzarbeitergeld in der Zeit vom 01.01.2010 bis zum 31.12.2010 auf 18 Monate verlängert. Die Rechtsverordnung stellt sicher, dass Betriebe, die mit der Kurzarbeit zu irgendeinem Zeitpunkt innerhalb des Jahres 2009 beginnen, generell die Regelung einer maximalen 24-monatigen Kug-Regelbezugsfrist nutzen können. Dies schließt auch die Fälle ein, in denen bereits vor Januar 2009 Kurzarbeitergeld bezogen wurde.

An die Gewährung von Kurzarbeitergeld (komplizierte Berechnung – 67 % bzw. 60 % vom Netto-Arbeitsentgelt, § 178 und 179), das bei der Arbeitsagentur zu beantragen ist, knüpft das Sozialgesetzbuch (SGB III) bestimmte Voraussetzungen (§ 169, 170): erheblicher Arbeitsausfall (wirtschaftliche Gründe oder unabwendbares Ereignis, vorübergehend, nicht vermeidbar) mit Entgeltausfall (mehr als 10 % des monatlichen Bruttoentgelts) in einem Kalendermonat für mindestens ein Drittel der Arbeitnehmer (§ 170). Dort ist auch geregelt, dass Kurzarbeitergeld nicht gewährt wird, wenn der Arbeitsausfall „überwiegend branchenüblich, betriebsüblich oder saisonbedingt ist oder ausschließlich auf betriebsorganisatorischen Gründen beruht" (§ 170, 4). Somit begründen zum Beispiel Rationalisierungsmaßnahmen wie die Einführung von Industrierobotern keinen Anspruch auf Kurzarbeitergeld, weil es sich hier um einen dauerhaften Minderbedarf an Mitarbeitern handelt. Während der Kurzarbeit stehen die Arbeitnehmer der Vermittlung durch die Arbeitsagentur zur Verfügung (§ 172, 3 SGB III).

Die freiwillige **Umwandlung von Vollzeit- in Teilzeitarbeitsplätze** ist eine weitere Maßnahme, die der Erhaltung des Personalbestands – bei reduzierter Arbeitszeit – dient. Diese Maßnahme kommt dem Wunsch vieler Arbeitnehmer entgegen; bedauerlich ist allerdings, dass diese Reaktion auf einen geringeren Bedarf an personeller Kapazität häufig erst unter einem erheblichen „Leidensdruck" von den Betrieben angegangen wird. Eine besondere Variante der Umwandlung für alle Mitarbeiter wurde vor einiger Zeit bei VW auf tarifvertraglicher Basis realisiert, um größere Entlassungen am Standort Wolfsburg zu vermeiden.

Innerbetriebliche Umschichtungen von Personalkapazitäten (**Versetzungen**) zählen in größeren Unternehmen – aus der Sicht der abgebenden Firmenstelle – zu den Maßnahmen der Personalfreisetzung, die unter dem Strich – aus dem Blickwinkel des Unternehmens – nicht zu einem reduzierten Personalbestand führen.

3.8.2 Personalabbau ohne Entlassungen

Bei allen folgenden Maßnahmen verringert sich der Personalbestand: **Abbau von Leiharbeit, Nichtverlängerung befristeter Arbeitsverträge und Einstellungsstopp** mit Ausnutzung der natürlichen Fluktuation. Der Einstellungsstopp – generell oder für bestimmte Mitarbeitergruppen – gilt als wirksame Maßnahme, die jedoch bei längerfristiger Anwendung problematische Effekte in der Altersstruktur der Belegschaft nach sich ziehen kann.

Die **vorzeitige Pensionierung** war lange Zeit eine intensiv genutzte Möglichkeit, sich von älteren Mitarbeitern zu trennen. Damit waren zwar Kosten verbunden, aber die hielten sich in Grenzen. Die sog. „Aktion 59“ und der gesetzlich geförderte Vorruhestand (1984-1988) entlasteten den Arbeitsmarkt zugunsten Jüngerer, aber auch auf Kosten der Gesellschaft. Inzwischen sind die Bestimmungen des Arbeitsförderungsgesetzes (§ 128) so gefasst, dass Vereinbarungen zwischen Arbeitgeber und Mitarbeiter über ein frühzeitiges Ausscheiden mit anschließender Arbeitslosigkeit aus Kostensicht wenig attraktiv für die Unternehmen erscheinen. Eine besondere Variante war bzw. ist die Altersteilzeit, die einen gleitenden Übergang in den Ruhestand (1988-1992, 1996-2009) ermöglicht(e).

Eine häufig genutzte Variante des Personalabbaus ohne Entlassung ist die freiwillige Vereinbarung zwischen Arbeitgeber und Mitarbeiter, der sog. **Aufhebungsvertrag**. Das Arbeitsverhältnis wird im beiderseitigen Einvernehmen beendet. Für diese frei vereinbarte Auflösung des Arbeitsvertrags gelten keine grundsätzlichen Einschränkungen. Allerdings „kauft“ der Arbeitgeber seinem Mitarbeiter den sicheren Arbeitsplatz bzw. die unbefristete Beschäftigung regelrecht ab, indem er ihm eine Abfindung für den Verlust des Arbeitsplatzes zahlt, die nach den Bestimmungen des Einkommensteuergesetzes (§ 3, Ziff. 9 EStG) innerhalb bestimmter Grenzen steuer- und sozialversicherungsfrei gezahlt werden kann. Dabei sind neuerdings Anrechnungen auf die Leistungen der Arbeitsförderung (Arbeitslosengeld, Arbeitslosenhilfe) zu berücksichtigen, die solche Aufhebungsverträge weniger attraktiv erscheinen lassen. Bei dieser Form des Personalabbaus hat der Betriebsrat keinerlei Mitwirkungsrechte. Die Unternehmen nutz(t)en den Aufhebungsvertrag aus verschiedenen Gründen gern: um das eigene Image nicht durch Entlassungen zu beschädigen, um Sozialpläne zu vermeiden und vor allem um sich von (problematischen) Mitarbeitern zu trennen, die bei der Sozialauswahl im Rahmen einer normalen Arbeitgeberkündigung weitergehenden Schutz genießen würden.

3.8.3 Outplacement und Beschäftigungsgesellschaften

Als besondere Form der Trennung von langjährigen Führungskräften, die in der Regel auf einem Aufhebungsvertrag aufbaut, ist das sog. **Outplacement** (bzw. Newplacement) zu sehen. Outplacement bedeutet Hilfe bei der emotionalen Bewältigung der Trennung vom Unternehmen und vor allem bei der Suche nach einem neuen Arbeitsplatz. Wenn es gelingt, die ausscheidende Führungskraft rasch einem anderen Arbeitgeber zu vermitteln, profitieren beide Seiten beträchtlich, selbst wenn erhebliche Beträge für einen externen Outplacement-Berater aufzuwenden sind (ca. 20 % eines jährlichen Bruttoverdienstes der zu vermittelnden Führungskraft). In Zukunft wird diese Methode der Trennungsberatung wahrscheinlich über den Kreis der höheren Führungskräfte hinaus auch für weitere Arbeitnehmergruppen ausgedehnt.

Die **Outplacementberatung** ist ein noch relativ junges personalpolitisches Instrument. Wortwörtlich bedeutet Outplacement, dass Unternehmen ihre Mitarbeiter mithilfe externer Berater außerhalb der eigenen Firma bei einem neuen Arbeitgeber erfolgreich „platzieren". Das Outplacement-Konzept bedeutet, freigesetzten Führungskräften ein Beratungspaket anzubieten, welches an ihren individuellen Stärken und ihrer beruflichen Erfahrung ansetzt. Mit Hilfe dieser ganzheitlichen Beratung soll es dem Mitarbeiter gelingen, sich schneller von der psychischen Verarbeitung des Verlustes zu regenerieren sowie neue berufliche Ziele zu formulieren und schnellstmöglich eine auf seine Wünsche und Fähigkeiten ausgerichtete Anstellung zu finden. Die Outplacementberatung ist dabei aber keine reine Arbeitsvermittlung; vielmehr möchte sie zusammen mit dem Klienten Perspektiven erarbeiten und Methoden vermitteln, welche den Klienten auch über den Beratungsprozess hinaus mit den nötigen Kompetenzen ausstatten, um einen Karriereknick zu vermeiden. Früher ausschließlich auf Führungskräfte angewandt, wird Outplacement heute auch in Gruppenform bei Tarifmitarbeitern eingesetzt. Diese Form des Outplacement beinhaltet zusätzlich rechtliche Möglichkeiten zur Förderung nach dem SGB III.

Der **Ablauf eines Outplacementprozesses** folgt in der Regel diesem Schema:

- Kontaktgespräch mit dem Unternehmen
- Informationsgespräch mit dem Betroffenen
- „Arbeiten" mit dem Outplacement-Kandidaten, konkret in Form von
  - Potenzialanalyse und Zieldefinition
  - Strategien für den Arbeitsmarkt
  - Umsetzung und Begleitung
  - Coaching nach Antritt der neuen Stelle
  - ggf. Wiederaufnahme der Beratung beim Scheitern in der Probezeit

Der konkrete **Nutzen für die betroffenen Führungskräfte** zeigt sich in

- der Verringerung traumatischer Erfahrungen bei Kündigungen,
- der Vermeidung von Arbeitslosigkeit und Verkürzung des Suchprozesses,
- der professionellen individuellen Karriereplanung und -beratung,

- der hohen Sicherheit, eine neue, angemessene Position zu finden,
- der Vermeidung von Gehaltseinbußen sowie in
- der Möglichkeit, die momentane Positionskrise aktiv zu bewältigen und als Karrierechance zu nutzen.

Diese Argumente belegen den **Nutzen für das Unternehmen**:

- Vermeidung von teuren Rechtsstreitigkeiten
- finanzielle Einsparungen durch Verkürzung teurer Verträge
- Sicherung des Unternehmensimages
- Flexible Anpassung von Führungsstrukturen an neue Unternehmensanforderungen
- Stärkung der Glaubwürdigkeit des Managements durch die Demonstration einer fürsorglichen Unternehmenskultur
- Erhaltung eines guten innerbetrieblichen Arbeitsklimas
- Vermeidung negativer Signalwirkung auf verbleibende Führungskräfte

In verkürzter Sicht werden oft nur die direkten hohen **Kosten des Outplacements** betrachtet. Dass unprofessionelle Trennungen indirekte Folgekosten nach sich ziehen, die weit über die Kosten einer Outplacementberatung hinausgehen und nicht unmittelbar messbar sind, das wird nicht beachtet. Die durchschnittliche Beratungsdauer bis zum erfolgreichen Zustandekommen eines neuen Arbeitsverhältnisses dauert 6 Monate; beim Einzeloutplacement von Führungskräften werden Vermittlungsquoten von über 90 % berichtet – zumindest von den Outplacementberatungs-Gesellschaften.

Anders als das Outplacement, das Führungskräfte als Zielgruppe hat, stellen sich die **Beschäftigungsgesellschaften**, Auffang-, Transfer- oder Qualifizierungsgesellschaften dar. Sie kommen bei größeren Freisetzungsmaßnahmen sowie in erster Linie für die Gruppe der tariflichen Mitarbeiter infrage. Da solche Gesellschaften die ihnen übergebenen Mitarbeiter nicht direkt „beschäftigen", sondern sie weiterqualifizieren und bei der Jobsuche unterstützen, sind sie seit der neuen Hartz-Gesetzgebung von 2004 auch unter der Bezeichnung „Transfergesellschaft" bekannt. Sie zählen zu den sozialverträglichen Personalfreisetzungsmethoden.

Als **Aufgaben und Ziele** von Transfergesellschaften gelten mit Blick auf die Mitarbeiter:

- Weiterqualifizierung der betroffenen Mitarbeiter
- Unterstützung bei Bewerbungen und beim Finden neuer Jobs
- Förderung der Eigeninitiative
- möglichst langfristige und dauerhafte Wirkung
- bessere Chancen für „schwierige Mitarbeiter" (z. B. hoher Altersdurchschnitt, großer Weiterbildungsbedarf, Notwendigkeit einer Umschulung...)
- Verkürzung bzw. Vermeidung der Zwischenphase der Arbeitslosigkeit
- finanzielle Absicherung des Mitarbeiters

Beschäftigungsgesellschaften können **intern** als sog. „betriebsorganisatorisch eigenständige Einheit" (beE) gegründet werden. Dabei werden alle betroffenen Mitarbeiter in einer eigenen Organisation zusammengefasst, welche zwar zum Unternehmen gehört, aber eigenständig organisiert ist. Bei der **externen Variante** wechseln die betroffenen Mitarbeiter vom bisherigen Unternehmen zu einem vom Unternehmen unabhängigen Träger (i.d.R. eine juristische Person). Dabei entsteht ein sog. dreiseitiger Vertrag. Das Arbeitsverhältnis zwischen dem Arbeitnehmer und dem bisherigen Arbeitgeber wird gekündigt bzw. es wird ein Aufhebungsvertrag abgeschlossen; zwischen der Beschäftigungsgesellschaft und dem Arbeitgeber entsteht ein Auftrag bzw. ein Kooperationsvertrag; die Arbeitnehmer erhalten von der Beschäftigungsgesellschaft einen befristeten Vertrag, z. B. über ein Jahr.

Die **Finanzierung** sämtlicher Entgeltzahlungen eines Mitarbeiters im Rahmen von Transfergesellschaften ist weitgehend rechtlich geregelt. 2004 wurden diese rechtlichen Regelungen neu überarbeitet und in den Paragraphen 216a und 216b SGB III festgelegt. Eine Teilfinanzierung von 50 % wird dabei von der Agentur für Arbeit übernommen, jedoch darf diese 2.500 Euro je Mitarbeiter nicht übersteigen. Damit soll ein angemessener Anteil durch den Arbeitgeber gesichert werden. Das sog. Transferkurzarbeitergeld ist eine weitere Finanzierungsmöglichkeit. Es steht dem Arbeitnehmer höchstens 12 Monate zur Verfügung und beträgt 60 bzw. 67 % der Nettoentgeltdifferenz. Alle übrigen entstehenden Kosten, z. B. die Beiträge zur Sozialversicherung sowie Urlaubs-, Feiertags- und Krankheitsentgelt sind vom Arbeitgeber zu bezahlen.

Für das Unternehmen liegen die **Vorteile einer Transfergesellschaft** in

- einem positiven Image des Unternehmens nach außen
- der Vermeidung von Kündigungsschutzprozessen durch einvernehmliche Trennung
- einem zielgenauen Personalabbau
- der kurzen Umsetzungszeit
- der Akzeptanz bei Mitarbeitern und Betriebsrat

Aus personalwirtschaftlicher Sicht besitzen die bisher besprochenen Maßnahmen der **sozialverträglichen Personalfreisetzung** unterschiedliche Wirkungen hinsichtlich des Umfangs, der Umsetzungsgeschwindigkeit sowie der vorübergehenden oder dauerhaften Wirkung; dies zeigt die folgende Abbildung im Detail.

Abbildung 3-26: ***Maßnahmen der sozialverträglichen Personalfreisetzung und deren Beurteilung***

	Eignung Abbaumaßnahmen mit		Umsetzbarkeit		Wirkung		Reduktion von	
Maßnahme	kleinem Umfang	großem Umfang	sofort	mittelfristig	vorübergehend	dauerhaft	Anzahl der Mitarbeiter	nur Kosten
Aufhebungsvertrag	X	X	X			X	X	
Vorruhestand	X		X			X	X	
Altersteilzeit	X			X		X	X	
Arbeitszeitveränderung	X		X		X			X
Ausgliederung von Betriebsteilen		X		X		X	X	
Insourcing	X			X		X		X
Sabbaticals	X		X		X		X	
Stipendien	X			X	X		X	
Job Sharing	X			X	X		X	
Natürliche Fluktuation und Einstellungsstopp	X			X		X	X	
Nichtverlängerung von befristeten Verträgen	X			X		X	X	
Nichtverlängerung von Leiharbeitsverträgen	X		X			X		X
Verleihen von eigenen Mitarbeitern	X		X		X			X
Abbau von Mehrarbeit	X		X		X			X

aus: Wagner/Wahba 2005

3.8.4 Kündigung und Entlassung

Der Kündigung durch den Arbeitnehmer und der (Einzel)Entlassung (Kündigung durch den Arbeitgeber) kommt bei der Personalfreisetzung die größte Bedeutung zu. Dabei sind verschiedene **Formen der Arbeitgeberkündigung** zu unterscheiden. Als ordentliche Kündigung erfolgt sie unter Einhaltung der Kündigungsfristen, außerordentliche Kündigungen sind i.d.R. fristlos. Aus individualarbeitsrechtlicher Sicht ist sie eine verhaltensbedingte Kündigung, eine personenbedingte Kündigung oder eine betriebsbedingte Kündigung (siehe folgende Übersicht) (siehe hierzu ausführlich Teil 4).

Übersicht: ***Kündigungsarten***

Art	Erläuterung
Arbeitnehmerkündigung	Aktivität geht vom Mitarbeiter aus (keine Begründungspflicht)
Einzelentlassung (Arbeitgeberkündigung)	Aktivität geht vom Arbeitgeber aus (Begründungspflicht)
• **außerordentlich**	ohne Einhaltung der Kündigungsfrist bei besonderen Vorkommnissen, z. B. Betrug oder Arbeitsverweigerung (§ 626 BGB)
• **ordentlich**	Einhaltung der Kündigungsfrist (§ 622 BGB)
- **betriebsbedingt**	Rationalisierung, Reorganisation, Personalabbau
- **verhaltensbedingt** (mit Abmahnung)	unentschuldigtes Fehlen trotz Abmahnung, Verstoß gegen Arbeitsanweisungen
- **personenbedingt**	mangelnde bzw. deutlich nachlassende Fähigkeiten
Massenentlassung	Anzeigepflicht beim Arbeitsamt (nach § 17, 1 und 3 KSchG) (Begründungspflicht)
• **ohne Sozialplan**	Information des Betriebsrats nach § 17, 2 KSchG
• **mit Sozialplan**	Zutreffen der Bestimmungen des § 111 BetrVG

Grundsätzlich hat der **Betriebsrat** bei Kündigungen ein **Widerspruchsrecht** (siehe § 102 BetrVG). Bei den folgenden im Gesetz fest und abschließend vorgegebenen Gründen kann der Betriebsrat widersprechen:

- Verstoß gegen die Sozialauswahl (§ 1 KSchG)
- Verstoß gegen eine (interne) Auswahlrichtlinie (nach § 95 BetrVG)
- Möglichkeit der Weiterbeschäftigung an einem anderen Arbeitsplatz, nach zumutbaren Qualifizierungsmaßnahmen bzw. unter geänderten vertraglichen Bedingungen (Änderungskündigung mit Einverständnis des Mitarbeiters)

---

§ 102, 1 und 2 BetrVG – Mitbestimmung bei Kündigungen

(1) Der Betriebsrat ist vor jeder Kündigung zu hören. Der Arbeitgeber hat ihm die Gründe für die Kündigung mitzuteilen. Eine ohne Anhörung des Betriebsrats ausgesprochene Kündigung ist unwirksam.

(2) Hat der Betriebsrat gegen eine ordentliche Kündigung Bedenken, so hat er diese unter Angabe der Gründe dem Arbeitgeber spätestens innerhalb einer Woche schriftlich mitzuteilen. Äußert er sich innerhalb dieser Frist nicht, gilt seine Zustimmung zur Kündigung als erteilt.

Aus dem obigen Katalog von Widerspruchsgründen kommt der sozial ungerechtfertigten Kündigung (sog. **Sozialauswahl**) in der Praxis die größte Bedeutung zu. Welche Gesichtspunkte sind bei der Sozialauswahl zu berücksichtigen? Die Sozialauswahl hat gemäß § 1,3 KSchG nach folgenden Kriterien zu erfolgen:

- Betriebszugehörigkeit
- Lebensalter
- Unterhaltsverpflichtungen (familiäre Situation, Vermögensverhältnisse...)
- Schwerbehinderung

Dabei geht man so vor, dass zunächst der Kreis der vergleichbaren Arbeitnehmer ermittelt wird. Dann folgt die eigentliche Auswahl nach diesen Kriterien. Zuletzt wird geprüft, ob einzelne Arbeitnehmer aus der Auswahl wieder herausgenommen werden dürfen, weil ihre weitere Beschäftigung im berechtigten betrieblichen Interesse liegt (siehe auch Teil 4).

Der Arbeitnehmer kann sich darauf berufen, dass die Kriterien der Sozialauswahl nicht bzw. nicht ausreichend berücksichtigt wurden (Kündigungsschutzklage beim zuständigen Arbeitsgericht). Fehler bei der Sozialauswahl stellen die häufigsten Probleme im Rahmen von Kündigungen dar. Der Arbeitgeber befindet sich häufig in einem Dilemma. Die Mitarbeiter, die er aufgrund ihrer guten Leistungen halten möchte, haben die schlechteren Sozialdaten; die anderen, weniger leistungsfähigen sind geschützt. Er muss sich somit von den Leistungsträgern trennen.

Die einheitlichen Kündigungsfristen für Arbeiter und Angestellte sind in § 622 BGB geregelt. Daneben existieren zahlreiche Sonderbestimmungen, die die **Kündigung von** besonders **schutzbedürftigen Personengruppen** erschweren oder unmöglich machen, so zum Beispiel bei Schwerbehinderten, bei werdenden Müttern, bei älteren Arbeitnehmern, bei jugendlichen Arbeitnehmern, bei Wehr- bzw. Ersatzdienstpflichtigen und bei Arbeitnehmervertretern (Betriebsrat, Jugendvertretung).

Der Arbeitgeber ist verpflichtet, der **Arbeitsagentur Anzeige** zu erstatten, bevor er z. B. in Betrieben mit in der Regel mehr als 20 und weniger als 60 Arbeitnehmern mehr als 5 Arbeitnehmer innerhalb von 30 Kalendertagen entlässt. Den Entlassungen stehen andere Beendigungen des Arbeitsverhältnisses gleich, die vom Arbeitgeber veranlasst werden.

Neben dieser Regelung des Kündigungsschutzgesetzes räumt das Betriebsverfassungsgesetz dem Betriebsrat Mitwirkungsrechte bei sog. Betriebsänderungen in Betrieben mit mehr als 20 Mitarbeitern ein, sofern die Betriebsänderung wesentliche Nachteile für die gesamte oder erhebliche Teile der Belegschaft mit sich bringt. Was unter einer **Betriebsänderung** genau zu verstehen ist, legen § 111 und 112 a BetrVG fest:

- Einschränkung, Stilllegung oder Verlegung des ganzen Betriebs oder von wesentlichen Betriebsteilen
- Zusammenschluss mit anderen Betrieben oder die Spaltung von Betrieben
- grundlegende Änderung der Betriebsorganisation, des Betriebszwecks, der Betriebsanlagen, der Arbeitsmethoden oder der Fertigungsverfahren
- betriebsbedingte Entlassung, einschließlich Aufhebungsverträgen, in bestimmtem Umfang

Bei Betriebsänderungen muss der Arbeitgeber versuchen, einen **Interessenausgleich** über das „Ob, Wann und Wie" der Betriebsänderung mit dem Betriebsrat herbeizuführen; dabei ist nicht erheblich, ob das gelingt (§ 112, 1 und 2 BetrVG). Unterlässt der Arbeitgeber diesen Versuch, so treffen ihn die (harten) Konsequenzen des Nachteilsausgleichs (§ 113 BetrVG). In einem vom Gesetzgeber gesondert angesetzten, in der Praxis aber kaum vom Interessenausgleich zu trennenden Verfahren, verhandeln Arbeitgeber und Betriebsrat danach über den **Sozialplan**, welcher der vollen Mitbestimmung des Betriebsrats unterliegt. Der Sozialplan regelt die Maßnahmen über den „Ausgleich oder die Milderung der wirtschaftlichen Nachteile, die den Arbeitnehmern infolge der geplanten Betriebsänderung entstehen" (§ 112, 1 BetrVG). Kommt eine Einigung zwischen beiden Parteien nicht zustande, so können beide Seiten den Präsidenten der Landesarbeitsagentur als (unverbindlich agierenden) Vermittler anrufen; das Gleiche gilt in einer ersten Runde für die Einigungsstelle. Scheitern diese Vermittlungsversuche, dann entscheidet die Einigungsstelle verbindlich. Die folgende Übersicht zeigt nochmals die wichtigsten Bestimmungen.

Übersicht: ***Interessenausgleich und Sozialplan***

	Interessenausgleich	**Sozialplan**
Inhalt	Ob, wann und wie der Betriebsänderung	Ausgleich/Milderung wirtschaftlicher Nachteile für die Mitarbeiter
Mitbestimmung	Schwach (Versuch des Arbeitgebers)	Stark (Zustimmung bzw. Entscheidung der Einigungsstelle)

Der Betriebsrat kann zwar (über den Interessenausgleich) die Betriebsänderung nicht verhindern, er kann aber die Einigungsstelle anrufen und insgesamt gesehen das Verfahren erheblich verzögern, so dass der Arbeitgeber viel Zeit (bis zu 18 Monaten) benötigt, bis er die ersten Maßnahmen in die Wege leiten kann.

Die Sozialpläne der Praxis, die die Wirkung von Betriebsvereinbarungen haben, sehen zwar in erster Linie Abfindungen für den Verlust des Arbeitsplatzes vor; möglich sind aber auch Versetzungen (evtl. mit zeitlich befristetem Lohnausgleich), Umschulungen, vorzeitige Pensionierung, Outplacement-Beratung, Wiedereinstellungszusagen u. a. m.

Die **Problematik von Sozialplänen** liegt

- in der schematischen Behandlung der Mitarbeiter, die einerseits zu Mitnahmeeffekten (Überkompensation der Nachteile) und andererseits zu extremer Unterversorgung führen kann
- in den Wirkungen der Sozialauswahl und in dem Effekt, dass gute Mitarbeiter sich frühzeitig nach einer neuen Arbeitsstelle umsehen
- in den erheblichen Aufwendungen, die (in einer schwierigen Lage) dann nicht für Investitionen zur Verfügung stehen und ggf. extern finanziert werden müssen

Neben der arbeitszeitbezogenen Personalfreisetzung, dem Personalabbau und den Entlassungen wird ein Maßnahmenbereich häufig übersehen: die Qualifizierung von Mitarbeitern in Krisenzeiten. Bei der letzten (Banken- und Automobil)Krise haben Unternehmen allerdings deutlich häufiger auf die Möglichkeit der **Qualifizierung während Kurzarbeit** zurückgegriffen, nicht zuletzt auch wegen entsprechender Förderung durch die Arbeitsagentur (seit 2009). Und: Die durch **Kurzarbeit** frei werdenden Zeitkapazitäten der Arbeitnehmer können seit dem Sommer 2010 auch für Maßnahmen im Bereich der **Gesundheitsprävention** oder des betrieblichen Gesundheitsschutzes aktiv genutzt werden, um hierdurch die Gesundheit der Arbeitnehmerinnen und Arbeitnehmer und deren Beschäftigungsfähigkeit zu fördern.

Die **Wirkungen** der „klassischen Freisetzungsmaßnahmen" lassen sich **aus betriebswirtschaftlicher Sicht** folgendermaßen unterscheiden:

- kleiner oder großer Wirkungsumfang
- teuer oder „ohne großen Aufwand"

- sofortige oder mittelfristige Umsetzungsmöglichkeit
- vorübergehende oder dauerhafte Wirkung

3.8.5 Personalmanagement in wirtschaftlich schwierigen Zeiten

Alle Maßnahmen der Personalfreisetzung besitzen neben den (häufig vordergründigen) Kosteneinsparungen immer auch **Imagewirkungen nach außen und Bindungswirkungen nach innen**, deren man sich bewusst sein muss. Spätestens bei der nächsten Beschaffungskampagne kommen diese zum Tragen. Personalfreisetzungen bei gleichzeitigen Rekordgewinnen schätzen die Stellensuchenden als äußerst kritisches Verhalten von Unternehmen ein. Und: Hier wirkt auch die sog. „Survivorproblematik“, d. h. diese Denkweise bei den im Unternehmen verbleibenden Mitarbeitern: „Wie sie meinen Kollegen behandelt haben, werden sie auch mich behandeln.“ Letztlich geht es um das Vertrauen der Belegschaft in das Management bzw. um ethisch korrektes Verhalten in der Krise (und in guten Zeiten).

Abbildung 3-27: ***Maßnahmen der Personalfreisetzung und deren Wirkungen***

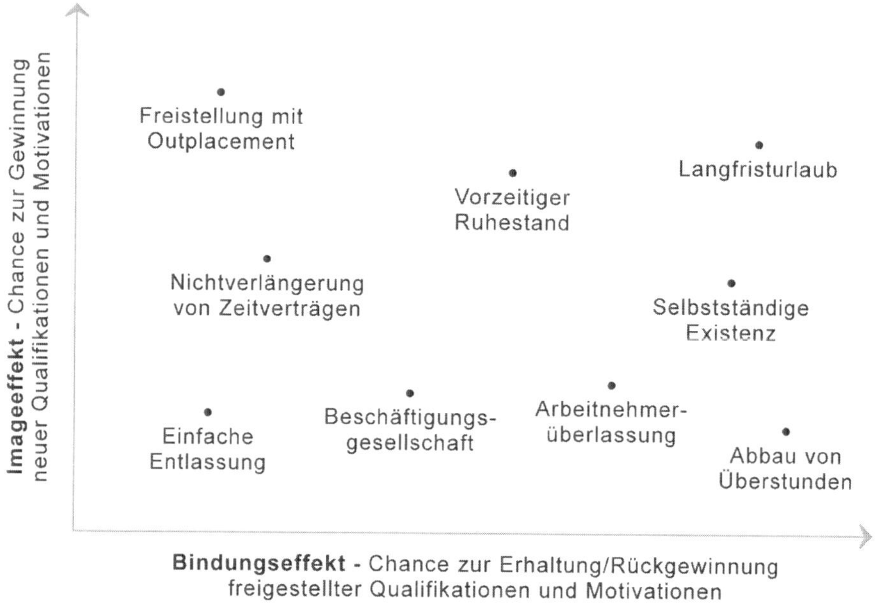

ähnlich: Klimecki/Gmür 2001

Neben allen besprochenen arbeitsrechtlichen und betriebswirtschaftlichen Überlegungen hat das Personalmanagement in wirtschaftlich schwierigen Zeiten weitere personalpolitische Fragen größerer Reichweite zu beantworten. Dass sich hierbei viele Unternehmen schwer tun, haben zurückliegende Rezessionen in fast peinlicher Art und Weise gezeigt. Die Personalabteilungen wurden und werden aktuell oft als **Erfüllungsgehilfen für Personalabbau** gesehen, wenngleich sie sich durch die Nachfrage nach ihrer arbeitsrechtlichen Trennungskompetenz gebauchpinselt fühlen. Zwar steckten viele Unternehmen ab 2008 tief in einer Krise, die so nicht absehbar war (und vor allem die Automobil- und die Finanzbranche betraf); dabei legten Personalabteilungen häufig die altbekannten Muster im Umgang mit Krisen an den Tag. Das Vertrauen in die Glaubwürdigkeit dieser Personalabteilungen schwand – einmal mehr. In der nächsten Krise geht das „Spiel" dann vermutlich wieder von vorne los. Die Personalabteilungen befinden sich – bildlich gesprochen – in einem Hamsterrad. Sie müssen ständig laufen um voranzukommen (wohin?) und haben keine Zeit, einmal über ihr Verhalten nachzudenken. Sie sind ständig im „Stress", weil sie in schlechten Zeiten den Personalbestand anpassen und in guten Zeiten den Aufschwung durch Neueinstellungen unterstützen müssen.

Personalabteilungen denken in guten Zeiten zu wenig über ihre Rolle(n) bzw. Handlungsmöglichkeiten und deren Konsequenzen in schlechten Zeiten nach und haben häufig keine strategische Perspektive. Sie spielen den „Weihnachtsmann" in guten Zeiten, den „Peitschenknaller" oder das „U-Boot" wenn es kritisch wird und den „Totengräber" wenn die Geschäftsführung es grade will (siehe Scholz/Oberschulte 1994). Die hauptsächliche Arbeit von Personalabteilungen besteht ganz oft darin, „Löcher zu stopfen" und „Feuer zu löschen". Zuzuwarten, nur kurzfristig zu denken und zu handeln, nicht verlässlich und unglaubwürdig zu agieren – dies ist nicht die Lösung.

Unternehmen brauchen ein professionelles Flexibilitäts- und Trennungsmanagement bzw. eine „Trennungskultur" (siehe hierzu Andrzejewski 2008). Stabilisierungsstrategie, Reduzierung des Arbeitsvolumens, sanfte Reduzierung und harter Abbau – das ist die Reihenfolge, die es einzuhalten gilt. Wichtig ist also eine **gestufte Strategie** des Umgangs mit dem Instrumentarium **der Personalfreisetzung**, die mit „weichen Maßnahmen" beginnt und Entlassungen bei der Stammbelegschaft zuletzt (als „ultima ratio") angeht.

Abbildung 3-28: ***Gestufte Personalfreisetzungsstrategie***

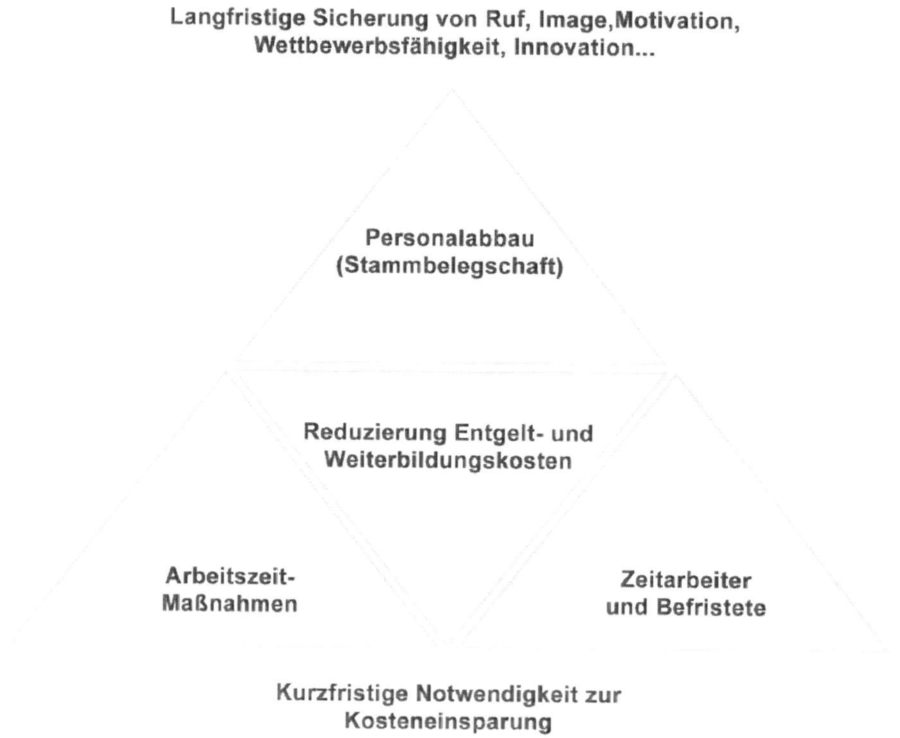

Darüber hinaus wird meist eine **differenzierte Strategie des „rightsizing“**, also des richtigen Zuschnitts notwendig; das bedeutet, dass einerseits Freisetzungsmaßnahmen zu ergreifen sind, während auf der anderen Seite gleichzeitig Bindungs- und Beschaffungsmaßnahmen erforderlich werden, um für den nächsten Aufschwung gewappnet zu sein.

Abbildung 3-29: ***Strategie des „Rightsizing"***

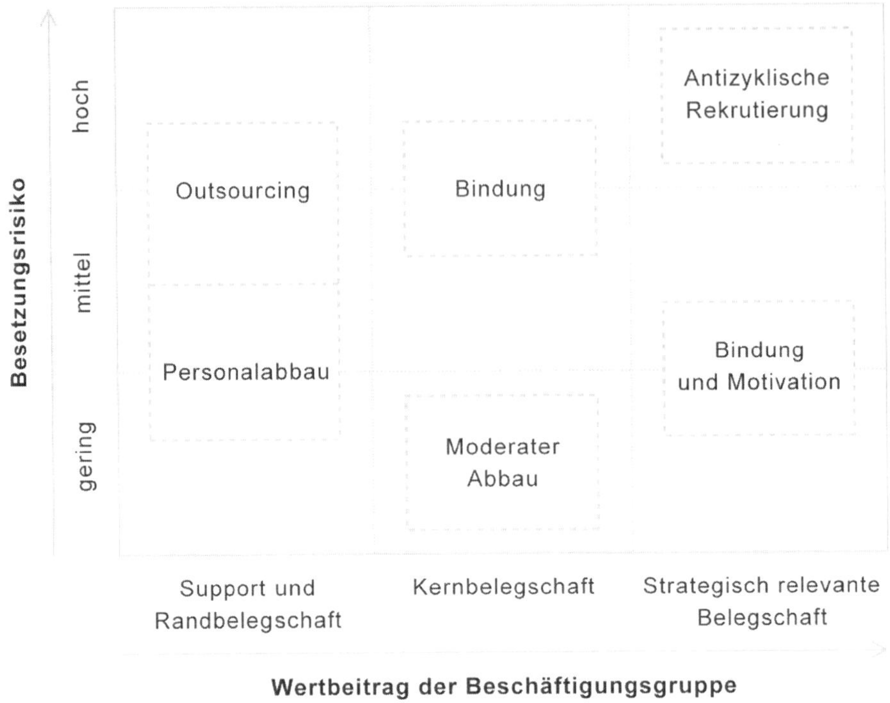

aus: Towers Perrin 2009

Empfehlenswert in schwierigen Zeiten sind diese Maßnahmen, die (zum Teil) auch die Boston Consulting Group (BCG) und die European Association for People Management (EAPM) (siehe BCG/EAPM 2009) betonen:

- saubere interne und externe Kommunikation nach klarem Konzept
- Führungskräfte unterstützen, auf „stürmisches Wetter" vorbereiten
- keine Drohgebärden bei Personalkostenreduzierungen (Belegschaften haben ein „kollektives Gedächtnis")
- Qualifizierung in der Krise
- an den richtigen Stellen Personal abbauen
- faire Trennungsprozesse
- Motivation der „Survivor"
- Talente aufbauen, Mitarbeitermotivation und -bindung beachten
- Vorbereitung auf den Aufschwung / Einstellen auf den „War for Talents"
- Lernen aus der Krise (für den nächsten Abschwung)

- Belegschaften künftig an „satten Gewinnen“ teilhaben lassen
- Flexibilitätspotenziale schaffen
- von kurz- zu langfristiger Perspektive wechseln
- in guten Zeiten über die schlechten Zeiten nachdenken
- systematisches Veränderungsmanagement betreiben

Die Grundfrage ist die nach der **sozialen Verantwortung** der Unternehmen. Eine lebenslange Beschäftigung kann heute kein Unternehmen mehr garantieren, einen fairen und sozial verantwortlichen Umgang mit den Mitarbeitern aber schon. Kurzfristige Entlassungen führen zu einer „Söldnermentalität“ seitens der Mitarbeiter. Der Blick auf das deutsche Arbeitsrecht zeigt allerdings auch, dass eine Zwei-Klassengesellschaft der Arbeitnehmer gefördert wird. Leiharbeiter und Befristete sind ohne besonderen Schutz (Bestand, Entgelt…), während unbefristet Beschäftigte einen „Überschutz“ (Sozialauswahl, Abfindungen…) genießen. Wichtig ist aber auch: Wirklich schwache Stamm-Mitarbeiter und Problemfälle darf man nicht erst in Krisenzeiten „anpacken“.

Der Personalbereich muss in Krisenzeiten mehr denn je

- ein nachhaltiger Beratungs- und Sparringspartner für die Geschäftsleitung,
- ein hilfreicher Ansprechpartner für die Führungskräfte,
- ein vertrauensgenerierender Partner für die Mitarbeiter und ein
- fairer Partner für den Betriebsrat sein sowie

insgesamt in seinem Verhalten ein **glaubwürdiger Macher mit Perspektive**.

In Zeiten, die für den Betrieb schwierig zu meistern sind, ergeben sich praktisch in allen personalwirtschaftlichen Aufgabenfeldern Fragen nach geeigneten Strategien und Vorgehensweisen. Für die **Personalpolitik** bekommen beschäftigungspolitische Leitlinien ebenso Bedeutung wie ethische Orientierungen und die Rolle der Personalabteilung. In ethischer Hinsicht taucht beispielsweise die Überlegung auf, ob mit dem (drohenden) Hinweis auf den Verlust des Arbeitsplatzes Kürzungen im Bereich der Sozialleistungen zulässig sind. Die Antwort liegt auf der Hand: Diese bedenkliche Idee lässt sich nur mit Machtaspekten bzw. der „günstigen Situation“ begründen; sie offenbart eine problematische Grundeinstellung zu den Arbeitnehmern. Eine offene und faire Umgestaltung der Sozialpolitik und die Auseinandersetzung mit den Mitarbeitern in guten Zeiten wären angebrachter. Es geht es um Glaubwürdigkeit, Kontinuität und Verlässlichkeit. Und schließlich muss auch diese Frage gestellt werden: Welchen Beitrag leistet der Personalbereich selbst zur Kostenreduzierung?

Eine gut funktionierende **Personalplanung** gibt frühzeitige Hinweise, gefolgt von den entsprechenden Weichenstellungen; die Personalplanung wird zum Frühwarnsystem, das rechtzeitiges Handeln möglich macht.

Die Personalbeschaffung bzw. das **Personalmarketing** werden in den problematischen Zeiten ebenfalls auf die Probe gestellt: Sind sie nur Schönwetterangelegenheiten? Wie will man sich gegenüber bestimmten Zielgruppen verhalten? Was geschieht mit dem Personalmarketing? Hier sind unterschiedliche Strategien – in Abhängigkeit vom Ausmaß der wirtschaftlichen Bedrohung – vorstellbar, zum Beispiel das Horten guter Nachwuchskräfte. Die Qualifizierung der Mitarbeiter und die **Personalentwicklung** stellen ebenfalls einen zentralen Prüfstein dar. In der Praxis war in den letzten Jahren eine deutliche, oft sogar dramatische Kürzung von Bildungsbudgets zu beobachten, und die traf hauptsächlich die Förderung der Schlüsselqualifikationen („Soft Skills"). Hinter dieser Kosteneinsparung werden zwei Probleme besonders gut sichtbar: ein unzureichendes Bildungscontrolling und damit ein fehlender Erfolgsnachweis sowie die schwach ausgeprägte Überzeugung, dass Qualifizierungsmaßnahmen langfristige Investitionen in das Humankapital des Unternehmens darstellen. In ähnlicher Weise wie zuvor lassen sich beispielsweise im Bereich des **Personaleinsatz**es Kehrtwendungen zurück zu den Anfangszeiten der Arbeitsorganisation feststellen. Viele Bekenntnisse zur Gruppenarbeit und zu ganzheitlichen Arbeitsstrukturen waren wohl billige Verkaufsargumente für sonnige Zeiten.

Der gleiche Tenor kann im Bereich der **Mitarbeiterführung** beobachtet werden. Dort wurde zurückliegend in einigen Unternehmen wieder offen darüber diskutiert, ob man nicht zur „ohnehin effizienteren" autoritären Führung zurückkehren solle. Auch hier zeigt sich – ebenso wie bei der kundenorientierten Personalbetreuung – das Problem vieler Festreden: Sie sind in ihrem Kern nicht ernst gemeint oder sogar bewusst unwahr.

Dieses negative Szenario beschreibt leider zu einem großen Teil die betriebliche Realität. Proaktiv wirkende Überlegungen und Ansätze zur Flexibilisierung der Personalarbeit sind eher eine Seltenheit. **Variable Entgeltsysteme** zum Beispiel, die sich der wirtschaftlichen Lage des Unternehmens automatisch anpassen („atmende Vergütung"), sind erst im Entstehen. Die Bewältigung der Krise durch Freisetzungsmaßnahmen steht überwiegend im Vordergrund, und das operativ-kurzfristige Denken der Personalverantwortlichen wird vermutlich auch bestimmend für den Umgang mit dem nächsten Aufschwung sein. Glaubwürdigkeit und Akzeptanz sind so nicht zu erreichen!!

Zum Weiterdenken

- Ohne ein gut funktionierendes Personalmarketing kommt in Zukunft kein Unternehmen mehr aus!
- Die Entwicklung ständig neuer Personalmarketingmaßnahmen ist ein „Spiel ohne Grenzen", dem sich kein Unternehmen verschließen kann.
- Das Internet verdrängt die klassischen Printmedien auf Sicht!
- Herkömmliche (freie) Vorstellungsgespräche sind nutzlos – man könnte genauso gut einen Würfel zur Hand nehmen.

- Psychologische Testverfahren werden sich in der näheren Zukunft rasant verbreiten.
- Assessment Center liefern bei Weitem nicht die gewünschten (guten) Ergebnisse – gemessen daran sind sie zu teuer.
- In der Praxis findet das Controlling der Personalauswahl nur unzulänglich statt.
- Die Einführung neuer Mitarbeiter wird zwar in jüngster Zeit von vielen Unternehmen betont und umgesetzt; dabei wird jedoch wenig systematisch vorgegangen.
- Mitarbeiterbindung ist künftig das A und O im Personalmanagement.
- Bei den aktuellen Konzepten zur Mitarbeiterbindung ist die wirtschaftliche Seite komplett „unterbelichtet".
- Rückkehrgespräche sind ein Disziplinierungsinstrument, das „wirkt".
- Eine Rezession bewirkt eine Bugwelle an Fluktuationswilligen, die beim nächsten Konjunkturaufschwung ihren Wunsch nach Veränderung nachholen.
- Outplacement bzw. Beschäftigungsgesellschaften werden immer mehr zum Standard.
- Die (gedankliche) Trennung von Interessenausgleich und Sozialplan seitens des Gesetzgebers macht keinen Sinn.
- Personalmanagement in wirtschaftlich schwierigen Zeiten ist ein zu wenig beachtetes Thema.
- In den guten Zeiten sollte man sich auf die schlechten Zeiten vorbereiten.

Quellen zu Teil 3

Achouri, C.: Recruiting und Placement, Wiesbaden 2007

Althauser, U./Schmitz, M./Venema, C.: Demographie – Engpass Personal, Köln 2008

Amelang, M./Schmidt-Atzert, L.: Psychologische Diagnostik und Intervention, 4. Aufl., Berlin 2006

Amthauer, R. u. a.: I-S-T-2000-R, Göttingen 2001

Andrzejewski, L.: Trennungskultur, 3. Aufl., Neuwied 2008

Assig, D./Beck, A.: Frauen revolutionieren die Arbeitswelt, München 1996

Backes, S.: Transfergesellschaften, 2. Aufl., Saarbrücken 2009

Badura, B. U. a.: Der Fehlzeitenreport 2006, Berlin 2006

Baillod, J. (Hrsg.): Chance Teilzeitarbeit, Zürich 2002

BCG/EAPM (The Boston Consulting Group/European Association for People Management): Creating People Advantage in Times of Crisis, o. O. 2009

Beck, C.: Professionelles E-Recruitment, Neuwied 2002

Beck, C. (Hrsg.): Personalmarketing 2.0, Köln 2008

Becker, M./Seidel, A. (Hrsg.): Diversity Management – Unternehmens-und Personalpolitik der Vielfalt, Stuttgart 2006

Bertelsmann-Stiftung/BDA (Bundesvereinigung der Deutschen Arbeitgeberverbände) (Hrsg.): Demographiebewusstes Personalmanagement, Gütersloh 2008

Bertelsmann-Stiftung/DGFP (Deutsche Gesellschaft für Personalführung): Cockpit Arbeitgeberattraktivität, Bielefeld 2005

Bitzer, B.: Das Rückkehrgespräch, Heidelberg 1999

BMFSFJ (Bundesministerium für Familie, Senioren, Frauen und Jugend): Work Life Balance, Berlin 2005

Böckly, W.: Personalanpassung, Ludwigshafen 1995

Böhm, S./Herrmann, C./Trinczek, R.: Herausforderung Vertrauensarbeitszeit, Berlin 2004

Böhm, W./Hennig, J./Popp, C.: Zeitarbeit: Leitfaden für die Praxis, Köln 2008

Bolder, A./Naevecke, S./Schulte, S.: Türöffner Zeitarbeit?, Wiesbaden 2005

Brandenburg, U./ Nieder, P.: Betriebliches Fehlzeiten-Management, 2. Aufl., Wiesbaden 2009

Brenner, D.: Neue Mitarbeiter suchen, auswählen, einstellen, Neuwied 2003

Brenner, D.: Punktlandung Mitarbeitersuche, Köln 2009

Brinkmann, R.: Personalpflege, Heidelberg 1993

Bröckermann, R./Pepels, W. (Hrsg.): Handbuch Recruitment, Mönchengladbach 2002

Bröckermann, R./Pepels, W. (Hrsg.): Personalmarketing, Stuttgart 2002

Bröckermann, R./Pepels, W. (Hrsg.): Personalbindung, Berlin 2004

Bröckermann, R./Pepels, W. (Hrsg.): Die Personalfreisetzung, Stuttgart 2005

Büssing, A. u. a. : Telearbeit und Qualität des Arbeitslebens, Göttingen 2003

Cassens, M.: Work-Life-Balance, München 2003

Dahlems, R./Leciejewski, K.: Mit Headhuntern Karriere machen, München 1998

DGFP (Deutsche Gesellschaft für Personalführung): Retentionmanagement: Die richtigen Mitarbeiter binden, Düsseldorf 2004

DGFP (Deutsche Gesellschaft für Personalführung): Flexibilitätsorientiertes Personalmanagement, Bielefeld 2006

DGFP (Deutsche Gesellschaft für Personalführung): Erfolgsorientiertes Personalmarketing in der Praxis, Bielefeld 2006

DGFP (Deutsche Gesellschaft für Personalführung): Mitarbeiter auswählen, Bielefeld 2009

Dincher, R.: Personalmarketing und Personalbeschaffung, 2. Aufl., Neuhofen 2007

Droste-Klempp, C.: Altersteilzeit, Planegg 2008

Eisele, S.: Online-Recruiting, Saarbrücken 2006

Elghahwagi, S.: Arbeitnehmerüberlassung, München 2006

Esser, A./Wolmerath, M.: Mobbing-Ratgeber für Betroffene und ihre Interessensvertretung, 5. Aufl., Köln 2008

Esslinger, A./Schobert, D. (Hrsg.): Erfolgreiche Umsetzung von Work-Life Balance in Organisationen, Wiesbaden 2007

Fank, M./Scherf. H. (Hrsg.): Handbuch Personaleinsatzplanung, Frechen 2005

Felfe, J.: Mitarbeiterbindung, Göttingen 2008

Frensch, L.: Handbuch der Arbeitnehmerüberlassung, Bremen 2006

Frey, H.: Handbuch Personalbeschaffung, 3. Aufl., München 1992

Fröhlich, W.: Nachhaltiges Personalmarketing, Frechen 2004

Gabal: Einführung neuer Mitarbeiter, Offenbach 2007

Gabrisch, J.: Die Besten entdecken, 3. Aufl., Köln 2009

Göritz, B. u. a.: Interessenausgleich und Sozialplan, Köln 2010

Grubitzsch, S./Blanke, T.: Testtheorie – Testpraxis, 2. Aufl., Eschborn 1999

Grünwald, M./Hille, E.: Mobbing im Betrieb – Abwehrstrategien und Handlungsalternativen, München 2003

Grunwald, C.: Personalerhaltung im oberen Management, Wiesbaden 2001

Gutmann, J./Kilian, S.: Zeitarbeit, München 2009

Hamm, I.: Sozialplan und Interessenausgleich, 5. Aufl., Köln 2007

Happe, G. (Hrsg.): Demografischer Wandel in der unternehmerischen Praxis, 2. Aufl., Wiesbaden 2009

Heizmann, S.: Outplacement - Die Praxis der integrierten Beratung, Bern 2003

Hemmer, E.: Sozialplanpraxis in der Bundesrepublik, Köln 1988

Hemmer, E: Sozialpläne und Personalanpassungsmaßnahmen, Köln 1997

Hertig, P.: Personalentwicklung und Personalerhaltung in der Unternehmungskrise, Bern 1996

Hesse, J./Schrader, H.: Testtraining 2000plus, Frankfurt 2009
Hildebrandt, E. (Hrsg.): Lebenslaufpolitik im Betrieb, Berlin 2007
Hoff, A.: Vertrauensarbeitszeit, Wiesbaden 2002
Hofmann, E.: Einstellungsgespräche erfolgreich führen, Wiesbaden 2008
Holz, M./Da-Cruz, P.: Demografischer Wandel in Unternehmen, Wiesbaden 2007
Horx-Strathern, O.: War for Talents, Kelkheim 2001
Hossiep, R./Paschen, M./Mühlhaus, O.: Persönlichkeitstests in der Personalauswahl, Göttingen u. a. 2000
Hossiep, R./Mühlhaus, O.: Personalauswahl und -entwicklung mit Persönlichkeitstest, Göttingen 2005
Hossiep, R./Paschen, M.: Das Bochumer Inventar zur berufsbezogenen Persönlichkeitsbeschreibung, 2. Aufl., Göttingen 2003
Hoyningen-Huene, G. v.: Der psychologische Test im Betrieb, Heidelberg 1997
Huber, G.: Das Arbeitszeugnis in Recht und Praxis, 13. Aufl., Freiburg 2010
Hünninghausen, L. (Hrsg.): Die besten gehen ins Netz, Düsseldorf 2001
Hummel, T./Wagner, D.: Differentielles Personalmarketing, Stuttgart 1996
Hunold, W.: Personalanpassung in Recht und Praxis, 3. Aufl., München 1999
Hustedt, H./Hilke, R.: Einstellungstests, Niedernhausen/Ts. 1999

Jäger,W./Frickenschmidt, S.: Human Resources im Internet 2006, 5.Aufl., Norderstedt/Wiesbaden 2006
Jeserich, W.: Mitarbeiter auswählen und fördern, München/Wien 1981
Jetter, W.: Effiziente Personalauswahl, 3. Aufl., Stuttgart 2008
John, M./Maier, G. (Hrsg.): Eignungsdiagnostik in der Personalarbeit, Düsseldorf 2007

Kanning, U./Holling, H.: Handbuch personaldiagnostischer Instrumente, Göttingen 2002
Kanning, , U./Pöttker, J./Klinge, K.: Personalauswahl, Stuttgart 2008
Karst K./Segler T./Gruber K.F.: Unternehmensstrategien erfolgreich umsetzen durch Commitment-Management, Heidelberg 2000
Kersting, M.: Qualität in der Diagnostik und Personalauswahl – der DIN-Ansatz, Göttingen 2008
Kienbaum: Personalkostenanpassung in der Krise, Berlin 2009
Kieser, A. u. a.: Die Einführung neuer Mitarbeiter in das Unternehmen, 2. Aufl., Frankfurt 1990
Kleinmann, M.: Assessment-Center, Göttingen 2003
Klein-Schneider, H. (Hrsg.): Interner Arbeitsmarkt, Frankfurt 2003
Klimecki, R./Gmür, M.: Personalmanagement, 3. Aufl., Stuttgart 2001
Knebel, H.: Taschenbuch für Bewerberauslese, 7. Aufl., Heidelberg 1996
Knebel, H./Westermann, F.: Das Vorstellungsgespräch, Heidelberg 2004
Knoblauch, J./Kurz, J.: Die besten Mitarbeiter finden und halten, 2. Aufl., Frankfurt/New York 2009
Konradt, U./Sarges, W. (Hrsg.): E-Recruiting und E-Assessment, Göttingen 2003
Krell, G. (Hrsg): Chancengleichheit durch Personalpolitik, 5. Aufl., Wiesbaden 2008

Kres, M.: Integriertes Employability-Management, Göttingen 2007
Krumm, S./Schmidt-Atzert, L.: Leistungstests im Personalmanagement, Göttingen 2009
Kühlmann, T.: Auslandseinsatz von Mitarbeitern, Göttingen 2004
Kuhn-Fleuchhaus, C./Bambach, M.: Diversity Management, Stuttgart/Berlin 2007
Kunisch, P.: Personalreduzierung, 4. Aufl., Stuttgart 2004

Lang-von Wins, T. u. a.: Potenzialbeurteilung, Heidelberg 2008
Leymann, H.: Mobbing, 11. Aufl., Reinbek 2000
Linde, B. von der/Schustereit, S.: Personalauswahl, 3. Aufl., München 2008
Linnenkohl, K./Rauschenberg, H.-J.: Arbeitszeitflexibilisierung, 4. Aufl., Heidelberg 2001
Lohberg, S.: Online-Recruiting, Saarbrücken 2006
Lombrinser, R./Uepping, H. (Hrsg.): Employability statt Jobsicherheit, Neuwied 2001
Lorenz, M./Rohrschneider, U.: Personalauswahl, 2. Aufl., Freiburg 2006
Lorenz, M./Rohrschneider, U.: Erfolgreiche Personalauswahl, Wiesbaden 2009
Lorenz, F./Schneider, G. (Hrsg.): Vertrauensarbeitszeit, Arbeitszeitkonten, Flexi--Modelle, Hamburg 2005
Lucas, M.: Effiziente Personalauswahl durch professionelle Interviewführung, 3. Aufl., Renningen 2007

Maier, N.: Erfolgreiche Personalgewinnung und Personalauswahl, Zürich 2008
Marr, R. (Hrsg.): Absentismus, Göttingen 1996
Marr, R./ Steiner, K.: Personalabbau in deutschen Unternehmen, Wiesbaden 2003
Michalk, S./Nieder, P.: Erfolgsfaktor Work-Life-Balance, Weinheim 2007

Neuberger, O.: Mobbing – übel mitspielen in Organisationen, München 1999
Nieder, P.: Fehlzeiten wirksam reduzieren, Wiesbaden 2002

Obermann, C.: Assessment Center, 4. Aufl., Wiesbaden 2009

v. Paczensky, S.: Der Testknacker, 10. Aufl., Gütersloh 1995
Panse, W./Stegmann, W.: Kostenfaktor Angst, 3. Aufl., Landsberg 1998
Pepels, W. (Hrsg.): Erfolgreiche Personalwerbung in Medien, München/Wien/ Oldenbourg 2001
Petkovic, M.: Employer Branding, München/Mering 2008
Pfaff, H./Krause, H./Kaiser, C.: Gesundgeredet, 2. Aufl., Berlin 2004
Pillat, R.: Neue Mitarbeiter erfolgreich anwerben, auswählen und einsetzen, 6. Aufl., Freiburg 1996
Pollert, D./Spieler, S.: Die Arbeitnehmerüberlassung in der betrieblichen Praxis, 2. Aufl., Heidelberg 2008
Preckel, F./ Brüll, M.: Intelligenztests, München 2008
Preusser, I./Fisseni, H.: Assessment Center, Göttingen 2006
Prollius, G.: Aufbau und Gestaltung von Zeugnissen, 3. Aufl., Renningen 2002

Rastetter, D.: Personalmarketing, Bewerberauswahl und Arbeitsplatzsuche, München 1996
Ritz, A./Thom, N. (Hrsg.): Talent Management, Wiesbaden 2010
RKW (Rationalisierungskuratorium der Deutschen Wirtschaft): RKW-Handbuch „Personalplanung“, 3. Aufl., Neuwied/Frankfurt 1996
Rost, H.: Work-Life-Balance – Neue Aufgaben für eine zukunftsorientierte Personalpolitik, Leverkusen, 2004
Rump, J./Eilers, S./ Groh, S.: Vereinbarkeit von Familie und Beruf, Sternenfels 2008
Rump, J./Sattelberger, T./Fischer, H. (Hrsg.): Employability Management, Wiesbaden 2006
Rump, J./Völker, R.: Employability in der Unternehmenspraxis, Heidelberg 2007

Salowsky, H.: Fehlzeiten, Köln 1991
Sarges, W. (Hrsg.): Management-Diagnostik, 3. Aufl., Göttingen 2000
Sarges, W./Wottawa, H.: Handbuch wirtschaftspsychologischer Testverfahren, München 2005
Sauer, M.: Outplacement-Beratung, Wiesbaden 1991
Schaub, G./Schindele, F.: Kurzarbeit – Massenentlassung – Sozialplan, 3. Aufl., München 2010
Schelenz, B. (Hrsg.): Personalkommunikation: Recruiting!, Erlangen 2007
Scherm, E.: Internationales Personalmanagement, 2. Aufl., München/Wien 1999
Schettgen, P.: Arbeit-Leistung-Lohn, Stuttgart 1996
Scholz, C./Oberschulte, H. (Hrsg.): Personalmanagement in Abhängigkeit von der Konjunktur, München/Mering 1994
Schröder, E.: Zeitarbeit, 3. Aufl., 2009
Schuler, H.: Psychologische Personalauswahl, 3. Aufl., Göttingen 2000
Schuler, H.: Das Einstellungsinterview, Göttingen 2002
Schulz, G.: Alles über Arbeitszeugnisse, 8. Aufl., München 2009
Schuhmacher, F.: Mythos Assessment Center, Wiesbaden 2009
Schuhmacher, F./Geschwill, R.: Employer Branding, Wiesbaden 2008
Schwan, K./Seipel, K.: Personalmarketing für Klein- und Mittelbetriebe, München 1994
Schwaab, M.-O./Durian, A. (Hrsg.): Zeitarbeit, Wiesbaden 2009
Schwantes, K.: Zeitarbeit, Berlin 2000
Simon, H. u. a.: Effektives Personalmarketing, Wiesbaden 1995
Speck, P. (Hrsg.): Employability, 4. Aufl., Wiesbaden 2009
Spies, S./Beigel, H.: Einer fehlt und jeder braucht ihn, 2. Aufl., Wien 1997
Steiner, H. (Hrsg.): Online-Assessment, Berlin 2009
Stief, V.: Altersteilzeit in der Praxis, 2. Aufl., Berlin 2006
Stotz, W./Wedel, A.: Employer Branding, München 2009
Strutz, H. (Hrsg.): Handbuch Personalmarketing, 3. Aufl., Wiesbaden 2001
Strutz, H. (Hrsg.): Strategien des Personalmarketing, Wiesbaden 1992
Stuber, M./Achenbach, S./Kirschbaum, A.: Diversity, Neuwied 2003
Stuber, M.: Diversity – Das Potenzial von Vielfalt nutzen, München 2004
Sünderhauf, K./Stumpf, S./Höft, S. (Hrsg.): Assessment Center, Lengerich 2005

Szebel-Habig, A.: Mitarbeiterbindung: Auslaufmodell Loyalität?, Weinheim 2004

Thiele, A./Eggers, B. (Hrsg.): Innovatives Personalmarketing für High-Potentials, Göttingen 1999

Towers Perrin Global Workforce Study 2007-2008 – Deutschland-Report, Frankfurt 2007

Trost, A.: Employer Branding, Köln 2009

Ulich, E./Wülser, M. (2004): Gesundheitsmanagement in Unternehmen, 3. Aufl., Wiesbaden 2009

Voelpel, S./Leibold, M./Früchtenicht, J.: Herausforderung 50 plus – Konzepte zum Management der Aging Workforce, Erlangen 2007

Vollmer, S.: Planung und Steuerung der Teilzeitarbeit, Wiesbaden 2001

Voss, R.: Hochschulmarketing, 2. Aufl., Köln 2009

Wagner, D./Voigt, B. (Hrsg.): Diversity Management als Leitbild von Personalpolitik, Wiesbaden 2007

Wagner, K./Wahba, I.: Personalpolitik in schwierigen Zeiten, Frankfurt 2005

Weber, W. u. a.: Internationales Personalmanagement, 2. Aufl., Wiesbaden 2001

Weller, I.: Fluktuationsmodelle, München 2007

Westhoff, K./Hellfritsch, L./Hornke, L.: Grundwissen für die berufsbezogene Eignungsbeurteilung nach DIN 33430, 2. Aufl., Oberhaching 2005

Westhoff, K.: Nutzen der DIN 33430, Lengerich 2006

Weuster, A.: Personalauswahl, 2. Aufl., Wiesbaden 2008

Weuster, A./Scheer, B.: Arbeitszeugnisse in Textbausteinen, 12. Aufl., Stuttgart u. a. 2010

Will, P.: Altersteilzeit optimal nutzen, Berlin 2006

Wingen, S. u. a.: Vertrauensarbeitszeit, Dortmund/Berlin/Dresden 2004

Wottawa, H.: Recruiting und Assessment im Internet, Göttingen 2004

Wucknitz, U./Heyse, V.: Retention-Management, Münster 2008

Wüstner, K.: Arbeitswelt und Organisation, Wiesbaden 2006

Zimmer, D./Brake, J.: Praxis der Personalauswahl, 3. Aufl., Bamberg 2002

Weitere Quellenangaben zu den Verweisen im Text

BMBF (Bundesministerium für Bildung und Forschung): www.demotrans.de

BMW Group: www.bmwgroup.com

Deutsche Bank: www.db.com

DGFP (Deutsche Gesellschaft für Personalführung): Web 2.0 im Personalmanagement, Düsseldorf 2008

Familienservice GmbH: www.familienservice.de
Ford: www.ford.de
Friedrich-Ebert-Stiftung (Hrsg.): Prekäre Arbeit, Bonn 2006

Gallup GmbH: www.gallup.com
Gemeinnützige Hertie-Stiftung: www.beruf-und-familie.de

Kriegler, W.: Auf der Suche nach Einzigartigkeit, in: W&V Extra, 07/2008

Mayerthaler, W.: Das Austrittsinterview, in: Personal, 02/1987

Schuler, H.: Spielwiese für Laien?, in: Wirtschaftspsychologie aktuell, 02/2007

Towers Perrin: Perspectives on Strategic Workforce Planning, Frankfurt 2009

Volkswagen AG: www.volkswagenag.com

Inhalt von Teil 4

*) Diesen 4. Teil hat Frank Zundel verantwortlich bearbeitet.

Abbildungen in Teil 4

4 Individuelles und kollektives Arbeitsrecht

Das Arbeitsrecht findet sich (zunächst) nicht ausdrücklich im 3-Säulen-Modell wieder. Dafür gibt es einen einfachen Grund: Arbeitsrechtliche Aspekte spielen bei allen Elementen dieses Strukturschemas eine wichtige Rolle.

Abbildung 4-01: ***Arbeitsrecht im 3-Säulen-Modell***

Bei der Personalpolitik sind die Mitwirkungsrechte des Betriebsrats – beispielsweise bei der innerbetrieblichen Stellenausschreibung – zu berücksichtigen und auch bei der Mitarbeiterbetreuung geben viele gesetzliche Regelungen den Unternehmen Rahmenbedingungen vor. Weniger rechtlich eingeengt ist hingegen die Mitarbeiterführung. Die Personalentwicklung unterliegt beispielsweise den Vorgaben des Berufsbildungsgesetzes, und auch hier greifen Mitbestimmungsrechte des Betriebsrats. Bei der Gestaltung der Prozesse und Strukturen ist vor allem die Betriebsratsmitbestimmung hinsichtlich des IT-Einsatzes im Personalbereich zu berücksichtigen. Umfangreich sind die rechtlichen Regelungen zur Personaladministration – hier kommen neben vielen anderen die Vorschriften zum Lohnsteuerrecht, zum Sozialversicherungsrecht oder zu den Aufbewahrungsnormen und -fristen von Unterlagen sowie der Datenschutz zur Anwendung. Somit kann das Arbeitsrecht als Themenbereich gelten, der „querbeet“ **in allen Feldern des 3-Säulen-Modells** eine wichtige Rolle spielt.

Die Ausführungen zum Arbeitsrecht thematisieren im Weiteren in erster Linie die wesentlichen Aspekte des Arbeitsvertragsrechts; hinzu kommen grundsätzliche Regelungen und Fragen des Betriebsverfassungs- und des Mitbestimmungsrechts, des Tarifvertragsrechts und der Arbeitsgerichtsbarkeit. Konkrete (inhaltliche) Regelungen zur Mitwirkung des Betriebsrats wurden bereits bei der Mitarbeiterbetreuung (Teil 3) angesprochen; die zentralen Aspekte des Berufsbildungsgesetzes werden bei den Überlegungen zur Berufsausbildung und Mitarbeiterentwicklung (Teil 7) behandelt. Eine Vielzahl weiterer rechtlicher Bestimmungen prägt darüber hinaus das deutsche Arbeitsrecht: Sozialversicherungsrecht, Lohnsteuerrecht, Arbeitsschutzrecht, Jugendschutzrecht, Datenschutzrecht u. a. m. Die jeweils wichtigsten Bestimmungen hierzu sind in die Ausführungen der anderen Teile dieses Buchs eingearbeitet. Eine wirklich umfassende Darstellung aller beachtenswerten arbeitsrechtlichen Regelungen würde den Rahmen dieser Publikation sprengen, weshalb mit der folgenden Darlegung – vor allem der für Arbeitsverträge relevanten Regelungen und Besonderheiten – wichtige arbeitsrechtliche Fragen der (all)täglichen betrieblichen Praxis besprochen und diskutiert werden sollen. Dabei wird – im Gegensatz zu den anderen Teilen dieses Buchs – eher die juristische Fachsprache verwendet und juristisch argumentiert.

4.1 Grundlagen des Arbeitsrechts

Das Arbeitsrecht ist – trotz wiederholter Anläufe und Absichtserklärungen des Gesetzgebers – nicht in einem (einzigen) Gesetzeswerk aufzufinden, es verteilt sich vielmehr auf eine **Vielzahl verschiedener rechtlicher Grundlagen**. Hinzu kommt, dass in diesem Zusammenhang auch der sich ständig weiterentwickelnden Rechtsprechung ein hoher Stellenwert beizumessen ist.

Generell versteht man unter Arbeitsrecht die rechtlichen Beziehungen zwischen

- Arbeitgebern und Arbeitnehmern,
- Arbeitgebern und Arbeitnehmervertretungen (wie z. B. dem Betriebsrat) sowie
- Gewerkschaften und Arbeitgebern bzw. Arbeitgeberverbänden.

Unterscheiden lassen sich dabei insbesondere das Individualarbeitsrecht, das vor allem das Arbeitsvertragsrecht umfasst (insbesondere die Regelungen, die sich mit der Begründung, dem Inhalt und der Beendigung von Arbeitsverhältnissen beschäftigen) und das kollektive Arbeitsrecht, das das Mitbestimmungs- und Betriebsverfassungsrecht sowie das Recht der Koalitionen – das sind die Tarifparteien, konkret Arbeitgeber(verbände) und Gewerkschaften – und des Arbeitskampfs regelt. Schließlich zählt auch das Arbeitsschutzrecht (Arbeitszeitgesetz, Gesetz über Betriebsärzte..., Bundesdatenschutzgesetz u. a. m.) zum kollektiven Arbeitsrecht; dessen wesentliche Bestimmungen wurden im 3. Teil bereits thematisiert bzw. werden in diesem Kapitel angesprochen. Die nachfolgende Abbildung veranschaulicht die verschiedenen Bereiche des **individuellen und kollektiven Arbeitsrechts**.

Abbildung 4-02: ***Rechtsquellen des Arbeitsrechts***

Natürlich sind im gesamten betrieblichen Personalmanagement die arbeitsrechtlichen Grundlagen und Rahmenbedingungen zu beachten. Von besonderem Interesse sind dabei jedoch auch die Gestaltungsmöglichkeiten, d. h. die Freiräume, die im Rahmen betrieblicher Regelungen von den Unternehmen genutzt werden können.

4.2 Anbahnung von Arbeitsverhältnissen

Schon vor Abschluss eines Arbeitsvertrags haben Arbeitgeber und Bewerber wechselseitige Pflichten. Der Arbeitgeber muss z. B. die Bewerbungsunterlagen sorgfältig und vertraulich behandeln, er darf nur realistische Erwartungen erwecken und er muss über die Tätigkeit und die Anforderungen des Arbeitsplatzes unterrichten. Wenn er die Vorstellung eines Bewerbers veranlasst hat, muss der Arbeitgeber die Vorstellungskosten ersetzen, es sei denn, er hat dies zuvor ausdrücklich ausgeschlossen. Der Bewerber ist in dieser Phase vor allem verpflichtet, die Fragen des Arbeitgebers im Rahmen des Zulässigen vollständig und wahrheitsgemäß zu beantworten.

Leitfragen

- Welche rechtlichen Normen hat der Arbeitgeber bereits vor Abschluss eines Arbeitsvertrags zu beachten?
- Wie beeinflusst das Allgemeine Gleichbehandlungsgesetz die Personalwerbung und die Personalauswahl konkret?
- Welche Mindestinhalte werden in Arbeitsverträgen geregelt?
- Welche zusätzlichen Inhalte gibt es darüber hinaus?
- Welche Formulierungen sollte man für die einzelnen Arbeitsvertragsinhalte benutzen, was sollte man besser weglassen?

4.2.1 Fragerecht des Arbeitgebers und Informationspflichten des Arbeitnehmers

Der Arbeitgeber hat ein berechtigtes Interesse daran, sich bei der Vorstellung eines Bewerbers nach dessen persönlichen Verhältnissen, Fähigkeiten und Kenntnissen zu erkundigen. Aus der **vorvertraglichen Aufklärungspflicht** kann sich sogar ergeben, dass der Bewerber den Arbeitgeber vor Abschluss eines Arbeitsvertrags über bestimmte Umstände auch ohne besondere Aufforderung aufklären muss.

Im Allgemeinen ist aber davon auszugehen, dass der Arbeitgeber nach den ihn interessierenden besonderen Umständen fragen muss. Aus dem Persönlichkeitsrecht des Bewerbers heraus werden jedoch **Fragerechtsbeschränkungen** abgeleitet. Werden die Grenzen des Fragerechts überschritten, macht sich der Arbeitgeber unter Umständen sogar schadensersatz- bzw. entschädigungspflichtig.

Bedeutender als solche Schadensersatzansprüche ist jedoch die **Anfechtungsmöglichkeit des Arbeitsvertrags**, wenn ein Arbeitnehmer eine ihm gestellte Frage unvollständig und unrichtig beantwortet. Eine Anfechtung des Arbeitsvertrags durch den Arbeitgeber, die den Arbeitsvertrag mit rückwirkender Wirkung unwirksam macht, ist immer dann möglich, wenn

- die Frage zulässig war,
- der Arbeitnehmer die Frage wissentlich falsch beantwortete,
- der Arbeitnehmer wissen oder erkennen musste, dass die von ihm verschwiegene Tatsache für die Entscheidung des Arbeitgebers zu seiner Einstellung von ausschlaggebender Bedeutung sein kann und
- die verschwiegene Tatsache für die Einstellung des Arbeitnehmers ursächlich war.

Liegen diese Voraussetzungen nicht vor, kann der Arbeitgeber weder den Arbeitsvertrag anfechten, noch Schadensersatzansprüche geltend machen.

Grundvoraussetzung für die Zulässigkeit einer Frage im Auswahlverfahren ist, ob diese in **konkreter Beziehung zum angestrebten Arbeitsplatz** steht. Dies ist z. B. bei der Frage nach Vorstrafen keineswegs immer der Fall und auch bei der Frage nach der Absolvierung des Grundwehrdienstes oder der Frage nach Vorlieben bei der Freizeitgestaltung fehlt häufig der konkrete Bezug zum angestrebten Arbeitsplatz (siehe zu diesen und zu weiteren zulässigen und unzulässigen Fragen auch Teil 3).

Die Frage nach dem Bestehen einer **Schwangerschaft** wurde von der Rechtsprechung zunächst grundsätzlich für zulässig gehalten; der Europäische Gerichtshof (EuGH) hat aber in der Frage nach der Schwangerschaft mittlerweile eine unzulässige Diskriminierung von Frauen gesehen. Das Bundesarbeitsgericht (BAG) hat daraufhin seine Rechtsprechung angepasst und die Zulässigkeit der Frage nach der Schwangerschaft selbst dann verneint, wenn die Arbeitnehmerin direkt im Anschluss an die Einstellung die vereinbarte Tätigkeit aufgrund gesetzlicher Bestimmungen gar nicht ausüben darf.

Nach § 611 b des Bürgerlichen Gesetzbuchs (BGB) muss außerdem ein Arbeitsplatz geschlechtsneutral ausgeschrieben werden, es sei denn, ein bestimmtes Geschlecht ist „unverzichtbare Voraussetzung" für die Tätigkeit; das ist z. B. bei männlichen oder weiblichen Models für Modeaufnahmen für einen Versandhauskatalog der Fall..

Die Frage nach einer vorhandenen **Schwerbehinderung** wurde bislang ebenfalls wegen der sich hieraus ergebenden Schutzpflichten des Arbeitgebers für zulässig erachtet. Die Neuregelung des Schwerbehindertenrechts in den Sozialgesetzbüchern (SGB) enthält in § 81 Abs. 2 SGB IX nun aber ein generelles arbeitsrechtliches Diskriminierungsverbot gegenüber schwerbehinderten Beschäftigten, weshalb die Frage nach einer etwaigen Schwerbehinderung inzwischen ebenfalls überwiegend als unzulässig erachtet wird.

4.2.2 Diskriminierung

Wurde ein Bewerber im Einstellungsverfahren benachteiligt, konnte er schon immer wegen der Verletzung seines Persönlichkeitsrechts Schadensersatzansprüche geltend machen. Diese Rechtsposition wurde durch das **Allgemeine Gleichbehandlungsgesetz** (AGG) verstärkt, das in Umsetzung verschiedener EG-Richtlinien 2006 in Kraft getreten ist. Danach dürfen Beschäftigte (zu denen nach § 6 Abs. 1 S. 2 AGG auch Bewerber gehören) wegen

- ihrer Rasse,
- ihrer ethnischen Herkunft,
- ihres Geschlechts,
- ihrer Religion,
- einer Behinderung,
- des Alters oder
- der sexuellen Identität

nicht benachteiligt werden. Auch nach dem AGG besteht allerdings im Falle einer Benachteiligung kein Anspruch auf Einstellung, der Arbeitgeber hat aber nach § 15 Abs. 1 S. 2 AGG i. V. m. § 280 BGB den hiermit verbundenen Vermögensschaden zu ersetzen. Dies ist bei einer Nichteinstellung aufgrund einer unzulässigen Benachteiligung in erster Linie der entgangene Verdienst.

Außerdem gewährt das AGG als Sanktion für die Verletzung des Benachteiligungsverbots in § 15 Abs. 2 einen Anspruch auf eine **angemessene Entschädigung** für die erlittenen immateriellen Schäden. Die Höhe dieses Entschädigungsanspruchs bestimmt sich nach der Art und Schwere des Verstoßes sowie nach den Folgen der Benachteiligung. Außerdem kann von Bedeutung sein, ob die Benachteiligung vorsätzlich oder versehentlich verursacht wurde, wobei dieser Entschädigungsanspruch nur für den Fall, dass der Bewerber auch bei benachteiligungsfreier Auswahl nicht eingestellt worden wäre, auf höchstens drei Monatsgehälter begrenzt ist.

Der Anspruch auf Entschädigung wegen Benachteiligung muss nach § 15 Abs. 4 S. 1 AGG gegenüber dem Arbeitgeber innerhalb von zwei Monaten schriftlich geltend gemacht werden, ansonsten verfällt er ersatzlos. Bei einer Bewerbung beginnt diese Frist mit dem Zugang der Absage. Im Übrigen muss nach § 61b Abs. 1 des Arbeitsgerichtsgesetzes (ArbGG) der Anspruch auf Entschädigung innerhalb von drei Monaten eingeklagt werden. Diese Fristen sollten auf jeden Fall beachtet werden.

Für die Schadensersatz- und Entschädigungsansprüche sieht das AGG deutliche **Beweiserleichterungen** für die Bewerber vor. Nach § 22 AGG müssen Bewerber nur Tatsachen glaubhaft machen, die eine Benachteiligung vermuten lassen; hierfür genügt bei bereits beschäftigten Mitarbeitern schon ein zeitlicher Zusammenhang, z. B. eine Arbeitszeit- und Gehaltsreduzierung oder Abmahnung nach verweigerter Zustimmung zur Änderung des Tätigkeitsgebiets. Auch statistische Erwägungen hat die

Rechtsprechung hierfür bereits als ausreichend angesehen. Hält das Gericht hiernach das Vorliegen eines unzulässigen Grundes für überwiegend wahrscheinlich, trägt der Arbeitgeber die volle Beweislast dafür, dass doch kein Verstoß gegen das Benachteiligungsverbot vorliegt oder dieser Verstoß nach den Bestimmungen des AGG gerechtfertigt ist. Dabei ist der Arbeitgeber an die Kriterien, die er selbst seinem Auswahlverfahren bzw. der veröffentlichen Stellenbeschreibung zugrunde gelegt hat, gebunden.

In Bewerbungsverfahren ist daher neben äußerster Sorgfalt bei der Stellenausschreibung bzw. Stellenanzeige die Erstellung eines **objektiven Anforderungsprofils**, das bei der Bewerberauswahl als interne Entscheidungsgrundlage dient, unverzichtbar. Um im Bedarfsfalle möglichst viele Argumente für den ausgewählten Bewerber (und gegen einen Schadensersatz- bzw. Entschädigungsanspruch) ins Feld führen zu können, empfiehlt es sich, vor allem auch **„weiche" Faktoren** wie Teamfähigkeit, Kommunikationsvermögen, persönlicher Auftritt usw. in das Anforderungsprofil mit aufzunehmen. Um die konkreten Gründe für eine Absage nachvollziehbar darlegen zu können, ist im Übrigen eine ausreichende **Dokumentation** erforderlich, die zumindest so lange aufzubewahren ist, bis die Fristen zur Geltendmachung etwaiger Ansprüche abgelaufen sind.

Außerdem sollten **Absageschreiben** so allgemein wie möglich formuliert werden, um einem abgelehnten Bewerber möglichst wenig Ansatzpunkte für eine mögliche Diskriminierung zu bieten. Bei einer Absage „trotz guter fachlicher Leistungen" wird geradezu suggeriert, dass die Entscheidung nicht auf fachlichen Kriterien beruht; auf solche Redewendungen sollte daher verzichtet werden – dies gilt insbesondere auch für mündliche Auskünfte. Eine Ausnahme gilt für **schwerbehinderte Kandidaten**, die ihre Schwerbehinderung in der Bewerbung offenbart haben; ihnen müssen gem. § 81 Abs. 1 S. 9 SGB IX in der Absage die Gründe für die Ablehnung erläutert werden. Im Übrigen ist bei diesen das gesetzlich vorgeschriebene Einstellungsverfahren nach § 81 SGB IX strikt einzuhalten, denn jede diesbezügliche Obliegenheitsverletzung begründet nach der Rechtsprechung ein Indiz für eine unzulässige – und damit schadensersatz- und entschädigungspflichtige – Benachteiligung.

4.3 Gestaltungsmöglichkeiten in Arbeitsverträgen

Hat der Bewerber das Bewerbungsverfahren erfolgreich durchlaufen, steht der Abschluss des Arbeitsvertrags an. Arbeitsverträge kommen – wie sonstige Verträge auch – durch zwei sich entsprechende Willenserklärungen zu Stande.

Der Arbeitsvertrag selbst unterliegt weitgehender **Abschluss-, Form- und Gestaltungsfreiheit**. Abschlussfreiheit heißt, dass niemand einen Arbeitgeber zwingen kann, einen Vertrag mit einem Bewerber abzuschließen, wenn er dies nicht will. Formfreiheit bedeutet, dass ein Arbeitsvertrag in der Regel nicht schriftlich abgeschlossen werden muss. Gestaltungsfreiheit bezieht sich auf die Vertragsinhalte, die ebenfalls – unter Berücksichtigung der rechtlichen Rahmenbedingungen – frei verhandelbar sind.

Nach § 2 des Nachweisgesetzes (NachwG) kann ein Arbeitnehmer allerdings verlangen, dass der Arbeitgeber die **wesentlichen Vertragsbedingungen schriftlich niederlegt**, die Niederschrift unterzeichnet und ihm diese aushändigt; dabei ist in die Niederschrift insbesondere aufzunehmen:

- der Beginn des Arbeitsverhältnisses,
- bei befristeten Arbeitsverhältnissen die vorhersehbare Dauer des Arbeitsverhältnisses,
- eine kurze Charakterisierung bzw. Beschreibung der vom Arbeitnehmer zu leistenden Tätigkeit,
- die Zusammensetzung, Höhe und Fälligkeit des Arbeitsentgelts, einschließlich Zuschläge, Sonderzahlungen etc.,
- die vereinbarte Arbeitszeit,
- die Dauer des jährlichen Erholungsurlaubs,
- die Kündigungsfristen sowie
- die Geltung von Tarifverträgen, Betriebsvereinbarungen usw.

Auch Änderungen der wesentlichen Vertragsbedingungen sind dem Arbeitnehmer auf Verlangen schriftlich mitzuteilen.

Trotzdem gibt es gute Gründe, nicht „alles" bis ins Einzelne schriftlich zu regeln; im Zweifel konkretisiert sich nämlich der Inhalt des Arbeitsverhältnisses auf das schriftlich Fixierte, so dass Veränderungen im Arbeitsverhältnis dann eher einer Änderungskündigung bedürfen und nicht mehr im Rahmen des **betrieblichen Direktionsrechts** nach § 106 der Gewerbeordnung (GewO) möglich sind. Danach kann ein Arbeitgeber im Rahmen seines Weisungsrechts Inhalt, Zeit und Ort der Arbeitsleistung nach billigem Ermessen nämlich nur insofern näher bestimmen, als die Arbeitsbedingungen nicht bereits durch den Arbeitsvertrag festgelegt sind.

Trotzdem: Bestimmte **(Mindest)Inhalte** werden üblicherweise in schriftlichen Arbeitsverträgen geregelt. Bei Mitarbeitern im Tarifbereich wird häufig auf Tarifverträge, Betriebsvereinbarungen und sonstige betriebliche Regelungen verwiesen und auch bei Außertariflichen (AT) Mitarbeitern und Leitenden Angestellten finden sich die erforderlichen Vereinbarungen regelmäßig in entsprechenden Vertragswerken. Weitere Absprachen, die für den Beginn des Beschäftigungsverhältnisses gelten, stehen mitunter auch in Einstellungsschreiben oder Begleitschreiben zum Arbeits- bzw. Anstellungsvertrag (z. B. die Zusage der Übernahme von Umzugskosten u. ä.).

Fraglich ist, ob der Betriebsrat bei der Gestaltung von Formulararbeitsverträgen ein echtes Mitbestimmungsrecht nach § 87 BetrVG hat. Auf jeden Fall ist der Betriebsrat berechtigt, Formulararbeitsverträge auf ihre Vereinbarkeit mit dem AGB-Recht zu überprüfen. Es lässt sich aber auch darüber hinaus vertreten, dass vorformulierte Arbeitsvertragsregelungen grundsätzlich der Mitbestimmung durch den Betriebsrat unterliegen, soweit jedenfalls die Klauseln unmittelbare und abschließende Regelungen betreffen, die die Mitbestimmung des Betriebsrats ganz oder teilweise tangieren. Dies gilt z. B. für Klauseln, durch die die Mehrarbeit des Arbeitnehmers ganz oder teilweise pauschal abgegolten werden soll.

Eine zwingende Struktur eines Arbeitsvertrags gibt es nicht. Häufig finden sich aber **Regelungen zu folgenden Punkten**:

Übersicht: ***Inhalte eines Arbeitsvertrags***

01. Parteien des Arbeitsvertrags
02. Art der Tätigkeit
03. Arbeitszeit
04. Arbeitsort und Versetzungsklausel
05. Arbeitsvergütung
06. Sonderzahlungen
07. Vermögenswirksame Leistungen
08. Betriebliche Altersversorgung
09. Entgeltliche Nebenabsprachen (Umzugskosten, Familienheimfahrten)
10. Urlaub und Sonderurlaub
11. Arbeitsverhinderung/Arbeitsunfähigkeit
12. Nebentätigkeit/Wettbewerbsverbot
13. Fort- und Weiterbildungsmaßnahmen
14. Geheimhaltungspflichten
15. Vereinbarung einer Probezeit
16. Beendigung des Arbeitsverhältnisses
17. Vertragsstrafen
18. Ausschlussfristen
19. Einbeziehung von Tarifverträgen und kollektiven Regelungen
20. Schlussbestimmungen / Salvatorische Klausel

Auf die arbeitsvertraglichen Gestaltungsmöglichkeiten soll nachfolgend im Einzelnen eingegangen werden, wobei vorab auf die Problematik der Wirksamkeit allgemeiner Regelungen hingewiesen werden muss. Vorformulierte Arbeitsverträge stellen nämlich **Allgemeine Geschäftsbedingungen** (AGB) dar, die nach § 310 Abs. 4 S. 2 BGB einer spezifischen Wirksamkeitskontrolle unterliegen. Dabei wird nach §§ 305 bis 310 BGB zwischen zwei Arten der Kontrolle unterschieden. Bei der **Einbeziehungs-**

kontrolle geht es um die Frage, was überhaupt Vertragsbestandteil geworden ist. Überraschende Klauseln, mit denen der Vertragspartner nicht zu rechnen braucht, werden nicht Vertragsbestandteil. Bei der **Inhaltskontrolle** wird geprüft, ob dem Vertragspartner die Regelung zugemutet werden kann. Regelungen, die den Vertragspartner entgegen den Geboten von Treu und Glauben unangemessen benachteiligen, sind unwirksam. Dabei gibt es grundsätzlich keine „geltungserhaltende Reduktion", d. h. die Regelung wird nicht auf das gerade noch Zulässige reduziert, sondern der Verstoß gegen das AGB-Recht führt vielmehr zur Unanwendbarkeit der gesamten (unzulässigen) Regelung, was eine besondere Sorgfalt bei der Ausgestaltung von Arbeitsverträgen erfordert.

Anhand der vorstehenden Arbeitsvertragsstruktur (siehe die Übersicht „Inhalte eines Arbeitsvertrags") wird nun auf die einzelnen Regelungspunkte eingegangen. Musterformulierungen sollen dabei Hilfestellung für die betriebliche Praxis leisten, ohne dass hierfür angesichts der sich ständig wandelnden Rechtsprechung irgendeine Garantie für deren wirksamen Fortbestand gegeben werden kann.

4.3.1 Parteien des Arbeitsvertrags

Die genaue Bezeichnung der **Parteien eines Arbeitsvertrags** erscheint nur selten als problematisch. Arbeitnehmer sollten aber genau darauf achten, wer ihr Vertragspartner wird. Betreibt der Arbeitgeber sein Unternehmen als juristische Person (z. B. als GmbH) und wird diese Vertragspartnerin, beschränken sich die Ansprüche des

---

Musterformulierung:

Die Firma

Elektro Müller GmbH,
vertreten durch ihren Geschäftsführer Eduard Müller,
Römerstraße 17, 74847 Elztal

– nachfolgend auch Arbeitgeberin genannt –

schließt mit

Frau Sabine Maier,
wohnhaft Elzbrunnenweg 2, 74821 Mosbach

– nachfolgend auch Mitarbeiterin genannt –

den folgenden

Arbeitsvertrag:

Arbeitnehmers auf diese juristische Person. Handelt es sich bei dem Arbeitgeber um eine Gesellschaft des Bürgerlichen Rechts (GdBR), gilt diese heute als „teilrechtsfähig", d. h. diese ist selbst Trägerin von Rechten und Pflichten und wird auch selbst Vertragspartnerin. Handelt es sich hingegen z. B. um eine „Praxisgemeinschaft", liegt im Zweifel keine GdBR vor. In diesem Falle sind die einzelnen Mitglieder dieser Praxisgemeinschaft (als Privatpersonen) Arbeitgeber und damit auch ggf. Anspruchsgegner.

4.3.2 Art der Tätigkeit

Jede **Konkretisierung der (vorgesehenen) Tätigkeit** des Arbeitnehmers im Arbeitsvertrag, z. B. auch durch Verweis auf eine Stellenbeschreibung, schränkt das Direktionsrecht des Arbeitgebers ein. Aus Sicht des Arbeitgebers sollte die vorgesehene Tätigkeit des Arbeitnehmers im Arbeitsvertrag daher so wenig konkret wie möglich angegeben werden. Insbesondere sollte also auch keine „Stellenbeschreibung" zum Vertragsbestandteil gemacht werden. Ohne Konkretisierung im Arbeitsvertrag obliegt es nämlich nach § 106 GewO dem Arbeitgeber, im Rahmen seines Direktionsrechts Inhalt, Zeit und Ort der Arbeitsleistung nach billigem Ermessen zu bestimmen. Diese Möglichkeit sollte sich der Arbeitgeber offen halten.

Musterformulierung:

Frau Sabine Maier wird als kaufmännische Mitarbeiterin eingestellt.

Unter Umständen wird ein Arbeitgeber allerdings schon alleine wegen des Diskriminierungsverbots gut beraten sein, zumindest seine Stellenausschreibung zu konkretisieren. Außerdem hat ein Arbeitnehmer nach § 2 Abs. 1 Nr. 5 NachwG zumindest einen Anspruch auf eine „kurze Charakterisierung oder Beschreibung der von ihm zu leistenden Tätigkeit", wenn dieser Anspruch auch bei Abschluss des Arbeitsvertrags bzw. nach Beginn des Arbeitsverhältnisses nur selten geltend gemacht werden wird.

4.3.3 Arbeitszeit

Auch bezüglich der Arbeitszeit gilt, dass entsprechende arbeitsvertragliche Regelungen die Parteien binden. Die Arbeitszeit – und vor allem die Verteilung der Arbeitszeit auf einzelne Zeiträume – sollte daher möglichst unkonkret angegeben bzw. geregelt werden. Empfehlenswert ist z. B. nur die arbeitsvertragliche Regelung einer monatlichen oder gar viertel- oder halbjährlichen Arbeitszeitverpflichtung des Arbeitnehmers.

Musterformulierung:

Die Mitarbeiterin ist verpflichtet, im jeweiligen Quartal 520 Stunden zu arbeiten. Fällt in einem Quartal Mehr- oder Minderarbeit an, wird diese im jeweiligen Folgequartal ausgeglichen.

Aufgrund des zunehmenden zeitlichen Flexibilisierungsbedürfnisses wird heute über die verschiedensten **flexiblen Arbeitszeitmodelle** diskutiert – bis hin zur **Vertrauensarbeitszeit**, bei der nur noch die Arbeitsergebnisse zwischen den Vertragsparteien festgelegt werden, der Arbeitnehmer folglich seine Arbeitszeit völlig frei gestalten kann. Damit sind allerdings für den Arbeitnehmer Risiken, z. B. im Krankheitsfall, verbunden. Die Krankheit wird zu „seinem Problem" – den Arbeitgeber interessiert lediglich die vereinbarte Leistung. Mit den derzeitigen arbeitsrechtlichen Möglichkeiten ist eine völlige Verschiebung des Arbeitgeberinteresses in die Risikosphäre der Arbeitnehmer jedoch nur schwerlich realisierbar.

Zulässig ist jedoch eine **Arbeit auf Abruf**, die nach § 12 Abs. 1 S. 2 des Teilzeit- und Befristungsgesetzes (TzBfG) lediglich die Festlegung einer Mindestdauer der wöchentlichen und der täglichen Arbeitszeit erfordert. Die Arbeitsvertragsparteien können also wirksam vereinbaren, dass ein Arbeitnehmer seine Arbeitsleistung entsprechend dem Arbeitsanfall auch über die vertragliche Mindestarbeitszeit hinaus zu erbringen hat. Die vorherige Festlegung eines festen Zeitrahmens ist nicht erforderlich. Allerdings sind das Interesse des Arbeitgebers an einer Flexibilisierung der Arbeitszeitdauer und das Interesse des Arbeitnehmers an einer festen Regelung der Dauer der Arbeitszeit und der sich daraus ergebenden Arbeitsvergütung angemessen zum Ausgleich zu bringen. Nach der Rechtsprechung des BAG darf ein widerrufbarer Anteil am Gesamtverdienst nicht mehr als 25 bis 30 % des Gesamtverdienstes ausmachen. In Anlehnung an diese Rechtsprechung darf auch die vom Arbeitgeber abrufbare und über die vereinbarte Mindestarbeitszeit hinausgehende Arbeitsleistung des Arbeitnehmers nicht mehr als 25 % der vereinbarten wöchentlichen Mindestarbeitszeit betragen. Damit unterliegen jedoch immerhin 25 % des Arbeitszeitvolumens der Disposition des Arbeitgebers und damit einer nicht unerheblichen Flexibilität. Bei einer Mindestarbeitszeit von 30 Wochenstunden kann der Arbeitgeber also über eine vereinbarte Arbeit auf Abruf die regelmäßige Arbeitszeit in der Woche auf bis zu 37,5 Stunden heraufsetzen, bei einer Mindestarbeitszeit von 35 Wochenstunden kann er insgesamt 43,75 Wochenstunden abrufen.

Musterformulierung:

Die Parteien vereinbaren eine Mindestarbeitszeit von 35 Stunden pro Woche.

Darüber hinaus vereinbaren die Parteien eine Arbeit auf Abruf gem. § 12 TzBfG in Höhe von maximal 8,75 Stunden pro Woche.

Wird die Arbeit auf Abruf von der Arbeitgeberin in Anspruch genommen, wird sie vergütet. Ansonsten bleibt es bei der Vergütung der vereinbarten Mindestarbeitszeit.

Auch **Lebensarbeitszeitkonten** werden für zulässig gehalten. Vor allem vor dem Hintergrund, dass ältere Mitarbeiter in Zukunft nicht mehr in die Arbeitslosigkeit verabschiedet werden können, um ihnen einen vorgezogenen Rentenbezug zu ermöglichen und auch dadurch, dass Altersteilzeitverträge nur noch bis Ende 2009 von der Agentur für Arbeit gefördert wurden, werden solche Lebensarbeitszeitkonten als Gestaltungsmöglichkeit für einen gleitenden Übergang in den Ruhestand empfohlen. Mitunter wird auch an die Möglichkeit von „Sabbatjahren" und sonstigen „zeitweiligen Ausstiegsmöglichkeiten" gedacht. Ein weiterer Grund ist die stufenweise Erhöhung des Renteneintrittalters ab dem Jahre 2012.

Eine ausdrückliche gesetzliche Regelung für derartige Lebensarbeitszeitkonten fehlt allerdings. Lediglich in den §§ 7 b ff. SGB IV finden sich aufgrund des sog. „Flexi-Gesetzes" entsprechende Bestimmungen zu „Wertguthabenvereinbarungen". Zum einen handelt es sich dabei aber nur um sozialrechtliche Vorschriften, zum anderen sind in den Regelungen nur Wertguthaben angesprochen, die „nicht das Ziel der flexiblen Gestaltung der werktäglichen oder wöchentlichen Arbeitszeit oder den flexiblen Ausgleich betrieblicher Produktions- und Arbeitszeitzyklen" verfolgen. Eine umfassende arbeits- und sozialrechtliche Regelung von Arbeitszeitkonten, die auch die Portabilität und den Insolvenzschutz entsprechender Wertguthaben mit einbeziehen sollte, steht also noch immer aus.

Ansonsten sollte im Arbeitsvertrag klar geregelt werden, dass der Mitarbeiter im Bedarfsfalle verpflichtet ist, **Mehrarbeit** zu leisten, wie diese abgegolten und/oder vergütet wird und welche sonstigen Bedingungen bezüglich der Arbeitszeit gelten.

Musterformulierung:

Die Mitarbeiterin ist verpflichtet, bei entsprechendem betrieblichem Bedarf Mehrarbeit (Überstunden) zu leisten. Die Ableistung von Mehrarbeit bedarf der schriftlichen Anordnung und wird primär durch flexible Arbeitszeit kostenneutral abgegolten. Fallweise kann bei hohem Anfall eine Sonderzahlung für Mehrarbeit vereinbart werden.

Ansprüche auf Freizeitausgleich und/oder Vergütung für etwaige Mehrarbeit sowie für etwaige Sonn- und Feiertagsarbeit bestehen nur, wenn die Tätigkeit von der Arbeitgeberin zuvor schriftlich angeordnet oder von dieser schriftlich genehmigt wurde.

4.3.4 Arbeitsort

Mitunter ist auch der Arbeitsort problematisch. Besteht die Möglichkeit bzw. das Erfordernis wechselnder Einsatzorte (z. B. auf Baustellen), sollte dies im Arbeitsvertrag geregelt und dabei zugleich mit klargestellt werden, ab welchem Zeitpunkt die Arbeitszeit zu laufen beginnt (z. B. mit Aufnahme der Arbeit) und wer die Kosten für die Anfahrt trägt. Besonderheiten bringt in diesem Zusammenhang die sog. Telearbeit mit sich (siehe hierzu Teil 3).

Musterformulierung:

Eine Tätigkeit der Mitarbeiterin ist in unserer Filiale in Mosbach vorgesehen. Es kommt aber auch ein Einsatz in unseren anderen Filialen im Neckar-Odenwald-Kreis in Betracht.

Die Arbeitszeit beginnt mit der Aufnahme der Tätigkeit in der jeweiligen Filiale.

4.3.5 Versetzungs- und Direktionsrechtserweiterungsklauseln

Versetzungs- und (eigentlich meist „unechte") Direktionsrechtserweiterungsklauseln, wonach dem Arbeitnehmer auch andere als die vertraglich vereinbarten Tätigkeiten zugewiesen werden können, sind zwar unter AGB-rechtlichen Gesichtspunkten nicht unproblematisch. Denn ohne Konkretisierung einer in Aussicht gestellten anderweitigen Tätigkeit bestehen Bedenken, ob solche weiten Regelungen für einen Arbeitnehmer noch hinreichend klar und verständlich sind und ob ihn derartige Vereinbarungen nicht entgegen den Grundsätzen von Treu und Glauben unangemessen benachteiligen (§ 307 Abs. 1 BGB). Das BAG hat entsprechende Klauseln allerdings recht grundlegend für zulässig gehalten. Versetzungsklauseln trügen dem im Arbeitsrecht bestehenden **spezifischen Anpassungs- und Flexibilisierungsbedürfnis** Rechnung. Außerdem erhalte der Arbeitnehmer für die ihm abverlangte Flexibilität im Rahmen derartiger Versetzungsklauseln eine entsprechend starke Sicherung seines Arbeitsverhältnisses im Falle betriebsbedingter Kündigungen, da sich durch eine Versetzungsklausel der Kreis der Sozialauswahl erweitere und im Umfang der Versetzungsmöglichkeiten der Arbeitgeber zudem zu prüfen habe, ob freie Arbeitsplätze zur Verfügung stünden. Diese **Kompensation** stehe einer weitergehenden AGB-Kontrolle entgegen. Auch das AGB-rechtliche Transparenzgebot bedürfe keiner weitergehenden Konkretisierung im Arbeitsvertrag. Ob allerdings im Einzelfall die wesentlichen Umstände des Falles abgewogen und die beiderseitigen Interessen angemessen berücksichtigt wurden, unterliegt der gerichtlichen Kontrolle. Zumindest muss gewährleistet sein, dass die Zuweisung eine **mindestens gleichwertige Tätigkeit** zum Gegenstand hat, andernfalls wäre die konkrete Zuweisung der anderweitigen Tätigkeit unzulässig und damit unwirksam.

Musterformulierung:

Der Arbeitgeber behält sich vor, der Mitarbeiterin auch andere oder zusätzliche Aufgaben zu übertragen oder sie an einem anderen Arbeitsplatz oder Tätigkeitsort einzusetzen, soweit die geänderte Tätigkeit gleichwertig ist und den Kenntnissen und Fähigkeiten der Mitarbeiterin entspricht.

4.3.6 Arbeitsvergütung

Die **Höhe des Entgelts** sollte natürlich konkret geregelt werden und sich möglichst auch aus dem Arbeitsvertrag ergeben, selbst wenn im Einzelfall einschlägige Lohn- bzw. Gehaltstarifverträge vorliegen, da diese ja nur Mindestvergütungen vorgeben können. Vergütungsabrechnungen sind hingegen nicht geeignet, einen bestimmten Anspruch zu bestimmen; sie dokumentieren lediglich das abgerechnete Entgelt und geben nur die Höhe der aktuellen Vergütung an; ein Erklärungswert über künftige Ansprüche kommt ihnen in aller Regel nicht zu.

Soweit **Zuschläge** gewährt werden sollen, bedürfen diese ebenfalls einer entsprechenden vertraglichen Regelung. Aus § 11 des Arbeitszeitgesetzes (ArbZG) ergibt sich nämlich kein unmittelbarer gesetzlicher Anspruch auf Sonn- und Feiertagszuschläge.

Nur Nachtarbeitnehmer haben nach § 6 Abs. 5 ArbZG für die während der Nachtzeit geleisteten Arbeitsstunden einen Ausgleichsanspruch auf eine angemessene Zahl bezahlter freier Tage oder einen angemessenen Zuschlag zum Bruttoarbeitsentgelt. Dabei kann allerdings der Arbeitgeber wählen, ob er den Ausgleichsanspruch des § 6 Abs. 5 ArbZG durch Zahlung von Geld, durch bezahlte Freistellung oder durch eine Kombination von beidem erfüllt. Ein **Nachtarbeitszuschlag** von 25 % bzw. der Umfang des gewährten Freizeitausgleichs in Höhe von 25 % der geleisteten Nachtarbeitsstunden wird dabei als angemessen angesehen.

Ausdrücklich gebilligt wurden von der Rechtsprechung **Anrechnungsmöglichkeiten bzw. -vorbehalte von Tariferhöhungen** auf vereinbarte Arbeitsentgelte. Solche Anrechnungsvorbehalte sind in arbeitsvertraglichen Vergütungsabreden üblich. Sie stellen eine Besonderheit des Arbeitsrechts dar, die gem. § 310 Abs. 4 S. 2 BGB angemessen zu berücksichtigen ist.

Bezüglich **Überstundenvergütungen** ist zu beachten, dass bei Pauschalierungsabreden eine unangemessene Benachteiligung des Arbeitnehmers unter AGB-rechtlichen Gesichtspunkten zu einer Unwirksamkeit entsprechender Vereinbarungen führt. Eine klare Beeinträchtigung des Äquivalenzverhältnisses, die als unangemessene Benachteiligung des Arbeitnehmers gewertet wird, liegt jedenfalls dann vor, wenn die unbegrenzte Verpflichtung zur Ableistung von Überstunden mit einer Pauschalabgeltung verbunden wird. Im Übrigen ist zu beachten, dass Überstundenvergütungsvereinbarungen bzw. Überstundenabgeltungsklauseln ohnehin grundsätzlich nur gesetzlich zulässige Überstunden (sog. Mehrarbeit) regeln können. Bei darüber hinausgehenden Überstunden (sog. Überarbeit) kann der Arbeitnehmer trotz des gesetzlichen Verbots in jedem Fall eine anteilige Vergütung verlangen. Ob Überstunden bis zur Grenze der gesetzlich zulässigen Arbeitszeit durch die Zahlung eines (pauschalen) Monatsgehalts wirksam abgegolten werden können, ließ das BAG ausdrücklich offen.

Musterformulierung:

Die Mitarbeiterin erhält für ihre Tätigkeit ein Entgelt in Höhe von brutto € 14,50 pro Arbeitsstunde.

Für Nacht-, Sonntags- und Feiertagsarbeit erhält die Mitarbeiterin einen Zuschlag von 25 %.

4.3.7 Sonderzahlungen

Sonderzahlungen werden sehr häufig unter einen **Freiwilligkeitsvorbehalt** gestellt. Bei einem Freiwilligkeitsvorbehalt entsteht kein Anspruch auf die Leistung. Der Arbeitgeber kann dann frei entscheiden, ob er die Leistung auch künftig gewähren will oder nicht, ohne dass er dies vorher im Einzelfall erneut ankündigen muss. Allerdings ist er dabei an den Gleichbehandlungsgrundsatz gebunden. Außerdem kann laufendes Entgelt, z. B. eine monatlich zu zahlende Leistungszulage, nicht unter einen Freiwilligkeitsvorbehalt gestellt werden; Freiwilligkeitsvorbehalte sind nur außerhalb des unmittelbaren Verhältnisses von Leistung und Gegenleistung zulässig und dürfen keine Zahlung laufender Gehaltsbestandteile betreffen.

Musterformulierung:

Etwaige Sonderzahlungen stellen rein freiwillige Leistungen des Arbeitgebers dar, die auch im Falle einer wiederholten Zahlung zu keinem Anspruch der Mitarbeiterin auf Zahlung in der Zukunft führen.

Denkbar ist aber nicht nur ein Freiwilligkeits-, sondern auch ein **Widerrufsvorbehalt**. Auch diesen akzeptiert das BAG als Anpassungsinstrument. Dabei differenziert die Rechtsprechung zwischen Vergütungsbestandteilen, die im Gegenseitigkeitsverhältnis stehen und solchen, die keine unmittelbare Gegenleistung für die Arbeitsleistung darstellen. Bei Vergütungsbestandteilen, die im Gegenseitigkeitsverhältnis stehen, hält das BAG auch einen formularmäßig vereinbarten Widerruf für zulässig, wenn der widerrufliche Teil unter 25 % des Gesamtverdienstes liegt und der Tariflohn nicht unterschritten wird. Bei Zahlungen des Arbeitgebers, die keine unmittelbare Gegenleistung darstellen, erhöht sich der widerrufliche Anteil auf bis zu 30 % des Gesamtverdienstes.

Außerdem erfordert das **Transparenzgebot**, dass klar wird, auf welche Leistungen sich der Widerrufsvorbehalt bezieht und unter welchen Voraussetzungen der Vorbehalt greift bzw. ausgeübt werden kann. Es ist also z. B. die Angabe eines konkreten Widerrufsgrundes erforderlich. Bisherige Regelungen wie „Sonderzahlungen werden unter dem Vorbehalt des jederzeitigen Widerrufs bezahlt“ dürften hiernach wegen Verstoßes gegen das Transparenzgebot unwirksam sein. Vielmehr müssen solche Klauseln nach der Rechtsprechung – gerichtlich nachprüfbar – als Instrument der Anpassung notwendig sein und den Anlass, aus dem das Bestimmungsrecht entsteht, sowie die Richtlinien und Grenzen seiner Ausübung so konkret wie möglich angeben. Die Wirksamkeit des Vorbehalts setzt also die ausdrücklich vertragliche Bindung des Widerrufsrechts an einen oder mehrere konkrete Sachgründe voraus. Ob hierfür „einfache“ Sachgründe genügen oder gar „schwerwiegende“ oder „triftige“ Gründe erforderlich sind, ist derzeit noch offen.

Musterformulierung:

Die Mitarbeiterin erhält einen Fahrtkostenzuschuss von monatlich brutto € 50,00.

Dieser Fahrtkostenzuschuss kann von der Arbeitgeberin widerrufen werden, wenn der Arbeitsort vom Wohnort der Mitarbeiterin aus mit öffentlichen Verkehrsmitteln erreichbar ist.

Auch vorformulierte **Stichtagsregelungen**, wonach ein Arbeitnehmer Sonderzahlungen nur dann erhält, wenn er sich zum Zeitpunkt der Fälligkeit in einem ungekündigten Arbeitsverhältnis befindet, sind zulässig.

Rückzahlungsklauseln bezüglich freiwilliger Sonderzahlungen unterliegen hingegen einer weitergehenden AGB-Kontrolle. Allgemein gilt, dass entsprechende Regelungen Arbeitnehmer nicht in unzulässiger Weise in ihrer Berufsfreiheit gem. Art. 12 des Grundgesetzes (GG) behindern dürfen. Deshalb begrenzt die Rechtsprechung die Zulässigkeit von Bindungsfristen und koppelt diese an den Grund der Beendigung des Arbeitsverhältnisses und die Höhe der Sonderzahlungen. Grundsätzlich ist ein Arbeitnehmer – bei entsprechender Vereinbarung einer Rückzahlungsklausel – immer nur dann zur Rückzahlung von freiwilligen Sonderzuwendungen verpflichtet, wenn die Beendigung des Arbeitsverhältnisses von ihm selbst zu vertreten ist. Außerdem wurden vom BAG im Regelfall nur folgende **Bindungsfristen** für zulässig erachtet:

■ bei geringfügigen Sonderzuwendungen	keine Rückzahlungspflicht
■ bis ein Bruttomonatsgehalt	maximal drei Monate
■ ein bis zwei Bruttomonatsgehälter	bis sechs Monate
■ mehr als zwei Bruttomonatsgehälter	über sechs Monate.

Musterformulierung:

Die Mitarbeiterin erhält mit dem Novembergehalt ein zusätzliches 13. Monatsgehalt als Weihnachtsgeld, sofern sie sich zu diesem Zeitpunkt in einem ungekündigten Arbeitsverhältnis befindet. Die Mitarbeiterin ist verpflichtet, dieses 13. Monatsgehalt zurückzubezahlen, wenn sie selbst das Arbeitsverhältnis kündigt oder Anlass für eine wirksame verhaltensbedingte Kündigung durch den Arbeitgeber gibt und infolgedessen das Arbeitsverhältnis bis zum 31.03. des Folgejahres endet.

Bei individual- und tarifvertraglichen Regelungen sowie bei Bezugnahme auf einen Tarifvertrag gelten diese Grundsätze jedoch nicht. Individual- und tarifvertragliche Regelungen werden auch darüber hinaus für zulässig erachtet.

Entsprechende Sonderzahlungen können außerdem für **Zeiten der krankheitsbedingten Arbeitsunfähigkeit** gem. § 4a des Entgeltfortzahlungsgesetzes (EFZG) gekürzt werden, soweit dies vertraglich vereinbart wurde. Diese Kürzungsmöglichkeit sollte also ebenfalls in den Arbeitsvertrag mit aufgenommen werden.

Musterformulierung:

Sondervergütungen können für Zeiten der krankheitsbedingten Arbeitsunfähigkeit gem. § 4a EFZG gekürzt werden.

4.3.8 Vermögenswirksame Leistungen, Betriebliche Altersversorgung und Entgeltliche Nebenabsprachen

Arbeitsvertragliche Regelungen zu vermögenswirksamen Leistungen, betrieblicher Altersversorgung und sonstigen entgeltlichen Nebenabsprachen (z. B. Umzugskostenzuschuss, Fahrtkosten etc.) kommen in Betracht, soweit hierfür im Einzelfall ein Bedürfnis besteht. Gesetzliche Ansprüche auf solche Nebenleistungen bestehen nicht, jedoch finden sich mitunter auch in Tarifverträgen entsprechende Regelungen.

Musterformulierung:

Die Mitarbeiterin erhält monatliche vermögenswirksame Leistungen in Höhe von € 27,00, die zugunsten der Mitarbeiterin auf deren Kapitallebensversicherung bei der Allianz Deutschland AG einbezahlt werden.

Außerdem werden zu Gunsten der Mitarbeiterin Beiträge in Höhe von € 50,00 pro Monat in die betriebliche Altersvorsorgekasse eingezahlt, die nach 10-jähriger Betriebszugehörigkeit einen unverfallbaren Anspruch begründen.

Mit Beginn des Arbeitsverhältnisses erhält die Mitarbeiterin außerdem einen einmaligen Umzugskostenzuschuss in Höhe von € 500,00.

4.3.9 Urlaub und Sonderurlaub

Nach § 7 Abs. 1 S. 1 des Bundesurlaubsgesetzes (BUrlG) sind bei der zeitlichen Festlegung des Urlaubs **(primär) die Urlaubswünsche des Arbeitnehmers zu berücksichtigen**, es sei denn, dass ihrer Berücksichtigung dringende betriebliche Belange oder Urlaubswünsche anderer Arbeitnehmer, die unter sozialen Gesichtspunkten den Vorrang verdienen, entgegenstehen. Die Urlaubsgewährung nach § 7 Abs. 1 S. 1 BUrlG gegenüber dem einzelnen Arbeitnehmer steht also nicht im alleinigen Ermessen des Arbeitgebers. Trotzdem kann der Arbeitgeber kraft des ihm obliegenden Direktionsrechts **Betriebsferien** einführen; solche stellen „dringende betriebliche Belange" im Sinne von § 7 Abs. 1 S. 1 BUrlG dar, hinter denen die individuellen Urlaubswünsche der Arbeitnehmer – von Härtefällen abgesehen – zurückstehen müssen. Die Urlaubsgewährung während der Betriebsferien sollte dementsprechend im Arbeitsvertrag mit geregelt werden.

Nach § 7 Abs. 3 BUrlG muss der Urlaub zwar im laufenden Kalenderjahr genommen und gewährt werden. Der EuGH hat aber den **europäischen Mindesturlaub von vier Wochen** als besonders bedeutsamen Grundsatz des europäischen Sozialrechts qualifiziert und das im deutschen Recht vorgesehene Erlöschen des Urlaubsanspruchs mit Ablauf eines Übertragungszeitraums als unzulässig angesehen, wenn der Arbeitnehmer krankgeschrieben war, seine Arbeitsunfähigkeit bis zum Ende des Arbeitsverhältnisses andauert und er deshalb den Anspruch auf bezahlten Jahresurlaub nicht ausüben konnte. Nach Auffassung des EuGH sei daher § 7 Abs. 3 f. BUrlG gemeinschaftsrechtskonform dahingehend fortzubilden, dass dem Arbeitnehmer auch dann ein Urlaubsabgeltungsanspruch zukomme, wenn seine Urlaubsansprüche aufgrund krankheitsbedingter Arbeitsunfähigkeit auch bis zum Ende des Übertragungszeitraums nicht erfüllt werden könnten. Diese Rechtsprechung hat das BAG als bindend anerkannt. Für den über den gesetzlichen Mindesturlaub hinausgehenden **Mehrurlaub** bestehe jedoch Vertragsfreiheit. Diese sei durch die erforderliche richtlinienkonforme Fortbildung der §§ 7 Abs. 3 und 4 BUrlG nicht beschränkt. Für einen Regelungswillen, der zwischen gesetzlichen Urlaubsansprüchen und Mehrurlaub unterscheide, müssten jedoch deutliche Anhaltspunkte bestehen. Vorformulierte vertragliche Mehrurlaubsregelungen unterlägen dabei auch keiner uneingeschränkten Inhaltskontrolle nach § 307 Abs. 1 S. 1 BGB. Sie sind nur darauf zu überprüfen, ob sie klar und verständlich seien (§ 307 Abs. 1 S. 2 BGB)

Die über die normalen Urlaubsansprüche hinausgehenden Ansprüche auf bezahlte Freistellung aufgrund persönlicher Arbeitsverhinderung nennt man **Sonderurlaub**. Seit Langem bewertet das BAG die Erkrankung naher Angehöriger als Grund persönlicher Arbeitsverhinderung. Der Arbeitnehmer hat in diesem Falle nach § 616 BGB nicht nur einen Freistellungs-, sondern auch einen uneingeschränkten Vergütungsanspruch. Demgegenüber subsidiär ist der Anspruch nach § 45 SGB V auf Krankengeld, wenn es nach ärztlichem Zeugnis erforderlich ist, dass der Arbeitnehmer zur Beaufsichtigung, Betreuung oder Pflege seines erkrankten und versicherten Kindes der Arbeit fernbleibt, eine andere im Haushalt lebende Person das Kind nicht beaufsichtigen, betreuen oder pflegen kann und das Kind das zwölfte Lebensjahr noch nicht vollendet hat. Um sich also diesen **Krankengeldanspruch** zu sichern, muss der dispositive Sonderurlaubsanspruch nach § 616 BGB vertraglich ausgeschlossen werden – sonst zahlt der Arbeitgeber anstelle der Krankenkasse.

Im Übrigen sind gem. § 9 BUrlG Krankheitstage keine Urlaubstage. Das BUrlG gilt aber nur für den gesetzlichen **Mindesturlaub** gem. § 3 BUrlG, also für zurzeit 24 Werktage. Für den darüber hinausgehenden Mehrurlaub kann bspw. vereinbart werden, dass auch Krankheitstage hierauf anzurechnen sind.

Musterformulierung:

Die Mitarbeiterin erhält einen jährlichen Erholungsurlaub von 25 Arbeitstagen (= 5 Wochen).

Während der Betriebsferien (in der Regel mindestens vom 24.12. bis 06.01.) wird die Mitarbeiterin unter Verrechnung auf ihre Urlaubsansprüche freigestellt. Im übrigen ist der Urlaub frühzeitig zu beantragen, wird in Abstimmung mit der Arbeitgeberin entsprechend den betrieblichen Belangen und unter Berücksichtigung etwaiger Urlaubswünsche anderer Mitarbeiter von der Arbeitgeberin gewährt und ist im jeweiligen Kalenderjahr in Anspruch zu nehmen.

Eine Übertragung des über den gesetzlichen Mindesturlaub hinausgehenden Mehrurlaubs in das nächste Kalenderjahr bedarf einer schriftlichen Vereinbarung zwischen den Parteien. Andernfalls verfällt der Urlaub mit dem jeweiligen Jahresende ersatzlos. Außerdem sind etwaige Krankheitstage auf die Mehrurlaubsansprüche anzurechnen.

In Fällen einer vorübergehenden Arbeitsverhinderung aus persönlichen Gründen im Sinne des § 616 BGB werden Vergütungsansprüche ausgeschlossen.

4.3.10 Arbeitsverhinderung bzw. Arbeitsunfähigkeit

Nach § 5 Entgeltfortzahlungsgesetz (EFZG) ist ein Arbeitnehmer verpflichtet, dem Arbeitgeber die Arbeitsunfähigkeit und deren voraussichtliche Dauer unverzüglich mitzuteilen. Erst wenn die Arbeitsunfähigkeit länger als drei Kalendertage dauert, hat der Arbeitnehmer – spätestens an dem darauf folgenden Arbeitstag – eine **ärztliche Bescheinigung über das Bestehen der Arbeitsunfähigkeit** sowie deren voraussichtliche Dauer (sog. AU-Bescheinigung) vorzulegen. Der Arbeitgeber ist aber berechtigt, die Vorlage der ärztlichen AU-Bescheinigung früher zu verlangen. Im Arbeitsvertrag sollte folglich ggf. die Verpflichtung des Arbeitnehmers mit aufgenommen werden, im

Falle einer Erkrankung bereits ab dem ersten Tag der Arbeitsunfähigkeit eine entsprechende AU-Bescheinigung vorzulegen.

Ansonsten sind die Regelungen des EFZG weitgehend unabdingbar. Dies gilt insbesondere auch für die Höhe des fortzuzahlenden Arbeitsentgelts. Nach dem EFZG ist dem Arbeitnehmer im Krankheitsfall in den ersten 6 Wochen einer Arbeitsunfähigkeit das „ihm bei der für ihn maßgebenden regelmäßigen Arbeitszeit zustehende Arbeitsentgelt" fortzuzahlen. Lediglich Überstundenentgelte und Leistungen für Aufwendungen des Arbeitnehmers, die davon abhängig sind, dass dem Arbeitnehmer entsprechende Aufwendungen tatsächlich entstanden sind, die ihm während der Arbeitsunfähigkeit nicht entstehen, sind nach der Neufassung des § 4 Abs. 1a EFZG nicht weiter zu entrichten, selbst wenn es sich um „laufendes Arbeitsentgelt" handelt; d. h. erhält der Arbeitnehmer ein festes Monatsentgelt, das auch die Vergütung für eine bestimmte, arbeitsvertraglich vereinbarte Zahl von Mehrarbeitsstunden einschließlich tariflicher Überstundenzuschläge beinhaltet, ist bei der Entgeltfortzahlung im Krankheitsfall gem. § 4 Abs. 1a EFZG der Überstundenzuschlag für die vereinbarten Mehrarbeitsstunden nicht entgeltfortzahlungspflichtig und deshalb aus dem Monatsentgelt herauszurechnen. Allerdings sind selbst Tarifregelungen wegen Verstoßes gegen § 4 Abs. 1 EFZG unwirksam, die dem Arbeitgeber das Recht einräumen, für jeden Tag der Entgeltfortzahlung im Krankheitsfalle den Arbeitnehmer 1,5 Stunden nacharbeiten zu lassen bzw. sofern ein Arbeitszeitkonto vorhanden ist, von diesem Zeitkonto 1,5 Stunden in Abzug zu bringen.

Musterformulierung:

Im Falle der Erkrankung ist die Mitarbeiterin verpflichtet, diese sowie die voraussichtliche Dauer unverzüglich der Arbeitgeberin mitzuteilen und an dem auf den Tag des Beginns der Erkrankung folgenden Arbeitstag der Arbeitgeberin eine ärztliche Bescheinigung über ihre Arbeitsunfähigkeit und deren voraussichtliche Dauer vorzulegen.

Dauert die Arbeitsunfähigkeit länger als in der Bescheinigung angegeben, so ist die Mitarbeiterin verpflichtet, die Arbeitgeberin unverzüglich über die Fortdauer der Arbeitsunfähigkeit zu informieren und innerhalb von 3 Tagen eine neue ärztliche Bescheinigung einzureichen.

Der Vorlage von ärztlichen Arbeitsunfähigkeitsbescheinigungen bedarf es auch außerhalb der gesetzlichen Entgeltfortzahlungsräume.

4.3.11 Nebentätigkeit und Wettbewerbsverbot

Die Geltung eines **Wettbewerbsverbots** richtet sich nach dem HGB, auch wenn der Arbeitgeber kein Handelsgewerbe betreibt. Während des Bestands des Arbeitsverhältnisses dürfen Arbeitnehmer ohne Einwilligung des Arbeitgebers „im Handelszweig des Arbeitgebers" weder ein eigenes Handelsgewerbe betreiben, noch für eigene oder fremde Rechnung Geschäfte machen (§ 60 HGB). Dieses Wettbewerbsverbot gilt auch im Ausbildungsverhältnis. Verletzt ein Arbeitnehmer dieses gesetzliche Wettbewerbsverbot, kann der Arbeitgeber – ggf. auch im Wege einstweiliger Verfügung – Unterlassung verlangen, u. U. eine außerordentliche Kündigung aussprechen, Schadensersatz fordern oder verlangen, dass der Arbeitnehmer „die für eigene Rechnung gemachten Geschäfte als für Rechnung des Arbeitgebers eingegangen gelten lässt und die aus Geschäften für fremde Rechnung bezogene Vergütung herausgibt" (§ 61 Abs. 1 HGB). Die Einhaltung des Wettbewerbsverbots kann (und sollte) durch eine Vertragsstrafevereinbarung abgesichert werden.

Musterformulierung:

Die Mitarbeiterin darf eine – auch unentgeltliche – Nebenbeschäftigung während des Arbeitsverhältnisses nur mit vorheriger schriftlicher Zustimmung der Arbeitgeberin ausüben.

Die Mitarbeiterin verpflichtet sich, für die Dauer dieses Vertrags in keiner Weise für ein Konkurrenzunternehmen der Arbeitgeberin tätig zu werden oder sich unmittelbar oder mittelbar an einem solchen zu beteiligen sowie Geschäfte für eigene oder fremde Rechnung auf dem Arbeitsgebiet der Arbeitgeberin zu tätigen.

Für jeden Fall der Zuwiderhandlung verpflichtet sich die Mitarbeiterin, an die Arbeitgeberin eine Vertragsstrafe in Höhe eines Bruttomonatsgehalts zu bezahlen. Die Einrede des Fortsetzungszusammenhangs wird ausgeschlossen.

Nach Beendigung des Arbeitsverhältnisses besteht kein gesetzliches Wettbewerbsverbot. Ein solches folgt auch nicht aus der nachvertraglichen Treuepflicht. Zulässig ist aber die **vertragliche Vereinbarung eines** sog. **nachvertraglichen Wettbewerbsverbots**. Ein vertraglich vereinbartes nachvertragliches Wettbewerbsverbot bedarf jedoch der Schriftform und der Aushändigung einer vom Arbeitgeber unterzeichneten, die vereinbarten Bestimmungen enthaltenden Urkunde (§ 74 HGB), anderenfalls ist das Wettbewerbsverbot nichtig. Das Wettbewerbsverbot ist außerdem unwirksam, wenn sich der Arbeitgeber nicht verpflichtet, für seine Dauer eine angemessene Entschädigung zu zahlen (§ 74 Abs. 2 HGB); diese **Karenzentschädigung** muss für jedes Verbotsjahr mindestens die Hälfte der vom Arbeitnehmer bezogenen vertragsgemäßen Leistung erreichen (§ 74 Abs. 2 HGB), wobei eine zugesagte Abfindung keine Karenzentschädigung darstellt. Auf die Karenzentschädigung muss sich der Arbeitnehmer – auch wenn es nicht besonders vereinbart ist – das anrechnen lassen, was er während des Zeitraums, für den sie gezahlt wird, durch anderweitige Verwertung seiner Arbeitskraft erwirbt oder zu erwerben (böswillig) unterlässt.

Musterformulierung:

Nachvertragliches Wettbewerbsverbot: Die Mitarbeiterin verpflichtet sich, nach Beendigung des Arbeitsverhältnisses zwei Jahre lang für keine anderen Personen und/oder Unternehmen tätig zu werden, die mit der Arbeitgeberin im Wettbewerb stehen und auf deren Tätigkeitsgebiet wirken. Unzulässig ist jede unselbständige und/oder selbständige Konkurrenztätigkeit.

Karenzentschädigung: Die Arbeitgeberin verpflichtet sich, der Mitarbeiterin während der Dauer des nachvertraglichen Wettbewerbsverbots monatlich eine Entschädigung zu zahlen, die 50 % der letzten vertragsmäßigen Leistungen der Mitarbeiterin entspricht. Auf die Entschädigung wird alles angerechnet, was die Mitarbeiterin durch anderweitige Verwertung ihrer Arbeitskraft erwirbt oder zu erwerben böswillig unterlässt, sofern der Verdienst und die Entschädigung zusammen mehr als 10 % der bisherigen Bezüge übersteigen.

Auskünfte: Die Mitarbeiterin verpflichtet sich, während der Dauer des Wettbewerbsverbots der Arbeitgeberin unaufgefordert und unverzüglich einen etwaigen künftigen neuen Arbeitgeber, beabsichtigte freiberufliche Tätigkeiten, den geplanten künftigen beruflichen Verwendungsbereich und den Einsatzort sowie jede Änderung ihres Bruttoverdienstes mitzuteilen. Der Arbeitgeberin steht für den Fall, dass die Mitarbeiterin ihrer Auskunftspflicht nicht oder nicht vollständig nachkommt, bis zur Erfüllung der Auskunft ein Zurückbehaltungsrecht an der Karenzentschädigung zu.

Unwirksamwerden und Verzicht: Bezüglich des Unwirksamwerdens des Wettbewerbsverbots gelten die Regelungen der § 75 und § 75a HGB.

Vertragsstrafe: Für jeden Fall der Zuwiderhandlung gegen das Wettbewerbsverbot verpflichtet sich die Mitarbeiterin zur Zahlung einer Vertragsstrafe in Höhe eines Bruttomonatsgehalts, ohne dass es eines Schadensnachweises bedarf. Bei dauernder Verletzung des Verbots entsteht die Vertragsstrafe für jeden angefangenen Monat der Verletzung neu. Die Geltendmachung eines weitergehenden Schadens bleibt von diesem Vertragsstrafeversprechen unberührt. Für die Dauer einer Vertragsverletzung entfällt jeglicher Anspruch auf Zahlung der Karenzentschädigung

Ergänzende Bestimmungen: Auf das Wettbewerbsverbot sind die §§ 74 ff. HGB anwendbar. Die Mitarbeiterin bestätigt, eine von der Arbeitgeberin unterzeichnete, die vorstehenden Vereinbarungen wiedergebende Urkunde ausgehändigt erhalten zu haben. Mündliche Nebenabreden wurden keine getroffen. Änderungen und Ergänzungen dieses Vertrags bedürfen der Schriftform. Dies gilt auch für die Abbedingung dieser Schriftformvereinbarung. Mündliche individuelle Vereinbarungen haben jedoch Gültigkeit.

4.3.12 Fort- und Weiterbildungsmaßnahmen

Soweit Fort- und/oder Weiterbildungsmaßnahmen Teil der vereinbarten Arbeitsleistung sind, sind diese vom Arbeitgeber auch zu bezahlen; das ist jedenfalls bei kurzfristigen Schulungen der Fall, in denen Kenntnisse erworben werden, die unmittelbar der im Arbeitsvertrag vereinbarten Tätigkeit dienen. Dabei ist es auch unerheblich, ob die Kosten als „Darlehen" ausgestaltet und der Erlass der Darlehensforderung an die Einhaltung der Bindungsfrist geknüpft ist oder ob eine entsprechende Rückzahlungsvereinbarung für den Fall einer Beendigung des Arbeitsverhältnisses getroffen wird.

Ansonsten sind bei Fort- und Weiterbildungsmaßnahmen einzelvertragliche Rückzahlungsvereinbarungen, die keine AGB darstellen, bis an die Grenze der Treuwidrigkeit (§ 242 BGB) grundsätzlich zulässig und wirksam, solange sie das Grundrecht eines Arbeitnehmers, seinen Arbeitsplatz frei zu wählen (vgl. Art. 12 Abs. 1 S. 1 GG), nicht übermäßig beeinträchtigen. **Einzelvertragliche Rückzahlungsklauseln** sind also auch grundsätzlich zulässig, wenn der Grund für die Beendigung des Arbeitsverhältnisses vor Ablauf der Bindungsfrist nicht in der Sphäre des Arbeitnehmers liegt.

Vorformulierte Rückzahlungsvereinbarungen bezüglich Weiterbildungskosten sind hingegen generell unwirksam, soweit der Arbeitnehmer durch die Ausbildung keinen geldwerten Vorteil erlangt. Entsprechendes gilt, wenn die Rückzahlungspflicht wegen der Beendigung des Arbeitsverhältnisses vor Ablauf der Bindungsfrist auf Gründen beruht, die dem Arbeitnehmer nicht zuzurechnen sind. Eine Vereinbarung in einem Formulararbeitsvertrag, nach der ein Arbeitnehmer vom Arbeitgeber übernommene Kosten für ein (Fach)Hochschulstudium in jedem Fall (anteilig) zurückzahlen muss, wenn das Arbeitsverhältnis vor Ablauf einer bestimmten Frist endet, ist also auf jeden Fall zu weit gefasst; sie ist unwirksam, weil die Rückzahlungspflicht ohne Rücksicht auf den jeweiligen Grund für die Beendigung des Arbeitsverhältnisses ausgelöst werden soll. Diese Unwirksamkeit gilt auch dann, wenn „insbesondere" die Eigenkündigung des Arbeitnehmers und die Kündigung durch den Arbeitgeber aus einem vom Arbeitnehmer zu vertretenden Grund als Beispielfälle genannt werden.

Im Übrigen müssen **Fortbildungsdauer und Bindungsdauer** in einem angemessenen Verhältnis stehen; insofern gilt das von der Rechtsprechung entwickelte Modell weiterhin als Orientierungshilfe. Dieses Modell sieht wie folgt aus:

Fortbildungsdauer	Bindungsdauer
bis zu 1 Monat	höchstens 6 Monate
bis zu 2 Monaten	höchstens 1 Jahr
bis zu 4 Monaten	höchstens 2 Jahre
6 Monate bis 1 Jahr	höchstens 3 Jahre
mehr als 2 Jahre	höchstens 5 Jahre (grundsätzlich Obergrenze)

Diese Grundsätze gelten für den Regelfall. Im Einzelfall kann auch bei kürzerer Dauer der Fortbildung eine verhältnismäßig lange Bindung gerechtfertigt sein, wenn etwa der Arbeitgeber erhebliche Mittel aufwendet und die Teilnahme an der Fortbildung dem Arbeitnehmer besondere Vorteile bringt. Umgekehrt kann auch bei längerer Dauer der Fortbildung nur eine verhältnismäßig kurze Bindung gerechtfertigt sein, etwa wenn der Arbeitgeber verhältnismäßig wenig Mittel aufwendet und die Teilnahme an der Fortbildung dem Arbeitnehmer nur geringe Vorteile bringt. Allerdings genügen hohe Aufwendungen des Arbeitgebers für die Wirksamkeit einer entsprechenden Rückzahlungsvereinbarung alleine nicht. Vielmehr muss die Rückzahlungspflicht einem billigenswerten Interesse des Arbeitgebers entsprechen, der Arbeitnehmer muss mit der Aus- oder Fortbildungsmaßnahme eine angemessene Gegenleistung für die Rückzahlungsverpflichtung erhalten haben und die Erstattungspflicht muss dem Arbeitnehmer zuzumuten sein. Die für ihn tragbaren Bedingungen sind auf Grund einer Güter- und Interessenabwägung nach Maßgabe des Verhältnismäßigkeitsgrundsatzes unter Heranziehung aller Umstände des Einzelfalles zu ermitteln.

Musterformulierung:

Die Arbeitgeberin erstattet der Mitarbeiterin die Kursgebühren des dreimonatigen Spanischkurses der Humboldt-Akademie Mosbach vom ... bis ... und stellt sie während der Kursdauer unter Fortentrichtung der vereinbarten Vergütung von der Arbeit frei.

Die Parteien sind sich darüber einig, dass der Spanischkurs der Mitarbeiterin bleibende geldwerte Vorteile bringt und nicht Teil der vereinbarten Arbeitsleistung darstellt.

Kündigt die Mitarbeiterin das Arbeitsverhältnis während oder nach Beendigung des Spanischkurses selbst oder gibt sie der Arbeitgeberin Anlass zur verhaltensbedingten Kündigung, ist die Arbeitnehmerin verpflichtet, der Arbeitgeberin alle Aufwendungen im Zusammenhang mit dem Spanischkurs einschließlich der Lohn- und Lohnnebenkosten zu erstatten. Nach Beendigung des Spanischkurses reduziert sich der Erstattungsanspruch ab dem 7. Monat um jeweils 5 % pro Monat, gerechnet auf den Zeitpunkt des Ausspruchs der Kündigung. Bei einer Kündigung im 7. Monat nach Beendigung des Spanischkurses hat die Mitarbeiterin also noch 95 % der Kosten zu erstatten, bei einer Kündigung im 10. Monat noch 80 % usw.

4.3.13 Geheimhaltungsverpflichtungen

Soweit der Arbeitgeber ein besonderes Interesse daran hat, dass seine Interna geheim gehalten werden, sollte er eine entsprechende **Geheimhaltungsverpflichtung** vereinbaren. Diese könnte wie folgt lauten:

Musterformulierung:

Die Mitarbeiterin verpflichtet sich, über alle vertraulichen Angelegenheiten und Vorgänge, die ihr im Rahmen ihrer Tätigkeit bei der Arbeitgeberin zur Kenntnis gelangen, insbesondere über Geschäfts- und Betriebsgeheimnisse, Stillschweigen gegenüber Außenstehenden und unbeteiligten Mitarbeitern zu bewahren. Betriebs- und Geschäftsgeheimnisse sind insbesondere sämtliche Kundendaten und Interna, Produkt- und Leistungsinformationen, Auflagen- und Aktionsplanungen, Entgeltbestandteile und -zahlungen. Die Geheimhaltungspflicht umfasst auch die Einzelheiten dieses Vertrags.

Die Mitarbeiterin ist auch nach dem Ausscheiden aus dem Arbeitsverhältnis verpflichtet, Stillschweigen zu bewahren.

Die Mitarbeiterin verpflichtet sich für jeden Fall des Verstoßes gegen vorstehende Geheimhaltungsverpflichtung zur Zahlung einer Vertragsstrafe in Höhe eines Bruttomonatsentgelts, wobei die Einrede des Fortsetzungszusammenhangs ausgeschlossen wird.

Im Falle eines Verstoßes gegen vorstehende Geheimhaltungspflichten ist die Arbeitgeberin zur fristlosen Kündigung dieses Arbeitsvertrags und zur Geltendmachung von Schadensersatzansprüchen berechtigt.

4.3.14 Probezeit

§ 622 Abs. 3 BGB enthält zwar eine Regelung zur Probezeit, wonach sich in einer vereinbarten Probezeit von längstens sechs Monaten die Kündigungsfrist auf zwei Wochen verkürzt. Die eigentliche Bedeutung einer Probezeit ergibt sich aber aus § 1 Abs. 1 des Kündigungsschutzgesetzes (KSchG), wonach das KSchG erst anwendbar ist, wenn das Arbeitsverhältnis in demselben Betrieb oder Unternehmen ohne Unterbrechung länger als sechs Monate bestanden hat. Diese (gesetzliche) Probezeit ist prin-

Musterformulierung:

Die ersten sechs Monate des Arbeitsverhältnisses gelten als Probezeit. Während der Probezeit kann das Arbeitsverhältnis mit der Frist des § 622 Abs. 3 BGB gekündigt werden.

zipiell nicht verlängerbar. Im Arbeitsvertrag sollte also schlicht mit geregelt werden, dass die ersten sechs Monate als Probezeit gelten, um in diesem Zeitraum die Kündigungsfrist entsprechend abzukürzen.

4.3.15 Beendigung von Arbeitsverhältnissen

Die Anwendbarkeit des KSchG ist nicht disponibel. Im Arbeitsvertrag können also keine zusätzlichen Kündigungsmöglichkeiten oder -gründe vereinbart werden, so dass diesbezüglich nur Regelungen zu einer etwaigen Befristung (hierzu später), ggf. Regelungen zur Probezeit (siehe vorstehend) und Regelungen zu den Kündigungsfristen in Betracht kommen. Die **gesetzlichen Kündigungsfristen** ergeben sich aus § 622 BGB; sie verlängern sich nach der Dauer des Arbeitsverhältnisses – ohne Rücksicht auf den europarechtswidrigen § 622 Abs. 2 S. 2 BGB – für den Arbeitgeber wie folgt:

< 2 Jahre	4 Wochen zum 15. oder zum Ende eines Kalendermonats
> 2 Jahre	1 Monat zum Ende eines Kalendermonats
> 5 Jahre	2 Monate zum Ende eines Kalendermonats
> 8 Jahre	3 Monate zum Ende eines Kalendermonats
> 10 Jahre	4 Monate zum Ende eines Kalendermonats
> 12 Jahre	5 Monate zum Ende eines Kalendermonats
> 15 Jahre	6 Monate zum Ende eines Kalendermonats
> 20 Jahre	7 Monate zum Ende eines Kalendermonats

Auch wenn der Arbeitgeber diese Mindestfristen nicht einhalten, sondern mit längerer Frist kündigen will, ist nach der Rechtsprechung des BAG nach den ersten zwei Jahren des Arbeitsverhältnisses immer nur eine Kündigung zum jeweiligen Monatsende möglich.

Häufig findet sich hier die Regelung, dass diese sich verlängernden Kündigungsfristen auch für den Arbeitnehmer gelten sollen oder aber unabhängig hiervon – ggf. für beide Seiten – längere Kündigungsfristen gelten. Dies ist zulässig. Ansonsten ist eine Abkürzung der Kündigungsfristen einzelvertraglich unzulässig.

Mitunter enthalten Arbeitsverträge außerdem Regelungen zur **Beendigung des Arbeitsverhältnisses ab Bezugsmöglichkeit der Regelaltersrente**, wobei nach § 41 SGB VI zwar der Anspruch des Arbeitnehmers auf eine Rente wegen Alters nicht als ein Grund anzusehen ist, der die Kündigung eines Arbeitsverhältnisses durch den Arbeitgeber nach dem Kündigungsschutzgesetz bedingen kann. Eine Vereinbarung, die die Beendigung des Arbeitsverhältnisses eines Arbeitnehmers ohne Kündigung zu einem Zeitpunkt vorsieht, zu dem der Arbeitnehmer mit Erreichen der Regelaltersgrenze eine Rente wegen Alters beantragen kann, gilt im Rahmen des § 41 SGB VI hingegen als zulässig.

Musterformulierung:

Das Arbeitsverhältnis kann von beiden Seiten mit den Fristen des § 622 BGB gekündigt werden; die sich gemäß § 622 Abs. 2 BGB verlängernden Kündigungsfristen gelten also auch für die Mitarbeiterin.

Das Recht zur außerordentlichen Kündigung aus wichtigem Grund bleibt hiervon unberührt.

Das Arbeitsverhältnis endet in jedem Fall mit Ablauf des Monats, in dem die Mitarbeiterin die Altersrente ungekürzt beanspruchen kann, ohne dass es einer Kündigung durch die Arbeitgeberin bedarf. Die Mitarbeiterin verpflichtet sich, die Arbeitgeberin über das Vorliegen dieses Beendigungsgrundes zu informieren.

4.3.16 Vertragsstrafen

Nach der Rechtsprechung des BAG sind Vertragsstrafenabreden im Arbeitsrecht grundsätzlich zulässig. Die Unwirksamkeit vorformulierter Vereinbarungen kann sich aber nach § 307 Abs. 1 BGB aufgrund einer unangemessenen Benachteiligung ergeben. Unangemessen ist dabei jede Beeinträchtigung eines rechtlich anerkannten Interesses des Arbeitnehmers, die nicht durch begründete und billigenswerte Interessen des Arbeitgebers gerechtfertigt ist oder durch gleichwertige Vorteile ausgeglichen wird. Die Feststellung einer unangemessenen Benachteiligung setzt also eine **wechselseitige Berücksichtigung und Bewertung rechtlich anzuerkennender Interessen** der Vertragspartner voraus. Ist erkennbar, dass die Vertragsstrafe in erster Linie zur bloßen Erzielung neuer, vom Sachinteresse des Verwenders losgelöster Geldforderungen eingesetzt wird, fehlt es am berechtigten Interesse des Arbeitgebers. Auch die Regelung, wonach eine Vertragsstrafe „durch schuldhaft vertragswidriges Verhalten des Arbeitnehmers, das den Arbeitgeber zur fristlosen Kündigung des Arbeitsverhältnisses veranlasst" verwirkt ist, wurde als unangemessen bewertet, weil sie nicht erkennen lässt, durch welche konkrete Pflichtverletzung die Vertragsstrafe verwirkt wird. Die auslösende Pflichtverletzung muss so klar bezeichnet sein, dass sich der Versprechende darauf einstellen kann. Globale Strafversprechen, die auf die Absicherung aller vertraglichen Pflichten zielen, sind unwirksam. Für eine Vertragsstrafe, die durch jegliches schuldhaftes vertragswidriges Verhalten des Arbeitnehmers verwirkt wird, fehlt es am berechtigten Interesse des Arbeitgebers. Eine solche Abrede zielt auf die Absicherung aller vertraglichen Pflichten und enthält damit eine unangemessene „Übersicherung".

Eine unangemessene Benachteiligung kann sich im Übrigen insbesondere auch aus der Höhe einer Vertragsstrafe ergeben. Das Fehlen eines Schadens führt aber noch nicht per se zur Unwirksamkeit, denn die Vertragsstrafe bezweckt in erster Linie, einen wirkungsvollen Druck auf den Schuldner zur Einhaltung seiner Verpflichtungen auszuüben. Dabei wurde vom BAG eine Vertragsstrafe in Höhe **eines Bruttomonatsgehalts als generell geeigneter Maßstab** angesehen, wobei allerdings die Festsetzung einer Vertragsstrafe in Höhe eines vollen Monatsgehalts den Arbeitnehmer typischerweise dann unangemessen beeinträchtigt, wenn er sich rechtmäßig mit einer Kündigungsfrist von zwei Wochen vom Vertrag lösen könnte. Auch nach der Rechtsprechung der Instanzgerichte soll die Vertragsstrafe regelmäßig das für die Kündigungsfrist zu zahlende Gehalt nicht übersteigen, denn die Vertragsstrafe kann in Fällen, in denen typischerweise ein Schaden angesichts der nötigen Einarbeitungszeit nicht groß sein kann, nicht höher sein, als die Arbeitsleistung wert ist.

Musterformulierung:

Die Mitarbeiterin verpflichtet sich, an die Arbeitgeberin eine Vertragsstrafe in Höhe eines halben Bruttomonatsgehalts zu zahlen, wenn sie die Arbeit rechtswidrig nicht aufnimmt oder aber vertragswidrig das Arbeitsverhältnis beendet.

Die Möglichkeit der Geltendmachung eines weitergehenden Schadensersatzanspruchs bleibt hiervon unberührt.

4.3.17 Ausschlussfristen

Ausschlussfristen waren und sind im Arbeitsrecht vor allem deshalb besonders bedeutsam, weil Ansprüche aus einem Arbeitsverhältnis gegen den Willen des Arbeitgebers häufig erst mit Beendigung des Arbeitsverhältnisses geltend gemacht werden. Dies bringt für Arbeitgeber das erhebliche Risiko mit sich, dass bei Beendigung des Arbeitsverhältnisses mitunter über Ansprüche aus den letzten Jahren und z.T. sogar Jahrzehnten gestritten wird.

Nach der Rechtsprechung des BAG können **Ausschlussklauseln auch in Formulararbeitsverträgen** wirksam vereinbart werden, und zwar sowohl für die Geltendmachung des Anspruchs gegenüber dem Vertragspartner (1. Stufe), als auch für die gerichtliche Geltendmachung im Falle der Nichtbefriedigung (2. Stufe). Die Mindestfrist für beide „Stufen" beträgt jedoch (jeweils) drei Monate. Ist die Ausschlussfrist zu kurz bemessen, benachteiligt sie den Vertragspartner unangemessen und ist deshalb insgesamt unwirksam.

Im Übrigen widersprechen einseitige Ausschlussklauseln, die nur für den Arbeitnehmer zum Anspruchsverlust führen, einer ausgewogenen Vertragsgestaltung und sind deshalb unwirksam. Auch Klauseln, die für den Beginn der Ausschlussfrist nicht die Fälligkeit der Ansprüche berücksichtigen, sondern allein auf die Beendigung des Arbeitsverhältnisses abstellen, benachteiligen den Arbeitnehmer unangemessen und sind unwirksam.

Bei **individuell ausgehandelten Ausschlussregelungen** findet hingegen eine allgemeine Billigkeitskontrolle im Sinne einer allgemeinen (nicht auf die Besonderheiten des Falles bezogenen) Angemessenheitsprüfung nach § 242 BGB nicht mehr statt.

Musterformulierung:

Alle Ansprüche aus dem Arbeitsverhältnis sind von den Vertragsparteien innerhalb einer Frist von drei Monaten nach ihrem jeweiligen Entstehen schriftlich geltend zu machen. Andernfalls ist deren Geltendmachung und Durchsetzbarkeit ausgeschlossen; diese verfallen dann ersatzlos.

Im Falle der Ablehnung von Ansprüchen oder deren Nichtbegleichung sind diese binnen einer Frist von weiteren drei Monaten einzuklagen. Andernfalls ist deren Geltendmachung und Durchsetzbarkeit ausgeschlossen; diese verfallen dann ersatzlos.

4.3.18 Einbeziehung von Tarifverträgen und kollektiven Regelungen

Nach § 3 des Tarifvertragsgesetzes (TVG) sind zunächst nur die Mitglieder der Tarifvertragsparteien, also einerseits die Gewerkschaftsmitglieder und andererseits die Arbeitgeber, die Mitglied des Arbeitgeberverbandes oder selbst Tarifvertragspartei sind, tarifgebunden. Außerdem kann natürlich die Geltung eines Tarifvertrags auch im Arbeitsvertrag (individual-rechtlich) vereinbart werden. Dies ist bei tarifgebundenen Arbeitgebern häufig der Fall, damit bei diesen alle Arbeitnehmer gleich behandelt und die nicht-gewerkschaftlich organisierten Arbeitnehmer nicht unnötig in die „Arme der Gewerkschaften" gedrängt werden. Welche Bedeutung solche Verweisungsklauseln (Gleichstellungsabrede, konstitutive, kleine oder große zeitlich-dynamische Verweisung) im Falle der Änderung der Tarifverträge haben, ist nach wie vor umstritten und im Einzelfall durch Auslegung zu ermitteln. Die individualvertragliche Bezugnahme auf einen Tarifvertrag begründet aber jedenfalls nicht dessen tarifrechtliche Geltung und kann daher auch nicht zu einer Tarifkonkurrenz oder Tarifpluralität führen.

Im Übrigen gelten nach § 5 TVG Tarifverträge auch dann, wenn sie für allgemeinverbindlich erklärt werden. Dies ist allerdings nur selten der Fall, da eine **Allgemeinverbindlichkeit** von den Tarifvertragsparteien nur vereinzelt beantragt wird; beide Seiten haben in der Regel kein Interesse daran, dass die „hart erkämpften" Errungenschaften auch denjenigen zugutekommen, die sich dafür im Tarifkampf nicht eingesetzt haben. Ein Verzeichnis über die für allgemeinverbindlich erklärten Tarifverträge findet sich auf der Homepage des Bundesministeriums für Arbeit und Soziales (siehe www.bmas.de).

Liegt hiernach eine Tarifbindung vor, gelten nach § 3 Abs. 2 TVG die Rechtsnormen des Tarifvertrags über betriebliche und betriebsverfassungsrechtliche Fragen für den gesamten Betrieb. Die Rechtsnormen eines Tarifvertrags, die den Inhalt, den Abschluss oder die Beendigung von Arbeitsverhältnissen ordnen, gelten hingegen nach § 4 Abs. 1 TVG unmittelbar und zwingend nur zwischen den jeweiligen Tarifgebundenen.

Die Tarifgebundenheit bleibt nach § 3 Abs. 3 TVG solange bestehen, bis der Tarifvertrag endet (sog. **„Nachbindung"**), und zwar unabhängig von einem etwaigen Verbandsaustritt oder einem Wechsel des Arbeitgebers in eine sog. „OT-Mitgliedschaft" (Mitgliedschaft ohne Tarifbindung), da hierdurch die einmal begründete vertragliche Bindung nicht beseitigt wird. Nach der Rechtsprechung führt aber jede inhaltliche Änderung des Tarifvertrags zu einer Beendigung dieser sog. Nachbindung, und zwar auch hinsichtlich der unverändert gebliebenen Bestimmungen, da eine nur teilweise Beendigung unter dem Gesichtspunkt der erforderlichen Klarheit der normativen Wirkung von Tarifnormen nicht hinnehmbar sei und im Übrigen der Tarifvertrag dann ja auch nicht mehr mitgliedschaftlich legitimiert ist. Damit endet allerdings dann auch die tarifvertragliche Friedenspflicht, d.h. (spätestens) ab diesem Zeitpunkt sind dann auch wieder Arbeitskampfmaßnahmen zulässig.

Unabhängig hiervon gelten allerdings nach § 4 Abs. 5 TVG die Rechtsnormen eines Tarifvertrags auch nach dessen Ablauf solange weiter, bis sie durch eine „andere Abmachung" ersetzt werden (sog. **„Nachwirkung"**). Dem Tarifvertrag kommt also ein „vereinbarungsoffener Bestandsschutz" zu. Ein Arbeitgeber kann sich folglich durch seinen Austritt aus dem Arbeitgeberverband oder durch einen Wechsel in eine OT-Mitgliedschaft der Wirkung eines bereits geltenden Tarifvertrags nicht entziehen. Lediglich neue tarifvertragliche Regelungen gelten für den ausgetretenen Arbeitgeber nicht mehr.

Es fragt sich somit insbesondere, was eine solche **„andere Abmachung"** sein kann, die in der Lage ist, einen hiernach geltenden Tarifvertrag zu ersetzen. Kann sich z. B. der Arbeitgeber mit seinem Betriebsrat auf eine abweichende Betriebsvereinbarung verständigen? Dies ist in aller Regel nicht möglich, denn „Arbeitsentgelte und sonstige Arbeitsbedingungen, die durch Tarifvertrag geregelt sind oder üblicherweise (in der Branche und Region) geregelt werden", können nach § 77 Abs. 3 des Betriebsverfassungsgesetzes (BetrVG) nicht Gegenstand einer Betriebsvereinbarung sein – es sei denn, es ist ein „echtes" Mitbestimmungsrecht des Betriebsrats betroffen. Wohl stellt aber natürlich ein anderer Tarifvertrag oder aber auch eine ersetzende **individualarbeitsvertragliche Vereinbarung** eine „andere Abmachung" im Sinne des § 4 Abs. 5 TVG dar. Ein Tarifvertrag kann also nach dessen Ablauf durch Individualvereinbarungen (ggf. gestützt auf eine mit dem Betriebsrat ausgehandelte entsprechende „Regelungsabrede") ersetzt werden.

Im Übrigen kommen „schlechtere" Individualvereinbarungen natürlich auch immer dann in Betracht, wenn der Tarifvertrag entsprechende **„Öffnungsklauseln"** enthält. Da zum Teil die Leistungsfähigkeit der Betriebe und Unternehmen innerhalb eines Tarifgebiets nicht unerheblich voneinander abweicht, sind solche Öffnungsklauseln in den vergangenen Jahren etwas häufiger anzutreffen. Für den Arbeitnehmer günstige Abweichungen von einem Tarifvertrag sind im Übrigen natürlich jederzeit möglich. Dieses **„allgemeine Günstigkeitsprinzip"** ist in § 4 Abs. 3 TVG ausdrücklich geregelt.

Musterformulierung:

Auf das Arbeitsverhältnis sind die Bestimmungen des Bundesrahmentarifvertrags für das Baugewerbe in seiner jeweils geltenden Fassung anzuwenden, und zwar unabhängig von einer etwaigen Tarifbindung der Parteien.

Fallen die günstigeren Tarifnormen vollständig weg (etwa durch Betriebsübergang oder Ende des Tarifvertrags ohne Nachwirkung), können die bisherigen schlechteren einzelvertraglichen Arbeitsbedingungen wieder Wirkung erlangen, denn Tarifverträge entfalten keine gestaltende Wirkung auf den Inhalt eines Arbeitsvertrags, sondern wirken wie ein Gesetz von außen.

4.3.19 Schlussbestimmungen und Salvatorische Klausel

Häufig findet sich in Arbeitsverträgen eine „Salvatorische Klausel", wonach die Unwirksamkeit einzelner Regelungen die Wirksamkeit des übrigen Vertrags nicht berührt. Bei den Schlussbestimmungen finden sich ferner öfters Regelungen zur Schriftformbedürftigkeit von Änderungen und Ergänzungen des Arbeitsvertrags, eine Bestätigung, dass der Vertrag ausführlich im Einzelnen besprochen und dem Arbeitnehmer ausgehändigt wurde sowie bei Bedarf auch eine Regelung zur Anwendbarkeit deutschen Rechts. Vor allem eine doppelte Schriftformklausel ist sinnvoll, weil diese Ansprüche aus einer betrieblichen Übung ggf. verhindern kann.

Musterformulierung:

Mündliche Nebenabreden wurden keine getroffen. Änderungen und Ergänzungen dieses Vertrags bedürfen der Schriftform. Dies gilt auch für die Abbedingung dieser Schriftformvereinbarung. Mündliche Individualvereinbarungen haben jedoch Gültigkeit.

Die Mitarbeiterin bestätigt, diesen Vertrag ausführlich und im Einzelnen mit der Arbeitgeberin besprochen und nach beiderseitiger Unterzeichnung ein Exemplar dieses Vertrages ausgehändigt erhalten zu haben.

Sollten einzelne Bestimmungen dieser Vereinbarung ganz oder teilweise unwirksam sein oder werden, so wird hierdurch die Gültigkeit der übrigen Bestimmungen nicht berührt. Anstelle der unwirksamen Bestimmung gilt diejenige wirksame Bestimmung als vereinbart, die dem Sinn und Zweck der unwirksamen Bestimmung am nächsten kommt.

Es gilt ausschließlich deutsches Recht. Für etwaige Streitigkeiten ist das Arbeitsgericht Karlsruhe örtlich zuständig.

4.3.20 Scheinselbständigkeit

Über die sog. Scheinselbständigkeit war Ende der 1990er Jahre eine heiße rechtspolitische Diskussion entbrannt, an der sich vor allem Sozialversicherungs- und Arbeitsrechtler beteiligten. Sowohl das BAG als auch das Bundessozialgericht (BSG) gehen bei „Scheinselbständigen" von einem „echten Arbeitsverhältnis" aus, wobei zur Abgrenzung nach § 7 Abs. 1 SGB IV im Wesentlichen auf die **Weisungsabhängigkeit** und die **Eingliederung in die Arbeitsorganisation** abgestellt wird. Ein besonderes Augenmerk liegt dabei auch darauf, ob der Betroffene „im Wesentlichen frei seine Tätigkeit gestalten und seine Arbeitszeit bestimmen kann".

So hatte z. B. das BAG einen Transporteur, der mit eigenem Fahrzeug im Güternahverkehr für ein einziges Unternehmen tätig war, als Arbeitnehmer qualifiziert, weil seine vertragliche Bindung die üblichen Bindungen eines Frachtführers (§ 125 HGB) gegenüber dem Spediteur (§ 407 HGB) derart übersteige, dass ein für ein Arbeitsverhältnis hinreichender Grad persönlicher Abhängigkeit gegeben sei. Auch Verkaufsfahrer in einem Franchise-System (z. B. Eismann) können nach einer weiteren Entscheidung des BAG bei entsprechender persönlicher Abhängigkeit Arbeitnehmer sein.

Wird ein Vertragsverhältnis fälschlicherweise nicht als Arbeitsverhältnis, sondern als freies Dienstverhältnis geführt und abgewickelt, ergeben sich erhebliche **rechtliche**

Konsequenzen: Der vermeintliche „freie Mitarbeiter" kann sich in vollem Umfang auf die Arbeitsrechtsschutzbestimmungen berufen. Der Arbeitnehmer genießt Kündigungsschutz, eine eventuell bereits ausgesprochene Kündigung kann auch wegen unterlassener Anhörung des Betriebsrats nach § 102 BetrVG unwirksam sein. Er hat außerdem Entgeltfortzahlungsansprüche im Krankheitsfall und kann Urlaubsansprüche geltend machen. Auf sein Arbeitsverhältnis finden kollektiv-rechtliche Vereinbarungen wie Tarifverträge und Betriebsvereinbarungen Anwendung.

Der Arbeitgeber kann rückwirkend ab Beginn des Beschäftigungsverhältnisses als Schuldner der Sozialversicherungsbeiträge gem. § 28 e Abs. 1 SGB IV für die **Nachleistung von Sozialversicherungsbeiträgen** in Anspruch genommen werden. Dabei umfasst die Nachleistungspflicht sowohl Arbeitgeber- als auch Arbeitnehmeranteile. Ein Regress beim Arbeitnehmer bezüglich der nachgeleisteten Arbeitnehmeranteile scheidet grundsätzlich aus; nach § 28 g SGB IV kann der Arbeitgeber lediglich im Wege des Abzugsverfahrens bei den nächsten drei Lohn- bzw. Gehaltszahlungen einen Teil der nachentrichteten Beträge einbehalten.

Außerdem muss der Arbeitgeber auf den nachzuentrichtenden Arbeitnehmeranteil zur Sozialversicherung auch noch die **Lohnsteuer** bezahlen, denn nach der Rechtsprechung des Bundesfinanzhofs (BFH) stellt die Bezahlung der Arbeitnehmeranteile einen geldwerten Vorteil dar, den der Arbeitgeber zugunsten des Arbeitnehmers leistet, und dieser ist somit lohnsteuerpflichtig. Nach § 42 d Abs. 1 Nr. 1 EStG haftet der Arbeitgeber für die Lohnsteuer, die er einzubehalten und abzuführen hat, neben dem betroffenen Arbeitnehmer als Gesamtschuldner. Anders als bei der Nachentrichtung von Sozialversicherungsbeiträgen steht dem Arbeitgeber in diesem Fall allerdings ein Erstattungsanspruch gegen den Arbeitnehmer zu, da dieser letztendlich Steuerschuldner ist.

Hat der Scheinselbständige überdies dem Arbeitgeber **Umsatzsteuer** in Rechnung gestellt, die der Arbeitgeber als „Schein-Auftraggeber" als bezahlte Vorsteuer gegenüber dem Finanzamt geltend gemacht hat, muss der Scheinselbständige diese Umsatzsteuer dem Finanzamt erstatten, denn nach § 14 Abs. 3 UStG schuldet derjenige, der in einer Rechnung einen Steuerbetrag ausweist, obwohl er zum gesonderten Ausweis der Steuer nicht berechtigt ist, dem Fiskus den ausgewiesenen Betrag.

Nach § 266a StGB macht sich schließlich derjenige strafbar, der einen Scheinselbständigen beschäftigt und Beiträge zur Sozialversicherung nicht abführt. Die Beschäftigung von Scheinselbständigen ist damit auch mit **strafrechtlichen Risiken** verbunden.

Die Beschäftigung von „Scheinselbständigen" bringt für den Arbeitgeber also erhebliche Gefahren mit sich. Eben wegen dieser Risiken hat der Gesetzgeber in § 7a SGB IV das sog. **„Anfrageverfahren"** eingeführt, wonach die Beteiligten bei der Deutschen Rentenversicherung Bund eine – rechtsmittelfähige – Entscheidung darüber beantragen können, ob eine „Beschäftigung" vorliegt, oder nicht. Die Bundesagentur für Arbeit entscheidet nach § 7a Abs. 2 SGB IV „aufgrund einer Gesamtwürdigung aller Umstände des Einzelfalles".

4.4 Befristung von Arbeitsverhältnissen und Teilzeitarbeitsverhältnisse

Zwei Arten von Arbeitsverhältnissen wurden bisher (mehr oder weniger) ausgespart, weil sie mit einer Reihe von Besonderheiten behaftet sind: befristete Arbeitsverhältnisse und Teilzeitbeschäftigungen. Hierauf soll nun näher eingegangen werden.

Leitfragen

- Welche rechtlichen Regelungen gelten für befristete Arbeitsverhältnisse? Ist immer ein Sachgrund für eine Befristung erforderlich? Welche Anforderungen werden hieran gestellt? Ist eine Befristung von Arbeitsverhältnissen sinnvoll?
- Wo liegen die Besonderheiten bei Teilzeitbeschäftigungen? Unter welchen Voraussetzungen haben Arbeitnehmer einen Anspruch auf Veränderung ihrer Arbeitszeit? Welche Regelungen hat der Arbeitgeber nach dem Teilzeit- und Befristungsgesetz (TzBfG) zu beachten? Haben Teilzeitbeschäftigte die gleichen Rechte wie Vollzeitmitarbeiter?

Befristete Arbeitsverhältnisse bedürfen zunächst der **Schriftform**. Die Schriftform als Grund-Zulässigkeitsvoraussetzung für jede Wirksamkeit einer Befristung ist an recht versteckter Stelle, nämlich in § 14 Abs. 4 TzBfG geregelt. Wird die Schriftform nicht eingehalten, liegt nicht etwa ein unwirksamer Arbeitsvertrag, sondern nach § 16 TzBfG ein unbefristetes Arbeitsverhältnis vor. Eine mündliche – und damit formunwirksame – Befristung kann auch durch eine spätere schriftliche Dokumentierung nicht mehr rückwirkend wirksam werden. Ein solcher unbefristete Arbeitsvertrag kann aber nach § 16 S. 2 TzBfG dann auch vor dem (unwirksam) vereinbarten Ende ordentlich gekündigt werden.

Zeitbefristete Arbeitsverhältnisse enden nach § 15 TzBfG automatisch mit **Ablauf der Frist**, für die sie eingegangen wurden, wenn sie nicht über den vereinbarten Zeitpunkt hinaus fortgesetzt werden. Befristete Arbeitsverhältnisse bedürfen also keiner Kündigung. Ansonsten ist ein befristetes Arbeitsverhältnis nach § 15 Abs. 3 TzBfG während seiner Laufzeit grundsätzlich nicht kündbar, es sei denn, dies wird ausdrücklich vereinbart. An die **Vereinbarung einer Kündigungsmöglichkeit** sollte der Arbeitgeber also unbedingt denken.

§ 14 TzBfG differenziert zwischen **Befristungen mit sachlichem Grund** (vgl. Abs. 1) und **Befristungen ohne Vorliegen eines sachlichen Grundes** (vgl. Abs. 2). Diese beiden Befristungsmöglichkeiten sind in ihren Zulässigkeitsvoraussetzungen unbedingt auseinander zu halten und aufs Deutlichste zu trennen.

4.4.1 Befristungen mit Sachgrund

Nach § 14 Abs. 1 TzBfG können Arbeitsverhältnisse befristet abgeschlossen werden, wenn dies durch einen sachlichen Grund gerechtfertigt ist. Die Aufzählung sachlicher Gründe für die Befristung in § 14 Abs. 1 S. 2 TzBfG, wonach Befristungen zulässig sind, wenn

1. der betriebliche Bedarf an der Arbeitsleistung nur vorübergehend besteht,
2. die Befristung im Anschluss an eine Ausbildung oder ein Studium erfolgt, um den Übergang des Arbeitnehmers in eine Anschlussbeschäftigung zu erleichtern,
3. der Arbeitnehmer zur Vertretung eines anderen Arbeitnehmers beschäftigt wird,
4. die Eigenart der Arbeitsleistung die Befristung rechtfertigt,
5. die Befristung zur Erprobung erfolgt,
6. in der Person des Arbeitnehmers liegende Gründe die Befristung rechtfertigen,
7. der Arbeitnehmer aus Haushaltsmitteln vergütet wird, die haushaltsrechtlich für eine befristete Beschäftigung bestimmt sind und er entsprechend beschäftigt wird oder
8. die Befristung auf einem gerichtlichen Vergleich beruht

ist **nicht abschließend**. Auch sonstige, den Wertungsmaßstäben des § 14 Abs. 1 TzBfG entsprechende Sachgründe, z. B. die übergangsweise Beschäftigung eines Arbeitnehmers auf einem Arbeitsplatz, dessen endgültige Besetzung durch einen anderen Mitarbeiter vorgesehen ist, können eine Befristung nach § 14 Abs. 1 TzBfG rechtfertigen.

Musterformulierung:

Die Mitarbeiterin wird gemäß § 14 Abs. 1 TzBfG bis zum ... befristet eingestellt. Die Befristung dient ihrer Erprobung. Das Arbeitsverhältnis endet mit Ablauf des vorgenannten Tages, ohne dass es einer besonderen Kündigung bedarf.
Auch während der Befristung kann das Arbeitsverhältnis unter Einhaltung der Fristen des § 622 BGB gekündigt werden. Das Recht zur außerordentlichen Kündigung aus wichtigem Grund bleibt unberührt.

Problematisch ist, inwieweit sich das Schriftformerfordernis des § 14 Abs. 4 TzBfG auch auf den Sachgrund der Befristung erstreckt. Nach der Rechtsprechung des BAG erstreckt sich die nach § 14 Abs. 4 TzBfG bezweckte Klarstellungs-, Beweis- und Warnfunktion im Prinzip alleine auf die vereinbarte Befristung, nicht aber auch auf den Befristungsgrund und den übrigen Inhalt des Arbeitsvertrags. Der sachliche Grund ist deshalb nur objektive Wirksamkeitsvoraussetzung für die Befristung eines Arbeitsverhältnisses.

Materiellrechtlich hängt die Wirksamkeit der Befristung von den Umständen zum Zeitpunkt des Vertragsabschlusses ab. In **Vertretungsfällen** ist entscheidend, ob sich die Prognose des Arbeitgebers bewahrheitet, dass am vorgesehenen Ende des Arbeitsverhältnisses kein Beschäftigungsbedürfnis mehr besteht. Dabei kann allerdings der Arbeitgeber bei einem vorübergehenden Ausfall eines Arbeitnehmers darüber bestimmen, ob er den Arbeitsausfall überhaupt überbrücken will, ob er im Wege der Umverteilung die von dem zeitweilig verhinderten Arbeitnehmer zu erledigenden Arbeitsaufgaben anderen Arbeitnehmern zuweist oder ob er dessen Aufgaben ganz oder teilweise von einer Vertretungskraft erledigen lässt. Deshalb kann auch die Vertragslaufzeit eines mit einer Vertretungskraft abgeschlossenen befristeten Arbeitsvertrags hinter der voraussichtlichen Dauer der Verhinderung des zu vertretenden Arbeitnehmers zurückbleiben. Auch eine **wiederholte Befristung** wegen der mehrfachen Verhinderung der zu vertretenden Stammkraft steht der Prognose des künftigen Wegfalls des Vertretungsbedarfs nicht entgegen. Der sachliche Grund einer Befristung liegt in diesen Vertretungsfällen darin, dass der Arbeitgeber zum Zeitpunkt des Abschlusses des befristeten Vertrags mit dem Wegfall des Vertretungsbedarfs durch die Rückkehr des ausfallenden Arbeitnehmers rechnet. Der Arbeitgeber darf und muss mit der Rückkehr rechnen, wenn der ausfallende Arbeitnehmer nicht bereits verbindlich erklärt hat, er werde die Arbeit nicht wieder aufnehmen. Der Sachgrund der Vertretung wird also nicht dadurch in Frage gestellt, dass der Arbeitnehmer wiederholt zur Vertretung derselben Arbeitskollegen befristet beschäftigt wird. Die Anzahl der abgeschlossenen befristeten Arbeitsverträge führt auch nicht dazu, dass an die Prüfung des Sachgrundes besonders strenge Anforderungen zu stellen sind. Vielmehr handelt es sich um eine **freie Entscheidung des Arbeitgebers**, ob er nach Ablauf der Befristung einen weiteren Vertretungsfall veranlasst oder sich in sonstiger Weise behilft. Um eine unzulässige Dauervertretung handelt es sich nur, wenn bereits bei Abschluss des befristeten Arbeitsvertrags eine über den Endtermin der Befristung hinausgehende Beschäftigung des Arbeitnehmers vorgesehen war. Das wird ein Arbeitnehmer im Bestreitensfalle in der Regel nur schwer beweisen können.

Auch die sog. **mittelbare Vertretung** ist zulässig. Der Sachgrund der Vertretung erfordert nicht, dass der Vertreter die Tätigkeiten des vorübergehend ausfallenden Mitarbeiters erledigt. Er kann auch mit anderen Tätigkeiten betraut werden. Voraussetzung ist allerdings, dass zwischen der Einstellung der Ersatzkraft und dem zeitweiligen Ausfall des Stammmitarbeiters ein ursächlicher Zusammenhang (Kausalität) besteht. Dabei hat der Arbeitgeber zum Nachweis des Kausalzusammenhangs die Vertretungskette zwischen dem Vertretenen und dem Vertreter darzulegen.

Die für einen späteren Zeitpunkt geplante Besetzung eines Arbeitsplatzes mit einem **Leiharbeitnehmer** stellt aber nach der Rechtsprechung keinen ausreichenden Sachgrund für die Befristung eines Arbeitsvertrags mit einem vorübergehend auf diesem

Arbeitsplatz eingesetzten Arbeitnehmer dar. Die Befristung ist weder wegen eines vorübergehenden betrieblichen Bedarfs an der Arbeitsleistung, noch durch einen „sonstigen" im Katalog des § 14 Abs. 1 S. 2 TzBfG genannten Sachgrund gerechtfertigt.

Problematisch waren früher im Übrigen sog. **„Kettenbefristungen"**. Maßgeblicher Ansatzpunkt dafür war, dass die Rechtsprechung eine Unzulässigkeit der Umgehung zwingenden Kündigungsschutzes als Prüfungsmaßstab benutzte. Diese Rechtsprechung ist jedoch überholt. Durch den Abschluss eines weiteren befristeten Arbeitsvertrags stellen die Parteien ihr Arbeitsverhältnis nach Auffassung des BAG auf eine neue Rechtsgrundlage, die künftig für ihre Rechtsbeziehung allein maßgebend sein soll. Damit wird zugleich ein vorangegangenes Arbeitsverhältnis einvernehmlich aufgehoben. Bei mehreren aufeinander folgenden befristeten Arbeitsverträgen ist folglich nur (noch) die Befristung des letzten Arbeitsvertrags auf ihre Rechtfertigung zu prüfen. Etwas anderes gilt nur, wenn die Parteien bei Abschluss des letzten Vertrags einen entsprechenden Vorbehalt vereinbart haben oder wenn es sich bei dem letzten Vertrag um einen unselbständigen Annex (Anhang) zum vorherigen Vertrag handelt, mit dem das bisherige befristete Arbeitsverhältnis nur hinsichtlich seines Endzeitpunkts modifiziert werden sollte. Zur Annahme eines entsprechenden Parteiwillens für eine Annexregelung reicht es aber nicht aus, dass der letzte und der vorletzte Vertrag in den Vertragsbedingungen übereinstimmen und die zu erfüllende Arbeitsaufgabe die gleiche bleibt. Es müssen vielmehr besondere Umstände hinzutreten. Es darf den Parteien nur darum gegangen sein, die Laufzeit des alten Vertrags mit dem Sachgrund der Befristung in Einklang zu bringen.

4.4.2 Befristungen ohne Sachgrund

Die Befristung eines Arbeitsvertrags ohne sachlichen Grund ist nach § 14 Abs. 2 S. 2 TzBfG unzulässig, wenn mit demselben Arbeitgeber bereits zuvor ein (befristetes oder unbefristetes) Arbeitsverhältnis bestanden hat. Zulässig ist also – innerhalb der gesetzlichen Rahmenbedingungen (also z. B. nach § 14 Abs. 2 S. 1 TzBfG bis zu einer Gesamtdauer von 2 Jahren) – nur eine **Verlängerung** befristeter Arbeitsverträge ohne Zäsur und ohne inhaltliche Änderung. Verletzt ist dieses „Anschlussverbot" allerdings nur, wenn zwischen den Parteien bereits ein Arbeitsverhältnis bestanden hat; andere Vertragsverhältnisse wie z. B. die berufsvorbereitende Beschäftigung als Praktikant hindern die sachgrundlose Befristung nach § 14 Abs. 2 TzBfG nicht.

Musterformulierung:

Die Mitarbeiterin wird gemäß § 14 Abs. 2 TzBfG bis ... befristet eingestellt, d. h. das Arbeitsverhältnis endet mit Ablauf des vorgenannten Tages, ohne dass es einer besonderen Kündigung bedarf.

Auch während der Befristung kann das Arbeitsverhältnis unter Einhaltung der Fristen des § 622 BGB gekündigt werden. Das Recht zur außerordentlichen Kündigung aus wichtigem Grund bleibt unberührt.

Die Nennung eines Sachgrundes für die Befristung schließt übrigens die Zulässigkeit einer sachgrundlosen Befristung nach § 14 Abs. 2 TzBfG nicht aus. Maßgeblich ist alleine, ob ein Rechtfertigungsgrund für die Befristung bei Vertragsschluss objektiv vorliegt. Eine **vertragliche Abbedingung der sachgrundlosen Befristung** ist zwar möglich. Die Nennung eines Sachgrundes in dem befristeten Vertrag genügt hierfür jedoch nicht.

Mehrfach neu geregelt wurde in § 14 Abs. 3 TzBfG die **Befristungsmöglichkeit von Arbeitsverträgen mit älteren Arbeitnehmern**. Durch das Gesetz zur Verbesserung der Beschäftigungschancen älterer Menschen wurde die Altersbefristungsregelung dahingehend neu gefasst, dass die kalendermäßige Befristung eines Arbeitsvertrags bis zu einer Dauer von fünf Jahren zulässig ist, wenn der Arbeitnehmer bei Beginn des Arbeitsverhältnisses das 52. Lebensjahr vollendet hat und unmittelbar zuvor mindestens vier Monate beschäftigungslos war, Transferkurzarbeitergeld bezogen oder an einer öffentlich geförderten Beschäftigungsmaßnahme teilgenommen hat. Innerhalb des Fünfjahreszeitraums kann der Arbeitsvertrag dann auch mehrfach verlängert werden. Da allerdings der EuGH erleichterte Befristungsmöglichkeiten nur zulässt, wenn diese „unter Berücksichtigung der Struktur des jeweiligen Arbeitsmarkts und der persönlichen Situation des Betroffenen ... objektiv erforderlich" sind, ist nach wie vor fraglich, ob die Neufassung des § 14 Abs. 3 TzBfG europarechtskonform ist. Insofern wird man die weitere Entwicklung abzuwarten haben, wobei Arbeitgeber angesichts der Kompliziertheit der Regelung wohl auch künftig von dieser Möglichkeit der sachgrundlosen Altersbefristung nur zögerlich Gebrauch machen werden.

4.4.3 Rechtsfolgen unwirksamer Befristungen

Hält sich der befristete Arbeitsvertrag nicht an die zulässigen Vorgaben, liegt nach § 16 TzBfG – wie bereits dargelegt – ein unbefristeter Arbeitsvertrag vor. Die Kündigung eines „versehentlich" unbefristeten Arbeitsvertrags in der Wartezeit ist aber ohne weiteres möglich und nicht per se sittenwidrig. Die Kündigung stellt auch keine Maßregelung gem. §§ 612a, 134 BGB dar, selbst wenn die Kündigung anlässlich einer Entfristungsklage des Arbeitnehmers ausgesprochen wurde. Dass der Arbeitgeber durch die Kündigung verhindern will, den Arbeitnehmer unbefristet zu beschäftigen, ist kein sachfremdes Motiv für die Kündigung.

Will ein Arbeitnehmer geltend machen, dass die Befristung eines Arbeitsvertrags unwirksam ist, muss er gem. § 17 TzBfG innerhalb von drei Wochen nach dem vereinbarten Ende des befristeten Arbeitsvertrags **Klage beim Arbeitsgericht** erheben. Wird diese Klagefrist nicht eingehalten, werden alle Voraussetzungen einer rechtswirksamen Befristung fingiert.

4.4.4 Teilzeitarbeitsverhältnisse

Durch das TzBfG sollte auch eine grundlegende Förderung der Teilzeitarbeit verwirklicht werden. Der Ausweitung von Teilzeitarbeit wurde nämlich eine erhebliche beschäftigungspolitische Bedeutung beigemessen. Dies war und ist das (politische) Ziel des TzBfG.

Arbeitnehmer, auch Teilzeit- und geringfügig Beschäftigte sowie leitende Angestellte, haben gegenüber Arbeitgebern mit mehr als 15 Mitarbeitern (vgl. § 8 Abs. 7 TzBfG) einen **Anspruch auf Verringerung ihrer Arbeitszeit**. Der Anspruch ist nach § 8 Abs. 2 TzBfG drei Monate vor dem Beginn der erbetenen Verringerung geltend zu machen, wobei die gewünschte Verteilung der Arbeitszeit angegeben werden soll. Dabei muss der Arbeitnehmer seinen Antrag auf Verringerung der Arbeitszeit so formulieren, dass er mit einem einfachen „ja“ angenommen werden kann, denn bei dem Antrag handelt es sich um ein Angebot auf Abschluss eines Änderungsvertrags. Ohne Konkretisierung auf einen bestimmten zeitlichen Umfang liegt kein wirksames Verringerungsverlangen im Sinne von § 8 TzBfG vor.

Hält der Arbeitnehmer mit seinem Arbeitszeitverringerungsantrag die **Dreimonatsfrist** nicht ein, ist ein zu kurzfristig gestellter Antrag zwar nicht unwirksam, wirkt aber erst auf den Zeitpunkt, zu dem die Verringerung nach der gesetzlichen Frist frühestens hätte begehrt werden können. Eine Fiktion (s. hierzu nachfolgend) greift in diesem Falle jedoch nicht. Der Arbeitgeber muss ein solches Verlangen nicht innerhalb einer bestimmten Frist ablehnen, um eine Kraft Gesetzes eintretende Änderung des Arbeitsvertrags zu vermeiden.

Der Arbeitgeber hat den Verringerungsantrag mit dem Arbeitnehmer zu erörtern, um möglichst eine einvernehmliche Regelung zu erreichen. Lässt sich der Arbeitgeber auf eine Erörterung nicht ein, stellt dies zwar eine Vertragspflichtverletzung dar; diese hat aber weder die Fiktion der Zustimmung noch die Verwirkung des Rechts zur Folge, das Änderungsangebot des Arbeitnehmers abzulehnen.

Hat der Arbeitgeber die Verringerung der Arbeitszeit nicht spätestens innerhalb eines Monats vor dem gewünschten Beginn der Verringerung schriftlich abgelehnt, verringert sich die Arbeitszeit automatisch in dem vom Arbeitnehmer gewünschten Umfang (vgl. § 8 Abs. 5 TzBfG).

Einem wirksamen Antrag auf Verringerung der Arbeitszeit hat der Arbeitgeber zuzustimmen, sofern nicht **betriebliche Gründe** entgegenstehen. Solche betrieblichen Gründe liegen nach § 8 Abs. 4 TzBfG insbesondere vor, wenn die Verringerung der Arbeitszeit die Organisation, den Arbeitsablauf oder die Sicherheit im Betrieb wesentlich beeinträchtigt oder unverhältnismäßige Kosten verursacht. Es kann z. B. einen entgegenstehenden betrieblichen Grund darstellen, der zur Ablehnung eines Teilzeitverlangens berechtigt, wenn der Arbeitgeber möglichst jeden Kunden nur von einem Verkäufer bedienen lassen möchte. Ein solcher Grund liegt allerdings nicht vor, wenn sich die Öffnungszeiten eines Verkaufsgeschäfts von der durchschnittlichen Wochenarbeitszeit einer Vollzeitkraft deutlich unterscheiden. Ein betrieblicher Grund, der einem Arbeitszeitverringerungsanspruch des Arbeitnehmers entgegensteht, besteht ebenfalls nicht, wenn der Arbeitgeber die ausfallende Arbeitszeit durch die Einstellung einer Teilzeitkraft ausgleichen kann. Der Arbeitgeber muss daher im Rahmen seiner Darlegungs- und Beweislast seine Bemühungen um Einstellung einer Teilzeitkraft zur Kompensation der Ausfallzeiten belegen. Dabei dürfen keine höheren Anforderungen gestellt werden als diejenigen, die üblicherweise verlangt werden. Steht keine Ersatzkraft in Teilzeit zur Verfügung, kann der Arbeitgeber regelmäßig nicht darauf verwiesen werden, eine Vollzeitkraft einzustellen und Überstunden abzubauen.

Die **Darlegungs- und Beweislast** für das Vorliegen entgegenstehender betrieblicher Gründe liegt beim Arbeitgeber. Dabei ist für die gerichtliche Überprüfung der Rechtmäßigkeit des Teilzeitverlangens regelmäßig auf den Zeitpunkt abzustellen, zu dem der Arbeitgeber die Ablehnung erklärt. Überlässt der Arbeitnehmer dem Arbeitgeber die Verteilung der verringerten Arbeitszeit, muss dieser darlegen, dass etwaige betriebliche Gründe, die der Gewährung des Verringerungsanspruchs entgegenstehen, nicht durch Ausübung seines Weisungsrechts bei der Verteilung der Arbeitszeit nach § 106 S. 1 GewO beseitigt werden können.

Stimmt der Arbeitgeber dem Verringerungsbegehren nicht freiwillig zu, ist die **Durchsetzung eines Arbeitszeitverringerungsanspruchs** allerdings relativ schwierig. Die Klage des Arbeitnehmers muss auf Zustimmung, also auf Abgabe einer Willenserklärung gerichtet werden, die gem. § 894 der Zivilprozessordnung (ZPO) erst mit Rechtskraft eines Urteils als abgegeben gilt.

Nach § 9 TzBfG hat ein Arbeitnehmer ggf. auch einen **Anspruch auf Verlängerung seiner Arbeitszeit**. Danach sind bei der Besetzung freier Vollzeitarbeitsplätze die Wünsche teilzeitbeschäftigter Arbeitnehmer auf Rückkehr zur Vollzeitarbeit bevorzugt zu berücksichtigen. Die Einrichtung eines „freien Vollzeitarbeitsplatzes" liegt aber im Organisationsermessen des Arbeitgebers. So ist ein Arbeitgeber keineswegs verpflichtet, bei steigendem Arbeitszeitvolumen Vollzeitarbeitsplätze einzurichten oder dieses anteilig auf alle interessierten Teilzeitbeschäftigten zu verteilen.

Der Arbeitgeber ist jedoch verpflichtet, Arbeitnehmer, die ihre Arbeitszeit verändern wollen, über freie Voll- oder Teilzeitarbeitsplätze sowie die Arbeitnehmervertretung über Teilzeitarbeit im Betrieb und Unternehmen zu informieren, insbesondere über vorhandene oder geplante Teilzeitarbeitsplätze und über die Umwandlung von Teilzeit- in Vollzeitarbeitsplätze und umgekehrt.

Ansonsten ergibt sich auch weder aus dem Grundsatz der Vertrauenshaftung noch aus dem Gleichbehandlungsgrundsatz allein ein Anspruch auf Verlängerung eines wirksam befristeten Arbeitsvertrags.

Sehr wohl enthält § 4 TzBfG allerdings ein **allgemeines Diskriminierungsverbot**: Teilzeit- und befristet Beschäftigte dürfen ohne sachlichen Grund nicht schlechter behandelt werden als vergleichbare unbefristete Vollzeitbeschäftigte.

4.4.5 Elternteilzeit

§ 15 des Bundeselterngeld- und Elternzeitgesetzes (BEEG) gibt einen gesonderten **Anspruch auf Teilzeit während der Elternzeit**. Dieser Teilzeitanspruch kann nur dann vom Arbeitgeber zurückgewiesen werden, wenn „dringende betriebliche Gründe" der Verringerung der Arbeitszeit entgegenstehen. Dies gilt auch für die vom Arbeitnehmer gewünschte Verteilung der Arbeitszeit. Das – gegenüber § 8 TzBfG zusätzliche – Adjektiv „dringend" macht deutlich, dass Versagungsgründe während der Elternzeit erhebliches Gewicht haben müssen. Die Ablehnung eines Teilzeitverlangens verlangt generell rationale und nachvollziehbare Gründe, die von erheblichem Gewicht sein müssen – dabei verdeutlicht die zusätzliche Verschärfung im BEEG, dass dem Arbeitgeber erhebliche wirtschaftliche und organisatorische Belastungen zuzumuten sind. Der Arbeitgeber muss also ggf. darlegen, dass der Arbeitsplatz nicht teilbar ist, der Arbeitnehmer mit der verringerten Arbeitszeit nicht eingeplant werden kann oder keine Beschäftigungsmöglichkeit besteht. Die Nachbesetzung des Arbeitsplatzes genügt aber insbesondere dann nicht, wenn der Arbeitgeber im Zusammenhang mit der angekündigten Elternzeit den Personalbestand durch eine unbefristete Neueinstellung dauerhaft erhöht hat.

Auch Arbeitnehmer, die bereits „komplett" Elternzeit in Anspruch genommen haben, sind nicht gehindert, im Laufe ihrer Elternzeit eine Teilzeitbeschäftigung nach § 15 Abs. 5 - 7 BEEG zu beantragen. Hat allerdings der Arbeitgeber aufgrund der Erklärung des Arbeitnehmers, er nehme Elternzeit in Anspruch, ohne gleichzeitig eine Verringerung der Arbeitszeit zu verlangen, Dispositionen getroffen und stehen diese der nachträglichen Geltendmachung des Anspruchs auf Elternteilzeit entgegen, kann dieser sich ggf. auf das Vorliegen dringender betrieblicher Gründe berufen und die Gewährung von Elternteilzeit ablehnen.

4.4.6 Sonstige Teilzeitansprüche

Schließlich finden sich auch im Pflegezeitgesetz (PflegeZG) und im Schwerbehindetenrecht (SGB IX) Ansprüche auf Teilzeitbeschäftigung.

Nach § 3 Abs. 1 PflegeZG sind Beschäftigte jedenfalls von Arbeitgebern mit in der Regel mehr als 15 Beschäftigten von der Arbeitsleistung ganz oder teilweise freizustellen, wenn sie einen pflegebedürftigen nahen Angehörigen in häuslicher Umgebung pflegen. Die Beschäftigten haben die **Pflegebedürftigkeit des nahen Angehörigen** durch Vorlage einer Bescheinigung nachzuweisen. Wer Pflegezeit beanspruchen will, muss dies dem Arbeitgeber spätestens zehn Arbeitstage vor Beginn schriftlich ankündigen und gleichzeitig erklären, für welchen Zeitraum und in welchem Umfang die Freistellung von der Arbeitsleistung in Anspruch genommen werden soll. Wenn nur teilweise Freistellung in Anspruch genommen wird, ist auch die gewünschte Verteilung der Arbeitszeit anzugeben. Arbeitgeber und Arbeitnehmer haben dann über die Verringerung und die Verteilung der Arbeitszeit eine schriftliche Vereinbarung zu treffen. Hierbei hat der Arbeitgeber den Wünschen der Beschäftigten zu entsprechen, es sei denn, dass dringende betriebliche Gründe entgegenstehen. Die Pflegezeit beträgt für jeden pflegebedürftigen nahen Angehörigen längstens sechs Monate. Dabei verleiht § 5 PflegeZG dem Arbeitnehmer auch einen besonderen Kündigungsschutz.

Schwerbehinderte Menschen haben schließlich nach § 81 Abs. 5 S. 3 SGB IX einen Anspruch auf Teilzeitbeschäftigung, wenn die kürzere Arbeitszeit wegen Art oder Schwere der Behinderung notwendig ist. Dies wird in der Regel durch ein ärztliches Attest, das meist problemlos zu bekommen ist, nachgewiesen. Das Attest muss aber die Notwendigkeit der Verkürzung der Arbeitszeit so nachvollziehbar darlegen und begründen, dass dem Arbeitgeber eine Überprüfung der sachlichen Rechtfertigung möglich ist. Ein Anspruch auf entsprechende Arbeitszeitverkürzung besteht allerdings nicht, soweit seine Erfüllung für den Arbeitgeber nicht zumutbar oder mit unverhältnismäßigen Aufwendungen verbunden wäre.

4.5 Beendigung von Arbeitsverhältnissen

Die meisten rechtlichen Auseinandersetzungen gibt es im Zusammenhang mit der Beendigung von Arbeitsverhältnissen. Der Beendigung von Arbeitsverträgen ist deshalb besondere Aufmerksamkeit zu schenken und bei der Beendigung von Arbeitsverhältnissen ist besondere Sorgfalt geboten.

Leitfragen

- Welche Besonderheiten gelten für den Abschluss eines Aufhebungsvertrags?
- Welche rechtlichen Rahmenbedingungen sind bei der Kündigung eines Arbeitsvertrags zu beachten?
- Was ist der Unterschied zwischen ordentlichen und außerordentlichen Kündigungen?
- Wann ist eine Kündigung durch den Arbeitgeber zulässig? Welche Formvorschriften sind zu berücksichtigen?
- Welche Konsequenzen hat die Beendigung eines Arbeitsverhältnisses?
- Wann ist das Kündigungsschutzrecht überhaupt anwendbar?
- Kann eine der Vertragsparteien auch mündlich kündigen?
- Müssen in der Kündigung Gründe für die Beendigung des Arbeitsverhältnisses angegeben werden?
- Wie „funktioniert" die sog. Sozialauswahl?

Nach § 623 BGB bedürfen sowohl Kündigungen als auch Aufhebungsverträge (siehe hierzu auch Teil 3) der **Schriftform**. Damit sind nicht nur mündliche „Spontankündigungen" – auch von Arbeitnehmern – ausgeschlossen, sondern z. B. auch Kündigungen per E-Mail. Bei Aufhebungsverträgen ist außerdem zu bedenken, dass die Unterschriften beider Parteien nach § 126 Abs. 2 S. 1 BGB auf derselben Urkunde erfolgen müssen. Selbst die bloße Bezugnahme auf – dem Vertrag nicht beigeheftete oder sonst mit ihm verbundene – Anlagen können einen Aufhebungsvertrag unwirksam machen, denn der Grundsatz der „Urkundeneinheit" verlangt, dass alle wesentlichen Vertragsbestandteile in einer Urkunde verkörpert sein müssen.

Eine weitere Hürde ist beim **Zugang von Kündigungen** zu nehmen. Am besten ist eine persönliche Übergabe (mit mündlicher Erläuterung der Kündigungsgründe) oder aber die Überbringung durch einen Boten, der die Aushändigung des Kündigungsschreibens bestätigen kann. Ist eine Überbringung durch Boten nicht möglich, sollten alle Möglichkeiten (Einschreiben mit Rückschein, Übergabe-Einschreiben, Einwurfeinschreiben, ggf. Zustellung durch den Gerichtsvollzieher) genutzt werden, um nachweisen zu können, dass der Kündigungsempfänger das Kündigungsschreiben auch tatsächlich erhalten hat. Dafür ist der Kündigende darlegungs- und beweisbelastet.

Ansonsten gilt es zwischen ordentlichen und außerordentlichen Kündigungen zu unterscheiden: **ordentliche Kündigungen** sollen erst nach Ablauf der gesetzlichen oder vereinbarten Kündigungsfrist wirksam werden; **außerordentliche Kündigungen** (in der Regel fristlose) wollen diese Kündigungsfrist nicht einhalten, sind aber nach § 626 BGB nur gerechtfertigt, wenn die Fortsetzung des Arbeitsverhältnisses bis zum Ende der Kündigungsfrist unzumutbar ist.

Sowohl die ordentliche als auch die außerordentliche Kündigung kann nach § 4 KSchG nur innerhalb einer Frist von drei Wochen nach Zugang der Kündigung mit einer Kündigungsschutzklage angegriffen werden. Diese **dreiwöchige Klagefrist** erstreckt sich allerdings nur auf die Unwirksamkeitsgründe einer „schriftlichen" Kündigung. Die Unwirksamkeit mangels Schriftform gem. § 623 BGB kann somit also auch noch anschließend geltend gemacht werden. Ansonsten gilt aber diese dreiwöchige Klagefrist selbst dann, wenn das KSchG noch gar nicht anwendbar ist, also z. B. bei einer Kündigung innerhalb der sechsmonatigen „Wartezeit" des § 1 Abs. 1 KSchG oder aber bei „Kleinbetrieben", die dem KSchG nicht unterfallen (siehe hierzu später).

4.5.1 Außerordentliche Kündigungen

Prüfungsmaßstab für die Zulässigkeit und Wirksamkeit von außerordentlichen Kündigungen ist § 626 BGB. Nach § 626 Abs. 1 BGB kann ein Arbeitsvertrag von jedem Vertragsteil aus wichtigem Grund ohne Einhaltung einer Kündigungsfrist gekündigt werden, wenn Tatsachen vorliegen, auf Grund derer dem Kündigenden unter Berücksichtigung aller Umstände des Einzelfalles und unter Abwägung der Interessen beider Vertragsteile die Fortsetzung des Dienstverhältnisses bis zum Ablauf der Kündigungsfrist oder bis zu der vereinbarten Beendigung des Arbeitsverhältnisses nicht zugemutet werden kann.

Zunächst ist im Rahmen von § 626 Abs. 1 BGB also zu prüfen, ob ein bestimmter Sachverhalt an sich als **wichtiger Kündigungsgrund** geeignet ist. Sodann ist zu prüfen, ob die Fortsetzung des Arbeitsverhältnisses unter Berücksichtigung der konkreten Umstände des Einzelfalles und unter Abwägung der beiderseitigen Interessen zumutbar ist. Bei dieser **Interessenabwägung** sind u.a. das Gewicht und die Auswirkungen einer Vertragspflichtverletzung, eine mögliche Wiederholungsgefahr, der Grad des Verschuldens des Vertragspartners sowie die Dauer des Arbeitsverhältnisses und dessen störungsfreier Verlauf zu berücksichtigen.

Bei außerordentlichen Kündigungen ist außerdem die **zweiwöchige Kündigungserklärungsfrist** gem. § 626 Abs. 2 BGB als Verwirkungstatbestand besonders zu beachten. Diese Ausschlussfrist kann weder ausgeschlossen noch abgeändert werden. Ziel dieser Ausschlussfrist ist es, dem Kündigungsempfänger möglichst zeitnah Klarheit darüber zu verschaffen, ob der Kündigungsberechtigte einen bestimmten Vorfall zum Anlass für eine außerordentliche Kündigung nimmt oder nicht. Die Frist des § 626 Abs. 2 BGB soll aber den Kündigungsberechtigten nicht zu hektischer Eile bei der Kündigung antreiben, ihn also nicht veranlassen, ohne eine genügende Prüfung des Sachverhalts oder vorhandene Beweismittel voreilig zu kündigen. Solange der Kündigungsberechtigte die zur Aufklärung des Sachverhalts nach pflichtgemäßem Ermessen notwendig erscheinenden Maßnahmen durchführt, läuft deshalb die Ausschlussfrist nicht. Zu diesen Maßnahmen gehören die Prüfung der sowohl für als auch gegen die Kündigung sprechenden Umstände sowie die Beschaffung und Sicherung möglicher Beweismittel. Keine Rolle spielt dann, ob die Ermittlungsmaßnahmen letztendlich auch tatsächlich zur Aufklärung des Sachverhalts beigetragen oder sich im Nachhinein als überflüssig erwiesen haben. Es besteht aber für weitere Ermittlungen kein Anlass mehr, wenn der Sachverhalt bereits geklärt ist oder der Gekündigte ihn sogar zugestanden hat. Unter Umständen kann aber auch der Aus- bzw. Fortgang eines Ermittlungs- oder Strafverfahrens abgewartet werden. Für die Einhaltung der Ausschlussfrist ist allerdings der Kündigende darlegungs- und beweisbelastet.

Für außerordentliche Kündigungen gibt es eine **umfangreiche Kasuistik** – also einzelne Fälle, die von Gerichten entschieden wurden und künftig zu berücksichtigen sind, weil konkrete gesetzliche Regelungen nicht vorliegen. So hat das BAG z. B. wiederholt entschieden, dass die **Verletzung des Eigentums oder des Vermögens des Arbeitgebers** in aller Regel als wichtiger Grund zur außerordentlichen Kündigung angesehen werden kann, weil dadurch die Vertrauensbeziehung zwischen den Arbeitsvertragsparteien regelmäßig in einem Maße verletzt wird, dass dem Kündigenden ein Festhalten an dem Arbeitsvertrag auch nur während der Laufzeit der ordentlichen Kündigungsfrist nicht zugemutet werden kann.

Allerdings bedarf es neben diesem objektiven Grund immer auch einer **Interessenabwägung**, also einer Würdigung, ob dem Arbeitgeber unter Berücksichtigung aller Umstände des Einzelfalles und unter Abwägung der beiderseitigen Interessen die Fortsetzung des Arbeitsverhältnisses bis zum Ablauf der Kündigungsfrist tatsächlich unzumutbar ist. Der Arbeitnehmer muss normalerweise davon ausgehen, dass er mit einem versuchten Diebstahl oder einer Unterschlagung auch geringwertiger Sachen im Betrieb seines Arbeitgebers seinen Arbeitsplatz aufs Spiel setzt. Eine Abmahnung ist bei derartigen Pflichtverstößen regelmäßig nicht erforderlich. Trotzdem stieß die uneingeschränkte Zulässigkeit von fristlosen Kündigungen in **Bagatellfällen** auf zunehmende Kritik. Diese Kritik verkennt indes, dass sich die Zulässigkeit einer (außerordentlichen) Kündigung nicht etwa aus einer Sanktionsberechtigung aufgrund eines ahndungswürdigen Verhaltens rechtfertigt, sondern alleine daraus, dass dem Kündigenden ein Festhalten an dem Arbeitsvertrag nicht mehr zugemutet werden kann. Dies kann indes auch bereits bei einem Bagatellfall gegeben sein, bedarf aber einer ausreichenden Würdigung und Feststellung im jeweiligen Einzelfall.

Auch **sexuelle Belästigungen am Arbeitsplatz** können eine außerordentliche Kündigung rechtfertigen. Maßgeblich kommt es dabei auf Umfang und Intensität der Belästigungen an. Dabei liegt ein ausreichender Belästigungstatbestand nicht nur dann vor, wenn die Ablehnung des sexuellen Verhaltens durch den Betroffenen hinreichend nach außen in Erscheinung getreten ist, vielmehr kann sich eine ausreichende erkennbare Ablehnung aus den Umständen ergeben.

Ein wichtiger Grund zur außerordentlichen Kündigung kann auch vorliegen, wenn ein Arbeitnehmer das **Internet während der Arbeitszeit zu privaten Zwecken „ausschweifend" nutzt** und damit seine arbeitsvertraglichen Pflichten verletzt. Auch bei Fehlen eines ausdrücklichen Verbots der privaten Internetnutzung kann ein Arbeitnehmer grundsätzlich nicht darauf vertrauen, der Arbeitgeber werde dies tolerieren. Allerdings ist eine vorherige Abmahnung nur dann entbehrlich, wenn die Internetnutzung ein derart exzessives Maß erreicht, dass dem Arbeitnehmer der hierin liegende schwere Pflichtverstoß ohne weiteres klar sein muss.

Auch der Verstoß eines Arbeitnehmers gegen seine Verpflichtung, die abgeleistete **Arbeitszeit korrekt zu stempeln**, ist an sich geeignet, einen wichtigen Grund zur außerordentlichen Kündigung darzustellen. Dabei kommt es nicht entscheidend auf die strafrechtliche Würdigung (liegen die Tatbestandsvoraussetzungen eines versuchten Betrugs vor?), sondern auf den mit der Pflichtverletzung verbundenen schweren Vertrauensbruch an.

Schließlich hat das BAG auch zu den sog. **Verdachtskündigungen** seine bisherige Rechtsprechung noch einmal bekräftigt. Insbesondere ein schwerer Tatverdacht bezüglich einer strafbaren Handlung zum Nachteil des Arbeitgebers kann wegen des darin liegenden Vertrauensverlustes zu einer außerordentlichen Kündigung führen. Dabei muss der Arbeitgeber jedoch – vor allem auch durch eine Anhörung des Arbeitnehmers – versuchen, den Sachverhalt aufzuklären. Der Arbeitnehmer muss die Möglichkeit haben, die Verdachtsgründe zu entkräften und Entlastungstatsachen anzuführen. Dabei reicht es nicht aus, den Arbeitnehmer nur mit einer unsubstanziierten (allgemeinen, nicht konkreten) Wertung zu konfrontieren. Insbesondere dürfen ihm keine wesentlichen Erkenntnisse vorenthalten werden, die der Arbeitgeber zum Anhörungszeitpunkt besitzt und auf die er den Verdacht stützt. Verletzt der Arbeitgeber diese Pflicht, kann er sich im Kündigungsschutzprozess nicht auf den Verdacht berufen und eine hierauf gestützte Kündigung ist unwirksam. Erklärt der Arbeitnehmer allerdings, er werde sich zum Vorwurf nicht äußern und nennt er keine relevanten Gründe hierfür, muss ihn der Arbeitgeber über die Verdachtsmomente nicht näher informieren. Eine solche Anhörung wäre überflüssig.

4.5.2 Ordentliche Kündigungen

Den stärksten Schutz vor ordentlichen Kündigungen gewährt das KSchG, das zwar grundsätzlich für alle Arbeitnehmer gilt, also sowohl für Voll- und Teilzeitbeschäftigte als auch für leitende Angestellte, das allerdings nur anwendbar ist, wenn das Arbeitsverhältnis mindestens sechs Monate bestanden hat (**gesetzliche Probezeit**) und bezüglich der Betriebsgröße die jeweiligen **Schwellenwerte des § 23 Abs. 1 S. 2 ff. KSchG** überschritten werden. Die gesetzliche Regelung ist leider reichlich kompliziert:

§ 23, Abs. 1 KSchG – Geltungsbereich

„Die Vorschriften ... gelten ... nicht für Betriebe ..., in denen in der Regel fünf oder weniger Arbeitnehmer ausschließlich der zu ihrer Berufsbildung Beschäftigten beschäftigt werden. In Betrieben ..., in denen in der Regel zehn oder weniger Arbeitnehmer ausschließlich der zu ihrer Berufsbildung Beschäftigten beschäftigt werden, gelten die Vorschriften ... nicht für Arbeitnehmer, deren Arbeitsverhältnis nach dem 31. Dezember 2003 begonnen hat; diese Arbeitnehmer sind bei der Feststellung der Zahl der beschäftigten Arbeitnehmer nach Satz 2 bis zur Beschäftigung von in der Regel zehn Arbeitnehmern nicht zu berücksichtigen. Bei der Feststellung der Zahl der beschäftigten Arbeitnehmer ... sind teilzeitbeschäftigte Arbeitnehmer mit einer regelmäßigen wöchentlichen Arbeitszeit von nicht mehr als 20 Stunden mit 0,5 und nicht mehr als 30 Stunden mit 0,75 zu berücksichtigen."

Für Arbeitnehmer, deren Arbeitsverhältnis bereits am 31.12.2003 bestanden hat, ist der maßgebliche Schwellenwert also „in der Regel fünf oder weniger" Arbeitnehmer, für alle anderen Arbeitnehmer ist der entscheidende Schwellenwert „in der Regel zehn oder weniger". Beschäftigt ein Betrieb zum Zeitpunkt des Zugangs der Kündigung regelmäßig nicht mehr als zehn Arbeitnehmer, muss bei „Altbeschäftigten" dargelegt und bewiesen werden, dass zum Stichtag 31.12.2003 regelmäßig mehr als fünf Mitarbeiter beschäftigt wurden. Hat sich die Altbelegschaft (Stichtag 31.12.2003) im weiteren Verlauf durch Ausscheiden weiterer „Altmitarbeiter" auf fünf oder weniger Arbeitnehmer reduziert, verlieren Altmitarbeiter den Kündigungsschutz, sofern bei Zugang der Kündigung die Summe der Alt- und Neumitarbeiter zehn Beschäftigte nicht übersteigt. Bei einem späteren Absinken der Zahl der am 31.12.2003 beschäftigten Arbeitnehmer auf fünf oder weniger genießt keiner der im Betrieb verbleibenden „Altbeschäftigten" weiterhin Kündigungsschutz, soweit in dem Betrieb einschließlich der seit dem 01.01.2004 eingestellten Personen insgesamt nicht mehr als zehn Mitarbeiter beschäftigt werden. Dies gilt auch dann, wenn für ausgeschiedene „Altbeschäftigte" andere Arbeitnehmer eingestellt wurden. Die nachfolgende Abbildung soll diese Systematik noch einmal verdeutlichen (siehe Abbildung „Anwendung des Kündigungsschutzgesetzes in Abhängigkeit von der Betriebsgröße am 01.01.2004").

Dabei werden Auszubildende gar nicht und Teilzeitbeschäftigte nur anteilig berücksichtigt. Bei Arbeitszeiten von weniger als 20 Stunden pro Woche wird ein Arbeitnehmer zur Hälfte mit eingerechnet, zwischen 20 und 30 Stunden pro Woche „zählt" ein Mitarbeiter zu drei Viertel.

Rund 80 % der Betriebe und rund 30 % aller Arbeitnehmer in Deutschland fallen auf Grund dieser Neuregelung nicht (mehr) unter das Kündigungsschutzrecht. Die Regelung ist daher von höchster Relevanz.

Abbildung 4-03: ***Anwendung des Kündigungsschutzgesetzes in Abhängigkeit von der Betriebsgröße am 01.01.2004***

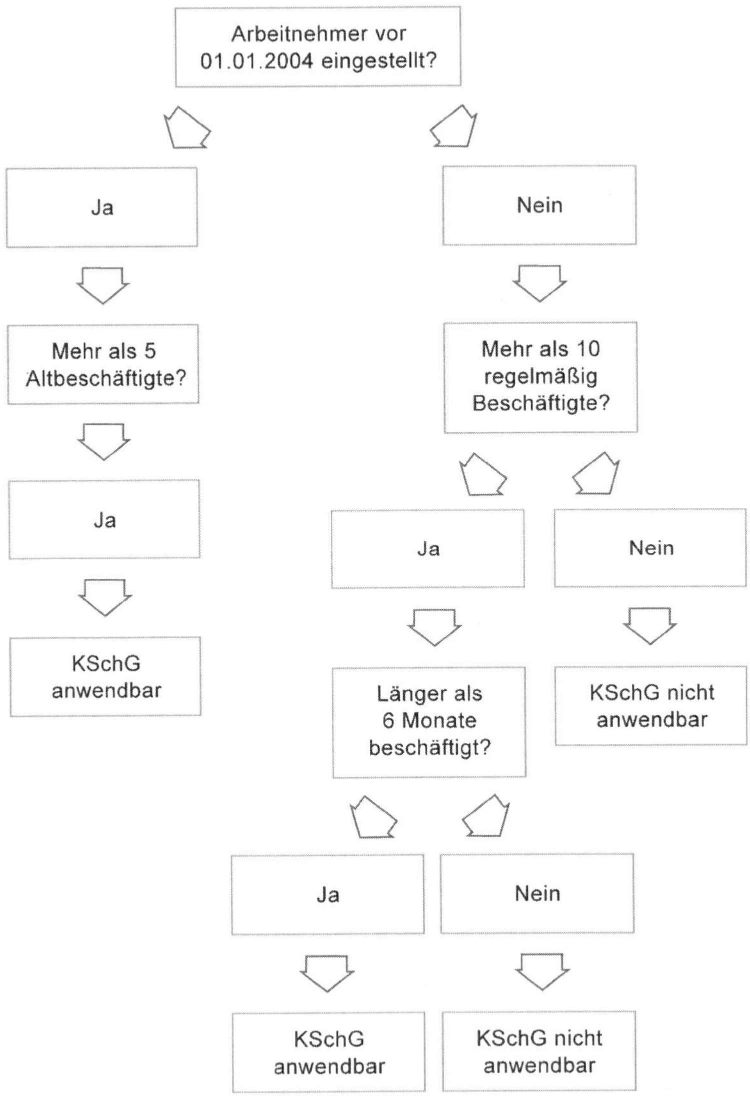

Für die Anwendbarkeit des Kündigungsschutzgesetzes wurde früher der Arbeitnehmer als darlegungs- und beweislastpflichtig angesehen. Das BAG hat zwischenzeitlich aber verdeutlicht, dass im Kündigungsschutzprozess an die Darlegungs- und Beweislast des Arbeitnehmers für das Vorliegen der betrieblichen Voraussetzungen für die Anwendbarkeit des KSchG wegen des Einflusses des Grundrechts aus Art. 12 GG einerseits und der Sachnähe des Arbeitgebers andererseits keine unzumutbar strengen Anforderungen gestellt werden dürfen. Es gilt eine **abgestufte Darlegungs- und Beweislastverteilung**. Der Arbeitnehmer genügt regelmäßig seiner Darlegungslast, wenn er schlüssig darlegt, dass zum Zeitpunkt des Zugangs der Kündigung mehr als fünf bzw. zehn Arbeitnehmer im Betrieb beschäftigt wurden. Entsprechend der abgestuften Darlegungs- und Beweislast ist es dann an dem sachnäheren Arbeitgeber, die erheblichen Tatsachen und Umstände darzulegen, aus denen sich ergibt, dass z. B. diese Beschäftigtenzahl für den Betrieb nicht repräsentativ ist.

4.5.3 Anforderungen des Kündigungsschutzgesetzes

Ist hiernach das KSchG anwendbar, sind Kündigungen nur zulässig, wenn sie sozial gerechtfertigt sind. Dies ist nach § 1 Abs. 2 KSchG nur dann der Fall, wenn sie

- personenbedingt (insbes. krankheits- oder altersbedingte Arbeitsunfähigkeit),
- verhaltensbedingt (z. B. wiederholte Arbeitsverweigerung, ständiges Zuspätkommen, Schlechtarbeit, Störung des Betriebsfriedens) oder
- betriebsbedingt (etwa längerfristige Absatzschwierigkeiten, Rohstoff- oder Energiemangel, Rationalisierungsmaßnahmen, Stilllegung einer Betriebsabteilung, Umstellung der Produktionsmethoden)

erforderlich sind und die Gründe einer Weiterbeschäftigung des Arbeitnehmers in diesem Betrieb entgegenstehen. Ist keiner dieser Kündigungsgründe gegeben, so stellt das Arbeitsgericht auf fristgerechten Antrag hin die Unwirksamkeit der ausgesprochenen Kündigung fest, wenn sich die Parteien nicht zuvor auf eine einvernehmliche Beendigung des Arbeitsverhältnisses (z. B. gegen Zahlung einer Abfindung) einigen oder die Kündigung nicht vorher zurückgenommen wird. Entgegen landläufiger Diktion wird der Arbeitgeber also nicht zu einer „Wiedereinstellung" oder – von engen Ausnahmen abgesehen – Abfindungszahlung o. ä. verurteilt. Die gerichtlichen Gestaltungsmöglichkeiten sind also durchaus begrenzt.

Um in einem etwaigen Kündigungsschutzprozess die Wirksamkeit einer Kündigung möglichst uneingeschränkt begründen zu können, sollten **im Kündigungsschreiben keine Kündigungsgründe angegeben** werden. Sehr wohl sollte allerdings auf die Obliegenheit des Arbeitnehmers, sich nach Erhalt einer Kündigung unverzüglich bei der Agentur für Arbeit zu melden und bei der Suche nach einer anderen Beschäftigung möglichst eigene Aktivitäten zu entfalten, hingewiesen werden.

Musterformulierung:

Hiermit kündigen wir das mit Ihnen bestehende Arbeitsverhältnis unter Einhaltung der ordentlichen Kündigungsfrist zum …

Wir weisen Sie darauf hin, dass Sie sich nun unverzüglich persönlich bei der Agentur für Arbeit arbeitssuchend melden und bei der Suche nach einer anderen Beschäftigung eigene Aktivitäten entfalten müssen.

4.5.4 Personenbedingte Kündigungen

Ein personenbedingter Kündigungsgrund liegt vor, wenn ein Arbeitnehmer nicht die Fähigkeit oder Eignung besitzt, die geschuldete Arbeitsleistung ganz oder teilweise zu erbringen. Eine personenbedingte Kündigung setzt hiernach eine Nicht- oder Schlechterfüllung der geschuldeten Arbeitsleistung voraus. Ein Verschulden des Arbeitnehmers ist nicht erforderlich, aus diesem Grund bedarf die personenbedingte Kündigung **keiner vorherigen Abmahnung**.

Hauptfall der personenbedingten Kündigung ist die **krankheitsbedingte Kündigung**, wobei die Rechtsprechung hier zwischen häufigen Kurzerkrankungen, Langzeiterkrankungen und dauernder Arbeitsunfähigkeit differenziert. In allen Fällen prüft die Rechtsprechung die Zulässigkeit von personenbedingten Kündigungen in **drei Stufen**:

Zunächst ist zu prüfen, ob der Arbeitnehmer künftig noch fähig und geeignet sein wird, die vertraglich geschuldete Arbeitsleistung zu erbringen. Voraussetzung ist also zuerst eine **negative Gesundheitsprognose**. Da eine solche für den Arbeitgeber – wegen der ärztlichen Schweigepflicht – häufig kaum nachgewiesen werden kann, genügt dieser seiner Darlegungslast, wenn er die in der Vergangenheit aufgetretenen Fehlzeiten mitteilt. Ergibt sich hieraus eine lang andauernde Abwesenheitsquote von 15 - 20 % der jährlichen Arbeitstage, wird eine negative Gesundheitsprognose vermutet. Ansonsten sind die Umstände des Einzelfalls wie die Ursache der Erkrankung, das Alter des Arbeitnehmers, die Dauer der Betriebszugehörigkeit, die Länge der Kündigungsfrist, Auswirkungen auf den Betrieb etc. zu berücksichtigen.

Ist davon auszugehen, dass der Arbeitnehmer künftig nicht in der Lage sein wird, die von ihm geschuldete Arbeitsleistung (vollumfänglich) zu erbringen, ist anschließend zu prüfen, ob dies zu einer **erheblichen Beeinträchtigung der betrieblichen Belange**, also zu nicht hinnehmbaren Störungen des Arbeitsverhältnisses führt. Eine solche Störung kann in der wirtschaftlichen Belastung des Arbeitgebers und in den durch die Fehlzeiten bedingten Beeinträchtigungen des Betriebsablaufes liegen. Eine – ausreichende – wirtschaftliche Belastung des Arbeitgebers kann z. B bei außergewöhnlich hohen Entgeltfortzahlungskosten gegeben sein. So wurde in Einzelfällen bereits eine Überschreitung des sechswöchigen Entgeltfortzahlungszeitraums als erheblich angesehen. In der Regel müssen jedoch darüber hinaus – auch durch Aushilfskräfte, Personalreserve, Springer usw. – unvermeidbare Störungen im Betriebsablauf vorliegen, die der Arbeitgeber konkret nachweisen muss (z. B. durch den Nachweis von Überstunden eines Kollegen, zu belegenden Maschinenstillstand, nachzuweisende Verzögerungen der Produktion etc.). Ist überhaupt oder aber zumindest auf absehbare Zeit nicht mit einer Wiederherstellung der Arbeitsfähigkeit des Arbeitnehmers zu rechnen, ist in der Regel ohne weiteres von einer erheblichen Beeinträchtigung betrieblicher Interessen auszugehen.

Sind sowohl die negative Gesundheitsprognose als auch die erhebliche Beeinträchtigung betrieblicher Belange zu bejahen, ist auf der dritten Stufe eine **Interessenabwägung** unter Berücksichtigung der Besonderheiten des Einzelfalles durchzuführen und zu prüfen, ob die Kündigung auch aus Sicht eines verständigen Arbeitgebers als billigenswert und angemessen erscheint; dabei sind u. a. die Dauer der Betriebszugehörigkeit, das Lebensalter, soziale Verhältnisse (vor allem Unterhaltsverpflichtungen), die Arbeitsmarktsituation, etwaige betriebliche Ursachen (z. B. gesundheitsschädigende Arbeit), eine etwaige Behinderung des Arbeitnehmers, der Umfang der Betriebsablaufstörungen, die wirtschaftlichen Belastungen des Arbeitgebers, die Möglichkeit der Weiterbeschäftigung auf einem anderen freien Arbeitsplatz und die Möglichkeit der Wiedererlangung der erforderlichen Fähigkeit und Eignung in absehbarer Zeit zu berücksichtigen.

Da eine Beendigungskündigung immer **ultima ratio**, also letztes Mittel sein soll, ist außerdem zu prüfen, ob der Mitarbeiter nicht auf einem freien gleichwertigen oder auch geringer bewerteten Arbeitsplatz im Betrieb eingesetzt werden kann, auf dem sich seine Erkrankung nicht auswirkt.

Auch für die Voraussetzungen einer krankheitsbedingten Kündigung trifft den Arbeitgeber die **Darlegungs- und Beweislast**. Hinsichtlich der negativen Gesundheitsprognose genügt er seiner Darlegungslast zunächst, wenn er die bisherige Dauer der Erkrankung sowie die ihm bekannten Krankheitsursachen darlegt. Wenn der Arbeitnehmer dann auf diese zunächst pauschale Darlegung der bisherigen Krankheitszeiten konkret – ggf. unter Entbindung seiner Ärzte von der Schweigepflicht – dartut, dass mit einer früheren Genesung zu rechnen ist, obliegt nunmehr dem Arbeitgeber der Beweis für die Berechtigung der negativen Prognose, den er in der Regel nur durch ein medizinisches Sachverständigengutachten erbringen kann. Ein Erfahrungssatz des Inhalts, bei langanhaltenden Krankheiten sei für die Zukunft mit ungewisser Fortdauer der Krankheit zu rechnen, besteht nämlich nicht und auch eine von einem behandelnden Arzt vorprozessual abgegebene Prognose bindet keine der Parteien in einem sich anschließenden Kündigungsschutzverfahren.

Nach § 84 Abs. 2 SGB IX sind Arbeitgeber außerdem verpflichtet, für einen längeren Zeitraum oder wiederholt erkrankte Mitarbeiter ein **„Betriebliches Eingliederungs-**

management" (BEM) anzubieten. Ziel ist es, die Arbeitsunfähigkeit zu überwinden und zu klären, mit welchen Leistungen oder Hilfen eine erneute Arbeitsunfähigkeit vermieden und der Arbeitsplatz erhalten werden kann. Obwohl sich diese Regelung im Schwerbehindertenrecht „versteckt" findet, gilt sie nicht nur für behinderte Menschen, sondern für alle Arbeitnehmer. Die Durchführung eines BEM nach § 84 Abs. 2 SGB IX ist aber **keine formelle Wirksamkeitsvoraussetzung** für den Ausspruch einer krankheitsbedingten Kündigung. § 84 Abs. 2 SGB IX stellt jedoch eine **Konkretisierung des Verhältnismäßigkeitsgrundsatzes** dar. Kann das Präventionsverfahren im Arbeitsverhältnis auftretende Schwierigkeiten beseitigen, so kann die Unterlassung des Verfahrens bei der Bewertung des Kündigungsgrunds zu Lasten des Arbeitgebers Berücksichtigung finden. Außerdem erhöht sich die Darlegungs- und Beweislast des Arbeitgebers für die fehlende anderweitige Beschäftigungsmöglichkeit.

4.5.5 Verhaltensbedingte Kündigungen

Auch die soziale Rechtfertigung einer auf verhaltensbedingte Gründe gestützten arbeitgeberseitigen Kündigung ist in **drei Stufen** zu prüfen: Zunächst ist zu fragen, ob ein **Kündigungsgrund** an sich vorliegt. Sodann ist nach dem im gesamten Kündigungsschutzrecht geltenden Grundsatz der Verhältnismäßigkeit bei leistungs- und verhaltensbedingten Mängeln erforderlich, dass zuvor bereits eine **einschlägige, ausreichende Abmahnung** erteilt wurde, in der dem Arbeitnehmer verdeutlicht wurde, dass bei einem erneuten gleichartigen Fehlverhalten mit einer Kündigung des Arbeitsverhältnisses zu rechnen ist. Schließlich hat eine zusammenfassende **Interessenabwägung** zu erfolgen.

Auch zu den verhaltensbedingten Kündigungen gibt es eine **umfangreiche Kasuistik**. So können z. B. Tätlichkeiten unter Mitarbeitern einen ausreichenden Grund für eine verhaltensbedingte Kündigung abgeben. Auch grobe Beleidigungen des Arbeitgebers und seiner Repräsentanten oder Arbeitskollegen können eine verhaltensbedingte Kündigung rechtfertigen. Bei der Konkretisierung der vertraglichen Rücksichtnahmepflicht ist jedoch das Grundrecht auf Meinungsfreiheit zu beachten. Bei Leistungsmängeln genügen pauschale Werturteile nicht. Vielmehr sind vom Arbeitgeber die einzelnen Leistungsmängel so konkret wie möglich zu bezeichnen, und zwar unter Aufzeigung der jeweiligen Pflichtwidrigkeiten und unter Darlegung der einzelnen Fehler. Grundsätzlich ist ein Arbeitnehmer nämlich verpflichtet, unter angemessener Ausschöpfung seiner persönlichen Leistungsfähigkeit zu arbeiten. Den Arbeitsinhalt legt zwar der Arbeitgeber im Rahmen seines Direktionsrechts fest, dieser richtet sich aber auch nach dem persönlichen Leistungsvermögen des Arbeitnehmers. Dieser muss tun, was er soll, und zwar so gut, wie er kann. Dabei genügt der Arbeitgeber seiner Darlegungslast im Kündigungsschutzprozess, wenn er Tatsachen vorträgt, aus denen ersichtlich ist, dass die Leistungen des Arbeitnehmers deutlich hinter denen vergleichbarer Mitarbeiter zurückbleiben. Gegen die Aussagefähigkeit von Durchschnittswerten kann allerdings sprechen, wenn der Höchstwert und der niedrigste Wert weit auseinanderklaffen und Leistungsunterschiede dies nicht erklären können. Ansonsten muss der Arbeitnehmer darlegen, warum er mit seiner deutlich unterdurchschnittlichen Leistung dennoch seine persönliche Leistungsfähigkeit ausschöpft.

Das beanstandete Fehlverhalten des Arbeitnehmers ist bezüglich Datum und Uhrzeit sowie bezüglich der Konkretisierung der arbeitsvertraglichen Pflichten genau zu bezeichnen. Schlagwortartige Hinweise wie Vertrauensverlust, Störung des Betriebsfriedens, untragbares Verhalten, Minderleistung etc. genügt folglich nicht, wobei nach einer Abmahnung dem Mitarbeiter **ausreichend Zeit** gegeben werden muss, sein Leistungsverhalten umzustellen und die Minderleistung oder ein sonstiges Fehlverhalten „abzubauen".

Der Zweck der Kündigung ist nicht eine Sanktion, sondern vielmehr die Vermeidung weiterer unzumutbarer Vertragspflichtverletzungen. Solche Pflichtverletzungen müssen sich deshalb auch zukünftig noch belastend auswirken. Wie im gesamten Kündigungsrecht gilt also auch für verhaltensbedingte Kündigungen das **Prognoseprinzip**. Daher erfordert die Kündigung wegen einer Vertragspflichtverletzung regelmäßig eine Abmahnung. Sie dient der Warnung des betroffenen Arbeitnehmers und der Objektivierung der Prognose.

Eine **Abmahnung** kann nur unter eingeschränkten Voraussetzungen ausnahmsweise **entbehrlich** sein, z. B. wenn

- der Vertragsverstoß so schwer wiegt, dass eine vorhergehende Abmahnung billigerweise nicht erwartet werden kann oder die Rechtswidrigkeit des Verhaltens für den Arbeitnehmer ohne weiteres erkennbar und eine Hinnahme durch den Arbeitgeber offensichtlich ausgeschlossen ist,
- erkennbar ist, dass der Arbeitnehmer gar nicht gewillt ist, sich vertragsgerecht zu verhalten oder
- der Arbeitnehmer die Vertragswidrigkeit seines Verhaltens kannte, trotzdem hartnäckig und uneinsichtig seine Pflichtverletzungen fortsetzt und eine Hinnahme des Verhaltens durch den Arbeitgeber offensichtlich ausgeschlossen ist.

Ansonsten ist aber bei Störungen im Vertrauensbereich eine **Abmahnung grundsätzlich erforderlich.**

Zulässig ist eine Abmahnung, wenn der Arbeitgeber einen objektiven Verstoß des Arbeitnehmers gegen seine Pflichten feststellt. Abmahnungsberechtigt sind dann nicht nur der Arbeitgeber selbst oder sonstige Kündigungsberechtigte, sondern alle Mitarbeiter, die befugt sind, verbindliche Anweisungen bezüglich des Ortes, der Zeit sowie der Art und Weise der arbeitsvertraglich geschuldeten Arbeitsleistung zu erteilen.

Die Abmahnung sollte **möglichst schriftlich** gegen Empfangsbestätigung des Arbeitnehmers erteilt werden und enthält:

- die konkrete Rüge des vertragswidrigen Verhaltens,
- die Aufforderung, das vertragswidrige Verhalten einzustellen und
- den Hinweis, dass im Wiederholungsfalle mit einer Kündigung des Arbeitsverhältnisses zu rechnen ist.

Trifft nur ein Teil einer Abmahnung nicht zu (bzw. ist auch nur ein Teil einer Abmahnung vom Arbeitgeber nicht zu beweisen), ist die **ganze Abmahnung unwirksam** und der Arbeitnehmer hat einen Anspruch auf Entfernung der gesamten Abmahnung aus seiner Personalakte. Bei mehreren Vorwürfen sollten deshalb jeweils **getrennte Abmahnungen** geschrieben werden, damit diese nicht bei Mängeln einzelner Vorwürfe in toto unwirksam werden. Allerdings kommt es für die Erfüllung der Warnfunktion einer Abmahnung nur auf die sachliche Berechtigung der Abmahnung und darauf an, ob der Arbeitnehmer aus ihr den Hinweis entnehmen kann, der Arbeitgeber erwäge für den Wiederholungsfall die Kündigung. Sind diese Voraussetzungen gegeben, ist der AN unabhängig von formellen Unvollkommenheiten der Abmahnung gewarnt. Aus der formellen Unwirksamkeit einer Abmahnung kann ein Arbeitnehmer nicht schließen, der Arbeitgeber billige das abgemahnte Verhalten. Selbst die titulierte Pflicht zur Entfernung einer Abmahnung kann daher unschädlich sein.

Ebenso ist eine bestimmte **Anzahl einschlägiger Abmahnungen** nicht erforderlich. Mehrere mögen sinnvoll sein, eine einzige kann der erforderlichen Warnfunktion genügen. Andererseits kann eine Vielzahl von Abmahnungen wegen gleichartiger Pflichtverletzungen, denen keine weiteren Konsequenzen (insbesondere keine Kündigung) folgen, auch die Warnfunktion der Abmahnung abschwächen. Es handelt sich dann um eine „leere Drohung". In diesem Fall muss dann die letzte Abmahnung vor Ausspruch der Kündigung besonders eindringlich gestaltet werden, um dem Arbeitnehmer klarzumachen, dass weitere derartige Pflichtverletzungen nunmehr zum Ausspruch der Kündigung führen werden. In der Regel kann aber, soweit leichtere Vertragsverstöße abgemahnt werden (wiederholtes Zuspätkommen, unterlassene Anzeige der Arbeitsunfähigkeit, unterlassene Zeiterfassung) nicht schon jede weitere Abmahnung als „entwertend" angesehen werden, weil ansonsten gerade der „ruhig und verständig abwägende, im Zweifel eher zur Nachsicht neigende Arbeitgeber" benachteiligt würde.

Schließlich ist auch die abschließende **Interessenabwägung** Teil des zu beachtenden Verhältnismäßigkeitsgrundsatzes. Auf Seiten des Arbeitgebers können dabei Gesichtspunkte der Arbeits- und Betriebsdisziplin, die Aufrechterhaltung der Funktionsfähigkeit des Betriebs, der Eintritt eines Vermögensschadens, die Wiederholungsgefahr, die Schädigung des Ansehens in der Öffentlichkeit etc. einbezogen werden. Auf Seiten des Arbeitnehmers fließen Art, Schwere und Häufigkeit der vorgeworfenen Pflichtwidrigkeiten, früheres Verhalten des Arbeitnehmers, Mitverschulden des Arbeitgebers, Dauer der Betriebszugehörigkeit, Lebensalter, Umfang der Unterhaltsverpflichtungen sowie Lage auf dem Arbeitsmarkt in die Interessenabwägung mit ein. Dabei sind die Anforderungen an die verhaltensbedingte Kündigung umso höher, je länger das Arbeitsverhältnis beanstandungsfrei war. Außerdem ist im Rahmen der Interessenabwägung zu berücksichtigen, ob der Arbeitnehmer an einem anderen – freien – Arbeitsplatz in demselben Betrieb oder in einem anderen Betrieb des Unternehmens eingesetzt werden kann. Steht allerdings die Pflichtverletzung in keinem ursächlichen Zusammenhang mit dem Arbeitsplatz, so wird durch eine Versetzung auf einen anderen Arbeitsplatz in aller Regel die Wiederholungsgefahr nicht beseitigt. Es hängt also von der Art der jeweiligen Pflichtverletzung ab, ob dem Arbeitgeber eine Weiterbeschäftigung auf einem anderen, freien Arbeitsplatz im Betrieb möglich und zumutbar ist.

4.5.6 Kündigungen wegen Minderleistung

Eine Kündigung wegen Minderleistung kann eine personenbedingte (der Arbeitnehmer kann nicht mehr leisten), aber auch eine verhaltensbedingte (der Arbeitnehmer will nicht mehr leisten) Kündigung darstellen.

Eine personenbedingte Kündigung kann sozial gerechtfertigt sein, wenn der Arbeitnehmer aus Gründen, die in seiner Sphäre liegen, jedoch von ihm nicht verschuldet sein müssen, zu der nach dem Vertrag vorausgesetzten Arbeitsleistung ganz oder teilweise nicht mehr in der Lage ist. In diesen Fällen liegt in der Regel eine schwere und dauerhafte Störung des Austauschverhältnisses vor, ohne dass dem Arbeitnehmer eine Vertragsverletzung vorzuhalten wäre. Eine personenbedingte Kündigung wegen Minderleistung setzt deshalb nicht voraus, dass der Arbeitnehmer gegen die subjektiv zu bestimmende Leistungspflicht verstößt. Es kommt vielmehr darauf an, ob die Arbeitsleistung die berechtigte Gleichwertigkeitserwartung des Arbeitgebers (Synallagma) in einem Maße unterschreitet, dass dem Arbeitgeber ein Festhalten an dem (unveränderten) Arbeitsvertrag unzumutbar wird. Dabei hatte das BAG schon früher eine solche – für eine personenbedingte Kündigung ausreichende – erhebliche Minderleistung in einem Fall angenommen, in dem ein (schwerbehinderter) Arbeitnehmer die Normalleistung dauerhaft um ein Drittel unterschritt.

Allerdings genügt ein Arbeitnehmer grundsätzlich seiner Vertragspflicht, wenn er unter angemessener Ausschöpfung seiner persönlichen Leistungsfähigkeit arbeitet. Er verstößt nicht allein dadurch gegen seine Arbeitspflicht, dass er eine vom Arbeitgeber gesetzte Norm- oder Durchschnittsleistung unterschreitet. Die längerfristige deutliche Unterschreitung des Durchschnitts kann aber ein Anhaltspunkt dafür sein, dass der Arbeitnehmer weniger arbeitet, als er könnte. Legt der Arbeitgeber dies im Prozess dar, muss der Arbeitnehmer erläutern, warum er trotz unterdurchschnittlicher Leistung seine Leistungsfähigkeit ausschöpft bzw. woran die Störung des Leistungsgleichgewichts liegen könnte und ob in Zukunft eine Besserung zu erwarten ist. Die Darlegung des Arbeitnehmers muss zumindest einen Anhaltspunkt dafür bieten, ob das Schwergewicht der Minderleistung auf verhaltensbedingten, personenbedingten oder sogar betriebsbedingten Gründen lag.

Eine ordentliche Kündigung wegen Minderleistung sollte daher fürsorglich sowohl auf verhaltensbedingte Gründe (nach entsprechender Abmahnung) als auch auf personenbedingte Gründe (Prognose) gestützt werden.

Übersicht: ***Arbeitgeberkündigungen wegen Minderleistung***

verhaltensbedingt	personenbedingt
• auf Pflichtverletzung beruhende unzumutbare Minderleistung des Arbeitnehmers • ausreichende Abmahnung • Interessenabwägung / Verhältnismäßigkeit	• unzumutbare Störung des Synallagma • negative Zukunftsprognose • milderes Mittel zu Wiederherstellung des Vertragsgleichgewichts (wie z. B. Vergütungsreduzierung) steht nicht zur Verfügung; • Interessenabwägung / Verhältnismäßigkeit

Das BAG geht auch hier von einer **abgestuften Darlegungs- und Beweislast** aus. Das Unterschreiten des Leistungsniveaus vergleichbarer Mitarbeiter um ein Drittel ist ein Indiz dafür, dass der Arbeitnehmer seine Leistungsfähigkeit nicht ausschöpft. Dieses Indiz kann der Arbeitnehmer nur durch substanziiertes, also konkretisierendes Bestreiten widerlegen. Zunächst muss also der Arbeitgeber zu den Leistungsmängeln das vortragen, was er wissen kann. Kennt er lediglich die objektiv messbaren Arbeitsergebnisse, so genügt er seiner Darlegungslast mit einem Tatsachenvortrag, aus dem ersichtlich ist, dass die Leistungen des Arbeitnehmers deutlich hinter denen vergleichbarer Arbeitnehmer zurückbleiben, also die Durchschnittsleistung erheblich unterschreiten; dann ist es Sache des Arbeitnehmers, hierauf zu entgegnen, z. B. darzulegen, warum er mit seiner deutlich unterdurchschnittlichen Leistung dennoch seine persönliche Leistungsfähigkeit ausschöpft; anderenfalls ist davon auszugehen, dass der Arbeitnehmer seine Leistungsfähigkeit nicht ausschöpft.

Zusammenfassend kann man also festhalten, der Arbeitnehmer muss seine subjektive Leistungsgrenze zu 100 % ausschöpfen und die objektive Durchschnittsleistung mindestens zu zwei Drittel erbringen.

4.5.7 Betriebsbedingte Kündigungen

Betriebsbedingte Gründe für eine Kündigung können sowohl **außer-, als auch innerbetrieblich** sein, z. B. Absatzschwierigkeiten, Rationalisierungsmaßnahmen, Änderung der Produktionsmethoden, Stilllegung einzelner Betriebsabteilungen etc. Die Gründe zur Kündigung müssen aber „dringend" sein. Das ist der Fall, wenn für die

Beschäftigung einzelner Mitarbeiter (betriebswirtschaftlich) kein Bedarf mehr vorhanden ist und andere Mittel (Kurzarbeit, Abbau von Überstunden etc.) nicht mehr möglich oder unter Abwägung der Interessen des Betriebs und der Belegschaft nicht zumutbar sind. Dabei sind durch den Arbeitgeber im Rechtsstreit die konkreten Auswirkungen auf den Arbeitsplatz und dessen Wegfall nachzuweisen. Dafür genügt die Darlegung, wegen Umsatzrückgangs sei die Einschränkung des Personalbestandes notwendig, nicht. Vielmehr muss im Einzelnen ausgeführt werden, inwieweit sich der Arbeitsanfall und der Arbeitskräftebedarf verringert haben und wie sich die betriebliche Veränderung auf den konkreten Arbeitsplatz auswirkt. Es muss also im Einzelnen dargelegt werden, wie die Arbeitsleistung dieses entbehrlich gewordenen Mitarbeiters künftig erledigt werden soll. Dann ist es allerdings Sache des Arbeitnehmers, darzulegen, warum die getroffene Maßnahme **offensichtlich unsachlich, unvernünftig oder willkürlich** sein soll (abgestufte Darlegungslast). Kann er dies nicht belegen, ist die Unternehmerentscheidung, mit der einem veränderten Arbeitsbedarf Rechnung getragen werden soll, nicht angreifbar.

Allerdings hat das BAG wiederholt klargestellt, dass organisatorische Maßnahmen des Arbeitgebers, die zum Wegfall des Arbeitsplatzes führen, der unternehmerischen Freiheit nicht schrankenlos unterliegen. Besteht etwa die Unternehmerentscheidung alleine in dem Entschluss, einem oder mehreren Arbeitnehmer zu kündigen, so kann diese Entscheidung des Arbeitgebers schon wegen des Kündigungsschutzrechts nicht „völlig frei" sein. Je näher die eigentliche Organisationsentscheidung an den Kündigungsentschluss rückt, um so stärkere Anforderungen werden etwa an die Darlegungslast des Arbeitgebers gestellt, der verdeutlichen muss, dass infolge der unternehmerischen Entscheidung ein Beschäftigungsbedürfnis für den Arbeitnehmer entfallen ist.

Unabhängig hiervon gehört aber zu dem unternehmerischen Entscheidungsspielraum des Arbeitgebers die Befugnis, die Zahl der Arbeitskräfte zu bestimmen, mit denen eine Arbeitsaufgabe erledigt werden soll. Der Arbeitgeber kann also grundsätzlich sowohl das Arbeitsvolumen (Menge der zu erledigenden Arbeit) als auch das zuzuordnende Zeitvolumen (Arbeitsstunden) bestimmen und somit auch das Verhältnis dieser beiden Größen zueinander festlegen. Begnügt sich der Arbeitgeber mit außerbetrieblichen Gründen unter Beibehaltung seiner Organisationsstruktur, muss er beweisen, dass sich hieraus – abstrakt mathematisch – ein bestimmter dauerhafter Wegfall des Beschäftigungsbedürfnisses ergibt. Vorzugswürdiger ist daher für den Arbeitgeber, sich auf eine „gestaltende unternehmerische Entscheidung" zu berufen, in deren Umsetzung das konkrete Beschäftigungsbedürfnis entfallen ist. Eine solche unternehmerische Organisationsentscheidung ist nur dahingehend zu prüfen, ob die zugrundeliegende Konzeption offenbar unsachlich, unvernünftig oder willkürlich ist.

Auch die **Gestaltung des Anforderungsprofils der jeweiligen Arbeitsplätze** unterliegt der Unternehmerdisposition des Arbeitgebers. Soweit für die sachgerechte Erledigung der Arbeitsaufgabe bestimmte persönliche oder sachliche Voraussetzungen erforderlich sind, kann die unternehmerische Entscheidung, welche Anforderungen an den Stelleninhaber zu stellen sind, nur auf offenbare Unsachlichkeit gerichtlich überprüft werden. Sind allerdings die Organisationsentscheidung des Arbeitgebers und sein Kündigungsentschluss ohne nähere Konkretisierung praktisch deckungsgleich, kann die Vermutung, die Unternehmerentscheidung sei aus sachlichen Gründen erfolgt, nicht stets von vorn herein greifen. In diesen Fällen muss der Arbeitgeber konkrete Angaben dazu machen, wie sich die Organisationsentscheidung auf die Einsatzmöglichkeiten für den Arbeitnehmer auswirkt und in welchem Umfang dadurch ein konkreter Änderungsbedarf besteht. Erhöhte Anforderungen an die Darlegungslast des Arbeitgebers sind insbesondere dann zu stellen, wenn der Arbeitgeber durch eine unternehmerische Entscheidung das Anforderungsprofil für Arbeitsplätze ändert, die bereits mit langjährig beschäftigten Arbeitnehmern besetzt sind.

4.5.8 Sozialauswahl bei betriebsbedingten Kündigungen

Machen betriebliche Erfordernisse eine Entlassung notwendig (siehe hierzu auch Teil 3), ist die Kündigung gleichwohl sozial ungerechtfertigt, wenn der Arbeitgeber bei der Auswahl unter mehreren Arbeitnehmern desselben Betriebs (**Grundsatz der Betriebsbezogenheit**, der auch dann gilt, wenn sich der Arbeitgeber ein betriebsübergreifendes Versetzungsrecht vorbehalten hat), die sozialen Gesichtspunkte

- Dauer der Betriebszugehörigkeit,
- Lebensalter,
- Unterhaltspflichten und
- Schwerbehinderung des Arbeitnehmers

nicht ausreichend berücksichtigt hat. Für die **Gewichtung der Kriterien bei der Sozialauswahl** hat der Gesetzgeber bewusst keine starren Vorgaben festgelegt. Einem bestimmten Kriterium kommt keine allgemeine Priorität gegenüber den anderen zu. Maßgeblich sind vielmehr die jeweiligen Umstände des Einzelfalls.

Auch die Einhaltung der Sozialauswahl wird in drei Stufen geprüft. Auf der ersten Stufe sind zunächst einmal die in die Sozialauswahl **einzubeziehenden Arbeitnehmer** festzulegen. Hierbei kommt es vor allem auf die Vergleichbarkeit der Arbeitnehmer an, wobei sich der Kreis der einzubeziehenden vergleichbaren Arbeitnehmer in erster Linie nach arbeitsvertrags- und arbeitsplatzbezogenen Merkmalen richtet. Nicht entscheidend ist folglich, ob der Arbeitnehmer auf Grund seiner Tätigkeit und Ausbildung auch eine andersartige Tätigkeit ausführen könnte; die Notwendigkeit einer kurzen Einarbeitungszeit steht der Vergleichbarkeit allerdings nicht entgegen.

An einer Vergleichbarkeit fehlt es insbesondere, wenn der Arbeitgeber den Arbeitnehmer nicht einseitig auf Grund seines Direktionsrechts auf einen anderen Arbeitsplatz um- oder versetzen kann. Maßgeblich ist hierfür zunächst, ob im Arbeitsvertrag eine Konkretisierung vorgenommen wurde. Nicht maßgeblich ist hingegen, ob das Direktionsrecht des Arbeitgebers dadurch eingeschränkt wird, dass der Arbeitnehmer jahrelang immer am gleichen Arbeitsort eingesetzt wurde. Eine solche Konkretisierung der Arbeitspflicht kann sich nur zugunsten des Arbeitnehmers auswirken, nicht jedoch zu seinen Ungunsten.

Für eine **standort- bzw. betriebsteilübergreifende Sozialauswahl** folgt daraus, dass festgestellt werden muss, ob eine übergreifende Versetzbarkeit des Arbeitnehmers im Rahmen des Direktionsrechts erfolgen kann. Die Vergleichbarkeit kann allerdings nicht dadurch herbeigeführt werden, dass der Arbeitsvertrag eines Arbeitnehmers anlässlich der Schließung einer Niederlassung einvernehmlich oder im Wege der Änderungskündigung entsprechend abgeändert wird.

Im **öffentlichen Dienst** kommt den Vergütungsgruppen für die Vergleichsgruppenbildung eine entscheidende Bedeutung zu. Dort kann der Arbeitgeber dem Arbeitnehmer im Rahmen seines Direktionsrechts nur solche Tätigkeiten zuweisen, die dessen Fähigkeiten und Kräften einerseits und den Merkmalen seiner im Arbeitsvertrag genannten Vergütungsgruppe andererseits entsprechen.

Der Kreis der in die soziale Auswahl einzubeziehenden Arbeitnehmer ist nach den Verhältnissen im Zeitpunkt der beabsichtigten Kündigung zu bilden. Arbeitnehmer, denen gegenüber eine ordentliche Kündigung in diesem Zeitpunkt aufgrund **Sonderkündigungsschutzes** ausgeschlossen ist, sind in diesen Personenkreis nicht einzubeziehen. Dies gilt auch dann, wenn im Zeitpunkt der beabsichtigten Kündigung der Sonderkündigungsschutz voraussichtlich alsbald auslaufen wird und aufgrund der kurzen Kündigungsfrist das Arbeitsverhältnis des besonders geschützten Arbeitnehmers zu demselben Termin beendet werden könnte, zu dem auch das Arbeitsverhältnis des konkurrierenden, sozial schwächeren Arbeitnehmers gekündigt werden kann. Nach § 15 Abs. 5 KSchG trifft den Arbeitgeber sogar die Pflicht, die **Weiterbeschäftigung eines Betriebsratsmitglieds** mit allen zur Verfügung stehenden Mitteln sicherzustellen. Dabei muss ein evtl. gleichwertiger Arbeitsplatz in einer anderen Abteilung nicht notwendig frei sein. Vielmehr ist der Arbeitgeber gehalten, einen solchen Arbeitsplatz durch Umverteilung der Arbeit, durch Ausübung seines Direktionsrechts oder auch durch den Ausspruch einer Kündigung gegenüber einem ungeschützten Arbeitnehmer frei zu machen.

Zur Frage der **Vergleichbarkeit von Teilzeit- und Vollzeitbeschäftigten** kommt es auf die betriebliche Organisation an. Hat der Arbeitgeber eine Organisationsentscheidung getroffen, aufgrund derer für bestimmte Arbeiten Vollzeitkräfte vorgesehen sind, so kann diese Entscheidung nur darauf überprüft werden, ob sie offenbar unsachlich, unvernünftig oder willkürlich ist. Liegt danach eine bindende Unternehmerentscheidung vor, sind bei der Kündigung einer Teilzeitkraft die Vollzeitkräfte nicht in die Sozialauswahl mit einzubeziehen. Will der Arbeitgeber dagegen in einem bestimmten Bereich lediglich die Anzahl der insgesamt geleisteten Arbeitsstunden abbauen, ohne dass eine Organisationsentscheidung in der erwähnten Art vorliegt, sind sämtliche in diesem Bereich beschäftigten Arbeitnehmer ohne Rücksicht auf ihr Arbeitsplatzvolumen in die Sozialauswahl einzubeziehen. Es ist zunächst also auf der horizontalen Ebene zu untersuchen, ob es im Betrieb Arbeitsplätze mit identischen oder vergleichbaren Aufgaben gibt. Sind die Arbeitsplätze nur partiell vergleichbar, kommt es darauf an, ob der für die Kündigung in Aussicht genommene Arbeitnehmer auf einem partiell vergleichbaren Arbeitsplatz eingesetzt werden könnte. Dagegen kann die Sozialauswahl nicht vertikal erweitert werden; ein höher qualifizierter Arbeitnehmer kann also die Zahl der Vergleichspersonen nicht dadurch erweitern, dass er sich bereit erklärt, auf einem niedriger bezahlten Arbeitsplatz zu arbeiten.

Die Grundsätze über die Einbeziehung von Teilzeit- und Vollzeitbeschäftigten in die Sozialauswahl gelten auch für die soziale Auswahl zwischen **Teilzeitbeschäftigten mit unterschiedlichen Arbeitszeiten**. Auch hier steht der Auswahl nach sozialen Gesichtspunkten, wenn es allein um die Reduzierung von Arbeitszeitvolumen geht, nichts im Wege. Liegt dagegen der Arbeitszeitgestaltung ein unternehmerisches Konzept zu Grunde, so könnte die Verpflichtung zur Sozialauswahl entweder in das unternehmerische Konzept eingreifen oder den Arbeitgeber zu einer kaum beherrschbaren „Kaskade" von Änderungskündigungen zwingen.

Auf der zweiten Stufe sind die **Sozialdaten** miteinander zu vergleichen. Bei der **Dauer der Betriebszugehörigkeit** ist der ununterbrochene rechtliche Bestand des Arbeitsverhältnisses bei demselben Arbeitgeber maßgeblich. Bei den **Unterhaltspflichten** ist auf die gesetzlichen Unterhaltspflichten der §§ 1360 ff., 1569 ff., 1601 ff. BGB zurückzugreifen. Unerheblich ist, ob der Unterhaltspflichtige ihnen nachkommt oder nicht. Streitig ist aber, ob es allein auf die rechtlichen oder ob es auf die tatsächlich bestehenden Unterhaltspflichten ankommt (was z. B. bei einem Doppelverdienst von Eheleuten von Bedeutung ist), d. h. ob der grundsätzlichen Unterhaltspflicht auch eine konkrete Unterhaltsberechtigung bzw. Unterhaltslast gegenübersteht. Da der Gesetzgeber gerade nicht auf „Unterhaltslasten" abstellt, kommt es wohl nicht auf konkrete Unterhaltsleistungen des Betroffenen an. Auch die Rechtsprechung des 2. Senats des BAG liegt auf dieser Linie, wonach bei der Berücksichtigung von Unterhaltspflichten die Einkünfte des Ehegatten nicht berücksichtigt werden müssen.

Zu den **gesetzlichen Unterhaltspflichten** gehören nicht nur solche gegenüber Ehegatten und Kindern, sondern auch solche gegenüber pflegebedürftigen Eltern (§§ 1601 ff. BGB) sowie die gesetzlichen Unterhaltspflichten eingetragener gleichgeschlechtlicher Lebenspartnerschaften. Unterhaltspflichten in einer nicht ehelichen Lebensgemeinschaft bleiben hingegen unberücksichtigt.

Ob sich der Arbeitgeber auf **Eintragungen in der Lohnsteuerkarte** verlassen darf, ist streitig. Den Arbeitgeber trifft zwar die Obliegenheit, sich vor Ausspruch der Kündigung die für eine Sozialauswahl notwendige Kenntnis von etwaigen Unterhaltspflichten zu verschaffen. Allerdings ist der Arbeitgeber nicht verpflichtet, die Angaben des Arbeitnehmers zu überprüfen. Grundsätzlich ist der Arbeitnehmer für die Unterrichtung des Arbeitgebers über Veränderungen seiner Personalien verantwortlich. Der

Arbeitgeber kann deshalb bezüglich etwaiger Unterhaltspflichten von den Eintragungen in der Lohnsteuerkarte ausgehen, soweit ihm nichts Gegenteiliges mitgeteilt oder bekannt wurde.

Bezüglich einer etwaigen **Schwerbehinderung** kann der Arbeitgeber einen schwerbehinderten Arbeitnehmer überhaupt nur dann als vergleichbar ansehen und ihn bei der Sozialauswahl berücksichtigen, wenn die nach §§ 85 ff. SGB IX erforderliche **Zustimmung des Integrationsamts** vorliegt. Fehlt die Zustimmung des Integrationsamts, kann und braucht der Arbeitgeber einen Schwerbehinderten nicht in die Sozialauswahl mit einbeziehen. Dabei ist es einem Arbeitgeber stets völlig freigestellt, ob er einen Antrag beim Integrationsamt stellt oder nicht. Alle Arbeitnehmer, für die ein Sonderkündigungsschutz besteht, sind von der Sozialauswahl auszunehmen, wenn eine Kündigung (z. B. mangels Antragstellung) nicht möglich ist.

Das Verhältnis der vier Auswahlkriterien zueinander und ihrer Gewichtung bleibt weiterhin offen (und ist wohl auch nicht abschließend gesetzlich fixierbar). Nach dem Gesetzeswortlaut des § 1 Abs. 3 S. 1 KSchG muss der Arbeitgeber bei seiner Auswahlentscheidung die im Gesetz genannten sozialen Auswahlgesichtspunkte nur „ausreichend" berücksichtigen. Dem Arbeitgeber steht also bei der Gewichtung der Sozialkriterien ein **Wertungsspielraum** zu. Dieser Wertungsspielraum führt dazu, dass nur deutlich schutzwürdigere Arbeitnehmer mit Erfolg die Fehlerhaftigkeit der Sozialauswahl rügen können. Außerdem kann eine Fehlbeurteilung der sozialen Gesichtspunkte durch den Arbeitgeber nur dann zur Unwirksamkeit der Kündigung führen, wenn sie die getroffene Sozialauswahl tatsächlich entscheidungserheblich beeinflusst hat; auch eine Sozialauswahl, die von unzutreffenden Bewertungskriterien ausgeht, kann zu einem richtigen Ergebnis gelangen.

Da es auf die betrieblichen Gegebenheiten ankommt, kann eine allgemein gültige Gewichtung der Sozialdaten nicht vorgegeben werden. In der Praxis haben sich aber verschiedene **„Punkte-Tabellen"** etabliert, die auf verschiedenen Entscheidungen des BAG beruhen.

Auch das **europarechtliche Verbot der Altersdiskriminierung** steht der Verwendung derartiger Punktetabellen zur Sozialauswahl, selbst wenn sie die Zuteilung von Punkten für das Lebensalter und eine Bildung von Altersgruppen vorsehen, nicht im Wege, wenn sie durch legitime Ziele gerechtfertigt sind. Mindestvoraussetzung ist aber, dass alle vorgesehenen sozialen Gesichtspunkte berücksichtigt werden und die in der Punktezuteilung zum Ausdruck kommende Gewichtung der Sozialdaten die Möglichkeit eröffnet, dass jedes der Abwägungselemente (nicht allein das Lebensalter) den Ausschlag geben kann.

Derartige Punkteschemata stellen allerdings selbst dann eine nach § 95 Abs. 1 BetrVG **mitbestimmungspflichtige Auswahlrichtlinie** dar, wenn sie der Arbeitgeber nicht generell auf alle künftigen betriebsbedingten, sondern nur auf konkret bevorstehende Kündigungen anwenden will.

Übersicht: ***Punktetabellen für die Sozialauswahl***

Kriterium	Alter	Betriebs-zugehörigkeit	Unterhalts-pflichten	Schwer-behinderung
BAG vom 23.11.2000	bis 20 Jahre: 0 Punkte bis 30 Jahre: 1 Punkt bis 40 Jahre: 3 Punkte bis 50 Jahre: 6 Punkte über 57 Jahre: 10 Punkte	1 Punkt pro Jahr der Betriebszugehörigkeit	3 Punkte je Ehegatte und 3 Punkte für jedes Kind	war gesetzlich noch nicht vorgesehen
BAG vom 05.12.2002	je 1 Punkt pro vollendetem Lebensjahr ab Vollendung des 25. Lebensjahrs (max. 35 Punkte)	2 Punkte pro anerkanntem Jahr Betriebszugehörigkeit (max. 70 Punkte)	6 Punkte je unterhaltsberechtigter Person	war gesetzlich noch nicht vorgesehen
BAG vom 05.12.2002	1 Punkt pro vollendetem Lebensjahr (max. 55 Punkte)	1 Punkt pro vollendetem Jahr der Betriebszugehörigkeit bis 10 Dienstjahre 2 Punkte pro vom Arbeitnehmer vollendetem Jahr der Betriebszugehörigkeit ab dem 11. Dienstjahr (max. 70 Punkte)	4 Punkte je unterhaltsberechtigtem Kind, 8 Punkte für unterhaltsberechtigten Ehegatten	5 Punkte bei Schwerbehinderung von 50 % jeweils 1 Punkt je 10 % über 50 %
BAG vom 06.11.2008	1 Punkt für jedes vollendete Jahr nach dem 18. Lebensjahr	1 ½ Punkte für jedes Beschäftigungsjahr	5 Punkte für Ehegatte bzw. eingetragenen Lebenspartner, 7 Punkte je Kind	11 Punkte für Schwerbehinderte, 9 Punkte für Gleichgestellte

Musterformulierung: Betriebsvereinbarung

Soweit betriebsbedingte Kündigungen ausgesprochen werden müssen, werden bei der Sozialauswahl folgende Auswahlrichtlinien zugrunde gelegt:

1. Für jedes Lebensjahr wird 1 Punkt angesetzt.
2. Für jedes Jahr der Betriebszugehörigkeit werden 2 Punkte berücksichtigt.
3. Für jedes unterhaltsberechtigte Kind werden 6 Punkte angesetzt.
4. Für Mitarbeiter, deren Lebenspartner nicht in einem sozialversicherungspflichtigen Beschäftigungsverhältnis stehen, werden zusätzlich 4 Punkte eingestellt.
5. Für Arbeitnehmer, die dem Schwerbehindertenrecht unterfallen, werden zusätzlich 5 Punkte berücksichtigt.

Die Sozialauswahl zwischen den vergleichbaren Arbeitnehmern erfolgt in einem ersten Schritt anhand dieser Auswahlrichtlinien. In einem zweiten Schritt ist jeder Einzelfall daraufhin zu überprüfen, ob besondere Umstände eine abweichende Gewichtung erfordern. Unabhängig hiervon können bei der Sozialauswahl berechtigte betriebliche Interessen im Sinne von § 1 Abs. 3 S. 2 KSchG berücksichtigt werden.

Wendet der Arbeitgeber ein von ihm unter Verstoß gegen § 95 Abs. 1 BetrVG aufgestelltes Punkteschema an, so führt allerdings dieser Mitbestimmungsverstoß allein nicht zur Unwirksamkeit einer Kündigung. Auch in diesem Falle ist also letztlich zu prüfen, ob der Arbeitgeber bei der Auswahl des Arbeitnehmers die Dauer der Betriebszugehörigkeit, das Lebensalter, die Unterhaltspflichten und die Schwerbehinderung des Arbeitnehmers nicht oder nicht ausreichend berücksichtigt hat.

Nachdem hiernach nun also auf der ersten Stufe die in die Sozialauswahl einzubeziehenden Arbeitnehmer festgelegt wurden und auf der zweiten Stufe die Sozialdaten miteinander verglichen wurden, ist jetzt auf der dritten Stufe zu prüfen, ob gem. § 1 Abs. 3 S. 2 KSchG **bestimmte Arbeitnehmer von der Sozialauswahl auszunehmen** sind, weil deren Weiterbeschäftigung, insbesondere wegen ihrer Kenntnisse, Fähigkeiten und Leistungen oder zur Sicherung einer ausgewogenen Personalstruktur des Betriebs im berechtigten betrieblichen Interesse liegt. Die Anforderungen der Rechtsprechung an eine solche Herausnahme aus der Sozialauswahl sind allerdings erheblich. Sie wird nur dann als zulässig angesehen, wenn auf den betreffenden Arbeitnehmer im Interesse eines geordneten Betriebsablaufs nicht verzichtet werden kann. „Berechtigt" ist ein solches betriebliches Interesse aber nur dann, wenn es gegenüber dem Interesse des sozial schwächeren Arbeitnehmers überwiegt. Dies erfordert eine **einzelfallbezogene Interessenabwägung,** zu der es im Widerspruch steht, wenn der Arbeitgeber ganze Gruppen von Arbeitnehmer aufgrund ihrer Ausbildung als „Leistungsträger" aus der Sozialauswahl ausklammert. Bei der Herausnahme von Arbeitnehmer aus der Sozialauswahl ist also auf jeden Fall Zurückhaltung geboten.

4.5.9 Aufhebungs- und Abwicklungsverträge

Schon wegen der mit Kündigungen durch Arbeitgeber verbundenen mannigfaltigen rechtlichen Probleme bietet sich in vielen Fällen statt dem Ausspruch einer Kündigung der Abschluss eines Aufhebungsvertrags oder nach Ausspruch einer Kündigung der Abschluss eines Abwicklungsvertrags an. Die Vertragsparteien – Arbeitgeber und Arbeitnehmer – legen darin die **einvernehmliche Beendigung**, also die Auflösung des Arbeitsverhältnisses fest. Solche Aufhebungs- und Abwicklungsverträge kommen durch Angebot und Annahme zustande; sie werden durch zwei sich entsprechende Willenserklärungen geschlossen. Es gelten die Regeln des BGB bezüglich der Wirksamkeit, des Untergangs und der Beseitigung der Ansprüche aus derlei Verträgen.

§ 623 BGB schreibt die **Schriftform des Aufhebungsvertrags** vor. Aufgrund der Vertragsfreiheit unterliegt der Aufhebungsvertrag aber geringeren Anforderungen als die Kündigung, z. B. bezüglich der Einhaltung von Kündigungsfristen, insbesondere aber natürlich auch bezüglich der Beendigungsgründe. Verständigen sich die Arbeitsvertragsparteien auf eine einvernehmliche Beendigung des Arbeitsverhältnisses, unterliegt dies grundsätzlich keiner weiteren gerichtlichen Inhaltskontrolle.

Zu einem solchen Aufhebungs- oder Abwicklungsvertrag wird sich ein Arbeitnehmer freilich in der Regel nur gegen Gewährung einer entsprechenden **Sozialabfindung** einlassen. Obwohl ein Arbeitnehmer auf eine solche Sozialabfindung **keinen gesetzlichen Anspruch** hat, sind solche nicht unüblich. Immerhin in 15 % aller durch den Arbeitgeber veranlassten Vertragsbeendigungen wird den Mitarbeitern eine solche Sozialabfindung gewährt, und zwar in rund 21 % dieser Fälle in Höhe von drei bis sechs Bruttomonatsgehältern, in rund 22 % der Fälle in Höhe von sechs bis 12 Monatsgehälter und in immerhin rund 19 % der Fälle sogar in Höhe von mehr als 12 Monatsgehälter.

Pluspunkte des Aufhebungsvertrags aus Arbeitgebersicht:

- Der allgemeine und der besondere Kündigungsschutz sind nicht anwendbar.
- Das Prozessrisiko sowie dessen Kosten und Dauer werden vermieden.
- Es werden in kurzer Zeit klare Verhältnisse geschaffen.
- Innerhalb der Belegschaft entstehen keine Unsicherheiten.
- Personalverantwortliche entgehen der unangenehmen Situation der Kündigung.

Auch für den Arbeitnehmer kann eine solche einvernehmliche Beendigung des Arbeitsverhältnisses bei Gewährung einer entsprechenden Abfindung interessant sein. Die Vertragsbeendigung und eine nachfolgende Arbeitslosigkeit können zwar für einen Arbeitnehmer mit ganz erheblichen wirtschaftlichen und sozialen Folgen verbunden sein. Ein Festhalten an dem Arbeitsvertrag gegen den ausdrücklichen (und erklärten) Willen des Arbeitgebers ist für einen Arbeitnehmer aber häufig ebenfalls mit erheblichen psychischen Belastungen verbunden. Außerdem besteht ja die Gefahr, dass eine Kündigung des Arbeitsvertrags durch den Arbeitgeber wirksam sein könnte und dann zu einer Beendigung des Arbeitsvertrags ohne Erhalt einer Sozialabfindung führen würde.

Aufhebungs- und Abwicklungsverträge sind allerdings gemäß § 144 SGB III mit der **Gefahr der Verhängung einer Sperrfrist** für einen etwaigen nachfolgenden Bezug von Arbeitslosengeld verbunden (vgl. hierzu noch später). Der Arbeitgeber macht sich aber nicht schadensersatzpflichtig, wenn er beim Aufhebungsvertrag den Arbeitnehmer nicht auf mögliche negative finanzielle Folgen hinweist, die der Arbeitnehmer hätte ohne weiteres erkennen können. Jede Vertragspartei muss sich selbst über die Rechtsfolgen informieren, die mit einem solchen Beendigungsvertrag verbunden sein können. In den Vertrag sollte dennoch eine Klausel aufgenommen werden, die besagt, dass der Arbeitnehmer auf eventuelle nachteilige Folgen hingewiesen wurde. Der Arbeitnehmer sollte außerdem so umfänglich wie möglich an die zuständigen Behörden verwiesen werden, um damit Risiken zu vermeiden.

Aus dem Aufhebungs- bzw. Abwicklungsvertrag muss hervorgehen, dass sich die Parteien einvernehmlich vom Arbeitsvertrag lösen wollen. Um eine Sperrzeit zu umgehen, sollte man im Übrigen den „wichtigen Grund" für die Beendigung mit aufnehmen. Außerdem sollte für die Beendigung die **ordentliche Kündigungsfrist eingehalten** werden, damit die **Sozialabfindung nicht auf den Arbeitslosengeldanspruch anzurechnen** ist (§ 143a SGB III).

Bis zum festgelegten Ende des Aufhebungsvertrags hat der Arbeitnehmer einen Vergütungsanspruch und der Arbeitgeber Anspruch auf die zu leistende Arbeit; es kann auch eine **Freistellung von der Arbeit** erfolgen. Eine etwaige Freistellung sollte aber sorgfältig formuliert werden, weil etwaige dem Arbeitnehmer noch zustehende Urlaubsansprüche – bei entsprechender Anrechnungsvereinbarung – nur bei einer unwiderruflichen Freistellung abgegolten werden, eine komplette unwiderrufliche Freistellung aber das Risiko in sich trägt, dass damit dann auch das sozialversicherungspflichtige Beschäftigungsverhältnis endet, an dem der Sozialversicherungsschutz „hängt".

Weitere **Bestandteile eines Aufhebungs- bzw. Abwicklungsvertrags** können ferner Regelungen über noch ausstehende Leistungen und über eine betriebliche Altersversorgung sowie ein evtl. Wettbewerbsverbot (das für die Zeit nach Beendigung des Arbeitsverhältnisses nur gegen Gewährung einer entsprechenden „Karenzentschädigung" möglich ist) sein, außerdem ist auch eine Ausgleichsklausel und eine „salvatorische Abschlussregelung" zur Verbesserung der Rechtssicherheit für den Arbeitgeber üblich.

Musterformulierung:

Aufhebungsvertrag

zwischen der
Fa. Müller GmbH,
vertreten durch ihren Geschäftsführer Eduard Müller,
Römerstraße 17, 74847 Elztal
– nachfolgend auch Arbeitgeberin genannt –

und

Frau Sabine Maier,
wohnhaft Elzbrunnenweg 2, 74821 Mosbach
– nachfolgend auch Mitarbeiterin genannt –

1. Die Parteien sind sich darüber einig, dass das zwischen ihnen bestehende Arbeitsverhältnis aus betrieblichen Gründen auf Veranlassung der Arbeitgeberin ohne Verschulden der Arbeitnehmerin im gegenseitigen Einvernehmen mit Ablauf des ... enden wird.
2. Die Arbeitnehmerin wird ab sofort bis zur Erfüllung noch bestehender Urlaubs- und Überstundenausgleichsansprüche unwiderruflich und anschließend widerruflich von ihrer Arbeitspflicht freigestellt und erhält bis zum Vertragsende ihre vertraglichen Bezüge. Im Falle einer anderweitigen Tätigkeit ist etwaiger Zwischenverdienst anzurechnen.
3. Die Arbeitnehmerin erhält für den Verlust ihres Arbeitsplatzes eine Sozialabfindung gem. §§ 9, 10 KSchG in Höhe von brutto € .... Die Sozialabfindung ist mit Beendigung des Arbeitsverhältnisses fällig, aber bereits jetzt entstanden und vererblich.
4. Die Parteien sind sich darüber einig, dass mit der Erfüllung dieses Aufhebungsvertrags alle wechselseitigen Ansprüche aus dem Arbeitsverhältnis und dessen Beendigung abgegolten und erledigt sind. Die Arbeitnehmerin verzichtet auf die Erhebung einer Kündigungsschutzklage.
5. Die Arbeitnehmerin wird darauf hingewiesen, dass sie sich ggf. unverzüglich persönlich bei der Agentur für Arbeit arbeitssuchend melden sollte und verpflichtet ist, eigenverantwortlich und aktiv nach einer Folgebeschäftigung zu suchen.
6. Sollte eine Bestimmung dieses Aufhebungsvertrags unwirksam sein, wird die Wirksamkeit des Aufhebungsvertrags im Übrigen nicht berührt. Die Parteien werden dann die unwirksame Bestimmung durch eine Vereinbarung ersetzen, die dem wirtschaftlich Gewollten am nächsten kommt.

Mosbach, den ....
- Arbeitgeberin - - Arbeitnehmerin -

Die **Höhe der Abfindung** ist gesetzlich weder verbindlich geregelt noch der Höhe nach begrenzt. Die Abfindungshöhe orientiert sich in der Praxis häufig an der Hälfte eines Bruttomonatsverdienstes je Beschäftigungsjahr. Dabei führt ein unbedarfter Blick auf § 1a KSchG häufig zu einem Missverständnis. Weder vermittelt § 1a Abs. 1 KSchG selbst einen Abfindungsanspruch, noch ist in dessen Abs. 2 die Abfindungshöhe verbindlich festgelegt. Vielmehr regelt § 1a KSchG nur den Fall, dass dem Arbeitnehmer eben eine solche Abfindung (in dieser Höhe) angeboten wird.

Möglich sind aber jederzeit auch niedrigere oder höhere Abfindungsangebote oder komplexere Berechnungsformeln, die sich z. B. aus dem Grundbetrag von x Euro und einem Steigerungsbetrag zusammensetzen können:

$$\frac{\text{Lebensalter * Betriebszugehörigkeit (jeweils in Jahren) * Bruttomonatsverdienst}}{\text{Betrag Y (z. B. 90-100)}}$$

Hierzu ein Beispiel: Der Mitarbeiter ist 50 Jahre, 10 Jahre im Betrieb beschäftigt und verdient monatlich 3.000 € brutto; Y =100. Die Abfindung beziffert sich auf 15.000 Euro.

Es darf aber noch einmal betont werden, dass die Gewährung einer Sozialabfindung im Falle einer einvernehmlichen Beendigung eines Arbeitsverhältnisses zwischen den Arbeitsvertragsparteien „frei" ausgehandelt werden kann und muss.

4.5.10 Kündigungsschutz für schwerbehinderte Menschen

Vor Ausspruch einer Kündigung gegenüber Arbeitnehmern mit einem Grad der Behinderung (GdB) von mindestens 50 oder aber „Gleichgestellten" mit einem GdB von mind. 30 ist jedenfalls dann die vorherige Zustimmung der Integrationsämter einzuholen, wenn das Arbeitsverhältnis bei Zugang der Kündigung ohne Unterbrechung länger als sechs Monate bestanden hat, sonst ist die Kündigung unwirksam. Dabei ist zu beachten, dass der Arbeitgeber nach § 84 SGB IX gehalten ist, bei Schwierigkeiten, die zu einer Gefährdung des Beschäftigungsverhältnisses führen können, möglichst frühzeitig die Schwerbehindertenvertretung und das Integrationsamt einzuschalten, um alle Möglichkeiten, alle zur Verfügung stehenden Hilfen zur Beratung und mögliche finanzielle Hilfen zu erörtern (**Prävention**). Die Durchführung des Präventionsverfahrens ist zwar keine formelle Wirksamkeitsvoraussetzung für den Ausspruch einer Kündigung. § 84 Abs. 1 SGB IX stellt aber auch keine reine Ordnungsvorschrift mit Appellativcharakter dar, deren Missachtung in jedem Fall folgenlos bliebe. Das Präventionsverfahren stellt eine Konkretisierung des Verhältnismäßigkeitsgrundsatzes dar. Eine Kündigung kann damit wegen Verstoßes gegen das Verhältnismäßigkeitsprinzip sozial ungerechtfertigt sein. Ist allerdings das Integrationsamt nach eingehender Prüfung zu dem Ergebnis gelangt, dass die Zustimmung zur Kündigung zu erteilen ist, kann nur bei Vorliegen besonderer Anhaltspunkte davon ausgegangen werden, ein Präventionsverfahren hätte die Kündigung verhindern können.

Von den Versorgungsämtern können Schwerbehinderungen rückwirkend auf den Zeitpunkt der Antragstellung festgestellt werden. Auch die Gleichstellung nach § 69 SGB IX ist ein konstitutiver Verwaltungsakt, der seine Wirkung nach § 68 Abs. 2 S. 2 SGB IX mit dem Tag des Eingangs des entsprechenden Antrags entfaltet. Dies führt u. U. zu einer **nachträglichen Unwirksamkeit einer Kündigung**, selbst wenn die Feststellung der Schwerbehinderung erst im Widerspruchsverfahren oder im Prozessweg erfolgt. Dies gilt unabhängig von der Kenntnis des Arbeitgebers. Allerdings muss der Arbeitnehmer den Arbeitgeber innerhalb von drei Wochen auf den besonderen Kündigungsschutz hinweisen.

Die Kündigung eines Schwerbehinderten bedarf allerdings nach § 90 Abs. 2a SGB IX nur dann der Zustimmung des Integrationsamts, wenn der Arbeitnehmer bei Zugang der Kündigung bereits als Schwerbehinderter anerkannt war oder den **Antrag auf Anerkennung bzw. Gleichstellung mindestens drei Wochen vor Zugang der Kündigung gestellt** hat. Ein wie auch immer gearteter Nachweis zum Zeitpunkt der Kündigung gegenüber dem Arbeitgeber ist allerdings nicht Voraussetzung.

Nach § 88 Abs. 1 SGB IX muss das Integrationsamt bei einer ordentlichen Kündigung über den Zustimmungsantrag innerhalb eines Monats entscheiden, bei einer außerordentlichen Kündigung nach § 91 Abs. 3 SGB IX innerhalb von zwei Wochen. Wird die Frist überschritten, kann vom Arbeitgeber nach drei Monaten beim zuständigen Verwaltungsgericht Untätigkeitsklage erhoben werden (§ 75 VwGO). Bedarf die Kündigung nicht der Zustimmung des Integrationsamts, ist dies vom Integrationsamt auf Antrag durch ein „Negativattest" festzustellen. Das bestandskräftige Negativattest beseitigt die Kündigungssperre auch dann, wenn sich später herausstellt, dass der Arbeitnehmer zum Zeitpunkt des Zugangs der Kündigungserklärung schwerbehindert war.

Nach der Zustimmung des Integrationsamts zur Kündigung ist gem. § 88 Abs. 3 SGB IX analog die ordentliche Kündigung innerhalb eines Monats zu erklären. Innerhalb dieser Frist kann auch wiederholt gekündigt werden. Mit Ablauf der Frist erlischt die Zustimmung.

4.5.11 Änderungskündigungen

Kündigungen kommen nicht nur in Betracht, wenn sich ein Arbeitgeber von einem Mitarbeiter trennen will. Kündigungen sind vielmehr auch erforderlich, wenn Änderungen von Arbeitsverträgen bzw. Vertragsinhalten notwendig werden und eine einvernehmliche Änderung mit dem Arbeitnehmer nicht möglich oder tunlich ist. Außerdem muss der Arbeitgeber vor jeder ordentlichen Beendigungskündigung dem Arbeitnehmer von sich aus eine objektiv mögliche und zumutbare Beschäftigung auf einem freien Arbeitsplatz auch zu geänderten Bedingungen anbieten. Bei der Prüfung von **Weiterbeschäftigungsmöglichkeiten** auf einem anderen Arbeitsplatz ist der Arbeitgeber allerdings regelmäßig nicht gehalten, seine Arbeitsorganisation zu ändern oder den Arbeitsplatz des Arbeitnehmers mit technischen Arbeitshilfen auszustatten; lediglich nach § 81 Abs. 4 SGB IX ist der Arbeitgeber zur behinderungsgerechten Ausgestaltung eines Arbeitsplatzes bzw. ggf. sogar zur Vertragsänderung verpflichtet.

Das Angebot einer möglichen Weiterbeschäftigung – im Rahmen einer Änderungskündigung – darf lediglich in Extremfällen unterbleiben, wenn der Arbeitgeber bei vernünftiger Betrachtung nicht mit einer Annahme des neuen Vertragsangebots durch den Arbeitnehmer rechnen konnte, so z. B. das Angebot einer Pförtnerstelle gegenüber der bisherigen Stelle als stellvertretender Verwaltungschef. Regelmäßig hat aber der Arbeitnehmer selbst zu entscheiden, ob er eine Weiterbeschäftigung unter möglicherweise erheblich verschlechterten Arbeitsbedingungen für zumutbar hält oder nicht.

Das **Schriftformerfordernis** des § 623 BGB erstreckt sich bei einer Änderungskündigung auch auf das **Änderungsangebot**. Dieses muss **hinreichend bestimmbar** sein. Dem gekündigten Arbeitnehmer muss also ersichtlich sein, welche (wesentlichen) Arbeitsbedingungen künftig gelten sollen und welchen Inhalt das Arbeitsverhältnis zukünftig haben soll. Nur so kann der Arbeitnehmer – in Kenntnis aller wesentlichen Vertragsbedingungen – seine Entscheidung über das Angebot treffen. Ist das Änderungsangebot nicht hinreichend bestimmt oder bestimmbar, führt dies zur Unwirksamkeit der Änderungskündigung.

Auch Änderungskündigungen sind unter der Anwendbarkeit des KSchG nur dann zulässig, wenn die vom Arbeitgeber beabsichtigten Änderungen der Arbeitsbedingungen **sozial gerechtfertigt** sind. Bei einer betriebsbedingten Änderungskündigung ist folglich das Änderungsangebot des Arbeitgebers zunächst daran zu messen, ob dringende betriebliche Erfordernisse das Änderungsangebot bedingen. Darüber hinaus ist zu prüfen, ob sich der Arbeitgeber – bei einem anerkennenswerten Grund zur Änderungskündigung – darauf beschränkt hat, nur solche Änderungen vorzuschlagen, die der Arbeitnehmer billigerweise hinnehmen muss; dies richtet sich nach dem Verhältnismäßigkeitsgrundsatz. Keine der angebotenen Änderungen darf sich weiter vom Inhalt des bisherigen Arbeitsverhältnisses entfernen, als zur Anpassung an die geänderten Beschäftigungsmöglichkeiten erforderlich ist. Im Übrigen ist eine Änderungskündigung bereits dann insgesamt unwirksam, wenn von mehreren vorgesehenen Änderungen nur eine sozial ungerechtfertigt ist oder auch nur die angebotenen Änderungen vor Ablauf der Kündigungsfrist in Kraft treten sollen.

Eine **Änderungskündigung zur bloßen Entgeltreduzierung** ist darüber hinaus nur unter besonders engen Voraussetzungen zulässig, da der Arbeitgeber durch eine Verkürzung der vereinbarten Vergütung nachhaltig in das arbeitsvertragliche Verhältnis von Leistung und Gegenleistung eingreift. Dies rechtfertigt es, solche Änderungsmaßnahmen an strengeren Maßstäben zu messen und insbesondere auf die wirtschaftliche Situation des Gesamtbetriebs abzustellen. Eine betriebsbedingte Änderungskündigung zur bloßen Gehaltsreduzierung kann hiernach gerechtfertigt sein, wenn die fehlende Rentabilität des Betriebs einer Weiterbeschäftigung zu unveränderten Bedingungen entgegensteht, wenn also durch die Senkung der Personalkosten die Stilllegung des Betriebes oder die Reduzierung der Belegschaft verhindert werden kann und soll und die Kosten durch andere Maßnahmen nicht zu senken sind. Voraussetzung ist also zunächst die Darlegung eines entsprechenden Sanierungskonzepts, verbunden mit dem Nachweis der Unverzichtbarkeit der betriebsbedingten Änderungskündigung.

Seinen **Vorbehalt** der mangelnden sozialen Rechtfertigung einer Änderungskündigung muss der Arbeitnehmer gem. § 2 KSchG **innerhalb von drei Wochen nach Zugang der Änderungskündigung erklären**. Die vorbehaltlose Annahme des in einer Änderungskündigung enthaltenen Änderungsangebots ist hingegen nicht an diese Höchstfrist von drei Wochen gebunden. Maßgeblich ist vielmehr, wann der Arbeitgeber unter regelmäßigen Umständen (§ 147 BGB) eine Antwort auf das in seiner Änderungskündigung enthaltene Änderungsangebot erwarten darf. Die dreiwöchige Annahmefrist des § 2 KSchG gilt aber auch für die vorbehaltlose Annahme des Änderungsangebots als Mindestfrist.

Musterformulierung:

Hiermit kündigen wir den mit Ihnen bestehenden Arbeitsvertrag unter Einhaltung der ordentlichen Kündigungsfrist zum …

Zugleich bieten wir Ihnen eine anschließende Weiterbeschäftigung zu geänderten Bedingungen auf der Basis des anliegenden Arbeitsvertrags an. Sollten Sie damit einverstanden sein, dürfen wir Sie bitten, uns diesen gegengezeichnet innerhalb von drei Wochen ab Zugang dieses Schreibens zurückzusenden.

Bei derlei Änderungskündigungen ist strikt darauf zu achten, dass dem Arbeitnehmer nur solche Änderungen angeboten werden, die erforderlich und „sozial gerechtfertigt" sind. Sind nur einzelne der geänderten Bedingungen sozial nicht gerechtfertigt, ist die ganze Änderungskündigung unwirksam. Erforderliche Vertragsanpassungen sollten also nicht dazu genutzt werden, das Arbeitsverhältnis insgesamt auf „neue Beine" zu stellen, weil dies die Gefahr einer Unwirksamkeit der gesamten Änderungskündigung erhöht.

4.5.12 Beteiligung des Betriebsrats und Anzeige bei der Agentur für Arbeit

Jede Kündigung eines Arbeitnehmers bedarf nach § 102 Abs. 2 BetrVG der **Anhörung des Betriebsrats**, soweit vorhanden. Jede – auch jede außerordentliche – Kündigung eines Arbeitsvertrags ohne die erforderliche Anhörung des Betriebsrats ist unwirksam. Dabei sind dem Betriebsrat die – aus Sicht des Arbeitgebers – wesentlichen Gesichtspunkte für den Ausspruch der beabsichtigten Kündigung darzulegen (Grundsatz der „subjektiven Determinierung"), und mit den Einwendungen des Betriebsrats muss sich der Arbeitgeber aufgrund des Grundsatzes der vertrauensvollen Zusammenarbeit (§ 2 BetrVG) auseinandersetzen. Ein Schriftformerfordernis für die Anhörung besteht zwar nicht, schon aus Beweisgründen sollte der Betriebsrat jedoch zusätzlich zu der mündlichen Erörterung auch schriftliche Anhörungsunterlagen erhalten. Der Arbeitgeber muss dem Betriebsrat im Allgemeinen zumindest das Lebensalter und die Dauer der Betriebszugehörigkeit sowie einen evtl. Sonderkündigungsschutz als unverzichtbare Daten für die Beurteilung der Kündigung mitteilen. Dies gilt auch für eine verhaltensbedingte Kündigung, da dem Betriebsrat keine persönlichen Umstände vorenthalten werden dürfen, die sich im Rahmen einer Interessenabwägung zu Gunsten des Arbeitnehmers auswirken können. Der Arbeitgeber ist aber nicht verpflichtet, die Richtigkeit der ihm vom Arbeitnehmer mitgeteilten und dokumentierten Daten zu prüfen. Er kann deshalb z. B. bezüglich etwaiger Unterhaltspflichten auch von den Eintragungen in der Lohnsteuerkarte ausgehen, hat dies aber gegenüber dem Betriebsrat ggf. entsprechend zu kennzeichnen.

Ein **Widerspruchsrecht** steht dem Betriebsrat nur bei den in § 102 Abs. 3 BetrVG abschließend aufgezählten Gründen zu. Auch in diesen Fällen führt allerdings der Widerspruch des Betriebsrats nicht per se zur Unzulässigkeit oder Unwirksamkeit einer Kündigung.

Außerdem ist nach § 95 Abs. 2 SGB IX auch die **Schwerbehindertenvertretung** vor Ausspruch der Kündigung zu beteiligen. Im Gegensatz zur unterbliebenen Betriebsratsanhörung führt die versehentliche Nichtbeteiligung der Schwerbehindertenvertretung allerdings nicht zur Unwirksamkeit der Kündigung.

Bei **Massenentlassungen** – in welchen Fällen eine anzeigepflichtige Massenentlassung vorliegt, ergibt sich aus § 17 KSchG (siehe hierzu auch Teil 3) – ist schließlich nach §§ 17 ff. KSchG eine Anzeige gegenüber der Agentur für Arbeit erforderlich. Liegt bei einer anzeigepflichtigen Massenentlassung bei Zugang der Kündigungserklärung keine entsprechende Anzeige vor, ist eine gleichwohl ausgesprochene Kündigung unwirksam. Ist eine notwendige Massenentlassungsanzeige unterblieben, ist das Arbeitsverhältnis durch die entsprechende Kündigung nicht aufgelöst worden, denn ohne die Anzeige kann eine wirksame Entlassung nicht erfolgen. Außerdem ist vor Ausspruch der Kündigungen die Konsultation gem. § 17 Abs. 2 S. 2 KSchG mit dem Betriebsrat durchzuführen. Äußert sich der Betriebsrat nicht, müssen zwischen der

Mitteilung an den Betriebsrat und der Erstattung der Anzeige gegenüber der Agentur für Arbeit mindestens zwei Wochen liegen.

4.5.13 Folgen unwirksamer Kündigungen

Da der Arbeitgeber bereits mit Ausspruch einer Kündigung und Ablauf der Kündigungsfrist ohne weiteres in Verzug mit der Annahme der Arbeitsleistung des Arbeitnehmers kommt, ohne dass es eines wörtlichen oder tatsächlichen Arbeitsangebots des Arbeitnehmers bedarf, schuldet er im Falle der Unwirksamkeit der Kündigung die vertraglich geschuldete Vergütung, auch wenn der Arbeitnehmer hierfür keine Arbeitsleistungen mehr erbringt. Ein solcher **Annahmeverzug des Arbeitgebers** kommt auch nach einer zeitweiligen Arbeitsunfähigkeit des Arbeitnehmers in Betracht, wobei der Arbeitnehmer noch nicht einmal verpflichtet ist, dem Arbeitgeber das Ende seiner Arbeitsunfähigkeit anzuzeigen. Während des Annahmeverzugs entstehen sogar Urlaubsansprüche. Dies gilt natürlich auch für den Fall, dass der Arbeitgeber den Arbeitnehmer nach Ausspruch einer ordentlichen Kündigung für die Dauer der Kündigungsfrist (ggf. unter Anrechnung bestehender Urlaubsansprüche) von der Arbeit freistellt.

Wird der Arbeitnehmer während der Kündigungsfrist freigestellt, ist ein bis zum Beendigungszeitpunkt erzielter **Zwischenverdienst** nur dann auf den Vergütungsanspruch anzurechnen, wenn dies vereinbart wurde. Der Arbeitnehmer sollte daher auf jeden Fall über einen entsprechenden Zwischenverdienst befragt werden, da diesen keine eigenständige Offenbarungspflicht trifft. Verweigert der Arbeitnehmer Angaben über einen etwaigen Zwischenverdienst, kann der Arbeitgeber die Zahlung des Annahmeverzugslohns verweigern.

Musterformulierung:

Ab dem ... gewähren wir Ihnen zusammenhängend sämtlichen noch nicht genommenen Resturlaub. Im Anschluss daran stellen wir Sie bis zum Ablauf der Kündigungsfrist widerruflich von der Erbringung der Arbeitsleistung frei. Anderweitiger Verdienst wird in dieser Zeit gem. § 615 S. 2 BGB angerechnet. Eine Aufhebung des Wettbewerbsverbots ist damit nicht verbunden.

Allerdings ist der Annahmeverzug des Arbeitgebers – nach § 297 BGB – generell ausgeschlossen, wenn der Arbeitnehmer **nicht leistungsfähig oder leistungswillig** war. Der Leistungsbereitschaft steht es z. B. entgegen, wenn der Arbeitnehmer die Arbeitsaufnahme von Voraussetzungen abhängig macht, die der Arbeitgeber rechtlich nicht erfüllen muss, z. B. von einem Verzicht auf die Wirkungen der ausgesprochenen Kündigung. Ein Arbeitnehmer ist aber nicht stets schon dann leistungsunfähig im Sinne des § 297 BGB, wenn er aus Gründen in seiner Person nicht mehr alle Arbeiten verrichten kann, die zu den vertraglich vereinbarten Tätigkeiten gehören. Ist es z. B. dem Arbeitgeber möglich und zumutbar, dem krankheitsbedingt nur eingeschränkt leistungsfähigen Arbeitnehmer leidensgerechte und vertragsgemäße Arbeiten zuzuweisen, ist die Zuweisung anderer Arbeiten unbillig. Die Einschränkung der Leistungsfähigkeit des Arbeitnehmers steht dann dem Annahmeverzug des Arbeitgebers nicht entgegen.

Will der Arbeitgeber seinen Annahmeverzug vermeiden, muss der Arbeitgeber nach Ausspruch der Kündigung den Arbeitnehmer zur Fortsetzung bzw. Wiederaufnahme seiner Arbeit auffordern. Die Arbeitsaufforderung des Arbeitgebers beendet seinen – durch eine unwirksame Kündigung entstandenen – Annahmeverzug allerdings nur, wenn er zugleich seine Kündigung zurücknimmt und sein Arbeitsangebot nicht befristet, etwa auf die Dauer eines Kündigungsschutzprozesses. Die Nicht-Annahme eines Weiterbeschäftigungsangebots kann aber ein **„böswilliges Unterlassen anderweitigen Erwerbs"** i. S. v. § 615 S. 2 BGB, § 11 Nr. 2 KSchG darstellen. Dies gilt jedenfalls dann, wenn die genannte Arbeit im Rahmen der nach dem Arbeitsvertrag geschuldeten Tätigkeit liegt, wobei der Arbeitgeber allerdings nicht ausdrücklich versichern muss, sich an die bisherigen Bedingungen weiterhin halten zu wollen. Selbst die Ablehnung einer arbeitsvertraglich nicht geschuldeten Arbeitsleistung kann ein böswilliges Unterlassen im Sinne des § 615 Abs. 2 BGB darstellen. Nicht vertragsgemäße Arbeit ist nicht ohne weiteres mit unzumutbarerer Arbeit gleichzusetzen. Auch durch die **Nichtannahme eines Änderungsangebots** kann der Arbeitnehmer die Annahme einer zumutbaren Arbeit böswillig unterlassen.

Für die Frage der Zumutbarkeit einer Arbeit kann auch **der Zeitpunkt eines Arbeitsangebots** von Bedeutung sein. Der Arbeitnehmer muss eine deutliche Verschlechterung seiner Arbeitsbedingungen nicht akzeptieren, solange er berechtigte Aussichten hat, rechtzeitig eine günstigere Arbeit zu finden. Je länger das Arbeitsangebot und die vorgesehene Arbeitsaufnahme auseinander liegen, desto weniger wird es dem Arbeitnehmer im Regelfall vorzuwerfen sein, wenn er das Angebot ablehnt und sich stattdessen um eine für ihn günstigere Arbeit bemüht. Gegebenenfalls ist es also ratsam, dem Gekündigten kurz vor Ablauf der Kündigungsfrist erneut ein entsprechendes Arbeitsangebot zu unterbreiten.

Ist der Arbeitnehmer zur vorläufigen Fortsetzung der Tätigkeit nach Ablauf der Kündigungsfrist bereit und möchte er das Arbeitsangebot des Arbeitgebers annehmen, so bedarf es im Arbeitgeberinteresse einer der Schriftform des § 14 Abs. 4 TzBfG entsprechenden Abrede, um die mögliche Sanktion des § 16 TzBfG – einen (neuen) auf unbestimmte Dauer geschlossenen Arbeitsvertrag – abzuwenden.

Musterformulierung:

Die Parteien sind sich darüber einig, dass Frau/Herr ... vorläufig zu unveränderten Bedingungen weiterbeschäftigt wird, und zwar auflösend bedingt durch den rechtskräftigen Abschluss des Kündigungsschutzverfahrens Az. ...

Unterschriften

Da die **gerichtliche Protokollierung eines Vergleichs** die Schriftform wahrt (§ 127a BGB), kommt auch ein entsprechender gerichtlicher Teilvergleich z. B. im Gütetermin in Betracht.

Fraglich ist auch, ob der Arbeitnehmer nach Ausspruch einer Änderungskündigung die **Fortsetzung des Arbeitsverhältnisses zu geänderten Bedingungen ablehnen** darf. Das BAG sieht auch hierin unter gewissen Umständen ein „böswilliges Unterlassen, zumutbare Arbeit anzunehmen". Es kommt auch hierbei maßgeblich darauf an, ob dem Arbeitnehmer die angebotene Arbeit nach den Umständen des Einzelfalles zumutbar ist. Die Unzumutbarkeit der Arbeit kann sich dabei aus verschiedenen Gesichtspunkten ergeben. Sie kann in der Person des Arbeitgebers, der Art der Arbeit oder den sonstigen Arbeitsbedingungen ihren Grund haben.

Selbst die **Fortsetzung der gleichen Arbeit zu einer verminderten Vergütung** wurde vom BAG nicht als von vorn herein unzumutbar qualifiziert. Der Arbeitnehmer, der ein solches Änderungsangebot vorbehaltlos ablehne und „es darauf ankommen lasse", handle rücksichtslos und sei nicht schutzwürdig.

4.5.14 Ausgleichsquittungen und Ausgleichsklauseln

Nicht selten lässt sich der Arbeitgeber bei einer Kündigung – oft auch im Zusammenhang mit einer „Empfangsbestätigung" – eine sog. **Ausgleichsquittung** mit unterschreiben, in der der Arbeitnehmer z. B. bestätigt, dass ihm keine weiteren Ansprüche mehr zustehen und/oder sämtliche Ansprüche aus dem Arbeitsverhältnis und dessen Beendigung abgegolten sind. Z. T. endeten solche – grundsätzlich wirksamen und zulässigen – „Ausgleichsquittungen" in entsprechenden Anfechtungsprozessen wegen arglistiger Täuschung oder wegen Erklärungsirrtums. Nunmehr hat das BAG entschieden, dass eine untergeschobene formularmäßig verwandte Ausgleichsquittung, die eine unentgeltliche Verzichtserklärung des Arbeitnehmers ohne kompensatorische Gegenleistungen des Arbeitgebers beinhaltet, eine unangemessene Benachteiligung des Arbeitnehmers darstellt und damit unwirksam ist und der Unzulässigkeit einer derartigen Vereinbarung auch keine im Arbeitsrecht geltenden rechtlichen Besonderheiten nach § 310 Abs. 4 S. 2 BGB entgegenstehen. Im Übrigen sind aber nach der Rechtsprechung Ausgleichsklauseln in entsprechenden Aufhebungsverträgen grundsätzlich weit auszulegen. Daher können z. B. Ausgleichsklauseln typischerweise auch ein bestehendes nachvertragliches Wettbewerbsverbot und den daraus folgenden Anspruch auf eine Karenzentschädigung aufheben, ohne dass es diesbezüglich einer gesonderten Vereinbarung bedarf.

Eine **Ausgleichsklausel in einem gerichtlichen Beendigungsvergleich** ist in der Regel ein konstitutives negatives Schuldanerkenntnis im Sinne des § 397 Abs. 2 BGB. Auch diese ist grundsätzlich weit auszulegen. Von ihr werden i.d.R. alle Ansprüche erfasst, die nicht unmissverständlich in diesem Vergleich als weiterbestehend bezeichnet werden, soweit die Rechtsprechung keine Ausnahme macht (z. B. bei betrieblicher Altersversorgung, Arbeitspapiere, Zeugnis). Dies gilt auch ohne weitere Zusätze wie „bekannt oder unbekannt" oder „gleich aus welchem Rechtsgrund" (sog. einfache allgemeine Ausgleichsklausel).

4.5.15 Wiedereinstellungs- und Fortsetzungsansprüche sowie Betriebsübergang

Der Wegfall des Kündigungsgrunds innerhalb der Kündigungsfrist führt zwar nicht zur Unwirksamkeit der Kündigung, gewährt dem Arbeitnehmer aber unter Umständen einen **Wiedereinstellungsanspruch**. Fällt nach Ablauf der Kündigungsfrist der Kündigungsgrund weg, besteht kein Anspruch des Arbeitnehmers auf Wiedereinstellung bzw. Fortsetzung des Arbeitsverhältnisses.

Geht ein Betrieb oder Betriebsteil durch Rechtsgeschäft auf einen anderen Inhaber über, so tritt dieser gem. § 613a Abs. 1 S. 1 BGB in die Rechte und Pflichten aus den im Zeitpunkt des Übergangs bestehenden Arbeitsverhältnissen des Betriebs oder Betriebsteils ein. Nach der ständigen Rechtsprechung des BAG, die an die Rechtsprechung des EuGH anschließt, setzt die Annahme eines **Betriebsübergangs** den Übergang einer wirtschaftlichen Einheit unter Wahrung ihrer Identität voraus. Allein in der Übernahme der Kundenbeziehungen eines Unternehmens liegt noch kein Betriebsübergang. Auch in der Übernahme einzelner Betriebsmittel (Arbeitsgeräte und Fahrzeuge) sowie einiger Arbeitnehmer liegt noch kein Betriebsübergang. Ob ein neuer Inhaber eine bereits bestehende wirtschaftliche Einheit **identitätswahrend fortführt**, d. h. sich quasi in ein „gemachtes Bett legt", wird im Wege einer wertenden Gesamtbetrachtung ermittelt und ist letztlich eine Frage des Einzelfalls. Als Teilaspekte der Gesamtwürdigung gehören insbesondere die Art des betreffenden Unternehmens oder Betriebs, der etwaige Übergang der materiellen Betriebsmittel wie Gebäude oder bewegliche Güter, der Wert der immateriellen Aktiva im Zeitpunkt des Übergangs, die etwaige Übernahme der Hauptbelegschaft, der etwaige Übergang der Kundschaft sowie der Grad der Ähnlichkeit zwischen den vor und nach dem Übergang verrichteten Tätigkeiten und die Dauer einer evtl. Unterbrechung dieser Tätigkeit. Die Identität der Einheit kann sich auch aus anderen Merkmalen wie ihrem Personal, ihren Führungskräften, ihrer Arbeitsorganisation, ihren Betriebsmethoden und ggf. den ihr zur Verfügung stehenden Betriebsmitteln ergeben.

Den für das Vorliegen eines Übergangs maßgeblichen Kriterien kommt je nach der ausgeübten Tätigkeit und je nach den Produktions- und Betriebsmethoden unterschiedliches Gewicht zu. Der Übergang der Arbeitsverhältnisse der Arbeitnehmer ist aber Rechtsfolge und nicht zwingende Voraussetzung eines Betriebsübergangs. Die Nichtübernahme von Personal kann deshalb grundsätzlich nur bei betriebsmittelarmen Betrieben den Tatbestand des Betriebsübergangs ausschließen. Bei betriebsmittelgeprägten Unternehmen wie der Personenkontrolle am Flughafen, der Zugbewirtschaftung im Bistrowagen oder dem Zeitungsdruck ist die Übernahme von Personal hingegen nicht erforderlich, um einen Betriebsübergang zu begründen.

Allerdings können wesentliche Änderungen in der Organisation, der Struktur und im Unternehmenskonzept im Rahmen des § 613a Abs. 1 BGB einer Identitätswahrung entgegenstehen. Kleinere Änderungen des Konzepts (z. B. frischeres Speiseangebot in der Kantine, geändertes Arbeitszeitmodell) oder bloße Organisationsverbesserungen (z. B. neue Software oder Verbesserung der hygienischen Verhältnisse) stehen einer Identitätswahrung allerdings nicht entgegen. Erforderlich ist vielmehr eine erhebliche Veränderung der Organisation, des Betriebszwecks oder des Konzepts, wobei es dann nicht darauf ankommt, ob auch die bisherige Belegschaft theoretisch in der Lage wäre, das neue Konzept umzusetzen.

Nach § 613a Abs. 6 BGB kann ein Arbeitnehmer dem Übergang seines Arbeitsverhältnisses aufgrund eines Betriebsübergangs schriftlich widersprechen, und zwar unabhängig vom Vorliegen eines sachlichen Grundes. Wird das **Widerspruchsrecht** nach dem Betriebsübergang ausgeübt, wirkt es auf den Zeitpunkt des Betriebsübergangs zurück. Auch ein kollektiver Widerspruch als Mittel zur Vermeidung eines Arbeitgeberwechsels ist zulässig. Nicht entscheidend ist, ob hierdurch eine Drucksituation für den Arbeitgeber entsteht.

Wird ein Arbeitnehmer über einen Betriebsübergang nicht ordnungsgemäß nach § 613a Abs. 5 BGB unterrichtet, läuft die einmonatige **Widerspruchsfrist** gem. § 613a Abs. 4 S. 1 BGB nicht. Dies ist besonders prekär, weil u. U. selbst für Zeiten zwischen Betriebsübergang und Widerspruchsausübung Annahmeverzugslohnansprüche in Betracht kommen. Von der Rechtsprechung wird daher betont, dass (zumindest in Extremfällen) auch eine **Verwirkung dieses Widerspruchsrechts** in Betracht kommt.

Die Unterrichtung erfordert eine **verständliche, arbeitsplatzbezogene und zutreffende Information**, um dem Arbeitnehmer eine ausreichende Wissensgrundlage für die Ausübung oder Nichtausübung des Widerspruchsrechts zu vermitteln. Sie muss u. a. Angaben über die Identität des Erwerbers, den Gegenstand und den rechtlichen

Grund des Betriebsübergangs sowie eine korrekte Darstellung der rechtlichen Folgen des Betriebsübergangs für den Arbeitnehmer enthalten. Sie umfasst auch etwaige Ansprüche aus einem Sozialplan. Für die Erfüllung der Unterrichtungspflicht sind der Veräußerer und der Erwerber darlegungs- und beweispflichtig. Die Verletzung der Unterrichtungsverpflichtung nach § 613a Abs. 5 BGB führt aber nicht per se zur Unwirksamkeit der Kündigung. Die Verletzung der Unterrichtungspflicht kann aber Schadensersatzansprüche des Arbeitnehmers auslösen. Der Arbeitnehmer ist dann so zu stellen, wie er gestanden hätte, wenn er richtig und vollständig informiert gewesen wäre.

Kündigt der Arbeitgeber noch vor dem Betriebsübergang, ist die **Kündigungsschutzklage** unproblematisch gegen den Veräußerer zu richten. Der kündigende Veräußerer bleibt prozessführungsbefugt und passivlegitimiert. Kommt es nach Zugang der Kündigung und Klageerhebung zu einer Betriebsübernahme, sind die §§ 265 Abs. 2 S. 1 und 325 Abs. 1 ZPO entsprechend anzuwenden mit der Folge der Rechtskrafterstreckung auf den Erwerber. Damit kann z. B. auch im Rahmen eines Prozessvergleichs die wirksame Beendigung des Arbeitsverhältnisses zu einem nach dem Betriebsübergang liegenden Zeitpunkt vereinbart werden.

Kündigt der bisherige Betriebsinhaber nach dem Betriebsübergang, ist die Klage unbegründet, weil nach der punktuellen Streitgegenstandstheorie das Bestehen des Arbeitsverhältnisses zum Zeitpunkt des Kündigungszuganges Voraussetzung für eine Kündigungsschutzklage ist. Der Arbeitnehmer hat in dieser Situation gegen den neuen Betriebserwerber **Klage auf Feststellung eines ungekündigt bestehenden Arbeitsverhältnisses** und lediglich hilfsweise Kündigungsschutzklage gegen den Veräußerer zu führen.

Im Übrigen sind natürlich auch die allgemeinen Vorgaben des KSchG zu beachten. Allein ein beim Veräußerer bestehender Kündigungsschutz genügt nicht. Ein solcher geht nicht nach § 613a BGB auf den Erwerber über. Maßgeblich ist also, ob auch beim Erwerber die Voraussetzungen des KSchG erfüllt werden.

Die Kündigung auf Grund eines Sanierungskonzepts eines Betriebsveräußerers (ggf. auch eines Insolvenzverwalters) verstößt aber nicht gegen § 613a Abs. 4 S. 1 BGB. Werden also vor oder nach dem Betriebsübergang Rationalisierungsmaßnahmen durchgeführt, kann hierauf ggf. eine **betriebsbedingte Kündigung** gestützt werden. In der Insolvenz ermöglicht auch § 128 i. V. m. § 125 Abs. 1 Nr. 1 InsO solche Rationalisierungsmaßnahmen im Vorgriff auf eine Betriebs(teil)veräußerung.

4.5.16 Sozialversicherungsrechtliche Aspekte

Ohne Grundkenntnisse von sozialrechtlichen Zusammenhängen lässt sich Arbeitsrecht heute nicht mehr isoliert betrachten. Dies gilt insbesondere für Überlegungen im Zusammenhang mit der Beendigung von Arbeitsverhältnissen. Häufig sind Arbeitnehmer nämlich nach Beendigung eines Arbeitsvertrags wenigstens vorübergehend auf den Bezug von Arbeitslosengeld angewiesen.

Der vor einigen Jahren neu eingeführte § 140 SGB III, wonach Abfindungen und sonstige Entlassungsentschädigungen, die wegen der Beendigung eines Arbeitsverhältnisses bezahlt werden, auf die Hälfte eines Arbeitslosengeldanspruchs anzurechnen waren, wurde zwar wieder abgeschafft. Gleichzeitig wurde ein neuer § 143a SGB III eingeführt, wonach der Anspruch auf Arbeitslosengeld bei Vereinbarung einer Entlassungsentschädigung (und zwar nur noch dann) ruht, wenn bei der Beendigung des Beschäftigungsverhältnisses die maßgeblichen **Kündigungsfristen nicht eingehalten** werden. In diesem Fall wird das Arbeitslosengeld nicht sofort, sondern erst nach Ablauf der Kündigungsfrist gewährt. Die Gesamtdauer des Arbeitslosengeldanspruchs wird allerdings nicht verkürzt. Abfindungen wirken sich also nur noch dann auf den Anspruch auf Arbeitslosengeld aus, wenn bei Ende des Arbeitsverhältnisses die Kündigungsfristen nicht beachtet werden. In diesem Fall ruht der Leistungsanspruch während der gesamten Kündigungsfrist, höchstens aber ein Jahr lang. Außerdem darf das gestrichene Arbeitslosengeld maximal 60 % der Entlassungsentschädigung betragen. Ferner ruht der Anspruch auf Arbeitslosengeld nach § 143 Abs. 2 SGB III für die Zeit des abgegoltenen Urlaubs, wenn der Arbeitslose wegen Beendigung des Arbeitsverhältnisses eine **Urlaubsabgeltung** nach § 7 Abs. 4 BUrlG erhalten hat.

Hat der Arbeitnehmer das Beschäftigungsverhältnis selbst gelöst oder aber durch ein arbeitsvertragswidriges Verhalten Anlass für die Lösung des Beschäftigungsverhältnisses gegeben, so verhängt die Agentur für Arbeit eine **Sperrfrist** für die Gewährung des Arbeitslosengeldes von 12 Wochen, soweit für die Beendigung kein wichtiger Grund vorlag. Die Einzelheiten zu der Sperrfristverhängung hat die Bundesagentur für Arbeit in einem Erlass geregelt, der im Einzelfall zu berücksichtigen ist (siehe hierzu die einschlägigen Merkblätter der Bundesagentur für Arbeit).

Dabei hat das Bundessozialgericht (BSG) zwar verdeutlicht, dass die bloße Hinnahme einer betriebsbedingten Kündigung – auch bei Zahlung einer Abfindung – noch nicht per se die Rechtmäßigkeit einer Sperrzeitverhängung begründet. Andererseits hat das BSG ebenso klargestellt, dass der Arbeitnehmer auch dann an der Lösung des Beschäftigungsverhältnisses mitwirkt, wenn er nach Ausspruch einer Kündigung des Arbeitgebers mit diesem innerhalb der Frist für die Erhebung der Kündigungsschutzklage eine Vereinbarung über die Hinnahme der Kündigung trifft. Damit ist folglich auch der **Abschluss von Aufhebungs- und Abwicklungsverträgen sperrzeitrelevant**.

Das BSG hat mittlerweile aber erwogen, unter Heranziehung der Grundsätze des § 1a KSchG eine Sperrzeitverhängung nicht mehr zuzulassen, wenn die Abfindungshöhe die in § 1a Abs. 2 KSchG vorgesehenen Beträge nicht überschreitet. Mittlerweile hat demgemäß auch die Bundesagentur für Arbeit ihre Durchführungsanweisungen (DA) aktualisiert. Nach der DA 9.1.2 ist ein die **Sperrzeit ausschließender wichtiger Grund** im Sinne des § 144 Abs. 1 S. 1 SGB III für den Abschluss eines Aufhebungsvertrags insbesondere bereits dann gegeben, wenn

- eine Kündigung durch den Arbeitgeber mit Bestimmtheit in Aussicht gestellt und die drohende Kündigung auf betriebliche Gründe gestützt wurde,
- die Kündigung durch den Arbeitgeber zu demselben Zeitpunkt, zu dem das Beschäftigungsverhältnis geendet hat, oder früher wirksam geworden wäre,
- im Falle der Kündigung durch den Arbeitgeber die Kündigungsfrist eingehalten worden wäre und
- eine Abfindung von 0,25 bis 0,5 Bruttomonatsgehältern pro Beschäftigungsjahr gezahlt wird.

Ob und inwieweit der Arbeitgeber einen Arbeitnehmer über die Auswirkungen einer einvernehmlichen Beendigung des Arbeitsverhältnisses über sozialversicherungsrechtliche Nachteile unterrichten muss, ergibt sich nach der Rechtsprechung aus einer Abwägung der Interessen der Beteiligten unter Billigkeitsgesichtspunkten, wobei alle Umstände des Einzelfalls zu berücksichtigten sind. Grundsätzlich hat jedoch jeder Vertragspartner selbst für die Wahrnehmung seiner Interessen zu sorgen, weshalb der Arbeitgeber nicht ohne weiteres verpflichtet ist, Arbeitnehmer unaufgefordert über die Auswirkungen einer Beendigung ihres Arbeitsverhältnisses aufzuklären. Eine **Aufklärungspflicht** kann also nur im Ausnahmefall gegeben sein.

Eine gesetzliche Ausnahme ist in § 2 Abs. 2 S. 2 Nr. 3 SGB III geregelt. Danach soll der Arbeitgeber den von einer Vertragsbeendigung betroffenen Arbeitnehmer vor Beendigung des Arbeitsverhältnisses frühzeitig über die Notwendigkeit eigener Aktivitäten bei der Suche nach einer anderen Beschäftigung sowie über die Verpflichtung unverzüglicher Meldungen beim Arbeitsamt informieren, ihn hierzu freistellen und die Teilnahme an erforderlichen Qualifikationsmaßnahmen ermöglichen. Eine Verletzung dieser Hinweispflicht führt zwar sicher nicht zur Unwirksamkeit eines entsprechenden Aufhebungsvertrags. In Betracht kommt aber ein Schadensersatzanspruch des Arbeitnehmers gem. §§ 280 ff., 241 Abs. 2, 611 BGB. Vorsorglich sollten deshalb die entsprechenden Erklärungen des Arbeitgebers im Rahmen von Musterschreiben oder Vereinbarungen um die entsprechenden Hinweise ergänzt werden. **Erhöhte Hinweis- und Aufklärungspflichten** treffen den Arbeitgeber allerdings, wenn er im betrieblichen Interesse den Abschluss eines Aufhebungsvertrags vorschlägt und dabei den Eindruck erweckt, er werde bei der vorzeitigen Beendigung des Arbeitsverhältnisses auch die Interessen des Arbeitnehmers wahren und ihn nicht ohne ausreichende Aufklärung erheblichen Risiken für den Bestand seines Arbeitsverhältnisses aussetzen. Besondere Bedeutung mag dabei dem § 241 Abs. 2 BGB zukommen, dem ein „Gebot fairen Verhandelns" zu entnehmen ist.

Musterformulierung:

Wir weisen Sie darauf hin, dass Sie sich unverzüglich persönlich bei der Agentur für Arbeit arbeitssuchend melden und bei der Suche nach einer anderen Beschäftigung eigene Aktivitäten entfalten müssen.

4.5.17 Zeugnis

Bei Beendigung des Arbeitsverhältnisses kann der Arbeitnehmer vom Arbeitgeber gem. § 109 GewO i. V. m. § 630 BGB ein schriftliches Zeugnis (siehe zum Thema „Zeugnis" auch Teil 3) verlangen, das auf Verlangen auf die „Leistung und Führung im Dienst" (sog. **qualifiziertes Zeugnis**) zu erstrecken ist. Nach Ausspruch der Kündigung kann der Arbeitnehmer in der Regel auch – sofort – ein **Zwischenzeugnis** verlangen. Hat der Arbeitgeber ein Zwischenzeugnis erteilt, ist er regelmäßig bei der Erteilung des Endzeugnisses an den Inhalt des Zwischenzeugnisses gebunden.

Das Endzeugnis ist spätestens bei Ablauf der Kündigungsfrist auszuhändigen, auch wenn die Parteien über die Wirksamkeit der Kündigung streiten. Der Arbeitnehmer hat einen Anspruch darauf, dass das Zeugnis von einer Person unterzeichnet wird, die geeignet ist, die Verantwortung für die Beurteilung des Arbeitnehmers zu übernehmen. Die Stellung des Unterzeichners muss sich aus dem Zeugnis ablesen lassen.

Grundsätzlich muss der Arbeitnehmer seine Arbeitspapiere, zu denen auch das Zeugnis gehört, beim Arbeitgeber abholen (sog. **Holschuld**). Im Einzelfall kann der Arbeitgeber aber gehalten sein, dem Arbeitnehmer das Zeugnis nachzuschicken. Ein nachträglich berichtigtes Zeugnis ist auf das Datum der Beendigung des Arbeitsverhältnisses auszustellen.

Das einfache Zeugnis muss Angaben über Art und Dauer der Beschäftigung enthalten. Diese Angaben dienen dazu, den neuen Arbeitgeber zu unterrichten, welche Tätigkeit und was der Arbeitnehmer wie lange ausgeübt hat. Das Zeugnis soll dem Arbeitnehmer als Unterlage für eine neue Bewerbung dienen, einen Dritten, der eine Einstellung erwägt, informieren, aber auch den Arbeitnehmer informieren, wie der Arbeitgeber seine Leistungen bewertet hat. Das Zeugnis muss **wahr**, sollte aber auch **wohlwollend** sein. Es muss daher alle wesentlichen Tatsachen und Bewertungen enthalten, die für die Gesamtbeurteilung des Arbeitnehmers von Bedeutung und für den Dritten von Interesse sind. Der Arbeitgeber ist für die dem Zeugnis zu Grunde liegenden Tatsachen und Bewertungen beweisbelastet. Will der Arbeitgeber nur eine unterdurchschnittliche Leistung bescheinigen, trägt er hierfür die Beweislast, begehrt der Arbeitnehmer eine überdurchschnittlich gute Leistungsbewertung, trägt er die Beweislast.

Beim Zeugnis kann der Arbeitgeber grundsätzlich frei wählen, welches Beurteilungssystem er hierfür heranzieht. Aus dem Gebot der **Zeugnisklarheit** muss sich aber ergeben, wie der Arbeitgeber die Leistung des Arbeitnehmers einschätzt. Dem wird genügt, wenn der Arbeitgeber die im Arbeitsleben weit verbreitete sog. **Zufriedenheitsformel** verwendet.

Im Streitfall kann das Gericht das Zeugnis von sich aus formulieren. Im Rechtsstreit um die Berichtigung des Zeugnisses hat der Arbeitnehmer einen konkreten Antrag zu stellen, der die Streitpunkte hervorhebt und verdeutlicht, inwieweit Berichtigung oder Ergänzung beantragt wird. Unabhängig von der Zeugniserteilung ist der Arbeitgeber aus dem Gesichtspunkt der Treuepflicht gegenüber dem Arbeitnehmer verpflichtet, anderen Arbeitgebern auf Anfrage Auskunft zu erteilen. Diese muss „richtig" im Sinne von wahrheitsgemäß sein und dem erteilten Zeugnis entsprechen.

4.6 Mitbestimmung des Betriebsrats (Betriebsverfassungsrecht)

Im Weiteren geht es – über den einzelnen Arbeitsvertrag hinaus – um die **Mitbestimmungs- und Partizipationsrechte der Arbeitnehmer** in ihrer Gesamtheit. Die Mitbestimmungsthematik ist in der Bundesrepublik Deutschland primär mit den einschlägigen gesetzlichen Regelungen zur Mitsprache auf Betriebs- und Unternehmensebene verknüpft; dazu gehören aber zweifellos auch weitergehende, freiwillige Partizipationsmöglichkeiten von Arbeitnehmern, zum Beispiel in Arbeitsgruppen. Alle drei Ebenen der Mitwirkung gilt es zu beachten.

Demgegenüber soll die Mitwirkung der Arbeitnehmer auf überbetrieblicher Ebene hier nur ausschnittsweise diskutiert werden. Die Fragen der internationalen Arbeitsbeziehungen führen zu weit von der betrieblichen Ebene des Personalmanagements weg. Arbeitsbeziehungen (Industrial Relations) und Arbeitsmarkt stellen gleichwohl wichtige Rahmenbedingungen für das Personalmanagement dar (siehe hierzu ausführlich Keller 2008).

Abbildung 4-04: ***Ebenen der Mitbestimmung und Partizipation***

Ebene		**Regelung**
Unternehmen (wirtschaftliche, rechtliche, finanzielle Seite)	**Aufsichtsrat** (und Vorstand)	DrittelbG 2004 MontanMitbestG 1951 MitbestG 1976
Betrieb (materielle, technische, organisatorische Seite)	**Betriebsrat**	BetrVG 1972
Gruppe (technische, organisatorische Seite)	**Arbeitsgruppe**	Freiwillig

Leitfragen

- Welche wesentlichen Aspekte regelt die Mitbestimmung nach dem Betriebsverfassungsgesetz?
- Welche Regelungen gelten für die Mitbestimmung auf Unternehmensebene und was sehen sie im Einzelnen vor?
- Wo liegen Möglichkeiten erweiterter, freiwilliger Mitbestimmung?

Repräsentant der Belegschaft auf Betriebsebene ist der Betriebsrat, der von den Arbeitnehmern des Betriebs gewählt wird. Besteht ein Unternehmen aus mehreren Betrieben, so ist ein Gesamtbetriebsrat zu bilden, innerhalb einer Konzernstruktur kann ein Konzernbetriebsrat institutionalisiert werden. Außerdem kann sich die Belegschaft zu Betriebsversammlungen zusammenfinden, um dort – keine bindende, aber doch anregende – Beschlüsse zu fassen. Die gesetzliche Grundlage für die Mitbestimmung (des Betriebsrats) auf der betrieblichen Ebene ist das **Betriebsverfassungsgesetz** (BetrVG). Für den Bereich des Öffentlichen Dienstes gelten – weitgehend entsprechend – das Bundespersonalvertretungsgesetz und die Personalvertretungsgesetze der Länder, in den kirchlichen Organisationen finden sich Mitarbeitervertretungen, deren Rechte und Pflichten sich nach eigenen Mitarbeitervertretungsgesetzen bzw. -ordnungen regeln; das gilt auch für die sog. „Tendenzbetriebe" und die Seeschifffahrt.

Im Weiteren werden die Grundlagen der Betriebsverfassung angesprochen – die Anwendung wichtiger Regelungen – zum Beispiel bei der innerbetrieblichen Stellenausschreibung, den personellen Einzelmaßnahmen der Einstellung oder der Kündigung – wurde bereits im 3. Teil in Zusammenhang mit der Mitarbeiterbetreuung thematisiert. Mitwirkungsrechte des Betriebsrats bezüglich Arbeitsplatzgestaltung, Arbeitszeit, Entgeltfragen, betrieblichen Sozialleistungen und -einrichtungen sowie der Betriebsordnung sind im 5. Teil (Arbeitsgestaltung) enthalten. Teil 7 beinhaltet die einschlägigen Vorschriften zur Berufsbildung, und der 8. Teil weist auf die Mitbestimmungsrechte des Betriebsrats bei der Personaldatenverarbeitung mittels IT hin.

4.6.1 Grundlagen des Betriebsverfassungsrechts

Das BetrVG verfolgt zwei inhaltliche Zielrichtungen: den arbeitsrechtlichen Schutzgedanken und die betriebliche Demokratie. Träger der Mitbestimmung ist hauptsächlich der Betriebsrat als Vertretung der Arbeitnehmer und nicht – besser gesagt nur an wenigen Stellen – der einzelne Mitarbeiter selbst. Im BetrVG werden drei **Grundnormen** sichtbar, die als Leitbild für das Zusammenwirken von Arbeitgeber und Betriebsrat gelten können:

- vertrauensvolle Zusammenarbeit von Arbeitgeber und Betriebsrat (§ 2 Abs. 1 BetrVG; Kooperationsgebot)
- rechtzeitige und umfassende Information des Betriebsrats durch den Arbeitgeber (§ 80 Abs. 2 BetrVG)
- Friedenspflicht, die für Betriebsräte den Arbeitskampf (Streik und Aussperrung) als Instrument zur Durchsetzung von Interessen verbietet (§ 74 Abs. 2 BetrVG)

Der Geltungsbereich des BetrVG ist durch die Betriebsart und -größe bestimmt. Das Gesetz gilt nicht für den Öffentlichen Dienst (§ 130 BetrVG) und nicht für Religionsgemeinschaften und sog. Tendenzbetriebe – das sind Betriebe, die der Berichterstattung oder karitativen Zwecken dienen (§ 118 BetrVG). Es gilt erst ab einer Betriebsgröße von fünf Mitarbeitern (§ 1 BetrVG); dabei zählen die „Leitenden Angestellten“ nicht als Arbeitnehmer im Sinne des BetrVG (§ 5 BetrVG), und sie werden auch nicht vom Betriebsrat vertreten.

---

§ 1 BetrVG – Errichtung von Betriebsräten

„In Betrieben mit in der Regel mindestens fünf... Arbeitnehmern... werden Betriebsräte gewählt.“

---

§ 1 BetrVG besagt nicht, dass Betriebsräte gewählt werden müssen, d. h. es besteht kein Errichtungszwang. Ausschlaggebend sind der Wunsch und die Initiative der Arbeitnehmer; die Wahl eines Betriebsrats darf durch den Arbeitgeber nicht behindert werden (§ 20 Abs. 1 BetrVG). Die **Zahl der Betriebsratsmitglieder** bestimmt sich nach der Zahl der im Unternehmen beschäftigten wahlberechtigten Arbeitnehmer (ab dem vollendeten 18. Lebensjahr). Zum Beispiel sind das bei einer Betriebsgröße zwischen 201 und 400 Beschäftigten 9 Betriebsratsmitglieder, und zwar „nebenberufliche" Betriebsräte, die ihre Betriebsratstätigkeit zusätzlich zu ihrer regulären Beschäftigung ausüben (§ 9, § 37 BetrVG). Daneben gibt es „hauptberufliche", sog. freigestellte Betriebsräte, die ausschließlich ihre Funktion als Betriebsrat wahrnehmen – bei 200 bis 500 Arbeitnehmern ist das ein Betriebsratsmitglied (§ 38 BetrVG). Die Betriebsratsmitglieder erhalten für die Zeit der Wahrnehmung ihrer Aufgaben als Betriebsrat die (bisherige) Vergütung weiterbezahlt; aus ihrem Ehrenamt dürfen keine Vor- und Nachteile entstehen.

Die Arbeitnehmer des Betriebs (§ 5) wählen ihren Betriebsrat für eine Amtszeit von jeweils vier Jahren zwischen dem 1. März und dem 31. Mai (§ 21, § 13 BetrVG). Die Geschäftsführung des Betriebsrats obliegt dem Betriebsratsvorsitzenden (§ 26 BetrVG) und bei mehr als 9 Betriebsratsmitgliedern dem Betriebsausschuss (§ 27 BetrVG). Der Betriebsrat erstattet einmal im Vierteljahr einen Tätigkeitsbericht vor der Betriebs- oder Abteilungsversammlung, an der alle Mitarbeiter teilnehmen können (§§ 42-46 BetrVG).

In Unternehmen, die aus mehreren Betrieben (Werken, Vertriebsstellen o. ä.) bestehen, wird ein **Gesamtbetriebsrat** errichtet (§ 47 BetrVG), der für alle Angelegenheiten zuständig ist, die mehrere Betriebe oder das gesamte Unternehmen betreffen (§ 50 BetrVG) – zum Beispiel die Personaldatenverarbeitung für die Personalabrechnung, wenn diese an einer Stelle zentral erledigt wird. In Konzernen können Konzernbetriebsräte installiert werden (§ 54 BetrVG). Die Vertretung der Jugendlichen (unter 18 Jahren) sowie der Auszubildenden unter 25 Jahren obliegt der Jugend- und Auszubildendenvertretung (§ 60 BetrVG).

Die Mitwirkungsrechte des Betriebsverfassungsgesetzes sind in den §§ (74 bzw.) 81-113 BetrVG folgendermaßen gegliedert. Das BetrVG geht von einem **System abgestufter Beteiligungsrechte des Betriebsrats** aus, die nur zum kleineren Teil Mitbestimmungsrechte im engeren Sinne des Wortes darstellen. Die stärksten Mitbestimmungsrechte sieht § 87 BetrVG vor, der weit mehr regelt als nur die in der Überschrift angesprochenen „Sozialen Angelegenheiten".

Immer dann, wenn das Betriebsverfassungsgesetz festlegt, dass Arbeitgeber und Betriebsrat sich einigen müssen (Mitbestimmungsrecht des Betriebsrats), dies aber nicht gelingt, entscheidet an deren Stelle die sog. **Einigungsstelle**. Die Einigungsstelle ist zu gleichen Teilen aus Vertretern des Arbeitgebers und des Betriebsrats zusammengesetzt und wird von einem unparteiischen (in der Regel externen) Vorsitzenden geleitet, auf den sich beide Seiten einigen müssen (§ 76 BetrVG).

Für die Durchführung bzw. Umsetzung aller Maßnahmen – auch der Beschlüsse der Einigungsstelle – ist der Arbeitgeber zuständig, das heißt, dass der Betriebsrat nicht in das Geschäftsführungsrecht des Arbeitgebers eingreifen darf (§ 77 BetrVG).

Ein besonders wichtiges Instrument der Absprache zwischen Arbeitgeber und Betriebsrat ist die **Betriebsvereinbarung**, die als erzwingbare (§ 77 BetrVG) und als freiwillige (§ 88 BetrVG) Betriebsvereinbarung schriftlich niederzulegen und im Betrieb bekanntzumachen ist. Gegenüber Gesetzen und Tarifverträgen haben Betriebsvereinbarungen einen nachrangigen Charakter, das heißt, sie dürfen keine anderen, allenfalls für die Arbeitnehmer günstigere, Regelungen vorsehen. Im Übrigen enthält § 77 Abs. 3 BetrVG auch eine **„Sperre" zum Schutz der Tarifautonomie**: Danach dürfen „Arbeitsentgelte und sonstige Arbeitsbedingungen, die durch Tarifvertrag geregelt sind oder üblicherweise geregelt werden, … nicht Gegenstand einer Betriebsvereinbarung sein", sofern der Tarifvertrag den Abschluss ergänzender Betriebsvereinbarungen nicht ausdrücklich zulässt.

Für die Vertretung der Leitenden Angestellten, die fast komplett aus dem BetrVG herausgehalten sind, gelten die Regelungen des **Sprecherausschussgesetzes** (SprAuG) von 1988, die in wesentlichen Teilen dem Betriebsverfassungsgesetz folgen.

Für die Zukunft der betrieblichen Mitbestimmung wird auch das Europäische Betriebsräte-Gesetz von 1996 (EBRG) zu beachten sein, das für gemeinschaftsweit tätige Unternehmen oder Unternehmensgruppen mit Sitz (des herrschenden Unternehmens) im Inland gilt (§ 2 EBRG) und die grenzübergreifende Unterrichtung und Anhörung der Arbeitnehmer zum Ziel hat.

Neben dieser formal-rechtlichen Seite der betriebsverfassungsrechtlichen Mitbestimmung gilt es immer auch die andere, die interaktionelle Seite des **Umgangs zwischen Arbeitgeber und Betriebsrat** zu beachten. „Jeder Betrieb hat den Betriebsrat, den er verdient" – an dieser Binsenweisheit ist sicher viel Wahres, und sie weist darauf hin, dass es unterschiedliche Arten von Betriebsräten (und Arbeitgebern) gibt. Eine Untersuchung in der Praxis hat verschiedene Typen von Betriebsräten zutage gefördert (ignorierter Betriebsrat, isolierter Betriebsrat, Betriebsrat als Organ der Geschäftsleitung, respektierter Betriebsrat, Betriebsrat als kooperative Gegenmacht, klassenkämpferischer Betriebsrat). Mit der arbeitsgerichtlichen Auseinandersetzung in einer bestimmten Situation ist meist (nur) der Grundstein für die nächste Auseinandersetzung gelegt, weil es einen Verlierer gibt, der seine Niederlage nicht so ohne weiteres wegsteckt. Aus dieser Perspektive ist es neben einem klaren Standpunkt in der Sache wichtig, wie man miteinander umgeht und vor allem, dass man den „Partner" nicht hintergeht, sondern **vertrauensvoll zusammenarbeitet**.

Über die angesprochenen Grundlagen hinaus sollen im Weiteren einige Aspekte der Betriebsverfassung vertieft werden, denen in der betrieblichen Praxis besondere Bedeutung zukommt.

4.6.2 Betriebsversammlung

In § 43 BetrVG wird zwischen ordentlichen und außerordentlichen Betriebsversammlungen unterschieden. Während eine außerordentliche Betriebsversammlung aus bestimmtem Anlass oder auf Verlangen eines Viertels der wahlberechtigten Arbeitnehmer bzw. auf Verlangen des Arbeitgebers durchzuführen ist, hat der Betriebsrat die **ordentliche Betriebsversammlung** ein Mal in jedem Kalendervierteljahr einzuberufen. Die Tagesordnung ist vom Betriebsrat als Gesamtgremium festzulegen. Ladungsfristen für die Einberufung der Betriebsversammlung sind im Gesetz nicht vorgesehen; im Interesse der Beteiligten und der Durchführung der Betriebsversammlung ist zu ihr jedoch angemessene Zeit vorher einzuladen. Zugleich ist mit der Einladung zur Betriebsversammlung die Tagesordnung in betriebsüblicher Form bekannt zu machen. Einzuladen ist auch der Arbeitgeber unter Mitteilung der Tagesordnung. Stellt der Arbeitgeber fest, dass unzulässige Tagesordnungspunkte behandelt werden sollen, beispielsweise rein „politische" Unterstützungsaktionen für eine Partei, so kann er die Überlassung von Räumen oder die Zahlung der ausfallenden Arbeitszeit verweigern, wobei im Falle von Streitigkeiten das Arbeitsgericht im Beschlussverfahren entscheidet. Zur Teilnahme an einer Betriebsversammlung ist der Arbeitgeber nicht verpflichtet. Nimmt er teil, so kann er Arbeitnehmer des Betriebs oder Beauftragte des Arbeitgeberverbands hinzuziehen und kann zu den einzelnen Punkten der Tagesordnung das Wort ergreifen. Im Normalfall finden die Betriebsversammlungen nach § 44 Abs. 1 BetrVG „während der Arbeitszeit" statt, wobei unter Arbeitszeit die betriebliche Arbeitszeit zu verstehen ist, während derer ein erheblicher Teil der Belegschaft arbeitet; bei mehrschichtigen Betrieben ist die ordentliche Betriebsversammlung auf die Schnittstelle zwischen den Schichten anzuberaumen. Bei der Bestimmung des Zeitpunkts für die Betriebsversammlung hat der Betriebsrat auf die Belange des Betriebs Rücksicht zu nehmen; unzumutbare Beeinträchtigungen braucht der Arbeitgeber nicht hinzunehmen.

Wird vom Betriebsrat eine **außerordentliche Betriebsversammlung** einberufen, so findet diese nach § 44 Abs. 2 BetrVG außerhalb der Arbeitszeit statt, so dass der Arbeitgeber in diesem Falle auch nicht zu einer Vergütungsfortzahlung verpflichtet ist.

Im Falle der unzulässigen Rechtsausübung durch einen Gewerkschaftsvertreter ist der Arbeitgeber berechtigt, dessen Teilnahme zu verhindern. Umgekehrt ist der Arbeitgeber ggf. berechtigt, zu seiner Unterstützung in der Betriebsversammlung Rechtsanwälte hinzuzuziehen. Tonbandaufnahmen oder Aufzeichnungen auf Bildträger über den Verlauf der Betriebsversammlung sind nur mit Zustimmung des Versammlungsleiters, also regelmäßig des Betriebsratsvorsitzenden, zulässig.

4.6.3 Geschäftsführung des Betriebsrats

Abgesehen von der Betriebsversammlung hat die Belegschaft als solche keine unmittelbaren „kollektiven" Rechte oder Pflichten gegenüber dem Arbeitgeber, vielmehr ist Rechtsträger von kollektiven Rechten nur die von den Arbeitnehmern gewählte Vertretung, der Betriebsrat, als Institution. Regelungsgegenstand des BetrVG ist folglich auch nicht das Rechtsverhältnis zwischen dem Arbeitgeber und einzelnen Arbeitnehmern, sondern das **Rechtsverhältnis zwischen dem Arbeitgeber und der Belegschaft** des Betriebs. Dabei bezweckt das BetrVG die Beteiligung der Belegschaft an den Entscheidungen des Arbeitgebers, wobei sich allerdings die Rechte der Belegschaft auf unternehmerischem Gebiet regelmäßig auf Informations- und Anhörungsrechte beschränken, während Mitbestimmungsrechte dem von der Belegschaft gewählten Betriebsrat nur dort zustehen, wo die (sozialen) Belange der Arbeitnehmer im Vordergrund stehen. Maßnahmen des Arbeitskampfes zwischen Betriebsrat und Arbeitgeber sind generell unzulässig.

Gem. § 2 Abs. 1 BetrVG sollen Arbeitgeber und Betriebsrat „unter Beachtung der geltenden Tarifverträge vertrauensvoll und im Zusammenwirken mit den im Betrieb vertretenen Gewerkschaften und Arbeitgebervereinigungen zum Wohl der Arbeitnehmer und des Betriebs" zusammenarbeiten (Gebot der vertrauensvollen Zusammenarbeit), wobei sich eine **Gewerkschaft** hierauf schon dann berufen kann, wenn ihr auch nur ein einziger Arbeitnehmer des Betriebs angehört, denn dann ist die Gewerkschaft „im Betrieb vertreten". Allerdings ist der Betriebsrat keinesfalls gezwungen, immer und regelmäßig den Wünschen der Gewerkschaften zu entsprechen. Die Gewerkschaft kann sich auch nicht gegen den Willen des Betriebsrats in dessen Geschäfte einschalten oder dessen Aufgaben wahrnehmen. Die Gewerkschaften haben auch kein eigenes Prozessführungs- und Antragsrecht zur Anfechtung interner Geschäftsführungsbeschlüsse des Betriebsrats, durch die sie nicht unmittelbar in ihren betriebsverfassungsrechtlichen Rechten beeinträchtigt werden; zu den Rechten der Gewerkschaft gehört jedoch ein Unterlassungsanspruch gegen die Durchführung und den Abschluss von Betriebsvereinbarungen, die gegen § 77 Abs. 3 BetrVG verstoßen.

Unter den Voraussetzungen des § 2 Abs. 2 BetrVG haben die Gewerkschaften auch ein **Zutrittsrecht zum Betrieb**, wobei für die Durchsetzung des Zutrittsrechts allein die Unterrichtung des Arbeitgebers, nicht aber dessen Einverständnis erforderlich ist. Die Unterrichtung muss so rechtzeitig erfolgen, dass der Arbeitgeber die Rechtmäßigkeit des Zutrittsverlangens überprüfen kann; von Eilfällen abgesehen wird ein solches Zutrittsverlangen mindestens 24 Stunden vorher gestellt werden müssen, und zwar unter Angabe des Besuchszwecks. Gewerkschaften können in Betrieben auch durch betriebsfremde Beauftragte um Mitglieder werben. Danach ist den Gewerkschaften ein betriebliches Zutrittsrecht zu Werbezwecken einzuräumen. Allerdings kann das Recht des Arbeitgebers auf einen störungsfreien Betriebsablauf einem gewerkschaftlichen Zutrittsrecht entgegenstehen. Maßgeblich sind die Umstände des Einzelfalls.

Nach § 74 Abs. 3 BetrVG können Betriebsratsmitglieder – natürlich – auch Gewerkschaftsmitglieder sein. Da Betriebsratsmitglieder jedoch gem. § 75 BetrVG zur **Neutralität bei der Wahrnehmung des Betriebsratsamts** verpflichtet sind, ist es ihnen nur eingeschränkt möglich, etwa für eine Gewerkschaft zu werben; geschieht dies doch, so ist unter Umständen sogar eine Abmahnung möglich.

Da die Mitglieder der Betriebsverfassungsorgane zum Arbeitgeber in einem Arbeitsverhältnis stehen, hat der Arbeitgeber die Lohnkosten aufgrund der bestehenden Arbeitsverträge zu zahlen (§ 611 BGB). In § 37 Abs. 2 BetrVG ist außerdem klargestellt, dass für die Dauer der ordnungsgemäßen Durchführung von Betriebsratstätigkeiten Lohn und Gehalt weiterzubezahlen sind. Ergänzt wird dies dadurch, dass nach § 39 Abs. 3 BetrVG den Arbeitnehmern eines Betriebs keine Verdienstausfälle infolge der Teilnahme an Betriebsversammlungen oder aus Anlass des Besuchs von Sprechstunden bzw. der sonstigen Inanspruchnahme des Betriebsrats erwachsen dürfen.

Gem. § 40 Abs. 1 BetrVG ist der Arbeitgeber außerdem verpflichtet, die **Geschäftsführungskosten des Betriebsrats** zu tragen. Hierzu gehören die Kosten, die in Ausübung von Betriebsratsaufgaben entstehen, wobei allerdings nicht sämtliche Kosten erstattungsfähig sind, sondern nur diejenigen, die der Betriebsrat nach Lage der Sache für erforderlich halten durfte; hierbei ist vom Standpunkt eines objektiven, verständigen Betrachters auszugehen. Zu den Geschäftsführungskosten gehören etwa Fahrtkosten und Reisekosten, die in Ausübung der Betriebsratsgeschäfte notwendig sind; bei Reisen nach auswärts gehören zu den erstattungsfähigen Aufwendungen die Kosten für angemessene Verpflegung und Unterkunft. Erstattungsfähige Geschäftsführungskosten sind ferner Kosten, die der Verfolgung oder Verteidigung der Rechte des Betriebsrats dienen, und zwar einschließlich der Kosten der Hinzuziehung eines Rechtsanwalts, wenn der Betriebsrat bei verständiger Abwägung aller Umstände die Beauftragung eines Rechtsanwalts für erforderlich halten durfte. Im Rahmen dieser **Erforderlichkeitsabwägung** ist darauf abzustellen, wie sich der Betriebsrat verhielte, wenn er die Kosten selbst zu tragen haben würde. Strittig ist, inwieweit Anwaltskosten zu erstatten sind, wenn der Betriebsrat an sich die Möglichkeit gehabt hätte, sich durch eine Gewerkschaft vertreten zu lassen.

Ein einzelnes Betriebsratsmitglied kann einen Rechtsanwalt hinzuziehen und hat Anspruch auf Ersatz seiner Kosten, wenn um seine betriebsverfassungsrechtliche Stellung gestritten wird, also etwa bei Rechtsstreitigkeiten über die Wirksamkeit seiner Wahl als Betriebsratsmitglied, bei Auseinandersetzungen über seinen Ausschluss aus dem Betriebsrat, der Wirksamkeit eines Rücktrittsbeschlusses des Betriebsrats sowie der Einsicht in Betriebsratsunterlagen. Keine Kostenerstattungspflicht besteht hingegen, wenn die Rechtsverfolgung von vornherein aussichtslos erscheint, wobei dies etwa auch dann der Fall ist, wenn das Betriebsratsmitglied lediglich die Zweckmäßigkeit eines Betriebsratsbeschlusses überprüfen lassen will. Zu den vom Arbeitgeber zu erstattenden Kosten können auch diejenigen für die **Hinzuziehung eines Sachverständigen** (§ 80 Abs. 3 BetrVG) gehören, nämlich unter der Voraussetzung, dass Arbeitgeber und Betriebsrat eine entsprechende Vereinbarung getroffen haben oder eine solche durch Beschluss des Arbeitsgerichts ersetzt wurde. Die Beauftragung eines Sachverständigen ist aber nicht erforderlich, solange sich der Betriebsrat nicht zuvor mit dem Arbeitgeber um die Klärung der offenen Fragen bemüht hat. Außerdem sind etwa auch die Kosten für die Herausgabe eines regelmäßigen eigenen Informationsblatts des Betriebsrats nicht erstattungsfähig.

Der Betriebsrat hat Anspruch darauf, dass ihm die für die Geschäftsausübung notwendigen **Räume und sachlichen Hilfsmittel** zur Verfügung gestellt werden (§ 40 Abs. 2 BetrVG); zu letzterem gehören u. U. auch Computer, ggf. mit Internet- und Intranetanschluss sowie Telefon, wobei in kleineren Betrieben der Betriebsrat allerdings auf die Mitbenutzung des geschäftlichen Telefonanschlusses verwiesen werden kann. Es besteht aber grundsätzlich keine Pflicht des Arbeitgebers, dem Betriebsrat durch einen Internetanschluss Zugang zu tagesaktuellen Datenbanken mit Gesetzestexten zu verschaffen. Die Möglichkeit der zeitnahen Beschaffung der Gesetzestexte genügt. Der Arbeitgeber muss dem Betriebsrat nicht die gleichen Sachmittel zur Verfügung stellen, die er selbst benutzt. Voraussetzung ist immer, dass der Betriebsrat die Ausstattung mit dem Sachmittel zur Durchführung seiner betriebsverfassungsrechtlichen Aufgaben für erforderlich halten darf. Dies ist nicht bereits dann der Fall, wenn der Betriebsrat ihm obliegende Aufgaben z. B. mit Hilfe eines PCs effektiver und rationeller erledigen kann als mit anderen ihm zur Verfügung stehenden Sachmitteln. Aus Effektivitätsgründen darf der Betriebsrat die Überlassung eines PCs nur dann für erforderlich halten, wenn er ohne diese technische Ausstattung ihm obliegende Aufgaben vernachlässigen müsste.

Außerdem ist in § 40 Abs. 2 BetrVG geregelt, dass dem Betriebsrat das für seine Geschäftstätigkeit notwendige **Büropersonal** bereitzustellen ist. In kleineren Betrieben kann der Betriebsrat jedoch darauf verwiesen werden, dass er seine Post von der Personalverwaltung des Arbeitgebers schreiben lässt.

Gem. § 37 Abs. 6 BetrVG sind im Übrigen Kosten für die **Teilnahme an Schulungsveranstaltungen** erstattungspflichtig; eine Erstattungspflicht besteht allerdings nur dann, wenn bei einer solchen Schulung die „erforderlichen" Kenntnisse vermittelt werden, was vom Betriebsratsmitglied ggf. in einem gerichtlichen Verfahren substanziiert darzulegen ist. Erstattungspflichtig sind immer nur die erforderlichen Kosten. Der Betriebsrat muss dabei auf die Belange des Arbeitgebers Rücksicht nehmen; er hat nach dem Grundsatz der Verhältnismäßigkeit zu prüfen, ob die Kosten für die vermittelten Kenntnisse unter Berücksichtigung der Größe und Leistungsfähigkeit des Betriebs angemessen sind. Auch bei gewerkschaftlichen Schulungen besteht unter Umständen ein Kostenerstattungsanspruch, wobei der Arbeitgeber allerdings berechtigt ist, eine nähere Erläuterung und Aufschlüsselung der Kosten zu verlangen. Streitigkeiten über die Notwendigkeit und die Bereitstellung von sächlichen und personellen Mitteln sowie wegen des Ersatzes von Schulungsteilnahmekosten sind vom Arbeitsgericht im Beschlussverfahren zu entscheiden.

4.6.4 Beteiligungsrechte des Betriebsrats

Die Beteiligungsrechte des Betriebsrats werden nach ihrem Gegenstand und nach ihrer Intensität unterschieden. Nach ihrem Gegenstand hat der Betriebsrat Mitwirkungsrechte in sozialen, personellen und wirtschaftlichen Angelegenheiten; nach ihrer **Intensität** sind zu unterscheiden:

- gemeinsame Aufgaben von Arbeitgeber und Betriebsrat,
- Informationsrechte,
- Anhörungs-, Beratungs- sowie Initiativrechte,
- Zustimmungs- und Vetorechte und
- Mitbestimmungsrechte.

Steht dem Betriebsrat ein **Informationsrecht** zu, so ist er im Einzelnen über die betreffende Angelegenheit zu unterrichten, wobei aber keine Verpflichtung des Arbeitgebers besteht, die Unterrichtung schon auf erste Planungsaufgaben zu erstrecken; die Unterrichtung hat allerdings grundsätzlich vor der Entscheidung zu geschehen, und es sind ggf. auch Unterlagen vorzulegen, wobei das Bundesdatenschutzgesetz der Information bzw. der Vorlage von Unterlagen nicht entgegensteht.

Zu den gesetzlichen Aufgaben des Betriebsrats nach § 80 Abs. 1 Nr. 1 BetrVG gehört auch, die in Formulararbeitsverträgen enthaltenen Bestimmungen auf ihre Vereinbarkeit mit den rechtlichen Vorgaben zu überwachen. Das Überwachungsrecht umfasst aber keine Zweckmäßigkeitskontrolle, sondern nur eine Rechtskontrolle der in den Formulararbeitsverträgen enthaltenen Vertragsklauseln.

Steht dem Betriebsrat ein **Widerspruchs- oder Vetorecht** zu, so kann eine von der Geschäftsleitung beabsichtigte Maßnahme gegen den Widerspruch des Betriebsrats nur durchgeführt werden, wenn die Zustimmung des Betriebsrats durch das Arbeitsgericht ersetzt wird.

Ist der Betriebsrat **mitbestimmungsberechtigt**, und können sich Arbeitgeber und Betriebsrat nicht einigen, so kann die Einigung über die Einigungsstelle erzwungen werden.

Übersicht: ***Beteiligungsgrade des Betriebsrats***

Beteiligungsrecht	Beispiel	Erläuterung
Informationsrecht	§ 105 Einstellung Leitender Angestellter	... der Arbeitgeber hat den Betriebsrat zu informieren (Einwegkommunikation)
Anhörungsrecht	§ 102 Abs. 1 Kündigung	... der Arbeitgeber hört (sich) die Überlegungen des Betriebsrats an (muss dem aber nicht folgen) (Zweiwegkommunikation)
Beratungsrecht	§ 92 Personalplanung	... Arbeitgeber und Betriebsrat diskutieren miteinander (Mehrwegkommunikation)
Widerspruchsrecht (Zustimmungsverweigerungsrecht)	§ 99 Abs. 2 Zustimmungsverweigerung bei – Einstellung – Eingruppierung – Umgruppierung – Versetzung	... der Betriebsrat kann in (ganz) bestimmten Fällen einer Maßnahme widersprechen und darauf hinwirken, dass sie unterlassen wird
Initiativrecht	§ 93 Innerbetriebliche Stellenausschreibung	... der Betriebsrat kann verlangen (dass der Arbeitgeber Stellen innerbetrieblich ausschreibt)
Zustimmungsrecht (Mitbestimmungsrecht)	§ 87 Abs. 1 Ziff. 2 Beginn und Ende der täglichen Arbeitszeit	... Arbeitgeber und Betriebsrat müssen sich einigen – ansonsten entscheidet die Einigungsstelle (an deren Stelle)

Die folgende Übersicht zeigt die inhaltliche Seite, d. h. die Gegenstände bzw. die Themen der Betriebsratsmitwirkung.

Übersicht: ***Mitwirkungsrechte nach dem Betriebsverfassungsgesetz***

Rechte des (einzelnen) Arbeitnehmers	**„Soziale" Angelegenheiten (Betriebsrat)**	**Arbeitsgestaltung (Betriebsrat)**	**Personelle Angelegenheiten (Betriebsrat)**	**Wirtschaftliche Angelegenheiten (Wirtschaftsausschuss und Betriebsrat)**
Unterrichtung über Arbeitsaufgabe und Unfallgefahren (§ 81) Einsicht in die Personalakte (§ 83)	Mitbestimmung nach § 87 Mitwirkung beim Arbeitsschutz (§ 89)	Unterrichtung und Beratung bezüglich Arbeitsplatz, Arbeitsablauf, Arbeitsumgebung (§§ 90, 91)	Unterrichtung und Beratung bei der Personalplanung (§ 92) Initiativrecht zur internen Stellenausschreibung (§ 93) Mitbestimmung bei Fragebögen und Beurteilungsgrundsätzen (§ 94) Zustimmung bei Auswahlrichtlinien (§ 95) Mitbestimmung bei Bildungsmaßnahmen (§§ 96-98) Unterrichtung und Widerspruch bei personellen Einzelmaßnahmen (§§ 99-100) Anhörung und Widerspruch bei Kündigungen (§ 102)	Unterrichtung und Beratung wirtschaftlicher Angelegenheiten (§ 106) Unterrichtung und Mitbestimmung bei Betriebsänderungen (Interessenausgleich und Sozialplan) (§§ 111-113)

Von besonderer Bedeutung ist die **Beteiligung des Betriebsrats bei Kündigungen**, weil eine Kündigung i. d. R. den schwerwiegendsten Eingriff in ein Arbeitsverhältnis darstellt. Gem. § 102 BetrVG ist der Betriebsrat vor jeder Kündigung zu hören. Dies gilt unabhängig davon, ob das Kündigungsschutzgesetz Anwendung findet oder nicht, ob die Arbeit je aufgenommen wurde oder ob der Arbeitnehmer im Ausland arbeitet, aber dem Direktionsrecht aus Deutschland unterliegt. Die Rechtsfolgen eines Widerspruchs des Betriebsrats gegen eine Kündigung sind in § 102 Abs. 4 und 5 BetrVG geregelt; im Wesentlichen führt ein (berechtigter) Widerspruch des Betriebsrats dazu, dass dem Arbeitnehmer ein Weiterbeschäftigungsanspruch zusteht (§ 102 Abs. 5 BetrVG). Der Betriebsrat ist zu einem Widerspruch allerdings nur in den in § 102 Abs. 3 genannten Gründen berechtigt, also wenn

- der Arbeitgeber bei der Auswahl des zu kündigenden Arbeitnehmers soziale Gesichtspunkte nicht oder nicht ausreichend berücksichtigt hat,
- die Kündigung gegen eine Richtlinie nach § 95 BetrVG verstößt,
- der zu kündigende Arbeitnehmer an einem anderen Arbeitsplatz im selben Betrieb oder in einem anderen Betrieb des Unternehmens weiterbeschäftigt werden kann,
- die Weiterbeschäftigung des Arbeitnehmers nach zumutbaren Umschulungs- oder Fortbildungsmaßnahmen möglich ist oder
- eine Weiterbeschäftigung des Arbeitnehmers unter geänderten Vertragsbedingungen möglich ist und der Arbeitnehmer sein Einverständnis hiermit erklärt hat.

Der Arbeitgeber bleibt aber trotz eines Widerspruchs berechtigt, die Kündigung auszusprechen; der Widerspruch als solcher bedingt folglich nicht die Unwirksamkeit einer Kündigung. Nach § 102 Abs. 4 BetrVG hat aber der kündigende Arbeitgeber dem Arbeitnehmer mit der Kündigung eine Abschrift der Stellungnahme des Betriebsrats zuzuleiten.

4.6.5 Betriebsvereinbarung

Zur Regelung betrieblicher Arbeitsbedingungen können zwischen dem Arbeitgeber und dem Betriebsrat **Betriebsvereinbarungen** abgeschlossen werden; allerdings können zum Schutz der Koalitionsfreiheit nach § 77 Abs. 3 BetrVG Arbeitsentgelte und sonstige Arbeitsbedingungen, die durch Tarifvertrag geregelt sind oder üblicherweise geregelt werden, nicht Gegenstand einer Betriebsvereinbarung sein.

Betriebsvereinbarungen sind **Verträge zwischen Arbeitgeber und Betriebsrat**, die schuldrechtliche Verpflichtungen zwischen diesen begründen können, die aber vor allem Rechtsnormen für die Belegschaftsmitglieder schaffen. Nähere Regelungen zur Betriebsvereinbarung finden sich in § 77 BetrVG. Die Betriebsvereinbarung kann entweder durch freiwilligen Vertragsabschluss oder aber durch Spruch einer Einigungsstelle zustande kommen. Der freiwillige Vertragsabschluss vollzieht sich hier letztlich nach den Regeln des BGB (§ 145 BGB), wobei allerdings **Schriftformerfordernis** besteht (§ 77 Abs. 2 BetrVG); ein gemeinsam unterschriebenes Rundschreiben stellt keine Betriebsvereinbarung dar. Betriebsvereinbarungen sind gem. § 77 Abs. 5 BetrVG grundsätzlich kündbar. Betriebsvereinbarungen können nur über solche Gegenstände geschlossen werden, die zum Aufgabenbereich des Betriebsrats gehören. In einigen Fällen sind Betriebsvereinbarungen über die Einigungsstelle erzwingbar.

Nicht regelbar durch Betriebsvereinbarung sind etwa die Verpflichtung zur Teilnahme an Betriebsveranstaltungen, das Verbot von Nebenbeschäftigungen, der Übergang des Arbeitsverhältnisses auf einen neuen Arbeitgeber, eine Kostenerstattung durch betroffene Arbeitnehmer bei Lohnpfändungen oder Eingriffe in fällige Ansprüche der Arbeitnehmer.

Der Inhalt von Betriebsvereinbarungen hat **unmittelbare Wirkung** (§ 77 Abs. 4 BetrVG), was bedeutet, dass deren Inhalt beispielsweise auch dann verbindlich ist, wenn in einem Arbeitsvertrag die Betriebsvereinbarung nicht erwähnt wird. Zu Gunsten des Arbeitnehmers kann allerdings von Betriebsvereinbarungen abgewichen werden (allgemeines Günstigkeitsprinzip). Andererseits kann eine Betriebsvereinbarung grundsätzlich auch durch eine nachfolgende Betriebsvereinbarung zu Lasten von Arbeitnehmern abgeändert werden.

Nach der ständigen Rechtsprechung des BAG darf ein Betriebsrat sein Mitbestimmungsrecht nicht in der Weise ausüben, dass er dem Arbeitgeber das alleinige Gestaltungsrecht über den mitbestimmungspflichtigen Tatbestand eröffnet. Zwar dürfen dem Arbeitgeber durch Betriebsvereinbarungen gewisse Entscheidungsspielräume in mitbestimmungspflichtigen Angelegenheiten eingeräumt werden. Der Betriebsrat kann aber über sein Mitbestimmungsrecht im Interesse der Arbeitnehmer nicht in der Weise verfügen, dass er in der Substanz auf die ihm gesetzlich obliegende Mitbestimmung in toto, also insgesamt verzichtet. So kommt dem Betriebsrat z. B. nach § 87 Abs. 1 Nr. 10 BetrVG bei der Ausgestaltung von Leistungsprämien ein unverzichtbares Mitbestimmungsrecht zu.

4.6.6 Einigungsstelle

Im Bereich der **erzwingbaren Mitbestimmung** hat die Einigungsstelle Regelungsbefugnis. Das Verfahren zur Errichtung einer Einigungsstelle nach § 98 ArbGG dient bei fehlender betrieblicher Einigung der Auswahl der Person des Einigungsstellenvorsitzenden und der Festlegung der Zahl der Beisitzer.

Der Antrag darf nur dann zurückgewiesen werden, wenn die Einigungsstelle offensichtlich unzuständig ist, das bedeutet, wenn auf den ersten fachkundigen Blick erkennbar ist, dass ein Mitbestimmungsrecht nicht besteht. Das Bestellungsverfahren nach § 98 ArbGG bietet also die Möglichkeit der summarischen gerichtlichen Prüfung einer Angelegenheit darauf, ob ein Mitbestimmungsrecht besteht. Einen Einigungsstellenspruch hat der Arbeitgeber wie eine Betriebsvereinbarung durchzuführen.

Beim Arbeitsgericht kann allerdings die Feststellung der Unwirksamkeit des Einigungsstellenspruchs beantragt werden. Wird die Unwirksamkeit auf Ermessensfehler gestützt, muss der vollständig begründete Antrag binnen zwei Wochen nach Zuleitung des Spruchs beim Arbeitsgericht eingehen. Der Maßstab für die gerichtliche Ermessensüberprüfung ergibt sich aus § 76 Abs. 5 S. 3 BetrVG. Die Belange des Betriebs und der betroffenen Arbeitnehmer müssen nach billigem Ermessen angemessen berücksichtigt werden. Verstöße gegen sonstige Rechtsvorschriften brauchen nicht fristgebunden geltend gemacht zu werden. Ist der Einigungsstellenspruch ermessensfehlerhaft oder in anderer Weise rechtsfehlerhaft, hat das Gericht die Entscheidung der Einigungsstelle aufzuheben; diese hat dann ihre Tätigkeit fortzusetzen.

Von der vorläufigen Durchführung des Einigungsstellenspruchs kann der Arbeitgeber im Wege der **einstweiligen Verfügung** nur dann abgehalten werden, wenn der Einigungsstellenspruch offensichtlich rechtswidrig ist. Der Einigungsstellenspruch stellt keinen Vollstreckungstitel dar. Weigert sich der Arbeitgeber, den Einigungsstellenspruch zu vollziehen, kann der Betriebsrat nach § 77 Abs. 1 S. 1 BetrVG – notfalls im Wege der einstweiligen Verfügung – die Durchsetzung erreichen.

4.7 Mitbestimmung auf Unternehmensebene (Mitbestimmungsrecht)

Mitbestimmung auf der Ebene des Unternehmens versteht das Unternehmen als wirtschaftliche, rechtliche und finanzielle Einheit. Hier ist die **Mitwirkung der Arbeitnehmervertreter im Aufsichtsrat und** deren **Beteiligung im Vorstand** angesprochen. Im Gegensatz zur Betriebsverfassung existieren hier mehrere gesetzliche Grundlagen, die parallel gelten.

Die jüngste Regelung, das **Mitbestimmungsgesetz von 1976** (MitbestG), ist bei größeren Kapitalgesellschaften (AG, KGaA, GmbH, Genossenschaft) mit mehr als 2.000 Mitarbeitern anzuwenden (§ 1 MitbestG), sofern es sich nicht um Tendenz- oder Montanbetriebe handelt. Für die großen Personengesellschaften gibt es keine entsprechende Regelung. Das MitbestG gilt für ungefähr jeden vierten Arbeitnehmer in der Bundesrepublik Deutschland.

Der **Aufsichtsrat als Kontrollorgan** setzt sich aus einer gleich großen Zahl von Arbeitnehmervertretern (Arbeitnehmer des Unternehmens und Vertreter von Gewerkschaften) und Anteilseignern **paritätisch** zusammen, zum Beispiel je sechs Vertreter bei Unternehmen mit weniger als 10.000 Arbeitnehmern (§ 7 MitbestG). Die Aufsichtsratsmitglieder der Arbeitnehmer werden direkt (unmittelbare Wahl) oder indirekt (durch Delegierte, Wahlmänner) gewählt (§ 9 MitbestG). Unter den Arbeitnehmervertretern muss sich – neben den „regulären" Arbeitern und Angestellten – ein Leitender Angestellter gemäß Betriebsverfassungsgesetz befinden (§ 15 Abs. 1 MitbestG). Dies ist – so kann man zumindest vermuten – ein erster Abstrich von einer (scheinbar) echten paritätischen Regelung.

Der **Aufsichtsratsvorsitzende** wird – sofern im ersten Wahlgang keine 2/3-Mehrheit zustande kommt (was äußerst unwahrscheinlich und selten ist) – von den Anteilseignern „gewählt", dessen Stellvertreter von den Arbeitnehmervertretern (§ 27 MitbestG). Dies ist bedeutsam, weil der Aufsichtsratsvorsitzende bei Abstimmungen mit Stimmengleichheit zwei Stimmen hat (§ 29 MitbestG). Damit erhält die Anteilseignerseite ein faktisches Übergewicht, und aus dieser Sicht lässt sich die anscheinend gleichberechtigte Mitbestimmung der Arbeitnehmer als formelle Parität bewerten, die in Wirklichkeit an den beiden genannten Stellen (Leitender Angestellter, von der Anteilseignerseite bestimmter Aufsichtsratsvorsitzender mit doppelter Stimme) unterlaufen wird.

Im Vorstand – dem Leitungsorgan, das der Aufsichtsrat bestellt – ist als gleichberechtigtes Mitglied ein **Arbeitsdirektor** vorgesehen, der für Personal- und Sozialfragen zuständig sein soll, obwohl das MitbestG hierzu nichts Konkretes regelt (§ 33 MitbestG).

Parallel zum MitbestG gilt für die kleineren Kapitalgesellschaften (mit 500 bis 2.000 Mitarbeitern) im Bereich der Unternehmensverfassung ab 2004 das **Drittelbeteiligungsgesetz** (DrittelbG; bis 2004: Betriebsverfassungsgesetz von 1952). Das Drittelbeteiligungsgesetz sieht auf der Unternehmensebene die sog. **Drittelparität** vor, bei der 1/3 der Aufsichtsratsmitglieder Vertreter der Arbeitnehmer sein müssen; darunter können ab drei Arbeitnehmervertretern auch Externe sein. Ein Arbeitsdirektor ist nach diesem Gesetz nicht vorgesehen.

Für die Unternehmen des Bergbaus und der Eisen und Stahl erzeugenden Industrie gilt das **Montan-Mitbestimmungsgesetz von 1951** (MontanMitbestG) samt der neueren Mitbestimmungsergänzungsgesetze. Diese gesetzliche Regelung trifft inzwischen nur noch auf relativ wenige Arbeitnehmer in der Bundesrepublik zu.

Das MontanMitbestG bringt eine **echte paritätische Mitbestimmung** der Arbeitnehmer im Aufsichtsrat (§ 4 MontanMitbestG). Eine Besonderheit stellen die sog. „weiteren Mitglieder" dar – das sind neutrale, externe Mitglieder des Aufsichtsrats. Sowohl auf der Anteilseignerseite als auch auf Seiten der Arbeitnehmer gibt es ein solches „weiteres Mitglied", zusätzlich einen „Neutralen Mann", auf den sich beide Seiten einigen müssen. Die Pattsituation (Stimmengleichheit) wird hier durch den „Neutralen Mann" aufgelöst. Das MontanMitbestG kennt schließlich auch einen **Arbeitsdirektor** im Vorstand, der nicht gegen die Stimmenmehrheit der Arbeitnehmervertreter im Aufsichtsrat bestellt werden kann (§ 13 MontanMitbestG).

Vergleicht man die drei Mitbestimmungsregelungen der Unternehmensebene, so sieht die Montanmitbestimmung die umfangreichsten Rechte für die Arbeitnehmer vor. Das Mitbestimmungsgesetz für die großen Kapitalgesellschaften nimmt einige Abstriche daran vor, und die Mitwirkung der Arbeitnehmer nach dem alten Betriebsverfassungsgesetz bleibt am weitesten zurück.

Es ist klar und verständlich, dass Arbeitgeberverbände und Gewerkschaften unterschiedliche Positionen zur kodifizierten, das heißt gesetzlich geregelten Mitbestimmung haben. Diese verschiedenartigen Auffassungen äußerten sich unter anderem in einer **Verfassungsbeschwerde der Arbeitgeber** von 1979 gegen das Mitbestimmungsgesetz von 1976. Das Bundesverfassungsgericht stellte in seinem Urteil fest, dass diese gesetzliche Regelung verfassungskonform ist. Der Deutsche Gewerkschaftsbund hingegen empfindet das Mitbestimmungsgesetz von 1976 als zu schwach ausgeprägt und fordert u. a. den Wegfall der Rechtsformbeschränkung (Kapitalgesellschaften), die Herabsetzung des Größenkriteriums (2.000 Arbeitnehmer), erweiterte Kompetenzen für den Aufsichtsrat, Wegfall der Zweitstimme des Aufsichtsratsvorsitzenden, keine gesonderte Vertretung der Leitenden Angestellten u. a. m.

Die gesetzlich geregelte Mitbestimmung in der Bundesrepublik ist – unabhängig vom Standpunkt – fraglos ein wichtiger Beitrag zur Demokratisierung der Arbeitswelt. Sie kann auch gut funktionieren, wenn mit der **Grundidee der Kooperation** – als Gegensatz zur Konfrontation – verantwortungsvoll und fair umgegangen wird. Einzelne Probleme und schwarze Schafe (auf beiden Seiten) können und sollten nicht zum Anlass genommen werden, das gesamte System der Mitbestimmung der Arbeitnehmer infrage zu stellen. Auch die Abwägung von Kosten und Nutzen der Arbeitnehmermitwirkung führt in die falsche Richtung; dieses Kalkül ist nur zulässig, wenn Mitbestimmung nicht als eigenständiger Wert akzeptiert wird.

Die Mitwirkung bzw. Beteiligung der Mitarbeiter an Entscheidungen kann neben den gesetzlich geregelten Feldern auf **freiwilliger Basis** weitergehende Formen annehmen. So ist es zum Beispiel nicht selten der Fall, dass der Betriebsrat freiwillig mehr Rechte erhält, als ihm aus dem Betriebsverfassungsgesetz zustehen. Auch die undeutliche Vorstellung des Gesetzgebers, der Arbeitsdirektor sei für Personal- und Sozialfragen zuständig, kann weit interpretiert und praktiziert werden, was auch in vielen Unternehmen geschieht.

Darüber hinaus kann man Mitbestimmungsrechte auf Individual- und Gruppenebene auf freiwilliger Basis als Erweiterung der gesetzlichen Regelungen ansehen. Insbesondere die Mitwirkung von bzw. in **teilautonomen Arbeitsgruppen bzw. Teams** bietet gute Möglichkeiten: Pausenregelung, Urlaubsplanung, Wahl eines Gruppensprechers, Hinzunahme neuer Gruppenmitglieder, zeitliche Arbeitsplanung, Bestimmung des Einsatzes an bestimmten Arbeitsplätzen, Festsetzung des Arbeitsablaufs, Qualitätskontrolle u. a. m. sind die thematischen Felder, um die es gehen kann.

Aus ganz anderem Blickwinkel kann zu den immateriellen Beteiligungsrechten, die auch die Ansätze der Organisationsentwicklung einschließen können, eine **materielle**

Komponente hinzukommen. Erfolgsbeteiligung und insbesondere Kapitalbeteiligung sind die konkreten Formen. Die Beteiligung der Mitarbeiter am Eigen- oder am Fremdkapital des arbeitgebenden Unternehmens bedeutet neben der unternehmerischen Verantwortung schlussendlich auch Mitwirkungsrechte. Die staatlich geförderten Ansätze zur Vermögensbeteiligung der Arbeitnehmer (§ 19a EStG und Vermögensbildungsgesetz – VermBG) unterstützen diese Richtung. Stiftungsunternehmen und Unternehmen, die sich ganz in den Händen ihrer Arbeitnehmer befinden (**Mitarbeiterunternehmen**), gehen noch weiter.

Die Verbindung materieller und immaterieller Beteiligungsformen, ergänzt durch einen entsprechenden normativen Unterbau (Menschenbild der Selbstentfaltung, vertrauensvolle Zusammenarbeit) sowie die vertragliche Vereinbarung der Zusammenarbeit, wird seit Bestehen der Bundesrepublik unter dem Begriff **Betriebliche Partnerschaft** vertreten. Dieser wichtige Ansatz zur Reduzierung von Fremdbestimmung der Arbeitnehmer hat leider keine breitere Basis gefunden und immer gegen den Verdacht angekämpft, eine trickreiche Ideologie bzw. eine Sozialtechnik zu sein. Aktuell zeigen Forderungen der Politik nach Beteiligung der Arbeitnehmer am Erfolg und am Kapital des Arbeit gebenden Unternehmens jedoch genau in diese Richtung.

Abschließend geht es im 4. Teil um die Grundzüge des Tarifvertragsrechts und um die Verfahren vor den Arbeitsgerichten.

Leitfragen

- Wie kommen Tarifverträge zustande?
- Was wird in Tarifverträgen üblicherweise geregelt?
- Wie sind Arbeitsgerichte besetzt?

4.8 Tarifvertragsrecht

Im weiteren Sinne berühren auch die Festlegungen des Tarifvertragsgesetzes (TVG) und des Arbeitskampfrechts die gesetzlich geregelte Partizipation der Arbeitnehmer. Einzelne Arbeitgeber, Arbeitgeberverbände und Gewerkschaften als Tarifpartner (§ 2 Abs. 1 TVG) treffen autonom (Tarifautonomie) Vereinbarungen über die Arbeits- und Wirtschaftsbedingungen, und sie halten sie in Tarifverträgen schriftlich fest. Die Verbandstarifverträge, die regional oder für eine bestimmte Branche vereinbart werden, und die Firmentarifverträge einzelner Unternehmen gelten zunächst nur für die Mitglieder der vertragsschließenden Parteien, werden meist jedoch auf alle Mitarbeiter eines Unternehmens angewandt, auch auf die nicht gewerkschaftlich organisierten. Eine entsprechende „Gleichstellung" ist zwar nicht schon aufgrund des allgemeinen

Gleichbehandlungsgrundsatzes gegeben. Häufig erfolgt dies jedoch aufgrund von arbeitsvertraglichen Bezugnahmeklauseln (wobei sich in der Rechtsprechung zu der Frage, ob entsprechende arbeitsvertragliche dynamische Bezugnahmeklauseln lediglich als „Gleichstellungsabrede" anzusehen sind, eine differenzierende Betrachtungsweise entwickelt hat).

Entgelt-, Lohn- oder Gehaltstarifverträge regeln Vergütungen der Höhe nach, meist mit einer befristeten Laufzeit von ein bis zwei Jahren; **Manteltarifverträge**, die in der Regel für einen längeren Zeitraum gelten, enthalten z. B. Bestimmungen über Arbeitszeitregelungen, Urlaubsansprüche, Arbeitsbewertungsverfahren, Kündigungsfristen u. a. m. Während der Laufzeit besteht zwischen den Vertragsparteien **Friedenspflicht,** d. h. sie dürfen keine Maßnahmen des Arbeitskampfs (Streik, Aussperrung) zur Veränderung der bereits ausgehandelten Regelungen ergreifen.

Grundlage des Tarifvertragsrechts ist die in Artikel 9 Abs. 3 des Grundgesetzes (GG) verankerte **Koalitionsfreiheit**, die nicht nur das Recht eines Arbeitnehmers gewährleistet, einer Gewerkschaft beizutreten, sondern auch das kollektive Recht auf entsprechende Betätigung. Dazu gehört das Recht der Koalitionen, die Arbeits- und Wirtschaftsbedingungen durch Tarifvertrag festzulegen, aber auch die Betätigung der Gewerkschaften im Rahmen der Betriebsverfassung, insbesondere die Werbung vor Betriebs- und Personalratswahlen einschließlich der Mitgliederwerbung im Betrieb bzw. in der Dienststelle.

Nach der verfassungsrechtlichen Kompetenzverteilung erfolgt die Regelung der Löhne und Arbeitsbedingungen also vor allem im Rahmen des Abschlusses von Tarifverträgen zwischen den Gewerkschaften und den Arbeitgeberverbänden bzw. einzelnen Arbeitgebern. Der Inhalt und Umfang dieser **Tarifautonomie** findet aber weder im GG noch im TVG eine abschließende Regelung, bedarf also der Konkretisierung durch die Rechtsprechung insbesondere des BAG.

Da es bei Tarifkonflikten keine staatliche „Zwangsschlichtung" gibt, ist im Rahmen der Tarifautonomie auch der **Arbeitskampf** gewährleistet. Der Streik als Arbeitskampfmittel der Gewerkschaften und die Aussperrung als Arbeitskampfmittel der Arbeitgeber sind folglich (z. T. sogar gegen anders lautende Bestimmungen der Bundesländer) verfassungsrechtlich garantiert, beschränkt allerdings in der Zulässigkeit dadurch, dass das Kampfziel ein durch Tarifvertrag regelbarer Gegenstand sein muss und das **Gebot der Verhältnismäßigkeit** zu beachten ist. Dabei ist es durchaus denkbar und bei größeren Betrieben auch nicht selten der Fall, dass mehrere verschiedene Gewerkschaften im Betrieb vertreten sind und die Arbeitgeber auf (unterschiedliche) Tarifvertragsabschlüsse drängen (**Tarifpluralität**). Dieser Umstand war und ist z. B. bei der Deutsche Bahn AG oder auch der Deutsche Lufthansa AG im Zusammenhang mit verschiedenen Streikmaßnahmen immer wieder gut zu beobachten. Die Tarifpluralität wird zwar mitunter – wegen Verstoßes gegen den **Grundsatz der Tarifeinheit** – als unzulässig angesehen; normiert ist der Grundsatz der Tarifeinheit bislang jedoch nicht.

Da bei Streikmaßnahmen regelmäßig Eile geboten ist, stellt sich die Frage, ob solche durch eine **einstweilige Verfügung** untersagt werden können. Dies ist nur dann möglich, wenn der Streik offensichtlich rechtswidrig ist, etwa weil sein Kampfziel gar nicht durch Tarifvertrag regelbar ist oder aber das Gebot der Verhältnismäßigkeit missachtet wird. Dies wird nur selten der Fall sein. So wurde z. B. der Lokführerstreik im Jahre 2007 trotz erheblicher Auswirkungen auf Dritte (Reisende und Wirtschaft, insoweit sie auf Gütertransporte per Bahn angewiesen ist) nicht als unverhältnismäßig angesehen, jedenfalls so lange eine Mindestversorgung – etwa aufgrund von Notdiensten – sichergestellt ist. Auch sog. „Flashmob-Aktionen", bei denen durch koordinierten Kauf von Pfennig-Artikeln oder durch das Befüllen und Stehen lassen von Einkaufswagen eine Störung betrieblicher Abläufe herbeigeführt werden, sind im Arbeitskampf nicht generell unzulässig. Mit anderen Worten: auch gewerkschaftliche Maßnahmen, die zur Durchsetzung tariflicher Ziele auf eine Störung betrieblicher Abläufe gerichtet sind, unterfallen der durch Art. 9 Abs. 3 GG gewährleisteten Betätigungsfreiheit. Dass allerdings letztlich nur das Verhältnismäßigkeitsprinzip das Streikrecht einer Gewerkschaft zu begrenzen vermag und die Tarifeinheit weder verfassungsrechtlich noch gesetzlich geregelt ist, stößt zunehmend auf Kritik.

4.8.1 Zustandekommen von Tarifverträgen

Tarifverträge können von einzelnen Arbeitgebern, Vereinigungen von Arbeitgebern, Gewerkschaften und Spitzenorganisationen, also dem Zusammenschluss von Gewerkschaften oder Arbeitgeberverbänden abgeschlossen werden. Voraussetzung für das wirksame Zustandekommen von Tarifverträgen ist, dass die Tarifvertragspartner tariffähig und tarifzuständig sind.

Ohne weiteres **tariffähig** ist zunächst jeder einzelne Arbeitgeber, also jeder, der Arbeitnehmer beschäftigt. Bei Gewerkschaften und Arbeitgebervereinigungen wird die Tarifvertragsfähigkeit nach § 2 Abs. 1 TVG vorausgesetzt, jedoch wird hier nicht definiert, wann sie vorliegt. In der Rechtsprechung des BAG und des Bundesverfassungsgerichts wurden jedoch einige **Mindestvoraussetzungen** entwickelt:

Zunächst müssen die Anforderungen an eine Koalition im Sinne von Art. 9 Abs. 3 GG erfüllt sein. Erforderlich ist demnach ein freiwilliger Zusammenschluss mit organisierter Willensbildung, der vom sozialen Gegenspieler sowie von Staat, Parteien und Kirchen unabhängig ist.

Zweite Voraussetzung ist, dass sich in der Vereinigung Arbeitgeber oder Arbeitnehmer zusammengeschlossen haben, um ihre kollektiven Interessen wahrzunehmen, dass die Vereinigung eine demokratische Struktur aufweist und dass die Organisation den Abschluss von Tarifverträgen anstrebt, also „tarifwillig" ist.

Als dritte Voraussetzung muss die Vereinigung eine gewisse „Mächtigkeit" aufweisen. Sie muss wirksam Druck und Gegendruck auf den Gegenspieler ausüben können.

Dies ist unter anderem dann nicht der Fall, wenn die Vereinigung zu wenige Mitglieder hat. Dann fehlt es an der nötigen Durchsetzungsfähigkeit. Unter Durchsetzungsfähigkeit versteht man nicht, dass die Vereinigung in der Lage sein muss, dem Gegner komplett den eigenen Willen aufzuzwingen, sie muss jedoch vom Gegner ernst genommen werden, so dass der Gegner die Tarifvertragsbedingungen nicht einseitig diktieren kann.

Spitzenorganisationen können einerseits nach § 2 Abs. 2 TVG Tarifverträge als Vertreter ihrer Mitglieder in deren Namen schließen. Andererseits besteht nach § 2 Abs. 3 TVG auch die Möglichkeit, Tarifverträge im eigenen Namen zu schließen, so dass der Spitzenverband selbst Tarifvertragspartei wird. Voraussetzung hierfür ist, dass ein solcher Abschluss im eigenen Namen in der Satzung der Spitzenorganisation vorgesehen ist und dass die Spitzenorganisation selbst ebenfalls die drei für Arbeitgeberverbände und Gewerkschaften bestehenden Anforderungen erfüllt.

Gewerkschaften und Arbeitgeberverbände sind nicht für den Abschluss eines jeden Tarifvertrags zuständig. Vielmehr können sie in ihrer Satzung autonom festlegen, für welche Arten von Arbeitsverhältnissen – etwa Öffentlicher Dienst, Angestellte in der Automobilindustrie – sie Tarifverträge abschließen wollen. Nur wenn Gewerkschaft und Arbeitgeberverband beide für einen bestimmten Bereich zuständig sind, können sie wirksam einen Tarifvertrag abschließen. Außerhalb der Zuständigkeit abgeschlossene Tarifverträge sind nichtig. Sinn dieser Regelung ist die Vermeidung von Kompetenzstreitigkeiten und Tarifkonkurrenzen.

4.8.2 Inhalt von Tarifverträgen

Aus § 1 TVG ergeben sich **Inhalt und Form des Tarifvertrags**. Der Tarifvertrag muss schriftlich geschlossen werden. Er regelt die Rechte und Pflichten der Tarifvertragsparteien und enthält Rechtsnormen, die den Inhalt, den Abschluss und die Beendigung von Arbeitsverhältnissen sowie betriebliche und betriebsverfassungsrechtliche Fragen ordnen können. Unterschieden wird hierbei zwischen sog. obligatorischen und normativen Bestimmungen. Erstere regeln das Vertragsverhältnis der Tarifvertragspartner untereinander, letztere entfalten als Rechtsnormen allgemeinverbindliche Wirkung.

Die **obligatorischen Bestimmungen** wirken nur im Verhältnis der Tarifvertragsparteien untereinander und unterliegen den Regeln über die Vertragsauslegung nach BGB, nicht den Vorschriften über die Gesetzesauslegung. Generell sind Tarifverträge mit zwei Vertragspflichten verbunden, nämlich mit der Friedenspflicht und der Durchführungs- und Einwirkungspflicht.

Unter der **Friedenspflicht** versteht man die Pflicht der Tarifvertragsparteien, während der Laufzeit des Tarifvertrags alle Arbeitskampfmaßnahmen zu unterlassen und vor Ausbruch eines Arbeitskampfs über die Vermeidung des Arbeitskampfs zu verhandeln. Diese Friedenspflicht besteht in der Regel nicht uneingeschränkt, sondern bezieht sich nur auf Regelungen, die im Tarifvertrag getroffen worden sind. Hinsichtlich nicht geregelter, aber regelungsfähiger Punkte sind hingegen jederzeit Arbeitskampfmaßnahmen zulässig. Etwas anderes gilt nur dann, wenn dies ausdrücklich im Tarifvertrag vereinbart wurde. Verletzt eine der Parteien die Friedenspflicht, kann die Gegenseite auf Unterlassen klagen bzw. die allgemeinen Leistungsstörungsrechte nach §§ 320 ff. BGB geltend machen, insbesondere auch Schadensersatzansprüche.

Unter der **Einwirkungspflicht** versteht man die Pflicht der Vertragspartner, auf ihre Verbandsmitglieder so einzuwirken, dass diese die Vereinbarungen des Tarifvertrags einhalten.

Die **normativen Bestimmungen** des Tarifvertrags sind der eigentliche Grund für dessen Abschluss – nämlich Rechtsnormen zu schaffen. Sie sind als „Gesetze" im materiellen Sinn zwingendes Recht und dürfen nicht gegen höherrangiges Recht verstoßen. Schwerpunkt des Tarifvertrags sind gewöhnlich Regelungen über den Inhalt von Arbeitsverhältnissen, z. B. Entgeltzahlungen. Generell kann in einem Tarifvertrag praktisch alles geregelt werden, was Inhalt eines Arbeitsverhältnisses sein kann.

Gemäß § 4 TVG gelten die Rechtsnormen eines Tarifvertrags unmittelbar und zwingend zwischen den beiderseits Tarifgebundenen. Nach § 3 Abs. 1 TVG sind das nicht nur die Tarifvertragsparteien selbst, sondern auch die Mitglieder der Tarifvertragsparteien, also die Arbeitnehmer, die Mitglieder der vertragsschließenden Gewerkschaft sind und die Arbeitgeber, die Mitglieder in dem vertragsschließenden Arbeitgeberverband sind.

Zu Ungunsten des Arbeitnehmers darf von den tarifvertraglichen Vereinbarungen gemäß § 4 Abs. 3 TVG nur abgewichen werden, wenn eine sog. „**Öffnungsklausel**" im Tarifvertrag selbst dies vorsieht. Zu Gunsten des Arbeitnehmers hingegen darf nach dem sog. **„Günstigkeitsprinzip"** jederzeit vom Tarifvertrag abgewichen werden. Dieser statuiert insofern lediglich Mindeststandards zugunsten der Arbeitnehmer. Dieses Günstigkeitsprinzip ist auch nicht durch anderweitige vertragliche Gestaltung der Vertragsparteien abdingbar. In einen Günstigkeitsvergleich dürfen nach der Rechtsprechung des BAG aber nur sachlich zusammenhängende Arbeitsbedingungen einbezogen werden. Ein solcher Zusammenhang besteht etwa nicht zwischen Vergütung und Kündigung. Es darf also gerade nicht mit der Begründung, eine Weiterbeschäftigung zu geringerem Lohn sei günstiger als kurzzeitig voller Lohn mit anschließender Arbeitslosigkeit, von der tarifvertraglich vereinbarten Vergütung abgewichen werden.

4.8.3 Geltungsbereich

Unterworfen sind diesen Regelungen alle Arbeitnehmer, die einer der Tarifvertragsparteien angehören. Dazu zählen auch arbeitnehmerähnliche Personen.

Nach § 3 Abs. 3 TVG bleibt die Tarifgebundenheit so lange bestehen, bis der Tarifvertrag endet. Dies gilt auch bei einem Austritt des Arbeitgebers aus dem vertragsschließenden Arbeitgeberverband. Der Arbeitgeber bleibt also auch in diesem Fall an die geltenden Tarifverträge gebunden, bis deren Laufzeit endet (sog. **„Fortgeltung"**).

Aber auch nach Ablauf eines Tarifvertrags gelten seine Rechtsnormen nach § 4 Abs. 5 TVG noch solange weiter, bis sie durch eine „andere Abmachung" ersetzt werden (sog. **„Fortwirkung"**). Ein tarifvertragsloser Zustand durch bloßen Zeitablauf soll hierdurch verhindert werden. Der Gesetzgeber spricht aber bewusst von einer „anderen Abmachung" und nicht z. B. von einem anderen Tarifvertrag. Das bedeutet, dass die Normen eines fortwirkenden Tarifvertrags nicht nur durch einen neuen Tarifvertrag (z. B. einen Haustarifvertrag) ersetzt werden können, sondern auch etwa eine individuelle Vereinbarung zwischen Arbeitgeber und Arbeitnehmer möglich ist.

Gemäß § 5 TVG kann die Wirkung des Tarifvertrags auch auf nicht tarifgebundene Arbeitgeber und Arbeitnehmer erstreckt werden. Voraussetzung für eine solche **Allgemeinverbindlichkeitserklärung** ist jedoch, dass diese im öffentlichen Interesse geboten ist und die tarifgebundenen Arbeitgeber mindestens 50 % der unter den Regelungsbereich des Tarifvertrags fallenden Arbeitnehmer beschäftigen. Ein öffentliches Interesse ist etwa zu bejahen, wenn gleichmäßige Arbeitsbedingungen gewährleistet werden sollen. Die Allgemeinverbindlichkeitserklärung erfolgt aber nur auf Antrag einer Tarifvertragspartei im Einvernehmen mit einem aus je drei Vertretern der Spitzenorganisationen der Arbeitgeber und Arbeitnehmer bestehenden Ausschuss. Zuständig ist das Bundes- oder das jeweilige Landesarbeitsministerium. Erfasst werden von diesem Tarifvertrag dann die Arbeitgeber und Arbeitnehmer, die im räumlichen Geltungsbereich des Tarifvertrags sowie in dem sachlich erfassten Wirtschaftszweig tätig sind. Über die zeitliche Geltung können allein die Tarifvertragsparteien entscheiden. Einen abgelaufenen Tarifvertrag kann auch eine Allgemeinverbindlichkeitserklärung nicht verlängern.

Dabei gelten die Rechtsnormen eines Tarifvertrags, die den Inhalt, den Abschluss und die Beendigung von Arbeitsverhältnissen ordnen, für Beschäftigte kraft Koalitionsmitgliedschaft nach § 3 Abs. 1, § 4 Abs. 1 TVG unmittelbar. Dies wird nicht dadurch ausgeschlossen, dass für den Betrieb kraft Tarifbindung des Arbeitgebers (Verbandsmitgliedschaft oder eigener Abschluss des Tarifvertrags) mehr als ein Tarifvertrag Anwendung findet, wenn für den einzelnen Arbeitnehmer jeweils nur ein Tarifvertrag gilt (sog. Tarifpluralität). Es gibt keinen übergeordneten Grundsatz, dass für verschiedene Arbeitsverhältnisse derselben Art in einem Betrieb nur einheitliche Tarifregelungen zur Anwendung kommen können.

4.9 Arbeitsgerichtsverfahren

Die Zuständigkeit und die Besetzung der Arbeitsgerichte sowie der Gang des Arbeitsgerichtsverfahrens etc. sind im Arbeitsgerichtsgesetz (ArbGG) geregelt. Dort finden sich insbesondere Regelungen zum dreistufigen Aufbau der Arbeitsgerichtsbarkeit (Arbeits-, Landesarbeits- und Bundesarbeitsgerichte) und zur paritätischen Besetzung mit Arbeitnehmer- und Arbeitgebervertretern. Schließlich finden sich dort die Regelungen über die beiden verschiedenen Verfahrensarten, dem **Urteilsverfahren in individualarbeitsrechtlichen Angelegenheiten** (in dem die gleichen Regeln wie in einem normalen zivilprozessualen Verfahren gelten) und dem **Beschlussverfahren in kollektivrechtlichen Auseinandersetzungen** (in dem das Arbeitsgericht den Sachverhalt von Amts wegen ermittelt).

Dabei ist es interessant, womit sich die Arbeitsgerichte inhaltlich zu beschäftigten haben. Auf der Ebene des BAG betrafen 2007 nur rund 27 % der Entscheidungen die Beendigung von Arbeitsverhältnissen, ca. 17 % tarifvertragsrechtliche und etwa 11 % betriebsverfassungs- und personalvertretungsrechtliche Fragen. Knapp 14 % der Fälle betrafen Arbeitsentgeltansprüche und fast 7 % beschäftigten sich mit Problemen rund um den Übergang von Arbeitsverhältnissen gem. § 613a BGB (Betriebsübergang). Nur unter den „sonstigen" 14 % finden sich z. B. Rechtsfragen um Schadensersatz- und Urlaubsansprüche, Gratifikationen und Entgeltfortzahlung im Krankheitsfalle.

Von besonderer Bedeutung ist in den Urteilsverfahren (des ersten Rechtszugs) § 12a ArbGG. Danach besteht kein Anspruch der obsiegenden Partei auf Entschädigung wegen Zeitversäumnis und auf Erstattung der Kosten für die Zuziehung eines Prozessbevollmächtigten oder Beistands. Entgegen den allgemeinen zivilprozessualen Regeln (vgl. § 91 ZPO) hat also im erstinstanzlichen Verfahren nicht derjenige die **Kosten des Rechtsstreits** zu tragen, der den Prozess verliert, vielmehr hat jede Partei ihre eigenen Kosten (insbesondere auch die Anwaltskosten) selbst zu tragen. Intention dieser Regelung war und ist, den Arbeitnehmern die (Kosten)Angst vor der Anrufung des Arbeitsgerichts zu nehmen. In der Praxis führt diese – von Einigen durchaus berechtigt als verfehlt empfundene – Regelung aber dazu, dass zum einen großzügig völlig unbegründete Ansprüche geltend gemacht werden (weil ja im Unterliegensfalle keine Angst vor Kostenerstattungsansprüchen bestehen muss) und zum anderen, dass Arbeitnehmer auch bei völlig berechtigten, ja selbst unstreitigen Ansprüchen auf den Kosten für die erforderliche gerichtliche Geltendmachung ihrer Ansprüche sitzen bleiben.

In den arbeitsgerichtlichen Verfahren besteht außerdem die Besonderheit, dass bereits erstinstanzliche Urteile der Arbeitsgerichte nach § 62 ArbGG ohne weiteres **vorläufig vollstreckbar** sind, ohne dass dies einer besonderen Entscheidung oder auch nur eines besonderen Ausspruchs im Urteil bedürfte. Nach § 62 Abs. 1 S. 2 ArbGG kann lediglich ein Antrag auf Ausschluss der vorläufigen Vollstreckbarkeit wegen eines nicht zu ersetzenden Nachteils beantragt werden. Die vorläufige Vollstreckbarkeit ist dann im Urteil ggf. ausdrücklich auszuschließen.

Bereits die Arbeitsgerichte erster Instanz entscheiden als **Kammer**, die mit einem Berufsrichter und zwei ehrenamtlichen Richtern besetzt ist, von denen je eine Person aus der Arbeitnehmerschaft und eine Person aus der Arbeitgeberschaft kommt. Ziel der Beteiligung von **ehrenamtlichen Richtern** aus den beiden Interessengruppen des Arbeitsverhältnisses an dem arbeitsgerichtlichen Prozess ist, sicherzustellen, dass auch die Sichtweise der jeweiligen Parteien des Arbeitsverhältnisses (Arbeitnehmer und Arbeitgeber) bei der Beurteilung des Sachverhalts beachtet wird. Ehrenamtliche Richter haben bei einer Beratung oder Abstimmung etc. grundsätzlich dieselben Stimmrechte wie der oder die Berufsrichter.

Nach dem Einreichen der Klage im Urteilsverfahren bei Gericht wird diese durch das Gericht an den Beklagten weitergeleitet. Dann wird durch den Richter ein Termin zur **Güteverhandlung** festgesetzt, der nur durch den Berufsrichter wahrgenommen wird. Dieser wird versuchen, die Parteien zu einer gütlichen Beilegung des Rechtsstreits zu bewegen. Scheitert der Gütetermin, wird die mündliche Verhandlung durch die Beteiligten vorbereitet. Wenn Rechtsanwälte beteiligt sind, werden diese in Schriftsätzen (erneut) ihre Ansicht zu den gegebenen Tatsachen oder zu der Rechtslage vortragen, der Richter wird möglicherweise eine Beweisaufnahme vorbereiten und Zeugen laden. Gegen das Urteil der ersten Instanz kann innerhalb einer Frist von einem Monat, beginnend mit der Zustellung des Urteils, **Berufung** eingelegt werden. Die Berufung ist von einem Rechtsanwalt beim zuständigen Landesarbeitsgericht einzulegen und zu begründen. Auch das Landesarbeitsgericht entscheidet als Kammer, d. h. auch diese Entscheidung wird durch einen Berufsrichter und zwei ehrenamtliche Richter gefällt.

Das **Bundesarbeitsgericht** (BAG) ist die höchste Instanz in der Arbeitsgerichtsbarkeit. Sitz des Bundesarbeitsgerichts ist heute Erfurt, bis 1999 war es Kassel. Beim Bundesarbeitsgericht sind derzeit 34 Richter tätig, die Senaten zugeteilt sind. Ein **Senat** besteht aus drei Berufsrichtern und wiederum zwei ehrenamtlichen Richtern. Die Parteien müssen sich in einem Verfahren vor dem Bundesarbeitsgericht durch einen Rechtsanwalt vertreten lassen. Das Bundesarbeitsgericht ist zuständig für Revisionen gegen Urteile der Landesarbeitsgerichte, Rechtsbeschwerden gegen Beschlüsse der Landesarbeitsgerichte, Sprungrechtsbeschwerden bzw. Sprungrevisionen gegen Beschlüsse bzw. Urteile der Arbeitsgerichte und Nichtzulassungsbeschwerden.

Urteile bzw. Beschlüsse der Landesarbeitsgerichte können nicht beliebig mit der Revision bzw. der Beschwerde angefochten werden. Voraussetzung ist, dass die **Revisions- bzw. die Beschwerdemöglichkeit** durch das Landesarbeitsgericht in dem Urteil bzw. dem Beschluss ausdrücklich **zugelassen** wurde. Dabei kann das Landesarbeitsgericht aber nicht willkürlich vorgehen. Die Revisionsmöglichkeit bzw. die Beschwerdemöglichkeit muss eingeräumt werden, wenn der Rechtsstreit von grundsätzlicher Bedeutung für die Rechtsordnung bzw. einen größeren Teil der Allgemeinheit ist oder die Entscheidung des Landesarbeitsgerichts von einer anderen Entscheidung u. a. des

Bundesverfassungsgerichts oder des Bundesarbeitsgerichts in einem vergleichbaren Fall abweicht. Wird die Revision gegen das Urteil eines Landesarbeitsgerichts nicht zugelassen, kann die Partei mit einer sog. **Nichtzulassungsbeschwerde** gegen diese Entscheidung vorgehen. Die Nichtzulassungsbeschwerde wird beim Bundesarbeitsgericht eingelegt, das dann über die Zulassung der Revision entscheidet.

In den Fällen einer **Sprungrevision oder** einer **Sprungrechtsbeschwerde** gemäß § 76 ArbGG bzw. § 96a ArbGG wird die Entscheidung des Arbeitsgerichts unmittelbar vor dem Bundesarbeitsgericht angefochten. Die Instanz der Landesarbeitsgerichte wird also übergangen. Voraussetzung ist, dass beide Parteien zustimmen und das Arbeitsgericht dies zulässt. Zudem kann die Sprungrevision bzw. die Sprungrechtsbeschwerde nur in den im Gesetz genannten Fällen eingelegt werden. Dabei handelt es sich im Wesentlichen um Rechtsstreitigkeiten zwischen Tarifvertragsparteien aus Tarifverträgen.

Arbeitsrechtliche Aspekte spielen in allen Bereichen des Personalmanagements eine wichtige Rolle. Von der Personalbeschaffung über die Personalentwicklung, -führung, -betreuung und -verwaltung bis hin zur Personalfreisetzung **„geht nichts" ohne Beachtung der arbeitsrechtlichen Hintergründe und Rahmenbedingungen**. Die tägliche Arbeit des Arbeitsrechtlers belegt, dass bei einer frühzeitigen Beachtung des Arbeitsrechts zahlreiche unerquickliche Auseinandersetzungen vermeidbar wären.

Zum Weiterdenken

- Das Arbeitsrecht der Bundesrepublik Deutschland verteilt sich bislang auf eine Vielzahl einzelner gesetzlicher Regelungen und basiert weitgehend auf einzelfallorientierter Rechtsprechung. Das deutsche Arbeitsrecht ist dadurch sehr unübersichtlich. Inwiefern erscheint die Schaffung eines transparenteren einheitlichen „Arbeitsvertragsgesetzes" als wichtige politische Option?
- Wie werden sich die europäischen Entwicklungen auf das deutsche Arbeitsrecht auswirken?
- Ist mehr Mobilität von Arbeitnehmern ein arbeitsmarktpolitisches Ziel und steht diesem das strenge deutsche Kündigungsschutzrecht entgegen? Was gibt es für Alternativen?
- Inwieweit korrespondieren Arbeitsrecht, Sozialversicherungsrecht und Steuerrecht bei der Erreichung arbeitsmarktpolitischer Ziele? Gibt es hier Verbesserungspotenzial?

Quellen zu Teil 4

Bährle, R.: Praxishandbuch Arbeitsrecht, Wiesbaden 2004
Bährle, R.: Arbeitsrecht für Arbeitgeber, Wien 2007
Berscheid, E./Kuntz, J./Brand, J. (Hrsg.): Praxis des Arbeitsrechts, 2. Aufl., Augsburg 2003
Boemke, B.: Studienbuch Arbeitsrecht, 2. Aufl., München 2004
Brox, H./Rüthers, B./Henssler, M.: Arbeitsrecht, 17. Aufl., Stuttgart 2007

Däubler, W.: Das Arbeitsrecht – Leitfaden für Arbeitnehmer, Bd. 1, 14. Aufl. Reinbek 1995 - Bd. 2, 10. Aufl. Reinbek 1995
Däubler, W.: Arbeitsrecht – Ratgeber für Beruf, Praxis und Studium, 7. Aufl., Köln 2008
Dietz, R. (Hrsg.): Betriebsverfassungsgesetz mit Wahlordnung, 11. Aufl., München 2007
Dörner, K./Luczak, S./Wildschütz, M.: Handbuch Arbeitsrecht, 4. Aufl., Neuwied 2004
Dörner, K./Luczak, S./Wildschütz, M.: Handbuch des Fachanwalts Arbeitsrecht, 8. Aufl., Neuwied 2009
Dornbusch, G./Fischermeier, E./Löwisch, M. (Hrsg.): Fachanwaltskommentar Arbeitsrecht, 3. Aufl., Neuwied 2010
Dütz, W.: Arbeitsrecht, 14. Aufl., München 2009

Endruweit, G. u.a. (Hrsg.): Handbuch der Arbeitsbeziehungen, Berlin/New York 1985

Fitting, K u.a.: Betriebsverfassungsgesetz, 25. Aufl., München 2010

Gitter, W./Michalski, L.: Arbeitsrecht, 5. Aufl., Heidelberg 2002

Halbach, G. u. a.: Übersicht über das Arbeitsrecht, 8. Aufl., Bonn 2000
Halbach, G. u. a.: Übersicht über das Sozialrecht, 5. Aufl., Bonn 1998
Hanau, P./Adomeit, K.: Arbeitsrecht, 14. Aufl., Neuwied 2007
Hromadka, W.: Arbeitsrecht für Vorgesetzte, 2. Aufl., Berlin 2009
Hunold, W.: Personalanpassung in Recht und Praxis, 2. Aufl., München 1992

Junker, A.: Grundkurs Arbeitsrecht, 9. Aufl., München 2010

Keller, B.: Einführung in die Arbeitspolitik, 7. Aufl., München 2008
Kittner, M./Zwanziger, B. (Hrsg.): Arbeitsrecht, 5. Aufl., Köln 2009
Krause, R.: Arbeitsrecht, 2. Aufl., Baden-Baden 20010
Küttner, W./Röller, J. (Hrsg.): Personalbuch 2008, 17. Aufl., München 2010

Lieb, M./Jacobs, M.: Arbeitsrecht, 9. Aufl., Heidelberg 2006
Löwisch, M.: Arbeitsrecht, 8. Aufl., Neuwied 2007
Lorinser, B.: Arbeitsrechtliche Praxis, München 2009

Maschmann, F./Hromadka, W.: Arbeitsrecht Bd. 1: Individualarbeitsrecht – Arbeitsrecht Bd. 2: Kollektivarbeitsrecht + Arbeitsstreitigkeiten, 4. Aufl., Berlin 2008

Michalski, M.: Arbeitsrecht, 7. Aufl., Heidelberg 2008

Moll, W. (Hrsg.): Münchener Anwaltshandbuch Arbeitsrecht, 2. Aufl., München 2008

Müller, B./Preis, F.: Arbeitsrecht im öffentlichen Dienst, 7. Aufl., München 2009

Müller-Glöge, R./Preis, U./Schmidt, I. (Hrsg.): Erfurter Kommentar zum Arbeitsrecht, 10. Aufl., München 2009

Otto, H.: Arbeitsrecht, 4. Aufl., Berlin/New York 2008

Preis, U. u. a. (Hrsg.): Der Arbeitsvertrag – Handbuch der Vertragspraxis und -gestaltung, 3. Aufl., Köln 2008

Preis, U.: Arbeitsrecht – Individualarbeitsrecht, 3. Aufl., Köln 2009

Preis, U.: Arbeitsrecht – Kollektivarbeitsrecht, 2. Aufl., Köln 2009

Richardi, R./Wlotzke, O. (Hrsg.): Münchener Handbuch zum Arbeitsrecht, 3 Bde., 2. Aufl., München 2000

Richardi, R.: Kollektives Arbeitsrecht, München 2007

Rolfs, C.: Studienkommentar Arbeitsrecht, 2. Aufl., München 2007

Schanz, G.: Mitarbeiterbeteiligung, München 1985

Schaub, G. u.a.: Arbeitsrechts-Handbuch, 13. Aufl., München 2009

Schmid, H./Trenk-Hinterberger, P.: Grundzüge des Arbeitsrechts, 3. Aufl., München 2003

Schwerdtner, P. (Hrsg.): Rechtshandbuch der Personalpraxis, 15. Aufl., Neuwied/Kriftel 2006

Senne, P.: Arbeitsrecht, 6. Aufl., München 2009

Söllner, A./Waltermann R.: Arbeitsrecht, 15. Aufl., München 2009

Wächter, H.: Mitbestimmung, München 1983

Wisskirchen, G.: AGG – Allgemeines Gleichbehandlungsgesetz: Auswirkungen auf die Praxis, 3. Aufl., Frechen 2007

Wollenschläger, M./Pollert, D./Löcher, J.: Arbeitsrecht, 3. Aufl., Köln 2010

Zöllner, W./Loritz, K./Hergenröder, W. (Hrsg.): Arbeitsrecht, 6. Aufl., München 2007

Gesetzestexte

BMAS (Bundesministerium für Arbeit und Soziales): www.bmas.de

BMJ (Bundesministerium der Justiz/juris GmbH): www.gesetze-im-internet.de

Bundesarbeitsgericht: www.bundesarbeitsgericht.de

dtv-Arbeitsgesetze (mit einer Einführung von R. Richardi), München 2010

Nipperdey, C.: Arbeitsrecht (Loseblattsammlung), München 2010

Inhalt von Teil 5

Abbildungen in Teil 5

5 Arbeitsgestaltung und Anreizsysteme

Die Betreuung von Mitarbeitern ist eine personalwirtschaftliche Kernaufgabe, die von den Personalabteilungen im Zusammenwirken mit den Führungskräften wahrgenommen wird. Voraussetzung für den Personaleinsatz und die Mitarbeiterbindung sind die Maßnahmen zur Ausgestaltung der Arbeitsbedingungen. Hierüber werden in allen Unternehmen Festlegungen getroffen. Die im 3. Teil besprochenen neueren Bindungsprogramme ergänzen und erweitern die Arbeitsgestaltung.

Abbildung 5-01: ***Arbeitsgestaltung im 3-Säulen-Modell***

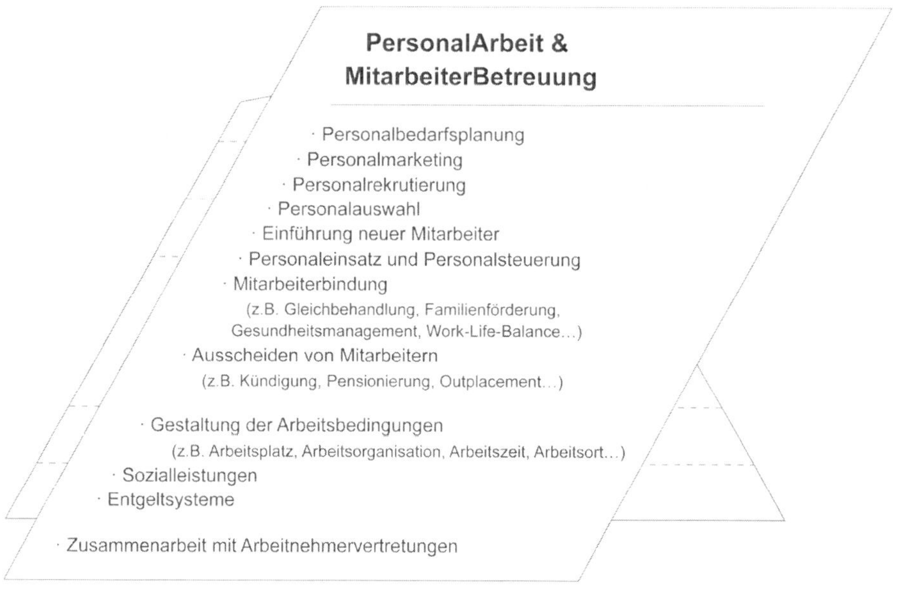

Die Themen, über die im Weiteren zu sprechen ist, betreffen zwei große Bereiche: Einerseits geht es um die Gestaltung einiger besonders wichtiger immaterieller Anreize. Andererseits stehen mit dem Entgelt und den Sozialleistungen materielle Anreize zur Diskussion. Zum Anreizsystem eines Unternehmens zählen darüber hinaus auch die Entwicklungsmöglichkeiten (siehe Teil 7), die Mitarbeiterführung durch die Vorgesetzten und die Zusammenarbeit mit den Kollegen (siehe Teil 6), Mitsprachemöglichkeiten (siehe Teil 4), die Mitarbeiterinformation, die Mitarbeiterbindungsprogramme (siehe Teil 3) u. a. m. Die Fragen der Arbeitsgestaltung, die im Folgenden im Mittelpunkt stehen, werden im Schrifttum unter den Überschriften Anreizsysteme, Personalerhaltung oder Personaleinsatz zusammengefasst; dabei geht es um die **Gestaltung der Arbeitsbedingungen**.

Abbildung 5-02: ***Themen der Arbeitsgestaltung***

Die zentralen Themen der Arbeitsgestaltung zeigt die Abbildung. Als wichtigste Fragestellungen, die sich überwiegend mit der Vorbereitung der Arbeitssituation befassen, können die ergonomische Gestaltung des Arbeitsplatzes, die Arbeitsorganisation (Einzel- oder Gruppenarbeit, einfache oder anspruchsvolle Aufgaben...), die (flexiblen) Arbeitszeitregelungen, der Arbeitsort (z. B. Heimarbeit, Telearbeit...) sowie die Vergütung und die betrieblichen Sozialleistungen angesehen werden. Bei allen diesen Themen spielen jeweils auch grundsätzliche personalpolitische Überlegungen eine Rolle – sollen zum Beispiel eher starre oder eher flexible Regelungen praktiziert werden? Auch Untersuchungen dieser Arbeitsbedingungen (Ist-Analyse) und eine kritische Bewertung bzw. Würdigung (Evaluation) neuer Gestaltungsansätze sind wichtig.

Leitfragen

- Welche Themen sind bei den äußeren Arbeitsbedingungen zu beachten?
- Welche Formen der Arbeitsstrukturierung haben welche Auswirkungen?
- Wie lassen sich die Formen der flexiblen Arbeitszeitgestaltung systematisieren?
- Wie funktioniert die Vertrauensarbeitszeit?
- Was kennzeichnet die Telearbeit?
- Welche Möglichkeiten zur Präzisierung der Entgeltgerechtigkeit gibt es?
- Was sind die wesentlichen Ziele des Entgeltrahmenabkommens (ERA) in der Metallindustrie?
- Welche Entwicklungen im Bereich der Entgeltsysteme sind aktuell erkennbar?
- Was ist mit Total Compensation genau gemeint?

5.1 Ergonomie

Mit der menschengerechten Gestaltung der äußeren Arbeitsbedingungen, der Arbeitsorganisation, mit dem Arbeitszeitstudium sowie (am Rande auch) den Arbeitszeitregelungen und den materiellen Anreizsystemen befasst sich die **Arbeitswissenschaft bzw. Arbeitswirtschaft** intensiv. Die Arbeitswissenschaft hat eine lange Tradition, die deutlich vor Beginn des 20. Jahrhunderts begonnen hat; ihr Auftrag ist gesetzlich festgeschrieben.

§ 90 BetrVG – Gestaltung von Arbeitsplatz, Arbeitsablauf und Arbeitsumgebung

„(1) Der Arbeitgeber hat den Betriebsrat über die Planung

1. von... betrieblichen Räumen,
2. von technischen Anlagen
3. von Arbeitsverfahren und Arbeitsabläufen oder
4. der Arbeitsplätze

rechtzeitig unter Vorlage der erforderlichen Unterlagen zu unterrichten.

(2) Der Arbeitgeber hat mit dem Betriebsrat die vorgesehenen Maßnahmen und ihre Auswirkungen auf die Arbeitnehmer... zu beraten... Arbeitgeber und Betriebsrat sollen dabei auch die gesicherten arbeitswissenschaftlichen Erkenntnisse über die menschengerechte Gestaltung der Arbeit berücksichtigen.“

§ 91 BetrVG – Mitbestimmungsrecht

„Werden die Arbeitnehmer durch Änderungen der Arbeitsplätze, des Arbeitsablaufs oder der Arbeitsumgebung, die den gesicherten arbeitswissenschaftlichen Erkenntnissen über die menschengerechte Gestaltung der Arbeit offensichtlich widersprechen, in besonderer Weise belastet, so kann der Betriebsrat angemessene Maßnahmen zur Abwendung, Milderung oder zum Ausgleich der Belastung verlangen. Kommt eine Einigung nicht zustande, so entscheidet die Einigungsstelle...“.

§ 92 a BetrVG – Beschäftigungssicherung

„(1) Der Betriebsrat kann dem Arbeitgeber Vorschläge zur Sicherung und Förderung der Beschäftigung machen. Diese können insbesondere eine flexible Gestaltung der Arbeitszeit..., neue Formen der Arbeitsorganisation, Änderungen der Arbeitsverfahren und Arbeitsabläufe..., Alternativen zur Ausgliederung von Arbeit... sowie zum... Investitionsprogramm zum Gegenstand haben."

Diese Passagen machen die Bedeutung der Arbeitswissenschaft, aber auch einige zentrale Fragen klar: Was sind gesicherte arbeitswissenschaftliche Erkenntnisse? Was ist menschengerechte Arbeitsgestaltung? Die Antworten fallen nicht so eindeutig aus, wie man sich das wünscht, vielmehr orientiert man sich an gesetzlichen Regelungen, tariflichen Festschreibungen, weiteren Normen sowie an den überwiegend geltenden Auffassungen von Fachleuten. Eine institutionelle Grundlage hat die Arbeitswissenschaft im REFA-Verband, der als Zusammenschluss von Experten aus Praxis und Wissenschaft sowie von Arbeitgeber- und Arbeitnehmerseite gelten kann.

Die menschengerechte Gestaltung der äußeren Arbeitsbedingungen bezieht sich thematisch hauptsächlich auf den Arbeitsplatz, die Arbeitsmittel sowie auf die Arbeitsumgebung; hinzu kommt die Arbeitssicherheit. Die Gestaltungsfragen, um die es dabei im Einzelnen geht, sind das Feld der Arbeitsmediziner und der Arbeitsingenieure. Mit einschlägigen Untersuchungsmethoden und Gestaltungsmaßnahmen werden Belastungen aus dem äußeren Umfeld minimiert, so dass für den arbeitenden Menschen möglichst geringe Beanspruchungen entstehen. Das **arbeitswissenschaftliche Belastungs-/Beanspruchungskonzept** macht den Zusammenhang zwischen objektiv belastender Situation und subjektiver Reaktion (Beanspruchung) deutlich.

Abbildung 5-03: ***Belastungs-/Beanspruchungskonzept***

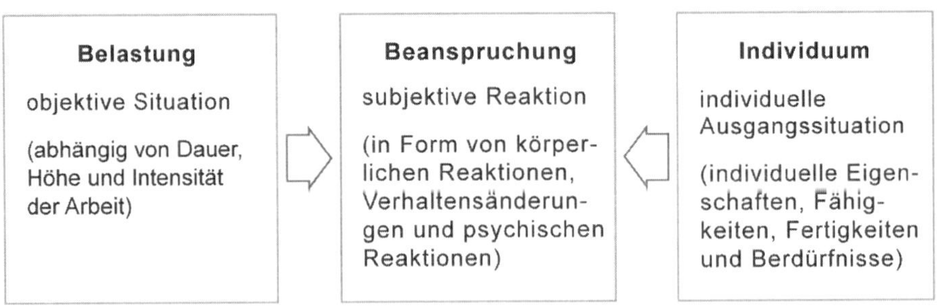

Die Erhebung (und Bewertung) der gesamten Arbeitssituation erfolgt mit Hilfe der Verfahren der Arbeitsanalyse. Standardisierte Verfahren der Arbeitsanalyse kommen aus dem Bereich der Psychologie (so z. B. der FAA – Fragebogen zur Arbeitsanalyse) oder der Ingenieurwissenschaften (z. B. der AET – Arbeitswissenschaftlicher Erhebungsbogen zur Tätigkeitsanalyse oder die REFA-Methodik – REFA Bundesverband e.V., Verband für Arbeitsgestaltung, Betriebsorganisation und Unternehmensentwicklung; 1924 gegründet als **Re**ichsausschuss **f**ür **A**rbeitszeitermittlung).

Arbeitsplatz-, Arbeitsmittel-, Arbeitsumgebungs- und Sicherheitsgestaltung betreffen die in der folgenden Übersicht dargestellten Einzelthemen.

Übersicht: ***Äußere Arbeitsbedingungen***

Arbeitsplatz und -mittel	Arbeitsumgebung	Arbeitssicherheit
• Arbeitsstuhl und Tisch (Sitzhöhe, Haltung, Arbeitshöhe, Greifraum...) • Arm- und Fußstützen • Griffe, Schalter... • Bewegungsraum • Informationsdarbietung (Sicheres Ablesen, Aufmerksamkeit...) • ...	• Beleuchtung und Farbe • Lärm und mechanische Schwingungen • Raumklima (Temperatur, Zugluft, Luftfeuchtigkeit...) • Schadstoffe (Staub, Rauch, Gase...) • ...	• Sicherheitsvorrichtungen (Schutzgitter...) • Sicherheitsausstattung (Sicherheitsschuhe, Handschuhe, Schutzanzüge...) • Eindeutige Warnungen bei Gefahr (Warnschilder, Signaltöne...) • Automatisierung gefährlicher Arbeitsabläufe • Erste Hilfe-Einrichtungen • ...

Bei der **Arbeitssicherheit** sind weitere Aspekte von Bedeutung, zum Beispiel die Information über Unfallgefahren und die Motivation zu sicherheitsgerechtem Verhalten. Hinzu kommt bei diesem Thema das umfangreiche Regelwerk von gesetzlichen Festlegungen, Verordnungen, Anweisungen und Richtlinien, dessen Einhaltung insbesondere die Berufsgenossenschaften als Träger der Unfallversicherung überwachen.

Bei der menschengerechten Gestaltung des Arbeitsplatzes und der Arbeitsmittel kommt es auf die anthropometrischen Aspekte der körpergerechten Gestaltung und auf die wahrnehmungsgerechte Darstellung von Informationen an. Da Menschen unterschiedliche Körpermaße vorweisen und ihre Wahrnehmungsfähigkeiten unterschiedlich ausgeprägt sind, spielen Möglichkeiten der Anpassung an die individuellen Gegebenheiten und Wünsche eine besondere Rolle: zum Beispiel die Verstellbarkeit von Stühlen oder die Einstellungsmöglichkeiten für den Bildschirm eines PCs. Die Fragen und Probleme der **Arbeitsplatz-, Arbeitsmittel- und Arbeitsumgebungsgestaltung** kann man sich leicht anhand von Beispielen verdeutlichen, die jeder kennt. Der Arbeitsplatz eines Taxifahrers oder eines Piloten, der Arbeitsplatz einer Sekretärin oder eines Sachbearbeiters im Innendienst einer Versicherung, der Arbeitsplatz eines Arbeiters am Montageband oder eines Gesellen im Reparaturbereich einer KFZ-Werkstatt, der Arbeitsplatz eines Goldschmieds oder eines Poliers am Bau, der Arbeitsplatz eines Verkäufers im Vertriebsaußendienst oder eines Kundenbetreuers am Bankschalter, der Arbeitsplatz einer Kellnerin oder einer Mitarbeiterin in einer Werkskantine – alle besitzen verschiedenartigste Problemstellungen, die jeweils spezifisch anzugehen sind. Neuerdings spielen auch die Bildschirmarbeitsplätze als weit verbreiteter Spezialtyp eine besondere Rolle. Macht man sich die jeweiligen konkreten Probleme klar, so wird rasch deutlich, dass es keine pauschalen Lösungen geben kann. Das ist auch der Grund dafür, warum hier nicht näher auf diese Fragen eingegangen werden kann (die im Übrigen auch viel arbeitsmedizinisches Wissen voraussetzen).

Neuerdings geht die betriebliche Praxis alle Aspekte, die mit den Belastungen und Beanspruchungen der Mitarbeiter zu tun haben, mit einem „Ansatz von unten" (Beteiligung der betroffenen Mitarbeiter) unter dem (in Teil 3) bereits besprochenen Stichwort „**Betriebliches Gesundheitsmanagement bzw. -förderung**" an.

5.2 Arbeitsorganisation

Während die Arbeitsplatz- und Arbeitsumgebungsgestaltung die Äußerlichkeiten (Hygienefaktoren) betreffen, ist mit der Arbeitsorganisation beziehungsweise mit der Gestaltung der Arbeitsinhalte die Tätigkeit selbst angesprochen (Motivatoren). Beides zusammen ergibt die Arbeitssituation bzw. das sog. „Arbeitssystem". Die Beschäftigung mit dem Arbeitsinhalt hat seit Beginn des 20. Jahrhunderts zu sehr unterschiedlichen Empfehlungen über humane und effiziente Arbeitsstrukturen geführt.

Taylor, Ford und Gilbreth waren der Auffassung, dass eine maximale Arbeitsteilung und die damit einhergehende Trennung von Planung und Ausführung Spezialisierungsvorteile für das Unternehmen und die Mitarbeiter bringt, dass die Ablauforganisation nach dem Flussprinzip (Anordnung der Arbeitsplätze nach der Bearbeitungsreihenfolge und nicht Zusammenfassung gleichartiger Plätze in einer Werkstatt) unter Zuhilfenahme des Fließbandes als Transportmittel vorteilhaft ist und dass ein intensives Arbeitsstudium Voraussetzung für die Bestgestaltung der menschlichen Arbeit darstellt.

Alle drei Urväter der Arbeitsorganisation hatten akzeptable Ziele, die sie verfolgen wollten (Taylor: „Entwicklung der Fähigkeiten der Arbeitnehmer bis zur Vollkommenheit"), die Mittel, deren sie sich bedienten, weisen aus heutiger Sicht auf weniger geschätzte Basisannahmen (Menschenbild) hin. Der Mensch wurde in Wirklichkeit als Maschine gesehen und entsprechend behandelt. Die Bezeichnung von Taylors Ideen als „Wissenschaftliche Betriebsführung" macht deutlich, dass sich unter dem

Deckmantel von Wissenschaft viel abspielen kann, was kritisch hinterfragt werden muss. Die Bedürfnisse der Arbeitnehmer blieben weitgehend unberücksichtigt.

Die negativen Folgewirkungen der intensiven Arbeitsteilung führten bald dazu, dass andere Gestaltungsideen aufkamen, die aber erst in den 70er Jahren des letzten Jahrhunderts zu einer intensiven Diskussion über die Alternativen und in den 90er Jahren in eine auf breiterer Basis umgesetzte Gegenbewegung mündeten. **Humanisierung der Arbeitswelt** war das Schlagwort, unter dem seit 1970 über die Arbeitsstrukturierung, die organisatorische Arbeitsgestaltung bzw. über die neuen Formen der Arbeitsorganisation bzw. die Arbeitsstrukturierung diskutiert wurde. Neuerdings wird die „Schraube der Arbeitsteilung" wieder ein Stück weit zurückgedreht und eine stärkere Arbeitsteilung befürwortet.

5.2.1 Grundformen der Arbeitsstrukturierung

In der Anfangsphase der **Arbeitsstrukturierung** standen konkrete Formen zur Reorganisation der ausführenden Tätigkeiten im Produktionsbereich von Industrieunternehmen im Vordergrund. Job Rotation als systematischer Arbeitsplatzwechsel, Job Enlargement als Erweiterung und damit mehr Abwechslung bei der Arbeit, Job Enrichment als Anreicherung der Tätigkeit mit mehr Eigenverantwortung und die teilautonomen Arbeitsgruppen wurden in ihrer Funktionsweise, ihren Voraussetzungen, Anwendungsmöglichkeiten und Auswirkungen intensiv untersucht. Später kamen die Anwendungen und Möglichkeiten im Verwaltungs- und im Dienstleistungsbereich hinzu, die konkreten Formen der Arbeitsstrukturierung wurden umfassender gesehen und es entstand eine theoretische Grundlage, die insbesondere die Prinzipien betonte, an denen sich die organisatorische Arbeitsgestaltung orientieren sollte („Job Design-Theorie").

Ebenfalls aus dieser Anfangszeit stammen zwei Themenfelder, die mit der eingesetzten Technologie zu tun haben. Die generelle Funktion von Technik als einer Größe, die die organisatorischen Gestaltungsfreiheiten einengt, wurde kritisch diskutiert, und es wurde deutlich, dass fortgeschrittene Technologien mehr Freiräume erlauben als mittlere Technologisierungsgrade. Der sog. **technologische Determinismus** („Technik bestimmt die Organisation") ist inzwischen kein besonderes Thema mehr, weiß man doch aus konkreten Erfahrungen, dass organisatorische Regelungen und Technologie gemeinsam den Arbeitsinhalt des Mitarbeiters bestimmen – und dass sie Gestaltungsspielräume zulassen. In eine ähnliche Richtung ging die Diskussion über die Auswirkungen von Technologien beim Mitarbeiter. Stark verkürzt wurden unter der **Qualifikationsperspektive** drei Thesen diskutiert: die Dequalifikationsthese, die Höherqualifikationsthese und die Polarisationsthese. Die beiden ersten Annahmen behaup-

Abbildung 5-04: **Neue Formen der Arbeitsorganisation**

Aufgabenerweiterung (Job Enlargement)	Zu den bereits vorhandenen Tätigkeiten an einer (Arbeits-)Stelle kommen neue hinzu, die sich nicht wesentlich von den bisherigen unterscheiden. Das Verhältnis von Entscheidungs- und Ausführungsaufgaben bleibt in etwa konstant.
Aufgabenbereicherung (Job Enrichment)	Die bisherigen Aufgaben werden mit Selbständigkeit und Verantwortung in Planung, Durchführung und Kontrolle der eigenen Arbeit angereichert. Die Relation von Entscheidung- zu Ausführungsaufgaben verändert sich zugunsten der dispositiven Elemente.
Puffersysteme und Nebenflussprinzipien	Die Einrichtung von Puffern und Nebenflusssystemen ermöglicht den Arbeitnehmern einen Arbeitsrhythmus, der von technischen Anlagen und der Arbeitsgeschwindigkeit der Kollegen relativ unabhängig ist.
Systematischer Arbeitsplatzwechsel (Job Rotation)	Mehrere Arbeitnehmer erhalten die Möglichkeit, nach vorgegebenem oder zu vereinbarendem Rhythmus die Arbeitsplätze zu tauschen.
Überlappende Tätigkeitsbereiche	Die Verteilung von Aufgaben auf die einzelnen Stellen ist nicht starr, sondern in gewissen Grenzen flexibel. Die Mitarbeiter an diesen Arbeitsplätzen haben die Möglichkeit, einen mehr oder minder großen Aufgabenkomplex zu übernehmen und damit in neue Aufgabenbereiche hineinzuwachsen.
Teilautonome Arbeitsgruppen	Eine bestimmte Arbeitsaufgabe wird mehreren Mitarbeitern zur gemeinsamen Erledigung übertragen; gleichzeitig erhält die Arbeitsgruppe kollektiv gewisse Entscheidungsspielräume, z.B. hinsichtlich des Einsatzes der Gruppenmitglieder, der Gestaltung der Arbeitsabläufe, des Arbeitstempos, der Qualitätskontrolle, der Pausenregelung, der Urlaubsplanung u.a.m.

Abbildung 5-05: ***Job Design-Theorie***

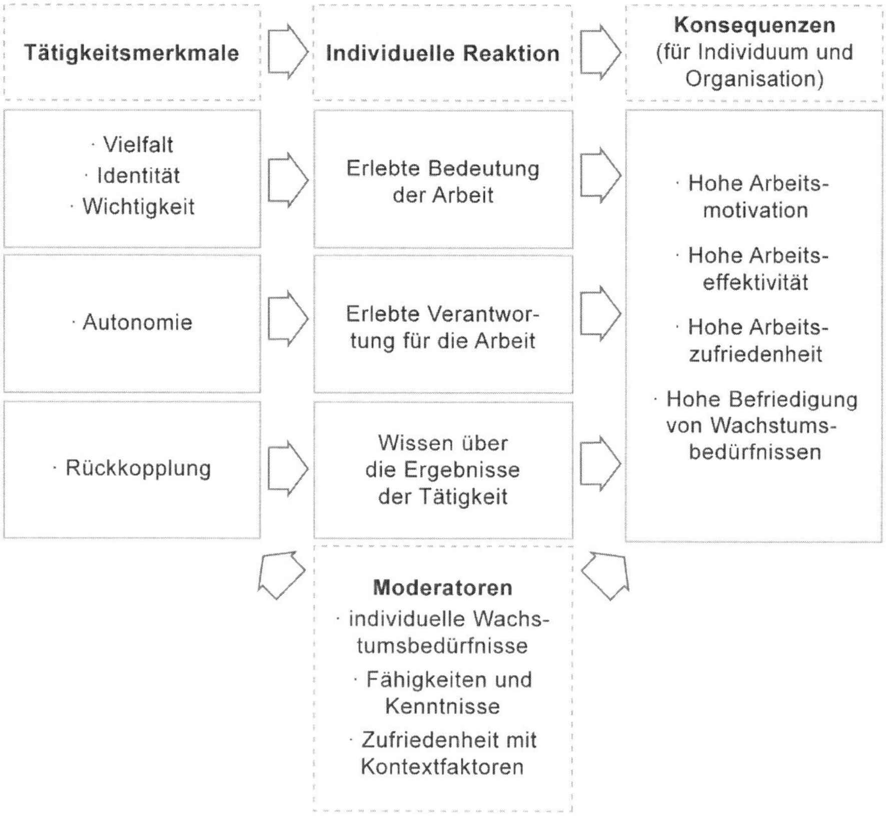

aus: Schanz 2000

teten, dass neue Technologien generell (immer und überall) niedrigere bzw. höhere Qualifikation nach sich ziehen; Polarisierung heißt, dass die Schere zwischen den hoch Qualifizierten und den niedrig Qualifizierten sich weiter öffnet, die (bestehende) Kluft somit größer wird. Inzwischen ist auch hier deutlich geworden, dass die Welt komplexer ist und dass Arbeitsinhalte vielfältiger gestaltbar sind als angenommen wurde, die Technik somit die Arbeitsinhalte und die erforderlichen Qualifikationen nicht unabänderlich determiniert.

Heute geht es um die ganzheitliche und integrierte Sicht sowie Gestaltung der Arbeitsorganisation. Technische, organisatorische, informationsverarbeitende und qualifikatorische Aspekte sollen gleichberechtigt betrachtet werden und zu humanen sowie produktiven und flexiblen Arbeitssystemen führen.

Aus heutiger Sicht können die konkreten **Formen der Arbeitsstrukturierung** so klassifiziert werden, wie dies in der folgenden Abbildung dargestellt ist. Dabei meint aufbauorganisatorische Gestaltung, dass der Arbeitsinhalt am einzelnen Arbeitsplatz sich verändert. Ablauforganisatorische Gestaltung – heute spricht man hierbei von Prozessgestaltung – betrifft das räumlich-zeitliche Zusammenspiel mehrerer Arbeitsplätze, die in unterschiedlichem Maße voneinander abhängig sein können. Die Veränderung der Aufgabenzuweisung tangiert ebenfalls das Zusammenspiel mehrerer Arbeitsplätze, und das gilt natürlich auch für die Gestaltung der Sozialsysteme, die in Form von Gruppenarbeit zurzeit besonders intensiv propagiert werden.

Abbildung 5-06: ***Ansatzpunkte und Maßnahmen der Arbeitsstrukturierung***

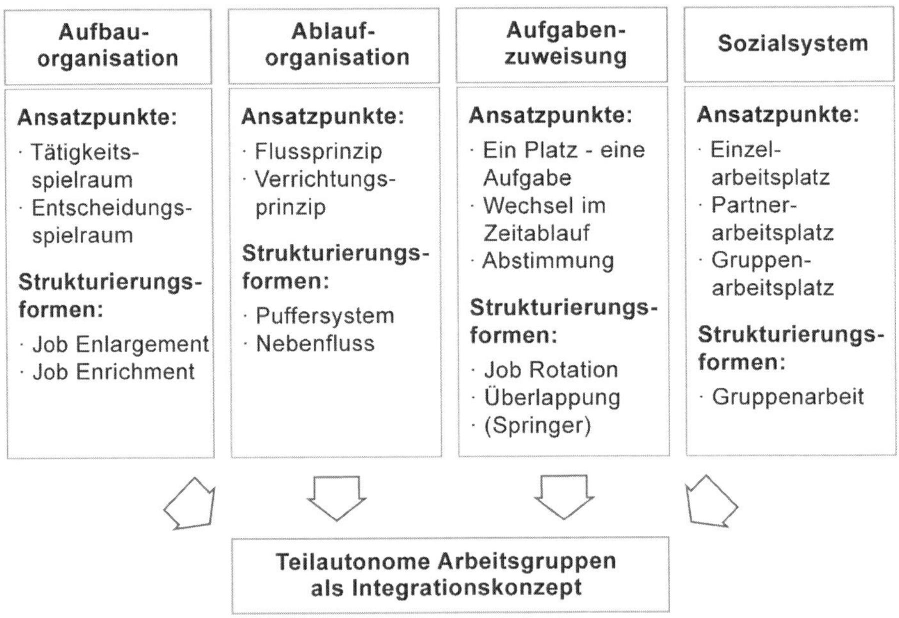

Aus der Sicht der arbeitsorganisatorischen Theorie sollten einige **Prinzipien bzw. Leitlinien** bei der Gestaltung von Arbeitsinhalten eingehalten werden, konkret

- Ganzheitlichkeit
- Anforderungsvielfalt
- Möglichkeiten zu sozialer Interaktion
- Autonomie
- Lern- und Entwicklungsmöglichkeiten

Nur dann ist mit den Wirkungen zu rechnen, die den Arbeitsstrukturierungsmaßnahmen nachgesagt werden. Auswirkungen können in folgenden Bereichen erwartet werden.

*Übersicht: (Aus)**Wirkungen der Arbeitsstrukturierung***

- Belastungswechsel und Abbau von Monotonie
- Reduzierung von Zeitzwängen
- Vergrößerung der Verantwortung
- Verbesserung der Kooperationsmöglichkeiten
- Höherqualifizierung
- Ganzheitliche Tätigkeit
- Steigerung von Motivation und Zufriedenheit
- Reduzierung von Fehlzeiten und Fluktuation
- Flexiblere Einsatzmöglichkeiten
- Bessere Einarbeitung
- Bessere Qualität der Leistung
- Ggf. höhere Leistung
- ...

Eine zukunftsweisende Entwicklung bei der Arbeitsstrukturierung ist in der sog. differentiellen und in der persönlichkeitsfördernden Arbeitsgestaltung zu sehen. **Differentielle Arbeitsgestaltung** heißt, mehrere alternative Strukturen anzubieten und damit der Tatsache Rechnung zu tragen, dass nicht alle Mitarbeiter dieselben Vorstellungen von einer zufriedenstellenden Tätigkeit haben. Einige tragen gern Verantwortung und haben gern Abwechslung, anderen kommt eine gleichförmigere Tätigkeit mit überwiegend ausführenden Elementen näher – vielleicht weil sie es so gewohnt sind oder sonst vielleicht überfordert wären. In jedem Fall sollten die Mitarbeiter Möglichkeiten haben, verschiedene Strukturen auszuprobieren und sich dann für die Alternative zu entscheiden, die ihnen am meisten zusagt. Keinesfalls darf der Fehler gemacht werden, die derzeit (wieder einmal) aktuelle Gruppenarbeit zum neuen „Best Way" zu machen und dabei den Bedürfnissen und Wünschen vieler Menschen nicht gerecht zu werden. Die Diskussion um Lean Management birgt diese Gefahr deutlich in sich.

Persönlichkeitsfördernde oder dynamische Arbeitsgestaltung berücksichtigt, dass die Vorlieben und Einschätzungen eines Mitarbeiters im Zeitablauf Änderungen unterliegen (können). Möglichkeiten zu lernen und neue Erfahrungen zu machen beziehungsweise Chancen zu persönlichem Wachstum rücken hierbei ins Zentrum der Betrachtung. Damit wird der Mitarbeiter als sich entwickelndes Individuum anerkannt.

5.2.2 Gruppenarbeit

Das Thema **Gruppenarbeit** hat in letzter Zeit (wieder) besondere Bedeutung erlangt. Ursprünglich in Zusammenhang mit der Human Relations-Bewegung aufgekommen, erlebte es in der Humanisierungsphase der 70er Jahre eine Neubelebung und stellt aktuell wieder ein zentrales Paradigma (Denkweise und Gestaltungsform) bei den neuen Managementkonzeptionen Lean Management, KAIZEN und Total Quality Management dar. Das unmittelbare Zusammenwirken mehrerer Mitarbeiter (in einer Gruppe) bei einer gemeinsamen Arbeitsaufgabe bedeutet, dass gemeinsame Ziele verfolgt werden und ein Wir-Gefühl entsteht.

Inzwischen lassen sich verschiedene **Formen von Gruppen- bzw. Teamarbeit** unterscheiden: Projektgruppen und Qualitätszirkel als temporäre, d. h. nur für bestimmte Zeit existierende Gruppenarbeitsformen, die die herkömmlichen dauerhaften Organisationsstrukturen überlagern sowie Fertigungsteams und teilautonome Arbeitsgruppen als ständige Organisationsformen mit unterschiedlichem Grad an autonomen Entscheidungsrechten.

Projektgruppen zeichnen sich dadurch aus, dass in ihnen fachlich kompetente (und an der Themenstellung interessierte) Mitarbeiter aus verschiedenen Bereichen des Unternehmens und unterschiedlichen hierarchischen Ebenen an einer komplexen Problemstellung mit mehr oder weniger einmaligem Charakter über eine bestimmte Zeit bei vorgegebenem Ziel und mit vorgegebenen finanziellen Ressourcen zusammenarbeiten. Projektmanagement erfordert Festlegungen zum Projektziel, zur Projektorganisation, zur Projektlenkung und zu den Instrumenten des Projektmanagements, einschließlich entsprechender IT-Programme (z. B. MS-Project). Die Projektorganisation ergänzt bzw. überlagert somit die regulären organisatorischen Strukturen in flexibler Form. Nach Erfüllung ihres Auftrags löst sich die Projektgruppe wieder auf.

Auch die **Qualitätszirkel** (Werkstattzirkel, Lernstatt, KVP-Gruppen) stellen eine temporäre Organisationsform dar: Interessierte Mitarbeiter der unteren Hierarchieebenen treffen sich, um in moderierter Form selbst gewählte Fragen und Probleme aus ihrem unmittelbaren Arbeitsbereich zu diskutieren und zu lösen. Diese Form der Gruppenarbeit ist also nur selten – ein- bis zweimal im Monat für eine oder mehrere Stunden – wirklich „sichtbar". Qualitätszirkel ermöglichen eine unmittelbare Partizipation der Mitarbeiter; sie können sich jederzeit bilden und auflösen.

Fertigungsteams als dauerhafte und originäre Organisationsform behalten die beiden zentralen Merkmale tayloristischer Arbeitsorganisation im Wesentlichen bei: Arbeitsteilung und Fließband. Hinzu kommt sogar als neues restriktives Element eine rigorose Standardisierung. Die Aufgabenzuweisung wird so vorgenommen, dass eine Gruppe von ca. 10 Mitarbeitern für die Besetzung einer entsprechenden Zahl von Arbeitsplätzen gemeinsam zuständig ist. Die Qualifizierung der Teammitarbeiter erfolgt breiter, so dass jeder Mitarbeiter mindestens an zwei oder drei Arbeitsstationen eingesetzt werden kann. Das Team ist besonders für die Qualität seiner Arbeit und für die ständige Verbesserung der Arbeitsprozesse (KVP) verantwortlich. Die Führung der Fertigungsteams obliegt einem Meister. Fertigungsteams diesen Zuschnitts sind das, was im japanischen Lean Production-Konzept als Gruppenarbeit firmiert. Die Umsetzung des Gruppenarbeitsprinzips in den westlichen Industrieländern erfolgte hingegen (auch) nach anderen Grundsätzen, so dass bei uns mit dem Oberbegriff „Gruppenarbeit" inzwischen ein bunter Strauß an verschiedenen Formen gemeint ist; in der Regel dreht es sich häufig um „abgespeckte" Formen der teilautonomen Arbeitsgruppen.

Seit den siebziger Jahren existieren Erfahrungen mit teilautonomer Gruppenarbeit in Form von Fertigungsinseln, Serviceinseln, Kundenteams... Merkmale solcher Arbeitsgruppen sind ein bedeutend geringerer Grad an Arbeitsteilung, keine zeitbindenden ablauforganisatorischen Abhängigkeiten von anderen Gruppen und vor allem – das gab der **teilautonomen Arbeitsgruppe** ihren Namen – individuelle und kollektive Entscheidungsrechte. Den teilautonomen Arbeitsgruppen werden zu einem gewissen Grad Aufgaben und Entscheidungsmöglichkeiten übertragen, die früher in der Regel von eigenständigen Abteilungen bzw. vom Vorgesetzten wahrgenommen wurden, z. B. vom Meister als Führungskraft: Fertigungssteuerung und Arbeitsvorbereitung (Feinplanung...), Qualitätssicherung (Fertigungskontrolle...), Logistik (Materialbereitstellung...), Instandhaltung (Wartung...), Personal (Auswahl neuer Gruppenmitglieder...) und Führung (Arbeitseinteilung, Urlaubsplanung...). Die ganzheitliche Arbeitsaufgabe und die Selbstorganisation der Gruppe stellen wesentliche Merkmale der Arbeit in teilautonomen Gruppen dar. Zwei wichtige Themen haben sich als mehr oder weniger kritisch erwiesen: die Rolle des (bisherigen) Meisters und des Gruppensprechers sowie die Entlohnung der Gruppenmitglieder.

Der **Meister** verliert einen Teil seiner Befugnisse. Er stellt beim Konzept der teilautonomen Arbeitsgruppen die Schnittstelle nach außen dar und hat dafür zu sorgen, dass der Gruppe ein störungsfreies Arbeiten möglich ist. Alle koordinierenden und integrierenden Aufgaben, die auf die interne Zusammenarbeit zielen, nimmt der **Gruppensprecher** wahr. Es bedarf somit einer klaren Abgrenzung der Rollen und der Aufgaben von Meister und Gruppensprecher. Auch die Bestimmung des Gruppensprechers durch das Management bzw. seine Wahl durch die Gruppe selbst stellen zentrale Fragen dar.

Der „neue Mitarbeiter" übernimmt Verantwortung im Team und arbeitet mit seinen Teamkollegen an der ständigen Verbesserung der Arbeitsprozesse. Gruppen bzw. Teams beherrschen die neu auf sie zukommenden Aufgaben nicht ohne Weiteres und können der neuen Verantwortung nicht aus dem Stand gerecht werden. Vielfältige Interaktions- bzw. Kommunikationserfordernisse über Sach- und Beziehungsfragen verlangen intensive Unterstützung in Form von **Teamentwicklung**. Phasen der Entwicklung von Gruppen sind die Individualphase – in der es um das Finden von Orientierung geht –, die Organisierungsphase – in der es um die Festigung der entstehenden Spielregeln und Rollen geht – und die Arbeitsphase – in der es um die dauerhaft effiziente Erbringung von Leistungen, um ständige Verbesserungen, um die Erhaltung einer offenen und vertrauensgeprägten Kommunikationskultur und um die Identifikation mit gemeinsamen Zielen und Werten geht. Stabilität, Produktivität und Zufriedenheit bilden aus betrieblicher Perspektive das Ziel der Teamentwicklung und nicht die falsch verstandene Übersetzung: t e a m – toll, ein Anderer macht's (siehe hierzu auch Teil 6 und 7).

5.3 Flexible Arbeitszeiten

In den letzten Jahren hat das Thema „Arbeitszeit" immer wieder eine besondere Presse gehabt, und zwar mit unterschiedlichen Blickrichtungen: Aus der Perspektive der **internationalen Wettbewerbsfähigkeit** ging es – ebenso wie bei den Personalkosten – vor allem um den „Standort Deutschland"; mit 1.535 Stunden/Jahr lagen die neuen Bundesländer 2007 am Ende der Liste der Industrienationen, während z. B. in den USA die Unternehmen über 2.024 Stunden/Arbeitskraft und damit über ca. 30 % mehr Arbeitszeit verfügen konnten. Gleichzeitig beliefen sich die Arbeitskosten/Stunde in der westdeutschen Industrie auf durchschnittlich 34,29 Euro, während amerikanische Unternehmen 22,57 Euro an Lohn- und Lohnnebenkosten aufzuwenden hatten. Die Arbeitszeitthematik hat daneben immer auch enge Verknüpfungen mit der Arbeitslosenproblematik bzw. der Vollbeschäftigung, und schließlich sind die Möglichkeiten flexibler Ausgestaltung der Arbeitszeit intensiv in der Diskussion, einschließlich familienfreundlicher Arbeitszeitstrukturen.

5.3.1 Grundformen

Ebenso wie bei der Arbeitsinhaltsgestaltung geht es bei der Festlegung von Arbeitszeitregelungen in erster Linie um flexible Möglichkeiten für die Unternehmen und um Entscheidungsspielräume für die Mitarbeiter. Die **Arbeitszeit** war traditionell **starr** geregelt, das heißt, dass alle Mitarbeiter immer gleichzeitig arbeiteten, und zwar beispielsweise 8 Stunden von 8.00 Uhr bis 17.00 bei einer Mittagspause von 12.00 bis 13.00 Uhr. Ausnahmen von dieser Standardregel waren nicht zugelassen. Im Bereich der Arbeitszeitgestaltung entspricht diese Vorstellung in ihrem Kern durchaus den Ideen Taylors, der „einen besten Weg für alle" wollte und diesen restriktiv auslegte. Der Fairness halber muss man allerdings hinzufügen, dass Taylor das Thema Arbeitszeit im arbeitswissenschaftlichen Sinne betrachtete, d. h. es ging ihm z. B. um optimale Pausengestaltung entsprechend der menschlichen Tagesrhythmik, dem Erholungsbedarf etc.; die restriktiven und einheitlichen Regelungen (one best way) entsprechen aber durchaus seinen Ideen. Hier setzen die **flexiblen bzw. variablen Arbeitszeitregelungen** an, die zugunsten des Unternehmens oder des Mitarbeiters Abweichungen und häufig vor allem auch Möglichkeiten zur Selbstbestimmung vorsehen.

Vorteile entstehen bei den folgenden **variablen Arbeitszeitformen** hauptsächlich für die Unternehmen: Schichtarbeit, Saisonarbeit und Arbeit auf Abruf. Bei der Schichtarbeit fallen die Arbeitszeit der Mitarbeiter und die Betriebszeit des Unternehmens aus sozialen Gründen (Versorgung der Bevölkerung z. B. im Gesundheitswesen, im Verkehrsbereich...) oder aus technisch-wirtschaftlichen Motiven (kontinuierliche Prozesse, z. B. in der chemischen Industrie, in der Stahlindustrie, in der Keramik ...) auseinander. Die Mitarbeiter arbeiten in zwei oder drei Schichten in Früh-, Tag-, Spät- bzw. Nachtschicht; zusätzliche Teilzeitschichten ergänzen die Möglichkeiten. Die versetzten Arbeitszeiten weichen die einheitliche Zeit für alle zwar auf, innerhalb einer Schicht ändert sich jedoch an den Grundsätzen der starren Arbeitszeit in der Regel wenig. Die außerhalb der normalen Arbeitszeit liegenden Schichten sind wegen ihrer überwiegend negativen Auswirkungen auf den privaten Bereich und wegen gesundheitlicher Probleme nicht besonders geschätzt; hingegen scheinen beispielsweise Nachtschichten aufgrund der Lohnzuschläge attraktiv.

Etwas anders kann das bei der **Saison- oder Ultimoarbeit** aussehen, bei der zu bestimmten Jahreszeiten bzw. im Verlauf eines Monats ein besonderes Arbeitsaufkommen durch einen massierten, aber vorher festgelegten Arbeitseinsatz aufgefangen und dafür an den Zeiten außerhalb dieses Zeitraums weniger gearbeitet wird. Dies kann beispielsweise in der Lohn- und Gehaltsabrechnung monatlich, bei Abschlussarbeiten in der Buchhaltung jährlich oder bei Tätigkeiten im Baugewerbe oder in der Landwirtschaft saisonal der Fall sein. Wenn es einem Mitarbeiter gelingt, die darin liegenden Möglichkeiten kreativ zu nutzen, kann Saison- bzw. Ultimoarbeit für ihn erhebliche Vorteile mit sich bringen.

Kapazitätsorientierte variable Arbeitszeit (KAPOVAZ) beziehungsweise Arbeit auf Abruf (Anpassung der Arbeitszeit an den Arbeitsanfall) ist im Rahmen gesetzlicher Mindestanforderungen zulässig. Das Gesetz über Teilzeitarbeit und befristete Arbeitsverträge (TzBfG) von 2000 legt eine Mindestankündigungsfrist für den Arbeitgeber von vier Tagen fest und bestimmt für den Normalfall eine Mindestdauer je Arbeitseinsatz (Schicht) von drei Stunden (§ 12), so dass die Spielräume für den Arbeitgeber auf einen für den Mitarbeiter zumutbaren Grad reduziert sind.

Variable, für den Arbeitgeber nützliche Formen der Arbeitszeitgestaltung sind darüber hinaus auch **Mehrarbeit**, die meist mit einem entsprechenden Zuschlag (von 25 %) vergütet wird, und **Kurzarbeit**, bei der die betriebsübliche Arbeitszeit für einen bestimmten Zeitraum reduziert wird. Die Arbeitsagenturen fördern diese letztgenannte Form finanziell, wenn dadurch Arbeitsplätze erhalten bleiben (siehe Teil 3).

Abbildung 5-07: ***Formen flexibler Arbeitszeitgestaltung***

Modellbezeichnunug	Kurzbeschreibung
Schichtarbeit	Durch zeitlich versetzte Arbeitszeit werden die Betriebszeiten über die normale Tagesarbeitszeit (von 8 Stunden) hinaus (u.U auf 24 Stunden täglich) erhöht. Häufig in Form von 8-Stunden-Schichten, teilweise auch mit verlängerter (z.B. als 12-Stunden-Schicht) oder verkürzter Dauer (z.B. als 6 Stunden-Schicht).
Saisonarbeit	Ungleiche Verteilung der jährlichen Arbeitszeiten auf bestimmte Monate bzw. Jahreszeiten.
KAPOVAZ (Kapazitätsorientierte Variable Arbeitszeit)	Die normale monatliche Arbeitszeit wird entsprechend dem Arbeitsanfall variabel und kurzfristig (unter Beachtung der gesetzlichen Bestimmungen) durch den Arbeitgeber abgerufen.
Gleitende Arbeitszeit	Beginn und Ende der täglichen Arbeitszeit können von den Mitarbeitern innerhalb eines bestimmten Rahmens frei bestimmt werden (z.B. zwischen 7:00 und 9:00 Uhr Arbeitsbeginn, zwischen 15:00 und 18:00 Arbeitsende).
Sabbatical (Langzeiturlaub)	Sonderurlaub für mehere Monate (oder Jahre), z.B. zur Weiterbildung, Wahrnehmung sozialer Engagements.
Gleitender Übergang in den Ruhestand	Stufenweise verringerte tägliche Arbeitszeit für ältere Mitarbeiter bis zum vollständigen Ausscheiden aus dem Arbeitsleben.
Teilzeitarbeit	Vom Umfang her wird eine geringere als die tariflich übliche Arbeitszeit mit dem Arbeitnehmer vereinbart. Hinsichtlich der Lage und Dauer der Arbeitszeit sind viele Varianten denkbar.
Jahresarbeitszeit (Arbeit à la carte)	Die tägliche Arbeitszeit wird abweichend von der Normalarbeitszeit nach den Wünschen und Bedürfnissen der Mitarbeit verteilt (z.B. 4 x 10 Stunden pro Woche oder 4 x 9 Stunden plus 1 x 4 Stunden pro Woche).
Job-Sharing	Im Rahmen einer vorgegebenen Gesamtarbeitszeit teilen sich zwei oder drei Mitarbeiter einen Arbeitsplatz. Lage und Dauer der jeweiligen Arbeitszeit teilen die Job-Sharing-Partner selbstständig ein.

Bei den **flexiblen Formen der Arbeitszeitgestaltung** liegen die Freiräume eher beim Mitarbeiter, was am Ende meist aber auch dem Arbeitgeber aufgrund von höherer Zufriedenheit, geringerer Fehlzeiten und ggf. verbesserter Leistung zugutekommt. Die vielfältigen Möglichkeiten der Arbeitszeitflexibilisierung setzen an der Lage (Chronologie) und/oder am Umfang (Chronometrie) der Arbeitszeit an und beziehen sich immer auf einen bestimmten Bezugszeitraum, d. h. Tag, Woche, Monat, Jahr...

Abbildung 5-08: ***Grundmodelle flexibler Arbeitszeitgestaltung***

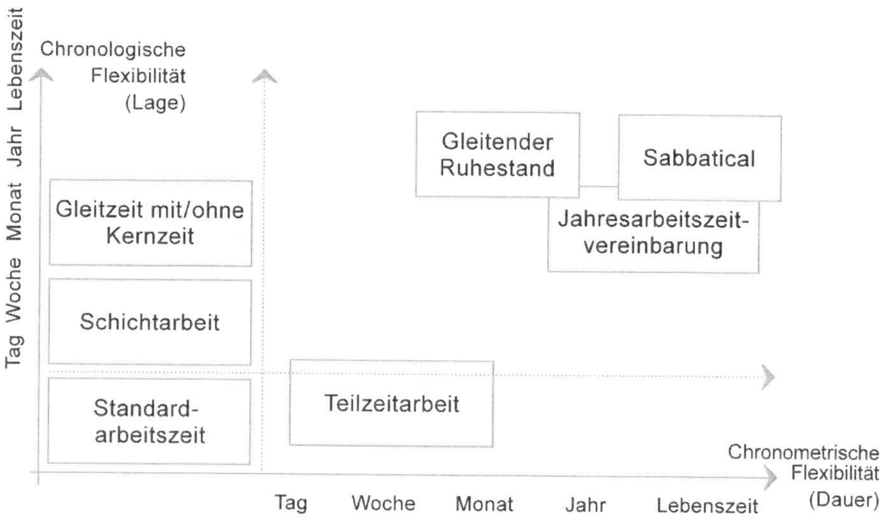

aus: Klimecki/Gmür 2001

5.3.2 Gleitende Arbeitszeit

Eine erste Grundform der Arbeitszeitflexibilisierung ist die **gleitende Arbeitszeit**, bei der innerhalb bestimmter Grenzen die Entscheidung über Beginn und Ende der Arbeitszeit vom Mitarbeiter getroffen werden kann. Unterschiedliche Flexibilitätsgrade betreffen in erster Linie die Bandbreite von Arbeitsbeginn und -ende (Kernzeit, Gleitzeitspannen) sowie den Übertragungsumfang und -zeitraum für Gleitzeitguthaben in folgende Monate.

Eine sehr restriktive Gleitzeitvariante (einfache Gleitzeit) ermöglicht im Rahmen der täglich fixierten Arbeitszeit von z. B. 7,5 Stunden den Beginn und das Ende in einer gewissen Spanne; allerdings sind die 7,5 Stunden an jedem Tag genau abzuleisten.

Damit einhergehend wird meist die Kernarbeitszeit fixiert, innerhalb derer die Mitarbeiter zur Anwesenheit verpflichtet sind. Die gängigere Variante (qualifizierte Gleitzeit) ermöglicht die Übertragung von Gleitzeitguthaben oder -schulden in einem Umfang von z. B. 50 Stunden in den nächsten Monat. Eine ganz freie Gleitzeitregelung kommt ohne Kernzeit aus und erlaubt praktisch unbegrenzt die Übertragung auf ein Arbeitszeitkonto. Mit der gleitenden Arbeitszeit verbindet man konkrete Vor- und Nachteile (siehe die Übersicht „Vor- und Nachteile der Gleitzeit").

Arbeitgeber und Betriebsrat müssen sich auf „Beginn und Ende der täglichen Arbeitszeit einschließlich der Pausen sowie Verteilung der Arbeitszeit auf die einzelnen Wochentage" (§ 87, 1, 2 BetrVG) einigen. Die konkreten „Spielregeln" zur Gleitzeit werden in der Praxis meistens in einer Betriebsvereinbarung festgehalten

Übersicht: ***Inhalte einer Betriebsvereinbarung zur Gleitzeit***

- Geltungsbereich (ganzes Unternehmen oder nur bestimmte Bereiche, z. B. der Verwaltungsbereich; ein- bzw. ausgeschlossene Mitarbeitergruppen, z. B. Auszubildende)
- Grundsatz: Gewährleistung von Anwesenheit während Sprechzeiten
- Art der Gleitzeitregelung (einfache, qualifizierte Gleitzeit, Gleitzeit ohne Kernzeit...), Kernarbeitszeit und Gleitzeitspanne
- Pausenregelung
- Umfang der zulässigen Übertragung von Gleitzeitguthaben bzw. Gleitzeitschulden in den folgenden Monat; ggf. Verfall bei Überschreitung des Übertragungsrahmens
- Regelung des Gleitzeitabbaus, z. B. nicht mehr als zwei Tage pro Monat
- Hinweis auf die gesetzlich zulässige Höchstarbeitszeit (10 Stunden lt. § 3 ArbZG)
- Dienstliche Abwesenheit, z. B. Dienstreise
- Fehlzeiten, z. B. bei Krankheit, Urlaub
- Art der Zeiterfassung (maschinell durch ein Zeiterfassungssystem oder manuell durch Selbstaufschreibung)
- Umgang mit Zeitguthaben bzw. Zeitschulden bei Beendigung des Arbeitsverhältnisses
- Inkrafttreten und Kündigung der Betriebsvereinbarung

Bisher wurde davon ausgegangen, dass die Arbeitsleistung praktisch beliebig erbracht werden kann; das ist aber wegen der internen Ansprechbarkeit, wegen der Kundennachfrage bzw. wegen Öffnungszeiten oder aus organisatorischen Gründen, zum Beispiel bei einer Fließfertigung häufig nicht realistisch. Wenn die genannten äußeren Bedingungen es erlauben, helfen Absprachen mit Kollegen weiter.

Die gearbeiteten Zeiten werden bei den geschilderten Gleitzeitregelungen in der Regel festgehalten. Das kann manuell durch Selbstaufschreibung und -auswertung oder maschinell mit Hilfe eines Zeitwirtschaftssystems erfolgen.

Übersicht: ***Vor- und Nachteile der Gleitzeit***

Positive Wirkungen	**Negative Wirkungen**
Mitarbeiter • Mehr persönliche Freiheit und kein Zwang zur Pünktlichkeit • Bessere Anpassung an Lebensrhythmus • Angenehmere Verkehrsbedingungen	**Mitarbeiter** • Einkommensverluste • Arztbesuch etc. als „Privatvergnügen" • Ggf. mehr Kontrolle durch Zeiterfassung
Betrieb • Flexibilität in der Leistungserstellung und bessere Auslastung • Attraktive Arbeitsplätze und motivierte Mitarbeiter • Kostensenkung	**Betrieb** • Höherer Verwaltungsaufwand • Probleme von Vorgesetzten • Missbrauch durch Mitarbeiter

5.3.3 Teilzeitarbeit

Eine zweite Grundform flexibler Arbeitszeitgestaltung ist die **Teilzeitarbeit**, die am reduzierten Arbeitszeitumfang ansetzt. Teilzeitarbeit liegt entsprechend dem bisher ausschlaggebenden Beschäftigungsförderungsgesetz von 1985 vor, wenn die „regelmäßige Wochenarbeitszeit kürzer ist als die regelmäßige Wochenarbeitszeit vergleichbarer vollzeitbeschäftigter Arbeitnehmer des Betriebes". Das neue Teilzeit- und Befristungsgesetz von 2000 hat diese Festlegung übernommen (§ 2, 1 TzBfG). Die Legaldefinition bietet einen sehr großen Interpretationsspielraum für Teilzeitarbeit und damit auch Abgrenzungs- und Statistikprobleme (Wer arbeitet Teilzeit?). Nicht nur die klassische Halbtagsarbeit (starre Teilzeitregelung) ist dazuzurechnen, sondern praktisch alle verkürzten Arbeitszeiten – von den 400 Euro-Jobs (sog. geringfügige Beschäftigungen, die nicht sozialversicherungspflichtig sind) bis hin zu einer nur um einige Stunden reduzierten Vollzeitbeschäftigung. Ähnlich wie bei der gleitenden Arbeitszeit gibt es auch bei der Teilzeitarbeit sehr unterschiedliche Grade für die individuelle Flexibilisierung. Neben der starren Halbtagsarbeit bieten sich verschiedene Aufteilungen auf den Tag und auf die Arbeitswoche oder den Monat an. Absprachen, die sich u. a. am Arbeitsanfall orientieren (Arbeit auf Abruf), schaffen für den Arbeitgeber in besonderem Maße Flexibilität – und selbstredend kann Teilzeit mit Gleitzeit kombiniert werden.

Übersicht: ***Vor- und Nachteile der Teilzeit***

Positive Wirkungen	Negative Wirkungen
Mitarbeiter • Bessere Vereinbarkeit von Beruf und Privatbereich • Längere Freizeitblöcke • Leichterer Übergang aus der Elternzeit bzw. in den Ruhestand	**Mitarbeiter** • Weniger Verdienst und Rentenansprüche • Schlechtere Aufstiegs- und Weiterbildungsmöglichkeiten • Abkoppelung von Information und Kommunikation • Bei Führungspositionen kaum akzeptiert • Schlechtes Image
Betrieb • Bessere Motivation und Arbeitsleistung der Teilzeitbeschäftigten • Flexibler Personaleinsatz • Ggf. bessere Entsprechung zum Arbeitsvolumen	**Betrieb** • Schwierige „Teilbarkeit" • Höherer Verwaltungsaufwand • Aufwendigere Personalbeschaffung

Bei allen positiven Aspekten der Teilzeitarbeit stellt das bisher überwiegend negative Image von Teilzeittätigkeiten einen gravierenden Nachteil dar. So wünschenswert Teilzeitbeschäftigungen als geeignete Arbeitszeitform unter bestimmten Bedingungen und in bestimmten Lebensphasen auch sein mögen, die Benachteiligungen von Teilzeitbeschäftigten, zum Beispiel bei der Personalentwicklung und die tieferliegenden Imageprobleme sind erheblich. Die rechtliche Verpflichtung auf Gleichbehandlung vollzeit- und teilzeitbeschäftigter Mitarbeiter änderte da wenig. Bislang ist Teilzeitarbeit typischerweise Frauenarbeit, und in der Bundesrepublik Deutschland wird sie deutlich weniger genutzt als im europäischen Ausland, obwohl sie seit einigen Jahren ständig zunimmt.

Das neue Teilzeit- und Befristungsgesetz kann positive Impulse geben. Es will Teilzeitarbeit fördern – auch in leitenden Positionen – und die Diskriminierung (auch befristet beschäftigter Arbeitnehmer) verhindern (§ 1 TzBfG). Dazu muss der Arbeitgeber Arbeitsplätze, die er innerbetrieblich oder außerbetrieblich ausschreibt, bei Eignung auch als Teilzeitarbeitsplätze ausschreiben (§ 7,1 TzBfG); ferner muss er auch bei Teilzeitbeschäftigten für entsprechende Aus- und Weiterbildungsmöglichkeiten sorgen. Eine zentrale Bestimmung enthält § 8:

---

§ 8 TzBfG – Verringerung der Arbeitszeit

„(1) Ein Arbeitnehmer, dessen Arbeitsverhältnis länger als sechs Monate bestanden hat, kann verlangen, dass seine vertraglich vereinbarte Arbeitszeit verringert wird...

(3) Der Arbeitgeber hat mit dem Arbeitnehmer die gewünschte Verringerung der Arbeitszeit mit dem Ziel zu erörtern, zu einer Vereinbarung zu gelangen...

(5) ... Haben Arbeitgeber und Arbeitnehmer über die Verteilung der Arbeitszeit kein Einvernehmen erzielt und hat der Arbeitgeber nicht spätestens einen Monat vor dem gewünschten Beginn der Arbeitszeitverringerung die gewünschte Verteilung der Arbeitszeit schriftlich abgelehnt, gilt die Verteilung der Arbeitszeit entsprechend den Wünschen des Arbeitnehmers als festgelegt...."

Sonderformen der Teilzeitarbeit sind Jahresarbeitszeitverträge, Job Sharing, der gleitende Übergang in den Ruhestand und ggf. Tele(heim)arbeit. Beim **Jahresarbeitszeitvertrag** wird jährlich neu ausgehandelt, wie viele Stunden und wann das kommende Jahr über gearbeitet werden soll – im Extremfall wird voll gearbeitet. Das **Job Sharing** sieht vor, dass zwei oder drei Mitarbeiter sich ihre Arbeitszeit innerhalb eines vorgegebenen Gesamtrahmens frei einteilen. Auch hierzu hat der Gesetzgeber im TzBfG konkrete Vorschriften zu den kritischen Fragen der Vertretung bei Ausfall eines Partners und zur Weiterbeschäftigung bei Kündigung des Job Sharing-Partners erlassen (§ 13); der (weiterhin) anwesende Partner darf nicht benachteiligt werden.

Der **Langzeiturlaub (Sabbatical)** und der gleitende Übergang in den Ruhestand sind weitere Formen flexibler Arbeitszeit mit jeweils großen Bezugszeiträumen. „Temporäres Aussteigen" zur Wahrnehmung sozialer Engagements oder zur Absolvierung einer Qualifizierungsmaßnahme, zum Beispiel eines Studiums, ist bislang nur bei Mitarbeitern anzutreffen, die sich das „leisten" können. **Flexible Altersgrenzen** oder **Kinder- bzw. Familienpause** sind weitere Möglichkeiten, die modernes Arbeitszeitmanagement bietet.

Eine Besonderheit stellt die sog. Altersteilzeit dar. Der **gleitende Übergang in den Ruhestand** soll den Pensionierungsschock vermeiden helfen, indem die Arbeitszeit schrittweise bis zum Ende des Arbeitslebens reduziert wird. Das Altersteilzeitgesetz von 1996, das für ältere Arbeitnehmer ab 55 Jahren gilt, lässt neben diesem „Gleitmodell" aber auch das sog. „Blockmodell" zu, bei dem die Arbeitszeit zu Beginn der Altersteilzeit komplett abgeleistet und in der zweiten Hälfte überhaupt nicht mehr gearbeitet wird. Über den Zeitraum von bis zu maximal sechs Jahren arbeitet der ältere Mitarbeiter nicht mehr als die Hälfte der bisherigen Arbeitszeit (§ 2, 2 AltersteilzeitG). Er erhält jedoch mindestens 70 % vom bisherigen Arbeitsverdienst und 90 % Rentenversicherungsbeiträge. Der Arbeitgeber streckt die dafür entstehenden Mehrkosten vor, erhält sie aber am Ende von der Bundesagentur für Arbeit wieder zurückerstattet, wenn er für den ausgeschiedenen älteren Mitarbeiter einen Arbeitslosen einstellt oder einen Auszubildenden übernimmt. Die Vereinbarung zwischen Arbeitgeber und „Altersteilzeiter" muss auf beiden Seiten freiwillig getroffen worden sein

(§ 3 und § 4). Altersteilzeit wird seit 2010 allerdings nur noch dann staatlich bezuschusst, wenn sie vor diesem Zeitpunkt begonnen wurde.

Eine zusammenfassende Bewertung der (für die Unternehmen) variablen und (für die Mitarbeiter) flexiblen arbeitszeitlichen Grundmuster zeigt die nachstehende Übersicht, die zum Ausdruck bringt, inwieweit der Mitarbeiter oder das Unternehmen bei den konkreten Formen der Arbeitszeitgestaltung Vorteile hat.

Übersicht: ***Arbeitgeber- bzw. Arbeitnehmervorteile bei variabler und flexibler Arbeitszeitgestaltung***

Formen flexibler Arbeitszeitgestaltung	Arbeitnehmer-orientiert	Arbeitgeber-orientiert
• Überstunden		+
• Schichtarbeit		+
• Teilzeitarbeit	+	+
• Gleitzeit	++	+
• KAPOVAZ		+
• Jobsharing	+	
• Jahresarbeitszeit	+	+
• Sabbatical	+	+
• Flexible Altersgrenze	++	

ähnlich: Linnenkohl u. a. 2001

5.3.4 Arbeitszeitkonten

Die meisten der besprochenen Arbeitszeitmodelle bringen für die Unternehmen einerseits die Notwendigkeit mit sich, Arbeitszeitkonten zu führen; diese erfordern einen nicht unerheblichen Aufwand. Die Unternehmen können auf der anderen Seite mit Arbeitszeitkonten Mitarbeiter besser entsprechend der Auftragslage einsetzen, eine Alternative zur Altersteilzeit anbieten und (gute) Mitarbeiter an sich binden. In den jüngsten wirtschaftlich schwierigen Zeiten (ab 2008) waren Arbeitszeitkonten für einige Unternehmen eine gute Möglichkeit, angesammelte Zeitguthaben aufzulösen und auf diesem Weg Kurzarbeit und/oder Entlassungen zu vermeiden.

In Bezug auf die zeitliche Perspektive, um die es geht, werden diese drei **Arten von Arbeitszeitkonten** unterschieden:

- Kurzzeitkonten
  - Führung „in Zeit"
  - Höchstgrenzen für Zeitguthaben bzw. Zeitschulden
  - Ausgleichszeitraum: 1 Monat bis 1 Jahr
  - Ausgleichsmöglichkeit: Freizeit
- Langzeitkonten
  - Führung „in Zeit" oder „in Geld"
  - längerfristige Ansparung (auch Weihnachts-/Urlaubsgeld)
  - Ausgleichsmöglichkeiten: längere Freistellungsphasen, wie z. B. Urlaub, Fortbildung, Sabbatical
- Lebensarbeitszeitkonten
  - Führung „in Geld" (seit Anfang 2009 müssen Wertguthaben in Langzeitkonten auf Geldbasis geführt werden)
  - Ansparung während des gesamten Erwerbslebens
  - Ausgleichsmöglichkeit: früherer Eintritt in den Ruhestand

Langzeit- und Lebensarbeitszeitkonten funktionieren nach dem „Prinzip Sparbuch": Der Mitarbeiter sammelt Zeit in Form von Überstunden und Urlaubstagen oder Geld in Form von Lohnbestandteilen wie z. B. Weihnachtsgeld. Das Guthaben auf Langzeit- und Lebensarbeitszeitkonten wird angelegt und verzinst, und aus diesem Topf wird dem Mitarbeiter die monatliche Vergütung weiterbezahlt, während er eine Auszeit (Sabbatical) nimmt oder früher in den Ruhestand geht.

Bezüglich der Arbeitszeitkonten gibt es komplexe bzw. komplizierte steuerrechtliche und sozialversicherungsrechtliche Fragen, die neuerdings das sog. „Flexi II"-Gesetz (Gesetz zur Verbesserung der Rahmenbedingungen für die Absicherung flexibler Arbeitszeitregelungen) klarstellt: Während der Arbeitnehmer Arbeitszeit auf seinem Konto ansammelt, muss er von der nicht ausgezahlten, sondern gutgeschriebenen Vergütung keine Einkommensteuer und keine Sozialversicherungsbeiträge zahlen. Der Arbeitgeber stockt die Vergütung um seine Beitragshälfte bei den Sozialabgaben auf, denn in der späteren Freistellungsphase müssen die vollen Sozialbeiträge gezahlt werden – je zur Hälfte vom Arbeitnehmer und Arbeitgeber. Besonders zu erwähnen sind auch der Insolvenzschutz von Wertguthaben und die (begrenzte) Mitnahmemöglichkeit von Langzeitkonten, wenn Arbeitnehmer ihren Arbeitsplatz wechseln.

Abbildung 5-09: ***Arbeitszeitkonten***

ähnlich: Baier/Röder 2007

Eine wichtige Aufgabe des Personalmanagements liegt bei den **Kurzzeitkonten** in der Planung, Administration und Überwachung der Zeitguthaben bzw. des Zeitminus. Die betriebliche Praxis verwendet zur Steuerung der Kurzzeitkonten meist ein sog. **Ampelsystem**, das der Kontrolle und Beachtung der Höchstgrenzen für Zeitguthaben bzw. Zeitschulden dient und eine Warnfunktion besitzt. Mitarbeiter sind

- „im grünen Bereich, d. h. es gibt nur geringfügige Abweichungen von der Regelarbeitszeit und es findet weiterhin ein selbstverantwortlicher Umgang des Arbeitnehmers mit seinen Arbeitszeiten statt,
- „im gelben Bereich", d. h. der Arbeitnehmer nähert sich der Höchstgrenze und der Vorgesetzte wird informiert und in den weiteren Umgang mit der Arbeitszeit einbezogen oder
- „im roten Bereich", d. h. Höchstgrenze(n) wurde(n) über- bzw. unterschritten und (die Geschäftsführung und) der Vorgesetzte geben Maßnahmen vor, um einen Ausgleich bzw. die Rückführung in den Normalbereich herbeizuführen.

Arbeitszeitgestaltung mit flexiblen Möglichkeiten für die Mitarbeiter stellt sich als äußerst vielfältiges, kostengünstiges und wirksames Instrument der betrieblichen Anreizgestaltung und der Mitarbeiterbindung dar. Die Voraussetzungen und Bedingungen hierfür sind in der Regel relativ leicht zu schaffen. Das hauptsächliche Problem liegt in den starren Gewohnheiten und den Grenzen unserer Vorstellungsfähigkeit, die sich aber zunehmend öffnen.

5.3.5 Vertrauensarbeitszeit

Der Umstand des „ungewohnten Neuen" trifft insbesondere bei einer neuen und sehr weitreichenden Entwicklung im Bereich flexibler Arbeitszeiten zu: der **Vertrauensarbeitszeit**. Hierunter versteht die betriebliche Praxis (überwiegend) den Verzicht auf die Arbeitszeiterfassung und somit auf die Kontrolle der Einhaltung der Vertragsarbeitszeit. Der Mitarbeiter erhält keine starren Arbeitszeitvorgaben, hingegen vereinbaren Mitarbeiter und Vorgesetzter Arbeitsziele, die es zu erreichen gilt. Die Vertrauensarbeitszeit vollzieht damit die Abkehr von der **„Zeitkultur"** und die Hinwendung zu einer **„Leistungskultur"**. Ganz direkt gesprochen: Es kommt nicht mehr darauf an, wie lange ein Mitarbeiter im Unternehmen ist, sondern dass er das vereinbarte Arbeitspensum schafft. Nicht mehr derjenige, der morgens als Erster kommt und abends als Letzter geht, gilt als vorbildlicher Mitarbeiter, sondern derjenige, der seine Ziele (über)erfüllt. Das macht Sinn, denn (körperliche) Anwesenheit sagt noch nichts darüber aus, was in der Präsenzzeit getan wird, z. B. im Internet surfen, mit Freunden telefonieren, an den letzten Urlaub zurückdenken...

Das Wort Vertrauensarbeitszeit beinhaltet „Vertrauen", und darum geht es schließlich. Vertrauensarbeitszeit meint somit immer auch die Abkehr von einer Misstrauenskultur und die Hinwendung zu einer echten **Vertrauenskultur**, indem der Mitarbeiter beispielsweise seine Arbeitszeiten selbst erfasst bzw. die Abweichungen von einer (formell) vereinbarten Grundverteilung der Arbeitszeit. Die Erreichbarkeit der Mitarbeiter und der Umgang mit Überlastsituationen sind die Themen, die es zusätzlich zur Erfassung von über 8 Stunden hinausgehenden Arbeitszeitvolumina konkret zu regeln gilt – hierfür bieten sich Betriebsvereinbarungen an. Das Thema Vertrauensarbeitszeit ist zwar überwiegend positiv besetzt, es hat aber auch seine Schattenseiten – so zeigen praktische Erfahrungen immer wieder die Tendenz von Mitarbeitern auf, sich selbst auszubeuten bzw. erhebliche Überzeiten gar nicht erst sichtbar werden zu lassen, weil sie als besonders leistungsfähig gelten wollen. Und: In letzter Zeit nimmt die Zahl der Unternehmen zu, die die Vertrauensarbeitszeit nur deswegen einführen, um die Kosten für Überstunden zu sparen – spätestens (ab) hier sollte man nicht mehr von Vertrauensarbeitszeit sprechen!

5.4 Arbeitsort

Viele Arbeitnehmer sind es gewohnt, ihre Arbeit immer an der gleichen Stelle, d. h. im gleichen Büro oder in der gleichen Werkshalle zu verrichten. Davon gibt es allerdings viele Abweichungen. Der Omnibus-, der LKW-Fahrer oder der Pilot haben „bewegliche Arbeitsplätze". Arbeitnehmer im Hoch- und Tiefbau verrichten ihre Tätigkeit an wechselnden Baustellen. Diese und andere Arten von Tätigkeiten bringen besondere Anforderungen bei der Planung des Personaleinsatzes mit sich. Die Flugzeugcrew, der

Bauarbeiter... müssen immer an der richtigen Stelle verfügbar sein. Somit erhält die lokale bzw. räumliche Dimension des Personaleinsatzes eine besondere Bedeutung.

Es gibt eine weitere wichtige Abweichung von der dauerhaften Arbeit am gleichen Arbeitsplatz im Unternehmen. **Heimarbeit** ist keine Erfindung unserer Tage; das belegt das Heimarbeitsgesetz von 1951 deutlich, und auch freiberuflich arbeitende Designer, Schriftsteller... sind nichts wirklich Neues. Neu sind hingegen bei der **Telearbeit** die weitergehenden Möglichkeiten, welche Informations- und Kommunikationstechnologien heutzutage bieten, um Arbeitsergebnisse von einem Arbeitsort außerhalb des Unternehmens in die Betriebsstätte zu übermitteln. Typische charakteristische **Merkmale der Telearbeit** sind

- der Arbeitsort außerhalb der Betriebsstätte, der in einem gewissen (mindest)Umfang genutzt wird,
- die Verfügbarkeit von Informations- und Telekommunikationstechnologie sowie
- der Arbeitsvertrag mit dem Arbeitgeber (der sie vom Freiberufler unterscheidet).

Im Finanzdienstleistungsbereich, im Werbebereich und (sogar) im öffentlichen Sektor gibt es gute Erfahrungen damit. Schreibarbeiten, Übersetzungen, Buchhaltung, Programmierung, Design, Technisches Zeichnen, Vorbereitung von Seminarveranstaltungen, telefonische Kundenbetreuung u. a. m. lassen sich problemfrei auch zu Hause erledigen. Bei der häufigsten Form der Telearbeit, der sog. **„alternierenden Telearbeit"** behält der Mitarbeiter einen Arbeitsplatz im Unternehmen bei, arbeitet jedoch überwiegend zuhause. Den Arbeitsplatz an der Betriebsstätte teilt er sich häufig mit Kollegen (sog. „desk sharing"). **Mobile Telearbeit** von Außendienstmitarbeitern oder Unternehmensberatern besitzt ebenfalls einen hohen Verbreitungsgrad, während die sog. Nachbarschaftsbüros oder Satellitenbüros (noch) weniger publik sind.

Die erforderlichen rechtlichen Ausgestaltungen der Telearbeit werden in Betriebsvereinbarungen und Arbeitsverträgen geregelt. Wirtschaftliche Überlegungen des Arbeitgebers (Arbeitsplatzkosten, Produktivitätsvorteile, attraktive Arbeitsplätze...) – Telearbeit rechnet sich! – und Vorteile für den Mitarbeiter (Vereinbarkeit von Familie und Beruf, flexible Einteilung der Arbeitszeit, Anpassung an den persönlichen Arbeitsrhythmus, kein Stau, Chancen für Behinderte...) dürfen nicht darüber hinwegtäuschen, dass die Telearbeit auch problematische Seiten hat: soziale Isolation, Probleme im Bereich der Mitarbeiterführung, zusätzliche Schulungen im Umgang mit der Technik..., aber auch den Umstand, dass sich nicht jeder zur Telearbeit eignet – ein hohes Maß an Selbstdisziplin ist notwendig. Sicherlich wird Telearbeit noch weitere Verbreitung finden; verlässliche genaue Angaben zu aktuellen Anwendungshäufigkeiten und zur weiteren Entwicklung der Zahl der Telearbeiter gibt es aufgrund statistischer Probleme nur bedingt.

Tele(heim)arbeit ist fraglos der weitestgehende Ansatz zur Arbeits(zeit)gestaltung; er verknüpft die Frage des Arbeitsortes mit der Zeiteinteilung. Das „Arbeiten zuhause" wird durch die Entwicklungen im Bereich der Informations- und Kommunikationstechnologien zunehmend machbarer – und warum soll man diese neue Gestaltungsmöglichkeit nicht praktizieren, wenn kein ständiger Kunden- oder Kollegenkontakt erforderlich ist, die notwendigen Arbeitsmittel verfügbar sind und es auf das Arbeitsergebnis ankommt?

5.5 Entgeltsysteme

Das Entgelt, das die Mitarbeiter für die zur Verfügung gestellte Arbeitskraft erhalten, hat – je nach Perspektive – unterschiedlichen Charakter. Für das Unternehmen handelt es sich um Kosten, für die Mitarbeiter um die Sicherung des Lebensunterhalts und unter Umständen auch um einen Anreiz. Die Anreizwirkung ergibt sich insbesondere auf dem „Umweg" über das, was das Entgelt bedeutet – zum Beispiel als Statussymbol – bzw. was man damit anfangen kann. Die Vergütung der Mitarbeiter hat folglich eine instrumentelle Bedeutung zur Befriedigung von Bedürfnissen. Anstelle von Entgelt oder Vergütung ist umgangssprachlich auch von Entlohnung die Rede, obwohl aus arbeitsrechtlicher Perspektive das Wort „Lohn" das Entgelt der Arbeiter bezeichnet, während Angestellte „Gehalt" beziehen.

Die gängigen **Bestandteile von Entgeltsystemen** können der folgenden Abbildung entnommen werden. In der Zusammenschau setzt sich die Vergütung eines Mitarbeiters heutzutage in der Regel aus den folgenden Elementen zusammen:

- Grundentgelt (anforderungs- und qualifikationsabhängiger Anteil)
- Zulagen für die Arbeitssituation (für Nachtarbeit, Lärm ...)
- Leistungszulagen (ergebnis- und verhaltensabhängiger Anteil)
- (Materielle) Sozialleistungen (13. Monatsgehalt, Fahrgeldzuschuss ...)
- Erfolgsbeteiligung (erfolgsabhängiger Anteil)

Abbildung 5-10: **Entgeltbestandteile**

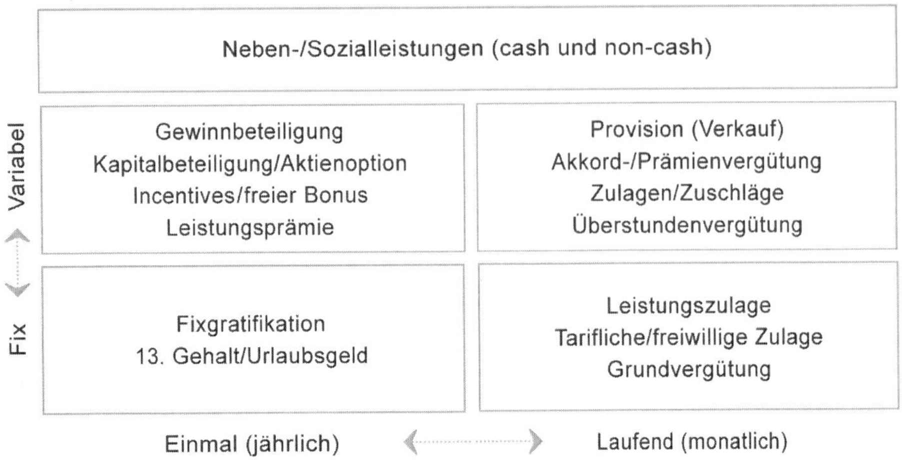

Die nachstehende Abbildung zeigt, wie sich das Thema Vergütung in einen größeren Rahmen einordnen lässt, der vor allem auch die externen und die unternehmensinternen Faktoren berücksichtigt. Zentraler Ausgangspunkt für die Ausgestaltung von Entgeltsystemen ist die Strategie des Unternehmens. Die Vergütungsregelungen sollen – wie alle anderen personalwirtschaftlichen Instrumente auch – die erfolgreiche Unterstützung und Umsetzung der Unternehmensstrategie bewirken. Diese übergeordnete Zielsetzung darf man bei den konkreten Fragen, um die es im Weiteren geht, nicht aus den Augen verlieren.

5.5.1 Entgeltgerechtigkeit

Als zentrale Frage bei der Entgeltgestaltung wurden immer – und werden auch in Zukunft – die Anforderungen an Vergütungssysteme angesehen. Unter dem Stichwort **„Lohn- bzw. Entgeltgerechtigkeit"** werden diese Vorstellungen diskutiert. Aus Mitarbeitersicht sollte eine gerechte Entlohnung anforderungsgerecht („Gleicher Lohn für gleiche Arbeit") und leistungsgerecht („Unterschiedliche Vergütung bei verschiedenen Leistungsergebnissen") sein. Hinzu kommen gegebenenfalls weitere Teilgerechtigkeiten, die aber nicht unbedingt verwirklicht sein müssen: Sozial gerechte Entlohnung wird als Aufgabe empfunden, die der Staat durch die Steuergesetzgebung bewirken sollte; Kinderzuschläge o. ä. sind aus dem Blickwinkel der betrieblichen Praxis weniger verbreitet, und sie würden am Ende kontraproduktiv wirken, wenn nämlich Mitarbeiter mit hohen Sozialzuschlägen seltener eingestellt würden. Andere Entgeltgerechtigkeiten können das Innovationsverhalten (Innovationsgerechtigkeit) oder die

Abbildung 5-11: ***Konzeptioneller Rahmen der Entgeltpolitik***

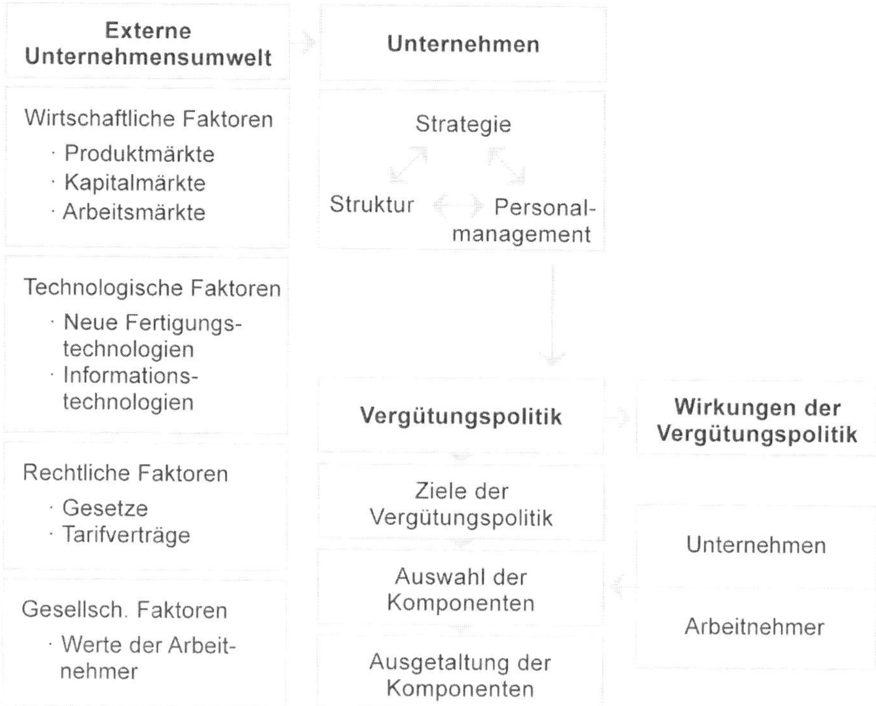

aus: DGFP 2002

nutzbaren Fähigkeiten (Qualifikationsgerechtigkeit) betreffen; letztere sind jedoch bislang nicht sehr verbreitet.

Aus betrieblicher Perspektive müssen die erwähnten **Teilgerechtigkeiten** um zwei weitere Aspekte ergänzt werden. Aus Sicht des Unternehmens muss die Entlohnung auch (arbeits)marktgerecht sein; wenn das nicht der Fall ist, tut sich das Unternehmen bei der Beschaffung neuer Mitarbeiter schwer. Aus dieser Perspektive sind in Zeiten mit geringem Arbeitskräfteangebot Zulagen erforderlich, die über das tariflich geregelte Entgelt hinausgehen. Den umgekehrten Fall von Abschlägen bei großem Arbeitskräfteangebot verhindern die Lohn- und Gehaltstarifverträge, die Mindestvergütungen festschreiben. Schließlich sollten die Vergütungen der Mitarbeiter auch dem Firmenerfolg Rechnung tragen. In Zeiten guter Ertragslage kann mehr, bei schlechter Wirtschaftssituation weniger bezahlt werden.

Dieser letztgenannte Aspekt (**Erfolgsgerechtigkeit**) erwies sich in der zurückliegenden Rezession (wieder einmal) für einige Unternehmen als Problem. Bei guter Konjunkturlage hatten sie Fixvergütungen auf hohem Niveau vereinbart, die sie bei schlechter Konjunktur nicht mehr tragen konnten. Daraus ergaben sich zwei Probleme: Einerseits waren die Mitarbeiter nicht an variable Vergütungen gewöhnt, und sie gingen deshalb bei geplanten Kürzungen auf die Barrikaden. Andererseits wollten die Unternehmen, dass die Arbeitnehmer in den schlechten Zeiten Opfer bringen, ohne dass sie in gleichermaßen konsequenter Form an den herausragenden Gewinnen der guten Zeiten beteiligt waren bzw. werden sollten. (Auf die in der gleichen Zeit exorbitant gestiegenen Gehälter von Top-Managern soll hier nicht eingegangen werden.) Die Angst um den Arbeitsplatz ließ viele Mitarbeiter den Reduzierungen von freiwilligen Zulagen und Sozialleistungen zwar zustimmen, aber am Ende stellt sich die Frage nach der Fairness, mit der viele Unternehmen mitunter (nicht) agieren.

Übersicht: ***Entgeltgerechtigkeit***

Teilgerechtigkeit	Ansatzpunkte/Instrumente
• Anforderungsgerechtigkeit	• Entgelthöhe Arbeitsbewertung
• Leistungsgerechtigkeit	• Entgeltform Leistungsbewertung
• Erfolgsgerechtigkeit	• Gewinn Gewinnbeteiligung
• Arbeitsmarktgerechtigkeit	• Arbeitsmarktbeobachtung
• Qualifikationsgerechtigkeit	• Qualifikationsdatei
• Sozialgerechtigkeit	• Steuerregelungen Kindergeld

5.5.2 Arbeitsbewertung

Anforderungs- und leistungsgerechte Entlohnung sind als besonders wichtige Anforderungen an Entgeltsysteme unbestritten, werfen aber auch die Frage nach dem „Wie" ihrer Realisierung auf. Hilfsmittel, mit denen man diesen beiden Vorstellungen näher kommen kann, sind die Arbeitsbewertung hinsichtlich des anforderungsgerechten Entgelts (Bestimmung des Arbeitswerts einer Tätigkeit) und die Leistungsbeurteilung, bzw. der Akkord- oder Prämienlohn bezüglich der leistungsgerechten Vergütung (Bestimmung der individuellen oder gruppenbezogenen Arbeitsleistung.

Die **Arbeitsbewertung** hat ausschließlich den bzw. die Arbeitsplätze im Auge, nicht die dort tätigen Mitarbeiter. Es geht um den „gleichen Lohn für die gleiche Arbeit" „ohne Ansehen der Person". Methodisch greift die Arbeitsbewertung grundsätzlich auf „zwei mal zwei" Verfahren zurück. Bei der **summarischen Methode** wird der einzelne Arbeitsplatz als Ganzes, quasi „über den dicken Daumen" bewertet; hier geht es darum, dass ein Gesamteindruck von den Schwierigkeiten eines Arbeitsplatzes entsteht. Die **analytische Methode** hingegen zerlegt den Arbeitsplatz nach verschiedenen Gesichtspunkten; sie greift auf mehrere vorher festgelegte Anforderungsmerkmale bzw. -kriterien zurück. Das analytische Verfahren wirkt damit genauer, es muss im Ergebnis aber nicht unbedingt besser sein.

Wenn Arbeitsplätze insgesamt oder anhand einzelner Kriterien bewertet werden, stellt sich auch das Problem des Vergleichs. Dies kann durch den direkten Quervergleich der Arbeitsplätze untereinander oder durch die Bezugnahme auf eine vorher definierte feste Bezugsgröße gelöst werden. Beim Quervergleich werden die Arbeitsplätze unmittelbar miteinander verglichen (Paarvergleich), und es entsteht eine Reihenfolge vom Platz mit den geringsten bis zum Platz mit den höchsten Anforderungen. Dieses Verfahren der **Reihung** ist nur bedingt praktikabel, wenn es sich um viele Arbeitsplätze handelt; dabei bleiben auch die Abstände offen, das heißt es wird nur eine Reihenfolge gebildet. Verglichen mit einer sportlichen Laufdisziplin hieße das, den ersten, den zweiten bis zum vorletzten und letzten Platz zu vergeben, ohne die Zeitabstände zwischen den Läufern zu kennen. Damit wird ein Vergleich mit früheren oder mit später stattfindenden Rennen praktisch unmöglich.

Praktikabler ist da schon das **Stufungsverfahren**, bei dem die Arbeitsplätze bestimmten vorher definierten Schwierigkeitsgraden zugeordnet werden. Diese Methode erinnert an die Notengebung beim Eislaufen oder in der Schule. Natürlich können hierbei die Preisrichter oder die Lehrer von unterschiedlichen Maßstäben ausgehen und eher streng oder eher mild bewerten, aber es entsteht auf alle Fälle eine übergeordnete Vergleichbarkeit. Daher wird die Stufung als Quantifizierungsmethode eindeutig bevorzugt. Ähnlich wie bei der Notengebung in der Schule entsteht bei der analytischen Vorgehensweise auch das Problem der **Gewichtung** (z. B. für die Rechtschreibung, den Schreibstil… in einem Aufsatz). Wie sollen die Einzelbewertungen in einen Gesamtwert (Durchschnittsnote, **Arbeitswert**) eingerechnet werden? Zählt jedes Fach bzw. jede Anforderung gleich viel oder gibt es unterschiedliche Gewichtungsfaktoren?

Übersicht: ***Arbeitsbewertungsverfahren***

	Summarisch (gesamthaft)	**Analytisch** (Berücksichtigung unterschiedlicher Anforderungen)
Reihung	Rangfolgeverfahren (selten angewandt)	Rangreihenverfahren (selten angewandt)
Stufung	Lohn- bzw. Entgeltgruppenverfahren	Stufenwertzahlverfahren

Zwei Fragen sind auf dem Weg zur anforderungsgerechten Entlohnung noch offen: Welche konkreten Anforderungen sind bedeutsam und wie kann man einen (abstrakten) Arbeitswert einem bestimmten Verdienst zuordnen?

Die relevanten Anforderungen werden bei der analytischen Methode – beim summarischen Verfahren wird nicht zwischen verschiedenen Anforderungen differenziert – meist dem sog. **Genfer Schema** folgend in Mantel-Tarifverträgen einschließlich der Gewichtungsfaktoren festgelegt. Das Genfer Schema, das auf einer Konferenz von Arbeitswissenschaftlern 1950 entwickelt wurde, und das daraus entstandene Schema des REFA-Verbandes differenzieren zwischen fünf bzw. sechs Anforderungen. Auf ähnlich betagte Vorläufer greift die **Stellenwert-Profil-Methode** (nach Hay) zurück, die als Kombination aus analytischer und summarischer Bewertung gelten kann und hauptsächlich bei Außertariflichen und Leitenden Angestellten verwendet wird.

Übersicht: ***Anforderungsarten nach REFA***

Kenntnisse	Ausbildung Erfahrung Denkfähigkeit
Geschicklichkeit	Handfertigkeit Körpergewandtheit Denkfähigkeit
Verantwortung	für die eigene Arbeit für die Arbeit Anderer für die Sicherheit Anderer
Geistige Belastung	dynamische Muskelarbeit statische Muskelarbeit einseitige Muskelarbeit
Umgebungseinflüsse	Klima, Nässe, Öl, Fett, Schmutz, Staub, Gase, Dämpfe, Lärm, Erschütterung, Blendung, Lichtmangel, Kälte, Unfallgefährdung...

aus: REFA 1989

Nachfolgend verdeutlichen zwei konkrete Beispiele das summarische Entgeltgruppenverfahren und das analytische Stufenwertzahlverfahren. Beim **Entgeltgruppenverfahren** werden die Tätigkeiten in den einzelnen Tarifgruppen durch die grobe Umschreibung der erforderlichen Qualifikation sowie im vorliegenden Beispiel aus dem Bankenbereich durch Beispiele für konkrete Tätigkeiten umschrieben.

Ein Arbeitsplatz, der eingestuft werden soll, lässt sich recht einfach einer bestimmten Entgeltgruppe zuordnen. Veränderungen bei der Tätigkeit führen meist nicht zu einer anderen Einstufung, es sei denn es geht um gravierende Änderungen. Den Tarifgruppen sind bestimmte Vergütungen in Euro und Cent zugeordnet.

Übersicht: ***Beispiel für das Entgeltgruppenverfahren der Arbeitsbewertung*** *(Bankenbereich)*

Auszüge aus dem Manteltarifvertrag des Bankengewerbes (TV 4. Aufl. 3. Erg. 5/95)

§ 6 Tarifgruppen

Für die Feststellung der tariflichen Mindestgehälter gelten folgende Tarifgruppen:

Tarifgruppe 1

Tätigkeiten, die Vorkenntnisse nicht erfordern, z. B.:

- Küchenhilfen
- Reinigungspersonal

Tarifgruppe 2

Tätigkeiten, die Kenntnisse oder Fertigkeiten erfordern, wie sie in der Regel durch eine kurze Einarbeitung erworben werden, z. B.:

- Arbeitnehmer mit einfacher Tätigkeit
  im Zahlungs-, Überweisungs- und Abrechnungsverkehr
  in Registraturen, Expeditionen und Materialverwaltungen
  in Fachabteilungen (Sortierarbeiten)
- Boten
- Pförtner
- Wächter

Tarifgruppe 3

Tätigkeiten, die Kenntnisse und/oder Fertigkeiten erfordern, wie sie in der Regel durch eine Zweckausbildung oder eine längere Einarbeitung erworben werden, z. B.:

- Arbeitnehmer mit Tätigkeiten in Kontokorrent- und Sparabteilungen
- Geldboten mit Inkassovollmacht
- Arbeitnehmer für EDV-Hilfsmaschinen, Mikrofilm, Adressiermaschinen und Archivverfilmung
- Phonotypistinnen
- Telefonistinnen
- Hausmeister

Beim **Stufenwertzahlverfahren** werden die verschiedenen Anforderungskriterien einzeln mit Punkten bewertet, ggf. gewichtet, und dann die Punktwerte addiert. Dies ergibt den sog. Arbeitswert, im unten stehenden Beispiel für einen Personalreferenten bzw. Personalbetreuer 58 Punkte. Die Arbeitswerte ihrerseits sind mittels einer Tabelle den Entgeltgruppen zugeordnet; in einem weiteren Schritt lassen sich für die Entgeltgruppen Euro-Beträge – wiederum aus einer Tabelle – ablesen. Die Vorgehensweise bzw. die Schrittfolge beim Entgeltgruppenverfahren und beim Stufenwertzahlverfahren zeigt die nachstehende Übersicht.

Das Stufenwertzahlverfahren scheint genauer und objektiver zu sein als das Entgeltgruppenverfahren. Es steht und fällt mit den Anforderungskriterien und deren Gewichtung, die zwischen den Tarifparteien ausgehandelt werden. Veränderungen der Tätigkeit ziehen ein aufwändiges Verfahren der Neubewertung nach sich.

Übersicht: ***Vom Arbeitswert zum Brutto-Entgelt***

	Arbeitswert	Zuordnung zu einer **Entgeltgruppe**	EURO-Betrag aus dem **Entgelttarif**
Entgeltgruppen-verfahren	---	K 3	2.300 EURO
Stufenwertzahl-verfahren	58 Punkte	EG 15 (55 – 58 Punkte)	3.800 EURO

Bei Entgelttarifverhandlungen wird von den Tarifparteien jeweils nur jeweils nur eine Entgeltgruppe verhandelt, das sog. „**Eckentgelt**", konkret also beispielsweise die Entgeltgruppe 7. Die Tariferhöhung von z. B. 3 % wird dann auf alle anderen Entgeltgruppen angewandt; gegebenenfalls kommt eine absolute Entgelterhöhung von z. B. 50 EURO (für alle Entgeltgruppen) hinzu, die prozentual gesehen die niedrigeren Entgeltgruppen besser stellt – dies ist eine gängige Strategie der Gewerkschaften.

Heute passen die Anforderungsarten sowohl bei vielen gewerblichen Tätigkeiten wie auch bei den Angestellten nicht mehr besonders gut. Neue Techniken, flexible Organisationsformen, geänderte Zusammenarbeit, ständige Verbesserung von Prozessen und Verfolgung strategischer Ziele (bei Führungskräften) werden bislang zu wenig berücksichtigt. Aus diesen Gründen, wegen der aufwändigen ständigen Änderungen und aus der nur vermeintlichen Objektivität der Arbeitsbewertung kommen Bedenken an diesen Verfahren auf, die immer lauter werden. Ein anderer gangbarer Weg ist aber nicht in Sicht und wird vielleicht auch nicht so schnell entdeckt werden. Auf alle Fälle sollte man sich der **Unzulänglichkeiten heutiger Arbeitsbewertung** bewusst sein und sie nicht für die (einzig) richtige Lösung des Problems anforderungsgerechter Entlohnung halten.

Abbildung 5-12: ***Beispiel für das Stufenwertzahlverfahren der Arbeitsbewertung (Metall- und Elektroindustrie) (Personalbetreuer/in)***

Bewertungsbegründung	Stufe	Pkte
A Wissen und Können **Anlernen**	A0	0
B Ausbildung Die ganzheitliche Betreuung eines Bereiches erfordert eine Fachhochschulausbildung als Dipl.-Betriebswirt/-in FH (Schwerpunkt Personalwesen).	B5	24
E Erfahrung Der Einsatz aller personalwirtschaftlichen Instrumente und die Betreuung von Mitarbeitern erfordern Kenntnisse über Abläufe und betriebliche Gegenbenheiten, die durch eine 3- bis 5-jährige Erfahrung erworben werden.	E4	8
D Denken Die Planung und Abstimmung des Personalbedarfs unter Berücksichtigung von Strukturveränderungen sowie die Durchführung von Arbeitsbewertungen erfordert die Kombination von bekannten Lösungsmustern.	D4	8
H Handlungsspielraum/Verantwortung Die Ziele der Personalarbeit sind vorgegeben. In diesem Rahmen erfordert die personelle Betreuung eines Bereiches den selbstständigen Einsatz von Methoden und Hilfsmitteln.	H6	11
K Kommunikation Im Rahmen des übertragenen Aufgabenkomplexes sind ggf. unterschiedliche Interessenlagen gegeben (z.B. von Beschäftigten, Fachbereichen, Betriebsrat und Behörden), bei insgesamt gleicher Gesamtzielsetzung.	K4	7
K Kommunikation Keine	F0	0

aus: Südwestmetall 2003

5.5.3 Entgeltformen

Beim Stichwort Entgeltformen kommt die Leistung eines einzelnen Mitarbeiters oder einer Arbeitsgruppe ins Spiel. Die Vergütungsformen können zunächst danach unterschieden werden, ob sie den Leistungsbezug direkt oder nur auf indirektem Weg berücksichtigen.

Abbildung 5-13: ***Entgeltformen***

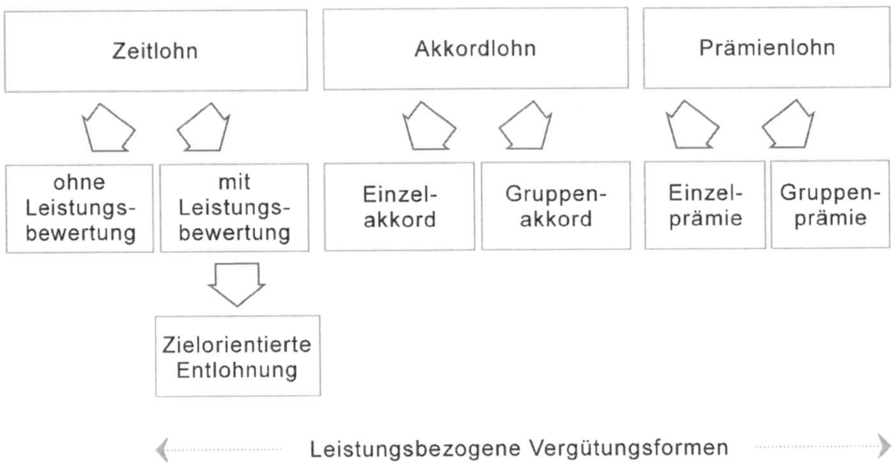

Beim **Zeitlohn** wird (vordergründig) nur die gearbeitete Zeit vergütet – unabhängig von der Leistung, die erbracht wurde. Selbstredend besitzt der Arbeitgeber eine Vorstellung davon, welche Leistung er erwarten bzw. verlangen kann und der Mitarbeiter kennt diese Vorstellung (vermutlich). Auf Dauer kann der Arbeitnehmer auch beim Zeitlohn diese Vorstellung nicht unterschreiten, sonst riskiert er seinen Arbeitsplatz. Der reine Zeitlohn (ohne Leistungsbewertung) sieht eine bestimmte Vergütung für den Monat vor; bei den Angestellten handelt es sich praktisch immer um den Monatsbetrag, während bei den Arbeitern mitunter noch in Abhängigkeit von den Soll-Stunden eines Monats vergütet wird. Der Zeitlohn besitzt den Vorzug, dass er ohne besondere Voraussetzungen überall einsetzbar ist, hat aber auch den Nachteil einer negativen Anreizwirkung. Bei bestimmten Tätigkeiten, bei denen die Mitarbeiter keinen Einfluss auf den Leistungsumfang und das Leistungsergebnis haben, stellt der reine Zeitlohn die einzige Möglichkeit der Vergütung dar. Das trifft zum Beispiel auf einen Notarzt oder einen Feuerwehrmann oder auf Überwachungstätigkeiten in einem Kraftwerk zu.

Im Bereich des **Leistungsentgelts** gibt es verschiedenartige Möglichkeiten. Beim **Akkordlohn** wird ausschließlich die Leistungsmenge gemessen und ihrer Höhe nach im Entgelt berücksichtigt. **Prämienlöhne** bieten vielfältige und flexible Anknüpfungspunkte zur Leistungsmessung: Menge, Nutzung, Qualität, Ersparnis, Einhaltung von Terminen, Innovationen und alle Kombinationsmöglichkeiten. Auch beim **Zeitlohn mit Leistungsbeurteilung** werden mehrere (Ergebnis- und Verhaltens)Kriterien zur Beurteilung herangezogen. Der hauptsächliche Unterschied zum Prämienlohn liegt darin, dass beim Zeitlohn mit Leistungsbeurteilung die Ergebnisse nicht gemessen, sondern vom Vorgesetzten eingeschätzt bzw. beurteilt werden. Der Trend geht klar weg von den Klassikern, d. h. vom reinen Zeitlohn und ebenfalls weg vom reinen Akkordlohn.

Zwischen diesen reinen Formen existieren vielfältige **Mischformen**, so zum Beispiel der Akkordlohn mit Leistungsbeurteilung, der Prämienlohn mit beurteilbaren Qualitätskriterien (Prozessverbesserung...), der Zeitlohn mit Beurteilung und Messung eines Leistungsmerkmals. Prämien bzw. Beurteilungen spielen zunehmend eine größere Rolle, ebenso die Erreichung vereinbarter Ziele, und auch die Entlohnung von Gruppen bringt mit der Berücksichtigung individueller und kollektiver Leistungen neue Aspekte ins Spiel.

Vereinbarungen zwischen Geschäftsleitung und Mitarbeiter(n) über Leistungen, die in Zukunft erbracht werden sollen, bezeichnet die betriebliche Praxis als **Kontrakt- bzw.** als **Pensumlohn**; sie stellen zielorientierte Entlohnungsverfahren dar. An die vereinbarten Ziele knüpft sich die Zahlung des Entgelts, das der ausgemachten zukünftigen Leistung (Pensum) entspricht. Leistungsschwankungen führen während der „Vertragslaufzeit" nicht zu Vergütungsänderungen.

Ähnlich wie die Arbeitsbewertung den Arbeitsplatz bewertet, versucht man mit der **Leistungsbeurteilung** die Arbeitsergebnisse des Mitarbeiters zu beurteilen. Auch dabei kann summarisch oder analytisch, reihend oder stufend vorgegangen werden – auch hier macht die Reihung wenig Sinn, und auch hier vertraut man den analytischen Verfahren mehr. Leistungsbeurteilung im analytischen Sinn beurteilt mehr als nur die Mengenleistung oder die Qualität der Leistung. Qualifikation und Potenzial, Verhalten, Persönlichkeit und Führungserfolg bei Mitarbeitern in Leitungsfunktionen werden ebenfalls beurteilt und machen aus der reinen „Leistungsbeurteilung" eine umfassend angelegte „Mitarbeiterbeurteilung". Es ist fraglich, ob neben der Leistung (im engeren Sinne) nicht weitere Aspekte des Verhaltens langfristig leistungsrelevant sind: Zusammenarbeit, Weiterbildungsbereitschaft, Innovationsverhalten (Verbesserungsvorschläge), Identifikation u. a. m.

Ein typisches Beispiel für eine Leistungs- bzw. Mitarbeiterbeurteilung zeigt die nächste Abbildung. Je Beurteilungskriterium werden Punkte vergeben, die in ihrer Summe die Leistungszulage bestimmen.

Abbildung 5-14: **Beispiel für eine Leistungsbeurteilung** *(Metall- und Elektroindustrie)*

Beurteilung des Leitungsergebnisses

Von Beschäftigte/r, Abteilung Perspnalnummer Entgeltgruppe

durch Vorgesetzte/r, Abteilung Datum

Leistungsbeurteilungensmerkmale 1-5 gelten grundsätzlich für jede/n Beschäftigten (maximale Gesamtpunktzahl 28), Merkmal 6 nur für Mitarbeiter/in mit Führungsverantwortung (maximale Gesamtpunktzahl 32) Bei der Beurteilung sind die Merkmale entsprechend der Arbeitsaufgabe anzuwenden. Die beispielhaft aufgeführten Kriterien sind nicht abschließend.

A Das Leistungsergebnis entspricht dem Ausgangsniveau der Arbeitsaufgabe.
B Das Leistungsergebnis entspricht im allgemeinen den Erwartungen.
C Das Leistungsergebnis entspricht in vollem Umfang den Erwartungen.
D Das Leistungsergebnis liegt über den Erwartungen.
E Das Leistungsergebnis liegt weit über den Erwartungen.

		A	B	C	D	E
1	**Effizienz** z.B. wirksame Arbeitsausführung; termingerechte Arbeitsergenisse; rationelle Durchführung	0	2	4	6	8
2	**Qualität** z.B. sorgfältige Durchführung von Aufgaben; Häufigkeit von Fehlern, Mängeln; Einhaltung von Zusagen, Absprachen; Ideenvielfalt	0	2	4	6	8
3	**Flexibilität** z.B. Erledigung wechelnder Aufgaben; Bewältigung veränderter Arbeitsbedingungen	0	2	4	6	8
4	**Verantwortliches Handeln** z.B. Zielorientierung; Umgang mit Ressourcen; Selbstständigkeit; Übernahme von Verantwortung; Sauberkeit in der Arbeitsumgebung; Förderung von Arbeits- und Gesundheitsschutz	0	1	2	3	4
5	**Kooperation** z.B. Zusammenarbeit bei gemeinsamer Erledigung von Arbeitsaufgaben; Zusammenarbeit mit anderen Stellen/Bereichen innerhalb der Arbeitsaufgabe; Weitergabe von Erfahrungen und Informationen zur Aufgabenerfüllung	0	1	2	3	4
6	**Führungsverhalten** z.B. Delegation; Integration; Motivation; Personalentwicklung; Informationsverhalten	0	1	2	3	4
	Gesamtpunktzahl					
	Leistungsentgelt (%) = Gesamtpunktzahl / maximale Punktzahl x 30 =					

Kenntnisnahme Datum, Unterschrift Beschäftigte(r) Datum, Unterschrift, Vorgesetzte/r

aus: Südwestmetall 2003

Am Ende erweist sich die Leistungsbeurteilung jedoch als ebenso **problematisch** wie die Arbeitsbewertung. Zuvorderst ist sie manipulierbar in dem Sinn, dass der beurteilende Vorgesetzte u. U. zuerst das festlegt, was finanziell herauskommen soll und dann erst die (dazu passende) Beurteilung erstellt. An der Leistungsbeurteilung kann weitere Kritik angebracht werden. Setzt sie ausschließlich bei der Leistung an, so greift sie zu kurz; berücksichtigt sie weitere Aspekte des Arbeitnehmerverhaltens, dann wird sie zwangsläufig weniger objektiv, und da es um ein Verteilungsproblem (Geld) geht, ist mit unterschiedlichen Auffassungen zwischen Mitarbeiter und Vorgesetztem zu rechnen. Arbeitsbewertung und Leistungsbeurteilung sind – mitunter unzulängliche – Hilfsmittel auf dem Weg zu einer anforderungs- und leistungsgerechten Entlohnung. Trotzdem wird die Leistungsbeurteilung zurzeit als Werkzeug zur Verwirklichung leistungsgerechter Vergütung favorisiert.

Speziell bei **Führungskräften** stellt sich der Entgeltaufbau, der die Einstufung in sog. Funktionsgruppen und die individuelle Leistung berücksichtigt, häufig so dar, wie es die nachfolgende Abbildung zeigt. Erwähnenswert sind dabei der Umstand, dass die Vergütungsbandbreiten bzw. -spannen nach „oben" hin größer werden und dass die „Spitzenleister" einer Gehaltsgruppe durchaus mehr verdienen können als die „Einsteiger" der nächst höheren Gruppe; konkret bedeutet dies, das ein „Mitarbeiter" durchaus mehr verdienen kann als sein „Vorgesetzter".

Bei allen Formen des Leistungsentgelts gibt es – bewusst oder unbewusst – eine Bezugsleistung, an der die Leistung des Mitarbeiters gemessen wird. Traditionell spielt die sog. **Normalleistung**, die als „erwartbar" empfunden wird, eine wichtige Rolle. Darüber hinausgehende Leistungen führen zu einem Mehrverdienst, darunter liegende Leistungen zu einem Abschlag vom Normalverdienst (Planverdienst). Diese Bezugsleistung festzulegen, ist ein schwieriges Unterfangen, das nur mit Abstrichen gelingen kann.

Die Normalleistung wird traditionell bei Arbeitern für die Akkordvergütung im Rahmen des Zeitstudiums ermittelt, und dafür stehen im Wesentlichen zwei Methoden zur Verfügung. Beim **REFA-Verfahren** wird die Arbeitsausführung beobachtet, die dabei verwendete Zeit gestoppt und der Leistungsgrad des Mitarbeiters geschätzt. Danach lässt sich, unter Berücksichtigung von Erholungszuschlägen, die Normalleistung – in Stück pro Zeiteinheit oder als Zeitvorgabe pro Stück – berechnen. Problematisch sind dabei das Leistungsgradschätzen und das zugrundeliegende Menschenbild; der Mensch wird wie eine Maschine gesehen, die immer gleich gut funktionieren muss. Bei den **Systemen vorbestimmter Zeiten** entfällt das Leistungsgradschätzen – scheinbar. Aus Tabellen werden Zeiten für Bewegungsabläufe entnommen und addiert. Die Bezugsleistung ist in den Tabellen eingeschlossen, und daher scheint dieses Verfahren auf den ersten Blick weniger problematisch zu sein. Bei genauerem Hinsehen entpuppt sich auch dieses Vorgehen als scheingenau und ebenfalls als mechanistisch. Aber es gibt keine (anderen) objektiveren Methoden; auch hier sollte man sich der erwähnten Schwierigkeiten bewusst sein.

Abbildung 5-15: **Beispiel für Funktions- und Gehaltsgruppen bei Führungskräften**

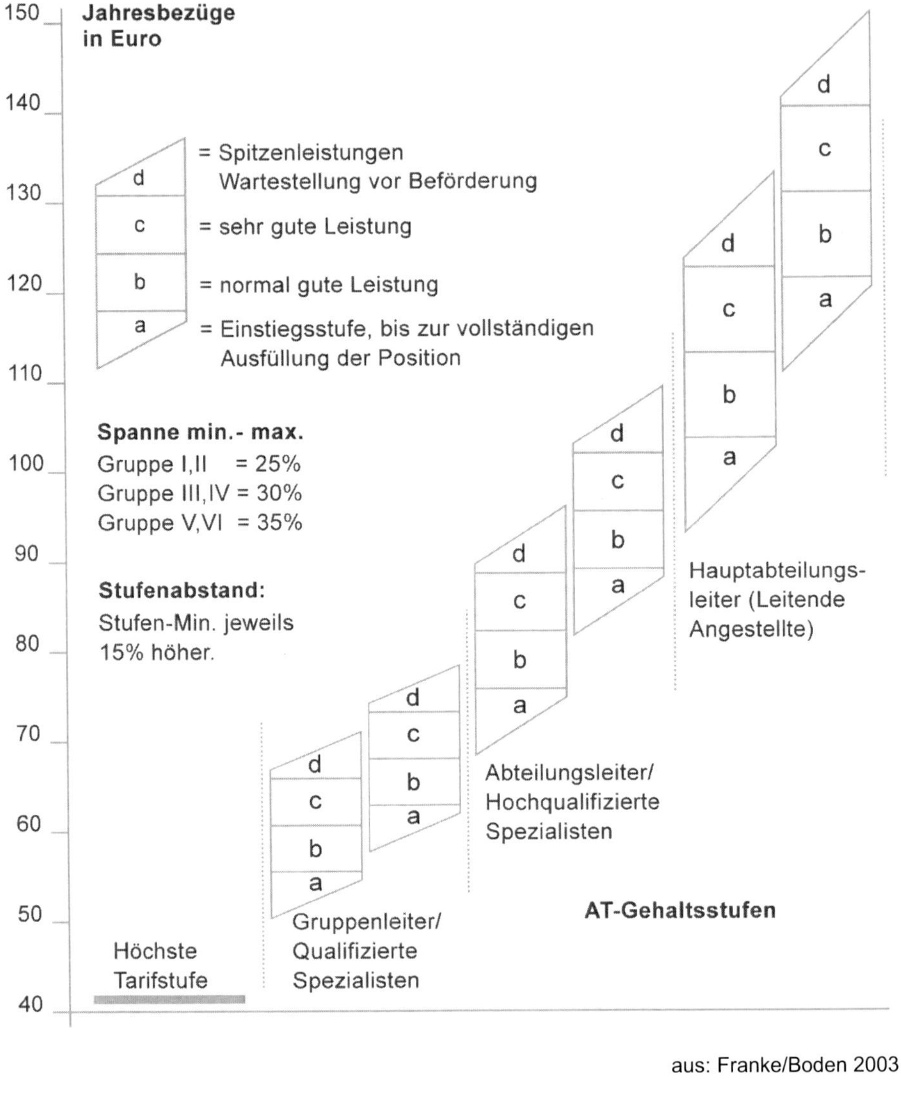

aus: Franke/Boden 2003

5.5.4 ERA - Entgeltrahmenabkommen der Metall- und Elektroindustrie

Richtungsweisend für neue tarifliche Entgeltsysteme ist das Entgeltrahmenabkommen der Metall- und Elektroindustrie – ERA. Die **Ziele** von ERA liegen in der

- Vereinheitlichung von vier bisherigen Entgeltlinien für Arbeiter, Meister, kaufmännische und technische Angestellte
- Anpassung an längerfristige Arbeitsmarkttrends, die beispielsweise die Wertigkeit von Sekretariatskräften heute anders erscheinen lässt als das vor 20 Jahren der Fall war
- Vereinheitlichung des variablen Entgelts
- Beseitigung von Diskriminierung aufgrund des Geschlechts

Der **Entgeltaufbau** nach ERA unterscheidet drei Bestandteile: das Grundentgelt, das Leistungsentgelt und die Belastungszulage.

Das **Grundentgelt** wird nach dem Stufenwertzahlverfahren ermittelt. Die Arbeitswerte sind 17 Entgeltgruppen zugeordnet. Für die gängigen Tätigkeiten liegen 122 sog. Niveaubeispiele vor, bei denen die Arbeitsbewertung beispielhaft bereits durchgeführt wurde; dies entlastet die Unternehmen. Das Beispiel in der Abbildung verdeutlicht die Arbeitsaufgabe eines Personalbetreuers bzw. Personalreferenten; die zugehörige Arbeitsbewertung wurde beim Beispiel für das Stufenwertzahlverfahren bereits gezeigt.

Das **Leistungsentgelt** kann grundsätzlich durch Kennzahlen (Messen), durch Beurteilung (Leistungsbeurteilung), durch Zielvereinbarung oder durch eine Kombination aus diesen drei Basismethoden ermittelt werden; hierüber entscheiden Arbeitgeber und Betriebsrat. Je Mitarbeiter kann es zwischen 0 % und 30 % (bezogen auf das Grundentgelt) betragen, im Durchschnitt aller Mitarbeiter müssen jedoch 15 % als Leistungsentgelt ausgeschüttet werden.

Abbildung 5-16: ***ERA-Niveaubeispiel Personalreferent/Personalbetreuer*** *(Aufgaben)*

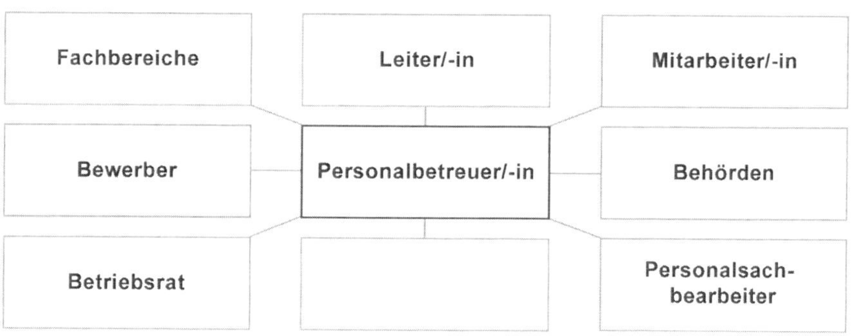

Beschreibung der Arbeitsaufgabe:

- **Planen und Durchführen von Personalmaßnahmen**

  Für die zugeteilten Betreuungsbereiche personelle Maßnahmen unter Berücksichtigung gesetzlicher, arbeitsvertraglicher, tarifvertraglicher und personeller Voraussetzungen vorbereiten, abstimmen, steuern und durchführen.

  Qualitativen und quantitativen Personalbedarf unter Berücksichtigung von Aufgabenveränderungen, Rationalisierungen, künftiger Aufgabenentwicklung, Planungsprämissen klären und abstimmen. Ergebnisse auswerten und kommentieren. Stellenbesetzungen prüfen, freigeben und einleiten. Bewerbungsunterlagen prüfen, Vorauswahl treffen, Vertragsbedingungen verhandeln und vereinbaren. Betriebsbedingte Einsatzänderungen ermitteln, einvernehmliches Ergebnis herbeiführen.

- **Betreuen von Mitarbeitern**

  Zu fördernde Mitarbeiter entsprechend Planungsunterlagen auswählen, Anforderungs- und Eignungsprofile erarbeiten. Förderungsmaßnahmen vorschlagen, Förderung überwachen.

  Arbeitsbewertung unter Beachtung tariflicher und innerbetrieblicher Vorschriften durchführen. Tarifgruppen festlegen und vertreten. Entgeltmaßnahmen vorbereiten und durchführen, mit Vorgesetzten abstimmen. Leistungsbeurteilungen auswerten, ggf. sachgemäße Anwendung sicherstellen, Integrationsgespräche mit mehreren Fachbereichen führen. Fort- und Weiterbildungsmaßnahmen vorschlagen.

  Bei Leistungs- und Verhaltensproblemen Einzelgespräche führen, Ergebnisse dokumentieren und Abhilfemaßnahmen vorschlagen, abstimmen, Ergebnisse überwachen.

  Bei Austritten Gespräche führen. Ursachen ermitteln, Ergebnisse dokumentieren, Zeugnisse schreiben und abstimmen. Ggf. Kündigungen durchführen.

  Bei Bedarf Mitarbeiter für Altersteilzeit/Frühpensionierungen ermitteln, vorschlagen und beraten. Konditionen erläutern und Verträge vorbereiten.

- **Vertreten der Interessen des Personalbereiches**

  Fachbereiche über personalpolitische Grundsatzfragen informieren. Hintergründe erläutern. In Gesprächen mit Betriebsrat und Mitarbeitern Maßnahmen des Personalbereichs vertreten und begründen.

aus: Südwestmetall 2003

Die Einführung von ERA war im Tarifbereich Baden-Württemberg bis zum 31.12.2008 abzuschließen. Dabei gab es sog. „Unterschreiter" und „Überschreiter", also Mitarbeiter, die in den neuen Strukturen mehr oder weniger verdienten – diese werden an ihre ERA-Zielvergütung „herangeführt". Ggf. höhere Personalkosten der Unternehmen gleicht ein Strukturfonds aus.

Untersuchungen zu ERA gibt es bislang noch nicht in größerem Umfang; deutlich ist aber, dass Spielräume, die bislang bei den Tarifparteien lagen, zum Beispiel Entscheidungen zur leistungsbezogenen Vergütung nunmehr auf die betriebliche Ebene und damit auf den Arbeitgeber und den Betriebsrat verlagert werden – diese lagen zuvor bei den Arbeitgeberverbänden und den Gewerkschaften.

5.5.5 Erfolgsbeteiligung

Für die **Orientierung der Entlohnung am Unternehmenserfolg** bestehen Möglichkeiten im Bereich der Individualentlohnung. So kann zum Beispiel das dreizehnte Monatsgehalt tariflich beschäftigter Mitarbeiter ebenso an Erfolgsgrößen, z. B. am Gewinn oder anderen Kenngrößen angebunden sein wie die erfolgsabhängigen Tantiemen von Geschäftsführern. Einen etwas anderen, nämlich kollektiven Ansatz wählen die Systeme der Erfolgsbeteiligung.

Erfolgsbeteiligung will die Faktorgerechtigkeit sichern, das heißt, dass die am Zustandekommen des Unternehmensergebnisses beteiligten Produktionsfaktoren (Arbeit, Kapital, Management) entsprechend ihrem Beitrag ein Entgelt erhalten sollen. Im Rahmen des Konzepts der **betrieblichen Partnerschaft**, die die Mitarbeiter materiell (am Erfolg und am Kapital des arbeitgebenden Unternehmens) und immateriell (mit erweiterten Informations- und Mitbestimmungsrechten) beteiligt, spielt die Erfolgsbeteiligung schon lange eine wichtige Rolle.

Erfolgsbeteiligung – meist in Form einer **Beteiligung am Gewinn** (Steuerbilanz, Handelsbilanz) des Unternehmens praktiziert – ermittelt nach Festlegung der Erfolgsgröße die Faktoranteile und legt dann die individuellen Quoten fest. Die Ausschüttung des Anteils je Mitarbeiter kann in bar erfolgen oder zur Dotierung einer Kapitalbeteiligung (Investivlohn) verwendet werden. Bei dem letztgenannten Weg sind unter den Voraussetzungen des Vermögensbeteiligungsgesetzes steuerliche Vorteile nutzbar, die diese Form der Mitarbeiterbeteiligung besonders interessant machen. Entgeltgerechtigkeit und unternehmerisches Denken sind die hauptsächlichen Ziele, die neben der (fraglichen) Erhöhung der Leistungsmotivation, der Bindung ans Unternehmen und der (ebenfalls zweifelhaften) akquisitorischen Wirkung mit der Erfolgsbeteiligung verfolgt werden. Problematisch aus Motivierungssicht erweist sich bei Mittel- und Großbetrieben vor allem die Beeinflussbarkeit des Erfolgs durch den einzelnen Arbeitnehmer.

5.5.6 Entwicklungen

Die gesamte Vergütungsthematik stellt sich (derzeit) ziemlich unbefriedigend dar. Zutreffend ist die Wertung in einer Veröffentlichung der Deutschen Gesellschaft für Personalführung (DGFP): „Vergangenheit – einfach und wenig wirksam; Gegenwart – große Vielfalt und zweifelhafte Ergebnisse".

Fasst man die bisherigen Überlegungen zur Entgeltthematik zusammen, so zeigen sich deutliche Unterschiede zwischen der **klassischen** und der aktuellen **Sicht der Vergütungsthematik** (siehe Übersicht). Lange Zeit wurde der Mitarbeiter als Individuum und als „Untergebener" gesehen, dessen Leistung in erster Linie durch die Leistungsbereitschaft bestimmt ist; um diese zu aktivieren bedarf es finanzieller Anreize (Theorie). Diese Sicht entsprach der damaligen stabilen Umwelt, der stark arbeitsteiligen

Massenproduktion und der eher autoritären Führung auf der Basis fachlicher Kompetenz (Management). Mengenleistung wurde betont, unterschiedliche Behandlung der verschiedenen Mitarbeitergruppen war üblich und man wollte Vergütungssysteme mit dauerhafter Gültigkeit entwickeln (Anforderungen). Ausgefeilte Arbeitsbewertungssysteme, Akkord- und Prämienentlohnung sowie Sozialleistungen „mit der Gießkanne" waren die Folge (Systeme), und konsequenterweise entwickelten Stabsstellen die Entlohnungssysteme und führten die Konzepte „von oben" ein (Prozess).

Übersicht: ***Entgeltsysteme gestern, heute und morgen***

Themen/Aspekte	...klassische Sicht	...moderne Sicht
Denken über Managementfragen		
Umwelt	– stabil	– Dynaxity
Organisation	– Massenproduktion Fließband hohe Arbeitsteilung Einzelarbeit	– flexibel Gruppenarbeit
Mitarbeiterführung	– autoritär - Fachkompetenz	– kooperativ Schlüsselqualifikationen
Personal-Theorie		
Sicht des Mitarbeiters	– Maschine Untergebener Individuum	– Mitunternehmer Teamplayer
Leistungsdeterminanten	– Wollen und ggf. Können	– Wollen, Können, Dürfen/Möglich sein
Motivationsfaktoren	– Geld	– breitere Sicht (z. B. wie bei Maslow)
Anforderungen an Entgeltsysteme		
Gerechtigkeit	– anforderungs-, leistungs-, sozialgerecht	– anforderungs-, qualifikations-, leistungs-, erfolgsgerecht
Ziele/Steuerung	– Mitarbeiterleistung	– Mitarbeiterverhalten, Ergebnisse, Innovation, Arbeitgeberattraktivität, Mitarbeiterbindung
Mitarbeitergruppen	– unterschiedliche Entgeltsysteme	– gleiche Grundstruktur für alle

Themen/Aspekte	...klassische Sicht	...moderne Sicht
Zeitbezug	– stabil	– variabel, anpassbar
Instrumente/Bestandteile von Entgeltsystemen		
Arbeitsbewertung	– Genfer Schema	– neue Anforderungen (ERA) „schlank“
Leistungsorientierte Vergütung	– Akkord, Prämienlohn, Zeitlohn mit Leistungszulage	– aufgaben- und zielorientiertes Entgelt
Erfolgsorientierte Vergütung	– Gewinnbeteiligung	– BSC-orientiert
Sozialleistungen	– „Gießkanne“	– Cafeteria-System
Entgeltsysteme als Prozess		
Konzipierung/Entwicklung	– „Stab“	– Projekt
Implementierung	– „von oben“	– partizipativ
Controlling	– findet nicht statt	– permanent
Anpassung	– „jedes Jahrzehnt einmal“	– bei Bedarf - häufig

Das ändert sich seit einiger Zeit dramatisch (**moderne Sicht**). Dynamische und komplexe Umweltveränderungen, flexible Teamarbeit und kooperative Führung stehen am Anfang der (Argumentations)Kette (Management). Der Mitarbeiter als Teamplayer und als Mitunternehmer, für dessen Leistung Können, Wollen und Dürfen gleichermaßen wichtig sind, setzen die Linie konsequent fort. Beim Mitarbeiterverhalten wird neben der Leistung auch das Verhalten im Sinne von Kundenorientierung, Innovation und Klima berücksichtigt (Theorie). Ein durchgängiges Vergütungskonzept für alle Mitarbeitergruppen, das selbstverständlich Anpassungen zulässt, soll entstehen (Anforderungen). Anforderungs- und qualifikationsgerechte Einstufungen, zielorientierte (ergebnisbezogene) Individual- und Teamvergütung sowie erfolgsorientierte Vergütungsbestandteile gehen einher mit flexiblen Sozialleistungen (Cafeteria-System) (Systeme). Die Konzipierung und Einführung erfolgt partizipativ, ständiges Controlling und erforderliche Anpassungen runden das Ganze ab (Prozess). Diese neuen Orientierungen klingen bis hier „perfekt". Die Umschreibung sollte jedoch nicht darüber hinwegtäuschen, dass alle Beteiligten in Praxis und Wissenschaft auf der Suche sind und experimentieren. Den Stein der Weisen gibt es auch bei dieser Thematik nicht.

Übergeordnete Trends in der Gestaltung zukunftsorientierter Entgeltsysteme liegen vor allem bei einem breiteren Anforderungs- und Leistungsbegriff, bei der Angleichung von Arbeitern und Angestellten (auch in der Vergütung), bei der Vergabe von Leistungsanreizen (anstelle sozial motivierter Vergütungsbestandteile), bei strategischen Ausrichtungen und bei Orientierungen an Prozessverbesserungen (KVP) sowie durch die Berücksichtigung von Einfachheit, Verständlichkeit und Akzeptanz der Vergütungssysteme.

Mit Blick auf die konkreten **Entwicklungsrichtungen** lässt sich – zumindest im Bereich der Vergütung von Führungskräften – feststellen, dass die Fixbezüge (Monatsgehalt, Urlaubsgeld, Weihnachtsgeld...) stagnieren, dass die variablen Bezüge (leistungsbezogenes Entgelt, Erfolgsbeteiligung, Sonderzahlungen...) steigen und dass die Benefits (Altersversorgung, Direktversicherung, Firmenwagen, Incentives, Zusatzurlaub...) mehr leistungs- und erfolgsabhängig sowie flexibler ausgestaltet werden.

Wichtig für die künftige Gestaltung von Entgeltsystemen erscheint (nochmals) ein differenzierter Blick auf die **Möglichkeiten und Grenzen der Mitarbeitermotivierung durch variable Vergütung** – die klaren Grenzen von Fixvergütungen bzw. Lohnerhöhungen, die allenfalls kurzfristig(st) Wirkungen erzielen, sind bekannt.

Abbildung 5-17: ***Wirkungen variabler Vergütung***

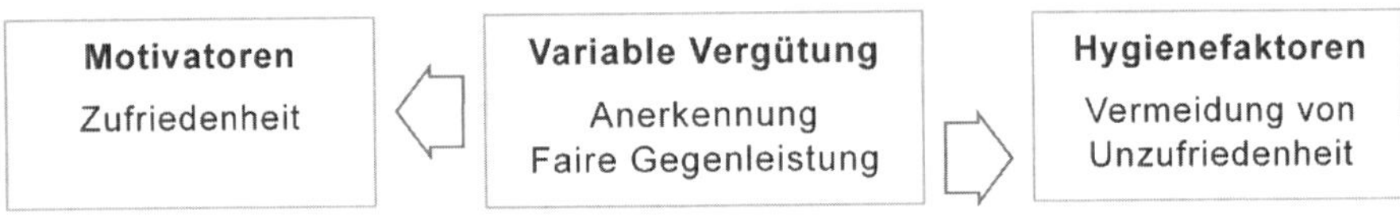

Die nachstehende Abbildung macht in der Zusammenschau nochmals die wesentlichen Einflussgrößen deutlich, die es zu beachten gilt: den Mitarbeiter mit seinen Motiven und seiner Einstellung zur Leistung, die „Gerechtigkeit(en)" des Vergütungssystems, den immer stattfindenden Vergleich mit anderen sowie die Einflussmöglichkeiten bei der Einführung neuer Vergütungs- bzw. Entgeltsysteme.

Ein unverkennbarer (inhaltlicher) Trend geht zur leistungsorientierten **Vergütung auf der Basis von Zielvereinbarungen bzw. Zielerreichung.** Dabei – wie übrigens bei allen Verfahren der leistungsbezogenen Vergütung – ist unbedingt darauf zu achten, dass die „Chance" mehr zu verdienen für den Mitarbeiter deutlich höher angesetzt wird als das „Risiko" weniger zu verdienen. Bezugspunkt ist dabei ein „Zielentgelt" von 100 %. Wenn das Risiko bei Schlechtleistung im konkreten Fall darin besteht, von 100 % auf 75 % abzusacken, dann sollte die Chance bei herausragender Leistung bei mindestens 140 % liegen (siehe Abbildung „Leistungsbezogene Vergütung auf der Basis der Zielerreichung").

Abbildung 5-18: ***Einflussgrößen des Entgelts auf das Mitarbeiterverhalten***

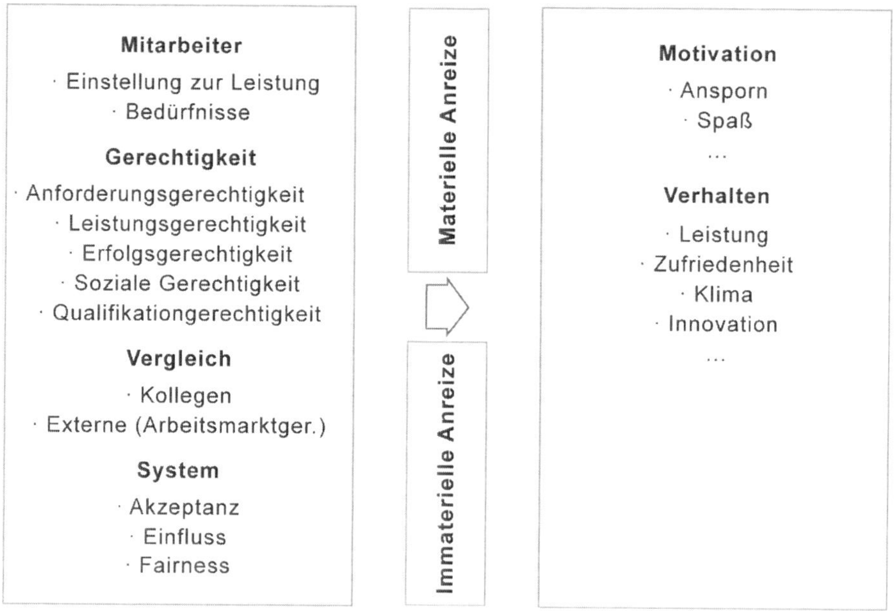

Ferner knüpft die Praxis – vor allem bei Führungskräften – die **individuelle Mitarbeiterleistung** gern an den **kollektiven Erfolg des Unternehmens**. Beide Elemente werden **multiplikativ miteinander verknüpft**. Die Individualleistung – durch Beurteilung oder Zielerreichung ermittelt – und der Unternehmenserfolg – meist am Gewinn festgemacht – werden zur Ermittlung der Gesamtprämie multipliziert. Ggf. kommt das Team- bzw. Bereichsergebnis zur Individualleistung (additiv) hinzu. Diese „Konstruktion" führt zu folgenden Konsequenzen:

- Bei gutem Gewinn, aber schlechter Individualleistung erhält der Mitarbeiter wenig bzw. nichts.
- Bei gutem Gewinn und guter Individualleistung erhält der Mitarbeiter „klotzig" viel.
- Bei schlechtem Gewinn erhalten die Mitarbeiter – unabhängig von der Individualleistung – wenig bzw. nichts.

Die Vorteile gegenüber dem additiven Verfahren: In Zeiten schlechter Gewinnlage müssen keine hohen Prämien gezahlt werden, also dann wenn das Unternehmen „sparen" muss. Leistungsschwache Mitarbeiter partizipieren kaum am Gewinn (zu dem sie wenig beigetragen haben); leistungsstarke Mitarbeiter werden durch die Aussicht auf sehr hohe Prämien motiviert.

Abbildung 5-19: ***Leistungsbezogene Vergütung auf der Basis der Zielerreichung***

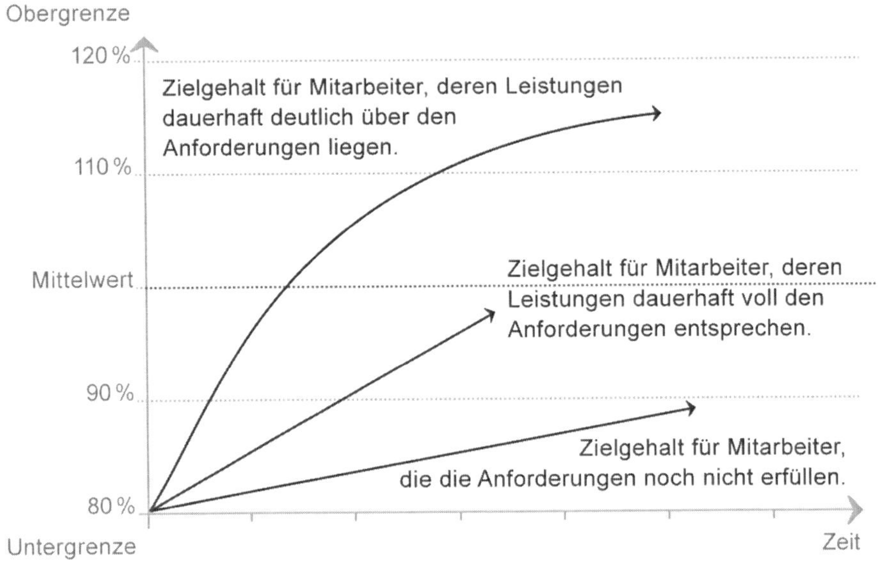

aus: Eyer/Haussmann 2005

Eine besondere Fragestellung kann auch in der Entlohnung von Gruppenarbeit gesehen werden. **Entlohnung von Teams** bzw. Gruppenvergütungskonzepte haben verschiedenen zusätzlichen Anforderungen zu genügen, und zwar sollen die Einzel- und die Gruppenleistung, die Verbesserungsmaßnahmen und die Einsatzbreite (Flexibilität) der Mitarbeiter berücksichtigt werden. Ein anforderungsgerechter Grundlohn, der die Einsatzmöglichkeiten jedes Mitarbeiters berücksichtigt (Flexibilitätszulage), ein ergebnis- und verhaltensbezogenes Leistungsentgelt (Beurteilung und/oder Messung der individuellen Leistung, Gruppenerfolgsprämie), ein Bonus zur Berücksichtigung der Ergebnisse im Kontinuierlichen Verbesserungsprozess sowie ggf. eine Gewinnbeteiligung (aller Mitarbeiter des Unternehmens) stellen die wesentlichen Elemente eines solchen Vergütungskonzepts dar.

5.6 Sozialleistungen

Die betrieblichen Sozialleistungen und Sozialeinrichtungen lassen sich anhand folgender Merkmale abgrenzen. Die gesetzlichen Sozialleistungen können die Unternehmen nicht beeinflussen, und bei den tariflichen Sozialleistungen sind die Einflussmöglichkeiten ebenfalls gering. Als hauptsächliches Feld der betrieblichen Sozialpolitik bleiben somit die **freiwilligen betrieblichen Sozialleistungen**. Beispiele für freiwillige betriebliche Sozialmaßnahmen sind die Kantine, Werkswohnungen, Arbeitgeberdarlehen, Fahrtkostenzuschüsse, die betriebliche Altersversorgung, Belegschaftsverkauf, Jubiläumszuwendungen, Kinderbetreuung, Sportangebote, (zusätzliche) Versicherungen, Unterstützungen in Notfällen, Sonderleistungen im Todesfall, die betriebliche Sozialberatung sowie evtl. Weihnachts- und Urlaubsgeld.

Merkmale betrieblicher Sozialleistungen – Betriebliche Sozialleistungen sind...

- auf den Faktor Arbeit bezogen
  (aktive Mitarbeiter, Angehörige, ehemalige Mitarbeiter)
- nicht unmittelbar an die Arbeitsleistung gebunden
  (zusätzlich zum Arbeitsentgelt gewährt)
- in Form von Geld- oder Sachwerten, Dienstleistungen oder
  Nutzungsmöglichkeiten gewährt
- gesetzlich, tariflich oder freiwillig begründet
- ökonomisch und/oder sozial motiviert
- für die Unternehmen mit Kosten verbunden

5.6.1 Grundlagen zu Sozialleistungen

Bei Umfragen erweisen sich immer wieder die Altersversorgung und die Barzuwendungen (Weihnachtsgratifikation, Urlaubsgeld) als die bekanntesten und am meisten von den Mitarbeitern geschätzten Leistungen. Das sind gleichzeitig auch die Leistungen, die den größten finanziellen Aufwand erfordern. Die Sozialleistungen von Unternehmen weisen einige **Probleme** auf (siehe folgende Übersicht), denn sie werden von Unternehmens- und von Mitarbeiterseite nicht adäquat bewertet. Das Controlling der betrieblichen Sozialpolitik und deren gezielte Umgestaltung sind wichtige Zukunftsaufgaben.

Aus dem weiten Feld der betrieblichen Sozialleistungen und der Sozialeinrichtungen – hier hat der Betriebsrat nach § 87, 1, Ziff. 8 BetrVG ein Mitbestimmungsrecht – soll beispielhaft die betriebliche Altersversorgung herausgegriffen und vertieft werden. Sie ist die freiwillige Sozialleistung, die für die Unternehmen mit dem höchsten Aufwand verbunden ist; in der Industrie und bei den Finanzdienstleistern „schluckt" die Altersversorgung zwischen der Hälfte und zwei Drittel der gesamten Aufwendungen für Soziallleistungen, während dies im Handel nur ungefähr ein Drittel ist (siehe auch Teil 8).

Übersicht: ***Problematik der betrieblichen Sozialleistungen***

Betriebliche Sozialleistungen sind aus	
Unternehmenssicht	**Mitarbeitersicht**
• teuer	• im Aufwand unterschätzt
• bei kaum nachweisbaren (Motivations- und Bindungs)Wirkungen	• oft nicht bedürfnisgerecht
• wenig untersucht und beachtet	• wenig bekannt
• sensibel bezüglich Einschränkungen	• als Selbstverständlichkeiten angesehen

5.6.2 Betriebliche Altersversorgung

Die betriebliche Altersversorgung stellt neben der gesetzlichen Rentenversicherung und der Eigenvorsorge der Arbeitnehmer die „dritte Säule" in der materiellen Vorsorge für das Alter dar. Mit einem Anteil an den Personalnebenkosten von ca. 10 % (in der Industrie) ist sie eindeutig die **teuerste Nebenleistung**. Bei der betrieblichen Altersversorgung spielen vor allem die folgenden Themen eine wichtige Rolle: Leistungspläne, Finanzierungswege, Versorgungsordnung, der gesetzliche Rahmen und die langfristig-strategische Bindung.

In den **Leistungsplänen** werden die Spielregeln festgelegt, nach denen sich die Höhe der Altersversorgungsansprüche bemisst. Ein Festbetrag je Dienstjahr (10 €) oder ein Prozentsatz von der (letzten) Vergütung (1/3 %) sind gängige Regelungen, die häufig durch Mindestrenten und Obergrenzen (in der gesamten Versorgung aus staatlicher und betrieblicher Rente) ergänzt werden. Die Obergrenze soll einer Überversorgung, etwa mehr Einkommen als während der aktiven Zeit, vorbeugen. Neben diesen sog. „leistungsorientierten Zusagen", die die spätere Rentenleistung beziffern, erhalten seit einiger Zeit die „beitragsorientierten Zusagen" größere Bedeutung, die den jährlichen Aufwand des Arbeitgebers in den Mittelpunkt stellen und bei denen die spätere Rentenleistung für den Mitarbeiter nicht unmittelbar erkennbar ist.

Bei den **Finanzierungswegen** (Direktzusage, Direktversicherung, Pensionskasse, Unterstützungskasse, Pensionsfonds) geht es um die Aufbringung der Finanzmittel für die betriebliche Altersversorgung. Direktzusagen finanziert der Arbeitgeber durch die Bildung von Rückstellungen, die er nach versicherungsmathematischen Grundsätzen während der aktiven Zeit des Mitarbeiters bildet. Diese – dem Umfang nach meist beachtlichen – Rückstellungen stehen zu Finanzierungszwecken zur Verfügung. Geht der Mitarbeiter in den Ruhestand, werden die Rentenzahlungen durch Auflösung der Rückstellungen gespeist.

Bei der sog. **Direktversicherung** schließt der Arbeitgeber eine Versicherung mit einem (externen) Versicherungsinstitut zugunsten des Mitarbeiters ab, und er zahlt während der aktiven Zeit Beiträge, an denen sich der Arbeitnehmer unter Umständen beteiligt. Hier entstehen keine Finanzierungseffekte für das Unternehmen, das aber auch nicht die Risiken trägt, sondern – wie bei einer Lebensversicherung – den vertraglich festgelegten Versicherungsbeitrag zahlt. Weitere Finanzierungsformen sind die Pensionskasse, die Unterstützungskasse und der Pensionsfonds, die sowohl einzel- als auch überbetrieblich eingerichtet werden können. Sie unterscheiden sich hinsichtlich steuerrechtlicher Fragen, der Finanzierungswirkung, der Beteiligung der Mitarbeiter sowie deren rechtlicher Stellung deutlich von der Direktzusage.

In der sog. **Versorgungsordnung** werden die sonstigen Regelungen festgehalten, denen eine Altersversorgungsregelung folgt: Mindest- und Höchstalter, Wartezeiten, Art der Versorgungsleistungen (Altersrenten, Invalidenrenten, Witwen- und Witwerrenten, Waisenrenten), Berechnung der Dienstjahre, Festlegung der zu berücksichtigenden Vergütungsbestandteile (z. B. Überstunden) u. a. m. Es geht darum, Klarheit in den „Spielregeln" zu haben und Auseinandersetzungen vorzubeugen.

Der Gesetzgeber hat seine Vorstellungen 1974 im **Gesetz zur Verbesserung der betrieblichen Altersversorgung** (BetrAVG) festgehalten. Diese gesetzliche Grundlage verpflichtet kein Unternehmen dazu, eine Altersversorgung zu haben. Die Betriebe, die eine Altersversorgungsregelung besitzen, müssen jedoch den gesetzlichen Regelungen folgen. Alle dort vorgesehenen Anforderungen verteuern am Ende die Altersversorgung, so dass in der Praxis häufig vom „Gesetz zur Verschlechterung der betrieblichen Altersversorgung" die Rede ist, und in der Tat haben seit 1974 viele Unternehmen ihre Versorgungswerke für Neuzugänge geschlossen oder die Dotierung wesentlich verschlechtert. Das BetrAVG ist ein geradezu klassisches Beispiel für eine gesetzliche Regelung, die den Schutz der Arbeitnehmer erreichen will, aber das Gegenteil bewirkt, also kontraproduktiv ist.

Im Einzelnen schreibt das BetrAVG mittlerweile folgendes vor: **Unverfallbarkeit**, die besagt, dass nach 5 Jahren bestehender Zusage und einem Mindestalter von 25 Jahren beim Ausscheiden aus dem Betrieb der bis dahin erdiente anteilige Rentenanspruch dem Arbeitnehmer erhalten bleibt. Das **Auszehrungsverbot** untersagt die Gegenrechnung bei Anhebung anderer Rentenansprüche; eine Erhöhung der gesetzlichen Rente zum Beispiel kann keine Kürzung der betrieblichen Rente zur Folge haben. Die Zahlung der betrieblichen Rente kann nicht mehr – wie früher – an das Erreichen eines bestimmten Lebensalters gebunden sein, sondern das Unternehmen muss zahlen, sobald die gesetzliche Rente gezahlt wird **(Altersgrenze)**. Bei Direktzusagen, Unterstützungskassen und Pensionsfonds muss in eine überbetriebliche **Insolvenz(ver)sicherung** (Pensionssicherungsverein) eingezahlt werden, die im Insolvenzfall die Verpflichtungen des Unternehmens übernimmt, so dass die unverfallbaren Ansprüche der Aktiven und die laufenden Leistungen der Rentner gesichert sind. Schließlich muss der Arbeitgeber alle drei Jahre die laufend gezahlten Renten – nicht die Zusagen und die Ansprüche der aktiven Mitarbeiter – prüfen und über deren **Anpassung** (Erhöhung) entscheiden. Maßstab hierfür ist inzwischen der Preisanstieg (Preisindex) in der Bundesrepublik, und der Arbeitgeber benötigt gute Gründe, wenn er mit der Anpassung unter diesem Prozentsatz bleiben will (niedrigerer Anpassungssatz).

Die letzte Änderung des Betriebsrentengesetzes schreibt den Anspruch der Mitarbeiter auf Umwandlung von Brutto-Entgelt in Versorgungsansprüche **(Entgeltumwandlung)** fest, selbst wenn ansonsten keine betriebliche Altersversorgung besteht. Hierbei legt der Arbeitgeber den Durchführungsweg und die Ausgestaltung fest (z. B. Kapital- oder Rentenleistung, Einschluss von Invalidenrente...). Allerdings kann der Arbeitnehmer verlangen, dass die ihm angebotene Regelung die Voraussetzungen für die staatliche Förderung der Eigenvorsorge erfüllt, sog. **„Riester-Rente"**.

5.6.3 Cafeteria-Systeme

In Zusammenhang mit den oben angesprochenen Problemen der betrieblichen Sozialpolitik bekommt neuerdings eine Idee zur flexiblen Vergabe von Sozialleistungen einen wichtigen Stellenwert, die sog. Cafeteria-Systeme. Cafeteria-Systeme wollen die bisher vorherrschende „Sozialleistungs-Gießkanne" durch ein gezielteres und bedürfnisgerechteres System bei der Vergabe betrieblicher Sozialleistungen ersetzen. Ausgangspunkt ist die Idee, dass unterschiedliche Mitarbeiterbedürfnisse zu einer unterschiedlichen individuellen (Be)Wertung der angebotenen Sozialleistungen führen. Sozialleistungsangebote werden den Mitarbeitern unterbreitet, die sich dann im Rahmen eines vorgegebenen Budgets bedienen können. Konkret geht es um die folgenden **Themen bzw. Regelungsfelder**:

- Leistungsangebote und Modelltypen
  („Was wird angeboten und wie sehen die Wahlmöglichkeiten des Mitarbeiters konkret aus?")
- Budgetgestaltung und Wahlturnus
  („Wie wird die Frage des Budgets gelöst und wie oft steht eine entsprechende Entscheidung an?")
- Mitarbeiterkreis
  („Gilt das System für alle oder nur für einige Mitarbeiter?")

Bei den **Leistungsangeboten** können alle freiwilligen Sozialleistungen eingeschlossen sein; der Rahmen der Möglichkeiten kann aber auch um Entgelt-, Arbeitszeitoptionen oder Weiterbildungsmöglichkeiten erweitert werden. Dann überschreiten die Cafeteria-Systeme das betriebliche Sozialwesen und werden zu einem umfassenderen Gestaltungsansatz für einen großen Bereich des betrieblichen Anreizsystems (total compensation). Mit den **Modelltypen** sind die grundlegenden Spielregeln gemeint, denen das Cafeteria-System folgt, zum Beispiel die Frage, ob bestimmte freiwillige Sozialleistungen als Basisabsicherung aus den Cafeteria-System-Wahlmöglichkeiten ausgenommen sein sollen (Kernplan). Oder man bietet fertig vorgegebene Sozialleistungs-Pakete (alternativer Menüplan) an, die sich an der Situation typischer Mitarbeiter orientieren, zum Beispiel an einer alleinerziehenden Mutter oder am verheirateten älteren Mitarbeiter mit Familie oder an dem jungen Karriere-Paar usw.

Beim **Budget** geht es um die Mittelaufbringung, um die Festlegung der individuellen Anteile und um die formelle Ausgestaltung. Cafeteria-Systeme sollen kostenneutral sein, das heißt nicht mit einer Erhöhung des Sozialaufwands einhergehen. Die Individualanteile können nach Vergütungsbandbreiten und/oder sozialen Merkmalen bemessen sein, und die formelle Gestaltung kann die eines Sozialleistungs-Scheckhefts sein. Der **Wahlturnus** sollte sich in einem Rahmen von drei Jahren (plus/minus ein Jahr) bewegen und bei deutlichen Veränderungen in der Ausgangssituation (z. B. bei Eheschließung) auch dazwischen eine Neufestlegung erlauben.

Natürlich sollten Cafeteria-Systeme **allen Mitarbeitern** offen stehen; die tariflichen Festlegungen schränken jedoch die Möglichkeiten deutlich ein und die verfügbare Manövriermasse fällt mitunter recht gering aus, so dass sich der Aufwand kaum für alle Mitarbeiter lohnt. Unter den gegebenen Bedingungen kommen in der Bundesrepublik wohl am ehesten die Außertariflichen und die Leitenden Angestellten als geeignete Gruppe infrage.

Cafeteria-Systeme wollen und können dem betrieblichen Sozialwesen („Sozialklimbim“) neue Dimensionen verleihen. Zumindest schafft die anstehende Auswahl ein **Bewusstsein bei den Mitarbeitern**, und dies erfordert, dass die Mitarbeiter sich ausführlich informieren (und entsprechende Informations- und Beratungsmöglichkeiten bekommen).

Übersicht: ***Vor- und Nachteile von Cafeteria-Systemen***

Positive Wirkungen	Negative Wirkungen
• Bedürfnisgerechte Leistungen (Motivation) • Selbstbestimmung • Bewusstsein und Information • Effizienterer Mitteleinsatz • Automatische Effizienzkontrolle	• Höherer Verwaltungsaufwand • Aufwendige individuelle Beratung • Wahlprobleme und ggf. Fehlentscheidungen • Kostenneutralität (bei der Einführung)

Einführungen von Cafeteria-Systemen in der Praxis berichten von durchgängig guten Erfahrungen. Die Erwartungen aller Beteiligten wurden erfüllt und häufig praktizieren Unternehmen Ansätze in Richtung auf ein Cafeteria-System, ohne es jedoch so zu benennen. Die Gehaltsumwandlung in eine Direktversicherung wird seit vielen Jahren von Betrieben angeboten, ohne dies an die große Cafeteria-Glocke zu hängen. Auf alle Fälle handelt es sich um eine interessante Idee, die es sich lohnt, weiter zu verfolgen.

5.7 Total Compensation

Weiter als die Cafeteria-Systeme greift die sog. **Total Compensation**. Total Compensation (Gesamtvergütung) strebt die gesamthafte Betrachtung aller bewertbaren Vergütungsbestandteile an. Es sollen also nicht mehr Geldleistungen und Zusatzleistungen getrennt gesehen, sondern vielmehr in eine Gesamtbetrachtung zusammengeführt werden. Dies setzt die Quantifizierung der Sozialleistungen in Euro und Cent voraus. Hinzu kommt, dass der Mitarbeiter eine Wahlmöglichkeit über die Zusammensetzung seiner Kompensationsleistungen erhält. Er kann den Anteil fixer und variabler Vergütung bestimmen. Je höher der fixe Anteil an der Gesamtvergütung, umso geringer die Chancen, aber auch die Risiken hinsichtlich der variablen Anteile – dies kann er in

Abbildung 5-20: ***Total Compensation***

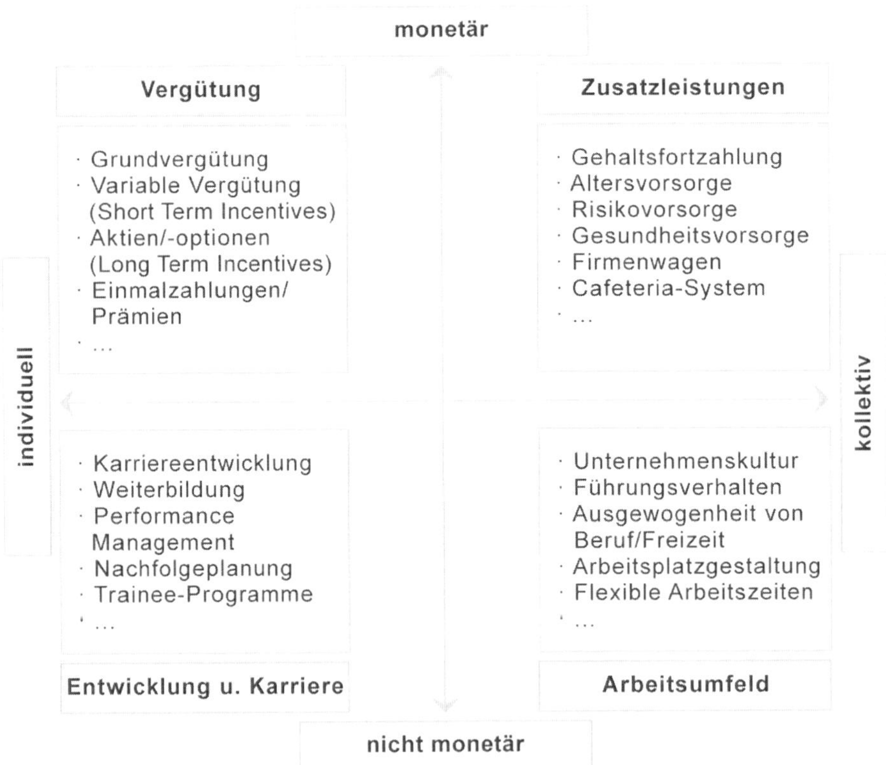

aus: Franke/Boden 2003

Abhängigkeit von seinen Sicherheitsbedürfnissen entscheiden. Ferner legt er die Zusammensetzung seiner Gesamtvergütung nach Vergütungsarten fest, ganz im Sinne des Cafeteria-Ansatzes. Schließlich können beim Total Compensation-Ansatz auch weitere Optionen ins Spiel kommen: Arbeitszeit, karriereförderliche Qualifizierungsmöglichkeiten... Damit entsteht eine **ganzheitliche Sicht** der materiellen und immateriellen Anreize sowie Möglichkeiten zur individuellen Entscheidung seitens des Mitarbeiters, „was er denn gerne hätte" – natürlich unter Berücksichtigung vorgegebener Spielregeln, z. B. eines Budgets, über das er verfügen kann.

5.8 Einführung und Controlling von Entgeltsystemen

Die Umgestaltung bestehender sowie die **Einführung neuer Entgeltsysteme** bringen besondere Herausforderungen mit sich. Eine gute Empfehlung der Unternehmensberatung Kienbaum gibt die folgende Übersicht.

Übersicht: ***Empfehlungen zur Einführung von Entgeltsystemen***

- Die Vergütungsstrategie/-philosophie ist an den spezifischen Geschäftsanforderungen des Unternehmens und den Erwartungen der Mitarbeiter ausgerichtet, es gibt bereichsspezifische Unterschiede.
- Die Gesamtvergütung ist wettbewerbsfähig, d. h. sie ist so gestaltet, dass Mitarbeiter gewonnen, gehalten und bestmöglich motiviert werden.
- Individuelle Leistungsunterschiede der Mitarbeiter werden durch deutliche Unterschiede, sowohl bei den jährlichen Gehaltserhöhungen als auch bei der Höhe des gesamten Vergütungspakets, abgebildet.
- Für jeden Mitarbeiter besteht Transparenz über die zu erreichenden Unternehmensziele und es ist klar, wie er zum Unternehmenserfolg beitragen kann.
- Individuelle Messgrößen werden für jeden Mitarbeiter sorgfältig ermittelt und bilden die Grundlage für jährliche Zielvereinbarungen.
- Die Zielerreichung des Mitarbeiters ist direkt mit der variablen Vergütung verknüpft. Die Top-Leister erhalten eine deutlich höhere variable Vergütung als Mitarbeiter mit normaler Leistung.
- Die gesamte Bar-Vergütung (Grundgehalt zuzüglich variabler Vergütung) ist mit dem Geschäftserfolg des Unternehmens verknüpft.
- Long term incentives sind Bestandteil der Gesamtvergütung und stellen sicher, dass ausgewählte Mitarbeiter am zukünftigen Wertzuwachs des Unternehmens teilhaben.
- Das eingesetzte Stellenbewertungssystem ist leicht zu administrieren und weist ausreichende Flexibilität zur Berücksichtigung von Marktaspekten auf.

- Es existieren eindeutige Regeln für alle Vergütungsprozesse, Mitarbeiter sind über Ziele und Wirkungsweise der Vergütungselemente informiert und Führungskräfte sind diesbezüglich geschult.
- Die Sozial- und Zusatzleistungen orientieren sich an den Bedürfnissen der Mitarbeiter.
- Bei der Zusammensetzung der Gesamtvergütung existieren für die Mitarbeiter flexible Wahlmöglichkeiten, so dass jeder Mitarbeiter sein individuelles Gehaltspaket seinen Bedürfnissen entsprechend zusammenstellen kann.

aus: Franke/Boden 2003

Eine zentrale weitere Frage in Zusammenhang mit Entgeltsystemen wurde bisher nur selten thematisiert und ist immer noch unbefriedigend gelöst: das **Controlling von Vergütungssystemen**. Hier bedarf es künftig in Theorie und Praxis besonderer Anstrengungen. Einige Möglichkeiten präsentiert die abschließende Übersicht.

Übersicht: ***Kenngrößen für das Controlling von Entgeltsystemen***

unternehmensbezogen	**mitarbeiterbezogen**
• Variabler Vergütungsanteil an der Gesamtvergütung • Kopplung des variablen Anteils an den Unternehmenserfolg • „Mehrdimensionales“ Vergütungssystem, z. B. „Führen mit Zielen“ • Flexible Personalkosten • Aufwand für Vergütungssysteme • Einheitliches Grundsystem für alle Mitarbeiter • Attraktivität des Anreizsystems für Bewerber • Bindungswirkung des materiellen Anreizsystems • Regelmäßige Anpassung des Sozialleistungsangebots • Vergütungsvergleiche mit anderen Unternehmen	• Transparenz des Vergütungssystems • Zufriedenheit der Mitarbeiter mit dem Vergütungssystem • Beurteilung der „Vergütungsgerechtigkeiten“ (Anforderungs-, Leistungs-, Erfolgsgerechtigkeit) • Bekanntheit der Sozialleistungen • Nachfrage/Inanspruchnahme bei Sozialleistungen • Wahlmöglichkeit bei den Sozialleistungen (Cafeteria) • Vergleich geschätzter und tatsächlicher Aufwendungen für einzelne Sozialleistungen • Annahme von Angeboten mit Eigenbeteiligung (z. B. Altersversorgung, Mitarbeiteraktien, Altersteilzeit...)

unternehmensbezogen	mitarbeiterbezogen
• Analyse von Trends bei den Vergütungssystemen • Entwicklung der Arbeitsproduktivität bei Einführung neuer Vergütungssysteme	

Zum Weiterdenken

- Wissenschaft und Praxis sind seit über 100 Jahren auf der Suche nach dem optimalen Grad der Arbeitsteilung. Dieses für alle Arbeitnehmer gültige „Optimum" kann es nicht geben.
- Gruppenarbeit entwickelt sich zum neuen „best way". Damit wird man den Mitarbeitern nicht gerecht – zumindest nicht allen!
- Eine umfassende und objektive Entgeltgerechtigkeit wird es nie geben.
- Die aktuelle politische Diskussion über Erfolgs- und Kapitalbeteiligung nimmt die Erfahrungen der letzten 60 Jahre nicht zur Kenntnis.
- Die freiwilligen betrieblichen Sozialleistungen fristen seit jeher ein Schattendasein, d. h. sie werden in Theorie und Praxis wenig beachtet. Dafür sind sie zu teuer!
- Total Compensation ist der Weg der Zukunft, wenn man eine gesamthafte Betrachtung der betrieblichen Anreizsysteme anstrebt.
- Das Controlling von Entgeltsystemen ist komplett „unterbelichtet".

Quellen zu Teil 5

Antoni, C. (Hrsg.): Gruppenarbeit in Unternehmen, 2. Aufl., Weinheim 1996

Antoni, C.: Teilautonome Arbeitsgruppen, Weinheim 1996

Antoni, C./Eyer, E./Kutscher, J. (Hrsg.): Das flexible Unternehmen, Wiesbaden 1997

Baier, M./Röder, H.: Zeitwertkonten und Lebensarbeitszeitkonten, Heidelberg 2007

Becker, F./Kramarsch, M.: Leistungs- und erfolgsorientierte Vergütung für Führungskräfte, Göttingen 2006

Binner, H.: Handbuch der prozessorientierten Arbeitsorganisation, 3. Aufl., München 2008

BMAS (Bundesministerium für Arbeit und Sozialordnung) (Hrsg.): Teilzeit – alles, was Recht ist, Bonn 2002

BMAS (Bundesministerium für Arbeit und Sozialordnung u. a.) (Hrsg.): mobil-Zeit, Bonn 1998

Böker, K.: Flexible Arbeitszeit – Langzeitkonten, Köln 2007

Böhm, H./Femppel, K.: Ziele und variable Vergütung in einem dynamischen Umfeld, Bielefeld 2006

Bösenberg, D./Metzen, H.: Lean Management, 5. Aufl., Landsberg 1995

Bokranz, R./Landau, K.: Einführung in die Arbeitswissenschaft, Stuttgart 1991

Bokranz, R./Landau, K.: Produktivitätsmanagement von Arbeitssystemen, Stuttgart 2006

Bokranz, R./Kasten, L.: Organisations-Management in Dienstleistung und Verwaltung. 3. Aufl., Wiesbaden 2001

Breisig, Th.: Entgelt nach Leistung und Erfolg, Frankfurt 2003

Breisig, Th.: Entlohnen und Führen mit Zielvereinbarungen, 2. Aufl., Frankfurt 2007

Breisig, Th.: Leistung und Erfolg als Basis für Entgelte, Köln 2008

Bühner, R.: Entgelt, München 1999

Bullinger, H.-J.: Arbeitsgestaltung, Stuttgart 1995

Bullinger, H.-J.: Ergonomie, Stuttgart 1994

Bungard, W./Holling, H./Schultz-Gambard, J.: Methoden der Arbeits- und Organisationspsychologie, Weinheim 1996

DGFP (Deutsche Gesellschaft für Personalführung): Neue Wege der Vergütung, Köln 1995

DGFP (Deutsche Gesellschaft für Personalführung): Ganzheitliche Vergütungspolitik, Düsseldorf 2002

Dunckel, H. (Hrsg.): Handbuch psychologischer Arbeitsanalyseverfahren, Zürich 1999

v. Eckardstein, D. (Hrsg.): Handbuch Variable Vergütung für Führungskräfte, München 2001

Eyer, E. (Hrsg.): Praxishandbuch Entgeltsysteme, Düsseldorf 2002
Eyer, E. (Hrsg.): ERA erfolgreich einführen, Düsseldorf 2006
Eyer, E./Haussmann, T.: Zielvereinbarung und variable Vergütung, 4. Aufl., Wiesbaden 2009
Eyer, E./Haussmann, T.: Leistungsentgelt nach TVöD erfolgreich einführen, Wiesbaden 2006

Fath, R./Urbitsch, C.: Lexikon Altersversorgung 2010, 6. Aufl., Heidelberg 2010
Femppel, K./Zander, E.: Leistungsorientierte Vergütung, Köln 2000
Franke, D./Boden, M. (Hrsg.): Das PersonalJahrbuch 2004, Neuwied 2003
Fremmer, H.: Zeitgemäße Entgeltformen, Köln 1996
Frieling, E./ Sonntag, K.-H.: Arbeitspsychologie, 2. Aufl., Bern/Stuttgart/Toronto 1999
Füllsack, M.: Arbeit, Wien 2009

Gärtner, J./Klein, C./Lutz, D.: Arbeitszeitmodelle: Handbuch zur Arbeitszeitgestaltung, 3. Aufl., Münster 2008
Gärtner, J./Kundi, M./Wahl, S.: Handbuch Schichtpläne, 2. Aufl., Bonn 2007
Gaugler, E./Kolb, M./Ling, B.: Humanisierung der Arbeitswelt und Produktivität, 2. Aufl., Ludwigshafen 1980
Glaubrecht, H./Wagner, D./Zander, E.: Arbeitszeit im Wandel, 3. Aufl., Freiburg 1988

Hamann, W.: Arbeitszeit flexibel gestalten. Vollzeit - Teilzeit – Befristung, Renningen 2005
Hamm, I.: Flexible Arbeitszeiten in der Praxis, 2. Aufl., Frankfurt 2001
Hamm, I.: Flexible Arbeitszeit – Kontenmodelle, Frankfurt 2008
Hardenacke, H./Peetz, W./Wichardt, G.: Arbeitswissenschaft, München/ Wien 1985
Heeg, F.-J.: Moderne Arbeitsorganisation, 2. Aufl., München/Wien 1991
Hentze, J.: Arbeitsbewertung und Personalbeurteilung, Stuttgart 1980
Hettinger, Th./ Wobbe, G. (Hrsg.): Kompendium der Arbeitswissenschaft, 2. Aufl., Ludwigshafen 2001
Hoff, A.: Vertrauensarbeitszeit: einfach flexibel arbeiten, Wiesbaden 2002

IFAA (Institut für angewandte Arbeitswissenschaft) (Hrsg.): Arbeitsgestaltung in Produktion und Verwaltung, Köln 1989
IG Metall (Hrsg.): Handbuch „Gute Arbeit", Hamburg 2007
IG Metall Baden-Württemberg (Hrsg.): ERA-Wissen. Handbuch I und II, Lohr 2006

Jetter, W.: Performance Management, 2. Aufl., Stuttgart 2004

Karg, P./Staehle, W.: Analyse der Arbeitssituation, Freiburg 1982
Kirchler, E. (Hrsg.): Arbeits- und Organisationspsychologie, 2. Aufl., Wien 2008
Klötzl, G./Schneider, H.: Mitarbeiter am Erfolg beteiligen, München 1990
Kreikebaum, H.: Humanisierung der Arbeit, Wiesbaden 1988

Kubitscheck, S./Kirchner, J.: Kleines Handbuch der praktischen Arbeitsgestaltung, München 2005

Kümmerle, K./Buttler, A./Keller, M.: Betriebliche Zeitwertkonten, 2. Aufl., Heidelberg 2009

Kutscher, J./Weidinger, M./Hoff, A. (Hrsg.): Flexible Arbeitszeitgestaltung, Wiesbaden 1998

Lindmayr, M.: Handbuch zur Arbeitszeit, 3. Aufl., Münster 2008

Linnenkohl, K. u. a.: Arbeitszeitflexibilisierung, 4. Aufl., Heidelberg 2001

Lorenz, F./Schneider, G. (Hrsg.): Vertrauensarbeitszeit - Arbeitszeitkonten – Fleximodelle, Hamburg 2005

Luczak, H./Volpert, W. (Hrsg.): Handbuch Arbeitswissenschaft, Stuttgart 2002

Luczak, H.: Arbeitswissenschaft, Berlin 2008

Laurig, W.: Grundzüge der Ergonomie, 4. Aufl., Bonn 2000

Marr, R. (Hrsg.): Arbeitszeitmanagement, 3. Aufl., Berlin 2001

Meiser, M./Wagner, D./Zander, E.: Personal und neue Technologien, München/Wien 1991

Mengel, A.: Erfolgs- und leistungsorientierte Vergütung, Berlin 2008

Milkovich, G./Newman, J.: Compensation, 9. Aufl., Boston/Mass. 2008

Moderegger, H.: Betriebliche Sozialleistungen, Köln 1995

Nagel, K./Schlegtendal, G.: Flexible Entgeltsysteme, Landsberg 1998

Neuberger, O.: Arbeit, Stuttgart 2002

Neuberger, O./Allerbeck, M.: Messung und Analyse von Arbeitszufriedenheit, Bern 1978

Pfeiffer, W./Dörrie, U./Stoll, E.: Menschliche Arbeit in der industriellen Produktion, Göttingen 1977

REFA (Hrsg.): Methodenlehre des Arbeitsstudiums, (Teil 1-5), München 1989

Rensmann, J./Gröpler, K.: Telearbeit, Berlin 2002

Richenhagen, G./Prümper, J./Wagner, J.: Handbuch der Bildschirmarbeit, 3. Aufl., Neuwied/Kriftel 2002

Rohmert, W./Weg, F.: Organisation teilautonomer Gruppenarbeit, München 1976

v. Rosenstiel, L.: Grundlagen der Organisationspsychologie, 6. Aufl., Stuttgart 2007

Schanz, G. (Hrsg.): Handbuch Anreizsysteme, Stuttgart 1991

Schettgen, P.: Arbeit-Leistung-Lohn, Stuttgart 1996

Schlick, C./Bruder, R./Luczak, H. (Hrsg.): Arbeitswissenschaft, 3. Aufl., Heidelberg 2009

Schneider, H.-J./Fritz, S./Zander, E.: Erfolgs- und Kapitalbeteiligung der Mitarbeiter, 6. Aufl., Düsseldorf 2007

Schuler, H./Sonntag, K. (Hrsg.): Handbuch der Arbeits- und Organisationspsychologie, Göttingen 2008

Seger, M.: Alternierende Telearbeit - Flexible Grenzen, Aachen 2006

Südwestmetall: ERA-TV, Stuttgart 2003

Ulich, E.: Arbeitspsychologie, 6. Aufl., Stuttgart 2005

Wagner, D. (Hrsg.): Arbeitszeitmodelle, Göttingen 1995

Wagner, D./Grawert, A.: Sozialleistungsmanagement, München 1993

Wagner, K.: Kapitalbeteiligung von Mitarbeitern und Führungskräften, Heidelberg 1999

Warnecke, H.-J.: Die Fraktale Fabrik, Reinbek 1996

Weinert, A.: Organisations- und Personalpsychologie, 5. Aufl., Weinheim 2004

Wildemann, H.: Entlohnung, 8. Aufl., München 2000

Womack, J./Jones, D./Roos, D.: Die zweite Revolution in der Autoindustrie, 8. Aufl., Frankfurt/ New York 1994

WorldatWork (Hrsg.): Handbook of Compensation, Benefits & Total Rewards, Hoboken 2007

Zander, E./Wagner, D. (Hrsg.): Handbuch des Entgeltmanagements, München 2005

Inhalt von Teil 6

Abbildungen in Teil 6

6 Mitarbeiterführung und Mitarbeitermotivation

Mitarbeiterführung durch die Vorgesetzten und Zusammenarbeit der Kollegen sowie allgemein das Verhalten von Mitarbeitern in Organisationen, einschließlich der zentralen Frage der Motivation, sind die wichtigsten Themen dieses Teils. Dabei stehen die Mitarbeiter und die Vorgesetzten eindeutig im Mittelpunkt, während der Personalbereich eher eine unterstützende Rolle spielt, indem er beispielsweise hilfreiche Führungsinstrumente zusammen mit den Führungskräften entwickelt sowie Führungstrainings und Coaching anbietet. Bei der Mitarbeiterführung und bei der Teamarbeit sind jedoch eindeutig die Vorgesetzten bzw. die Kollegen als Verantwortliche gefragt. Das gilt in gleicher Weise auch für die Motivation, die zunächst einmal Sache jedes einzelnen Mitarbeiters ist; selbstredend haben an dieser Stelle auch Vorgesetzte sowie der Personalbereich Möglichkeiten der Einflussnahme.

Abbildung 6-01: ***Mitarbeiterführung und Zusammenarbeit im 3-Säulen-Modell***

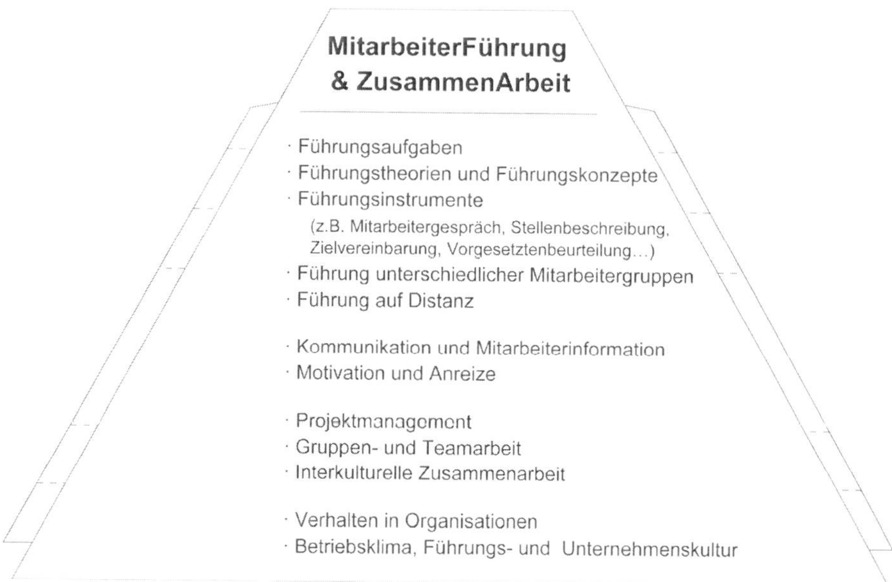

6.1 Verhalten in Organisationen und Mitarbeitermotivation

Leitfragen

- Wie nützlich sind die wissenschaftlichen Erkenntnisse zur Motivation für die Praxis?
- Welche Einflussgrößen bestimmen menschliches Arbeitsverhalten?
- In welchem Umfang und womit können Mitarbeiter wirksam motiviert werden?
- Auf welche Methoden greift die Personalforschung zurück?

6.1.1 Exkurs: Nutzen von Theorien und Erfahrungen

Die Frage nach den Einflussgrößen für das Verhalten von Menschen bei der Arbeit ist für die Gestaltungsaspekte der Arbeitsorganisation und für die Mitarbeiterbindung, aber auch für die Mitarbeiterführung von grundlegender Bedeutung. Die Erklärung menschlichen Verhaltens und Erlebens ist die Aufgabe der Psychologie, die mit entsprechenden **Theorien** zu Antworten zu gelangen versucht. Verhaltenswissenschaftliche Theorien (der Psychologie und der Soziologie) stellen immer Zusammenhänge zwischen mindestens zwei Aspekten her, so zum Beispiel in der Behauptung, dass „zufriedene Mitarbeiter mehr leisten" beziehungsweise „wenn ein Mitarbeiter zufrieden ist, dann leistet er auch mehr" oder etwas anders „je zufriedener ein Mitarbeiter ist, desto mehr leistet er".

Dieser (theoretische) Zusammenhang bietet die Möglichkeit, eine bestimmte Situation mit besonders hoher Leistung zu erklären („Warum war das so?") und eine Empfehlung auszusprechen, wie man eine hohe Leistung erhalten kann – nämlich dadurch, dass man für die Zufriedenheit seiner Mitarbeiter sorgt. Erklärung und Gestaltungsempfehlung sind – neben Aufklärung, Innovation und Kritik – die wesentlichen **Aufgaben von Theorien**, und es zeigt sich, dass zutreffende Theorien sehr nützlich für den betrieblichen Alltag sind. Drei Punkte gilt es jedoch noch zu klären. Zunächst gibt es ein Messproblem: Wann kann man von „guter Leistung" sprechen und wie lässt sich die Zufriedenheit feststellen? Dazu bestehen verschiedene Möglichkeiten. Dann muss auch klar sein, dass die Theorie stimmt, dass sie sich in Untersuchungen bewährt hat. Wie viele Abweichungen von dem behaupteten Zusammenhang kann man akzeptieren? Und schließlich wird auch ein normatives Problem in der Frage sichtbar, ob Zufriedenheit bei der Arbeit losgelöst von der damit verbundenen Leistung ein eigenständiges betriebliches Ziel sein kann. Um wessen Ziele geht es eigentlich? – um die des Arbeitgebers oder um die der Mitarbeiter?

Jeder von uns hat **Erfahrungen** mit dem eigenen Verhalten und dem Verhalten anderer. Die Beobachtungen, die wir machen, sind immer auch Feststellungen über Zusammenhänge, sind also Theorien („individuelle Erfahrungstheorien"). Über unsere Beobachtungen sprechen wir allerdings nicht immer, so dass ggf. außer uns niemand davon erfährt. Bei wissenschaftlichen Theorien ist das anders. Die Art der Messung wird genau geschildert, ebenso die Zusammenhänge, die der Forscher annimmt, die Untersuchungsergebnisse, und er schreibt oder berichtet in einem Vortrag über seine Theorie. Die Theorie des Forschers kann schlechter sein als unsere eigenen Beobachtungen und Erfahrungen, aber solange wir unsere Vermutungen anderen nicht zugänglich machen, sind sie nicht nutzbar. Erfolgreiche Führungskräfte sind oft deswegen so erfolgreich, weil sie bessere Annahmen über die Zusammenhänge in der Realität haben als andere. Daher lohnt es sich durchaus, Einzelbeispiele erfolgreicher Manager und erfolgreicher Unternehmen genau zu studieren. Diese können für das eigene Handeln ergiebiger sein als die Orientierung an wissenschaftlichen Theorien.

Wissenschaftliche Theorien haben den Vorzug, dass intensiv und offen über sie diskutiert wird und dass sie auf ihre Bewährung und Richtigkeit hin untersucht werden. Sie besitzen aber oft auch den Nachteil, dass sie kompliziert wirken (und manchmal auch sind), was sie unangenehm macht. Hinzu kommt, dass es für ein und denselben Sachverhalt, der erklärt werden soll, manchmal unterschiedliche Theorien gibt. An welcher der vorliegenden Theorien soll man sich dann orientieren? Hier können die eigenen Erfahrungen und empirische Bestätigungen von Theorien weiterhelfen.

6.1.2 Determinanten menschlichen Verhaltens

Eine erste grundlegende (Verhaltens)Theorie besagt, dass menschliches Verhalten von der Person und der Umwelt bestimmt wird (Lewin). Solange jedoch nicht klar ist, was konkret an der Person und was an der Umwelt wichtig ist, bleibt diese Theorie zu abstrakt. Etwas näher an die Realität kommt man mit der Feststellung, dass die folgenden vier Aspekte als zentrale Größen für das Verhalten angenommen werden können: individuelles Können und Wollen sowie situatives Möglichsein und Dürfen.

Dieses Schema wirkt sehr plausibel. Mehr oder weniger offen ist jedoch die Frage nach dem Zusammenwirken dieser vier **Einflussfaktoren** mit Blick **auf das Mitarbeiterverhalten** – wie beeinflussen diese sich gegenseitig? Kann z. B. ein Mehr an Können bzw. Qualifikation ein Weniger an Wollen bzw. Motivation ausgleichen? Die Theorie geht häufig von einer multiplikativen Verknüpfung von Wollen und Können aus; dabei bewirkt ein Wert nahe Null bei einem der beiden Faktoren, dass das Gesamtergebnis gegen Null geht – fehlende Fremdsprachenkenntnisse lassen sich durch eine noch so hohe Motivation, diese Sprache sprechen zu wollen, eben nicht wett machen. Über die Art und Weise, in der man die beiden weiteren Faktoren, das Möglichsein und das Erlaubtsein zum Können und Wollen in Bezug setzen kann, darüber schweigt sich das Schrifttum aus.

Abbildung 6-02: ***Bestimmungsgrößen menschlichen Arbeitsverhaltens***

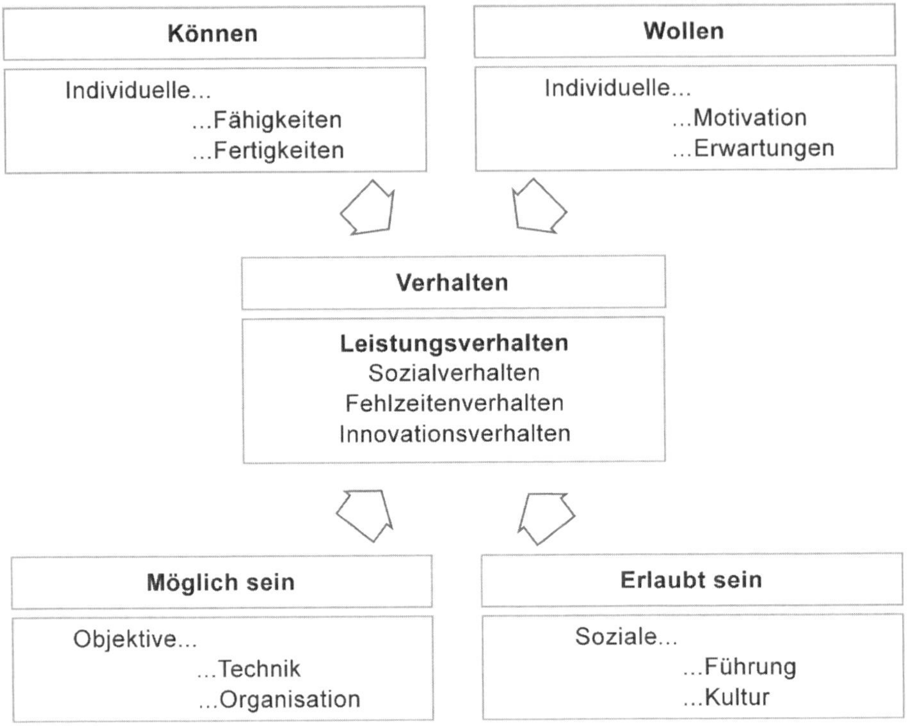

Wenn man nun die personalen Aspekte (Wollen und Können sind in der Abbildung ausdrücklich benannt; Ringlstetter/Kaiser (2008) sprechen in diesem Zusammenhang von „Skill" und „Will") weiter in die Tiefe fortführt, ergeben sich als individuelle Bestimmungsgrößen für das menschliche Verhalten die Determinanten, die in der nachfolgenden Übersicht dargestellt sind.

Diese **personenbezogenen Determinanten menschlichen (Arbeits)Verhaltens** sind nicht direkt beobachtbar; es sind verhaltensbestimmende individuelle Elemente, bei denen die Einflüsse der Situation unberücksichtigt bleiben. Motive sind nur eines von mehreren verhaltensbestimmenden Elementen – dieser erheblichen Einschränkungen sollte man sich bewusst sein, wenn im Weiteren „nur" über die Motivationsfrage diskutiert wird.

Übersicht: ***Personale Leistungsdeterminanten***

Bestimmungsgrößen	Beispiele
• Instinkte und Triebe (angeboren)	• Sexualtrieb, Aggressionstrieb, Machttrieb...
• Bedürfnisse und Motive (größtenteils gelernt)	• Sicherheitsbedürfnis, Bedürfnis nach Selbstverwirklichung...
• Werte und Einstellungen (sozial geprägt und persönlich gelernt)	• Disziplin, Fleiß, Genuss, Spaß...
• Anspruchsniveau und Erwartungen (gelernt)	• Streben nach Erfolg...
• Fähigkeiten und Fertigkeiten (größtenteils gelernt)	• Fachliche, methodische, soziale Qualifikation...
• Disposition und Gesundheit	• Körperliches Wohlbefinden

6.1.3 Klassische Motivationstheorien

Motivation meint die inneren und äußeren Beweggründe für menschliches Verhalten bzw. Motivation; es sind die Triebkräfte, die unser Verhalten in eine bestimmte Richtung lenken und ihm „Power" verleihen. Es ist empfehlenswert, sich den Motivationsprozess genauer anzusehen und in der Wahl der Begriffe differenziert zu verfahren: Bedürfnis, Motiv, Motivation und Zufriedenheit bedeuten nicht das Gleiche, obwohl diese Begriffe sehr ähnlich klingen.

Im Personalmanagement spielen seit jeher die Theorien der Motivation eine besonders wichtige Rolle. Motivationstheorien wollen die Aktiviertheit bzw. Stärke und Richtung des Motiviertseins erklären, und die Klassiker lassen sich im Wesentlichen in drei Typen von Erklärungsansätzen einteilen: **Inhaltstheorien, Prozesstheorien und Vergleichstheorien der Motivation.**

Abbildung 6-03: **Motivationsprozess**

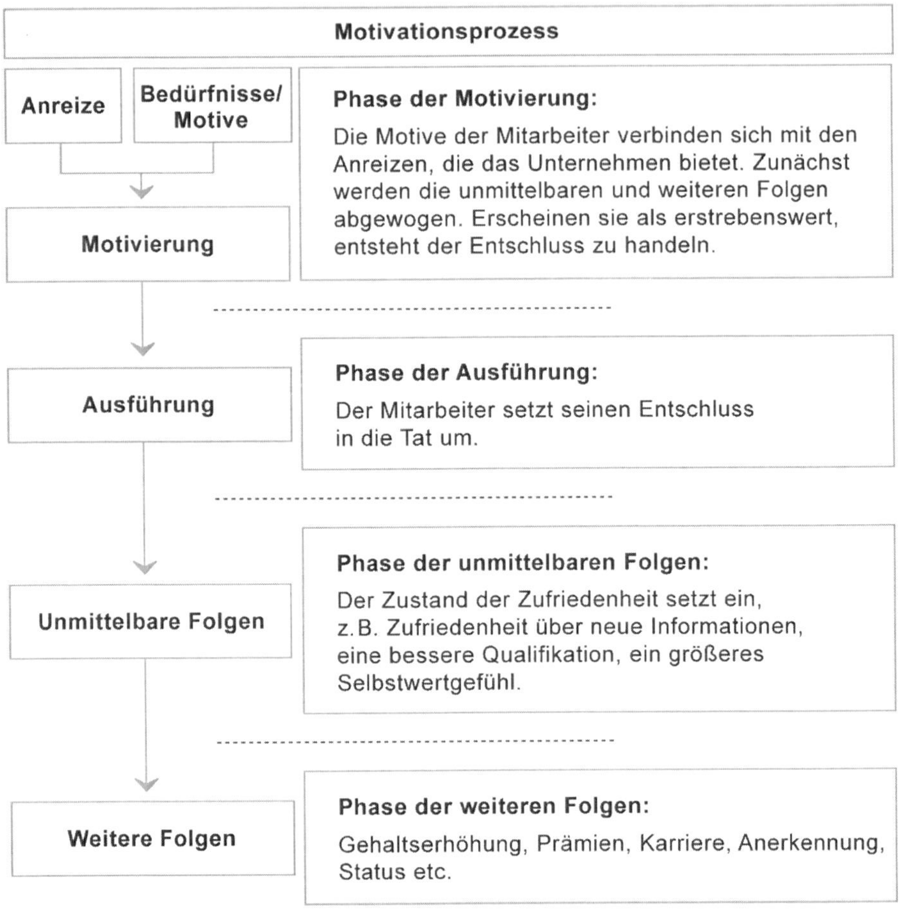

aus: Jung 2008

Die Inhaltstheorien der Motivation sind die weitaus bekanntesten. Dabei spielt das Motivationsmodell von Maslow seit vielen Jahrzehnten eine herausragende Rolle, weil es einfach und plausibel ist; allerdings gibt es auch viel Kritik und nur wenige Untersuchungen in der Praxis. Die **Bedürfnispyramide von Maslow** besteht aus zwei wesentlichen Aussagen: 1. Die menschlichen Bedürfnisse lassen sich in einer Hierarchie mit fünf Stufen anordnen (Motivstruktur) (siehe Abbildung). 2. Diese fünf Bedürfnisebenen werden (von unten beginnend) der Reihe nach verhaltensbestimmend, das heißt, dass eine Orientierung an den Bedürfnissen der nächsten Ebene stattfindet, sobald die Bedürfnisse der aktuellen Ebene in einem bestimmten Mindestumfang befriedigt sind (Motivdynamik). Maslow gibt mit seiner Theorie eine Antwort auf die Frage, welche Bedürfnisse Menschen haben; dabei geht es ihm nicht in erster Linie um die Arbeitswelt, sondern sein Modell soll für alle Bereiche des menschlichen Daseins gelten.

Übersicht: ***Klassische Motivationstheorien***

	Inhaltstheorien	Prozesstheorien	Vergleichstheorien
Vertreter (z. B.)	• Maslow Herzberg	• Vroom Porter/Lawler	• March/Simon Adams
Fragestellung	• Welche Bedürfnisse hat der Mensch? • Was bewirkt Arbeitszufriedenheit?	• Wie läuft der Motivationsprozess ab? • Welche Rolle spielen die Erfahrungen der Vergangenheit?	• Sind Leistung und Gegenleistung ausgewogen? • Mit wem vergleicht sich der Mitarbeiter?
Wichtige Themen	• Zahl der Bedürfnisse • Veränderungen • Wirkungsweise	• Anstrengung • Erwartungen • Ergebnisse	• Gleichgewicht (zwischen den eigenen Beiträgen und den Anreizen) • Vergleich mit Anderen
Konsequenzen	• Menschen haben unterschiedliche Bedürfnisse • Anreize haben unterschiedliche Wirkungen • Selbstbestimmung ist erforderlich	• Das Leistungsergebnis muss beeinflussbar sein • Fairness ist bei der Vergabe von Anreizen wichtig • Anreize müssen erheblich sein • Offenheit und Information sind wichtig	• Individuen brauchen viel Information • Transparenz von Anreizsystemen beugt Gerüchten vor

Abbildung 6-04: ***Bedürfnispyramide von Maslow***

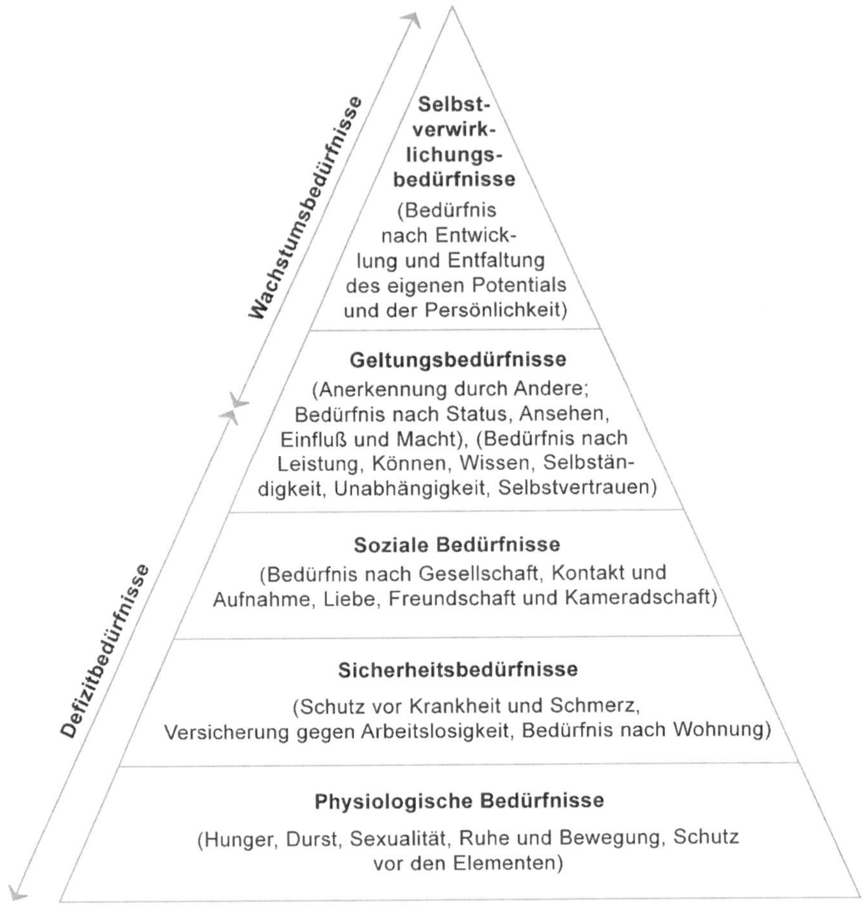

Aus Maslows Theorie wird klar, dass die Mitarbeiter einer Arbeitsgruppe sich gleichzeitig auf unterschiedlichen Ebenen der Pyramide befinden können. Die Konsequenz daraus lautet, dass ein bestimmter Anreiz, zum Beispiel eine Prämie, ganz unterschiedliche Wirkungen und Verhaltensweisen hervorrufen kann. Man muss also immer wissen, wo der einzelne Mitarbeiter gerade „steht"; darüber hinaus ist zu berücksichtigen, dass er dort nicht stehen bleiben wird, sondern dass er „nach Höherem" strebt.

Eine andere Inhaltstheorie der Motivation, die ebenso einfach und in gleicher Weise mit Problemen behaftet ist wie die von Maslow, stammt von Herzberg. Sie untersucht die Zufriedenheit von Mitarbeitern bei der Arbeit. **Herzbergs Zweifaktoren-Theorie der Arbeitszufriedenheit** ist konkreter als die von Maslow, und sie erlebt zurzeit eine Renaissance. Herzberg geht davon aus, dass die Arbeitssituation sich aus Zufriedenmachern (Motivatoren) und Unzufriedenmachern (Hygienefaktoren) zusammensetzt, die Zufriedenheit oder Unzufriedenheit beim Mitarbeiter bewirken.

Herzberg hat die Zusammenhänge in seiner Theorie dadurch entwickelt, dass er die Mitarbeiter verschiedener Unternehmen danach gefragt hat, was sie in den zurückliegenden Jahren besonders zufrieden und was sie besonders unzufrieden gemacht hat (sog. „kritische Ereignisse"). Die Antworten brachten die Zufriedenmacher und Unzufriedenmacher, die er Motivatoren und Hygienefaktoren nannte. Die grundsätzliche Unterscheidung von Motivatoren und Hygienefaktoren wirkt im ersten Moment zwar plausibel, denn viele Arbeitnehmer können aus eigener Erfahrung Ähnliches berichten. Allerdings vermittelt seine weiterführende Differenzierung von vier Un-/Zufriedenheitszuständen einen sehr theoretischen Eindruck.

Abbildung 6-05: ***Zwei-Faktoren-Theorie von Herzberg***

Arbeitssituation			**Reaktion**	
Motivatoren	· Arbeitstätigkeit · Verantwortung · Leistungsergebnis	⇨	**Zufriedenheitsbereich**	· Zufriedenheit · keine Zufriedenheit
Hygienefaktoren	· Entgelt · Soziale Beziehungen · Äußere Bedingungen	⇨	**Unzufriedenheitsbereich**	· keine Unzufriedenheit · Unzufriedenheit

Herzbergs Theorie konnte immer dann bestätigt werden, wenn in den Untersuchungen genauso gefragt wurde, wie er es getan hat. Andere Untersuchungsformen führten zu anderen Ergebnissen und bestätigten seine Theorie nicht. Zu dieser (empirischen) Kritik kommt inhaltliche Kritik. Herzberg gibt keine Auskunft darüber, was beim Zusammentreffen von guten Motivatoren und schlechten Hygienefaktoren passiert. Er sieht darüber hinaus keine Zwischenkategorie vor, die sowohl Zufriedenheit als auch Unzufriedenheit bewirken kann. Er berücksichtigt keine individuellen Unterschiede zwischen Mitarbeitern. Schließlich stellt er auch keinen Zusammenhang zwischen der Zufriedenheit und der Leistung des Mitarbeiters her. Leisten zufriedene Mitarbeiter mehr – etwa in dem Sinn „Glückliche Kühe geben mehr Milch"? Es gibt also einige ganz kritische Einwände gegen Herzbergs Theorie, die in ihrem Kern zu der (wieder modernen) Aussage führt, dass nur die Arbeit selbst und nicht die mit ihr verbundenen äußeren Umstände dauerhaft Zufriedenheit bewirken kann.

Ganz anders als die Inhaltstheorien gehen die **Prozesstheorien** bei der Erklärung von Motivation vor. Hier spielen nicht die menschlichen Bedürfnisse oder die konkreten Merkmale der Arbeitssituation eine Rolle, sondern die Erfahrungen aus der Vergangenheit (Erwartungen) und der Wert des Anreizes für das Individuum (Ergebnis). An einem Beispiel sollen die (formellen) Prozesstheorien verdeutlicht werden; hierbei geht es jeweils um Fragen, die sich der Mitarbeiter stellt, wenn er prüft, ob eine besondere Anstrengung sich lohnt („Entscheidungstheorien der Motivation"). Hier nun das Beispiel: In einem Großunternehmen soll eine Gewinnbeteiligung eingeführt werden. Pförtner Huber fragt sich, was das für ihn bedeutet. Als erstes überlegt er, ob bei ihm eine intensivere Anstrengung zu einer besseren Leistung führt (Beeinflussbarkeit). Dann fragt er, ob die verbesserte Leistung auch zu einem höheren Gewinn des Unternehmens beiträgt (Gerechtigkeit). Im nächsten Schritt denkt er darüber nach, ob das Ergebnis (die Gewinnbeteiligung) für ihn wichtig ist (Belohnung) und was er mit dem Geld anfangen kann (Erheblichkeit, Bedürfnisbefriedigung). Vermutlich kommen ihm an allen Stellen Zweifel, so dass die Gewinnbeteiligung für ihn zu keiner besonderen Steigerung der Anstrengung und somit zu keiner Motivation führen wird.

Auch bei den Prozesstheorien gibt es verschiedene Varianten (Vroom, Porter/Lawler) die aber alle auf die gleiche Basis zurückgreifen: Erwartungen und Ergebnisse mit individuellem Wert. Deshalb werden die Prozesstheorien auch Erwartungs-Wert-Theorien genannt. Die Überprüfungen in der Praxis stehen immer noch aus, und auch die **Kritik** an diesen formalistisch wirkenden Theorien ist umfangreich, so dass sich aus dieser Perspektive kein besonderer Vorteil gegenüber den Inhaltstheorien ergibt. Beide – Inhalts- und Prozesstheorien – stehen jedoch nicht in Konkurrenz zueinander, sondern sie versuchen unterschiedliche Aspekte des gleichen Sachverhalts zu erklären. Inhalts- und Prozesstheorien lassen sich sogar einfach zusammenführen, wenn man bei den Ergebnissen zweiter Ebene die Bedürfnisse einfügt, wie z. B. Maslow sie sieht.

Als dritte Gruppe von Motivationstheorien bringen die sog. **Vergleichstheorien** unterschiedliche Vergleiche ins Spiel. Mitarbeiter fragen sich, ob ihre Anstrengungen und die dafür erhaltenen Anreize in einem ausgewogenen Verhältnis stehen (intraindividueller Vergleich der Anreiz-Beitrags-Theorie von March/Simon). Daneben vergleicht sich jeder auch mit seinen Kollegen und fragt zum Beispiel, ob das Entgelt „gerecht" ist, ob also anforderungs- und leistungsbezogen richtig vergütet wird (interindividueller Vergleich).

Abbildung 6-06: **Prozesstheorie der Motivation**

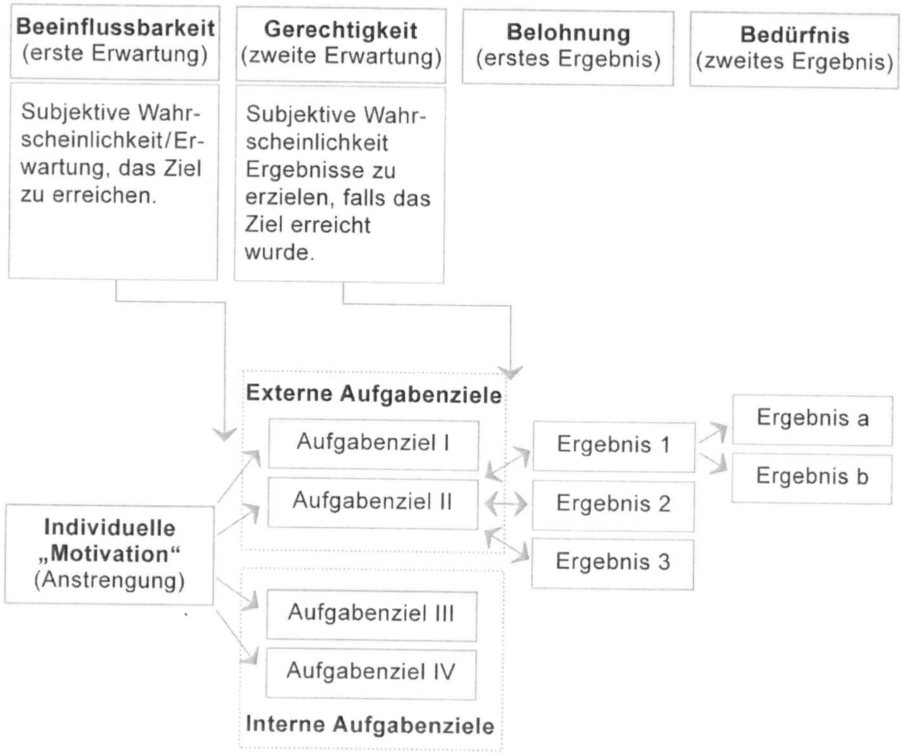

Auch die Vergleichstheorien sind eher formell und entscheidungsorientiert ausgelegt, und sie haben viel Kritik erfahren. Sie lassen sich ebenfalls in die Prozesstheorien einbauen, und zwar bei der Erwartung zweiter Ebene, die die Fairness und Gerechtigkeit bei der Vergabe des Anreizes thematisiert. Damit liegt ein dritter (einseitiger) Ansatz zur Erklärung von Motivation vor, der die anderen beiden sinnvoll zu ergänzen vermag. Auch bei der Motivationsfrage ergibt sich keine wirklich zufriedenstellende Unterstützung der Praxis mit weiterreichenden Empfehlungen; jeder Personalverantwortliche ist zu einem Gutteil auf die eigenen Erfahrungen und Überzeugungen angewiesen.

6.1.4 Neuorientierungen

Die Motivationstheorien sind jüngst sehr umfassend und nachvollziehbar ins Schussfeld der Kritik geraten. Ein deutscher Unternehmensberater (Sprenger) hat mit seinen Büchern zum „Mythos Motivation" und zum „Prinzip Selbstverantwortung" Aufsehen erregt. Er bezeichnet und sieht die materiellen Anreize als „Motivierung", die Fremdsteuerung durch den Vorgesetzten oder die Personalabteilung bedeutet. Die von außen aufgesetzte Motivierung bzw. Verführung kommt in dem Begriff der **„Motipulation"** gut zum Ausdruck. Sprenger weist schlüssig nach, dass Motivierung nach dem Verständnis der klassischen Theorie ein Fass ohne Boden ist („Mehr vom Gleichen!"), zu Demotivation führt und die Mitarbeiter unmündig werden lässt. Im Gegensatz dazu steht die „Motivation", die aus dem Mitarbeiter selbst kommt und Eigensteuerung bedeutet.

„Fordern statt verführen!" lautet Sprengers Empfehlung und Vision, die ein gänzlich anderes Bild vom Mitarbeiter (Menschenbild) zeichnet als das bisher der Fall war. Führung durch das Gespräch, Freiräume schaffen und geben sowie Eigenverantwortung des Mitarbeiters für sein Motiviertsein sind die zentralen Forderungen. Bei genauerem Hinsehen decken sich seine Ideen in einigen Teilen deutlich mit den Überlegungen von Herzberg, der ebenfalls die Arbeit selbst und nicht die Äußerlichkeiten als ausschlaggebend für die Zufriedenheit ansieht. Bei Sprenger und bei Herzberg bleibt jedoch der Bezug zur Leistung offen.

Übersicht: ***Mythos Motivation*** *(Sprenger)*

Zentrale Aussagen zur **Kritik an den klassischen Motivationstheorien**:

- „Es ist deutlich zu unterscheiden zwischen
  - der Motivation, die die Eigensteuerung des Individuums bezeichnet und daher diesem ganz alleine gehört und
  - Motivierung, als absichtsvollem Handeln eines Vorgesetzten oder als dem Funktionieren von Anreizsystemen, das mithin notwendig als Fremdsteuerung auszuweisen ist...
  - Mitarbeiter sind motiviert bzw. werden motipuliert...
- Mir ist klar geworden, dass
  - Motivieren nichts anderes meint als die fünf großen B
    Belohnen, Belobigen, Bestechen, Bedrohen, Bestrafen...
    Führen unter der kalten Sonne der Anreizsysteme immer Ver-Führen ist...
  - jede Motivierung mit mechanischer Sicherheit ihr eigenes Gegenteil erschafft: Demotivation...
- Zusammengefasst sieht das Menschenbild der Motivierung etwa so aus
  - Menschen sind tendenziell Leistungsverweigerer
  - Menschen sind hierarchisch gestaffelte Bedürfnisbündel
  - Menschen sind Reiz-Reaktions-Maschinen...
- Incentives werten die gesamte Mitarbeiterschaft zu einer Horde belohnungssüchtiger Kinder ab, denen es nicht mehr um ihre Tätigkeit geht, sondern um die nachfolgende Belohnung. Alle sind zutiefst fremdbestimmt...

- Verbreitet ist die Erwartungshaltung des Nun-motiviere-mich-mal-schön...
- Die „motivierende" stimmungshebende Halbwertzeit einer Gehaltserhöhung beträgt höchstens 48 Stunden...
- Auf die Dauer hat jeder Chef die Mitarbeiter, die er verdient...

Zentrale Aussagen zu den **Perspektiven bzw. Empfehlungen**:

- Alle Dimensionen der Leistung sind zu berücksichtigen, nicht nur die Leistungsbereitschaft (auch die Leistungsfähigkeit und die Leistungsmöglichkeiten)...
- Leistung fordern bzw. vereinbaren und kontrollieren...
- Was wir brauchen sind konsensgestützte, nicht machtgestützte Entscheidungen...
- Es setzt Größe voraus, Vertrauen in die Wege der Mitarbeiter zu setzen...
- Als wir den Sinn unserer Arbeit nicht mehr sahen, begannen wir über Motivation zu reden...
- Wer anderen lange Leine lässt, ist selber frei...

Fazit

- Motivation ist unwidersprechlich Sache des Einzelnen
  – ihr Freiraum zu geben ist Sache der Führung"

aus: Sprenger 2002

Ein weiterer moderner Motivationsansatz betont die Über- bzw. Unterforderung bei der Arbeit. Zwischen diesen beiden ungünstigen Polen liegt der sog. „Flow", der zu einer echten Herausforderung führt. Das **Flow-Modell** von Csiksentmihali, das den Vorgänger-Überlegungen des Verhaltensbiologen von Cube in etwa entspricht, peilt einen Ausgleich zwischen den Fähigkeiten des und den Herausforderungen an den Mitarbeiter an.

Auch bei diesem Modell handelt es sich um eine Theorie, die unseren Alltagserfahrungen entspricht: Unterforderung und Überforderung sind gleichermaßen zu vermeiden, führen sie letztlich doch dazu, dass Mitarbeiter nicht die Leistungen bringen können, die sie gern zeigen möchten. Beunruhigung und Langeweile sind die Konsequenzen.

Schließlich tauchen im Schrifttum immer wieder auch populärwissenschaftliche „Theorien" auf, die sich zu Management-Bestsellern entwickeln. Ein typisches Beispiel hierfür ist „fish!". **fish!** betont die Selbstmotivation der Mitarbeiter. Das ursprüngliche Buch und die Folgebände erzählen jeweils eine Geschichte, die sich „locker" liest, sehr plausibel klingt und am Ende ihre „Botschaft" meist in wenigen Sätzen transportiert. Theorien im wissenschaftlichen Sinn sind das nicht, Untersuchungen dazu liegen nicht vor. (Aber sie verkaufen sich gut.)

Abbildung 6-07: **Flow-Modell** *(Csiksentmihali)*

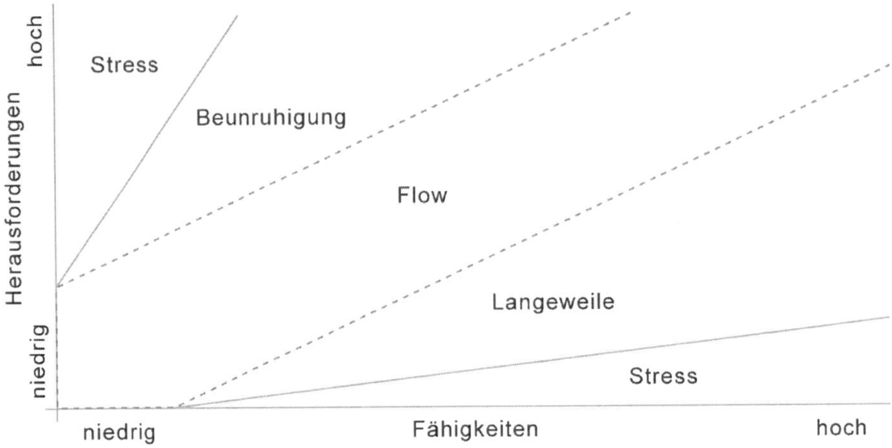

Elemente der Flow-Erfahrung

- Es gibt klare Ziele für jeden Schritt.
- Es gibt direkte Rückmeldung für jede Handlung.
- Herausforderungen und Fähigkeiten sind im Gleichgewicht.
- Tun und Aufmerksamkeit stimmen überein.
- Ablenkungen werden vom Bewusstsein ferngehalten (Konzentration und Fokus).
- Freie (Selbst-)Kontrolle ist möglich (keine Angst vor Fehlschlägen).
- Fixierte Ich-Gebundenheit wird aufgegeben (Selbstvergessenheit).
- Das Gefühl für die Zeit verändert sich.
- Die Arbeit „an sich" wird wichtig.

aus: Wunderer/Küpers 2003

Übersicht: ***fish!*** *(Lundin)*

Unser Arbeitsplatz

Wenn Sie dieses Gebäude betreten, bitte **entscheiden** Sie sich dafür, diesen Tag zu einem guten Tag zu machen. Ihre Kollegen, Kunden, Mitarbeiter und Sie selbst werden Ihnen dafür dankbar sein.

Finden Sie Möglichkeiten, **spielerisch** an die Arbeit heranzugehen. Wir können unsere Arbeit ernst nehmen, ohne dabei uns selbst über die Maßen ernst zu nehmen.

Bleiben Sie am Ball, damit Sie **präsent** sind, wenn Ihre Kunden oder Mitarbeiter Sie brauchen.

Und wenn Sie merken, dass Ihre Energie nachlässt, so gibt es ein absolut sicheres Gegenmittel: Finden Sie jemanden, der Hilfe braucht, ein Wort der Unterstützung oder einen aufmerksamen Zuhörer – und **bereiten Sie ihm einen schönen Tag**.

aus: Lundin 2001

fish! liefert nicht wirklich neue Erkenntnisse. Die Eigenmotivation der Mitarbeiter haben auch andere Autoren bereits deutlich betont, zuletzt z. B. Sprenger. Neu ist indes die Konsequenz, mit der das Thema Selbstmotivation weitergeführt wird. Kritisch ist aber auch die eingeschränkte Übertragbarkeit auf andere Unternehmen (als den Fischmarkt, der als Beispielfall dient) und/oder auf andere Tätigkeiten (als die der Fischverkäufer). Betrachtet man den Film zu fish!, dann fragt man sich als Zuschauer, wie denn in einer Bank der Spaß mit Kunden und Kollegen während der Arbeit herstellbar ist – Geldscheine (statt Fische) durch den Raum zu werfen, das kann es jedenfalls wohl nicht sein!

6.1.5 Theorie und Praxis der Mitarbeitermotivation

Die klassischen Inhalts-, Prozess- und Vergleichstheorien der Motivation, aber auch die neueren Ansätze zum „Mythos Motivation" und zum „Flow" sowie das „fish"-Konzept stellen nicht nur Theorien dar, die es zu untersuchen und – im Idealfall – zu bestätigen gilt; sie bauen vielmehr auf Unterstellungen bzw. Annahmen auf, die meistens unausgesprochen bleiben. Daher lohnt es sich, bei einer umfassenden Einschätzung dieser Theorien die Grundannahmen näher zu betrachten. Bei allen klassischen und modernen, wissenschaftlichen und semi-wissenschaftlichen Theorien schwingt im Hintergrund immer ein normativ geprägtes „Menschenbild" mit; die Basisannahmen dieses Menschenbilds sollten kritisch hinterfragt werden.

Übersicht: ***Menschenbilder***

Menschenbilder	Personalwirtschaftliche (und organisatorische) Konsequenzen
• **Rational-ökonomischer Mensch** Ist in erster Linie durch monetäre Anreize motiviert; ist passiv und wird von der Organisation manipuliert und kontrolliert; sein Handeln ist rational; Annahmen des Taylorismus	Klassische Management-Funktionen sind wichtig: Planen, Organisieren, Kontrollieren Unternehmen und dessen Effizienz stehen im Mittelpunkt Personalmanagement hat die Aufgabe, emotionales Verhalten zu neutralisieren und zu kontrollieren
• **Sozialer Mensch** Ist in erster Linie durch soziale Bedürfnisse motiviert; Befriedigung wird in sozialen Beziehungen am Arbeitsplatz gesucht; wird stärker durch soziale Normen seiner Arbeitsgruppe als durch Anreize und Kontrollen des Vorgesetzten gelenkt; Annahmen der Human Relations-Bewegung	Aufbau und Förderung von Gruppen Soziale Anerkennung der Mitarbeiter durch Führungskraft und Gruppe Die Bedürfnisse nach Anerkennung, Zugehörigkeitsgefühl und Identität müssen befriedigt werden Gruppenanreizsysteme treten an die Stelle von individuellen
• **Sich-selbst-verwirklichender Mensch** Menschliche Bedürfnisse lassen sich in einer Hierarchie anordnen; der Mensch strebt nach Autonomie und bevorzugt Selbst-Motivation und Selbst-Kontrolle; es gibt keinen zwangsläufigen Konflikt zwischen Selbstverwirklichung und organisatorischer Zielerreichung; Annahmen Maslows	Personalmanagement und Führungskräfte sind Unterstützer und Förderer (nicht Motivierer und Kontrolleure) Delegation von Entscheidungen Mitbestimmung am Arbeitsplatz Übergang von extrinsischer Motivation zu intrinsischer Motivation
• **Komplexer Mensch** Ist vielschichtig und äußert wandlungsfähig; ist lernfähig, erwirbt neue Motive, in unterschiedlichen Situationen werden unterschiedliche Motive bedeutsam; es gibt keine allgemein gültigen Strategien; Annahmen der Organisationsentwicklung	Führungskräfte sind Diagnostiker von Situationen Sie müssen Unterschiede erkennen können und eigenes Verhalten situationsgemäß variieren können Es gibt keine generell richtige Organisation Betroffene zu Beteiligten machen

ähnlich: Scholz 2000

Abschließend lässt sich festhalten und betonen, dass die verhaltenswissenschaftlichen Theorien und die (normativen) Menschenbilder zu etwas anderen Orientierungen führen als die heutigen Sichtweisen der Praxis. Hier bedarf es der Annäherung zwischen Theorie und Praxis.

Abbildung 6-08: ***Theorie und Realität***

In der Zusammenschau der vorliegenden Erkenntnisse zur Mitarbeitermotivation lassen sich einige gesicherte Aussagen und Erkenntnisse resümierend festhalten, die gleichzeitig auch den Bogen zu den sog. „Anreizsystemen" schlagen, also zu der Frage, womit motiviert werden kann:

- Führung und (äußere) Arbeitsumstände dürfen nicht demotivieren
- dauerhafte Motivation lässt sich nicht (nur) durch materielle Anreize erreichen
- nachhaltige Motivation entsteht in erster Linie durch eine herausfordernde Tätigkeit
- Mitarbeiterleistung hat mehrere Facetten: Quantität, Qualität, Innovation, Klima ...
- Mitarbeiterleistung entsteht aus Können, Möglichsein, Dürfen und Wollen

6.1.6 Instrumente zur Mitarbeitermotivation - Anreizsystem

Unabhängig davon, welcher „Schule“ der Motivation man folgen will, gibt es unterschiedliche Möglichkeiten in Unternehmen, Anreize bereitzustellen bzw. Motivation bei den Mitarbeitern zu erreichen. Materielle Anreize haben einen direkt oder indirekt greifbaren, meist quantifizierbaren Wert, während immaterielle Anreize nicht über ein materielles Äquivalent verfügen. Man sollte die gesamte Breite der Anreize im Auge haben, wenn man Anreize für Zufriedenheit und Leistung bereitstellt; das betriebliche Anreizsystem beeinflusst darüber hinaus auch die Attraktivität eines Unternehmens als Arbeitgeber, die Bindung an das Unternehmen bzw. die Neigung zur Fluktuation, also den Wunsch, das Unternehmen zu verlassen.

Übersicht: ***Anreizsystem***

Materielle Anreize	• Vergütung • Erfolgsbeteiligung • Sozialleistungen • Incentives • ...
Immaterielle Anreize	• Arbeitsorganisation/ Arbeitsinhalt • Arbeitszeitregelung • Personalentwicklung/ Förderung • Kollegen und Gruppe/ Betriebsklima • Vorgesetzter/ Führung • Statussymbole • Mitbestimmung/ Partizipation • Information • Work-Life-Balance • Gesundheitsmanagement • ...

Bevor jedoch die Motivationsinstrumente des betrieblichen Anreizsystems eingesetzt werden, sollte im Rahmen einer Motivationsdiagnose klar sein, ob bzw. wie diese Tools voraussichtlich wirken. Dazu existiert i. d. R. eine Reihe von Daten und Fakten, die in den Unternehmen meist schon vorliegen; man kann aber auch spezielle Erhebungen für den Zweck der Motivationsdiagnose anstellen.

Abbildung 6-09: ***Analyse der Mitarbeitermotivation***

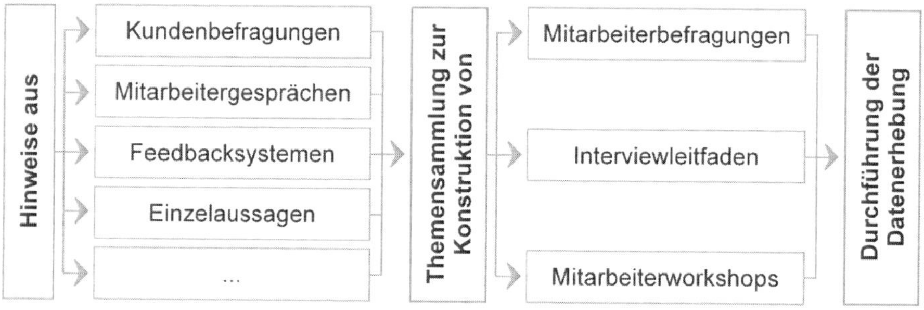

aus: Niermeyer 2007

6.2 Personalforschung

Die Methoden zur Motivationsdiagnose sind im weiteren Sinne der Personalforschung zuzuordnen, die sich auf breiter Basis mit Datenerhebung und Erhebungsverfahren im Personalmanagement auseinandersetzt. Dabei meint Personalforschung allgemein „Informationsbeschaffung im Personalbereich" und stellt genaugenommen eine weitere **Querschnittsaufgabe** dar.

Personalforschung wirft eine Reihe von grundsätzlichen Fragen auf (Erhebungsstrategie, Planung von Datenermittlungen, Ergebnisberichte, Zuständigkeit ...), greift auf unterschiedliche Methoden zurück (Beobachtung, schriftliche und mündliche Befragung, Analyse von Unterlagen, Kennziffern ...) und betrifft immer bestimmte Themen (z. B. Arbeitszufriedenheit, Betriebsklima, Unternehmenskultur, Mitarbeiterpotenzial, Fehlzeiten ...). Da die Themen der Personalforschung praktisch unbegrenzt sind und über alle Kernfunktionen des Personalmanagements streuen, werden bzw. wurden die wichtigsten Aktivitäten der Informationsbeschaffung in Zusammenhang mit den jeweiligen inhaltlichen Fragen besprochen (z. B. Mitarbeiterbeurteilung beim Thema Mitarbeiterführung, Auswahlmethoden beim Themenkreis Personalauswahl, Arbeitsbewertung bei der Entlohnung usw.). Bei dieser an einzelnen personalwirtschaftlichen Funktionen orientierten Betrachtung kommen jedoch umfassende Informationserhebungen nicht zum Zuge, so zum Beispiel die Erforschung des Betriebsklimas. Ein wesentliches Ziel der Personalforschung liegt in der Erhebung von Informationen über Einstellungen und Erwartungen der Mitarbeiter hinsichtlich der Arbeitsbedingungen.

Übersicht: ***Themen und Methoden der Personalforschung***

Themen	Methoden
Informationen über die Mitarbeiter • Arbeitszufriedenheit • Betriebsklima • Fehlzeiten • Fluktuation • Arbeitsleistung bzw. -produktivität • Mitarbeiterpotenziale • ... **Informationen über die Arbeitsplätze** • Aufgaben und Kompetenzen • Anforderungen • Arbeitsschwierigkeit • Zeitbedarf • ... **Sonstige interne Informationen** • Personalpolitik • Unternehmensplanung • Unternehmenskultur • ... **Sonstige externe Informationen** • Arbeitsmarkt • Bildungssystem • Konkurrenz • ...	**Befragungen** • Mitarbeiterbefragungen • Mitarbeitergespräche • Vorstellungsgespräche • Austrittsinterview • Testverfahren • ... **Beobachtungen** • Mitarbeiterbeurteilungen • Assessment Center • Zeitstudium • Arbeitsbewertung • ... **Analyse von Dokumenten** • Arbeitsmarktinformationen • Kennzahlen • Medienanalysen • ... **Sonstige Methoden** • Workshops • Qualitätszirkel • Coaching • ...

Die **Methoden der Personalforschung** lassen sich nach verschiedenen Aspekten klassifizieren. Bei direkten Erhebungen wird das infrage kommende Thema, zum Beispiel die Zufriedenheit der Mitarbeiter mit ihrer Arbeit, unmittelbar bei den Betroffenen erfragt. Indirekte Erhebungen verwenden demgegenüber Indikatoren, die einen Rückschluss auf das dahinterstehende Thema zulassen, z. B. die Fehlzeiten als Anzeichen für mangelnde Arbeitszufriedenheit. Standardisierte (quantitative) Methoden geben die Möglichkeiten der Befragten (sog. Probanden), sich zu äußern exakt vor, z. B. in einem strukturierten Fragebogen. Im Gegensatz dazu lassen unstandardisierte (qualitative) Methoden den Probanden viele Möglichkeiten, ihre Sicht der Dinge recht frei zu äußern, z. B. bei der Aufforderung „Bitte vergleichen Sie die Personalabteilung unseres Unternehmens mit einem Tier. Welches Tier mit welchen Eigenschaften ist unsere Personalabteilung am ehesten?“ Objektive Erhebungsverfahren greifen auf die (distanziertere) Sichtweise von internen oder externen Experten zurück, die sich einen – selbstverständlich subjektiven – Eindruck von der Situation bilden. Demgegenüber kommt es bei den subjektiven Methoden gerade auf die Meinung der Betroffenen an, die ihre Interessen in die Informationsermittlung einbringen. Beschreibende bzw. analysierende Informationserhebungen verzichten bewusst auf Bewertungen, während bewertende Ermittlungsverfahren gerade auf die (be)wertenden Elemente aus sind, so zum Beispiel die Arbeitsbewertung.

Indikatoren wie Fehlzeiten, Fluktuation, Beteiligung an Verbesserungsvorschlägen u. a. geben häufig den Anstoß zu genaueren Überprüfungen. Stehen das Ziel und das Rahmenthema einer geplanten Untersuchung fest, so lässt sich folgende **Strategie der Personalforschung** empfehlen: Zunächst sollten die mit der Untersuchung Beauftragten (interne und/oder externe Experten) die spezifische Situation möglichst genau eingrenzen. Das gelingt im Weiteren am ehesten mit einer qualitativen Startphase, in der das Untersuchungsthema mit Beteiligung der Betroffenen – am besten in einer Projektgruppe – eingegrenzt wird. Daran schließt sich eine zweite Phase an, die auf das konkrete Thema ausgelegt ist und die Meinung der Mitarbeiter auf möglichst breiter Basis erhebt (quantitative Phase) – beispielsweise in Form einer flächendeckend durchgeführten schriftlichen Befragung. Die gewonnenen Daten werden schließlich im letzten Schritt wieder in der Projektgruppe analysiert sowie interpretiert und daraus herleitbare Maßnahmen projektiert (qualitative Phase). Mit diesem Vorgehen ist sichergestellt, dass nicht das falsche Thema angegangen und dass die Akzeptanz der Mitarbeiter abgesichert wird. Wichtig ist in Zusammenhang mit Aktivitäten der Personalforschung auch, die Untersuchungsergebnisse allen Beteiligten zurückzuspielen und mitzuteilen, was man konkret tun bzw. verändern will (Feedback).

Für die qualitativen Untersuchungsphasen kann es nur in eingeschränktem Maß allgemein nutzbare Vorlagen geben; das sieht bei den quantitativen Erhebungen anders aus. Hier stellt sich häufig die Frage, ob ein **Standardfragebogen** oder ein **selbst entworfener Fragebogen** eingesetzt werden soll. Kommt es bei der Untersuchung auf Vergleichbarkeit – zum Beispiel mit anderen Unternehmen – an, so ist dem Standard der Vorzug zu geben. Standardinstrumentarien weisen generell den Vorteil auf, dass „das Rad nicht neu erfunden werden muss“. Somit empfehlen sie sich immer dann, wenn sie das infrage kommende Thema gut abdecken. Sie lassen sich schließlich auch durch Auslassungen bzw. Hinzufügen von Fragen modifizieren.

Als **Standardfragebögen** erfahren innerhalb des Personalmanagements die beiden folgenden Klassiker eine besondere Beachtung: der „Arbeitsbeschreibungsbogen“ zur Ermittlung der Arbeitszufriedenheit sowie der „Erhebungsbogen zur Erfassung des Betriebsklimas“. Beide Fragebögen können als Grundlage für umfassende Mitarbeiterbefragungen gelten, die auch universell einsetzbar sind, d. h. nicht Einschränkungen bezüglich Betriebsgröße, Branche u. a. m. unterliegen. Diese beiden Fragebögen behandeln im Endeffekt vergleichbare Themen. Da die Konzepte zur Arbeitszufrieden-

Abbildung 6-10: ***Eieruhrmodell der Personalforschung***

heit und zum Betriebsklima anspruchsvoll theoretisch untermauert und erhebungsmethodisch sauber konstruiert sind, sollen diese beiden mit etwas mehr Tiefgang betrachtet werden (siehe die folgende Abbildung); dabei wird auch deutlich, welche qualitativen Methoden im (qualitativen) Vorfeld nutzbar sind.

Mitarbeiterbefragungen (bzw. allgemein Personalforschung) werden heute meist nicht nur als Analyse- und Diagnoseinstrument gesehen, sondern zunehmend als Ausgangspunkt eines Veränderungsprozesses (Organisationsentwicklungsprozess) verstanden; sie sind somit Instrumente des „Auftau- und Einbindungsmanagements“ (Borg 2002). Wichtig ist, was die Befragung bzw. die Erhebung an Veränderungen auslöst bzw. bewirkt und nicht, ob z. B. der Geschäftsleitung oder der Personalabteilung ein gutes Zeugnis ausgestellt wird. Alle Maßnahmen und Verfahren der Personalforschung stellen äußerst sensible Instrumente dar, deren gefahrvolle Seiten nicht unterschätzt werden dürfen. Dies dokumentiert auch eine Zusammenstellung der (**Do's und**) **Dont's bei Mitarbeiterbefragungen**. Die Anonymität bzw. Offenheit der Meinungsäußerungen durch die Mitarbeiter und die Frage der Konsequenzen, vor allem auch negativer Art (zum Beispiel bei Vorgesetztenbeurteilungen), stellen zwei Dilemmata dar, die kaum aufzulösen sind. Langfristig muss es um Offenheit und um geeignete Maßnahmen zur Veränderung unbefriedigender Situationen gehen; kurzfristig hingegen schaffen die Zusicherung von Anonymität und Freiwilligkeit von Maßnahmen die gewünschte Akzeptanz.

Abbildung 6-11: ***Empirische Ermittlung von Arbeitszufriedenheit und Betriebsklima***

Merkmale und Themenbereiche	
Arbeitszufriedenheit	**Betriebsklima**
· Individuum („Ich"), Arbeitsplatz · Sicherheit, Arbeitszeit, Bezahlung, Entwicklungsmöglichkeiten, äußere Arbeitsbedingungen, Tätigkeit, Kollegen, Vorgesetzte, Unternehmensleitung, ...	· Soziales Kollektiv („Wir") Abteilung, Team, Gruppe · Allgemeine Fragen, Kollegen, Vorgesetzte, Organisation, Information und Mitsprache, Interessenvertretung, betriebliche Leistungen, ...

⇩

Erhebungsmethoden	
Arbeitszufriedenheit	**Betriebsklima**
· Standardinstrument: Arbeitsbeschreibungsbogen (Neuberger/Allerbeck 1978)	· Standardinstrument: Erhebungsbogen zur Erfassung des Betriebsklimas (v. Rosenstiel 1983)

für beide Themenkreise		
Indikatoren	**Aktive Erhebung**	**Sonstige**
· Fehlzeiten, Fluktuation, Arbeitsqualität, Verbesserungsvorschläge, Witze, ...	· Mitarbeitergespräch, Interview, Befragung, Beobachtung, Workshop ...	· Kummerkasten, Vertrauensstelle, Abgangsinterview, Betriebsfeste, ...

Übersicht: ***„Sünden" bei Mitarbeiterbefragungen***

- Mitarbeiterbefragungen nur einmal und nur in Schönwetterperioden
- Invasion von verschiedenen Mitarbeiterbefragungsaktionen
- Unklare Ziele: Mitarbeiterbefragung für Alles und Nichts
- Projektmanagement: Mitarbeiterbefragungen ohne Kompetenz
- Mittleres Management unter Druck setzen
- Ausklammern des Betriebsrats

- Standardfragebogen ohne direkten Bezug zur Lebensrealität
- Konstruktion des Fragebogens – Sparen am falschen Platz
  (Ein zu kurzer Fragebogen; ein schlampig konstruierter Fragebogen; ungenügende Überprüfung des Fragebogens)
- Versuch der heimlichen Indoktrination durch die Befragung
- Mitarbeiterbefragung als Überraschungsangriff
- Ergebnisse als Geheim- und Chefsache behandeln
- Ergebnisinterpretation: Ist das Glas halb voll – oder halb leer?
  (Keine statistische Auswertung; gezielte Auswahl und Verzerrung von Ergebnissen)
- Benchmarks über alles
  (Über- und Fehlinterpretation von Benchmarks; Konkurrenz durch Benchmarks, aber keine Verbesserung durch Benchmarking)
- Mitarbeiterbefragungen gegen Befragte verwenden
  (Suche von Tätern und Nestbeschmutzern; Druck ausüben und Wettbewerb schüren)
- Belohnung aussetzen: 50.000,- Euro für 10 % Zufriedenheit
- Mitarbeiterbefragungen ohne Controlling

aus: Bungard/Jöns 1997

Im Weiteren stehen die Mitarbeiterführung und die Zusammenarbeit bzw. Teamarbeit im Zentrum der Überlegungen.

Leitfragen

- Was ist Mitarbeiterführung und was tun Führungskräfte?
- Wie können Führungskräfte ihre Führungsaufgaben wahrnehmen und welches ist der beste Führungsstil?
- Was heißt Führung mit Zielen und mit Delegation?
- Welche Hilfsmittel werden bei der Mitarbeiterführung eingesetzt?
- Welche Gemeinsamkeiten bestehen zwischen Mitarbeiterführung und Zusammenarbeit?
- Was beeinflusst den Teamerfolg?

6.3 Mitarbeiterführung

Gleich zu Beginn dieses Teils ist darauf hinzuweisen, dass klar zwischen **Mitarbeiterführung** als Beeinflussung des Verhaltens und der Leistungen von Mitarbeitern und **Unternehmensführung** bzw. Management als Steuerung und Lenkung eines (ganzen)

Unternehmens zu unterscheiden ist. Im Weiteren steht die Führung der Mitarbeiter im Vordergrund.

Jeder hat schon einmal Erfahrungen mit „Führung" gemacht, sei es im Elternhaus, in der Schule oder in einem Unternehmen. Die Eltern und die Lehrer haben mit ihrer Art der Erziehung Einfluss auf unser Verhalten genommen. Ähnlich ist das auch im Arbeitsleben, wo die Vorgesetzten ihre Mitarbeiter zu bestimmtem Verhalten bewegen wollen.

Dabei wird schon deutlich, dass die Mitarbeiterführung bzw. Personalführung die **Aufgabe der Vorgesetzten** ist und dass die Personalabteilung hierbei ein begrenztes Aufgabenfeld vorfindet. Sie ist nämlich dafür zuständig, einen Rahmen abzustecken, Führungsinstrumente zur Verfügung zu stellen, Führungsverhalten zu trainieren und bei Problemen und Schwierigkeiten die Vorgesetzten zu beraten – ansonsten sind die Führungskräfte gefragt.

Weiterhin stellt die Mitarbeiterführung ein thematisches Feld dar, über das man nur in begrenztem Rahmen lesen und studieren kann. Am Ende wird es immer darum gehen, angemessenes Führungsverhalten zu üben (Führungstraining) und eigene Erfahrungen zu machen.

Die Mitarbeiterführung ist – zusammen mit der eng damit verknüpften Motivationsfrage – eines der personalwirtschaftlichen Themen mit den meisten Veröffentlichungen. Allerdings betonen diese Publikationen sehr vielfältige Aspekte der Mitarbeiterführung, erklären erfolgreiche Führung mit verschiedenartigen Theorien und empfehlen (demzufolge) unterschiedliches Führungsverhalten. Viele Äußerungen in Theorie und Praxis widersprechen sich, so dass es für die Führungskräfte in der Praxis und für denjenigen, der sich studierend mit dieser Thematik auseinandersetzt, nicht einfach ist, einen Überblick zu bekommen.

Die Probleme beginnen schon bei der Frage, was Mitarbeiterführung überhaupt ist. Die Art des Umgangs mit den unterstellten Mitarbeitern – so kann man einfach sagen; eine „zielorientierte soziale Einflussnahme zur Erfüllung gemeinsamer Arbeitsaufgaben in einer strukturierten Arbeitssituation" – so lautet der gängigste Definitionsansatz im wissenschaftlichen Bereich, und dazwischen gibt es sehr viele andere Umschreibungen von Mitarbeiterführung. Allen gemeinsam sind die drei Aspekte des sozialen Einflusses, der Ausrichtung an einem Ziel und der zu erfüllenden Arbeitsaufgabe sowie die vorgegebene Arbeitssituation. **Merkmale der Mitarbeiterführung** sind somit

- die soziale Einflussnahme eines Vorgesetzten auf (mindestens einen) Mitarbeiter,
- ein gemeinsames Ziel und miteinander zu erfüllende Aufgaben sowie
- eine vorgegebene Arbeitssituation.

Diese drei Merkmale lassen zu, Vieles unter dem Begriff der Mitarbeiterführung zu subsumieren: sachbezogene und mitarbeiterbezogene Führungsaufgaben, strukturelle (formal-organisatorische) und interaktionelle (persönliche) Steuerung, organisatorische (Führungsgrundsätze des Unternehmens) und individuelle Führungsformen (Führungsstil), kommunikative sowie motivationale und führungskulturelle Aspekte sowie unterschiedlichste Ergebnisse, z. B. Leistung, Gruppenklima, Angst, Spaß usw. Es wird aber auch deutlich, dass „Führung" nicht einfach zu erklären ist, und es somit auch schwierig wird, zu begründeten Empfehlungen zu kommen. Man darf Führung ferner keinesfalls als rein technisches Problem begreifen, frei nach dem Motto: „Man nehme ...". Eine – zugegebenermaßen extreme – Auffassung sieht Mitarbeiterführung als „im Wesentlichen irrationales Problem" an (Neuberger 1985). Trotz alledem existieren einige Erkenntnisse, die im Folgenden besprochen werden sollen.

6.3.1 Führungsaufgaben und Führungsstil

Bei der Antwort auf die Frage, was Führungskräfte tun (Führungsaufgaben), sollte man grundsätzlich zwei Arten von Führungsteilaufgaben unterscheiden: sachbezogene Komponenten, die eher auf die unmittelbare Erfüllung der (Sach)Aufgabe ausgerichtet sind und personenbezogene Komponenten, die mit den zugeordneten Mitarbeitern (als Menschen) zu tun haben. Die sachbezogenen Leitungsaufgaben stehen im Weiteren weniger im Vordergrund; es interessieren vielmehr die zwischenmenschlichen Führungsaufgaben.

Übersicht: ***Führungsaufgaben***

Sachbezogene Leitungsaufgaben	Personenbezogene Führungsaufgaben
Aufgaben... • Planen • Entscheiden • Organisieren • Kontrollieren Ergebnisse verantworten Zukunft gestalten Veränderungen anstoßen und verfolgen	Mitarbeiter... • Auswählen und einführen • Informieren und mit ihnen kommunizieren bzw. sprechen • Delegieren, Ziele vereinbaren und beurteilen (Feedback) • Motivieren • Fördern und entwickeln • Vorbild sein

Nachfolgend geht es darum, wie die personenbezogenen Mitarbeiterführungsaufgaben wahrgenommen werden können, also um das Führungsverhalten und den Führungsstil. **Führungsverhalten** meint das konkrete Verhalten eines Vorgesetzten in einer bestimmten Situation; demgegenüber ist mit **Führungsstil** ein dauerhaftes, immer wieder zu beobachtendes Verhaltensmuster gemeint, einschließlich der zugehörigen Grundeinstellung.

Fragt man nach den grundsätzlich möglichen Führungsstilen, so werden spontan meist „kooperative" und „autoritäre" Führung als Alternativen benannt. Mit einer genaueren Umschreibung tut man sich dann eher schwer und weitere Möglichkeiten der Mitarbeiterführung scheint es nicht zu geben. Die wissenschaftliche Forschung kennt verschiedene Systematiken von Führungsstilen mit jeweils unterschiedlicher Zahl und Abgrenzung (Kriterien) konkreter Stile.

Die bekannteste Typologie von Führungsstilen, das **Führungsstil-Kontinuum** (von Tannenbaum/Schmidt) unterscheidet zwischen insgesamt sieben Führungsstilen, die von autoritär bis demokratisch reichen; dabei ist die kooperative Führung keine Extremform. Das einzige Kriterium zur Unterscheidung der – fließend ineinander übergehenden – Führungsstilformen ist die Mit- bzw. Selbstbestimmungsmöglichkeit bei der Arbeit, die Partizipation. Man spricht deshalb auch von einem eindimensionalen Konzept, weil es ausschließlich um den Partizipationsumfang geht.

Abbildung 6-12: ***Führungsstil-Kontinuum*** *(von Tannenbaum/Schmidt)*

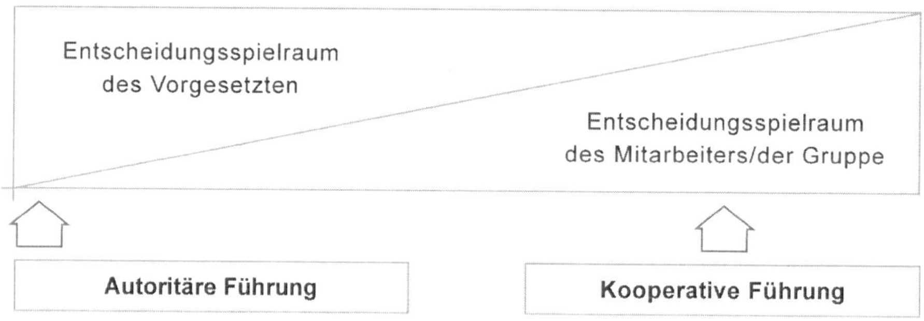

Eine andere Konzeption entwickelt aus zwei Kriterien (zweidimensionales Konzept) eine Vielzahl verschiedener Führungsstile, und davon sind die vier extremen Formen besonders interessant. Das **Verhaltensgitter der Führung** (von Blake/Mouton) unterscheidet grundsätzlich zwischen dem Ausmaß, in dem die Sachaufgabe der Führung und die zwischenmenschliche Seite jeweils betont werden. Aufgabenorientierung findet ihren Ausdruck im Vorgeben von Zielen, im Organisieren, im Steuern und im Kontrollieren. Der Vorgesetzte legt also fest, was, wie, wann, wo und von wem zu erledigen ist; ihm geht es unmittelbar um das (Produktions)Ergebnis. Demgegenüber betont die Mitarbeiterorientierung den ganzen Menschen (nicht nur den Produktionsfaktor Arbeit) und konkret das Verständnis und die Unterstützung, die man ihm gibt.

Der Vorgesetzte hört zu, kommuniziert und gibt Feedback. Diese beiden Dimensionen der Führung lassen sich in einer Matrix anordnen, wodurch optisch eine Art Gitter entsteht – daher der Name. Zwei extreme Führungsformen sind der Laisser faire-Stil als weitgehender Verzicht auf beeinflussende Führungsaktivitäten und die Verknüpfung eines stark aufgabenorientierten und gleichzeitig sehr mitarbeiterorientierten Stils (Integrationsstil). Daneben existieren der Zufriedenheitsstil, bei dem die Mitarbeiterorientierung überbetont wird und der Aufgabenstil, der einseitig das Arbeitsergebnis in den Vordergrund rückt.

Abbildung 6-13: ***Verhaltensgitter der Führung*** *(von Blake/Mouton)*

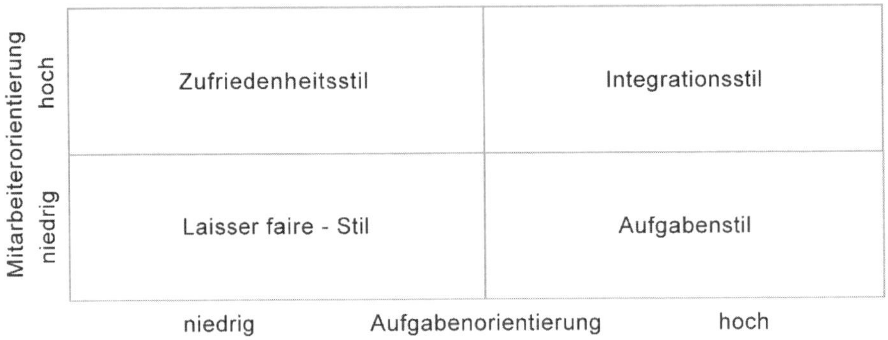

Die Partizipation, die Aufgaben- und Mitarbeiterorientiertheit lassen sich auch in ein einziges Schema integrieren. Dieses dreidimensionale Konzept stellt die Möglichkeiten, die der Führungsstil bietet, umfassender und recht plastisch dar (siehe Abbildung „Dreidimensionale Führung"). Man kann die Führungsstilformen noch wesentlich genauer beschreiben und graphisch abbilden, wird dabei aber immer auf die besprochenen Aspekte als zentralem Kern zurückkommen.

Abbildung 6-14: ***Dreidimensionale Führung***

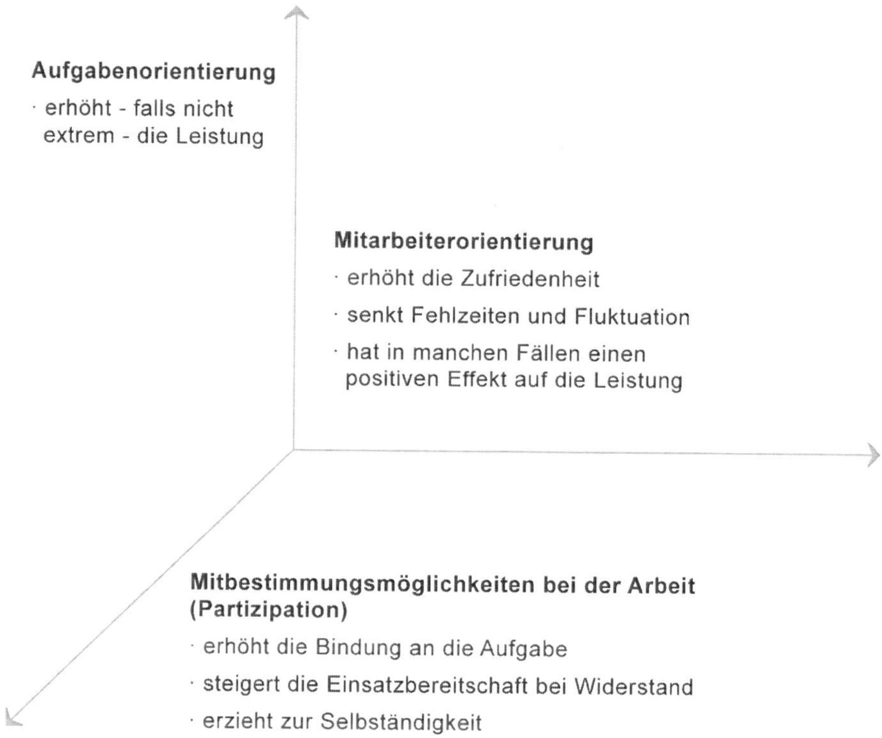

6.3.2 Führungstheorien

Bis hier ging es ausschließlich darum, die grundsätzlichen Möglichkeiten zu betrachten. „Welche Führungsstile sind überhaupt praktizierbar und in der Praxis anzutreffen?" – so lautete die Frage. Im Folgenden soll diese Perspektive erweitert werden. „Wie sollte man führen? Welche Art der Führung ist empfehlenswert? Welche Form der Mitarbeiterführung bringt die besten Ergebnisse?" Antworten auf diese Fragen wollen die Führungstheorien geben, die den Zusammenhang zwischen der Art der Führung und dem Erfolg nachzuweisen, zu erklären und in Empfehlungen umzumünzen versuchen. Allerdings gibt es nicht die eine „Supertheorie", die das kann, sondern man entdeckt mehrere, teils miteinander konkurrierende Führungstheorien. Dabei geht es aber immer um den Zusammenhang von Führungsart und Führungserfolg.

Eigenschaftstheorien der Führung als dominierender Theorieansatz der 30er und 40er Jahre des letzten Jahrhunderts erklären den Führungserfolg damit, dass bestimmte Persönlichkeitseigenschaften beim Vorgesetzten als Voraussetzung für erfolgreiches Führen vorliegen müssen. Untersuchungen haben zum Beispiel die Intelligenz, die Anpassungsfähigkeit, die Extraversion, die Dominanz, die Sensitivität u. a. m. als wichtige Persönlichkeitsmerkmale herausgefunden. Dabei kommt es nicht so sehr auf das einzelne Merkmal an, sondern die gelungene Mischung ist wichtig. Die Eigenschaftstheorien üben vor allem deswegen einen besonderen Reiz aus, weil sie sehr einfach sind; allerdings sind sie auch nicht bewiesen, und sie werfen ein kritisches Licht auf die Möglichkeiten, Führung zu trainieren.

Abbildung 6-15: ***Eigenschaftstheorie der Führung***

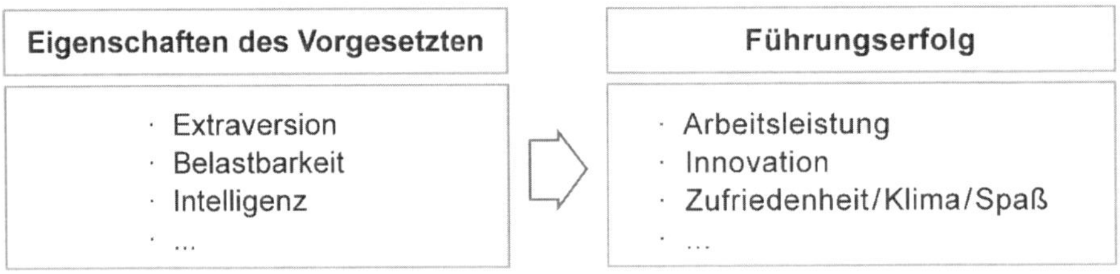

Neuerdings (ab ca. 1980) sieht man zwar Eigenschaften in Verbindung mit bestimmten Verhaltensweisen als günstige Voraussetzung für erfolgreiches Führen an (**charismatische Führung**), kommt aber zunehmend zu der Erkenntnis, dass es um das konkrete Verhalten von Führungskräften und weniger um deren (nicht beobachtbare) Persönlichkeit(seigenschaften) geht. Ein wesentlicher Unterschied zur klassischen Eigenschaftstheorie liegt ferner darin, dass die Mitarbeiter ihren Vorgesetzten als Vorbild erleben. Ähnlich „tickt" die sog. **transformationale Mitarbeiterführung**, die neben dem Charisma die Inspiration und die intellektuelle Stimulierung betont und der Wertschätzung der Mitarbeiter einen besonderen Stellenwert einräumt.

Abbildung 6-16: ***Charismatische Führungstheorie***

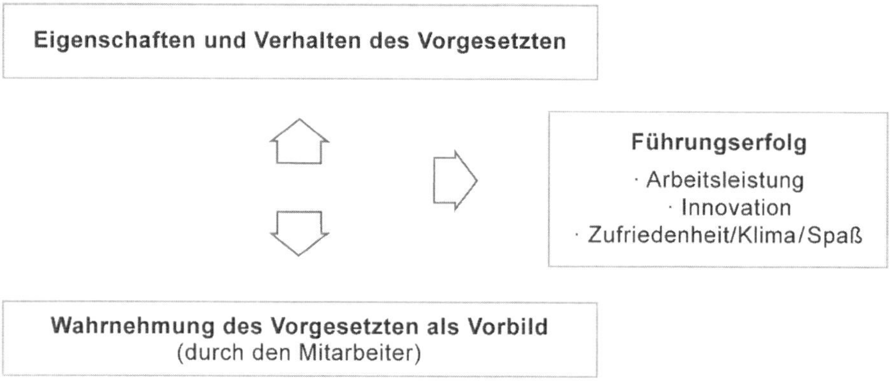

Die **Führungsstiltheorien**, die bis ca. 1960 die Szene dominierten, unterstellen, dass ein bestimmtes Führungsverhalten – immer und überall – den gewünschten Führungserfolg bewirkt. Das Führungsstil-Kontinuum zur Kennzeichnung von Alternativen der Führung ist gleichzeitig eine solche Stiltheorie. Tannenbaum/Schmidt fordern kooperative Führung als besten Führungsstil. In ähnlicher Weise propagieren Blake/Mouton in ihrem Verhaltensgitter der Führung den Integrationsstil als Beststil, der in jeder Situation die besten Ergebnisse bringen soll. Dass das nicht sein kann, dafür spricht die Alltagserfahrung, und das belegen auch viele Untersuchungen in der Praxis.

Abbildung 6-17: ***Stiltheorie der Führung***

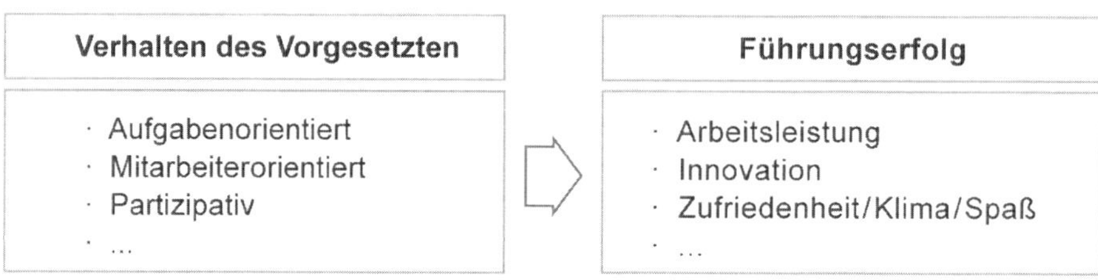

Mitarbeiterführung hat aber noch eine ganz andere Seite, die es zu berücksichtigen gilt. Neben dem Erfolg, der mit einem bestimmten Führungsstil verknüpft ist, kommt der normativ-bewertenden Perspektive unter Umständen große Bedeutung zu. Kooperative Führung wird nämlich oft als **zeitgemäßer und wünschenswerter Führungsstil** angesehen. Wenn man sich an dieser Überlegung orientiert, kommt es auf den herausragenden Erfolg gar nicht so sehr an, sondern man praktiziert und empfiehlt eine bestimmte Art der Führung aus innerer Überzeugung, solange sie gute Resultate bringt.

Mit den **Situationstheorien** der Führung wird die Realität besser abgebildet als mit den Eigenschafts- und den Stiltheorien der Führung. Die Situationstheorien sehen das Führungsverhalten und die Besonderheiten der Situation als die für den Führungserfolg ausschlaggebenden Größen (unabhängige Variablen) an. Wenn beides gut zusammenpasst – so behaupten sie –, dann ist die Führung erfolgreich. Zu klären ist nun, was in diesem Zusammenhang unter „Situation" zu verstehen ist. Damit können grundsätzlich Aspekte gemeint sein, die mit den zu führenden Mitarbeitern oder mit der zu erfüllenden Aufgabe zu tun haben. Wie die Situationstheorien der Führung funktionieren, soll am Beispiel der Reifegradtheorie erläutert werden.

Abbildung 6-18: ***Situationstheorie der Führung***

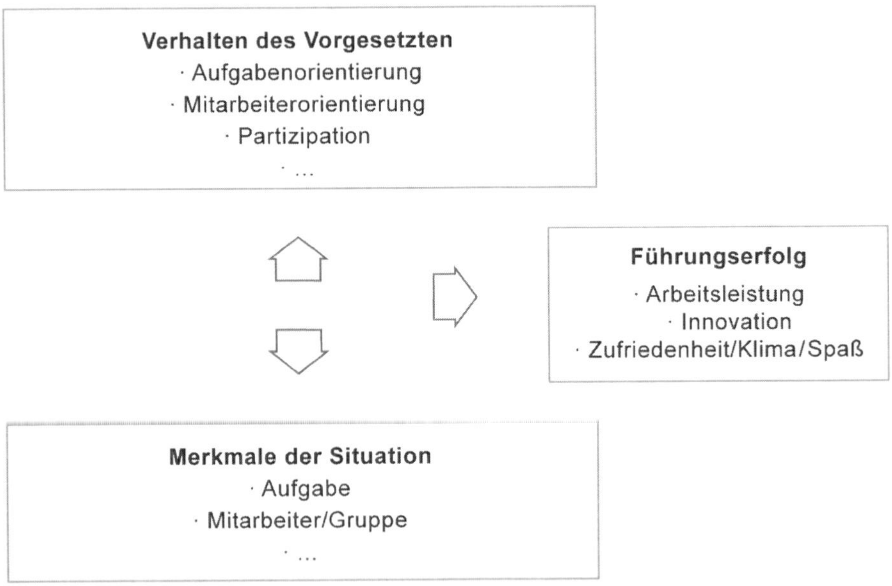

Bei der **Reifegradtheorie der Führung** (von Hersey/Blanchard) sind zunächst vier Führungsstile denkbar. In Anlehnung an das Konzept von Blake/Mouton unterscheidet diese Theorie zwischen hoher und niedriger Ausprägung von aufgaben- und mitarbeiterbezogenem Verhalten des Vorgesetzten. Daraus entstehen vier idealtypische Führungsstile: Diktieren, Argumentieren, Partizipieren und Delegieren. Bis hier unterscheidet sich die Reifegradtheorie nicht wesentlich vom Verhaltensgitter der Führung. Allerdings empfiehlt sie nicht pauschal den Delegier-Stil, sondern macht die Anwendung eines bestimmten Führungsstils von der Situation abhängig. Die Situation wird anhand von Merkmalen beschrieben, die mit dem Mitarbeiter zu tun haben, der geführt werden soll. Dessen „Reife" lässt sich ausdrücken durch seine Qualifikation und Erfahrung mit der anstehenden Aufgabe und mit seiner Motivation und dem Zutrauen zu seinen Fähigkeiten. Beides – Fähigkeit und Bereitschaft – kann hoch oder niedrig ausgeprägt sein, so dass vier verschiedene Reifegrade des Mitarbeiters zu differenzieren sind:

- hoher Reifegrad, d. h. er beherrscht die Aufgabe und ist motiviert
- mittlerer Reifegrad, d. h. er beherrscht die Aufgabe, ist jedoch nicht motiviert
- mittlerer Reifegrad, d. h. er beherrscht die Aufgabe nicht, ist jedoch motiviert
- niedriger Reifegrad, d. h. er beherrscht die Aufgabe nicht, und er ist auch nicht motiviert

Die Reifegradtheorie empfiehlt dem Vorgesetzten, in Abhängigkeit vom Reifegrad des Mitarbeiters jeweils einen unterschiedlichen Führungsstil zu praktizieren, der dann zum Erfolg führt. Hier wird vom Vorgesetzten viel verlangt: Er muss den Reifegrad jedes Mitarbeiters genau kennen bzw. analysieren und seinen Führungsstil dementsprechend variieren; er muss mehrere Mitarbeiter unterschiedlich behandeln und auch den gleichen Mitarbeiter, wenn es sich um verschiedenartige Aufgaben handelt. Die Führungskraft reagiert mehr oder weniger nur auf Entwicklungen beim Mitarbeiter und wird zur „Führungsmaschine" ohne eigene Interessen – so die „reine Theorie".

Neben der Reifegradtheorie existieren weitere Situationstheorien, die andere Situationsmerkmale beachten, den Führungsstil anders sehen und von ganz anderen Grundannahmen ausgehen. Die **Kontingenztheorie** (von Fiedler) beispielsweise berücksichtigt als Situationsaspekte die Art der Beziehung zwischen dem Vorgesetzten und den Mitarbeitern, die Art der zu erledigenden Aufgabe und die Positionsmacht der Führungskraft, die sich in der Vergabe von Belohnung und Bestrafung äußert. Auch der Führungsstil wird anders klassifiziert und gemessen. Schließlich geht die Kontingenztheorie davon aus, dass ein Vorgesetzter seinen Führungsstil kaum ändern kann, so dass es darauf ankommt, die richtige Führungskraft für eine bestimmte Situation zu finden. Situationstheorie ist also nicht gleich Situationstheorie, sondern es gibt eine ganze Reihe von Führungstheorien, die diesem Typ zuzuordnen sind. Gemeinsam ist ihnen, dass in Abhängigkeit von der jeweiligen Situation ein anderer Führungsstil zu praktizieren ist, wenn die Führung erfolgreich sein will.

Abbildung 6-19: ***Reifegradtheorie der Führung*** *(Hersey/Blanchard)*

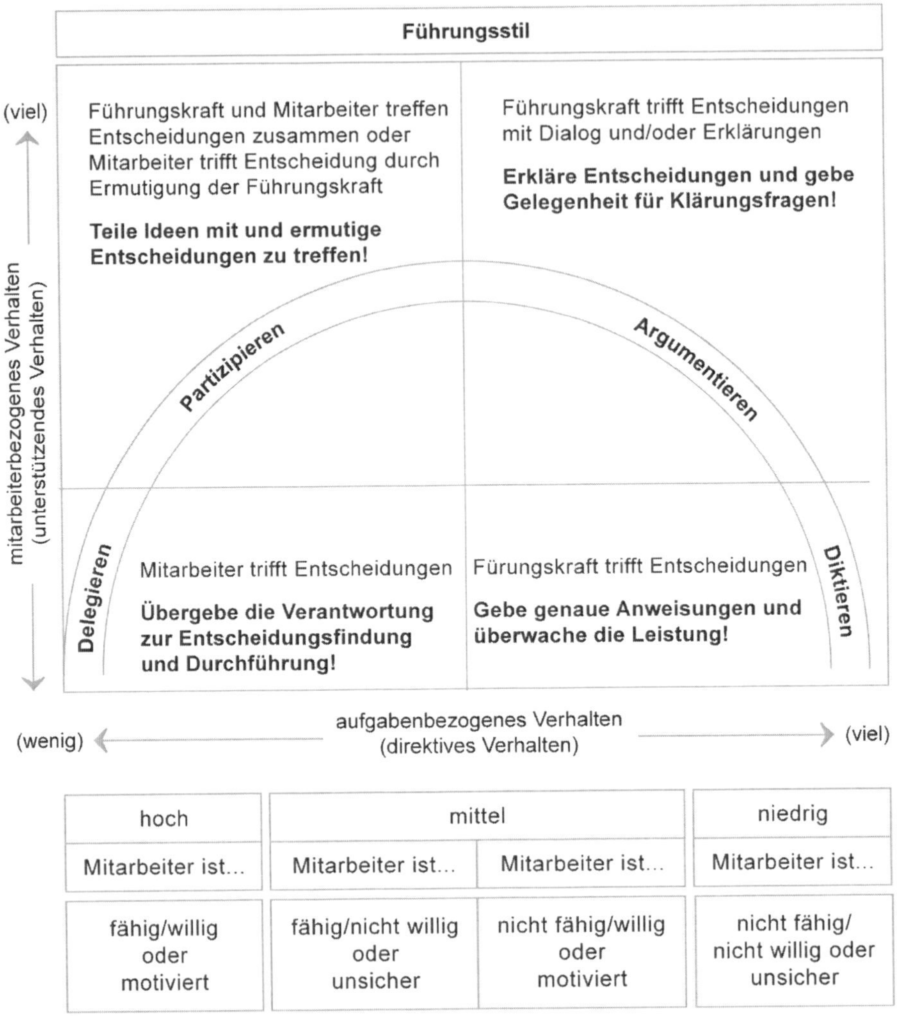

Zu den Eigenschafts-, Stil- und Situationstheorien der Führung können weitere Theorien fast nach Belieben hinzugefügt werden. Eine Gruppe scheint besonders interessant, weil sie einerseits ein neues Thema berücksichtigt und damit der Realität ein Stück näher kommt, andererseits aber auch die Probleme der Führungsforschung besonders deutlich macht. Die sog. **Interaktionstheorien** der Führung gehen davon aus, dass Führung ein wechselseitiges Geben und Nehmen ist, und dass es dabei auch sehr auf die Erfahrungen ankommt, die der Mitarbeiter und der Vorgesetzte im Lauf der Zeit miteinander gemacht haben. Hier hängt alles mit allem zusammen: die Persönlichkeit der Beteiligten, das Führungs- und das Mitarbeiterverhalten, die Situation, die Erfahrungen miteinander u. a. m. Mit dieser Komplexität entziehen sich die Interaktionstheorien weitestgehend der wissenschaftlichen Erforschung.

Alle besprochenen Theorien der Mitarbeiterführung haben zweifellos einen brauchbaren Kern, aber keine kann für sich beanspruchen, die ganze Wahrheit zu kennen und die Realität vollständig abzubilden. Für die Führungskräfte in der Praxis und für denjenigen, der sich als Studierender mit Führungsfragen auseinandersetzt, entsteht daraus eine unangenehme Situation. Einerseits ist es mühsam, einen kompletten Überblick über den Stand der Forschung zu bekommen; andererseits schärft dieses Wissen das Problembewusstsein, führt aber nur bedingt weiter wenn es konkret darum geht, wie man sich als Vorgesetzter verhalten soll.

In diesem Zusammenhang weist Neuberger (2002) auf einen interessanten Umstand hin, indem er sog. „**Führungsdilemmata**" thematisiert, Widersprüchlichkeiten bzw. Grundkonflikte, die nicht auflösbar sind. Diese unausweichlichen Konflikte werden auch im Rahmen der Führungstheorien nicht geklärt, wenngleich die theoretischen Ansätze sich bei einigen der Zielkonflikte klar positionieren und scheinbar Lösungen anbieten; beispielsweise wird die Frage der Gleichbehandlung bzw. des Eingehens auf den Einzelfall bei den Stiltheorien und bei den Situationstheorien unterschiedlich angegangen; demgegenüber findet der Konflikt zwischen Ziel- und Verfahrensorientierung beim Führen mit Zielen eine klare (Auf)Lösung zugunsten der Betonung der Ergebnisse.

In dieser komplexen Orientierungsschwierigkeit stellen „Führungsmoden" und „Kochbücher" zur Mitarbeiterführung für die Praxis eine willkommene Lösung dar. Dort wird nämlich – nach dem Grundsatz „Man nehme..." – der Eindruck erweckt, dass das Thema ganz leicht in den Griff zu bekommen sei und dass jeder ohne große Anstrengung ein erfolgreicher Vorgesetzter werden kann. Dass dies nicht sein kann, das haben die verschiedenen Führungstheorien deutlich gemacht. Ein gutes Beispiel für einen kochbuchartigen Bestseller ist der sog. „Minuten-Manager" von Blanchard/Johnson (1983) – auch hier wird wie beim Motivationskonzept fish! eine Geschichte erzählt…

Übersicht: ***Führungsdilemmata*** *(nach Neuberger - Ausschnitt)*

Mitarbeiter als **„Objekte“** Betrachtung des Einzelnen als „Kostenfaktor" , „Einsatzgröße", „Instrument", „Leistungsträger"	Mitarbeiter als **„Subjekte“** Selbstverwirklichung und Bedürfnisbefriedigung des Einzelnen als oberstes Ziel; „Mensch im Mittelpunkt"
Gleichbehandlung der Mitarbeiter Fairness, Gerechtigkeit, Anwendung allgemeiner Regeln, keine Bevorzugungen und Vorrechte	Eingehen auf den **Einzelfall** Rücksichtnahme auf die Besonderheiten des Einzelfalls, Aufbau persönlicher Beziehungen
Distanz zu den Mitarbeitern Unnahbarkeit, hierarchische Überlegenheit, Unzugänglichkeit, Statusbetonung	**Nähe** zu den Mitarbeitern Wärme, Betonung der Gleichberechtigung, Freundschaft, Einfühlung
Fremdbestimmung der Mitarbeiter Gängelung, Reglementierung, Lenkung, Unterordnung, Durchsetzung, Strukturierung, Zentralisierung, enge Kontrolle, Überwachung	**Selbstbestimmung** der Mitarbeiter Autonomie, Handlungs- und Entscheidungsspielräume, Entfaltungsmöglichkeiten, Dezentralisierung, Selbständigkeit
Aktivierung Antreiben, drängen, motivieren, begeistern	**Zurückhaltung** Sich nicht einmischen, Entwicklungen abwarten
Zielorientierung Lediglich Ziele oder Ergebnisse vorgeben und kontrollieren	**Verfahrensorientierung** Die „Wege zum Ziel" vorgeben und kontrollieren

aus: Neuberger 2002

6.3.3 Führungsmodelle

In den 60er Jahren und Anfang der 70er gab es im Personalmanagement in Wissenschaft und Praxis eine intensive Diskussion über sog. **Führungsmodelle**. Darunter wurden praxisorientierte Systeme verstanden, die in umfassender Weise Empfehlungen zu den Führungsaufgaben, zum Führungsstil und zu den Führungsinstrumenten abgaben und dabei von einem bestimmten Menschenbild ausgingen. Das sog. Harzburger Modell als Führungskonzept auf Delegationsbasis und das Management-by-Objectives als Führungskonzeption, die sich an Zielen orientiert, schienen zwei Führungsmodelle zu sein, zwischen denen sich jedes Unternehmen entscheiden musste. Aus heutiger Sicht mutet die Diskussion von damals einseitig an, und die meisten Unternehmen bekennen sich heute zu einer Führung, in der sowohl Delegation als auch Ziele ihren Platz haben. Bei diesen beiden Schwerpunktlegungen im Rahmen der Mitarbeiterführung handelt es sich um aktuelle Themen.

Führung mit Delegation (Management-by-Delegation) bedeutet dauerhafte Übertragung von Aufgaben, Kompetenzen (Befugnissen) und Verantwortung auf die Stellen in der Hierarchie eines Unternehmens, die sie am besten wahrnehmen können. Entscheidungskompetenzen sind also nicht beim Vorgesetzten bzw. an der Spitze des Unternehmens konzentriert. Ziele der Entscheidungsdelegation sind die Entlastung des Vorgesetzten, die Stärkung der Verantwortungsbereitschaft der Mitarbeiter und letztlich eine bessere Aufgabenerfüllung. Aufgaben – als die Verpflichtung etwas zu tun – und Kompetenzen – als die Befugnis etwas zu entscheiden – werden in der **Stellenbeschreibung** niedergelegt, die somit die Handlungsverantwortung festlegt. Für den Mitarbeiter ergibt sich hieraus die Verpflichtung, eigenverantwortlich zu entscheiden und zu handeln. Der Vorgesetzte darf in den Kompetenzbereich seiner Mitarbeiter nicht ungerechtfertigt eingreifen. Er trägt weiterhin die Führungsverantwortung mit der Verpflichtung zu informieren, kontrollieren u. a. m.

Die überzogen formalistischen, bürokratischen und stellenweise autoritär anmutenden Regelungen des Harzburger Modells gehören weitestgehend der Vergangenheit an. Geblieben ist der brauchbare Kern der Delegation – kooperative Mitarbeiterführung ist ohne Delegation nicht (mehr) denkbar.

Etwas anders verhält es sich mit dem Alternativmodell aus den Sixties, der **Führung mit Zielen** (Management-by-Objectives). Sie kommt aus dem amerikanischen Bereich, stellt sich nicht in gleichem Maße wie das Harzburger Modell als einheitliche und geschlossene Konzeption dar und wurde immer für das dynamischere, fortschrittlichere und kooperativere Modell gehalten. Die Übersetzung als „Führung mit Zielvorgabe" oder als „Führung mit Zielvereinbarung" macht deutlich, dass es (auch) hier eine eher kooperative und eine eher autoritäre Variante (mit Zielvorgabe durch den Vorgesetzten) geben kann. Als Konzept für die Mitarbeiterführung verfährt die kooperative Führung mit Zielen so, dass Leistungs-, Innovations- und persönliche Entwicklungsziele meist jährlich zwischen Vorgesetztem und Mitarbeiter vereinbart werden. Der Mitarbeiter kann sich das Jahr über ständig selbst kontrollieren, und der Vorgesetzte überprüft den Fortschritt ebenfalls. Am Ende betrachten beide gemeinsam das Erreichte und ziehen im Rahmen der Mitarbeiterbeurteilung Konsequenzen. Ziele, die zwischen Vorgesetztem und Mitarbeiter vereinbart werden, haben bestimmten Anforderungen zu genügen.

Abbildung 6-20: ***Führung mit Delegation***

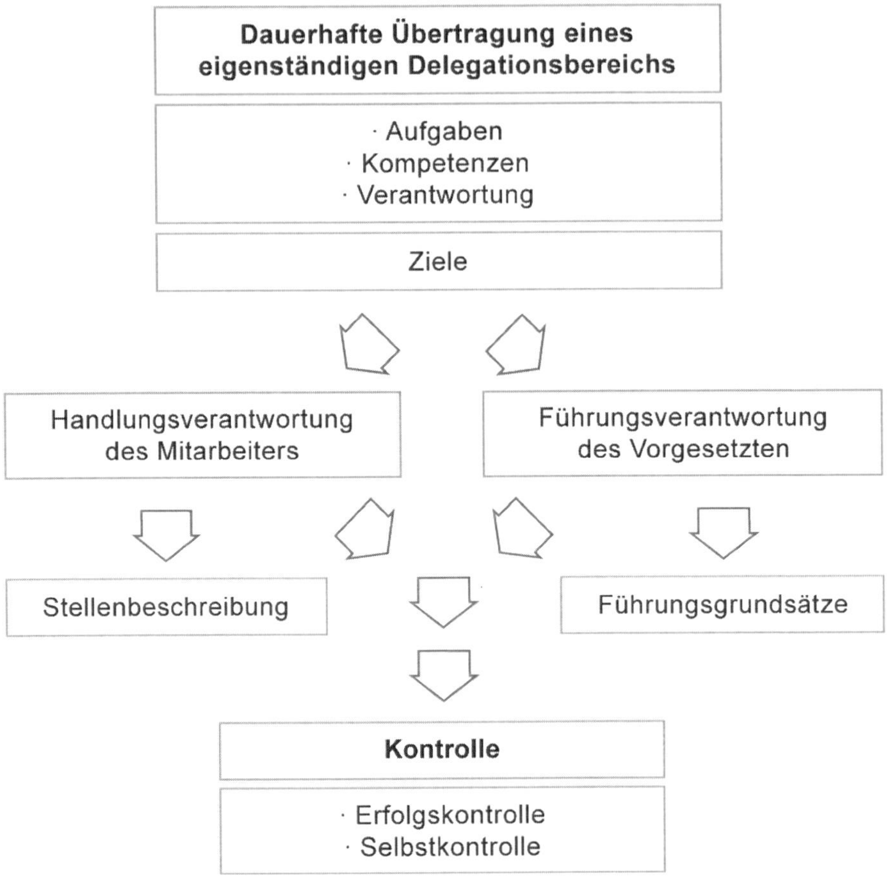

Abbildung 6-21: ***Führung mit Zielen***

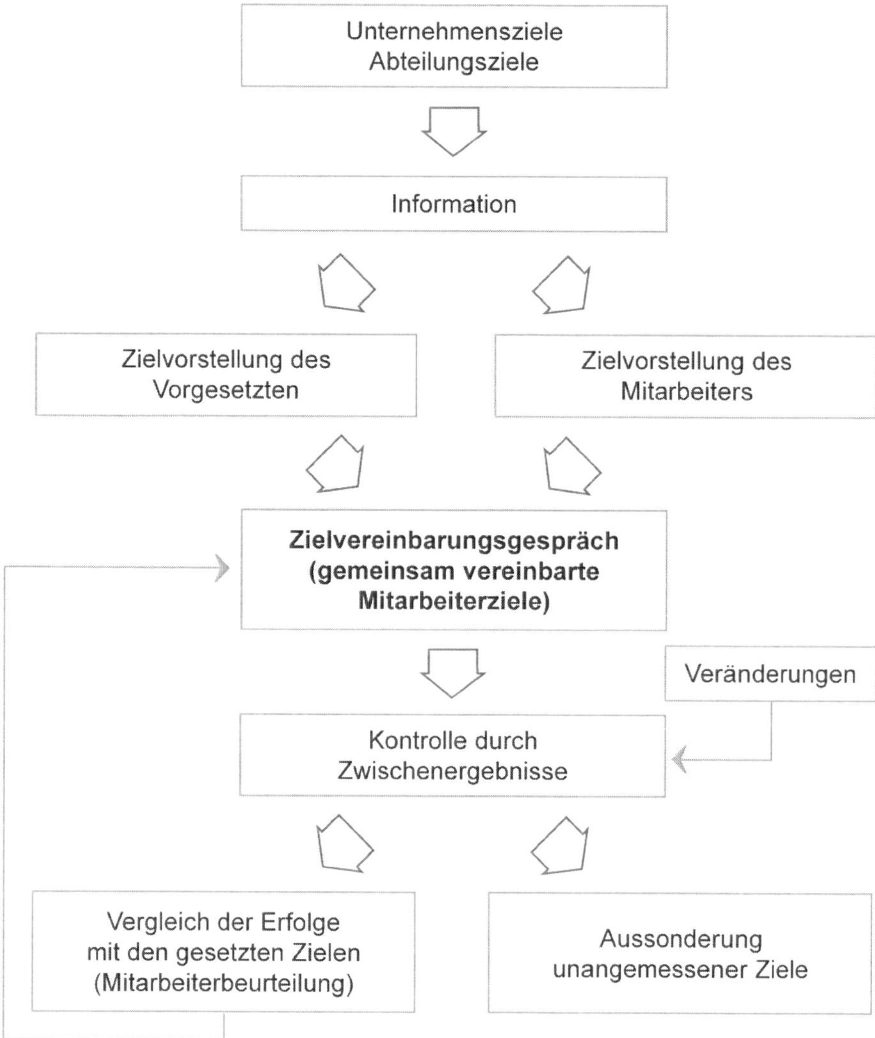

Ziele können sein (**Arten von Zielen**):

- Leistungsziele
- Innovationsziele
- persönliche Entwicklungsziele

Ziele müssen **smart** sein: *s*pecific, *m*easurable, *a*chievable, *r*ealistic, *t*imeable. Weiter gehende **Anforderungen an Ziele** besagen, dass Ziele

- sich an den Unternehmenszielen orientieren sollen,
- überschaubar sein sollen, d. h. nicht mehr als 3 bis 5 Ziele,
- widerspruchsfrei sein sollen,
- präzise formuliert werden sollen (Inhalt, Ausmaß, Zeitbezug),
- quantifiziert werden sollen – wenn möglich,
- anspruchsvoll und realistisch sein sollen,
- sich am Reifegrad der Mitarbeiter orientieren sollen,
- gemeinsam vereinbart werden und
- schriftlich fixiert werden sollen.

Das Führen mit Zielen erlebt zurzeit einen intensiven Aufschwung, dies insbesondere vor dem Hintergrund neuer Konzepte zur Unternehmensführung, vor allem der sog. Balanced Scorecard. Mitarbeiter-, Team- und Bereichsführung, Motivation (Sinnvermittlung und materielle Anreize) und Entwicklung im Sinne von Personal-, Kultur- und Unternehmenswertentwicklung bilden das komplexe Bündel von damit verbundenen Erwartungen und Zwecksetzungen. Die überschwänglich positive Bewertung des Führens mit Zielen darf nicht den Blick dafür verstellen, dass es auch hierbei klare Grenzen gibt, die zusammen mit den absehbaren Weiterentwicklungen dieses Führungsmodells den Weg in die Zukunft weisen.

Übersicht: ***Grenzen und Trends beim Führen mit Zielen***

Führen mit Zielen hat als **Grenzen** zu berücksichtigen ...	Führen mit Zielen hat **zukünftig** zu berücksichtigen ...
• Stellenspezifische Probleme bei der Operationalisierung von Zielen	• Anwendungsvoraussetzungen (Führung, Organisation, Kultur ...)
• Beschränkung auf wirtschaftliche Ziele	• Klarheit über die Zwecke
• Fehlsteuerungen durch Orientierung an kurzfristigen und quantitativen Zielen	• Ziele und Delegation (Stellenbeschreibung) gleichzeitig
• Überforderung durch permanente Höchstleistungsziele („Spiel ohne Grenzen")	• Integration längerfristiger Ziele
	• Berücksichtigung qualitativer Ziele
• Mangelnde Beeinflussbarkeit durch die Mitarbeiter	• Zielvorgabe (mitunter unumgehbar)
	• Ziele für Gruppen/Teams
• Fehlende Autonomie bzw. Kompetenz der Mitarbeiter	• Umfassenden Gesamtrahmen: EFQM oder Balanced Scorecard
• Zielvorgabe (und Zielhierarchie)	• Regelungsabrede mit Betriebsrat und/oder Gewerkschaft
• Schwierige Situation für den Vorgesetzten („Spagat")	• Betonung der Einführungsstrategie
• Asymmetrische Möglichkeiten des Mitarbeiters (Hierarchie, Schulung ...)	• Ständige Evaluation und Controlling
• Anwendung nur in den oberen Etagen	

Ziele und Aufgaben sind die beiden wesentlichen Möglichkeiten, um bei kooperativer Führung das Verhalten der Mitarbeiter zu steuern.

Abbildung 6-22: ***Führung mit Zielen und Aufgaben***

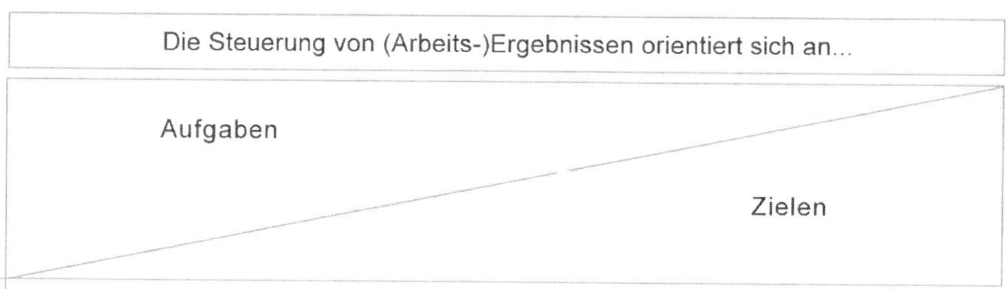

Heute gelten neben den Erkenntnissen über die Delegation und die Führung mit Zielen weitere Erfahrungswerte, die als **pragmatische Empfehlungen zur Mitarbeiterführung** anzusehen sind:

- Vertrauen haben
- Demotivation vermeiden und Eigenmotivation fördern
- Bedeutung klarmachen und Sinn vermitteln
- Voraussetzungen für den Erfolg der Mitarbeiter schaffen
- Vorbild sein
- Delegieren und umfassend informieren
- Herausfordernde Ziele vereinbaren
- Gesprächsintensiv führen
- Feedback geben und Leistung anerkennen
- Mitarbeiter fördern und unterstützen

6.3.4 Führungsinstrumente

Bei der Wahrnehmung ihrer Führungsaufgaben setzen Vorgesetzte Instrumente (Führungsmittel) ein. Führungsinstrumente sind entweder formal-organisatorischer oder persönlich-interaktioneller Art.

Übersicht: ***Führungsinstrumente***

formal-organisatorisch	**persönlich-interaktionell**
• Führungsgrundsätze • Stellenbeschreibung und Funktionendiagramm • Dokumentation der Zielvereinbarung • (Formalisierte) Mitarbeiterbeurteilung • …	• Mitarbeitergespräche • Anerkennung und Kritik • …

Ein herausgehobenes Führungsinstrument sind die sog. **Führungsgrundsätze**, die zum Ausdruck bringen, welches Verhalten von den Vorgesetzten und den Mitarbeitern eines Unternehmens erwartet wird. Führungsgrundsätze als formalisierte Verhaltenserwartungen sind eine Art Anweisung. Sie verfolgen verschiedene Zwecke, und mit ihnen sind in erheblichem Umfang auch Probleme verbunden. Insbesondere sind die (negativen) Konsequenzen meist nicht geregelt, die greifen müssten, wenn in eklatanter Art und Weise gegen die Führungsgrundsätze verstoßen wird. (Für ihr

Zustandekommen und ihren Nutzen gilt das, was im 2. Teil bereits zur Leitbilderstellung gesagt wurde.)

Übersicht: ***Führungsgrundsätze*** *(zweites Beispiel)*

Ziele vereinbaren

- Ziele nach Inhalt, Umfang, Qualität und Termin vereinbaren.

Delegieren

- Aufgaben und Kompetenzen übertragen, in Stellenbeschreibungen festhalten und im Mitarbeitergespräch aktualisieren.

Miteinander reden

- Rechtzeitig und umfassend informieren.
- Regelmäßige Mitarbeitergespräche und -besprechungen (durch)führen.
- Arbeitsverhalten und -ergebnisse beurteilen und besprechen.
- Anerkennung und Kritik offen und konstruktiv aussprechen.

Mitarbeiterqualifikationen entwickeln

- Selbständigkeit fördern.
- Chancen geben.

Mitarbeiter fördern

- Fachliche und persönliche Entwicklung unterstützen.
- Teamgeist und Zusammenarbeit fördern.

Stellenbeschreibungen als weiteres Führungsinstrument sind (vordergründig) eine organisatorische Darstellungstechnik, die vor allem in Zusammenhang mit der Delegation ihre Bedeutung bekommt. Stellenbeschreibungen legen hauptsächlich die Aufgaben und die Kompetenzen (Befugnisse) fest, die einem Mitarbeiter zur eigenständigen Bearbeitung übertragen werden. Folgende zwei bis vier Teile zählen zu einer Stellenbeschreibung:

- Organisationsteil mit Stellenbezeichnung, Über- und Unterstellung, aktiver und passiver Stellvertretung, ggf. Berichtspflichten, Stellenvergütung
- Aufgabenteil mit dem Ziel der Stelle, den Aufgaben und den Kompetenzen/Befugnissen
- ggf. Kommunikationsteil mit Angaben zu Berichten, Zusammenarbeit, Gremienarbeit
- (seltener) Leistungsteil mit den Beurteilungsmaßstäben und dem Anforderungsprofil

Abbildung 6-23: ***Stellenbeschreibung*** *(für einen Personalreferenten)*

Bereich **Personal**

1. **Bezeichnung der Stelle**
   Personalreferent
2. **Der Stelleninhaber ist unterstellt**
   dem Personalleiter
3. **Der Stelleninhaber ist überstellt**
   dem Sachbearbeiter Personalverwaltung
4. **Der Stelleninhaber wird vertreten**
   durch den Personalleiter
5. **Der Stelleninhaber vertritt**
   den Personalleiter in seinem Aufgabenbereich

6. **Zielsetzung**
   Realisierung personalpolitischer Grundsätze und Berücksichtigung von Mitarbeiterinteressen; Mitwirken bei der Personalplanung, -beschaffung, -entwicklung, -einsatz, -freisetzung des zugeordneten Betreuungsbereichs; Mitentscheiden bei personellen Einzelangelegenheiten
7. **Der Stelleninhaber entscheidet mit**
   - bei Versetzung und Freisetzung
   - bei der Festlegung von Bezügen und Sonderzahlungen
   - über Vertragsinhalte und Vertragsänderungen
   - in sozialen Angelegenheiten (Darlehen, Hilfen in Notfällen...)
8. **Der Stelleninhaber wirkt mit bei**
   - bei der kurz- und mittelfristigen quantitativen und qualitativen Personalbedarfsplanung
   - bei der Personalauswahl
   - bei der Planung und Kontrolle von Maßnahmen der Personalentwicklung
   - bei der Auswahl und Förderung von Nachwuchskräften
   - bei der Durchführung disziplinarischer Maßnahmen
   - bei der Änderungen von organisatorischen Strukturen
9. **Der Stelleninhaber berät**
   - Führungskräfte bezüglich der Führungsinstrumente (z.B. Beurteilungsgespräch) und bei Führungsproblemen
   - die zu betreuenden Mitarbeiter in allen Angelegenheiten
10. **Der Stelleninhaber führt aus**
    - Bereitstellung und Überwachung von Kennziffern
    - Überwachen der Vergütungsstruktur und -entwicklung
    - Durchführen der Personalwerbung
    - Ausstellen von Verträgen
    - Ausstellen von Zeugnissen
    - Durchführen und Auswerten von Abgangsinterviews
    - Gesprächspartner des Betriebsrats in personellen Einzelangelegenheiten

Stelleninhaber **Vorgesetzter** **Datum**

Die Stellenbeschreibung ist zweifellos ein wichtiges Führungsinstrument. Ihre **Vorteile** liegen in klaren Kompetenzregelungen, gezielter Koordination, einem eindeutigen Bezugspunkt für die Mitarbeiterbeurteilung und in der Motivation bei selbständig arbeitenden Mitarbeitern. **Probleme** sind im Erstellungs- und Pflegeaufwand, in der oft geringen Aktualität und in der Gefahr der Überorganisation zu sehen.

Die Nachteile der Stellenbeschreibung lassen sich abmildern – zumindest insoweit sie den Aufgabenteil betreffen. Das **Funktionendiagramm** als flexibleres Instrument zeigt das Zusammenwirken aller an einem bestimmten Aufgabenbereich beteiligten Stellen und schafft damit eine hervorragende und einfach zu aktualisierende Übersicht.

Abbildung 6-24: ***Funktionendiagramm*** *(für den Personalbereich)*

Aufgaben	Geschäftsleitung	Produktionsbereich X	Produktionsbereich Y	Produktionsbereich Z	Kaufmännische Leitung	Personalleitung	Personalbetreuung und -entwicklung	Personalabrechnung
· Personalpolitik	E	—	—	—	—	B	—	—
· Personalplanung	E	GE	GE	GE	GE	GE/B	B/A	—
· Personalbeschaffung	E*)	E*)	E*)	E*)	E*)	E*)/B/A	B/A	—
· Personaleinsatz	E*)	E*)	E*)	E*)	E*)	E*)	B	—
· Personalentwicklung	E/E*)	E*)	E*)	E*)	E*)	E*)/B/A	B/A	—
· Personalfreisetzung	E*)	E*)	E*)	E*)	E*)	E*)/B/A	B/A	—
· Personalcontrolling	—	A*)	A*)	A*)	A*)	B	B	—
· Personalverwaltung	—	—	—	—	—	—	A	A

E = Entscheidung
B = Beratung
A = Ausführung

GE = Einvernehmliche Entscheidung
*) Jeder entscheidet für seinen Bereich;
die Geschäftsleitung entscheidet bei Leitenden Angestellten

Stellenbeschreibung bzw. Funktionendiagramm werden mitunter als starre und bürokratische Instrumente abgelehnt. Das ist zu einem gewissen Teil nachvollziehbar, basiert aber auf einem grundsätzlich falschen Verständnis: Stellenbeschreibungen sollen in erster Linie der Verständigung zwischen Führungskraft und Mitarbeiter über die wichtigsten Aufgaben dienen und somit eine akzeptierte Basis für die Leistungserbringung und die Beurteilung darstellen. Beide Beteiligten passen die Stellenbeschreibung immer wieder an, so dass sie geradezu zum dynamischen Führungsinstrument wird. Für betriebliche Bereiche, die nicht besonders häufigen und intensiven Veränderungen unterliegen, wie z. B. die Buchhaltung, bildet die Stellenbeschreibung die ideale Grundlage zur Steuerung des Arbeitsverhaltens durch den Vorgesetzten und zur Verständigung darüber. Zielvereinbarungen wären in dieser Situation zu aufwändig, es sei denn man behält die gleichen Ziele über einen längeren Zeitraum in etwa bei.

Als ebenfalls wichtiges, aber ebenso in die Kritik geratenes Führungsinstrument ist die **Mitarbeiterbeurteilung** anzusehen. Da die Mitarbeiterbeurteilung immer wieder intensiv diskutiert wird, und da sich der Trend zu tendenziell größerer Bedeutung klar abzeichnet, soll auf sie ausführlicher eingegangen werden. Zuvor aber noch ein Hinweis, der für alle Führungs-(Organisations- und Personal-)-Instrumente gleichermaßen gilt. Es kommt nicht darauf an, sie zu haben und die Ausgestaltung nach neusten Erkenntnissen auszurichten. Ihr **Erfolg** hängt vielmehr gleichermaßen ab von

- stimmigen Rahmenbedingungen,
- unternehmensspezifischer Ausgestaltung,
- partizipativer Einführungsstrategie und
- ständigem Controlling (Evaluation).

6.3.5 Mitarbeiterbeurteilung

Bei der Mitarbeiterbeurteilung geht es darum, wer wen zu welchem Zweck und mit welchem Verfahren beurteilt. Die Regel ist dabei meist, dass der Vorgesetzte seine Mitarbeiter für verschiedene Zwecke beurteilt; dazu stehen mehrere Verfahren zur Verfügung. Mitarbeiterbeurteilung umfasst immer zwei **Elemente**: den formellen Beurteilungsrahmen, z. B. den Beurteilungsbogen, und das (kommunikative) Beurteilungsgespräch. In der zurückliegenden Zeit wurde auf der formellen Seite der Beurteilung überzogen. Man versprach sich von raffinierten und ausgeklügelten Systemen eine wesentliche Unterstützung der Mitarbeiterführung. Das Gegenteil war oft der Fall: Das Beurteilungssystem wurde eher als Behinderung denn als Hilfe empfunden.

Unter anderem lag das auch daran, dass mit der Beurteilung zu viele Erwartungen und **Zwecke** verbunden waren. Man wollte sie zur Beziehungsklärung zwischen Vorgesetztem und Mitarbeiter einsetzen (Führungsinstrument); sie sollte bei der Personalentwicklung auf Stärken und auf Schwächen des Mitarbeiters und somit auf Entwicklungsbedarf aufmerksam machen (Instrument der Personalentwicklung); sie wurde bei der Vergabe von Leistungszulagen herangezogen (Instrument der Lohn- und Gehaltsfindung); und sie sollte darüber hinaus viele andere Zwecke erfüllen, so zum Beispiel die Erstellung von Arbeitszeugnissen unterstützen, als Begründung für Beförderungen dienen usw. All das kann unmöglich von einem einzelnen Instrument gleichzeitig geleistet werden, und in dieser Zwecküberfrachtung liegt ein wesentlicher Teil der Kritik. Hierzu eine Parallele aus dem Alltag: Es gibt kein Auto, das auf der Autobahn, auf Landstraßen, im freien Gelände sowie in der Ebene und auf Passstraßen gleichermaßen gut ist – das wäre zu viel verlangt.

Aus methodischer Sicht greift die Mitarbeiterbeurteilung auf verschiedene (Basis)Verfahren zurück, die sich meist kombiniert in den Systemen der betrieblichen Praxis wiederfinden. **Freie Beurteilungen** haben den Charakter von Gutachten, das heißt der Beurteiler legt fest, welche Merkmale für seine Beurteilung wichtig sind und wie er seine Beurteilung ausdrücken will, zum Beispiel als Note und/oder in Form einer verbalen Umschreibung. Besonders häufig fordern Beurteilungsformulare dazu auf, die besonderen Stärken und Schwächen des Mitarbeiters in freier Form zum Ausdruck zu bringen. **Einstufungsverfahren**, die bislang in der Praxis die Regel waren und oft noch sind, geben allgemein – ggf. für alle Mitarbeiter eines Unternehmens – gültige Kriterien (siehe Übersicht „Beurteilungsmerkmale") vor und eine vier- bis siebenstufige Skala, anhand derer die Bewertung vorzunehmen ist. Unter Umständen kommt eine Gewichtung der Merkmale hinzu – vor allem dann, wenn die Beurteilung zur Vergabe von Leistungszulagen dient. Bei den **aufgaben- und** bei den **zielorientierten Beurteilungsverfahren** gibt es von vornherein keine festgelegten Kriterien, sondern der Vorgesetzte und der Mitarbeiter besprechen, welche Aufgaben (aus der Stel-

Abbildung 6-25: ***Methoden der Mitarbeiterbeurteilung***

Übersicht: ***Beurteilungsmerkmale*** *(häufig verwendete Kriterien bei Einstufungsverfahren)*

ergebnisbezogen	**verhaltensbezogen**
• Arbeitsgüte • Arbeitsmenge • Arbeitstempo • ...	• Zusammenarbeit • Initiative • Arbeitseinsatz • Selbständigkeit • ...

lenbeschreibung) bzw. welche vereinbarten Ziele bei jeder Stelle spezifisch zur Beurteilung herangezogen werden. Auf einer vorgegebenen Skala ist der Grad der Aufgabenerfüllung bzw. Zielerreichung einzustufen.

Folgende **Trends** zeichnen sich in der aktuellen Diskussion ab: Heute wird den aufgaben- und den zielorientierten Verfahren der Vorzug eingeräumt, weil sie sich klar auf die Arbeitsergebnisse beziehen und damit das Problem der Beurteilung der Persönlichkeit vermeiden. Des Weiteren beschränkt sich die Praxis neuerdings auf die „weichen Zwecke" der Beurteilung: Mitarbeiterführung und Personalentwicklung. Für die „harten Zwecke" (leistungsbezogene Vergütung, Beförderungen) sieht die Praxis gegebenenfalls differenzierte Verfahren vor, die für Kundenberater, Verwaltungsmitarbeiter, Auszubildende, Führungskräfte usw. auf verschiedene Beurteilungskriterien zurückgreifen. Die aktuelle Kritik bezieht sich aber auch auf die Schwerpunktlegung bei den Systemelementen und da besonders auf die geringe Bedeutung des Beurteilungsgesprächs. Mitarbeiterbeurteilung als Instrument der Führung und Förderung lebt vom Gespräch zwischen Vorgesetztem und Mitarbeiter; auch dem wird zunehmend Rechnung getragen. Ein modernes Beurteilungskonzept aus der Praxis sieht dann folgendermaßen aus (siehe Abbildung „Leitfaden für das Mitarbeiter(beurteilungs)gespräch").

Schließlich berücksichtigen die Betriebe zunehmend auch andere, zusätzliche Beurteilungen: Kollegenbeurteilung, Beurteilung durch die (internen oder externen) Kunden, Selbstbeurteilung (Rundum- bzw. 360°-Beurteilung). Eine gesonderte Entwicklung stellt die **Vorgesetztenbeurteilung** (Vorgesetzteneinschätzung, Beurteilung von unten) dar, bei der das Führungsverhalten des Vorgesetzten durch seine Mitarbeiter bewertet und als Ausgangspunkt für weitergehende Gespräche genutzt wird. Dialog über Führung, Verbesserung der Führung, Personal- und Teamentwicklung sind die häufigsten Gründe der Unternehmen für die Einführung einer Vorgesetztenbeurteilung. Den inhaltlichen Ansatzpunkt bilden die Führungsgrundsätze oder – wenn es im Unternehmen keine Leitsätze für Führung und Zusammenarbeit gibt – ein Standardfragebogen, der die einzelnen Dimensionen des Führungsverhaltens bzw. die festgelegten Führungskompetenzen abgreift (siehe Abbildung „Vorgesetztenbeurteilung").

Abbildung 6-26: ***Leitfaden für das Mitarbeiter(beurteilungs)gespräch***

Tätigkeits- und Zielbeschreibung (zurückliegender Zeitraum)
- Aufgabengebiet und Ziele des Mitarbeiters beschreiben

Ergebnisanalyse (zurückliegender Zeitraum)
Leitfragen:
- Welche vereinbarten Aufgaben und Ziele wurden erreicht? Welche Faktoren waren bei der Erzielung der Ergebnisse hilfreich?
- Welche vereinbarten Aufgaben und Ziele wurden nicht oder nur teilweise erreicht?
- Welche Faktoren haben die Erreichung der Ziele erschwert?
- Welche darüber hinausgehenden Ergebnisse wurden erzielt?

Mitarbeiterbeurteilung (i.e.S.) (zurückliegender Zeitraum)
Anlass: Regelbeurteilung, Zeugniserstellung, Probezeit, Sonstiges

Beurteilungsdimensionen:	Erwartungen wurden...	
· Arbeitsergebnisse	☐ erfüllt	☐ nicht erfüllt
· Arbeitsorganisation	☐	☐
· Fachwissen	☐	☐
· Initiative und Selbständigkeit	☐	☐
· Sozialverhalten/Zusammenarbeit	☐	☐
(· Führungsverhalten des Vorgesetzten)	☐	☐

Personalentwicklung (zukünftiger Zeitraum)
- Interesse des Mitarbeiters an anderen Aufgaben klären.
- Besondere Stärken und Potentiale des Mitarbeiters besprechen.
- Im Mitarbeitergespräch vereinbarte Fördermaßnahmen schriftlich fixieren.

Ziel- und Aufgabenvereinbarung (zukünftiger Zeitraum)
- Angepasste Aufgabenbeschreibung und vereinbarte Ziele schriftlich festhalten.

Abbildung 6-27: **Vorgesetztenbeurteilung**

	Erwartungen werden...				
	nicht erfüllt	teilw. erfüllt	überw. erfüllt	voll erfüllt	über-troffen
Ziele vereinbaren · Ziele werden -zusammen mit mir- klar formuliert, begründet und vereinbart · Zielerreichung und Aufgabenerfüllung wird intensiv besprochen · ...					
Delegieren · Aufgabenbereiche werden mit der entsprechenden Kompetenz übertragen und selbstständiges Arbeiten wird gefördert · Eine aktuelle Stellenbeschreibung liegt vor · ...					
Mitarbeiter fördern und fordern · Unterstützung in der persönlichen und beruflichen Weiterentwicklung · Freiräume für Eigeninitiative werden gewährt · ...					
Miteinander reden · Information erfolgt rechtzeitig und umfassend · Es finden regelmäßig Mitarbeitergespräche und Besprechungen statt · Gegenseitiger Informationsaustausch ist jederzeit möglich · Anerkennung und Kritik wird offen, ehrlich und konstruktiv ausgesprochen · mein Vorgesetzter ist selbst auch offen für konstruktive Kritik · Durch seine Aufgeschlossenheit, positive Grundeinstellung und motivierendes Handeln fördert der Vorgesetzte Teamgeist und gegenseitiges Vertrauen · ...					

Einen zentralen Stellenwert besitzt die **Rückmeldung der Ergebnisse** an alle Beteiligten, die häufig von einem internen oder externen Berater moderiert wird. Vorgesetztenbeurteilungen sollten zunächst sensibel eingeführt, dann aber konsequent durchgeführt werden. Eine saubere Information von Beginn an ist ebenso wichtig – vor allem zu den entscheidenden Fragen der anonymen oder offenen Beurteilung sowie zu deren längerfristigen Konsequenzen (Soll sich das Unternehmen von einer Führungskraft mit schlechten Beurteilungen trennen?). Den Vorgesetzten, die dabei ggf. in schwierige Situationen geraten, ist auf freiwilliger Basis Hilfestellung anzubieten.

Ausschlaggebend sind am Ende das offene Gespräch zwischen dem Vorgesetzten und dem Mitarbeiter sowie die sich daraus ergebenden Möglichkeiten zu Veränderungen im Umgang miteinander. Das trifft in gleicher Weise auf die (herkömmliche) Mitarbeiterbeurteilung zu. Als **Erfolgsfaktoren der Vorgesetztenbeurteilung** gelten bzw. wichtig für diese sind

- Unterstützung durch die Geschäftsleitung
- Bildung einer Projektgruppe
- Klären der Voraussetzungen („Reife")
- Orientierung an Vorlagen und Erfahrungen (Module)
- Umfassende Information aller Beteiligten
- Aufgreifen von Befürchtungen und Widerständen
- Beobachtbares und belegbares Verhalten als Anknüpfungspunkt
- Anonymität (der Beurteiler)
- Ergebnisbekanntgabe
- Vergleichbarkeit bzw. Einordnung der Ergebnisse
- Moderierte Rückmeldung der Ergebnisse (Feedback)
- Wechselseitigkeit der Rückmeldungen
- Pilotanwendung vor flächendeckender Einführung
- Keine Eintagsfliege und kein Schnellschussinstrument
- Klare, aufbauende Konsequenzen bzw. gestufte Verbindlichkeit (für die Führungskräfte)
- Dauerhafte und nachhaltige Veränderung der Unternehmenskultur
- ...

6.3.6 Mitarbeitergespräch

Der Zusammenhang zwischen den Führungsinstrumenten lässt sich folgendermaßen darstellen und beschreiben: Zwischen Mitarbeiter und Vorgesetztem werden Aufgaben und/oder Ziele vereinbart und festgehalten – diese bilden die Grundlage für die Beurteilung. Beides, Vereinbarung und Beurteilung sind die hauptsächlichen Themen des Mitarbeitergesprächs.

Abbildung 6-28: ***Zusammenhang zwischen den Führungsinstrumenten***

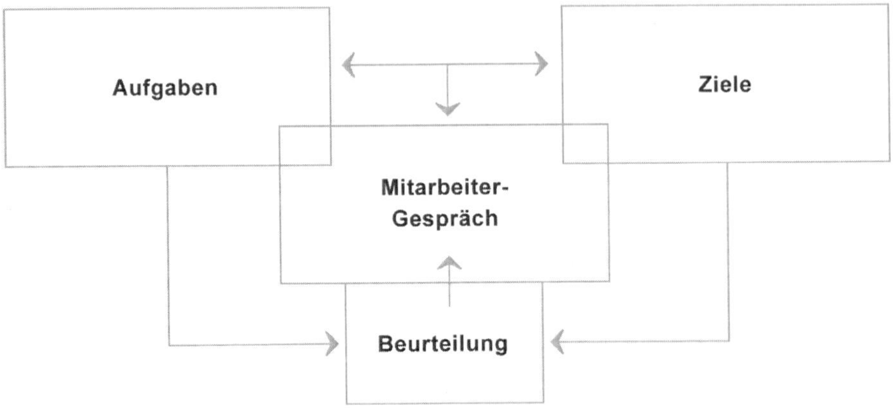

Mitarbeiterführung als Führung von Menschen war schon immer und wird immer mehr als eine Thematik gesehen, die durch das Führen von und durch Gespräche/n geprägt ist. **Kommunikation bzw. Gesprächsführung** spielt natürlich auch bei der Zusammenarbeit mit Kollegen eine zentrale Rolle und rückt auch aus dieser Sicht in den Mittelpunkt der Aufmerksamkeit; sie kann somit als Grundlage von Führung und Kooperation verstanden werden. Dabei meint Kommunikation die Art und Weise, wie Informationen, Meinungen, Absichten oder Gefühle ausgetauscht werden.

Zur Kommunikation existieren einige (theoretische) Modelle bzw. Erklärungen. Das **Sender-Empfänger-Modell** geht davon aus, dass ein Sender (Führungskraft, Mitarbeiter, Gruppe ...) einem Empfänger (Mitarbeiter, Gruppe, Führungskraft ...) etwas mitteilen möchte. Der Sprecher übersetzt seine Ideen in Worte und spricht diese aus; dies hört der Zuhörer, er übersetzt und versteht die Botschaft – oder auch nicht. Störungen können in jedem der Schritte des Kommunikationsprozesses auftreten, z. B. wenn der Sender seine Ideen nicht richtig ausdrückt oder wenn der Empfänger ein verwendetes Fremdwort nicht kennt, sich aber nicht traut nachzufragen.

Kommunikation bzw. Gespräche laufen immer auf mindestens zwei Ebenen ab: auf der **Sach- und** auf der **Beziehungsebene**. Die Sachebene betrifft die Tatsachen und die inhaltlichen Probleme (Was?), während die Beziehungsebene die Gefühle, Stimmungen und das Miteinander (Kontakt, Klima, „Chemie" ...) (Wie?) tangiert. Erweitert man diese Sicht, so können zwei zusätzliche Aspekte berücksichtigt werden: die Ebene der Selbstdarstellung bzw. Selbstoffenbarung (Gestik, Wirkung ...) und die Ebene der Beeinflussung (Lenkung, Manipulation ...). Dieses Vier-Seiten-Modell der Kommunikation kann um einen weiteren Punkt ergänzt werden, das Gespräch über das Gespräch (Feedback, Metakommunikation ...). Damit ist das gängigste Konzept zur Gesprächsführung komplett, das „**TALK-M-Modell**" (von Neuberger), das mithin aus folgenden Elementen besteht:

- T: Thema bzw. Sachebene („So ist es.")
- A: Ausdruck bzw. Selbstdarstellung („Ich stehe über diesen Problemen.")
- L: Lenkung bzw. Beeinflussung („Du solltest jetzt selbständig weitermachen.")
- K: Kontakt bzw. Beziehungsebene („Wir lösen dieses Problem miteinander.")
- M: Metakommunikation bzw. Feedback („Unser Gespräch läuft nicht gut.")

Zu jeder dieser Schichten im Kommunikationsprozess existieren weitergehende Betrachtungen, Erklärungen und Empfehlungen (Fragenarten, Kreativitätstechniken, Techniken zur Entscheidungsfindung, Transaktionsanalyse, JOHARI-Fenster, aktives Zuhören, Manipulationstechniken, Gesprächskiller, Warnsignale im Gespräch, Zeichen gelungener Kommunikation ...), die einer guten Gesprächsführung förderlich bzw. hinderlich sind. Am Ende jedes Gesprächs gilt: „Das Gespräch war gut, wenn ich anders herauskomme, als ich hineingegangen bin." Als konkretes Beispiel für eine (gemeinsame oder alleinige) **Reflexion über ein Gespräch**, kann der folgende Fragenkatalog gelten, der gleichzeitig das Thema Mitarbeiterbeurteilung abrundet.

Übersicht: ***Fragen zum Mitarbeitergespräch***

Gespräch

- Waren beide Seiten gut vorbereitet?
- Herrschte Übereinstimmung über die Aufgaben und die Ziele sowie über den Zweck und Verlauf des Gesprächs?
- In welchem Umfang versuchte der Vorgesetzte, den Mitarbeiter zu verstehen?
- War das Feedback des Vorgesetzten klar und spezifisch?
- Lernte der Vorgesetzte dazu? Insbesondere über die Ansichten, Gefühle und Werte des Mitarbeiters?
- Widersprach der Mitarbeiter dem Vorgesetzten und konfrontierte er ihn mit anderen Vorstellungen?
- Endete das Gespräch in gegenseitiger Übereinstimmung über Probleme und Verbesserungsansätze?

Ergebnisse

- Schuf der Vorgesetzte ein offenes und akzeptierendes Klima?
- Motivierte die Sitzung den Mitarbeiter?
- Verließ der Mitarbeiter das Gespräch mit einer klaren Vorstellung über seine Einschätzung?
- Kam der Vorgesetzte zu einer zutreffenderen (besseren) Einschätzung seines Mitarbeiters?

- Lernte der Vorgesetzte etwas Neues über seinen Mitarbeiter?
- Lernte der Mitarbeiter etwas Neues über seinen Vorgesetzten?
- Hat der Mitarbeiter eine klare Vorstellung darüber, was zur Verbesserung der Leistung zu tun ist?
- Führte die Aussprache zu einer besseren Beziehung?

aus: Steinmann/Schreyögg 2005

Mitarbeitergespräche finden an vielen Stellen im Führungsprozess statt: Vom Einführungsgespräch über Problemlöse-, Beurteilungs-, Entwicklungs-, Gehalts-, Anerkennungs- und Kritikgespräche bis hin zum Kündigungs- und Austrittsgespräch reicht die Palette, und dazwischen gibt es jede Menge weiterer Schattierungen. Mitarbeitergespräche stellen den zentralen Faktor bei der Führung dar. Eine offene und vertrauensgeprägte Gesprächskultur mit fairer Austragung von Konflikten in der eigenen Gruppe, dem Bereich und schließlich im gesamten Unternehmen zu erreichen, so lautet das Ziel vieler aktueller Personal-, Team- und Organisationsentwicklungsmaßnahmen (siehe Teil 7). Das **Mitarbeitergespräch** stellt dabei das **Schlüsselinstrument** schlechthin dar.

In der letzten Zeit bekommt das Thema Mitarbeiterführung eine neue Ausrichtung. Unter dem Stichwort „**Leadership**“ werden – sowohl für die Unternehmensführung, als auch für die Mitarbeiterführung – neue Aufgabenschwerpunkte betont: Die Führungskraft soll demzufolge „Visionär sein, Vorbild sein sowie den Unternehmenswert steigern.“ Richtungsweisung, Motivation und Inspiration sind die zentralen Aspekte seines „Führungsgeschäfts“. Der Vorgesetzte wird zum Coach, der ein „Klima des Helfens“ schaffen soll (siehe Hinterhuber/Krauthammer 1999). Helfen kann man nur auf der Grundlage von Gesprächen; dadurch bekommt das Mitarbeitergespräch als Führungsinstrument einmal mehr zentrale Bedeutung.

Im Anschluss an die Führung einzelner Mitarbeiter durch den bzw. einen Vorgesetzten soll es nachfolgend um die Zusammenarbeit mehrerer Mitarbeiter auf gleicher hierarchischer Ebene gehen.

6.4 Teamarbeit

Arbeit in Gruppen oder in Teams verbreitet sich in der betrieblichen Praxis immer mehr und ist in sehr unterschiedlichen Formen anzutreffen: als Projektarbeit, als Gruppenarbeit in der Produktion, als Zusammenarbeit im Arbeitgeberverband u. a. m. Teamarbeit wird heute deswegen immer häufiger eingesetzt, weil Teams gegenüber Einzelpersonen hinsichtlich der Leistungsergebnisse oft im Vorteil sind.

Die abteilungsinterne oder -übergreifende alltägliche oder zeitlich befristete Kooperation bzw. Zusammenarbeit von Mitarbeitern in einem Team oder in einem Projekt besitzt ähnliche Merkmale wie die Mitarbeiterführung. Auch hier stellt sich zunächst die Frage nach der Umschreibung. Die Art des Umgangs mit den Kollegen auf gleicher hierarchischer Ebene – so kann man einfach sagen; eine „zielorientierte sowie arbeitsteilige Erfüllung gemeinsamer Arbeitsaufgaben in einer strukturierten Arbeitssituation durch hierarchisch gleichgestellte Mitarbeiter" – so lautet der (zur Mitarbeiterführung analoge) Definitionsansatz im wissenschaftlichen Bereich. Für Teams als soziale Einheit sind diese **Merkmale der Kooperation** besonders wichtig:

- ein gemeinsames Ziel,
- der häufige direkte Kontakt zwischen den Teammitgliedern über einen längeren Zeitraum oder auf unbefristete Dauer, ggf. auch mediengestützt in sog. „virtuellen Teams",
- die arbeitsteilige Erfüllung von Aufgaben und somit eine gegenseitige Abhängigkeit,
- eine vorgegebene Arbeitssituation (Aufgabe, Technologie, Einbindung in die Organisationsstruktur, verfügbares Budget...) und
- das Gefühl der Zugehörigkeit zur Gruppe.

Arbeitsteilung und Abhängigkeit schließen die (interne) **Selbststeuerung** von Teams ein, und diese unterscheidet ein Team von einer Reihe von Mitarbeitern, die zum Beispiel zwar einem Abteilungsleiter unterstellt sind und (auch) auf dessen Anweisung ihre Arbeit erledigen, jedoch nicht aufeinander angewiesen sind. In beiden Situationen existieren allerdings Rahmenvorgaben, an die sich das Team und die Abteilungsmitglieder zu halten haben, beispielsweise Budgets, maschinelle Ausstattung, Qualitätsstandards, Arbeitszeitregelungen etc.

Die oben genannten Merkmale der Kooperation lassen zu, viele konkrete **Formen** der Kooperation ohne Weisungsbefugnis unter dem Begriff der Zusammenarbeit zu subsumieren:

- zeitlich befristete und dauerhafte Zusammenarbeit,
- Zusammenarbeit im eigenen Bereich und Zusammenarbeit zwischen verschiedenen Abteilungen,
- Zusammenarbeit in international zusammengesetzten Teams und
- ggf. Zusammenarbeit (auch) auf unterschiedlichen hierarchischen Ebenen,
- ggf. auch Zusammenarbeit mit Externen bzw. über Betriebsgrenzen hinweg im gleichen Konzern oder mit anderen Unternehmen, z. B. im Rahmen eines Benchmarking-Projekts.

Anders als bei der Mitarbeiterführung stellt sich die Teamarbeit jedoch als wesentlich weniger wissenschaftlich erforschtes Themengebiet dar, das in einschlägigen Veröffentlichungen überwiegend pragmatisch und seltener wissenschaftlich fundiert untermauert angegangen wird (Ausnahmen hierzu: Wunderer 2009 und Stock-Homburg 2008).

6.4.1 Theorie der Teamarbeit

Eine „Theorie der Teamarbeit" kann ähnlich wie die bereits besprochenen Theorien der Mitarbeiterführung „funktionieren". Es kommt auf die beteiligten Personen und auf deren kooperatives Verhalten sowie auf die Situation, in der die Zusammenarbeit stattfindet, an; schließlich sind auch die Resultate der Kooperation wichtig, die Aufgabenerfüllung und die Zufriedenheit der Beteiligten mit der Teamarbeit. Allerdings kommen weitere Aspekte hinzu, da „das Ganze mehr ist als (nur) die Summe seiner einzelnen Teile" bzw. Elemente (Mitarbeiter). Merkmale der Gruppe bzw. des Teams sind zusätzlich zu berücksichtigen, beispielsweise die Gruppengröße, die gemeinsamen Normen und Werte, der Zusammenhalt sowie Art und Ausmaß der Kommunikation, von Konflikten und der Qualität des Treffens von Entscheidungen. Häufig entwickelt sich auch eine eigenständige Gruppendynamik.

Auch in Teams bzw. Arbeitsgruppen kann Führung stattfinden bzw. spielt **Teamführung** eine Rolle. Das Team hat entweder einen Vorgesetzten oder es steuert seine Aktivitäten weitgehend selbst, zum Beispiel in einer teilautonomen Arbeitsgruppe, die im Innenverhältnis überwiegend autonom ist und nach außen durch einen Gruppensprecher bzw. einen Vorgesetzten vertreten wird, der für die erforderlichen Rahmenbedingungen zu sorgen hat, beispielsweise ein Meister in der Produktion.

Während bei der Mitarbeiterführung von autoritärer bis zu kooperativer Führung unterschiedliche Ausmaße direktiven bzw. nicht-direktiven Verhaltens durch den Vorgesetzten möglich sind, gibt es bei der Zusammenarbeit nur eine wirklich effiziente und effektive Form des Zusammenwirkens: Entscheidend sind die „kooperativen Qualitäten" (Wunderer 2006); die Theorie der Teamarbeit will das Ausmaß der Kooperationsqualität erklären.

Abbildung 6-29: ***Theorie der Teamarbeit***

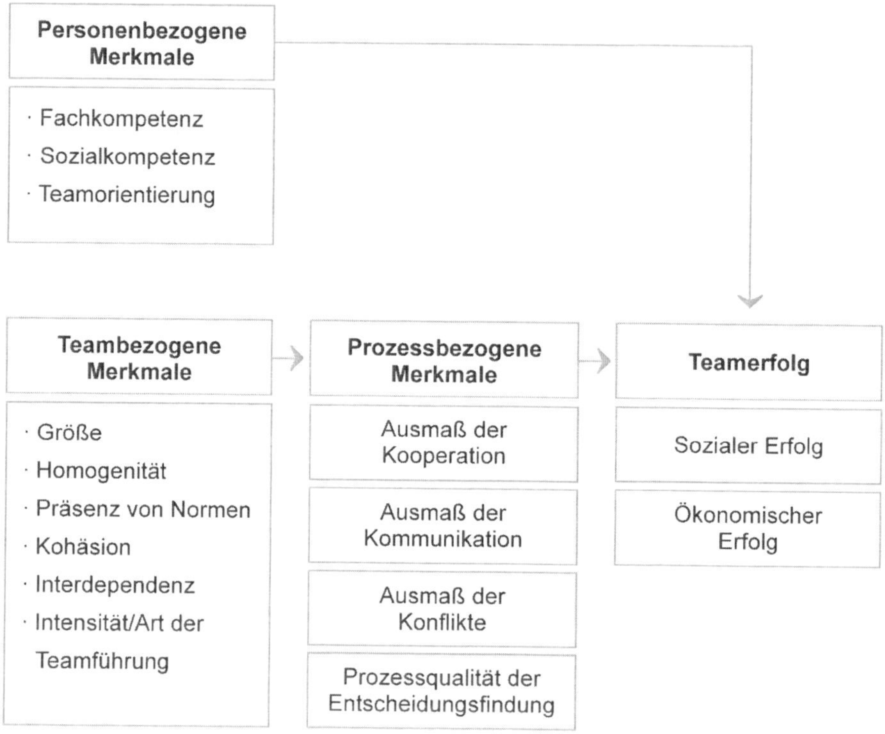

aus: Stock-Homburg 2008

Die Abbildung macht deutlich, dass neben den Kompetenzen, die die Teammitglieder in die gemeinsame Arbeit einbringen (personenbezogene Merkmale), auch die bereits erwähnten Merkmale des Teams (teambezogene Merkmale) als Input sowie Aspekte der Zusammenarbeit im Team (prozessbezogene Merkmale) Einfluss auf die Teamergebnisse haben (Teamerfolg, Output). Beispielsweise wirkt die Sozialkompetenz der Teammitglieder – nach dieser Theorie – direkt auf das Teamergebnis, während die offene Informationskultur eher indirekt in den wirtschaftlichen und sozialen Teamerfolg eingeht. Empirische Befunde zu dieser Theorie liegen nur zu einzelnen Ausschnitten vor. Dementsprechend lassen sich vor diesem Hintergrund kaum abgesicherte Empfehlungen zur Teamzusammensetzung und zur positiven Beeinflussung der Teamprozesse aussprechen.

Eine in der betrieblichen Praxis verbreitete Erkenntnis betrifft die Phasen, in denen sich Gruppen, die in dieser Zusammensetzung bislang nicht zusammengearbeitet haben, entwickeln. Bei neu zusammengesetzten Teams – das ist zum Beispiel bei Projektgruppen immer wieder von Neuem der Fall – liefert das sog. „**Lebenszykluskonzept von Teams**" eine gute Erklärung für die verschiedenen Phasen bis zum produktiven Zusammenwachsen von Teams. Danach durchlaufen Teams mehrere Phasen, bis sie die volle Leistungsfähigkeit und eine gute Zufriedenheit der Gruppenmitglieder mit der Teamarbeit erreichen – Kennenlernen und „Abtasten" (Formierungsphase), Ausprobieren wie weit man gehen kann und Anmelden von Ansprüchen (Sturmphase), Festlegung von Erwartungen und Rollen (Normierungsphase) und eingespielt sein sowie Zielerreichung bzw. Leistung und Zusammenhalt bzw. Kohäsion (Reifephase). In diesem Konzept kann es Rücksprünge in vorgelagerte Phasen geben, z. B. bei Konflikten oder wenn neue Mitglieder hinzukommen.

Abbildung 6-30: ***Lebenszykluskonzept der Teamarbeit***

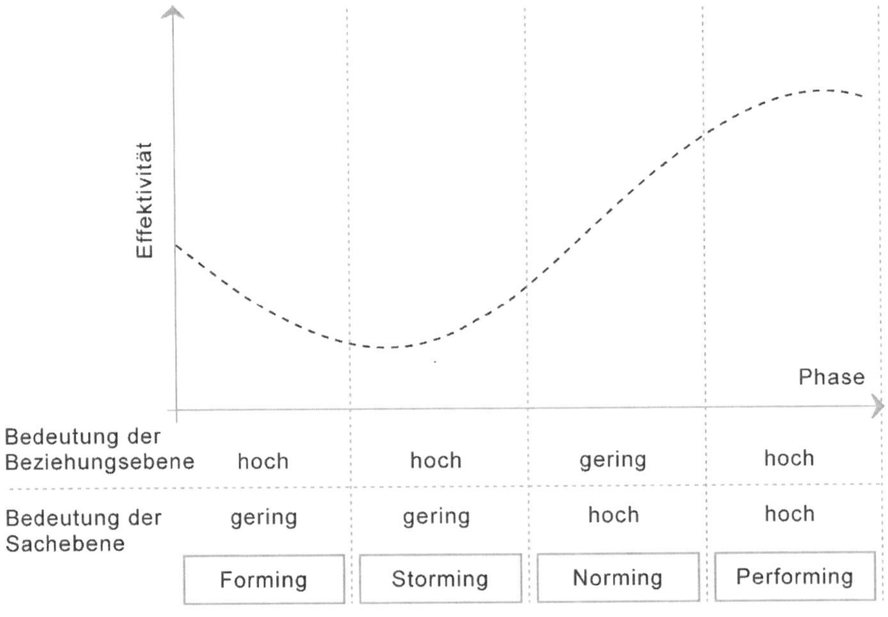

aus: Stock-Homburg 2008

Während in diesem Phasenschema ein klarer Zielpunkt – das „echte Team" – existiert, das durch eine hohe Leistungsfähigkeit des Teams bei gleichzeitig starker Zufriedenheit der (einzelnen) Gruppenmitglieder sowie den Zusammenhalt der Gruppe charakterisiert ist, sind in der betrieblichen Praxis immer wieder auch Teams zu beobachten, die es nicht schaffen, dorthin zu finden. Über die Ausprägung der Beziehungs- und der Leistungsebene kann man aus dieser Perspektive vier **Arten von Teams** unterscheiden:

Übersicht: ***Arten von Teams***

Typ	Merkmale
• Schwaches Team	• geringe Leistungsorientierung und geringe Teamorientierung
• Gesellige Gruppe („Countryclub")	• niedrige Leistungsorientierung und hohe Teamorientierung
• Expertenteam („Einzelkämpfergruppe")	• hohe Leistungsorientierung und geringe Teamorientierung
• Echtes Team („Dreamteam")	• hohe Leistungsorientierung und hohe Teamorientierung

ähnlich: Stock-Homburg 2008

Bedeutsam sind ferner **Typologien von einzelnen Teammitgliedern**, die sich in der einschlägigen Literatur zahlreich finden. Ein gutes Beispiel hierzu liefert Stock-Homburg (2008) (siehe Abbildung „Typologie von Teammitgliedern") . Meistens setzen entsprechende Klassifizierungen jedoch mehr oder weniger ausschließlich an den Persönlichkeitseigenschaften, fachlichen Fähigkeiten und Verhaltensweisen der Gruppenmitglieder an (personenbezogene Merkmale) und berücksichtigen dabei nicht die gemeinsame Leistungsfähigkeit sowie die Fähigkeit zur Herstellung eines guten Gruppenklimas (teambezogene Merkmale).

Ein **Kerndilemma der Teamarbeit** liegt in der Grundfrage von Kooperation und Konkurrenz, anders gesagt von egoistischem bzw. altruistischem Verhalten bzw. entsprechender Grundeinstellung der beteiligten Personen bzw. Mitarbeiter. Diese Frage lässt sich nicht wissenschaftlich klären; auch hier wird – wie bei der Mitarbeiterführung – in Theorie und Praxis immer ein Menschenbild („Menschen sind von Natur aus kooperativ.") zugrunde gelegt, das jedoch häufig nicht explizit geäußert wird.

Abbildung 6-31: ***Typologie von Teammitgliedern***

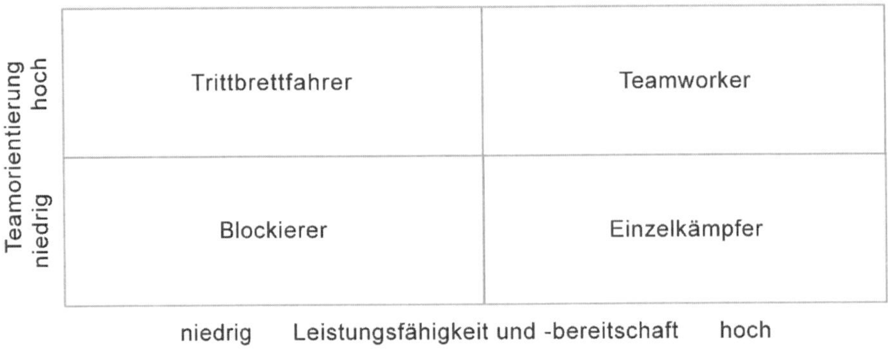

aus: Stock-Homburg 2008

6.4.2 Instrumente der Teamarbeit

Erfolgsfaktoren für das Funktionieren von Teamarbeit sind – wie bei der Mitarbeiterführung auch – in „harten" bzw. formellen und in „weichen" bzw. persönlichen Aspekten zu sehen; das gilt sowohl für die Selbststeuerung von Teams als auch für die Führungsaktivitäten durch einen Vorgesetzten. Einen Überblick vermittelt die nachfolgende Abbildung.

Diesen **Instrumenten der Teamführung** kommt besondere Bedeutung zu:

- Grundsätze für die Zusammenarbeit,
- Management von Konflikten,
- Führen mit Teamzielen, Teambeurteilung sowie Anreizsysteme und
- Teamcoaching und Teamentwicklung (siehe hierzu Teil 7).

Abbildung 6-32: ***Erfolgsfaktoren der Teamarbeit***

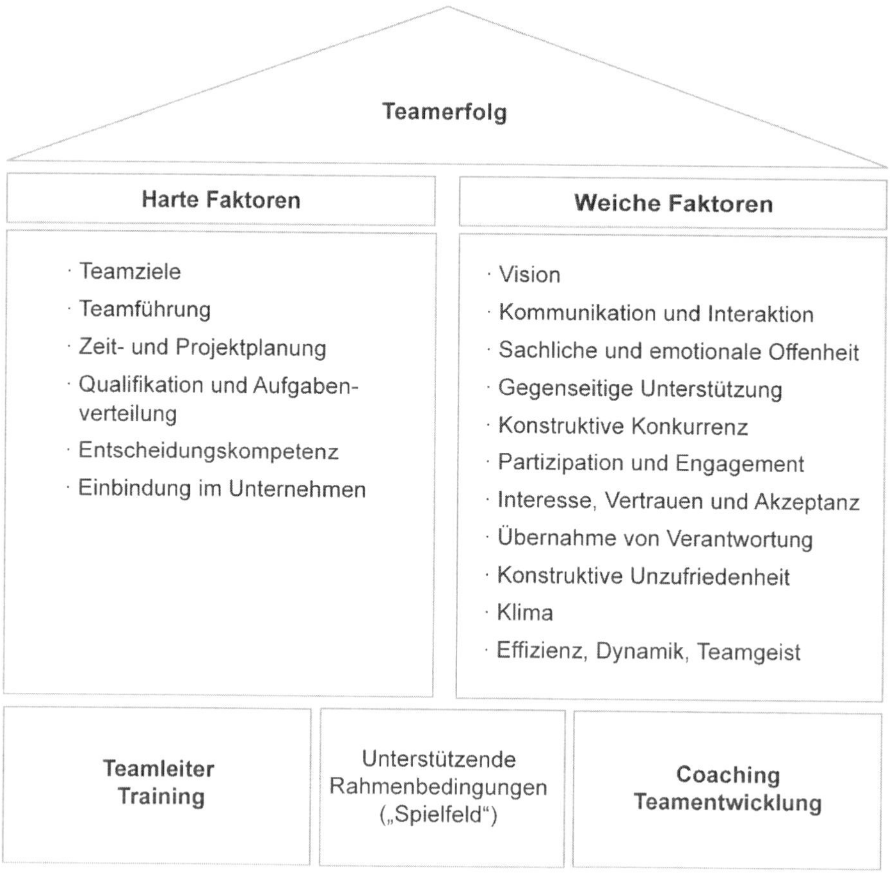

aus: Haug 2003

Früher waren **Grundsätze für die Zusammenarbeit von Mitarbeitern** – etwa beim Harzburger Modell – an die Führungsgrundsätze angehängt bzw. dort integriert. Heute finden sich Leitlinien für die Kooperation eher selten als eigenständige Regelwerke wieder – auf dem Hintergrund der ständig zunehmenden Verbreitung und Bedeutung der Teamarbeit ist das kaum zu verstehen. Die folgenden „Spielregeln für Teamarbeit" sind in ihrem Kern solche Leitlinien für die Kooperation (Haug 2003):

- „Ich bin o. k. – Du bist o. k. – Wir sind o. k.!
- Einer für alle – alle für Einen!

- Erst hinhören, dann reden!
- Konstruktive Kritik üben und ertragen!
- Hart in der Sache, fair zur Person!
- „Teufels-Advokaten-Rolle" zulassen!
- Einstimmigkeit statt Bügeltechnik!
- Offene Information pflegen!
- Moderieren und Visualisieren!
- Kein Projekt ohne Dokumentation und Aktionsplan!"

Konflikte zwischen isoliert arbeitenden Mitarbeitern eines Bereichs oder einer Abteilung erfordern in vergleichbarer Weise ein **Konfliktmanagement**. Dabei kommt es auf die Art des Konflikts – persönlich oder fachlich – und auf ein systematisches Konfliktmanagement mit den Phasen

- Situations- bzw. Konfliktanalyse,
- Aussprache und
- Absprache bzw. Konflikthandhabung

an.

Einen besonderen Stellenwert besitzt in der Praxis das **Harvard-Konzept für zielgerichtete Konfliktlösung**, das diese Handlungsmaximen betont (siehe Fisher u. a. 2003):

- Menschen und Probleme getrennt voneinander behandeln!
- Auf Interessen konzentrieren, nicht auf Positionen!
- Entscheidungsalternativen zum beiderseitigen Nutzen entwickeln! (win-win-Situation)
- Auf Anwendung neutraler (objektiver) Beurteilungskriterien bestehen!

Dabei werden als Erfolgskriterien die Zufriedenheit der Konfliktparteien mit dem Ergebnis und die Auswirkungen auf die Beteiligten sowie die Gefahr von Folgekonflikten herangezogen. Nach der Stärke des Eingreifens von außen lassen sich mehrere Formen der Konfliktbewältigung unterscheiden, die in aufsteigender Reihenfolge immer mehr externe Einflussnahme bedeuten: eigenständige einvernehmliche Konfliktlösung durch die Gruppe selbst, Moderation bzw. Begleitung des Konfliktaufarbeitungsprozesses durch einen externen oder organisationsinternen Moderator oder Mediator, Heranziehen eines neutralen „Schiedsrichters" bzw. „autoritäre Problemlösung" durch den Vorgesetzten, häufig gegen den Willen der Streitenden. Dabei gilt jedoch: je geringer der externe Eingriff, desto besser.

Die **Führung mit Zielen** unterscheidet sich bei Teams nicht wesentlich von der Führung mit Zielen bei einzeln agierenden Mitarbeitern. Auch die **Teambeurteilung** folgt vergleichbaren Regeln wie bei der Mitarbeiterführung einzelner Personen, wenngleich einige besondere Aspekte dem Teamführer in der Regel nicht unmittelbar zugänglich bzw. durch ihn nicht direkt beobachtbar sind, beispielsweise der Umgang der Teammitglieder untereinander, vor allem auch bei Abwesenheit des Teamleiters. (Die Besonderheiten bei der Vergütung von Teams wurden im 5. Teil bereits besprochen.)

Auf eine besondere Form der Teamarbeit soll abschließend hingewiesen werden: die **Qualitätszirkel**. Während das klassische „Betriebliche Vorschlagswesen" (BVW) versuchte, einzelne Mitarbeiter zu Vorschlägen zur Arbeitsverbesserung und zur Kostensenkung zu motivieren, geht es bei den Qualitätszirkeln um Gruppenvorschläge. Das herkömmliche Vorschlagswesen wird mittlerweile als unflexibel, überorganisiert, unbeweglich und wenig motivierend eingeschätzt. Demgegenüber gilt das KVP-Konzept (siehe Teil 2), das nicht auf „big-bang"-Innovationen, sondern auf die kontinuierliche Verbesserung in „kleinen Schritten" setzt, als zeitgemäßes Konzept. Die Praxis verbindet beide Konzeptionen mittlerweile häufig zum sog. „**Ideenmanagement**", bei dem die jeweiligen Vorteile von BVW und KVP miteinander verknüpft und die Nachteile ausgeglichen werden. Seitens der Mitarbeiter stellen „Können, Wollen und Dürfen" die wesentlichen Bestimmungsgrößen für ihre Beteiligung am Innovationsprozess dar.

Führung und Zusammenarbeit prägen nachhaltig die Unternehmenskultur, auf die im 2. Teil bereits eingegangen wurde – dort ging es um die Unternehmenskultur als „gelebte Personalpolitik". Im hiesigen Zusammenhang steht eine **vertrauensgeprägte Kooperation** zwischen Mitarbeitern und Führungskräften sowie zwischen mehreren Mitarbeitern im Team im Mittelpunkt, die durch Maßnahmen der Managemententwicklung (Führungskräfteschulung) und der Teamentwicklung im Rahmen der Mitarbeiterentwicklung (siehe Teil 7) nachhaltig gefördert werden soll (und kann).

Zum Weiterdenken

- Die vielen Veröffentlichungen zur Mitarbeitermotivation sind so unübersichtlich, uneinheitlich und mitunter auch so kompliziert, dass sie für die betriebliche Praxis wenig hilfreich sind. Vor diesem Hintergrund ist es verständlich, dass „Kochbücher" à la fish! regelmäßig zu Managementbestsellern werden.
- Die Führungsthematik stellt sich aus Sicht der Praxis ähnlich kritisch wie der Themenbereich Motivation dar.
- Die unauflöslichen Widersprüche bei der Mitarbeiterführung (Führungsdilemmata) werden in Theorie und Praxis zu selten wirklich thematisiert.
- Neben einigen vorzeigbaren wissenschaftlichen Erkenntnissen kommt es bei der Mitarbeiterführung und der Mitarbeitermotivation immer auch auf die eigenen Erfahrungen an.
- Bis heute ist Teamarbeit ein Thema der Betriebspraxis; wissenschaftliche Erkenntnisse stellen eher Raritäten dar. Pragmatische Empfehlungen, die jedoch nicht wirklich empirisch abgesichert sind, beherrschen die Szene.

Quellen zu Teil 6

Antoni, C. (Hrsg.): Gruppenarbeit in Unternehmen, Weinheim 1994
Antoni, C.: Teilautonome Arbeitsgruppen, Weinheim 1996

Berndt, W./Bittner, J./Hossiep, R.: Mitarbeitergespräche - motivierend, wirksam, nachhaltig, Göttingen 2008
Bisani, F.: Personalwesen und Personalführung, 4. Aufl., Wiesbaden 1995
Blanchard, K./Johnson, S.: Der Minuten Manager, Reinbek 1983
Bösenberg, D./Metzen, H.: Lean Management, 5. Aufl., Landsberg 1995
Borg, I.: Mitarbeiterbefragungen, 3. Aufl., Göttingen 2003
Bortz, J./Döring, N.: Forschungsmethoden und Evaluation, 4. Aufl., Heidelberg 2006
Breisig, T.: Personalbeurteilung als Führungsinstrument, Berlin 1989
Breisig, T.: Personalbeurteilung – Mitarbeitergespräch – Zielvereinbarungen, Frankfurt 1998
Breisig, T.: Personalbeurteilung: Mitarbeitergespräche und Zielvereinbarungen regeln und gestalten, 3. Aufl., Köln 2005
Bühner, R.: Mitarbeiterführung als Qualitätsfaktor, München/Wien 1998
Bungard, W./Holling, H./Schultz-Gambard, J.: Methoden der Arbeits- und Organisationspsychologie, Weinheim 1996
Bungard, W./Jöns, I. (Hrsg.): Mitarbeiterbefragung, Weinheim 1997
Bungard, W./Kohnke, O. (Hrsg.): Zielvereinbarungen erfolgreich umsetzen, Wiesbaden 2001
Bungard, W./Müller, C./Niethammer, C. (Hrsg.): Mitarbeiterbefragung - was dann...?, Berlin 2007

Comelli, G./v. Rosenstiel, L.: Führung durch Motivation, 4. Aufl., München 2009
v. Cube, F./Alshut, D.: Fordern statt verwöhnen, München 1989

van Dick, R./West, M.: Teamwork, Teamdiagnose, Teamentwicklung: Göttingen 2005
Domsch, M./Regnet, E./Rosenstiel, L.v. (Hrsg.): Führung von Mitarbeitern, 6. Aufl., Stuttgart 2009
Domsch, M./Ladwig, D. (Hrsg.): Handbuch Mitarbeiterbefragung, 2. Aufl., Heidelberg 2008

Fischer, L. (Hrsg.): Arbeitszufriedenheit, 2. Aufl., Göttingen 2006
Fisher, R. u. a.: Das Harvard - Konzept: Klassiker der Verhandlungstechnik, 22. Aufl., Frankfurt/New York 2003
Freimuth, J./Kiefer, B.-U. (Hrsg.): Geschäftsberichte von unten, Göttingen 1995
Frey, B./Osterloh, M.: Managing Motivation, 2. Aufl., Wiesbaden 2002

Gellert, M./Nowak, C.: Teamarbeit, Teamentwicklung, Teamberatung, 4. Aufl., Meezen 2010
Goleman, D.: Emotionale Intelligenz, München/Wien 1996

Haug, C.: Erfolgreich im Team, 4. Aufl., München 2008
Heckhausen, J./Heckhausen, H.: Motivation und Handeln, 3. Aufl., Heidelberg 2009
Heidack, C.: Betriebspsychologie/Betriebssoziologie, Wiesbaden 1983
Hentze, J. u. a.: Personalführungslehre, 4. Aufl., Stuttgart 2005
Hinterhuber, H./Krauthammer, E.: Leadership – mehr als Management, 4. Aufl., Wiesbaden 2005
Hofmann, K./Köhler, F./Steinhoff, V. (Hrsg.): Vorgesetztenbeurteilung in der Praxis. Konzepte, Analysen, Erfahrungen, Weinheim 1995
v. Hornstein, E./ v. Rosenstiel, L.: Ziele vereinbaren – Leistung bewerten, München 2000
Hossiep, R./Bittner, J./Berndt, W.: Mitarbeitergespräche, Göttingen 2008

Jenewein, W./Heidbrink, M.: High-Performance-Teams, Stuttgart 2008
Jetter, F./Skrotzki, R. (Hrsg.): Handbuch Zielvereinbarungsgespräche, Stuttgart 2000
Jöns, I. (Hrsg.): Erfolgreiche Gruppenarbeit, Wiesbaden 2008
Jöns, I./Bungard, W. (Hrsg.): Feedbackinstrumente im Unternehmen, Wiesbaden 2005
Jost, P.: Organisation und Motivation, 2. Aufl., Wiesbaden 2008
Jung, H.: Personalwirtschaft, 8. Aufl., München/Wien 2008

Kieser, A./Reber, G./Wunderer, R. (Hrsg.): Handwörterbuch der Führung, 2. Aufl., Stuttgart 1995
Kirchler, E. (Hrsg.): Arbeits- und Organisationspsychologie, 2. Aufl., Wien 2008
Knebel, H./Schneider, H.: Die Stellenbeschreibung, 8. Aufl., Heidelberg 2006
Küpers, W./Weibler, J.: Emotionen in Organisationen, Stuttgart 2005

Laufer, H.: Grundlagen erfolgreicher Mitarbeiterführung, 6. Aufl., Offenbach 2009
Lieber, B.: Personalführung, Stuttgart 2007
Lohaus, D.: Leistungsbeurteilung, Göttingen 2009
Lorenz, M./Rohrschneider, U.: Praxishandbuch Mitarbeiterführung, München 2009
Lundin, S./Paul, H./Christensen, J.: fish!, Frankfurt 2001
Lurse, K./Stockhausen, A.: Manager und Mitarbeiter brauchen Ziele, Neuwied/Kriftel 2001

Malik, F.: Führen, Leisten, Leben, Frankfurt 2006
Martin, A.: Personalforschung, München/Wien 1988
Mentzel, W./Grotzfeld, S./Haub, C.: Mitarbeitergespräche, 9. Aufl., Freiburg 2010
Mullins, L.: Management and Organisational Behaviour, 7. Aufl., Harlow 2005
Mutafoff, A./Glatz, I.: Ziele vereinbaren und Strategien realisieren, München 2008

Nagel, R./Oswald, M./Wimmer, R.: Das Mitarbeitergespräch als Führungsinstrument, 4. Aufl., Stuttgart 2008
Nerdinger, F.: Grundlagen des Verhaltens in Organisationen, 2. Aufl., Stuttgart 2008

Nerdinger, F./Blickle, G./Schaper, N.: Arbeits- und Organisationspsychologie, Heidelberg 2008
Neuberger, O.: Miteinander arbeiten – miteinander reden, München 1981
Neuberger, O.: Das Mitarbeitergespräch, 4. Aufl., Leonberg 1998
Neuberger, O.: Führen und führen lassen, 6. Aufl., Stuttgart 2002
Neuberger, O.: Mikropolitik und Moral in Organisationen, 2. Aufl., Stuttgart 2007

Neuberger, O./Allerbeck, M.: Messung und Analyse von Arbeitszufriedenheit, Bern 1978
Nienhüser, W./Krins, C.: Betriebliche Personalforschung, München/Mering 2005
Niermeyer, R./Seyffert, M.: Motivation, 4. Aufl., München 2009

Pinnow, D.: Führen, 3. Aufl., Wiesbaden 2008
Preißler, P. u. a.: Unternehmens- und Personalführung, Landsberg 1992

Regnet, E.: Konflikt und Kooperation, Göttingen 2007
Richter, M.: Personalführung, 4. Aufl., Stuttgart 1999
Robbins, S.: Organisation der Unternehmung, 9. Aufl., München 2001
Rohmert, W./Weg, F.: Organisation teilautonomer Gruppenarbeit, München 1976
v. Rosenstiel, L.: Betriebsklima geht jeden an!, München 1983
v. Rosenstiel, L.: Mitarbeiterführung in Wirtschaft und Verwaltung, München 1992
v. Rosenstiel, L.: Grundlagen der Organisationspsychologie, 5. Aufl., Stuttgart 2003
v. Rosenstiel, L./Regnet, E./Domsch, M. (Hrsg.): Führung von Mitarbeitern, 6. Aufl., Stuttgart 2009

v. Saldern, M.: Befragung und Beobachtung im Betrieb, Baltmannsweiler 1998
Sarges, W./Scherm, M.: 360 Grad-Feedback, Göttingen 2002
Scherm, M. (Hrsg.): 360-Grad-Beurteilungen, Göttingen 2005
Schirmer, U./Walter, V./Woydt, S.: Mitarbeiterführung, Heidelberg 2008
Schulz v. Thun, F.: Miteinander reden, Bd. 1 und 2, 4. Aufl., Reinbek 2002
Schwaab, M.-O. u. a. (Hrsg.): Führen mit Zielen, 3. Aufl., Wiesbaden 2010
Selbach, R./Pullig, K.-K. (Hrsg.): Handbuch Mitarbeiterbeurteilung, Wiesbaden 1992
Sprenger, R.: Mythos Motivation, 17. Aufl., Frankfurt/New York 2002
Sprenger, R.: Das Prinzip Selbstverantwortung, 11. Aufl., Frankfurt/New York 2002
Staehle, W./Conrad, P./Sydow, J.: Management, 9. Aufl., München 2010

Titscher, S./Meyer, M./Mayrhofer, W: Organisationsanalyse, Wien 2008-09-11
Töpfer, A./Zander, E.: Mitarbeiterbefragungen, Frankfurt/New York 1985

Walter-Busch, E.: Arbeits- und Organisationspsychologie im Überblick, Wien 2008
Weibler, J: Personalführung, München 2001
Weisbach, C.: Professionelle Gesprächsführung, 7. Aufl., München 2008
Wildenmann, B.: Professionell führen, 7. Aufl., Köln 2009
Worpitz, H.: Wissenschaftliche Unternehmensführung?, Frankfurt 1991
Wunderer, R.: Führung und Zusammenarbeit, 8. Aufl., Köln 2009
Wunderer, R./Grunwald, H.: Führungslehre, Band I und II, Berlin/New York 1980

Wunderer, R./Küpers, W.: Demotivation - Remotivation, München 2003

Zander, E./Knebel, H.: Praxis der Leistungsbeurteilung, 3. Aufl., Heidelberg 1993

Zimbardo, P./Gerrig,R.: Psychologie, 18. Aufl., München 2008

Inhalt von Teil 7

---

*) Diesen 7. Teil hat Brigitte Burkart verantwortlich bearbeitet.

Abbildungen in Teil 7

7 Mitarbeiterentwicklung und Veränderungsmanagement

Die Mitarbeiterentwicklung und das Management von Veränderungen stellen die dritte Säule des 3-Säulen-Modells zum Personalmanagement dar. Dieses Feld zählt zu den Themenbereichen, die sich in den vergangenen Jahren am meisten verändert haben. Zum Bereich des klassischen Bildungswesens gehörten schon immer die Berufsausbildung und die Fort- bzw. Weiterbildung in fachlicher Hinsicht und in Bezug auf das Führungsverhalten. Adressaten von Bildungsmaßnahmen waren neben den Auszubildenden primär die Führungskräfte des Unternehmens. Die Fragen, um die es in den Weiterbildungsseminaren konkret ging, bezogen sich in erster Linie auf die Lerninhalte (Lernziele) und auf aktivierende Lernmethoden, wie z. B. die Arbeit mit einer Fallstudie.

Abbildung 7-01: ***Mitarbeiterentwicklung und Veränderungsmanagement im 3-Säulen-Modell***

Heute zählt zur Mitarbeiterentwicklung die Förderung aller Mitarbeiter. Die gesamte Perspektive ist wesentlich breiter. Sie reicht von der Ermittlung des Bildungsbedarfs über die persönliche Laufbahnplanung bis hin zum Bildungscontrolling. Es gilt zu belegen, welchen Beitrag die Mitarbeiterentwicklung zur Erreichung der Unternehmensziele leistet (Wertschöpfungsbeitrag). Die Mitarbeiter werden als wichtiges und wertvolles „Humankapital" (als Vermögen) angesehen, das „gepflegt und vermehrt" werden soll. Hierzu leistet die Mitarbeiterentwicklung den entscheidenden Beitrag.

Der Begriff der Mitarbeiterentwicklung wird häufig gleichgesetzt mit dem – weitaus verbreiteteren – Begriff Personalentwicklung. Daneben existieren weitere Bezeichnungen wie Mitarbeiterförderung, Management Development und Mitarbeiterqualifizierung, die häufig synonym verwendet werden. In dem vorliegenden Buch soll immer dann von **Personalentwicklung** gesprochen werden, wenn es sich um kollektive Fördermaßnahmen handelt; also wenn sich die Maßnahmen auf alle Mitarbeiter eines Unternehmens beziehen. Handelt es sich dagegen um Maßnahmen, die sich auf

Abbildung 7-02: ***Zusammenhang zwischen Mitarbeiterentwicklung, Personalentwicklung und Veränderungsmanagement***

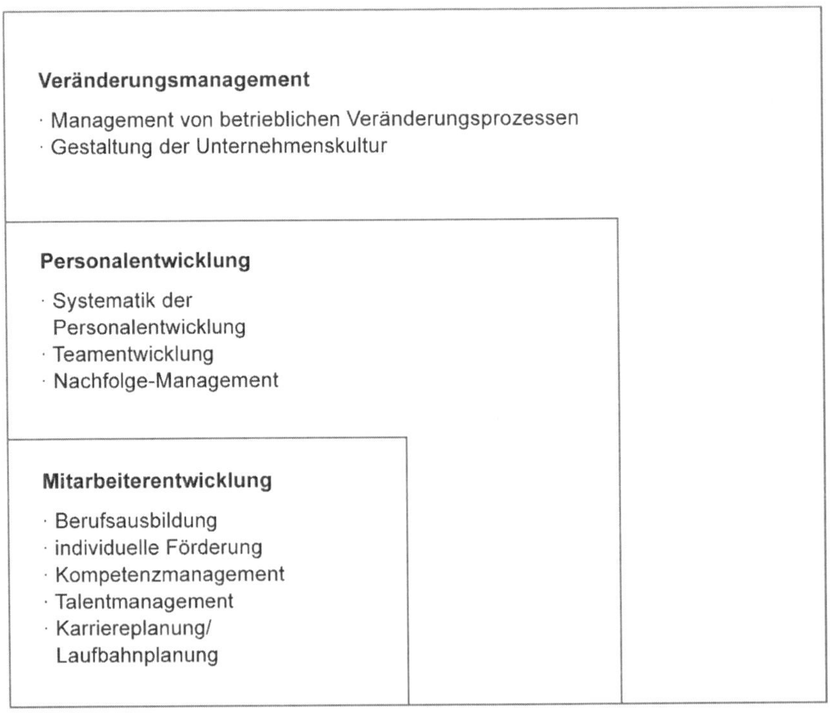

einzelne Mitarbeiter als Individuen beziehen, soll von **Mitarbeiterentwicklung** gesprochen werden. Zielen die Überlegungen der Weiterentwicklung auf ganze Bereiche, Abteilungen bzw. Organisationseinheiten (so genannte Job Families), wird der Begriff **Veränderungsmanagement** zugrunde gelegt. Inhaltlich geht es darum, Veränderungen in Organisationen zu begleiten. Dies vollzieht sich in der Regel in Form von Projekten. Veränderungsmanagement ist dabei mehr als der Einsatz eines methodischen Instrumentariums. Dahinter steht ein ganzheitliches Konzept, das Ziele und Menschenbild, Unternehmenskultur und Widerstände der Mitarbeiter gleichermaßen berücksichtigt.

7.1 Grundlagen der Mitarbeiterentwicklung

„Make or buy" ist ein bekanntes Schlagwort aus der Betriebswirtschaftslehre. Vor dieser Frage stehen auch die Personalverantwortlichen, die feststellen, dass im Unternehmen in Zukunft Qualifikationen benötigt werden, über die ihre Mitarbeiter noch nicht verfügen. Kurzfristig gedacht, ist es in der Regel immer billiger, sich das Know-how auf dem Arbeitsmarkt „einzukaufen"(**buy**); d. h. einen Mitarbeiter einzustellen, der bereits die entsprechenden Kenntnisse besitzt. In amerikanischen Unternehmen ist diese Haltung deutlich weiter verbreitet als in deutschen Betrieben. Allerdings gibt es dort auch eine wesentlich höhere Fluktuation auf dem Arbeitsmarkt. In Deutschland stößt man einerseits auf Probleme mit dem Angebot: Entweder gibt es keine Bewerber, die die erforderliche Qualifikation aufweisen oder sie sind so teuer – weil heftig umworben –, dass sie das Gehaltsgefüge stören. Andererseits verfügen Unternehmen über Mitarbeiter, die irgendwann nicht mehr benötigt werden, weil sie die gefragten Qualifikationen nicht aufweisen. Die Trennung von solchen – meist langjährigen Mitarbeitern – ist sowohl arbeitsrechtlich schwer durchsetzbar als auch für das Betriebsklima ungünstig.

Die Alternative (**make**) rechnet sich nur langfristig gesehen; dafür aber nachhaltig. Sie erfordert eine strategische Mitarbeiterentwicklung, die ausgehend von den Unternehmenszielen die in der Zukunft entstehenden Qualifikationslücken und Nachwuchsbedarfe prognostiziert und Maßnahmen konzipiert, um das vorhandene Mitarbeiterpotenzial weiter zu entwickeln. Im Unterschied zu der früher weit verbreiteten Auffassung, dass die Mitarbeiterentwicklung sich am individuellen Weiterbildungsbedarf einzelner Mitarbeiter orientiert und dem entsprechend einen „Bauchladen von Seminaren" bereithält, aus dem das passende Angebot ausgewählt werden kann, dominieren heute an der Unternehmensstrategie orientierte und betriebswirtschaftliche Überlegungen die Personalentwicklungsbereiche. Systematische Planung, Steuerung und Evaluierung sind deshalb auch in der Mitarbeiterentwicklung die entscheidenden Erfolgskriterien. Die Übersicht „Merkmale einer zeitgemäßen Mitarbeiterentwicklung“ listet die wesentlichen Punkte auf, die eine moderne Entwicklungskonzeption erfüllen sollte.

Übersicht: ***Merkmale einer zeitgemäßen Mitarbeiterentwicklung***

- Mitarbeiterentwicklung wird als strategisches Instrument betrachtet und leistet somit einen Beitrag zum Unternehmenserfolg.
- Mitarbeiterentwicklung orientiert sich an den strategischen Unternehmenszielen und wird von der Geschäftsleitung getragen.
- Die Mitarbeiter werden als entscheidende Erfolgsfaktoren eines Unternehmens angesehen. Die Mitarbeiterentwicklung hilft dabei, die Qualifikationen der Menschen zu erhöhen.
- Mitarbeiterentwicklung wird als wichtige Aufgabe der Führungskräfte gesehen und nicht allein der Personalabteilung.
- Mitarbeiterentwicklung ist langfristig angelegt und bezieht den gesamten „Lebenszyklus“ eines Mitarbeiters im Unternehmen von der Ausbildung bis zur Vorbereitung auf den Ruhestand ein.
- Die Instrumente der Mitarbeiterentwicklung sind in ein ganzheitliches System integriert und aufeinander abgestimmt. Sie beinhalten zeitgemäße Lehr- und Lernmethoden, bei denen auch auf Transfersicherung geachtet wird.
- Bildungscontrolling ist ein wichtiger Bestandteil der Mitarbeiterentwicklung.
- Mitarbeiterentwicklung sollte ein Baustein innerhalb eines funktionierenden Systems von Beurteilungen, materiellen und immateriellen Anreizen, Nachfolgeplanungen und Veränderungsmanagement sein.

Bei der gezielten Ausrichtung der Mitarbeiterentwicklung an der Unternehmensstrategie und den Unternehmenszielen darf natürlich nicht vergessen werden, dass es sich bei den Mitarbeitern um Individuen handelt, die eigene Interessen und Ziele verfolgen. Die Herausforderung für die Verantwortlichen besteht darin, die Entwicklungsziele des Unternehmens mit den Vorstellungen, Fertigkeiten und Fähigkeiten der Mitarbeiter so weit wie möglich kompatibel zu machen. Im Klartext heißt das: Bereitschaft zur persönlichen Weiterentwicklung muss vom Unternehmen entsprechend honoriert werden, so dass auch für den Einzelnen Anreize zur Weiterbildung bestehen. Es müssen mögliche Karrierewege und Laufbahnplanungen aufgezeigt werden, die sich durch die Teilnahme an Mitarbeiterentwicklungsmaßnahmen den Teilnehmern eröffnen. Der Prozess der Mitarbeiterentwicklung, wie er in diesem Teil beschrieben wird, ist in der Abbildung „Prozess der Mitarbeiterentwicklung“ dargestellt. Dabei ist der Kernprozess der Mitarbeiterentwicklung aus der Perspektive der Personalabteilung durch (durchgezogene) Pfeile markiert. Das soll nicht heißen, dass diese Perspektive wichtiger ist als die Mitarbeiterperspektive. Vielmehr soll damit eine Orientierung für den Ablauf der betrieblichen Mitarbeiterentwicklung gegeben werden.

Abbildung 7-03: **Prozess der Mitarbeiterentwicklung**

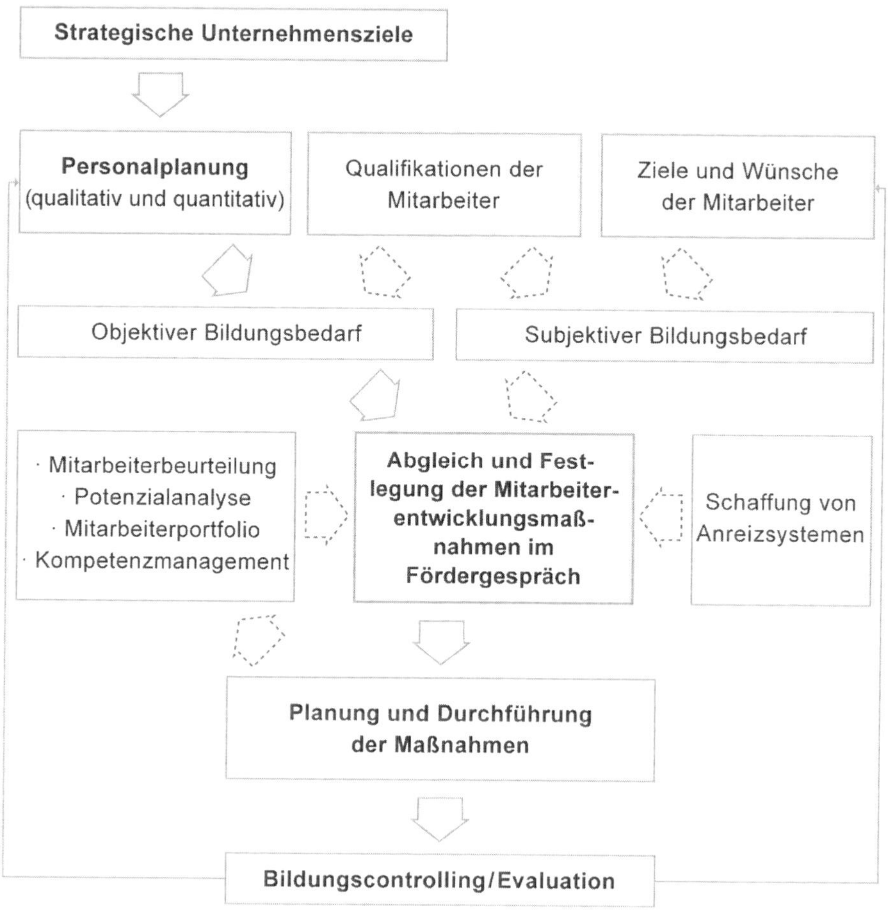

Die Entwicklung der eigenen Kompetenzen sollte für Arbeitnehmer aller Branchen heutzutage aber auch noch aus einem anderen Grund wichtig sein. Im Gegensatz zu dem traditionellen Verständnis des Mitarbeiters, für den der Arbeitgeber für den Erhalt seines Arbeitsplatzes verantwortlich ist und für dessen Grundversorgung stets gesorgt ist, wird heute dem Mitarbeiter wesentlich mehr Eigenverantwortung für das eigene berufliche Fortkommen und für den Erhalt des eigenen Arbeitsplatzes zugeschrieben. Der Begriff **„Employability"** (Beschäftigungsfähigkeit) beschreibt dieses Postulat. Von den Beschäftigten wird die Bereitschaft gefordert, sich den veränderten globalen Arbeitsbedingungen zu stellen und sich durch Eigeninitiative und permanentes Engagement ihre persönliche Beschäftigungsfähigkeit zu erhalten (siehe hierzu auch Teil 3).

Die Plattform hierfür bietet die Mitarbeiterentwicklung, die von der beruflichen Erstausbildung, der Traineeausbildung, der Weiterbildung bis zur Führungskräfteentwicklung (Management Development) und zum Kompetenzmanagement auf allen Ebenen geeignete Konzepte und Maßnahmen zur Verfügung stellt.

Nachfolgend wird die Berufsausbildung – auch berufliche Erstausbildung genannt – als ein wesentliches Element der Mitarbeiterentwicklung und als wichtiger Zugang von Nachwuchskräften in die Unternehmen bzw. den Arbeitsmarkt dargestellt.

7.2 Berufsausbildung

Leitfragen

- Wie ist das duale System in der Berufsausbildung in Deutschland aufgebaut?
- Welche Rechte und Pflichten haben Ausbildende und Auszubildende jeweils wahrzunehmen?
- Mit welchen Methoden kann berufliche Handlungskompetenz vermittelt werden?
- Wie können die Kosten und der Nutzen der beruflichen Ausbildung für Unternehmen ermittelt werden? Wie stellt sich die Kosten-Nutzen-Relation in Zahlen konkret dar?
- Welche Qualitätsanforderungen müssen an ein gutes Ausbildungssystem gestellt werden?
- Wie stellt sich die aktuelle Situation auf dem Ausbildungsmarkt dar?
- Welche Trends sind in der beruflichen Ausbildung erkennbar?

Die **Ursprünge der heutigen beruflichen Ausbildung** lassen sich bis ins Jahr 1300 zurückverfolgen. Im Unterschied zu dem heutigen System bestand die Unterweisung des Lehrlings durch den Meister damals ausschließlich in der praktischen Mitarbeit im Betrieb. Geregelt wurde die Berufserziehung durch Gilden, Innungen und Zünfte. Trotz dieser „rechtlichen Regelungen" war diese Art der Ausbildung sehr stark durch die persönliche Beziehung zwischen Meister und Lehrling geprägt. Neben der fachlichen Ausbildung spielte die „Erziehung" des Jugendlichen eine wichtige Rolle. Ein weiteres wesentliches Merkmal bestand in der Familienzugehörigkeit des Lehrlings zum Haushalt des Meisters (vgl. Ziehm 1998). Im 19. Jahrhundert kam man zu der Erkenntnis, dass eine Ergänzung der Meisterlehre durch die Schule die Vermittlung weiterer wichtiger Inhalte ermöglicht (z. B. Berufskunde, Fachzeichnen, Kalkulation, rechtliche Grundlagen, etc.).

In der kaufmännischen Ausbildung ist die schulische Ausbildung als Ergänzung zur praktischen Unterweisung bereits seit dem Mittelalter Tradition. Den Lehrlingen wurde dort Schreiben und Rechnen sowie seit dem 16. Jahrhundert auch Buchführung vermittelt. Im Jahr 1938 wurde die allgemeine Berufsschulpflicht eingeführt. Dem entsprechend war der Besuch der Berufsschule für 6-8 Wochenstunden verpflichtend und musste als Ausbildungszeit von den Lehrherren angerechnet werden. Eine einheitliche Regelung der beruflichen Lehrlingsausbildung konnte sich jedoch erst nach dem zweiten Weltkrieg durchsetzen.

7.2.1 Duales System

Der Begriff des Dualen Systems als Konzept der deutschen Berufsausbildung wurde im Jahr 1964 vom Deutschen Ausschuss für das Erziehungs- und Bildungswesen geprägt. 1969 trat das Berufsbildungsgesetz (BBiG) in Kraft, das als zentrale Grundlage für die Berufsausbildung gilt. Die letzte Aktualisierung erfolgte am 15. Februar 2009.

---

§ 1, 3 BBiG – Ziele und Begriffe der Berufsbildung

Die Berufsausbildung hat die für die Ausübung einer qualifizierten beruflichen Tätigkeit in einer sich wandelnden Arbeitswelt notwendigen beruflichen Fertigkeiten, Kenntnisse und Fähigkeiten (berufliche Handlungsfähigkeit) in einem geordneten Ausbildungsgang zu vermitteln. Sie hat ferner den Erwerb der erforderlichen Berufserfahrungen zu ermöglichen.

Der **Grundgedanke des dualen Systems** liegt darin, dass den Auszubildenden im ausbildenden Unternehmen die Praxis gezeigt wird, während die Berufsschule die Theorie vermitteln soll. Daneben nehmen die Kammern als unabhängige Instanz die Prüfungen ab, um einen allgemein vergleichbaren Status der Berufsausbildung zu gewährleisten. Dieser Anspruch lässt sich allerdings in Reinform nicht umsetzen und ist in dieser Konsequenz auch nicht durchgängig wünschenswert. Eine enge Verzahnung von Lehrbetrieb und Berufsschule mit einer parallelen Vermittlung der theoretischen und praktischen Inhalte ist dennoch anzustreben. Auch dies lässt sich – trotz aller Bemühungen – nicht immer umsetzen, da die Ausbildungsbetriebe in Größe und Art zu unterschiedlich strukturiert sind.

Die Kammern werden im Folgenden als **zuständige Stelle** bezeichnet, da nicht alle für die betriebliche Ausbildung zuständigen Stellen Kammern sind. Sie fungieren als Überwachungsinstanz für die Ausbildungsbetriebe, beraten die Ausbilder und die Auszubildenden, führen das Verzeichnis der Berufsausbildungsverhältnisse und sind für die Prüfungen sowie alle rechtlichen Belange der betrieblichen Ausbildung verantwortlich.

Übersicht: ***Zuständige Stellen und deren Aufgaben***

Bereich	Zuständige Stelle
Industrie und Handel	Industrie- und Handelskammer
Handwerk	Handwerkskammern
Land- und Forstwirtschaft	Landwirtschaftskammern
Hauswirtschaft	Länderspezifische Regelung der zuständigen Stellen
Seeschifffahrt	Berufsbildungsstelle Seeschifffahrt e.V.
Freie Berufe	Beispiele für weitere Kammern: • Bundesapothekerkammer • Bundesarchitektenkammer • Bundesärztekammer • Bundeszahnärztekammer • Bundestierärztekammer • Bundesnotarkammer • Bundesrechtsanwaltskammer • Bundessteuerberaterkammer • Patentanwaltskammer • Wirtschaftsprüferkammer
Öffentlicher Dienst	Über 100 zuständige Stellen des Bundes bzw. der Länder

Aufgaben der zuständigen Stellen

- Lehrstellenbörsen bzw. Vermittlung von Ausbildungsplätzen
- Beratung der Auszubildenden und der Ausbilder
- Prüfungswesen (Durchführung von Zwischen- und Abschlussprüfungen sowie Erlass von Prüfungsordnungen, Abkürzung von Ausbildungszeiten)
- Weiterbildungsangebote für Ausbilder in den Bereichen Berufs- und Arbeitspädagogik
- Anbahnung von Kooperationen bzgl. der Ausbildung mit anderen Betrieben oder Hinweise auf außerbetriebliche Ausbildungsmöglichkeiten
- Überwachung der Ausbildungsbetriebe (Überprüfung der Eignung der Ausbildungsstätte und des Ausbilders)
- Verzeichnis der Berufsausbildungsverhältnisse
- Einrichtung von Ausschüssen zur Beilegung von Streitigkeiten zwischen Ausbildungsbetrieb und Auszubildenden

Der Ausbildungsbetrieb wird auch der **Ausbildende** genannt. Er schließt mit dem Auszubildenden einen Ausbildungsvertrag ab. Die rechtliche Grundlage hierfür bildet das Berufsbildungsgesetz (BBiG). Zu den betrieblichen Pflichten gehört zunächst, die Ausbildungsinhalte zu vermitteln, die im Ausbildungsrahmenplan vorgegeben sind. Die Kosten der betrieblichen Ausbildung, sowie eine Ausbildungsvergütung für den Auszubildenden werden von dem Ausbildenden übernommen. Die Rechte und Pflichten des Ausbildenden sind nachfolgend dargestellt.

Übersicht: ***Rechte und Pflichten des Ausbildenden und des Auszubildenden***

Pflichten des Ausbildenden (§§ 14-19 BBiG)	**Pflichten des Auszubildenden (§ 13 BBiG)**
• Die Vermittlung von Fertigkeiten und Kenntnissen, die zur Erreichung des Ausbildungsziels erforderlich sind • Benennung weisungsberechtigter Personen • Freistellung für den Berufsschulunterricht und für die Prüfungen • Aufsichtspflicht • Führung des Berichtsheftes kontrollieren • Zahlung einer angemessenen Vergütung • Schutz vor körperlicher Gefährdung • Charakterliche Förderung des Auszubildenden • Bereitstellung der Ausbildungsmittel • Gewährung von Urlaub gemäß gesetzlicher bzw. tarifvertraglicher Bestimmungen • Ausstellung eines Zeugnisses am Ende der Berufsausbildung	• Sorgfältige Ausführung der Tätigkeiten • Sorgfältiger Umgang mit den Arbeitsmitteln bzw. Werkzeugen • Besuch der Berufsschule • Teilnahme an den Prüfungen und an allen Ausbildungsmaßnahmen • Führen eines Berichtshefts • Wahrung von Betriebsgeheimnissen • Einhaltung der Betriebsordnung und der Unfallverhütungsvorschriften • Den Anweisungen der Weisungsberechtigten Folge leisten • Benachrichtigung bei Fernbleiben von Arbeitsplatz oder Berufsschule (z. B. bei Erkrankung)

Der Ausbildende kann einen **Ausbilder** oder eine Ausbilderin mit der Ausbildung beauftragen (BBiG § 14). Dieser Ausbilder ist der zuständigen Stelle als verantwortliche Person zu benennen. Die Eignung des Ausbilders ist ebenfalls im Berufsbildungsgesetz geregelt (§§ 28-30). An den Ausbilder werden folgende Ansprüche gestellt:

- **Persönliche Eignung**: Es dürfen keine Verstöße des Ausbilders gegen das Berufsbildungsgesetz vorliegen oder sonstige sittliche Gefährdungen zu erwarten sein.

- **Fachliche Eignung**: Der Ausbilder soll berufs- und arbeitspädagogische Fähigkeiten besitzen, um die Ausbildungsinhalte vermitteln zu können. Er soll selbst eine Abschlussprüfung oder eine andere Ausbildung (z. B. Hochschulabschluss) in der entsprechenden Fachrichtung absolviert und eine angemessene Berufspraxis vorzuweisen haben.

Bis zum 01.08.2003 und jetzt wieder seit 01.09.2009 gilt zusätzlich die Regelung, dass ein Ausbilder die **Ausbildereignungsprüfung** (laut Ausbildereignungsverordnung AEVO) abgelegt haben muss, um als Ausbilder bestellt werden zu können. Diese Verordnung wurde testweise für einige Jahre ausgesetzt. Das bedeutet, dass die Ausbilder in dieser Zeit keine Prüfung mehr abzulegen brauchten. Hintergrund dieser Rechtsänderung war, dass es insbesondere für kleine und mittelständische Betriebe ein Hindernis darstellte, einen Ausbilder mit absolvierter Ausbildereignungsprüfung zu benennen bzw. einen Mitarbeiter für den Lehrgang und die anschließende Kammerprüfung freizustellen. Mit dieser Änderung sollte auch diesen Unternehmen die Möglichkeit eröffnet werden, Ausbildungsplätze zu schaffen, und gleichzeitig sollte das Angebot an Ausbildungsplätzen in Deutschland deutlich erhöht werden. Eine Studie des Bundesinstituts für Berufsbildung (BiBB) in Kooperation mit der Forschungsgruppe SALSS, die von Oktober 2006 bis November 2007 durchgeführt wurde, zeigte, dass durch diese Neuregelung pro Jahr etwa 10.000 bis 25.000 neue Ausbildungsplätze geschaffen wurden. Der Zuwachs an Ausbildungsplätzen blieb allerdings hinter den Erwartungen zurück. Gleichzeitig wurde die Qualität der Ausbildung in den Betrieben ohne Ausbilderqualifikation schlechter eingeschätzt als in Unternehmen, in denen die Ausbilder nach AEVO qualifiziert sind. Deshalb wurde mit Beginn des Ausbildungsjahres 2009/10 die Ausbildereignungsverordnung wieder eingeführt. Um ein Zertifikat als Ausbilder zu erlangen, muss eine schriftliche und eine praktische Prüfung abgelegt werden. Zur Vorbereitung auf diese Prüfung werden mehrwöchige Lehrgänge angeboten. Die Inhalte der Ausbildereignungsausbildung werden in der folgenden Übersicht aufgeführt.

Neben diesem verantwortlichen – idealerweise speziell qualifizierten – Ausbilder kann der Ausbildende weitere Mitarbeiter des Betriebes als **Ausbildungsbeauftragte** in den einzelnen Abteilungen benennen, die die Ausbildung „vor Ort" vornehmen. Ansprechpartner für die zuständige Stelle und Hauptverantwortlicher im Unternehmen bleibt aber weiterhin der offiziell benannte Ausbilder. Zu den Aufgaben der Ausbildungsbeauftragten gehört auch die regelmäßige **Beurteilung der Auszubildenden**.

Übersicht: ***Rahmenstoffplan für die Ausbildung der Ausbilder (AdA)***

Handlungsfelder	**Kompetenzen** Die Ausbilder sind in der Lage,
1. Ausbildungsvoraussetzungen prüfen und Ausbildung planen (ca. 20% der Lehrgangszeit)	• die Vorteile und den Nutzen betrieblicher Ausbildung darzustellen und zu begründen, • bei den Planungen und Entscheidungen hinsichtlich des betrieblichen Ausbildungsbedarfs auf der Grundlage der rechtlichen, tarifvertraglichen und betrieblichen Rahmenbedingungen mitzuwirken, • die Strukturen des Berufsbildungssystems und seine Schnittstellen darzustellen, • Ausbildungsberufe für den Betrieb auszuwählen und dies zu begründen, • die Eignung des Betriebes für die Ausbildung in dem angestrebten Ausbildungsberuf zu prüfen sowie, ob und inwieweit Ausbildungsinhalte durch Maßnahmen außerhalb der Ausbildungsstätte, insbesondere Ausbildung im Verbund, überbetriebliche und außerbetriebliche Ausbildung, vermittelt werden können, • die Möglichkeiten des Einsatzes von Maßnahmen einzuschätzen, die auf die Berufsausbildung vorbereiten, • im Betrieb die Aufgaben der an der Ausbildung Mitwirkenden unter Berücksichtigung ihrer Funktionen und Qualifikationen abzustimmen,
2. Ausbildung vorbereiten und bei der Einstellung von Auszubildenden mitwirken (ca. 20% der Lehrgangszeit)	• auf der Grundlage einer Ausbildungsordnung einen betrieblichen Ausbildungsplan zu erstellen, der sich insbesondere an berufstypischen Arbeits- und Geschäftsprozessen orientiert, • die Möglichkeiten der Mitwirkung und Mitbestimmung der betrieblichen Interessenvertretungen in der Berufsbildung zu berücksichtigen, • den Kooperationsbedarf zu ermitteln und sich inhaltlich sowie organisatorisch mit den Kooperationspartnern, insbesondere der Berufsschule, abzustimmen, • Kriterien und Verfahren zur Auswahl von Auszubildenden auch unter Berücksichtigung ihrer Verschiedenartigkeit anzuwenden, • den Berufsausbildungsvertrag vorzubereiten und die Eintragung des Vertrages bei der zuständigen Stelle zu veranlassen, • die Möglichkeiten zu prüfen, ob Teile der Berufsausbildung im Ausland durchgeführt werden können,

Handlungsfelder	**Kompetenzen** Die Ausbilder sind in der Lage,
3. Ausbildung durchführen (ca. 45% der Lehrgangszeit)	• lernförderliche Bedingungen und eine motivierende Lernkultur zu schaffen, Rückmeldungen zu geben und zu empfangen, • die Probezeit zu organisieren, zu gestalten und zu bewerten, • aus dem betrieblichen Ausbildungsplan und den berufstypischen Arbeits- und Geschäftsprozessen betriebliche Lern- und Arbeitsaufgaben zu entwickeln und zu gestalten, • Ausbildungsmethoden und -medien zielgruppengerecht auszuwählen und situationsspezifisch einzusetzen, • Auszubildende bei Lernschwierigkeiten durch individuelle Gestaltung der Ausbildung und Lernberatung zu unterstützen, bei Bedarf ausbildungsunterstützende Hilfen einzusetzen und die Möglichkeit zur Verlängerung der Ausbildungszeit zu prüfen, • Auszubildenden zusätzliche Ausbildungsangebote, insbesondere in Form von Zusatzqualifikationen, zu machen und die Möglichkeit der Verkürzung der Ausbildungsdauer und die der vorzeitigen Zulassung zur Abschlussprüfung zu prüfen, • die soziale und persönliche Entwicklung von Auszubildenden zu fördern, Probleme und Konflikte rechtzeitig zu erkennen sowie auf eine Lösung hinzuwirken, • Leistungen festzustellen und zu bewerten, Leistungsbeurteilungen Dritter und Prüfungsergebnisse auszuwerten, Beurteilungsgespräche zu führen, Rückschlüsse für den weiteren Ausbildungsverlauf zu ziehen, • interkulturelle Kompetenzen zu fördern,
4. Ausbildung abschließen (ca. 15% der Lehrgangszeit)	• Auszubildende auf die Abschluss- oder Gesellenprüfung unter Berücksichtigung der Prüfungstermine vorzubereiten und die Ausbildung zu einem erfolgreichen Abschluss zu führen, • für die Anmeldung der Auszubildenden zu Prüfungen bei der zuständigen Stelle zu sorgen und diese auf durchführungsrelevante Besonderheiten hinzuweisen, • an der Erstellung eines schriftlichen Zeugnisses auf der Grundlage von Leistungsbeurteilungen mitzuwirken, • Auszubildende über betriebliche Entwicklungswege und berufliche Weiterbildungsmöglichkeiten zu informieren und zu beraten.

Die **Beurteilung** erfüllt folgende Zwecke:

- regelmäßige Rückmeldung über die Lernfortschritte des Auszubildenden
- Entscheidung über die Fortsetzung des Ausbildungsverhältnisses am Ende der Probezeit
- frühzeitige Erkennung und Beseitigung von Problemen
- Entscheidung über die Verkürzung der Ausbildungszeit
- Entscheidung für eine Übernahme in ein Arbeitsverhältnis nach bestandener Ausbildung
- Bewertung von sowohl fachlichen Kompetenzen als auch von persönlichen Kompetenzen
- Grundlage für die Erstellung des Ausbildungszeugnisses
- bessere Vergleichbarkeit der Auszubildenden untereinander
- Empfehlung, in welcher Abteilung ein Einsatz nach der Übernahme erfolgen kann

Um die genannten Funktionen erfüllen zu können ist es notwendig, ein einheitliches, transparentes und allgemein akzeptiertes Beurteilungsverfahren anzuwenden. Zu diesem Zweck wird in den meisten Unternehmen ein standardisierter Beurteilungsbogen eingesetzt, auf dem die Beurteilungskriterien beschrieben werden und auf dem eine Einstufung auf einer vorgegebenen Skala vorgenommen wird. Die Beurteilungen sollten in regelmäßigen Abständen erfolgen. Als geeigneter Zeitpunkt empfiehlt sich der Wechsel zwischen zwei Ausbildungsabschnitten. Die beurteilten Zeiträume sollten einen Zeitraum von mindestens zwei Wochen und maximal drei Monaten betragen, um zu einer realistischen Einschätzung der Leistungen zu kommen. Ein wesentlicher Bestandteil der **Auszubildenden-Förderung ist auch das Beurteilungsgespräch**, in dem folgende Punkte besprochen werden sollten:

- aktueller Leistungsstand des Auszubildenden
- Anerkennung der Lernfortschritte und sachliche Kritik bzgl. festgestellter Defizite
- Vereinbarung zur Verbesserung der Defizite
- Stellungnahme des Auszubildenden

Das Führen von Beurteilungsgesprächen verlangt von den Ausbildungsbeauftragten besondere Fähigkeiten wie Einfühlungsvermögen und pädagogische Fähigkeiten, um den Auszubildenden Wege und Möglichkeiten aufzuzeigen, wie sie ihre Leistungen und Fähigkeiten verbessern können.

Aber nicht nur dem Ausbildenden, sondern auch den **Auszubildenden** sind gesetzliche Pflichten auferlegt, die dazu dienen sollen, dass eine ordnungsgemäße Ausbildung stattfinden kann. Dazu gehört in erster Linie die Bereitschaft, die Kenntnisse, Fertigkeiten und Fähigkeiten zu erwerben, die für die entsprechende Berufsausbildung wesentlich sind. Darüber hinaus werden an Auszubildende ähnliche Erwartungen gestellt wie an andere Arbeitnehmer, wie z. B. Pünktlichkeit, Zuverlässigkeit,

Sorgfalt, etc. Weitere Pflichten des Auszubildenden zeigt die Übersicht „Rechte und Pflichten des Ausbildenden und des Auszubildenden".

Neben den Anforderungen an den Ausbildenden bzw. den Ausbilder regelt das Berufsbildungsgesetz auch die **Eignung von Ausbildungsstätten** (§ 27 BBiG). Dem entsprechend dürfen Auszubildende nur dann eingestellt werden, wenn die Ausbildungsstätte nach Art und Einrichtung für die Berufsausbildung geeignet ist. Dies ist in der Regel dann gegeben, wenn die in der Ausbildungsordnung vorgeschriebenen beruflichen Fertigkeiten und Kenntnisse in vollem Umfang vermittelt werden können. Ersatzweise können auch Ausbildungsmaßnahmen außerhalb der Ausbildungsstätte durchgeführt werden. Außerdem muss ein angemessenes Verhältnis zwischen der Zahl der Auszubildenden und der Zahl der Fachkräfte bestehen.

Als angemessenes Verhältnis gilt:

- 1 Auszubildender — 1-2 Fachkräfte
- 2 Auszubildende — 3-5 Fachkräfte
- 3 Auszubildende — 6-8 Fachkräfte
- 4 und mehr Auszubildende — je weitere 3 Fachkräfte

Die Überwachung der Eignung der Ausbildungsstätte obliegt ebenfalls der zuständigen Stelle (§ 32 BBiG).

Das Berufsbildungsgesetz gilt in der Regel für die Berufsbildung, die im dualen System stattfindet. Die Ausbildung in Berufen der Handwerksordnung ist dagegen in der Handwerksordnung (HwO) geregelt.

Während der Ausbildungsbetrieb sowohl öffentlich-rechtlich als auch privatwirtschaftlich geprägt sein kann, ist die **Berufsschule** im Rahmen des dualen Systems immer öffentlich-rechtlich organisiert; das heißt, sie wird über die Länder oder die Kommunen finanziert. Ihre Aufgabe ist die Erteilung des Unterrichts mit berufsbezogenen und allgemeinbildenden Inhalten, die durch die Rahmenpläne der Kultusministerien der Länder vorgegeben sind. Die Lehrer an den berufsbildenden Schulen arbeiten als Beamte oder Angestellte des Staates. Sie sind somit nicht an die Weisungen der Ausbilder im Unternehmen gebunden. Ihre Rolle ist vielmehr als ein „Partner" des Ausbilders im dualen System zu begreifen. Die Teilnahme am Berufsschulunterricht ist für die Auszubildenden Pflicht. Der Unterricht erfolgt entweder in Teilzeitform (wöchentlich 12 Stunden) oder als Blockunterricht (bis zu 13 Wochen im Jahr).

Grundlage für eine Ausbildung im Dualen System ist der **Abschluss eines Berufsausbildungsvertrags**. Der Berufsausbildungsvertrag wird zwischen dem Ausbildenden und dem Auszubildenden abgeschlossen. Die genauen Formvorschriften und Mindestinhalte des Vertrages sind in § 10 und § 11 BBiG geregelt. Der Ausbildende muss den Vertrag vor Beginn der Ausbildung der zuständigen Stelle zur Eintragung in das Ausbildungsverzeichnis vorlegen. Als ein wesentlicher Bestandteil des Ausbildungsvertrages gilt die **Ausbildungsordnung**, die Voraussetzung dafür ist, dass ein Ausbildungsberuf anerkannt ist. In der Ausbildungsordnung werden die wesentlichen

Inhalte der Berufsausbildung geregelt (§ 5 BBiG), wie z. B. die Bezeichnung des Ausbildungsberufes, die Dauer der Ausbildung und die sachlich-zeitliche Gliederung der Ausbildung. Zur weiteren Präzisierung der Ausbildung dienen der Ausbildungsrahmenplan und der betriebliche Ausbildungsplan. Der **Ausbildungsrahmenplan** beinhaltet die zeitliche Gliederung der Ausbildungsinhalte. Da die Ausbildung aber auch nach den betrieblichen Belangen ausgerichtet werden muss, wird von den Ausbildern in der Regel ein **betrieblicher Ausbildungsplan** erstellt, in dem die Reihenfolge des Durchlaufs durch verschiedene Abteilungen exakt geregelt wird.

Ein weiterer Bestandteil des Dualen Systems ist das im Berufsbildungsgesetz festgelegte gestufte **Prüfungswesen** (§§ 37-50 BBiG). Die Berufsausbildung beinhaltet eine Zwischenprüfung und eine Abschlussprüfung, die von den zuständigen Stellen durchgeführt wird. Mit dem Bestehen der Abschlussprüfung endet das Berufsausbildungsverhältnis (§ 21 BBiG). Danach steht es dem Ausbildenden frei, den Auszubildenden in ein reguläres Arbeitsverhältnis zu übernehmen. Es besteht grundsätzlich keine Weiterbeschäftigungspflicht (mit Ausnahme tarifvertraglicher Regelungen bzw. gegenüber dem Jugend- und Auszubildendenvertreter nach § 78 a BetrVG). In gleicher Weise kann sich der Ausgelernte frei entscheiden, ob er einen Arbeitsvertrag mit seinem bisherigen Ausbildungsbetrieb eingeht oder nicht. Wenn der Ausbildungsbetrieb keine Übernahme beabsichtigt, sollte er beachten, dass er den Auszubildenden nach Bekanntgabe der bestandenen Abschlussprüfung nicht mehr in seinem Unternehmen beschäftigt, da sonst ein unbefristetes Arbeitsverhältnis als vereinbart gilt (§ 24 BBiG).

7.2.2 Methoden der Ausbildung

Bedingt durch vielfältige Veränderungen in der Arbeitswelt (wirtschaftlicher, technologischer, organisatorischer und sozialer Wandel) ändern sich die Anforderungen an die Berufsausbildung ständig. Dies hat notwendigerweise einen Wandel in der Berufsausbildung zur Folge. Gefragt sind zunehmend sog. **Schlüsselqualifikationen**, die unabhängig von einem konkreten Einsatz bestimmter Technologien bzw. Organisationsformen das rasche vertraut machen und den sicheren Umgang mit neuen Situationen betonen. Man unterscheidet heute zwischen Fachkompetenz auf der einen und Methoden- sowie Sozialkompetenz, einschließlich persönlicher Kompetenz, auf der anderen Seite. Während die fachlichen Kompetenzen aufgrund des raschen technologischen Wandels zunehmend kürzeren Nutzungsdauern unterworfen sind, unterliegen die sozialen und methodischen Kompetenzen keinem derartigen „Alterungsprozess". Die Fähigkeit, Fach-, Methoden-, Sozial- und persönliche Kompetenz im beruflichen Umfeld umzusetzen, wird mit dem Begriff der **Handlungskompetenz** bezeichnet. Das dahinter stehende Konzept geht davon aus, dass das Vorhandensein einzelner Kompetenzen noch nichts darüber aussagt, ob der einzelne in der Lage ist, in der entsprechenden beruflichen Situation adäquat zu reagieren. Der entscheidende

Faktor ist die Fähigkeit, die entsprechenden Kompetenzen in Handlungen umzusetzen.

Übersicht: ***Handlungskompetenz***

Handlungskompetenz setzt sich zusammen aus …			
Fachkompetenz	**Methodenkompetenz**	**Sozialkompetenz**	**Persönliche Kompetenz**
• Fachliche Fähigkeiten, Fertigkeiten und Kenntnisse für konkrete berufliche Aufgaben	• Lösungen für neue Probleme eigenständig finden • Informationen beschaffen und verwerten	• Wirksam kommunizieren und zusammenarbeiten • Effizienter Umgang mit Konflikten	• Selbstverantwortung • Engagement • Sorgfalt • Pünktlichkeit • Selbstreflexion • Toleranz
zum Beispiel: • Betriebswirtschaftliche Grundkenntnisse • Verstehen technischer Zusammenhänge • …	zum Beispiel: • Analytisches und ganzheitliches Denken • Projektmanagement • …	zum Beispiel: • Präsentieren eines Themas vor einer Gruppe von Zuhörern • Gesprächsführung und Moderation • Konfliktaustragung • …	zum Beispiel: • Die Fähigkeit, die eigene Leistung einschätzen zu können • Eigene Entscheidungen treffen zu können • …

Der Anspruch, in der beruflichen Ausbildung diese Kompetenzen zu vermitteln, verlangt nach einem entsprechenden Repertoire an Methoden. Wittwer stellt für die didaktische Umsetzung von Ausbildungsmaßnahmen die folgenden **Gestaltungsprinzipien** auf (vgl. Wittwer 2001):

- Integrierte Vermittlung von theoretischem Wissen und praktischen Kenntnissen und Fähigkeiten: Jede Lernphase umfasst praktische und theoretische

Ziele. Sie sind aufeinander abgestimmt und inhaltlich und zeitlich miteinander verzahnt.

- Realitäts- und problembezogenes Lernen: Ausgangspunkt des Lernprozesses sind konkrete Arbeitsaufgaben wie sie im Arbeitsprozess anfallen. Zu deren Lösung soll das entsprechende Wissen und Können angeeignet werden.
- Interaktionelles Lernen: Gelernt wird in Interaktion und Kommunikation mit den anderen Auszubildenden bzw. den Kollegen.
- Selbststeuerung: Innerhalb bestimmter Rahmenvorgaben werden Ziel, Inhalt, Planung und Durchführung der Arbeitsaufgaben durch die Lernenden bestimmt.

Um diese Anforderungen an das Lernen erfüllen zu können, müssen ganz unterschiedliche **Lernmethoden** eingesetzt werden. Dazu gehören klassische Methoden der Unterweisung am Arbeitsplatz wie z. B. die Vier-Stufen-Methode und das Lehrgespräch. Zunehmend wichtiger werden aber auch die selbstgesteuerten und handlungsorientierten neueren Lernformen, bei denen die Auszubildenden mit einer realen Arbeitsaufgabe konfrontiert werden und in einer Gruppe gemeinsam Lösungen erarbeiten und umsetzen z. B. Projektmethode, Lerninseln bzw. Juniorenfirma, Planspiele, etc. Einen Überblick über die Vielfalt der Lernmethoden und die durch sie vermittelten Kompetenzen vermittelt die nachfolgende Übersicht.

Eine gezielte Förderung der Auszubildenden in allen Bereichen der Handlungskompetenz erfolgt am besten durch den Einsatz von verschiedenen Lernmethoden. Eine Mischung der unterschiedlichen Methoden, die je nach Einsatzgebiet angewendet werden, erzeugt Abwechslung und wirkt motivierend auf die Auszubildenden. Dabei entstehen für das Ausbildungsunternehmen nicht nur Kosten (z. B. bei betriebspädagogischen Seminaren), sondern es kann durchaus auch eine Wertschöpfung (z. B. durch Lerninseln) für das Unternehmen entstehen. Dietl beschreibt den Idealzustand in der Ausbildung so, „dass der Auszubildende Spaß beim Lernen hat und dabei gar nicht bemerkt, dass er sich gerade entwickelt und dem Unternehmen noch zusätzlich Nutzen stiftet." (Dietl/Speck 2003).

Übersicht: ***Lernmethoden und Kompetenzen***

Methode	Beschreibung	Sinnvolle Einsatzgebiete	Dimensionen der Handlungskompetenz
Vortrag, Präsentation, Referat	Einwegkommunikation im klassischen Stil	Komprimierte Vermittlung von Fachwissen	Fachkompetenz
Lehrgespräch	Vertiefung von in der Praxis erworbenem Wissen durch Fragestellungen und Systematisierung der Inhalte	Verdeutlichung von Zusammenhängen, die am Arbeitsplatz nicht unmittelbar erkennbar sind	Fachkompetenz
Vier-Stufen-Methode (TWI-Methode = Training within Industry)	Unterweisung am Arbeitsplatz durch • Vorbereiten • Vorführen • Nachmachen • Üben	Einfachere Fertigkeiten im psychomotorischen Bereich (z. B. Austauschen einer Glühbirne)	Fachkompetenz Methodenkompetenz
Fragend-entwickelnde Methode	Gezielte Fragen des Ausbilders regen den/die Auszubildenden zum Entwickeln eigener Ideen und Lösungsansätze an	Vermittlung komplexerer Lerninhalte durch Förderung des selbständigen Denkens und Handelns	Fachkompetenz Persönliche Kompetenz
E-Learning	Computergestütztes Lernen anhand von EDV-Programmen oder web-basierten Programmen	EDV-Schulung Produktschulung Sprachtraining	Fachkompetenz Methodenkompetenz
Betriebspädagogische Seminare	Mehrtägige Veranstaltung zur Förderung der Schlüsselqualifikationen	Förderung der sozialen und persönlichen Kompetenz	Sozialkompetenz Persönliche Kompetenz
Selbstgesteuertes Lernen	Selbständiges Erarbeiten der Lerninhalte	Vermittlung von komplexen Inhalten	Fachkompetenz Persönliche Kompetenz Methodenkompetenz

Methode	Beschreibung	Sinnvolle Einsatzgebiete	Dimensionen der Handlungs-kompetenz
Planspiel **Fallstudie**	Entscheidungsorientiertes Bearbeiten von komplexen Problemen in Gruppenarbeit (bei Planspielen erfolgt im Unterschied zur Fallstudie eine Veränderung der Problemstellung während der Bearbeitung)	Vermittlung von komplexen Inhalten Training der sozialen Kompetenz	Fachkompetenz Sozialkompetenz Persönliche Kompetenz Methoden-kompetenz
Projektmethode	Die Auszubildenden-gruppe erhält einen Arbeitsauftrag, den sie selbständig bearbeiten soll	Aktivierung der Auszubildenden Training der Sozial-kompetenz	Fachkompetenz Sozialkompetenz Persönliche Kompetenz Methoden-kompetenz
Lerninsel **Übungsfirma**	Bearbeitung von realen Arbeitsaufgaben in Gruppen unter Kombination von Lernen und Arbeiten	Vermittlung von Handlungs-kompetenz z. B. Auszubildende organisieren die gesamte Büro-materialverwaltung	Fachkompetenz Sozialkompetenz Persönliche Kompetenz Methoden-kompetenz
Leittextmethode	Anhand von Leittexten werden durch die Auszubildenden in Einzel- oder Gruppenarbeit selbständig Lerninhalte erarbeitet	Vermittlung komplexerer Lerninhalte durch Förderung des selbständigen Denkens und Handelns	Fachkompetenz Sozialkompetenz Persönliche Kompetenz Methoden-kompetenz

7.2.3 Kosten und Nutzen der Ausbildung für Unternehmen

Wie in allen Bereichen eines Unternehmens werden auch die Kosten der Berufsausbildung kritisch betrachtet. Lohnt es sich für ein Unternehmen, in die Ausbildung junger Menschen zu investieren? Welche Kosten entstehen durch die Ausbildung und welcher Nutzen wird im Gegenzug dazu durch die Ausbildung erwirtschaftet? Welche Alternativen gibt es zu welchem Preis? Diese Fragen können nicht pauschal beantwortet werden. Vielmehr muss jedes Unternehmen vor dem Hintergrund des eigenen Bedarfes an qualifizierten Fachkräften entscheiden, wie viel es bereit ist, in die Ausbildung des eigenen Nachwuchses zu investieren.

In einer Studie des Bundesinstituts für Berufsbildung (BiBB) aus dem Jahr 2002 wurden rund 2500 Ausbildungsbetriebe zu den Kosten und zum Nutzen der Berufsausbildung befragt. In die **Kosten** wurden die Ausbildungsvergütungen, Sozialversicherungsbeiträge, tarifliche und freiwillige Sozialleistungen, anteilige Personalkosten für haupt- und nebenberufliche Ausbilder, Anlage- und Sachkosten sowie sonstige Kosten (Lernmittel, Prüfungsgebühren, Verwaltungskosten, etc.) einbezogen. Diesen Kosten stehen Erträge gegenüber, die durch produktive Leistungen der Auszubildenden entstehen. Aus dieser Berechnung ergaben sich in der genannten BiBB-Studie durchschnittliche Nettokosten in Höhe von 7.344 Euro pro Auszubildenden, die bei einer dreijährigen Ausbildungszeit entstehen. Der **Nutzen** der betrieblichen Berufsausbildung lässt sich dagegen nur teilweise beziffern. Die Übernahme eines Auszubildenden führt zu eindeutig quantifizierbaren Einsparungen gegenüber der Einstellung einer externen Fachkraft durch den Wegfall von:

- Rekrutierungskosten,
- Einarbeitungskosten und
- Weiterbildungskosten.

Diese Einsparungen addieren sich zu einem Betrag von 5.765 Euro pro übernommenem Auszubildenden. Darüber hinaus entsteht für das Unternehmen durch die Berufsausbildung ein weiterer **qualitativer Nutzen**, der sich nur schwer in Zahlen ausdrücken lässt:

- Imagesteigerung des Unternehmens in der Öffentlichkeit
- Minimierung von Fehlbesetzungsrisiken und Fluktuationskosten
- Leistungsunterschied zwischen selbst ausgebildeten und externen Fachkräften
- Vermeidung von Ausfallkosten bei Fachkräftemangel

Zu den wesentlichen Nutzenaspekten der betrieblichen Ausbildung zählt auch die Zukunftssicherung des Unternehmens. Vor allem vor dem Hintergrund der demografischen Entwicklung ist es notwendig, dafür zu sorgen, dass dem Unternehmen in Zukunft die notwendigen Fachkräfte in quantitativer und qualitativer Hinsicht zur Verfügung stehen. Die Ausbildung sollte daher ein wesentlicher **Bestandteil der Unternehmensstrategie** sein.

Abbildung 7-04: ***Kosten und Nutzen der Berufsausbildung***

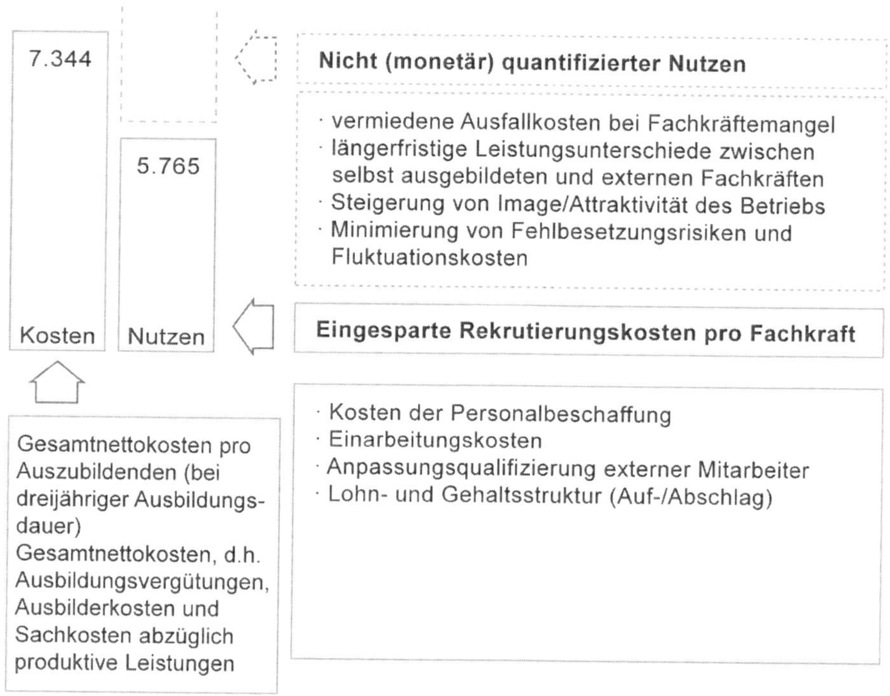

aus: Beicht/Walden/Herget 2004

Um den größtmöglichen Nutzen aus der Ausbildung des eigenen Nachwuchses ziehen zu können, unterliegt die Berufsausbildung hohen **Qualitätsanforderungen**. Die dafür erforderlichen Anforderungen werden in der Übersicht genannt.

Insbesondere die Diskussion um die Vermittlung von Schlüsselqualifikationen in der betrieblichen Ausbildung macht eine konsequente Einbeziehung von Schlüsselqualifikationen in das Beurteilungssystem für Auszubildende erforderlich. Ein gutes Praxisbeispiel liefert hierfür das **Beurteilungskonzept** der Daimler AG, das „Ausbildung im Dialog" oder kurz „AiD" genannt wird. Dieses spezielle für die berufliche Ausbildung entwickelte Beurteilungskonzept für Auszubildende setzt die Daimler AG seit 1998 konzernweit in der beruflichen Ausbildung ein. Bei diesem Konzept stehen vor allem der Dialoggedanke und die systematische gezielte Förderung von Auszubildenden im Vordergrund. Dabei werden nicht nur die fachlichen Leistungen der

Übersicht: ***Qualitätsanforderungen an die Berufsausbildung***

- Qualifikation der Ausbilder und der Ausbildungsbeauftragten (siehe Übersicht „Rahmenstoffplan für die Ausbildung der Ausbilder")
- Strategische Ausbildungsbedarfsplanung in qualitativer Hinsicht (welche Ausbildungsberufe) und in quantitativer Hinsicht (wie viele Fachkräfte werden in Zukunft benötigt)
- Modernes Ausbildungsmarketing (zielgruppenorientierte Ansprache)
- Valides Auswahlverfahren, in dem die relevanten Anforderungen und Schlüsselqualifikationen sichtbar werden
- Einsatz moderner und differenzierter Lernmethoden
- Kooperation mit der Berufsschule
- Aussagekräftiges Beurteilungsverfahren für die Auszubildenden (siehe „Ausbildung im Dialog (AiD)")
- Einbindung der Ausbildungsphase in die Mitarbeiterentwicklung (nahtlose Weiterentwicklung durch Förderprogramme oder andere betriebliche Weiterbildungskonzepte)

Auszubildenden, sondern auch die zunehmend bedeutenderen Schlüsselqualifikationen in die Beurteilung einbezogen. Dazu kommt die aktive Einbeziehung der Auszubildenden in den Beurteilungsprozess. Nicht nur der Ausbilder bzw. der Ausbildungsbeauftragte füllt den Beurteilungsbogen aus, sondern auch die Auszubildenden geben selbst ihre eigene Einschätzung ihrer fachlichen Leistungen und ihrer Schlüsselkompetenzen ab. Das dadurch entstandene Selbstbild wird mit der Einschätzung des Ausbilders (Fremdbild) im Dialog besprochen. Gemeinsam wird dann ein so genannter Dialogbogen ausgefüllt, in dem neben der Beurteilung Vorschläge für Fördermaßnahmen festgehalten werden sowie eine Rückmeldung des Auszubildenden über die Qualität des Ausbildungsabschnittes festgehalten wird (**Zirkulationsmodell**). Ein weiteres wesentliches Element des AiD-Konzeptes stellt darüber hinaus die kontinuierliche Durchführung des Beurteilungsdialogs nach jedem Ausbildungsabschnitt dar. Dadurch wird eine systematische und konsequente Förderung der Auszubildenden erreicht.

Mit der Einführung dieses Beurteilungssystems ist es Daimler gelungen, konzernweit ein modernes, individuelles und umfassendes Förderkonzept für seine Auszubildenden umzusetzen.

Abbildung 7-05 ***Zirkulationsmodell Ausbildung im Dialog (AiD)***

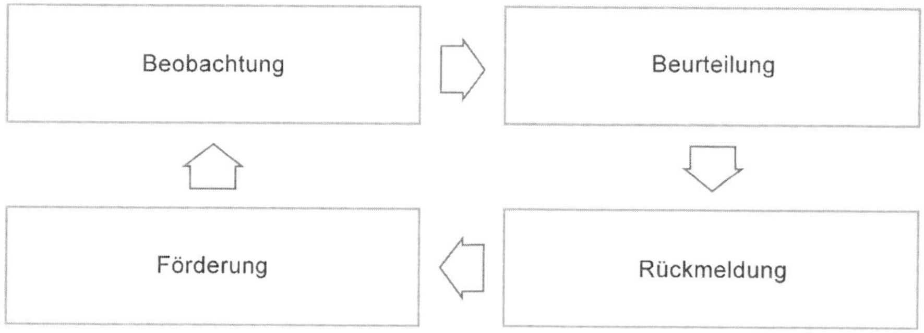

ähnlich: DaimlerChrysler AG 1998

7.2.4 Aktuelle Entwicklungen

Aufgrund der wirtschaftlichen und technologischen Entwicklung steigen die Qualifikationsanforderungen an die Mitarbeiter permanent weiter an. Gleichzeitig nimmt die Quantität der benötigten Beschäftigten deutlich ab. Während noch in den 70er Jahren Ungelernte am Fließband gut verdienen konnten, ist die Automatisierung inzwischen immer weiter fortgeschritten. Als Folge werden immer weniger Mitarbeiter benötigt, während die **Qualifizierungsanforderungen** gleichzeitig steigen. Eine weitere Ursache für den Rückgang an Arbeitsplätzen für Ungelernte sind die **Arbeitskosten in Deutschland**. Während 2007 in Deutschland eine Arbeitsstunde durchschnittlich 32,70 Euro kostete, lagen die Kosten für eine durchschnittliche Arbeitsstunde in den osteuropäischen Ländern zwischen 1,80 und 11,33 Euro. Dem entsprechend verlagern viele Unternehmen ihre Produktion ins Ausland, während andere Unternehmensbereiche, die ein hohes Ausbildungsniveau voraussetzen, weiterhin am Standort Deutschland bleiben. Aus diesen Gründen wird eine fundierte Berufsausbildung als Grundlage für eine Berufstätigkeit immer wichtiger. Ungelernte und angelernte Mitarbeiter geraten immer mehr ins Abseits und werden zu Langzeitarbeitslosen ohne Vermittlungschancen

Gleichzeitig gilt das in den vergangenen 40 Jahren entstandene hohe Qualitätsniveau der deutschen Facharbeiterausbildung nicht länger unumstritten als Maß aller Dinge, wenn es um die Qualifizierung von Nachwuchskräften geht. Das Zertifikat eines Facharbeiters bescheinigt seinem Inhaber einen hohen Standard an technischem Können und fachlichem Wissen. Die fortschreitende **Industrialisierung und Globali-**

sierung der Wirtschaft weist jedoch einen eindeutigen Trend zu höheren und anderen Bildungsabschlüssen auf.

Die Tendenz zu höheren Schulabschlüssen sowie die demografische Entwicklung führen zu einem deutlichen Rückgang der Schulabgänger, die über keine Studienberechtigung verfügen und damit den größten Anteil der an der betrieblichen Ausbildung interessierten Jugendlichen darstellen (siehe die Abbildungen „Entwicklung der nicht studienberechtigten Absolventen/Absolventinnen aus allgemein bildenden Schulen von 2000 bis 2020"; bis 2008 Ist-Werte, ab 2009 Vorausberechnungen). Dies wird unweigerlich zu einer Zunahme der Probleme bei der Nachwuchssuche deutscher Unternehmen führen, da die **Zahl der Bewerber um betriebliche Ausbildungsplätze** kontinuierlich zurückgehen wird (BiBB 2009). In den neuen Bundesländern machte sich bereits seit dem Jahr 2005 der Geburtenrückgang, der nach der Wende einsetzte, bei den Schulabgängerzahlen bemerkbar. Im Jahr 2011 erreicht dort die Zahl der nicht studienberechtigten Schulabgänger einen vorläufigen Tiefpunkt.

Abbildung 7-06: ***Entwicklung der nicht studienberechtigten Absolventen/Absolventinnen aus allgemein bildenden Schulen von 2000 bis 2020 - Westdeutschland***

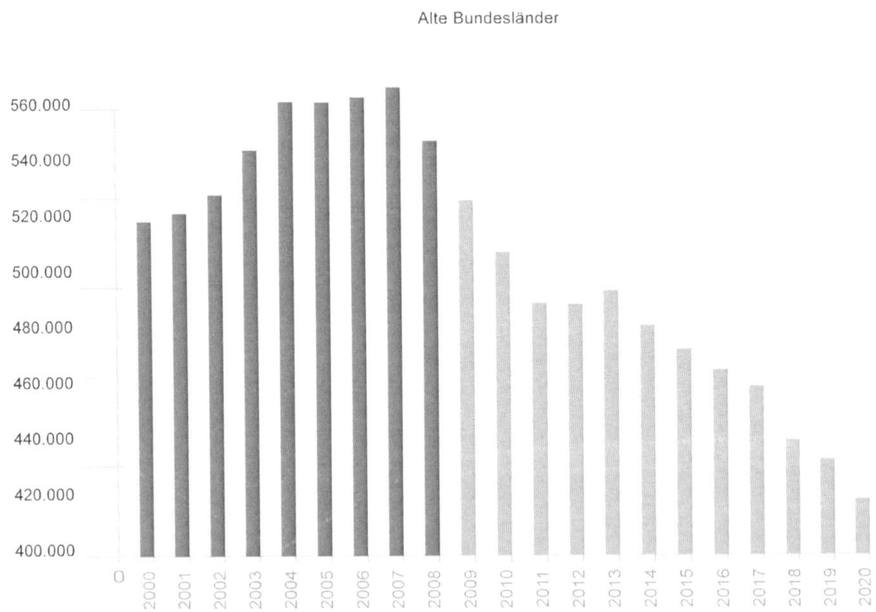

aus: BMBF 2009

Abbildung 7-07: ***Entwicklung der nicht studienberechtigten Absolventen/Absolventinnen aus allgemein bildenden Schulen von 2000 bis 2020 - Ostdeutschland***

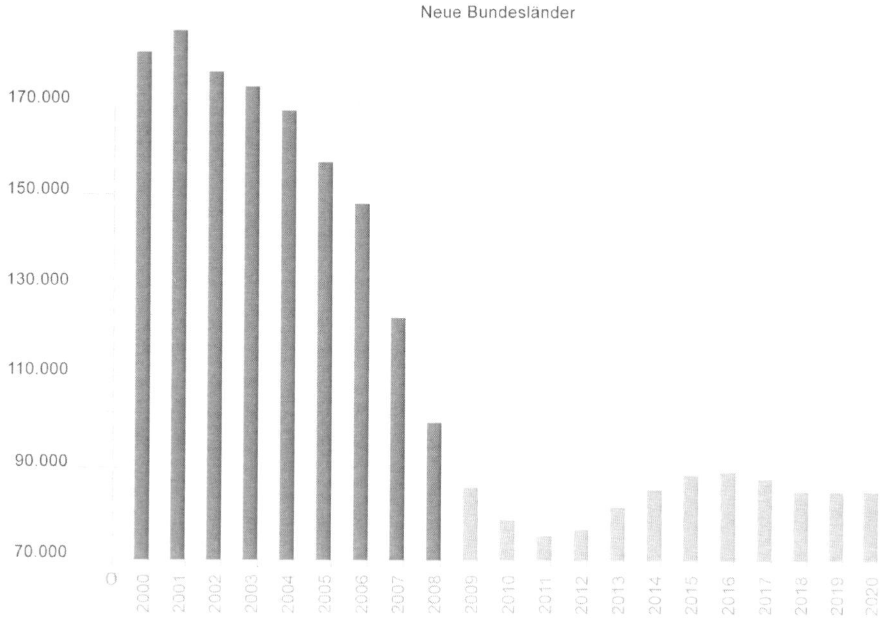

aus: BMBF 2009

Betrachtet man das Angebot und die Nachfrage nach Ausbildungsplätzen in Gesamt-Deutschland, so ist die folgende Entwicklung erkennbar: Das **Angebot an Ausbildungsplätzen** sank seit 1999 bis zum Jahr 2005 kontinuierlich. Im Jahr 2005 betrug die Zahl der angebotenen Ausbildungsplätze rd. 560.000. Im Vergleich dazu wurden im Jahr 1992 über 700.000 und im Jahr 1999 noch ca. 650.000 Ausbildungsplätze angeboten. In ganz Deutschland wird nur in 23 % der Betriebe ausgebildet. Zwei Drittel der Ausbildungsplätze werden von Betrieben angeboten, die weniger als 50 Mitarbeiter beschäftigen. Seit dem Jahr 2006 steigt das Angebot an betrieblichen Ausbildungsplätzen an. Im Jahr 2009 wurden rund 600.000 Ausbildungsstellen angeboten.

Die **Nachfrage nach Ausbildungsplätzen** ist seit 1999 ebenfalls gesunken, da es immer weniger Schüler insgesamt gibt und von diesen eine zunehmende Anzahl höhere Bildungsabschlüsse anstrebt – also dem Ausbildungsmarkt nicht zur Verfügung steht. Dennoch lag die Zahl der Ausbildungsplatzbewerber noch bis 2007 über dem Ausbildungsplatzangebot. Seit 2008 wird ein Überhang an Ausbildungsplätzen verzeichnet. Dennoch gibt es nach wie vor eine große Zahl unbesetzter Ausbildungsplätze und jedes Jahr bleiben Tausende Jugendliche ohne einen Ausbildungsplatz, deren Qualifikation oder Interessen nicht mit dem Angebot übereinstimmen. Die Ursachen hierfür sind sehr vielschichtig und reichen von den Ergebnissen der PISA-Studie bis zu den regionalen und berufsbezogenen Unterschieden der Angebot- und Nachfragesituation.

Betrachtet man die **Ausbildungsplatzbilanz** gegliedert **nach Ausbildungsberufen,** so zeigt sich, dass viele bekannte Berufe durch einen Bewerberüberhang gekennzeichnet sind, während einige weniger bekannte Berufe ein Bewerberdefizit verzeichnen. Besonders viele Bewerber gibt es z. B. für den Kaufmann im Einzelhandel und für den Bürokaufmann. Bewerbermangel herrscht dagegen beim Fachmann für Systemgastronomie bzw. beim Fachverkäufer im Nahrungsmittelhandel. Zu den Mangelbereichen gehören auch eher unbekannte Berufe wie z. B. Hörgeräteakustiker oder Kaufmann für Verkehrsservice (siehe Abbildung „Differenz zwischen Angebot und Nachfrage nach Ausbildungsplätzen in bestimmten Ausbildungsberufen"). Obwohl es aktuell 349 anerkannte Ausbildungsberufe gibt, konzentrieren sich zwei Drittel der männlichen Auszubildenden und 80 % der weiblichen Auszubildenden auf etwa 25 Ausbildungsberufe. Hier sind die Unternehmen bzw. die Kammern gefragt, auch andere Ausbildungsberufe bekannter zu machen und dadurch die Nachfrage bei den Ausbildungsplatzbewerbern zu steigern.

7.2.5 Exkurs: Qualifikation der Schulabgänger

Trotz der positiven Entwicklungen in den Bildungsabschlüssen der jungen Menschen, beklagen viele Personalverantwortliche die schlechte Qualität und die mangelnde Ausbildungsreife der Ausbildungsplatzbewerber. Laut einer Umfrage des deutschen Industrie- und Handelskammertages unter 15.000 Firmen im Februar 2010 beklagen fast drei Viertel der befragten Unternehmen unzureichende Qualifikationen und mangelnde soziale Kompetenzen bei den Bewerbern. Neben schwachen Kenntnissen in Rechtschreibung und Mathematik werden zunehmend auch fehlende Leistungsbereitschaft, Belastbarkeit und Disziplin bemängelt. Mittlerweile organisieren mehr als die Hälfte der ausbildenden Betriebe Nachhilfe, um die Wissenslücken ihrer Nachwuchskräfte zu stopfen. Außerdem bleiben in jedem fünften Unternehmen Ausbildungsplätze mangels qualifizierter Bewerber unbesetzt. Trotz intensiver Bemühungen um die Vermittlung von Ausbildungsplatzbewerbern zeigt sich, dass rund 20 % der Schulabgänger nicht als ausbildungsreif bezeichnet werden können. Zur Vorbereitung auf das Arbeitsleben werden im berufsvorbereitenden Jahr (BVJ) u. a. Projekte zur Gewaltprävention, Suchtprophylaxe, Konsumverhalten und sozialen Kompetenz durchgeführt.

Abbildung 7-08: ***Differenz zwischen Angebot und Nachfrage nach Ausbildungsplätzen in bestimmten Ausbildungsberufen (Stichtag 30.9.2006)***

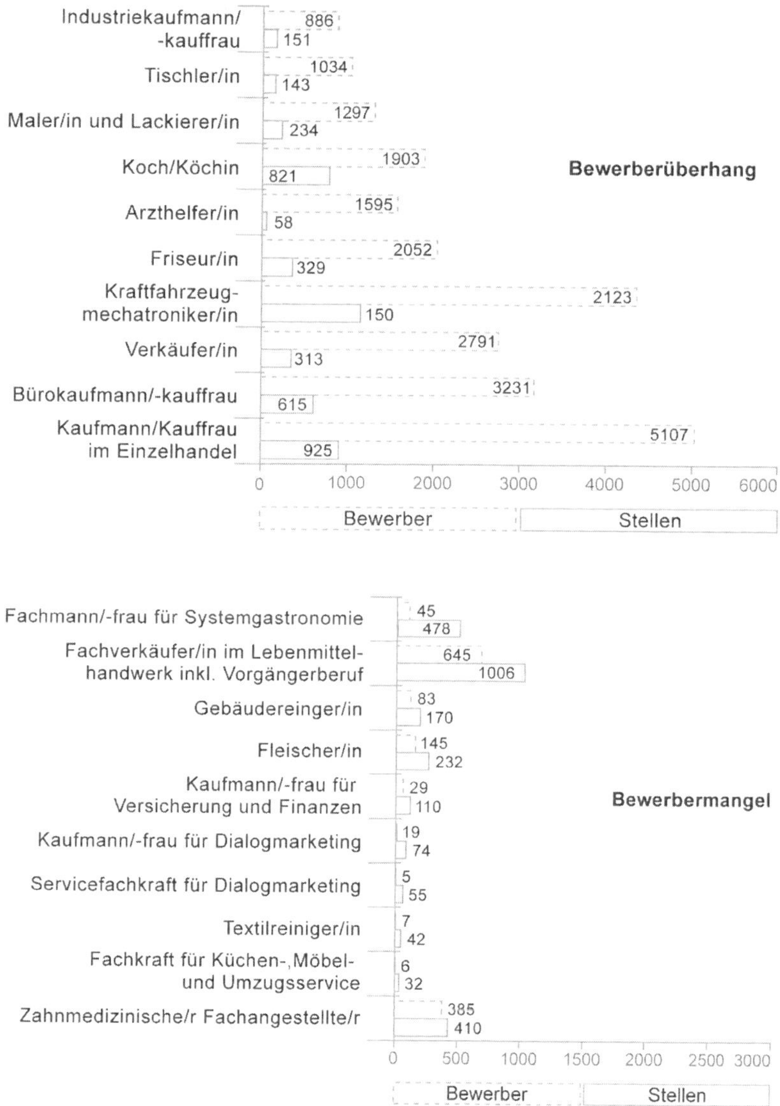

aus: BA

Nicht nur die PISA-Studie bescheinigt Deutschlands Schülern eine schlechte Schulbildung. Auch Ausbilder beklagen zunehmend die **mangelnde Ausbildungsfähigkeit** der Absolventen des deutschen Schulsystems. Durch die steigenden Anforderungen im technischen und sozialen Bereich gibt es immer mehr Jugendliche, die das Ausbildungsziel nicht erreichen. Die Problematik liegt nicht etwa im fehlenden Intelligenzniveau der Jugendlichen, sondern es fehlen vor dem Hintergrund der gestiegenen Anforderungen wichtige Grundfertigkeiten des Lernens. Wachsmuth und Lauer berichten von einer Studie des Instituts für prozessorientierte Unternehmenslösungen, die eine Gruppe von neun angehenden Fertigungsmechanikern bei der AEG Signum in Berlin drei Monate lang in der Entwicklung der Lern- und Handlungskompetenzen trainierte. Ein Leistungstest vor und nach der Maßnahme ergab eine Leistungssteigerung der Rechtschreibleistung um durchschnittlich 28,8 %, während sich die Kontrollgruppe lediglich um 6,6 % verbesserte. Dies zeigt, dass eine Optimierung des Lernverhaltens einen wichtigen Beitrag zur Leistungsverbesserung bei Jugendlichen leisten kann (vgl. Wachsmuth/Lauer 2005).

Als weitere Ursache für die aktuelle Situation auf dem Ausbildungsmarkt erweist sich der Umstand, dass viele Berufe, die früher mit Hauptschulabschluss zugänglich waren, inzwischen so komplex geworden sind, dass heute die Mittlere Reife gefordert wird. Insofern bleiben immer **weniger Ausbildungsstellen für Hauptschüler** übrig. Doch auch diese wenigen Ausbildungsstellen können häufig nicht besetzt werden, weil die Betriebe auf gute Zensuren beim Schulabschluss achten. Die Schulabgänger, die andererseits gute Noten im Zeugnis vorweisen können, entscheiden sich häufig dafür, ihre Berufschancen durch einen höheren Schulabschluss zu verbessern. Anstelle eines Ausbildungsplatzes ziehen sie den Besuch einer weiterführenden Schule vor. Ein ähnlicher Trend ist auch bei den Realschülern zu beobachten. Die Absolventen, bei denen die Noten nicht für eine weiterführende Schule reichen, erfüllen aber auch nicht die Qualifikationsanforderungen der Unternehmen. Deshalb bleiben viele Ausbildungsstellen unbesetzt.

7.2.6 Trends der Berufsausbildung

Aufgrund der dargestellten Entwicklungen steht die betriebliche Ausbildung vor neuen Herausforderungen. In der Übersicht werden aktuelle Entwicklungen bzw. Beobachtungen, ihre Auswirkungen auf die betriebliche Ausbildung sowie geeignete Maßnahmen zusammengefasst.

Übersicht: ***Berufsausbildung im 21. Jahrhundert***

Beobachtungen	**Auswirkungen auf die betriebliche Ausbildung**	**Maßnahmen**
Trend zu höheren Bildungsabschlüssen	• Studium statt Ausbildung • Fehlende Ausbildungsplatzbewerber für Berufe mit geringeren Anforderungen • Anforderungen in gefragten Ausbildungsberufen steigend	• Duale Studienmodelle • Durchlässigkeit in verschiedenen Ausbildungsbereichen erhöhen • Neue Zugangswege zum Studium erschließen
Neuordnung der Berufe mit immer komplexeren Inhalten **Halbwertzeit des Wissens sinkt**	• Anforderungen an die Bewerber werden erhöht • Integration von Studium und betrieblicher Ausbildung • Ausbildungsinhalte in einem Ausbildungsbetrieb nur teilweise vermittelbar • Transferwissen, Problemlösefähigkeiten und Lernfähigkeit wichtiger als Fachwissen	• Kooperation von Schule/ Hochschule und Betrieb intensivieren • Modularisierung der Ausbildung • Ausbilden im Ausbildungsverbund mit anderen Unternehmen • Neue Lernmethoden einsetzen • Lerninhalte anpassen • Vermittlung von Handlungskompetenz
Veränderte berufliche Anforderungen	• Förderung von Schlüsselqualifikationen wie z. B. soziale Kompetenz	• Schlüsselqualifikationen werden als Auswahlkriterium und als Beurteilungskriterium einbezogen
Nachfrage nach Ausbildungsplätzen übersteigt Angebot	• 5-7 % der Bewerber finden jedes Jahr keinen Ausbildungsplatz	• Staatliche Maßnahmen zur Erhöhung der Zahl der Ausbildungsplätze (Ausbildungspakt) • Schulische Ausbildung als Alternative • Privatisierung von Ausbildung

Beobachtungen	Auswirkungen auf die betriebliche Ausbildung	Maßnahmen
Internationalisierung	• Frage nach Anerkennung von Bildungsabschlüssen im europäischen und internationalen Bereich	• Entwicklung neuer internationaler Instrumente wie z. B. das Leistungspunktesystem in der beruflichen Bildung ECVET (**E**uropean **C**redit Transfer System for **V**ocational **E**ducation & **T**raining)

Zum Weiterdenken

- Während im Bereich der Hochschulen die Internationalisierung durch den Bologna-Prozess Einzug gehalten hat, hält die deutsche Wirtschaft das duale Ausbildungssystem nach wie vor aufrecht. Wie sollte ein zeitgemäßes Instrument der Qualifizierung von Berufsanfängern in Deutschland aussehen?
- Wie wertvoll sind berufliche Abschlüsse noch im Zeitalter des permanenten Wandels und des lebenslangen Lernens? Welche Konsequenzen ergeben sich aus diesem Umstand für die betriebliche Praxis?

7.3 Weiterbildung und Training

In ähnlicher Weise wie die Berufsausbildung ist auch die **betriebliche Weiterbildung** – der Begriff der Fortbildung wird meist analog verwandt – in einem Wandel begriffen. Eine einmal abgeschlossene Berufsausbildung ist bei weitem nicht mehr ausreichend, um ein ganzes Berufsleben damit gestalten zu können. Die rasante technologische Entwicklung macht es erforderlich, dass Mitarbeiter sich ständig weiter qualifizieren bzw. eine betriebliche Weiterbildung stattfindet. Ausgangspunkt für Weiterbildungsmaßnahmen ist in der Regel ein Bildungsbedarf, der mit unterschiedlichen Methoden ermittelt und auf unterschiedlichen Wegen gedeckt wird. Nach der Durchführung von Bildungsmaßnahmen findet dann ein Bildungscontrolling statt, dessen Ergebnisse erneut in eine Bedarfsanalyse einfließen.

Abbildung 7-09: **Weiterbildungsprozess**

Leitfragen

- Mit welchen Methoden kann der Bildungsbedarf ermittelt werden?
- Welche Methoden der Mitarbeiterentwicklung gibt es und wie werden sie sinnvoll eingesetzt?
- Wie sollte eine strategisch-orientierte Mitarbeiterförderung aufgebaut sein?
- Wie können Mitarbeiterpotenziale identifiziert werden?
- Welche Bestandteile gehören zu einer modernen Personalentwicklungskonzeption?
- Was steckt hinter den Begriffen Management Development, Kompetenzmanagement und Talent-Management?
- Wie soll ein systematisches Bildungscontrolling aufgebaut sein und welchen Beitrag leistet es zum Erfolg von Weiterbildungsmaßnahmen?

7.3.1 Ermittlung des Entwicklungsbedarfs

Der Bildungs- bzw. Entwicklungsbedarf ist keine fest definierte Größe, sondern er lässt verschiedene Interpretationen und Ausprägungen zu. So macht es zum Beispiel einen erheblichen Unterschied, ob man von der Vorstellung eines objektiven, vom Unternehmen ermittelten Bedarfs ausgeht, oder ob man den vom Mitarbeiter wahrgenommenen und empfundenen Bedarf als Ausgangspunkt vorsieht. Auch die Frage, um wen bzw. was es geht, ist wichtig. Entwicklungsbedarf kann sich auf einen einzelnen Mitarbeiter, zum Beispiel im Rahmen seiner Karriereplanung, oder auf mehrere Mitarbeiter, zum Beispiel bei Einführung eines neuen DV-Programms für die Finanzbuchhaltung, beziehen. Personalentwicklungsbedarf kann aber auch am Bedarf an (verbesserter) Kommunikation in einer Abteilung ansetzen, wenn zum Beispiel Konflikte die Zusammenarbeit mit anderen Bereichen behindern (Teamentwicklung). Oder der Entwicklungsbedarf bezieht sich auf das ganze Unternehmen, das eine neue Konzeption der Führung und Zusammenarbeit umsetzen und absichern will (Organisationsentwicklung).

Viele große Unternehmen können und wollen es sich auch heute noch leisten, ein breites Weiterbildungsangebot für die Mitarbeiter anzubieten. Die Spanne der Angebote reicht von betrieblich notwendigen Qualifizierungen, z. B. Vermittlung neuer EDV-Programme sowie von Soft-Skills wie z. B. Führungskräftetraining vor oder nach der Übernahme von Führungsaufgaben, bis hin zu Bildungsangeboten in der Freizeit wie beispielsweise Tai Chi oder Yoga-Kurse. Im Sinne einer strategischen Personalentwicklung ist dabei allerdings strikt zu unterscheiden, welche Bildungsmaßnahmen das Unternehmen seinen Zielen näher bringt und welche Angebote eher einer – inzwischen überholten – Dienstleistungsorientierung der Weiterbildungsabteilung (Angebot einer breiten Themenpalette, aus der die Mitarbeiter/Führungskräfte nach Belieben

Übersicht: ***Bildungsbedarfsarten***

Bildungsbedarfsarten beziehen sich auf...	
• Mitarbeiter (subjektiver Bedarf)	• Unternehmen (objektiver Bedarf)
• Individuum/mehrere (einzelne) Mitarbeiter	• Gruppe/Abteilung/Unternehmen
• Stellenspezifische Inhalte	• Allgemeine (stellenunabhängige) Inhalte
• Qualifikationslücken/ Probleme	• Potenziale

Abbildung 7-10: ***Mitarbeiterentwicklungsbedarf***

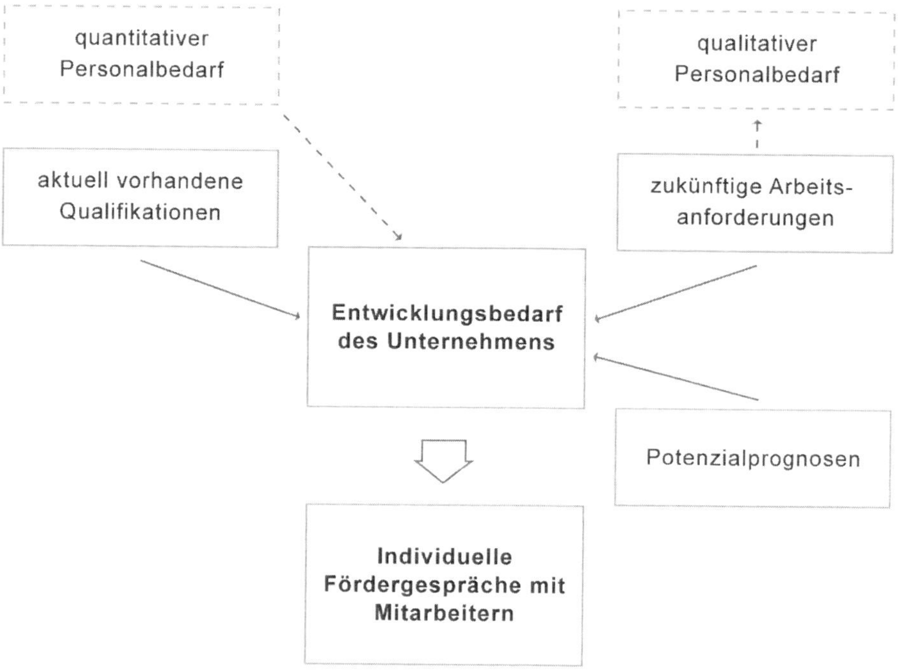

auswählen können) entsprechen. Neuberger spricht in diesem Zusammenhang auch von einer „hemdsärmelig-konzeptionslosen Vorgehensweise" (Neuberger 1994), bei der der Bildungsbedarf an der Nachfrage nach einem Bildungsangebot abgelesen wird.

Im Folgenden werden die in der Praxis gängigen **Methoden der Bedarfsermittlung** beschrieben, die sich eher an der unternehmensbezogenen Strategie als an einem individuell empfundenen Bedarf orientieren.

- Ein prominenter Vertreter der **Individuum-orientierten Bedarfsklärung** ist der sog. Job-Man-Fit-Ansatz. Er baut auf der klassischen Ermittlung des individuellen Bildungsbedarfs auf, bei der die Differenz zwischen den Arbeitsplatzanforderungen und den Qualifikationen des Stelleninhabers (die Fähigkeitenlücke) betrachtet wird. Darüber hinaus werden zukünftige Arbeitsanforderungen sowie die Potenzialprognose des Mitarbeiters in die Betrachtung einbezogen.

  Wichtige Bestandteile dieser Bedarfsermittlungsmethode sind – neben der qualitativen Personalbedarfsanalyse und Personalbedarfsprognose – Instrumente wie individuelle Fördergespräche, Potenzialanalyse und die daraus resultierende Personalentwicklungsplanung.

Der entscheidende Unterschied zur althergebrachten Bedarfsanalyse liegt darin, dass der individuelle Qualifizierungsbedarf am Ende der Prozesskette steht – und nicht am Anfang. Nicht der subjektiv empfundene Bildungsbedarf des Mitarbeiters steht im Vordergrund, sondern der objektiv ermittelte zukünftige Bedarf des Unternehmens an speziell qualifizierten Mitarbeitern. Ein Abgleich der Qualifikationen und Potenziale des vorhandenen Mitarbeiterstammes mit dem ermittelten Bedarf ergibt Anhaltspunkte, mit welchen Mitarbeitern individuelle Fördergespräche geführt werden können.

- Ausgehend von den Unternehmenszielen werden bei der **bereichsbezogenen Bedarfsklärung** die in Zukunft benötigten Kompetenzen für Funktionsgruppen von Mitarbeitern (job families) festgelegt. Daraus werden Maßnahmen für die Qualifizierung einer Gruppe von Mitarbeitern oder je nach Bedarf von einzelnen Mitarbeitern abgeleitet. Auch hier ergibt sich der individuelle Qualifizierungsbedarf am Ende der Bedarfsermittlung.
- Ein anderer Ansatz zur Ermittlung des Qualifizierungsbedarfs setzt an den Fragestellungen an: „Was sind die zentralen Problemfelder, die uns an der Realisierung unserer Ziele hindern?" und „Was sind die entscheidenden Schlüsselpositionen, die wir im Unternehmen und in unserer Sparte haben, und wo wir etwas verändern müssten?" Diese zentralen Fragen der **strategischen Bedarfsklärung** werden in einem Workshop (siehe Stiefel 2001) oder in Interviews mit Führungskräften besprochen. Im Rahmen der Problemanalyse werden systematisch die notwendigen Qualifizierungsfelder der Mitarbeiter abgeleitet. Erst nachdem der Personalentwicklungsbedarf insgesamt geklärt ist, werden individuelle Gespräche zur Förderung einzelner Mitarbeiter oder Gruppen von Mitarbeitern geführt. Auch hier liegt der entscheidende Unterschied zu konventionellen Bedarfserfassungsmethoden darin, dass nicht nach Seminaren für einzelne Mitarbeiter gefragt wird, sondern nach Geschäftszielen und erst am Ende die konkret umzusetzenden Qualifizierungsbedarfe stehen.

Allein auf der Grundlage der beschriebenen Methoden der Bedarfsermittlung kann der Perspektivenwechsel des Weiterbildungsbereichs vom Seminaranbieter zum Business Partner der Unternehmensleitung gelingen. Die Gefahr, dass sich die Weiterbildungsaktivitäten in einer Vielzahl von Einzelmaßnahmen verlieren, wird dadurch verringert. Es erfolgt eine Umlenkung der Weiterbildungsmaßnahmen auf strategisch relevante Felder. Die auf diese Art und Weise strategisch ausgerichteten Maßnahmen lassen sich sehr gut kommunizieren und evaluieren. Der Nachweis des Wertschöpfungsbeitrags durch die Mitarbeiterentwicklung wird damit erleichtert.

7.3.2 Übersicht über die Methoden der Mitarbeiterentwicklung

Eine gängige Einteilung zwischen den verschiedenen Personalentwicklungsmethoden stellt die Unterscheidung in on- oder off-the-job Maßnahmen dar. Darüber hinaus lassen sich weitere Maßnahmen als Methoden der Mitarbeiterentwicklung into-the-job, along-the-job, near-the-job und out-of-the-job beschreiben. Einen Überblick über die verschiedenen Methoden der Mitarbeiterentwicklung gibt die Abbildung auf der folgenden Seite.

7.3.3 Training into-the-job

Die Maßnahmen des Training into-the-job bereiten auf den erstmaligen Erwerb berufs- und tätigkeitsspezifischer Qualifikationen vor. Dabei handelt es sich konkret um die berufliche Erstausbildung (der Auszubildenden), um Trainee-Programme (für Hochschulabsolventen), Berufsakademie-Studienprogramme (aktuelle Bezeichnung: Duale Hochschule) (als „akademische" Alternative zur Berufsausbildung) und Praktika (für Schüler und Studierende).

Trainee-Programme als Einführungs- und Entwicklungsprogramme für Hochschulabsolventen haben speziell den qualifizierten Nachwuchs im Auge. Im Anschluss an die Ausbildung an einer Hochschule (Universität, Pädagogische Hochschule oder (Fach) Hochschule) wollen diese Programme mit allen Gegebenheiten des Unternehmens vertraut machen. Die neu eingestellten Hochschulabsolventen sollen einen Überblick über alle Bereiche des Unternehmens erhalten, um sich so für spätere Führungsaufgaben zu qualifizieren. Trainee-Programme werden in der Regel von größeren Betrieben oder von Dachorganisationen mittelständischer Betriebe angeboten. Sie erstrecken sich auf einen Zeitraum von sechs bis maximal 24 Monaten, verfahren nach dem Prinzip des systematischen Arbeitsplatzwechsels (Job Rotation) und sehen hauptsächlich Maßnahmen des Training on-the-job vor. In größeren Unternehmen werden häufig ergänzend weitere Qualifikationsmaßnahmen wie Seminare, Workshops oder Projektarbeiten angeboten.

Abbildung 7-11: **Methoden der Mitarbeiterentwicklung im Überblick**

Es gibt keine überbetriebliche, tarifvertragliche oder gesetzliche Regelung zur Gestaltung und zum Ablauf von Traineeprogrammen. Von den Trainees wird erwartet, dass sie sich während der einzelnen Ausbildungsstationen selbständig und eigeninitiativ möglichst viel Wissen bzw. Fertigkeiten aneignen und Netzwerke bilden. Trainee-Programme können funktionsübergreifend (allgemeines Programm) oder positionsspezifisch (spezielles Programm) ausgelegt sein. Die Erfahrungen mit dieser speziellen Art des Training into-the-job sind durchweg gut. Da die Einstellung eines Hochschulabsolventen als Trainee zunächst höhere Kosten verursacht als eine Direkteinstellung, wird in der Regel die Auswahlentscheidung anhand eines Assessment-Centers getroffen. Am Ende der Traineeausbildung erfolgt meist erst die Entscheidung, ob und in welchem Unternehmensbereich eine Weiterbeschäftigung und eine weitere Förderung erfolgt.

Eine weitere Möglichkeit des Trainings into-the-job und gleichzeitig eine Mischung aus Berufsausbildung und Traineeausbildung stellt das **Studienprogramm der Berufsakademie** (BA) bzw. der Dualen Hochschule dar. Das Angebot umfasst eine theoretische Ausbildung an der Berufsakademie in Verbindung mit einer praktischen Ausbildung im Unternehmen. Abiturienten können so nach drei Jahren einen Bachelor-Abschluss erreichen, der anderen Hochschulen gleichgestellt ist. Gleichzeitig sind sie im Betrieb bereits eingearbeitet; sie kennen die unternehmensspezifischen Anforderungen und benötigen somit keine weitere aufwändige Einführung bzw. Ausbildung.

Der erste Kontakt von Schülern und Studenten zu einem Unternehmen erfolgt häufig über ein **Praktikum**. Man unterscheidet Schülerpraktika (Dauer zwischen 1 Tag und mehreren Wochen) und Pflichtpraktika während des Studiums (Dauer zwischen 4 Wochen und 12 Monaten). Während manche Arbeitgeber den Einsatz von Praktikanten dazu nutzen, einfache Arbeiten preisgünstig erledigen zu lassen, bieten andere Arbeitgeber den Praktikanten umfassende Einblicke in unterschiedliche Unternehmensbereiche. Hierzu wird – ähnlich einer Traineeausbildung – ein Durchlaufplan ausgearbeitet und den Praktikanten die Möglichkeit zum Kennenlernen verschiedener Arbeitsgebiete bzw. Arbeitsplätze geboten. Im Sinne einer systematischen Weiterbetreuung wird der Kontakt während des Studiums über eine Werkstudententätigkeit, Ferienjobs oder Abschlussarbeits- bzw. Thesisangebote aufrecht gehalten. Kommt es nach Abschluss des Studiums zu einer Einstellung, hat sich eine weitere Einarbeitung oder eine Traineeausbildung damit bereits erledigt oder kann deutlich verkürzt werden.

7.3.4 Training on-the-job

Im Gegensatz zum Training into-the-job handelt es sich bei Mitarbeitern, die on-the-job oder off-the-job weiterqualifiziert werden, bereits um Angehörige der Stammbelegschaft. Der entscheidende Unterschied zwischen Training on-the-job-Methoden und Training off-the-job liegt nicht darin, ob die Weiterbildung – räumlich gesehen –

am Arbeitsplatz oder im Seminarhotel stattfindet. Es kommt vielmehr auf die Inhalte an. Wenn sich die Inhalte einer Maßnahme im Wesentlichen aus der Tätigkeit des Mitarbeiters bestimmt, dann spricht man von Training-on-the-job. Handelt es sich um Inhalte, die weitergehend unabhängig von der aktuellen Tätigkeit vermittelt werden, dann wird das als Training-off-the-job bezeichnet. Wird am Arbeitsplatz bspw. ein E-Learning-Programm absolviert, dann handelt es sich genauso um eine off-the-job-Maßnahme wie ein E-Learning-Programm, das in einem speziell dafür vorgesehenen internen oder externen Weiterbildungszentrum stattfindet. Häufig ist allerdings eine exakte Unterscheidung kaum möglich und wenig sinnvoll, da die Übergänge fließend sind und die Methoden sinnvollerweise oft kombiniert werden. So kann z. B. die Einrichtung eines Förderkreises für Nachwuchskräfte sowohl eine on-the-job-Maßnahme sein (z. B. Übertragung von zusätzlichen Projektaufgaben am Arbeitsplatz) als auch eine off-the-job-Maßnahme (regelmäßige Treffen bzw. Schulungen der Förderkreismitglieder in einem Seminarhotel oder Bildungszentrum). Die vorgenommene Einteilung der Mitarbeiterentwicklungsmaßnahmen in on-the-job- und off-the-job-Verfahren ist daher nur als grober Anhaltspunkt anzusehen, nicht als eine exakte Einteilung.

Job Enlargement als Erweiterung des Aufgabenbereiches eines Mitarbeiters um zusätzliche gleichwertige Aufgaben, **Job Enrichment** als vertikale Bereicherung der Arbeitsinhalte durch höherwertige Aufgaben und **Job Rotation** als systematischer und geplanter Arbeitsplatzwechsel sind gängige Maßnahmen des Training on-the-job. Durch die gezielte Erweiterung bzw. Bereicherung des Aufgaben- bzw. des Verantwortungsbereiches als Mitarbeiterentwicklungsmaßnahme wird eine systematische Weiterentwicklung des Mitarbeiters gefördert. Bei der Job Rotation wird die Möglichkeit geschaffen, verschiedene Aufgaben- oder Funktionsbereiche kennen zu lernen; damit kann gezielt der Blick des Mitarbeiters „über den Tellerrand" (helicopter view) hinaus gelenkt und ihm so ein besserer Überblick über die Zusammenhänge im Betrieb verschafft werden (siehe zu diesen Methoden der Arbeitsstrukturierung aus der Sicht der Arbeitsgestaltung auch Teil 5). Häufiger Bestandteil solcher Rotationsprogramme für angehende Führungskräfte sind auch Auslandsaufenthalte. Eine spezielle Art der Job Rotation stellt schließlich auch das Traineeprogramm dar.

Bei der **Hospitation** handelt es sich um einen geplanten Aufenthalt in einer anderen Abteilung oder einer anderen Niederlassung mit dem Ziel, benachbarte Aufgabenbereiche innerhalb des Unternehmens kennen zu lernen. Damit soll ein größeres Verständnis für Zusammenhänge und ein Kennenlernen der Mitarbeiter in diesen Bereichen erreicht werden. Ein Beispiel für eine Hospitation ist es, alle neuen Mitarbeiter (auch alle Praktikanten) vor Aufnahme der eigentlichen Arbeit zunächst eine Woche in der Produktion mitarbeiten zu lassen. Diese Maßnahme ist dann fester Bestandteil des Einarbeitungsplanes und dient dem Sammeln von Erfahrungen, von denen im weiteren Arbeitsleben bei diesem Unternehmen profitiert werden kann. Ein weiteres Beispiel ist die zeitlich befristete Entsendung eines Mitarbeiters in die Unternehmenszentrale mit dem Ziel, das Verständnis von größeren Zusammenhängen im Unternehmen zu vermitteln.

Eine spezielle Form der Hospitation bzw. auch der Job Rotation stellt die **Auslandsentsendung** dar. Sie kann Teil eines Traineeprogramms oder eines anderen Führungsnachwuchsprogramms (siehe hierzu weiter unten) sein. Im Volkswagen-Konzern gibt es bspw. spezielle internationale Entwicklungsprogramme (siehe Rath 2006). Für Führungskräfte in einem internationalen Unternehmen stellt Auslandserfahrung eine unerlässliche Voraussetzung für eine Managementaufgabe dar. Aber auch andere Unternehmen schätzen die Kompetenzen, die bei einem Auslandseinsatz erworben werden, sehr hoch ein. Dazu gehören im Wesentlichen die interkulturelle Kompetenz und ein hohes Maß an Flexibilität. Becker beschreibt in diesem Zusammenhang die „Heranbildung eines unternehmerischen kosmopolitischen Bewusstseins; darunter ist u.a. die globale Einschätzung über die Entwicklungsmöglichkeiten eines Unternehmens in Abhängigkeit von den wirtschaftlichen Tendenzen zu verstehen." (Becker 2009). Je nach Verweildauer im Ausland lassen sich unterschiedliche Konzeptionen der Mitarbeiterentwicklung durch Auslandsentsendung unterscheiden:

- Development Assignment (Dauer 1-3 Monate): Auslandsaufenthalt z. B. im Rahmen eines Traineeprogramms, Förderprogramms oder als Bestandteil der Berufsausbildung.
- Project Assignment (Dauer 1-2 Jahre): Im Ausland steht die Leitung oder die Mitarbeit in einem zeitlich befristeten Projekt im Vordergrund; nach Projektabschluss erfolgt die Rückkehr in die Heimatniederlassung.
- Langfristige Entsendung (Dauer max. 5 Jahre): Voraussetzung für eine längerfristige Entsendung ist in der Regel eine mehrjährige Berufserfahrung im Heimatland mit dem Ziel, Know-how in die ausländische Niederlassung zu transferieren. In der Mitarbeiterentwicklung wird diese Variante ausschließlich im Bereich der mittleren und höheren Führungskräfte (Top-Management) als Entwicklungsmaßnahme eingesetzt. Bei einer langfristigen Entsendung ist eine gute Vorbereitung vor dem Auslandsaufenthalt, die auch die Familie des zu entsendenden Mitarbeiters (Expatriat) mit einbezieht, wichtig. Dazu gehören z. B. Cross Cultural Trainings, Sprachprogramme, Look-and-see-Trips, etc. Daneben ist aber auch eine Unterstützung bei der Wohnungssuche, der Schulsuche für die Kinder und bei allen Einreiseformalitäten (die Anforderungen variieren von Land zu Land) üblich. Während der Auslandsentsendung ist die kontinuierliche Betreuung der Expatriates sowohl durch eine Personalbetreuung vor Ort als auch vom Stammhaus im Heimatland aus dringend geboten.

Mitarbeiterinnen und Mitarbeiter, denen deutlich mehr Potenzial zugetraut wird als in der aktuellen Position benötigt, können im Sinne einer Entwicklungsmaßnahme in **Förderkreise oder Führungsnachwuchsgruppen** aufgenommen werden. Die Qualifizierung für weitergehende Aufgaben besteht in der Regel aus einer Mischung von on-the-job und off-the-job-Maßnahmen. Die Teilnehmer werden an ihrem Arbeitsplatz systematisch und gezielt mit weiterführenden Aufgaben oder Projektaufgaben betraut. Begleitend dazu erfolgen weitere Qualifizierungen in Form von Seminaren und Förderkreistreffen. Dort werden neue Erfahrungen besprochen, theoretische Inhalte erarbeitet und Lösungen für aktuelle Probleme am Arbeitsplatz gemeinsam konzipiert. Für die Mitglieder des Förderkreises ist die Tatsache, in den Förderkreis aufgenommen zu sein und als Führungsnachwuchskraft behandelt zu werden, sehr motivierend. Sie finden in dem Kreis Gleichgesinnte und spornen sich gegenseitig an. Diejenigen, die nicht in den Förderkreis aufgenommen werden, weil man ihnen das Potenzial für Führungsaufgaben nicht zutraut, erleben die Ablehnung als frustrierend und demotivierend. Hier sollte der jeweilige Vorgesetzte aufpassen, dass nicht ein wertvoller Fachmann in die innere Kündigung abwandert bzw. tatsächlich das Unternehmen verlässt, obwohl man ihn als Mitarbeiter sehr schätzt. Das Aufzeigen von alternativen Entwicklungsmöglichkeiten, einer Fachlaufbahn oder ggf. einer Projektlaufbahn (siehe auch die Ausführungen zum „Training along-the-job") ist in diesem Fall die dringend gebotene Aufgabe der Führungskraft.

Bei der Übernahme einer **Assistenzfunktion bzw. Stellvertreterfunktion** handelt es sich um einen „Klassiker" der Mitarbeiterentwicklung. Die Tätigkeit als Assistent oder Stellvertreter dient der systematischen Vorbereitung auf die zukünftige Position. Sie ist in der Regel eine Station innerhalb der Laufbahn. Die gezielte Begleitung und Ausgestaltung dieser Maßnahme durch die Personalentwicklungsabteilung macht den Unterschied zur zufälligen Besetzung einer solchen Stelle aus. Dabei ist darauf zu achten, dass ein Stellvertreter bspw. nicht nur im Falle von Krankheit und Urlaub die Aufgaben des Vorgesetzten übernimmt, sondern dass er bereits als Stellvertreter eigene Verantwortungsbereiche wahrnehmen kann, bei deren Übernahme er angeleitet und begleitet wird.

Die Mitarbeiterentwicklungsmaßnahme **Coaching** richtet sich an Einzelpersonen aus höheren Führungsebenen, denen zur Weiterentwicklung ein (meist externer) Coach zur Seite gestellt wird. Der Coach führt mit den zu entwickelnden Mitarbeitern (Coachee) zunächst ein Gespräch, um sich einen ersten Eindruck zu verschaffen. In weiteren Beratungsgesprächen erfolgen dann zwischen Coach und Coachee ein Contracting, die Begleitung der Umsetzung der gemeinsam vereinbarten Maßnahmen sowie die Evaluation der Zielerreichung. Anlässe für Coaching können sein: Bewältigung von Krisen, Burnout-Syndrom, Führungsprobleme, Verbesserung der Performance, etc. Der Auswahl eines Coaches sollte besondere Aufmerksamkeit zuteil werden. Für diese Aufgabe sind u. a. ein breiter Erfahrungshintergrund, eine entsprechende Zusatzqualifikation (z. B. therapeutische Zusatzausbildung) sowie eine hohe soziale Kompetenz erforderlich. Grundsätzlich kommen für diese Aufgabe sowohl interne als auch externe Coaches in Frage. Eine ganz andere Form des Coachings ist das **Coaching durch die Führungskräfte**. Sie werden häufig als „natürlicher" Coach ihrer Mitarbeiter gesehen, der dafür Sorge trägt, dass sich der Einzelne weiterentwickeln kann. Eine weitere Form des Coachings ist das **Gruppen- oder Teamcoaching**, bei dem die Zusammenarbeit innerhalb eines Teams im Mittelpunkt steht. Im Rahmen der Mitarbeiterentwicklung sollten klare Regeln aufgestellt werden, wie das Coaching im Unternehmen abläuft und organisiert wird.

Unter **Mentoring** wird die Förderung von weniger erfahrenen Mitarbeitern (Mentee) durch erfahrene, hierarchisch höher angesiedelte Mitarbeiter (Mentoren) verstanden. Eine unternehmensübergreifende Variante stellt das Cross-Mentoring dar, bei dem der Mentor oder die Mentorin in einem anderen Unternehmen arbeitet als der Mentee. Mentoring hat in der Regel eine begleitende Karriereentwicklung zum Ziel. Das Mentoring umschreibt keine spezielle Maßnahme oder Methode, sondern eher eine Beziehung zwischen zwei Personen, die die persönliche Weiterentwicklung von Mitarbeitern im Fokus hat.

Teamentwicklung setzt im Unterschied zu den meisten Weiterbildungsmaßnahmen nicht an Einzelpersonen und nicht an einem zu vermittelnden Lernstoff bzw. Thema an. Grundlage der Teamentwicklung ist ein problemlösungsorientierter Ansatz, in dessen Mittelpunkt ein bestehendes oder neu zu bildendes Team innerhalb der Organisation (Organisationsfamilie) steht. Ziel ist es, eine Gruppe bei der Lösung von Problemen effektiver zu machen oder bestehende Probleme innerhalb des Teams aufzuarbeiten. Inhaltlich geht es um die tägliche Zusammenarbeit der Teammitglieder. Insofern zählt die Teamentwicklung zu den on-the-job-Maßnahmen. Als Methoden werden Team-Workshops, Einzel- und Teamgespräche, Outdoor-Trainings, Skiwanderungen, Paddeltouren, Kochveranstaltungen, usw. eingesetzt. Die Maßnahmen werden in der Regel durch einen Mitarbeiter der Mitarbeiterentwicklungsabteilung oder einen externen Moderator(Trainer) gesteuert und begleitet. Teamentwicklung im Sinne eines Mitarbeiterentwicklungsinstruments ist als aktive Maßnahme zu verstehen, in der Entwicklungsprozesse innerhalb einer Organisationsfamilie in Gang gesetzt und weiterverfolgt werden.

7.3.5 Training off-the-job - Seminare und Trainings

Zu den Weiterbildungsmaßnahmen, die off-the-job stattfinden, gehören in erster Linie die **klassischen Seminare oder Trainings**. Zu diesem Zweck trifft sich eine Gruppe von Mitarbeitern in einem Seminarraum oder einem Seminarhotel mit einem internen oder externen Trainer. Die Dauer der Veranstaltung variiert zwischen 1/2 Tag und einer Woche. Der Trend geht aktuell zu eher kürzeren Seminareinheiten (1-2 Tage statt 1 Woche), die – soweit möglich und sinnvoll – nach einer Praxisphase weiter fortgesetzt werden. Durch die eingeschobene Praxisphase wird den Teilnehmern die Gelegenheit geboten, das Gelernte in der Praxis auszuprobieren und bei einem erneuten Zusammentreffen der Seminargruppe die Erfahrungen auszutauschen.

Je nach Inhalt der Weiterbildungsveranstaltung wird zwischen folgenden Weiterbildungsarten unterschieden:

- fachliche Weiterbildung (z. B. Excel-Schulung)
- verhaltensorientiertes Training (z. B. Führungstraining)

- Fremdsprachenschulung (z. B. Business English)
- Methodentraining (z. B. Projektmanagement)

Übersicht: ***Seminarplanung***

Thema	Alternativen bzw. Kommentar
Lernziele	• Lernziele im Vorfeld festlegen (Was soll den Teilnehmern vermittelt werden?)
Teilnehmerkreis	• homogener oder heterogener Kreis • organisatorische „Familien", z. B. komplette Abteilung
Referenten	• interne Referenten • externe Referenten
Inhalte und Ablauf	• Einstiegs- und Motivationsphase • Lernphase • Transfersicherung und Abschluss
Didaktische Prinzipien	• ganzheitliches Lernen • Teilnehmerproblem als Ausgangspunkt • erfahrungsorientiertes Lernen • partizipatives Lerndesign
Zeitdauer und -struktur	• Dauer des Seminars • Beginn, Ende, Pausen • Platzierung im Jahr/Monat/Woche
Lehr-/Lernmethoden	• aktive und passive Methoden • Einzel- und Gruppenmethoden
Raum und Medieneinsatz/Materialien	• Raumgröße, Beleuchtung, Mobiliar • Tafel, Overhead-Projektor, Flip Chart, Beamer, Leinwand, Metaplan-Wand, schriftliche Teilnehmerunterlage (Hand-out), Video-Aufzeichnung
Controlling	• Kosten- und Erfolgscontrolling

Ziele können der berufliche Aufstieg (z. B. Übernahme einer Führungsaufgabe) oder die Anpassung an technische Weiterentwicklungen (z. B. Software-Schulung) zur Erfüllung der Anforderungen in der aktuellen Position sein. Die konkrete und detaillierte Gestaltung von Qualifizierungsmaßnahmen (interne bzw. externe Seminare) umfasst die Aspekte, die in der obigen Übersicht dargestellt sind.

Bei der Organisation von Seminaren kommt es vor allem auch darauf an, bestimmte **Prinzipien** einzuhalten, die bei Lernprozessen Erwachsener als unabdingbar gelten:

- Orientierung an den Problemen und an den Erfahrungen der Teilnehmer (nicht am Themenverständnis des Referenten bzw. Trainers)
- Umfassende Einbeziehung bzw. Partizipation der Teilnehmer

Diese Prinzipien sind bei der Gestaltung des Seminarablaufes bedeutsam, z. B. die Abklärung von Erwartungen der Teilnehmer zu Beginn der Veranstaltung. Sie sind aber auch bei der Festlegung des Lerndesigns zu beachten, das je nach Seminarinhalt einen entsprechenden Methodenmix beinhalten sollte, z. B. Gruppenarbeit abwechselnd mit Einzelarbeit und Arbeit im Plenum.

Während der **Lerntransfer** bei Weiterbildungsmaßnahmen on-the-job als unproblematisch angesehen wird, gerät die klassische Seminarform zunehmend unter Druck, weil die Effizienz bzw. der Lernerfolg meist nur schwer nachweisbar ist. Hinzu kommt, dass diese Maßnahmen durch die Bezahlung eines Trainers, die Hotelkosten, etc. deutlich teurer sind als die oben genannten on-the-job Maßnahmen.

7.3.6 Training off-the-job - weitere Methoden

Planspiele basieren auf dem Prinzip „Lernen durch Tun". Es wird versucht, die Realität im Planspiel abzubilden und die Konsequenzen von Entscheidungen erfahrbar zu machen. Im Unterschied zur Realität können die Beteiligten ihre Entscheidungen beim nächsten Spieldurchlauf verändern und die Spielsituation dadurch optimieren lernen. Komplexe Zusammenhänge können im Planspiel durch eine stufenweise Steigerung der Komplexität verständlich gemacht werden. Im Bereich der Mitarbeiterentwicklung können Planspiele sowohl für die Vermittlung fachlicher Kompetenzen (z. B. betriebswirtschaftliches Planspiel) als auch zur Übung methodischer Kompetenzen (strategische Vorgehensweise, Gruppenprozesse steuern, etc.) und sozialer Kompetenzen (Verhaltensplanspiel) eingesetzt werden. Der finanzielle Aufwand für die Entwicklung eigener Planspiele ist relativ hoch. Deshalb sollten Planspiele sehr zielgerichtet und bewusst innerhalb der Mitarbeiterentwicklung eingesetzt werden.

Das **Outdoor-Training** ist ein Lernprojekt, das in der Natur stattfindet und mithilfe von erlebnisreichen Elementen Lernerfahrungen in der Gruppe vermittelt. Wesentliche Merkmale dieser Lernmethode sind u. a. das Entwickeln gemeinsamer Lösungsstrategien im Team, die Überschreitung persönlicher Grenzen und die Bewältigung von unbekannten Herausforderungen. Die eingesetzten Methoden reichen von wenig aufwändigen Gruppenübungen (z. B. Vertrauensfall) bis zu Hochseilklettergärten, Wildwassertouren und Abseilübungen. Obwohl Outdoor-Trainings in der Regel sehr hohe Kosten verursachen, können sie in bestimmten Situationen als sinnvolle Mitarbeiterentwicklungsmaßnahme angesehen werden. Dazu gehören Teamentwicklungsmaßnahmen, Managementtrainings sowie begleitende Maßnahmen in Organisationsentwicklungsprozessen. Besonders kritisch ist beim Einsatz von Outdoor-Training der Lerntransfer zu betrachten. Da sich die Outdoor-Situation in der Regel sehr stark von der betrieblichen Realität unterscheidet, fällt der Transfer des Gelernten in den betrieblichen Alltag besonders schwer. Der Einbau von Reflexionsphasen und die Durchführung von Follow-up-Veranstaltungen, bei denen der Lerntransfer aktiv unterstützt wird, werden deshalb als wichtiger Bestandteil eines guten Outdoor-Trainings gesehen.

Im Zuge der technologischen Weiterentwicklung hat sich das **E-Learning** als eine neue Form des IT-gestützten Lernens entwickelt. Manche Experten zählen E-Learning zu den Mitarbeiterentwicklungsmethoden on-the-job, da die einzelnen Lernprogramme häufig vom PC am Arbeitsplatz aus gestartet werden. Dies stellt allerdings die einzige Verbindung zum Arbeitsplatz dar. Das Absolvieren des Lernprogramms ist nicht Teil der täglichen Arbeitsaufgabenerledigung. In der Praxis lässt sich eine Durchführung von Lernprogrammen am Arbeitsplatz in der normalen Arbeitszeit organisatorisch häufig nicht durchführen, da Telefon und andere Störfaktoren zu Unterbrechungen führen. Es ist daher ratsam, computer- oder internetgestützte Lernprogramme an einem anderen Lernplatz oder außerhalb der Arbeitszeit zu bearbeiten. Insofern ist die Einordnung als off-the-job Maßnahme gerechtfertigt. Als unterschiedliche Formen des E-Learnings gibt es das **Computer Based Training** (CBT), bei dem das Lernen „offline“ stattfindet und das Lernprogramm mittels eines Speichermediums (CD-Rom, DVD, etc.) gestartet wird. Das **Web Based Training** (WBT) erfolgt im Gegensatz dazu „online“ über das Internet und ermöglicht zusätzlich auch eine Kommunikation zwischen Lernenden und Programmtutoren. Eine Online-Variante des WBT ist der **Virtual Classroom** (VC), auch Teleteaching genannt. Dabei findet eine virtuelle Lehrveranstaltung statt, bei der sich Tutor und Teilnehmer zeitgleich im virtuellen Klassenzimmer aufhalten und Fragen unmittelbar geklärt werden können, ohne dass sich die Teilnehmer gleichzeitig an einem bestimmten Ort aufhalten müssen. Zunehmend werden auch **Webinare** über das World Wide Web angeboten. Dabei trägt der Referent seine Inhalte „live“ im Internet vor. Die Teilnehmer können an der Veranstaltung weltweit über das Internet teilnehmen und den Referenten sehen und hören. Je nach Absprache besteht auch die Möglichkeit zur gegenseitigen Kommunikation, so dass die Teilnehmer auch schriftlich oder mündlich Fragen stellen oder Diskussionsbeiträge liefern können. Der Vorteil dieser Seminare liegt zum einen in der unbegrenzten Teilnehmerzahl und zum anderen im Wegfall von Reisekosten und Reisezeiten.

Während dem E-Learning Ende des letzten Jahrhunderts eine große Zukunft vorausgesagt wurde, haben sich mittlerweile die Erwartungen der Unternehmen deutlich reduziert. Den Vorteilen der Methode, wie z. B. zeitliche und räumliche Unabhängigkeit des Lernens, Multimedialität und Individualität, stehen die zum Teil hohen Kosten und die mangelnde Akzeptanz der Mitarbeiter gegenüber. Es empfiehlt sich daher, E-Learning als Weiterbildungsmethode immer dann einzusetzen, wenn kognitive Inhalte in standardisierter Form in kurzer Zeit einer großen Anzahl an Personen zugänglich gemacht werden sollen; das ist beispielsweise beim Nachweis von Grundkenntnissen des Datenschutzes oder bei Unterweisungen zum AGG der Fall, die häufig von vielen oder gar von allen Mitarbeitern eines Unternehmens nachgewiesen werden müssen.

Die Erkenntnis, dass E-Learning die herkömmlichen Seminarveranstaltungen nicht ersetzen kann, andererseits aber auch deutliche Vorteile zu bieten hat, führte dazu, dass eine Mischform dieser beiden pädagogisch-didaktischen Möglichkeiten entwickelt wurde, das so genannte **Blended Learning**. Dabei werden Lernsequenzen mit elektronischen multimedialen Anteilen durch Präsenzveranstaltungen im traditionellen Stil ergänzt, in denen über das Gelernte gesprochen wird und neu gelernte Verhaltensweisen eingeübt werden. Der kluge Einsatz dieser Methode kombiniert die kostengünstige Wissensvermittlung des E-Learnings mit den unverzichtbaren Elementen des Erfahrungsaustauschs in einer Lerngruppe und erzielt damit optimale Lernerfolge.

7.3.7 Training near-the-job

Werkstattzirkel oder Qualitätszirkel werden in erster Linie im Produktionsbereich eingesetzt. Sie bestehen aus 7-10 Teilnehmern aus verschiedenen Abteilungen. Die Treffen finden in einem separaten Raum statt und werden von speziell geschulten Moderatoren geleitet. Primäres Ziel der Werkstattzirkel ist es, Optimierungsvorschläge für die Fertigung zu erarbeiten, um die Produktivität, die Qualität, aber auch die Arbeitsbedingungen zu verbessern. Darüber hinaus werden die Mitarbeiter durch die Mitarbeit im Werkstattzirkel auch darin geschult, Prozessabläufe zu verstehen und auftauchende Probleme selbst zu lösen. Die Werkstattzirkel haben sich seit den 80iger Jahren als erfolgreiches Konzept in Industrieunternehmen durchgesetzt. Als Ergebnis werden nicht nur Kosteneinsparungen und Produktivitätsverbesserungen genannt, sondern auch die Erhöhung des Wir-Gefühls durch die systematische Einbindung der Betroffenen und des Verständnisses der Abteilungen untereinander.

In ähnlicher Weise wie die Werkstattzirkel erarbeiten sich **selbstgesteuerte Lerngruppen** die Lerninhalte in eigener Verantwortung. Dabei wird die Gruppe nicht von einem Lehrer oder Trainer geleitet, sondern von einem Moderator, der die Lernenden unterstützen soll. Im Gegensatz zur traditionellen Lehrmethode, die das Lernen als einen passiv-rezeptiven Prozess gestaltet, wird in den selbstgesteuerten Lerngruppen das Lernen von den Gruppenmitgliedern aktiv mitgestaltet. Dem entsprechend wird auch die Verantwortung für den Lernprozess nicht von der Weiterbildungsabteilung oder einem Trainer übernommen, sondern die Gruppe ist für das Lernen und die Lernfortschritte der Gruppenmitglieder gemeinsam verantwortlich. Diese Art von Lernen eignet sich vor allem zur Vermittlung von Handlungskompetenz. Eine wesentliche Voraussetzung für den erfolgreichen Einsatz dieser Methode ist eine Unternehmenskultur, die offen ist für Innovationen und in der das lebenslange Lernen als ein selbstverständlicher Bestandteil des Arbeitslebens verstanden wird.

Bekannte Methoden des selbstgesteuerten Lernens sind die **Übungsfirma oder Lerninsel**, die vor allem in der Berufsausbildung eingesetzt werden. Darüber hinaus zählen aber auch Methoden wie das **Projektlernen, Blended Learning, E-Learning, Action Learning** und die **Leittextmethode** dazu. Ein Praxisbeispiel für den Einsatz von Projektlernen ist das Mitarbeiterentwicklungskonzept „Lufthansa Explorers". Dabei handelt es sich um ein einjähriges Entwicklungsprogramm für Nachwuchskräfte des Lufthansa Konzerns und dessen Partnerunternehmen. Die Teilnehmer werden in internationale Teams eingeteilt und bearbeiten gemeinsam Projekte. Begleitend finden verschiedene Trainings und Workshops statt. Während dieser Zeit bleiben die Teilnehmer an ihrem aktuellen Arbeitsplatz. Die Teams arbeiten hauptsächlich virtuell zusammen und kommen nur an bestimmten gemeinsamen Terminen zusammen. Auf diese Art werden Netzwerke der Teilnehmer untereinander aufgebaut und die Teilnehmer können ihre eigenen Kompetenzen weiter entwickeln und trainieren.

7.3.8 Training along-the-job

Mitarbeiterentwicklung und -förderung wird häufig in Laufbahn- und in Nachfolgeplänen konkretisiert. Sie stellen zwei Seiten des gleichen Themas dar.

Bei der **Laufbahn- bzw. Karriereplanung** steht die Perspektive des Mitarbeiters im Vordergrund. Seine weitere Karriere im Unternehmen wird reflektiert und in Umrissen festgehalten. Ergebnisse der individuellen Karriereplanung sind geplante Einsätze an bestimmten Positionen, Übertragung besonderer Aufgaben und bildungsorientierte Qualifizierungsmaßnahmen. Seine weitere Entwicklung im Unternehmen wird perspektivisch durchdacht und erste Maßnahmen zur Erreichung der vorgesehenen Entwicklungsziele werden in die Wege geleitet. Dabei erstrecken sich Laufbahn- bzw. Karrierepläne in der Regel auf längere Zeiträume, z. B. auf eine Dauer von fünf Jahren. Im Lauf dieser Zeit muss ständig geprüft werden, ob die unternehmensseitigen Bedingungen noch die gleichen sind und ob der Mitarbeiter die vereinbarten Entwicklungsschritte bzw. Lernziele auch wirklich erreicht hat. Aufgrund der in immer kürzeren Zeitabständen erfolgenden Umstrukturierungen von Organisationen sind manche Unternehmen dazu übergegangen, keine langfristigen Karriereplanungen mit den Mitarbeitern zu vereinbaren, weil das Unternehmen einem permanenten Wandel unterliegt und Planungen deshalb nicht eingehalten werden können. In diesem Fall fehlen den Mitarbeitern konkrete Perspektiven und es kann zu vermehrten Kündigungen von Leistungsträgern kommen. Eine Anpassung der Laufbahnplanung an geänderte Bedingungen ist daher im Zweifel vorzuziehen.

Die Begriffe „Laufbahn" und „Karriere" legen nahe, dass es sich um einen Aufstieg im Unternehmen handelt. Diese Betrachtung greift aber zu kurz. Laufbahn meint lediglich eine bestimmte Abfolge von Stellen, die ein Mitarbeiter im Lauf der Zeit innehat. Das können Stellen auf der gleichen hierarchischen Ebene ebenso wie Stellen im Bereich einer **Führungs-, einer Fach-, einer Projektlaufbahn** oder auch Stellen im Ausland sein. In diesem Zusammenhang spielt auch die persönliche Lebensplanung des Mitarbeiters mit Familienphasen u. a. m. eine zentrale Rolle, und es geht darum, die Ziele und Möglichkeiten des Unternehmens und die Ideen und Pläne des Mitarbeiters in Einklang zu bringen. Dabei kommt vor allem auch der beruflichen Karriere für den Mitarbeiter eine herausragende Bedeutung zu. Für das Unternehmen ist es wichtig zu wissen, welchen Stellenwert berufliches Fortkommen für den Mitarbeiter hat, ob also eine entsprechende Motivation dazu vorliegt. Die unterschiedlichen Möglichkeiten der Karrierewege zeigt die Abbildung „Fach-, Führungs- und Projektlaufbahn".

Bei der **Nachfolgeplanung** stehen die (wichtigen) Stellen im Unternehmen im Mittelpunkt. Nachfolgeplanung soll sicherstellen, dass die entscheidenden Positionen im Unternehmen immer qualifiziert besetzt sind. Konkret geht es um die Bestimmung und Vorbereitung eines oder mehrerer Nachfolger. Nicht für jede Stelle im Unternehmen ist eine systematische Nachfolgeplanung notwendig. Stellen, die schnell und ohne langwierige Qualifizierungsmaßnahmen von innen oder von außen besetzt werden können, erfordern keine Überlegungen zur Nachfolge. Anders ist das bei Positionen, die als **Schlüsselpositionen** für den Unternehmenserfolg gelten und deren qualifizierte Besetzung nicht ohne Weiteres möglich ist. Ein systematischer Nachfolgeplan, der die Identifizierung und die Entwicklung geeigneter Nachfolgekandidaten vorsieht, ist für diese Stellen unverzichtbar. Dabei ist die Akzeptanz aller Beteiligten wichtig. Das Ergebnis der Nachfolgeplanung wird häufig im Organigramm, im Stellenbesetzungsplan oder in einer speziellen Aufstellung festgehalten (siehe Abbildung „Nachfolgeplanung"). Die organisierte Nachfolgeplanung wird neuerdings auch als Nachfolgemanagement bezeichnet.

Abbildung 7-12: **Fach-, Führungs- und Projektlaufbahn**

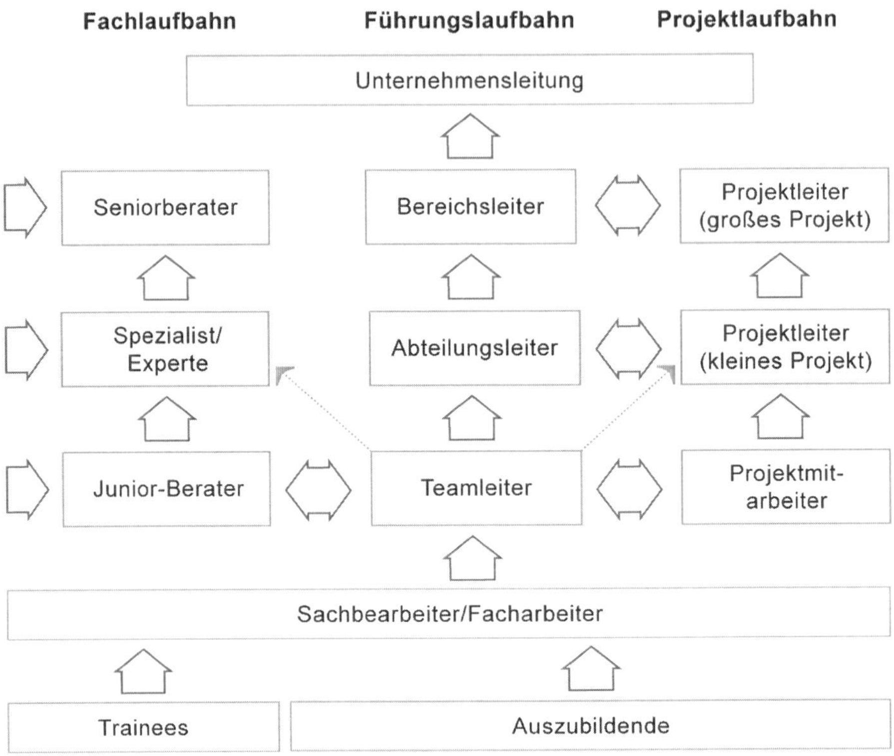

Abbildung 7-13: ***Nachfolgeplanung***

Stellenbezeichnung (lt.Stellenbeschreibung) .... | Stellennummer ....

Stelleninhaber

Name, Vorname .... voraussichtlicher Austritt wegen*) ....

Geb.-Datum .... Eintritt .... Datum ....

Stelleninhaber seit ....

Stellvertreter

Name, Vorname .... voraussichtlicher Austritt wegen*) ....

Geb.-Datum .... Eintritt .... Datum ....

Stelleninhaber seit ....

Mögliche Nachfolge des Stelleninhabers

Name, Vorname .... Nächstmögl. Übernahmedatum ....

Geb.-Datum .... Eintritt .... ca. Datum ....

Jetzige Position ....

Name, Vorname .... Nächstmögl. Übernahmedatum ....

Geb.-Datum .... Eintritt .... ca. Datum ....

Jetzige Position ....

*) Austritt wegen: Alter 65, 67 Jahre; Krankheit; Versetzung - wohin; andere Gründe - bitte angeben!

An einer gänzlich anderen Stelle setzen die beiden folgenden Maßnahmen along-the-job an: Mitarbeiterentwicklung für Frauen und für ältere Arbeitnehmer.

Eine Kurskorrektur ist im Umgang mit Frauen in den Unternehmen dringend erforderlich. Unternehmen, die in ihrem Traineeprogramm 50 % Frauen eingestellt haben, müssen oft nach 10 Jahren feststellen, dass mehr als die Hälfte der Frauen dem Unternehmen nicht mehr zur Verfügung stehen. Man könnte dieses Phänomen den Frauen anlasten und daraus schließen, in Zukunft weniger Frauen einzustellen. Genau diese Haltung kann sich im Zuge des Fachkräftemangels kein Unternehmen mehr leisten. Wenn das Nachwuchspotenzial knapp ist, kann sich keiner erlauben, von vornherein auf 50 % des Potenzials zu verzichten. Die üblichen Mitarbeiterentwicklungsprogramme berücksichtigen offensichtlich nicht genug die speziellen Bedürfnisse der weiblichen Belegschaft. Es gilt daher, für Frauen attraktive Karrierewege zu entwickeln, bei denen Mutterschaft und Teilzeit nicht als Karriereknick oder Karrierekiller gesehen werden, sondern als eine persönliche Entwicklungsstufe. Hierbei sollen besondere Förderinstrumente wie Kinderbetreuungsangebote, Flexibilisierung von Arbeitszeit und Arbeitsort und sonstige familienfreundliche Maßnahmen ergänzend angeboten werden (**Mitarbeiterentwicklung für Frauen**).

Die bisherige Haltung von Unternehmen, Frauen vor die Entscheidung, Kinder oder Karriere zu stellen, führt nicht weiter. Frauen sind im mittleren Management aktuell nur zu 15 % vertreten, und im oberen Management liegt die Frauenquote nur noch bei 7,5 %. Gleichzeitig ist die Geburtenrate in Deutschland so niedrig wie noch nie. Ebenso wenig zielführend sind Ansätze zur Frauenförderung, die sich auf Quoten oder einzelne Faktoren wie z. B. Kindergartenplätze u. a. stützen. Auch dadurch sind keine nennenswerten Erfolge zu verzeichnen. Wirklich erfolgversprechend sind nur ganzheitliche Konzepte, die zu einer umfassenden Veränderung der Unternehmenskultur führen. Dazu gehört vor allem eine Sensibilisierung der Entscheidungsträger für gleichberechtigte Karrierewege von Frauen und Männern, die sich durchaus ganz bewusst in bestimmten Phasen unterscheiden können und sollen. Aber auch eine gezielte Persönlichkeitsförderung – unterstützt durch Coaching- und Mentoring-Modelle – für den weiblichen Führungsnachwuchs sollte in diesem Konzept nicht fehlen (vgl. Hantschel 2000).

In ähnlicher Weise, in der das Personalmanagement bezüglich der Rolle der Frauen umdenken muss, ist auch **Mitarbeiterentwicklung für ältere Mitarbeiter** (50+) zunehmend unverzichtbar. Während Ende der neunziger Jahre die Gruppe der über 50-jährigen Arbeitnehmer für die Mitarbeiterentwicklung kein Thema war und man mit dieser Mitarbeitergruppe in großem Stil Vorruhestandsvereinbarungen und Altersteilzeitverträge abgeschlossen hat, rückt inzwischen dieser Teil der Belegschaft wieder in den Fokus der Personalentwickler. Die Gründe liegen zum einen in der demografischen Entwicklung, die zu einem Engpass an Nachwuchskräften führt. Zum anderen mussten aber auch viele Unternehmen die Erfahrung machen, dass durch die Freisetzung von älteren Mitarbeitern auch ein Verlust von Erfahrungswissen eintrat, das nur schwer kompensiert werden konnte. Inzwischen sind viele Unternehmen zu der Erkenntnis gelangt, dass es sich lohnt, in das Potenzial der älteren Mitarbeiter zu investieren. Dabei geht es nicht nur um die Erhaltung der Beschäftigungsfähigkeit (Employability) der älteren Arbeitnehmer durch Qualifizierung, sondern auch um die Entwicklung von Einkommens- und Karriereperspektiven für die so genannte 3. Lebensarbeitszeit-Phase. Hier gilt es, die speziellen Bedürfnisse und Wünsche dieser Mitarbeitergruppe zu berücksichtigen. Dazu gehören flexible Arbeitszeitmodelle, Gesundheitspräventionsprogramme, Organisation des Wissenstransfers und Nutzung des Erfahrungswissens durch gemischte Teams (alt und jung), Flexibilisierung der Vergütungssysteme u. v. m. Damit soll mitnichten der „Jugendwahn" der Unternehmen d. h. die in vielen Firmen betriebene systematische Verjüngung der Belegschaft durch die (neue) Hinwendung zum „Senioritätsprinzip" ersetzt werden. Ziel einer zukunftsorientierten Personalpolitik sollte eine ausgewogene Altersstruktur im Unternehmen sein. Dem entsprechend sollte auch die Mitarbeiterentwicklung auf die speziellen Bedürfnisse der unterschiedlichen Mitarbeitergruppen ausgerichtet werden.

7.3.9 Mitarbeiterentwicklung out-of-the-job

Die Tatsache, dass ein Mitarbeiter aus Altersgründen das Unternehmen verlässt, weil er das Rentenalter erreicht hat, ereignet sich in der Regel nicht überraschend, sondern lässt sich im Voraus gut einplanen. Für die vor der Pensionierung stehenden Mitarbeiter gibt es Kurse und Schulungen, die den Übergang in den neuen Lebensabschnitt erleichtern können (**Ruhestandsvorbereitung**). Solche Kurse werden meist von externen Institutionen angeboten. Aber auch das Unternehmen sollte sich auf die neue Situation vorbereiten. Dazu gehört vor allem eine vorausschauende Nachfolgeplanung, die den Wissenstransfer vom Stelleninhaber auf den Nachfolger berücksichtigt. Eine Alternative zum abrupten Übergang vom Arbeitsleben in den Ruhestand ist die gleitende Pensionierung; dabei wird die Arbeitszeit schrittweise reduziert.

Wie im 3. Teil bereits besprochen kann für ein Unternehmen aus unterschiedlichsten Gründen die Notwendigkeit entstehen, sich von einzelnen oder mehreren Mitarbeitern trennen zu müssen. Ein Weg, eine solche Trennung sozial verträglich und ohne Negativschlagzeilen durchführen zu können, bietet das **Outplacement**. Die betroffenen Mitarbeiter werden durch einen internen oder externen Outplacementberater bei der beruflichen Neuorientierung unterstützt und auf der Suche nach einem neuen Arbeitsplatz z. B. in Form von Bewerbertrainings fachmännisch begleitet.

7.4 Mitarbeiterförderung

Bei den bisher dargestellten Entwicklungsmethoden stand die Vermittlung von Qualifikationen im Vordergrund. In diesem Teil rückt nun die systematische Entdeckung und Weiterentwicklung von Mitarbeiterpotenzialen ins Zentrum der Betrachtung. Dabei wird davon ausgegangen, dass einige, u. U. auch viele Mitarbeiter über das aktuell gezeigte und in der Mitarbeiterbeurteilung dokumentierte Leistungsspektrum hinaus noch weitergehende Entwicklungspotenziale besitzen.

7.4.1 Grundlagen der Mitarbeiterförderung

Ziel des Unternehmens ist es, die Potenziale der Mitarbeiter für das Unternehmen möglichst optimal auszuschöpfen. Dies kann aber nur dann erfolgreich ablaufen, wenn auch der Mitarbeiter ein Interesse daran hat, seine latent vorhandenen, aber noch nicht entfalteten Fähigkeiten weiter zu entwickeln und dem Unternehmen zur Verfügung zu stellen. Dabei stellen sich die Ziele der Mitarbeiterförderung aus Sicht des Unternehmens deutlich anders dar als aus Sicht des einzelnen Mitarbeiters. Eine Gegenüberstellung zeigt die nachfolgende Übersicht. Dabei wird deutlich, dass ein Mitarbeiterentwicklungskonzept nicht nur die Identifikation und Weiterentwicklung der Mitarbeiterpotenziale beinhalten muss, sondern auch die Berücksichtigung der persönlichen Wünsche und Bedürfnisse der Mitarbeiter. Dies kann durch entsprechende partizipative Elemente wie z. B. Fördergespräche erfolgen. Gleichzeitig sollten aber auch Anreizsysteme geschaffen werden, die es für den Mitarbeiter attraktiv machen, sich weiter zu entwickeln.

Übersicht: ***Ziele der Mitarbeiterförderung***

Ziele der Mitarbeiter	Ziele des Unternehmens
• Eignungsgerechter Einsatz • Entwicklung besonderer Stärken und Reduzierung entdeckter Schwächen • Motivation durch gezielte Förderung • Entfaltungsmöglichkeiten	• Nutzung vorhandener Potenziale • Sicherung des langfristigen Personalbedarfs • Bindung an das Unternehmen • Existenzsicherung

Zunächst soll die **Identifikation von Mitarbeiterpotenzialen** besprochen werden. Die Ermittlung bzw. Erkennung von Potenzial kann im betrieblichen Alltag, aber auch in speziell dafür geschaffenen Situationen erfolgen. Einige der zuvor behandelten Qualifizierungsmaßnahmen machen es möglich, dass der Vorgesetzte andere als die unmittelbar am Arbeitsplatz erforderlichen Qualitäten des Mitarbeiters beobachten und einschätzen kann: Job Rotation, Projektarbeit, Sonderaufgaben u. a. m. Darüber hinaus bietet insbesondere das **Assessment Center (AC) (Management-Potenzial-Analyse)** weiter gehende Möglichkeiten zur Erkennung von Potenzialen. Im Unterschied zum Auswahl-Assessment Center geht es bei dieser Art des Assessment Centers um die Identifikation der persönlichen Stärken und Schwächen der Teilnehmer, für die dann individuelle Entwicklungswege und Fördermöglichkeiten aufgezeigt werden sollen.

In der Regel werden Entwicklungs-Assessment Center mit einer ausgewählten Gruppe an „förderungswürdigen" Nachwuchskräften durchgeführt. Die Teilnehmer werden häufig durch ihre Vorgesetzten vorgeschlagen, ggf. auch durch ein Gremium höherer Führungskräfte im Rahmen einer „Entwicklungsdurchsprache" zusammen mit Vertretern des Entwicklungsbereichs gemeinsam bestimmt.

Bei der Besprechung der AC-Ergebnisse sollte darauf geachtet werden, dass es keine „Verlierer" gibt, d. h. es sollte nicht um die Frage gehen, welcher der Teilnehmer in Zukunft gefördert wird und welcher nicht. Mit jedem Teilnehmer sollte am Ende ein Fördergespräch geführt werden, in dem – neben der Führungslaufbahn – gleichberechtigt auch eine fachliche Laufbahn oder eine Projektlaufbahn empfohlen werden kann.

Ein weiteres diagnostisches Instrument, das ebenfalls im Rahmen der Personalauswahl eingesetzt wird, stellen **psychometrische Tests** dar, die inzwischen häufig auch als computergestützte Tests eingesetzt werden (Beispiele für computergestützte Potenzialanalyse-Verfahren sind CAPTain (Computer Aided Personnel Test Answers Inevitable) oder DNLA (Discovery of Natural Latent Abilities)). Weitere standardisierte Tests zur Identifikation von Mitarbeiterpotenzialen können über die Testzentrale oder über die eligo GmbH bezogen werden.

Den wichtigsten und gleichzeitig auch unverzichtbaren Bestandteil einer Potenzialdiagnose stellt nach wie vor das **Mitarbeiter- oder Fördergespräch** dar. Ziel des Gespräches ist es nicht nur, die Eignung des Mitarbeiters für bestimmte Funktionen festzustellen, sondern auch die Wünsche und Intentionen des Betroffenen zu erfragen und zu besprechen. Gesprächspartner sollte neben dem Mitarbeiter und seinem Vorgesetzten auch ein Vertreter der Mitarbeiterentwicklungsabteilung, ggf. auch ein externer Berater sein. Fördergespräche werden häufig im Anschluss an Mitarbeiterbeurteilungen bzw. nach Assessment Centern geführt. Wichtig ist neben einer offenen Gesprächsatmosphäre die frühzeitige Bekanntgabe des Gesprächstermins und die gründliche Vorbereitung aller am Gespräch Beteiligten, vor allem des betroffenen Mitarbeiters. Das Ergebnis des Fördergesprächs wird in einem Gesprächsprotokoll festgehalten. Dabei werden Entwicklungsziele sowie Bildungs- und Fördermaßnahmen möglichst konkret beschrieben. Zur Verfolgung der individuellen Entwicklungsfortschritte wird der persönliche Entwicklungsplan regelmäßig (mindestens alle zwei Jahre) in einem weiteren Fördergespräch zwischen dem Vorgesetzten und dem Mitarbeiter besprochen und die Änderungen bzw. die Fortschritte werden dokumentiert.

Übersicht: ***Inhalte eines Fördergesprächs***

- Rückblick: Besprechung der Erfolge und Erfahrungen aus zurückliegenden Entwicklungsmaßnahmen
- Aktuelle Situation: Bestandsaufnahme über aktuelle Defizite, Wünsche und Bedürfnisse des Mitarbeiters
- Entwicklungsziele: Gemeinsame Festlegung von zukünftigen Entwicklungszielen
- Maßnahmenplanung: Planung der erforderlichen Entwicklungsmaßnahmen
- Erfolgskriterien: Festlegung der Kriterien und des Zeitpunkts für die Erfolgskontrolle

In der betrieblichen Praxis werden alle Angaben, die für die Entwicklung und Förderung der entsprechenden Mitarbeiter wichtig sind, immer häufiger in einer Datei festgehalten. Die **Mitarbeiterentwicklungsdatenbank** ist somit die zentrale Informationsgrundlage der Mitarbeiterentwicklung.

Im Rahmen der IT-Entwicklung im Personalbereich setzt sich seit den 1990er-Jahren eine EDV-gestützte Mitarbeiterentwicklung durch, die zunehmend über die reine Seminarplanung und -buchung hinaus Werkzeuge für die strategische Mitarbeiterentwicklung zur Verfügung stellt. Diese Datenbanken und die dahinter liegenden Konzepte werden neuerdings auch unter dem Begriff **Skill-Datenbank** geführt. Es handelt sich um eine elektronische Speicherung von Informationen über Fertigkeiten und Fähigkeiten (Skills), die vorgehalten und durch ein „Matching" mit den Stellenanforderungen abgeglichen werden können. In internationalen Konzernen werden solche Skill-Datenbanken weltweit zusammengeführt. Sucht eine japanische Niederlassung einen Experten für ein bestimmtes Thema, der außerdem Spanisch spricht, dann kann über diese Datenbank das Anforderungsprofil eingegeben werden und mit allen vorhandenen Mitarbeiterprofilen verglichen werden. Weitere Nutzungsmöglichkeiten bieten auch spezielle Programmfunktionen, die ermitteln können, wie häufig Skills nachgefragt werden und die Ergebnisse in so genannten Skill-Maps darstellen.

Skills werden häufig unterschieden in

- Hard Skills und
- Soft Skills.

Abbildung 7-14: ***Mitarbeiterentwicklungsdatei***

Unter **Hard Skills** werden in erster Linie (eindeutig messbare) fachliche und methodische Kenntnisse wie z. B. die Beherrschung bestimmter Programmiersprachen verstanden. Die **Soft Skills** beschreiben dagegen die (weniger gut überprüfbaren) sozialen und persönlichen Kompetenzen wie z. B. Teamfähigkeit. Im Unterschied zu Potenzialanalysedaten oder Kompetenzmessungen beinhaltet die Skill-Datenbank keine Bewertung, wie gut eine bestimmte Fähigkeit beherrscht wird. Sie gibt lediglich darüber Auskunft, ob die gesuchten Fähigkeit bzw. das benötigte Wissen vorhanden ist. In dieser Form ist sie bestens geeignet, in konkreten Situationen auftragsbezogen Mitarbeiter zu finden, die über die geforderten Fähigkeiten verfügen.

Eine ganz andere Zielsetzung verfolgt dagegen das Kompetenzmanagement, bei dem die Mitarbeiter bzgl. ihrer Kompetenzen eingestuft und gezielt weiter entwickelt werden.

7.4.2 Kompetenzmanagement

Die Qualifikation und das Entwicklungspotenzial waren bisher die entscheidenden Determinanten für die Förderung von Mitarbeitern. In den letzten Jahren verbreitet sich zunehmend der Begriff der Kompetenz bzw. das Konzept des Kompetenzmanagements; neuerdings auch des Talent-Managements. Unter **Kompetenz** ist die Fähigkeit zu verstehen, in komplexen Situationen selbstorganisiert und adäquat handeln zu können. Der Kompetenzbegriff soll dabei Qualifikationen nicht ersetzen oder abschaffen, sondern ergänzen. „Eine erlangte Qualifikation sagt noch nichts über die Fähigkeit aus, in offenen, komplexen, problemhaltigen Situationen selbstorganisiert zu handeln." (Heyse/Erpenbeck 2007). Hierfür wurde der Kompetenzbegriff geprägt.

Unter **Kompetenzmanagement** werden alle Aktivitäten zusammen gefasst, die dazu dienen, die im Unternehmen vorhandenen Mitarbeiterfähigkeiten effektiv nutzbar zu machen bzw. zusätzlich benötigte Kompetenzen zu erwerben oder weiter zu entwickeln. Das betriebliche Kompetenzmanagement beinhaltet vier wesentliche Aufgaben:

- Ermittlung des zukünftigen Bedarfs des Unternehmens an Mitarbeiterkompetenzen (abgeleitet aus den Unternehmenszielen)
- Analyse der im Unternehmen vorhandenen Kompetenzen der Mitarbeiter
- Bewertung der Ergebnisse (Abgleich von Soll- und Ist-Kompetenzen und deren Verteilung über die verschiedenen Ebenen der Organisation)
- Weiterentwicklung bzw. Ausgleich der Kompetenzdefizite durch Mitarbeiterentwicklungsmaßnahmen

Entscheidend ist auch beim Kompetenzmanagement – wie zuvor bei der Bildungsbedarfsanalyse – die Frage, welche Kompetenzen benötigt das Unternehmen in Zukunft und nicht danach zu fragen, welche Kompetenzen dem einzelnen Mitarbeiter fehlen. Die strategische Komponente darf auch beim Kompetenzmanagement nicht fehlen.

In Zusammenhang mit der Berufsausbildung wurde bereits auf die Handlungskompetenz hingewiesen. Daneben gibt es (inzwischen) in Theorie und Praxis viele weitere **Kompetenzmodelle**, in denen (mitunter teils bis zu 90) strategisch relevante Einzelkompetenzen unterschieden werden (siehe nachfolgende Übersicht). Die Verschiedenartigkeit der Modelle stellt keinen Widerspruch dar. Das Besondere am Kompetenzkonzept ist, dass jedes Unternehmen individuell festlegen muss, welche Kompetenzen in seiner Situation gefordert sind – dazu gehören z. B. auch sehr unternehmensspezifische Kompetenzen wie „Konzernwissen" oder branchenspezifische Kompetenzen – und welche Kompetenzen in den nächsten Jahren zusätzlich benötigt werden.

Um in der Fülle der Kompetenzarten den Überblick zu behalten, werden in der Praxis häufig „**Kompetenzfamilien**" definiert, in denen die verschiedenen Funktionen, die es im Unternehmen gibt, jeweils zu einer Kompetenzfamilie zusammen gefasst sind. Für jede dieser Kategorien werden dann die Kompetenzanforderungen und deren Ausprägungen festgelegt. Auf diese Art wird eine einheitliche Kompetenz-Sprache innerhalb des Unternehmens sicher gestellt. Für jede Kompetenzfamilie wird auf dieser Basis ein Vergleich von Soll- und Ist-Kompetenzen durchgeführt. Bei Abweichungen werden entsprechende Maßnahmen zur Kompetenzentwicklung eingeleitet. Grundlage hierfür ist ein systematisches, aus der Unternehmensstrategie abgeleitetes Kompetenzmanagement, das die Prozesse der Personalbeschaffung, des Personaleinsatzes und der Mitarbeiterentwicklung einbezieht. Konkret heißt das, dass auch die Anforderungsprofile, Stellenbeschreibungen, Einarbeitungspläne, Stellenanzeigen sowie Beurteilungssysteme die gleichen Formulierungen verwenden wie das Kompetenzmodell.

Zur Analyse bzw. **Messung der personellen Kompetenzen** gibt es eine Reihe unterschiedlich strukturierter Verfahren, von denen der mehrheitliche Teil von Beratern oder von Personalabteilungen in Unternehmen entwickelt wurde. Sie basieren in der Regel auf Selbsteinschätzungs- und Fremdeinschätzungsverfahren. Dabei kommen unterschiedliche Skalierungen zum Einsatz. Beispielsweise wird häufig eine dreistufige Skala verwendet, die dann folgende Levels abbildet:

- Kenner
- Könner
- Experte

Letztlich ist weniger entscheidend, wie viele Abstufungen und welche Bezeichnungen die Skala beinhaltet, sondern vielmehr ist die Verwendung einer einheitlichen Kompetenzsprache im Unternehmen relevant: Die zu bewertenden Kompetenzen müssen in standardisierter Form beschrieben werden. Nur dadurch kann eine Vergleichbarkeit zwischen den Kompetenzprofilen von Mitarbeitern hergestellt werden. Zur Darstellung der Ergebnisse haben sich unterschiedliche Methoden und Werkzeuge verbreitet. Dazu gehören u.a. das Kompetenzprofil, das Kompetenzrad, die Kompetenzmatrix, die Kompetenzlandkarte und viele weitere – häufig auch mit Hilfe von Software dargestellte Kompetenzmanagement-Module (siehe North/Reinhardt 2005).

Im Kompetenzmanagement geht es letztlich (auch) darum, die im Unternehmen vorhandenen Potenziale der Mitarbeiter effektiv zu nutzen und weiter zu entwickeln, um die Wettbewerbsfähigkeit nachhaltig sicher zu stellen. Ein Vergleich von Kompetenzmanagementsystemen in der Theorie und in unterschiedlichen Unternehmen im deutschsprachigen Raum zeigt, dass sich die einzelnen Systeme sehr stark voneinander unterscheiden. Es werden sehr verschiedene Zielsetzungen und Kompetenzmodelle zugrunde gelegt und zur Systematisierung bestehender, klassischer Personalinstrumente eingesetzt (siehe Grote/Kauffeld/Frieling 2006).

Übersicht: ***Beispiele für Kompetenzmodelle***

Modell / Unternehmen	Kompetenzfelder
Modell der Handlungskompetenz	• Fachkompetenz • Methodenkompetenz • Sozialkompetenz • Persönliche Kompetenz
Kompetenzklassen nach Erpenbeck / v. Rosenstiel	• Fachkompetenz • Methodenkompetenz • sozial-kommunikative Kompetenz • Personale Kompetenz • Aktivitäts- und Handlungskompetenz
KODE®X (KompetenzExplorer)	• Personale Kompetenz • Aktivitäts- und Handlungskompetenz • Sozial-kommunikative Kompetenz • Fach- und Methodenkompetenz
Siemens AG	• Drive (Initiative, Ergebnisorientierung, Kreativität, Veränderungsfähigkeit) • Focus (Lernfähigkeit, Analysefähigkeit, strategisches Denken, Planungs- und Organisationsgeschick) • Impact (Durchsetzungsfähigkeit, Kommunikationsfähigkeit, Networking Skills, Kundenorientierung) • Guide (Motivationsfähigkeit, Coaching und Mentoring, Teamfähigkeit, Einfühlungsvermögen)
BoschRexroth	• Unternehmerkompetenz (Ergebnisorientierung, Zukunftsorientierung) • Führungskompetenz (Führungsstärke, Anwendung der Führungsinstrumente) • Sozialkompetenz (Kooperation, Kommunikation, Individualkompetenz) • Fachkompetenz (Fachkenntnis, Prozesskenntnis, Produktkenntnis, Branchen-/Marktkenntnis)

Modell / Unternehmen	Kompetenzfelder
	• Methodenkompetenz (Projektmanagement, Moderation, Visualisieren und Präsentieren, Zeitmanagement und Arbeitsorganisation, Verhandlungstechnik, u.v.m.
AXA	• Kernkompetenzen Sozial/Führung • Wirtschaft/Recht/Personal • Produkte und Bearbeitung • Konzernwissen und Prozesskompetenz • Allgemeine Methodenkompetenz • DV-Systeme
Putzmeister	• Grundlegende Daten • Formale Bildung • Soziale Kompetenz • Persönliche Kompetenz • Management-Kompetenz • Fachkompetenz • Methoden-Kompetenz • Putzmeister-Kompetenz

7.4.3 Talent-Management

In den letzten Jahren verbreitet sich ein weiterer Begriff wie ein Lauffeuer: **Talent-Management**. Kompetenzmanagement-Modelle oder Recruiting-Ansätze werden kurzerhand in Talent-Management umgetauft. Was steckt dahinter?

Das Talent-Management beinhaltet im Wesentlichen zwei Dimensionen:

- Extern: Personalmarketing, Kontakt halten und Recruiting
- Intern: Identifikation, Förderung und Bindung von Leistungs- und Potenzialträgern.

In Zeiten des Fachkräftemangels gilt es, im „War for Talents" ein aktives Employer Branding zu betreiben und besondere Recruiting-Strategien zu entwickeln. Talent-Management meint „Strategien, Methoden und Maßnahmen, mit denen ein Unternehmen sicher stellt, dass die für den Geschäftserfolg kritischen Positionen dauerhaft mit den richtigen Mitarbeitern besetzt sind." (Furkel 2008). Doch (bis hierher) ist kein wirklicher Unterschied zu den bereits dargestellten Recruiting- und Entwicklungsprogrammen feststellbar. Neu am Talent-Management-Ansatz ist die gezielte interne und externe Suche nach Personen oder Persönlichkeiten, die wesentlich zum Unternehmenserfolg beitragen, also die Suche nach Talenten; mitunter werden diese Talente auch als „Leuchttürme" bezeichnet. Der entscheidende Unterschied zwischen einem guten Mitarbeiter und einem „Talent" ist neben dem Potenzial das „Feuer im Bauch", die Begeisterung und das Engagement – die **intrinsische Motivation**. Diese Eigenschaften erweitern den Kompetenzbegriff um eine neue Dimension, die nur bedingt von außen aktiviert werden kann. Talent ist deshalb mehr als die Summe der „klassischen" Kompetenzen eines Mitarbeiters; das gilt ebenso für die Suche nach Talenten außerhalb des Unternehmens.

Ein weiterer Aspekt, der die Daseinsberechtigung von Talent-Management-Systemen untermauert, ist die Beobachtung, dass einheitliche Kompetenzmodelle häufig an ihre Grenzen stoßen, wenn es darum geht, den Erfolg eines Mitarbeiters zu prognostizieren. In der gleichen Situation können völlig unterschiedliche Handlungsweisen zum Erfolg führen. Während z. B. ein Verkäufer von Haushaltsgeräten aufgrund seiner hohen Fachkompetenz einen beachtlichen Umsatz erzielt, kann ein anderer Verkäufer in der gleichen Situation mit weniger Fachkompetenz und dafür aber hoher sozialer Kompetenz die gleichen Umsätze erreichen. Würde man diese beiden Mitarbeiter nach einem einheitlichen Kompetenzraster bewerten, dann käme man zu anderen Ergebnissen als wenn man jede Person als ein Individuum mit einer einzigartigen Kombination an Fähigkeiten betrachtet. Darauf zielt Talent-Management ab.

Folgende Schritte sind für einen erfolgreichen **Talent-Management-Prozess** erforderlich – dabei wird die systematische Verknüpfung von Recruiting, Entwicklung und Bindung nochmals deutlich:

- Gezielte Rekrutierung von Talenten durch Employer Branding
- Definition und Identifikation von Talenten im eigenen Unternehmen
- Förderung und Entwicklung der Talente
- Besetzung der relevanten Positionen mit Talenten
- Langfristige Bindung von Talenten

Die **Talentidentifikation** zielt einerseits auf eine herausragende Leistung (high performance) in der Vergangenheit und andererseits auf ein hohes Entwicklungspotenzial für die Zukunft ab. Bödeker und Hübbe unterscheiden 2 Arten von Talenten: Talente und Toptalente. Während bei den Talenten „nur" Potenzial für den nächsten Entwicklungsschritt in der Unternehmenshierarchie festgestellt werden kann, heben sich die Toptalente durch überdurchschnittliches Potenzial ab. Für sie werden eine überdurchschnittliche Entwicklungsgeschwindigkeit und eine überdurchschnittliche Leistung prognostiziert. Das Talentmanagement richtet sich gezielt auf diese beiden Zielgruppen aus. Die identifizierten Talente werden als Kandidaten für Förderungs- und Entwicklungsmaßnahmen ausgewählt. Darüber hinaus ist aber auch ein regelmäßiger Abgleich der im Unternehmen vorhandenen Talente mit dem zukünftigen (qualitativen und quantitativen) Bedarf des Unternehmens sinnvoll. Damit kann die durch

Mitarbeiterbeschaffungsmaßnahmen zu schließende Lücke (talent gap) identifiziert und rechtzeitig geschlossen werden.

Die systematische Förderung und Weiterentwicklung der Talente wird in einem individuellen Entwicklungsplan festgelegt. Dabei kann das gesamte Instrumentarium der Mitarbeiterentwicklung zum Einsatz kommen. Schwerpunktmäßig erfolgt die Förderung anhand von Trainingsmaßnahmen on-the-job (z. B. durch Übertragung von Projektaufgaben oder die Übertragung von Verantwortungsbereichen).

Um einen Überblick über die identifizierten und in Entwicklungsmaßnahmen befindlichen Talente zu bekommen, werden in einem weiteren Schritt so genannte **„Talentpools"** angelegt, die den „Vorrat" an Nachwuchskräften abbilden. In der Nachfolgeplanung kann dann jeweils auf die in diesem Pool befindlichen Talente zurückgegriffen werden.

Die Fähigkeit des Unternehmens, **talentierte Mitarbeiter an sich** zu **binden**, stellt einen weiteren wichtigen Bestandteil des Talent-Managements dar. Dazu ist es notwendig, dass Talentförderung im Unternehmen ein Teil der Unternehmensstrategie ist und es auch so – für die Mitarbeiter spürbar – praktiziert wird. In diesem Zusammenhang spielen insbesondere die Führungskräfte eine besondere Rolle. An ihnen liegt es, die Rahmenbedingungen dafür zu schaffen, dass sich Talente entfalten können, dass sie sich wertgeschätzt fühlen und mit dem Unternehmen, seinen Werten und Produkten identifizieren. Wie die Führungskräfte für diese Aufgabe qualifiziert werden können und welche anderen speziellen Fördermaßnahmen für diese Zielgruppe relevant sind, wird nachfolgend besprochen.

7.4.4 Management Development - Führungskräfteentwicklung

Einen besonderen Stellenwert im Bereich der Betrieblichen Bildung besitzt seit jeher die **Qualifizierung von Führungskräften** (Management Development) für ihre Führungsaufgaben. Die Anforderungen an Führungskräfte werden immer vielfältiger und komplexer.

Übersicht: ***Aktuelle Anforderungen an Führungskräfte***

- Mitarbeiter führen, motivieren und beurteilen
- Leistungsfähige Teams bilden und unterstützen
- Nachwuchskräfte coachen
- Mitarbeiter individuell fördern
- Projekte managen
- Prozesse optimieren

- Konflikte bewältigen
- Veränderungsprozesse initiieren
- Strategien formulieren und wirksam umsetzen
- Globales Denken und Handeln

Bei diesen Anforderungen werden Management-Fähigkeiten vorausgesetzt, die Führungskräfte in dieser Vielfalt beim Eintritt in ein Unternehmen selten alle mitbringen. Deshalb ist die Vermittlung dieser Qualifikationen eine wichtige Aufgabe der Führungskräfteentwicklung. Allerdings stellt sie nur eine der Ebenen der Managemententwicklung dar. Die zweite – ebenso bedeutsame – Ebene bildet die Unternehmenskultur. Sie prägt das Führungsverständnis, das innerhalb des Unternehmens herrscht und steuert die Auswahl neuer Mitarbeiter bzw. von Führungskräften. Hier muss sich jedes Unternehmen über seine vorherrschende Perspektive von Führung klar werden. In diesem Zusammenhang spielen im Übrigen die Führungsgrundsätze eine zentrale Rolle.

Wenn das Grundverständnis von „Führung" geklärt ist, steht die Vermittelbarkeit bzw. die zweckmäßige Vermittlung als Problem im Vordergrund. Bis zum Beginn der 70er Jahre hielt man Führung für eine Angelegenheit, die hauptsächlich auf der Ebene des Wissens (kognitiv) zu vermitteln sei. Dementsprechend dienten Führungsseminare dem Erlernen von Führungswissen. Danach stand der Verhaltensaspekt im Mittelpunkt, und die Führungsseminare waren Verhaltenstrainings – allerdings im abgegrenzten Bereich eines Seminarraumes. Probleme ergaben sich insbesondere beim Transfer auf die Alltagssituation, so dass häufig von dem eingeübten Verhalten in der täglichen Praxis nicht viel übrig blieb. Neuerdings werden zunehmend das konkrete Verhalten der Führungskraft und/oder deren Erfahrungen zum Mittelpunkt von Trainings gemacht. Coaching bzw. individuelle Analyse und Veränderung der konkreten Führungsgewohnheiten sind dann die geeigneten Methoden – idealerweise überwiegend im gewohnten Arbeitsumfeld, also on-the-job. Bis hier ist die Führungskraft Ausgangs- und Ansatzpunkt des Qualifizierungsprozesses.

Bei einer weiteren Entwicklungsstufe steht der Umgang der Führungskraft mit ihren Mitarbeitern im Mittelpunkt der Veränderungsprozesse, bei denen es um das Verhalten aller Beteiligten geht. Die diagnostische und therapeutische Arbeit an gemeinsamen Problem- und Konfliktfeldern weitet die enge Perspektive der klassischen Führungsschulung deutlich aus. Endpunkt der Bestrebungen ist die Hilfe zur Selbsthilfe im Sinne einer **Organisationsentwicklung**.

Ein Blick in die Zukunft der Arbeitswelt zeigt deutlich, dass Mitarbeiterführung schwieriger wird. Neue Anforderungen und Vorstellungen der Mitarbeiter verlangen nach Vorbild, Sinn, Freiräumen und Spaß bei der Arbeit. Dafür ist der Vorgesetzte zuständig, der nicht mehr mit seiner Positionsmacht und seinem Fachwissen beeindrucken kann. Geänderte Auffassungen zur zukünftigen Führung in Unternehmen verlangen von den Führungskräften – zum Beispiel in Zusammenhang mit dem Lean

Management – proaktives, sensitives, ganzheitliches, unternehmerisches und visionäres Denken und Handeln. Führungstrainings sollen hierzu Einsichten ermöglichen, zu geändertem Verhalten ermutigen und Hilfestellung bei der Anwendung geben. Die Themen der Führungskräfteentwicklung variieren von klassischen Führungsseminaren bis zum Change Management-Seminar.

Übersicht: ***Themen von Führungskräftetrainings (Management Development)***

Basisseminare

- Führen lernen
- Mitarbeiter motivieren
- Mitarbeiter beurteilen und fördern

Vertiefungsseminare

- Konfliktmanagement
- Führen von Teams
- Zeitmanagement
- Zielvereinbarung
- Projektmanagement
- Coaching

Managementseminare

- Change Management
- Qualitätsmanagement
- Prozessmanagement
- Strategisches Management
- Internationalisierung / Globalisierung
- Innovationsmanagement

Auf allen drei Ebenen von Führungskräftetrainings ist nicht allein der individuelle Lernfortschritt durch ein (off-the-job) absolviertes Seminar bedeutsam; einen wichtigeren Faktor stellt vielmehr die Einbindung des Themas in die Unternehmenskultur dar. Ein mit großer Expertise und kompetent vermitteltes Change-Management-Seminar für Führungskräfte wird z. B. in einem Unternehmen, in dem Veränderungen mit Abneigung betrachtet und stets unterdrückt werden, wenig bewirken. Deshalb ist eine in die Unternehmenskultur integrierte ganzheitliche Führungskräfteentwicklung, die neben Seminarangeboten vielfältige on-the-job-Fördermaßnahmen enthält, erfolgreicher und nachhaltiger als ein reines Seminarprogramm off-the-job.

7.5 Personalentwicklung

Wie zu Beginn dieses Teils bereits ausgeführt, rückt der Begriff Personalentwicklung nun die Förderung von Mitarbeitergruppen anstelle von Individuen in den Vordergrund. Im Sinne einer strategischen Personalentwicklung ist die Frage bedeutsam, welche Gruppen von Mitarbeitern besonders gefördert werden sollen, damit die Unternehmensziele erreicht werden und in welche Mitarbeiter eher weniger oder gar nicht investiert werden soll.

Eine einfache Möglichkeit, sich einen Überblick über die Qualifikationen der Mitarbeiter bzw. die Ergebnisse der Potenzialeinschätzung der Mitarbeiter zu verschaffen, hat sich in Form einer Darstellung bewährt, die die Ableitung von Strategien (Reaktionen) nahe legt: das **Mitarbeiterportfolio**. Es ist eine (optische) Darstellungsform, die verschiedene Arten von Klassifizierungen zulässt. Portfolios differenzieren beispielsweise (klassisch) die Mitarbeiter nach Leistung und Potenzial. Die Portfolio-Darstellung lässt sich auch auf ganze Abteilungen bzw. Bereiche anwenden, die dann nach ihrer strategischen Bedeutung und nach dem Qualifizierungsstand der Mitarbeiter eingeordnet werden (siehe Teil 8).

Zum einen macht das Portfolio deutlich, bei welchen Mitarbeitern sich weitergehende Fördermaßnahmen lohnen; es zeigt aber auch, dass nicht bei allen Mitarbeitern systematische Förderung angebracht ist. Die **„Leistungsträger“** mit hoher Leistung aber geringem Potenzial stellen eine Gruppe von Mitarbeitern dar, die kaum in Förderprogramme einbezogen wird. Da sie aber einen großen Teil der Arbeitsleistung erbringen, sollten für diesen Teil der Belegschaft andere Anreizsysteme im Rahmen der Mitarbeiterbindung geschaffen werden. Die Mitarbeiter, die innerhalb dieser Darstellung als **„Stars“**, also als Mitarbeiter mit hohem Potenzial und hoher Arbeitsleistung, klassifiziert werden, sollten auf jeden Fall in der Mitarbeiterentwicklungsplanung Berücksichtigung finden. Eine konsequente Weiterentwicklung im Rahmen von Führungsnachwuchskräfteprogrammen oder anderen individuell abgestimmten Fördermaßnahmen ist hier sinnvoll. Im Bereich der Mitarbeiter mit niedriger Arbeitsleistung muss zwischen der Gruppe der **„Leistungsschwachen“** mit niedrigem Potenzial und der Gruppe der **„Problemfälle“** differenziert werden. Während die „Leistungsschwachen“ auf keinen Fall in Förderprogrammen oder anderen Entwicklungsmaßnahmen berücksichtigt werden sollten, sieht es bei den „Problemfällen“ anders aus. Da die schwache Leistung nicht auf das fehlende Potenzial der Mitarbeiter zurück zu führen ist, sondern eher auf die Motivation, gilt es, durch individuelle Gespräche und Entwicklungsmaßnahmen herauszufinden, durch welche personellen Maßnahmen die Leistungen des Betreffenden gesteigert werden können. Bei den „Nachwuchskräften“ handelt es sich um eine Gruppe von Mitarbeitern, die noch nicht lange genug im Unternehmen ist, um „auf Leistung gekommen zu sein“, die aber in jedem Fall über Potenzial verfügen; beispielsweise sind das Hochschulabsolventen, die noch nicht über Berufserfahrung verfügen.

Abbildung 7-15: ***Mitarbeiterportfolio***

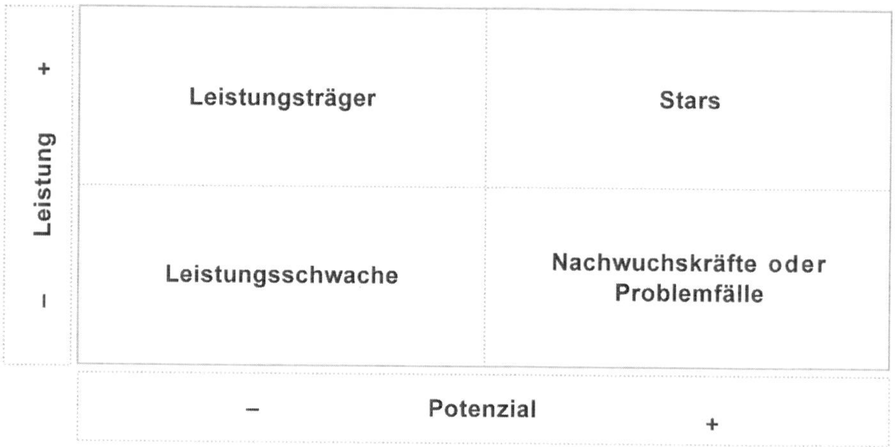

Eine weitere Möglichkeit, sich einen Überblick über das Qualifikationsspektrum der Führungskräfte zu verschaffen, ist das **Management Audit.** Es zielt auf eine Analyse der Managementqualifikationen der oberen Führungsebene insgesamt ab. Neben den individuellen Managementfähigkeiten und -potenzialen der einzelnen Führungskräfte wird das Zusammenspiel der an der Unternehmensführung beteiligten Personen analysiert. Anlässe für ein Management Audit stellen z. B. Firmenzusammenschlüsse, Outsourcing-Projekte, Wechsel an der Führungsspitze oder sonstige Umstrukturierungen dar. Das Audit wird in der Regel von externen Beratern (Consultants) durchgeführt. Als Methoden werden u. a. halbstandardisierte Interviews, Fallstudien und Benchmarking eingesetzt.

Problematisch ist meist die fehlende Akzeptanz der externen Berater und die in der Regel vorgegebenen Rahmenbedingungen, die Einspareffekte als Ziel haben. Daher werden die Management Audits in der Praxis häufig ausschließlich als Identifikationsinstrument von leistungsschwachen Managern angewandt, während die positiven Aspekte der Potenzialeinschätzung und gezielten Förderung von Führungskräften der oberen Führungsebene in den Hintergrund treten.

Auf der anderen Seite stellt das Management Audit ein sinnvolles Verfahren dar, um Leistungsreserven bzw. Potenziale bei Führungskräften festzustellen und den individuellen Bedarf an Mitarbeiterentwicklungsmaßnahmen zu ermitteln, wenn folgende **Erfolgsvoraussetzungen** beachtet werden:

- hohe Qualifikation des externen Beraters

- Transparenz über Ablauf, Methoden und Verwendung der Ergebnisse, um die Akzeptanz und Kooperation der teilnehmenden Manager zu erreichen
- permanente Ergebniskontrolle und Problemanalyse, um den Erfolg der Maßnahmen abzusichern

7.5.1 Systematische Personalentwicklungskonzeption

Betrachtet man nun alle bisherigen Überlegungen zur Personalentwicklung zusammen, so lassen sich folgende Eckpunkte bzw. **Prinzipien moderner Personalentwicklung** benennen:

- Problemorientierung (statt Themenorientierung)
- Training in Organisationsfamilien
- arbeitsplatznahe Entwicklungsmaßnahmen
- Kompatibilität mit Führungsgrundsätzen und Unternehmenskultur

Vom klassischen Verständnis des Betrieblichen Bildungswesens über eine modernere Sicht der Qualifizierung bis hin zur umfassenden Mitarbeiterförderung spannt sich (inzwischen) ein weites Feld von Ansätzen und Überlegungen zur Mitarbeiterentwicklung. Diese sind – in der bislang besprochenen Form – bei Weitem noch nicht komplett; vielmehr fehlt ein verbindendes Konzept, das auch die Fragen der Zuständigkeit und der organisatorischen Verankerung sowie der schrittweisen Einführung berücksichtigt. Eine solche **Personalentwicklungskonzeption** (siehe die folgende Übersicht; eine vergleichbare Zusammenstellung von Ansatzpunkten findet sich bei Becker 2009) hat vor allem auch die herausragende Bedeutung und die zentrale Verantwortung der Führungskräfte für die Entwicklung ihrer Mitarbeiter bzw. ihres Bereichs zu betonen.

In großen Unternehmen hat sich in den vergangenen 10 Jahren eine besondere Form der Personalentwicklungskonzeption etabliert: die **Corporate University**. Dabei handelt es sich um unternehmensinterne Weiterbildungseinrichtungen, die – neben der klassischen Fort- und Weiterbildung – Veränderungsprozesse im Unternehmen unterstützen sollen. Dabei werden die Personal- und die Unternehmensentwicklung effektiv aufeinander abgestimmt. Der entscheidende Unterschied gegenüber klassischen Schulungszentren von Unternehmen darf sich nicht in der Namensänderung erschöpfen. Es kommt vielmehr darauf an, ob es dem Unternehmen gelingt, durch die Corporate University eine enge Verknüpfung zwischen Mitarbeiterentwicklung und Unternehmensstrategie herzustellen und durch moderne Lernkonzepte umzusetzen. In der Praxis findet man sehr unterschiedliche Organisationsformen und Kooperationen von Corporate Universities.

Übersicht: ***Personalentwicklungskonzeption***

Leitlinien der Personalentwicklung

- Personalentwicklung dient dem Unternehmen und den Mitarbeitern gleichermaßen.
- Mitarbeiter sind selbst verantwortlich für ihre persönliche Weiterentwicklung (Employability).
- Aufgabe der Führungskräfte ist die Führung und Förderung ihrer Mitarbeiter.
- Die Personalabteilung ist verantwortlich für die Prozesse und Methoden der Mitarbeiterentwicklung sowie für die Beratung der Mitarbeiter und Führungskräfte.
- Mitarbeiterentwicklung ist ein permanenter Prozess, der alle Lebenszyklen eines Mitarbeiters innerhalb des Unternehmens umfasst (lebenslanges Lernen).

Methodische Ansätze

- Lernen wird soweit wie möglich in das tägliche Arbeiten integriert. Neue Ansätze der Didaktik werden bei der Gestaltung von Lernprozessen berücksichtigt.
- Lernen muss immer dann möglich und zugänglich sein, wenn es gebraucht wird. Zu diesem Zweck werden neue Technologien (E-Learning) systematisch nutzbar gemacht.
- Wissen, Erfahrung und Erkenntnisse sind nicht Privateigentum von Einzelpersonen, sondern sie sollen an Kollegen und Mitarbeiter weitergegeben werden (Multiplikatorenwirkung).

Instrumente der Personalentwicklung

- Ermittlung des strategischen Entwicklungsbedarfs
- Leistungs- und Potenzialbeurteilung
- Mitarbeiterentwicklungsdatenbank
- Mitarbeiterfördergespräche
- zielgruppenspezifische Maßnahmen
- Nachfolge- und Karriereplanung
- Führungsnachwuchskreise (Förderprogramme)

Bildungscontrolling und Transfersicherung

- Es findet ein kontinuierliches Controlling aller Entwicklungsmaßnahmen statt, mit dem Ziel, die Effizienz der Maßnahmen systematisch zu optimieren und den Transfer des Gelernten sicher zu stellen.

Übersicht: ***Organisationsformen von Corporate Universities***

- Zentrale, dezentrale oder föderale Organisation
- Tochterunternehmen, externe oder interne Dienstleistung
- Organisatorische Angliederung an den Vorstand oder an die Personalabteilung
- Kooperation mit Hochschulen oder anderen Bildungseinrichtungen
- Einbindung eigener Manager als Lehrende bzw. externe Referenten
- Cost-Center oder Profit-Center
- Vermittlung von unternehmensspezifischem Know-How und/oder Erwerb allgemein anerkannter Abschlüsse (z. B. MBA)
- Vermittlung individueller Kompetenzen bzw. Ausrichtung auf organisatorischen Wandel
- Zielgruppe ausschließlich intern oder auch Gasthörer zulässig
- Einbeziehung aller Mitarbeiter als Zielgruppe oder Fokussierung auf das Top Management

Im Gegensatz zu den USA sind Corporate Universities in Deutschland noch nicht sehr weit verbreitet. Als aktueller Trend ist die zunehmende Ausgestaltung von Corporate Universities als Profit-Center sowie der Ausbau von E-Learning-Konzepten und anderen virtuellen Lernformen zu beobachten. Es ist zu vermuten, dass Kooperationen mit Hochschulen in Zukunft begehrter werden mit dem Ziel, Bachelor-Absolventen im eigenen Unternehmen in Zukunft einen Master-Abschluss an der unternehmenseigenen Corporate University zu ermöglichen und damit im „War for Talents" die Arbeitgeberattraktivität zu steigern.

7.5.2 Teamentwicklung

Die erfolgreiche Zusammenarbeit von Teams stellt eine wichtige Voraussetzung für das Funktionieren von Organisationen dar. Erweist es sich, dass einzelne Teams nicht effizient zusammenarbeiten oder dass neue Teams so schnell wie möglich etabliert werden sollen, sind Teamentwicklungsmaßnahmen angezeigt. Folgende Anlässe sind häufig **Auslöser für Teamentwicklung**:

- Störungen in der Zusammenarbeit von bestehenden Teams wie z. B. Kommunikationsstörungen, Konflikte, Ineffizienz, etc.
- Wechsel der Führungskraft
- organisatorische Veränderungen im Gesamt-Unternehmen, die sich auf die Zusammenarbeit in Teams auswirken
- Bildung von neuen Teams oder Projektgruppen

Um in diesen Situationen eine Verbesserung der Teamarbeit zu erzielen, genügt es nicht, einzelne Teamentwicklungsmaßnahmen zu ergreifen, vielmehr ist ein langfristig angelegter Prozess der Teamentwicklung geboten. **Ziel der Teamentwicklung** ist es, den Zusammenhalt im Team zu stärken und die Kommunikation zwischen den Teammitgliedern zu verbessern. Es soll die Leistung des Teams gesteigert werden und gleichzeitig die Motivation der Teammitglieder so gefördert werden, dass es Spaß macht, im Team zusammen zu arbeiten. Um diese Ziele zu erreichen, sind folgende sechs Schritte notwendig (siehe Kauffeld 2001; Comelli 2003):

- Kontaktphase und Kontrakt mit dem Auftraggeber
- Kontaktphase und Kontrakt mit den Betroffenen
- Diagnosephase
- Planung des Teamentwicklungstrainings
- Durchführung des Teamentwicklungstrainings
- Evaluation

Auftraggeber für eine Teamentwicklungsmaßnahme kann sowohl der Vorgesetzte innerhalb des Teams sein als auch der nächst höhere Vorgesetzte oder die Personalentwicklungsabteilung. Die Intervention wird in der Regel von einem Berater bzw. Trainer durchgeführt, der sowohl ein externer Unternehmensberater als auch ein Mitarbeiter der Personalentwicklung sein kann. Wichtig ist, dass zu Beginn die gegenseitigen Erwartungen, die Zielsetzung und die Rahmenbedingungen, unter denen die Intervention stattfinden kann, abgeklärt werden. In dem **Kontrakt mit dem Auftraggeber** werden die gemeinsamen Ziele, Spielregeln und Absprachen schriftlich festgehalten.

Die gleiche Abklärung von Erwartungen und Zielsetzungen erfolgt im nächsten Schritt zwischen dem Berater und den **Betroffenen**. Zwischen den Erwartungen und Zielsetzungen des Auftraggebers und denen der betroffenen Gruppe ist genau zu unterscheiden. Diese können im Extremfall sehr gegensätzlich sein. Deshalb ist es wichtig, die Absprachen und auch den Kontrakt mit dem Auftraggeber und mit den Betroffenen von einander getrennt zu halten. Ein weiterer im zweiten Schritt zu klärender Punkt ist die **Rolle des Vorgesetzten**. Klare Absprachen, inwieweit der Vorgesetzte in das Teamentwicklungstraining einbezogen werden sollte oder ob einzelne Phasen bewusst ohne den Vorgesetzten gestaltet werden, sind zwingend erforderlich. Erst wenn alle Beteiligten der Interventionsmaßnahme zustimmen (commitment), kann der nächste Schritt unternommen werden.

In der **Diagnosephase** wird der Ist-Zustand des Teams genau analysiert und bestehende Prozesse gründlich unter die Lupe genommen. Dazu steht dem Berater eine große Auswahl sehr unterschiedlicher Methoden zur Verfügung. Die in der Praxis gängigsten Methoden sind teilstrukturierte Interviews, Fragebögen, Kraftfeldanalysen, Verhaltensbeobachtungen, Gruppendiskussionen, und andere Moderationstechniken. Daneben gibt es eine große Zahl weiterer diagnostischer Instrumente wie Fragebögen

(z. B. Teamklima-Inventar TKI, Fragebogen zur Arbeit im Team F-A-T, Landauer Organisations- und Teamklima-Inventar LOTI) und systematische Beobachtungsverfahren (z. B. die Interaktions-Prozess-Analyse SYMLOG, Kasseler-Kompetenz-Raster KKR). Einen guten Überblick über die Diagnosemethoden gibt Bergmann (vgl. Bergmann 2003). Die Diagnose dient dem Zweck, dem Berater ein Problemverständnis zu vermitteln und das Problembewusstsein innerhalb des Teams zu verbessern.

Auf dieser Grundlage kann anschließend die **Planung der Teamentwicklungsmaßnahme** durchgeführt werden. Dazu gehören die Definition des Soll-Zustands und die individuelle Festlegung der Maßnahmen, die zur Erreichung dieses Zustands führen. Von der Verwendung standardisierter Teamentwicklungsdesigns, wie sie von Unternehmensberatern in großer Zahl angeboten werden, ist an dieser Stelle dringend abzuraten. Nur auf der Grundlage einer differenzierten Teamdiagnose und der direkt daraus abgeleiteten Maßnahmen, kann eine wirkungsvolle Teamentwicklung stattfinden.

Die eigentliche Durchführung der Teamentwicklungsmaßnahme besteht in dem Einsatz verschiedener Methoden, die zum großen Teil aus dem Bereich der handlungsorientierten Beratungsmethoden stammen. Das sind Methoden, in denen die unmittelbar Beteiligten durch aktives Handeln involviert werden und Lerninhalte unmittelbar „erfahrbar" gemacht werden. In der nachfolgenden Übersicht werden verschiedene Methoden der Teamentwicklung vorgestellt.

Übersicht: ***Methoden der Teamentwicklung***

Methode	Beschreibung der Methode
Problemlöse-Workshop/ Klausurtagung	Besprechung außerhalb des normalen Arbeitsbereiches mit folgenden Inhalten: • Probleme der Aufgabenerfüllung • Untersuchung und Verbesserung zwischenmenschlicher Beziehungen • Rollenkonflikte • Probleme der Information und Kommunikation • Prozessanalyse
Rollenanalysetechnik	Klärung von • Rollenerwartungen • Rollenverpflichtungen • Rollenkonflikten
SYNPRO (Synergie Prognose)	Diagnose- und Teamentwicklungsinstrument • Beobachtung und Analyse der Interaktionen

Methode	Beschreibung der Methode
	• Erstellung eines Gruppeneffektivitätsprofils • Gezielte Weiterentwicklung folgender Kompetenzen: Ziel- und Prozessklärungsfähigkeit Koordinationsfähigkeit Prozess der Entscheidungsfindung Reflexionsfähigkeit
F-A-T (Fragebogen zur Arbeit im Team)	Diagnose- und Teamentwicklungsinstrument Maßnahmen werden aus den Ergebnissen des Fragebogens abgeleitet und basieren auf der Kasseler Teampyramide mit folgenden Kategorien: • Zielorientierung • Aufgabenbewältigung • Zusammenhalt • Verantwortungsübernahme
Outdoor-Training	• Soziales Lernen und Teambildung durch Bewältigung gemeinsamer Aufgaben • Hoher Erinnerungswert aufgrund von außergewöhnlichen und herausfordernden Situationen
Gruppenzentriertes Soziodrama	Analyse und Veränderung der sozio-emotionalen Strukturen und Prozesse der Gruppe mit folgenden Methoden: • Rollentausch • Stegreifspiel
Kochen als Teamevent	Gemeinsame Zubereitung eines Menüs zum Training von • effizienter Zusammenarbeit • Zeitmanagement • Planungskompetenz
Soziale Events	Gemeinsame Erlebnisse zur Förderung des Zusammenhalts in der Gruppe (Gemeinsame Feiern wie z. B. Weihnachtsfeier oder Grillfest, Paddeltouren, Wanderungen, Radtouren, etc.)
Team-Coaching	Unterstützung des Teams durch einen Coach bei • der Bewältigung der anstehenden Aufgaben • der Verbesserung der Zusammenarbeit im Team • dem Umgang mit Veränderungen

Wie bereits oben erwähnt, besteht eine Teamentwicklungsmaßnahme sinnvollerweise nicht aus einem einzigen Event, sondern aus einer Reihe systematisch geplanter und auf einander abgestimmter Interventionen, die über eine längere Zeit hinweg gezielt eingesetzt werden. Dabei ist insbesondere auch auf den **Transfer des Gelernten auf die Situation im betrieblichen Alltag** zu achten. Es spricht nichts dagegen, dass Teamentwicklungsmaßnahmen Spaß machen bzw. hohe spielerische Anteile haben. Insbesondere Outdoor-Aktivitäten hinterlassen häufig einen bleibenden Eindruck bei den Teilnehmern. Trotzdem ist die Frage berechtigt, wie sich die Lernerfahrung, gemeinsam einen reißenden Fluss überwunden zu haben, in den betrieblichen Alltag übertragen lässt. Hier streiten sich die Geister: Während die Befürworter des Outdoor-Trainings damit argumentieren, dass die Natur-Erlebnisse für sich selbst sprechen („The mountains speak for themselves") und gar nicht transferiert werden müssten, führen die Kritiker ins Feld, dass der Lerntransfer durch zusätzliche methodische Bausteine deutlich verbessert werden kann. Dazu gehören die Übertragung der Transferverantwortung auf die Teilnehmer selbst – und nicht auf den Outdoor-Anbieter – sowie die Planung und Gestaltung von Reflexionsphasen nach jeder Übung. Ähnliche Argumente gelten auch für die übrigen handlungsorientierten Teamentwicklungsmethoden.

Nach Abschluss der Maßnahme sollte im Abstand von ein bis drei Monaten eine **Evaluation der Teamentwicklung** durchgeführt werden. Als geeignete Maßnahme bietet sich die Durchführung eines Workshops an, in dem gemeinsam analysiert wird, was sich durch die Intervention verändert hat bzw. warum sich etwas nicht verändert hat. Ein mögliches Ergebnis der Evaluation kann durchaus sein, dass weitere Maßnahmen zur Teamentwicklung erforderlich sind.

7.5.3 Nachfolgemanagement

Einen weiteren Schwerpunkt der Personalentwicklung mit zunehmender Bedeutung stellt das Nachfolgemanagement dar. Wie bereits erwähnt, steht bei der Nachfolgeplanung das Bedürfnis des Unternehmens im Mittelpunkt, die entscheidenden Positionen immer qualifiziert besetzt haben zu wollen. Häufig werden genau für diese Schlüsselpositionen Kompetenzen gefordert, die unternehmensspezifisch sind und die ein externer Bewerber in der Regel nicht mitbringt. Deshalb ist eine vorausschauende Planung im Sinne eines strukturierten und gut organisierten Nachfolgemanagements von großer Bedeutung. Die zentralen Erfolgsfaktoren für das Nachfolgemanagement stellen sich wie folgt dar (Stock-Homburg 2008):

Erfolgreiches Nachfolgemanagement …

- „.. ist in einen systematischen Prozess eingebunden.
- … ist in der Strategie und der Kultur eines Unternehmens verankert.
- … wird durch die Unternehmensleitung gestützt.

- ... deckt verschiedene Managementebenen ab.
- ... wird durch eine eindeutig verantwortliche Stelle koordiniert.
- ... verfügt über hinreichende Ressourcen bzw. Unterstützung zur Realisierung der Nachfolgepläne.
- ... überblickt den relevanten Arbeitsmarkt."

Ein systematischer **Prozess des Nachfolgemanagements** beinhaltet im Wesentlichen fünf Schritte:

- Identifikation der Schlüsselpositionen (Positionen, die für das Unternehmen von strategischer Bedeutung sind bzw. die nicht ohne Weiteres durch eine Einstellung über den externen Arbeitsmarkt besetzt werden können)
- detaillierte Beschreibung der für die Position erforderlichen Kompetenzen
- Durchführung von Potenzialanalysen bzw. Management-Audits zur Ermittlung der möglichen Nachfolgekandidaten
- Qualifizierung der potenziellen Nachfolger im Rahmen der Mitarbeiterentwicklung
- Erstellung eines konkreten Nachfolgeplans für die Schlüsselpositionen mit Namen und Reihenfolge der Nachfolgekandidaten

Die Verankerung der Nachfolgeplanung in der Unternehmenskultur setzt voraus, dass es einen Vorrang der **internen Nachfolge** gibt. Das bedeutet, dass bei einer frei werdenden Position zunächst interne Nachfolgekandidaten berücksichtigt werden und nur dann eine externe Besetzung erfolgt, wenn es keinen Nachfolgekandidaten gibt bzw. der Nachfolgekandidat noch nicht genügend qualifiziert ist, um die Position rasch einnehmen zu können. Diese Strategie sollte auch im Bewusstsein der Mitarbeiter verankert sein und Bestandteil der Mitarbeiterentwicklungsgespräche und -planungen sein. Die Perspektive, auf eine interessante Position nachfolgen zu können, kann positiv zur Mitarbeiterbindung beitragen. Um die Glaubwürdigkeit dieser Strategie zu unterstreichen, ist auf jeden Fall die Unterstützung durch die Unternehmensleitung wichtig. Dies zeigt sich in der Übernahme von Verantwortung durch die Unternehmensleitung für eine erfolgreiche Wiederbesetzung aus den eigenen Reihen und durch die finanzielle Ausstattung sowie den Stellenwert des Nachfolgemanagements im Unternehmen. Die für die Qualifizierung von Nachfolgekandidaten erforderlichen Ressourcen (finanziell und personell) zählen daher ebenfalls zu den Erfolgsvoraussetzungen.

Darüber hinaus ist es wichtig, bezüglich des Freiwerdens von Schlüsselpositionen einerseits **langfristig** zu planen – der Eintritt einer Führungskraft in den Ruhestand lässt sich über Jahre hinaus voraussehen (und dennoch kommt es immer wieder vor, dass man völlig überrascht ist, wenn ein Mitarbeiter das Rentenalter erreicht). Andererseits sollte vor allem bei wichtigen Positionen auch eine **kurzfristige** Nachfolge-Notwendigkeit einkalkuliert werden (z. B. wenn der entsprechende Mitarbeiter kündigt oder wegen Erkrankung längere Zeit ausfällt). Beschränkt sich das Nachfolgemanagement nur auf die oberste Führungsebene, so geht man das Risiko ein, dass auf anderen Management-Ebenen oder auf Spezialisten-Positionen plötzlich Lücken entstehen, die das Unternehmen in eine problematische Situation manövrieren können. Aus diesem Grund sollte das Nachfolgemanagement verschiedene Managementebenen, kurzum alle wichtigen Positionen umfassen.

Bis hierher wurden die zentralen Handlungsfelder der Mitarbeiterentwicklung und die systematische Konzeption der Personalentwicklung besprochen. Offen ist die Frage, wie sich der Erfolg aller erläuterten Maßnahmen und deren Beitrag zur Unterstützung der Unternehmensstrategie (im Nachhinein) nachweisen bzw. belegen lässt; zudem, wie im Voraus (proaktiv) sichergestellt werden kann, dass alle Entwicklungsaktivitäten „auch am Arbeitsplatz ankommen" und somit deren Transfer in die tägliche Arbeit gelingt. Das sind die zentralen Fragestellungen der proaktiven Transfersicherung und des reaktiven Bildungscontrollings.

7.6 Bildungscontrolling und Transfersicherung

Die Brisanz des Themas **Bildungscontrolling** wurde in den letzten 15 Jahren besonders deutlich. In dieser Zeit wurden viele Bildungsmaßnahmen aus Kostenersparnisgründen gestrichen. So gerieten die Bildungsmanager unter einen „Rechtfertigungsdruck". Es galt, den **Nutzen der Weiterbildung für den Unternehmenserfolg** nachzuweisen. Bildungscontrolling sollte belegen und beweisen, dass sich die Investition in Weiterbildungs- und Fördermaßnahmen rentiert. Mittlerweile setzt sich eine eher nüchterne Sichtweise des Bildungscontrollings durch. Unbestritten ist die Notwendigkeit eines systematischen Bildungscontrollings zur Überprüfung der Effektivität und Effizienz der Entwicklungsmaßnahmen. Mittlerweile zeigt sich aber und belegt die Erfahrung, dass der Nachweis des Weiterbildungsnutzens in den Unternehmen nicht mehr so (kleinlich und) kritisch gesehen wird, in denen eine enge **Verknüpfung der Personalentwicklung mit der strategischen Unternehmensentwicklung** besteht. Die Ursache liegt darin begründet, dass sich die Vorteile der Mitarbeiterentwicklung bereits in der Ausrichtung auf den Unternehmenserfolg deutlich zeigen und damit der Wertschöpfungsbeitrag für das Unternehmen eher wahrgenommen wird als wenn ein isoliertes Weiterbildungskonzept – unabhängig von der Unternehmensstrategie – betrieben wird.

Losgelöst von diesen Überlegungen ist die Etablierung eines systematischen Bildungscontrollings in den Personalentwicklungsprozess ein absolutes Muss. Dabei geht es konkret um folgende „**Ebenen der Erfolgskontrolle von Bildungsmaßnahmen**":

- Kostenkontrolle: Welche Kosten fallen für Weiterbildungsmaßnahmen an?
- Zufriedenheitserfolg: Wie fanden die Teilnehmer das Seminar?

- Lernerfolg: Was haben die Teilnehmer gelernt?
- Transfersicherung: Wird das Erlernte in der Praxis auch umgesetzt?
- Ergebnisse (organization effects): Welche Verbesserungen im Unternehmen werden erzielt (z. B. Geschäftsergebnisse, Ergebnisse der Mitarbeiterbefragung)?
- Return on Investment (ROI): Übersteigt der Nutzen eines Weiterbildungsprogramms die Kosten?

Im Bereich der **Kostenkontrolle** gestaltet sich das Bildungs-Controlling vergleichsweise einfach. Die Kosten für externe Seminare und die Reisekosten von Schulungsteilnehmern lassen sich bei diesen Maßnahmen leicht ermitteln. Schwieriger wird es da schon mit den nicht erbrachten Leistungen des Schulungsteilnehmers während eines Seminars (Opportunitätskosten) und mit den anteiligen Verwaltungskosten des Personalentwicklungsbereichs. Bei internen Schulungsveranstaltungen, insbesondere aber bei den Maßnahmen am Arbeitsplatz und bei den arbeitsplatznahen Maßnahmen tun sich die meisten Unternehmen auch mit der Kostenseite schwer. Hierfür existieren Konzepte einer ausgefeilten innerbetrieblichen Leistungsverrechnung, die darüber hinaus dem Bildungswesen eines Unternehmens weitgehende Eigenständigkeit übertragen. Wenn das Betriebliche Bildungswesen als **Profit-Center** organisiert ist, tritt es mit externen Anbietern vergleichbarer Dienstleistungen in Konkurrenz und ist für seinen „Gewinn" am Ende des Jahres selbst verantwortlich.

Der **Zufriedenheitserfolg** der Teilnehmer wird in der Regel unmittelbar nach der Teilnahme an einer Bildungsveranstaltung ermittelt. Dabei geht es um die Frage, wie zufrieden die Teilnehmer mit dem Ablauf, den Inhalten, dem Referenten und den Ergebnissen der Veranstaltung sind. Die Erfassung erfolgt meistens mittels eines Fragebogens, in dem Punktwerte auf einer Zufriedenheitsskala angekreuzt werden. Diese Art von Fragebogen wird auch als „Happy-Sheet" oder „Happiness-Sheet" bezeichnet. Es besteht Einigkeit darüber, dass der Zufriedenheitserfolg zwar wichtig für die Akzeptanz und Motivation der Teilnehmer ist, aber keine wirkliche Aussage über die Effizienz einer Bildungsveranstaltung daraus abgeleitet werden kann.

Deshalb stellt sich die Frage nach der **Lernerfolgskontrolle**. Dieser Nachweis lässt sich methodisch am besten durch Tests führen, in denen Wissen bzw. Einstellungen abgefragt werden. Handelt es sich bei den zu evaluierenden Maßnahmen um Veranstaltungen zur Förderung der fachlichen und der methodischen Kompetenzen oder um den Umgang mit einer neuen Software, so ist die Erfolgskontrolle mittels eines Tests unproblematisch. Anders sieht das bei den persönlichen und sozialen Kompetenzen aus. Dabei kommt es zu einem gewissen Grad zwar auch auf das Wissen, beispielsweise über Konflikte, überwiegend jedoch auf konkrete Veränderungen im Verhalten am Arbeitsplatz an, und das lässt sich nicht so einfach messen. Messbarkeit ist aber nur das eine Problem. Das andere – noch viel entscheidendere – Problemfeld ist, dass das Erreichen von Lernzielen noch nichts darüber aussagt, ob das Gelernte auch in die Praxis umgesetzt wird. Wagner nennt dies den ersten ehernen Grundsatz von Bildungscontrolling: „Der Erfolg einer Maßnahme zur Weiterbildung wird nicht daran gemessen, ob der Teilnehmer etwas lernt, sondern inwieweit das Gelernte in die Praxis umgesetzt wird." (Wagner 1996). Daraus ergibt sich aber auch, dass der Lernerfolg eine notwendige Voraussetzung für den Transfererfolg ist.

Die gängige Methode zur Messung des **Transfererfolgs** ist die Befragung von Teilnehmern und deren Vorgesetzten, ggf. auch von Kollegen und Kunden, in einem zeitlichen Abstand zum Seminar und zu verschiedenen Zeitpunkten, inwieweit die erzielten Lernergebnisse in der Praxis umgesetzt werden. Dabei stoßen die gut gemeinten Ansätze aber immer wieder an die Grenzen der Operationalisierbarkeit. Insbesondere bei Verhaltenstrainings ist es schwierig, den Lerntransfer wirklich messbar zu machen. Eine weitere Problematik zeigt sich darin, dass ein Transfer des Gelernten in die Praxis häufig gar nicht möglich ist, weil die gelernten Kenntnisse und Fähigkeiten am Arbeitsplatz aktuell noch gar nicht gefordert werden. Folgende **Maßnahmen zur Transfersicherung** zu ergreifen:

- Bildungsmaßnahmen sind nur in einem **strategischen Gesamtzusammenhang** sinnvoll. Deshalb darf die Umsetzung in die Praxis nicht dem Teilnehmer alleine überlassen werden, sondern sie muss Teil eines Veränderungsprozesses im gesamten Umfeld des Teilnehmers sein und darin eine wichtige Rolle spielen.
- Die **Vorgesetzten** müssen in die Mitarbeiterentwicklung aktiv eingebunden sein. Ihre Aufgabe ist die Vor- und Nachbereitung des Seminars zusammen mit dem Mitarbeiter und die Einforderung des Gelernten am Arbeitsplatz.
- Je „näher" die Bildungsmaßnahmen an dem tatsächlichen Arbeitsumfeld des Teilnehmers liegen, desto eher gelingt der Lerntransfer. Aus diesem Grund sind Bildungsmaßnahmen **on-the-job** – soweit möglich und sinnvoll – Veranstaltungen off-the-job **grundsätzlich vorzuziehen**.
- Wenn die Entscheidung dennoch auf ein Seminar außerhalb des Arbeitsplatzes (off-the-job) fällt, kann der Transfererfolg dadurch entscheidend verbessert werden, dass das Seminar nicht mit einem – eher anonymen und unverbindlichen – Teilnehmerkreis stattfindet, sondern innerhalb einer **Organisationsfamilie** durchgeführt wird. Dadurch bekommt der Transfer eine andere Bedeutung und Verbindlichkeit.
- Ergänzende Möglichkeiten der Transferunterstützung sind **Patensysteme, Coaching, Follow-up-Seminare** und **Lernpartnerschaften**.

Die folgende Übersicht zeigt weitere Maßnahmen zur Transfersicherung gegliedert nach den Phasen der Weiterbildungsveranstaltung.

Übersicht: ***Maßnahmen zur Transfersicherung***

Vorbereitungsphase

- Probleme, Erfahrungen und Erwartungen werden vor dem Training bei den Teilnehmern erhoben und gehen in die Planung von Lernprozessen und Lerninhalten ein.
- Der Teilnehmer wird über den möglichen persönlichen Nutzen, Inhalt und Ablauf vorab informiert.
- Anhand von Vorbereitungsmaterial kann sich der Teilnehmer auf die Themen vorbereiten.
- Der Vorgesetzte wird über geplante Inhalte und Ablauf informiert; seine Erfahrungen und Erwartungen gehen in das Trainingsdesign ein.

Trainingsphase

- Die eingesetzten aktivierenden Lernmethoden erlauben die Verknüpfung neuer Erkenntnisse mit vorhandenem Wissen und Erfahrungen.
- Äußere Störungen des Lernprozesses werden abgeschirmt.
- Die Teilnehmer können inhaltliche Wünsche einbringen und den Ablauf nach ihren Bedürfnissen mit steuern.
- Hohe Lernmotivation wird durch Transparenz des individuellen Anwendungsnutzens für den Arbeitsplatz gefördert.
- Die Lernziele werden mit dem persönlichen Zielsystem des Teilnehmers verknüpft.
- Fallstudien und Beispiele entstammen dem Funktionsfeld des Teilnehmers.
- Für die Realisierung wird eine persönliche Stärken-/Schwächenanalyse im Training durchgeführt.
- Ein Maßnahmenplan wird im Training mit realistischen Terminen in überprüfbarer Form erstellt.

Nachbereitungsphase

- Kollegen und Mitarbeiter werden durch den Teilnehmer in die Umsetzung der Lernerfolge eingebunden.
- Realisierungsunterstützung für den Teilnehmer ist durch Beratungsgespräche mit Vorgesetzten, Trainer und anderen Teilnehmern inkl. Rückmeldung an das Bildungswesen vorgesehen.
- Der Austausch von Realisierungserfahrungen geschieht in Erfahrungsaustauschgruppen.

aus: Papmehl 1991

Die Berücksichtigung der genannten Maßnahmen kann und wird den Lerntransfer positiv beeinflussen. Es bleibt aber die Frage nach im Nachhinein „auf einer höheren

Ebene" nachweisbaren Erfolgen der Bildungsmaßnahmen. Erfolgreiche Weiterbildung sollte sich letztlich in den **Geschäftsergebnissen** niederschlagen oder anhand von anderen Verbesserungen erkennbar sein (organization effects). Diese können anhand von harten Indikatoren wie betriebswirtschaftlichen Kennzahlen oder von weichen Indikatoren wie Kundenzufriedenheit, Mitarbeitermotivation, Betriebsklima, etc. gemessen werden. Problematisch ist die Evaluation von Bildungsmaßnahmen anhand von Team-, Bereichs- und (idealerweise) Geschäftsergebnissen in erster Linie deshalb, weil der Zusammenhang zwischen der Steigerung von Geschäftsergebnissen und Seminarveranstaltungen nicht eindeutig zu klären ist. Der Erfolg eines Unternehmens hängt von vielen unterschiedlichen Faktoren ab, von denen die Mitarbeiterentwicklung nur einen Aspekt darstellt.

Abhilfe für dieses Zurechnungsproblem in der Evaluation könnte z. B. mittels eines Kontrollgruppen-Versuchsplans geschaffen werden. Dabei werden zwei parallele (d. h. ähnlich zusammengesetzte) Gruppen innerhalb des Unternehmens gebildet. Die gewählten Kennzahlen werden bei beiden Gruppen zu zwei unterschiedlichen Zeitpunkten (Zeitpunkt Z 1 und Z 2) gemessen. Zwischen diesen beiden Zeitpunkten liegt die zu evaluierende Weiterbildungsmaßnahme, die allerdings nur bei einer der Gruppen (Trainingsgruppe) durchgeführt wird. Mithilfe von statistischen Analysen kann der Trainingserfolg ermittelt und mit der Kontrollgruppe verglichen werden. Auf diese Art können externe Einflüsse auf das Teilnehmerverhalten weitgehend neutralisiert werden, allerdings greift die betriebliche Praxis eher selten zu solch aufwändigen Evaluations-Designs.

Abbildung 7-16: ***Kontrollgruppen-Versuchsplan***

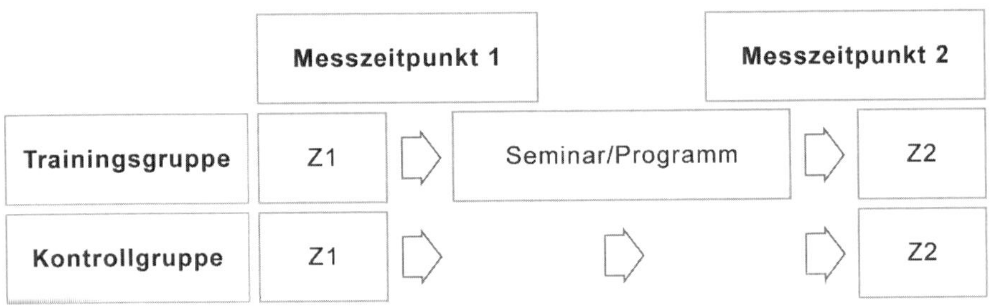

Die bisher dargestellten Evaluationsstufen haben jede für sich genommen eine Existenzberechtigung, weil sie wichtige Informationen für das Bildungscontrolling zur Verfügung stellen. Die aussagekräftigste Stufe – aber natürlich auch die am aufwändigsten zu messende Stufe – vergleicht schließlich den monetären Nutzen der Bildungsveranstaltungen mit ihren Kosten. Der **ROI-Wert (Return on Investment)** gibt an, ob bzw. inwieweit der Nutzen eines Programms die Kosten übersteigt. Damit kann nicht nur nachgewiesen werden, dass Bildungsprogramme positiv zum Unternehmenserfolg beitragen, sondern auch unterschieden werden, welche Programme den größten Ergebnisbeitrag leisten bzw. welche Programme eher weniger effizient und damit verzichtbar sind. In die Berechnung des ROI gehen alle Daten der vorhergehenden Evaluationsstufen ein, indem sie – soweit möglich – finanziell bewertet werden. Ist eine finanzielle Bewertung nicht möglich, werden die Daten als immaterielle Werte dargestellt. Damit fließen sie nicht unmittelbar in die Berechnung des ROI ein, sondern sie werden separat als Zusatznutzen dargestellt. Bei der Berechnung der Programmkosten wird eine Vollkostenrechnung vorgenommen, um eine Vergleichbarkeit der Programme untereinander herzustellen. Phillips und Schirmer geben für ihre Untersuchungen ROI-Werte zwischen 100 und 700 % an, die von Unternehmen im Bereich der Mitarbeiterentwicklung erzielt wurden (siehe Phillips/Schirmer 2005). Diese – zugegebenermaßen extremen – Zahlen sind beeindruckend. Sie zeigen, wie sinnvoll die Mitarbeiterentwicklung – die Investition in das „Humankapital" – ist.

Wichtig für den gesamten **Prozess der ROI-Ermittlung** ist eine systematische Planung der verschiedenen Evaluationsmaßnahmen. Kritisch und bisher nicht gerade zufriedenstellend gelöst ist die Stufe der „Isolierung der Effekte".

Abbildung 7-17: ***ROI-Prozess***

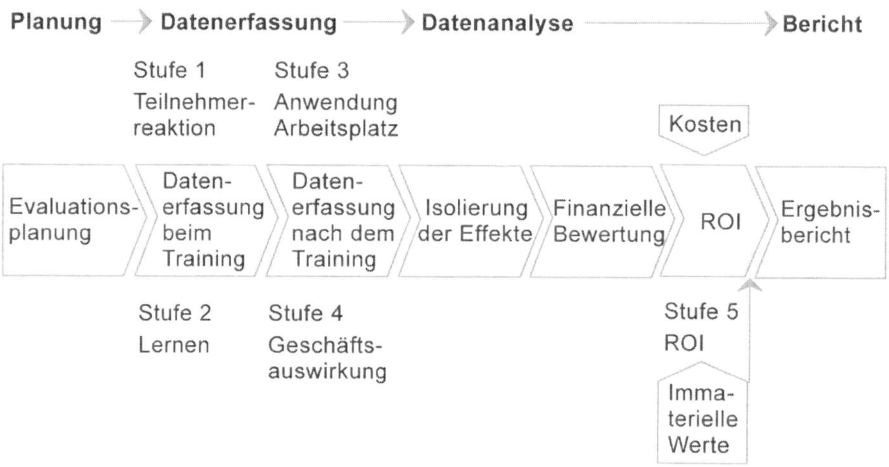

aus: Phillips/Schirmer 2005

Die Übersicht auf der folgenden Seite stellt die Ebenen der Erfolgskontrolle von Bildungsmaßnahmen nochmals zusammenfassend dar.

Übersicht: ***Ebenen der Erfolgskontrolle von Bildungsmaßnahmen***

Ansatzpunkt	Inhalt	Probleme
Kostenkontrolle	Überblick über die Weiterbildungskosten gewinnen	• Eine reine Kostenbetrachtung führt häufig zu einem Rechtfertigungszwang. • Die Höhe der Kosten sagt nichts über die Qualität der Veranstaltung aus.
Zufriedenheitserfolg	Befragung der Seminarteilnehmer nach Beendigung der Schulung zur • Zufriedenheit mit der Veranstaltung (Inhalte, Methoden, Referent, Organisation)	• Die Zufriedenheit ist nicht ausschlaggebend. • Die Teilnehmer können den Nutzen (Transfer) nur durch Vermutungen bewerten. • Die Maßnahme setzt zu früh an.
Lernerfolg	Durchführung einer Prüfung / eines Tests während oder nach Ende der Schulung • Wissensprüfung	• Der Wissenserfolg sagt nicht viel über die Anwendungsmöglichkeiten und über die tatsächliche Anwendung am Arbeitsplatz aus.
Transfererfolg	Befragung der Seminarteilnehmer und ggf. Anderer nach einiger Zeit über die Anwendung von Gelerntem • Teilnehmerbefragung • Vorgesetztenbefragung	• Es gibt keine exakt quantifizierbaren Resultate. • Subjektive Färbungen sind immer enthalten.
Verbesserungen innerhalb der Organisation (organization effects)	Prüfung der Geschäftsergebnisse und anderer Kennzahlen	• Der Nachweis des Zusammenhangs zwischen der Maßnahme und dem Geschäftsergebnis bleibt unzureichend. • Andere (äußere) Einflüsse bleiben unberücksichtigt.
Return on Investment (ROI)	Kosten-/Nutzenanalyse von Bildungsveranstaltungen	• Hoher Erfassungs- und Berechnungsaufwand. • Erfassung des Nutzens von immateriellen Werten ist problematisch. • Isolierung der Effekte ist problematisch.

Zum Weiterdenken

- Das betriebliche Bildungswesen könnte in Zukunft durch den Einkauf von externen Bildungsprodukten und speziell auf die Unternehmensbedürfnisse ausgerichtete Weiterbildungsmodule ersetzt werden.
- Personalentwicklung entmündigt die Mitarbeiter. Jeder Arbeitnehmer soll sich selbst um seine Qualifikationen bemühen.
- Off-the-job-Bildungsmaßnahmen, die nur zu einem Zeitpunkt stattfinden und nicht durch weitere on-the-job-Maßnahmen begleitet werden, sind wirkungslos.
- Handlungskompetenz reicht nicht mehr aus! Welche neuen Management-Fähigkeiten benötigen die Führungskräfte der Zukunft und wie können diese vermittelt werden?
- Kompetenzmanagement und Talentmanagement werden bald wieder „out" sein. Was kommt als Nächstes in Mode?
- Nachfolgemanagement und Laufbahnplanung wecken bei den Nachwuchskräften Erwartungen, denen das Unternehmen häufig nicht gerecht werden kann. Sind diese Instrumente in Zeiten permanenten Wandels überhaupt noch zeitgemäß?
- Mitarbeiterentwicklung ist Führungsaufgabe! Die Organisation und Durchführung umfangreicher Potenzialanalysen und Mitarbeiterentwicklungskonzepte durch die Personalabteilung verleitet die Führungskräfte dazu, die Verantwortung für die Mitarbeiterentwicklung abzugeben. Wie kann das verhindert werden?

7.7 Management von Veränderungsprozessen

Die Entwicklung von Teams, Bereichen und – im Extremfall – der ganzen Organisation wird in der betrieblichen Praxis zunehmend zu einem zentralen Thema. Dabei rückt die Strategie zur **Umsetzung von Veränderungen** in den Vordergrund.

Ausgangspunkt für Veränderungen ist in der Regel ein außerhalb oder innerhalb des Unternehmens entstehender Druck (im Extremfall sogar eine Krise), der die Notwendigkeit schafft, Veränderungen im Unternehmen zu initiieren. Um zu wissen, in welche Richtung die Veränderung gehen soll, ist es erforderlich, zunächst eine Problemanalyse durchzuführen und die Veränderungsrichtung zu definieren. Erst dann können die Veränderungen umgesetzt und im Unternehmen systematisch verankert werden. Das zeigt auch die nachfolgende Abbildung.

Abbildung 7-18: ***Grundsätzlicher Prozess des Veränderungsmanagements***

aus: Gairing 2008

Beim Management von Veränderungen lassen sich zwei grundsätzliche und verschiedenartige Zugänge unterscheiden: Der Ansatz der **Organisationsentwicklung**, der in erster Linie auf sozialwissenschaftlichen Grundlagen basiert und der Ansatz der **Unternehmensberatung**, der betriebswirtschaftlichen und managementtheoretischen Traditionen folgt. Externe Organisationsberater (in Reinform) sehen sich als Fachexperten bezüglich der „harten" Themen, und sie sind dementsprechend in erster Linie an qualitativ hochwertigen fachlichen Konzepten und diesbezüglichen Ergebnissen interessiert (Was ist die beste Lösung?). Ein typisches Beispiel, bei dem der Organisationsberatungsansatz zweifelsfrei seine Berechtigung besitzt, sind IT-Veränderungsprozesse, z. B. die Einführung einer neuen unternehmensweit einzusetzenden Standardsoftware; dabei ist eine sachgerechte Lösung offensichtlich unverzichtbar. Den Organisationsentwicklern geht es demgegenüber hauptsächlich um die Gestaltung des Veränderungsprozesses (Wie können wir den Veränderungsprozess so angehen, dass er von allen akzeptiert wird?) und um die „weichen" Themen. Ein gutes Beispiel für diesen Zugang ist die Entwicklung einer offenen Feedbackkultur zwischen Mitarbeitern und Führungskräften, z. B. durch eine Vorgesetzteneinschätzung, die davon lebt, dass alle Führungskräfte und Mitarbeiter sie mittragen, umsetzen und täglich leben.

Eine einfache Formel für erfolgreiche Veränderungsprozesse macht deutlich, dass beides stimmen muss, die fachliche und die prozessorientierte Seite:

- $E = F * A$

Dabei bezeichnet E das Ergebnis bzw. den Erfolg der Veränderung; F meint die Qualität der fachlichen Lösung und A steht für die Akzeptanz durch die Betroffenen. Geht eine der beiden Größen gegen Null, dann wird auch das Gesamtergebnis nicht viel besser als Null sein. Für ein wirklich gutes Endergebnis sind auf beiden Seiten sehr gute Resultate wichtig: Die Beurteilung eines neuen Fachkonzepts mit 70 von 100 möglichen Prozentpunkten und der Akzeptanz mit 80 von 100 Punkten führt im Endergebnis nur zu 56 % Gesamtqualität.

In der betrieblichen Praxis sind also beide Rollen, die des prozessfokussierten Organisationsentwicklers und die des Fachexperten beim erfolgreichen Management von Veränderungen wichtig. Externe Berater haben meistens Schwerpunkte in der einen oder anderen Richtung. Die betriebliche Realität sieht heutzutage so aus, dass externe Berater die Rolle des Fachexperten, eine „gemischte" Rolle oder die Rolle des Prozessbegleiters bei Veränderungsprozessen übernehmen. Alternativ oder ergänzend dazu wird die Begleitung von Veränderungsprozessen intern durch die Personalabteilung übernommen. Dabei liegt der Fokus eher auf der Prozessbegleitung.

Übersicht: ***Unternehmensberatung und Organisationsentwicklung***

	Unternehmensberatung	Organisationsentwicklung
Ursprünge	• Betriebswirtschaft und Managementlehre	• Sozialwissenschaften
Rolle	• Expertenberatung zu „harten" Themen, z. B: IT, Strategie, Kostenmanagement, Logistik...	• Prozessberatung zu „weichen" Themen, z. B. Unternehmenskultur, Mitarbeiterbefragung, Betriebsklima...
Methoden	• Projektmanagement, Geschäftsprozessoptimierung, SWOT-Analyse...	• Moderation, KAIZEN, Teamentwicklung, Projektmanagement...

ähnlich: Gairing 2008

Die Übersicht macht deutlich, wo Unternehmensberatung und Organisationsentwicklung jeweils ihre thematischen Schwerpunkte sehen und auf welche Methoden sie dabei überwiegend zurückgreifen. Im Weiteren wird tendenziell (eher) die Perspektive der internen (bzw. externen) Prozessbegleitung eingenommen.

Leitfragen

- Was versteht man unter organisatorischen Veränderungsprozessen?
- Welche Anlässe lassen sich bei organisatorischen Veränderungen unterscheiden?
- Was zeichnet eine „Lernende Organisation" aus?
- Welche Personen bzw. Akteure sollten an Veränderungsprozessen beteiligt werden?
- Welche Rolle spielt die Personalabteilung im Veränderungsprozess?
- Wie kann der Ablauf von organisatorischen Veränderungsprozessen sinnvoll gestaltet werden?
- Welche Methoden sind in welcher Phase des Veränderungsprozesses geeignet?
- Mit welchen Widerständen muss bei Veränderungen gerechnet werden?
- Welche Erfolgsbedingungen gelten für gelungene Veränderungsprozesse?

7.7.1 Grundlagen organisatorischer Veränderungen

Die klassische **Organisationsentwicklung** geht von der Überlegung aus, dass ein geplanter Wandel im Unternehmen wohldurchdacht und gezielt herbei geführt wird. Wandel wird in dieser Perspektive als Sonderfall angesehen, der bewusst gestaltet und nach der Zielerreichung als beendet betrachtet wird. Dem steht die Perspektive der **Lernenden Organisation** gegenüber, in der Wandel als Normalfall angesehen wird. Dieser Ansicht schließen sich inzwischen immer mehr Autoren an. Vom Ansatz her ist die Lernende Organisation zunächst einmal ein theoretisches Konstrukt, das erklärungsbedürftig ist. Es geht von der Frage aus, wie Lernprozesse in Unternehmen stattfinden und – direkt oder indirekt – gesteuert werden können. Dabei ist zu berücksichtigen, dass die Organisation aus Individuen besteht, die sich permanent weiter entwickeln und verändern. Einer der bekanntesten Ansätze zu organisationalen Lernprozessen stammt von Chris Argyris (siehe Argyris/Schön 1978). Bei der Analyse, wie Lernprozesse von und in Organisationen ablaufen, stellte er fest, dass Lernen durch das Erkennen und Korrigieren von Fehlern stattfindet. Er unterscheidet die folgenden **Arten von Lernprozessen**:

- Single-loop-learning (Anpassungslernen)
  als Verhaltensänderung ohne Änderung von Überzeugungen und Zielen
- Double-loop-learning (Veränderungslernen)
  als Änderung von Überzeugungen, Zielen und Verhalten

- Deutero-learning (Prozesslernen)
  als reflektives Lernen über das Lernen

Diese Lernprozesse bauen jeweils auf einander auf, was bedeutet, dass beim Deutero-learning nicht nur eine Korrektur der Handlungen (Wie kann ich es beim nächsten Mal besser machen?) sondern auch eine Veränderung von Überzeugungen und Zielen (Wie muss ich die Rahmenbedingungen verändern?) stattfindet. Darüber hinaus erfolgt aber noch eine Reflexion und Analyse des Lernprozesses (Wie ist der Lernprozess abgelaufen?). Organisatorische Lernprozesse sollten sich an dieser (letztgenannten) Art des Lernens orientieren.

Ein weiterer prominenter Vertreter von Theorien zur Lernenden Organisation ist Peter Senge, der fünf „Disziplinen" einer lernenden Organisation postuliert (vgl. Senge 2001). Diese beinhalten weitgehend bekannte – wenig spektakuläre – Management-Prinzipien, die organisationales Lernen ermöglichen. Das besondere an Senges Ansatz ist die von ihm beschriebene **fünfte Disziplin – das systemische Denken**. Dabei geht es darum, Zusammenhänge in Organisationen ganzheitlich zu begreifen, die gegenseitige Abhängigkeit von Ursache und Wirkung zu erkennen und sich die Gesetzmäßigkeiten in Systemen positiv nutzbar zu machen.

Im Kontext der lernenden Organisation wird häufig auch das Thema **Wissensmanagement** thematisiert. Darin verbirgt sich die Betrachtung des in einer Organisation vorhandenen Wissens als Ressource, die es nutzbar zu machen und zu vermehren gilt. Dabei wird zwischen explizitem und implizitem Wissen differenziert, das sich vor allem in der Zugänglichkeit und der Vermittelbarkeit unterscheidet. Aufgabe des Wissensmanagements ist es, vorhandenes Wissen im Unternehmen zu identifizieren und Systeme zu schaffen, die die Verfügbarkeit, Weitergabe und Weiterentwicklung des Wissens von Individuen an andere Wissensträger ermöglichen. Ansatzpunkte des Wissensmanagements liegen

- bei den Mitarbeitern, zum Beispiel in Form von Erfahrungen,
- in IT-Lösungen, d. h. in Wissensdatenbanken und in Wissenslandkarten sowie
- in organisatorischen Regelungen zur Dokumentation von Wissen.

Prominente Vertreter des Wissensmanagement-Ansatzes sind Probst/Raub/Romhardt (1999), die die folgenden Schritte bzw. „Bausteine" des Wissensmanagements unterscheiden:

Abbildung 7-19: ***Bausteine des Wissensmanagements***

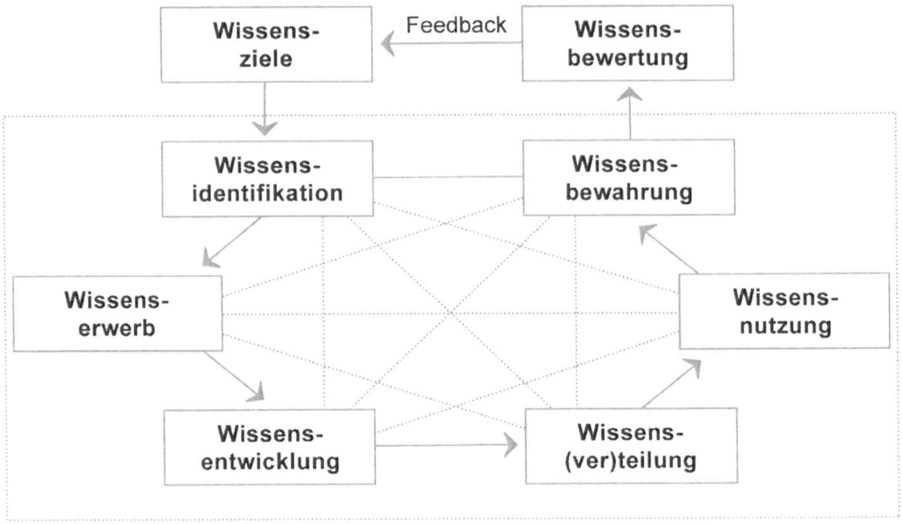

aus: Probst/Raub/Romhardt 1999

Eine lernende Organisation unterliegt ständigen Veränderungen, die nicht einmalig, sondern permanent stattfinden und die nicht nur einzelne Bereiche, sondern die gesamte Organisation betreffen. Hierfür ist ein methodisches Instrumentarium erforderlich, um Zusammenarbeit und Veränderungen effizienter zu gestalten. Gefragt ist ein **umfassendes Konzept**, das Ziele und Menschenbild, externe Beratung und Prozessablauf sowie Widerstände der Mitarbeiter gleichermaßen berücksichtigt. Den ständigen Wandel zu gestalten ist das Kernthema, und dabei sollen strategische und kulturelle Veränderungen, technologische und organisatorische Neuerungen, personale und soziale Felder des Wandels gleichermaßen unterstützt werden. Es geht also darum, Veränderungen in Unternehmen zu managen – um **Veränderungsmanagement (Change Management)**. Dieses – relativ junge – Betätigungsfeld in Unternehmen greift auf viele – auch ältere – sozialwissenschaftliche Einzelerkenntnisse der System-, Management- und der Organisationstheorie, der Sozialpsychologie, der Gruppenpädagogik und der Gruppendynamik sowie der Kommunikationswissenschaft zurück und fügt sie systematisch zusammen.

Neben der für ein Unternehmen als „überlebensnotwendig“ angesehenen ständigen Veränderungsbereitschaft existiert eine Vielfalt **interner und externer Anlässe**, die Veränderungsprozesse initiieren, mitunter auch provozieren.

Übersicht: ***Anlässe für Veränderungsprozesse***

- Restrukturierung des Unternehmens (z. B. personelle Veränderungen, Einführung von Qualitätsmanagement, Schwerpunktverlagerungen)
- IT-Innovationen
- Veränderte Marktstrategie
- Fusionen
- Umzug von Unternehmensteilen in andere Regionen (Inland oder Ausland)
- Internationalisierung
- Veränderungen im Unternehmensumfeld (z. B. rechtliche Änderungen/Auflagen, veränderte Kundenanforderungen)
- Arbeitsmarktsituation
- Änderungen in der Wettbewerbsstruktur (z. B. Auftreten von aggressiven Wettbewerbern)

Möglichkeiten, Veränderungen zu unterscheiden bzw. zu klassifizieren, stellen die folgenden Alternativen dar:

- Geplanter versus ungeplanter Wandel
- Inkrementaler versus fundamentaler Wandel
- Wandel erster und zweiter Ordnung

Bei der Differenzierung von **geplantem und ungeplantem Wandel** geht es um die Frage, ob es sich um eine bewusst herbeigeführte Veränderung im Unternehmen handelt, die vom Unternehmen selbst ausgeht und eine Umorganisation erforderlich macht. Ungeplanter Wandel findet dagegen eher dann statt, wenn sich Veränderungen unbewusst ereignen und als (erwünschte oder unerwünschte) Nebeneffekte von anderen Prozessen stattfinden.

Inkrementale Veränderungen sind dadurch gekennzeichnet, dass sie sich in größeren zeitlichen Einheiten kontinuierlich ereignen. Sie setzen sich aus einer Vielzahl kleinerer Veränderungen zusammen, die gesteuert oder ungesteuert ablaufen. Dagegen spricht man von einem **fundamentalen Wandel**, wenn eine radikale Veränderung innerhalb des Unternehmens auftritt (Beginn einer neuen unternehmensgeschichtlichen Epoche), die häufig aufgrund von Krisensituationen zwingend erforderlich bzw. längst überfällig ist. Ähnlich zu sehen ist die Unterscheidung zwischen **Wandel erster Ordnung und Wandel zweiter Ordnung**. Sie bezieht sich auf das Ausmaß der Veränderungen in Unternehmen. Findet die Veränderung in einzelnen Bereichen, Ebenen oder Dimensionen statt und erfolgt sie eher kontinuierlich, dann wird sie als Wandel erster Ordnung bezeichnet. Veränderungen, die auf allen Ebenen stattfinden, ein größeres Ausmaß erreichen und eher als „radikal" oder „revolutionär" bezeichnet werden können, zählen zum Wandel zweiter Ordnung. In der Realität finden sich Veränderungsprozesse selten in reinrassiger revolutionärer oder evolutionärer Form, sondern sie weisen mehr oder weniger deutlich Elemente des einen oder des anderen Typs auf.

Zusammenfassend lassen sich diese **Erkenntnisse zu den Grundlagen des Veränderungsmanagements** festhalten:

- (Be)Ständiger Wandel im Unternehmensumfeld (PEST-Felder) ist eine allgegenwärtige und (inzwischen) normale Erscheinung.
- Ständiger Wandel im Umfeld muss zu ständigen Veränderungen im Unternehmen führen (Change Management); Anpassung und proaktive Gestaltung werden erforderlich.
- Reines Reagieren bzw. Improvisieren führt auf Dauer nicht zum Erfolg.
- Außen- (vs. Innen-)Orientierung und Zukunfts- (vs. Vergangenheits-)Orientierung sind wichtig.
- Wünschenswert ist eine kontinuierliche Unternehmensentwicklung i. S. einer „gelenkten Evolution".
- Dabei kommt es auf die Balance zwischen harten und weichen Unternehmenssteuerungsfaktoren an.

7.7.2 Akteure des Veränderungsmanagements

Der altbekannte Grundsatz „**Betroffene zu Beteiligten machen**" gehört im Veränderungsmanagement zu den unverzichtbaren Prinzipien. Damit ist nicht gemeint, dass die Verantwortung an die Betroffenen delegiert wird. Es soll auch nicht so aussehen, dass die aktive Mitarbeit am Veränderungsmanagement die „Beteiligten zu Betroffenen macht". Dahinter steckt vielmehr die Annahme, dass die Betroffenen am besten wissen, welche Maßnahmen sinnvoll sind und die gewünschten Effekte hervorbringen. Darüber sind sich alle einig.

Uneinigkeit besteht dagegen bezüglich des Zeitpunkts, an dem die Beteiligung der Betroffenen stattfinden soll. Manche Autoren und Berater fordern, dass die Beteiligung so früh wie möglich erfolgen soll. Andere warnen davor, die Betroffenen zu früh zu informieren und einzubinden. In Situationen, in denen die Geschäftsleitung selbst noch nicht weiß, in welche Richtung die Veränderung gehen soll, kann damit Unruhe ausgelöst werden, die den Veränderungsprozess eher behindert als fördert. Es muss deshalb genau überlegt werden, wann der beste Zeitpunkt der Einbeziehung gekommen ist. In jedem Fall ist es immer besser, die Belegschaft erfährt von der Geschäftsleitung, welche Veränderungen anstehen als durch Gerüchte oder gar aus der Presse.

Durch die Beteiligung der Betroffenen im Veränderungsprozess kann die Akzeptanz von Veränderungsmaßnahmen gesteigert und die Motivation der Mitarbeiter, sich für die Umsetzung der beschlossenen Maßnahmen aktiv zu engagieren, deutlich verbessert werden. Außerdem kann die Qualität von Maßnahmen durch die Beteiligung der unmittelbar Betroffenen ebenfalls gesteigert werden. Folgende Personengruppen sollten an Veränderungsprozessen beteiligt werden (siehe hierzu auch das „Promotoren-Konzept" im 2. Teil, das zwischen Macht-, Fach-, Prozess- und Akzeptanzpromotoren differenzierte):

- Unternehmensleitung
- Führungskräfte
- Mitarbeiter (möglichst die Betroffenen)
- Personalabteilung
- Betriebsrat
- Stabsabteilungen
- externe Berater

Aus Vertretern dieser Gruppen sollte die Unternehmensleitung eine Strategie- oder Projektgruppe bilden, die sich gemeinsam „an einen Tisch setzt" mit dem Ziel, den Gesamtprozess zu managen.

Abbildung 7-20: ***Zusammensetzung einer Strategiegruppe für Veränderungsprozesse***

Je nach Art des Wandels muss mit unterschiedlichen Widerständen innerhalb oder außerhalb des Unternehmens gerechnet werden. Auch die Vorgehensweise des Veränderungsmanagements erfordert unterschiedliche Strategien je nachdem, ob ein allmählicher Wandel zu steuern ist oder ob es sich um eine komplette Umorganisation eines gesamten Unternehmens (z. B. die Privatisierung eines Staatsunternehmens) handelt. Für alle Arten von gesteuerten Veränderungsprozessen ist es sinnvoll, einen Promotor **(Change Agent)** verantwortlich zu benennen, der die Prozesse koordiniert und die Kommunikation zwischen den Akteuren fördert. Darüber hinaus sollte er die frühzeitige Information aller Beteiligten über die geplanten Veränderungen sicherstellen, damit die Entstehung von Gerüchten soweit wie möglich vermieden wird. Die Funktion des Change-Agents kann entweder von einem oder mehreren Mitgliedern der Geschäftsleitung oder des Top-Managements als so genannter „**Inhouse-Consultant**“ übernommen werden, was in der Praxis eher selten der Fall ist, oder von einem **externen Berater** (Personal- oder Unternehmensberater) wahrgenommen werden, was sehr häufig vorkommt. Eine weitere Möglichkeit besteht darin, dass ein Mitarbeiter der internen Personal- und Organisationsentwicklungsabteilung die Rolle des Change Agents übernimmt. Die **Vor- und Nachteile interner oder externer Berater** gilt es, sorgfältig gegeneinander abzuwägen (siehe nachfolgende Übersicht).

Übersicht: ***Vor- und Nachteile interner und externer Berater in Veränderungsprozessen***

	Vorteile	**Nachteile**
Interner Berater	• unternehmensinterne Kenntnisse über das Gesamtsystem • Wissen über die Mitarbeiter und deren Stärken und Schwächen • Vertrautheit mit der Unternehmenskultur • vorhandene Kontakte im Unternehmen können genutzt werden • permanente Anwesenheit im Unternehmen • geringere Kosten • methodisches Know-How	• Interessenskollisionen können auftreten • „Braten im eigenen Saft“ • Akzeptanzproblematik • materielle und soziale Abhängigkeit vom Unternehmen • Zeitbedarf geht zu Lasten anderer Aufgaben
Externer Berater	• Experten Know-How • Akzeptanz als Experte • Erfahrungen aus anderen Unternehmen werden eingebracht • Unbefangenheit/Neutralität • externe Sichtweise	• längere Einarbeitungszeit • Lösungen sind häufig nicht umsetzbar • höhere Kosten • Griff zu standardisierten Lösungen anstelle von individuell ausgearbeiteten Konzepten

Die **Anforderungen an einen Change-Management-Berater** (Change Agent) sind hoch. Dazu gehören:

- Methodische Kompetenz: Projektmanagement, Analyse der Ausgangssituation im Unternehmen, etc.
- Strategische Kompetenz: Planung und Umsetzung der Veränderungsschritte
- Soziale Kompetenz: Kommunikation und Umgang mit Konflikten
- Fachliche Kompetenz: Kenntnisse in Controlling, Finanzen, Recht, IT...

Im Verhältnis werden ca. **zwei Drittel Prozesswissen** und nur etwa **ein Drittel Fachwissen** benötigt. Die geforderten Kompetenzen werden in der Regel nicht von einem einzigen Berater erfüllt. Viele (externe) Berater fokussieren entweder mehr die betriebswirtschaftliche Seite oder sie konzentrieren sich mehr auf die Veränderungsprozesse, indem sie die betroffenen Menschen im Mittelpunkt ihrer Beratertätigkeit sehen. Wünschenswert ist in jedem Fall eine „ganzheitliche Beratung", die sich sowohl auf die betriebswirtschaftlichen Ergebnisse von Umstrukturierungen und Optimierungen, als auch auf den Prozess der Veränderung und die Einbeziehung der Betroffenen bezieht.

Welche Rolle die Personalabteilung in Veränderungsprozessen spielen sollte, hängt sehr von der Art der Veränderungs- oder Restrukturierungsmaßnahmen ab. Geht es mehr um finanzielle und produktionsbezogene Inhalte (z. B. Änderung der Produkte, Erschließung neuer Märkte), dann ist die Beteiligung der Personalabteilung vor allem in den Phasen wichtig, in denen es um Veränderungen in den Aufgaben, Rollen und Einsatzorten der Mitarbeiter geht. Geht es bei den Umstrukturierungsmaßnahmen von Beginn an um eine größere Zahl betroffener Mitarbeiter, für die die Veränderung erhebliche Konsequenzen mit sich bringt (z. B. Rationalisierungen, Fusionen oder Schließung von Werken), dann ist die maßgebliche Beteiligung der Personalabteilung in allen Phasen des Veränderungsprozesses besonders wichtig. Folgende Punkte sprechen in diesem Fall für die **Personalabteilung** in der Rolle des Change Agents:

- Der Personalbereich kennt das Unternehmen bereits und hat somit einen enormen Wissensvorsprung. Darüber hinaus verfügt er über Insidererfahrung und beherrscht die „Sprache" der Mitarbeiter.
- Der Personalbereich kennt die Qualifikationen und Potenziale der Mitarbeiter und weiß, wie man sie am effizientesten in den Veränderungsprozess einbinden kann.
- Ein weiterer Vorteil des Personalbereichs als Manager der Veränderung ist der Vertrauensbonus, den der Personalbereich im Unternehmen genießt, sofern er innerhalb des Veränderungsprozesses als neutrale Instanz gesehen wird. Dies gilt nicht, wenn der Personalbereich selbst Betroffener ist oder wenn der Personalbereich als „Personalabbau-Beauftragter" wahrgenommen wird.

- Der Bereich der Personal- und Organisationsentwicklung verfügt außerdem über das methodische Know-How, um z. B. Workshops für Veränderungsprozesse zu veranstalten und zu moderieren.
- Nicht zuletzt spielen auch die Kosten eine Rolle. Der Personalbereich ist in der Regel bezüglich der Kosten deutlich günstiger als ein externer Berater, der ein Honorar verlangt, das im Vergleich zu internen Gehältern weitaus höher ist.

Neben der Entscheidung, ob man einen externen oder internen Berater als Change Agent einsetzt, gibt es auch die – sicher häufig sehr sinnvolle – Möglichkeit einer **Kooperation von Unternehmensberatern und Mitarbeitern aus dem Personalbereich**. Dadurch besteht die Möglichkeit, die Vorteile beider Varianten miteinander zu kombinieren. Außerdem kann der Personalbereich als Bindeglied zwischen dem externen Berater und dem Unternehmen (Geschäftsleitung, Führungskräfte, Mitarbeiter) fungieren.

Egal wie die Entscheidung für oder gegen einen externen Berater ausfällt: Die Personalabteilung ist von allen Veränderungsprozessen unmittelbar betroffen und deshalb sollten auf jeden Fall ein oder mehrere Mitglieder der Personalabteilung in dem Projektteam, das die Veränderungen managt, vertreten sein. Die Frage, welche Rolle diese Vertreter einnehmen, hängt vor allem davon ab, wie sehr das Personalmanagement in die strategische Steuerung des Unternehmens eingebunden ist. Hierzu ist es erforderlich, dass sich die Personalverantwortlichen frühzeitig in Veränderungsprozesse einmischen, sich als Experten und Berater einbringen, ihre Methodenkenntnisse anbieten und so schließlich zum kompetenten und geschätzten Begleiter von Veränderungsprozessen werden.

7.7.3 Ablauf von organisatorischen Veränderungsprozessen

Veränderungsmanagement will gleichermaßen zur Humanisierung der Arbeit und zur Steigerung von organisationaler Leistungsfähigkeit, einschließlich der Erhöhung von Flexibilitäts-, Innovations- und Lernpotenzialen beitragen. Die Grundvorstellung vom Ablauf solcher bzw. aller Veränderungsprozesse beschreibt Lewin mit seinem **3-Stufen-Modell**, das folgende Phasen vorsieht:

- Auftauen bestehender Gewohnheiten, Denk- und Verhaltensweisen, insbesondere eigenständiges Erkennen von Veränderungsnotwendigkeiten
- Verändern der gewohnten Muster
- Einfrieren eines neuen Repertoires

Das 3-Stufen-Modell von Lewin stellt ein grundlegendes Muster dar, das allen Veränderungsprozessen zugrunde liegt. Aufbauend auf diesem einfachen Grundmodell

Abbildung 7-21: ***Standard-Ablauf von Veränderungsprozessen***

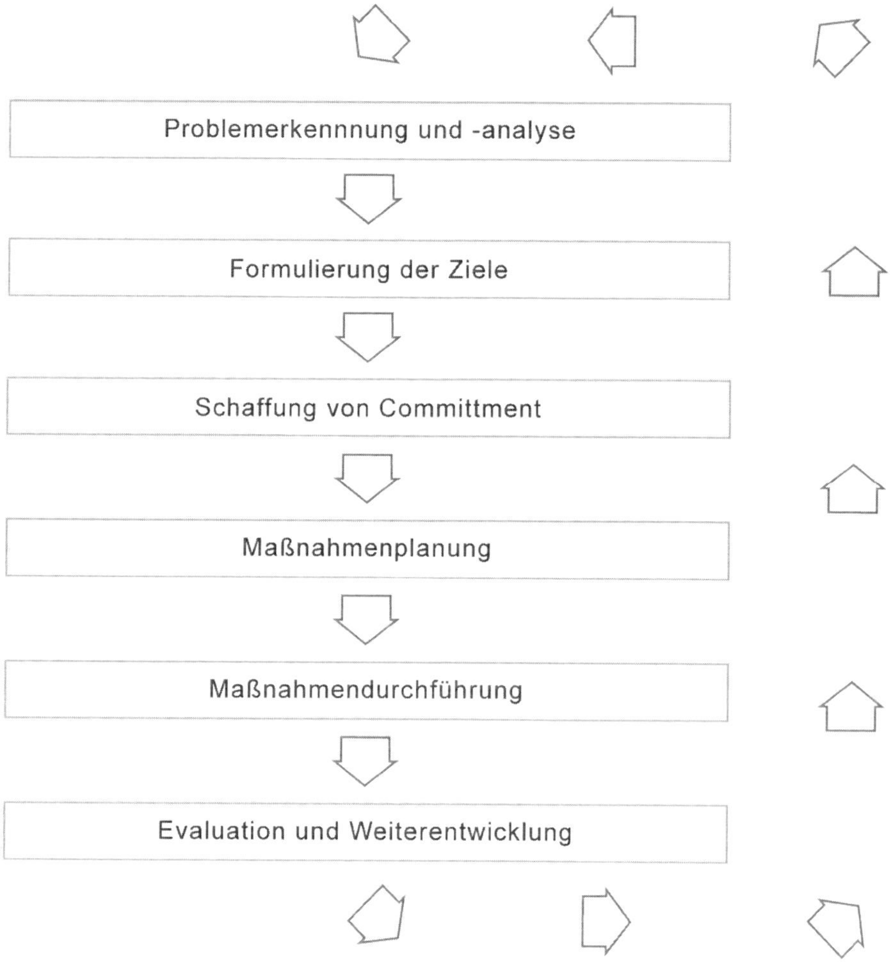

sieht der **Standard-Ablauf von Veränderungsprozessen** die folgenden Schritte und Empfehlungen bzw. „Spielregeln" vor:

- **Problemerkennung und -analyse**: Zu Beginn des Veränderungsprozesses steht in der Regel ein Problem, das es zu lösen gilt und das eine gewisse Komplexität mit sich bringt. Häufig ist das Problem gar nicht unmittelbar beobachtbar, sondern es treten nur Symptome auf, die anzeigen, dass ein kritischer Zustand für das Unternehmen erreicht ist. Aus diesen Symptomen kann dann auf ein dahinter liegendes Problem geschlossen werden. Dieses Problem sollte zunächst in allen seinen Facetten analysiert und verstanden werden (Wie ist es entstanden? Wie wirkt es sich konkret aus? Wer ist davon betroffen?). Zu diesem Zweck ist es sinnvoll, Daten zu erheben (z. B. durch Mitarbeiterbefragung, Analyse statistischer Daten...) und auszuwerten. In dieser Phase wird häufig auch bereits ein externer oder interner Berater hinzugezogen. Am Ende dieser Phase steht eine gemeinsame Problemdefinition.

- **Formulierung der Ziele**: Im nächsten Schritt ist es wichtig, dass der Auftraggeber (z. B. die Geschäftsleitung) konkrete Ziele für die Veränderung festlegt. Es sollten eindeutige Erfolgskriterien definiert werden, anhand derer am Ende des Prozesses erkennbar ist, ob das Ziel erreicht wurde.
- **Schaffung von Commitment**: Die Einbindung und Unterstützung der betroffenen Mitarbeiter zählt zu den wichtigsten Elementen eines erfolgreichen Veränderungsmanagements. Nur dann, wenn das Projekt von den Betroffenen positiv gesehen und begleitet wird, kann es gelingen. Aus diesem Grund ist eine möglichst frühzeitige Einbindung der Mitarbeiter erforderlich. Deshalb sollte in dieser Phase ein Diskussionsprozess in Gang gebracht werden, in dem die Ziele und Ideen kommuniziert und zur Diskussion gestellt werden. Eine häufig eingesetzte Methode ist z. B. die Durchführung eines Start-Workshops (Kick-off), um möglichst vielen Betroffenen die Gelegenheit zur Beteiligung zu geben. Daneben gilt es in dieser Phase aber auch die „Spielregeln" für das Veränderungsprojekt (siehe Übersicht) zu vereinbaren.
- **Maßnahmenplanung:** Ebenso wichtig wie die gründliche Analyse der Ausgangssituation ist die Planung der einzelnen Prozessschritte. Dabei sind folgende Fragen zu beantworten: Welche Teilprojekte ergeben sich? Wann sollen welche Meilensteine erreicht werden? Zu welchen Zeitpunkten werden die Mitarbeiter wie und von wem informiert? Welche Methoden sollen wann eingesetzt werden?
- **Maßnahmendurchführung:** Während die einzelnen Teilprojekte oder Prozessschritte umgesetzt werden, finden regelmäßige Sitzungen der Strategiegruppe statt, in denen über die Fortschritte, Probleme und Widerstände berichtet wird und eventuelle Anpassungen der Strategie beraten werden. Häufig werden Maßnahmen auch zunächst in einem „Pilotbereich" umgesetzt und Erfahrungen sowie Verbesserungsmöglichkeiten gesammelt bevor sie dann „flächendeckend" im gesamten Unternehmen eingeführt werden.
- **Evaluation und Weiterentwicklung:** Nachdem die Veränderungen in der Organisation umgesetzt wurden, ist es erforderlich, die Erreichung der Ziele zu überprüfen und gegebenenfalls nachzusteuern. Zur Evaluation können auch wieder Daten erhoben (z. B. Mitarbeiterbefragung, statistische Daten) und mit den Daten der Ausgangssituation verglichen werden. Daraus lässt sich – zumindest teilweise – der Erfolg oder Misserfolg des Veränderungsmanagements ablesen. Sind die Ergebnisse nicht zufrieden stellend, dann ist es erforderlich, einen neuen Veränderungsprozess zu starten.

Übersicht: ***Spielregeln für Veränderungsprozesse***

- Projektziele offen kommunizieren
- Beteiligung der Betroffenen
- interdisziplinäre Zusammensetzung des Projektteams
- gründliche Analysephase
- Berücksichtigung sowohl der betrieblichen Interessen als auch der Interessen der Mitarbeiter
- Planung von realistischen Zeitabschnitten für die einzelnen Prozessschritte
- offene Information der Mitarbeiter
- offener Umgang mit Konflikten und Widerständen
- ganzheitliche Betrachtung der Auswirkungen auf die Organisation zur Vermeidung unerwünschter Nebeneffekte

7.7.4 Methoden des Veränderungsmanagements

Um die einzelnen Schritte in Veränderungsprozessen erfolgreich durchzuführen, gibt es eine Vielzahl von Methoden, die zum Teil den gesamten Prozess gestalten (z. B. Projektmanagement), zum Teil aber auch nur einzelne Prozessschritte unterstützen (z. B. Mitarbeiterbefragungen oder Workshops). Die **Auswahl der Methode** ist abhängig von diesen Aspekten:

- Art der Veränderungsmaßnahme: Geht es um die Veränderung von Wissen, Einstellungen, Verhalten oder eher um strukturelle Veränderungen der Organisation?
- Adressat(en) der Maßnahme: Sind von der Veränderung einzelne Bereiche betroffen oder ist das gesamte Unternehmen tangiert?
- Erfahrungshintergrund des Change-Managers: Handelt es sich bei dem Change-Manager um einen erfahrenen Veränderungsmanager oder um einen „Neuling" auf diesem Gebiet? Ist er von Haus aus Betriebswirt, Jurist oder Psychologe?

Die Entscheidung, welche Methode an welcher Stelle im Veränderungsprozess eingesetzt wird, ist zwar von den oben genannten Aspekten abhängig. Für den Erfolg von Veränderungsprozessen ist im Endeffekt aber selten die Methode entscheidend, sondern vielmehr die konsequente und sorgfältige Umsetzung und professionelle Durchführung der Methoden sowie die Einhaltung der oben genannten Spielregeln.

Viele Autoren stellen umfangreiche „Werkzeugkisten" mit einer Vielzahl an Methoden des Veränderungsmanagements zusammen. Bei der Betrachtung dieser Übersichten fällt auf, dass sie meist eine komplette „Tour d'horizon" durch das Personalmanagement darstellen. Sie umfassen Methoden aus den Bereichen der Mitarbeiterführung (z. B. Führen mit Zielen), der Mitarbeiterentwicklung (z. B. Teamentwicklung), der Arbeitsgestaltung (z. B. Arbeitsplatzanalysen) und der Unternehmenssteuerung (z. B. Qualitätsmanagement) (siehe z. B. Doppler/Lauterburg 2008; Kraus/Becker-Kolle/ Fischer 2006). Diese Methoden werden in anderen Teilen dieses Buches beschrieben. Aus diesem Grund sollen an dieser Stelle (nur) einige ausgewählte Methoden dargestellt werden, die für Interventionen auf der Ebene von Unternehmensbereichen bzw. der gesamten Organisation, also nicht auf der Mitarbeiter- bzw. Teamebene in Frage kommen.

Die **Mitarbeiterbefragung** ist in erster Linie ein Analyse- bzw. Diagnose-Instrument. Eine Befragung der Mitarbeiter verschafft Klarheit darüber, wo Schwachstellen in der Organisation liegen und welche Ideen und Vorschläge die Mitarbeiter zur Verbesserung der Situation vorbringen. In Veränderungsprozessen kann die Mitarbeiterbefragung sowohl in der Problemanalysephase als auch in der Evaluationsphase eingesetzt werden. Vorteilhaft ist eine Vorher-/Nachher-Befragung der Mitarbeiter, um die erfolgreiche Umsetzung von Veränderungsmaßnahmen kontrollieren zu können. Die Mitarbeiterbefragung stellt darüber hinaus auch eine gute Möglichkeit dar, die Betroffenen zu Beteiligten zu machen. Dabei ist zu berücksichtigen, dass mit der Mitarbeiterbefragung auch Erwartungen bei den Mitarbeitern geweckt werden, dass deren Veränderungswünsche berücksichtigt werden. In Situationen, in denen bereits im Vorfeld feststeht, welche Maßnahmen umgesetzt werden sollen, ist von einer Mitarbeiterbefragung abzuraten, da dadurch Erwartungen geweckt werden, die nicht erfüllt werden können. Wenn die Veränderungsmaßnahmen aber gestaltbar sind und die Ansichten und Ideen der Mitarbeiter dabei berücksichtigt werden können, dann stellt die Mitarbeiterbefragung ein geeignetes Instrument dar.

Ein klassisches Instrument, das im Rahmen des Veränderungsmanagements in vielen Situationen sinnvoll einsetzbar ist, stellen **Workshops** dar. Dabei kommt eine Gruppe von Personen – die Zusammensetzung variiert je nach Anlass und Zielsetzung – zusammen, um gemeinsam Arbeitsschritte und Konzepte zu erarbeiten. Wichtige Merkmale von Workshops sind darüber hinaus das Zusammenkommen außerhalb der normalen Besprechungsroutine (z. B. in einem Seminarhotel) und der Einsatz eines Moderators (entweder fungiert eine Führungskraft als Moderator oder eine neutrale Person). Typische **Anlässe für Workshops** sind die folgenden Beispiele:

- Start-Veranstaltungen für organisatorische Veränderungen (Kick-Off-Workshops)
- Besprechung und Interpretation der Ergebnisse einer Mitarbeiter- oder Kundenbefragung
- Bearbeitung von Konflikten (Konfliktlöse-Workshop) und Problemen (Problemlöse-Workshop)
- Teamentwicklung (Teamentwicklungs-Workshop)
- Entwicklung neuer Konzepte (Konzeptions-Workshop, Strategieentwicklung)

- Planung zukünftiger Schwerpunkte und Aktivitäten (Zukunfts-Workshop)
- Entscheidungen treffen (Entscheidungs-Workshop)

Der **Ablauf von Workshops** erfolgt in der Regel nach folgendem Muster:

- Vorbereitung
- Datensammlung und Problemanalyse
- Gemeinsame Zielsetzung
- Ideensuche
- Diskussion in Kleingruppen
- Präsentation und Diskussion der Kleingruppenergebnisse im Plenum
- Bewerten und Entscheiden
- Erstellen eines Aktionsplans / Maßnahmenkatalogs

Während des Workshops werden nach Bedarf unterschiedliche **Moderationsmethoden** (z. B. Kartenabfrage, Blitzlicht, Punktebewertung, etc.) eingesetzt, um die Gruppe zu gemeinsamen Ergebnissen zu führen. Wichtig sind die Protokollierung der Ergebnisse und die sorgfältige Umsetzungsplanung (Transfersicherung), in der exakt festgelegt wird, wer welche Aufgabe bis wann erledigen soll.

Übersicht: ***Beispiel für einen Aktionsplan als Ergebnis eines Workshops***

Wie kann die Mitarbeiterzufriedenheit verbessert werden?		
Welche Aktionen werden vereinbart?	**Wer führt die Aktion aus?**	**Wann soll das Ergebnis vorliegen?**
Durchführung von Mitarbeitergesprächen im jährlichen Turnus	alle Führungskräfte mit ihren Mitarbeitern	bis zum 30.09. jedes Jahr
Einführung einer individuellen Zusammenstellung von Sozialleistungen durch die Mitarbeiter (Cafeteria-System)	Personalabteilung	31.12.
Veranstaltung eines Tages der offenen Tür für alle Mitarbeiter und deren Familien	Leiter Öffentlichkeitsarbeit	07.07.
Einführung eines betrieblichen Vorschlagswesens	Personalabteilung	30.06.
Wiederholung der Mitarbeiterbefragung nach 2 Jahren zur Evaluation der vereinbarten Maßnahmen	Personalentwicklung	31.07.

Der Einsatz von Workshops als Methode des Veränderungsmanagements sollte immer Teil einer Gesamtstrategie sein. Von der Durchführung eines Workshops als Einzelmaßnahme ist eher abzuraten. Die Wirkung einer singulären Veranstaltung verpufft zu schnell. Zudem werden Erwartungen bei den Teilnehmern geweckt, die nur dann zielführend sind, wenn ihnen auch konkrete Umsetzungen folgen bzw. die Umsetzung konsequent weiter verfolgt wird. Dies kann in Form von Evaluationsworkshops oder anderen Maßnahmen des Veränderungsmanagements geschehen.

Das **Konfrontationstreffen** ist eine besondere Art von Workshop. Ziel dieser Maßnahme ist die Verbesserung von Abläufen und Strukturen innerhalb der Organisation. Teilnehmer können z. B. die Führungskräfte eines Bereiches sein. Im Rahmen dieses Treffens soll offen darüber gesprochen werden, was im betreffenden Bereich gut läuft, was nicht gut läuft und an welcher Stelle Handlungsbedarf gesehen wird. Als Ergebnis wird ein Aktionsplan erstellt, der zur Verbesserung der Organisation bzw. zur Lösung von Konflikten dient. Voraussetzung für das Gelingen eines Konfrontationstreffens ist die Bereitschaft der Teilnehmer, Probleme offen anzusprechen und sich für die Bewältigung von Konflikten aktiv einzusetzen. Der **Ablauf** kann wie folgt aussehen:

- Einführung: Besprechung der Ziele der Veranstaltung und Aufforderung zur Offenheit und konstruktiven Zusammenarbeit
- Sammeln von Informationen: Bearbeitung von Fragen in Kleingruppen wie z. B. „Welche Probleme gibt es? Was soll anders werden? Wie könnte eine erfolgreiche Zusammenarbeit gestaltet werden?“
- Besprechung der Kleingruppen-Ergebnisse in der Gesamtgruppe
- Bewertung der Ergebnisse und Planung von Maßnahmen (Aktionsplan); Entscheidung: „Wer macht was bis wann?“
- Umsetzung der Ergebnisse
- Erfolgskontrolle (nach 4-6 Wochen)

Bei dieser Art von Workshop ist der Einsatz eines externen bzw. eines neutralen Moderators (z. B. aus der Personalabteilung) sinnvoll.

Im Rahmen von Veränderungsprozessen kann es sinnvoll sein, zu prüfen, wie andere Unternehmen das gleiche Problem gelöst haben. Dieser Vergleichsprozess wird **Benchmarking** genannt. Dabei werden Unternehmen gesucht, die mit der eigenen Organisation vergleichbar sind und die in einem bestimmten Bereich besonders gut sind (Best Practice). Dazu ist es nicht unbedingt notwendig, dass der Benchmarking Partner aus der gleichen Branche (Konkurrenzunternehmen) kommt. Benchmark können auch Unternehmen aus anderen Branchen (Branchenfremde) sein, die ähnliche Prozesse haben – im Personalmanagement ist das häufig so. In diesem Fall kann das Benchmarking auch auf Gegenseitigkeit beruhen und zu einem gegenseitigen Austausch von Informationen führen. Das gelingt bei einem Benchmarking innerhalb der eigenen Branche eher selten, wenn es sich um direkte Wettbewerber handelt.

Das wichtigste Ergebnis des Benchmarks stellt die Analyse der Unterschiede zwischen den Prozessabläufen dar. Daraus können Ideen und Anregungen für die eigenen Prozesse gewonnen und im eigenen Unternehmen umgesetzt werden. Benchmarking kann auch als Evaluierungsmethode nach Abschluss von Veränderungsmaßnahmen eingesetzt werden, um die eigene Positionierung zu überprüfen.

Ein sehr sinnvolles Instrument zur Analyse der Situation des Unternehmens und der Umfeldbedingungen stellt die im 2. Teil bereits besprochene **SWOT-Analyse** dar. Ein weiteres Analyseinstrument, das bei Veränderungsprozessen sinnvoll eingesetzt werden kann, ist die **TCP-Matrix** (vgl. Tichy 1995). In einer Übersichtstabelle werden in den Zeilen die drei Ebenen des Unternehmensumfeldes dargestellt:

- **T**(echnische Ebene)
- **C**(ulture – kulturelle Ebene)
- **P**(olitische Ebene)

In den Spalten werden die Werkzeuge bzw. Ansatzpunkte des Managements genannt:

- Strategie
- Organisation
- Personalmanagement

Übersicht: ***TCP-Matrix***

	Strategie	**Organisation**	**Personal-management**
Technische Ebene	z. B. Welche Ziele sollen wir uns für die Zukunft setzen?	z. B. Welche organisatorischen Veränderungen streben wir an?	z. B. Mit welchem zukünftigen Personalbedarf müssen wir kalkulieren?
Kulturelle Ebene	z. B. Wie soll die Unternehmenskultur neu gestaltet werden, damit wir die gesteckten Ziele erreichen können?	z. B. Welcher Managementstil fördert die Umsetzung der neuen Strategie?	z. B. Wie vermitteln wir die neue Unternehmenskultur den Mitarbeitern?
Politische Ebene	z. B. Wer soll in Zukunft Entscheidungen treffen?	z. B. Wie sollen die Rollen neu verteilt werden?	z. B. Welche Mitarbeiter sollen gefördert werden?

Anhand dieser Matrix ist es möglich, eine ganzheitliche Unternehmensanalyse vor dem Hintergrund seines Umfeldes durchzuführen. Auf der Grundlage der Ergebnisse können dann die weiteren Schritte im Veränderungsmanagement geplant werden. Die Übersicht zeigt eine TCP-Matrix mit Beispielfragen, die so oder so ähnlich gestellt und beantwortet werden können. Die Differenzierung der einzelnen Felder unterstützt die ganzheitliche Betrachtung der Einflussfaktoren auf das Unternehmen.

Ein etabliertes und umfassendes Instrument zur Umsetzung von Veränderungen in Organisationen stellt die **Grid-Organisationentwicklung** dar, die von Blake und Mouton bereits in den 60er-Jahren entwickelt wurde. In einem Sechs-Phasen-Programm erfolgt die Entwicklung zu einem idealen strategischen Unternehmensmodell:

- Phase 1: Alle Führungskräfte nehmen an einem Grid-Seminar teil, in dem sie „richtiges" Führungsverhalten lernen und Fähigkeiten wie Problemlösen, Kritisieren, Kommunizieren und Teamarbeit trainieren.

- Phase 2: Im nächsten Schritt soll die Teamarbeit weiter entwickelt werden. Die neu erlernten Fähigkeiten werden zur Verbesserung der Teamarbeit eingesetzt. Dabei erhalten die Führungskräfte und ihre Teammitglieder Feedback über ihr Verhalten und werden zur Lösung aktueller Arbeitsprobleme angeleitet.

- Phase 3: In Phase 3 steht die Zusammenarbeit zwischen den Arbeitsgruppen einer Organisation im Vordergrund. Dabei werden vor allem die Intergruppen-Beziehungen zwischen Arbeitsgruppen analysiert, die häufig und intensiv zusammen arbeiten. Die bestehenden Beziehungen (Ist-Zustand) werden zunächst untersucht und dem Idealzustand gegenüber gestellt. Auf dieser Grundlage werden dann konkrete Schritte zur Verbesserung der Intergruppen-Beziehungen erarbeitet.

- Phase 4: Nachdem in den vorherigen Phasen konkret am Verhalten der Organisationsmitglieder gearbeitet wurde, verlagert sich nun der Schwerpunkt auf die strategische Planung. Die Aufgabe des Top-Managements ist es, ein Idealmodell der eigenen Organisation zu entwickeln, das zeigt, wie das Unternehmen aussehen soll, wenn es strategisch optimal ausgerichtet ist.

- Phase 5: Die Konkretisierung des in Phase 4 entwickelten Idealmodells erfolgt durch die Bildung von Planungsgruppen in jedem relevanten Bereich. Diese Gruppen haben die Aufgabe, den eigenen Bereich dem Idealmodell anzunähern, indem Prozesse und Abläufe analysiert und neu gestaltet werden. Die Arbeit der Planungsgruppen wird von einer Koordinationsgruppe unterstützt und aufeinander abgestimmt. Auf diese Art findet eine Reorganisation des Unternehmens statt.

- Phase 6: Sobald erste Veränderungen in Phase 5 umgesetzt werden, beginnt bereits die Phase 6 parallel dazu mit der Erfolgskontrolle. Durch verschiedene Messdaten (Fragebogen, statistische und betriebswirtschaftliche Kennzahlen) werden die Fortschritte des Programms kontinuierlich gemessen und weitere Chancen zur Verbesserung identifiziert. Die beiden letzten Phasen werden so lange fortgesetzt bis das in Phase 4 entwickelte Idealmodell erfolgreich umgesetzt ist.

Das Sechs-Phasen-Programm stellt einen **ganzheitlichen Ansatz des Veränderungsmanagements** dar, das die gesamte Organisation einbezieht. Da ein derart umfangreiches Programm zur Veränderung einer Organisation Zeit benötigt, ist es auf einen Zeitraum von mehreren Jahren angelegt. Für Unternehmen, die (noch) nicht über Erfahrungen mit Organisationsentwicklung verfügen, kann dieses Programm ein wichtiger Schritt in die Zukunft des Unternehmens darstellen.

Ein weiteres Beispiel für ein umfassendes und systematisches Veränderungsmanagement-Programm stellt das **Projektmanagement** dar. Von einem Projekt wird dann gesprochen, wenn es sich um einen einmaligen und komplexen Prozess handelt. Weitere Kennzeichen eines Projektes sind die zeitliche Begrenztheit und das vorgegebene Projektziel. Unter Projektmanagement wird im Allgemeinen die Durchführung bzw. Abwicklung eines Projektes verstanden. Projektarbeit ist in der Regel dann sinnvoll, wenn eine Aufgabe schnell, zielgerichtet und abteilungsübergreifend gelöst werden soll. Projektarbeit ist immer Teamarbeit. Folgende Gruppen sind am Projekt beteiligt:

- Auftraggeber (z. B. die Unternehmensleitung)
- Projektleiter
- Projektteam

Der **Auftraggeber** eines Projektes erteilt den Projektauftrag und definiert das Projektziel. Darüber hinaus stellt er die Ressourcen (Zeit, Mitarbeiter, finanzielle Ausstattung) zur Verfügung. Der **Projektleiter** hat die Aufgabe, das Projekt-Team zu leiten und die Projektarbeit mit Unterstützung seines Teams verantwortlich durchzuführen. Er berichtet regelmäßig über den Projektfortschritt an den Auftraggeber und verantwortet das Budget. Der Projektleiter entscheidet auch über die Zusammensetzung des Projektteams. An den Projektleiter werden hohe Anforderungen gestellt. Dazu gehören:

- fachliche Kompetenz hinsichtlich des Projekt-Inhalts
- Autorität und Führungsfähigkeiten
- methodische Kompetenz (Instrumente des Projektmanagements)
- soziale Kompetenz (Kommunikation, Moderation, Konfliktlösung)

Die methodische Vorgehensweise des Projektmanagements zeigt die nachfolgende Abbildung. Vor Beginn des Projektes steht eine Idee, ein Veränderungswunsch bzw. ein Problem, das es zu lösen gilt. In der **Initialisierungsphase** wird zunächst der Projektleiter bestimmt. Aufgabe des Projektleiters ist es dann, den **Projektauftrag** zu klären. Folgende Fragen müssen hierbei gestellt werden:

- Was genau ist die Projektaufgabe?
- Wie sieht die Zielsetzung aus? Was soll erreicht werden? (Soll-Zustand)
- Welche Voraussetzungen existieren derzeit? (Ist-Zustand)

- Welche Ressourcen (finanziell, personell, zeitlich, Know-how) stehen für das Projekt zur Verfügung?
- In welchem Kontext findet das Projekt statt? (Rahmenbedingungen)

Abbildung 7-22: ***Methode des Projektmanagements***

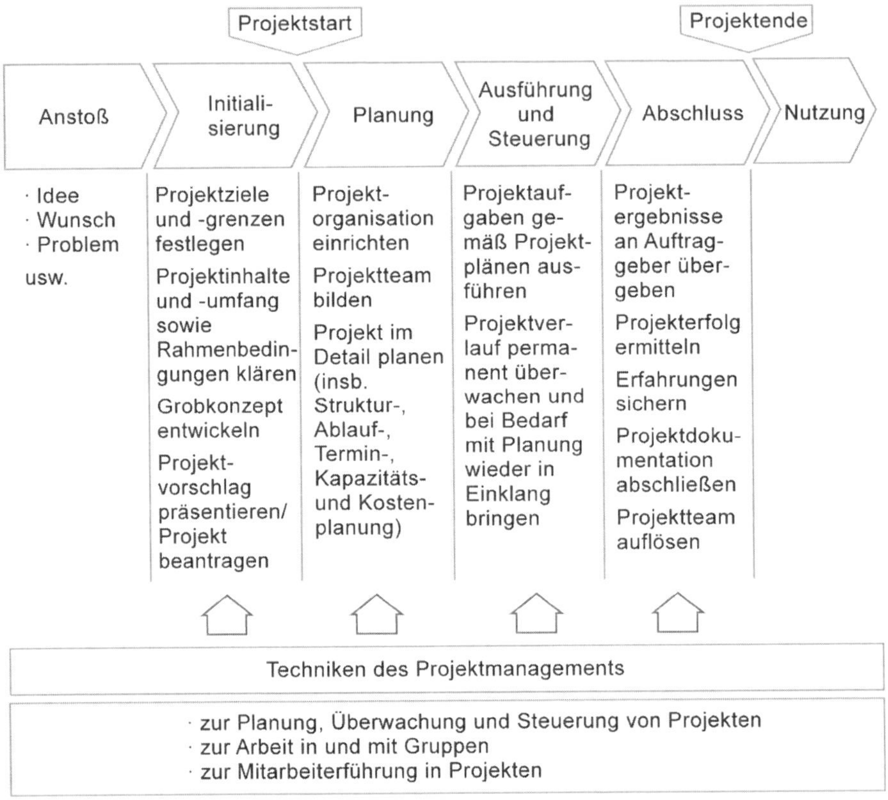

aus: Klimmer 2007

Erst wenn diese Punkte geklärt sind, kann der Projektleiter ein Grobkonzept des Projektes entwickeln und diesen Vorschlag dem Auftraggeber präsentieren. Ist der Auftraggeber mit den Vorschlägen einverstanden, kann das Projekt gestartet werden. In der **Planungsphase** stellt der Projektleiter als Nächstes das Projekt-Team zusammen und vereinbart mit diesem die weiteren Schritte des Projekts. Dazu gehören folgende Planungsaspekte:

- die Festlegung der Aufgaben und Verantwortlichkeiten (**Projektstrukturplan**)

- zeitliche Ablaufplanung (**Meilensteine, Terminplan**)
- die Planung der personellen Kapazitäten (**Kapazitätenplan**)
- die Kalkulation der Projektkosten (**Projektkostenplan**)

Die **Ausführungs- und Steuerungsphase** beinhaltet die Umsetzung der Arbeitspakete. Dabei werden die Ergebnisse permanent kontrolliert und die Maßnahmen jeweils so lange angepasst bis die gewünschten Ergebnisse erzielt werden. Der Projektleiter ist für die Einhaltung des Terminplans verantwortlich und berichtet regelmäßig an den Auftraggeber. Die Durchführung von Teamsitzungen dient dem Austausch von Informationen innerhalb des Projektteams. Die erste Sitzung wird meist als „Kick-off"-Termin bezeichnet. Zu einer effizienten Durchführung dieser Sitzungen gehören die rechtzeitige Einladung aller Team-Mitglieder und die Aufstellung einer Tagesordnung. Die Ergebnisse der Sitzungen werden in einem Protokoll festgehalten. Die Protokolle sowie andere gemeinsame Dokumente können in einer speziell für das Projekt angelegten Datenbank im Intranet gespeichert werden, auf die ausschließlich Projektmitarbeiter Zugriff haben.

In der **Abschluss-Phase** werden die Ergebnisse der Geschäftsleitung bzw. dem Auftraggeber präsentiert und in einem Abschlussbericht dokumentiert. In dem Projektabschlussbericht sollten neben den durchgeführten Aktivitäten auch alle weiteren Erfahrungen wie z. B. wichtige bzw. kritische Ereignisse dokumentiert werden, um bei eventuellen Nachfolgeprojekten von den Erfahrungen profitieren zu können. Nach Beendigung dieser Phase wird das Projektteam wieder aufgelöst.

Eine besondere Problematik, die häufig bei Projekten auftaucht ist, dass die Projektmitglieder – einschließlich des Projektleiters – das Projekt in der Regel nicht ausschließlich bearbeiten, sondern zusätzlich zu ihren regulären Aufgaben im Unternehmen durchführen. Das führt unweigerlich zu Rollen-, Zeit- und Zielkonflikten, die es im Laufe der Projektdurchführung zu bewältigen gilt. Die Projektmitglieder haben neben dem Projektleiter ihre hierarchisch zugeordnete Führungskraft als Fachvorgesetzten, der ebenfalls Anforderungen an seine Mitarbeiter stellt. Trotz dieser häufig auftretenden Konflikte bietet die Projektmanagement-Methode für das Veränderungsmanagement einige unschätzbare Vorteile:

- Durch die abteilungsübergreifende Zusammensetzung des Projektteams können die unterschiedlichen Kompetenzen der Beteiligten optimal gemischt werden.
- Die konsequente Umsetzung der Projektmanagement-Methode erweist sich in der Regel als sehr effizient durch hohe Zielorientiertheit und eine optimale Ressourcennutzung.
- Entscheidungen werden durch den mit umfangreichen Entscheidungskompetenzen ausgestatteten Projektleiter schnell und unbürokratisch getroffen.
- Die Bearbeitung durch ein gut abgestimmtes Projektteam mit klar strukturierten Prozessen sichert den Erfolg des Projekts.

Aus diesen Gründen ist das Projektmanagement zunehmend in allen Bereichen der Organisation etabliert. Bei organisatorischen Veränderungen hat sich das Projektmanagement ebenfalls sehr bewährt. Je komplexer allerdings die Veränderungsprozesse, desto mehr Projekte stehen an und desto wichtiger ist eine sinnvolle Priorisierung der Projekte bzw. eine gute Koordination mehrerer Projekte gleichzeitig.

Die dargestellten Methoden und Instrumente des Veränderungsmanagements stellen nur einen Ausschnitt aus der Vielzahl der Methoden vor. In der Übersicht „Ausgewählte Methoden des Veränderungsmanagements" werden die beschriebenen Methoden nochmals im Überblick gezeigt und verdeutlicht, in welcher Phase des Veränderungsmanagements die jeweilige Methode sinnvoll eingesetzt werden kann.

Übersicht: ***(Ausgewählte) Methoden des Veränderungsmanagements***

Methode	Einsatzmöglichkeiten im Veränderungsprozess
Mitarbeiterbefragung	• Problemerkennung und -analyse • Evaluation
Workshops	• Problemerkennung und -analyse • Formulierung von Zielen • Schaffung von Commitment • Maßnahmenplanung • Evaluation
Konfrontationstreffen	• Problemerkennung und -analyse • Formulierung von Zielen • Schaffung von Commitment • Maßnahmenplanung • Evaluation
Benchmarking	• Problemerkennung und -analyse • Formulierung von Zielen • Maßnahmenplanung • Evaluation
SWOT-Analyse	• Problemerkennung und -analyse • Formulierung von Zielen • Maßnahmenplanung

Methode	Einsatzmöglichkeiten im Veränderungsprozess
	• Evaluation
TCP-Matrix	• Problemerkennung und -analyse • Maßnahmenplanung
Grid-Organisationsentwicklung	• Formulierung von Zielen • Maßnahmenplanung • Maßnahmendurchführung • Evaluation
Projektmanagement	• Problemerkennung und -analyse • Formulierung von Zielen • Schaffung von Commitment • Maßnahmenplanung • Maßnahmendurchführung • Evaluation

In der Praxis werden von diesen Methoden häufig einzelne Elemente herausgegriffen (z. B. ein Workshop), punktuell eingesetzt und danach wird im Alltag weiter gearbeitet wie bisher. Die Veränderungen, die sich dadurch ergeben, sind – wenn überhaupt – minimal und nur kurzfristig (Strohfeuer). In Zeiten von schnellen Veränderungen und rasanten Entwicklungen fehlt häufig die Zeit, sich mit ganzheitlichen Lösungen zu beschäftigen. Der allgemeine Trend geht hin zu kurzfristig erreichbaren Ergebnissen (z. B. Steigerung des Gewinns, Verminderung des Ausschusses). Dabei werden häufig die Auswirkungen auf andere Bereiche oder die Mitarbeiter nicht berücksichtigt. Damit kann sich ein vermeintlicher Erfolg schnell in einen Rückschlag verwandeln. Aus diesem Grund sind **ganzheitliche und professionell gestaltete Veränderungsprozesse** wichtig, die nicht im Hau-Ruck-Verfahren der Organisation übergestülpt werden, sondern von innen heraus entwickelt und begleitet werden.

7.7.5 Widerstände gegen und Erfolgsfaktoren von Veränderungsprozesse/n

Veränderungsprozesse in Unternehmen bewirken auf Seiten der Mitarbeiter – unabhängig von der jeweiligen Hierarchieebene – eine große Bandbreite an unterschiedlichen Reaktionen. Diese reichen von großer Begeisterung bis hin zu Ablehnung und aktivem Widerstand. Diese Reaktionen sind auf Barrieren im Können, in erwarteten Nachteilen und im Wollen zurückzuführen. Ein großer Teil der Mitarbeiter verhält sich in der Regel abwartend, um sich je nach Erfolg oder Misserfolg der Veränderungsmaßnahmen auf die eine oder andere Seite schlagen zu können. Folgende **Reaktionstypen** werden auf einer Skala von niedriger Veränderungsbereitschaft bis zu hoher Veränderungsbereitschaft unterschieden:

- Offene Gegner
- Untergrundkämpfer / heimliche Gegner
- Bremser / Skeptiker
- neutral eingestellte Personen / Unentschlossene
- Verhalten bzw. abwartend zustimmende Personen
- aktive Befürworter / Treiber

Diese unterschiedlichen Reaktionstypen stellen ein sehr differenziertes „Kraftfeld“ dar, innerhalb dessen die Veränderung vonstatten geht. Die einzige Möglichkeit, mit diesen unterschiedlichen Reaktionen sinnvoll umzugehen ist, die Meinungen und Befürchtungen der Betroffenen ernst zu nehmen und mit ihnen über die Situation zu sprechen. Doppler/Lauterburg stellen für den **Umgang mit Widerstand** die folgenden vier Grundsätze auf (Doppler/Lauterburg 2008):

- „Es gibt keine Veränderungen ohne Widerstand!
  Widerstand gegen Veränderungen ist etwas ganz Normales und Alltägliches.
  Wenn bei einer Veränderung keine Widerstände auftreten, bedeutet dies, dass von vornherein niemand an ihre Realisierung glaubt.
  Nicht das Auftreten von Widerständen, sondern deren Ausbleiben ist Anlass zur Beunruhigung!

- Widerstand enthält immer eine „verschlüsselte Botschaft“!
  Wenn Menschen sich gegen etwas sinnvoll oder sogar notwendig Erscheinendes sträuben, haben sie irgendwelche Bedenken, Befürchtungen oder Angst.
  Die Ursachen für Widerstand liegen im emotionalen Bereich!

- Nichtbeachtung von Widerstand führt zu Blockaden!
  Widerstand zeigt an, dass die Voraussetzungen für ein reibungsloses Vorgehen im geplanten Sinne nicht bzw. noch nicht gegeben sind. Verstärkter Druck führt lediglich zu verstärktem Gegendruck.
  Denkpause einschalten – nochmals „über die Bücher gehen!“

- Mit dem Widerstand, nicht gegen ihn gehen!
  Die unterschwellige emotionale Energie muss aufgenommen – das heißt zunächst einmal ernst genommen – und sinnvoll kanalisiert werden.
  Druck wegnehmen (dem Widerstand Raum geben),
  Antennen ausfahren (in Dialog treten, Ursachen erforschen),
  Gemeinsame Absprachen (Vorgehen neu festlegen).“

Übersicht: ***Bedingungen für den Erfolg von Organisationsentwicklungsprojekten***

Strategie/Empfehlung	Erläuterung
Top-Down-Strategie	Die Unternehmensleitung sollte den Veränderungsprozess aktiv steuern und Interesse an einer dauerhaften Implementierung der Veränderungen haben.
Ganzheitlicher Beratungsansatz	Beim Management von Veränderungsprozessen sind sowohl die betriebswirtschaftlichen Interessen des Unternehmens als auch die Belange der Mitarbeiter zu berücksichtigen. Erwünschte und unerwünschte Nebeneffekte sollten ebenfalls beachtet werden.
Betroffene zu Beteiligten machen	Die Einbindung der betroffenen Mitarbeiter in die Entscheidungsprozesse ist die Voraussetzung für die Akzeptanz der Ergebnisse und für eine erfolgreiche Implementierung der Veränderungen.
Frühzeitige und ausreichende Information	Eine frühzeitige und ausreichende Information aller Mitarbeiter über die geplanten Veränderungsmaßnahmen verhindert Gerüchtebildung und trägt zur Erhöhung der Akzeptanz der geplanten Maßnahmen bei.
Differenzierte Problemanalyse als Ausgangspunkt für Veränderungsmaßnahmen	Eine sorgfältig durchgeführte Problemanalyse unter Einbeziehung der Betroffenen ist eine wesentliche Voraussetzung für einen erfolgreichen Veränderungsprozess. Häufig wird der Fehler begangen, dass sofort Lösungen präsentiert werden ohne zuvor die Situation gründlich analysiert zu haben. Dabei besteht die Gefahr, dass die falschen Maßnahmen ergriffen werden und die Situation dadurch verschlimmert wird.
Konkrete Formulierung der Ziele	Ebenso wichtig ist es, sich im Vorfeld über die zu erreichenden Ziele zu verständigen, um eventuelle Zielkonflikte zu vermeiden. Die Ziele sollten außerdem klar und verständlich kommuniziert werden, um Befürchtungen entgegen zu wirken, dass die Veränderungsmaßnahmen andere – verdeckte – Ziele (wie Personalabbau) verfolgen könnten.
Professioneller Umgang mit den Methoden	Entscheidend für den Erfolg von Veränderungsmaßnahmen ist weniger die Frage, welche Methoden eingesetzt werden, sondern vielmehr, ob die eingesetzten Methoden konsequent und fachgerecht angewendet und systematisch durchgeführt werden. Hierfür ist der Einsatz von qualifizierten Change-Managern oder Unternehmensberatern sehr empfehlenswert.

Strategie/Empfehlung	Erläuterung
Zeitbedarf für Veränderungen nicht unterschätzen	Die konsequente Umsetzung der einzelnen Schritte des Veränderungsmanagements bedarf eines hohen Zeitaufwands. Außerdem benötigen die Mitarbeiter Zeit, sich an veränderte Bedingungen oder Situationen zu adaptieren. Zu hoher Zeitdruck wirkt hier kontraproduktiv.
Veränderungen gezielt initiieren anstatt sich vom Wandel überrollen zu lassen	Das Aussitzen und Aufschieben von notwendigen Maßnahmen führt dazu, dass das Unternehmen vom Wandel „überrollt“ wird und Entwicklungen „außer Kontrolle geraten“. Deshalb sollte eine vorausschauende Unternehmensleitung Veränderungen in der Organisation geplant herbeiführen und rechtzeitig die dazu notwendigen Schritte einleiten.
Konstruktiver Umgang mit Widerständen	Gegen jede Veränderung und neue Situation entstehen bei den Betroffenen Widerstände (Bedenken, Ängste, Ablehnung). Diese Reaktionen gilt es frühzeitig zu erkennen, ernst zu nehmen und angemessen darauf zu reagieren.
Aktive Einbeziehung der Personalabteilung in das Veränderungsmanagement	Die Mitarbeiter der Personalabteilung verfügen aufgrund ihrer Ausbildung und Erfahrungen über Unternehmenskenntnisse sowie über methodische Kenntnisse, die für Veränderungsprozesse hilfreich sein können. Aus diesem Grund ist eine frühzeitige Einbindung der Personalabteilung ratsam.

Nimmt man diese Regeln ernst, dann bedeutet Widerstand die Chance, die Sachlage aus einer anderen Perspektive zu betrachten und sie noch einmal zu hinterfragen. Ergeben sich in der neu aufgeworfenen Diskussion die gleichen Lösungen, dann werden sie von einer breiteren Masse getragen und akzeptiert. Ergeben sich neue – vielleicht sogar bessere – Lösungswege, dann hat man ebenfalls von dem Widerstand profitiert.

Der erfolgreiche Einsatz unterschiedlicher Methoden des Veränderungsmanagements wird erheblich begünstigt, wenn bestimmte Voraussetzungen vorliegen bzw. Bedingungen eingehalten werden. Diese „**Erfolgsfaktoren**“ wurden an unterschiedlichen Stellen bereits genannt und sind in der obigen Übersicht noch einmal zusammen gefasst.

7.7.6 Grenzen des betrieblichen Veränderungsmanagements

Neu-Gründungen, Um-Organisationen, Fusionen, neue Technologien, Verlagerung von Unternehmensteilen ins Ausland, Umstrukturierungen, Down-Sizing, Personalabbau – alle möglichen Formen von Veränderungen sind heute an der Tagesordnung. Vielfach ist die eine Umstrukturierung noch nicht abgeschlossen, wenn eine neue gestartet wird. Tiefgreifende Veränderungen benötigen Zeit, um sich zu etablieren und Erfolge zu produzieren. Überzogene **kurzfristige Erwartungen**, dass sich die Resultate bereits im nächsten Quartal am gesteigerten Unternehmenserfolg ablesen lassen (quick wins), sind zum Scheitern verurteilt – dies entspricht (jedoch) dem aus amerikanischen Denkweisen übernommenen kurzfristigen (quartalsweise) Bewerten von (Unternehmens)Ergebnissen.

Die Idee, auf jeder neuen Welle mitschwimmen zu wollen, hat schon manches Unternehmen ruiniert. Kunden erkennen das Unternehmen nicht wieder, weil es sich schneller verändert als die Kunden das mitbekommen. Auch Mitarbeiter machen nicht jede Art der Veränderung mit. Oft wandern die Besten ab, auf die man auf keinen Fall verzichten wollte. Deshalb ist ein **maßvoller Umgang mit Veränderungen** ratsam. Die problematischen Aspekte sind in der folgenden Übersicht zusammenfassend dargestellt.

Übersicht: ***Grenzen des betrieblichen Veränderungsmanagements***

- **Zuviel Veränderung ist ungesund**: Veränderungen müssen wohl dosiert sein, nachhaltig betrieben werden und begründet sein. Der Charakter eines Unternehmens muss erhalten bleiben.
- **Unrealistische Zeitvorgaben:** Veränderungen in der Unternehmenskultur benötigen eine längere Implementierungsphase und sind nicht von heute auf morgen erreichbar. Eine neue Umstrukturierung sollte erst dann begonnen werden, wenn die vorherige erfolgreich abgeschlossen wurde. Ansonsten behindern sich die Maßnahmen gegenseitig.
- **Konkurrierende Zielvorstellungen:** Manche Zielsetzungen von Unternehmen sind nicht miteinander vereinbar. So ist es z. B. schwer möglich, gleichzeitig die Produktivität zu steigern und die Arbeitgeberattraktivität zu erhöhen.
- **Harmonievorstellung:** Häufig herrscht die Vorstellung, dass betriebliches Veränderungsmanagement in der Lage ist, Veränderungen ohne das Auftreten von Konflikten herbeizuführen. Die Realität sieht anders aus: Konflikte und Widerstände sind unvermeidbar.
- **Informationsdefizit:** Nichts ist schlimmer für ein betriebliches Veränderungsmanagement als wenn die Mitarbeiter des Unternehmens von den geplanten Veränderungen zuerst über die Presse informiert werden oder durch die „Gerüchteküche“. In diesem Fall bauen sich auf Seiten der Betroffenen erhebliche Widerstände auf, die im schlimmsten Fall zum Boykott der Maßnahmen führen und kaum zu bereinigen sind.
- **Veränderungsmanagement zum Nulltarif:** Die Vorstellung, dass Umstrukturierungsmaßnahmen auf keinen Fall Geld kosten dürfen, verhindert häufig sinnvolle Maßnahmen, die auf der anderen Seite hohe unerwünschte Folgekosten verringern könnten.

Die **Rolle des Personalbereichs** stellt im Rahmen des Veränderungsmanagements ebenfalls einen schwieriger Part dar. Auf der einen Seite verfügt das Personalmanagement über Kenntnisse und Methoden, die in Veränderungsprozessen sinnvoll eingesetzt werden können. Dabei ist besonders an die betroffenen Mitarbeiter und Führungskräfte zu denken, die mit Geduld und Offenheit ihre jeweiligen Bereiche und schließlich die Kultur des gesamten Unternehmens positiv gestalten sollen. Die Personalabteilung nimmt hier häufig eine wichtige (richtungsweisende) Funktion ein. An diesen Maßnahmen (wie z. B. Teamentwicklungstraining bei Fusionen) wird jedoch häufig zuerst gespart, und zwar mit den Argumenten, sie seien zu teuer, zu zeitaufwändig oder zu „psychologisch".

Auf der anderen Seite ist die Personalabteilung neben ihrer „Beraterfunktion" auch häufig selbst von den Umstrukturierungen betroffen (Personaleinsparungen, Streichung von Mitarbeiterentwicklungsmaßnahmen, etc.). Insofern ist Neutralität, z. B. als Moderator von Workshops nicht immer gegeben.

Daneben gilt es, den Personalbereich selbst weiter zu entwickeln und den sich ändernden Erwartungen und Bedingungen anzupassen. Einem sich permanent verändernden Umfeld kann das Personalmanagement als Institution nicht mit gleichbleibenden Strategien und Strukturen sowie mit unveränderten Philosophien und Verhaltensweisen begegnen. Für die verantwortlichen Personalmanager gilt es klug abzuwägen, welche Rolle sie im Veränderungsprozess spielen wollen. Wichtig ist es allerdings, auf jeden Fall, den Prozess aus Sicht des Personalmanagements mit zu gestalten und ihn in die „richtige" Richtung aktiv voran zu treiben.

In diesem Kontext ist wichtig, dass die Personalabteilung auch nach dem Change-Projekt weiterhin im Unternehmen präsent ist und unter Umständen mit für die Mitarbeiter „ungünstigen Nebenwirkungen" in Verbindung gebracht wird – dies kann zu einem erheblichen Vertrauensschwund führen. (Der externe Berater ist nach dem Ende des Projekts meistens nicht mehr im Unternehmen.) Auch hier muss der Personalbereich seine Rolle als „glaubwürdiger Macher" überzeugend spielen (siehe dazu auch Teil 8 und 9).

Zum Weiterdenken

- Veränderungsmanagement und Personalmanagement – Welche Rolle sollen die Personalmanager in Zukunft dabei einnehmen?
- Veränderungen managen – wir machen alles mit – bis zum Identitätsverlust! Wo ist die Grenze des Machbaren erreicht?
- Warum sollen sich Personalmanager „vor den Karren spannen lassen", den andere „in den Dreck geschoben haben"?
- Menschen haben – mehr oder weniger bewusst – eine große Abneigung gegenüber Veränderungen. Doch das traut sich heute im beruflichen Umfeld keiner mehr zu sagen.
- Veränderung heißt: Es wird alles anders – aber selten besser!

Quellen zu Teil 7

Ameln, F. v./Kramer, J.: Organisationen in Bewegung bringen, Heidelberg 2007
Antons, K.: Praxis der Gruppendynamik, 8. Aufl., Göttingen 2000
Argyris, C./Schön, D.: Die lernende Organisation, Stuttgart 1978
Arnold, R.: Weiterbildung, München 1996
Arnold, R./ Krämer-Stürzl, A.: Berufs- und Arbeitspädagogik, 2. Aufl., Berlin 1999
Arnold, R./Lipsmeier, A. (Hrsg.): Handbuch der Berufsbildung, 2. Aufl., Wiesbaden 2006

Bea, F./Scheuerer, S./Hesselmann, S.: Projektmanagement, Stuttgart 2008
Beck, S.: Skill-Management, Wiesbaden 2005
Becker, M.: Personalentwicklung, 5. Aufl., Stuttgart 2009
Becker, M.: Systematische Personalentwicklung, 2. Aufl., Stuttgart 2010
Becker, H./Langosch, I.: Produktivität und Menschlichkeit, 4. Aufl., Stuttgart 2002
Beißner, K./Kursawe, P.: Multimedia in der betriebswirtschaftlichen Weiterbildung, Heidelberg 2000
Berger, L./Berger, D.: The Talent Management Handbook, New York/London 2004
Berthel, J./Koch, H.: Karriereplanung und Mitarbeiterförderung, Stuttgart 1985
Bierach, B., Thorborg, H.: Oben ohne - Warum es keine Frauen in unseren Chefetagen gibt, Berlin 2006
Bigalke, H.: Taschenbuch für Ausbilder, 5. Aufl., Heidelberg 1991
Brinkmann, R.: Mitarbeiter-Coaching, 3. Aufl., Heidelberg 2010
Bröckermann, R./Müller-Vorbrüggen, M.: Handbuch Personalentwicklung, 3. Aufl., Stuttgart 2010
Bronner, R./Schröder, W.: Weiterbildungserfolg, München/Wien 1983
Bruch, H./Vogel, B.: Organisationale Energie, Wiesbaden 2009

Capgemini Consulting: Change Management-Studie 2008, Berlin 2007
Carnall, C. A.: Managing Change in Organizations, 5. Auflage, Malaysia 2006
Claßen, M.: Change Management, Köln 2008
Comelli, G.: Training als Beitrag zur Organisationsentwicklung, München/Wien 1985
Conradi, W.: Personalentwicklung, Stuttgart 1983

DaimlerChrysler AG: Leitfaden Ausbildung im Dialog – Beurteilungsverfahren für Auszubildende und Studierende der Berufsakademie, Stuttgart 1998
Decker, F.: Grundlagen und neue Ansätze in der Weiterbildung, München/Wien 1984
Decker, F.: Führen Jugendlicher im Betrieb, München 1986
v. Dick, R./West, M.: Teamwork, Teamdiagnose, Teamentwicklung, Göttingen 2005
Dietl, S./Speck, P.: Strategisches Ausbildungsmanagement, Heidelberg 2003

Doppler, K./Lauterburg, C.: Change Management. Den Unternehmenswandel gestalten. 12. Aufl., Frankfurt/Main 2008

Einsiedler, H. u.a.: Organisation der Personalentwicklung, Neuwied/Kriftel 1999

Fatzer, G. (Hrsg.): Organisationsentwicklung für die Zukunft, 3. Aufl., Köln 2000
Felsch, A.: Personalentwicklung und Organisationales Lernen, 3. Aufl., Berlin 2002
Francis, D./Young, D.: Mehr Erfolg im Team, Hamburg 2001
Freimuth, J./Haritz, J./Kiefer, B. (Hrsg.): Auf dem Weg zum Wissensmanagement, Göttingen 1997
French, W./Bell, C.: Organisationsentwicklung, 4. Aufl., Bern/Stuttgart 1994
Freytag, H.-P./Gmel, F./Grasmeher, F.: Der Ausbilder im Betrieb, 37. Auflage, Kassel 2009

Gairing, F.: Organisationsentwicklung als Lernprozess von Menschen und Systemen, 4. Auflage, Weinheim 2008
Gebert, D.: Organisationsentwicklung, Stuttgart u.a. 1974
Grochla, E./Thom, N./Strombach, M.: Personalentwicklung in Mittelbetrieben, Köln 1983
Gröner, H./Fuchs-Brüninghoff, E.: Lexikon der Berufsausbildung, München 2004
Grote, S./Kauffeld, S./Frieling, E. (Hrsg.): Kompetenzmanagement: Grundlagen und Praxisbeispiele, Stuttgart 2006
Grüner, H.: Bildungsmanagement in mittelständischen Unternehmen, Herne 2000
Gülpen, B.: Mitarbeiter fördern, Stuttgart 2004

Haberleitner, E./ Deistler, E./Ungvari, R.: Führen Fördern Coachen, 12. Aufl., München 2009
Hasler-Roumois, U.: Studienbuch Wissensmanagement, Zürich 2007
Haug, C.: Erfolgreich im Team, 4. Aufl., München 2008
Heeg, F. J./ Meyer-Dohm, P. (Hrsg.): Methoden der Organisationsgestaltung und Personalentwicklung, München 1994
Heyse, V./Erpenbeck, J. (Hrsg.): Kompetenzmanagement, Münster 2007
Heyse, V./Ortmann, S.: Talent-Management in der Praxis, Münster 2008
Hölterhoff, H./Becker, M.: Aufgaben und Organisation der betrieblichen Weiterbildung, München/Wien 1986
Hummel, T.: Erfolgreiches Bildungscontrolling, 2. Aufl., Heidelberg 2001

IBM: Making Change Work, Stuttgart 2008

Jäger, W./Lukascyk, A. (Hrsg.): Talent Management, Köln 2009
Jeserich, W.: Personal-Förderkonzepte, München/Wien 1996
Jochmann, W. (Hrsg.): Personalberatung intern, Göttingen 1995
Johnson, S.: Die Mäuse-Strategie für Manager, München 2000

Kauffeld, S.: Teamdiagnose, Göttingen 2001
Kauffeld, S./Grote, S./Frieling, E. (Hrsg.): Handbuch Kompetenzentwicklung, Stuttgart 2009

Kienbaum: Kienbaum Studie 2008 – Personalentwicklung, o. O. 2008
Kitzmann, A./Zimmer, D.: Grundlagen der Personalentwicklung, Weil der Stadt 1982
Kleinmann, M./Strauß, B. (Hrsg.): Potentialfeststellung und Personalentwicklung, 2. Aufl., Göttingen/Toronto/Zürich 2000
Klimmer, M.: Unternehmensorganisation, 2. Aufl., Rheinbreitbach 2009
Kobi, J.-M.: Management des Wandels, 2. Aufl., Bern/Stuttgart/Wien 1996
Kostka, C./Mönch, A.: Change Management, 4. Aufl., München 2009
Krämer, M.: Grundlagen und Praxis der Personalentwicklung, Göttingen 2008
Kraus, G/Becker-Kolle, C./Fischer, T.: Handbuch Change Management, 2. Auflage, Berlin 2006
Krüger, W. (Hrsg.): Excellence in Change, 4. Aufl., Wiesbaden 2009
Kunz, G.: Nachwuchs fürs Management, Wiesbaden 2004

Landsberg, G. v./Weiss, R. (Hrsg.): Bildungs-Controlling, 2. Aufl., Stuttgart 1995
Lang, K.: Bildungs-Controlling, Wien 2006
Langosch, I.: Weiterbildung, Stuttgart 1993

Meier, H.: Personalentwicklung, Wiesbaden 1991
Meier, H.: Handwörterbuch der Aus- und Weiterbildung, Neuwied/Kriftel/Berlin 1995
Meier, R.: Praxis Weiterbildung, Offenbach 2004
Mentzel, W.: Unternehmenssicherung durch Personalentwicklung, 3. Aufl., München 2008
Meifert, M. (Hrsg.): Strategische Personalentwicklung, 2. Aufl., Berlin/Heidelberg 2010
Mudra, P.: Personalentwicklung, München 2004

Nagel, K.: Weiterbildung als strategischer Erfolgsfaktor, 3. Aufl., Landsberg 1994
Neuberger, O.: Personalentwicklung, 2. Aufl., Stuttgart 1994
North, K./Reinhardt, K.: Kompetenzmanagement in der Praxis, Wiesbaden 2005

Olesch, G./Paulus, G.: Innovative Personalentwicklung in der Praxis, München 2000

Papmehl, A./Walsh, I. (Hrsg.): Personalentwicklung im Wandel, Wiesbaden 1991
Pawlowsky, P./Bäumer, J.: Betriebliche Weiterbildung, München 1996
Phillips, J., Schirmer, F.: Return on Investment in der Personalentwicklung, 2. Aufl., Berlin 2008
Pohl, M./Witt, J.: Innovative Teamarbeit, Heidelberg 2000
Probst, G./Büchel, B.: Organisationales Lernen, 2. Aufl., Wiesbaden 1998
Probst, G. u.a.: Wissen managen, 6. Aufl., Wiesbaden 2010

Regnet, E.: Innovative Weiterbildungskonzepte, 2. Aufl., Göttingen/Toronto/Zürich 2000
Reiß, M./v. Rosenstiel, L./Lanz, A. (Hrsg.): Change Management, Stuttgart 1999
Riekhof, H.C. (Hrsg.): Strategien der Personalentwicklung, 6. Auflage, Wiesbaden 2006
Ritz, A./Thom, N. (Hrsg.): Talent Management, Wiesbaden 2010
Rüttinger, R.: Talent Management, 2. Aufl., Frankfurt am Main 2010

Ryschka, J./Solga, M./Mattenklott, A. (Hrsg.): Praxishandbuch Personalentwicklung, 2. Aufl., Wiesbaden 2008

Samland, J. (Hrsg.): Das Management Audit – Wie fit sind Ihre Führungskräfte?, Frankfurt a.M. 2001
Sattelberger, T. (Hrsg.): Innovative Personalentwicklung, 4. Aufl., Wiesbaden 2001
Sattelberger, T. (Hrsg.): Die lernende Organisation, 3. Aufl., Wiesbaden 1996
Sattelberger, T. (Hrsg.): Human Resource Management im Umbruch, Wiesbaden 1996
Schein, E.: Prozessberatung für die Organisation der Zukunft, Köln 2000
Schiersmann, C./Thiel, H.-U.: Organisationsentwicklung, Wiesbaden 2010
Schuler, H. (Hrsg.): Assessment Center zur Potenzialanalyse, Göttingen 2007
Schwuchow, K./Gutmann, J. (Hrsg.): Jahrbuch Personalentwicklung, München 2007
Senge, P.: Die fünfte Disziplin, 8. Aufl., Stuttgart 2001
Senior, B./Fleming, J.: Organizational Change, 3. Aufl., Harlow 2006
Sonntag, K. (Hrsg.): Personalentwicklung in Organisationen, 3. Aufl., Göttingen/Toronto/Zürich 2006
Staehle, W.: Management, 8. Aufl., München 1999
Stiefel, R.: Personalentwicklung in Klein- und Mittelbetrieben, Leonberg 2002
Stiefel, R.: Strategieumsetzende Personalentwicklung, Wien 2010
Stock-Homburg, R.: Personalmanagement, Wiesbaden 2008
Stolzenberg, K./Heberle, K.: Change Management, 2. Aufl., Berlin 2009
Strombach, M.: Personalentwicklung, Würzburg 1992

Thom, N./Zaugg, R. (Hrsg.): Moderne Personalentwicklung, 3. Aufl., Wiesbaden 2008
Tichy, N.: Regieanweisung für Revolutionäre, Frankfurt a. M. 1995
Tomaschek, N.: Systemische Organisationsentwicklung und Beratung bei Veränderungsprozessen, 2. Aufl., Heidelberg 2009
Trebesch, K. (Hrsg.): Organisationsentwicklung, Stuttgart 2008
Tschumi, M: Praxisratgeber zur Personalentwicklung, 2. Aufl., Zürich 2007

Wegerich, C.: Strategische Personalentwicklung in der Praxis, Weinheim 2007
Welge, M./Häring, K./Voss, A. (Hrsg): Management Development, Stuttgart 2000
Wittwer, W. (Hrsg.): Methoden der Ausbildung, Köln 2001
Wohlgemuth, A.: Das Beratungskonzept der Organisationsentwicklung, 3. Aufl., Bern 1991

Ziehm, S.: Berufskonzept und Modularisierung, Alsbach/Bergstraße 1998

Weitere Quellenangaben zu den Verweisen im Text

BA (Bundesagentur für Arbeit): www.arbeitsagentur.de

Beicht, U./Walden, G./Herget, H.: Kosten und Nutzen der betrieblichen Berufsausbildung in Deutschland, in: Berichte zur Beruflichlichen Bildung, 2.64/2004

Bergmann, G.: Diagnostik und Intervention bei Teamentwicklung, in: Stumpf, S./Thomas, A. (Hrsg.): Teamarbeit und Teamentwicklung, Göttingen 2003

BiBB (Bundesinstitut für Berufsbildung): www.bibb.de

Bödeker, N./Hübbe, E.: Etappe 5:Talentmanagement, in: Meifert, M. (Hrsg.): Strategische Personalentwicklung, Berlin/Heidelberg 2008

BMBF (Bundesministerium für Bildung und Forschung): Berufsbildungsbericht 2009, Bonn/Berlin 2009

Comelli, G.: Qualifikation für Gruppenarbeit: Teamentwicklungstraining, in: Rosenstiel, L. v./Regnet, E./Domsch, M.: Führung von Mitarbeitern, 5. Aufl., Stuttgart 2003

Furkel, D.: Modethema Talentmanagement? in: Personalmagazin, 01/08

Hantschel, G.: Frauen in Führungspositionen - Ein europäischer Vergleich mit Perspektiven zur Personalentwicklung, in: Regnet, E./ Hoffmann, L. M.: Personalmanagement in Europa, Göttingen 2000

Institut der deutschen Wirtschaft: Deutschland in Zahlen 2007, Köln 2007

Institut der deutschen Wirtschaft: www.iwkoeln.de

Institut für Arbeitsmarkt- und Berufsforschung: www.iab.de

Rath, W./Fueter, W./Cockwell, A.: Internationale Managemententwicklung im Volkswagen Konzern, in Riekhof, H.C. (Hrsg.): Strategien der Personalentwicklung, 6. Auflage, Wiesbaden 2006

Stiefel, R.: Erarbeitung von Vorgaben und Bedarfen im Rahmen strategieumsetzender Personalentwicklung, in: Sattelberger, T. (Hrsg.): Innovative Personalentwicklung, Wiesbaden 2001

Wachsmuth, R./Lauer, J.: Azubis haben das Lernen verlernt, in: Personalwirtschaft 08/2005

Wagner, P.: Vom Lerntransfer zum Bildungscontrolling, in: Personalwirtschaft 09/1996, S. 30-33

Inhalt von Teil 8

Abbildungen in Teil 8

8 Strategische Steuerung und Unterstützungsprozesse im Personalmanagement

In den zurückliegenden Teilen ging es mit der Mitarbeiterbetreuung, der Mitarbeiterführung und Zusammenarbeit und der Mitarbeiterentwicklung um Kernprozesse, die unmittelbar auf die Mitarbeiter bezogen sind, und zwar unabhängig davon, ob die Führungskräfte oder der Personalbereich als hauptsächlich Zuständige agieren. Anders war das bei der Personalpolitik und -strategie, die einen übergeordneten Charakter haben. Um weitere **Steuerungs- und Unterstützungsprozesse** mit Querschnittscharakter geht es im Folgenden, wenn die Personalprozesse, die Organisation der Personalabteilung, die Personalverwaltung, der IT-Einsatz im Personalmanagement, die Personalplanung und das Personalcontrolling thematisiert werden.

Abbildung 8-01: ***Strategische Steuerung und Unterstützungsprozesse im 3-Säulen-Modell***

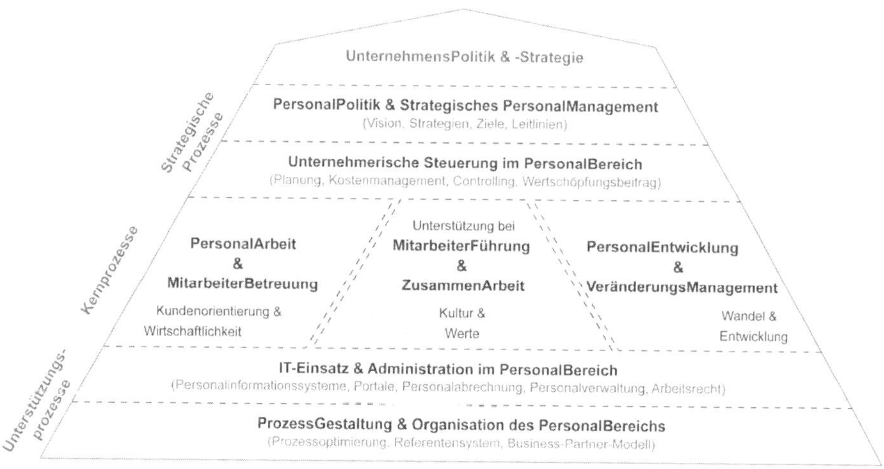

Die Zusammenhänge zwischen den Strategie-, Kern- und Unterstützungsprozessen zeigt die folgende Abbildung (nochmals). Dabei werden insbesondere die Managementprozesse (strategische Prozesse) und die Supportprozesse (Unterstützungsprozesse) betont; die Kernprozesse bzw. das „Programm“, respektive die „Produkte“ des Personalmanagements sind – gemessen an ihrer Bedeutung – für die Praxis eher „nur am Rande“ erwähnt. Zunächst ist die Abhängigkeit der Personalstrategie von der Unternehmensstrategie (nochmals) sichtbar. Programme (Mitarbeiterbetreuung, Mitarbeiterentwicklung, Arbeitsgestaltung) sowie die jeweils zugehörigen Prozesse und

Abbildung 8-02: ***Zusammenhänge zwischen den Personalprozessen***

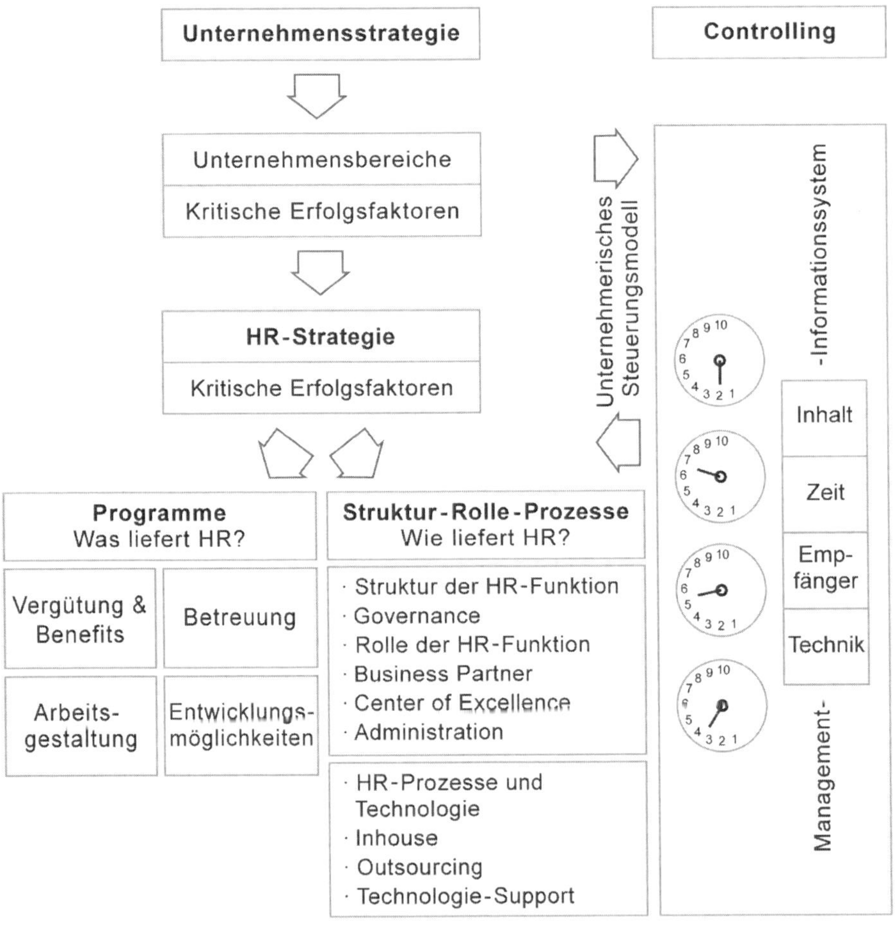

aus: Towers/Perrin 2006

die Strukturen als der Strategie nachgelagerte Aspekte werden ebenso einem Controlling unterworfen wie die HR-Strategie selbst bzw. deren erfolgreiche Umsetzung. Eine Veränderung der Unternehmensstrategie hat auf alle nachgelagerten HR-Themen Einfluss, d. h. auf die HR-Strategie, die Kernaufgaben, die Personalorganisation sowie auf das Personalcontrolling, zu dem auch der Nachweis des Wertschöpfungsbeitrags durch den Personalbereich zählt. Die Kern- und Unterstützungsprozesse im Personalbereich sind somit nicht „in Stein gehauen" und weisen nicht unbedingt einen langfristig stabilen Charakter auf; sie sind vielmehr an eine grundlegend andere Ausgangssituation anzupassen.

Im Einzelnen geht es bei den jetzt zur Vertiefung anstehenden Steuerungs- und Supportaufgaben um diese **Themenfelder**:

Übersicht: ***Steuerungs- und Supportaufgaben im Personalmanagement***

Personalprozesse	• Arten von Personalprozessen • Kriterien für die Prozessoptimierung
Organisation des Personalbereichs	• Träger von Personalaufgaben • Personalreferentenmodell • Kundenorientierung • Outsourcing / Profit-Center • Business Partner / Service Delivery
IT-Einsatz im Personalmanagement	• Administrationssysteme, z. B. für Personalabrechnung, Zeitwirtschaft • Personalinformationssysteme • Portale / e-HRM
Personaladministration	• Personalabrechnung • Zeitwirtschaft • Maßnahmenabwicklung, z. B. Urlaubsantrag • Personalakten • Schriftverkehr
Personalplanung	• Personalbedarfsplanung • Personalkostenplanung
Personalcontrolling	• Personalstatistik • Prozess- und Servicekennzahlen • Wertschöpfungsbeitrag • Human Capital Management

Die „Organisation der betrieblichen Personalarbeit" bzw. die Personalorganisation, um die es im Weiteren zuerst gehen soll, stellt – vordergründig betrachtet – zunächst (nur) ein organisatorisches Problem dar, das die Prozesse (Ablauforganisation) und die Strukturen (Aufbauorganisation) betrifft. Bei näherem Hinsehen wird rasch deutlich, dass grundsätzliche Aspekte vorab klar sein müssen: die Bedeutung und die Aufgabenstellungen des Personalmanagements im Unternehmen, die Rollen und Leitlinien sowie die Zuständigkeiten für die Personalarbeit. Erst nach der Klärung dieser **Grundfragen** kann die (formal)organisatorische Seite sinnvoll angegangen werden.

Abbildung 8-03: ***Grundfragen zur Organisation der Personalarbeit***

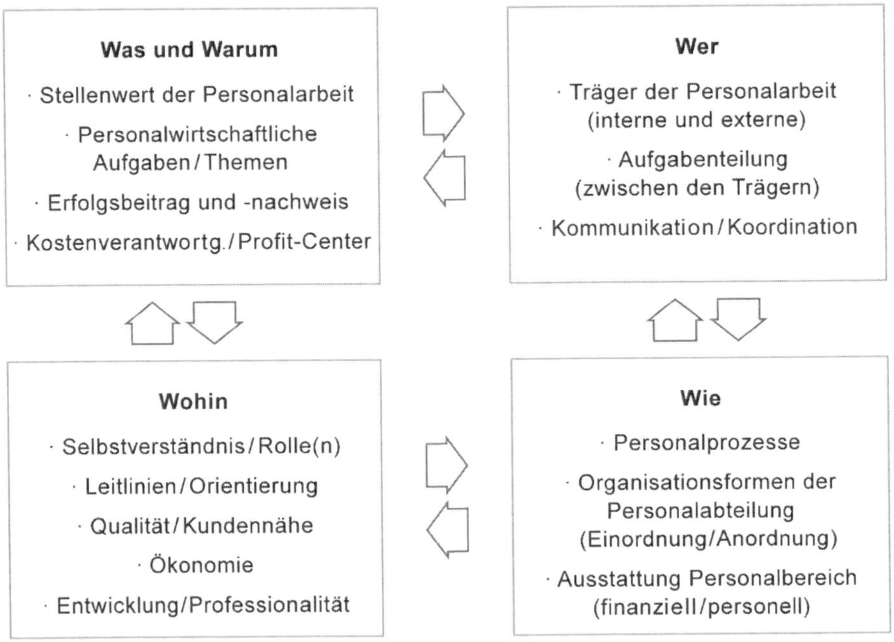

Leitfragen

- Welche Rolle spielt (neuerdings) die Gestaltung von Prozessen im Personalmanagement?
- Wer ist für welche personalwirtschaftlichen Aufgaben zuständig?
- Was bedeutet Dezentralisierung im Personalbereich?
- Welche personelle Ausstattung ist für die Personalabteilung zweckmäßig?
- Welche Trends gibt es bei der Organisation von Personalabteilungen?
- Welche Rolle hat der HR-Business Partner? Wie funktioniert das Service Delivery-Modell?

8.1 Prozesse im Personalmanagement

Das **Denken in Prozessen** ist nicht nur in den Personalabteilungen relativ neu. Während früher die zweckmäßige Organisationsstruktur für die Personalabteilung an erster Stelle stand, geht man heute davon aus, dass zuerst die Prozesse und erst danach die Aufbaustrukturen für die Personalabteilung festzulegen sind.

Unter einem „Prozess" versteht man allgemein eine Abfolge von (Bearbeitungs) Schritten, die einen klar definierten Startpunkt und ein ebenso fest definiertes Ende haben. Im 3. Teil war bereits vom „Personalbeschaffungsprozess" die Rede, der mit der Personalanforderung beginnt und mit dem Abschluss des Arbeitsvertrags endet. Für jeden der verschiedenen Schritte gab es einen oder mehrere Verantwortliche. Am Beispiel des Personalbeschaffungsprozesses lässt sich auch deutlich machen, dass die Gestaltung eines solchen Prozesses aus der Sicht des bzw. der internen und externen Kunden erfolgen sollte: Die Führungskraft, die einen neuen Mitarbeiter sucht bzw. der Interessent, der sich bewirbt, und somit **die „Kunden" sind entscheidend**, nicht so sehr die Personalabteilung. Die Führungskraft hat ein Interesse an einer schnellen Besetzung der Stelle mit dem richtigen Bewerber, und dieser Prozess sollte „kostengünstig" sein. Den Bewerber interessiert es, einen erreichbaren, kompetenten und zuverlässigen Ansprechpartner im Unternehmen zu haben, und er ist für eine rasche Bearbeitung seiner Bewerbung dankbar.

Hier wird deutlich, dass

- Zeit und Mengen, d. h. konkret die Verkürzung der Bearbeitungs-, Liege- und Durchlaufzeiten sowie die Reduzierung der Schnittstellen und die termingerechte Erledigung der Aufgaben,
- Qualität, d. h. konkret die Verbesserung der Prozessqualität, Fehlerfreiheit, klare Arbeitsanweisungen sowie Prozessdokumentationen und
- Kosten, d. h. konkret die Transparenz und die Senkung der Prozesskosten

die entscheidenden **Kriterien für die Gestaltung und Bewertung von Prozessen** sind.

Prozesse werden auf der Ebene des Unternehmens meistens in Kernprozesse – das sind z. B. Beschaffung, Produktion, Vertrieb –, in Unterstützungsprozesse – das sind z. B. Finanzen, Personal, Forschung und Entwicklung sowie Verwaltung – sowie Managementprozesse – das sind Strategie, Planung und Kontrolle sowie Organisation und Mitarbeiterführung – gegliedert. Diese Unterteilung in **Management-, Kern- und Unterstützungsprozesse** findet sich auch im Personalmanagement wieder; dieses Konzept liegt diesem Buch als Gliederungsstruktur zugrunde. In der betrieblichen Praxis werden die Prozesse unterschiedlich gegliedert. Ein gängiges Muster für die Einteilung von Personalprozessen in der Praxis eines mittelständischen Unternehmens zeigt die folgende Abbildung.

Abbildung 8-04: ***Personalprozesslandkarte - Praxisbeispiel***

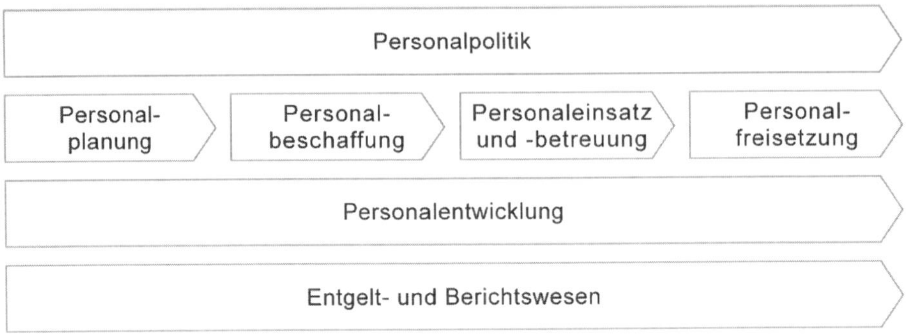

Der Personalbeschaffungsprozess im obigen Beispiel stellt einen von mehreren Personalprozessen dar. Im dritten Teil war dieser Prozess in einzelne Schritte aufgeteilt, z. B. war die Personalanforderung der Auslöser und somit der erste Prozessschritt. Die Personalanforderung ihrerseits kann als eigenständiger (Teil)Prozess detailliert dargestellt werden, ggf. ist auch vorgesehen, dass er elektronisch in einem sog. **„Workflow"** (papierlosen Prozess) bearbeitet wird. Der Vorgesetzte füllt am PC einen entsprechenden Antrag auf Besetzung einer Stelle aus, der dann in der Personalabteilung überprüft wird, der Geschäftsleitung anschließend zur Genehmigung vorgelegt wird und schließlich an den Vorgesetzten und die Personalabteilung zurückgeht – ohne dass in diesem Prozess Papier bewegt wurde. Damit wäre in diesem Beispiel die Personalanforderung abgeschlossen, die ihrerseits im Weiteren einen Prozess der Personalsuche anstößt.

Verschiedene moderne Managementkonzepte stellen die Prozesse in den Unternehmen ganz obenan: Im Rahmen des Qualitätsmanagements, vor allem in Zusammenhang mit Zertifizierungen sind Prozessoptimierungen und die Dokumentation der Personalprozesse unabdingbar; Prozesse sind ferner Gegenstand des KVP-Ansatzes und Kern des Business Process Reengineering. Dabei geht es immer um die **Phasen** der Analyse, der Gestaltung bzw. Optimierung der Prozesse (Innovation, d. h. ständiges Nachdenken über bessere Prozesse) sowie um die Dokumentation und das Controlling der Prozesse. Standardsoftware unterstützt dabei, beispielsweise ARIS, ViFlow oder auch PowerPoint.

In der betrieblichen Praxis genügen die Administrationsprozesse häufig den Anforderungen des modernen Prozessmanagements, während die Kern- und vor allem die strategischen Prozesse eher „hemdsärmelig" und wenig systematisiert angegangen werden. Hier liegt noch viel Optimierungspotenzial!

8.2 Organisation der Personalarbeit

Bevor die aufbauorganisatorischen Aspekte ins Zentrum der Überlegungen rücken, soll auf ein grundsätzliches Thema eingegangen werden – die **Rolle(n) der Mitarbeiter im Personalbereich**. Hierzu hat Ulrich, einer der amerikanischen Vor- und Querdenker in Personalfragen, bereits 1995 ein interessantes Modell vorgelegt.

Anhand der beiden Ebenen „Orientierung an der Gegenwart oder an der Zukunft" bzw. „Orientierung an Prozessen oder an Kommunikation mit den Mitarbeitern" unterscheidet er insgesamt vier typische Rollen: Im Bereich der Sachbearbeitung steht die Orientierung am Tagesgeschäft und an den Instrumenten im Mittelpunkt. Bei den Personalreferenten bilden die kommunikativen Betreuungsaufgaben den Kern der Tätigkeit. Der Personalleiter besitzt oft einen eigenen Betreuungskreis, z. B. Leitende Angestellte, ist aber auch für Veränderungsprozesse verantwortlich; daneben sollte er der Geschäftsleitung als Business Partner zur Seite stehen, der für Unterstützung bei der Umsetzung der Unternehmensstrategie sorgt, Nutzen für die Fachbereiche stiftet

Abbildung 8-05: ***Rollen im Personalmanagement***

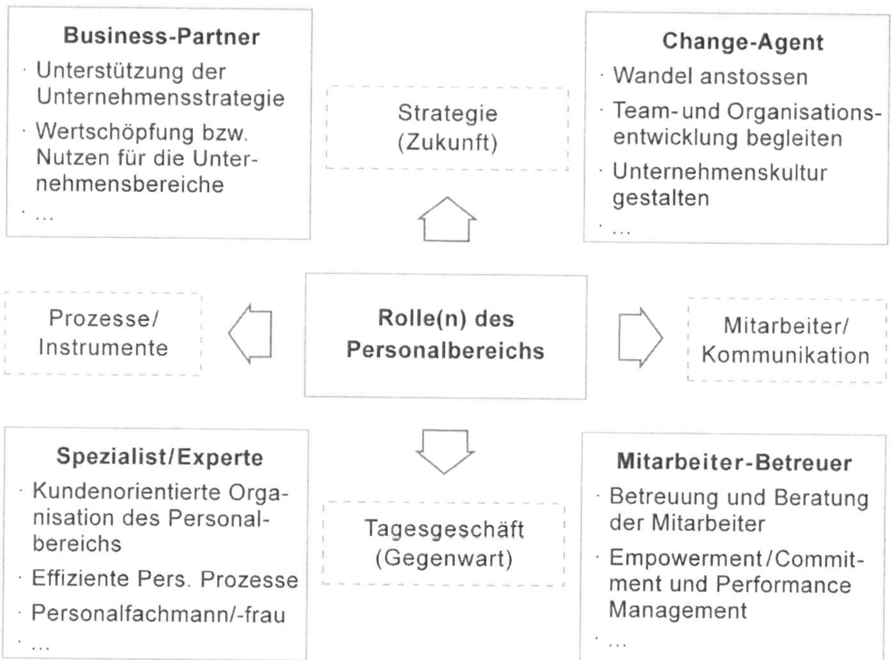

ähnlich: Ulrich 1997

und den Beitrag des Personalbereichs zur Wertsteigerung sowie zum langfristigen Erfolg des Unternehmens deutlich macht. Die letztgenannte Rolle des Business Partners wird in vielen Unternehmen noch nicht konsequent ausgefüllt.

Die bislang behandelten personalwirtschaftlichen Aufgabenstellungen sind bisher nicht eindeutig bestimmten Aufgabenträgern zugeordnet. Zwar ist klar, dass die Mitarbeiterführung Aufgabe der Vorgesetzten ist; aber was ist beispielsweise mit der Personalwerbung, mit der Personalauswahl, mit der Einstellung und Einführung neuer Mitarbeiter und mit der Entwicklung einer Personalmarketing-Konzeption? Wer soll im Einzelnen hierfür zuständig sein? Die Aufgabenteilung zwischen Personalabteilung und anderen Trägern personalwirtschaftlicher Aktivitäten, die Einordnung der Personalabteilung in die Unternehmensorganisation, die interne Strukturierung des Personalbereichs und die personelle, sachliche und finanzielle Ausstattung der Personalabteilung – das alles sind Fragen, um die es bei der Organisation der Personalarbeit im Weiteren konkret geht.

8.2.1 Träger personalwirtschaftlicher Aufgaben

Personalarbeit im Betrieb wird von verschiedenen Beteiligten geleistet. Unternehmensleitung, Führungskräfte, Personalabteilung, Betriebsrat – gegebenenfalls auch Externe (Arbeitgeberverbände, Gewerkschaften, Unternehmensberater u. a. m.) – und nicht zuletzt die Mitarbeiter selbst sind für personalwirtschaftliche Aufgaben zuständig. Bei dieser Vielzahl von Beteiligten stellt sich die Frage, wer wofür verantwortlich ist. Die Antwort hierauf fällt nicht einheitlich aus.

In **kleineren und mittleren Betrieben** (bis ca. 500 Mitarbeiter) behält sich häufig der Geschäftsführer die Entscheidungen im Personalbereich vor. Dort gibt es entweder keine ausgebaute Personalabteilung oder die wichtigen Entscheidungen gehen an dem/der Personalleiter/in vorbei und werden vom Geschäftsführer getroffen. Die Personalverwaltung, einschließlich der Personalabrechnung, erledigt eine Personalstelle oder sie wird extern durchgeführt. Hier spielt häufig der Steuerberater oder Rechtsanwalt des Unternehmens eine besondere Rolle, der auch für die arbeitsrechtlichen Fragen zuständig ist.

In den meisten kleineren **Großunternehmen** (mit 500 bis 2.000 Mitarbeitern) und in mittleren und großen Großbetrieben sowie Konzernen (mit mehr als 2.000 Mitarbeitern) existiert in der Regel eine Personalabteilung, und da stellt sich dann die Frage der zweckmäßigen Aufgabenzuordnung; Mittel- und Großbetriebe müssen über die Zuständigkeit(en) explizit entscheiden – sie teilen die personalwirtschaftlichen Aufgaben zwischen Unternehmensleitung, Vorgesetzten und Personalabteilung auf. Diesbezüglich kristallisiert sich zwar ein gewisser Standard heraus (siehe Abbildung „Aufgabenteilung zwischen Führungskräften und Personalbereich"), im Lauf der Zeit verändern sich jedoch die Ansichten darüber, welche Aufgabenteilung richtig ist. So kann man zurzeit einen „Trend zum Vorgesetzten" beobachten, das heißt, dass den Führungskräften (wieder) mehr Bedeutung zukommt als in der Vergangenheit. An dieser Entwicklung sind die Personalabteilungen sicher nicht unschuldig, die in den zurückliegenden Jahrzehnten nicht immer erfolgreich agiert haben.

Das Zusammenspiel von Führungskräften, Personalreferenten, (Funktions)Spezialisten und Personalleiter lässt sich – ergänzend zur dargestellten Aufgabenteilung – durch einige grundsätzliche **Leitlinien** z. B. wie folgt sicherstellen:

- die Verantwortlichkeit für Personalfragen liegt beim Vorgesetzten
- Personalverwaltungsaufgaben sind bei Personalsachbearbeitern gebündelt
- ein Personalreferent steht der Führungskraft auf Anforderung als Berater zur Verfügung
- der Personalreferent greift im Bedarfsfall auf Spezialisten im Personalbereich zurück
- der zentrale Personalleiter koordiniert die Arbeit der Referenten und Spezialisten, stellt die Einhaltung personalpolitischer Leitlinien sicher, ist für bereichsübergreifende Aktivitäten und Konzeptionen zuständig und verfolgt die Entwicklung des Personalbereichs als Ganzes

Abbildung 8-06: ***Aufgabenteilung*** *(zwischen Führungskräften und Personalbereich)*

Konkret ist eine Aufgaben- und Kompetenzabgrenzung über Stellen- bzw. Aufgabenbeschreibungen sinnvoll. Weiter gehende Regelungen bergen die Gefahr in sich, zu bürokratisch zu werden – eine vertrauensgeprägte Zusammenarbeit lässt sich nicht primär durch formelle Regeln erzeugen.

8.2.2 Einordnung und Gliederung der Personalabteilung

Mit der Einordnung des Personalbereichs in die Unternehmensorganisation ist – neben der organisatorischen Zweckmäßigkeit – vor allem dessen Bedeutung im Unternehmen angesprochen. Anders gesagt: Der Stellenwert des Personalbereichs lässt sich an der **hierarchischen Zuordnung** ablesen – je höher die Ebene, um so bedeutsamer die Personalfunktion. Im äußersten Fall („Idealfall"?) ist der Personalleiter Mitglied der Geschäftsleitung. Diese Lösung ist für Kapitalgesellschaften ab 2.000 Mitarbeitern und für Montanunternehmen in den Mitbestimmungsgesetzen sogar zwingend vorgesehen. Das Montanmitbestimmungsgesetz von 1951 und das Mitbestimmungsgesetz von 1976 schreiben diesen Unternehmen einen „Arbeitsdirektor" als gleichberechtigtes Vorstandsmitglied mit Zuständigkeit für Personal- und Sozialfragen vor.

In jedem Unternehmen, vor allem aber (auch) in Unternehmen mit mehreren Betriebsteilen – zum Beispiel Werken oder Vertriebsstellen – muss des weiteren darüber entschieden werden, ob die institutionalisierte Personalarbeit eher **zentral oder dezentral**, also „vor Ort", erledigt werden soll. Die Wahrheit liegt hier – wie so oft – in der Mitte, konkret: Bestimmte Funktionen werden zentral und damit für alle Unternehmensbereiche verbindlich wahrgenommen, andere eher dezentral den jeweiligen Gegeben-

Übersicht: ***Zentrale und dezentrale Aufgabenwahrnehmung im Personalbereich***

Zentraler Personalbereich	**Dezentrale Personalfunktionen** (Personalreferenten)
• Personalpolitik und -strategie	• Personalbeschaffung
• Personalwirtschaftliche Konzepte	• Personaleinsatz
• Nachwuchsförderung	• Mitarbeiterförderung
• Betriebliche Sozialpolitik	• Team- bzw. Bereichsentwicklung
• Vergütungs- und Tarifpolitik	• Personalbetreuung (Mitarbeiter)
• Personalabrechnung und -verwaltung	• Interne Personalberatung (Vorgesetzte)
• Personalcontrolling	• Zusammenarbeit mit dem Betriebsrat

heiten angepasst erledigt. Eine solche gespaltene Regelung (siehe Tabelle „Aufgabenwahrnehmung im Personalbereich“) verbindet die Vorteile einer kundennahen Personalarbeit vor Ort mit den Vorzügen einer einheitlichen Gestaltung übergeordneter Angelegenheiten.

Traditionell wurde im Personalbereich schließlich intensiv über mehrere Organisationsformen für die interne Gliederung des Personalwesens diskutiert. Dabei spielte – historisch gesehen – zunächst das **klassische Modell** die tragende Rolle, bei dem es verteilte (zentrale) Zuständigkeiten für die Arbeiter, die Angestellten und die Führungskräfte gab. Unterscheidungskriterium und Anlass für diese Gliederung waren die arbeitsrechtlichen Besonderheiten, die diese Mitarbeitergruppen mit sich brachten. Die Personalarbeit bestand damals hauptsächlich aus Verwaltungsaufgaben – und da machte diese Differenzierung Sinn, die durch spezielle Abteilungen für die Fragen des Sozialwesens und der beruflichen Erstausbildung ergänzt wurde.

Im Zuge der zunehmenden funktionellen Ausweitung personalwirtschaftlicher Aufgaben wurde über die Vorteile der Spezialisierung nachgedacht. Das **Funktionalmodell** trägt dieser Entwicklung Rechnung. Bei der funktionalen Organisation werden auf der Ebene unterhalb der Leitung (zentrale) Teileinheiten (Bereiche) durch die Differenzierung nach Funktionen gebildet (siehe Abbildung „Funktionalorganisation“).

Abbildung 8-07: ***Funktionalorganisation***

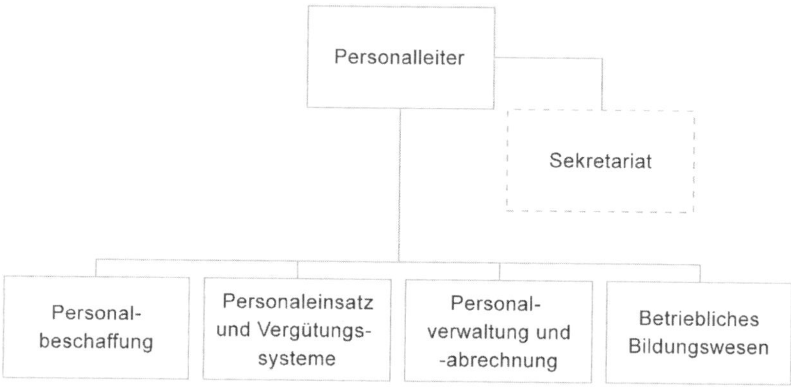

Der nächste Entwicklungsschritt brachte eine Rückkehr zur „Personalbetreuung aus einer Hand“, bei der personalwirtschaftliche Aufgaben von Personalreferenten bzw. Personalbetreuern für bestimmte Mitarbeitergruppen oder Unternehmensbereiche komplett wahrgenommen werden. Dieses (dezentrale) **Personalreferentenmodell** entspricht in etwa dem derzeitigen Stand der Dinge, und es stellt eine der am meisten verbreiteten Organisationsformen dar, zumindest in Unternehmen mit bis zu ca. 2.000

Mitarbeitern; ein aktuelles Organisationskonzept für größere Unternehmen ist das sog. „Service Delivery-Modell", auf das später noch einzugehen sein wird.

Das Personalreferentenmodell wird in der Praxis meist durch zentral angesiedelte Funktionen ergänzt (siehe Abbildung „Personalreferentenorganisation"). Eine genauere Vorstellung von der Rundum-Aufgabe des Personalreferenten als „Personalleiter im Kleinen" vermittelt die folgende Übersicht (siehe Übersicht „Aufgaben eines Personalreferenten").

Abbildung 8-08: ***Personalreferentenorganisation*** *(bzw. Mischform)*

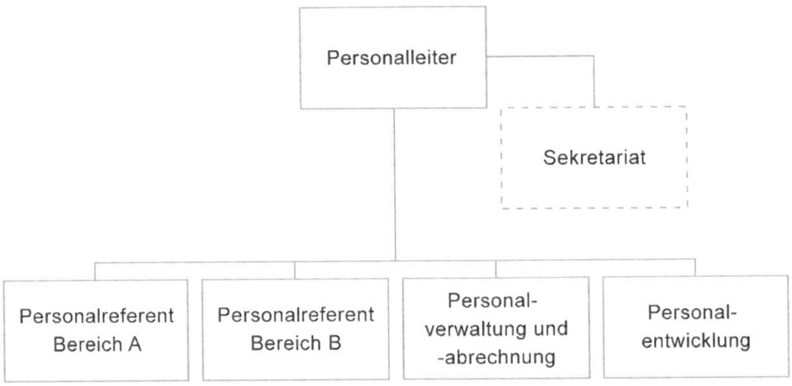

Übersicht: ***Aufgaben eines Personalreferenten***

- **Mitarbeiterbetreuung**
  Mitarbeiter in allen tariflichen, betrieblichen und persönlichen Angelegenheiten beraten und unterstützen.
- **Führungskräfteberatung**
  Bei der Personalauswahl und -entwicklung steht der Personalreferent den Vorgesetzten in den Fachabteilungen beratend zur Seite. Bei Konflikten oder sonstigen Problemen wird er auf Anforderung tätig.
- **Zusammenarbeit mit dem Betriebsrat**
  Der Personalreferent informiert den Betriebsrat umfassend und rechtzeitig. Zwischen Personalreferent und dem Betriebsrat sollte daher ein ständiger Kontakt sowie eine offene und vertrauensvolle Atmosphäre bestehen.
- **Personalbedarfsplanung**
  Qualitative und quantitative Ermittlung der Arbeitnehmer, die in Zukunft benötigt werden.
- **Personalbeschaffung**
  Aufgrund des ermittelten Bedarfs müssen Maßnahmen in die Wege geleitet werden: Rekrutierung durch innerbetriebliche Ausschreibung oder Anwerbung und Einstellung neuer Mitarbeiter vom externen Arbeitsmarkt.

- **Personaleinsatz**
  Der Personalreferent berät beim anforderungs- und eignungsgerechten Einsatz der Mitarbeiter die Vorgesetzten der einzelnen Fachbereiche.
- **Lohn- und Gehaltsfindung**
  Gestalten eines anforderungs- und leistungsgerechten innerbetrieblichen Lohn- und Gehaltsgefüges und Beratung der Mitarbeiter bei Lohn- und Gehaltsfragen.
- **Personalentwicklung**
  Förderungs- und Entwicklungsmaßnahmen für die Mitarbeiter konzipieren und in Absprache mit dem jeweiligen Fachbereich in die Wege leiten.
- **Personalverwaltung**
  Administrative Bearbeitung aller die Mitarbeiter betreffenden Vorgänge, von der Bewerbung über die Versetzung und Förderung bis hin zur Freisetzung oder Pensionierung, die häufig zusammen mit oder von einem Sachbearbeiter erledigt werden.

8.2.3 Dezentralisierung der Personalarbeit

Die „Dezentralisierung der Personalarbeit" stellt ein wichtiges Stichwort im Personalmanagement dar. Dabei geht es in organisatorischer Sicht um eine geänderte Zuordnung von Aufgaben auf Stellen bzw. Aufgabenträger – geändert im Sinne einer breiteren Streuung der Zuständigkeiten. Konkret stehen folgende Fragestellungen an: Wie lässt sich das Aufgabenspektrum des Personalmanagements zweckmäßig auf die verschiedenen Beteiligten aufteilen? Wie kann das Zusammenspiel zwischen den verschiedenen Aufgabenträgern geregelt werden? Welchen Beitrag kann die Dezentralisierung zur stärkeren Akzeptanz der Personalarbeit im Unternehmen leisten?

Grundsätzlich gilt: Im Bereich der Personalwirtschaft ist die Zuständigkeit der Personalabteilung für die Personalverwaltung, einschließlich der Personalabrechnung, unzweifelhaft. Die Mitarbeiterführung durch die Vorgesetzten mit sach- und mitarbeiterbezogenen Aufgaben, strukturellen und interaktionellen Eingriffen sowie kommunikativen, motivationalen und kulturellen Aspekten bereitet ebenso wenig Probleme in der klaren Zuordnung dieser Aufgabenstellungen zu den Vorgesetzten. Alle anderen Auf-gaben können der Personalabteilung, den Führungskräften und ggf. Anderen allein oder zur gemeinsamen Verantwortung übergeben werden.

Ein erster Schritt in Richtung stärkerer Dezentralisierung ist der Übergang vom Funktionalsystem zum **Personalreferentensystem** mit jeweils kompletter personeller Zuständigkeit der Referenten für einen bestimmten Betreuungsbereich. Deren Rolle ist dabei die eines Beraters der Führungskräfte, die ihrerseits die Personalverantwortung tragen. Variationen des Referentensystems liegen vor allem in der Unterstützung durch Sachbearbeiter. Der ggf. daneben existierenden zentralen Personalabteilung kommt die Rolle der Koordination zu; des Weiteren ist sie für die Fragen der Personalpolitik und -strategie, für Konzeptionen, für das umfassende Controlling und in der Regel für die Personalabrechnung sowie den Betrieb der Personalinformationssysteme zuständig. Das Personalreferentensystem wird dann besonders konsequent angewendet, wenn die Personalreferenten vor Ort sitzen und bei ihren Betreuungsbereichen angegliedert sind.

Ein weiterer Dezentralisierungsschritt ist im Einsatz **temporärer Organisationsformen** im Personalbereich zu sehen. Qualitätszirkel, Projektarbeit und Arbeitskreise bzw. Gesprächsrunden überlagern und ergänzen die eher starren Möglichkeiten der auf Dauer angelegten Organisationsstrukturen des Personalbereichs. Die Aufgabenverteilung und die Zuständigkeit für Personalfragen wird vielfältiger.

Eine weitere Station im Dezentralisierungsprozess stellt das **Outsourcing von Personalaufgaben** dar. Nach anfänglich euphorischem Umgang mit dieser Thematik ist die Perspektive inzwischen nüchterner: Was kann ohne besondere Probleme outgesourct werden (who cares), was kann unter Umständen nach außen verlagert werden und wo sind die Identität und die Kultur des Unternehmens tangiert, so dass Outsourcing keinesfalls infrage kommt (don't touch) (siehe Übersicht „Outsourcingfelder“)? Lediglich in den ersten beiden genannten Feldern kann – neben vielen anderen Aspekten – eine betriebswirtschaftliche make-or-buy-Analyse als Entscheidungshilfe fungieren.

Für die Personalverwaltung (z. B. Personalabrechnung, Schriftverkehr) ist Outsourcing relativ unproblematisch. Allerdings muss man sich über die Konsequenzen des Outsourcings im Klaren sein. Das gilt gleichermaßen für das sog. „Offshoring“, das Outsourcing in andere Kontinente. Die Personalabrechnung durch einen externen Dienstleister bedeutet in der Regel z. B. dass aktuelle Personaldaten im Unternehmen nicht zwingend verfügbar bzw. IT-gestützt auswertbar sind.

Beim Outsourcing muss nicht nur klar entschieden werden, welche Leistungen sinnvoller Weise intern und welche extern erbracht werden sollen. Ebenso bedeutsam ist die Frage nach **geeigneten Anbietern** bestimmter Leistungen. Gerade bei sensiblen Themen, wie sie im personalwirtschaftlichen Aufgabenbereich häufig zu finden sind, muss ein Unternehmen dem Outsourcer ein hohes Maß an Vertrauen entgegenbringen.

Outsourcing um jeden Preis ist falsch – Chancen und Risiken sind genau abzuwägen. Als **Vorteile bzw. Chancen** des Outsoucings gelten:

- Fremdbezug kostengünstiger
- variable (statt fixe) Kosten
- Konzentration auf das Kerngeschäft
- Serviceorientierung des Dienstleisters
- Qualität und Professionalität des Dienstleisters

Nachteile bzw. Risiken liegen in diesen Aspekten:

- längere Kommunikationswege
- Informationsdefizite des Dienstleisters

- Know how-Verlust im eigenen Unternehmen
- Weitergabe sensibler Mitarbeiter-Daten
- unberücksichtigte Kosten, z. B. für Sonderauswertungen bei der Abrechnung
- Abhängigkeit vom Dienstleister

Übersicht: ***Outsourcingfelder***

Outsourcing grundsätzlich möglich (und empfehlenswert)	• Personaladministration (incl. Abrechnung, Zeitwirtschaft, Aktenführung...) • Stellenanzeigen, Headhunting • Personalvorauswahl (anhand von Bewerbungsunterlagen) • Weiterbildung und Trainings, z. B. Sprachkurse • Coaching • Mitarbeiterbefragungen • Organisation von Events (Rentnerfeier, Recruiting...) • Outplacement
Outsourcing unter bestimmten Bedingungen möglich	• Personalmarketing • Weiterbildung und Trainings, z. B. zur Zielvereinbarg. • Potenzialeinschätzung • Begleitung von Veränderungsprozessen • Entwicklung von neuen Konzepten
Outsourcing nicht empfehlenswert	• Personalpolitik • Personalplanung • Personalendauswahl • Mitarbeiterführung • Mitarbeitermotivation • Mitarbeiterbindung • Mitarbeiterförderung • Mitarbeiterinformation • Zusammenarbeit mit dem Betriebsrat • Personalcontrolling

So oder so: Kernkompetenzen müssen im Unternehmen bleiben!

Übersicht: ***Prüffragen zum Outsourcing***

Kosten	• Welche Kosten verursacht die Bereitstellung der Dienstleistung im eigenen Unternehmen? • Zu welchen Kosten ist die Dienstleistung beim Outsourcer zu erhalten? • Wichtig hierbei: Welche Kosten sind in der Dienstleistung enthalten, welche fallen trotzdem an (Reisekosten der Mitarbeiter zu Trainings ...)? • Wie ist das interne Preis-Leistungs-Verhältnis gegenüber dem externen?
Qualität	• Sind bei der Leistung Firmenwissen und -identität wichtig oder eher Distanz? • Gibt es interne Qualitätsstandards?
Quantität	• Kann die Leistung intern in der erforderlichen Größenordnung (z. B. PC-Trainings ...) angeboten werden? • Werden durch Outsourcing wichtige Kapazitäten für andere wichtige Aufgaben frei? • Kann der Outsourcer die erforderliche Quantität anbieten?
Konsequenzen	• Tritt beim Outsourcing ein interner Know how-Verlust auf? • Werden eigenen Mitarbeitern interne Entwicklungschancen genommen?
Beziehung	• Welche Gütekriterien gelten für Outsourcer der entsprechenden Dienstleistung (Erfahrung, Spezialisierungsgrad, Größe, Innovationspotenzial ...)? • Kann eine Abhängigkeit von bestimmten Outsourcern entstehen?

Outsourcing war vor einigen Jahren ein Modetrend im Personalmanagement, dem viele Unternehmen blind folgten und dabei klar überzogen. Inzwischen sieht die Praxis das Outsourcing abgeklärter und reflektiert die Konsequenzen realistischer. Neuerdings hört man häufiger die Stichworte des Insourcing bzw. Backsourcing, also das Zurückholen früher einmal ausgegliederter Aufgaben.

Die Verlagerung nach außen stellt einen weiteren Schritt in Richtung auf ein vielfältigeres Zuständigkeitsspektrum dar. In letzter Konsequenz bedeutet Dezentralisierung ggf. den Schritt hin zur **virtuellen Personalabteilung**. Dabei löst sich die Personalabteilung als solche auf; ihre Aufgaben werden von den bisherigen Aufgabenträgern mit erledigt, die aber primär in „produktiven" Bereichen eingesetzt werden. Dies verlangt eine weitestgehende Übertragung der Personalverantwortung auf die Führungskräfte.

Dezentralisierung stellt ein **organisatorisches Schlüsselkonzept** auf dem Weg zu mehr Qualität im Personalbereich dar. Kundenservice anstelle von reiner „Produktion", Betonung von Kundenbedürfnissen anstelle von selbst gesetzten Schwerpunkten und Professionalität anstelle von bisherigem Amateur-Rollenverständnis prägen diesen Ansatz. Selbst wenn momentan auf dem Weg zu dezentralen Strukturen hier und da etwas überdreht wird – die Richtung ist doch unausweichlich. Das Pendel zwischen Zentralität und Dezentralität verträgt einige Bewegungen in Richtung auf mehr Dezentralisierung, weil die anderen Aufgabenträger des Personalmanagements in der Vergangenheit bei der Aufgabenzuordnung nicht ihrer Bedeutung entsprechend berücksichtigt wurden. Ein zugegebenermaßen im ersten Moment boshaft klingendes Argument lautet in diesem Zusammenhang: „Human resource management is too important to be left to personnel managers." (Guest) Bei näherem Hinsehen war das aber schon immer so, wir wollten es nur nicht wahrhaben. Dass die Personalarbeit bei (allen) Führungskräften bestens aufgehoben ist, soll damit nicht ausgesagt werden.

8.2.4 Kundenorientierung im Personalbereich

In Zusammenhang mit der Weiterentwicklung des Personalreferentenmodells bzw. der Dezentralisierung der Personalarbeit spielen der Stellenwert der Mitarbeiterführung und Zusammenarbeit sowie der Personal- und Organisationsentwicklung und das Verständnis vom Personalmanagement als Unterstützer, Berater und Moderator für Mitarbeiter und Führungskräfte eine besondere Rolle. Die Personalverantwortung liegt weitgehend bei den Führungskräften. Der wesentliche Unterschied zum Referentenmodell älterer Prägung besteht bei einer ausgeprägten kundenorientierten Organisation in der Rolle und im **Selbstverständnis des Personalbereichs als interner Personalberater**, der sich durch

- Kundennähe,
- nachgefragte und zukunftsweisende Leistungsangebote,
- Servicequalität,
- Wirtschaftlichkeit und
- Professionalität

auszeichnet. Diese Stichworte stellen die Basis der Kundenorientierung im Personalbereich bzw. allgemeiner und breiter des **Qualitätsmanagements im Personalbereich** dar.

Stark im Vordergrund der aktuellen Diskussion steht die organisatorische Qualität. Outsourcing, geänderte Aufgabenteilung zwischen Führungskräften und Personalbereich, Gesprächsrunden als Abstimmungskonzept, Profit-Center, Geschäftsprozessoptimierung, Benchmarking, Befragungen der Kunden u. v. m. bilden (Gestaltungs) Maßnahmen und Methoden zugleich.

Für den Qualitätsbegriff existieren die unterschiedlichsten Vorstellungen. Im Personalbereich scheint ein subjektives (vs. objektives) und kundenorientiertes (vs. herstellerorientiertes) Verständnis von Qualität angemessen. Die daraus herleitbare Standardumschreibung „Qualität heißt, die Anforderungen der Kunden ständig bestens zu erfüllen" greift allerdings im Personalbereich zu kurz: Erstens weil es viele unterschiedliche Kunden (Führungskräfte, Geschäftsleitung, Mitarbeiter, Betriebsrat, Bewerber ...) mit unterschiedlichen Erwartungen und Anforderungen gibt und weil begrenzte Budgets existieren und zweitens weil die (längerfristige) Orientierung an Grundsätzen und Leitlinien sowie an aktuellen fachlichen Entwicklungen abgesichert sein muss – das ist für die Kunden bei aktuellen Fragen und Problemen mitunter weniger wichtig.

Dies sind die **Schritte**, die es **bei der Umsetzung der Kundenorientierung** zu gehen gilt:

- Bestimmung der relevanten Kunden
- Ermittlung der Kundenanforderungen
- Leistungsgestaltung
- Treffen von Leistungsvereinbarungen mit den Kunden
- Ermittlung der Kundenzufriedenheit
  (als Abschlussphase und gleichzeitiger Start in eine neue Runde)

Alles in allem betrachtet weitet sich die ursprünglich eher formalorganisatorisch und eng ausgelegte Fragestellung der Organisation der Personalarbeit deutlich aus: Rolle und Selbstverständnis der Personalabteilung, Professionalisierung, Erfolgsnachweis der Personalarbeit, Kosten des Personalbereichs, Marketing für die Personalarbeit u. a. m. sind gängige Stichworte, die zum Teil an die Substanz gehen. Besonders deutlich wird das, wenn diskutiert wird, ob Unternehmen ohne Personalabteilung eventuell besser fahren als mit institutionalisiertem Personalbereich.

Die inhaltliche Bestimmung von Qualität im Personalbereich hat die Dimensionen der Qualität (Was heißt Qualität im Personalbereich?) und die (Umsetzungs)Felder (Wo spielt Qualität im Personalbereich eine besondere Rolle?) zu beleuchten. Auf dieser inhaltlichen Seite lassen sich als **Dimensionen** benennen:

- das Programm (die Leistungen, die „Produkte"),
- der Service (die Unterstützung),
- die Wirtschaftlichkeit (der Leistungserstellung und des Service) und
- das Vertrauen.

Anwendungsfelder sind

- die Personalpolitik,
- die (klassische) Personalbetreuung,

- die Mitarbeiterführung,
- die Personal- und Organisationsentwicklung sowie
- die organisatorische Aufstellung und die Steuerung der Personalarbeit.

Abbildung 8-09: ***Service- und Leistungsqualität der Personalarbeit***

Verläßlichkeit:	Richtigkeit, Rechtzeitigkeit, Glaubwürdigkeit
Reagibilität:	Schnelligkeit, Pünklichkeit, Unmittelbarkeit
Kompetenz:	Fähigkeit, Professionalität
Höflichkeit:	Freundlichkeit, Aufmerksamkeit, Auftreten
Kommunikation:	Informationsbereitschaft und -fähigkeit
Verständnis:	für spezielle Bedürfnisse der Kunden

Servicequalität

Leistungsqualität

Innovation:	neue Konzepte, Instrumente
Planung:	Analysen, Prognosen, Strategien, Pläne
Koordination:	Abstimmung, Integration, Strukturierung
Konflikthandhabung:	Interessenausgleich und -vertretung, Moderation
Implementation:	beratende, aktive Mitwirkung bei der Umsetzung
Evaluation:	strategisches und operatives Controlling
Repräsentation:	Unternehmensvertretung, Public Relations

aus: Wunderer/Jaritz 2006

Nimmt man die inhaltlichen und die prozessualen Aspekte zusammen, so ergibt sich daraus der **Qualitätswürfel Personalmanagement** (vgl. Kolb/Bergmann 1997) (siehe Abbildung „Qualitätswürfel Personalmanagement").

Abbildung 8-10: ***Qualitätswürfel Personalmanagement***

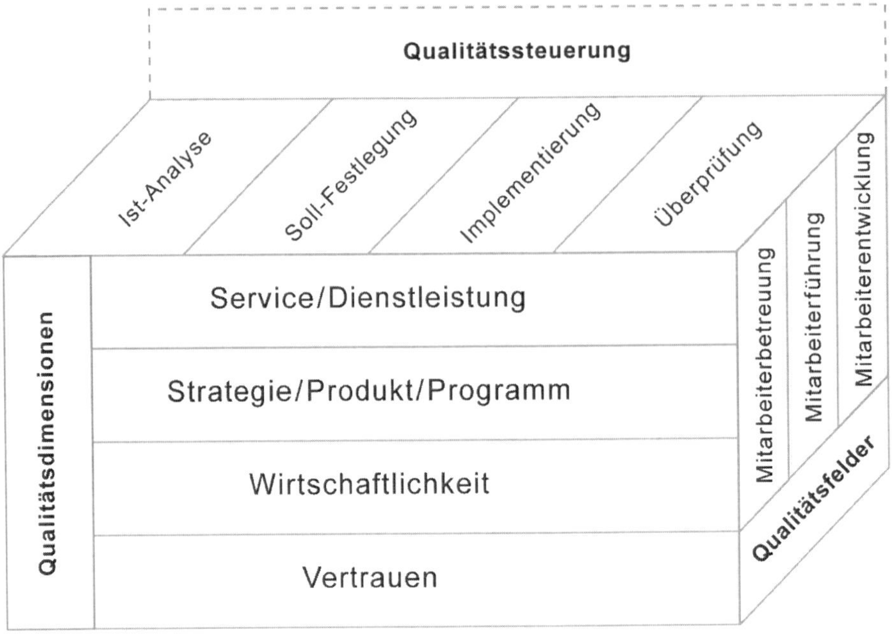

Qualität kann (auch) im Personalbereich als anzupeilendes, komplexes Zielbündel gelten, das auf Spitzenleistungen (Business Excellence) hinarbeitet. Dabei finden vor allem auch Werte (Vertrauen, Leitlinien ...) ihren Platz. Im direkten Vergleich zum Personalcontrolling präsentiert sich das Qualitätsmanagement als ein Konzept mit anderer Herkunft, mit größerer Breite und als modernere Konzeption. Natürlich muss man auch hier die Frage stellen, ob es sich um eine Modeerscheinung dreht. Das ist wohl eher nicht so. Das Qualitätsmanagement liefert einen breiten integrativen Rahmen. Natürlich sind Anpassungen des Qualitätsmanagements auf die speziellen Belange des Personalbereichs erforderlich; eine 100%ige Rezeption wäre fatal. Schließlich ist es auch eine Frage der Glaubwürdigkeit des Personalmanagements, nicht nur die Einführung von Qualitätsmanagement in anderen Bereichen des Unternehmens zu fordern, zu begleiten und zu fördern, sondern auch im eigenen (Personal)Bereich zuzulassen.

8.2.5 Moderne Organisationsformen im Personalbereich

Die **Personalabteilung als Profit-Center** – so lautet die konsequente Weiterführung des Dezentralisierungsgedankens. Das herkömmliche Cost-Center Personal, das seine Leistungen häufig wenig marktorientiert erbringt und durch Umlagen verrechnet, wird durch interne und externe Service-Center ergänzt, die mit verursachungsgerechten Markt- und Transferpreisen rechnen und ihre Leistungen intern oder auch extern anbieten. Die Abnehmer von Personal(dienst)leistungen – Beratung, Training, Coaching, Konzeptentwicklung – können dann zwischen Leistungsanbietern im eigenen Hause und externen Anbietern wählen; für den Personalbereich entstehen eine automatische Erfolgskontrolle, der mehr als nötige Erfolgsnachweis und die Möglichkeit der externen Vermarktung. Um das Modell handhabbar zu gestalten, werden gemeinsame Workshops und das Instrument der jährlichen Leistungsvereinbarungen (Service Level Agreements) zwischen Personalbereich und internen Kunden genutzt.

Abbildung 8-11: ***Personalabteilung als Profit-Center***

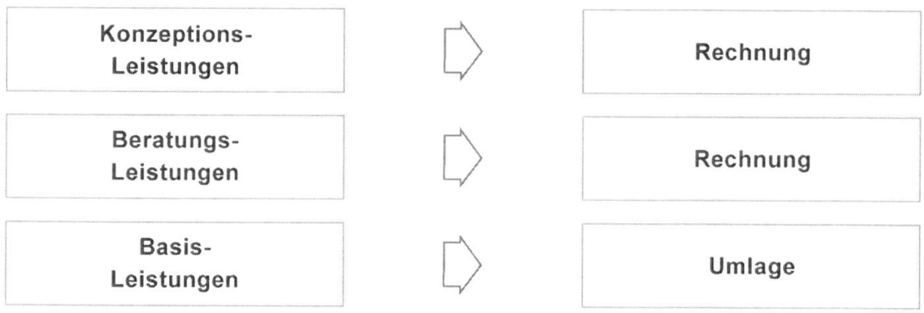

Beim Profit-Center-Konzept werden sog. „Basisleistungen" nach wie vor durch Umlagen verrechnet; dabei handelt es sich z. B. um die Personalabrechnung und die weiteren Aufgaben der Personalverwaltung. Beratungsleistungen für die Führungskräfte, wie beispielsweise die Beschaffung eines neuen Mitarbeiters oder die Seminar- bzw. Trainingsteilnahme von Mitarbeitern, werden den Bereichen in Rechnung gestellt. Die Geschäftsleitung ist der zuständige Ansprechpartner für konzeptionelle Leistungen; das sind zum Beispiel die Entwicklung eines neuen Entgeltsystems, einer Mitarbeiterbeurteilung oder die Aufgaben, die in Zusammenhang mit der Erstellung von Führungsleitlinien anfallen. Geschäftsleitung und Führungskräfte können die (eigene) Personalabteilung beauftragen oder sich an externe Anbieter wenden. Ist der eigene Personalbereich bei vergleichbarem Preis besser, so wird er den Auftrag erhalten; ist bei gleicher Leistungsqualität der externe Dienstleister günstiger im Preis, so bekommt dieser den Zuschlag.

Seit ca. 2005 erfährt das **Business Partner-Modell** (von Ulrich 1997) im deutschsprachigen Raum breite Beachtung; es gilt inzwischen als das Rollenmodell für das Personalmanagement in größeren Unternehmen schlechthin. Das Konzept des „Business Partners" beinhaltet bei genauerem Hinsehen eine strategische und eine Change-Rolle. In einem Konzern, z. B. bei einem größeren Automobilhersteller, der herkömmliche PKWs, LKWs und Busse im Programm hat, können und sollen mehrere Business Partner den unterschiedlichen strategischen Orientierungen dieser Geschäftsbereiche gerecht werden. Zwei Prinzipien liegen der Business Partner-Rolle zugrunde:

- Nähe zum Business, d. h. Orientierung an den Business-Plänen bzw. Übersetzung dieser Pläne in Personalstrategien und
- Schaffen eines nachweisbaren Wertbeitrags für das Business bzw. die Geschäftsbereiche.

Notwendigerweise kommen zum Business Partner im Ulrich-Modell die administrative Fachkraft und der Mitarbeiterbetreuer (unterstützend) hinzu; diese Rollen werden allerdings nicht vom Business Partner, sondern von anderen Personen ausgeübt – klassischerweise von Sachbearbeitern (Fachmann/frau für Personalverwaltung) und Personalreferenten (Mitarbeiterbetreuern) –, um dem Business Partner die ausschließliche Beschäftigung mit strategischen Fragen und dem Veränderungsmanagement zu ermöglichen. Der Business Partner hat in erster Linie die Wertschöpfung des Business' bzw. des Geschäftsbereichs, für den er zuständig ist, im Fokus. Er soll das Business bei dessen Strategieentwicklung und -umsetzung (Veränderungsmanagement) nachhaltig unterstützen, d. h. personalseitig die erforderlichen Voraussetzungen schaffen. Somit hat er eine höchstem Maße personalstrategisch geprägte Aufgabe. Dies lässt sich an den folgenden Dimensionen festmachen, von denen die letzte (Nachweis des Wertschöpfungsbeitrags) in der Praxis am wenigsten realisiert ist bzw. die meisten Probleme macht:

- Einfluss bzw. Macht, d. h. Einbindung in wesentliche Entscheidungsprozesse
- Akzeptanz, d. h. Anerkennung und Vertrauen
- Organisation, d. h. Verankerung in den Geschäftsbereichen
- Fokussierung auf nachweisbar wertschöpfende und strategische Themen

Der Business-Partner wurde bis hier als eine spezifische Rolle interpretiert; allerdings wird häufig auch ein spezifisches Organisationskonzept, das sog „**Service Delivery-Modell**" mit dem Begriff Business Partner-Modell bezeichnet. Das Service Delivery-Modell, das ebenfalls auf Dave Ulrich zurückgeht, prägt neuerdings die Frage nach den zweckmäßigen Strukturen für den Personalbereich in Großunternehmen. Es leistet die Übersetzung der ursprünglichen Personal-Rollen (Verwaltungsexperte, Mitarbeiterbetreuer, Change Agent, Business Partner) in ein Organisationskonzept für den Personalbereich. Innerhalb dieses Organisationsmodells existieren **vier** Bereiche bzw. **„Stellentypen"**:

- „Business Partner" für strategische Fragen und Change Management
- „Service Center" für die Abwicklung administrativer Massenprozesse, z. B. Personalabrechnung, Zeitwirtschaft, Bewerbungsmanagement...
- „Center of Competence" (Expertise) für ganz spezielle und komplizierte Fragen zu allen personalwirtschaftlichen Teilgebieten, z. B. arbeitsrechtliche Themen, Methodenfragen, Entwicklung von Konzepten...
- „Governance" mit der Zuständigkeit für unternehmensweit gültige personalpolitische und -strategische Fragen

Diese organisatorische Betrachtungsweise wird durch **IT-geprägte Ansatzpunkte** unterstützt:

- Employee Self Service (Mitarbeiterportal) (ESS) – über diese Intranet-Anwendung können Mitarbeiter allgemeine Informationen abrufen, z. B. zu frequently asked questions, Daten selbst abfragen, z. B. den Stand des Urlaubskontos, benötigte Bescheinigungen erstellen und ausdrucken sowie Änderungen ihrer Stamm- und ggf. Bewegungsdaten eigenständig vornehmen
- Manager Self Service (Führungskräfteportal) (MSS) – über diese Intranet-Anwendung können Vorgesetzte Informationen abrufen, z. B. zum Zielvereinbarungsprozess, Daten und Statistiken über die ihnen zugeordneten Mitarbeiter zusammenstellen, z. B. eine Vergütungshistorie aller Mitarbeiter und Daten im System hinterlegen, z. B. eine neue Mitarbeiterbeurteilung

Die Ausgangsidee des Service Delivery Modells ist, dass ca. 80-85 % der eingehenden Fragen von Mitarbeitern und Führungskräften über das Intranet oder über ein Call Center „abgefangen" werden sollen. Dadurch wird die Personalabteilung erheblich entlastet. Hinzu kommt die organisatorische Bündelung administrativer Routineprozesse in einem sog. „Service Center", das ebenfalls der Kosteneinsparung dient. Großunternehmen richten neuerdings Shared Service Center ein, die als (wirtschaftlich und rechtlich) selbständige, aber interne Organisationseinheiten (lediglich) die Durchführungs-, jedoch keine Planungs- und Steuerungsverantwortung für ihre operativen Dienstleistungen besitzen. Sie beliefern mehrere Geschäftsbereiche oder Werke mit administrativen Leistungen und erzielen dadurch Kostenreduzierungen und Qualitätssteigerungen. Dabei definieren die Kunden den standardisierten, meist intensiv IT-gestützt erbrachten Service und bezahlen für die Leistungen, die sie beziehen. Dies zeigt in eine ähnliche Richtung wie das Outsourcing – man könnte es als internes Outsourcing bezeichnen.

Das Service Delivery Modell weist eine sehr **differenzierte Aufgabenteilung** in den verschiedenen Personalfunktionen auf. Die Sachbearbeiter in den Service Centern nehmen Routineaufgaben wahr. Die Mitarbeiter in den Call Centern beantworten

Standardanfragen. Die Business Partner sind Ansprechpartner für die (oberen) Führungskräfte, während Spezialisten sich um die nicht alltäglichen Fragen kümmern, die von allen drei genannten Mitarbeitergruppen im Personalbereich nicht beantwortet werden können. Die Leitung des Personalbereichs schließlich nimmt Koordinationsaufgaben wahr, greift innovative Projekte auf und ist für die Personalstrategie und die unternehmerische Steuerung des gesamten Personalbereichs zuständig.

Abbildung 8-12: ***Service Delivery-Modell***

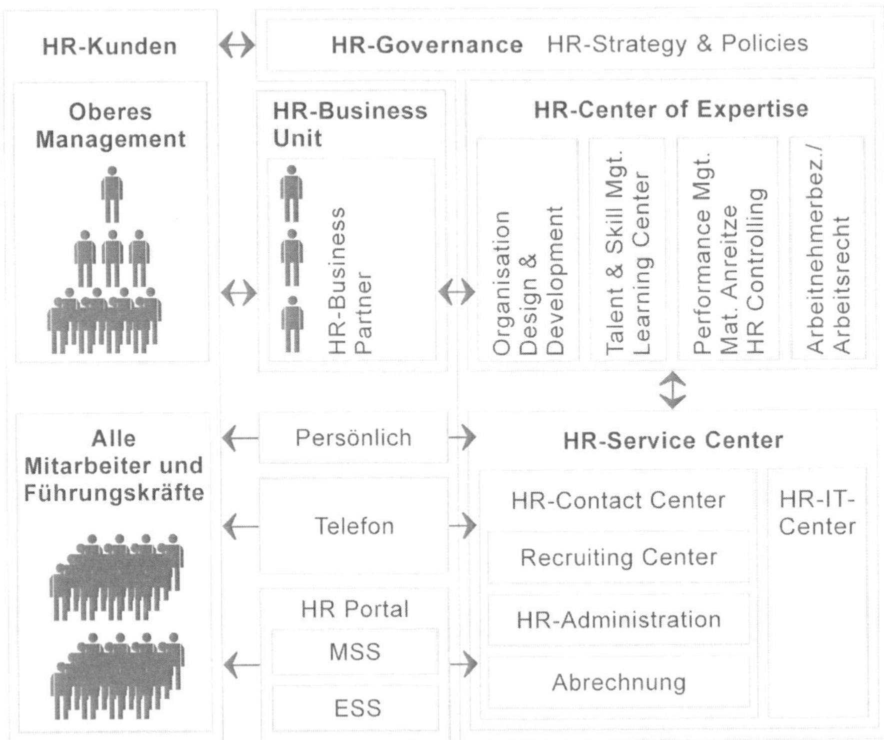

quo: Oortig 2006

Die Auswirkungen des Service Delivery Modells, das für kleinere Großunternehmen mit bis zu 2.000 Mitarbeitern nur bedingt geeignet scheint, sind an diesen Stellen erkennbar:

- Personal- und Kosteneinsparungen
- unpersönlichere Kommunikation mit dem Personalbereich für die Mitarbeiter
- differenziertere Entwicklungsmöglichkeiten für die HR-Mitarbeiter

8.2.6 Ausstattung des Personalbereichs

Eine vieldiskutierte Frage ist die nach der zweckmäßigen **personellen und finanziellen Ausstattung des Personalbereichs.** Für die Unternehmen sind Anhaltspunkte von Bedeutung, an denen sie sich orientieren können, so zum Beispiel der sog. Personalquotient, der die Zahl der beschäftigten Arbeitnehmer in Relation zu den im Personalbereich Tätigen bringt. Untersuchungen belegen in diesem Zusammenhang immer wieder, dass es aus Gründen der Vergleichbarkeit wichtig ist, genau anzugeben, welche Aufgaben man dabei zum Personalbereich zählen will und dass es eine erhebliche Schwankungsbreite der quantitativen Besetzung der Personalfunktionen in Abhängigkeit von Unternehmensgröße, Branche und Stellenwert des Personalbereichs gibt. Als Bereiche der Personalfunktion werden häufig der Personalbereich im engeren Sinne (Personalleitung, Personalreferenten, Sachbearbeiter und Sekretariatskräfte), die Personalabrechnung, der Bereich des Bildungswesens sowie der Sozialbereich unterschieden; letzterer schließt neben den Aufgaben des betrieblichen Sozialwesens ggf. auch die Mitarbeiter in der Küche/Kantine oder im Werksschutz – das ist eher keine Personalaufgabe i. e. S. – mit ein. Untersuchungen (Befragungen) der Deutschen Gesellschaft für Personalführung (DGFP) ergaben folgendes Bild von der derzeitigen und der idealen personellen Ausstattung.

Übersicht: ***Personelle Ausstattung des Personalbereichs***

Anteil der **Mitarbeiter mit Personalfunktionen** i. w. S. an der Gesamtbelegschaft - **Insgesamt**	davon **Mitarbeiter im Betreuungsbereich** i. e. S.	davon **Mitarbeiter im Bildungsbereich**	davon **Mitarbeiter im Abrechnungsbereich**
• durchschnittlich ca. 2,1 %	• 40 %	• 30 %	• 30 %
• idealerweise ca. 0,8 %			

Auch in der finanziellen Ausstattung der Personalabteilung (**Personalbudget**) zeigen sich die Bedeutung und die Problematik des Personalbereichs. Anhaltspunkte hierzu gibt es kaum; die meisten Unternehmen verfahren nach einem Budgetansatz auf Fortführungsbasis – solange der wirtschaftliche Erfolg des Unternehmens stimmt. In den schwierigeren Zeiten wird am Personalbudget – und da vor allem am Bildungsbudget – am ehesten gestrichen. Hier offenbart sich deutlich, dass man sich ein aufwändiges Bildungswesen nur solange leistet, solange „es nicht wehtut". Die dem zugrunde liegende Überzeugung, dass Bildungs- und Personalentwicklungsmaßnahmen sicher „etwas bringen", wird in Krisenzeiten rasch aufgegeben und weicht der Ansicht, dass das Kürzertreten – zumindest für einige Zeit – kaum schädlich sei. Hauptursachen des Problems sind – neben fehlender Überzeugung von der Notwendigkeit – das bislang fehlende Bildungscontrolling (als Erfolgsnachweis) und die ungenügende Kostentransparenz.

Die Organisation der Personalarbeit ist letztlich nicht nur eine formal-organisatorische Fragestellung – darauf sei noch einmal deutlich hingewiesen. Es geht um wesentlich mehr, denn in der organisatorischen Verankerung finden das Verständnis und die Bedeutung des Personalmanagements im Unternehmen, dessen Kundennähe und Wirtschaftlichkeit ihren Niederschlag.

Schließlich ist in Zusammenhang mit der Organisation der Personalarbeit und dem nachfolgend zu besprechenden IT-Einsatz im Personalmanagement auch die sog. **„HR-Transformation“** zu erwähnen. Dabei geht es um den Einsatz der Manpower im Personalmanagement bzw. um deren Aufteilung auf

- strategische Aufgaben, Change Management und Konzeptionsentwicklung,
- Beratung und operative Umsetzung sowie
- Verwaltung,

die sich in ihren Anteilen deutlich verschieben soll. Während die Administration heute in der Regel einen Anteil von 50 bis 70 % hat, sind für die fernere Zukunft dafür 10 bis 20 % vorgesehen; demgegenüber soll der Anteil der strategischen Prozesse auf 40 bis 50 % ausgeweitet werden – zweifelsfrei ein visionäres Zukunftsbild!

Abbildung 8-13: ***HR-Transformation***

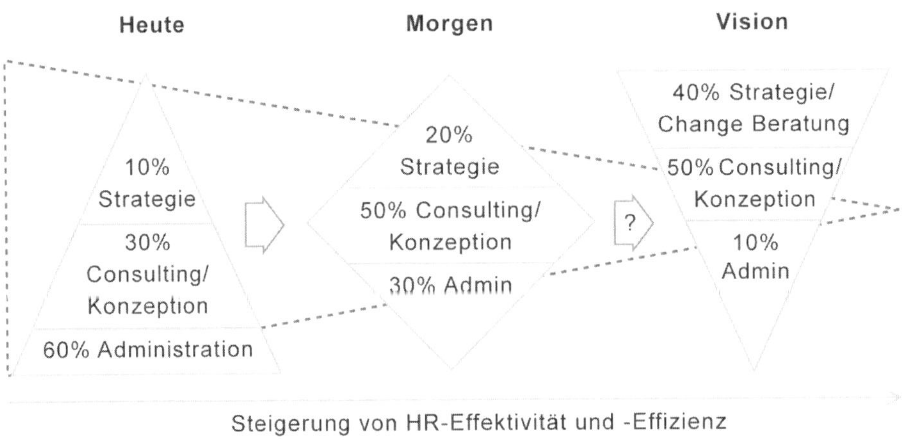

aus: Oertig 2006

Leitfragen

- Welche E-HRM-Entwicklungen spielen aktuell eine wichtige Rolle?
- Wie ist die (mitarbeiterbezogene) Personalabrechnung aufgebaut?
- Welche Aufgaben zählen zur Personalverwaltung?

8.3 IT-Einsatz im Personalbereich

Der IT-Einsatz im Personalbereich nimmt seit einiger Zeit rasant zu. Neben der Personalverwaltung, der Personalabrechnung und der Zeitwirtschaft, die inzwischen Standard in den Unternehmen sind, finden sich mittlerweile viele weitere IT-Einsatzfelder im Personalbereich. Dabei handelt es sich entweder um spezielle Programme für den Personalsektor oder um allgemeine Managementprogramme, die in ihrem Anwendungsspektrum kaum begrenzt sind. Konkret geht es bei der allgemeinen Software um den Einsatz von Textverarbeitungs-, Tabellenkalkulations-, Dateiverwaltungs-, Graphik-, Statistik-, Präsentations- und Projektmanagementprogrammen. Hier spielen vor allem die Textverarbeitung und die Tabellenkalkulation eine wichtige Rolle. Textverarbeitung ist bei Arbeitsverträgen, Korrespondenz und Zeugniserstellung kaum mehr wegzudenken. Tabellenkalkulation zeigt dann ihre Stärken, wenn es um die Bewältigung gleichartiger Rechenvorgänge und deren Umsetzung in Charts geht, so zum Beispiel bei der Fortschreibung des Personalbestands nach Abteilungen, der Berechnung von Provisionen, der Planung der Personalkosten u. a. m.

Spezielle personalwirtschaftliche IT-Programme sind grundsätzlich in allen Teilbereichen der Personalwirtschaft denkbar: bei der Personalbeschaffung, beim Personaleinsatz, bei der Personalentwicklung und bei der Personalfreisetzung. In der betrieblichen Praxis liegen Schwerpunkte beim Einsatz spezifischer IT-Anwendungen – neben den bereits erwähnten Verwendungen für Personalabrechnung, -verwaltung, Statistik und Zeitwirtschaft – bei der Bewerbungsabwicklung, bei der systemgestützten Personalauswahl (Tests), bei der Administration des Bildungsbereichs, bei der Reisekosten- und Kantinenabrechnung, beim betrieblichen Vorschlagswesen und der betrieblichen Altersversorgung.

Ferner spielen das Intranet und das Internet für die sog. Portale eine zunehmend wichtige Rolle – Bewerberportale, Mitarbeiter- und Führungskräfteportale entwickeln sich rasant. Personal-Homepage, E-Recruiting mit Stellenausschreibungen im Internet, Bewerbungen per E-Mail und automatisierte Vorauswahl der Bewerber, E-Learning (elektronisch gestütztes Multimedia-Lernen), gezielte Mitarbeiter- sowie Führungskräfte-Information bzw. Employee- und Manager-Self Service stellen die zentralen netzgestützten Anwendungsfelder dar. In diesem Zusammenhang spricht man neuerdings vom **e-HRM** und man meint damit die Erweiterung aller personalwirtschaftlichen Informations- und Kommunikationssysteme zum elektronischen Personalmanagement.

Viele Programme sind im Kommen, und es entstehen immer mehr leistungsfähige **integrierte Systeme**, welche die genannten Funktionen voll und „aus einer Hand" abdecken könnten. Hier lässt sich zurzeit eine intensive und dynamische Entwicklung beobachten. Der Trend zu integrierten Personalinformationssystemen, wie z. B. dem SAP HR-Modul oder der Software von PeopleSoft ist nicht nur in Großunternehmen unübersehbar. Schließlich ist auch die Frage bedeutsam, ob die HR-Systeme isoliert oder Teil eines größeren Enterprise Resource Planning-Systems (ERP) sind, bei dem der gesamte betriebswirtschaftliche Funktionsumfang bedient wird.

Im Unternehmen installierte Lösungen und das sog. **Application Service Providing** (ASP), bei dem ein Dienstleister dem Kunden die Anwendung über das Internet zur Verfügung stellt (Leasing), sind gängige Lösungen. In diesem Zusammenhang ist auch die komplette Auslagerung der Personal-IT an einen externen Outsourcer zu erwähnen. Im Weiteren geht es um die genauere Charakterisierung der häufigsten personalwirtschaftlichen Systemanwendungen.

IT-Systeme der Lohn- und Gehaltsabrechnung leisten neben der **Personalabrechnung** meist auch die Verwaltung von Mitarbeiterdaten und liefern statistische Auswertungen. Diese DV-gestützten Basissysteme stellen sich in der Praxis jedoch sehr verschiedenartig dar. Für kleinere und mittlere Betriebe ist die Abrechnung außer Haus gang und gäbe. Externe Dienstleistungsrechenzentren, wie zum Beispiel DATEV, verarbeiten das Datenmaterial, das vom Unternehmen monatlich geliefert wird, und von dort kommen nach der Abrechnung dann nicht nur die Abrechnungsbelege für die Mitarbeiter, sondern auch die Aufstellungen, Auswertungen und Statistiken, die das Unternehmen benötigt. Die Betriebe, die so verfahren, verfügen häufig nicht über die personalstatistischen Daten, die sie gern hätten. Hier empfiehlt es sich, neben der externen Abrechnung ein internes PC-Programm für Personalverwaltung und -statistik einzusetzen, auf dem dann auch die teure Datenerfassung für das abrechnende Rechenzentrum erledigt werden kann.

Ab einer Größenordnung von ca. 150 Mitarbeitern lohnt sich in der Regel die interne Abrechnung bzw. eine ASP-Lösung. Für die Zwecke der Lohn- und Gehaltsabrechnung sind eine Vielzahl von Programmen für PCs und interne Netzwerke verfügbar. Mit zusätzlichen Modulen können diese Abrechnungssysteme zu anspruchsvollen, integrierten Personalinformationssystemen werden. Neuere Systeme, wie z. B. das HR-Modul von SAP sind branchenneutral und multinational aufgebaut, sie decken den betriebswirtschaftlichen Funktionsumfang (Produktion, Vertrieb, Finanzen ...) und die Breite der personalwirtschaftlichen Aufgabenbereiche komplett ab, sind prozessorientiert aufgebaut und greifen auf eine Client-Server-Architektur zurück.

Die Abrechnungssysteme verarbeiten Stammdaten, Bewegungsdaten und Fortschreibedaten (siehe Übersicht „Datenarten in Personalabrechnungssystemen"). Hinter diesen **Datenarten** verbirgt sich eine Vielzahl von Einzeldaten, die insbesondere für die Belange der Entgeltabrechnung benötigt werden. Die Verwendung dieser Daten schreiben die Steuer- und Sozialversicherungsgesetze und -verordnungen zwingend vor; darüber hinaus wollen die Unternehmen über Personaldaten im Rahmen ihrer Planung und ihres Personalcontrollings verfügen.

Übersicht: ***Datenarten in Personalabrechnungssystemen***

Stammdaten	Bewegungsdaten	Fortschreibedaten
• Personal-Stammdaten • Firmen-Stammdaten • Krankenkassen-Stammd. • Steuer und Sozialversicherungs-Stammdaten	• Zeitdaten • Leistungsdaten • Einmalzahlungen	• Lohnkonto • Zeitkonto • Urlaubskonto

Die Personalabrechnung liefert nicht nur Daten an andere interne Stellen, sondern sie erhält auch Daten aus anderen Bereichen, so dass sich folgender Zusammenhang ergibt (siehe Abbildung „Informationszusammenhang bei der Personalabrechnung“).

Wichtigste Datenlieferanten für die Personalabrechnung sind die Betriebsdatenerfassung und die (Arbeits)Zeiterfassung. **Zeitwirtschaftssysteme** erfassen und verarbeiten alle Zeitdaten der Mitarbeiter, also Kommt- und Geht-Zeiten im Rahmen von Gleitzeitregelungen sowie Arbeit zu besonderen Zeiten – zum Beispiel sonntags oder nachts – wegen der steuer- und sozialversicherungsfreien Zuschläge; auch das Urlaubskonto eines Mitarbeiters und das betriebliche Fehlzeitenmanagement können über ein solches System geführt werden. Zeitwirtschaft ist entweder integrierter Bestandteil des Abrechnungssystems oder eine gesonderte Anwendung, die Zeitdaten per Datei direkt an das Abrechnungsprogramm übergibt. Urlaubsplanung, Fehlzeitenverwaltung, Zeitkonten, Schichtmodelle und Projektzeiterfassung sowie Zutrittskontrolle sind hier die gängigen Anwendungsfelder. Bei der Betriebsdatenerfassung kommen – neben den personalwirtschaftlichen Belangen – noch weitere, insbesondere produktionswirtschaftliche und logistische Verwendungszwecke hinzu, zum Beispiel Informationsermittlung über Maschinennutzung, Auftragsstand u. a. m. Für den Personalbereich liefert die Betriebsdatenerfassung Zeitdaten.

Abbildung 8-14: ***Informationszusammenhang bei der Personalabrechnung***

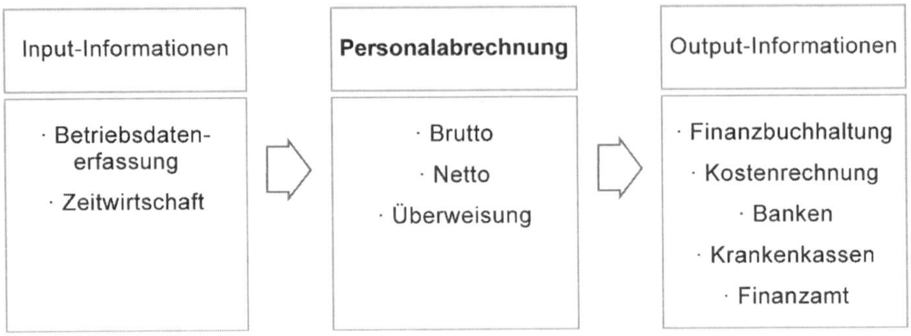

Im Bereich der Personalverwaltung erlebt aktuell die elektronische Personalakte (**E-Akte**) rasche Verbreitung. Einsparung von Archivraum, schneller Zugriff und der Zugriff von mehreren Stellen gleichzeitig sprechen deutlich für solche elektronischen Lösungen, die dem größeren Bereich der Archivierung mittels Dokumenten Management-Systemen (DMS) zuzurechnen sind.

E-Learning (Computer Based Training – CBT) als weiterer Anwendungsbereich nimmt einen rasanten Aufschwung. Als Ergänzung zu den herkömmlichen Lernformen bieten sich E-Learning-Lösungen insbesondere bei Fachschulungen an bzw. bei Themenstellungen, bei denen u. U. alle Mitarbeiter aufgrund gesetzlicher Vorschriften mit Grundkenntnissen in einem bestimmten Themenbereich versorgt werden müssen und diese Verpflichtung zu dokumentieren ist. Typische Beispiele sind Schulungen zum Datenschutz und zum Allgemeinen Gleichbehandlungsgesetz. Für die Vermittlung sozialer Kompetenzen eignet sich E-Learning nur sehr eingeschränkt. Die Verknüpfung von herkömmlichem Lernen und E-Learning wird als Blended Learning bezeichnet.

Der gesamte Bereich der elektronischen Personalbeschaffung (**E-Recruiting und E-Selection**) erfasst inzwischen die betriebliche Praxis. Die Bekanntmachung von freien Stellen im Internet über die Personal-Homepage des Unternehmens bzw. über Jobbörsen kommerzieller und nicht-kommerzieller Anbieter entwickelt sich zum Standard. Das gilt auch für die elektronische Übermittlung von Bewerbungen per E-Mail bzw. für das Ausfüllen von Fragebögen durch die Bewerber im Netz. Schließlich wird auch die Vorauswahl zwischen den Bewerbern immer häufiger maschinell erledigt sowie im weiteren Auswahlprozess das Durchführen von Tests.

Die Abbildung der **organisatorischen Strukturen** im Unternehmen, z. B. Organigramm, Stellenpläne, Nachfolgeregelungen sowie die **IT-Unterstützung der Personalentwicklung** mit Kompetenzprofilen in Soll (Anforderungsprofil) und Ist (Qualifikationsprofile der Mitarbeiter) sowie der Ableitung von Qualifizierungsbedarfen sind weitere gängige Systemanwendungen (E-Kompetenzmanagement). **IT-gestützte Personaleinsatzplanung** mit Einsatz- und Schichtplänen, die vor allem auch die gesetzlichen Restriktionen beim Einsatz der Mitarbeiter berücksichtigen und **E-Performance Management** mit der Unterstützung von Mitarbeiterbeurteilungen und Zielvereinbarungen sowie **E-Controlling** mit Personalkostenplanung, Online Mitarbeiterbefragungen und Abbildung einer Balanced Scorecard stellen weitere IT-Anwendungen dar. Auf die **Mitarbeiter- und die Führungskräfteportale** sowie auf die vollständige elektronische Abwicklung von Prozessen (**Workflow**) wurde bereits hingewiesen.

Bei der Verarbeitung von Personaldaten stellen sich – im Gegensatz zu anderen Anwendungsbereichen der Datenverarbeitung – zwei Probleme in besonderer Weise: der Datenschutz und die Mitbestimmung des Betriebsrats. Der **Betriebsrat** hat der geltenden Rechtsprechung zufolge immer dann ein **Mitbestimmungsrecht**, wenn Leistung und Verhalten der Mitarbeiter kontrolliert werden können. Zum einen reicht die Möglichkeit der Kontrolle von Leistung und Verhalten aus; zum anderen müssen entweder die Erhebung und/oder die Verarbeitung der Leistungs- und Verhaltensdaten DV-gestützt erfolgen. Manuelle Kontrollen unterliegen nicht der Mitbestimmung durch den Betriebsrat. Die Rechte des Betriebsrats haben in den zurückliegenden Jahren immer wieder zu Streitigkeiten geführt, da es kaum einschlägige gesetzliche Bestimmungen gibt, die unmittelbar passen. Die Rechtsprechung, die sich im Lauf der Zeit aus einigen Musterprozessen entwickelt hat, mag auf den ersten Blick restriktiv wirken, ist aber im Zuge zunehmender Verbreitung und sinkender Kontrollierbarkeit maschineller Personaldatenverarbeitung wichtig. Arbeitgeber und Betriebsrat vereinbaren die Spielregeln, die bei der Verarbeitung von Personaldaten beachtet werden sollen, häufig in Form von **Betriebsvereinbarungen**, die folgende Regelungstatbestände umfassen: Hardware, Software, Datenfelder und Verschlüsselungen, Zugriffsberechtigungen und Auswertungen.

Den **betrieblichen Datenschutz** regeln das Bundesdatenschutzgesetz (BDSG) und die Datenschutzgesetze der Bundesländer. Hierbei geht es um die Verarbeitung personenbezogener Daten in Dateien. Wichtige Konsequenzen aus den geltenden gesetzlichen Regelungen sind die Möglichkeit für jeden Mitarbeiter, Auskunft über seine gespeicherten Daten zu erhalten und gegebenenfalls eine Sperrung oder Löschung falscher Daten zu bewirken. Ferner sehen die Gesetze die Bestellung eines betrieblichen Datenschutzbeauftragten, die Aufklärung über Gefahren der Datenverarbeitung sowie die Verpflichtung aller Mitarbeiter mit Kontakt zu personenbezogenen Daten auf das Datengeheimnis vor.

Im Bereich des Schutzes personenbezogener Daten bzw. der Arbeitnehmerüberwachung sowie der Mitbestimmung des Betriebsrats gab es in jüngster Zeit eine Reihe von publik gewordenen Problemfällen, in denen sich (vor allem größere) Unternehmen eindeutig nicht an die gesetzlich vorgegebenen „Spielregeln" hielten und sich damit empfindliche Geldbußen sowie erhebliche Imageprobleme einhandelten.

8.4 Personaladministration

Aktivitäten der **Personalverwaltung** fallen bei allen personalwirtschaftlichen Betreuungsaufgaben, aber auch in Zusammenhang mit der Mitarbeiterführung, der Mitarbeiterentwicklung und dem Betriebsrat an. Konkret geht es um diese Aufgaben, die in vielen Unternehmen einen erheblichen Teil der Manpower im Personalmanagement binden; daher lohnt es sich hier ganz besonders, über rationellere Abwicklungen durch schlanke Prozesse und IT-Einsatz nachzudenken:

- Führen der Personalakten (mit allgemeinen Daten zum Beschäftigungsverhältnis, Angaben zum Einsatz und zur (Personal)Entwicklung des Mitarbeiters, Lohn-/Gehaltsentwicklung, Vertrag und vorvertragliche Aktivitäten, d. h. Bewerbung...)
- Abwicklung von personellen Einzelmaßnahmen (z. B. Versetzungen), Urlaubs- und Dienstreiseanträgen, Umsetzung der Betriebsratsmitwirkung...
- Korrespondenz mit Mitarbeitern, Führungskräften und externen Stellen, z. B. Finanzamt, Krankenkassen, Banken...
- Dateneingaben in DV-Systeme zur Lohn- und Gehaltsabrechnung, zur Zeitwirtschaft, zur Bewerbungsabwicklung, zur Personalentwicklung…
- Führen von Statistiken
- ...

Ein besonderer Stellenwert kommt im Kontext der Personaladministration der **Personalabrechnung** zu. Das unmittelbare Ergebnis jeder Lohn- und Gehaltsabrechnung ist die Abrechnung selbst, die der Mitarbeiter als Nachweis über seine Entgeltzahlung – monatlich oder bei Veränderungen gegenüber der letzten Abrechnung – zur Hand bekommt. Nach Ablauf des Kalenderjahres hat der Arbeitgeber entsprechend das Lohnkonto abzuschließen und aufgrund der Eintragungen im Lohnkonto die Lohnsteuerbescheinigung zu erstellen; bei Beendigung des Dienstverhältnisses während des Kalenderjahres muss der Abschluss des Lohnkontos und die Bescheinigung ebenfalls vorgenommen werden. Der Mitarbeiter erhält somit zu Beginn des Folgejahres oder bei Beendigung seiner Beschäftigung im Unternehmen eine Lohnsteuerbescheinigung, die aus dem Lohnkonto heraus vorgenommen wird und eine Aufsummierung aller Bezüge und Abzüge umfasst. Schließlich bekommt der Mitarbeiter als weiteren Output der **personenbezogenen Abrechnung** bei Bedarf Bescheinigungen und Bestätigungen zur Vorlage bei externen Stellen, zum Beispiel beim Finanzamt – oder er besorgt sich diese über den Employee Self Service.

Die Abrechnung selbst, also der Abrechnungsbeleg für den Mitarbeiter, folgt – trotz unterschiedlichstem Aussehen im Einzelfall – immer dem gleichen, gesetzlich weitgehend vorgegebenen Aufbau (siehe Übersicht „Personalabrechnung“).

Übersicht: ***Personalabrechnung***

Pers.-Nr.:	98765432				
Mustermann, Klaus		Steuerklasse:	I	Krankenkasse:	ABC
Dorfstr. 27		Kinderfreibetr.:	0,0	Versicherungsnr. :	24231257M007
75101 Musterstadt		Pers. Freibetr.:	0,00	SV-Schlüssel:	1111
		Kirche:	rk		
Geburtsdatum:	23.12.57	Eintrittsdatum:	01.01.95	Bank:	Spark. Musterdorf
				BLZ:	66450036
				Kto.-Nr.:	123456789
Abrechnung:	08.2008	Steuer-/SV-Tage:	30/30		

Brutto-Bezüge	
• Gehalt	2.100,00 €
• Überstunden	100,00 €
• Überstundenzuschlag (25 %)	25,00 €
• Zuschuss zur Vermögensbildung	26,58 €
Gesamt-Brutto	**2.251,58 €**
• Steuerpflichtiges Brutto	2.251,58 €
• Sozialversicherungspflichtiges Brutto	2.251,58 €
Gesetzliche Abzüge	
• Lohnsteuer	324,25 €
• Solidaritätszuschlag (5,5 % von der Lohnsteuer)	17,83 €
• Kirchensteuer (8 % von der Lohnsteuer) (Ba-Wü)	25,94 €
• Krankenversicherung (13,9 %) *)	176,75 €
• Pflegeversicherung (1,95 %) **)	27,58 €
• Rentenversicherung (19,9 %) (50 % AN-Anteil)	224,03 €
• Arbeitslosenversicherung (3,3 %) (50 % AN-Anteil)	37,15 €
Gesetzliches Netto	**1.418,05 €**
Netto Be- und Abzüge	
Private Telefongespräche	15,00 €
Vermögenswirksame Leistungen (Überweisung)	39,88 €
Uberweisungsbetrag	**1.363,17 €**

*) AN: 50 % + 0,9 % (= 7,85 %); AG: 50 % (= 6,95 %)
**) AN ohne Kinder: 50 % + 0,25 % (= 1,225 %); AG: 50% (= 0,975 %);
AN mit Kind(ern): 50 % (= 0,975 %); AG 50 % (= 0,975 %)

AN = Arbeitnehmer
AG = Arbeitgeber

Das Unternehmen erfüllt im Rahmen der **unternehmensbezogenen Abrechnung**, die alle oder Gruppen von Mitarbeitern zusammenfasst, weitere Abrechnungsbelange. Dort werden Überweisungsbeträge berechnet und Überweisungen veranlasst – für die Mitarbeiter, an das Finanzamt, an die Krankenkassen, an Bausparkassen (bei der Vermögensbildung) und an Gläubiger (bei Pfändungen) –, Daten an die Kostenrechnung und an die Buchhaltung weitergegeben, (externe) Meldungen gemacht – an die Sozialversicherungsträger, an die Arbeitsagentur, an die statistischen Ämter, an Verbände – und (interne) Statistiken erstellt.

8.5 Personalplanung

Leitfragen

- Welche Stellung hat die Personalplanung innerhalb der Unternehmensplanung?
- Mit welchen Methoden lässt sich der quantitative Brutto-Personalbedarf ermitteln?
- Welche Bestandteile zählen zu den Personalnebenkosten?
- Welche Rechte hat der Betriebsrat bezüglich der Personalplanung?

Rationales Handeln erfordert ein frühzeitiges Nachdenken darüber, was man erreichen will und wie das gelingen kann. Umweltveränderungen im gesellschaftlichen, technologischen und wirtschaftlichen Bereich machen Planungsüberlegungen unverzichtbar. Konkret sind es die ständig steigenden Personalkosten, häufige Veränderungen bei den erforderlichen Qualifikationen der Mitarbeiter, der aktuelle Mangel an Fach- und Führungskräften bzw. allgemein gesagt Störungen, die dadurch verursacht werden, dass Mitarbeiter nicht in der erforderlichen Zahl und mit den notwendigen Fähigkeiten rechtzeitig zur Verfügung stehen. Systematische und umfassende Planung ist im Personalbereich von Klein- und Mittelbetrieben bislang jedoch eher die Ausnahme als die Regel.

8.5.1 Personalplanung und Unternehmensplanung

Personalplanung als Planung im Personalbereich umfasst alle personalwirtschaftlichen Kernaufgaben (sog. Maßnahmenplanungen) und ergänzt diese um die Feststellung des quantitativen und qualitativen Bedarfs an Mitarbeitern (Personalbedarfsplanung) sowie um die Berücksichtigung der Kosten(aus)wirkungen (Personalkostenplanung). Für die Personalplanung gelten einige Vorab-Überlegungen, die bei jeder Planung zu berücksichtigen sind.

Planung meint allgemein das **systematische Vorausdenken zukünftiger Aktivitäten**. Von der Prognose unterscheidet sich die Planung dadurch, dass die Prognose kein aktiv handelndes Element einschließt. So sagt beispielsweise die Wetterprognose das Wetter vorher, ohne dass es um eine Beeinflussung der Wetterlage ginge. Planung dagegen befasst sich immer auch mit den Maßnahmen, die man ergreifen will, um die gesetzten Ziele zu erreichen. Jede betriebliche Planung weist bestimmte Merkmale auf, die typisch für sie sind:

- Zukunftsbezug
- Verarbeitung von Informationen
- Systematik und Methodik
- Aufbauen auf Prognosen
- Festlegung von Zielen und Maßnahmen

Ergebnis der Planung ist ein Plan. Dieser legt konkret fest, warum (Problem), wer (Ausführender), was (Ziel, Ergebnis), bis wann (Termin), womit (Mittel, Ressourcen) und wie (Maßnahmen) zu tun hat (**Bestandteile eines Plans**). Das gilt gleichermaßen für die Planung im Personalbereich eines Unternehmens, wie auch für die Planung eines Sommerfestes mit Freunden; in beiden Fällen will man mit dem geplanten Vorgehen bestimmte Vorteile gegenüber der improvisierten Vorgehensweise erzielen (**Aufgaben der Planung**). Durch die Planung soll die Effizienz gesteigert, konkret

- Risiken erkannt werden, zum Beispiel erforderliche Qualifikationen, die zurzeit weder intern noch extern verfügbar sind,
- Handlungsspielräume verbreitert werden, und zwar dadurch, dass man z. B. das Fehlen der Qualifikationen frühzeitig erkennt und rechtzeitig etwas dagegen tun kann,
- die Vorgehensweisen in verschiedenen Teilbereichen aufeinander abgestimmt werden, so zum Beispiel im Produktions- und im Personalbereich des Unternehmens.

Die betriebliche Personalplanung ist Bestandteil eines umfassenden betrieblichen Planungssystems, das aus einer Reihe von Planungsteilbereichen besteht; zwischen diesen Teilbereichen bestehen vielfältige Beziehungen. Als **Teilbereiche der Unternehmensplanung** gelten die strategische und konstitutive, die güterwirtschaftliche, die geldwirtschaftliche und die übergreifende Planung sowie die Planung von Projekten (siehe Übersicht „Teilbereiche der Unternehmensplanung").

Die Personalplanung weist besonders enge Bezüge zur Produktions- und Absatzplanung auf, weil sich die dort vorgesehenen Vorhaben in der Regel auf die Anzahl der benötigten Mitarbeiter (quantitativer Personalbedarf) niederschlagen. Die Investitions- und Organisationsplanung beeinflussen demgegenüber eher den qualitativen Personalbedarf, da sie die Aufgabeninhalte und -strukturen und damit die Stellenanforderungen festlegen. Gewinn- und Kostenplanung schließlich müssen in enger Verbindung zur Personalplanung stehen, weil die personellen Dispositionen kosten-

Übersicht: ***Teilbereiche der Unternehmensplanung***

Konstitutive und strategische Planungen	**Güter-wirtschaftliche Planungen**	**Finanz-wirtschaftliche Planungen**	**Übergreifende Planungen**
• Strategie • Standort, Rechtsform, Organisation • Unternehmens-zusammen-schlüsse	• Beschaffung • Produktion • Logistik • Absatz	• Erlös • Kosten • Gewinn • Finanzierung	• Forschung und Entwicklung • Investitionen • Personal • Projekte

Abbildung 8-15: ***Zusammenhänge zwischen Unternehmens- und Personalplanung***

seitig ihren Niederschlag finden und zu prüfen ist, ob die vorgesehenen Pläne tragbar sind (siehe Abbildung „Zusammenhänge zwischen Unternehmens- und Personalplanung").

Die Stellung und Bedeutung der Personalplanung innerhalb des größeren Rahmens der Unternehmensplanung beinhaltet einen methodischen Aspekt, hat aber auch viel mit dem Stellenwert des Personalmanagements und dessen Einflussmöglichkeiten zu tun. Methodisch kann die Personalplanung abgeleitete oder integrierte Planung sein. Als **abgeleitete Planung** folgt sie der zuvor bereits festgezurrten Produktions- und Absatzplanung; sie setzt also das dort bereits Entschiedene für den Personalbereich um. Als integrierte Planung wird sie gleichzeitig und in Abstimmung mit den anderen Teilbereichen der Unternehmensplanung festgelegt. Die letzten Rezessionen haben deutlich gezeigt, dass die Personalplanung in der betrieblichen Praxis offensichtlich meist eine abgeleitete und damit nachgeordnete Planung ist, die demnach eine untergeordnete Bedeutung hat. Hier wird der Machtaspekt deutlich sichtbar – dem Personalbereich respektive den Mitarbeitern kommt in dieser Sichtweise keine besonders große Bedeutung zu, es sei denn aus Kostensicht.

Abbildung 8-16: ***Einbettung und Teilbereiche der Personalplanung***

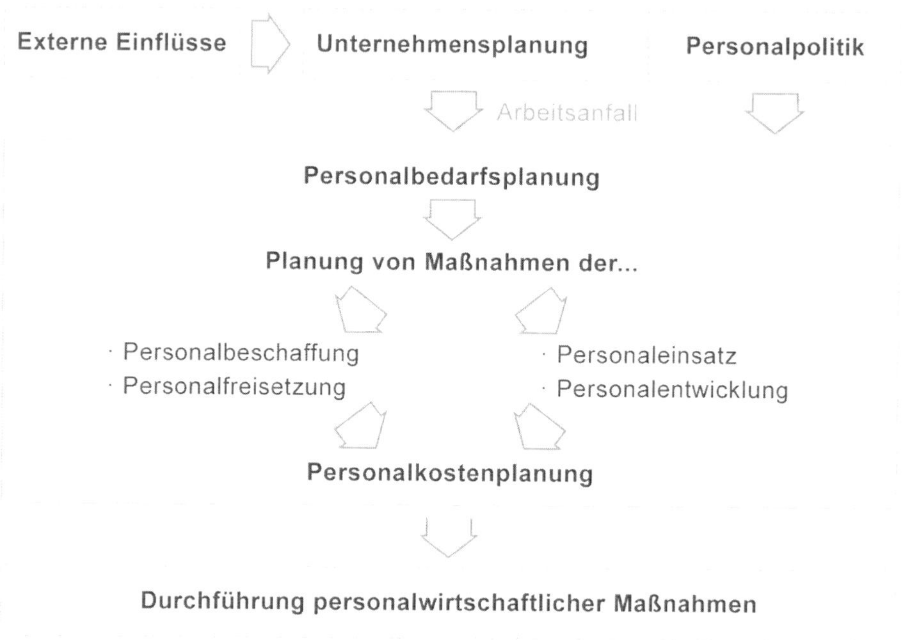

Die Personalplanung selbst umfasst mehrere **Teilbereiche** (siehe Abbildung „Einbettung und Teilbereiche der Personalplanung"). Davon haben die Personalbedarfs- und die Personalkostenplanung einen anderen Charakter als die Maßnahmenplanungen. Die Planung des Personalbedarfs und der Personalkosten sind Schnittstellen zur Unternehmensplanung. Die Personalbedarfsplanung gibt weiterhin den Anstoß für konkrete Maßnahmen der Beschaffung, der Entwicklung und der Freisetzung. Die Personalkostenplanung trägt die aus diesen Maßnahmen resultierenden Kosten zusammen, berücksichtigt darüber hinaus die umfangreichen Kosten des Personaleinsatzes sowie die Kosten der Personalarbeit und ermittelt damit den gesamten Kostenrahmen für das Personalmanagement. Diese Kosten wiederum fließen in die Kosten- und Gewinnplanung auf der Unternehmensebene ein.

8.5.2 Planung des Personalbedarfs

Die Planung des Personalbedarfs hat deutliche Ähnlichkeiten mit der Bedarfsplanung in anderen thematischen Bereichen, zum Beispiel mit der Planung des Getränkebedarfs für das beispielhalber bereits erwähnte Sommerfest. Bedarfsplanung wirft immer zwei Teilfragen auf, die im Personalbereich aus methodischen Gründen getrennt beantwortet werden: Es geht um den qualitativen und um den quantitativen Personalbedarf (bzw. um Art und Anzahl der Getränke bei dem Fest). Beide Arten des Personalbedarfs sind untrennbar miteinander verbunden – wie die beiden Seiten einer Münze.

Bei der Planung des **quantitativen Personalbedarfs** wird meist für eine oder mehrere Mitarbeitergruppe(n) geplant, zum Beispiel für die angelernten Arbeiter in der Produktion oder für die Sekretärinnen im Bürobereich. Diese Seite der Personalbedarfsplanung greift grundsätzlich auf andere Methoden und Verfahren zurück als die **qualitative Personalbedarfsplanung**, welche die künftig notwendigen und die zurzeit vorhandenen Qualifikationen ermittelt und abgleicht. (Die Ermittlung des qualitativen Bedarfs wird hier zwar angesprochen, im 7. Teil – Mitarbeiterentwicklung – unter dem Stichwort „Ermittlung des Bildungsbedarfs" dann weiter vertieft.)

Die folgende Abbildung verdeutlicht den Ablauf bzw. den Prozess der Personalplanung und macht (nochmals) die exponierte Stellung der Personalbedarfsplanung als Ausgangspunkt innerhalb der Personalplanung sichtbar.

Abbildung 8-17: ***Personalplanung als Prozess***

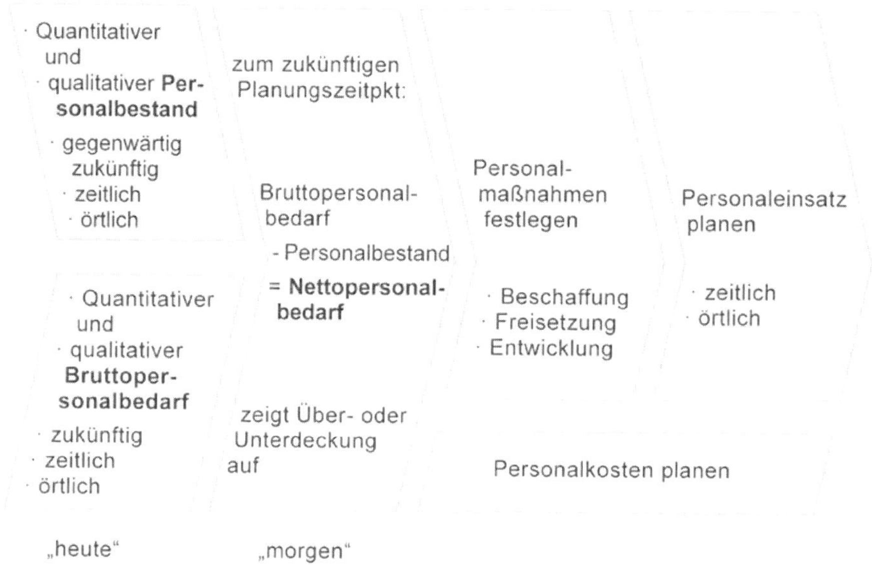

ähnlich: Gutmann/Terschüren 2004

Die Planung des quantitativen Personalbedarfs orientiert sich immer an der Mitarbeiter- und an der Stellenseite (Arbeitsplätze), und zwar für das Heute und die Zukunft (siehe Abbildung „Perspektiven der quantitativen Personalbedarfsplanung"). Sie läuft in drei Schritten ab, die in sehr unterschiedlichem Maße Probleme aufwerfen können (siehe Übersicht „Schritte bei der Planung des quantitativen Personalbedarfs").

Bei der **Planung des zukünftigen Brutto-Personalbedarfs** geht es darum, die Zahl der Mitarbeiter zu ermitteln, die notwendig sind, um die Unternehmensplanung umsetzen und realisieren zu können. Dabei spielt auch die zeitliche Dimension eine wichtige Rolle, die nicht nur den heutigen und den künftigen Bedarf umfasst, sondern auch die Dauer dieses Bedarfs einschließt; in dieser zeitlichen Dimension ist nämlich auch zu berücksichtigen, ob es sich um einen dauerhaften Bedarf handelt – dieser ist mit einem dauerhaft bzw. unbefristet beschäftigten Mitarbeiter zu decken – oder ob der Bedarf nur befristet besteht, zum Beispiel im Rahmen eines Projekts. Die Planung des Brutto-Personalbedarfs ist zweifellos die schwierigste Aufgabe im Rahmen der gesamten Personalplanung. Die betriebliche Praxis wendet hauptsächlich zwei Verfahren an, um den Brutto-Personalbedarf zu ermitteln: Schätzverfahren und Kennzahlenmethoden, die in verschiedenen Varianten anzutreffen sind.

Abbildung 8-18: ***Perspektiven der quantitativen Personalbedarfsplanung***

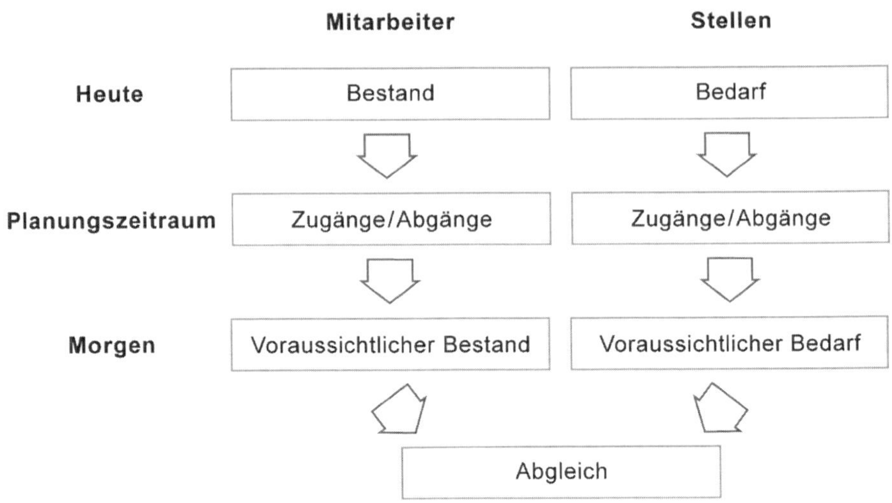

Übersicht: ***Schritte bei der Planung des (quantitativen) Personalbedarfs***

	+	Heutiger Brutto-Personalbedarf
	+/-	Bedarfsveränderungen (Rationalisierung, Erweiterungen...)
+	=	**Zukünftiger Brutto-Personalbedarf** (= voraussichtlicher Bedarf)
	+	Heutiger Personalbestand
	+/-	Bestandsveränderungen (Zugänge, Abgänge)
-	=	**Zukünftiger Personalbestand** (= voraussichtlicher Bestand)
=		**Zukünftiger Netto-Personalbedarf**

Die Anwendung des **einfachen Schätzverfahrens** bedeutet nichts anderes, als Vorgesetzte in den Fachabteilungen – zum Beispiel Meister – zu befragen, wie viele Mitarbeiter sie, zum Beispiel im nächsten Jahr, benötigen. Diese Schätzungen sind subjektiv, und die Interessen der befragten Vorgesetzten nach Macht und Einfluss können sich deutlich niederschlagen. Deswegen sieht die betriebliche Praxis einen Überprüfungsmechanismus vor: Bei Veränderungen des Personalbedarfs gegenüber dem derzeitigen Stand ist der zusätzliche Bedarf genau zu begründen. Planungsgespräche zwischen dem Vorgesetzten einer (Fach)Abteilung und dem zuständigen Personalreferenten sowie ein Genehmigungsverfahren der Geschäftsleitung sollen sicherstellen, dass nicht ungerechtfertigt Personal angefordert wird („Lautstärkenmethode"). Die Rolle des Personalbereichs beschränkt sich hier auf die Weitergabe der Rahmendaten aus der Unternehmensplanung, das Führen von Planungsgesprächen und die Zusammenfassung aller Planungen zu einem Gesamtplan, der der Geschäftsleitung vorgelegt wird. Dieses einfache Schätzverfahren ist leicht anwendbar, universell einsetzbar und in der Praxis sehr weit verbreitet.

Eine Variante zum einfachen Schätzverfahren ist die **systematische Expertenbefragung**, gegebenenfalls nach der Delphi-Methode. Bei dieser Schätzmethodik geht es um sehr langfristige Planungen, die mit vielen Unsicherheiten verbunden sind. Betriebliche Experten und externe Fachleute versuchen nach intensiver Diskussion und in mehreren Schätzrunden zu einem gemeinsamen Ergebnis zu gelangen. Mit dieser Methode ist meist ein umfassendes Szenario (Zukunftsbild) verknüpft, und ein Teilaspekt davon betrifft den quantitativen Personalbedarf. Solche systematischen Expertenbefragungen werden wegen des erheblichen Aufwands nicht sehr häufig und wenn, dann bei den großen Unternehmen durchgeführt.

Als „Zwittermethode" zwischen dem Schätzverfahren und der Kennzahlenmethode kann die **Stellenplanmethode** gesehen werden, die sich insbesondere bei öffentlichen Betrieben besonderer Beliebtheit erfreut. Ausgehend von einem aktuellen Stellenplan beziehungsweise von einem Besetzungsplan wird die zukünftige Stellenstruktur durch Schätzungen, Kennzahlenberechnung und Genehmigungen ermittelt. Die Stellenplanmethode setzt lediglich eine besondere Darstellungsform ein, den Stellenplan, respektive den Stellenbesetzungsplan als tabellarische Auflistung aller Positionen im Unternehmen bzw. im Bereich (siehe Übersicht „Stellenbesetzungsplan für den Bereich Personalabrechnung"). HR-Standardsoftware wie SAP setzt die Existenz und die genauere Charakterisierung von Stellen geradezu voraus – aus diesem Grund erlebt die Stellenplanmethode auch im Bereich der freien Wirtschaft eine Renaissance. Allerdings ist auch darauf hinzuweisen, dass die Software das eigentliche Planungsproblem nicht wirklich zu lösen vermag; die entsprechenden Programme können lediglich die Darstellung bzw. Abbildung der zuvor festgelegten Stellenstruktur leisten.

Als Gegenstück zu den Schätzverfahren gelten die **Kennzahlenmethoden**, bei denen der Zusammenhang zwischen Personalbedarf und Leistung eine Rolle spielt. Aus der Vergangenheit ist diese Verknüpfung bekannt, und auf diese Erfahrung wird in Form einer (mathematischen) Kennziffer zurückgegriffen. So hat man zum Beispiel über die letzten Jahre beobachtet, wie sich die Zahl der eingesetzten Verkäufer und die getätigten Umsätze zueinander verhalten und dabei festgestellt, dass ein Verkäufer im Durchschnitt 500.000 € Umsatz bringt (Arbeitsproduktivität). Mit dieser Zahl lässt sich der Personalbedarf für die Zukunft planen, sobald die Umsatzplanung abgeschlossen ist. Der gleiche Zusammenhang kann auch auf gefertigte Fahrräder pro Arbeitstag oder auf den Verkaufserlös je eingesetzten € Personalkosten angewandt werden. Es geht praktisch immer um die **Arbeitsproduktivität** (Output/Input) als Kennzahl.

Übersicht: ***Stellenbesetzungsplan*** *(für den Bereich Personalabrechnung)*

Stelle		**Stelleninhaber**	
Bezeichnung:	Leiter Personalabrechnung	Name:	Huber, Hans
		Jahrgang:	1975
Vergütung:	AT	PE-Planung:	ab 2009 Leiter Personalcontrolling
Besetzung:	100 %	Stellvertreter:	Schmidt, Günther
		Nachfolger:	Schmidt, Günther
Bezeichnung:	Sachbearbeiter Gehaltsabrechnung	Name:	Schmidt, Günther
		Jahrgang:	1974
Vergütung:	K 4	PE-Planung:	ab 2009 Leiter Personalabrechnung
Besetzung:	100 %	Stellvertreter:	Meier, Kurt
		Nachfolger:	Gauss, Isolde (Nachwuchsprogramm)
Bezeichnung:	Sachbearbeiter Lohnabrechnung	Name:	Meier, Kurt
		Jahrgang:	1971
Vergütung:	K 3	PE-Planung:	-
Besetzung:	70 %	Stellvertreter:	anderer Sachbearbeiter
		Nachfolger:	-
		Besonderheit:	K 4
Bezeichnung:	Sachbearbeiter Lohnabrechnung	Name:	Kraus, Andrea
		Jahrgang:	1989
Vergütung:	K 3	PE-Planung:	..........zurzeit noch nicht
Besetzung:	100 %	Stellvertreter:	anderer Sachbearbeiter
		Nachfolger:	Fischer, Alexandra (Auszubildende)

Die Kennzahlenmethoden sind in gleicher Weise wie die Schätzverfahren universell einsetzbar. Einzige Bedingung für die sinnvolle Verwendung sind konstante Gegebenheiten. Wenn sich grundsätzliche Veränderungen in den Fertigungsverfahren oder bei den eingesetzten technischen Hilfsmitteln ergeben, dann greifen die bisherigen Erfahrungen nicht mehr und es kann nur geschätzt bzw. sich herangetastet werden. Die Kennzahlenmethode existiert ebenfalls in verschiedenen Spielarten, die fließende Übergänge zueinander aufweisen. Wenn für große Teilbereiche eines Unternehmens eher grob geplant wird, spricht man von **globaler Bedarfsplanung**; bei kleineren Abteilungen, Gruppen oder Teams als Bezugseinheiten handelt es sich um die **detaillierte Bedarfsplanung** und bei der Mikrobetrachtung von Arbeiten an einem Arbeitsplatz geht es um die Anwendung **arbeitswissenschaftlicher Verfahren**, zum Beispiel um das REFA-Zeitstudium oder um die MTM-Methode.

Übersicht: ***Basismethoden zur Planung des quantitativen Brutto-Personalbedarfs***

	Schätzverfahren	**Kennzahlenmethode**
Vorgehensweise	• Schätzungen durch die Vorgesetzten	• Beobachtung von Zusammenhängen
Anwendung	• Kurz- bis langfristig	• Kurz- bis mittelfristig
Varianten	• Einfache Schätzung • Systematische Expertenbefragung	• Globale Kennzahlen • Detaillierte Kennzahlen • Arbeitswissenschaftliche Verfahren
Probleme/Grenzen	• Interessen der Befragten	• Veränderte Rahmenbedingungen, z. B. neue Technologien

Die Verfahren zur Planung des quantitativen Brutto-Personalbedarfs (siehe Übersicht „Basismethoden zur Planung des quantitativen Brutto-Personalbedarfs"), insbesondere die Kennzahlenmethoden lassen sich (mathematisch) durch die Verwendung statistischer Methoden verfeinern und komplizieren, bleiben in ihrem Kern aber immer Hilfsmittel für ein nie ganz zufrieden stellend zu lösendes Planungsproblem.

Die betriebliche Praxis greift – vor allem in wirtschaftlich schwierigen Zeiten – auf eine weitere Methodik bei der Planung des quantitativen Brutto-Personalbedarfs zurück: die sog. **monetäre Methode**. Dabei wird allerdings die (bisherige und) plausible Planungslogik auf den Kopf gestellt. Ausgangspunkt der Personalbedarfsplanung ist nicht der Bedarf an Mitarbeitern, der zur Verwirklichung der Unternehmensziele erforderlich ist, sondern ein von der Geschäftsleitung vorgegebenes Personalkosten-Budget, aus dem sich der Personalbereich ableiten muss, wie viele Mitarbeiter man sich „leisten kann".

Wenn der Brutto-Personalbedarf als Soll geplant ist, muss im zweiten Schritt das Ist dagegengehalten werden (siehe nochmals die Übersicht „Schritte bei der Planung des quantitativen Personalbedarfs"). Die **Fortschreibung des derzeitigen Personalbestands** in die Zukunft bedeutet nichts anderes als die Korrektur des heutigen Personalbestands um sichere und erwartbare Zugänge sowie Abgänge auf der Mitarbeiterseite. Die Zugänge zum und die Abgänge vom aktuellen Personalbestand zeigen den in Zukunft erwartbaren Bestand an Mitarbeitern (voraussichtliches Ist) (siehe Übersicht „Zugangs-Abgangsrechnung bei der quantitativen Personalbedarfsplanung").

Übersicht: ***Zugangs-/Abgangsrechnung bei der quantitativen Personalbedarfsplanung***

Personalbedarfsplanung für 2012 **Bereich: ________________**				
	I. Quartal	II. Quartal	III. Quartal	IV. Quartal
Stellen (Brutto-Personalbedarf) • Heutiger Stand • Neue Stellen • Entfallende Stellen • Künftiger Bedarf				
Personal(be)stand (Ist-Bestand)				
Personal-Abgänge • Ruhestand • Altersteilzeit • Bundeswehr/Zivildienst • Mutterschutz/Elternzeit • Versetzungen • Fluktuation				
Personal-Zugänge • Bundeswehr/Zivildienst • Mutterschutz/Elternzeit • Versetzungen • Übernahme AZUBIs • Feste Einstellungen				
Netto-Personalbedarf				
Beschaffungsmaßnahmen • Neueinstellungen • Nachwuchsprogramm **Freisetzungsmaßnahmen** • Eigenkündigungen (AN) • Vorzeitige Pensionierungen • Aufhebungsverträge • Entlassungen (AG)				

Die Sollgröße (künftiger Brutto-Personalbedarf) abzüglich dem erwartbaren Ist (fortgeschriebener Personalbestand) ergibt den **Netto-Personalbedarf**, der eine Unterdeckung oder eine Überdeckung ausweisen kann, es entsteht also ein Beschaffungs- oder ein Freisetzungsbedarf. Hier zeigt sich die herausgehobene Stellung der Personalbedarfsplanung, die anschließend konkrete Maßnahmen auslöst.

8.5.3 Planung der Personalkosten

Zwischen der Personalbedarfs- und der Personalkostenplanung besteht ein sehr enger Zusammenhang, weil das Ergebnis der Personalbedarfsplanung – ein konkreter Bedarf an Mitarbeitern – den mengenmäßigen Rahmen für die Kostenplanung vorgibt. Personalkostenplanung setzt immer die Kenntnis des Personalbedarfs voraus. Die Planung der Personalkosten stellt ein personalwirtschaftliches Aufgabenfeld dar, dem trotz seiner anerkannt hohen Bedeutung für die Praxis (unverständlicherweise) nicht besonders viel Aufmerksamkeit im Schrifttum gewidmet wird.

Bei der Planung der Personalkosten ist zu unterscheiden zwischen den

- Kosten des Personaleinsatzes, d. h. den Kosten, die direkt oder indirekt für die Mitarbeiter aufgewendet werden (Personalkosten i.e.S.), und den
- Kosten des Personalbereichs, d. h. den Kosten, die auf den Kostenstellen der Personalabteilung anfallen.

Die **Planung der Personalkosten (i.e.S.)** setzt die Kenntnis über den quantitativen Personalbedarf nach Mitarbeitergruppen voraus und plant auf diesem Hintergrund die Personalbasiskosten und die Personalnebenkosten (siehe Übersicht „Personalkosten 2008"). Bei den **Personalbasiskosten** steht jedem gezahlten Euro direkt Leistung gegenüber; dagegen erhält das Unternehmen für die **Personalzusatzkosten** keine zuzurechnende Leistung. Bei der Lohnfortzahlung während des Urlaubs oder während einer Krankheit ist das offensichtlich (Vergütung arbeitsfreier Tage bzw. von Fehltagen), aber auch bei dem Arbeitgeberzuschuss zur Vermögensbildung (Sonderzahlung) oder bei der Inanspruchnahme der vom Arbeitgeber bezuschussten Kantine (Sozialleistung) liegt der fehlende Leistungsbezug offen. Ihrer Verursachung zufolge unterscheidet man bei den Zusatzkosten zwischen gesetzlichen, tariflichen und freiwilligen Nebenkosten. Im Jahr 2008 beliefen sich die Personalzusatzkosten in der Industrie auf ca. 70 % der Basiskosten, im Einzelhandel auf ca. 63 % und im Versicherungsgewerbe auf ca. 79 %. Ausschlaggebend für diese Unterschiede sind im Wesentlichen die Aufwendungen für die betriebliche Altersversorgung und für Sonderzahlungen.

Übersicht: ***Personalkosten 2008*** *(Industrie)*

	in €	in %
Personalbasiskosten (Entgelt für geleistete Arbeit)	31.573 €	100,0 %
Personalzusatzkosten	22.227 €	70,4 %
Personalgesamtkosten (Arbeitskosten)	53.800 €	170,4 %
Brutto(jahres)verdienst	41.400 €	100,0 %
Sonderzahlungen		7,1 %
Vergütung arbeitsfreier Tage		16,7 %
Sozialversicherungsbeiträge (Arbeitgeberanteil)		18,5 %
Betriebliche Altersversorgung		6,9 %
Betriebliche Sozialleistungen		4,2 %

Hinter den Personalkosten verbergen sich sehr viele einzelne Kostenarten, die unterschiedlichen Einflüssen unterliegen. So hat die Steigerung der Tarifgehälter, die zwischen Arbeitgeberverband und Gewerkschaft ausgehandelt werden, nur wenig mit der Entwicklung des Krankenversicherungsprozentsatzes oder der Beitragsbemessungsgrenze in der Rentenversicherung und diese wiederum nichts mit der betrieblichen Altersversorgung zu tun. Konsequenz aus diesen unterschiedlichen Kostenentwicklungen ist, dass man im Unternehmen **analytisch** planen müsste, d. h. für jede Kostenart gesondert. Die Personalkosten werden dabei zunächst nach Kostenblöcken auseinandergezogen, dann (einzeln) in ihrer Entwicklung prognostiziert und schließlich wieder zusammengefügt. Dieser auf den ersten Blick kompliziert wirkende Vorgang lässt sich für diejenigen Kosten, die in der Lohn- bzw. Gehaltsabrechnung des Mitarbeiters auftauchen, sehr einfach durchspielen. Man braucht nur für einen zukünftigen Zeitraum eine Abrechnung zu simulieren, die auch erlaubt, zusätzlich einzustellende Mitarbeiter zu berücksichtigen. In der betrieblichen Praxis planen die Unternehmen häufig weniger aufwändig, nämlich **summarisch**. Bei der summarischen Vorgehensweise wird pauschal ein Steigerungsprozentsatz angenommen, der allen Kostenarten zugeschlagen wird. Natürlich gibt es Zwischenlösungen, und viele Unternehmen haben gute Erfahrungen mit einer gemischten Planungssystematik gemacht, bei der grundsätzlich so lange summarisch geplant wird, wie diese Methodik gute Ergebnisse liefert und keine drastischen Veränderungen zu erwarten sind.

In der Beschreibung des Vorgehens ist bislang unklar, ob die Planung jeweils an den Vorjahreszahlen ansetzt und diese weiterschreibt (Planung auf Fortführungsbasis) oder ob sie immer beim Nullpunkt (Planung auf Nullbasis) beginnt. Personalkostenplanung wird in der Regel eine **Planung auf Fortführungsbasis** sein und nur in besonderen Situationen als (teilweise) Nullbasisplanung aufgesetzt werden.

Nimmt man nun die bisherigen Überlegungen zusammen, so zeigt sich das folgende realistische Planungsprofil: Personalkostenplanung erfolgt immer über die Mengen- (Personalbedarf) und die Wertkomponente (Kosten/Mitarbeiter), läuft meistens summarisch und auf Fortführungsbasis und nur bei gravierenden Veränderungen analytisch sowie auf Nullbasis ab. In der betrieblichen Praxis wird darüber hinaus häufig auch umgekehrt vorgegangen, und hier zeigt sich, dass die Personalplanung (nur) abgeleitete Planung ist: Die **Personalkosten** werden aus der Kostenplanung auf Unternehmensebene als Budget **vorgegeben** und daraus dann über die Kostensteigerungen auf den Personalbedarf zurückgerechnet, den man sich „leisten kann".

Zu den Personalkosten zählen neben den Kosten des Personaleinsatzes auch die Kosten für die personalwirtschaftlichen Aktivitäten, die nur indirekt dem einzelnen Mitarbeiter zukommen. Personal- und Sachkosten der Personalbetreuung, der Personalbeschaffung, der Personalverwaltung, der Personaldatenverarbeitung usw. werden in der Regel über **Budgets** vorgegeben, die die Unternehmensleitung genehmigt.

8.5.4 Mitwirkung des Betriebsrats bei der Personalplanung

Bei der Personalplanung hat der Betriebsrat nach dem Betriebsverfassungsgesetz (BetrVG) ein Mitwirkungsrecht. § 92 sieht ein relativ schwaches **Informations- und Beratungsrecht** vor, da der Betriebsrat auf die Bereitschaft des Arbeitgebers angewiesen ist, auf seine Vorschläge einzugehen.

---

§ 92 BetrVG – Personalplanung

„(1) Der Arbeitgeber hat den Betriebsrat über die Personalplanung, insbesondere über den gegenwärtigen und künftigen Personalbedarf sowie über die sich daraus ergebenden personellen Maßnahmen und Maßnahmen der Berufsbildung an Hand von Unterlagen rechtzeitig und umfassend zu unterrichten. Er hat mit dem Betriebsrat über Art und Umfang der erforderlichen Maßnahmen und über die Vermeidung von Härten zu beraten.

(2) Der Betriebsrat kann dem Arbeitgeber Vorschläge für die Einführung einer Personalplanung und ihre Durchführung machen."

Nach den Vorstellungen des Gesetzgebers findet in jedem Betrieb eine Personalplanung statt; allerdings muss es keine methodisch aufwändig durchgeführte Planung und auch keine schriftliche oder gar IT-gestützte Planung sein, sondern es kann sich auch um die „Hinterkopf"-Planung des Firmeninhabers eines Kleinbetriebs handeln. Allgemeine Auffassung ist, dass der Arbeitgeber den Betriebsrat über alle Teilbereiche der Personalplanung zu unterrichten hat – mit Ausnahme der Personalkostenplanung. Rechtzeitige Planung bedeutet, dass der Arbeitgeber bereits eine Planvorstellung hat, diese aber noch beeinflussbar sein muss; sie darf also noch nicht abgeschlossen sein. Umfassend meint, dass der Arbeitgeber dem Betriebsrat alle Unterlagen, die für seine Planung wichtig waren, zur Verfügung stellen muss.

Da es in der Praxis mitunter verschiedenartige Ansichten darüber gibt, was „rechtzeitig" und „umfassend" genau heißt, schließen Arbeitgeber und Betriebsrat häufig eine freiwillige **Betriebsvereinbarung** (§ 88 BetrVG) hierüber ab, die festlegt, wie verfahren werden soll. In diesem Zusammenhang ist auch festzustellen, dass dem Betriebsrat zwar bei der Personalplanung ein eher schwaches Mitwirkungsrecht zusteht, dass er aber über einige grundsätzliche Aspekte der Personalpolitik und bei der Durchführung von Maßnahmen eine intensivere Einflussmöglichkeit besitzt; beispielsweise kann er die innerbetriebliche Ausschreibung von Stellen verlangen (Grundsatzfrage) (§ 93 BetrVG), und er ist vor jeder Kündigung zu hören und kann in bestimmten Fällen widersprechen (Umsetzung von Maßnahmen) (§ 99 BetrVG). Somit empfiehlt es sich, den Betriebsrat bei der Personalplanung umfassend einzubeziehen, denn er kann die Umsetzung der Planung an den anderen Stellen behindern. Darüber hinaus stellt sich hier – einmal mehr – die Frage nach der Art der Zusammenarbeit. Vertrauensvolle Zusammenarbeit, wie sie das Betriebsverfassungsgesetz vorsieht, muss gepflegt werden. Da ist dann wenig Platz für juristische Feinheiten oder gar für Tricks, vielmehr ist fairer Umgang miteinander gefragt.

8.6 Personalcontrolling

Leitfragen

- In welchen Schritten läuft der Personalcontrollingprozess ab?
- Wie lassen sich die klassischen „Mitarbeiterkennzahlen" strukturieren?
- Wie lassen sich die Personalprozesse und der Service der Personalabteilung mit Kennzahlen abbilden?
- Wie „funktioniert" die „Saarbrücker Formel" des Human Capital Managements"?

Personalcontrolling ist seit ca. 1990 ein wichtiger Teilbereich im Personalmanagement, der – leider – immer noch mit Missverständnissen behaftet ist. Häufig wird Personalcontrolling mit Kontrolle im Sinn von Überwachung gleichgesetzt, dies wird aber der Idee und dem Anliegen des Controllings nicht gerecht. Controlling meint **Steuerung** und ist damit wesentlich breiter angelegt. Die neueste Entwicklung in Richtung auf ein Selbstcontrolling macht darüber hinaus klar, dass es nicht um Fremdkontrolle geht, sondern dass Instrumente und Informationen verfügbar gemacht werden sollen, die es jedem Mitarbeiter im Personalbereich und jeder Führungskraft ermöglichen, das eigene Tätigkeitsfeld systematisch zu beobachten, kritisch zu überprüfen und Risiken frühzeitig zu erkennen.

Personalcontrolling wird zudem insofern häufig falsch verstanden, als damit die Idee von quantifizierbaren, besser noch von in Euro und Cent bewertbaren Größen verbunden wird. Die Befürchtung einer unzulässigen Quantifizierung trifft bei näherem Hinsehen ebenfalls nicht zu. Controlling im Personalbereich ist eine umfassende Beurteilung und Bewertung aller Aktivitäten und Erscheinungen im Personalsektor sowie des Mitarbeiterverhaltens im weitesten Sinne. Quantitatives und qualitatives Controlling haben gleichermaßen ihre Bedeutung und ihre Berechtigung im Personalbereich.

Die Wichtigkeit eines systematischen Personalcontrollings wird besonders deutlich, wenn man die Kürzungen an den Personalbudgets in den rezessiven Jahren genauer betrachtet. Diese Streichungen waren nur deshalb möglich, weil die Notwendigkeit und der Erfolg zum Beispiel von Bildungsmaßnahmen und von Sozialleistungen nicht nachgewiesen werden konnten. Aus dieser Perspektive und aus dem Blickwinkel einer wirtschaftlich orientierten Personalarbeit ist Personalcontrolling keinesfalls ein Modebegriff, sondern ein unverzichtbares und äußerst nützliches Konzept im Personalmanagement.

Zwei **Leitlinien des Personalcontrollings** sollen vorab erwähnt werden; diese weisen sehr deutlich auf die Notwendigkeit, aber auch auf die Grenzen des Personalcontrollings hin:

- Nur das, was man messen kann, kann man auch managen.
- Nicht alles, was zählbar ist, zählt – nicht alles, was zählt, ist auch zählbar.

8.6.1 Aufgaben und Methoden des Personalcontrollings

Man kann sich die Funktionsweise bzw. den **Prozess des (Personal)Controllings** ganz einfach am Beispiel eines Schiffes deutlich machen, das einen bestimmten Hafen (Ziel) anlaufen will. Dazu wird vorab eine Route (Plan) ausgearbeitet und während der Reise ständig mit technischen Hilfsmitteln (Methoden) geprüft, ob sich das Schiff noch auf Kurs befindet (Kontrolle). Bei Abweichungen vom Kurs wird man wissen wollen, wie das Schiff wieder auf die vorgesehene Route gebracht werden kann (reaktive Steuerung) und warum die Abweichung aufgetreten ist (Analyse), um den Fehler bei künftigen Planungen vermeiden zu können (proaktive Steuerung). Dieser Vorgang lässt sich leicht auf den Personalbereich eines Unternehmens übertragen, und die Analogie macht auch deutlich, dass Personalcontrolling für den „Steuermann im Personalbereich" eine (lebens)wichtige Angelegenheit darstellt. Personalcontrolling bedeutet systematische Verzahnung von Planung, Kontrolle, Analyse und Steuerung aller Aktivitäten im Personalbereich, und zwar unter Verwendung geeigneter Informationssysteme und Methoden (siehe Abbildung „Personalcontrolling als Prozess").

Abbildung 8-19: ***Personalcontrolling als Prozess***

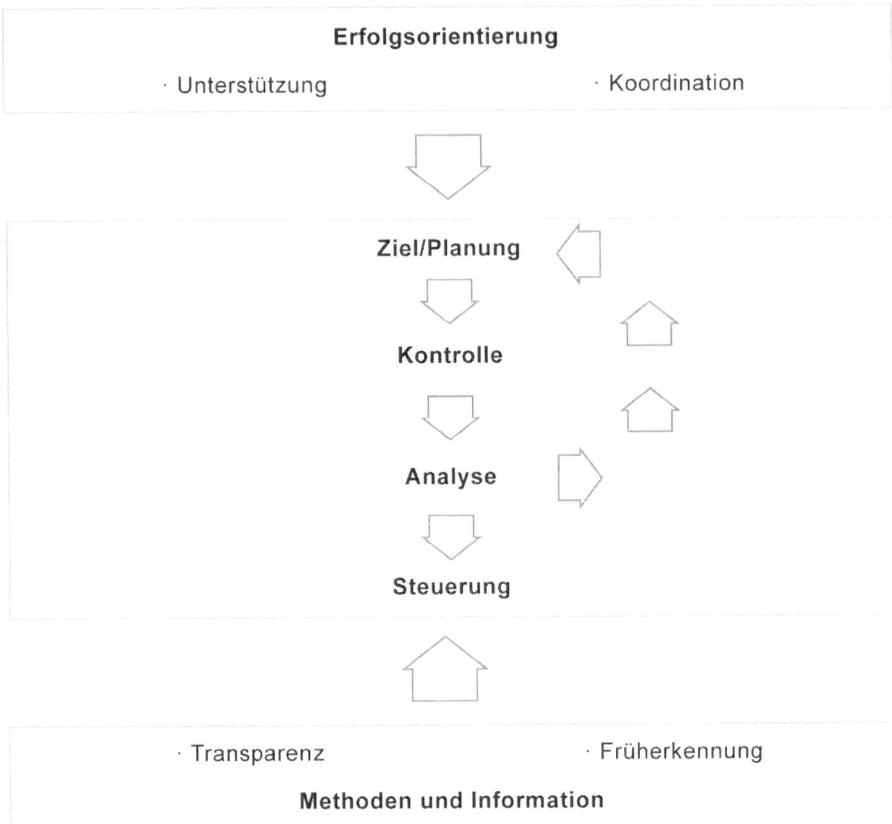

Das Personalcontrolling besitzt **quantitative** (Arbeitsproduktivität, Fehlzeitenquote, Zusatzkostenanteil…) **und qualitative** (Zufriedenheit der Mitarbeiter, Mitarbeiterpotenziale, Vertrauenskultur im Unternehmen…) **Seiten**. Die quantitativen Aspekte lassen sich unmittelbar in Zahlen ermitteln, während die qualitativen Sachverhalte über Indikatoren indirekt abgebildet werden; beispielsweise kann die Mitarbeiterzufriedenheit durch die Fluktuation ausgedrückt oder durch Indizierung von Befragungsergebnissen zur Arbeitszufriedenheit messbar gemacht werden (Zufriedenheitsindex). Ähnlich verhält es sich mit den kurzfristigen bzw. operativen und den längerfristigen bzw. strategischen Aspekten; in der Regel sind operative Kenngrößen quantitativer Natur, während strategische Sachverhalte eher qualitativen Charakter besitzen. Als **operatives Personalcontrolling** befasst sich das Personalcontrolling mit Kosten und Erfolgen bzw. Nutzen von Maßnahmen – „Die Dinge richtig tun." –, als

strategisches Personalcontrolling fragt es nach Chancen, Risiken und nach Erfolgsfaktoren – „Die richtigen Dinge tun."

Dementsprechend lassen sich auch die **Methoden des Personalcontrollings** in quantitativ orientierte Instrumente, in qualitative und in gemischte Verfahren einteilen. Quantitative Methoden im Personalcontrolling sind personalwirtschaftliche Kennzahlensysteme und alle Verfahren des Personalkostenmanagements, einschließlich Wirtschaftlichkeitsuntersuchungen. Die nachfolgende Abbildung zeigt die wichtigsten Methoden des Personalcontrollings.

Abbildung 8-20: ***Methoden des Personalcontrollings***

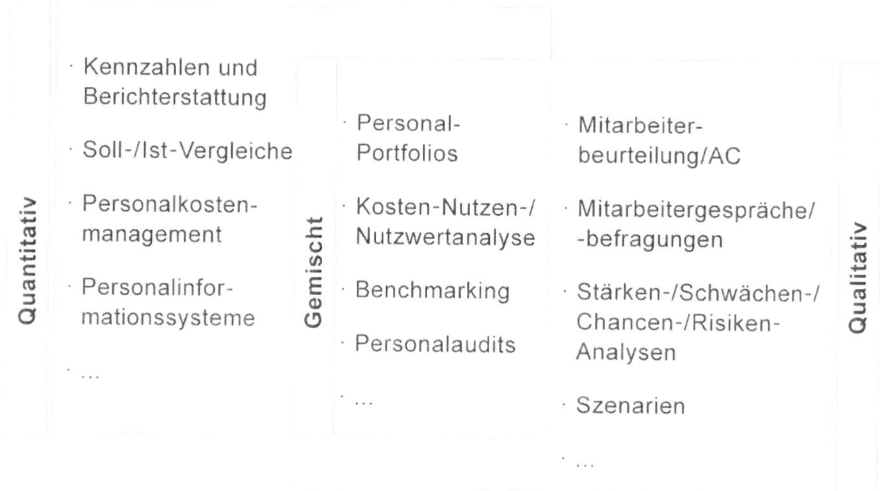

Personalcontrolling kann bei allen personalwirtschaftlichen Aufgabenfeldern ansetzen, und zwar als Controlling des Personalbestands und der Personalkosten, der Arbeitsproduktivität, der Personalbeschaffung, der Personalentwicklung, des Personaleinsatzes und der Fehlzeiten, der Personalfreisetzung, der Personalführung, der Zusammenarbeit, des materiellen Anreizsystems und als Controlling der gesamten Personalarbeit. Personalcontrolling ist damit eine universelle Perspektive im Personalbereich und kein kleinliches Beobachten von Statistiken. Besondere **Probleme des Personalcontrollings** resultieren aus der eingeschränkten Messbarkeit vieler personalwirtschaftlicher Aspekte sowie aus der problematischen Zurechenbarkeit und den damit verbundenen zeitlichen Wirkungsverzögerungen (time lags). Beispielsweise dauert es seine Zeit, bis ein neues Vergütungssystem greift; ob die festgestellten Wirkungen eindeutig und allein der geänderten Entlohnungsform zuzurechnen sind, darüber wird es keine letzte Sicherheit geben. Daneben sind (immer noch) Vorurteile und Ängste und damit die geringe Akzeptanz, die organisatorische Verankerung im Controlling und der Aufwand, der für das Personalcontrolling selbst entsteht, in der betrieblichen Praxis Hinderungsgründe für eine weitere Verbreitung des Personalcontrollings.

Die angedeutete weite Sichtweise des Personalcontrollings macht klar, dass es sich um ein Integrationskonzept handelt, das ähnlich wie das Personalmarketing eine bestimmte Perspektive für das gesamte Personalmanagement bereithält (erfolgsorientierte Steuerung). Da viele der relevanten Themen bereits bei den Kern- und Unterstützungsprozessen besprochen wurden – z. B. die Personalkostenplanung bei der Personalplanung, die Vorgesetztenbeurteilung bei der Mitarbeiterführung, das Bildungscontrolling bei der Personalentwicklung usw. – sollen hier nur solche Aspekte aufgegriffen werden, die bislang keinen Platz hatten, die aber auch im Kern des Personalcontrollings angesiedelt sind.

8.6.2 Mitarbeitercontrolling – (Faktor)Statistik und Kennzahlensysteme

Gegenstand der klassischen Personalstatistik, der personalwirtschaftlichen Kennzahlen bzw. des Personalberichtswesens sind zunächst alle unmittelbar in Zahlen fassbaren Vorgänge in Zusammenhang mit dem Verhalten der Mitarbeiter. Bei der **quantitativen Mitarbeiterstatistik** geht es inhaltlich um die Themen Köpfe, Kosten, Zeiten, Leistungen. Diese Aspekte lassen sich in eine einfache Struktur bringen, die es ermöglicht, viele personalwirtschaftliche Kennzahlen zu erzeugen und gegliedert darzustellen (siehe Abbildung „Quantitative Mitarbeiter-/Faktorkennzahlen"). Jede der Basisgrößen – Köpfe, Kosten, Zeiten, Leistungen – lässt sich mit jeder anderen verknüpfen, zum Beispiel entsteht aus der Zusammenführung von Köpfen und Kosten die Kennzahl „Personalnebenkosten je Arbeiter" oder „Aufwand für Sozialleistungen je Angestelltem" und viele mehr. Alle Kennzahlen, die die Leistungen einbeziehen, drücken die Arbeitsproduktivität aus, sei es als „gefertigte Stücke je Mitarbeiter", als „Umsatz je Mitarbeiter im Außendienst" oder als „Erlös je € Personalkosten".

Besonders gängige und für die betriebliche Praxis **wichtige Kennzahlen** sind die Arbeitsproduktivität, die Personalkosten, der Personal(be)stand, die Fluktuation und die Fehlzeiten. Beim näheren Hinsehen tun sich einige Probleme auf, über die man sich klar werden muss. So sind zum Beispiel beim Personalstand der Stichtag und die Art der Erfassung bestimmter Mitarbeitergruppen wichtig (Azubis, Praktikanten, Mitarbeiterinnen im Mutterschutz, Mitarbeiter in Altersteilzeit u. a. m.). Auch die Berücksichtigung von Teilzeitkräften, welche für Aussagen zur Produktivität mit ihrem Anteil (bezogen auf eine Vollzeitkraft), für andere Zwecke nach Köpfen (z. B. Betriebsratswahlen) zu zählen sind, will gut überlegt sein. Es ist also wichtig, genau festzulegen, wie die einzelne Kennzahl ermittelt werden soll. Diese Festlegung erfolgt meist in Form eines sog. Kennzahlenblatts (siehe Übersicht „Kennzahlenblatt").

Abbildung 8-21: ***Quantitative Mitarbeiter-/Faktorkennzahlen***

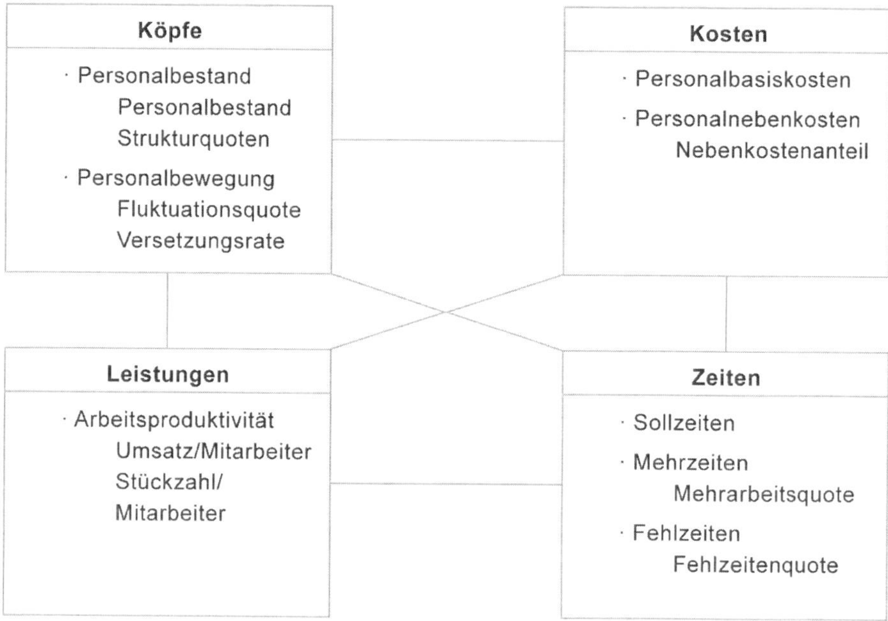

Der Bereich der Leistungsergebnisse weist in doppelter Hinsicht Besonderheiten auf. Die Daten kommen nicht originär aus dem Personalsektor, sondern aus den Fachabteilungen („Produktionsbereich"), und sie sind je nach Unternehmen sehr unterschiedlich zu bestimmen: Die Leistungen einer Bank sind andere als die eines Automobilunternehmens, die eines Softwarehauses anders als die einer Großbäckerei.

Zu den quantitativen Mitarbeiter- bzw. Faktorkennzahlen kommen die **qualitativen Mitarbeiterkenngrößen** hinzu. Diese beziehen sich auch auf die Belegschaft und bilden z. B. folgende Sachverhalte ab:

- Mitarbeiterzufriedenheit bzw. Arbeitszufriedenheit und Betriebsklima (allgemein oder Zufriedenheit mit spezifischen Aspekten, z. B. mit dem Vorgesetzten, der Arbeitszeitregelung, der Vergütungsgerechtigkeit…
allgemeines Klima oder speziell bezüglich der Kollegen, der Vertretung durch den Betriebsrat)

- Mitarbeiterbeurteilungen
  (Einschätzung von Arbeitsmenge und -qualität, Zusammenarbeit...)
- Mitarbeiterpotenzial
  (Einschätzung der Möglichkeiten, mit anspruchsvolleren Aufgaben betraut zu werden...)

Übersicht: ***Kennzahlenblatt***

Kennzahlenbezeichnung	**Fluktuationsrate**
Formel	BDA-Formel: $\frac{\text{Freiwillig ausgeschiedene Beschäftigte}}{\text{Durchschnittlicher Personalbestand}} \times 100\ (\%)$
Basisdaten	Anzahl der freiwillig Ausgeschiedenen Durchschnittlicher Personalbestand
Gliederungsmöglichkeiten	Mitarbeitergruppen (nach verschiedenen Kriterien) Unternehmensbereiche Fluktuationsursachen
Erhebungszeit-punkte/-räume	halbjährlich bzw. jährlich
Vergleichstypen	Zeitvergleich Soll-Ist-Vergleich Betriebsvergleich
Anwendungsbereich/ Kennzahlenzweck/ Ziel	Maß für Arbeitszufriedenheit und Betriebsklima Steuerung und Kontrolle der Unternehmensaustritte gezielte Senkung der Fluktuationsrate
Kommentar	Durch Abgangsinterviews lassen sich die Fluktuationsursachen erforschen, sie liefern auch Ansatzpunkte für geeignete Maßnahmen zur Beeinflussung der Fluktuation

ähnlich: Schulte 2002

Die Personalstatistik bzw. die personalwirtschaftlichen Kennzahlen laufen Gefahr, umfangreich und unübersichtlich zu werden. Einfachheit und Übersichtlichkeit (Struktur), Eindeutigkeit (klare Definitionen), Vergleichbarkeit und Kontinuität (über die Zeit), schnelle und wirtschaftliche Erstellung sind wichtige **Anforderungen an Kennzahlensysteme**. Keinesfalls dürfen ungenutzte Zahlenfriedhöfe entstehen.

8.6.3 Prozess- und Servicecontrolling

Kenngrößen zu den **personalwirtschaftlichen Aktivitäten** können entsprechend den Kernprozessen des Personalmanagements präzisiert werden.

Abbildung 8-22: ***Quantitative Prozesskennzahlen***

Personal-beschaffung	Personaleinsatz und Motivation	Personal-entwicklung	Personal-freisetzung
· Bewerber pro Ausbildungsplatz · Vorstellungsquote · Effizienz der Beschaffungswege · Beschaffungskosten je Eintritt · Grad der Personaldeckung · Frühfluktuation · …	· Leitungsspanne · Struktur der Arbeitsplätze · Unfallhäufigkeit · Kosten je Arbeitsunfall · Lohnformen- und Lohngruppenstruktur · Erfolgsbeteiligung je Mitarbieter · Nutzung betrieblicher Sozialeinrichtungen · …	· Ausbildungsquote · Übernahmequote · Jährliche Weiterbildungszeit pro Mitarbeiter · Anteil der Personalentwicklungskosten an den Gesamtpersonalkosten · Weiterbildungskosten pro Tag und Teilnehmer · …	· Abfindungsaufwand je Mitarbeiter · Sozialplankosten pro Mitarbeiter · Geführte Kündigungsschutzprozesse · Verlorene Kündigungsschutzklagen · …

ähnlich Schulte 2002

In Zusammenhang mit der **Qualität der Personalarbeit**, also mit den Prozessen und dem Service der Personalabteilung kann man eine konkrete Vorgehensweise (siehe Abbildung „Überprüfung der Qualität der Personalarbeit") sowie eine Reihe von Instrumenten empfehlen. Die Erhebung der Zufriedenheit mit und der Erwartungen an die Personalabteilung (siehe Abbildung „Befragung der Mitarbeiter zur Personalbetreuung"), das Portfolio der Personalprozesse (siehe Abbildung „Portfolio der Personalprozesse") sowie die zusammenfassende Darstellung der Bewertung des Personalbereichs (siehe Abbildung „Gesamtbewertung des Personalbereichs") sind typische Beispiele.

Abbildung 8-23: ***Überprüfung der Qualität der Personalarbeit***

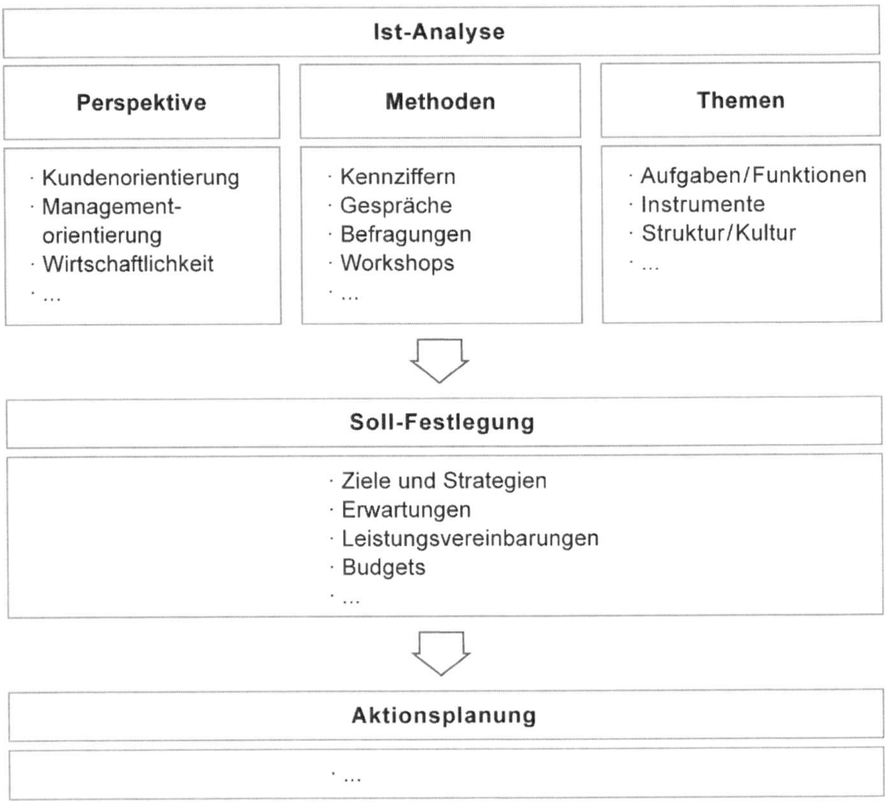

Qualitätsmanagement im Personalbereich stellt, ebenso wie das Personalcontrolling, eine integrative Sichtweise dar, die alle Themenfelder des Personalmanagements – Personalpolitik, Personalbetreuung (Beschaffung, Einsatz, Freisetzung...), Mitarbeiterführung (Führungsstil und -instrumente, Kommunikation, Motivation, Kultur...), Personal- und Organisationsentwicklung (Bildung, Förderung, Teamentwicklung, Unternehmensentwicklung...) sowie die Personalorganisation (Prozesse, Kundenorientierung, IT-Einsatz...) – ständig erfolgsbezogen evaluiert und zielorientiert ausrichtet sowie steuert.

Abbildung 8-24: ***Befragung der Mitarbeiter zur Personalbetreuung***

Für wie **wichtig** halten Sie die folgenden personalwirtschaftlichen **Betreuungsaufgaben**...

	unwichtig				wichtig
... Bildungswesen	☐	☐	☐	☐	☐
... Fördermaßnahmen	☐	☐	☐	☐	☐
... Entgeltpolitik	☐	☐	☐	☐	☐
... Arbeitszeitmanagement	☐	☐	☐	☐	☐
... Personalinformation	☐	☐	☐	☐	☐
...	☐	☐	☐	☐	☐

Wie **bewerten** Sie die Betreuung **(Leistungen)** durch Ihren Personalreferenten, hinsichtlich...

	schlecht				gut
... Bildungswesen	☐	☐	☐	☐	☐
... Fördermaßnahmen	☐	☐	☐	☐	☐
... Entgeltpolitik	☐	☐	☐	☐	☐
... Arbeitszeitmanagement	☐	☐	☐	☐	☐
... Personalinformation	☐	☐	☐	☐	☐
...	☐	☐	☐	☐	☐

Welche **Leistungen** sollten **zusätzlich** erbracht werden?

....

Welche **Leistungen** können **entfallen**?

....

Welchen **Eindruck** haben Sie **aus** Ihren (persönlichen) **Kontakten** mit dem Personalreferenten...

	unzu-treffend				zu-treffend
... jederzeit ansprechbar und hilfsbereit	☐	☐	☐	☐	☐
... freundl. und vertrauensvolle Atmosphäre	☐	☐	☐	☐	☐
... rasche und zuverlässige Bearbeitung meiner Anliegen	☐	☐	☐	☐	☐
... kompetente Problemlösung	☐	☐	☐	☐	☐
...	☐	☐	☐	☐	☐

Abbildung 8-25: ***Portfolio der Personalprozesse***

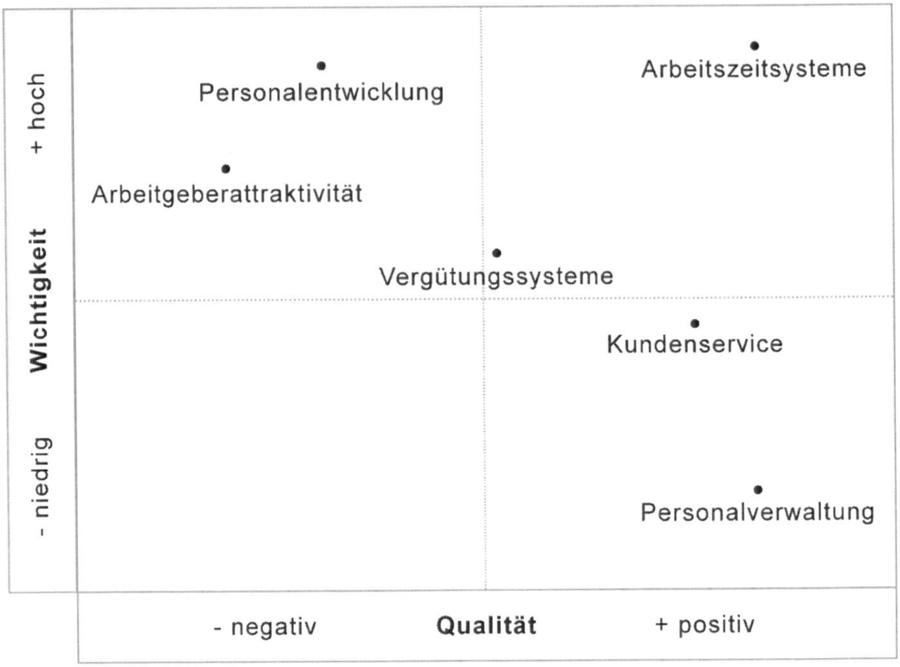

Neuerdings bedient man sich bei der Präsentation von Kennzahlen zunehmend **grafischer Darstellungsformen**. PC-Programme erlauben auf einfache Art und Weise die Überführung von Tabellen (mit den Ausgangsdaten) in Kreis-, Balken- oder Säulen-, Kurven- oder Punktediagramme, die für die **Adressaten von Personalberichten** leichter lesbar sind. Als Empfänger von Personalberichten kommen Interne (Geschäftsleitung, Personalabteilung, Führungskräfte, Betriebsrat, Mitarbeiter...) und Externe (Arbeitgeberverbände, Öffentlichkeit, Personalberater...) infrage.

8.6.4 Unternehmerisches Personalcontrolling

Die Überlegungen zum Personalcontrolling werden neuerdings zum „unternehmerischen Personalcontrolling" (siehe Wunderer/Jaritz 2006) zusammengeführt. **Unternehmerisches Personalcontrolling** (siehe Abbildung „Unternehmerisches Personal-

Abbildung 8-26: ***Gesamtbewertung des Personalbereichs***

Aufgaben	Zeitbedarf/Einsatz von Kapazitäten	Bedeutung/ Wertigkeit	Qualität/ Arbeitsgüte
Kernaufgaben und Beratung/Betreuung			
· Personalbeschaffung	☐	- ☐ ☐ ☐ +	- ☐ ☐ ☐ +
· Mitarbeiterbindung	☐	- ☐ ☐ ☐ +	- ☐ ☐ ☐ +
· Mitarbeiterentwicklung	☐	- ☐ ☐ ☐ +	- ☐ ☐ ☐ +
· Personalfreisetzung	☐	- ☐ ☐ ☐ +	- ☐ ☐ ☐ +
· ...	☐	- ☐ ☐ ☐ +	- ☐ ☐ ☐ +
Insgesamt	☐	- ☐ ☐ ☐ +	- ☐ ☐ ☐ +
Verwaltung und Administration			
· Personalabrechnung	☐	- ☐ ☐ ☐ +	- ☐ ☐ ☐ +
· Lohndatenerhebung	☐	- ☐ ☐ ☐ +	- ☐ ☐ ☐ +
· Zeiterfassung	☐	- ☐ ☐ ☐ +	- ☐ ☐ ☐ +
· Berichtswesen	☐	- ☐ ☐ ☐ +	- ☐ ☐ ☐ +
· Verwaltung i.e.S.	☐	- ☐ ☐ ☐ +	- ☐ ☐ ☐ +
· ...	☐	- ☐ ☐ ☐ +	- ☐ ☐ ☐ +
Insgesamt	☐	- ☐ ☐ ☐ +	- ☐ ☐ ☐ +
Konzeption und Projekte			
· ...	☐	- ☐ ☐ ☐ +	- ☐ ☐ ☐ +
· ...	☐	- ☐ ☐ ☐ +	- ☐ ☐ ☐ +
· ...	☐	- ☐ ☐ ☐ +	- ☐ ☐ ☐ +
Insgesamt	☐	- ☐ ☐ ☐ +	- ☐ ☐ ☐ +

controlling“) verbindet die

- „faktorbezogenen Kenngrößen“, die sich auf den Produktionsfaktor Arbeit bzw. auf die Mitarbeiter in ihrer Gesamtheit und deren Verhalten beziehen, also z. B. die Personalbestände, die Fehlzeiten, die Arbeitsproduktivität, die Arbeitszufriedenheit usw.
- „prozessbezogenen Kenngrößen“, die die Prozesse bzw. Funktionen im Personalmanagement betreffen, also z. B. den Personalbeschaffungsprozess, den Personalentwicklungsprozess, den Abrechnungsprozess usw.
- „servicebezogenen Kenngrößen“, die die Kundenorientierung im Personalbereich beleuchten, also z. B. die Ansprechbarkeit, die Kompetenz, die Freundlichkeit usw.

Abbildung 8-27: ***Unternehmerisches Personalcontrolling***

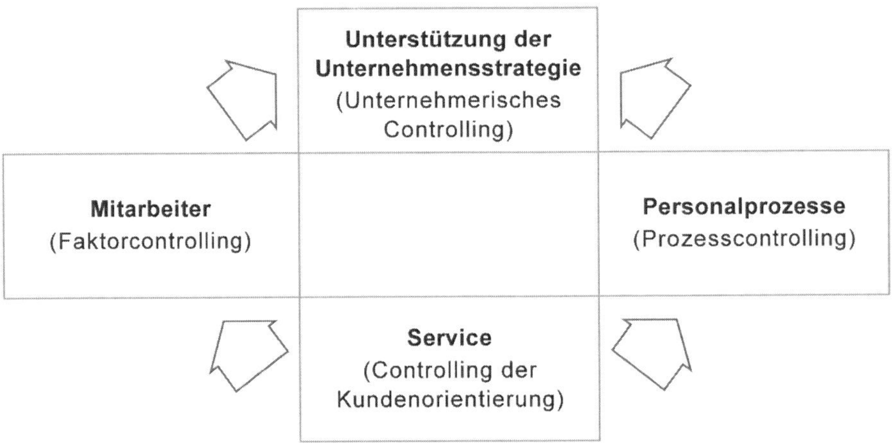

Eine hilfreiche Form der Zusammenfassung dieser Kenngrößen stellt das sog. **„Human Resources Management-Cockpit“** dar (siehe Übersicht „Human Resources Management-Cockpit“). Dort werden – zum Beispiel vom Vorstand zusammen mit der Personalabteilung – quantitative und qualitative Kenngrößen zusammengestellt, die zur erfolgswirtschaftlichen Steuerung des Personalmanagements wichtig erscheinen und dessen Beitrag zur Realisierung der Unternehmensstrategie ansatzweise deutlich machen. Das Cockpit-Konzept eignet sich als Vorstufe zur Steuerung des Personalbereichs mit der Balanced Scorecard, und es bringt mehr „ZDF“ (Zahlen, Daten, Fakten...) anstelle von „ARD“ („Allgemeines Rumdiskutieren“) ins Personalmanagement. Die Ursache-Wirkungs-Beziehungen der Balanced Scorecard fehlen in diesem Konzept, und man verzichtet auch auf die ausdrückliche Formulierung von Personalstrategien, obwohl darin der wirkliche Charme und Nutzen der Balanced Scorecard liegt.

Übersicht: ***Human Resources Management-Cockpit***

Kenngrößen	Soll/ Bandbreite	Ist Vorjahr	Ist laufd. Gesch.Jahr	Gesamt-bewertung
Personalkosten im Rahmen des Budgets	lt. Vorgabe	erfüllt	erfüllt	☺
Erfüllung Jahresziele	100 %	-	120 %	☺☺
Zufriedenheitsindex mit Personalabteilung (laut Befragung)	80 %	75 %	80 %	☺
Anteil Führungskräfte	max. 20 %	25 %	23 %	☹
Führungstrainingstage/ Führungskraft	mind. 3	2	2	☹☹
Jährliches Mitarbeiter-gespräch	mind. 1	erfüllt	erfüllt	☺
Führungsindex (laut Befragung)	75 %	65 %	70 %	☹
Frauenquote	mind. 20 %	5 %	10 %	☹☹☹
Fluktuationsrate	max. 7 %	8 %	7 %	☺
Frühfluktuation	max. 15 %	20 %	18 %	☹
Fehlzeiten	max. 6 %	6 %	6 %	☺
Personalentwicklungs-tage/Mitarbeiter	mind. 6	3	4	☹☹
Anteil Mitarbeiter, die mehr als 10 Jahre in derzeitiger Funktion sind	20 %	25 %	25 %	☹☹
Nachfolgen gemäß Plan	80 %	60 %	80 %	☺
Informationsindex (laut Befragung)	80 %	50 %	40 %	☹☹☹
Mitarbeiterzufrieden-heitsindex (laut Befragung)	80 %	65 %	70 %	☹

ähnlich: Kobi 1997

Neben der umfassenden Steuerung des gesamten Personalbereichs spielt neuerdings das sog. **Personalrisikomanagement** eine wichtige Rolle. Das Gesetz zur Kontrolle und Transparenz im Unternehmensbereich (KonTraG) schreibt größeren Kapitalgesellschaften vor, (auch) ein System für die Risiken im Personalsektor zu etablieren und hierüber im Jahresabschluss zu informieren. Die Risiken werden nach gängiger Auffassung in diesen Feldern gesehen:

- Anpassungs-, Austritts- und Engpassrisiken – Mitarbeiter in Schlüsselpositionen sind nicht bereit oder in der Lage, die künftig erforderlichen Qualifikationen zu erwerben, sie verlassen das Unternehmen (Fluktuation) und können nicht in der erforderlichen Zahl und Qualität bzw. nur zu erheblichen Kosten beschafft werden
- Motivations- und Loyalitätsrisiken – Mitarbeiter fühlen sich nicht an das Unternehmen gebunden, sie kündigen innerlich und ihre Leistungsbereitschaft unterliegt erheblichen Einschränkungen

Diese Risiken gilt es in Euro-Beträgen zu bewerten; dadurch entsteht ein Frühwarnsystem, das die Personalrisiken deutlich benennt. In eine ähnliche Richtung zeigt das sog. Human Capital Management.

8.6.5 Human Capital Management (HCM) und Wertschöpfungsbeitrag des Personalmanagements

Beim Human Capital Management geht es darum, den Wert der Belegschaft (heute und morgen), den Wertschöpfungsbeitrag der Belegschaft (heute und morgen) und den Wertschöpfungsbeitrag des Personalbereichs (heute und morgen) in Euro zu quantifizieren. Konkret lassen sich diese einfachen Fragen formulieren:

- Was sind die Mitarbeiter heute und morgen wert?
- Was leisten die Mitarbeiter heute bzw. morgen?
- Wie lassen sich der Wert und der Wertschöpfungsbeitrag (Leistung) der Mitarbeiter durch den Personalbereich positiv beeinflussen?
  Was kostet das und was bringt das in Euro/Cent?
- Wie lässt sich der Wertschöpfungsbeitrag des Personalmanagements in Euro/Cent belegen?

Die Bewertung von Belegschaften in Euro und Cent ist fraglos ungewohnt, obwohl jeder Transfersummen von Fußballspielern oder Eintrittspreise bei Popkonzerten kennt; diese weisen durchaus in die gleiche Richtung. Die entsprechenden theoretischen Konzepte verfolgen in der Regel verschiedene interne und externe **Zwecke**:

- Bewertung für Rating und Risikomanagement, z.B. Basel II
- Human Resources-Due-Diligence, z. B. beim Unternehmensverkauf

- Personalbewertung im Qualitätsmanagement, z.B. Zertifizierung
- Standortbestimmung, Benchmarking und Steuerung von Aktivitäten des Personalmanagements
- Personelle Vermögensaufstellung, z.B. CSR-Berichte
- Messung und Nachweis der Wertschöpfung des Personalmanagements

Zunächst zum Belegschaftswert (Human Capital Management). Das **Human Capital Management (HCM)** polarisiert die Expertenlandschaft in Theorie und Praxis. Vom Unwort des Jahres 2004 über erhebliche ethische Bedenken bei der Bestimmung des Werts von Belegschaften bis zu den „Wegen aus der Unverbindlichkeit" (Scholz/Stein/Bechtel 2004) reichen die Einschätzungen, von absolut notwendig bis zu äußerst gefährlich.

Unabhängig davon, wie man das HCM aus der internen oder externen Verwendungssicht bzw. aus der Sicht individueller Ethik oder Weltanschauung beurteilen mag – wesentliche Aspekte der (Organisations)Strukturen und Prozesse (Structural Capital) und der Beziehungen zwischen Mitarbeitern (Relationship Capital) und Mitarbeitern und Kunden fehlen in diesem Ansatz. Die Mitarbeiter werden vorwiegend als Individuen (Human Capital) und nicht hinsichtlich ihrer kollektiven interagierenden Leistungsfähigkeit betrachtet. Das prominenteste deutsche Konzept, die „Saarbrücker Formel" thematisiert (nur) Arbeitszeit, Vergütung, Wissen, Personalentwicklung und Motivation, wenn sie das Human Capital einer Belegschaft in Euro und Cent berechnet.

Die Saarbrücker Formel ist so zu lesen (siehe Abbildung „Saarbrücker Formel zum Human Capital Management"): Der in Vollzeitkräfte umgerechnete Mitarbeiterbestand (FTE = Full Time Equivalent) einer Gruppe von Mitarbeitern, z. B. im Vertrieb wird zunächst mit den Marktgehältern (l) multipliziert. Der Wertverlust des Wissens dieser Mitarbeiter (w) wird dann durch die durchschnittliche Beschäftigungsdauer (b) dividiert. Hinzu kommen die Gegenmaßnahmen zum Wissensverlust, die Personalentwicklungsaktivitäten, die in Kosten ausgedrückt werden (PE). Der so errechnete Wert wird mit dem Faktor Motivation (M) multipliziert, hinter dem sich vieles verbergen kann, z. B. die Mitarbeiterzufriedenheit, die Mitarbeiterbindung… Das Endergebnis ist dann eine Wertangabe für die (Vertriebs)Mitarbeiter in EURO.

So unüblich und so kritisch solche Wertbestimmungen scheinen mögen, so sehr sind sie erforderlich. Es ist eine Irrlehre, dass nur das Rechnungswesen Genauigkeit für sich in Anspruch nehmen kann. Die Zahlen des Rechnungswesens sind zwar Fakten, aber nur selten Wahrheiten. Grundsätze ordnungsgemäßer Buchführung, GOBs für Humankapital existieren bislang nicht, und sie sind letztlich nicht wissenschaftlich begründbar. Aber sie sind dringend notwendig! Die zentrale Frage lautet: Ist eine „isolierte" monetäre Bewertung des Humankapitals bzw. von dessen „return" überhaupt möglich? Die Antwort ist einfach (und „sportlich" zugleich): Die Praxis braucht entsprechende Konzepte! Wenn wir Personaler das nicht leisten, dann machen es Andere (Analysten, Controller…), und ob dabei Besseres herauskommt…

Abbildung 8-28: ***Saarbrücker Formel zum Human Capital Management***

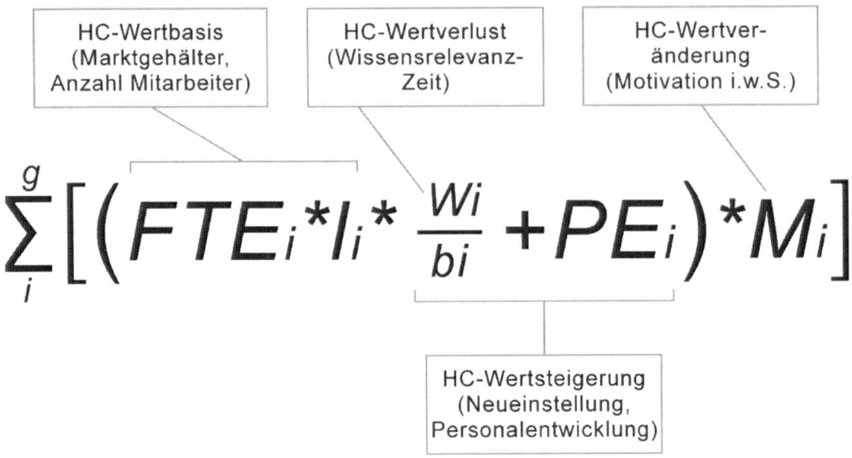

$$\sum_{i}^{g}\left[\left(FTE_i * l_i * \frac{w_i}{b_i} + PE_i\right) * M_i\right]$$

aus: Scholz/Stein/Bechtel 2004

Auch an den Möglichkeiten zur Bestimmung des **Wertschöpfungsbeitrags des Personalmanagements** wird aktuell intensiv gearbeitet – die DGFP verwendet hierfür den Begriff der „Wertorientierten Personalarbeit" (WoP), und sie präsentiert mit diesem Konzept eine Systematik, die in jedem Unternehmen individuell ausgestaltet werden kann – damit geht zwangsläufig die Vergleichbarkeit (Benchmarking) mit anderen Unternehmen verloren (siehe die Abbildung „Konzept des Wertorientierten Personalmanagements"; siehe auch die Weiterführung zur Human Capital Scorecard; DGFP 2007). Der Bewertungsgegenstand „Personalarbeit" erscheint – im Vergleich zum HCM – unkritischer und fraglos sehr nützlich. Seit jeher stehen die Personalabteilungen mit dem Rücken zur Wand, und sie tun sich schwer damit, ihren Beitrag zum Unternehmenserfolg zu belegen und ihre Existenz damit zu rechtfertigen.

Besondere Aufmerksamkeit hat der sog. **„Human Potential Index" (HPI)** erfahren; der HPI versucht auch, den Erfolgsnachweis für die Personalarbeit in Unternehmen zu erbringen (siehe Abbildung „Human Potential Index"). Dieses Konzept wurde vom Bundesministerium für Arbeit und Soziales gefördert, erfuhr einerseits breite Zustimmung aus der Praxis, geriet andererseits aber aus verschiedenen Gründen in die Schusslinie der Kritik. Unter Anderem wird dem HPI vorgeworfen, dass er mit der Orientierung an bestimmten Themen und Inhalten sowie an „Standards" ein gleichförmiges Personalmanagement unterstützt, was Innovationen verhindere, eine „Einheitsideologie" fördere und zu einer Disziplinierung führe.

Abbildung 8-29: ***Konzept des Wertorientierten Personalmanagements***

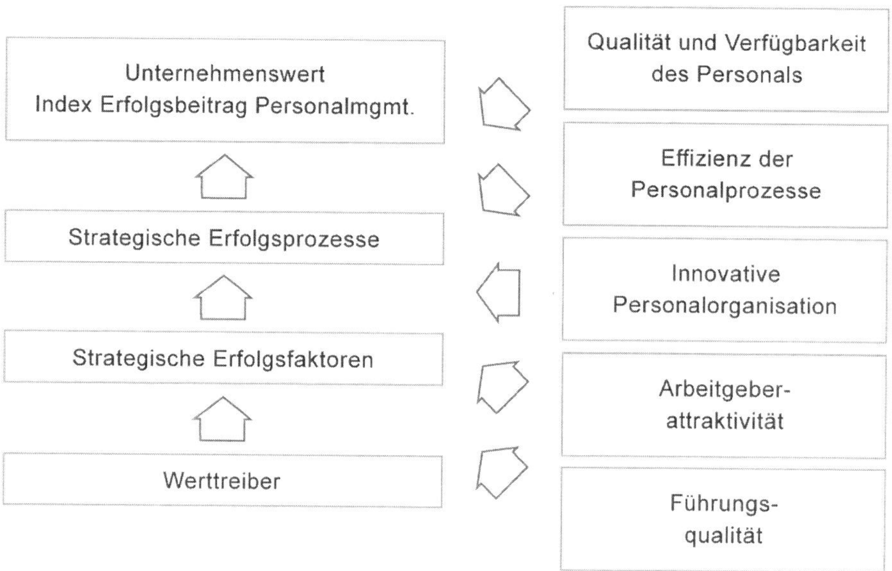

ähnlich: DGFP 2004

Zunehmend belegen Studien den Zusammenhang zwischen exzellenten Erfolgen von Unternehmen am Markt und sehr guter Personalarbeit. Allerdings kranken die entsprechenden Untersuchungen oft an diesem Zirkelschluss: Führt exzellente Personalarbeit zu einem herausragenden Unternehmensergebnis? Oder führen herausragende Unternehmensergebnisse zu exzellenter Personalarbeit, weil diese dadurch erst möglich wird? Die meisten Untersuchungen in der Praxis (sog. Erfolgsfaktorenforschung) gehen mit dieser zentralen Frage nach Ursache und Wirkung recht oberflächlich um.

Fitz-enz (2003) bringt diesen Zusammenhang mit Rückgriff auf viele empirische Untersuchungen auf den Punkt, wenn er anmerkt, dass exzellenten Unternehmen ein Ausgleich zwischen Finanz- und Humankapital (inhaltliche Schwerpunkte) in Ausrichtung und Reporting (unternehmensstrategische Elemente) gelingt. Das bedeutet, dass einerseits Vision, Strategien, strategische Ziele (Ausrichtung) und andererseits Steuerungs- und Controllingkennzahlen (Reporting) weder im Finanz-, noch im Personalbereich, noch untereinander „Schräglagen" im Sinne von Einseitigkeit aufweisen dürfen.

Abbildung 8-30: **Human Potential Index (HPI)**

Rahmenbedingungen	Branche, Unternehmensgröße, Rechtsform		
Werttreiber	Wertschöpfungs-Prozesse	Nachhaltigkeits-Instrumente	
Prozesse und Systeme HR-Kennziffern	Personalstrategie & -politik Personalbeschaffung Compensation & Benefits Mitarbeiterführung Personalentwicklung Change Management Kommunikation & Information	Unternehmenswerte Arbeitsplatzverantwortung Demografie Work-Life-Balance Mitarbeiterbindung Changengleichheit & Diversity Gesundheitsförderung	
Zielgrößen	Engagement-indikatoren	Motivation, Mitabeiterbindung, Innovationen	
	Wirtschaftlicher Erfolg	Bilanz	Management-beurteilung

aus: Große-Jäger/Friederichs/Schubert 2009

In der Zusammenschau ergeben sich somit diese Ansatzpunkte für ein umfassendes kenngrößengesteuertes Personalmanagement:

Übersicht: ***Quantifizierungsansätze im Personalcontrolling***

	Mitarbeiter (Faktorcontrolling) **Soll – Ist**	**Personalabteilung/ Führungskräfte (Service- und Prozess-, Führungscontrolling)** **Soll – Ist**
Quantitative Daten	• Köpfe • Kosten • Zeiten • Leistungen	• Ausstattung PA • Kosten/Budget PA • Fehlerquote • Prozessdauer • … • Unterstellungsquote FK • Leistung des Bereichs (FK) (gemessen)
Quantifizierte Einschätzungen qualitativer Sachverhalte durch • **Selbsteinschätzung** • **Fremdbeurteilung**	• Leistung des Bereichs (beurteilt) • Potenzial • Arbeitszufriedenheit • …	• Servicequalität PA • Programmqualität PA • Wertschöpfungsbeitrag PA (beurteilt) • Arbeitgeberattraktivität • … • Vorgesetzteneinschätzung • … • Einschätzung von Veränderungen nach einem Change-Prozess (beurteilt) (mit Fragebogen) • Aggregierte Metaplan-Nennungen aus Evaluations-Workshops • …
Bewertet in €	• Humankapital • Return on human capital (ROH) • Schadenserwartungswert • …	• Wertschöpfungsbeitrag der PA (in €) • Wert Outsourcing (in €) • …

PA = Personalabteilung FK = Führungskraft

Letztlich geht es beim Personalcontrolling um den Nachweis des Wertschöpfungsbeitrags des Personalmanagements zum Unternehmenserfolg. In graphischer Form stellen sich die Zusammenhänge, um die es bei der erfolgsorientierten Steuerung des Personalbereichs geht, so dar:

Abbildung 8-31: ***Wertschöpfungsprozess im Personalmanagement***

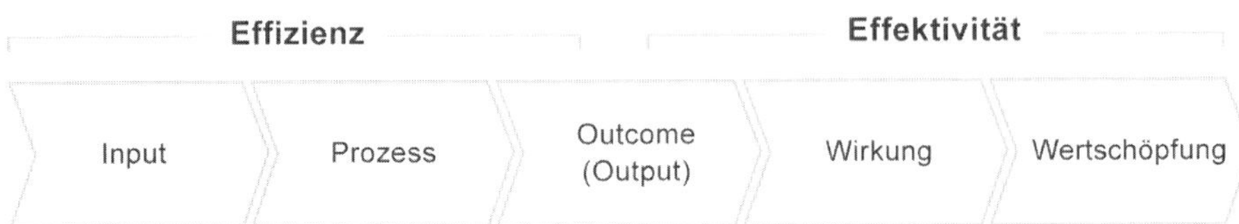

ähnlich: Fitz-enz 2003

Zum Weiterdenken

- Das Personalmanagement kann nicht allen „Kunden" gleichermaßen gerecht werden – in der Praxis ist die Geschäftsleitung der „wichtigste" Kunde, obgleich dessen Erwartungen häufig wenig präzise formuliert sind.
- Das neue HR-Geschäftsmodell „Service Delivery Model" ist weder für die Mitarbeiter des Unternehmens, noch für die Personalabteilung wirklich attraktiv.
- Ohne einen umfassenden IT-Einsatz kommt keine fortschrittliche Personalabteilung mehr aus!
- In den Situationen, in denen die Personalplanung am wichtigsten ist, ist sie am schwierigsten.
- Wirklich überzeugende Konzepte zur Personalbedarfsplanung fehlen, sie erfolgt vielmehr überwiegend „selbstgestrickt".
- Personalcontrolling basiert auf einer Ideologie der Messbarkeit und Steuerbarkeit – das passt im Personalmanagement nur bedingt.
- Personalcontrolling „bedient" einseitig wirtschaftliche Interessen (Shareholder Value).
- Der Personalabteilung als Profit-Center gelingt der Erfolgsnachweis überzeugend!
- Strategisches Personalcontrolling ist „unterbelichtet".
- Das Einzige, was es für ein funktionierendes Human Capital Management (noch) braucht, ist ein Agreement über die Bewertungsgrundsätze.

Quellen zu Teil 8

Ackermann, K.-F. (Hrsg.): Die kundenorientierte Personalabteilung, Wiesbaden 1998

Badura, B. u. a.: Sozialkapital, Heidelberg 2008

Bartosch, D.: Digitale Personalakte, 2. Aufl., Frechen 2010

Beck, C: HR-Image 2009, Koblenz 2009

Becker, B./Huselid, M./Ulrich, D.: The HR Scorecard, Boston 2001

Becker, M.: Messung und Bewertung von Humanressourcen, Stuttgart 2007

Bosch, G./Kohl, H./Schneider, W. (Hrsg.): Handbuch Personalplanung, Köln 1995

Bertram, C.: Qualität in der Personalabteilung, München 1996

Besgen, D. u. a.: ABC des Lohnbüros 2010, Bonn 2010

Böcker, M./Schelenz, B. (Hrsg.) HR-PR, Erlangen 2008

Bröckermann, R./Müller-Vorbrüggen, M./Witten, E. (Hrsg.) Qualitätskonzepte im Personalmanagement, Stuttgart 2007

Bühner, R.: Mitarbeiter mit Kennzahlen führen, 4. Aufl., Landsberg 2000

Bundesarbeitgeberverband Chemie e. V. (Hrsg.): Personalplanung im Betrieb, Wiesbaden 1986

Claßen, M./Kern, D.: HR Business Partner, Köln 2010

Conrad, C.: Schnelleinstieg Lohn- und Gehaltsabrechnung, 12. Aufl., Freiburg 2010

DGFP (Deutsche Gesellschaft für Personalführung) (Hrsg.): Personalcontrolling in der Praxis, Stuttgart 2001

DGFP (Deutsche Gesellschaft für Personalführung) (Hrsg.): Werteorientiertes Personalmanagement, Bielefeld 2004

DGFP (Deutsche Gesellschaft für Personalführung): Personalmanagement 2006, Düsseldorf 2006

DGFP (Deutsche Gesellschaft für Personalführung) (Hrsg.): Human Capital messen und steuern, Bielefeld 2007

DGFP (Deutsche Gesellschaft für Personalführung): Organisation des Personalmanagements, Bielefeld 2007

DGFP (Deutsche Gesellschaft für Personalführung): PersonalManagement-Quoten 2008, Düsseldorf 2008 (CD)

DGFP (Deutsche Gesellschaft für Personalführung): Personalcontrolling für die Praxis, Bielefeld 2009

DGFP (Deutsche Gesellschaft für Personalführung): Personalwirtschaftliche Kennziffern 2009, Düsseldorf 2009 (CD)

Drumm, H./Scholz, C.: Personalplanung, 2.Aufl., Stuttgart 1988

Dürndorfer, M. u.a.: Human-Capital-Management in deutschen Unternehmen, Hamburg 2005

Edinger, J./Junold, A./Renneberg, K: Praxishandbuch SAP-Personalwirtschaft, 2. Aufl., Bonn 2009
Edvinsson, L./Brünig, G.: Aktivposten Wissenskapital, Wiesbaden 2000
Einsiedler, H. u.a.: Organisation der Personalentwicklung, Neuwied/Kriftel 1999
Enderes, A.: Das Einmaleins der Entgeltabrechnung, 7. Aufl., Frechen 2010

Färber, P./Theilenberg, H.: Personaldatenverarbeitung im Einigungsstellenverfahren, 2. Aufl., Köln 1990
Fischer, H.: HR-Management als Prozess, Zürich 2004
Fischer, U./Reihsner, R.: Personalplanung, Köln 2002
Fischermanns, G.: Praxishandbuch Prozessmanagement, 8. Aufl., Gießen 2009
Fitz-enz, J.: Renditefaktor Personal, Frankfurt/New York 2003
Frey, H.: Personalkosten-Management, München 1997
Fromme, T.: Personalabrechnung, München 1994

Gaugler, E.: Betriebliche Personalplanung, Göttingen 1974
Gerpott, T./Siemers, S. (Hrsg.): Controlling von Personalprogrammen, Stuttgart 1995
Glaser, J./Hornung, S./Labes, M.: Indikatoren für die Humanressourcenförderung, Dortmund 2007
Goerke, S./Wickel-Kirsch, S.: Internes Marketing für die Personalarbeit, Neuwied 2002
Gottwald, M./Schambach, A.: Human Resources Software, Berlin 2006
Grötzinger, M./Uepping, H. (Hrsg.): Balanced Scorecard im Human Resources Management, Neuwied/Kriftel 2001
Greif, S./Wanzek, C./Volekening, C.: SAP R/3 Personalwirtschaft, München 2001
Grünefeld, H.-G.: Personalberichterstattung mit Informationssystemen, Wiesbaden 1987
Gutmann, J./ Terschüren, J.: Personalplanung, Freiburg 2004

Horsch, J.: Personalplanung, Herne/Berlin 2000

Jansen, T.: Personalcontrolling, Ludwigshafen 2008
Jenak, K.: Lehrgang der Lohn- und Gehaltsabrechnung, 26. Aufl., Stuttgart 2010
Jessl, R.: softwarekompendium für das Personalwesen 2010, 4. Aufl., o. O. 2009

Kador, F.-J./Pornschlegel, H.: Handlungsanleitung zur betrieblichen Personalplanung, 2. Aufl., Frankfurt 1991
Kenton, B./Yarnall, J.: HR: The Business Partner, 2. Aufl., Oxford 2010
Kienbaum, J. (Hrsg.): Benchmarking Personal, Stuttgart 1997
Kienbaum: Studie „HR-Strategie & Organisation 2008/09, Gummersbach 2009
Kobi, M.: Personalrisikomanagement, 2. Aufl., Wiesbaden 2002
Kolb, M./Bergmann, G.: Qualitätsmanagement im Personalbereich, Landsberg 1997
Kruppke, H./Otto, M./Gontard, M. (Hrsg.): Human Capital Management, Berlin/Heidelberg 2006

Lisges, G./Schübbe, F.: Personalcontrolling, 2. Aufl., Freiburg 2007

Mag, W.: Einführung in die betriebliche Personalplanung, 2. Aufl., München 1998

Mentzel, W.: Personalwirtschaftliches Rechnungswesen, 2. Aufl., Wiesbaden 1988
Metz, T.: Status, Funktion und Organisation der Personalabteilung, Mering 1995
Mülder, W./Störmer, W.: Personalzeit- und Betriebsdatenerfassung, 2. Aufl., Neuwied/Kriftel/Berlin 1995
Mülder, W./ Seibt, D. (Hrsg.): Methoden- und computergestützte Personalplanung, 2. Aufl., Köln 1994

Oertig, M. (Hrsg.): Neue Geschäftsmodelle für das Personalmanagement, München 2006
Oppermann, K.: Kompendium der Entgeltabrechnung 2008, 16. Aufl., Köln 2008
Osterloh, M./Frost, J.: Prozeßmanagement als Kernkompetenz, 5. Aufl., Wiesbaden 2006

Paatz, M. u.a.: Microsoft Excel im Personalwesen, Unterschleißheim 2007
Potthoff, E./Trescher, K.: Controlling in der Personalwirtschaft, Berlin/New York 1986

Rahn, H.-J.: Gestaltung personalwirtschaftlicher Prozesse, Frankfurt 2005
Reilly, P./Williams, T.: How to get best value from HR, Aldershot 2003
RKW (Rationalisierungskuratorium der Deutschen Wirtschaft): RKW-Handbuch „Personalplanung", 3. Aufl., Neuwied/Frankfurt 1996

Schäffer-Külz, U.: Mitarbeiterportale und Self-Service-Systeme, Frechen 2004
Schmidt, H./Hagenbruck, H./Sämann, W. (Hrsg.): Handbuch der Personalplanung, Frankfurt/New York 1975
Schönfeld, W./Plenker, J. (Hrsg.): Lexikon für das Lohnbüro 2010, 52. Aufl., Heidelberg 2010
Scholz, C. (Hrsg.): Innovative Personalorganisation, Neuwied/Kriftel/Berlin 1999
Scholz, C./Stein, V./Bechtel, R.: Human Capital Management, München 2004
Schulte, C.: Personal-Controlling mit Kennzahlen, 2. Aufl., München 2002
Schwarb, T./Moser, C.: Digitales HR-Management, Rheinfelden 2007
Stickling, E.: HR-Software, Köln 2009
Strohmeier, S.: Informationssysteme im Personalmanagement, Wiesbaden 2008

Towers Perrin: HR-Controlling, Frankfurt 2006
Towers Perrin: HR-Controlling und -Benchmarking, Frankfurt 2009
Tschumi, M./Brenner, D.: Die 200 besten Checklisten für die Personalarbeit, Landsberg 2006

Ulrich, D.: Human Resource Champions, Boston 1997
Ulrich, D./Brockbank, W.: The HR value proposition, Boston 2005
Ulrich, D. u.a.: HR Competencies, Provo 2008

Vahs, D.: Organisation, 6. Aufl., Stuttgart 2007

Wagner, D.: Personalfunktion in der Unternehmensleitung, Wiesbaden 1994
Wimmer, P.: Personalplanung, Stuttgart 1985
Wucknitz, U.: Handbuch Personalbewertung, Stuttgart 2002

Wucknitz, U.: Personal-Rating und Personal-Risikomanagement, Stuttgart 2005
Wunderer, R./v. Arx, S.: Personalmanagement als Wertschöpfungscenter, 3. Aufl., Wiesbaden 2002
Wunderer, R./Jaritz, A.: Unternehmerisches Personalcontrolling, 3. A., Neuwied 2006
Wunderer, R./Kuhn, Th.: Unternehmerisches Personalmanagement, Frankfurt/New York 1993
Wunderer, R./Kuhn, Th.: Innovatives Personalmanagement, Neuwied 1995
Wunderer, R./Schlagenhaufer, P.: Personal-Controlling, Stuttgart 1994

Zdrowomyslaw, N. (Hrsg.) Personalcontrolling, Gernsbach 2007

Weitere Quellenangabe zu einem Verweis im Text

Große-Jäger, A./Friederichs, P./Schubert, A.: Der Human-Potential-Index, in: personalmagazin 05/2009
Kobi, J.: Praxistaugliche Instrumente des Personalcontrolling, in: Personal, 07/1997

Inhalt von Teil 9

Abbildung in Teil 9

9 Ausblick und Zukunft des Personalmanagements

Zur weiteren Zukunft des Personalmanagements liegen viele **empirische Untersuchungen** vor, die meistens Ausschnitte bzw. Teilaspekte des Human Resources Managements untersuchen. Seltener ist hingegen das Personalmanagement insgesamt Thema solcher Erhebungen (vgl. z. B. Wunderer/Dick 2007). Kritisch an den einschlägigen Studien ist der Umstand, dass in der Regel Personalverantwortliche in den Personalabteilungen befragt werden. Andere wichtige Träger von Personalaufgaben bleiben hingegen meistens außen vor: Geschäftsleitungen, Führungskräfte und Mitarbeiter. Die wenigen Untersuchungen, die den Vergleich der Zukunftserwartungen von Personalleuten und Geschäftsführungen zur Zukunft des Personalmanagements im Fokus hatten, zeigten deutlich, dass die Befragten den Bedeutungszuwachs bzw. die abnehmende Bedeutung einzelner Themenfelder zwar – relativ gesehen – sehr ähnlich beurteilten, dass die Einschätzungen der Personalleute zur künftigen Wichtigkeit der Themen jedoch deutlich stärker ausfielen. Darin äußert sich implizit vermutlich eher ein Wunsch als die Wirklichkeit. Ein hoher Stellenwert einzelner Themen bzw. des Fachgebiets insgesamt hebt die eigene Bedeutung in der Zukunft.

Auf einer ganz anderen Ebene bewegen sich Einschätzungen bzw. Prognosen zur weiteren Entwicklung des Personalmanagements, die aus den – teils kritischen – Entwicklungen der Vergangenheit versuchen, in Form von **Expertenprognosen** auf die weitere Zukunft zu schließen. Beide Perspektiven sollen in diesem abschließenden Teil zum Zug kommen. Die Aussage des Nobelpreisträgers Nils Bohr zum Thema „Prognosen" sollte man dabei immer „im Hinterkopf" behalten: „Vorhersagen sind immer schwierig – vor allem über die Zukunft." (Nils Bohr).

Im Endergebnis liefern die vorliegenden neueren Untersuchungen vergleichbare Resultate (siehe z. B. Capgemini 2009; Kienbaum 2009; Kienbaum 2010). Während der jüngsten Finanz- und Wirtschaftskrise 2008 -2010) setzten einschlägige Umfrageergebnisse zwar andere Schwerpunkte – in Erwartung des wirtschaftlichen Aufschwungs ist mittlerweile (2010) wieder der Stand erreicht, wie er sich vor der Krise zeigte, d. h. die heute als besonders wichtig bezeichneten Themen sind in etwa die gleichen wie zwei Jahre zuvor.

Leitfragen

- Welche Themen sind aktuell sowie in der Zukunft des Personalmanagements besonders wichtig?
- Welche Probleme sind mit empirischen Untersuchungen zur „Zukunft des Personalmanagements" verbunden?

9.1 Horizont 2015 - aktuelle empirische Studie

Die Ergebnisse einer neueren Untersuchung (Stand: Juli 2008), die den Vorteil hat, dass sie in ihrer Themenstruktur in etwa dem 3-Säulen-Modell folgt, sollen im Weiteren referiert werden*).

Im Rahmen der empirischen Untersuchung wurden im ganzen Bundesgebiet Personalverantwortliche aufgefordert, an einer onlinegestützten Befragung teilzunehmen, die sich aus Praktikabilitätsgründen aus fünf separat zu beantwortenden Teilbefragungen zu Themenclustern zusammensetzte. Die Zahl der Antwortenden variierte je nach Themengebiet zwischen 39 und 111. Durchschnittlich lag die Beteiligung bei 67 Personalverantwortlichen, die nicht nur aus Großunternehmen, sondern auch aus mittelständisch geprägten Betrieben stammten.

Überwiegend gingen die Personalmanager (70,5 %) davon aus, dass der Einfluss des HR-Bereichs auf die Unternehmensführung zunehmen wird – jeder Fünfte erwartet sogar eine starke Zunahme. 78,3 % hielten einen **Bedeutungszuwachs des Funktionsbereichs Personalmanagement** für wahrscheinlich. Zu diesen Einschätzungen passt auch das Ergebnis, wonach es drei Viertel der Antwortenden für wahrscheinlich hielten, dass der oberste Personalverantwortliche zukünftig auf der höchsten Hierarchieebene eines Unternehmens angesiedelt sein wird. Fast gänzlich einig waren sich die befragten Personalleiter (91,8 %), dass die Anforderungen an die fachliche und persönliche Kompetenz eines HR-Managers bis 2015 deutlich zunehmen werden.

---

*) Das „Human Resources Competence Center der Hochschule Pforzheim" führte eine deutschlandweite Befragung von Personalleuten durch. Im Spätherbst 2007 wurden im Rahmen eines Forschungsseminars mit Studierenden unter Leitung von Prof. Dr. Markus-Oliver Schwaab mehrere hundert Personen angesprochen, die in verantwortlichen Positionen des Personalmanagements tätig sind. Die Ergebnisse der Untersuchung sind in der Zeitschrift „Personalführung" (Heft 9, 2008) veröffentlicht.

Welchen Stellenwert wird die **Personalpolitik und** die **Personalstrategie** in Zukunft haben? 768 % der Antwortenden waren der Auffassung, dass die Bedeutung der Personalpolitik in der Unternehmenspolitik in Zukunft zunehmen wird; nur 7,3 % sahen einen Bedeutungsverlust. In diesem Zusammenhang gingen mit 64,1 % fast zwei Drittel der Personalverantwortlichen davon aus, dass sich bis 2015 die Idee durchgesetzt haben wird, dass eine konsequente Ausrichtung des Personalmanagements an den Unternehmenszielen ebenso unverzichtbar sein wird wie die Überzeugung, dass die Mitarbeiter einen zentralen Faktor für den Erfolg eines Unternehmens darstellen. Der Aussage, dass die Personalpolitik zukünftig flexibler zu gestalten sei, stimmten fünf von sechs Befragten zu.

Die Untersuchungsteilnehmer wurden auch nach den zukünftig fünf **bedeutendsten Handlungsfeldern des Personalmanagements** gefragt. Von den vierzehn angebotenen Möglichkeiten wählten die Personalmanager am häufigsten die Mitarbeiterbeschaffung und Mitarbeiterbindung aus. Auch Work-Life-Balance und Managing Diversity wurden von mindestens jedem zweiten Befragten genannt. Im Gesamtüberblick über die Ergebnisse wird in der Übersicht deutlich, dass das Management von Schlüsselqualifikationen der Beschäftigten sowie die Internationalisierung ebenfalls überdurchschnittlich oft zu den wichtigsten Handlungsfeldern gezählt wurden.

Übersicht: ***Entwicklungen im Personalmanagement und im Management***

Handlungsfelder des Personalmanagements	Relative Häufigkeit der Nennungen
Personalpolitik und strategisches Personalmanagement	
• Flexibilisierung der Humanressourcen	37,8 %
• Internationalisierung der Personalarbeit	41,5 %
• Neuausrichtung der Unternehmenskultur	22,0 %
• Soziale Verantwortung der Unternehmens	24,4 %
Personalmarketing und -beschaffung	58,5 %
Mitarbeiterbindung	
• Work-Life-Balance und Vereinbarkeit von Beruf und Familie	54,9 %
• Managing Diversity	50,0 %
Mitarbeiterentwicklung	
• Verbesserung der Schlüsselqualifikationen der Mitarbeiter	42,7 %
Nachweis der Wertschöpfung der Personalabteilung	25,6 %

Welche Bedeutung haben die **Rollen der Verantwortlichen im Personalbereich** 2015 im Vergleich zu heute? 83,6 % der Untersuchungsteilnehmer gaben an, dass die Rolle des Unterstützers und Dienstleisters für Führungskräfte an Bedeutung gewinnen wird. 80,3 % sagten einen Bedeutungszuwachs hinsichtlich der Rolle als strategischer Partner der Geschäftsleitung voraus – 42,4 % erwarteten hier sogar einen starken Zuwachs. Kaum weniger soll die Bedeutung der Personalverantwortlichen als Manager von Veränderungsprozessen (77,3 %) oder des HR-Beitrags zur Wertschöpfung im Unternehmen (78,5 %) zunehmen. Als administrative Experten sehen sich die Personalverantwortlichen dagegen zukünftig wohl weniger; 47,0 % der Antwortenden gingen von einem Bedeutungsverlust dieser Rolle aus.

Welche **Funktionen des Personalmanagements** werden künftig **eigenständig von Führungskräften wahrgenommen**, die somit nicht (mehr) im Personalbereich angesiedelt sind? Am wahrscheinlichsten erscheint es, dass zukünftig die Personalplanung (66,1 %) und die Personalentwicklung (61,0 %) von Vorgesetzten übernommen werden. Stark divergierten die Auffassungen hinsichtlich der Personalbetreuung – während jeder Zweite es als wahrscheinlich ansah, dass in Zukunft Führungskräfte außerhalb des Personalbereichs diese Aufgabe eigenständig übernehmen, waren 36,2 % genau der entgegengesetzten Meinung. Unwahrscheinlich erschien es den meisten Befragungsteilnehmern, dass die Personalmarketingaktivitäten (64,4 %) oder die Personaladministration (71,7 %) zukünftig von den Fachbereichen direkt verantwortet werden. Die Hälfte der Personalverantwortlichen ging davon aus, dass 2015 die Personalabrechnung vollständig aus dem HR-Bereich – überwiegend nach extern – ausgelagert sein wird.

Die Auffassung, dass sich künftig „**Profit-Center Personal**" in der Praxis durchsetzen werden, teilten 52,7 % der Personalmanager. Noch größer war mit 63,7 % die Zustimmung zur Aussage, dass sich Ansätze des „wertorientierten Personalmanagements" durchsetzen, mit denen die Wertschöpfungsbeiträge des Personalbereichs nachgewiesen werden. 69,1 % waren der Meinung, dass dabei in den kommenden Jahren qualitative Elemente – wie z. B. die Arbeitszufriedenheit, das Betriebsklima oder die Mitarbeiterpotenziale – durch Indexbildung Berücksichtigung finden. Beim sog. „**Service Delivery-Modell**" verändern die einzelnen Komponenten, also die IT im Personalbereich, FAQs zur Beantwortung von Mitarbeiterfragen, Outsourcing, Shared Service Center usw., die Qualität der Personalarbeit nachhaltig; insgesamt wird damit die Kommunikationskultur „ärmer"

Zur Zukunft des **elektronischen Personalmanagements** ergab sich ein klares Bild. Die Praktiker erwarten, dass die Verbreitung digitaler Lösungen weiter zunehmen wird. Damit könnten allerdings auch negative Begleiterscheinungen verbunden sein, wie die Zustimmung der Befragten zu einer möglichen Verschlechterung der Kommunikationskultur zeigt.

84,7 % der antwortenden Personaler gingen davon aus, dass das **Personalcontrolling** 2015 in der betrieblichen Praxis an Bedeutung gewinnen wird. Es wird erwartet, dass in den nächsten Jahren besonders Kosten-Nutzen-Analysen, qualitative Kenngrößen und auch das externe Benchmarking verstärkt herangezogen werden. Insgesamt betrachtet, wurde von mehr als zwei Drittel der Untersuchungsteilnehmer (68,4 %) vorausgesagt, dass das strategische Personalcontrolling in der betrieblichen Praxis gegenüber dem operativen Personalcontrolling an Gewicht zulegen wird. Ein Hauptaugenmerk dürfte nach Auffassung der Befragten künftig auf einer wertschöpfungsorientierten Steuerung der Humanressourcen und einem gezielten Personalrisikomanagement liegen.

Drei von vier Befragungsteilnehmern vertraten die Auffassung, dass die Erfassung des Humankapitals im Jahr 2015 in der betrieblichen Praxis an Bedeutung gewonnen haben wird. 53,6 % hielten es für wahrscheinlich, dass dieses Kapital dann auch in den Geschäftsberichten der Unternehmen ausgewiesen werden wird – 21,4 % sahen dies dagegen als unwahrscheinlich an.

97,7 % der Teilnehmer an der Befragung glaubten, dass das Personalmarketing künftig mehr Bedeutung haben wird. Das nach außen gerichtete externe Personalmarketing wurde dabei – verglichen mit dem internen Marketing, der **Mitarbeiterbindung** – künftig als etwas wichtiger angesehen. Die drei primär nach innen gerichteten Bindungsmaßnahmen, für die in den nächsten Jahren der größte Bedeutungszuwachs erwartet wurde, waren die leistungsabhängige Vergütung, die Arbeitszeitflexibilisierung und die Karriereplanung.

Beim **externen Personalmarketing** werden einerseits voraussichtlich die Möglichkeiten, die das Internet eröffnet, die klassischen Medien in den Hintergrund drängen. Andererseits gingen die Personaler davon aus, dass mit dem Inhouse Recruiting und dem Headhunting zwei Instrumente besonders an Bedeutung zulegen werden, die die unmittelbare Kontaktaufnahme mit potenziellen Mitarbeitern ermöglichen.

Wie wird das Internet die Personalrekrutierung konkret beeinflussen? Neben Imagewerbung und Online-Jobbörsen wird vermutlich auch die Nutzung virtueller Netzwerke (z. B. Xing) oder fiktiver Welten (z. B. Second Life) weiter deutlich zunehmen. Die weit überwiegende Mehrheit der befragten Praktiker erwartete auch, dass sich künftig immer häufiger virtuelle Unternehmenspräsentationen und -messen durchsetzen werden.

Die Untersuchungsteilnehmer gingen ferner davon aus, dass künftig die frühzeitige Nachwuchsbindung und das **Talent-Relationship-Management** wichtiger werden. Als primäre Zielgruppen wurden dabei geeignete Praktikanten, Diplomanden, Werkstudenten und studentische Ferienarbeiter gesehen. Die Pflege des Kontakts zu ausgeschiedenen Mitarbeitern dürfte dagegen nicht im Mittelpunkt des Interesses stehen.

Die Befragungsergebnisse machen auch die Relevanz des sich entwickelnden **weltweiten Arbeitsmarktes** deutlich. 78,5 % der Personalverantwortlichen erwarteten einen verstärkten Aufbau von Kooperationen mit ausländischen Hochschulen. Die Ausbildung im Ausland zur Sicherung des dortigen Mitarbeiterbedarfs wird ebenfalls ausgebaut werden – so zumindest die Einschätzung von 62,3 % der Stichprobe. Im Ausland ausbilden, um die Fachkräfte dann in Deutschland einzusetzen – dieses heute eher noch seltene Vorgehen –, wird nach Auffassung von 46,7 % der Untersuchungsteilnehmer wichtiger werden.

Die **Förderung und Rekrutierung älterer Arbeitnehmer** gewinnen für Unternehmen künftig an Bedeutung. Als Gründe dafür nannten 91,2 % der Personaler den drohenden Fachkräftemangel und 67,6 % die vorhandene Berufserfahrung der Generation 50+. Motivationsaspekte oder Imagevorteile durch spezielle Werbekampagnen wurden weit seltener genannt.

Zur Mitarbeiterbindung trägt unter anderem bei, dass den Beschäftigten eine **Work-Life-Balance** ermöglicht wird. Zu deren Verbesserung kommen aus betrieblicher Sicht verschiedene Maßnahmen in Frage. Ein Bedeutungszuwachs wurde von den Antwortenden am häufigsten bei der Arbeitszeitflexibilisierung (77,8 %) und bei Betreuungseinrichtungen für Kinder von Mitarbeitern (77,5 %) vorausgesagt. Auch die Förderung der Beschäftigungsfähigkeit der Arbeitnehmer (Employability) durch die Unternehmen dürfte in Zukunft eine größere Rolle spielen.

Die Befragten stimmten zu 59,6 % der Aussage zu, dass zukünftig strategische Gesamtkonzepte im betrieblichen Gesundheitsmanagement entsprechende Einzelmaßnahmen ablösen werden. Die organisatorische Verantwortung dafür wird wohl bei der Personalabteilung oder dem Betriebsarzt liegen.

Aufgrund des abzusehenden Mangels an Fach- und Führungskräften wird der **Personalauswahl** in den kommenden Jahren eine wachsende Bedeutung zukommen. Darin stimmten die Befragungsteilnehmer weitgehend überein (85,3 %). Wird sich die Personalauswahl in den nächsten Jahren auch sonst verändern? 78,2 % der Praktiker meinten, dass häufiger auf externe Dienstleister zurückgegriffen werden wird, insbesondere beim Bewerbermanagement im Zusammenhang mit der Vorauswahl oder bei der Direktansprache.

In Bezug auf die verschiedenen Auswahlverfahren ergab die Befragung, dass die Personalverantwortlichen den stärksten Zuwachs bei der Einschaltung externer Dienstleister, der gezielten Suche nach Kandidaten im Rahmen eines Active Sourcing sowie dem Einsatz von Online Assessments erwarteten. Sollten die Praktiker Recht behalten, so würde die Bedeutung unstrukturierter Interviews und vor allem graphologischer Gutachten weiterhin erheblich abnehmen.

Ein hohes Maß an Übereinstimmung ergab die Untersuchung auch für die zukünftig verstärkte Nutzung befristeter Arbeitsverhältnisse, Praktika, Abschlussarbeiten und auch der Leiharbeit, um die Eignung von Arbeitskräften festzustellen. 52,3 % der Untersuchungsteilnehmer waren der Auffassung, dass die Selbstselektion der Bewerber in der Personalauswahl bedeutsam sein wird. 46,9 % hielten es für wahrscheinlich, dass zukünftig mit einer klaren Kommunikation der Anforderungen und des Profils der Aufgaben gezielt darauf hingewirkt werden wird, den eigentlichen Bewerbungen eine stärkere Selbstauswahl der potenziellen Bewerber vorzuschalten. In diesem Kontext werden Self-Assessment-Center nach Meinung von 61,6 % der Antwortenden eine besondere Rolle spielen.

Zu den **Arbeitszeitregelungen** der Zukunft gaben die befragten Personalverantwortlichen, die ihre Zustimmung zu unterschiedlichen Aussagen mithilfe einer fünfstufigen Skala (1 = stimme überhaupt nicht zu, 5 = stimme voll zu) äußern sollten, recht unterschiedliche Einschätzungen ab. Waren sie sich noch weitgehend einig, dass künftig flexiblere Arbeitszeitlösungen ermöglicht werden, um die Arbeitgeberattraktivität zu steigern, so streuten die Auffassungen schon mehr, wenn es um die Einschätzung der Individualisierung der Arbeitszeiten ging. Am stärksten unterschieden sich die Meinungen in Bezug auf Aussagen zum vollständigen Verzicht auf Arbeitszeitregelungen oder Langzeitkonten als Modell der Zukunft. Ein heterogenes Bild ergab sich auch bei der Frage, ob Mitarbeiter in Zukunft unter Berücksichtigung der anfallenden Arbeit selbst entscheiden können, an welchen Tagen oder zu welcher Tageszeit sie arbeiten möchten. 57,9 % hielten ein solches Szenario für wahrscheinlich, 31,6 % jedoch für unwahrscheinlich.

Von einer allgemeinen **Ausweitung des Teilzeitangebots** gingen die meisten Personalmanager aus. Völlig uneins waren sie sich jedoch hinsichtlich der Zukunft der Teilzeitarbeit bei Führungskräften. 34,3 % sahen diese im Kommen, während 42,1 % der entsprechenden Aussage nicht zustimmten. Eine Zunahme beim Jobsharing in Führungspositionen würde viele Befragungsteilnehmer überraschen, denn nur 21,1 % erwarteten eine solche Entwicklung.

Vertraut man den Einschätzungen der Antwortenden, so ist in den nächsten Jahren mit einer weiteren Zunahme der **Telearbeit** zu rechnen. Der mobilen Telearbeit während Geschäftsreisen oder bei Kundenterminen wurde eine unwesentlich größere zukünftige Relevanz beigemessen als der alternierenden Telearbeit. Knapp zwei Drittel der Personaler glaubten, dass virtuelle Teams künftig eine große Bedeutung haben werden. Der Kontakt wird dabei wohl häufig über E-Mails oder Web- und Videokonferenzen gehalten, doch werden diese Kommunikationsformen vermutlich persönliche Treffen, die jedoch in größeren Abständen erwartet wurden, nicht völlig ersetzen.

Die Anforderungen an die **weltweite Mobilität** der Beschäftigten werden sich in Zukunft vermutlich weiter verändern. Besonders Führungskräfte sollten sich auf häufigere Reisen einstellen, aber auch alle anderen Mitarbeiter.

Weitgehend einig waren sich die Personalverantwortlichen im Hinblick auf die Entwicklung der **Randbelegschaften**, die in Unternehmen tätig sind. 86,8 % waren der Auffassung, dass es einen weiteren Anstieg des Anteils von atypischen Beschäftigungsverhältnissen geben wird. Am stärksten wird vermutlich die Zahl der Freelancer anwachsen, die situativ in Projekten eingesetzt werden – 81,6 % erwarteten eine Zunahme. Auch die Zeitarbeit (71,1 %) und befristete Arbeitsverträge (63,2 %) dürften erheblich zulegen. 39,5 % gingen von einer Zunahme der beschäftigten Praktikanten, Werkstudenten und Diplomanden aus, nur 10,5 % von einer Abnahme. Während 26,3 % eine Zunahme der Mini-Jobs prognostizierten, sahen das 28,9 % genau anders.

Die Zahl der Arbeitsverhältnisse, bei denen die Beschäftigten nur dann vergütet werden, wenn ihre Arbeitsleistung auch tatsächlich abgerufen wird, dürfte nach Ansicht der Teilnehmer an der Studie erheblich zunehmen. 59,0 % der Befragten waren dieser Auffassung.

Die Personalmanager erwarteten einen allgemeinen Anstieg des **leistungsabhängigen Vergütungsanteils**. Von der größten Veränderung gingen sie bei Top-Führungskräften aus – doch eine Minderheit von immerhin 13,6 % gab an, dass bei dieser Zielgruppe der leistungsorientierte Entgeltbestandteil zurückgehen könnte. Im Hinblick auf die Vergütungssituation bei den Beschäftigen, die nicht dem Management zuzurechnen sind, gingen die Aussagen der Befragten auseinander. Glaubte jeder Vierte an einen Rückgang des variablen Vergütungsbestandteils, so meinten 45,5 %, dass dieser Anteil zunehmen wird.

Die Untersuchung erlaubt auch eine Aussage zum Anteil der Gesamtvergütung, der zukünftig vermutlich von der Leistung der Mitarbeiter und/oder vom Erfolg des Unternehmens abhängig sein wird. 83,7 % der Personaler sahen für das Top-Management einen flexiblen Vergütungsanteil von über 30 % voraus; 39,5 % gingen sogar von über 50 % variablem Anteil aus. Beim mittleren Management erwartete die Mehrheit der Befragten (60,5 %) einen variablen Anteil zwischen 21 und 40 %. 23,3 % schätzten diesen zukünftig noch höher ein. Etwas niedriger wurden die leistungsabhängigen Vergütungsanteile beim unteren Management prognostiziert. Fast die Hälfte der Antworten (48,8 %) lag in der Spanne von 21 bis 30 %, nur noch 23,3 % darüber. Der von der Leistung abhängende Teil der Vergütung dürfte bei den Angestellten ohne Führungsfunktion nochmals niedriger liegen. 27,9 % sagten einen variablen Anteil zwischen 21 und 40 % voraus, die anderen einen geringeren.

Für wahrscheinlich hielten 61,5 % der antwortenden Personalverantwortlichen, dass bis 2015 in Deutschland ein flächendeckender **Mindestlohn** eingeführt werden wird. Im Widerspruch zu den laufenden Bestrebungen, die Lohnnebenkosten zu senken, stehen die Befragungsteilnehmer. Sie erwarteten, dass die Nebenkosten bis 2015 in Relation zu den Personalbasiskosten zunehmen werden (59,0 %).

Freiwillige betriebliche **Sozialleistungen** werden nach Ansicht von 61,5 % der Befragten in Zukunft im Vergleich zu heute eine größere Bedeutung haben. In dem spezifischen Kontext dürfte dies besonders auf Cafeteria-Systeme (64,1 %) und vor allem eine Deferred Compensation (77,8 %) zutreffen, für die ein Drittel der Personaler eine viel größere Bedeutung voraussagten.

Im Hinblick auf die **Mitarbeiterführung** und die damit verbundene Motivation der Mitarbeiter im Jahr 2015 erwarteten die Untersuchungsteilnehmer, dass die persönliche Anerkennung und Wertschätzung am wichtigsten sein werden. Unwesentlich weniger bedeutend dürfte die Zuweisung von Verantwortung und Autonomie werden. Auch das Anbieten von Aufstiegschancen oder Weiterbildungsmöglichkeiten wird wohl wichtig sein. Als zukünftig recht wichtig, aber vergleichsweise weniger relevant, wurden monetäre Anreize eingeschätzt.

Der Aussage, dass 2015 die Mitarbeiter häufiger über eine räumliche Distanz geführt werden, stimmten drei Viertel der Befragten zu. Ob die Führungskräfte gezielt auf diese Aufgabe vorbereitet sein werden, beurteilten die Personaler ganz unterschiedlich. Knapp ein Drittel (31,7 %) ging davon aus, 43,9 % sahen das jedoch genau anders.

Als das Instrument, das in der künftigen Führungspraxis die größte Bedeutungszunahme erfahren wird (Skalierung: 1 = viel unwichtiger; 5 = viel wichtiger), erwarteten die Personalverantwortlichen das **Führen mit Zielen** (4,30); dabei werden die Ziele vermutlich im Gespräch mit dem Mitarbeiter vereinbart werden. Weniger vorstellen konnten sie sich, dass die Ziele gemeinsam im Team formuliert oder durch die Vorgesetzten einfach festgelegt werden.

Zur Reduzierung der **Fehlzeiten** ist der Einsatz unterschiedlicher Instrumente denkbar. Wahrscheinlich erschien den Befragten, dass 2015 auf die Wiedereingliederung von Langzeitkranken (93,2 %), verpflichtende Rückkehrgespräche (90,9 %) und Anti-Stress-Workshops (81,8 %) zurückgegriffen wird. Unterschiedliche Einschätzungen gab es dagegen hinsichtlich zweier anderer Ansätze. Eine Verrechnung von Krankheitstagen mit Urlaubs- oder Gleitzeittagen hielten 27,3 % der Befragten für wahrscheinlich, 43,2 % für unwahrscheinlich, 29,5 % waren unentschlossen. Als etwas wahrscheinlicher (36,4 %) wurde die Herabsetzung der Lohnfortzahlung von 100 % auf 80 % angesehen – 27,3 % bezeichneten diese Perspektive aber als unwahrscheinlich.

Eine zentrale Herausforderung der **betrieblichen Ausbildung** wird in den nächsten Jahren sicherlich sein, die Ausbildungsplätze überhaupt mit Nachwuchskräften zu besetzen, die ausreichend Potenzial mitbringen. 78,5 % der Befragten sahen hier große Schwierigkeiten auf die Unternehmen zukommen. Die Mehrheit der Praktiker (51,7 %) erwartete eine abnehmende Ausbildungseignung seitens der Jugendlichen. Um dem entgegenzuwirken, würde sich ihrer Ansicht nach besonders die Intensivierung der Zusammenarbeit zwischen Schulen und Ausbildungsbetrieben anbieten. Dieser abzusehende Mangel an talentierten Auszubildenden ist äußerst problematisch. Dies vor allem vor dem Hintergrund der Tatsache, dass nach Auffassung von zwei Dritteln der antwortenden Praktiker die Berufsausbildung angesichts des demografisch bedingten Fach- und Führungskräftemangels an Bedeutung gewinnen wird.

Knapp 79,5 % der Antwortenden sahen das deutsche Berufsausbildungssystem als anpassungsfähig genug an, um mit den wachsenden Anforderungen der Unternehmen an die Ausbildung mithalten zu können. Dass jedoch Veränderungen notwendig sein dürften, um eine hochwertige Berufsausbildung sicherzustellen, zeigen die Ergebnisse der Untersuchung ebenfalls. Themen, die in diesem Kontext künftig eine besondere Bedeutung haben könnten, sind die Förderung der interkulturellen Kompetenz und die Ausbildung über den prognostizierten Fachkräftebedarf hinaus. Weniger relevant ist die Frage einer Verkürzung der Ausbildungsdauer.

Die Bedeutung zahlreicher Themenbereiche, mit denen sich die **Personalentwicklung** – abgesehen von der Ausbildung – befasst, wird bis zum Jahr 2015 zunehmen, wenn die befragten Personalverantwortlichen Recht behalten. Die Integration der Personalentwicklung in die Unternehmensstrategie wird ihrer Auffassung nach die Aufgabenstellung sein, deren Bedeutung am meisten zulegt.

Die Befragten gingen des Weiteren davon aus, dass die Personalentwicklung zukünftig verstärkt lebenszyklusorientiert sein wird. Auch die Bedeutung spezieller Personalentwicklungsmaßnahmen für Mitarbeiter anderer Nationalitäten und einer spezifischen Personalentwicklung für High Potentials wird demnach wohl an Bedeutung gewinnen.

Um die Personalentwicklung stärker in die Unternehmensstrategie zu integrieren, können unterschiedliche Ansätze verfolgt werden. Am stärksten zunehmen wird laut Auffassung der Untersuchungsteilnehmer die Zusammenarbeit der Unternehmensleitung und des Personalbereiches bei der Festlegung der Personalentwicklungsmaßnahmen. Das Ineinandergreifen von Individual-, Team- und Organisationsentwicklung wird anscheinend ebenfalls um einiges wichtiger.

Die Ermittlung und Förderung der **High Potentials** ist eine der zentralen Aufgaben der Personalentwicklung. Vor dem Hintergrund des immer stärkeren Wettbewerbs um Leistungsträger haben die Befragten nur eine Maßnahme hinsichtlich ihrer künftigen Bedeutung als nahezu unverändert eingestuft: Selbstlernprogramme. Für alle anderen thematisierten Aktivitäten der Personalentwicklung wurde vorausgesagt, dass deren Bedeutung zunehmen wird. Den größten Bedeutungszuwachs prognostizierten die Personalverantwortlichen der Einrichtung von Plattformen zum Erfahrungsaustausch mit anderen High Potentials.

Es wird deutlich, dass sich die Personalentwicklung zukünftig wohl verstärkt Themen widmen muss, die bisher weniger Beachtung gefunden haben. Zu diesen gehört auch die Work-Life-Balance, wie weitere Untersuchungsergebnisse zeigten. Dabei wird es auch eine Rolle spielen, mit Personalentwicklungsmaßnahmen ganz gezielt Entlassungen zu vermeiden (**Employability**).

Personalfreisetzungen, die nicht zwingend zu Entlassungen, d. h. zu Anpassungen des Personalbestands führen müssen, sondern auch zu unternehmensinternen Versetzungen oder zeitlichen Anpassungen führen können, werden in Zukunft zunehmen. Diese Auffassung vertraten 46,3 % der antwortenden Personalmanager. Nur 21,9 % gingen von einer abnehmenden Anzahl an Freisetzungen aus. Gleichzeitig meinten aber 36,5 % der Befragten, dass sich der demografische Wandel auf die künftige Freisetzungspraxis auswirken wird. Die Unternehmen werden vermutlich mehr davor zurückschrecken, qualifizierte Mitarbeiter zu entlassen, als dies bislang vielleicht noch der Fall ist. Die Frage, ob ein Mitarbeiter, der in einem Bereich nicht mehr benötigt wird, an anderer Stelle sinnvoll weiter beschäftigt werden kann, dürfte deshalb wichtiger werden.

Die Personalmanager wurden auch zu der zukünftigen Bedeutung (1 = überhaupt keine Bedeutung; 5 = sehr große Bedeutung) der verschiedenen Konzepte bzw. **Maßnahmen der Personalfreisetzung** befragt, mit denen die Freisetzung konkret realisiert werden kann. Am wichtigsten dürften nach Einschätzung der Praktiker neben der Nichtverlängerung befristeter Arbeitsverträge (3,9) auch innerbetriebliche Versetzungen (3,5) und Aufhebungsverträge (3,4) sein.

Konkret auf die Bedeutung von Outplacement angesprochen, waren 52,7 % der Antwortenden der Meinung, dass dieses in Zukunft im Rahmen der Personalfreisetzung von großer oder sogar sehr großer Bedeutung sein wird – und zwar ungeachtet der hierarchischen Position der freizusetzenden Mitarbeiter. Bezogen auf heute, gingen jeweils 44,7 % von einer Zunahme des Outplacements sowohl bei der Freisetzung von Führungskräften als auch bei der von Nicht-Führungskräften aus.

Bemerkenswert ist das Ergebnis, dass mehr als zwei Drittel der Personalverantwortlichen (67,5 %) der Aussage zustimmten, dass künftig die Bereitschaft der Unternehmen steigen wird, qualifizierte Mitarbeiter auch während Zeiten schlechterer Auftragslage weiter zu beschäftigen. Immerhin 38,9 % konnten sich vorstellen, dass Unternehmen in einer solchen Situation qualifizierte Mitarbeiter an andere Unternehmen verleihen. Dass dabei Ablösesummen für hoch qualifiziertes Personal verlangt werden könnten, um hohe Qualifikationskosten zu kompensieren, erschien aber der Mehrheit unrealistisch. Dafür fand mit 83,4 % die Aussage eine große Zustimmung, wonach vermehrt auf innerbetriebliche Versetzungen zur Vermeidung von Entlassungen zurückgegriffen wird.

Die erste Frage, die die Personalmanager im Hinblick auf die zukünftige **betriebliche Mitbestimmung** zu beantworten hatten, war die, wie viel Einfluss diese in 2015 auf verschiedene Aspekte des Personalmanagements haben wird. Die Einschätzungen ergaben, dass die Arbeitnehmervertreter in Zukunft vermutlich die Themen am stärksten beeinflussen werden können, in denen sie sich schon heute Gehör verschaffen können: Personalabbau, Arbeitsschutz, Sozialeinrichtungen, Gleichstellung der Geschlechter und Arbeitszeitgestaltung. 60,0 % der Befragten vertraten die Meinung, dass die Mitbestimmungsrechte wohl zukünftig bereits bei Umstrukturierungen und nicht erst bei den daraus resultierenden Einzelmaßnahmen an Bedeutung gewinnen.

Informelle Modelle der Beteiligung von Mitarbeitern könnten zukünftig ergänzend zu den gesetzlichen Regelungen der Mitbestimmung oder sogar statt dieser greifen. Denkbar sind beispielsweise eine Open Door-Policy oder das Etablieren von Kommunikationsmanagern, die bei innerbetrieblichen Unstimmigkeiten versuchen, ausgleichend zu wirken.

Zu diesen Ergebnissen passt, dass 36,6 % der Befragten eine Abnahme der Bedeutung des Betriebsrats in deutschen Unternehmen erwarteten. Nur 14,6 % gingen von einem entsprechenden Bedeutungszuwachs aus. Weitgehend einig waren sich die Personalmanager hinsichtlich der Einschätzung der künftigen Entwicklung der Gewerkschaften. 73,2 % prognostizierten einen Rückgang der Anteile an der Belegschaft, die einer Gewerkschaft angehören. Der Aussage, dass die Gewerkschaften in Zukunft aufgrund eines Mitgliederverlusts immer weniger Einflussmöglichkeiten auf die Mitbestimmung haben werden, stimmten 56,1 % zu.

Keine klare Aussage lassen die Ergebnisse hinsichtlich der erwarteten zukünftigen Kooperationsbereitschaft der Arbeitnehmervertreter mit Unternehmensleitungen zu. Während ein Viertel der Personalverantwortlichen (26,8 %) keine Veränderung voraussagte, vertraten jeweils 36,6 % die Ansicht, dass eine solche Veränderung wahrscheinlich bzw. unwahrscheinlich sei.

Die Ergebnisse der bundesweiten Befragung der Personalverantwortlichen zeigen, dass in den nächsten Jahren im Personalmanagement mit erheblichen Veränderungen zu rechnen ist. Eines zeichnet sich deutlich ab: Die **Dynamik des** bereits zu beobachtenden **Wandels** dürfte anhalten, vielleicht sogar noch weiter zunehmen.

Die Frage, inwieweit die in dieser Studie befragten Personaler dazu neigten, ihre künftige Rolle und deren Bedeutung zu überschätzen, ist zweifelsohne berechtigt. Kaum einer wird seine eigene Funktion als zukünftig entbehrlich bezeichnen. Doch niemand kann die im Personalmanagement selbst zu erwartenden Veränderungsprozesse besser abschätzen, als derjenige, der täglich mit den Vorboten oder der Realität des Wandels konfrontiert wird. Die Befragungsergebnisse sollten deshalb ernst genommen werden. Jeder Praktiker sollte sie zum Anlass nehmen, um seine eigene Position zu reflektieren. Vor allem sollte er sich selbst fragen, ob er persönlich und fachlich bereit ist, die anstehenden Herausforderungen entschlossen anzupacken. Kommen ihm Zweifel, kann er reagieren. Noch! Es ist vielleicht spät, aber noch nicht zu spät!

Eines muss den Personalverantwortlichen allerdings grundsätzlich klar sein: Es ist nicht damit getan, die wachsende Bedeutung der eigenen Profession herauszustellen. Sie müssen Taten folgen lassen, schnell und proaktiv an die kritischen Fragestellungen herangehen und in ihren Verantwortungsbereichen die notwendigen Veränderungen anstoßen. Als Manager des Wandels müssen sie konsequent ihren Beitrag zum zukünftigen Unternehmenserfolg leisten. Verschlafen sie dies, dann wird ihre Daseinsberechtigung zu Recht kritisch hinterfragt werden.

Ein Thema, das in der Studie des Human Resources Competence Centers (HRCC) der Hochschule Pforzheim nicht so deutlich thematisiert wurde, macht die „Global Workforce Study" der Unternehmensberatung Towers Perrin deutlich, die den Fragen der Arbeitgeberattraktivität, der Mitarbeiterbindung und der Fluktuation von Mitarbeitern nachging. In dieser weltweiten Untersuchung wurde für Deutschland deutlich, dass es in der Zukunft vor allem auch auf eine faire und offene Kommunikation von Geschäftsleitungen und Personalabteilungen gegenüber den Mitarbeitern ankommt. „Die Mitarbeiter fühlen sich über wichtige geschäftliche Themen nur unzureichend und nicht aufrichtig informiert." (Towers Perrin 2008) – eine vertrauensvolle und professionelle interne Kommunikation ist angesagt!

9.2 Nachhaltiges Personalmanagement als Zukunftskonzept?!

Inzwischen liest man in den Fachzeitschriften immer öfters vom „nachhaltigen Personalmanagement" – ein Thema, das sich in der näheren und weiteren Zukunft vermutlich als ganz wesentlicher Trend hin zu neuen Sichtweisen in unserer Fachdisziplin herausschält. Die aktuell besonders betonte „Wertschöpfungsorientierung" wird vermutlich durch das „nachhaltige Personalmanagement" erweitert bzw. abgelöst.

Die Geschichte der Nachhaltigkeit reicht bis zur Mitte des 16. Jahrhunderts zurück; der Begriff Nachhaltigkeit tauchte im forstwirtschaftlichen Kontext erstmalig 150 Jahre später auf und meinte die unkontrollierte Abholzung von Wäldern. In jüngerer Zeit verwendete die sog. Brundtland-Kommission 1987 den Nachhaltigkeitsbegriff (sustainability bzw. sustainable development) und gab damit den Startschuss für den aktuellen Nachhaltigkeits-Hype: „Entwicklung nachhaltig bzw. zukunftsfähig zu machen, heißt, dass die gegenwärtige Generation ihre Bedürfnisse befriedigt, ohne die Fähigkeit der zukünftigen Generation zu gefährden, ihre eigenen Bedürfnisse befriedigen zu können." (United Nations 1987). Ein „Rat für Nachhaltige Entwicklung" wurde im April 2001 von der Bundesregierung berufen und sieht die allgemeinpolitischen Ziele von Nachhaltigkeit so: „Nachhaltigkeitspolitik soll eine wichtige Grundlage schaffen, um die Umwelt zu erhalten und die Lebensqualität, den sozialen Zusammenhalt in der Gesellschaft und die wirtschaftliche Entwicklung in einer integrierten Art und Weise sowohl in Deutschland als auch international voran zu bringen." (Zaugg 2010).

Generell durchgesetzt hat sich bezüglich der Sicht von Nachhaltigkeit die folgende inhaltliche Orientierung, die sich so oder so ähnlich in fast jeder Quelle wiederfindet: Im allgemeinen Verständnis setzt sich der Begriff der Nachhaltigkeit aus drei Komponenten zusammen, die auch als Drei-Säulen-Modell der Nachhaltigkeit **(Triple Bottom Line)** bezeichnet werden.

- Die **ökologische Nachhaltigkeit** umschreibt die Zieldimension, Natur und Umwelt für die nachfolgenden Generationen zu erhalten. Dies umfasst den Erhalt der Artenvielfalt, den Klimaschutz, die Pflege von Kultur- und Landschaftsräumen in ihrer ursprünglichen Gestalt sowie generell einen schonenden Umgang mit der natürlichen Umgebung.

- Die **ökonomische Nachhaltigkeit** stellt das Postulat auf, dass die Wirtschaftsweise so angelegt ist, dass sie dauerhaft eine tragfähige Grundlage für Erwerb und Wohlstand bietet. Von besonderer Bedeutung ist hier der Schutz wirtschaftlicher Ressourcen vor Ausbeutung.

- Die **soziale Nachhaltigkeit** versteht die Entwicklung der Gesellschaft als einen Weg, der Partizipation für alle Mitglieder einer Gemeinschaft ermöglicht. Dies umfasst einen Ausgleich sozialer Kräfte mit dem Ziel, eine auf Dauer zukunftsfähige, lebenswerte Gesellschaft zu erreichen.

Nachhaltigkeit betrifft alle räumlichen Betrachtungsebenen, kann also lokal, regional, national oder weltweit gesehen und verwirklicht werden. Letztlich geht es darum, alle drei Bereiche – Ökologie, Gesellschaft und Ökonomie – **integriert, gesamthaft und langfristig** zu betrachten und zu gestalten. „Klassischerweise ist dann von Nachhaltigkeit die Rede, wenn ökonomische, ökologische und gesellschaftliche Bedürfnisse miteinander in Einklang stehen (Magisches Dreieck der Nachhaltigkeit). Im englischen Sprachgebrauch werden diese Dimensionen als die drei „E" der Nachhaltigkeit bezeichnet und mit ethics oder social equity, environmental needs und economic needs umschrieben." (Zaugg 2010).

Nachhaltigkeit offenbart sich inzwischen als viel beachtetes Thema, bei dem die philosophische, die politische und die unternehmensbezogene, die multinationale bzw. globale, aber auch die nationale und die lokale Perspektive eine große Rolle spielen; einen besonderen Stellenwert besitzen in der öffentlichen Diskussion die Themen Ökologie, Dritte Welt sowie (ungebremstes) Wirtschaftswachstum. Diese Betrachtungsweise lässt sich auf einzelwirtschaftliche Fragestellungen nur bedingt 1:1 übertragen: Was hat die XYZ GmbH mit dem Anwachsen der Weltbevölkerung zu tun? Inwiefern trägt sie Verantwortung für den CO2-Ausstoß in China? etc.. Die einzelwirtschaftliche bzw. **betriebliche Perspektive** ist eher am Rande ein Diskussionspunkt – mit Ausnahme der Corporate Social Relationship-Debatte (CSR).

Nachhaltigkeit zeigt sich im Rahmen der Managementlehre bisher als wenig beachtet und selten wirklich systematisch, differenziert und stringent angegangen. Es offenbart sich eine hohe Beliebigkeit in den Leitideen und vor allem in den konkreten Themen, um die es gehen soll. Eine Ausnahme bilden die Veröffentlichungen von Müller-Christ, der das nachhaltige Management unter der Perspektive der Ressourcenorientierung betrachtet und vor allem das betriebliche Umweltmanagement, die Beschaffung, die Produktion und das Marketing in den Mittelpunkt seiner Überlegungen stellt; hinzu kommt das Personalmanagement (siehe Müller-Christ 2001; Müller-Christ 2010).

In letzter Zeit taucht in den Fachdiskussionen immer häufiger auch das „Nachhaltige Personalmanagement" auf. Nachhaltigkeit scheint im Personalmanagement überwiegend eine aktuelle Vokabel zu sein, die gut klingt und sich verkaufen lässt. **Nachhaltiges Personalmanagement** bewegt sich aktuell **zwischen** den Polen **„Image und Ethik"** (greenwashing vs. ethics) bzw. es stellt sich die Frage, ob es sich u. U. nur um

Neuen Wein in alten Schläuchen handelt – zum Teil wohl schon. Das Nachhaltige Personalmanagement ist bislang ein eher „unscharfes Konzept", das fast beliebig mit Inhalten gefüllt werden kann. Wenn man versucht, die drei ursprünglichen Bereiche Ökonomie, Ökologie und Gesellschaft auf das Personalmanagement zu übertragen bzw. anzuwenden, ergeben sich vielfältige Probleme. Dies erklärt sich u.a. dadurch, dass die grundlegende Idee zur Nachhaltigkeit aus einem anderen Bereich bzw. Kontext (Ökologie) stammt und auf personalwirtschaftliche Fragen nicht direkt übertragbar ist.

Die klassische „Triple Bottom Line" der Nachhaltigkeit orientiert sich an der globalen bzw. weltweiten, nationalen oder regionalen Perspektive (**Ebenen**) sowie an der wirtschaftlichen, gesellschaftlichen und ökologischen Sicht (**Sphären**). Die Anwendung der Ebenen und Sphären auf das Personalmanagement lässt sich so darstellen, wie es die folgende Abbildung zeigt.

Abbildung 9-01: ***Ebenen und Sphären des nachhaltigen Personalmanagements***

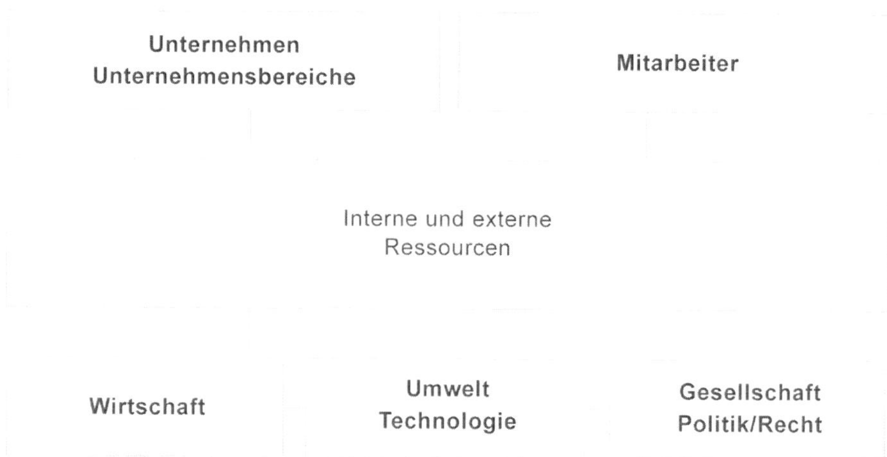

Die Übertragung der „Triple Bottom Line" auf das Personalmanagement eines (einzelnen) Unternehmens stößt schnell an ihre Grenzen, wenn nicht (nur) kleinteilige ökologische Fragestellungen (Sphäre) thematisiert werden sollen, z. B. Dienstwagenregelung, Telefonkonferenz statt Präsenzmeeting, elektronische Personalakte etc.. Auf die Mitarbeiter bzw. auf das Personalmanagement eines Unternehmens bezogen denkt man darüber hinaus vielleicht auch an das betriebliche Gesundheitsmanagement und die Personalentwicklung. Diese Sichtweise liegt auch dem „**Umweltorientierten Personalmanagement**" zugrunde, bei dem es darum geht, die Mitarbeiter zu umweltbewusstem Verhalten anzuleiten bzw. diesbezügliche Personalentwicklungsmaßnahmen zu initiieren (Nachhaltigkeit in den verschiedenen Bereichen von Unternehmen *durch* das Personalmanagement). Weitere Anwendungsbereiche dieser sehr „ursprünglichen" Übertragung des Nachhaltigkeitsgedankens zu finden fällt schwer, es sei denn man geht von anderen bzw. angepassten Nachhaltigkeitskriterien bzw. -merkmalen aus.

Nachhaltigkeit meint ursprünglich den bewussten Umgang mit Ressourcen aller Art, so dass diese auch in Zukunft (und folgenden Generationen) in entsprechender Menge zur Verfügung stehen. Angemessen ist somit ein breiter Zugang zum Nachhaltigen Personalmanagement, der Nachhaltigkeit *im* Personalmanagement betont. **Prinzipien** für das nachhaltige Personalmanagement sind:

- Vertrauen und Glaubwürdigkeit als Wertbasis betrachten,
- humane Ressourcen schonen und entwickeln,
- individuelle und betriebliche Ziele integrieren und
- längerfristige Konsequenzen von Entscheidungen und externe Wirkungen auf Wirtschaft, Gesellschaft und Umwelt berücksichtigen.

Ehnert (2009) unterscheidet diese **Sachziele des nachhaltigen Personalmanagements**:

- verantwortungsorientierte Ziele von nachhaltigem Personalmanagement – normativ i. S. von sozialer Verantwortung, d.h. Glaubwürdigkeit, Transparenz, Vertrauen etc.),

- effizienzorientierte Ziele von nachhaltigem Personalmanagement – effizient und effektiv i. S. der gleichzeitigen Verwirklichung ökonomischer und sozialer Ziele und

- substanzorientierte Ziele von nachhaltigem Personalmanagement – substanzerhaltend und -entwickelnd i. S. von Ressourcenschonung, d.h. Beachtung von Nebenwirkungen und Rückwirkungen sowie langfristige Orientierungen.

Das **Formalziel des „Einklangs"** hat die Ausgewogenheit der Ebenen und Sphären zum Gegenstand. Das bedeutet konkret, dass neben den wirtschaftlichen Interessen des Unternehmens und den humanen Bedürfnissen der Mitarbeiter (**interne Ressourcen**) auch **externe Ressourcen** zu berücksichtigen sind: die regionale bzw. nationale (Volks)Wirtschaft, die Kommunen und die Gesellschaft eines Landes sowie die ökologische Umwelt. Von nachhaltigem Personalmanagement wird man erst dann sprechen können, wenn konkrete personalwirtschaftliche Maßnahmen langfristig zu Verbesserungen an (mindestens) einer Stelle führen und die anderen Ebenen und Sphären dadurch zumindest nicht negativ beeinflusst werden. Natürlich wäre es ideal, wenn Maßnahmen an mehreren Stellen (nachhaltige) Fortschritte bringen. Dies lässt sich anhand folgender Beispiele veranschaulichen: Die Förderung der Work-Life-Balance kommt den Mitarbeitern und (vermutlich und hoffentlich) dem Unternehmen zugute und hat wohl auch positive Wirkungen im gesellschaftlichen und im volkswirtschaftlichen Bereich – die ökologische Seite ist nicht direkt tangiert, aber auch nicht mit negativen Wirkungen belastet. Ähnlich verhält es sich mit Maßnahmen zur Förderung der Employability der Mitarbeiter, die sowohl ihnen selbst, als auch dem Unternehmen (vor allem in wirtschaftlich schwierigen Zeiten) nutzen und (zusätzlich) im Sinne von gesellschaftlicher Verantwortung sowie positiven volkswirtschaftlichen Effekten wirken.

Die Sachziele und das Formalziel des Einklangs sowie die Ebenen und Sphären müssen schließlich für das gesamte Personalmanagement gelten, so dass das **3-Säulen-Modell** mit den strategischen Prozessen, den Kern- und Unterstützungsprozessen (wieder einmal) gefragt ist. Das 3-Säulen-Modell beinhaltet alle „Produkte" des Personalmanagements, die am Ende nachhaltig sein sollen. Die **Nachhaltigkeitsmatrix** auf der nächsten Seite zeigt die Zusammenhänge anhand konkreter personalwirtschaftlicher Themen.

Diese Überlegungen finden sich ansatzweise bereits im sog. Harvard-Modell zum Human Resources Management (ähnlich Beer u. a. 1985) (siehe auch die entsprechende Abbildung im zweiten Teil) – der Unterschied liegt darin, dass im nachhaltigen Personalmanagement die Gewichtung der „langfristigen Wirkungen" deutlich stärker ausfällt und die „Breite der Wirkungen" wesentlich systematischer analysiert und angestrebt wird; hinzu kommt, dass positive Effekte an einer Stelle nicht mit negativen Auswirkungen an anderer Stelle „verrechnet" werden dürfen, z. B. mehr Gewinn (für die Aktionäre) und weniger Zufriedenheit der Mitarbeiter oder mehr Gewinn und eine höhere Belastung der Volkswirtschaft durch die Abwälzung von Personalkosten auf die Arbeitsagentur (Externalisierung) etc.. Im Kern geht es also um die strategisch-langfristige Ausrichtung des Personalmanagements und um die soziale Verantwortung der Unternehmen.

Zu der reinen „Wertschöpfungsorientierung" des aktuell hoch gehandelten „Business Partner-Modells" kommen beim nachhaltigen Personalmanagement somit weitere Ziele bzw. Orientierungen hinzu. Inwieweit sich das Personalmanagement in näherer Zukunft in diese Richtung entwickeln wird, das lässt sich im Moment noch nicht mit Bestimmtheit sagen – wünschenswert wäre es auf alle Fälle! Nach dieser personalwirtschaftlichen „Zukunftsmusik" steht ein abschließender Blick auf die Realität auf der Agenda.

Übersicht: ***Nachhaltiges Personalmanagement - Beispiele***

Personal-themen → **Nachhaltig-keitsebenen & -sphären ↓**	**Strate-gische Prozesse**	**Mitarbeiter-betreuung & Arbeits-gestaltung**	**Mitarbeiter-führung & Zusam-menarbeit**	**Mitarbeiter-entwicklung & Ver-änderungs-manage-ment**	**Unter-stützungs-prozesse**
Gesamtes Unter-nehmen (intern)	Zukunfts-festigkeit (Strategie) Werthaltige Leitlinien	Employer Brand (Arbeit-geber-attraktivität)	Vertrauen	Langfristiges und vernetz-tes Denken Ökologi-sches Be-wusstsein	Kosten-effizienz
Unterneh-mens-bereiche (intern)	Business Partner	Rightsizing	Führen mit Zielen	Spezifische Bereichs-entwicklung	Service Center
Mitarbeiter (intern)	Sicherheit Information/ Kommu-nikation	Gesundheit Work-Life-Balance	Leadership Betriebs-klima	Entwick-lungs-perspektive Berufs-ausbildung	Kunden-orientierung Verlässliches Veränd.-management
Gesell-schaft/ Politik/ Recht (extern)	Arbeitgeber-attraktivität Sicherheit	Familie und Beruf	Diversity Gleich-behandlung	Employa-bility Berufs-ausbildung	Personal-datenschutz
Wirtschaft (extern)	Flexibilität Umgang mit Krisen	Belastungs-arme Ar-beits-systeme	Anti-Mobbing	Employa-bility Ausbildung	Outsourcing
Ökologie/ Technologie (extern)		Dienst-wagen-regelung	Führung als Vorbild	Greenology	E-HRM (papierarme Personal-abteilung)

↑ ↑ ↑

Werte & Verantwortung	**Effizienz & Effektivität**	**Ressourcenerhaltung & -Entwicklung**

9.3 Kritische Überlegungen zur Weiterentwicklung des Personalmanagements

Das Personalmanagement steht vor zahlreichen Herausforderungen. Von vielen Personalleuten – aber auch zahlreichen Nicht-Personalern – wird vor diesem Hintergrund eine Neuausrichtung unseres Fachgebiets diskutiert. Die einen fordern mehr Kompetenzen und Einfluss, die anderen stellen dessen Daseinsberechtigung in Frage.

Die angedeuteten Konsequenzen der empirischen Studie und die Überlegungen zum nachhaltigen Personalmanagement leiten zu den abschließenden Überlegungen zur Weiterentwicklung des Personalmanagements über – aus etwas anderer Perspektive. Ausgewiesene und anerkannte Experten äußern immer wieder ihre Einschätzungen zur Zukunft des Personalmanagements; deren Prognosen gründen nicht auf breit angelegten Befragungen, sondern spiegeln die Ansichten und Erwartungen herausragender Fachvertreter wider.

Eine solche Prognose haben 2003 Lawler und Mohrmann abgegeben, wenn sie das **Personalmanagement** in Zukunft **als „Strategischen Partner" der Geschäftsleitung** sehen (vgl. Capgemini 2006). Rollen der Personalfunktion sind dann

- HR als starker Beeinflusser der Geschäftsstrategie
- „Vordenker" der Geschäftsstrategie
- HR führt die Geschäftsplanung

Ob es jemals so weit kommen wird (oder kommen sollte), das sei dahingestellt. Erforderlich wäre in diesem Szenario eine entsprechende Managementkompetenz des Personalbereichs; deren Vorhandensein darf bei vielen Personalleuten wohl eher bezweifelt werden. Das Personalmanagement „kämpft" noch zu sehr mit der eigenen Professionalität und Identität, und es sollte zuerst diese „auf die Reihe bekommen".

Ganz anders sieht die Zukunft des Personalmanagements in der Bundesrepublik Deutschland aus, wenn man seine Rolle über die letzten 60 Jahre aufmerksam verfolgt. Die Personalabteilungen liefen ständig den sich verändernden Rahmenbedingungen hinterher, und sie waren meistens damit beschäftigt, zu **re-agieren** bzw. „Löcher zu stopfen" oder „Feuer zu löschen"; **pro-agieren**, sich also in guten Zeiten zu überlegen, wie man mit Krisen umgehen will, war nicht das gängige Denk- und Handlungsmuster.

Hinzu kommt diese Beobachtung in der betrieblichen Praxis: In wirtschaftlich guten Zeiten, zum Beispiel in den 70er Jahren und aktuell wieder, betonten die Personalabteilungen ihre herausragende Bedeutung für den künftigen Unternehmenserfolg und machen deutlich, dass die Mitarbeiter „Mittelpunkt" und entscheidender Faktor für exzellente Geschäftsergebnisse sind; die Unternehmensleitungen bestärkten sie darin. In wirtschaftlich schlechten Zeiten wie zum Beispiel in der ersten Hälfte des neuen Jahrtausends und in jüngster Zeit stehen dann andere „Werte" im Zentrum.

Hier zeigt sich eine gewisse Vordergründigkeit in den offiziellen Verlautbarungen. Die Mitarbeiter sind „Mittel. (Punkt)" und Kostenverursacher, und die Personalbereiche werden eher als „notwendiges Übel" gesehen. Vieles spricht dafür, dass das in der nächsten Wirtschaftskrise nicht anders sein wird – trotz aller gegenteiligen Verlautbarungen von Personalabteilungen und Unternehmensleitungen.

Eine gute, sicher auch logische Erklärung hierfür hat einer der „Altmeister" der deutschen Betriebswirtschaftslehre, Erich Gutenberg, mit dem Verweis auf die „Dominanz des Minimumsektors" bereits in den 50er Jahren geliefert – diese besagt, dass der schwächste betriebliche Bereich Ausgangspunkt für die betriebliche Planung ist. In Zeiten eines angespannten und wenig ergiebigen Arbeitsmarkts ist das der Personalbereich bzw. sind das die Mitarbeiter. In Zeiten ergiebiger Arbeitsmärkte...

In der Krise laufen Personaler Gefahr, zu Getriebenen zu werden. Umso wichtiger ist es, sich seiner unterschiedlichen Rollen bewusst zu sein, um langfristig und glaubwürdig überzeugen zu können. Das Personalmanagement muss diese **Rollen** ausfüllen:

- Vertrauen schaffender Partner für die Mitarbeiter
- Businessorientierter Partner für die Führungskräfte:
- Nützlicher und weitsichtiger Beratungs- und Sparringspartner für die Geschäftsleitung
- Fairer Partner für den Betriebsrat
- Verlässlicher Partner für die Bewerber

Letztlich bzw. abschließend stellt sich (auch) die Frage, ob der Mensch nur einer neben anderen Produktionsfaktoren ist bzw. ob **grundlegende ethische Überlegungen** nicht stärker im gesamten Wirtschaftsleben Raum bekommen müssen. Auch wenn es ungewöhnlich scheinen mag, sei ein Verweis auf die „Katholische Soziallehre" erlaubt: „Die Arbeit ist ein Gut für den Menschen ..., weil er durch die Arbeit ... sich selbst als Mensch verwirklicht, ja gewissermaßen, mehr Mensch wird'". (Johannes Paul II 1981). Zu einem ganz ähnlich Ergebnis kommt auch Karl Marx, wenngleich auf einem völlig anderem Weg, mit gänzlich anderen Begründungen und mit anderen Zielen.

Der letzte Satz in diesem Buch kann somit – anknüpfend an eine Feststellung auf der ersten Textseite – lauten:

„Die Mitarbeiter sind Mittelpunkt aller wirtschaftlichen Überlegungen – sie sollten es zumindest sein!"

Zum Weiterdenken

- Welche Probleme sind mit empirischen Untersuchungen zur „Zukunft des Personalmanagements“ verbunden?
- Welche neuen Perspektiven liefert das „nachhaltige Personalmanagement“?
- Wie sieht das „rosige“ (best case-Szenario) und wie die „düstere“ Zukunft (Horrorszenario) des Personalmanagements aus?

Quellen zu Teil 9

BCG (The Boston Consulting Group): Creating People Advantage, Boston 2008
BCG/EAPM (The Boston Consulting Group/European association for People Manage ment): Creating People Advantage in Times of Crisis, o. O. 2009
BCG/EAPM (The Boston Consulting Group/European association for Personnel Management): The Future of HR in Europe, o. O. 2009
Boudreau, J./Ramstad, P.: Beyond HR, Boston 2007

Capgemini Consulting: Studie HR-Business Partner, Offenbach 2006
Capgemini: HR-Barometer 2009, Berlin 2009
Capgemini Consulting: Höhen und Tiefen der HR-Prognostik, Offenbach 2007

Deloitte Consulting GmbH: Gerüstet für die Zukunft?, Frankfurt 2007
DGFP (Deutsche Gesellschaft für Personalführung) (Hrsg.): Herausforderung Personalmanagement, Frankfurt 2002
DGFP (Deutsche Gesellschaft für Personalführung) (Hrsg.): Zukunftsbilderdenken - Metamorphosen der Personalarbeit, Bielefeld 2005
DGFP (Deutsche Gesellschaft für Personalführung) (Hrsg.): Professionalisierung des Personalmanagements - pix 2007, Düsseldorf 2007
Docherty, P./Forslin, J./Shani, A.: Creating sustainable work systems, London 2002

Ehnert, I.: Sustainable Human Resource Management, Berlin u.a. 2009

Giarine,, O./Liedtke, P.: Wie wir arbeiten werden, München 1998

Hardtke, A./Kleinfeld, A. (Hrsg.): Gesellschaftliche Verantwortung von Unternehmen, Wiesbaden 2010
Horx, M.: Die acht Sphären der Zukunft, Wien 2000

IBM Global Business Services: Die wandlungsfähige Belegschaft, New York 2007

Kienbaum: HR-Trendstudie („Geschüttelt, nicht gerührt"), Gummersbach 2009
Kienbaum: HR-Klima Index 2010, Berlin 2010
Kobi, J.-M.: Die Balance im Management, Wiesbaden 2008

Matathia, I./Salzman, M.: Next – Wie sieht die Zukunft aus?, München 2000
Müller-Christ, G.: Nachhaltiges Ressourcenmanagement, Marburg 2001
Müller-Christ, G.: Nachhaltiges Management, Baden-Baden 2010

PricewaterhouseCoopers: Wichtige Trends des Humankapitals, o. O. 2006
PricewaterhouseCoopers: Managing tomorrow's people, o. O. 2007
Prognos AG: Arbeitslandschaft 2030, München 2008

Schaltegger, S./Dyllick, T. (Hrsg.): Nachhaltig managen mir der Balanced Scorecard, Wiesbaden 2006

Simon, H.: Hidden Champions des 21. Jahrhunderts, Frankfurt 2007

Towers Perrin: Global Workforce Study 2007-2008 - Deutschlandreport, Frankfurt 2007

United Nations (Hrsg.): Report of the World Commission on Environment and Development, New York 1987

Weißenrieder, J./Kosel, M. (Hrsg.): Nachhaltiges Personalmanagement in der Praxis, Wiesbaden 2010

Wunderer, R./Dick, P.: Personalmanagement – Quo vadis?, 5. Aufl., Neuwied/Kriftel 2007

Zaugg, R.: Nachhaltiges Personalmanagement, Wiesbaden 2009

Stichwortverzeichnis

A

B

C

D

E

F

N

O

P

Q

R

S

T

Y

Z

Autoren

Prof. Dr. Meinulf Kolb (Dipl.-Kfm.) lehrt am Human Resources Competence Center der Hochschule Pforzheim, Fakultät für Wirtschaft und Recht, im Bachelor-Studiengang „Personalmanagement" sowie im MBA-Studiengang „Human Resources Management & Consulting". Weitere Dozententätigkeiten übt er bei verschiedenen Weiterbildungsträgern aus.

Er publizierte zahlreiche Buchveröffentlichungen, u. a. „Mitarbeiter als Erfolgsfaktor" (zusammen mit Hermann Neher), „Führen mit Zielen" (herausgegeben zusammen mit Oliver Schwaab, Günther Bergmann und Fritz Gairing), „Qualitätsmanagement im Personalbereich" (zusammen mit Günther Bergmann).

(weitere Informationen siehe www.hs-pforzheim.de/De-de/Wirtschaft-und-Recht/Bachelor/Personalmanagement/Ansprechpartner/Seiten/Inhaltseite.aspx)

Dipl.-Psych. Brigitte Burkart arbeitete bis 2009 als wissenschaftliche Mitarbeiterin im Studiengang „Personalmanagement" an der Hochschule Pforzheim; seit 2010 leitet sie ein Programm zur Förderung überfachlicher Kompetenzen an der Pforzheimer Hochschule. Ferner ist sie stellvertretende Gleichstellungsbeauftragte der Hochschule.

(weitere Informationen siehe www.hs-pforzheim.de/sik)

Dr. Frank Zundel ist Rechtsanwalt und Fachanwalt für Arbeitsrecht in Mosbach/Baden.

Als Dozent ist er für verschiedene Rechtsanwaltskammern, die Duale Hochschule Baden-Württemberg in Mosbach sowie sonstige Bildungsträger tätig.

Er veröffentlicht regelmäßig Kommentare und Fachbeiträge (insbesondere) zu arbeitsrechtlichen Themen.

(weitere Informationen siehe www.rae-dr-gramlich.de)

MIX
Papier aus verantwortungsvollen Quellen
Paper from responsible sources
FSC® C105338

Printed by Books on Demand, Germany